| | |
|---|---|
| ITU | International Telecommunications Union of the United Nations (Unión internacional de telecomunicaciones de las Naciones Unidas) |
| LED | diodo emisor de luz |
| LO | oscilador local |
| LOS | línea de vista |
| LPF | filtro pasabajas |
| LSSB | banda lateral única inferior |
| MAP | máximo *a posteriori* (criterio) |
| MPSK | transmisión por desplazamiento de fase *M*-ario |
| MQAM | modulación en amplitud de cuadratura *M*-ario |
| MSK | transmisión por desplazamiento mínimo |
| NBFM | modulación en frecuencia de banda angosta |
| NCS | National Communications System of the federal government (Sistema nacional de comunicaciones del gobierno federal estadounidense) |
| NRZ | no regreso a cero |
| OOK | llaveado de encendido-apagado |
| OQPSK | transmisión por desplazamiento de fase por compensación de cuadratura |
| OSI | modelo de protocolo de interconexión de sistema abierto |
| PAM | modulación en amplitud de pulso |
| PCM | modulación en código de pulsos |
| PD | detección de fase |
| PDF | función de densidad de probabilidad |
| PEP | potencia de envolvente pico |
| PLL | circuito de fase cerrada |
| PM | modulación en fase |
| PPM | modulación por posición de pulsos |
| PSD | densidad espectral de potencia |
| PSK | transmisión por desplazamiento de fase |
| PTM | modulación por tiempo de pulsos |
| PWM | modulación por anchura de pulsos |
| QAM | modulación de amplitud de cuadratura |
| QPSK | cambio por fase de cuadratura |
| rms | raíz media cuadrada |
| RT | terminal telefónica remota |
| RZ | regreso a cero |
| SAW | onda acústica superficial |
| SDLC | protocolo de control de enlace de datos sincrónico |
| S/N o SNR | relación de señal a ruido |
| SS | espectro difusor (sistema) |
| SSB | banda lateral única |
| TDM | multicanalización por división de tiempo |
| TDMA | acceso múltiple por división de tiempo |
| TELCO | compañía telefónica |
| THD | distorsión armónica total |
| TTL | lógica transistor-transistor |
| TV | televisión |
| TVRO | terminal única receptora de televisión |
| TWT | tubo de onda progresiva |
| UHF | ultra alta frecuencia |
| USSB | banda lateral única superior |
| VCO | oscilador controlado por voltaje |
| VF | frecuencia de voz |
| VHF | muy alta frecuencia |
| VSB | banda lateral vestigial |
| WBFM | modulación en frecuencia de banda ancha |

# SISTEMAS DE COMUNICACIÓN DIGITALES Y ANALÓGICOS

Quinta edición

# SISTEMAS DE COMUNICACIÓN DIGITALES Y ANALÓGICOS


**LEON W. COUCH II**

*Profesor de Ingeniería Eléctrica y Sistemas de Computación*
*Universidad de Florida, Gainesville*



TRADUCCIÓN

**Ing. Rodolfo Navarro Salas**
Traductor profesional

**Ing. Alberto Santiago Fernández Molina**
Universidad Iberoamericana

REVISIÓN TÉCNICA

**Rodolfo de Jesús Bravo de la Parra**
Instituto Tecnológico de Estudios Superiores de Monterrey
Campus Monterrey
Coordinador Académico del Área Eléctrica, Electrónica
y Control de la Universidad Panamericana

PEARSON
Educación®

México • Argentina • Brasil • Colombia • Costa Rica • Chile • Ecuador
España • Guatemala • Panamá • Perú • Puerto Rico • Uruguay • Venezuela

Datos de catalogación bibliográfica

**COUCH II, LEON W.**
Sistemas de comunicación digitales y analógicos, 5a. ed.
PRENTICE HALL, México, 1998

ISBN: 970-17-0210-7
Área: Universitarios

Formato: 19 × 23.5 cms. Páginas: 776

*EDICIÓN EN ESPAÑOL:*

| | |
|---|---|
| EDITOR: | PABLO EDUARDO ROIG VÁZQUEZ |
| SUPERVISORA DE TRADUCCIÓN: | ROCÍO CABAÑAS CHÁVEZ |
| SUPERVISORA DE EDICIÓN: | REBECA RUIZ ZAMITES BONILLA |
| CORRECTOR DE ESTILO: | ARTURO VELASCO CARRETO |

*EDICIÓN EN INGLÉS:*
Publisher: Tom Robbins
Acquisitions editor: Alice Dworkin
Production editor: Rhodora V. Penaranda
Editor-in-chief: Marcia Horton
Managing editor: Bayani Mendoza Deleon
Director of production and manufacturing: David W. Riccardi
Copy editor: Andrea Hammer
Cover designer: Bruce Kenselaar
Manufacturing buyer: Donna Sullivan
Editorial assistant: Nancy Garcia
Compositor: Preparé, Inc.

*COUCH: SISTEMAS DE COMUNICACIÓN DIGITALES Y ANALÓGICOS, 5a. ed.*

Traducido de la quinta edición en inglés de la obra: **Digital and Analog Communication Systems.**


PRENTICE HALL HISPANOAMERICANA, S. A.
Atlacomulco Núm. 500-5° Piso
Col. Industrial Atoto
53519, Naucalpan de Juárez, Edo. de México

**ISBN 970-17-0210-7**
Miembro de la Cámara Nacional de la Industria Editorial, Reg. Núm. 1524.

Original English Language Edition Published by Prentice Hall, Inc.
A Simon & Schuster Company.



**ISBN 0-13-522583-3**

IMPRESO EN MÉXICO / PRINTED IN MEXICO

*A mi esposa,*
*Margaret Wheland Couch,*
*y a mis hijos*
*Leon III, Jonathan y Rebecca*

# CONTENIDO

# PREFACIO

Continuando con la tradición de la primera y cuarta ediciones de este libro, esta nueva edición proporciona el tratamiento más actualizado de los sistemas de comunicación digitales y analógicos. Incluye un número significativo de ejemplos y problemas, muchos de los cuales requieren solución por computadora. Se escribió como un libro de texto para estudiantes de ingeniería de segundo y tercer años, aunque también es apropiado para un curso introductorio de posgrado y como una moderna referencia técnica para ingenieros electricistas practicantes. Comprende los *aspectos prácticos* de los sistemas de comunicación desarrollados a partir de una *base teórica* adecuada.

## LA BASE TEÓRICA

- Representación de señales digitales
- Representación de señales analógicas
- Magnitud de espectros de fase
- Análisis de Fourier
- Teoría de modulación
- Variables aleatorias
- Densidad de probabilidad
- Procesos aleatorios

- Teoría de funciones ortogonales
- Densidad espectral de potencia
- Sistemas lineales
- Sistemas no lineales
- Interferencia intersímbolos
- Cálculo de SNR
- Cálculo de BER
- Sistemas óptimos
- Códigos de bloques
- Códigos convolucionales

## APLICACIONES PRÁCTICAS

- Señalización de bandabase PAM, PCM, DPCM, DM, PWM y PPM
- Señalización digital de pasabanda OOK, BPSK, QPSK, MPSK, MSK y QAM
- Señalización analógica de pasabanda AM, DSB-SC, SSB, VSB, PM Y FM
- Multicanalización por división de tiempo y estándares utilizados
- Códigos de líneas y espectros digitales
- Circuitos utilizados en sistemas de comunicación
- Sincronizadores de bits
- Sincronizadores de cuadros (tramas)
- Sincronizadores de portadora
- Multicanalización por división de frecuencia y estándares utilizados
- Sistemas de telecomunicación
- Sistemas telefónicos
- ISDN
- Sistemas de comunicación vía satélite
- Temperatura de entrada efectiva y figura de ruido
- Análisis de balance del enlace
- SNR a la salida de sistemas de comunicación analógicos
- BER para los sistemas de comunicación analógicos
- Sistemas de fibra óptica
- Sistemas de espectro difusor
- Sistemas telefónicos radiocelulares
- Sistemas de televisión
- Estándares técnicos para AM, FM, TV, HDTV y CATV
- Sistemas de comunicación por computadora
- Protocolos para comunicaciones por computadora
- Estándares técnicos para comunicaciones por computadora
- Tablas matemáticas
- Ejemplos auxiliares de estudio
- Más de 550 problemas con respuestas seleccionadas
- Más de 60 problemas resueltos por computadora con plantillas de solución
- Amplias referencias
- Énfasis en el diseño de sistemas de comunicación

Muchas de las ecuaciones y problemas están marcados con un símbolo de computadora personal, , el cual indica que existe una solución MATLAB y MATHCAD para dicha ecuación o problema por Internet, **http:www.eel.ufl.edu/~lcouc**.

Este libro es resultado de los cursos de comunicación de posgrado y de licenciatura que imparto en la Universidad de Florida y está modificado por mis experiencias como radioaficionado (K4GWQ). Pienso que el lector no entenderá a fondo el material técnico a menos que él o ella tenga la oportunidad de resolver problemas. Por consiguiente, se incluyen más de 550 problemas, algunos de ellos fáciles, de manera que los estudiantes principiantes no se sientan frustrados; algunos otros son lo suficientemente difíciles como para que constituyan un reto para los estudiantes más avanzados. Todos los problemas están diseñados para hacer reflexionar y para entender los sistemas de comunicación.

La finalidad de este libro es encontrar aplicación en muchos planes de estudio diferentes. Algunos de éstos se resumen en la siguiente tabla.

| Duración del curso | Capítulos | Nombre del curso y comentarios |
|---|---|---|
| **Cursos cortos** | | |
| 3 días | 1, 3 (parcialmente), 7 (parcialmente) | Comunicaciones y codificación digitales |
| 3 días | 3, 8 | Telecomunicaciones |
| 3 días | 4, 5 | Modulación, transmisores y receptores |
| 3 días | 1, 8 | Estudio de sistemas de comunicación |
| 3 días | Apéndice B | Probabilidad y variables aleatorias |
| 3 días | 6 | Procesos aleatorios |
| 1 día | 8 | Estudio de casos de sistemas de comunicación |
| **Licenciatura** | | |
| 1 semestre | 1, 2 (intensivo), 3–5, 8 | Introducción a los sistemas de comunicación digitales y analógicos (enfoque determinístico) |
| 1 semestre | 1, Apéndice B, 6–8 | Ruido en sistemas de comunicación digitales y analógicos (un curso de probabilidad, variables y procesos aleatorios, y aplicaciones a sistemas de comunicación). |
| 1 semestre | 1, Apéndice B, 3,6, 7-1 a 7-8 | Ruido y sistemas de comunicación digital. |
| 1 semestre | 1, 2 (intensivo), 3–5, 7 | Sistemas de comunicación digitales y analógicos (se requiere un curso previo de procesos aleatorios) |
| Dos semestres | | |
| 1er semestre | 1, 2 (intensivo), 3–5 | Comunicación I: Introducción a los sistemas de comunicación |
| 2° semestre | Apéndice B, 6–8 | Comunicación II: Rendimiento de los sistemas de comunicación en ruido |
| **Posgrado** | | |
| 1 semestre | 1, Apéndice B, 6–8 | Introducción a los sistemas de comunicación (se requiere cierto conocimiento de sistemas de comunicación) |

Agradezco la ayuda de todas las personas que contribuyeron en la realización de este libro y los valiosos comentarios de los revisores, en particular de Marvin Siegel, del Departamento de Ingeniería Eléctrica de la Universidad de Michigan, y de J.B. O'Neal, de la Universidad Estatal de Carolina del Norte. Asimismo, agradezco la ayuda de mis colegas de la Universidad de Florida, y le doy las gracias a mi esposa, la doctora Margaret Couch quien mecanografió el original y revisó los manuscritos.

LEON W. COUCH II
*Gainesville, Florida*
*lcouc@admin.ee.ufl.edu*

# LISTA DE SÍMBOLOS

No existen suficientes símbolos en los alfabetos latino y griego de tal manera que cada letra pueda tener un solo significado. Por consiguiente, algunos símbolos se usan para denotar más de una entidad, pero el contexto aclara su uso. Además, los símbolos seleccionados en general son los mismos que se utilizan en la disciplina matemática asociada. Por ejemplo, en el contexto de las variables complejas, $x$ denota la parte real de un número complejo ($c = x + jy$), mientras que en el contexto de la estadística, $x$ podría denotar una variable aleatoria.

## Símbolos

| | |
|---|---|
| $a_n$ | una constante |
| $a_n$ | coeficiente en la serie de Fourier en cuadratura |
| $A_c$ | nivel de señal modulada de frecuencia portadora $f_c$ |
| $A_e$ | área efectiva de una antena |
| $b_n$ | coeficiente en la serie de Fourier en cuadratura |
| $B$ | ancho de la bandabase |
| $B_p$ | ancho de banda de filtro pasabanda |

| | |
|---|---|
| $B_T$ | ancho de banda de transmisión pasabanda |
| $c$ | un número complejo donde $c = x + jy$ |
| $c$ | una constante |
| $c_n$ | coeficiente en la serie de Fourier en cuadratura |
| $C$ | capacidad de canal |
| $C$ | capacitancia |
| °C | grados Celsius |
| dB | decibel |
| $D$ | dimensiones/s, símbolos/s ($D = N/T_0$), o velocidad en baudios |
| $D_f$ | constante de ganancia de modulación en frecuencia |
| $D_n$ | coeficiente en la serie de Fourier polar |
| $D_p$ | constante de ganancia de modulación en fase |
| $e$ | error |
| $e$ | el número natural, 2.7183 |
| $E$ | eficiencia de modulación |
| $E$ | energía |
| $\mathcal{E}(f)$ | densidad espectral de energía (ESD) |
| $E_b/N_0$ | relación de energía por bit/densidad espectral de potencia de ruido |
| $f$ | frecuencia (Hz) |
| $f(x)$ | función de densidad de probabilidad |
| $f_c$ | frecuencia portadora |
| $f_i$ | frecuencia instantánea |
| $f_0$ | una constante (frecuencia); la frecuencia fundamental de una forma de onda periódica |
| $f_s$ | frecuencia de muestreo |
| $F$ | figura de ruido |
| $F(a)$ | función de distribución acumulativa (CDF) |
| $g(t)$ | envolvente compleja |
| $\tilde{g}(t)$ | envolvente compleja contaminada |
| $G$ | ganancia de potencia |
| $G(f)$ | función de transferencia de potencia |
| $h$ | constante de Planck, $6.2 \times 10^{-34}$ joule/s |
| $h(t)$ | respuesta al impulso de una red lineal |
| $h(x)$ | función de mapeo de $x$ en $h(x)$ |
| $H$ | entropía |
| $H(f)$ | función de transferencia de una red lineal |
| $i$ | un entero |
| $I_j$ | información en el mensaje $j$-ésimo |
| $j$ | el número imaginario $\sqrt{-1}$ |
| $j$ | un entero |
| $k$ | constante de Boltzmann, $1.38 \times 10^{-23}$ joule/K |
| $k$ | un entero |
| $k(t)$ | respuesta a un impulso complejo de una red de pasabanda |
| $K$ | número de bits en una palabra binaria que representa un mensaje digital |
| $K$ | grados Kelvin (°C + 273) |
| $l$ | un entero |

| | |
|---|---|
| $\ell$ | número de bits por dimensión o bits por símbolo |
| $L$ | inductancia |
| $L$ | número de niveles permitidos |
| $m$ | un entero |
| $m$ | valor medio |
| $m(t)$ | forma de onda del mensaje (modulación) |
| $\tilde{m}(t)$ | mensaje contaminado (recibido con ruido) |
| $M$ | un entero |
| $M$ | número permitido de mensajes |
| $n$ | un entero |
| $n$ | número de bits en un mensaje |
| $n(t)$ | forma de onda ruidosa |
| $N$ | un entero |
| $N$ | número de dimensiones utilizadas para representar un mensaje digital |
| $N$ | potencia de ruido |
| $N_0$ | nivel de la densidad espectral de potencia de ruido blanco |
| $p(t)$ | forma de onda del pulso limitado absolutamente por el tiempo |
| $p(t)$ | potencia instantánea |
| $p(m)$ | función de densidad de probabilidad de modulación en frecuencia |
| $P$ | potencia promedio |
| $P_e$ | probabilidad de error de bit |
| $P(C)$ | probabilidad de decisión correcta |
| $P(E)$ | probabilidad de error en un mensaje |
| $\mathcal{P}(f)$ | densidad espectral de potencia (PSD) |
| $Q(z)$ | integral de función gaussiana |
| $Q(x_k)$ | valor cuantizado del valor de la muestra $k$-ésima, $x_k$ |
| $r(t)$ | señal recibida más ruido |
| $R$ | velocidad de transferencia de datos (bits/s) |
| $R$ | resistencia |
| $R(t)$ | envolvente real |
| $R(\tau)$ | función de autocorrelación |
| $s(t)$ | señal |
| $\tilde{s}(t)$ | señal contaminada |
| S/N | relación potencia/ruido de señal |
| $t$ | tiempo |
| $T$ | un intervalo de tiempo |
| $T$ | temperatura absoluta (Kelvin) |
| $T_b$ | periodo del bit |
| $T_e$ | temperatura de ruido de entrada efectiva |
| $T_0$ | duración de un símbolo o mensaje transmitido |
| $T_0$ | periodo de una forma de onda periódica |
| $T_0$ | temperatura ambiente estándar (290 K) |
| $T_s$ | periodo de muestreo |
| $u_{11}$ | covarianza |
| $v(t)$ | una forma de onda de voltaje |
| $v(t)$ | una forma de onda de pasabanda o un pasabanda de proceso aleatorio |

| | |
|---|---|
| $w(t)$ | una forma de onda |
| $W(f)$ | espectro de $w(t)$ (transformada de Fourier) |
| $x$ | una entrada |
| $x$ | una variable aleatoria |
| $x$ | parte real de una función compleja o una constante compleja |
| $x(t)$ | un proceso aleatorio |
| $y$ | una salida |
| $y$ | una variable aleatoria de salida |
| $y$ | parte imaginaria de una función compleja o una constante compleja |
| $y(t)$ | un proceso aleatorio |
| $\alpha$ | una constante |
| $\beta$ | una constante |
| $\beta_f$ | índice de modulación en frecuencia |
| $\beta_p$ | índice de modulación en fase |
| $\delta$ | tamaño del escalón de modulación delta |
| $\delta_{ij}$ | función delta Kronecker |
| $\delta(t)$ | impulso (función delta Dirac) |
| $\Delta F$ | desviación de frecuencia pico (Hz) |
| $\Delta\theta$ | desviación de fase pico |
| $\epsilon$ | una constante |
| $\epsilon$ | un error |
| $\eta$ | eficiencia espectral [(bits/s/Hz)] |
| $\theta(t)$ | forma de onda de fase |
| $\lambda$ | variable de integración ficticia |
| $\lambda$ | longitud de onda |
| $\Lambda(r)$ | relación de probabilidad |
| $\pi$ | 3.14159 |
| $\rho$ | coeficiente de correlación |
| $\sigma$ | desviación estándar |
| $\tau$ | variable independiente de función de autocorrelación |
| $\tau$ | ancho de impulso |
| $\varphi_j(t)$ | función ortogonal |
| $\phi_n$ | coeficiente de serie de Fourier polar |
| $\omega_c$ | frecuencia portadora en radianes, $2\pi f_c$ |
| $\equiv$ | equivalencia matemática |
| $\triangleq$ | definición matemática de un símbolo |

## Funciones definidas

| | |
|---|---|
| $J_n(\cdot)$ | Función Bessel de primera clase de orden $n$-ésimo |
| $\ln(\cdot)$ | logaritmo natural |
| $\log(\cdot)$ | logaritmo base 10 |
| $\log_2(\cdot)$ | logaritmo base 2 |
| $Q(z)$ | integral de una función de densidad de probabilidad gaussiana |
| $\mathrm{Sa}(z)$ | $(\mathrm{sen}\ z)/z$ |

| | |
|---|---|
| $u(\cdot)$ | función de escalón unitario |
| $\Lambda(\cdot)$ | función triangular |
| $\Pi(\cdot)$ | función rectangular |

## Notación de operadores

| | |
|---|---|
| $\mathrm{Im}\{\cdot\}$ | parte imaginaria de |
| $\mathrm{Re}\{\cdot\}$ | parte real de |
| $\overline{[\cdot]}$ | promedio de ensamble |
| $\langle[\cdot]\rangle$ | promedio en tiempo |
| $[\cdot] * [\cdot]$ | convolución |
| $[\cdot]^*$ | conjugado |
| $\underline{/[\cdot]}$ | operador angular o ángulo propiamente dicho, véase la ecuación (2-108) |
| $\lvert[\cdot]\rvert$ | valor absoluto |
| $[\hat{\cdot}]$ | tranformada de Hilbert |
| $\mathscr{F}[\cdot]$ | transformada de Fourier |
| $\mathscr{L}[\cdot]$ | transformada de Laplace |
| $[\cdot] \cdot [\cdot]$ | producto punto |

# CAPÍTULO 1

# INTRODUCCIÓN

¿Qué es un sistema de comunicación? Para responder a esta pregunta en su debida perspectiva, es útil plantearse una interrogante más elemental. ¿Qué es la ingeniería eléctrica (IE)? Si se consulta a 50 ingenieros electricistas, probablemente se obtendrán 50 respuestas diferentes. Sin embargo, está claro que la IE se ocupa de resolver problemas de dos tipos:

- Producción y transmisión de energía eléctrica
- Transmisión de información

Los sistemas de comunicaciones son aquéllos diseñados para transmitir información.

Para resolver problemas de comunicación y energía eléctrica se requieren muchas áreas dentro de la IE. Algunos ejemplos de éstas son las computadoras, los circuitos eléctricos y electrónicos, los dispositivos electrónicos, el procesamiento de señales digitales, el electromagnetismo y la fotónica.

Es importante entender que los sistemas de comunicaciones y los sistemas de energía eléctrica poseen diferentes limitantes. En estos últimos, las formas de onda por lo general son *conocidas*, y es necesario diseñar el sistema para una *pérdida de energía mínima*.

En los sistemas de comunicación, la forma de onda presente en el cauce o canal (usuario) es *desconocida* hasta después de que se recibe; de otra manera, ninguna información se transmitiría, y no habría necesidad de los sistemas de comunicación. Más información se comunica al cauce cuando el usuario en éste se ve "sorprendido" por el mensaje que se transmitió. Esto es, la transmisión de información implica la comunicación de mensajes que no se conocen de antemano (*a priori*). Por otra parte, en los sistemas de energía o potencia, se sabe *a priori* cómo será la forma de onda recibida, y la energía impartida por la forma de onda recibida es la cantidad deseada.

El ruido limita la capacidad de comunicarse. Si no hubiera ruido, se podrían enviar mensajes electrónicamente a los confines del universo con una cantidad de energía infinitamente pequeña. Esto ha sido obvio de manera intuitiva desde los inicios de la radio. Sin embargo, la teoría que describe el ruido y su efecto en la transmisión de información no se desarrolló hasta los años cuarenta por personas como D. O. North [1943], S.O. Rice [1944], C. E. Shannon [1948] y N. Wiener [1949].

## 1-1 PERSPECTIVA HISTÓRICA

En la tabla 1-1 se muestra un cuadro cronológico sobre el desarrollo de las comunicaciones. Es conveniente que el lector estudie la tabla con detenimiento para que aprecie la cronología de las comunicaciones. Obsérvese que aunque el teléfono se desarrolló a finales del siglo XIX, el primer cable telefónico transatlántico se hizo hasta 1954. Antes de esta fecha, las llamadas transatlánticas se hacían por radio de onda corta. Asimismo, aunque los británicos comenzaron las transmisiones de televisión en 1936, la televisión transatlántica no fue posible sino hasta 1962 cuando el satélite *Telstar I* se puso en órbita. Los sistemas de transmisión digital sintetizados por los sistemas telegráficos se desarrollaron en la década de los cincuenta del siglo pasado, antes que los sistemas analógicos (el teléfono), los cuales aparecieron en el siglo XX.

Este libro contiene datos técnicos de la mayoría de las invenciones de comunicación enumeradas en la tabla. Por ejemplo, la modulación por códigos de pulsos utilizada en la transmisión digital moderna de señales telefónicas de voz fue inventada por Alex Reeves en 1937 y se describe a fondo en el capítulo 3. Los receptores superheterodinos y los sistemas de frecuencia modulada (FM) se describen en los capítulos 4 y 5. Los efectos del ruido en los sistemas de comunicaciones se analizan en los capítulos 6 y 7. Los desarrollos recientes en telefonía móvil celular, satélites y sistemas de comunicación personales (PCS, por sus siglas en inglés: *personal communication systems*) se abordan mediante estudios de casos en el capítulo 8. Los estándares de comunicación por computadora se tabulan en el apéndice C.

## 1-2 FUENTES Y SISTEMAS DIGITALES Y ANALÓGICOS

**Definición.** Una *fuente de información digital* produce una serie finita de posibles mensajes.

Una máquina de escribir es un buen ejemplo de fuente digital. Existe un número finito de caracteres (mensajes) que puede ser emitido por esta fuente.

**Definición.** Una *fuente de información analógica* produce mensajes definidos de manera continua.

**TABLA 1-1** FECHAS IMPORTANTES EN LAS COMUNICACIONES

| **Año** | **Acontecimiento** |
|---|---|
| 3000 a. C. | Los egipcios desarrollan un lenguaje pictórico llamado *jeroglífico.* |
| 800 d. C. | Los árabes adoptan de India el sistema numérico actual. |
| 1440 | Johannes Gutenberg inventa los tipos metálicos móviles. |
| 1752 | El cometa de Benjamin Franklin demuestra que los relámpagos son electricidad. |
| 1827 | Georg Simon Ohm formula su ley ($I = E/R$). |
| 1834 | Carl F. Gauss y Ernst H. Weber construyen el telégrafo electromagnético. |
| 1838 | William F. Cooke y sir Charles Wheatstone inventan el telégrafo. |
| 1844 | Samuel F. B. Morse prueba la línea telegráfica de Baltimore, MD, a Washington, D.C. |
| 1850 | Gustav Robert Kirchhoff publica sus leyes de circuitos. |
| 1858 | Se tiende el primer cable transatlántico y, después de 26 días, falla. |
| 1864 | James C. Maxwell predice la radiación electromagnética. |
| 1871 | Se organiza la Sociedad de Ingenieros Telegrafistas en Londres. |
| 1876 | Alexander Graham Bell desarrolla y patenta el teléfono. |
| 1883 | Thomas A. Edison descubre el flujo de electrones en el vacío, llamado el "efecto Edison", fundamento del tubo de electrones. |
| 1884 | Se forma el Instituto Americano de Ingenieros Electricistas (AIEE, por sus siglas en inglés: *American Institute of Electrical Engineers*). |
| 1887 | Heinrich Hertz verifica la teoría de Maxwell. |
| 1889 | Se forma el Instituto de Ingenieros Electricistas (IEE, por sus siglas en inglés: *Institute of Electrical Engineers*), a partir de la Asociación de Ingenieros Telegrafistas (Society of Telegraph Engineers). |
| 1894 | Oliver Lodge demuestra la comunicación inalámbrica a lo largo de una distancia de 150 yardas. |
| 1900 | Guglielmo Marconi transmite la primera señal transatlántica Inalámbrica. |
| 1905 | Reginald Fessenden transmite voz y música por radio. |
| 1906 | Lee deForest inventa el amplificador de triodo de tubo de vacío. |
| 1907 | Se forma la Asociación de Ingenieros Telegrafistas Inalámbricos en Estados Unidos. |
| 1909 | Se establece el Wireless Institute (Instituto de Comunicación Inalámbrica) en Estados Unidos. |
| 1912 | Se forma en Estados Unidos el Instituto de Ingenieros Radiofónicos (IRE, por sus siglas en inglés: *Institute of Radio Engineers*), a partir de la Sociedad de Ingenieros Telegrafistas Inalámbricos y el Instituto de Comunicación Inalámbrica. |
| 1915 | Bell System construye una línea telefónica transcontinental en Estados Unidos. |
| 1918 | Edwin H. Armstrong inventa el circuito receptor superheterodino. |
| 1920 | La estación de radio KDKA, de Pittsburgh, PA, inicia las primeras transmisiones radiofónicas programadas. |
| 1920 | J. R. Carson aplica el muestreo a las comunicaciones. |
| 1923 | Vladimir K. Zworkykin idea el tubo receptor de televisión "iconoscopio". |
| 1926 | J. L. Baird, Inglaterra y C. F. Jenkins, Estados Unidos, presentan la televisión. |
| 1927 | Se crea la Federal Radio Commission (Comisión Federal de Radio) en Estados Unidos. |
| 1927 | Harold Black desarrolla el amplificador de retroalimentación negativa en los laboratorios Bell. |
| 1928 | Philo T. Farnsworth da a conocer el primer sistema de televisión totalmente electrónico. |
| 1931 | Se inicia el servicio de teletipo. |
| 1933 | Edwin H. Armstrong inventa la FM. |
| 1934 | Se crea la Comisión Federal de Comunicaciones (FCC, por sus siglas en inglés: *Federal Communication Commission*) a partir de la Comisión Federal de Radio en Estados Unidos. |
| 1935 | Robert A. Watson-Watt desarrolla el primer radar práctico. |

**TABLA 1-1** FECHAS IMPORTANTES EN LAS COMUNICACIONES *(cont.)*

| Año | Acontecimiento |
|---|---|
| 1936 | La Corporación de Radiodifusión Británica (BBC, por sus siglas en inglés: *British Broadcasting Corporation*) comienza las primeras transmisiones de televisión. |
| 1937 | Alex Reeves concibe la modulación por codificación de pulso (PCM). |
| 1941 | John V. Atanasoff inventa la computadora en el Iowa State College. |
| 1941 | La FCC autoriza las transmisiones de televisión en Estados Unidos. |
| 1945 | John W. Mauchly desarrolla la computadora digital electrónica ENIAC en la Universidad de Pennsylvania. |
| 1947 | Walter H. Brattain, John Bardeen y William Shockley idean el transistor en los laboratorios Bell. |
| 1947 | Steve O. Rice desarrolla la representación estadística del ruido en los laboratorios Bell. |
| 1948 | Claude E. Shannon publica su obra sobre la teoría de la información. |
| 1950 | Se aplica la multicanalización por división de tiempos a la telefonía. |
| 1950s | Se desarrollan enlaces de telefonía y comunicación vía microondas. |
| 1953 | Se introduce la televisión a colores NTSC en Estados Unidos. |
| 1953 | Se tiende el primer cable telefónico transatlántico (36 canales de voz). |
| 1957 | La URSS lanza al espacio el primer satélite terrestre, el *Sputnik I*. |
| 1958 | A. L. Schawlow y C. H. Townes publican los principios del láser. |
| 1958 | Jack Kilby de Texas Instruments construye el primer circuito integrado de germanio. |
| 1958 | Robert Noyce de Fairchild produce el primer circuito integrado de silicio. |
| 1961 | Se inician las transmisiones de FM estéreo en Estados Unidos. |
| 1962 | El primer satélite activo, el *Telstar I*, envía señales de televisión entre Estados Unidos y Europa. |
| 1963 | Bell System introduce el teléfono de tonos. |
| 1963 | Se forma el Instituto de Ingenieros Electricistas y Electrónicos (IEEE, por sus siglas en inglés: *Institute of Electrical and Electronic Engineers*) con la fusión de IRE y AIEE. |
| 1963-1966 | Se desarrollan los códigos de corrección de errores y la ecualización adaptable para comunicaciones digitales libres de errores de alta velocidad. |
| 1964 | Se pone en servicio el sistema conmutador de telefonía electrónica (núm. 1 ESS). |
| 1965 | Se pone en servicio el primer satélite comercial de comunicaciones, el *Pájaro madrugador*. |
| 1968 | Se desarrollan los sistemas de televisión por cable. |
| 1971 | Intel Corporation desarrolla el primer microprocesador de un solo microcircuito, el 4004. |
| 1972 | Motorola presenta el teléfono celular ante la FCC. |
| 1976 | Se desarrollan las computadoras personales. |
| 1979 | La memoria de acceso aleatorio de 64 kb domina en la era de los circuitos integrados a muy grande escala (VLSI). |
| 1980 | Bell System desarrolla el sistema de comunicación de fibra óptica FT3. |
| 1980 | Philips y Sony desarrollan el disco compacto. |
| 1981 | IBM introduce la computadora personal (PC). |
| 1982 | AT&T se deshace de sus 22 compañías telefónicas Bell System. |
| 1984 | Macintosh lanza al mercado su computadora Apple. |
| 1985 | Las máquinas de facsímiles, los "faxes", se vuelven de uso cotidiano. |
| 1989 | Motorola introduce el teléfono celular de "bolsillo". |
| 1990 - a la fecha | Era del procesamiento digital de señales con microprocesadores, osciloscopios digitales, receptores de sintonía digital, estaciones de trabajo "megaflop", sistemas de espectro difusor, redes digitales de servicios integrados (ISDN), sistemas satelitales digitales y televisión de alta definición (HDTV). |

Un micrófono es un buen ejemplo de fuente analógica. El voltaje de salida describe la información en el sonido, y se distribuye a lo largo de un intervalo continuo de valores.

**DEFINICIÓN.** Un *sistema de comunicación digital* transfiere información de una fuente digital al canal.

**DEFINICIÓN.** Un *sistema de comunicación analógico* transfiere información de una fuente analógica al canal.

Hablando estrictamente, una *forma de onda digital* se define como una función del tiempo que puede tener sólo un conjunto discreto de valores. Si la forma de onda digital es una forma de onda binaria, sólo dos valores son posibles. Una *forma de onda analógica* es una función del tiempo con un intervalo continuo de valores.

Por lo general las formas de onda de los voltajes y corrientes de un sistema electrónico de comunicación *digital* son digitales; sin embargo, *pueden* tener formas de onda analógicas. Por ejemplo, la información proveniente de una fuente binaria se puede transmitir al canal mediante una onda senoidal de 1000 Hz para representar el 1 binario y otra de 500 Hz para representar el 0 binario. En este caso la información de fuente digital se transmite al canal mediante formas de onda analógicas; no obstante, se sigue considerando como un sistema de comunicación digital. Desde este punto de vista, se reconoce que un ingeniero en comunicaciones *digitales* debe saber cómo analizar circuitos analógicos y también circuitos digitales.

La comunicación digital ofrece varias ventajas:

- Se pueden usar circuitos digitales relativamente baratos.
- Se preserva la intimidad con el uso de codificación criptográfica.
- Es posible un mayor intervalo dinámico (la diferencia entre los valores mayor y menor).
- Se pueden mezclar y transmitir datos de voz, video y fuentes de datos con un sistema de transmisión digital común.
- En sistemas de larga distancia, no se acumula ruido entre una repetidora y otra.
- Los errores en los datos pueden ser pequeños, incluso cuando existe una gran cantidad de ruido en la señal recibida.
- Con frecuencia se pueden corregir los errores mediante codificación.

La comunicación digital también tiene desventajas:

- En general, requiere más ancho de banda que los sistemas analógicos.
- Requiere sincronización.

Las ventajas de los sistemas de comunicación digitales por lo general pesan más que sus desventajas. Por consiguiente, los sistemas digitales se están volviendo cada vez más populares.

En este libro se pone de relieve la *teoría* de los sistemas de comunicación y los conceptos matemáticos correspondientes porque son ideas básicas para entender los sistemas presentes y los futuros. Este enfoque pone al alcance del ingeniero un conjunto de herramientas de trabajo invaluables para el desempeño de su carrera profesional que no dependen del "hardware". Por otra parte, se tratará de evitar la complejidad matemática. Con frecuencia es imposible obtener sistemas de comunicación analógicos óptimos, mientras que algunos sistemas de comunicación digitales óptimos sí se pueden obtener y analizar sin demasiada dificultad.

Las *aplicaciones prácticas* también son de primordial importancia. Éstas no sólo alientan y facilitan la comprensión de los conceptos teóricos, sino que también ofrecen al ingeniero principiante el conocimiento del modo de operar de los sistemas de comunicación. Se piensa que este enfoque constituye una base excelente para el desarrollo de futuros sistemas de comunicación y para el entendimiento de los sistemas actuales.

## 1-3 FORMAS DE ONDA DETERMINÍSTICAS Y ALEATORIAS

En los sistemas de comunicación existe interés por dos clases de formas de onda: la determinística y la aleatoria (o estocástica).

**DEFINICIÓN.** Una *forma de onda determinística* se puede modelar como una función del tiempo completamente especificada.

Por ejemplo, si

$$w(t) = A\cos(\omega_0 t + \varphi_0) \tag{1-1}$$

describe una forma de onda en la cual $A$, $\omega_0$ y $\varphi_0$ son constantes conocidas, se dice que esta forma de onda es determinística.

**DEFINICIÓN.** Una *forma de onda aleatoria* (o forma de onda estocástica) no se puede especificar por completo como función del tiempo y debe modelarse probabilísticamente.†

En este caso se presenta de inmediato un dilema al analizar los sistemas de comunicación. Se sabe que las formas de onda que representan la fuente no pueden ser determinísticas. Por ejemplo, en un sistema de comunicación digital se podría enviar información correspondiente a cualquiera de las letras del alfabeto inglés. Cada letra se podría representar con una forma de onda determinística, pero cuando se examina la forma de onda emitida por la fuente, se ve que es aleatoria porque no se sabe con exactitud qué caracteres se transmitirán. Por consiguiente, se tiene que diseñar el sistema de comunicación con una forma de onda de señal aleatoria, y cualquier ruido que se introduzca también se describiría con una forma de onda aleatoria. Esta técnica requiere el uso de conceptos de probabilidad y estadística (que se estudian en los capítulos 6 y 7) que complican aún más el procedimiento de análisis y diseño. Afortunadamente, si se representa la forma de onda de la señal mediante una forma de onda "determinística" típica, se puede obtener la mayoría de los resultados buscados, aunque no todos. Éste es el enfoque adoptado en la primera parte de este libro.

## 1-4 ORGANIZACIÓN DE ESTE LIBRO

Los capítulos del 1 al 5 utilizan un enfoque determinístico al analizar sistemas de comunicación. Este enfoque permite que el lector comprenda algunos conceptos importantes sin las complica-

† En el capítulo 6 se da una definición más completa de una forma de onda aleatoria, también llamada *proceso aleatorio*.

ciones del análisis estadístico. También le permite al lector que no está familiarizado con la estadística obtener un entendimiento básico de los sistemas de comunicación. Sin embargo, el importante tema del desempeño de los sistemas de comunicación en la presencia de ruido no se puede analizar sin el uso de la estadística. Estos temas se estudian en los capítulos 6 y 7 y en el apéndice B.[†] El capítulo 8 contiene estudios de casos prácticos de sistemas de comunicación.

Este libro de texto está diseñado para que sea fácil de usar por el lector. Para ayudar al estudiante en la solución de problemas, al final de cada capítulo se incluyen varios problemas con soluciones abreviadas. Además, se usa la computadora personal (PC) para resolver problemas cada vez que se considera apropiado.

Este libro también es útil como fuente de referencia de matemáticas (apéndice A), estadística (apéndice B y capítulo 6), sistemas de comunicación por computadora (apéndice C) y como referencia de estándares de sistemas de comunicación adoptados (capítulos 3, 4, 5 y 8 y apéndice C).

Las comunicaciones son un área excitante de trabajo. Existen las áreas tradicionales como la radio AM, la FM estéreo, la TV y la radio de onda corta (en todo el mundo). Existen áreas de rápido desarrollo, tales como las comunicaciones por computadora, los sistemas satelitales, el teléfono celular, el espectro ensanchado, los sistemas de comunicación personales (PCS, por sus siglas en inglés: *personal communication systems*), la televisión de alta definición (HDTV) y las redes de telecomunicación inteligentes. Estos temas y otros más se estudian en este libro. Es muy necesario que el lector repase los estudios de casos que vienen en el capítulo 8 que son de interés especial, tales como los sistemas de telefonía.

## 1-5 USO DE UNA COMPUTADORA PERSONAL Y MATLAB

La PC es un dispositivo moderno que ayuda a los ingenieros en sistemas de comunicación a analizar y diseñar sistemas de comunicación. Este libro de texto está diseñado de modo que la PC se pueda usar como herramienta para graficar formas de onda, calcular espectros (mediante la transformada rápida de Fourier); evaluar integrales y, en general, para ayudar al lector a entender, analizar y diseñar. Cuando se investiga el "software" disponible para usarse con la PC, hay que entender programación en C, Pascal, Basic o FORTRAN; o se puede seleccionar un paquete de "software" que solucione una clase particular de problemas, tales como problemas matemáticos. Para usarse con este libro, el autor seleccionó el paquete MATLAB, cuya versión estudiantil (para Windows y la MAC) está disponible en el mercado a un precio razonable.

Se dan soluciones de ecuaciones y problemas seleccionados marcados con un símbolo de PC ( ) obtenidas con una PC y archivos MATLAB M. La tabla 2-3 muestra un ejemplo de un archivo MATLAB M. Tanto los archivos MATHCAD como los MATLAB se pueden obtener vía Internet. Protocolo de transferencia de archivos anónima (FTP) en ftp.eel.ufl.edu/pub/COUCH/5ed.

[†] En el apéndice B se trata el tema de probabilidad y variables aleatorias, y por sí mismo es un capítulo completo. Esto permite al lector que no haya llevado un curso sobre este tema aprender este material antes de estudiar los capítulos 6 y 7.

## 1-6 DIAGRAMA DE BLOQUES DE UN SISTEMA DE COMUNICACIÓN

Con el diagrama de bloques mostrado en la figura 1-1 se pueden describir los sistemas de comunicación. No importa cuál sea la aplicación particular, todos los sistemas de comunicaciones implican tres subsistemas principales: el *transmisor*, el *canal* y el *receptor*. En todo el libro se utilizan los símbolos indicados en el diagrama de modo que el lector no se confunda sobre la localización de las señales en sistema completo. El mensaje proveniente de la fuente está representado por la forma de onda de entrada de información $m(t)$. El mensaje enviado al canal está denotado por $\tilde{m}(t)$. El [~] indica que el mensaje recibido puede no ser el mismo que el transmitido. Esto es, el mensaje en el canal, $\tilde{m}(t)$, puede estar contaminado por ruido en el canal o puede haber otros deterioros en el sistema, tales como filtraciones o no linealidades indeseables. La información en el mensaje puede estar en forma analógica o digital, según el sistema particular, y puede representar audio, video o algún otro tipo de información. En sistemas multicanalizados puede haber varias fuentes y canales de mensajes de entrada y salida. Los espectros (o frecuencias) de $m(t)$ y $\tilde{m}(t)$ se concentran alrededor de $f = 0$; por tanto, se dice que son señales de *bandabase*.

El bloque procesador de señales en el transmisor condiciona a la fuente para una transmisión más eficiente. Por ejemplo, en un sistema analógico, el procesador de señales puede ser un filtro de pasabajas analógico utilizado para limitar el ancho de banda de $m(t)$. En un sistema híbrido, el procesador de señales puede ser un convertidor analógico a digital (ADC). Éste produce una "palabra digital" que representa muestras de la señal de entrada analógica (como se describe en el capítulo 3, en la sección sobre modulación por codificación de pulsos). En este caso, el ADC en el procesador de señales proporciona una *codificación de fuente* de la señal de entrada. Además, el procesador de señales también agrega bits de paridad a la palabra digital, con lo que se produce *codificación de canal* de tal manera que el procesador de señales pueda detectar y corregir errores en el receptor para reducir o eliminar errores en los bits provocados por ruido en el canal. La señal a la salida del procesador de señales transmisor es una señal de bandabase porque sus frecuencias están concentradas en torno a $f = 0$.

El circuito transmisor de la portadora convierte la señal de bandabase procesada en una banda de frecuencia apropiada para el medio transmisor del canal. Por ejemplo, si el canal se compone de cables de fibra óptica, los circuitos portadores convierten la entrada de bandabase (es decir, frecuencias cercanas a $f = 0$) en frecuencias luminosas, y la señal transmitida, $s(t)$, es luminosa. Si el canal propaga señales de bandabase, no se requieren circuitos portadores, y $s(t)$ puede ser la salida del circuito procesador en el transmisor. Se requieren circuitos portadores cuando el canal transmisor se localiza en una banda de frecuencias alrededor de $f_c$ donde $f_c \gg 0$. (El subíndice denota frecuencia "portadora"). En este caso, se dice que $s(t)$ es *pasabanda* porque está diseñada para tener frecuencias localizadas alrededor de $f_c$. Por ejemplo, una estación radiodifusora de amplitud modulada (AM) con una frecuencia asignada de 850 kHz tiene

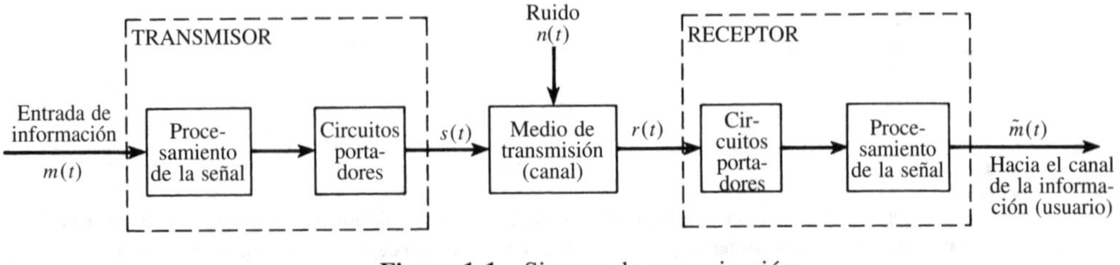


**Figura 1-1** Sistema de comunicación.

una frecuencia portadora de $f_c = 850$ kHz. El mapeo de la forma de onda de la información de entrada de bandabase $m(t)$ en la señal pasabanda $s(t)$ se llama *modulación.* [$m(t)$] es la señal de audio en la radiodifusión de AM.] En el capítulo 4 se demostrará que cualquier señal pasabanda tiene la forma

$$s(t) = R(t)\cos[\omega_c t + \theta(t)] \tag{1-2}$$

donde $\omega_c = 2\pi f_c$. Con $R(t) = 1$ y $\theta(t) = 0$, $s(t)$ sería una senoidal pura de frecuencia $f = f_c$ con ancho de banda *cero.* En el proceso de modulación provisto por los circuitos portadores, la forma de onda de entrada de bandabase $m(t)$ hace que $R(t)$ o $\theta(t)$ cambien como una función de $m(t)$. Estas fluctuaciones de $R(t)$ y $\theta(t)$ hacen que $s(t)$ tenga un ancho de banda diferente de cero que depende de las características de $m(t)$ y de las funciones de mapeo utilizadas para generar $R(t)$ y $\theta(t)$. En el capítulo 5 se dan ejemplos prácticos tanto de señalización pasabanda como analógica.

Los canales se clasifican en dos categorías: de alambre (cable) duro y alambre (cable) blando. Algunos ejemplos de canales de *alambre duro* son las líneas telefónicas de par trenzado, los cables coaxiales, las guías de ondas y los cables de fibra óptica. Algunos canales de *alambre (cable) blando* típicos son el aire, el vacío y el agua de mar. Es de tenerse en cuenta que los principios generales de la modulación digital y analógica se aplican a todos los tipos de canales, aunque las características de éstos imponen limitantes que favorecen un tipo particular de señalización. En general, el medio que conforma el canal atenúa la señal de modo que el nivel de ruido del canal o el ruido introducido por un receptor imperfecto hace que la información entregada $\tilde{m}$ se deteriore en relación con la de la fuente. El ruido presente en el canal puede ser el resultado de perturbaciones eléctricas naturales (por ejemplo, relámpagos) o de fuentes artificiales, tales como líneas de transmisión de alto voltaje, sistemas de encendido de automóviles, o incluso de circuitos conmutadores de una computadora digital cercana. El canal puede contener dispositivos amplificadores activos, tales como repetidoras presentes en sistemas de telefonía o *transponders* en sistemas satelitales de comunicación. Estos dispositivos son necesarios para mantener la señal por encima del nivel de ruido. Además, el canal puede incluir *múltiples trayectorias* entre su entrada y salida con diferentes características de demora y atenuación. Por si fuera poco, estas características pueden variar con el tiempo. Esta variación produce desvanecimiento de la señal a la salida del canal. Probablemente usted ha observado este tipo de desvanecimiento al escuchar estaciones de onda corta lejanas.

El receptor capta la señal contaminada a la salida del canal y la convierte en una señal de bandabase que puede ser manejada por el procesador de bandabase del receptor. El procesador de bandabase "limpia" la señal y entrega una estimación de la información original $\tilde{m}(t)$ a la salida del sistema de comunicación.

El objetivo del ingeniero es diseñar sistemas de comunicación de modo que la información se transmita al medio con tan poco deterioro como sea posible al mismo tiempo que se satisfacen las limitantes de diseño, como la energía transmitida, el ancho de banda de la señal y el costo permisibles. En sistemas digitales, por lo general se considera que la medida del deterioro es la *probabilidad de error de bit* ($P_e$) —conocida también como *tasa de error de bit* (BER, por sus siglas en inglés: *bit error rate*)— de los datos entregados $\tilde{m}$. En sistemas analógicos, por lo general se considera que la medida del rendimiento es la relación señal a ruido a la salida del receptor.

## 1-7 ASIGNACIONES DE FRECUENCIA

En sistemas de comunicación que utilizan la atmósfera como canal de transmisión, las condiciones de interferencia y propagación dependen en gran medida de la frecuencia de transmisión. En teoría, se podría usar cualquier tipo de modulación (por ejemplo, modulación en amplitud, modulación en frecuencia, banda lateral única, transmisión por desplazamiento de fase, transmisión por desplazamiento de frecuencia, etc.) a cualquier frecuencia de transmisión. Sin embargo, por cuestiones de orden y por razones políticas, los reglamentos gubernamentales especifican el tipo de modulación, ancho de banda y el tipo de información que se puede transmitir a través de bandas de frecuencia designadas.

A nivel internacional, la International Telecommunications Union (ITU) establece las asignaciones de frecuencia y las normas técnicas. La ITU es un organismo especializado de las Naciones Unidas y sus oficinas principales se localizan en Ginebra, Suiza, con una plantilla de personal de 700 empleados. Ésta es responsable de administrar los acuerdos ratificados por las 184 naciones integrantes de la ITU. En 1992, la ITU se reestructuró en tres sectores. El Radiocommunication Sector (Sector de Radiocomunicaciones, ITU-R) asigna frecuencias y se ocupa del uso eficiente del espectro de frecuencias de radio. El Telecommunications Standardization Section (Sector de Normalización de las Telecomunicaciones, ITU-T) examina las cuestiones técnicas, operativas y tarifarias. Recomienda normas a nivel mundial para las redes de telecomunicaciones públicas (PTN, por sus siglas en inglés: *public telecommunications network*) y sistemas de radio afines. El Telecommunication Development Sector (Sector para el Desarrollo de las Telecomunicaciones, ITU-D) proporciona asesoría técnica, en especial para países en vías de desarrollo. Esto hace que todos los servicios de telecomunicación se proporcionen a precios económicos e integren al sistema mundial de telecomunicaciones. Antes de 1992, la ITU se organizó en dos sectores principales: el International Telegraph and Telephone Consultative Committee (CCITT), (Comité Consultivo Internacional de Telegrafía y Telefonía) y el International Radio Consultative Committee (CCIR), (Comité Consultivo Internacional de Radio).

Cada nación miembro de la ITU conserva la soberanía sobre el uso del espectro de frecuencias y las normas adoptadas en su territorio. Sin embargo, se espera que cada nación acate el plan de frecuencias y normas generales adoptadas por la ITU. En general, cada nación establece un organismo responsable de administrar las asignaciones de radiofrecuencia dentro de sus fronteras. En Estados Unidos, la FCC regula y autoriza sistemas de radio para el público en general y para los gobiernos estatales y locales. Además, la National Telecommunication and Information Administration (NTIA), (Administración Nacional de Información y Telecomunicaciones) es responsable de asignar frecuencias para el gobierno y las fuerzas armadas de Estados Unidos. La FCC divide las asignaciones internacionales de frecuencia en dos subbandas para acomodar 70 categorías de servicios y 9 millones de transmisores. La tabla 1-2 es una lista general de bandas de frecuencia, de sus designaciones comunes, de sus condiciones de propagación típicas y de los servicios típicos asignados a dichas bandas.

## 1-8 PROPAGACIÓN DE LAS ONDAS ELECTROMAGNÉTICAS

Las características de propagación de las ondas electromagnéticas utilizadas en canales de alambre (cable) blando dependen en gran medida de la frecuencia. Esta situación se muestra en la tabla 1-2, en la que a los usuarios se les asigna frecuencias con las características de propagación apropiadas para la cobertura requerida. Las características de propagación son el resultado de cambios en la velocidad de las ondas de radio en función de la altitud y las condiciones limítrofes. La velocidad de las ondas depende de la temperatura y densidad y de los niveles de ionización del aire.

La ionización (es decir, electrones libres) del aire enrarecido a grandes altitudes tiene un efecto dominante en la propagación de ondas en las bandas de frecuencias medias (MF) y altas

**TABLA 1-2** BANDAS DE FRECUENCIA

| Banda de Frecuencia[a] | Designación | Características de propagación | Usos típicos |
|---|---|---|---|
| 3–30 kHz | Muy baja frecuencia (VLF) | Onda de tierra; baja atenuación de día y de noche; elevado nivel de ruido atmosférico | Navegación de larga distancia; comunicación submarina |
| 30–300 kHz | Baja frecuencia (LF) | Similar a VLF, un poco menos confiable; absorción en el día | Navegación de larga distancia y radiofaros de comunicación marina |
| 300–3000 kHz | Frecuencia media (MF) | Onda de tierra y onda espacial nocturna; baja atenuación de noche y alta de día; ruido atmosférico | Radio marítimo, localización de direcciones y radiodifusión AM |
| 3–30 Mhz | Alta frecuencia (HF) | La reflexión ionosférica varía con la hora del día; estación y frecuencia; poco ruido atmosférico a 30 Mhz | Radioaficionado; radiodifusión internacional, comunicación militar, comunicación aérea y marítima a larga distancia, telefonía, teléfono, facsímil |
| 30–300 MHz | Muy alta frecuencia (VHF) | Propagación casi en línea de vista (LOS), con dispersión debida a inversiones de temperatura, ruido cósmico | Televisión de VHF, radio FM de dos vías, comunicación aérea AM, ayudas de navegación para aeronaves |
| 0.3–3 GHz | Ultra alta frecuencia (UHF) | Propagación LOS, ruido cósmico | Televisión UHF, telefonía celular, ayudas para la navegación, radar, enlaces de microondas, sistemas de comunicación personal |
| | *Designación de letra* | | |
| 1.0–2.0 | L | | |
| 2.0–4.0 | S | | |
| 3–30 GHz | Superalta frecuencia (SHF) | Propagación LOS; atenuación producida por lluvia por encima de 10 GHz, atenuación atmosférica debida a oxígeno y vapor de agua; elevada absorción de vapor de agua a 22.2 GHz | Comunicación vía satélite, enlaces de radar vía microondas |
| | *Designación de letra* | | |
| 2.0–4.0 | S | | |
| 4.0–8.0 | C | | |
| 8.0–12.0 | X | | |
| 12.0–18.0 | Ku | | |
| 18.0–27.0 | K | | |
| 27.0–40.0 | Ka | | |
| 26.5–40.0 | R | | |

[a] kHz = $10^3$ Hz; MHz = $10^6$ Hz; GHz = $10^9$ Hz.

TABLA 1-2 BANDAS DE FRECUENCIA *(cont.)*

| Banda de frecuencia[a] | Designación | Características de propagación | Usos típicos |
|---|---|---|---|
| 30–300 GHz | Frecuencia extremadamente alta (EHF) | Las mismas; alta absorción de vapor de agua a 183 GHz y de oxígeno a 60 y 119 GHz | Radar, satélite, experimentales |
| | *Designación de letra* | | |
| 27.0–40.0 | Ka | | |
| 26.5–40.0 | R | | |
| 33.0–50.0 | Q | | |
| 40.0–75.0 | V | | |
| 75.0–110.0 | W | | |
| 110–300 | mm (milímetros) | | |
| $10^3$–$10^7$ GHz | Infrarrojo, luz visible y ultravioleta | Propagación LOS | Comunicaciones ópticas |

[a] kHz = $10^3$ Hz; MHz = $10^6$ Hz; GHz = $10^9$ Hz.

(HF). La radiación ultravioleta proveniente del sol genera la ionización, al igual que los rayos cósmicos. Por consiguiente, la cantidad de ionización está en función de la hora del día, estación del año y la actividad solar (manchas solares). Esto da por resultado varias capas de densidad de ionización variable localizadas a varias alturas alrededor de la Tierra.

Las regiones ionizadas dominantes son las capas D, E, F, $F_1$ y $F_2$. La capa D es la más cercana a la superficie de la Tierra a una altitud de unas 45 o 55 millas. Con $f > 300$ khz, la capa D actúa como una esponja de radiofrecuencia (RF) que absorbe (o atenúa) estas ondas de radio. La atenuación es inversamente proporcional a la frecuencia y se reduce a frecuencias por encima de 4 MHz. Con $f < 300$ kHz, la capa D produce refracción (inflexión) de las ondas de RF. La capa D está más pronunciada en el día, con ionización máxima cuando el sol está en el cenit, y prácticamente desaparece en la noche. La capa E tiene una altura de 65 a 75 millas, alcanza la ionización máxima alrededor del mediodía (hora local), y prácticamente desaparece cuando se pone el sol. Refleja las frecuencias HF durante el día. La capa F oscila en altitud entre 90 y 250 millas. Se ioniza con rapidez al amanecer y la máxima ionización ocurre en las primeras horas de la tarde y se reduce lentamente después de la puesta del sol. La región F se divide en dos capas, $F_1$ y $F_2$, de día y forman una capa de noche. La región F es el medio más predominante en el que se reflejan las ondas HF. Tal como se muestra en la figura 1-2, el espectro electromagnético se divide en tres bandas anchas que poseen una de tres características de propagación dominantes: onda terrestre, onda espacial y línea de vista (LOS, por sus siglas en inglés: *line of sight*).

La propagación de ondas terrestres se ilustra en la figura 1-2a. Es el modo dominante de propagación a frecuencias por debajo de 2 MHz. En este caso la onda electromagnética tiende a seguir el contorno de la Tierra. Es decir, la difracción de la onda hace que se propague a lo largo de la superficie de la Tierra. Éste es el modo de propagación utilizado en la radiodifusión de AM, donde la cobertura local sigue el contorno de la Tierra, y la señal se propaga sobre el horizonte visual. La pregunta que con frecuencia se hace es: ¿cuál es la radiofrecuencia más baja que se puede usar? La respuesta es que el valor de la frecuencia útil más baja depende de cuán larga se desea hacer la antena. Para una radiación eficiente, la antena tiene que ser más larga que $\frac{1}{10}$ de la longitud de onda. Por ejemplo, para enviar señales con una frecuencia portadora de $f_c = 10$ kHz, la longitud de onda es

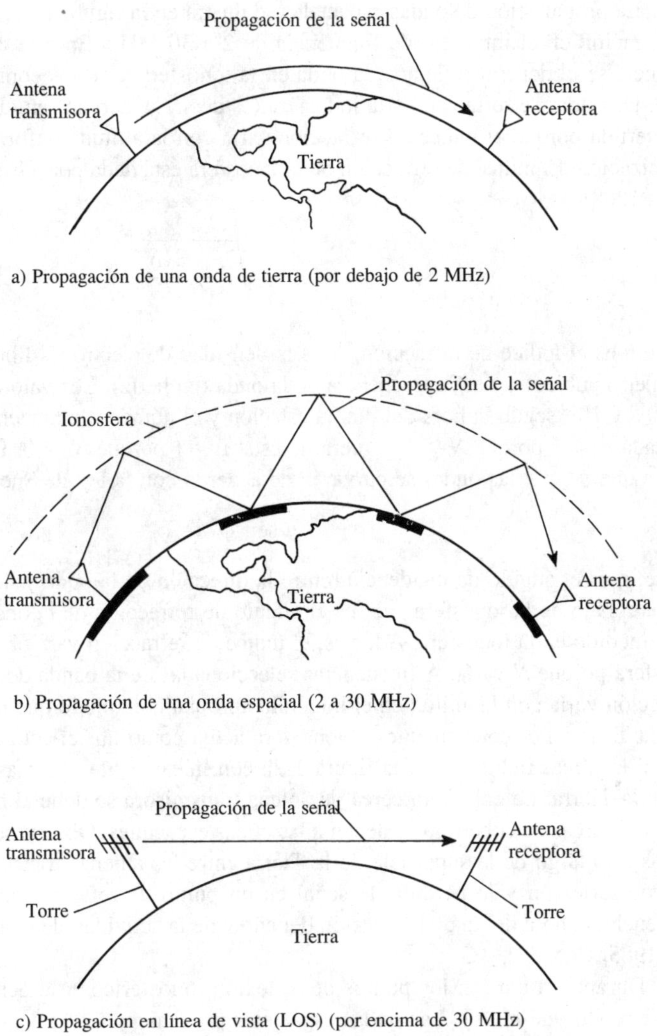


a) Propagación de una onda de tierra (por debajo de 2 MHz)



b) Propagación de una onda espacial (2 a 30 MHz)



c) Propagación en línea de vista (LOS) (por encima de 30 MHz)

**Figura 1-2** Propagación de frecuencia de radio.

$$\lambda = \frac{c}{f_c}$$

$$\lambda = \frac{(3 \times 10^8 \text{ m/s})}{10^4} = 3 \times 10^4 \text{ m} \tag{1-3}$$

donde $c$ es la velocidad de la luz. (La fórmula $\lambda = c/f_c$ es distancia = velocidad × tiempo, donde el tiempo necesario para recorrer una longitud de onda es $t = 1/f_c$). Por tanto la antena tiene que ser de por lo menos 3000 m de longitud para una radiación electromagnética eficiente a 10 kHz.

La propagación de ondas espaciales se ilustra en la figura 1-2b. Es el modo dominante de propagación en el intervalo de frecuencia de 2 a 30 MHz. En este caso la cobertura de larga distancia se obtiene al reflejarse la onda en la ionosfera y en los confines de la Tierra. En realidad, las ondas se refractan en la ionosfera (es decir, se curvan) gradualmente en forma de una U invertida porque el índice de refracción varía con la altitud conforme cambia la densidad de la ionización. El índice de refracción de la ionosfera está dada por [Griffiths, 1987; Jordan y Balmain, 1968]

$$n = \sqrt{1 - \frac{81N}{f^2}} \tag{1-4}$$

donde $n$ es el índice de refracción, $N$ es la densidad de electrones libres (número de electrones por metro cúbico) y $f$ es la frecuencia de la onda (en hertz). Los valores típicos de $N$ varían entre $10^{10}$ y $10^{12}$ según la hora del día, la estación y el número de manchas solares. En una región ionizada $n < 1$ porque $N > 0$ y fuera de ésta $n \approx 1$ porque $N \approx 0$. En la región ionizada, debido a que $n < 1$, las ondas se curvarán de acuerdo con la ley de Snell:

$$n \text{ sen } \varphi_r = \varphi_i \tag{1-5}$$

donde $\varphi_i$ es el ángulo de incidencia (entre la dirección de la onda y la vertical) medido exactamente debajo de la ionosfera y $\varphi_r$ es el ángulo de refracción de la onda (con respecto a la vertical) medido en la ionosfera. Además, el índice de refracción variará con la altitud dentro de la ionosfera porque $N$ varía. A frecuencias seleccionadas de la banda de 2 a 30 MHz, el índice de refracción varía con la altitud en el intervalo apropiado de modo que la onda se curva de regreso a la Tierra. Por consiguiente, la ionosfera actúa como un reflector. La estación transmisora cubrirá las áreas indicadas en la figura 1-2b con líneas negras gruesas a lo largo de la superficie de la Tierra. La cobertura cerca de antena transmisora se debe al modo de onda terrestre, y las demás áreas de cobertura se deben a las ondas espaciales. Obsérvese que existen áreas no cubiertas a lo largo de la superficie de la Tierra entre las antenas transmisora y receptora. El ángulo de reflexión y la pérdida de señal en un punto de reflexión ionosférico depende de la frecuencia, la hora del día y la estación del año y de la actividad de manchas solares del sol [Jordan, 1985, Cap. 33].

Durante el día (en los puntos de reflexión ionosféricos), la densidad de electrones será alta de modo que $n < 1$. Las ondas espaciales provenientes de estaciones distantes al otro lado del mundo se escucharán en las bandas de onda corta. Sin embargo, la capa D también está presente durante el día. Ésta absorbe frecuencias por debajo de 4 MHz. Este es el caso de las estaciones de radio AM, en el que las estaciones distantes no se oyen de día, pero de noche la capa desaparece y las estaciones AM lejanas se oyen por medio de la propagación de ondas espaciales.

La propagación por ondas espaciales es provocada principalmente por reflexión de la capa F (90 a 250 millas de altitud). Debido a esta capa, las radiodifusoras internacionales en la banda de HF se oyen desde el otro lado casi a cualquier hora del día o de la noche.

La propagación LOS se ilustra en la figura 1-2c. Este es el modo dominante de propagación a frecuencias por encima de 30 MHz. En este caso la onda electromagnética se propaga en línea recta. Aquí $f^2 \gg 81N$, de modo que $n \approx 1$, y la refracción provocada por la ionosfera es muy poca. De hecho, la señal se propagará *a través* de la ionosfera. Esta propiedad se utiliza en comunicaciones vía satélite.

El modo LOS tiene la desventaja de que para establecer comunicación entre dos estaciones terrestres, la trayectoria de la señal tiene que estar por encima del horizonte. De lo contra-

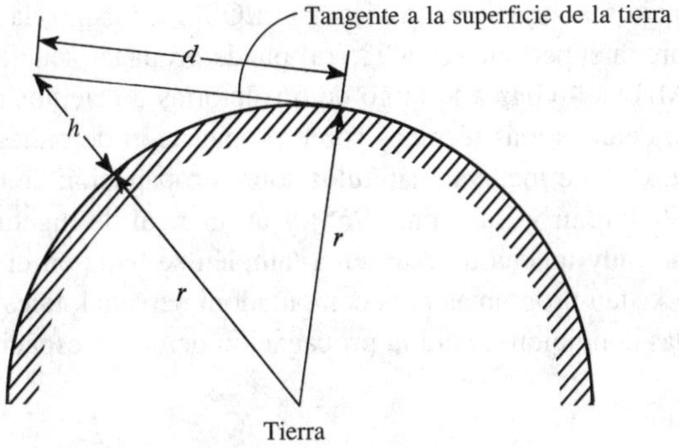


**Figura 1-3** Cálculo de la distancia al horizonte.

rio, la Tierra obstruiría la trayectoria LOS. Por eso las antenas tienen que instalarse en torres altas de modo que la antena receptora pueda "ver" a la transmisora. Con la figura 1-3 se puede obtener con facilidad una fórmula para la distancia al horizonte, *d*, como una función de la altura de la antena. De esta figura,

$$d^2 + r^2 = (r + h)^2$$

o

$$d^2 = 2rh + h^2$$

donde $r$ es el radio de la Tierra y $h$ es la altura de la antena sobre la superficie de la Tierra. En esta aplicación $h^2$ es insignificante con respecto a $2rh$. El radio de la Tierra es de 3960 millas terrestres. Sin embargo, a frecuencias de radio LOS el radio[†] efectivo de la Tierra es 4/3 (3960) millas. Por tanto, la distancia al horizonte de radio es

$$d = \sqrt{2h} \text{ millas} \tag{1-6}$$

donde se utilizaron factores de conversión de modo que $h$ es la altura de la antena en pies, y $d$ está en millas terrestres. Por ejemplo, las estaciones de televisión tienen frecuencias asignadas superiores a 30 MHz en el intervalo de VHF o UHF (véase la tabla 1-2), y la cobertura de la zona de recepción defectuosa de estaciones de alta potencia está limitada por el horizonte de radio LOS. Para una estación de televisión con una torre de 1000 pies, $d$ es de 44.7 millas. Para un televidente en el área de recepción defectuosa que tenga una antena de 30 pies de altura, $d$ es de 7.75 millas. Así pues, para estas alturas de transmisión y recepción, la estación de televisión cubriría el área de recepción defectuosa a un radio de 44.7 + 7.75 = 52.5 millas alrededor de la torre transmisora.

Además del modo de propagación LOS, es posible contar con la *propagación por dispersión ionosférica.* Este modo ocurre en el intervalo de frecuencia de 30 a 60 MHz, cuando la señal de radiofrecuencia se dispersa a causa de las irregularidades del índice de refracción de la ionosfera más baja (unas 50 millas sobre la superficie de la Tierra). Debido a esta dispersión, se pueden establecer comunicaciones a lo largo de tramos de trayectoria de 1000 millas, aunque

† El índice refractivo de la atmósfera disminuye un poco con la altura, lo cual provoca la curvatura de los rayos de radio. Este efecto se incluye en los cálculos LOS utilizando un radio terrestre efectivo igual a cuatro tercios del radio real.

esta distancia sea superior a la distancia LOS. Asimismo, la *dispersión troposférica* (a unas 10 millas sobre la superficie de la Tierra) puede propagar señales de radiofrecuencia en el intervalo de 40 MHz a 4 GHz a lo largo de trayectorias de cientos de millas.

Para detalles más técnicos sobre propagación de ondas de radio, el lector debe consultar libros de texto que incluyan capítulos sobre propagación de ondas terrestres y espaciales [Griffiths, 1987; Jordan y Balmain, 1968] y un manual de ingeniería de radio [Jordan, 1985]. Una descripción muy amena de este tema también se halla en el manual de ARRL [ARRL, 1994]. También existen programas para computadora personal, tales como MINIMUF y PropMan, que predicen las condiciones para la propagación de ondas espaciales [Rose, 1982, 1984; Rockwell, 1995].

## 1-9 MEDIDA DE LA INFORMACIÓN

Como ya se vio, el objetivo de los sistemas de comunicación es transmitir información desde una fuente hasta un canal. Sin embargo, ¿qué es con exactitud la información y cómo se mide? Cualitativamente se sabe que está relacionada con la sorpresa que se experimenta cuando se recibe el mensaje. Por ejemplo, el mensaje "El océano ha sido destruido por una explosión nuclear" contiene más información que el mensaje "Hoy está lloviendo".

**DEFINICIÓN.** La *información* enviada desde una fuente digital cuando se transmite el mensaje *j*-ésimo está dada por

$$I_j = \log_2 \left(\frac{1}{P_j}\right) \text{ bits} \tag{1-7a}$$

donde $P_j$ es la probabilidad de transmitir el mensaje *j*-ésimo.†

De esta definición se desprende que los mensajes que tienen menos probabilidad de ocurrir (valor más pequeño de $P_j$) proporcionan más información (valor mayor de $I_j$). También se observa que esta medida de la información depende sólo de la probabilidad de enviar el mensaje y no de la posible interpretación del contenido con respecto a si tiene o no sentido.

La base del logaritmo determina las unidades utilizadas para medir la información. Así pues, para unidades de "bits" se usa el logaritmo de base 2. Si se usa el logaritmo natural, las unidades son "nats"; y para los logaritmos de base 10, la unidad es el "hartley", en honor de R. V. Hartley, quien sugirió por primera vez el uso de medidas logarítmicas en 1928 [Hartley, 1948].

En esta sección, el término *bit* denota una unidad de información tal como la define (1-7a). En secciones posteriores, en particular en el capítulo 3, *bit* también se usa para denotar unidades de información. Sin embargo, la mayoría de los ingenieros utilizan la misma palabra (*bit*) para denotar ambas clases de unidades, con el sentido particular entendido por el contexto en el que se utiliza la palabra. Este libro sigue esa costumbre de la industria.

Para una fácil evaluación de $I_j$ con una calculadora (1-7a) se puede escribir en función del logaritmo de base 10 o del logaritmo natural.

†La definición de probabilidad se da en el apéndice B.

$$I_j = -\frac{1}{\log_{10} 2} \log_{10} P_j = -\frac{1}{\ln 2} \ln P_j \tag{1-7b}$$

En general, el contenido de la información varía de un mensaje a otro porque la $P_j$ no es igual. Por consiguiente, se requiere una medida de información promedio para la fuente que considere todos los mensajes posibles que se pueden enviar.

**Definición.** La *medida de la información promedio* de una fuente digital es

$$H = \sum_{j=1}^{m} P_j I_j = \sum_{j=1}^{m} P_j \log_2 \left(\frac{1}{P_j}\right) \text{ bits} \tag{1-8}$$

donde $m$ es el número de mensajes originales diferentes posibles, y $P_j$ es la probabilidad de enviar el mensaje $j$-ésimo ($m$ es finito porque se supone una fuente digital). La información promedio se llaman *entropía*.

## Ejemplo 1-1 Evaluación de la información y la entropía

Determine el contenido de información de un mensaje compuesto de una palabra digital de 12 dígitos de longitud en la que cada dígito puede adoptar uno de cuatro niveles posibles. Se supone que la probabilidad de enviar cualesquiera de los cuatro niveles es igual, y que el nivel en cualquier dígito no depende de los valores adquiridos por dígitos previos.

En una cadena de 12 símbolos (dígitos) donde cada símbolo consiste en uno de cuatro niveles, existen $4 \cdot 4 \cdots 4 = 4^{12}$ diferentes combinaciones (palabras) que se pueden obtener. Como cada nivel es igualmente probable, todas las diferentes palabras son igualmente probables. Por tanto,

$$P_j = \frac{1}{4^{12}} = \left(\frac{1}{4}\right)^{12}$$

o

$$I_j = \log_2\left(\frac{1}{(\frac{1}{4})^{12}}\right) = \log_2(4) = 24 \text{ bits}$$

En este ejemplo se ve que el contenido de la información en *cualesquiera* de los posibles mensajes es igual a aquél en cualquier otro mensaje posible (24 bits). Por consiguiente, la información promedio $H$ es 24 bits.

Supóngase que se permiten sólo dos niveles (binarios) por cada dígito y que todas las palabras son igualmente probables. Entonces la información sería $I_j = 12$ bits para las palabras binarias, y la información promedio sería $H = 12$ bits. En este caso, todas las palabras de 12 bits darían 12 bits de información porque las palabras tenían la misma probabilidad. De no haber sido igualmente probables, algunas de las palabras de 12 bits contendrían más de 12 bits de información y algunas contendrían menos, y la información promedio contendría menos de 12 bits.

La velocidad de transferencia de la información también es importante.

**Definición.** La *velocidad de la fuente* está dada por

$$R = \frac{H}{T} \text{ bits/s} \tag{1-9}$$

donde $H$ se evalúa con la ecuación (1-8), y $T$ es el tiempo requerido para enviar el mensaje.

Las definiciones dadas con anterioridad son válidas para fuentes digitales. Las definiciones de fuentes continuas no se presentan aquí porque las matemáticas son más complicadas y los significados físicos son más difíciles de interpretar. Sin embargo, no existe ninguna necesidad de preocuparse demasiado por el caso continuo porque, desde un punto de vista microscópico, la comunicación es inherentemente un proceso discreto, tal como lo señaló Shannon en 1948 y lo mencionó Hartley en 1928. Desde un punto de vista macroscópico, las fuentes analógicas pueden ser imitadas por fuentes digitales con tanta exactitud como se desee.

## 1-10 CAPACIDAD DEL CANAL Y SISTEMAS DE COMUNICACIÓN IDEALES

Se pueden usar muchos criterios para evaluar la eficacia de un sistema de comunicación para ver si es ideal o perfecto. Algunos de estos criterios son el costo, el ancho de banda del canal utilizado, la potencia del transmisor requerida y la demora a través del sistema.

En sistemas digitales, el sistema óptimo se podría definir como aquel que reduce al mínimo la probabilidad de error de bit en la salida del sistema, sujeta a limitaciones sobre la energía transmitida y el ancho de banda del canal. Por eso, los errores en los bits y el ancho de banda de la señal son de primordial importancia y se analizan en capítulos subsecuentes. Esto hace que surja la pregunta: ¿es posible inventar un sistema sin errores en los bits a la salida aun cuando se introduzca ruido en el canal? Claude Shannon contestó esta pregunta en 1948-1949 [Shannon, 1948, 1949]. La respuesta es sí, conforme a ciertas suposiciones. Shannon demostró que (en el caso de señal más ruido blanco gaussiano) la capacidad de un canal $C$ (bits/s) se podría calcular de tal modo que si la velocidad de transferencia de la información $R$ (bits/s) fuera menor que $C$, la probabilidad de errores en los bits tendería a cero. La ecuación para $C$ es

$$C = B \log_2 \left(1 + \frac{S}{N}\right) \tag{1-10}$$

donde $B$ es el ancho de banda del canal en hertz (Hz) y $S/N$ es la relación de la potencia de la señal a ruido (watts/watts, no dB) en la entrada del receptor digital. Shannon no explicó cómo se construye este sistema, pero demostró que es teóricamente posible construir un sistema como ése. De este modo, Shannon señaló una meta de rendimiento teórico que hay que tratar de lograr con sistemas de comunicación prácticos. Los sistemas que se aproximan a esta meta por lo general incorporan codificación de corrección de errores. El ruido presente en el canal continúa provocando errores a la entrada del decodificador receptor; no obstante, se ha agregado suficiente redundancia a la señal transmitida de manera que el decodificador pueda detectar y corregir errores con sus circuitos procesadores.

En sistemas analógicos, se podría definir el sistema óptimo como aquel que logra la relación de señal a ruido más grande en la salida del receptor sujeta a limitaciones de diseño, tales como el ancho de banda del canal y la potencia transmitida. En este caso, la evaluación de la relación de la señal de salida a ruido es de primordial importancia. Se podría hacer la pregunta: ¿es posible diseñar un sistema con una relación de señal a ruido infinita a la salida cuando el canal introduce ruido? La respuesta es no. El rendimiento de los sistemas analógicos prácticos con respecto al del sistema ideal de Shannon se ilustra en el capítulo 7 (véase la figura 7-27).

Nyquist en 1924 y Hartley en 1928 descubrieron otras limitaciones fundamentales para la transmisión de señales digitales. Si un pulso representa un bit de datos, Nyquist demostró que se podían enviar pulsos no interferentes a través de un canal a una velocidad no mayor que $2B$ pulsos/s, donde $B$ es el ancho de banda del canal en hertz. Esto que ahora se conoce como teorema de dimensionalidad se analiza en el capítulo 2. Hartley generalizó el resultado de Nyquist para el caso de transmisión de señales por pulsos de varios niveles tal como se ve en los capítulos 3 y 5.

La siguiente sección expone las mejoras que se pueden obtener en los sistemas digitales cuando se usa la codificación, y cómo estos sistemas codificados se comparan con el sistema ideal de Shannon.

## 1-11 CODIFICACIÓN

Si los datos a la salida de un sistema de comunicación digital contienen errores que son demasiado frecuentes para el uso deseado, con frecuencia se reducen con el uso de una de dos técnicas principales.

- Solicitud de repetición automática (ARQ, por sus siglas en inglés: *Automatic repeat request*)
- Corrección de errores de transmisión (anticipada) (FEC, por sus siglas en inglés: *Forward error correction*)

En un sistema ARQ, cuando un circuito receptor detecta errores en un bloque de datos, solicita que se retransmita el bloque de datos. En un sistema FEC, los datos transmitidos se codifican de modo que el receptor pueda detectar y corregir los errores. Estos procedimientos también se clasifican como *codificación de canal* porque se utilizan para corregir errores provocados por el ruido presente en el canal. Este procedimiento difiere de la *codificación en la fuente*, descrita en el capítulo 3, donde el objetivo de la codificación es extraer la información esencial de la fuente y codificarla a forma digital de modo que se pueda guardar o transmitir mediante técnicas digitales.

La elección entre usar la técnica ARQ o la FEC depende de la aplicación particular. Con frecuencia se usa la ARQ en sistemas de comunicación por computadora porque es relativamente barata de poner en ejecución, y por lo general existe un canal (de dos vías) duplex de modo que el extremo receptor puede transmitir de regreso una confirmación (ACK, del inglés: *acknowledgment*) de que los datos se recibieron correctamente o una solicitud de retransmisión (NAC) cuando se reciben con errores. (Véase el apéndice C, sección C-4, para ejemplos de transmisión de señales ARQ.) Las técnicas FEC se utilizan para corregir errores en canales simplex (de una vía) donde el regreso de un indicador ACK/NAC (requerido en la técnica ARQ) no es factible. La técnica FEC se prefiere en sistemas con largas demoras en la transmisión porque si se utilizara la técnica ARQ, la velocidad de transferencia de datos efectiva sería muy lenta; el transmisor tendría largos periodos de inactividad mientras espera el indicador ACK/NAC, el cual se retarda por las largas demoras en la transmisión. Como los sistemas ARQ se analizan en el apéndice C, en el resto de esta sección se analizan las técnicas FEC.

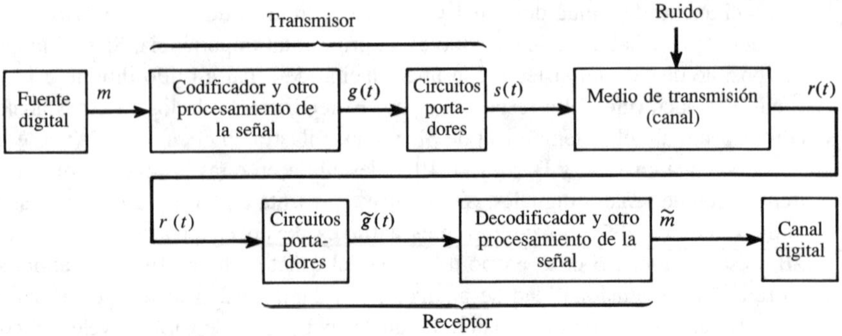


**Figura 1-4** Sistema de comunicación digital en general.

Los sistemas de comunicación con FEC se ilustran en la figura 1-4, en la que se señalan los bloques codificadores y decodificadores. Desde un *punto de vista teórico*, el teorema de capacidad de canal de Shannon establece que un valor finito de $S/N$ limita sólo la *velocidad* (bits/s) de transmisión. Esto es, la probabilidad de errores, $P(E)$, se aproxima a cero siempre que la velocidad de transmisión de la información sea menor que la capacidad del canal. Este teorema implica que se requiere codificación para que $P(E) \to 0$. La pregunta es: *¿qué* P(E) *se puede lograr cuando se utiliza codificación práctica*?

El tema de codificación es inmenso, y ni siquiera se intentará dar una introducción de las numerosas técnicas de codificación que se han desarrollado. Sin embargo, se resumirán algunos de los conceptos básicos implicados y se citarán resultados que señalan la mejora práctica que se obtiene cuando se utiliza codificación.

La codificación implica agregar bits adicionales (redundantes) a la corriente de datos de modo que el decodificador reduzca o corrija los errores a la salida del receptor. Sin embargo, los bits adicionales tienen la desventaja de incrementar la velocidad de transferencia de datos (bits/s) y, por ende, de incrementar el ancho de banda de la señal codificada.

Los códigos se clasifican en dos amplias categorías:

- *Códigos de bloque*. Es una transformación de $k$ símbolos binarios de entrada en $n$ símbolos binarios de salida. Por consiguiente, el codificador de bloques es un dispositivo *sin memoria*. Puesto que $n > k$, se selecciona la codificación que produzca redundancia, tal como *bits de paridad*, los cuales son utilizados por el decodificador para corregir y detectar errores. Los códigos están denotados por $(n, k)$, donde la velocidad de codificación $R^{\dagger}$ se define como $R = k/n$. Los valores prácticos de $R$ varían desde $\frac{1}{4}$ hasta $\frac{7}{8}$, y $k$ varía desde 3 hasta varios cientos [Clark y Cain, 1981].
- *Códigos convolucionales*. Un codificador que tiene *memoria* produce un código convolucional. El codificador convolucional acepta $k$ símbolos binarios en su entrada y produce $n$ símbolos binarios en su salida, donde los $n$ símbolos de salida se ven afectados por $v + k$ símbolos de entrada. Se incorpora memoria porque $v > 0$. La velocidad de codificación está definida por $R = k/n$. Los valores típicos de $k$ y $n$ varían desde 1 hasta 8, y los de $v$ desde 2 hasta 60. La variación de $R$ es entre $\frac{1}{4}$ y $\frac{7}{8}$ [Clark y Cain, 1981]. Un valor reducido de la velocidad de codificación $R$ indica un alto grado de redundancia, lo que proporciona un control de errores más efectivo a expensas de incrementar el ancho de banda de la señal codificada.

†No se confunda la tasa de código (con unidades de bits/bits) con la tasa de datos o tasa de información (cuyas unidades son de bits/s).

## Códigos de bloque

Antes de analizar los códigos de bloque, se precisan varias definiciones. El *peso de Hamming* de una palabra de código es el número binario de 1 bit. Por ejemplo, la palabra de código 110101 tiene un peso de Hamming de 4. La *distancia de Hamming* entre dos palabras de código, denotadas por $d$, es el número de posiciones en las cuales difieren. Por ejemplo, la distancia entre las palabras de código 110101 y 111001 es de $d = 2$. Una palabra de código recibida se puede verificar para ver si contiene errores. Algunos de los errores se podrán detectar y corregir si $d \geq s + t + 1$, donde $s$ es el número de errores que se puede detectar, y $t$ es el número de errores que se puede corregir ($s \geq t$). Por consiguiente, si $d \geq 2t + 1$ se puede detectar y corregir un patrón de $t$ o unos cuantos errores.

Una palabra de código general se expresa en la forma

$$i_1 i_2 i_3 \cdots i_k p_1 p_2 p_3 \cdots p_r$$

donde $k$ es el número de bits de información, $r$ es el número de bits de comprobación de paridad y $n$ es la longitud total de la palabra en el código de bloque $(n, k)$, donde $n = k + r$. Esta disposición de los bits de la información al principio de la palabra de código seguidos por los bits de paridad es más común. Se dice que un código de bloque como ése es *sistemático*. Otras disposiciones con los bits de paridad intercalados entre los bits de información son posibles y por lo general se consideran códigos equivalentes.

Hamming ideó un procedimiento para diseñar códigos de bloques con capacidad de corrección de error simple [Hamming, 1950]. Un código Hamming es un código de bloque que tiene una distancia Hamming de 3. Como $d \geq 2t + 1$, $t = 1$, y se puede detectar y corregir un error simple. Sin embargo, se permiten sólo ciertos códigos $(n, k)$. Los códigos Hamming permisibles son

$$(n, k) = (2^m - 1, 2^m - 1 - m) \tag{1-11}$$

donde $m$ es un entero y $m \geq 3$. Por tanto, algunos de los códigos permisibles son (7, 4), (15, 11), (31, 26), (63-67) y (127, 120). La proporción de codificación $R$ tiende a 1 conforme $m$ se va haciendo más grande.

Además de los códigos de Hamming, existen muchos otros tipos de códigos de bloques. Una clase muy aceptada se compone de los códigos cíclicos. Los *códigos cíclicos* son códigos de bloques, de tal modo que se puede obtener otra palabra de código con cualquier palabra de código, desplazando los bits del lado derecho y colocándolos del lado izquierdo. Estos tipos de códigos tienen la ventaja de ser muy fáciles de cifrar desde la fuente del mensaje por medio de registros de desplazamiento lineal baratos con retroalimentación. Esta estructura permite también su fácil decodificación. Algunos ejemplos de códigos cíclicos y afines son los de Bose-Chaudhuri-Hocquenhem (BCH), Reed-Solomon, Hamming, y los códigos máxima longitud de Reed-Müller y Golay. En la tabla 1-3 se dan algunas propiedades de los códigos de bloques [Bhargava, 1983].

## Códigos convolucionales

En la figura 1-5 se ilustra un codificador convolucional. En éste se desplazan $k$ bits (un cuadro de entrada) en cada momento, y, al mismo tiempo, se eliminan $n$ bits por desplazamiento,

**TABLA 1-3** PROPIEDADES DE CÓDIGOS DE BLOQUE

| Propiedad | Código[a] BCH | Reed-Solomon | Hamming | Longitud máxima |
|---|---|---|---|---|
| Longitud del bloque | $n = 2^m - 1$ $m = 3, 4, 5, \ldots$ | $n = m(2^m - 1)$ bits | $n = 2^m - 1$ | $n = 2^m - 1$ |
| Número de bits de paridad | | $r = m2t$ bits | $r = m$ | |
| Distancia mínima | $d \geq 2t + 1$ | $d = m(2t + 1)$ bits | $d = 3$ | $d = 2^m - 1$ |
| Número de bits de información | $k \geq n - mt$ | | | $k = m$ |

[a] $m$ es cualquier entero positivo a menos que se indique lo contrario; $n$ es la longitud del bloque; $k$ es el número de bits de información.

donde $n > k$. Por consiguiente, cada cuadro de entrada de $k$-bits produce un cuadro de salida de $n$-bits. La redundancia provista en la salida se debe a que $n > k$. Además, existe memoria en el codificador, porque el cuadro de salida depende de los $K$ cuadros de entrada previos donde $K > 1$. La *proporción de codificación* es $R = k/n$, la cual es $\frac{3}{4}$ en esta ilustración. La *longitud limitante*, $K$, es el número de cuadros de entrada que se retienen en el registro de desplazamiento de $kK$-bits.[†] Según el código convolucional particular que se vaya a generar, se agregan y utilizan los datos provenientes de las $kK$ etapas del registro de desplazamiento (módulo 2) para colocar los bits en el registro de salida de $n$-etapas.

Por ejemplo, considérese el codificador convolucional ilustrado en la figura 1-6. En este caso $k = 1$, $n = 2$, $K = 3$, y un conmutador con dos entradas realiza la función de un registro de desplazamiento de salida de dos etapas. El código convolucional se genera introduciendo un bit de datos y luego haciéndolo girar una revolución completa. Este proceso se repite con los bits de entrada sucesivos para producir la salida convolucionalmente codificada. En este ejemplo, cada bit de entrada $k = 1$ produce bits de salida $n = 2$, de modo que la proporción de codificación es $R = k/n = \frac{1}{2}$. El código de árbol de la figura 1-7 da las secuencias codificadas correspondientes al codificador convolucional mostrado en la figura 1-6. Para usar el árbol de codificación hay que proceder hacia arriba si la entrada es un 0 binario o hacia abajo si es un 1 binario. Los bits codificados correspondientes se muestran entre paréntesis. Por ejemplo, si se introduce la secuencia de entrada $x_{11} = 1010$ (bit de entrada más reciente a la derecha), la secuencia de salida codificada correspondiente es $y_{11} = 11010001$, tal como lo muestra la trayectoria A en la figura 1-7.

Una señal convolucionalmente codificada se decodifica "igualando" los datos codificados recibidos al patrón de bits correspondiente en el código de árbol. En la decodificación secuencial (una técnica que no llega a ser óptima), la trayectoria se localiza como cuando el conductor de un automóvil da una vuelta equivocada en el retorno de una carretera y se da cuenta del error, regresa y prueba otra trayectoria. Por ejemplo, si se recibió $y_{11} = 11010010$, la trayectoria sería la más parecida y los datos decodificados serían $x_{11} = 1010$. Con ruido en el canal, algunos de los bits codificados recibidos contendrían errores, y entonces las trayectorias no

[†] En la literatura se utilizan varias definiciones de longitud restringida [Blahut, 1983; Clark y Cain, 1981; Proakis, 1995].

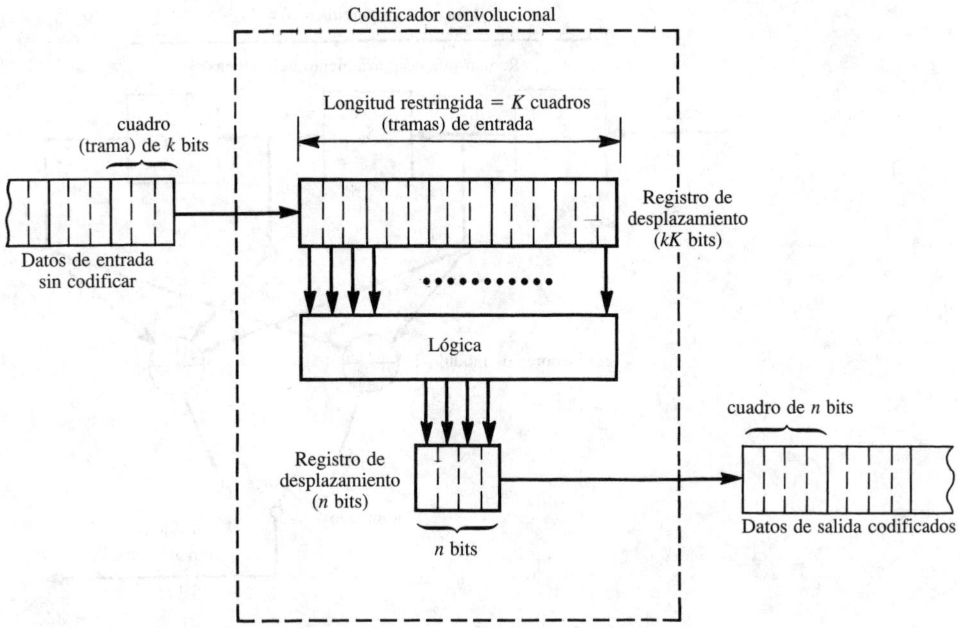


**Figura 1-5** Codificación convolucional ($k = 3$, $n = 4$, $K = 5$ y $R = \frac{3}{4}$).

coincidirían con exactitud. En este caso, la trayectoria semejante se halla seleccionando una trayectoria que reduzca al mínimo la distancia de Hamming entre la secuencia de trayectoria seleccionada y la secuencia codificada recibida.

Un algoritmo decodificador óptimo, llamado *decodificación Viterbi*, emplea un procedimiento similar. Examina las posibles trayectorias y selecciona las mejores con base en algunas probabilidades condicionales [Forney, 1973]. El procedimiento Viterbi se vale de decisiones ya sea permanentes o selectivas. Un algoritmo de *decisión selectiva* primero decide el resultado con base en la estadística de prueba† por encima o por debajo del umbral de decisión y luego asigna un número "confidencial" que especifica qué tanto se aproxima la estadística de prueba al valor de umbral. En las *decisiones permanentes* sólo la salida de decisión se conoce, y no se sabe si la decisión resultó "casi igual para considerarla" (porque el valor de prueba resultó casi igual al valor de umbral). La técnica de decisión selectiva se traduce en una mejora de 2 dB (disminución) en la entrada $E_b/N_0$ al receptor [Clark y Cain, 1981], $E_b$ es la energía de la señal recibida en un lapso de 1 bit, y $N_0/2$ es la densidad espectral de potencia (PSD, por sus siglas en inglés: *power spectral density*) del ruido en el canal a la entrada del receptor. Tanto $E_b$ como $N_0$ se definirán en detalle en capítulos posteriores —véase, por ejemplo, (7-24b) u (8-44).

## Intercalación de códigos

En el análisis anterior, se supuso que de no utilizarse codificación, el ruido existente en el canal produciría errores en los bits al azar a la salida del receptor más o menos aislados, es decir, no adyacentes. Con la adición de codificación, la redundancia permitió que el decodificador

†La estadística de prueba es un valor calculado en el receptor con base en la entrada del mismo durante un lapso dado, véase (7-4).

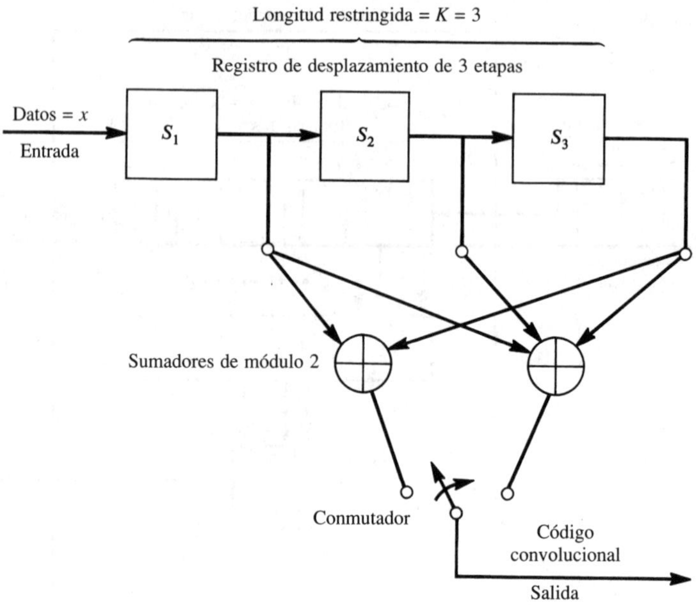


**Figura 1-6** Codificador convolucional para una tasa de $\frac{1}{2}$, y código de longitud restringida igual a 3.

receptor corrigiera los errores de modo que la salida decodificada resultara casi sin errores. Sin embargo, en algunas aplicaciones ocurren amplios pulsos del ruido en canal. Si se utilizan las técnicas de codificación usuales en estas situaciones, se presentan ráfagas de errores a la salida del decodificador porque las ráfagas de ruido son más anchas que el "tiempo de redundancia" del código. Esta situación mejora con el uso de intercalación de códigos.

En el extremo transmisor, los datos codificados se intercalan revolviéndose (es decir, como se revuelve un mazo de cartas) los bits codificados en un lapso de varios tramos de bloques (en el caso de códigos de bloques) o de varios tramos limitantes (en el caso de códigos convolucionales). La longitud de tramo requerida es de varias veces la duración de la ráfaga de ruido. En el receptor, antes de decodificarlos, los datos que contienen ráfagas de errores se desintercalan para producir datos codificados con errores aislados. Los errores aislados se conectan entonces haciendo pasar los datos codificados a través del decodificador. De este modo se produce una salida prácticamente libre de errores aun cuando ocurran ráfagas de ruido a la entrada del receptor. Existen dos clases de intercaladores: los de bloques y los convolucionales [Sklar, 1988].

## Rendimiento de la codificación

La mejora en el rendimiento de un sistema de comunicación digital que se puede lograr con el uso de codificación se ilustra en la figura 1-8. Se supone que existe una señal digital acompañada de ruido a la entrada del receptor. Se muestra el desempeño de un sistema que utiliza señalización manipulada por desplazamiento de fase (BPSK) con y sin el uso de codificación. Sin codificación, se utiliza el circuito detector óptimo (filtro sintonizado) en el receptor como se describe en la sección (7-38) del capítulo 7. Con codificación se utiliza un código Golay (23,12).

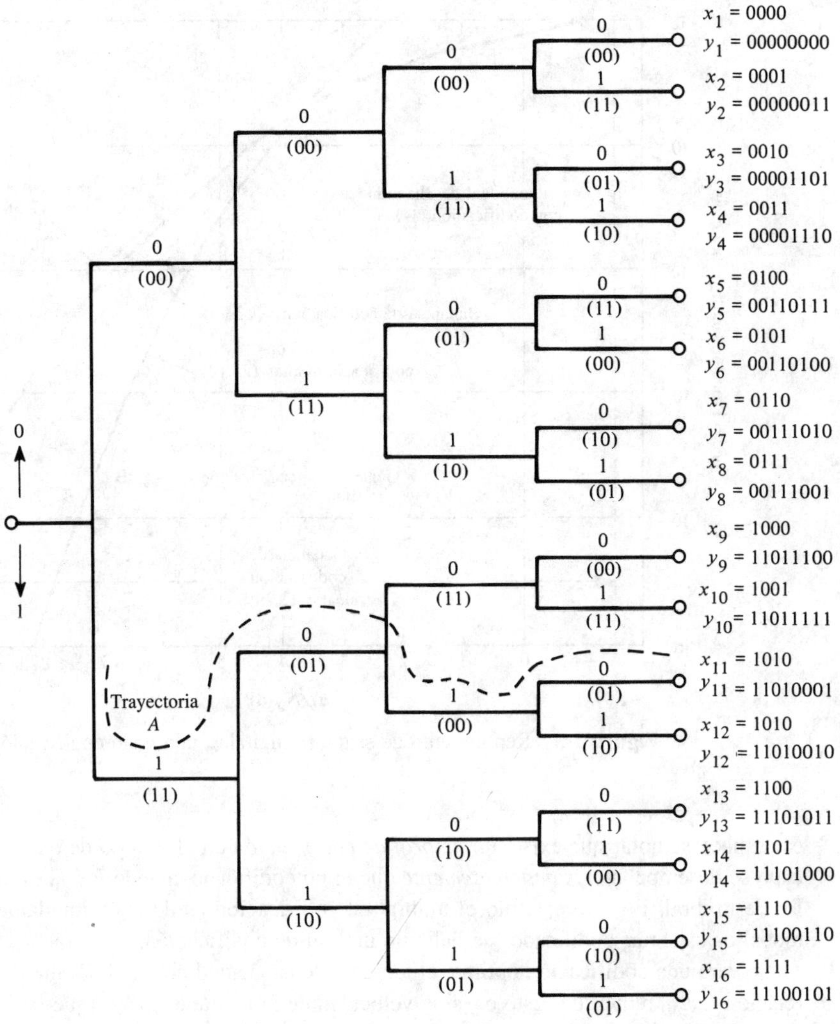


**Figura 1-7** Árbol de código del codificador convolucional de la figura 1-6.

$P_e$ es la *probabilidad de error de bit*, conocida también como *tasa de error de bit* (BER), medida a la salida del receptor. $E_b/N_0$ es la relación de energía por bit/densidad de ruido a la entrada del receptor (tal como se describió en la sección anterior). La *ganancia de codificación* se define como la reducción de $E_b/N_0$ (en decibeles) obtenida cuando se utiliza codificación en comparación con la $E_b/N_0$ cuando no se utiliza codificación a un nivel específico de $P_e$. Por ejemplo, tal como se ve en la figura, una ganancia de codificación de 1.33 dB se obtiene con un BER de $10^{-3}$. La ganancia de codificación se incrementa al reducirse el BER de modo que se logra una ganancia por codificación de 2.15 dB cuando $P_e = 10^{-5}$. Esta mejora es importante en aplicaciones de comunicaciones espaciales donde cada decibel de mejora es valioso. También

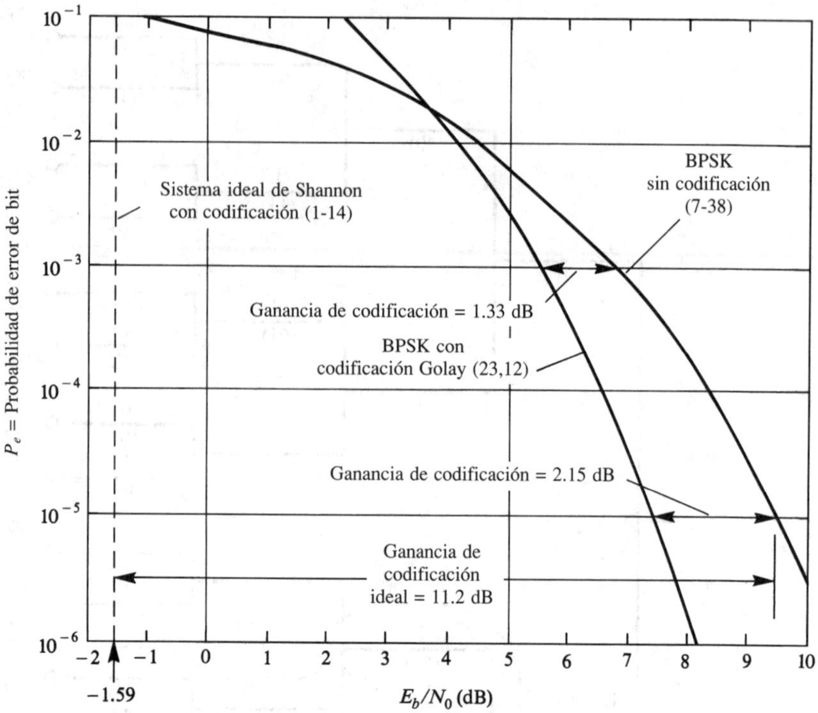


**Figura 1-8** Rendimiento de sistemas digitales, con y sin codificación.

es de hacerse notar que existe un *umbral de codificación* en el sentido de que el sistema codificado se desempeña *más deficientemente* que el no codificado cuando $E_b/N_0$ es menor que el valor de umbral. En este ejemplo el umbral de codificación es de aproximadamente 3.5 dB. En todos los sistemas codificados se halla un umbral de codificación.

Para una codificación óptima, el teorema de capacidad de canal de Shannon, (1-10), da la relación $E_b/N_0$ requerida. Esto es, si la velocidad de la fuente es menor que la capacidad del canal, la codificación óptima permitirá que información original se decodifique en el receptor con $P_e \to 0$ (es decir, $10^{-\infty}$) aun cuando exista algo de ruido en el canal. A continuación se determinará la $E_b/N_0$ requerida de modo que $P_e \to 0$ con la codificación óptima (desconocida). La señal codificada óptima no está limitada en cuanto al ancho de banda, así que, de acuerdo con la ecuación (1-10),

$$C = \lim_{B \to \infty} \left\{ B \log_2 \left( 1 + \frac{S}{N} \right) \right\} = \lim_{B \to \infty} \left\{ B \log_2 \left( 1 + \frac{E_b/T_b}{N_0 B} \right) \right\}$$

$$= \lim_{x \to 0} \left\{ \frac{\log_2[1 + (E_b/N_0 T_b)x]}{x} \right\}$$

donde $T_b$ es el tiempo requerido para enviar un bit, y $N$ es la potencia del ruido que ocurre dentro del ancho de banda de la señal. La densidad espectral de potencia (PSD) es $\mathcal{P}_n(f) = N_0/2$, y, como se muestra en el capítulo 2, la potencia del ruido es

$$N = \int_{-B}^{B} \mathcal{P}_n(f)\,df = \int_{-B}^{B} \left(\frac{N_0}{2}\right) df = N_0 B \tag{1-12}$$

donde $B$ es el ancho de banda de la señal. Para evaluar este límite se utiliza la regla de L'Hospital.

$$C = \lim_{x \to 0} \left\{ \frac{1}{1 + (E_b/N_0T_b)x} \left(\frac{E_b}{N_0T_b}\right) \log_2 e \right\} = \frac{E_b}{N_0T_b \ln 2} \tag{1-13}$$

Si se envía una señal a una velocidad cercana a la capacidad del canal, $P_e \rightarrow 0$ (es decir, el sistema óptimo). Por consiguiente, $1/T_b = C$, o, utilizando (1-13),

$$\frac{1}{T_b} = \frac{E_b}{N_0T_b \ln 2}$$

o

$$E_b/N_0 = \ln 2 = -1.59 \text{ dB} \tag{1-14}$$

Este valor mínimo de $E_b/N_0$ es $-1.59$ dB y se conoce como *límite de Shannon*. Esto es, si se utiliza codificación/decodificación óptima en el transmisor y receptor, a la salida de éste se tendrán datos sin errores siempre que la $E_b/N_0$ a la entrada del receptor sea menor que $-1.59$ dB. Este límite de "pared de ladrillo" se muestra por medio de la línea punteada en la figura 1-8, donde $P_e$ salta de $0(10^{-\infty})$ a $\frac{1}{2}(0.5 \times 10^0)$ a medida que $E_b/N_0$ se vuelve más pequeño que $-1.59$ dB, suponiendo que se utilice el código ideal (desconocido). Cualquier sistema práctico funcionará peor que este sistema ideal descrito por el límite de Shannon. Así pues, el objetivo de los diseñadores de sistemas digitales es encontrar códigos prácticos que se acerquen al desempeño del código ideal de Shannon (desconocido).

Cuando se compara el desempeño de la señal codificada óptima con la de BPSK sin codificación (BER de $10^{-5}$), se ve que la ganancia por codificación de la señal codificada óptima (desconocida) es de $9.61 - (-1.59) = 11.2$ dB. Con la ayuda de la figura 1-8, compárese esta ganancia de codificación con la de 2.15 dB obtenida cuando se utiliza una señal BPSK codificada Golay (23,12). La tabla 1-4 muestra las ganancias por codificación obtenidas con otros códigos [Bhargava, 1983].

Todos los códigos antes descritos logran sus ganancias de codificación a costa de la *expansión del ancho de banda*. Esto es, cuando se agregan bits redundantes para producir ganancia de codificación, la velocidad de transmisión de los datos total y, por consiguiente, el ancho de banda de la señal se incrementan por un factor multiplicador que es el recíproco de la tasa del código; la expansión del ancho de banda del sistema codificado con respecto al sistema no codificado es $1/R = n/k$. Por consiguiente, si la señal no codificada ocupa todo el ancho de banda disponible, no se puede agregar codificación para reducir los errores en el receptor porque la señal codificada ocuparía demasiado ancho de banda. Sin embargo, se soluciona utilizando modulación codificada Trellis (TCM).

## Modulación codificada Trellis

Gottfried Ungerboeck inventó una técnica llamada *modulación codificada Trellis* (TCM) que combina modulación de varios niveles con codificación para lograr ganancia sin expansión de ancho de banda [Benedetto, Mondin y Montorsi, 1994; Biglieri, Divsalar, McLane y Simon,

**TABLA 1-4** GANANCIAS DE CODIFICACIÓN CON BPSK O QPSK

| Técnica de codificación utilizada | Ganancia de codificación (dB) con BER de $10^{-5}$ | Ganancia de codificación (dB) con BER $10^{-8}$ | Capacidad de tasa de datos |
|---|---|---|---|
| Codificación ideal | 11.2 | 13.6 | |
| Concatenada[a] Reed-Solomon y convolución (decodificación Viterbi) | 6.5–7.5 | 8.5–9.5 | Moderada |
| Convolución con decodificación secuencial (decisiones selectivas) | 6.0–7.0 | 8.0–9.0 | Moderada |
| Códigos de bloque (decisión selectiva) | 5.0–6.0 | 6.5–7.5 | Moderada |
| Concatenada[a] Reed-Solomon y bloque corto | 4.5–5.5 | 6.5–7.5 | Muy alta |
| Convolucional con decodificación Viterbi | 4.0–5.5 | 5.0–6.5 | Alta |
| Convolucional con decodificación secuencial (decisiones permanentes) | 4.0–5.0 | 6.0–7.0 | Alta |
| Códigos de bloque (decisiones permanentes) | 3.0–4.0 | 4.5–5.5 | Alta |
| Códigos de bloque con decodificación de umbral | 2.0–4.0 | 3.5–5.5 | Alta |
| Convolucional con decodificación de umbral | 1.5–3.0 | 2.5–4.0 | Muy alta |

[a] Se utilizan dos codificadores diferentes en serie en el transmisor (véase la figura 1-4), y en el receptor se utilizan los decodificadores correspondientes.

*Fuente:* Bhargava [1983].

1991; Ungerboeck, 1982, 1987]. El artificio es agregar los bits de codificación redundantes incrementando el número de niveles (valores de amplitud) permitidos en la señal digital sin cambiar el ancho del pulso. Esta técnica se llama señalización de varios niveles y se presenta al final del capítulo 3. Posteriormente se generaliza como señalización de varios niveles de valor complejo al final del capítulo 5 donde se describe la modulación digital. Conforme a lo visto con anterioridad en (1-2), modulación es el proceso de topografiar la información original de bandabase en forma de variaciones de amplitud y fase —$R(t)$ y $\theta(t)$, respectivamente— de una señal portadora senoidal pasabanda, $s(t)$, cuyo espectro se encuentra concentrado en torno a la frecuencia portadora, $f_c$. Las variaciones se expresan matemáticamente como la envolvente compleja, $g(t)$, donde los niveles múltiples de valor complejo son

$$g(t) = R(t)e^{j\theta(t)} \tag{1-15}$$

como se ilustra en el capítulo 5. (En el diagrama de bloques, figura 1-4, se indica la envolvente compleja.) De acuerdo con la figura 1-9a, la cual describe sistemas codificados convencionales, las operaciones de codificación y modulación se realizan por separado codificando en primer lugar los datos de bandabase para producir una forma de onda de bandabase codificada y modulándola en seguida en la portadora como variaciones de amplitud y fase.

La operación combinada de modulación y codificación de TCM se muestra en la figura 1-9b. En ésta, los datos en serie provenientes de la fuente, $m(t)$, se convierten en datos en paralelo ($m$-bits), los cuales se reparten en palabras de $k$-bits y $(m - k)$-bits donde $k \leq m$. Las palabras de $k$-bits (cuadros) se codifican convolucionalmente en palabras de $(n = k + 1)$-bits de modo que la tasa de codificación es $R = k/(k + 1)$. La amplitud y fase luego se fijan de manera conjunta con base en la palabra de $n$-bits codificada y en la palabra de $(m - k)$-bits no codificada. Cuando se pone en ejecución un código convolucional de longitud limitada $K = 3$, esta técnica TCM produce una ganancia de codificación de 3 dB con respecto a una señal no codificada del mismo ancho de banda y tasa de información. Se puede obtener una ganancia de codificación de casi 6 dB con la utilización de codificadores de longitud limitada de 9. No es tan difícil generar códigos de mayor longitud, si bien el decodificador correspondiente para códigos muy largos es muy complicado. Sin embargo, los circuitos integrados de muy alta velocidad (VHSIC, por sus siglas en inglés: *very-high-speed integrated circuits*) lo están haciendo posible.

Los módems, CCITT V.32 de 9600 bits/s (tabla C-9), CCITT V.33bis de 14 400 bits/s (tabla C-10) y CCITT V.34 de 28 800 bits/s (tabla C-7) para computadora utilizan la técnica TCM. La ganancia de codificación del módem CCITT V.32 es de 4 dB y se describe en el ejemplo 4 del artículo de Wei [Wei, 1984; CCITT Study Group XVII, 1984].

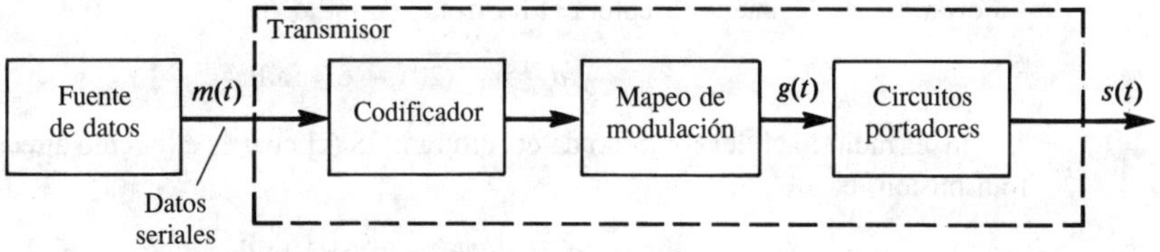


(a) Técnica de codificación convencional

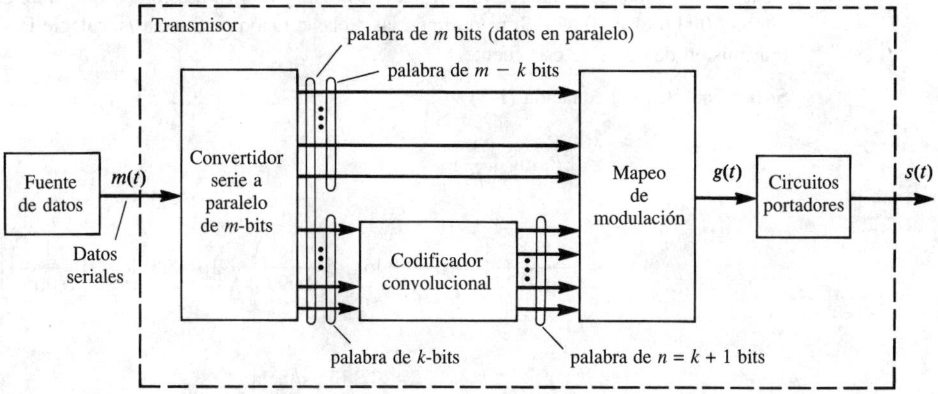


(b) Técnica de modulación codificada Trellis

**Figura 1-9** Transmisores para codificación convencional y TCM.

Para un estudio más completo de la codificación, el lector debe consultar varios libros que son excelentes sobre el tema [Blahut, 1983; Clark y Cain, 1981; Gallagher, 1968; Lin y Costello, 1983; McEliece, 1977; Peterson y Weldon, 1972; Sweeney, 1991; Viterbi y Omura, 1979].

## 1-12 REPASO

De los análisis anteriores se desprende que se requieren algunas herramientas básicas para entender y diseñar sistemas de comunicación. Algunas de las herramientas primordiales que se requieren son modelos matemáticos para representar señales, ruido y sistemas lineales, y se presentan en el capítulo 2. Éste se divide en las categorías amplias de las propiedades de las señales y el ruido, las transformadas de Fourier y los espectros, las representaciones ortogonales, las representaciones de banda limitada y las descripciones de sistemas lineales. También se definen las mediciones de ancho de banda.

## 1-13 EJEMPLOS

**E1-1** La antena de una estación de televisión (TV) está instalada en la parte superior de una torre de transmisión de 1500 pies. Calcule la cobertura LOS de la estación de TV si la antena receptora (en la zona de recepción defectuosa) se alza a 20 pies sobre el suelo.

***Solución.*** Según (1-6), la distancia de la torre de transmisión al horizonte de radio es

$$d_1 = \sqrt{2h} = \sqrt{2(1500)} = 54.8 \text{ millas}$$

La distancia de la antena receptora al horizonte de radio es

$$d_2 = \sqrt{2(20)} = 6.3 \text{ millas}$$

Luego, el radio total del contorno de cobertura LOS (el cual es el círculo alrededor de la torre de transmisión) es

$$d = d_1 + d_2 = 61.1 \text{ millas}$$

**E1-2** El teclado numérico de un teléfono de tonos se compone de los dígitos del 0 al 9 más las teclas $*$ y #. Supóngase que la probabilidad de enviar $*$ o # es de 0.005 y que la de enviar un dígito del 0 al 9 es de 0.099. Si se oprimen las teclas a razón de 2 teclas/s, calcule la velocidad de transmisión de datos de esta fuente.

***Solución.*** Con la ecuación (1-8)

$$H = \Sigma P_j \log_2\left(\frac{1}{P_j}\right)$$

$$= \frac{1}{\log_{10}(2)}\left[10(0.099)\log_{10}\left(\frac{1}{0.099}\right) + 2(0.005)\log_{10}\left(\frac{1}{0.005}\right)\right]$$

o

$$H = 3.38 \text{ bits/tecla}$$

Con la ecuación (1-9) donde $T = 1/(2 \text{ teclas/s}) = 0.5$ s/tecla

$$R = \frac{H}{T} = \frac{3.38}{0.5} = 6.76 \text{ bits/s}$$

**E1-3** Un usuario de una computadora piensa adquirir un módem de alta velocidad para enviar datos a través de su línea telefónica analógica. La relación de señal a ruido (SNR) de la línea telefónica es de 25 dB y pasa frecuencias de audio en el intervalo de frecuencias de 300 a 3200 Hz. Calcule la velocidad de transmisión de datos máxima a través de la línea telefónica sin errores en el extremo receptor.

***Solución.*** En función de una relación de potencia, la SNR es $S/N = 10^{(25/10)} = 316.2$ (véase dB en el capítulo 2), y el ancho de banda es B = 3200 – 300 = 2900 Hz. Mediante la ecuación (1-10),

$$R = B \log_2\left(1 + \frac{S}{N}\right) = 2900[\log_{10}(1 + 316.2)]/\log_{10}(2)$$

o

$$R = 24{,}097 \text{ bits/s}$$

Por consiguiente, una señal enviada con un módem de 28.8 kbits/s no se podría transmitir a través de esta línea telefónica; sin embargo, una señal enviada con un módem de 14.4 kbits/s sí transmitiría datos sin errores.

# PROBLEMAS

**1-1** Una estación de FM de alta potencia que transmite en la frecuencia de 96.9 MHz tiene una altura de antena de 1800 pies. Para que la señal se capte a 75 millas de la estación, ¿a qué altura un radioescucha potencial tiene que instalar su antena en esta zona de recepción defectuosa?

**1-2** Por medio de geometría, demuestre que la ecuación (1-6) es correcta.

**1-3** Se diseñará un sistema de microondas terrestre. Las antenas transmisora y receptora se instalarán en la parte superior de unas torres de la misma altura, con una torre en el sitio transmisor y otra en el sitio receptor. La distancias entre los sitios transmisor y receptor es de 30 millas. Calcule la altura mínima de las torres requerida para una trayectoria de transmisión LOS.

**1-4** La antena de una celda de telefonía celular se encuentra instalada en la parte superior de una torre de 75 pies. Un usuario de teléfono celular típico tiene su antena montada a 4 pies sobre el nivel del suelo. ¿Cuál es el radio de cobertura LOS de esta celda para un usuario distante?

**1-5** Una fuente digital emite niveles de −1.0 y 0.0 V con una probabilidad de 0.2 cada uno y niveles de +3.0 y +4.0-V con una probabilidad de 0.3 cada uno. Evalúe la información promedio de la fuente.

**1-6** Demuestre que los logaritmos de base 10 se pueden convertir en logaritmos de base 2 mediante la identidad $\log_2(x) = [1/\log_{10}(2)]\log_{10}(x)$.

**1-7** Si todos los mensajes emitidos por una fuente son igualmente probables (es decir, $P_j = P$), demuestre que (1-8) se reduce a $H = \log_2(1/P)$.

**1-8** Para una fuente binaria:

**(a)** Demuestre que la entropía, $H$, alcanza su valor máximo cuando la probabilidad de enviar un 1 binario es igual a la probabilidad de enviar un 0 binario.

**(b)** Determine el valor de la entropía máxima.

**1-9** Una pantalla de cristal líquido de siete segmentos y un solo dígito (LCD) emite un 0 con una probabilidad de 0.25; un 1 y un 2 con una probabilidad de 0.15 cada uno; 3, 4, 5, 6, 7 y 8 con una probabilidad de 0.07 cada uno; y un 9 con una probabilidad de 0.03. Determine la información promedio para esta fuente.

**1-10** **(a)** Una fuente binaria envía un 1 binario con una probabilidad de 0.3. Evalúe la información promedio para la fuente.

**(b)** Para una fuente binaria determine la probabilidad de enviar un 1 binario y un 0 binario, de modo que la información promedio de la fuente alcance su valor máximo.

**1-11** Un teclado numérico incluye los dígitos 0, 1, 2, 3, 4, 5, 6, 7, 8 y 9. Supóngase que la probabilidad de enviar cualquier dígito es la misma que la de enviar cualesquiera de los demás dígitos. Calcule con qué frecuencia se deben oprimir los botones para enviar información a razón de 2 bits/s.

**1-12** Vuelva al ejemplo 1-1 y suponga que se envían palabras, cada una de 12 dígitos, a través de un sistema y que cada dígito puede adoptar uno de dos valores posibles. La probabilidad de la mitad de las palabras posibles de ser transmitidas es de $(\frac{1}{2})^{13}$. La probabilidad de la otra mitad es de $3(\frac{1}{2})^{13}$. Halle la entropía de la fuente.

**1-13** Evalúe la capacidad de canal de una teleimpresora que tiene un ancho de banda de 300 Hz y una SNR de 30 dB.

**1-14** Supóngase que la terminal de una computadora dispone de un teclado de 110 caracteres y que cada uno se envía por medio de palabras binarias.

**(a)** ¿Cuál es el número de bits requerido para representar cada carácter?

**(b)** ¿Qué tan rápido se pueden enviar los caracteres (caracteres/s) a través de una línea telefónica cuyo ancho de banda es de 3.2 kHz y una SNR de 20 dB?

**(c)** ¿Cuál es el contenido de información de cada carácter si la probabilidad que cada uno tiene de ser enviado es igual?

**1-15** Una línea telefónica analógica tiene una SNR de 45 dB y transmite frecuencias de audio en el intervalo de 300 a 3200 Hz. Se va a diseñar un módem para transmitir y recibir datos al mismo tiempo (es decir, full-duplex) a través de esta línea sin errores.

**(a)** Si se utiliza el intervalo de frecuencia de 300 a 1200 Hz para transmitir la señal, ¿cuál es la velocidad máxima de los datos transmitidos?

**(b)** Si se utiliza el intervalo de frecuencia de 1500 a 3200 Hz para recibir la señal simultáneamente, ¿cuál es la velocidad máxima de los datos recibidos?

**(c)** Si se utiliza el intervalo de frecuencia completo de 300 a 3200 Hz simultáneamente para transmitir y recibir (mediante un circuito híbrido como el que se describe en el capítulo 8, figura 8-5), ¿cuáles son las velocidades máximas de los datos transmitidos y recibidos?

**1-16** Mediante las definiciones de los términos asociados con la codificación convolucional, dibuje un diagrama de bloques de un codificador convolucional que tiene una tasa $R = \frac{2}{3}$ y una longitud limitante $K = 3$.

**1-17** Para el codificador convolucional mostrado en la figura P1-17, calcule los datos codificados de salida cuando los de entrada son $x = [10111]$. (El primer bit de entrada es el elemento colocado más a la izquierda de la hilera vectorial $x$.)

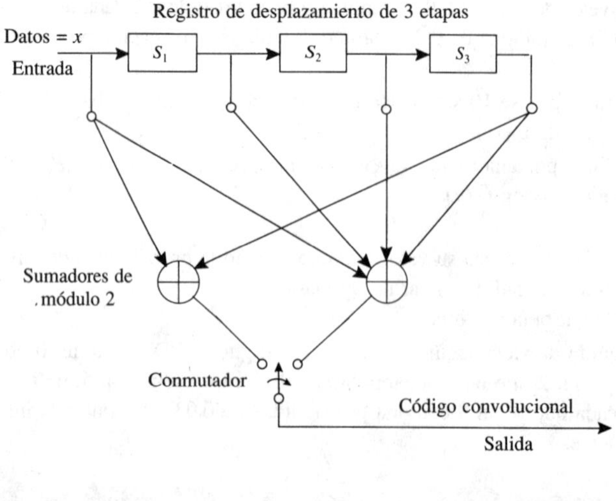


**Figura P1-17**

# CAPÍTULO 2

# SEÑALES Y RUIDO

## 2-1 PROPIEDADES DE LAS SEÑALES Y EL RUIDO

En los sistemas de comunicación, la forma de onda recibida por lo general se categoriza en la parte deseada que contiene la información, y en la parte extraña o parte indeseada. La parte deseada se llama *señal* y la no deseada *ruido.*

Este capítulo expone las herramientas matemáticas que se utilizan para describir las señales y el ruido desde el punto de vista de forma de onda determinística. (El enfoque de forma de onda aleatoria se da en el capítulo 6.) Las formas de onda se representan por medio de expresiones matemáticas directas o mediante representaciones en series ortogonales como la de Fourier. También se desarrollarán propiedades para caracterizar estas formas de onda tales como el valor de cd, el valor de la raíz media cuadrática (rms), la potencia normalizada, el espectro de magnitud, el espectro de fase, la densidad espectral de potencia y el ancho de banda. Se estudiarán, además, los efectos de la filtración lineal.

La forma de onda de interés puede ser el voltaje como función del tiempo, $v(t)$, o la corriente como función del tiempo $i(t)$. Con frecuencia se pueden usar las mismas técnicas matemáticas cuando se trabaja con uno u otro tipo de forma de onda. Así pues, en general, las formas de onda se denotarán simplemente como $w(t)$ cuando el análisis se aplica a uno u otro caso.

## Formas de onda físicamente realizables

Las formas de onda *físicamente realizables* (por ejemplo, medibles en un laboratorio) satisfacen varias condiciones:†

1. La forma de onda tiene valores significativos diferentes de cero a lo largo de un lapso compuesto finito.
2. El espectro de la forma de onda tiene valores significativos a lo largo de un intervalo de frecuencia compuesto finito.
3. La forma de onda es una función de tiempo continua.
4. La forma de onda tiene un valor máximo finito.
5. La forma de onda tiene sólo valores reales. Esto es, en cualquier momento no puede tener un valor complejo $a + jb$, donde $b$ no es cero.

La primera condición es necesaria porque aparentemente los sistemas (y sus formas de onda) existen durante una cantidad finita de tiempo. Las señales físicas también producen sólo una cantidad finita de energía. La segunda condición es necesaria porque cualquier medio de transmisión —como alambres, cable coaxial, guías de ondas o cable de fibra óptica— posee un ancho de banda limitado. La tercera condición es consecuencia de la segunda, lo que quedará claro gracias al análisis espectral desarrollado en la sección 2-2. La cuarta condición es necesaria porque los dispositivos físicos se destruyen si dentro de ellos existe voltaje o corriente de valor infinito. La quinta condición se desprende del hecho de que sólo formas de onda reales se pueden observar en el mundo real, aunque sus *propiedades,* tales como espectros, pueden ser complejas. Al final del capítulo 4 se demostrará que las formas de onda complejas son muy útiles para la representación matemática de señales pasabanda reales.

A menudo se utilizan modelos matemáticos que quebrantan alguna o todas las condiciones antes mencionadas, por una razón principal: la simplificación del análisis matemático. De hecho, con frecuencia se tiene que utilizar un modelo que viola algunas de estas condiciones para llegar a cualquier tipo de respuesta. Sin embargo, si se tiene cuidado con el modelo matemático, se puede obtener el resultado correcto cuando la respuesta se interpreta en forma adecuada. Por ejemplo, considérese la forma de onda digital mostrada en la figura 2-1. La forma de onda del modelo matemático presenta discontinuidades en los instantes en que ocurren los cambios o interrupciones. Esta situación viola la tercera condición —la forma de onda física es continua. La forma de onda física es de duración finita (se reduce a cero antes de $t = \pm\infty$), pero la duración de la forma de onda matemática se alarga hasta el infinito.

Es decir, este modelo matemático presupone que la forma de onda física existía en su condición de estado constante en todo momento. Con el análisis espectral del modelo se obtienen casi los resultados correctos con excepción de lo que se refiere a los componentes de extremadamente alta frecuencia. La potencia promedio calculada con el modelo da el valor correcto de la potencia promedio de la señal física medida en un lapso apropiado. La energía total de la señal

† Para un análisis interesante con relación a la primera y segunda condiciones, véase el artículo escrito por Slepian [1976].

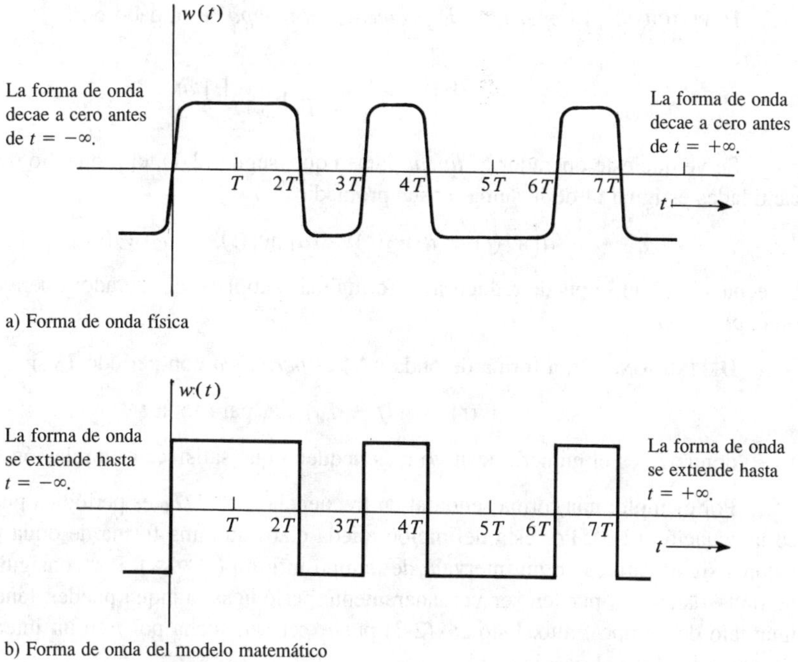


**Figura 2-1** Formas de onda físicas y matemáticas.

del modelo matemático será infinita porque su duración es infinita, mientras que la de la señal física será finita. Por consiguiente, este modelo da el valor correcto de la energía total de la señal física sin la utilización de información adicional. Sin embargo, se puede usar el modelo para evaluar la energía de la señal física en un intervalo de tiempo finito de la señal física. Se dice que este modelo matemático es una *señal de potencia* porque su potencia es finita (y de energía infinita), mientras que se dice que la forma de onda física es una *señal de energía* porque su energía es finita. (En una sección subsecuente se darán definiciones matemáticas de señales de potencia y energía.) Todas las señales físicas son señales de energía, aunque por lo general se utilizan modelos matemáticos de señales de potencia para simplificar el análisis.

En resumen, las formas de onda con frecuencia se pueden clasificar como señales o ruido, digitales o analógicas, determinísticas o no determinísticas, físicamente realizables o no realizables y pertenecientes al tipo de potencia o energía. En la siguiente sección se presentan más clasificaciones, tales como periódicas y no periódicas.

## Operador de promedio en tiempo

Algunas características útiles de las formas de onda son el valor de cd ("corriente" directa), la potencia promedio y el valor rms (raíz media cuadrática). Antes de que se revisen estos conceptos, se tiene que definir el operador de promedio en tiempo.

**DEFINICIÓN.** El *operador de promedio en tiempo*† está dado por

$$\langle [\cdot] \rangle = \lim_{T \to \infty} \frac{1}{T} \int_{-T/2}^{T/2} [\cdot]\, dt \tag{2-1}$$

Se ve que este operador es *lineal* puesto que, según (2-1), el promedio de la suma de dos cantidades es igual al de la suma de sus promedios:‡

$$\langle a_1 w_1(t) + a_2 w_2(t) \rangle = a_1 \langle w_1(t) \rangle + a_2 \langle w_2(t) \rangle \tag{2-2}$$

La ecuación (2-1) se puede reducir a su forma más simple si el operador opera en una forma de onda *periódica.*

**DEFINICIÓN.** Una forma de onda $w(t)$ es *periódica* con periodo $T_0$ si

$$w(t) = w(t + T_0) \qquad \text{para toda } t \tag{2-3}$$

donde $T_0$ es el número positivo más pequeño que satisface esta relación.§

Por ejemplo, una forma senoidal de frecuencia $f_0 = 1/T_0$ es periódica puesto que satisface la ecuación (2-3). Por esta definición queda claro que una forma de onda periódica tendrá valores significativos en un intervalo de tiempo infinito $(-\infty, \infty)$. Por consiguiente, las formas de onda físicas no pueden ser verdaderamente periódicas, aunque pueden tener valores en un intervalo de tiempo finito. Esto es, (2-3) puede ser satisfecha por $t$ en un intervalo finito pero no por todos los valores de $t$.

**TEOREMA.** *Si la forma de onda en cuestión es periódica, el operador de promedio en tiempo se reduce a*

$$\langle [\cdot] \rangle = \frac{1}{T_0} \int_{-T_0/2+a}^{T_0/2+a} [\cdot]\, dt \tag{2-4}$$

*donde $T_0$ es el periodo de la forma de onda y $a$ es una constante real arbitraria, la cual se puede considerar cero.*

La ecuación (2-4) se deriva con facilidad de la (2-1) porque en ésta las integrales en intervalos de tiempo sucesivos de $T_0$ segundos de ancho tienen áreas idénticas, ya que la forma de la onda es periódica con periodo $T_0$. Al sumar estas integrales, el área total y $T$ son proporcionalmente más grandes, y dan un tiempo promedio igual al que se obtendría integrando en un periodo y dividiendo por el ancho de dicho intervalo, $T_0$.

En resumen, la ecuación (2-1) se puede utilizar para evaluar el promedio en tiempo de cualquier tipo de forma de onda, sea o no periódica. La ecuación (2-4) es válida sólo para formas de onda periódicas.

## Valor de cd

**DEFINICIÓN.** El valor de *cd* ("corriente" directa) de una forma de onda $w(t)$ está dada por su tiempo promedio $\langle w(t) \rangle$.

† En el apéndice B se define el operador promedio de ensamble.

‡ Véase la expresión (2-130) en cuanto a la definición de linealidad.

§ Algunos autores se refieren a las formas de onda no periódicas como formas de onda *aperiódicas.*

Por consiguiente.

$$W_{cd} = \lim_{T \to \infty} \frac{1}{T} \int_{-T/2}^{T/2} w(t)\, dt \tag{2-5}$$

Para cualquier forma de onda física, existe interés por evaluar el valor de cd sólo en un intervalo finito de interés, por ejemplo de $t_1$ a $t_2$, de modo que el valor de cd es

$$\frac{1}{t_2 - t_1} \int_{t_1}^{t_2} w(t)\, dt$$

No obstante, si se utiliza un modelo matemático con una forma de onda de estado constante de extensión finita, se obtendrá el resultado correcto con la definición (2-5), la cual implica el límite conforme $T \to \infty$. Esto se demostrará más adelante con el ejemplo 2-1. Además, como se verá en el capítulo 6, en el caso de formas de onda estocásticas ergódicas el operador promediante en tiempo $\langle[\cdot]\rangle$ puede ser reemplazado por el operador de promedio en ensamble $\overline{[\cdot]}$.

## Potencia

En sistemas de comunicación, si la potencia (promedio) de la señal recibida es suficientemente grande, comparada con la potencia (promedio) del ruido, se puede recuperar la información. Este concepto se demostró con la fórmula de capacidad de canal de Shannon (1-10). Por consiguiente, la potencia promedio es un concepto importante que tiene que entenderse con claridad. Por la física se sabe que la potencia se define como el trabajo por unidad de tiempo, que el voltaje es el trabajo por cada unidad de carga y que la corriente es la carga por unidad de tiempo. Esto constituye el fundamento para la definición de potencia en función de cantidades eléctricas.

**DEFINICIÓN.** Sea $v(t)$ el voltaje a través de las dos terminales de un circuito y sea $i(t)$ la corriente en una de las terminales, como se muestra en la figura 2-2. La *potencia instantánea* (trabajo incremental dividido por el tiempo incremental) asociada con el circuito está dada por

$$p(t) = v(t)i(t) \tag{2-6}$$

donde la potencia instantánea fluye hacia dentro del circuito cuando $p(t)$ es positiva y hacia fuera cuando $p(t)$ es negativa. La *potencia promedio* está dada por

$$P = \langle p(t) \rangle = \langle v(t)i(t) \rangle \tag{2-7}$$

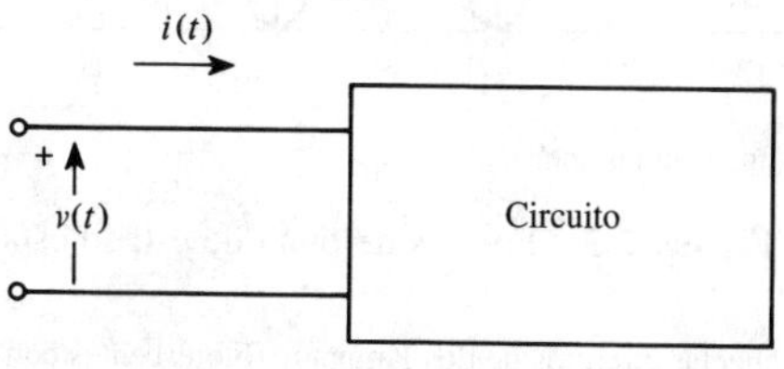


**Figura 2-2** Convención de polaridad utilizada para corriente y voltaje.

## Ejemplo 2-1 EVALUACIÓN DE LA POTENCIA

El circuito de la figura 2-2 contiene una lámpara fluorescente de 120 V y 60 Hz conectada en una configuración de factor de alta frecuencia. Supóngase que el voltaje y la corriente son senoidales y en fase (factor de potencia unitaria), como se muestra en la figura 2-3.† El valor de cd de esta forma de onda (periódica) de voltaje es

$$V_{\text{cd}} = \langle v(t)\rangle = \langle V \cos \omega_0 t\rangle$$

$$= \frac{1}{T_0}\int_{-T_0/2}^{T_0/2} V \cos \omega_0 t \, dt = 0 \tag{2-8}$$

donde $\omega_0 = 2\pi/T_0$ y $f_0 = 1/T_0 = 60$ Hz. Asimismo, $I_{\text{cd}} = 0$. La potencia instantánea es

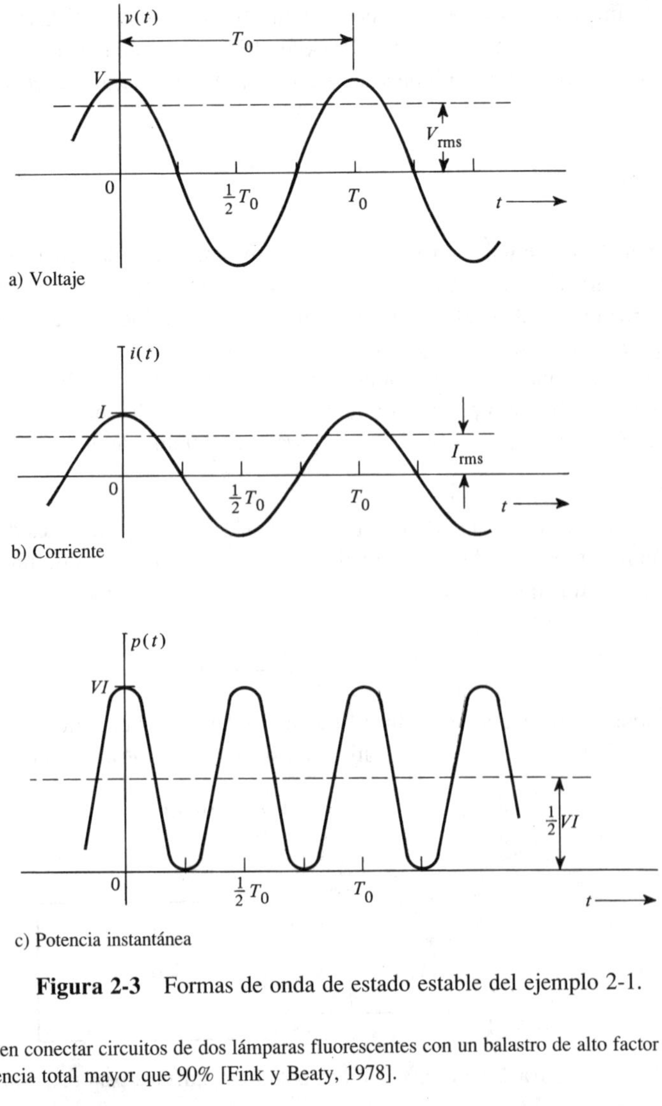


**Figura 2-3** Formas de onda de estado estable del ejemplo 2-1.

† Se pueden conectar circuitos de dos lámparas fluorescentes con un balastro de alto factor de potencia que da un factor de potencia total mayor que 90% [Fink y Beaty, 1978].

$$p(t) = (V \cos \omega_0 t)(I \cos \omega_0 t) = \tfrac{1}{2}VI(1 + \cos 2\omega_0 t) \tag{2-9}$$

La potencia promedio es

$$P = \langle \tfrac{1}{2}VI(1 + \cos 2\omega_0 t)\rangle$$

$$= \frac{VI}{2T_0}\int_{-T_0/2}^{T_0/2} (1 + \cos 2\omega_0 t)\, dt$$

$$= \frac{VI}{2} \tag{2-10}$$

Como se puede ver por la ecuación (2-9) y la figura 2-3c, la potencia (por ejemplo, la luz emitida) ocurre en pulsos a razón de $2f_0 = 120$ pulsos por segundo. (De hecho, esta lámpara se puede usar como estroboscopio para "congelar" objetos mecánicos giratorios.) La potencia máxima es $VI$ y la potencia promedio es $\frac{1}{2}VI$, donde $V$ es el voltaje máximo e $I$ es la corriente máxima. Además, en este caso de voltaje y corriente senoidales se ve que la potencia promedio podría obtenerse multiplicando $V/\sqrt{2}$ por $I/\sqrt{2}$.

## Valor de rms y potencia normalizada

**DEFINICIÓN.** El valor de la *raíz media cuadrática* (*rms*) de $w(t)$ está dado por

$$W_{\text{rms}} = \sqrt{\langle w^2(t)\rangle} \tag{2-11}$$

**TEOREMA.** *Si una carga es resistiva (es decir, factor de potencia unitaria), la potencia promedio está dada por*

$$P = \frac{\langle v^2(t)\rangle}{R} = \langle i^2(t)\rangle R = \frac{V_{\text{rms}}^2}{R}$$

$$= I_{\text{rms}}^2 R = V_{\text{rms}} I_{\text{rms}} \tag{2-12}$$

*donde $R$ es el valor de la carga resistiva.*

La ecuación (2-12) se deriva de la (2-7) mediante la ley de Ohm, la cual es $v(t) = i(t)R$, y (2-11).

Continuando con el ejemplo 2-1, $V_{\text{rms}} = 120$ V. Según la ecuación (2-11), cuando se utilizan formas de onda senoidales, $V_{\text{rms}} = V/\sqrt{2}$ e $I_{\text{rms}} = I/\sqrt{2}$. Así pues, de acuerdo con la ecuación (2-12), la potencia promedio es $\frac{1}{2}VI$, el mismo valor que se obtuvo en el análisis anterior.

Los ingenieros en comunicaciones con frecuencia utilizan el concepto de potencia *normalizada*. En este concepto, se supone que $R$ es de 1 Ω, aunque puede tener otro valor en el circuito real. Otra manera de expresar este concepto es decir que la potencia está dada sobre una base por cada ohm. En los cálculos de la relación de señal a ruido $R$ automáticamente se elimina, de modo que se pueden usar valores normalizados de potencia para obtener la relación correcta. Si se requiere el valor real de la potencia, por ejemplo al final de una larga serie de cálculos, siempre se puede obtener mediante la "desnormalización" del valor normalizado. De acuerdo con la ecuación (2-12), *la raíz cuadrada de la potencia normalizada es el valor rms.*

**Definición.** La *potencia normalizada* está dada por

$$P = \langle w^2(t) \rangle = \lim_{T \to \infty} \frac{1}{T} \int_{-T/2}^{T/2} w^2(t)\, dt \tag{2-13}$$

donde $w(t)$ representa una forma de onda de voltaje o corriente real.

## Formas de onda de energía y potencia†

**Definición.** $w(t)$ es una *forma de onda de potencia* si y sólo si la potencia promedio total normalizada es finita y no cero (es decir, $0 < P < \infty$).

**Definición.** La *energía total normalizada* está dada por

$$E = \lim_{T \to \infty} \int_{-T/2}^{T/2} w^2(t)\, dt \tag{2-14}$$

**Definición.** $w(t)$ es una *forma de energía* si y sólo si la energía total normalizada es finita y no cero (es decir, $0 < E < \infty$).

De estas definiciones se desprende que si una forma de onda se clasifica como cualesquiera de estos tipos, no puede ser de otro tipo. Esto es, si $w(t)$ tiene energía finita, la potencia promediada en un lapso finito es cero, y si la potencia (promediada en un lapso finito) es finita, la energía es infinita. Además, se pueden hallar funciones matemáticas que representan tanto energía como potencia infinitas y, por consiguiente, no se pueden clasificar en cualesquiera de estas dos categorías. Un ejemplo es $w(t) = e^{-t}$. Las formas de onda físicamente realizables son del tipo de energía, pero con frecuencia se modelan con formas de onda de duración infinita del tipo de potencia. Los instrumentos de laboratorio que miden cantidades promedio —tales como el valor de cd, el valor rms y la potencia promedio— lo hacen en un intervalo de tiempo finito. Es decir, $T$ de (2-1) permanece finito en lugar de tender hacia un número grande. De este modo se pueden obtener cantidades promedio diferentes de cero de señales (físicas) de energía finita. Por ejemplo, cuando se mide el valor de cd con un multímetro de movimiento D'Arsonval cuya masa establece el intervalo promediador de tiempo y proporciona amortiguación. De este modo las cantidades promedio calculadas con un modelo matemático tipo potencia (promediadas en un tiempo finito) darán los resultados medidos en el laboratorio (promediados en un tiempo finito).

## Decibel

El *decibel* es una medida logarítmica de base 10 de relaciones de potencia. Por ejemplo, la relación del nivel de potencia a la salida de un circuito con aquél a la entrada con frecuencia se especifica mediante la ganancia en decibeles y no mediante la relación real.

† Algunos autores también se refieren a este concepto como *señales de energía* y *señales de potencia*, aunque se aplica a ruido lo mismo que formas de onda de señales.

**DEFINICIÓN.** La *ganancia en decibeles* de un circuito esta dada por†

$$\text{dB} = 10 \log \left( \frac{\text{potencia promedio de salida}}{\text{potencia promedio de entrada}} \right) = 10 \log \left( \frac{P_{\text{salida}}}{P_{\text{entrada}}} \right) \tag{2-15}$$

Esta definición da un número que indica el *valor relativo* de la *potencia de salida* con respecto a la *potencia de entrada* y no indica la magnitud real de los niveles de potencia implicados. Si existen cargas resistivas, se puede usar la ecuación (2-12) para simplificar la ecuación (2-15) como sigue

$$\text{dB} = 20 \log \left( \frac{V_{\text{rms de salida}}}{V_{\text{rms de entrada}}} \right) + 10 \log \left( \frac{R_{\text{entrada}}}{R_{\text{carga}}} \right) \tag{2-16}$$

o

$$\text{dB} = 20 \log \left( \frac{I_{\text{rms de salida}}}{I_{\text{rms de entrada}}} \right) + 10 \log \left( \frac{R_{\text{carga}}}{R_{\text{entrada}}} \right) \tag{2-17}$$

Obsérvese que se obtiene el mismo valor en decibeles, aun cuando para obtenerlo se haya utilizado la potencia, el voltaje o la corriente [(2-15), (2-16) o (2-17)]. Esto es, los decibeles se definen en función del logaritmo de una relación de potencia pero que se puede evaluar con relaciones de voltaje o potencia.

Si se utilizan potencias normalizadas,

$$\text{dB} = 20 \log \left( \frac{V_{\text{rms de salida}}}{V_{\text{rms de entrada}}} \right) = 20 \log \left( \frac{I_{\text{rms de salida}}}{I_{\text{rms de entrada}}} \right) \tag{2-18}$$

Esta ecuación no da el valor verdadero en decibeles a menos que $R_{\text{entrada}} = R_{\text{carga}}$; sin embargo, es práctica común de ingeniería utilizar la ecuación (2-18) incluso si $R_{\text{entrada}} \neq R_{\text{carga}}$ y aun cuando el número obtenido no sea estrictamente correcto. Los ingenieros entienden que si se requiere el valor correcto, se puede calcular con este seudovalor si $R_{\text{entrada}}$ y $R_{\text{carga}}$ son conocidos.

Si se sabe el valor en dB, la relación de potencias o de voltajes se puede obtener con facilidad invirtiendo las ecuaciones apropiadas que se acaban de dar. Por ejemplo, si se desea la relación de potencia, se puede invertir la ecuación (2-15) para obtener

$$\frac{P_{\text{salida}}}{P_{\text{entrada}}} = 10^{\text{dB}/10} \tag{2-19}$$

También se puede usar la medida en decibeles para expresar la relación de la potencia de la señal a la potencia del ruido en algún punto del circuito.

† Los logaritmos de base 10 se denotan log(·), y los de base *e* ln(·). Obsérvese que tanto dB como la relación ($P_{\text{salida}}/P_{\text{entrada}}$) son cantidades adimensionales (sin dimensión).

**DEFINICIÓN.** La *relación de señal a ruido* es†

$$(\mathrm{S/R})_{\mathrm{dB}} = 10 \log \left(\frac{P_{\text{señal}}}{P_{\text{ruido}}}\right) = 10 \log \left(\frac{\langle s^2(t)\rangle}{\langle n^2(t)\rangle}\right) \tag{2-20}$$

Como la potencia de la señal es $\langle s^2(t)\rangle/R = V^2_{\text{rms de señal}}/R$, y la potencia del ruido es $\langle n^2(t\ )\rangle/R = V^2_{\text{rms de ruido}}/R$, esta definición equivale a

$$(\mathrm{S/R})_{\mathrm{dB}} = 20 \log \left(\frac{V_{\text{señal rms}}}{V_{\text{ruido rms}}}\right) \tag{2-21}$$

También se puede usar la medida en decibeles para indicar niveles absolutos de potencia con respecto a un nivel de referencia.

**DEFINICIÓN.** El *nivel de potencia en decibeles* con respecto a 1 mW lo da

$$\begin{aligned} \mathrm{dBm} &= 10 \log\left(\frac{\text{nivel real de potencia (watts)}}{10^{-3}}\right) \\ &= 30 + 10 \log[\text{nivel real de potencia (watts)}] \end{aligned} \tag{2-22}$$

donde la "m" en la dBm denota una referencia de miliwatts.

Los generadores de señales de RF de laboratorio por lo general se calibran en dBm.

También se utilizan otras medidas en decibeles de niveles de potencia absolutos. Cuando se utiliza un nivel de referencia de 1 W, dBW denota el nivel en decibeles; cuando se utiliza un nivel de referencia de 1 kW, dBk denota el nivel en decibeles. Por ejemplo, se podría especificar una potencia de 5 W como +36.99 dBm, 6.99 dBW o −23.0 dBk. La industria telefónica utiliza una medida en decibeles con un nivel de "ruido de referencia" de 1 picowatt ($10^{-12}$ W) [Jordan, 1985]. dBrn denota esta medida en decibeles. Un nivel de 0 dBrn corresponde a −90 dBm. La industria de la televisión por cable (CATV) usa un nivel rms de 1 milivolt a través de una carga de 75 Ω como referencia. dBmV denota este medida en decibeles, y se define como sigue:

$$\mathrm{dBmV} = 20 \log \left(\frac{V_{\mathrm{rms}}}{10^{-3}}\right) \tag{2-23}$$

0 dBmV corresponde a −48.75 dBm.

Debe recalcarse que la expresión general para evaluar potencia está dada por (2-7). Esto es, se puede usar (2-7) para evaluar potencia promedio para cualquier tipo de forma de onda y condición de carga, mientras que (2-12) es útil sólo para cargas resistivas. En otros libros, en especial del área de potencia, se dan ecuaciones que sólo son válidas para formas de onda senoidales.

## Fasores

Las señales de prueba senoidales ocurren tan a menudo en problemas de ingeniería eléctrica que con frecuencia se usa una notación abreviada llamada *notación fasorial*.

† Esta definición implica la relación de la potencia de la *señal promedio* a la potencia del *ruido promedio*. Una definición alternativa de utilidad en algunas aplicaciones implica la relación de la potencia de la señal *pico* a la potencia del ruido promedio, véase la sección 6-8.

**DEFINICIÓN.** Se dice que un número complejo es un *fasor* si se utiliza para representar una forma de onda *senoidal*. Esto es,

$$w(t) = |c| \cos[\omega_0 t + \angle c] = \mathrm{Re}\{ce^{j\omega_0 t}\} \tag{2-24}$$

donde el fasor $c = |c|e^{j\angle c}$ y $\mathrm{Re}\{\cdot\}$ denota la parte real de la cantidad compleja $\{\cdot\}$.

Se hará referencia a $ce^{j\omega_0 t}$ como fasor *giratorio*, para distinguirlo del fasor $c$. Cuando se utiliza $c$ para representar una forma de onda, se *entiende* que la forma de onda real que aparece en el circuito es una senoidal tal como lo especifica la ecuación (2-24). Como el fasor es un número complejo, se puede escribir en forma cartesiana o en forma polar:

$$c \triangleq x + jy = |c|e^{j\phi} \tag{2-25}$$

donde $x$ y $y$ son números reales a lo largo de las coordenadas cartesianas y $|c|$ y $\angle c = \phi = \tan^{-1}(y/x)$ son la magnitud y el ángulo (números reales) en el sistema de coordenadas polares. La notación abreviada para la forma polar en el lado derecho de (2-25) es $|c| \,\underline{/\phi}$.

Por ejemplo, el fasor $25 \,\underline{/-45^\circ}$ podría denotar $25 \,\mathrm{sen}(2\pi 500t + 45^\circ)$ puesto que

$$25 \,\mathrm{sen}(\omega_0 t + 45^\circ) = 25 \cos(\omega_0 t - 45^\circ) = \mathrm{Re}\{(25e^{-j\pi/4})e^{j\omega_0 t}\}$$

donde $\omega_0 = 2\pi f_0$ y $f_0 = 500$ Hz. Asimismo, $10 \,\underline{/35^\circ}$ podría denotar $10 \cos(\omega_0 t + 35^\circ)$.

Otros autores utilizan una definición del fasor ligeramente diferente. Por ejemplo, $w(t)$ se puede expresar en función de la parte imaginaria de una cantidad compleja en lugar de la parte real tal como lo define la ecuación (2-24). Además, el fasor puede denotar el valor rms de $w(t)$ en lugar del valor pico [Kaufman y Seidman, 1979]. En este caso, el fasor $7.07 \,\underline{/45^\circ}$ denotaría $10 \,\mathrm{sen}(\omega_0 t + 45^\circ)$. Sin embargo, en todo este libro se usará la definición dada por (2-24), y los fasores pueden representar sólo formas de onda *senoidales*.

## 2-2 TRANSFORMADA DE FOURIER Y ESPECTROS

### Definición

En problemas de ingeniería eléctrica la señal, el ruido o la combinación de señal con ruido por lo general se compone de una forma de onda de voltaje o de corriente que es una función del tiempo. Sea $w(t)$ la forma de onda de interés (de voltaje o de corriente). Si se desea, en un osciloscopio se podría ver la forma de onda. El valor del voltaje (o corriente) varía en función del tiempo; por consiguiente, ciertas frecuencias o un intervalo de frecuencias es una las principales propiedades de interés para el ingeniero electricista. En teoría, para evaluar las frecuencias presentes, se tiene que examinar la forma de onda en todo momento (es decir, $-\infty < t < \infty$) para asegurarse de que la medición se hizo correctamente y para garantizar que ninguno de los componentes de frecuencia se ignoró. El *espectro del voltaje* (o *corriente*) da el nivel relativo de una frecuencia comparada con otra. Éste se obtiene con la transformada de *Fourier* de la forma de onda del voltaje (o corriente).

**DEFINICIÓN.** La *transformada de Fourier* (TF) de una forma de onda $w(t)$ es

$$W(f) = \mathcal{F}[w(t)] = \int_{-\infty}^{\infty} [w(t)]e^{-j2\pi ft}dt \tag{2-26}$$

donde $\mathcal{F}[\cdot]$ denota la transformada de Fourier de $[\cdot]$ y $f$ es el parámetro de frecuencia con unidades de Hz (es decir, 1/s).† Éste *define* el término de *frecuencia*; la frecuencia es el parámetro $f$ en la transformada de Fourier.

Ésta también se llama *espectro* de $w(t)$ *de dos lados* porque con la ecuación (2-26) se obtienen componentes de frecuencia tanto positivos como negativos.

En general, como $e^{-j2\pi ft}$ es complejo, $W(f)$ es una función de frecuencia compleja. $W(f)$ se puede descomponer en dos funciones reales $X(f)$ y $Y(f)$ de tal modo que

$$W(f) = X(f) + jY(f) \tag{2-27}$$

Esto equivale a escribir un número complejo en función de pares de números reales que se pueden trazar en un sistema de coordenadas cartesianas bidimensional. Por esta razón, la ecuación (2-27) en ocasiones se conoce como forma en *cuadratura* o forma *cartesiana*. Asimismo, la ecuación (2-26) se puede escribir de una manera equivalente en función de un sistema de coordenadas polares donde el par de funciones reales denota la magnitud y la fase

$$W(f) = |W(f)|e^{j\theta(f)} \tag{2-28}$$

donde

$$|W(f)| = \sqrt{X^2(f) + Y^2(f)} \quad \text{y} \quad \theta(f) = \tan^{-1}\left(\frac{Y(f)}{X(f)}\right) \tag{2-29}$$

Ésta se llama forma de *magnitud y fase* o forma *polar*. Para determinar si ciertos componentes de frecuencia están presentes, se examinaría el espectro de magnitud $|W(f)|$, y en ocasiones los ingenieros se refieren a éste simplemente como el *espectro*.

Está claro que el espectro de una forma de onda de voltaje (o de corriente) se obtiene mediante un cálculo matemático y que no aparece físicamente en un circuito real. $f$ es sólo un parámetro (llamado *frecuencia*) que determina qué punto de la función espectral se ha de evaluar. Por ejemplo, la frecuencia $f = 10$ Hz estará presente en la forma de onda $w(t)$ si y sólo si $|W(10)| \neq 0$. La ecuación (2-26) indica que se puede obtener un valor espectral exacto sólo si se observa la forma de onda en el intervalo de tiempo infinito $(-\infty, \infty)$. Sin embargo, se puede usar un instrumento especial llamado *analizador de espectros* para obtener una aproximación (es decir, una integral de tiempo finito) del espectro de magnitud $|W(f)|$.

La forma de onda del tiempo se puede calcular con el espectro por medio de la transformada de Fourier inversa

$$w(t) = \int_{-\infty}^{\infty} W(f)e^{j2\pi ft}\, df \tag{2-30}$$

† Algunos autores definen la transformada de Fourier en función del parámetro de frecuencia $\omega$ (radianes por segundo), donde $\omega = 2\pi f$. Esta definición es idéntica a la ecuación (2-26) cuando $\omega$ es reemplazada por $2\pi f$. Se prefiere la (2-26) porque por lo general los analizadores de espectros están calibrados en unidades de hertz, y no en radianes por segundo.

Se dice que las funciones $w(t)$ y $W(f)$ constituyen un *par de transformadas de Fourier* donde $w(t)$ es la descripción del dominio del tiempo y $W(f)$ es la descripción del dominio de la frecuencia. En este libro, la función del dominio del tiempo por lo general se denota por medio de una letra minúscula y la función del dominio de la frecuencia con una letra mayúscula. La notación abreviada para el apareamiento entre los dos dominios se denotará con una flecha doble: $w(t) \leftrightarrow W(f)$.

La forma de onda $w(t)$ es transformable en Fourier (por ejemplo, condiciones suficientes) si satisface ambas *condiciones de Dirichlet*:

- En cualquier intervalo de tiempo de ancho finito, la función $w(t)$ es de un solo valor con un número finito de máximos y mínimos y el número de discontinuidades (si las hay) es finito.
- $w(t)$ es absolutamente integrable. Esto es,

$$\int_{-\infty}^{\infty} |w(t)|\, dt < \infty \tag{2-31}$$

Aunque estas condiciones son suficientes, no son necesarias. De hecho, algunos de los ejemplos dados más adelante no satisfacen las condiciones de Dirichlet y aun así se puede hallar la transformada de Fourier.

Una condición suficiente más débil para la existencia de la transformada de Fourier es

$$E = \int_{-\infty}^{\infty} |w(t)|^2\, dt < \infty \tag{2-32}$$

donde $E$ es la energía normalizada [Goldberg, 1961]. Ésta es la condición de energía finita que se satisface por todas las formas de onda físicamente realizables. Por eso todas las formas de onda físicas que se presentan en la práctica de ingeniería son transformables en Fourier.

Además, es de hacerse notar que los matemáticos en ocasiones utilizan otras definiciones de la transformada de Fourier en lugar de la ecuación (2-26). Sin embargo, en estos casos las transformadas inversas correspondientes, equivalentes a la ecuación (2-30), también serían diferentes, de modo que cuando la transformada y su inversa se utilizan juntas, se recupera la original $w(t)$. Éste es el resultado del teorema de la integral de Fourier, el cual es

$$w(t) = \int_{-\infty}^{\infty} \int_{-\infty}^{\infty} w(\lambda) e^{j2\pi f(t - \lambda)} d\lambda\, df \tag{2-33}$$

La ecuación (2-33) se puede descomponer en la (2-26) y (2-30), así como en otras definiciones de los pares de transformadas de Fourier. El teorema de la integral de Fourier es estrictamente verdadero sólo para funciones de buen comportamiento (por ejemplo, formas de onda físicas). Por ejemplo, si $w(t)$ es una onda cuadrada ideal, luego en un punto discontinuo de $w(\lambda)$, denotado por $\lambda_0$, $w(t)$ tendrá un valor que es el promedio de los dos valores obtenidos para $w(\lambda)$ a ambos lados del punto discontinuo $\lambda_0$.

**Ejemplo 2-2** ESPECTRO DE UN PULSO EXPONENCIAL

Sea $w(t)$ un pulso exponencial con decaimiento que se activa cuando $t = 0$.

$$w(t) = \begin{cases} e^{-t}, & t > 0 \\ 0, & t < 0 \end{cases}$$

La transformada de Fourier da el espectro de este pulso

$$W(f) = \int_0^{\infty} e^{-t} e^{-j2\pi ft}\, dt$$

o

$$W(f) = \frac{1}{1 + j2\pi f}$$

Es decir, este par de transformadas de Fourier es

$$\begin{Bmatrix} e^{-t}, & t > 0 \\ 0, & t < 0 \end{Bmatrix} \leftrightarrow \frac{1}{1 + j2\pi f} \tag{2-34}$$

El espectro también se puede expresar como funciones de cuadratura racionalizando el denominador de la ecuación (2-34); de este modo,

$$X(f) = \frac{1}{1 + (2\pi f)^2} \quad \text{y} \quad Y(f) = \frac{-2\pi f}{1 + (2\pi f)^2}$$

La forma que incluye la magnitud y fase es

$$|W(f)| = \sqrt{\frac{1}{1 + (2\pi f)^2}} \quad \text{y} \quad \theta(f) = -\tan^{-1}(2\pi f)$$

Después de desarrollar algunos ejemplos útiles se darán más ejemplos.

## Propiedades de las transformadas de Fourier

De la definición de espectro dada por la ecuación (2-26) se desprenden muchos teoremas útiles e interesantes. Uno de particular interés es la consencuencia de trabajar con formas de onda reales. En cualquier circuito físico, las formas de onda de voltaje (o de corriente) son funciones reales (en contraposición a las complejas) del tiempo.

**TEOREMA.** *Simetría espectral de señales reales. Si* $w(t)$ es *real, entonces*

$$W(-f) = W^*(f) \tag{2-35}$$

El superíndice asterisco denota la operación conjugada.

***Comprobación.*** De acuerdo con la ecuación (2-26),

$$W(-f) = \int_{-\infty}^{\infty} w(t) e^{j2\pi ft}\, dt \tag{2-36}$$

y la conjugada de (2-26) da

$$W^*(f) \int_{-\infty}^{\infty} w^*(t) e^{j2\pi ft}\, dt \tag{2-37}$$

Pero como $w(t)$ es real, $w^*(t) = w(t)$ y resulta la ecuación (2-35) porque los lados derechos de las ecuaciones (2-36) y (2-37) son iguales. También se puede demostrar que si $w(t)$ resulta ser una función par de $t$, $W(f)$ es *real*. Asimismo, si $w(t)$ real es una función impar de $t$, $W(f)$ es *imaginario*.

Otro corolario útil de la ecuación (2-35) es que para $w(t)$ real, el espectro de magnitud es par en torno al origen (es decir, $f = 0$):

$$|W(-f)| = |W(f)| \tag{2-38}$$

y el espectro de fase es impar en torno al origen:

$$\theta(-f) = -\theta(f) \tag{2-39}$$

Esto se demuestra con facilidad si se escribe el espectro en forma polar:

$$W(f) = |W(f)|\, e^{j\theta(f)}$$

Entonces

$$W(-f) = |W(-f)|\, e^{j\theta(-f)}$$

y

$$W^*(f) = |W(f)|\, e^{-j\theta(f)}$$

Utilizando la ecuación (2-35), se ve que las ecuaciones (2-38) y (2-39) son verdaderas.

En resumen, a partir del análisis anterior, se desprenden las siguientes propiedades de la transformada de Fourier:

- $f$, llamada frecuencia y que tiene unidades de hertz, es sólo un parámetro de la TF (transformada de Fourier) que especifica la frecuencia de interés en la forma de onda $w(t)$.
- La TF busca la frecuencia $f$ en la $w(t)$ *todo* el tiempo, esto es, sobre
$$-\infty < t < \infty$$
- $W(f)$ puede ser compleja aun cuando $w(t)$ sea real.
- Si $w(t)$ es real, $W(-f) = W^*(f)$.

## Teorema de Parseval y densidad espectral de energía

**Teorema de Parseval.**

$$\int_{-\infty}^{\infty} w_1(t)w_2^*(t)\,dt = \int_{-\infty}^{\infty} W_1(f)W_2^*(f)\,df \tag{2-40}$$

Si $w_1(t) = w_2(t) = w(t)$, la ecuación anterior se reduce a†

$$E = \int_{-\infty}^{\infty} |w(t)|^2\,dt = \int_{-\infty}^{\infty} |W(f)|^2\,df \tag{2-41}$$

† Esto también se conoce como el *teorema de la energía de Rayleigh*.

***Comprobación.*** Utilizando el lado izquierdo de la ecuación (2-40) y la ecuación (2-30) para reemplazar $w_1(t)$.

$$\int_{-\infty}^{\infty} w_1(t)w_2^*(t)\,dt = \int_{-\infty}^{\infty}\left[\int_{-\infty}^{\infty} W_1(f)e^{j2\pi ft}\,df\right]w_2^*(t)\,dt$$

$$= \int_{-\infty}^{\infty}\int_{-\infty}^{\infty} W_1(f)w_2^*(t)e^{j2\pi ft}\,df\,dt$$

Si se intercambia el orden de integración en $f$ y $t$†

$$\int_{-\infty}^{\infty} w_1(t)w_2^*(t)\,dt = \int_{-\infty}^{\infty} W_1(f)\left[\int_{-\infty}^{\infty} w_2(t)e^{-j2\pi ft}\,dt\right]^* df$$

Con la ecuación (2-26) se obtiene la ecuación (2-40). El teorema de Parseval es un método alternativo de evaluar la energía que utiliza la descripción del dominio de la frecuencia en lugar de la definición del dominio del tiempo. Esto conduce al concepto de función de densidad espectral de energía.

**DEFINICIÓN.** La *densidad espectral de energía* (*ESD*) está definida para formas de onda de energía por

$$\mathscr{E}(f) = |W(f)|^2 \tag{2-42}$$

donde $w(t) \leftrightarrow W(f)$. $\mathscr{E}(f)$ tiene unidades de joules por hertz.

Al utilizar el teorema de Parseval, se ve que la energía total normalizada está dada por el área bajo la función de densidad espectral de energía:

$$E = \int_{-\infty}^{\infty} \mathscr{E}(f)\,df \tag{2-43}$$

Para formas de onda de potencia, se puede definir una función similar conocida como *densidad espectral de potencia* (*PSD*). Ésta se desarrolla en la sección 2-3 y en el capítulo 6. Más adelante se verá que la función de densidad espectral de potencia es una herramienta muy útil para resolver problemas de comunicación.

Además del teorema de Parseval existen muchos otros teoremas de transformada de Fourier. En la tabla 2-1 se resumen algunos. Estos teoremas se comprueban sustituyendo la función de tiempo correspondiente en la definición de la transformada de Fourier y reduciendo el resultado al dado en la columna más a la derecha de la tabla. Por ejemplo, el teorema de cambio de escala se demuestra sustituyendo $w(at)$ en la ecuación (2-26). Se obtiene

$$\mathscr{F}[w(at)] = \int_{-\infty}^{\infty} w(at)e^{-j2\pi ft}\,dt$$

Con $t_1 = at$ y suponiendo que $a > 0$, se obtiene

$$\mathscr{F}[w(at)] = \int_{-\infty}^{\infty} \frac{1}{a}w(t_1)e^{-j2\pi(f/a)t_1}\,dt_1 = \frac{1}{a}W\left(\frac{f}{a}\right)$$

† El teorema de Fubini establece que se puede intercambiar el orden de la integración si todas las integrales son absolutamente convergentes. Es decir, las integrales son de valor finito cuando los integrandos son reemplazados por sus valores absolutos. Se supone que esta condición se satisface.

Con $a < 0$, ésta se vuelve

$$\mathcal{F}[w(at)] = \int_{-\infty}^{\infty} \frac{-1}{a} w(t_1) e^{-j2\pi(f/a)t_1}\, dt_1 = \frac{1}{|a|} W\left(\frac{f}{a}\right)$$

Por consiguiente, con $a > 0$ o $a < 0$, se obtiene

$$w(at) \leftrightarrow \frac{1}{|a|} W\left(\frac{f}{a}\right)$$

Los demás teoremas incluidos en la tabla 2-1 se demuestran de la misma manera, excepto el teorema de integración. Éste es más difícil de derivar puesto que la transformada resultante implica una función delta Dirac, $\delta(f)$. Este teorema se demuestra con el teorema de convolución, ilustrado por el problema 2-36. El teorema de señal pasabanda se analiza con más detalle en el capítulo 4. Constituye el fundamento de las técnicas de modulación digital y analógica analizadas en los capítulos 4 y 5. En la sección 2-8 se estudia la relación entre la transformada de Fourier y la transformada discreta de Fourier (TDF).

Tal como se verá en los ejemplos siguientes, estos teoremas simplifican en gran medida los cálculos requeridos para resolver problemas de transformada de Fourier. El lector debe estudiar la tabla 2-1 y estar preparado a usarla cuando se requiera. Una vez que se evalúa la transformada de Fourier, se debe constatar el cumplimiento de las propiedades fáciles de verificar de las transformadas de Fourier; de lo contrario, existirá un error. Por ejemplo, si $w(t)$ es real,

- $W(-f) = W^*(f)$, o $|W(f)|$ es par y $\theta(f)$ es impar.
- $W(f)$ es real cuando $w(t)$ es impar.
- $W(f)$ es imaginaria cuando $w(t)$ es impar.

**Ejemplo 2-3** ESPECTRO DE UNA SENOIDE AMORTIGUADA

Sea la senoide amortiguada dada por

$$w(t) = \begin{cases} e^{-t/T} \text{ sen } \omega_0 t, & t > 0,\ T > 0 \\ 0, & t < 0 \end{cases}$$

El espectro de esta forma de onda se obtiene evaluando la transformada de Fourier. Esto se logra con facilidad con el resultado del ejemplo anterior y algunos de los teoremas de Fourier. Con la ecuación (2-34) y el teorema de cambio de escala, donde $a = 1/T$,

$$\begin{Bmatrix} e^{-t/T}, & t > 0 \\ 0, & t < 0 \end{Bmatrix} \leftrightarrow \frac{T}{1 + j(2\pi f T)}$$

Utilizando el teorema de traslación de frecuencia de señal con $\theta = -\pi/2$, se obtiene

$$W(f) = \frac{1}{2}\left\{e^{-j\pi/2} \frac{T}{1 + j2\pi T(f - f_0)} + e^{j\pi/2} \frac{T}{1 + j2\pi T(f + f_0)}\right\}$$

$$= \frac{T}{2j}\left\{\frac{1}{1 + j2\pi T(f - f_0)} - \frac{1}{1 + j2\pi T(f + f_0)}\right\} \qquad (2\text{-}44)$$

**TABLA 2-1** ALGUNOS TEOREMAS DE LA TRANSFORMADA DE FOURIER[a]

| Operación | Función | Transformada de Fourier |
|---|---|---|
| Linealidad | $a_1 w_1(t) + a_2 w_2(t)$ | $a_1 W_1(f) + a_2 W_2(f)$ |
| Retardo | $w(t - T_d)$ | $W(f)\, e^{-j\omega T_d}$ |
| Cambio de escala | $w(at)$ | $\frac{1}{\lvert a\rvert} W\left(\frac{f}{a}\right)$ |
| Conjugación | $w^*(t)$ | $W^*(-f)$ |
| Dualidad | $W(t)$ | $w(-f)$ |
| Traslación de frecuencia de la señal real [$w(t)$ es real] | $w(t)\cos(\omega_c t + \theta)$ | $\frac{1}{2}[e^{j\theta}W(f-f_c) + e^{-j\theta}W(f+f_c)]$ |
| Traslación de frecuencia de la señal compleja | $w(t)e^{j\omega_c t}$ | $W(f - f_c)$ |
| Señal pasabanda | $\text{Re}\{g(t)e^{j\omega_c t}\}$ | $\frac{1}{2}[G(f - f_c) + G^*(-f - f_c)]$ |
| Diferenciación | $\frac{d^n w(t)}{dt^n}$ | $(j2\pi f)^n W(f)$ |
| Integración | $\int_{-\infty}^{t} w(\lambda)\, d\lambda$ | $(j2\pi f)^{-1} W(f) + \frac{1}{2} W(0)\,\delta(f)$ |
| Convolución | $w_1(t) * w_2(t) = \int_{-\infty}^{\infty} w_1(\lambda) \cdot w_2(t-\lambda)\, d\lambda$ | $W_1(f) W_2(f)$ |
| Multiplicación[b] | $w_1(t) w_2(t)$ | $W_1(f) * W_2(f) = \int_{-\infty}^{\infty} W_1(\lambda)\, W_2(f-\lambda)\, d\lambda$ |
| Multiplicación por $t^n$ | $t^n w(t)$ | $(-j2\pi)^{-n} \frac{d^n W(f)}{df^n}$ |

[a] $\omega_c = 2\pi f_c$.

[b] $*$ denota convolución tal como lo describe la ecuación (2-62).

donde $e^{\pm j\pi/2} = \cos(\pi/2) \pm j\,\text{sen}(\pi/2) = \pm j$. Este espectro es complejo (es decir, ni real ni imaginario) porque $w(t)$ no tiene simetría impar en torno a $t = 0$.

Como se esperaba, la ecuación (2-44) comprueba que la cresta del espectro de magnitud de la senoide amortiguada ocurre en $f = \pm f_0$. Compárese con el pico del espectro de magnitud de la exponencial en decaimiento (ejemplo 2-2) que ocurre en $f = 0$. Esto es, el factor sen $w_o t$ hizo que el pico espectral se cambiara de $f = 0$ a $f = \pm f_0$.

## Función delta Dirac y función de escalón unitario

Otro tipo de función que con frecuencia se presenta en problemas de comunicación es la función delta Dirac.

**DEFINICIÓN.** La *función delta Dirac* $\delta(x)$ está definida por

$$\int_{-\infty}^{\infty} w(x)\, \delta(x)\, dx = w(0) \tag{2-45}$$

donde $w(x)$ es cualquier función continua cuando $x = 0$.

En esta definición la variable $x$ podría ser tiempo o frecuencia según la aplicación. Una definición alternativa de $\delta(x)$ es

$$\int_{-\infty}^{\infty} \delta(x)\, dx = 1 \tag{2-46a}$$

y

$$\delta(x) = \begin{cases} \infty, & x = 0 \\ 0 & x \neq 0 \end{cases} \tag{2-46b}$$

donde (2-46a) y (2.46b) se tienen que satisfacer. La función delta Dirac no es una función verdadera, sino que se considera como una función singular. Sin embargo, $\delta(x)$ se define como una función en un sentido más general y se trata como tal en una rama de las matemáticas llamada *funciones generalizadas* y en la *teoría de las distribuciones*.

De acuerdo con la ecuación (2-45), la *propiedad de desplazamiento (separación)* de la función $\delta$ es

$$\int_{-\infty}^{\infty} w(x)\, \delta(x - x_0)\, dx = w(x_0) \tag{2-47}$$

Esto es, la función $\delta$ se desplaza el valor $w(x_0)$ de la integral.

En algunos problemas también conviene utilizar la integral equivalente de la función $\delta$, la cual es

$$\delta(x) = \int_{-\infty}^{\infty} e^{\pm j2\pi xy}\, dy \tag{2-48}$$

en la que se puede usar el signo $+$ o el signo $-$ como se requiera. Esto supone que $\delta(x)$ es una función par: $\delta(-x) = \delta(x)$. La ecuación (2-48) se verifica con la transformada de Fourier de una función delta

$$\int_{-\infty}^{\infty} \delta(t) e^{-j2\pi ft}\, dt = e^0 = 1$$

y luego con la transformada inversa de Fourier de ambos lados de esta ecuación se llega a la ecuación (2-48). Para más propiedades de la función delta, véase el apéndice A.

Otra función que guarda una estrecha relación con la función delta Dirac es la función escalón unitario.

**DEFINICIÓN.** La *función de escalón unitario* $u(t)$ es

$$u(t) = \begin{cases} 1, & t > 0 \\ 0, & t < 0 \end{cases} \tag{2-49}$$

Como $\delta(\lambda)$ es cero excepto cuando $\lambda = 0$, la función delta Dirac está relacionada con la función escalón unitario por medio de

$$\int_{-\infty}^{\infty} \delta(\lambda)\, d\lambda = u(t) \tag{2-50}$$

y por consiguiente,

$$\frac{du(t)}{dt} = \delta(t) \tag{2-51}$$

**Ejemplo 2-4** ESPECTRO DE UNA SENOIDAL

Halle el espectro de una forma de onda de voltaje senoidal de frecuencia $f_0$ y valor pico de $A$ volts.

$$v(t) = \text{A sen}\,\omega_0 t \quad \text{donde } \omega_0 = 2\pi f_0$$

De acuerdo con la ecuación (2-26), el espectro es

$$V(f) = \int_{-\infty}^{\infty} A\left(\frac{e^{j\omega_0 t} - e^{-j\omega_0 t}}{2j}\right) e^{-j\omega t}\, dt$$

$$= \frac{A}{2j}\int_{-\infty}^{\infty} e^{-j2\pi(f-f_0)t}\, dt - \frac{A}{2j}\int_{-\infty}^{\infty} e^{-j2\pi(f+f_0)t}\, dt$$

Y de acuerdo con la ecuación (2-48), estas integrales equivalen a las funciones delta Dirac. Esto es,

$$V(f) = j\,\frac{A}{2}\,[\delta(f+f_0) - \delta(f-f_0)]$$

Obsérvese que el espectro es imaginario, como se esperaba, porque $v(t)$ es real e impar. Además, se obtuvo una expresión significativa para la transformada de Fourier, aunque $v(t)$ era del tipo de energía infinita y no absolutamente integrable. Es decir, esta $v(t)$ no satisface las condiciones suficientes de Dirichlet (mas no necesarias) impuestas por las ecuaciones (2-31) y (2-32).

El espectro de magnitud es

$$|V(f)| = \frac{A}{2}\,\delta(f-f_0) + \frac{A}{2}\,\delta(f+f_0)$$

donde $A$ es un número positivo. Puesto que sólo dos frecuencias están presentes ($f = \pm f_0$), $\theta(f)$ se define estrictamente sólo a estas dos frecuencias. Es decir, $\theta(f_0) = \tan^{-1}(-1/0) = -90°$ y $\theta(-f_0) = \tan^{-1}(1/0) = +90°$. Sin embargo, como $|V(f)| = 0$ a todas las frecuencias excepto a $f = \pm f_0$ y $V(f) = |V(f)|\, e^{j\theta(t)}$, $\theta(f)$ se puede considerar que es cualquier conjunto conveniente de valores de $f \neq \pm f_0$. Por consiguiente, el espectro de fase es

$$\theta(f) = \begin{Bmatrix} -\pi/2, & f > 0 \\ +\pi/2, & f < 0 \end{Bmatrix} \text{radianes} = \begin{Bmatrix} -90°, & f > 0 \\ 90°, & f < 0 \end{Bmatrix}$$

En la figura 2-4 se muestran gráficas de estos espectros. Se ve que el espectro de magnitud es par y el de fase impar, tal como se esperaba de acuerdo con las ecuaciones (2-38) y (2-39).

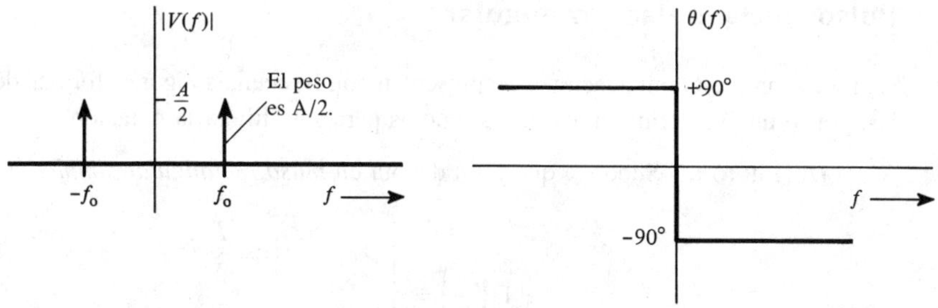


(a) Espectro de magnitud

(b) Espectro de fase ($\theta_0 = 0$)

**Figura 2-4** Espectro de una onda senoidal.

Ahora si se generaliza la forma de onda senoidal a uno con un ángulo de fase arbitrario $\theta_0$. Entonces

$$w(t) = A\ \text{sen}(\omega_0 t + \theta_0) = A\ \text{sen}[\omega_0(t + \theta_0/\omega_0)]$$

y, si se utiliza el teorema de retardo de tiempo, el espectro se vuelve

$$W(f) = j\frac{A}{2}e^{j\theta_0(f/f_0)}\ [\delta(f + f_0) - \delta(f - f_0)]$$

El espectro de magnitud resultante es el mismo que se obtuvo con anterioridad con $\theta_0 = 0$. El nuevo espectro de fase es la suma del espectro de fase viejo más la función lineal $(\theta_0/f_0)f$. Sin embargo, puesto que el espectro total es cero excepto a $f = \pm f_0$, se puede asignar arbitrariamente el valor del espectro de fase a todas las frecuencias excepto a $f = \pm f_0$. A $f = f_0$ la fase es $(\theta_0 - \pi/2)$ radianes, y a $f = -f_0$ la fase es $-(\theta_0 - \pi/2)$ radianes.

Desde un punto de vista *matemático*, la figura 2-4 demuestra que hay dos frecuencias en la onda senoidal, una a $f = +f_0$ y otra a $f = -f_0$. Esto también se ve en la forma de onda de tiempo; es decir,

$$v(t) = A\ \text{sen}\ \omega_0 t = \frac{A}{j2}e^{j\omega_0 t} - \frac{A}{j2}e^{-j\omega_0 t}$$

lo que implica que la onda senoidal se compone de dos fasores giratorios, donde uno gira con una frecuencia $f = +f_0$ y otro con $f = -f_0$. Desde el punto de vista de *ingeniería* se dice que existe una frecuencia, es decir, $f = f_0$, porque para cualquier forma de onda física (es decir, real), la ecuación (2-35) demuestra que para cualquier frecuencia positiva presente también existe una frecuencia negativa matemática. El fasor asociado con $v(t)$ es $c = 0 - jA = A\ \underline{/-90^\circ}$. Otra observación interesante es que el espectro de magnitud se compone de *líneas* (es decir, funciones delta Dirac). Tal como lo demuestra la ecuación (2-109), las líneas se deben a que $v(t)$ es una función periódica. Si la senoide se activa y desactiva, entonces la forma de onda resultante no es periódica y su espectro es continuo, como lo demuestra el ejemplo 2-9. Una senoidal amortiguada también tiene un espectro continuo, como lo demuestra el ejemplo 2-3.

## Pulsos rectangular y triangular

En problemas de comunicaciones se presentan con frecuencia algunas formas de onda adicionales, por lo que se definirán algunos símbolos para simplificar la notación.

**Definición.** Suponga que $\Pi(\cdot)$ denota un *pulso rectangular simple*

$$\Pi\left(\frac{t}{T}\right) \triangleq \begin{cases} 1, & |t| \leq \dfrac{T}{2} \\ 0, & |t| > \dfrac{T}{2} \end{cases} \tag{2-52}$$

**Definición.** Suponga que $\text{Sa}(\cdot)$ denota la función†

$$\text{Sa}(x) = \frac{\text{sen } x}{x} \tag{2-53}$$

**Definición.** Suponga que $\Lambda(\cdot)$ denota la función triangular

$$\Lambda\left(\frac{t}{T}\right) \triangleq \begin{cases} 1 - \dfrac{|t|}{T}, & |t| \leq T \\ 0, & |t| > T \end{cases} \tag{2-54}$$

Estas formas de onda se muestran en la figura 2-5. En la sección A-9 (apéndice A) se da una tabulación de $\text{Sa}(x)$.

### Ejemplo 2-5 Espectro de un pulso rectangular

El espectro se obtiene con la transformada de $w(t) = \Pi(t/T)$.

$$W(f) = \int_{-T/2}^{T/2} 1e^{-j\omega t}\,dt = \frac{e^{-j\omega T/2} - e^{j\omega T/2}}{-j\omega}$$

$$= T\,\frac{\text{sen}(\omega T/2)}{\omega T/2} = T\,\text{Sa}(\pi T f)$$

Por tanto,

$$\Pi\left(\frac{t}{T}\right) \leftrightarrow T\,\text{Sa}(\pi T f) \tag{2-55}$$

Este par de transformadas de Fourier se muestra en la figura 2-6a. Obsérvese la relación inversa entre el ancho del pulso $T$ y el cruce de cero espectral $1/T$. Además, con el uso del teorema de dualidad, el espectro de un pulso $(\text{sen } x)/x$ es un rectángulo. Es decir, si $\Pi(x)$ es una función par y se aplica el teorema de dualidad a (2-55), se obtiene

† Está relacionada con la función sinc mediante $\text{Sa}(x) = \text{sinc}(x/\text{p})$ porque $\text{sinc}(\lambda) \triangleq (\text{sen } \pi\lambda)/\pi\lambda$. La notación $\text{Sa}(x)$ y $\text{sinc}(x)$ representan el mismo concepto aunque se pueden confundir por cuestiones de escala. En este libro $(\text{sen } x)/x$ se usa con frecuencia porque evita confusiones y no ocupa mucho espacio de texto.

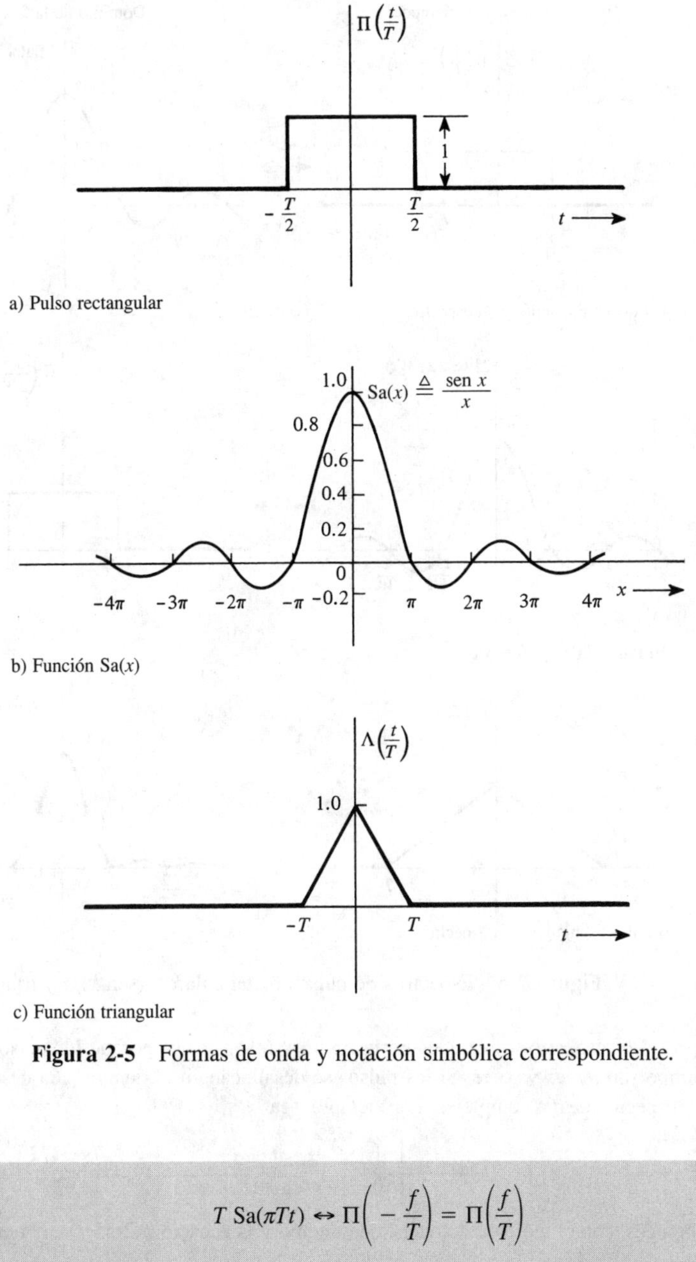


**Figura 2-5** Formas de onda y notación simbólica correspondiente.

$$T\ \mathrm{Sa}(\pi T t) \leftrightarrow \Pi\left(-\frac{f}{T}\right) = \Pi\left(\frac{f}{T}\right)$$

Si se reemplaza el parámetro $T$ con $2W$, se obtiene el siguiente par de transformadas de Fourier.

$$2W\ \mathrm{Sa}(2\pi W t) \leftrightarrow \Pi\left(\frac{f}{2W}\right) \tag{2-56}$$

en la que $W$ es el ancho de banda absoluto en hertz. Este par de transformadas de Fourier también se muestra en la figura 2-6b.

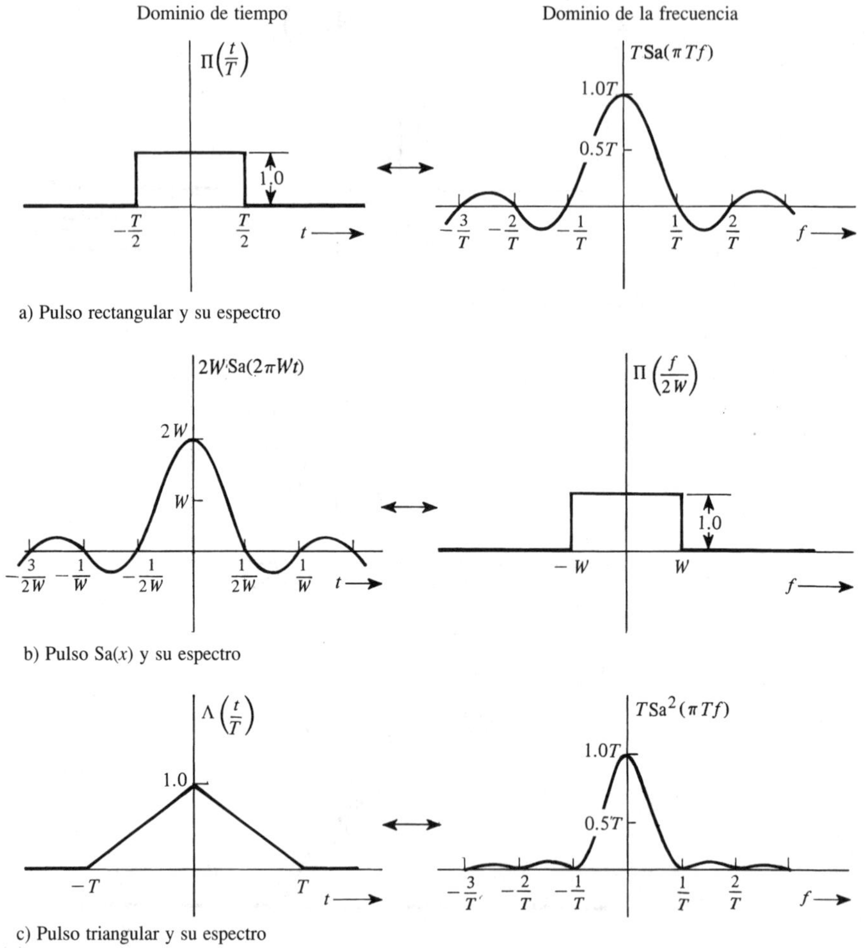


**Figura 2-6** Espectros de pulsos rectangulares, (sen $x$)/$x$ y triangulares.

Los espectros mostrados en la figura 2-6 son reales porque los pulsos en el dominio del tiempo son reales y pares. Si los pulsos se desalinean en el tiempo para destruir la simetría par, los espectros serán complejos. Por ejemplo, sea

$$v(t) = \begin{cases} 1, & 0 < t < T \\ 0, & t \text{ en otra parte} \end{cases} = \Pi\left(\frac{t - T/2}{T}\right)$$

Entonces, con el teorema de retardo de tiempo y la ecuación (2-55), se obtiene el espectro

$$V(f) = Te^{-j\pi fT}\,\text{Sa}(\pi Tf) \tag{2-57}$$

En términos de la notación en cuadratura, la ecuación (2-57) se transforma en

$$V(f) = \underbrace{[T\,\text{Sa}(\pi fT)\cos(\pi fT)]}_{X(f)} + j\underbrace{[-T\,\text{Sa}(\pi fT)\,\text{sen}(\pi fT)]}_{Y(f)} \tag{2-58}$$

Si se examina la ecuación (2-57), el espectro de magnitud es

$$|V(f)| = T\left|\frac{\text{sen }\pi f T}{\pi f T}\right| \tag{2-59}$$

y el espectro de fase es

$$\theta(f) = \underline{/e^{-j\pi fT}} + \underline{/\text{Sa}(\pi f T)} = -\pi f T + \begin{cases} 0, & \dfrac{n}{T} < |f| < \dfrac{n+1}{T}, \quad n \text{ par} \\ \pi, & \dfrac{n}{T} < |f| < \dfrac{n+1}{T}, \quad n \text{ impar} \end{cases} \tag{2-60}$$

## Ejemplo 2-6 ESPECTRO DE UN PULSO TRIANGULAR

El espectro se evalúa directamente con la transformada de Fourier de $\Lambda(t/T)$, donde el triángulo se describe con tramos de líneas rectas como se muestra en la figura 2-6c. Otro enfoque es utilizar el teorema de integración. Para demostrar esta técnica se usará este enfoque. Sea

$$w(t) = \Lambda(t/T)$$

Entonces

$$\frac{dw(t)}{dt} = \frac{1}{T}u(t+T) - \frac{2}{T}u(t) + \frac{1}{T}u(t-T)$$

y

$$\frac{d^2w(t)}{dt^2} = \frac{1}{T}\delta(t+T) - \frac{2}{T}\delta(t) + \frac{1}{T}\delta(t-T)$$

Por consiguiente, se obtiene el par de transformadas de Fourier

$$\frac{d^2w(t)}{dt^2} \leftrightarrow \frac{1}{T}e^{j\omega T} - \frac{2}{T} + \frac{1}{T}e^{-j\omega T}$$

o

$$\frac{d^2w(t)}{dt^2} \leftrightarrow \frac{1}{T}(e^{j\omega T/2} - e^{-j\omega T/2})^2 = \frac{-4}{T}(\text{sen }\pi f T)^2$$

Si se aplica el teorema de integración dos veces, se obtiene

$$w(t) \leftrightarrow \frac{-4}{T}\frac{(\text{sen }\pi f T)^2}{(j2\pi f)^2}$$

Por consiguiente

$$w(t) = \Lambda\left(\frac{t}{T}\right) \leftrightarrow T\,\text{Sa}^2(\pi f T) \tag{2-61}$$

Esto se ilustra en la figura 2-6c.

## Convolución

La operación de convolución, tal como se describe en la tabla 2-1, es muy útil. Más adelante se demostrará que la operación de convolución se puede usar para describir la forma de onda a la salida de un sistema lineal.

**Definición.** La *convolución* de una forma de onda $w_1(t)$ con una forma de onda $w_2(t)$ para producir una tercera forma de onda $w_3(t)$ es

$$w_3(t) = w_1(t) * w_2(t) \triangleq \int_{-\infty}^{\infty} w_1(\lambda)\, w_2(t-\lambda)\, d\lambda \qquad \text{(2-62a)}$$

donde $w_1(t) * w_2(t)$ es una notación abreviada que delinea esta operación de integración y * se lee "convolucionada con".

Cuando se examina esta integral, se ve que $t$ es un parámetro y que $\lambda$ es la variable de integración.

Si se van a convolucionar formas de onda discontinuas, por lo general es más fácil evaluar la integral equivalente

$$w_3(t) = \int_{-\infty}^{\infty} w_1(\lambda)\, w_2(-(\lambda - t))\, d\lambda \qquad \text{(2-62b)}$$

De este modo, el integrando (2-62b) se obtiene por medio de

1. La inversión en el tiempo de $w_2$ para obtener $w_2(-\lambda)$
2. El desplazamiento en el tiempo de $w_2$ para obtener $w_2(-(\lambda - t))$
3. Multiplicando este resultado por $w_1$ para formar el integrando $w_1(\lambda)\, w_2(-(\lambda - t))$

Estas tres operaciones se ilustran en los ejemplos siguientes.

### Ejemplo 2-7 Convolución de un rectángulo con una exponencial

Sea

$$w_1(t) = \Pi\left(\frac{t - \frac{1}{2}T}{T}\right) \quad \text{y} \quad w_2(t) = e^{-t/T}\, u(t)$$

como se muestra en la figura 2-7. Si se lleva a cabo el paso 3 anterior con la ayuda de la figura, la convolución de $w_1(t)$ con $w_2(t)$ es 0 si $t < 0$ porque el producto $w_1(\lambda)\, w_2(-(\lambda - t))$ es cero para todos los valores de λ. Si $0 < t < T$, la ecuación (2-62b) se convierte en

$$w_3(t) = \int_0^t 1e^{+(\lambda - t)/T}\, d\lambda = T(1 - e^{-t/T})$$

Si $t > T$, entonces la ecuación (2-62b) se vuelve

$$w_3(t) = \int_0^T 1e^{+(\lambda - t)/T}\, d\lambda = T(e - 1)\, e^{-t/T}$$

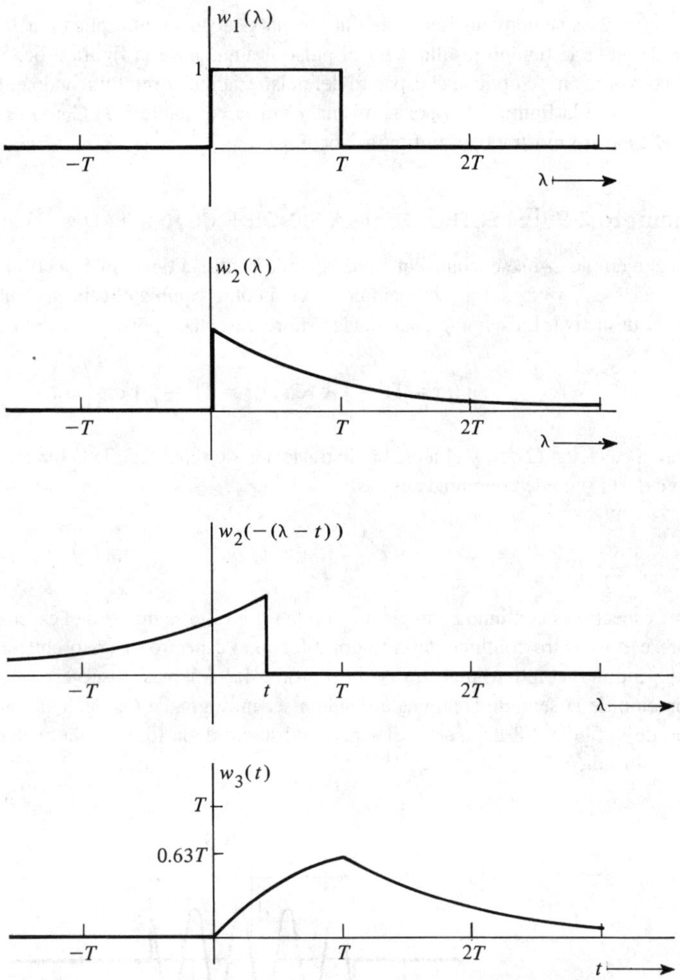


**Figura 2-7** Convolución de un rectángulo y una exponencial.

Por consiguiente,

$$w_3(t) = \begin{cases} 0, & t < 0 \\ T(1 - e^{-t/T}), & 0 < t < T \\ T(e - 1)e^{-t/T}, & t > T \end{cases}$$

Este resultado se grafica en la figura 2-7.

## Ejemplo 2-8 ESPECTRO DE UN PULSO TRIANGULAR POR CONVOLUCIÓN

En el ejemplo 2-6 se evaluó el espectro de un pulso triangular con el teorema de integración. Con el teorema de convolución de la tabla 2-1 se obtiene el mismo resultado. Si el pulso triangular de la figura 2-6a se convoluciona con ella misma y luego se multiplica por la constante $1/T$, la forma de onda de tiempo resultante es el pulso triangular de la figura 2-6c. Si se aplica el teorema de convolución, se obtiene el espectro del pulso triangular multiplicando el espectro del pulso rectangular (de la figura 2-6a) por sí misma y por la constante $1/T$. Como se esperaba, el resultado es el espectro mostrado en la figura 2-6c.

### Ejemplo 2-9 ESPECTRO DE UNA SENOIDE CONMUTADA

En el ejemplo 2-4 se encontró que una senoide continua tiene un espectro lineal con las líneas localizadas en $f = \pm f_0$. En este ejemplo se verá cómo cambia el espectro cuando la senoide se activa y desactiva. La senoide conmutada está representada por

$$w(t) = \Pi\left(\frac{t}{T}\right) A \operatorname{sen} \omega_0 t = \Pi\left(\frac{t}{T}\right) A \cos\left(\omega_0 t - \frac{\pi}{2}\right)$$

Con la ecuación (2-55) y el teorema de traslación de señal real de la tabla 2-1, se ve que el espectro de esta senoide conmutada es

$$W(f) = j\frac{A}{2}T[\mathrm{Sa}(\pi T(f + f_0)) - \mathrm{Sa}(\pi T(f - f_0))] \tag{2-63}$$

Este espectro es continuo e imaginario. En la figura 2-8 se muestra el espectro de magnitud. Compárese el espectro continuo de la figura 2-8 con el espectro discreto obtenido para la onda senoidal continua, como se muestra en la figura 2-4a. Además obsérvese que si se permite que la duración de la senoide conmutada llegue a ser muy grande (es decir, $T \to \infty$), el espectro continuo de la figura 2-8 llega a ser el espectro discreto de la figura 2-4a mediante el uso de (A-103) en el apéndice A.

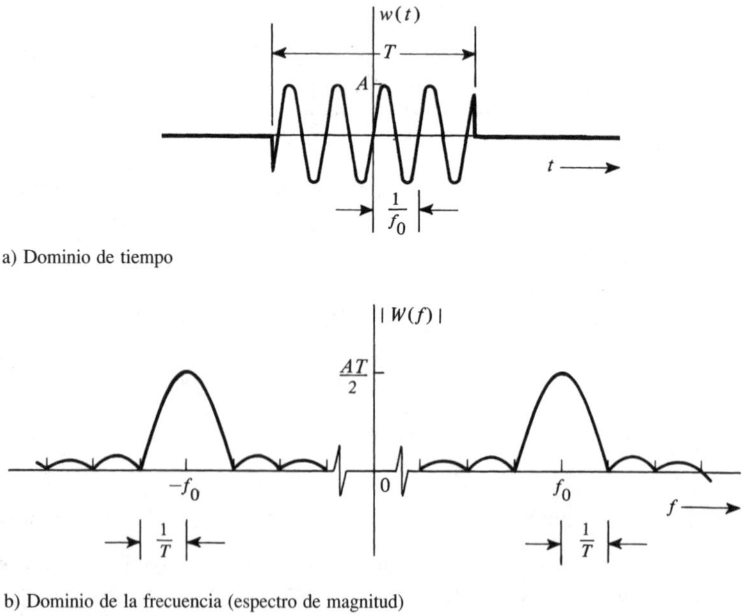


**Figura 2-8** Forma de onda y espectro de una senoide conmutada.

El espectro de la senoide conmutada también se puede evaluar con un procedimiento diferente. El teorema de multiplicación de la tabla 2-1 se puede usar en los casos en que $w_1(t) = \Pi(t/T)$ y $w_2(t) = A$ sen $\omega_0 t$. En este caso el espectro de la senoide conmutada se obtiene resolviendo un problema de convolución en el dominio de la frecuencia:

$$W(f) = W_1(f) * W_2(f) = \int_{-\infty}^{\infty} W_1(\lambda) W_2(f - \lambda)\, d\lambda$$

Esta integral de convolución es fácil de evaluar porque el espectro de $w_2(t)$ se compone de dos funciones delta. Los detalles de este procedimiento se dejan de tarea al lector.

En la tabla 2-2 se da un resumen de transformadas de Fourier. En la sección 2-8 se analizan técnicas numéricas que utilizan la transformada de Fourier discreta.

**TABLA 2-2** ALGUNOS PARES DE TRANSFORMADAS DE FOURIER

| Función | Forma de onda de tiempo $w(t)$ | Espectro $W(f)$ |
|---|---|---|
| Rectangular | $\Pi\left(\frac{t}{T}\right)$ | $T[\mathrm{Sa}(\pi f T)]$ |
| Triangular | $\Lambda\left(\frac{t}{T}\right)$ | $T[\mathrm{Sa}(\pi f T)]^2$ |
| Escalón unitario | $u(t) \triangleq \begin{cases} +1, & t > 0 \\ 0, & t < 0 \end{cases}$ | $\frac{1}{2}\,\delta(f) + \frac{1}{j2\pi f}$ |
| Signo | $\mathrm{sgn}(t) \triangleq \begin{cases} +1, & t > 0 \\ -1, & t < 0 \end{cases}$ | $\frac{1}{j\pi f}$ |
| Impulso | $1$ | $\delta(f)$ |
| constante en $t = t_0$ | $\delta(t - t_0)$ | $e^{-j2\pi f t_0}$ |
| Sinc | $\mathrm{Sa}(2\pi W t)$ | $\frac{1}{2W}\,\Pi\left(\frac{f}{2W}\right)$ |
| Fasorial | $e^{j(\omega_0 t + \mathrm{w})}$ | $e^{j\varphi}\,\delta(f - f_0)$ |
| Senoide | $\cos(\omega_c t + \varphi)$ | $\frac{1}{2}e^{j\varphi}\,\delta(f - f_c) + \frac{1}{2}e^{-j\varphi}\,\delta(f + f_c)$ |
| Gaussiana | $e^{-\pi(t/t_0)^2}$ | $t_0 e^{-\pi(f t_0)^2}$ |
| Exponencial, unilateral | $\begin{cases} e^{-t/T}, & t > 0 \\ 0, & t < 0 \end{cases}$ | $\frac{T}{1 + j2\pi f T}$ |
| Exponencial, bilateral | $e^{-\lvert t \rvert / T}$ | $\frac{2T}{1 + (2\pi f T)^2}$ |
| Tren de impulsos | $\sum_{k=-\infty}^{k=\infty} \delta(t - kT)$ | $f_0 \sum_{n=-\infty}^{n=\infty} \delta(f - n f_0)$, donde $f_0 = 1/T$ |

## 2-3 DENSIDAD ESPECTRAL DE POTENCIA Y FUNCIÓN DE CORRELACIÓN

### Densidad espectral de potencia

La potencia normalizada de una forma de onda se relacionará ahora con su descripción en el dominio de la frecuencia mediante el uso de una función llamada *densidad espectral de potencia* (*PSD*, por sus siglas en inglés: *power spectral density*). La PSD es muy útil para describir la manera en que el contenido de potencia de las señales y el ruido es afectado por filtros y otros dispositivos en los sistemas de comunicación. En la ecuación (2-42) la densidad espectral de energía (ESD, por sus siglas en inglés: *energy spectral density*) se definió en términos de la magnitud elevada al cuadrado de la transformada de Fourier de la forma de onda. La PSD se definirá de la misma manera. La PSD es más útil que la ESD puesto que en la solución de problemas de comunicación por lo general se utilizan modelos de potencia.

En primer lugar, se define la versión truncada de la forma de onda mediante

$$w_T(t) = \begin{cases} w(t), & -T/2 < t < T/2 \\ 0, & t \text{ en otra parte} \end{cases} = w(t)\Pi\left(\frac{t}{T}\right) \tag{2-64}$$

Con la ecuación (2-13) se obtiene la potencia normalizada promedio

$$P = \lim_{T \to \infty} \frac{1}{T} \int_{-T/2}^{T/2} w^2(t)\, dt = \lim_{T \to \infty} \frac{1}{T} \int_{-\infty}^{\infty} w_T^2(t)\, dt$$

Con el uso del teorema de Parseval la ecuación (2-14) se vuelve

$$P = \lim_{T \to \infty} \frac{1}{T} \int_{-\infty}^{\infty} |W_T(f)|^2\, df = \int_{-\infty}^{\infty} \left( \lim_{T \to \infty} \frac{|W_T(f)|^2}{T} \right) df \tag{2-65}$$

donde $W_T(f) = \mathcal{F}[w_T(t)]$. El integrando de la integral del lado derecho tiene unidades de watts/hertz (o de volts$^2$/hertz o amperes$^2$/hertz, como se considere apropiado) y se define como la PSD.

**Definición.** La *densidad espectral de potencia* (*PSD*) de una forma de onda de potencia determinística es†

$$\mathcal{P}_w(f) \triangleq \lim_{T \to \infty} \left( \frac{|W_T(f)|^2}{T} \right) \tag{2-66}$$

donde $w_T(t) \leftrightarrow W_T(f)$ y $\mathcal{P}_w(f)$ tiene unidades de watts por hertz.

Obsérvese que la PSD siempre es una función de frecuencia no negativa real. Además, la PSD no es sensible al espectro de fase de $w(t)$ porque aquélla se pierde debido a la operación de valor absoluto utilizada en la ecuación (2-66). De acuerdo con la ecuación (2-65), la potencia promedio normalizada es†

† Las ecuaciones (2-66) y (2-67) dan la PSD normalizada (con respecto a 1 Ω) y la potencia promedio, respectivamente. Para valores no normalizados (es decir, valores reales) $\mathcal{P}_w(f)$ se reemplaza con la expresión apropiada como sigue. Si $w(t)$ es una forma de voltaje que aparece a través de una resistencia de $R$ ohms, la PSD no normalizada es $\mathcal{P}_w(f)/R$ W/Hz, donde $\mathcal{P}_w(f)$ tiene unidades de volts$^2$/Hz. Asimismo, si $w(t)$ es una forma de onda de corriente que pasa a través de una resistencia de $R$ ohms, la PSD no normalizada es $\mathcal{P}_w(f)R$ W/Hz, donde $\mathcal{P}_w(f)$ tiene unidades de amperes$^2$/Hz.

$$P = \langle w^2(t) \rangle = \int_{-\infty}^{\infty} \mathcal{P}_w(f)\, df \tag{2-67}$$

Es decir, el área bajo la función PSD es la potencia promedio normalizada.

## Función de autocorrelación

También se puede definir una función relacionada llamada *autocorrelación*, $R(\tau)$.†

**Definición.** La *autocorrelación* de una forma de onda real (física) es‡

$$R_w(\tau) \triangleq \langle w(t)w(t+\tau) \rangle = \lim_{T \to \infty} \frac{1}{T} \int_{-T/2}^{T/2} w(t)w(t+\tau)\, dt \tag{2-68}$$

Además, se puede demostrar que la PSD y la función de autocorrelación son pares de transformadas de Fourier.

$$R_w(\tau) \leftrightarrow \mathcal{P}_w(f) \tag{2-69}$$

donde $\mathcal{P}_w(f) = \mathcal{F}[R_w(\tau)]$. Éste es el *teorema de Wienner-Khintchine*. Este teorema, junto con las propiedades de $R(\tau)$ y $\mathcal{P}(f)$, se desarrollan en detalle en el capítulo 6 por medio de la teoría más general de los procesos aleatorios aplicables a formas de onda no determinísticas.

En resumen, la PSD se puede evaluar con cualesquiera de los dos métodos siguientes:

1. Evaluación directa con la definición, (2-66)§
2. Evaluación indirecta mediante la evaluación en primer lugar de la función de autocorrelación y en seguida de la transformada de Fourier, $\mathcal{P}_w(f) = \mathcal{F}[R_w(\tau)]$

Además, la potencia normalizada total promedio de la forma de onda $w(t)$ se evalúa con cualesquiera de las *cuatro* técnicas siguientes:

$$P = \langle w^2(t) \rangle = W_{\text{rms}}^2 = \int_{-\infty}^{\infty} \mathcal{P}_w(f)\, df = R_w(0) \tag{2-70}$$

**Ejemplo 2-10** PSD DE UNA SENOIDE

Sea

$$w(t) = A \operatorname{sen} \omega_0 t$$

† En este caso se usa un promedio de tiempo en la definición de la función de autocorrelación. En el capítulo 6 se utiliza un promedio de ensamble (estadístico) en la definición de $R(\tau)$. Tal como se muestra en el capítulo 6, estas dos definiciones son iguales si $w(t)$ es ergódico.

‡ La autocorrelación de una forma de onda compleja es $R_w(\tau) \triangleq \langle w^*(t)w(t+\tau) \rangle$.

§ La evaluación directa por lo general es más difícil que la indirecta.

La PSD se evaluará con el método directo. La autocorrelación es

$$R_w(\tau) = \langle w(t)w(t+\tau)\rangle$$

$$= \lim_{T\to\infty} \frac{1}{T}\int_{-T/2}^{T/2} A^2 \operatorname{sen} \omega_0 t \operatorname{sen} \omega_0(t+\tau)\, dt$$

Con la identidad trigonométrica (A-12) se obtiene

$$R_w(\tau) = \frac{A^2}{2}\cos\omega_0\tau \lim_{T\to\infty}\frac{1}{T}\int_{-T/2}^{T/2} dt - \frac{A^2}{2}\lim_{T\to\infty}\frac{1}{T}\int_{-T/2}^{T/2}\cos(2\omega_0 t + \omega_0\tau)\, dt$$

la cual se reduce a

$$R_w(\tau) = \frac{A^2}{2}\cos\omega_0\tau \tag{2-71}$$

Entonces la PSD es

$$\mathcal{P}_w(f) = \mathcal{F}\left[\frac{A^2}{2}\cos\omega_0\tau\right] = \frac{A^2}{4}[\delta(f-f_0)+\delta(f+f_0)] \tag{2-72}$$

como se muestra en la figura 2-9. Se compara con el espectro de "voltaje" de una senoide obtenida en el ejemplo 2-4 y mostrada en la figura 2-4.

La potencia normalizada promedio se obtiene con la ecuación (2-67):

$$P = \int_{-\infty}^{\infty}\frac{A^2}{4}[\delta(f-f_0)+\delta(f+f_0)]\, df = \frac{A^2}{2} \tag{2-73}$$

Este valor, $A^2/2$, concuerda con el resultado conocido de la potencia normalizada de una senoide:

$$P = \langle w^2(t)\rangle = W_{\text{rms}}^2 = (A/\sqrt{2})^2 = A^2/2 \tag{2-74}$$

Se concluye también que $A \operatorname{sen} \omega_0 t$ y $A\cos\omega_0 t$ tienen exactamente la misma PSD (y función de autocorrelación) porque la fase no afecta la PSD. Esto se comprueba evaluando la PSD de $A\cos\omega_0 t$, con el procedimiento utilizado para evaluar la PSD de $A \operatorname{sen} \omega_0 t$.

Hasta aquí se han estudiado las propiedades de las señales y el ruido tales como el espectro, la potencia promedio y el valor rms, pero ¿cómo se representa la forma de onda propiamente dicha de la señal o ruido? El procedimiento directo es escribir una ecuación matemática de forma cerrada para la forma de onda. Con frecuencia se ha visto que otros métodos equivalentes de modelar la forma de onda son de mucha utilidad. Uno, que el lector ya estudió en un

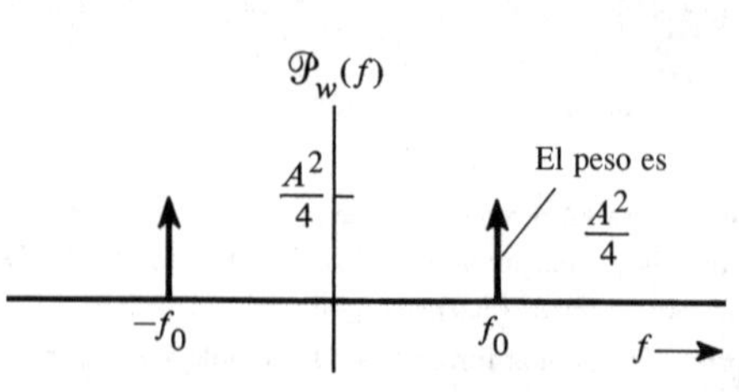


**Figura 2-9** Espectro de potencia de una senoide.

curso de cálculo, consiste en representar la forma de onda por medio de la expansión de una serie de Taylor (es decir, una serie de potencia) en torno al punto $a$:

$$w(t) = \sum_{n=0}^{\infty} \frac{w^{(n)}(a)}{n!} (t - a)^n \tag{2-75}$$

donde

$$w^{(n)}(a) = \left. \frac{d^n w(t)}{dt^n} \right|_{t=a} \tag{2-76}$$

En este caso, si se conocen las derivadas con $t = a$, $\{w^{(n)}(a)\}$, se usa este algoritmo para reconstruir la forma de onda. Otro tipo de representación por medio de una serie especialmente útil en problemas de comunicación es la expansión de una serie ortogonal, la cual se analiza en la siguiente sección.

## 2-4 REPRESENTACIÓN EN SERIES ORTOGONALES DE SEÑALES Y RUIDO

Una representación en series ortogonales de señales y ruido encuentra muchas aplicaciones significativas en problemas de comunicación, tales como la serie de Fourier, la serie de función de muestreo y la representación de señales digitales. En vista de que estos casos específicos son tan importantes, se estudiarán con cierto detalle en las secciones siguientes.

### Funciones ortogonales

Antes de estudiar la serie ortogonal, es necesario definir las series ortogonales.

**DEFINICIÓN.** Se dice que las funciones $\varphi_n(t)$ y $\varphi_m(t)$ son *ortogonales* entre sí en el intervalo $a < t < b$ si satisface la condición

$$\int_a^b \varphi_n(t)\, \varphi_m^*(t)\, dt = 0 \quad \text{donde } n \neq m \tag{2-77}$$

Además, si las funciones en el conjunto $\{\varphi_n(t)\}$ son ortogonales, entonces también satisfacen la relación

$$\int_a^b \varphi_n(t)\, \varphi_m^*(t)\, dt = \begin{Bmatrix} 0, & n \neq m \\ K_n, & n = m \end{Bmatrix} = K_n \delta_{nm} \tag{2-78}$$

donde

$$\delta_{nm} \triangleq \begin{Bmatrix} 0, & n \neq m \\ 1, & n = m \end{Bmatrix} \tag{2-79}$$

$\delta_{nm}$ es la *función delta de Kronecker*. Si todas las constantes $K_n$ son iguales a 1, se dice que las funciones $\varphi_n(t)$ son *funciones ortonormales*.†

Es decir, la ecuación (2-77) se utiliza para probar pares de funciones para ver si son ortogonales. Son ortogonales en el intervalo $(a,b)$ si la integral de su producto es cero. El resultado cero implica que son funciones "independientes" o que están en "desacuerdo". Si el resultado no es cero, no son ortogonales, y en consecuencia, las dos funciones tienen una cierta "dependencia" o "similitud" entre sí.

**Ejemplo 2-11** FUNCIONES EXPONENCIALES COMPLEJAS ORTOGONALES

Demuestre que el conjunto de funciones exponenciales complejas $\{e^{jn\omega_0 t}\}$ son ortogonales en el intervalo $a < t < b$ donde $b = a + T_0$, $T_0 = 1/f_0$, $\omega_0 = 2\pi f_0$ y $n$ es un entero.

***Solución.*** Sustitúyase $\varphi_n(t) = e^{jn\omega_0 t}$ y $\varphi_m(t) = e^{jm\omega_0 t}$ en (2-77). Se obtiene

$$\int_a^b \varphi_n(t)\varphi_m^*(t)\ dt = \int_a^{a+T_0} e^{jn\omega_0 t}\, e^{-jm\omega_0 t}\, dt = \int_a^{a+T_0} e^{j(n-m)\omega_0 t}\, dt \tag{2-80}$$

$$= \int_a^{a+T_0}$$

Con $m \neq n$ ésta se vuelve

$$\int_a^{a+T_0} e^{j(n-m)\omega_0 t}\, dt = \frac{e^{j(n-m)\omega_0 a}\,[e^{j(n-m)2\pi} - 1]}{j(n-m)\,\omega_0} = 0 \tag{2-81}$$

puesto que $e^{j(n-m)2\pi} = \cos[2\pi(n-m)] + j\,\mathrm{sen}[2\pi(n-m)] = 1$. De este modo, se satisface la ecuación (2-77) y, por consiguiente, las funciones exponenciales complejas son ortogonales entre sí en el intervalo $a < t < a + T_0$, donde $a$ es cualquier constante real.

Además, con $n = m$, la ecuación (2-80) se convierte en

$$\int_a^{a+T_0} \varphi_n(t)\ \varphi_n^*(t)\ dt = \int_a^{a+T_0} 1\ dt = T_0 \tag{2-82}$$

Con ésta en la ecuación (2-78), se determina que $K_n = T_0$ para todos los valores (enteros) de $n$. Como $K_n \neq 1$, las funciones $\varphi_n(t)$ no son ortonormales (pero sí ortogonales). Se obtiene un conjunto ortonormal de funciones exponenciales reduciendo a escala el conjunto antiguo, y las funciones en el conjunto nuevo son

$$\varphi_n(t) = \frac{1}{\sqrt{T_0}}\, e^{jn\omega_0 t}.$$

## Serie ortogonal

Supóngase que $w(t)$ es una forma de onda práctica (señal, ruido, o una combinación de señal y ruido) que se desea representar en el intervalo $a < t < b$. En seguida se obtiene una representación de serie ortogonal equivalente por medio del teorema siguiente.

† Para normalizar un conjunto de funciones, tome cada $\varphi_n(t)$ y divídala entre $\sqrt{K_n}$ para formar la $\varphi_n(t)$ normalizada.

**Teorema.** *w(t) queda representada en el intervalo (a, b) por la serie*

$$w(t) = \sum_n a_n \varphi_n(t) \tag{2-83}$$

*donde los coeficientes ortogonales están dados por*

$$a_n = \frac{1}{K_n} \int_a^b w(t)\ \varphi_n^*(t)\ dt \tag{2-84}$$

*y el intervalo de n queda sobre los valores enteros que corresponden a los subíndices utilizados para denotar las funciones ortogonales en el conjunto ortogonal completo.*

Para que (2-83) sea una representación válida de cualquier señal física (es decir, una con energía finita), el conjunto ortogonal tiene que estar completo. Esto implica que se puede utilizar el conjunto $\{\varphi_n(t)\}$ para representar cualquier función con un error arbitrariamente pequeño [Wylie, 1960]. En la práctica, por lo general es difícil probar que un conjunto dado de funciones está completo. Se puede demostrar que el conjunto exponencial complejo y los conjuntos senoidales armónicos utilizados en la serie de Fourier de la sección 2-5 están completos [Courant y Hilbert, 1953]. Muchos otros conjuntos útiles también están completos tales como las funciones de Bessel, los polinomios de Legendre y los conjuntos tipo (sen $x)/x$ [descritos por (2-161)].

***Comprobación del teorema.*** Supóngase que el conjunto $\{\varphi_n(t)\}$ basta para representar la forma de onda. Entonces para que la expresión (2-83) esté correcta, lo único que hay que hacer es demostrar que se pueden evaluar las $a_n$. Con la expresión (2-83) se operan en ambos lados de esta ecuación con el operador de integral

$$\int_a^b [\cdot]\ \varphi_m^*(t)\ \ dt \tag{2-85}$$

y se obtiene

$$\begin{aligned}\int_a^b [w(t)]\ \varphi_m^*(t)\ dt &= \int_a^b \left[\sum_n a_n \varphi_n(t)\right] \varphi_m^*(t)\ dt \\ &= \sum_n a_n \int_a^b \varphi_n(t)\ \varphi_m^*(t)\ dt = \sum_n a_n K_n \delta_{nm} \\ &= a_m K_m \end{aligned} \tag{2-86}$$

De este modo se deriva la expresión (2-84).

La serie ortogonal es muy útil para representar una señal, ruido o una combinación de señal y ruido. Las funciones $\varphi_j(t)$ son determinísticas. Además, si la forma de onda $w(t)$ es determinística, las constantes $\{a_j\}$ también lo son y se evalúan con (2-84). En el capítulo 6 se verá que si $w(t)$ es estocástica (por ejemplo, en un problema de ruido), las $\{a_j\}$ son un conjunto de variables aleatorias que dan lugar al proceso aleatorio deseado $w(t)$.

También es posible utilizar la expresión (2-83) para generar las funciones $w(t)$ a partir de las funciones $\varphi_j(t)$ y los coeficientes $a_j$. En este caso $w(t)$ se aproxima utilizando un número ra-

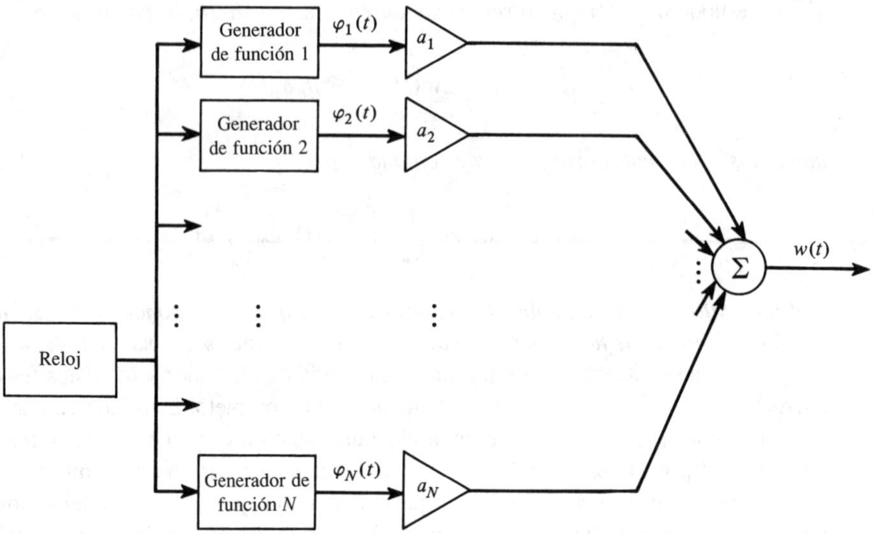


**Figura 2-10** Síntesis de una forma de onda con el uso de funciones ortogonales.

zonable de las funciones $\varphi_j(t)$. Tal como se muestra en la figura 2-10, para el caso de valores reales de $a_j$ y funciones reales de $\varphi_j(t)$, $w(t)$ se puede sintetizar agregando versiones ponderadas de $\varphi_j(t)$ donde el $\{a_j\}$ da los factores de ponderación. La operación de suma y de ponderación de ganancia se puede llevar a cabo de manera conveniente con un amplificador operacional de varias entradas.

## 2-5 SERIE DE FOURIER

La serie de Fourier es un tipo particular de serie ortogonal muy útil para resolver problemas de ingeniería, en especial los de comunicación. Las funciones ortogonales que se utilizan son senoidales, o funciones exponenciales complejas equivalentes.[†]

### Serie de Fourier compleja

La serie de Fourier compleja utiliza las funciones exponenciales ortogonales.

$$\varphi_n(t) = e^{jn\omega_0 t} \tag{2-87}$$

donde $n$ puede tener todos los valores enteros posibles, negativos, positivos y cero; $\omega_0 = 2\pi/T_0$, donde $T_0 = (b - a)$ es la longitud del intervalo donde la serie, (2-83), es válida; y de acuerdo con el ejemplo 2-11, $K_n = T_0$. Con (2-83) se obtiene el teorema de la serie de Fourier.

**Teorema.** *Una forma de onda física (es decir, de energía finita) se puede representar en el intervalo $a < t < a + T_0$ por medio de la serie de Fourier exponencial compleja.*

[†] Los matemáticos en general llaman serie de Fourier a cualquier serie ortogonal.

$$w(t) = \sum_{n=-\infty}^{n=\infty} c_n\, e^{jn\omega_0 t} \tag{2-88}$$

*donde los coeficientes de Fourier (fasoriales) complejos están dados por*

$$c_n = \frac{1}{T_0}\int_a^{a+T_0} w(t)e^{-jn\omega_0 t}\,dt \tag{2-89}$$

$y\ \omega_0 = 2\pi f_0 = 2\pi/T_0$.

Si la forma de onda $w(t)$ es periódica con periodo $T_0$, esta representación de la serie de Fourier es válida *en todo momento* (es decir, en el intervalo $-\infty < t < +\infty$) por las $\varphi_n(t)$ son funciones periódicas de periodo fundamental común $T_0$. Para este caso de formas de onda periódicas, la selección de un valor para el parámetro $a$ es arbitraria, y por lo general se considera que es $a = 0$ o $a = -T_0/2$ por conveniencia matemática. Se dice que la frecuencia $f_0 = 1/T_0$ es la frecuencia *fundamental*, y que la frecuencia $nf_0$ es la frecuencia armónica $n$-ésima, cuando $n > 1$. El coeficiente de Fourier es equivalente al valor cd de la forma de onda $w(t)$, porque la integral es idéntica a la de (2-4) cuando $n = 0$.

$c_n$ es, en general, un número complejo. Además, es un fasor ya que es el coeficiente de una función del tipo $e^{j\omega t}$. Por tanto, se dice que (2-88) es una serie de Fourier fasorial compleja.

Las siguientes son algunas propiedades de la serie de Fourier compleja.

**1.** Si $w(t)$ es real,

$$c_n = c^*_{-n} \tag{2-90}$$

**2.** Si $w(t)$ es real y par [es decir, $w(t) = w(-t)$],

$$\text{Im}[c_n] = 0 \tag{2-91}$$

**3.** Si $w(t)$ es real e impar [es decir, $w(t) = -w(-t)$],

$$\text{Re}\,[c_n] = 0$$

**4.** El teorema de Parseval es

$$\frac{1}{T_0}\int_a^{a+T_0} |w(t)|^2\,dt = \sum_{n=-\infty}^{n=\infty} |c_n|^2 \tag{2-92}$$

Para la comprobación véase (2-125).

**5.** Los coeficientes de la serie de Fourier compleja de una forma de onda real están relacionados con los coeficientes de la serie de Fourier en cuadratura mediante

$$c_n = \begin{cases} \frac{1}{2}\,a_n - j\,\frac{1}{2}\,b_n, & n > 0 \\ a_0, & n = 0 \\ \frac{1}{2}\,a_{-n} + j\,\frac{1}{2}\,b_{-n}, & n < 0 \end{cases} \tag{2-93}$$

Véanse (2-96), (2-97) y (2-98).

6. Los coeficientes de la serie de Fourier compleja de una forma de onda real están relacionados con los coeficientes de la serie de Fourier polar mediante

$$c_n = \begin{cases} \frac{1}{2} D_n \ \underline{/\varphi_n}, & n > 0 \\ D_0 & n = 0 \\ \frac{1}{2} D_{-n} \ \underline{/-\varphi_{-n}}, & n < 0 \end{cases} \tag{2-94}$$

Véanse (2-106) y (2-107).

Obsérvese que estas propiedades de los coeficientes de la serie de Fourier compleja son similares a los de la transformada de Fourier dados en la sección 2-2.

## Serie de Fourier en cuadratura

La forma de la serie de Fourier en *cuadratura* que representa cualquier forma de onda física $w(t)$ en el intervalo $a < t < a + T_0$ es

$$w(t) = \sum_{n=0}^{n=\infty} a_n \cos n\omega_0 t + \sum_{n=1}^{n=\infty} b_n \operatorname{sen} n\omega_0 t \tag{2-95}$$

donde las funciones ortogonales son cos $n\omega_0 t$ y sen $n\omega_0 t$. Con (2-77) se ve que estos coeficientes de Fourier están dados por

$$a_n = \begin{cases} \dfrac{1}{T_0} \displaystyle\int_a^{a+T_0} w(t)\, dt, & n = 0 \\ \dfrac{2}{T_0} \displaystyle\int_a^{a+T_0} w(t) \cos n\omega_0 t\, dt, & n \geq 1 \end{cases} \tag{2-96}$$

y

$$b_n = \frac{2}{T_0} \int_a^{a+T_0} w(t) \operatorname{sen} n\omega_0 t\, dt, \qquad n > 0 \tag{2-97}$$

Una vez más, puesto que estas funciones senoidales son periódicas, esta serie es periódica con el periodo fundamental $T_0$, y si $w(t)$ es periódica con periodo $T_0$, la serie representará a $w(t)$ en todo el intervalo real (es decir, $-\infty < t < \infty$).

La serie de Fourier compleja, (2-88), y la serie de Fourier en cuadratura, (2-95), son representaciones equivalentes. Esto se demuestra expresando el número complejo $c_n$ en función de sus partes conjugadas, $x_n$ y $y_n$. Es decir, si se utiliza (2-89),

$$\begin{aligned} c_n &= x_n + jy_n \\ &= \left[\frac{1}{T_0} \int_a^{a+T_0} w(t) \cos n\omega_0 t\, dt\right] + j \left[\frac{-1}{T_0} \int_a^{a+T_0} w(t) \operatorname{sen} n\omega_0 t\, dt\right] \end{aligned} \tag{2-98}$$

para todos los valores enteros de $n$. Por tanto,

$$x_n = \frac{1}{T_0} \int_a^{a+T_0} w(t) \cos n\omega_0 t\, dt \tag{2-99}$$

y

$$y_n = \frac{-1}{T_0}\int_a^{a+T_0} w(t) \text{ sen } n\omega_0 t\, dt \tag{2-100}$$

Con (2-96) y (2-97) se obtienen las identidades

$$a_n = \begin{Bmatrix} c_0, & n = 0 \\ 2x_n, & n \geq 1 \end{Bmatrix} = \begin{Bmatrix} c_0, & n = 0 \\ 2\text{ Re}\{c_n\}, & n \geq 1 \end{Bmatrix} \tag{2-101}$$

y

$$b_n = -2y_n = -2\text{ Im}\{c_n\}, \qquad n \geq 1 \tag{2-102}$$

donde Re$\{\cdot\}$ denota la parte real de $\{\cdot\}$ e Im$\{\cdot\}$ denota la parte imaginaria de $\{\cdot\}$.

## Serie de Fourier polar

La serie de Fourier en cuadratura, (2-95), se puede reordenar y escribir en forma polar (amplitud-fase). La forma *polar* es

$$w(t) = D_0 + \sum_{n=1}^{n=\infty} D_n \cos(n\omega_0 t + \varphi_n) \tag{2-103}$$

donde $w(t)$ es real y

$$a_n = \begin{cases} D_0, & n = 0 \\ D_n\cos\ \varphi_n, & n \geq 1 \end{cases} \tag{2-104}$$

$$b_n = -D_n \text{ sen } \varphi_n,\ n \geq 1 \tag{2-105}$$

Las dos últimas ecuaciones se pueden invertir, con lo que se obtiene

$$D_n = \begin{Bmatrix} a_0, & n = 0 \\ \sqrt{a_n^2 + b_n^2}, & n \geq 1 \end{Bmatrix} = \begin{cases} c_0, & n = 0 \\ 2|c_n|, & n \geq 1 \end{cases} \tag{2-106}$$

y

$$\varphi_n = -\tan^{-1}\left(\frac{b_n}{a_n}\right) = \underline{/c_n}, \quad n \geq 1 \tag{2-107}$$

donde el operador angular está definido por

$$\underline{/[\cdot]} = \tan^{-1}\left(\frac{\text{Im}[\cdot]}{\text{Re}[\cdot]}\right) \tag{2-108}$$

Por el contexto queda claro que $\underline{/\quad}$ denota el operador angular o el ángulo en sí. Por ejemplo, $\underline{/90°}$ denota un ángulo de 90°, pero $\underline{/[1+j2]}$ denota el operador angular y cuando se evalúa es igual a 63.4°.

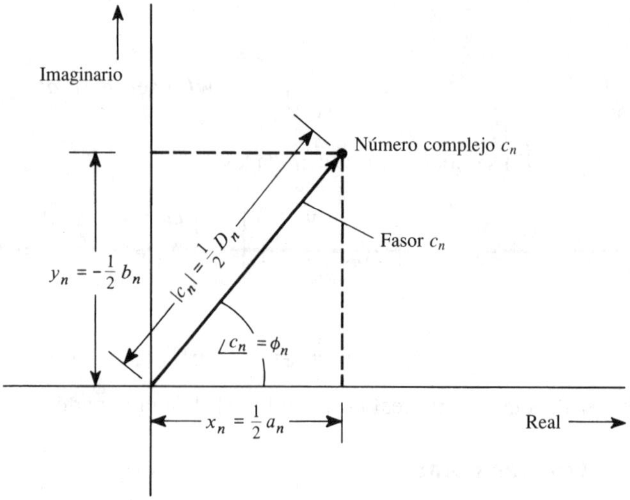


**Figura 2-11** Coeficientes de serie de Fourier, $n \geq 1$.

La equivalencia entre los coeficientes de la serie de Fourier se comprueba geométricamente en la figura 2-11. Se ve que, en general, cuando una serie de Fourier representa una forma de onda física (real) $w(t)$, $c_n$ es un número complejo con una parte real $x_n$ y una parte imaginaria $y_n$ (las cuales son números reales) y, por consiguiente, $a_n$, $b_n$, $D_n$ y $\varphi_n$ son números reales. Además, $D_n$ es un número no negativo con $n \geq 1$. Todos estos coeficientes describen la cantidad de componentes de frecuencias contenido en la señal a la frecuencia de $nf_0$ Hz.

En la práctica, la serie de Fourier (SF) con frecuencia se *trunca* a un número finito de términos. Por ejemplo, se podrían usar 5 o 10 armónicos para aproximar la serie de Fourier de una onda cuadrada. De este modo, surge una pregunta importante: en el caso de la serie finita, ¿son los valores óptimos de los coeficientes de la serie los mismos que los de los términos correspondientes en la serie finita, o se deben ajustar los coeficientes de la serie finita a valores nuevos que den la mejor aproximación de la serie finita? Respuesta: los valores óptimos de los coeficientes de la serie de Fourier truncada son los mismos de los términos correspondientes en la serie de Fourier no truncada.†

Como ya se vio, las formas complejas, en cuadratura y polar de la serie de Fourier, son equivalentes, pero la pregunta es: *¿cuál es la mejor forma a utilizar?* La respuesta es que ¡depende del problema particular a resolver! Si el problema se va a resolver analíticamente, los coeficientes complejos *en general* son más fáciles de evaluar. Por otra parte, si se va a medir una forma de onda en el laboratorio, por lo general la forma polar es más conveniente porque los instrumentos de medición, tales como voltímetros, osciloscopios, voltímetros vectoriales y analizadores de ondas en general dan lecturas de magnitud y fase. Con los resultados de laboratorio, los ingenieros trazan gráficas espectrales *unilaterales* con líneas que corresponden a cada valor de $D_n$ a $f = nf_0$, donde $n \geq 0$ (es decir, sólo frecuencias positivas). Desde luego, esta gráfica espectral unilateral se puede convertir en el espectro bilateral dado por la gráfica de $c_n$ por medio de (2-94). Se entiende que el espectro real es la transformada de Fourier de $w(t)$ y que

† Para una comprobación de este enunciado véase [Couch, 1995].

se compone de dos gráficas bilaterales, una de $|c_n|$ y la otra de $\underline{/c_n}$. Esto se demuestra con la figura 2-4 donde (2-109), del teorema siguiente, se puede usar.

## Espectro lineal de formas de ondas periódicas

Para formas de ondas *periódicas*, las representaciones con la serie de Fourier son válidas en todos los momentos (es decir, $-\infty < t < \infty$). Por tanto, el espectro (bilateral), que depende de la forma de onda desde $t = -\infty$ hasta $t = \infty$, se puede evaluar en función de coeficientes de Fourier.

**Teorema.** *Si una forma de onda es periódica con periodo $T_0$, el espectro de la forma de onda $w(t)$ es*

$$W(f) = \sum_{n=-\infty}^{n=\infty} c_n \, \delta(f - nf_0) \tag{2-109}$$

*donde $f_0 = 1/T_0$ y $c_n$ son los coeficientes de Fourier fasoriales de la forma de onda dados por (2-89).*

***Comprobación.***

$$w(t) = \sum_{n=-\infty}^{n=\infty} c_n \, e^{jn\omega_0 t}$$

Con la transformada de Fourier de ambos lados se obtiene

$$W(f) = \int_{-\infty}^{\infty} \left( \sum_{n=-\infty}^{n=\infty} c_n \, e^{jn\omega_0 t} \right) e^{-j\omega t} \, dt$$

$$= \sum_{n=-\infty}^{n=\infty} c_n \int_{-\infty}^{\infty} e^{-j2\pi(f-nf_0)t} \, dt = \sum_{n=-\infty}^{n=\infty} c_n \, \delta(f - nf_0)$$

donde se utilizó la representación integral (2-48) de una función delta.

Este teorema indica que el espectro (función delta) de una función periódica *siempre* es lineal con las líneas a $f = nf_0$ de pesos dados por los valores de $c_n$. El ejemplo 2-4 ilustra estas propiedades, en el que $c_1 = -jA/2$ y $c_{-1} = jA/2$ y los demás $c_n$ son cero. También es obvio que no existe componente cd puesto que no hay una línea a $f = 0$ (es decir, $c_0 = 0$). Por otra parte, si una función no contiene ningún componente periódico, el espectro será continuo (sin líneas) a excepción de la línea a $f = 0$ cuando la función tiene un componente cd.

También es posible evaluar los coeficientes de Fourier muestreando la transformada de Fourier de un pulso correspondiente a $w(t)$ en un periodo. El siguiente teorema demuestra lo anterior.

**Teorema.** *Si $w(t)$ es una función periódica con periodo $T_0$ y está representada por*

$$w(t) = \sum_{n=-\infty}^{n=\infty} h(t - nT_0) = \sum_{n=-\infty}^{n=\infty} c_n \, e^{jn\omega_0 t} \tag{2-110}$$

*donde*

$$h(t) = \begin{cases} w(t), & |t| < \dfrac{T_0}{2} \\ 0, & t \text{ en otra parte} \end{cases} \tag{2-111}$$

*entonces los coeficientes de Fourier están dados por*

$$c_n = f_0 H(nf_0) \tag{2-112}$$

*donde* $H(f) = \mathcal{F}[h(t)]$ *y* $f_0 = 1/T_0$.

***Comprobación.***

$$w(t) = \sum_{n=-\infty}^{\infty} h(t - nT_0) = \sum_{n=-\infty}^{\infty} h(t) * \delta(t - nT_0) \tag{2-113}$$

donde * denota la operación de convolución. Por consiguiente,

$$w(t) = h(t) * \sum_{n=-\infty}^{\infty} \delta(t - nT_0) \tag{2-114}$$

Pero el tren de impulsos puede estar representado por su serie de Fourier†

$$\sum_{n=-\infty}^{\infty} \delta(t - nT_0) = \sum_{n=-\infty}^{\infty} c_n e^{jn\omega_0 t} \tag{2-115}$$

donde todos los coeficientes de Fourier son simplemente $c_n = f_0$. Si se sustituye (2-115) en (2-114), se obtiene

$$w(t) = h(t) * \sum_{n=-\infty}^{\infty} f_0 e^{jn\omega_0 t} \tag{2-116}$$

Con las transformadas de Fourier de ambos lados de (2-116), se tiene

$$\begin{aligned} W(f) &= H(f) \sum_{n=-\infty}^{\infty} f_0\, \delta(f - nf_0) \\ &= \sum_{n=-\infty}^{\infty} [f_0 H(nf_0)]\, \delta(f - nf_0) \end{aligned} \tag{2-117}$$

Al comparar (2-117) con (2-109), se ve que se tiene la expresión (2-112).

Este teorema es útil para evaluar los coeficientes de Fourier $c_n$ cuando se conoce la transformada del pulso fundamental $h(t)$ de la forma de onda periódica o se puede obtener con facilidad (como, por ejemplo, de una tabla de transformadas de Fourier, es decir, la tabla 2-2).

† Ésta se llama *fórmula de suma de Poisson.*

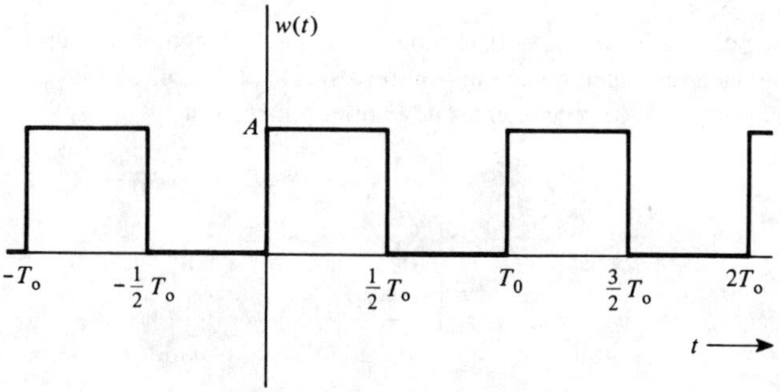


**Figura 2-12** Onda cuadrada periódica utilizada en el ejemplo 2-12.

## Ejemplo 2-12 COEFICIENTES DE FOURIER DE UNA ONDA RECTANGULAR

Encuentre los coeficientes de Fourier de la onda periódica mostrada en la figura 2-12. Los coeficientes de Fourier complejos, de acuerdo con (2-89), son

$$c_n = \frac{1}{T_0}\int_0^{T_0/2} Ae^{-jn\omega_0 t}\, dt = j\,\frac{A}{2\pi n}\,(e^{-jn\pi} - 1) \tag{2-118}$$

la que se reduce, con la regla de l'Hospital para evaluar la forma indeterminante cuando $n = 0$, a

$$c_n = \begin{cases} \dfrac{A}{2}, & n = 0 \\ -j\,\dfrac{A}{n\pi}, & n = \text{impar} \\ 0, & n \text{ distinto} \end{cases} \tag{2-119}$$

Este resultado se comprueba con (2-112) y el resultado del ejemplo 2-5, donde $T_0 = 2T$. Es decir,

$$c_n = \frac{A}{T_0}\,V(nf_0) = \frac{A}{2}\,e^{-jn\pi/2}\,\frac{\text{sen}(n\pi/2)}{n\pi/2} \tag{2-120}$$

la cual es idéntica a (2-119). Se ve que el valor de cd de la forma de onda es $c_0 = A/2$, el cual concuerda con el resultado al utilizar (2-4). El espectro de la onda cuadrada se obtiene con facilidad con la ecuación (2-109).

También se pueden obtener los demás tipos de coeficientes de Fourier. Con las ecuaciones (2-101) y (2-102), se obtienen los coeficientes de Fourier en cuadratura

$$a_n = \begin{cases} \dfrac{A}{2}, & n = 0 \\ 0, & n > 0 \end{cases} \tag{2-121a}$$

$$b_n = \begin{cases} \dfrac{2A}{pn}, & n = \text{impar} \\ 0, & n = \text{par} \end{cases} \tag{2-121b}$$

En este caso todos los $a_n = 0$, excepto cuando $n = 0$, porque, de suprimirse el valor de cd, la forma de onda sería una función impar con respecto al origen. Con las ecuaciones (2-106) y (2-107), se encuentra que los coeficientes de Fourier polares son

$$D_n = \begin{cases} \dfrac{A}{2}, & n = 0 \\ \dfrac{2A}{n\pi}, & n = 1,\ 3,\ 5,\ \ldots \\ 0, & n \text{ de lo contrario} \end{cases} \tag{2-122}$$

y

$$\varphi_n = -90° \quad \text{para } n \geq 1 \tag{2-123}$$

En problemas de comunicaciones con frecuencia se requiere la potencia promedio normalizada, y en el caso de formas de onda periódicas, se evalúa con coeficientes de serie de Fourier.

**Teorema.** *Para una forma de onda periódica $w(t)$, la potencia normalizada está dada por*

$$P_w = \langle w^2(t) \rangle = \sum_{n=-\infty}^{n=\infty} |c_n|^2 \tag{2-124}$$

*donde $\{c_n\}$ son los coeficientes de Fourier complejos de la forma de onda.*

***Comprobación.*** Para la función $w(t)$, la representación mediante una serie de Fourier es válida en todos los momentos y se puede sustituir en (2-12) para evaluar la potencia normalizada (es decir, $R = 1$).

$$P_w = \left\langle \left( \sum_n c_n e^{jn\omega_0 t} \right)^2 \right\rangle = \left\langle \sum_n \sum_m c_n\, c_m^* e^{jn\omega_0 t}\, e^{-jm\omega_0 t} \right\rangle$$

$$= \sum_n \sum_m c_n\, c_m^* \langle e^{j(n-m)\omega_0 t} \rangle = \sum_n \sum_m c_n\, c_m^* \delta_{nm} = \sum_n c_n\, c_n^*$$

o

$$P_w = \sum_n |c_n|^2 \tag{2-125}$$

La ecuación (2-124) es un caso especial del teorema de Parseval, (2-40), aplicado a señales de potencia.

## Densidad espectral de potencia de formas de onda periódicas

**Teorema.** *Para una forma de onda periódica, la densidad espectral de potencia (PSD) está dada por*

$$\mathcal{P}(f) = \sum_{n=-\infty}^{n=\infty} |c_n|^2\, \delta(f - nf_0) \tag{2-126}$$

*donde $T_0 = 1/f_0$ es el periodo de la forma de onda y los $\{c_n\}$ son los coeficientes de Fourier correspondientes a la forma de onda.*

***Comprobación.*** Sea $w(t) = \sum_{-\infty}^{\infty} c_n e^{jn\omega_0 t}$. Entonces la función de autocorrelación de $w(t)$ es

$$R(\tau) = \langle w^*(t)w(t+\tau)\rangle$$

$$= \left\langle \sum_{n=-\infty}^{\infty} c_n^* \, e^{-jn\omega_0 t} \sum_{m=-\infty}^{\infty} c_m e^{jm\omega_0(t+\tau)} \right\rangle$$

o

$$R(\tau) = \sum_{n=-\infty}^{\infty} \sum_{m=-\infty}^{\infty} c_n^* c_m e^{jm\omega_0 \tau} \langle e^{j\omega_0(m-n)t}\rangle$$

Pero $\langle e^{j\omega_0(n-m)t}\rangle = \delta_{nm}$, así que esta se reduce a

$$R(\tau) = \sum_{n=-\infty}^{\infty} |c_n|^2 e^{jn\omega_0 \tau} \tag{2-127}$$

La PDS es entonces

$$\mathcal{P}(f) = \mathcal{F}[R(\tau)] = \mathcal{F}\left[\sum_{-\infty}^{\infty} |c_n|^2 e^{jn\omega_0 \tau}\right]$$

$$= \sum_{-\infty}^{\infty} |c_n|^2 \, \mathcal{F}[e^{jn\omega_0 \tau}] = \sum_{-\infty}^{\infty} |c_n|^2 \, \delta(f - nf_0) \tag{2-128}$$

La ecuación (2-126) no sólo permite evaluar la PSD para formas de onda periódicas sino que también se usa para evaluar sus anchos de banda. Por ejemplo, se podría hallar el intervalo de frecuencia en el que se concentró el 90% de la potencia de la forma de onda.

## **Ejemplo 2-13** PSD PARA UNA FORMA DE ONDA CUADRADA

Se hallará la PSD para la forma de onda cuadrada periódica mostrada en la figura 2-12. Como la forma de onda es periódica, se puede usar la ecuación (2-126) para evaluar la PSD. Por consiguiente, este problema se convierte en uno de evaluar los coeficientes de la serie de Fourier. Además, los coeficientes de la serie de Fourier para una onda cuadrada están dados por la ecuación (2-120). Por consiguiente,

$$\mathcal{P}(f) = \sum_{-\infty}^{\infty} \left(\frac{A}{2}\right)^2 \left(\frac{\operatorname{sen}(n\pi/2)}{n\pi/2}\right)^2 \delta(f - nf_0) \tag{2-129}$$

La PSD se muestra por medio de las líneas llenas en la figura 2-13 donde las funciones delta (de amplitudes finitas) se representan con líneas verticales de longitud igual al peso (es decir, el área) de la función delta correspondiente.

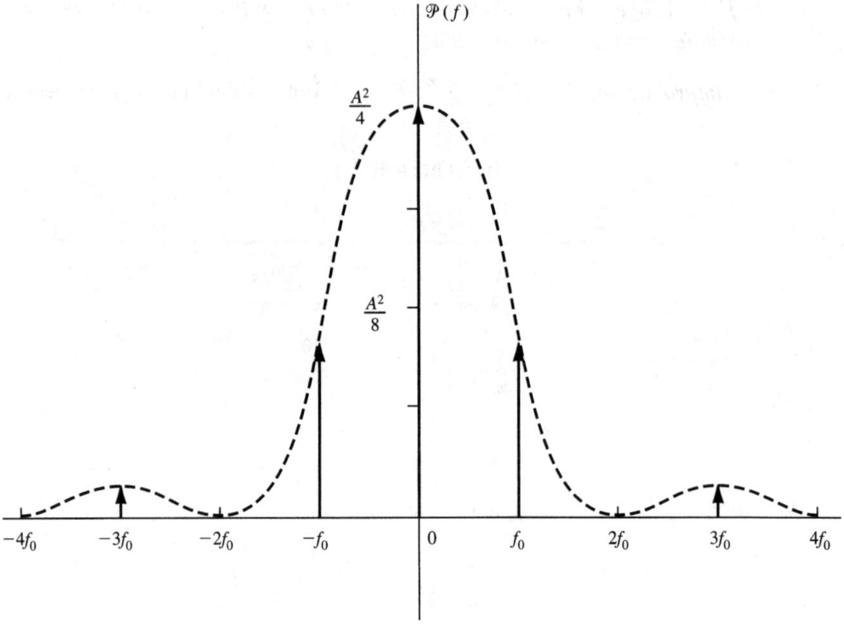


**Figura 2-13** PSD de una onda cuadrada utilizada en el ejemplo 2-13.

## 2-6 REVISIÓN DE LOS SISTEMAS LINEALES

### Sistemas lineales invariables con el tiempo

Un filtro o sistema electrónico es *lineal* cuando la *superposición* se mantiene. Esto es,

$$y(t) = \mathcal{L}[a_1x_1(t) + a_2x_2(t)] = a_1\mathcal{L}[x_1(t)] + a_2\mathcal{L}[x_2(t)] \tag{2-130}$$

donde $y(t)$ es la salida y $x(t)$ es la entrada como se muestra en la figura 2-14. $\mathcal{L}[\cdot]$ describe el operador del sistema lineal (ecuación diferencial) que actúa en $[\cdot]$. Se dice que el sistema es *invariable con el tiempo* si, para cualquier entrada retardada $x(t - t_0)$, la salida se retarda la mis-

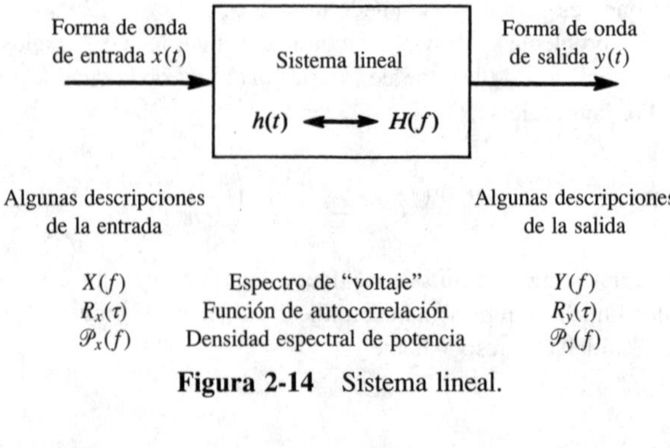


**Figura 2-14** Sistema lineal.

ma cantidad $y(t - t_0)$. Es decir, la *forma* de la respuesta es la misma sin importar cuándo se aplica la entrada al sistema.

Un estudio detallado de la teoría y la práctica de los sistemas lineales rebasaría las pretensiones de este texto. Tal objetivo requeriría un libro completo [Irwin, 1984, 1987 o 1993]. Sin embargo, se revisarán aquí algunas ideas básicas que son especialmente relevantes en los problemas de comunicaciones.

## Respuesta al impulso

El filtro lineal invariable con el tiempo o sistema sin bloques de retardo se describe mediante una ecuación diferencial ordinaria con coeficientes constantes, y puede caracterizarse por su respuesta al impulso, $h(t)$. La *respuesta al impulso* es la solución a la ecuación diferencial cuando la función forzada es una función delta Dirac. En otras palabras, $y(t) = h(t)$ cuando $x(t) = \delta(t)$. En redes físicas, la respuesta al impulso tiene que ser *causal*. Esto es, $h(t) = 0$ para $t < 0$.†

Esta respuesta al impulso puede usarse para obtener la salida del sistema cuando la entrada *no* es un impulso. En este caso, una forma de onda general en la entrada puede aproximarse con la ecuación‡

$$x(t) = \sum_{n=0}^{\infty} x(n\,\Delta t)[\delta(t - n\,\Delta t)]\,\Delta t \tag{2-131}$$

la cual indica que las muestras de la entrada se toman en los intervalos de $\Delta t$ segundos. Así, usando las propiedades de superposición e invariable con el tiempo, la salida es aproximadamente

$$y(t) = \sum_{n=0}^{\infty} x(n\,\Delta t)[h(t - n\,\Delta t)]\,\Delta t \tag{2-132}$$

Esta expresión se convierte en el resultado exacto en la medida en que $\Delta t$ se vuelve cero. Haciendo que $n\,\Delta t = \lambda$, se obtiene

$$y(t) = \int_{-\infty}^{\infty} x(\lambda)h(t - \lambda)\,d\lambda \equiv x(t) * h(t) \tag{2-133}$$

Una integral de este tipo se llama operación de convolución, como se describió antes en la ecuación (2-62) en la sección 2-2. Es decir, la forma de onda de salida de una red invariable con el tiempo se obtiene convolucionando la forma de onda de entrada con la respuesta al impulso del sistema. Por tanto, la respuesta al impulso se usa para caracterizar la respuesta del sistema en el dominio del tiempo (véase la figura 2-14).

## Función de transferencia

El espectro de la señal de salida se obtiene con la transformada de Fourier de ambos lados de la ecuación (2-133). Con el teorema de convolución de la tabla 2-1, se obtiene

† El criterio Paley-Wiener proporciona la equivalencia del dominio de frecuencia para la condición causalidad del dominio de tiempo. En otras palabras, $H(f)$ debe satisfacer la condición.

$$\int_{-\infty}^{\infty} \frac{|\ln |H(f)||}{1 + f^2}\,df < \infty$$

‡ $\Delta t$ corresponde a $dx$ de (2-47).

$$Y(f) = X(f)H(f) \tag{2-134}$$

o

$$H(f) = \frac{Y(f)}{X(f)} \tag{2-135}$$

donde $H(f) = \mathcal{F}[h(t)]$ es la *función de transferencia* o la *respuesta a la frecuencia* de la red. Es decir, la respuesta al impulso y la respuesta a la frecuencia son un par de transformadas de Fourier:

$$h(t) \leftrightarrow H(f)$$

Desde luego, la función de transferencia $H(f)$, en general, es una cantidad compleja y se puede escribir en forma polar

$$H(f) = |H(f)|\, e^{j\underline{/H(f)}} \tag{2-136}$$

donde $|H(f)|$ es la respuesta de *amplitud* (o de *magnitud*) y

$$\theta(f) = \underline{/H(f)} = \tan^{-1}\left[\frac{\text{Im}\{H(f)\}}{\text{Re}\{H(f)\}}\right] \tag{2-137}$$

es la respuesta de fase de la red. Además, como $h(t)$ es una función real de tiempo (en el caso de redes reales), de las ecuaciones (2-38) y (2-39) se desprende que $|H(f)|$ es una función par de frecuencia y $\underline{/H(f)}$ es una función impar de frecuencia.

La función de transferencia de una red invariable con el tiempo lineal se mide con una señal de prueba senoidal (barrida a lo largo de la frecuencia de interés) puesto que el espectro de una senoide es una línea a la frecuencia bajo prueba. Por ejemplo, si

$$x(t) = A \cos \omega_0 t$$

luego la salida de la red será

$$y(t) = A\,|H(f_0)| \cos[\omega_0 t + \underline{/H(f_0)}] \tag{2-138}$$

donde la amplitud y fase se evalúan con un osciloscopio o un voltímetro vectorial.

Si la entrada a la red es una señal periódica cuyo espectro está dado por

$$X(f) = \sum_{n=-\infty}^{n=\infty} c_n\, \delta(f - nf_0) \tag{2-139}$$

donde, de acuerdo con la ecuación (2-109), $\{c_n\}$ son los coeficientes de Fourier complejos de la señal de entrada, y el espectro de la señal de salida periódica, de acuerdo con la ecuación (2-134), es

$$Y(f) = \sum_{n=-\infty}^{n=\infty} c_n H(nf_0)\, \delta(f - nf_0) \tag{2-140}$$

También se puede obtener la relación entre la densidad espectral de potencia (PSD) a la entrada $\mathcal{P}_x(f)$, y a la salida, $\mathcal{P}_y(f)$ de una red invariable con el tiempo.† Por la ecuación (2-66) se sabe que

$$\mathcal{P}_y(f) = \lim_{T \to \infty} \frac{1}{T} |Y_T(f)|^2 \tag{2-141}$$

Utilizando la ecuación (2-134) en un sentido formal, se obtiene

$$\mathcal{P}_y(f) = |H(f)|^2 \lim_{T \to \infty} \frac{1}{T} |X_T(f)|^2$$

o

$$\mathcal{P}_y(f) = |H(f)|^2 \mathcal{P}_x(f) \tag{2-142}$$

Por consiguiente, la *función de transferencia de potencia* de la red es

$$G_h(f) = \frac{\mathcal{P}_y(f)}{\mathcal{P}_x(f)} = |H(f)|^2 \tag{2-143}$$

En el capítulo 6 se da una comprobación rigurosa de este teorema.

### Ejemplo 2-14 FILTRO *RC* PASABAJAS

En la figura 2-15 se muestra un filtro *RC* pasabajas, donde $x(t)$ y $y(t)$ denotan las formas de onda de voltaje de entrada y salida, respectivamente. Utilizando las ley de Kirchhoff para la suma de los voltajes alrededor de un circuito, se obtiene

$$x(t) = Ri(t) + y(t)$$

donde $i(t) = C\, dy(t)/dt$ o

$$RC \frac{dy}{dt} + y(t) = x(t) \tag{2-144}$$

En la tabla 2.1 se encuentra que la transformada de Fourier de esta ecuación diferencial es

$$RC(j2\pi f)Y(f) + Y(f) = X(f)$$

Por consiguiente, la función de transferencia de esta red

$$H(f) = \frac{Y(f)}{X(f)} = \frac{1}{1 + j(2\pi \mathrm{RC})f} \tag{2-145}$$

Con la transformada de Fourier de la tabla 2-2 se obtiene la respuesta al impulso

$$h(t) = \begin{cases} \dfrac{1}{\tau_0} e^{-t/\tau_0}, & t \geq 0 \\ 0, & t < 0 \end{cases} \tag{2-146}$$

† La relación entre las funciones de autocorrelación de entrada y salida $R_x(\tau)$ y $R_y(\tau)$ también se puede obtener como se muestra en la ecuación (6-82).

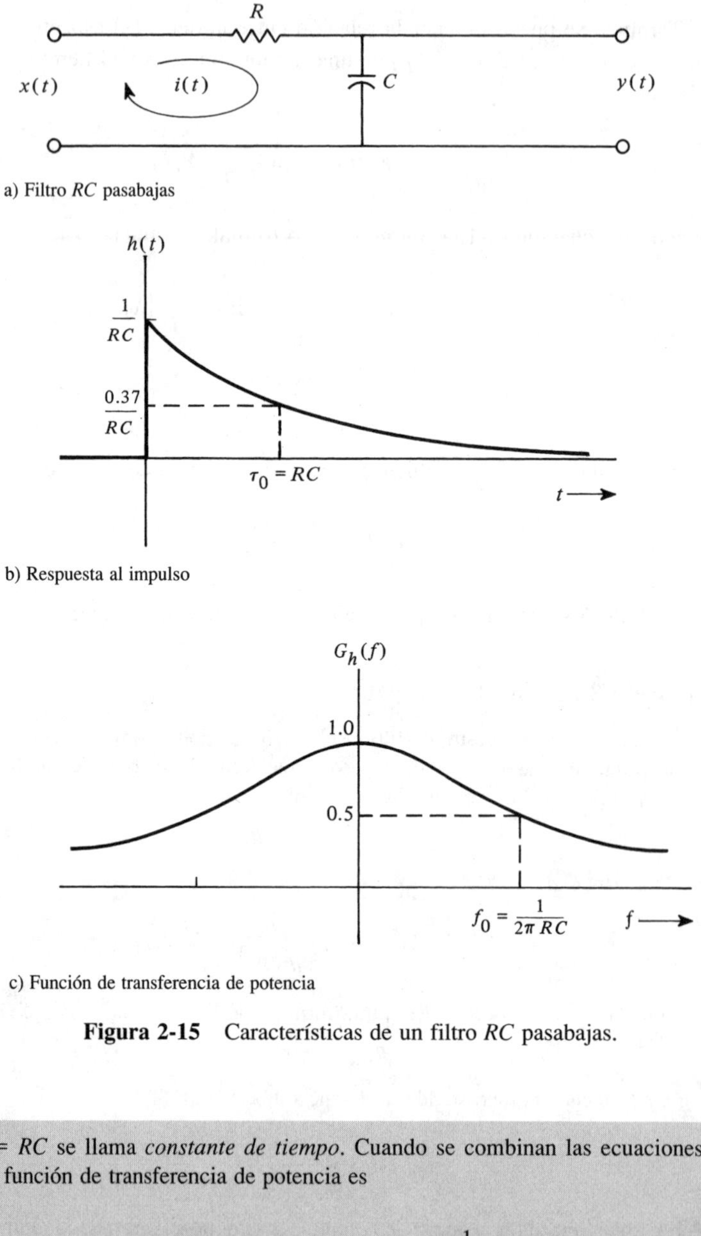


**Figura 2-15** Características de un filtro *RC* pasabajas.

donde $\tau_0 = RC$ se llama *constante de tiempo*. Cuando se combinan las ecuaciones (2-143) y (2-145), la función de transferencia de potencia es

$$G_h(f) = |H(f)|^2 = \frac{1}{1 + (f/f_0)^2} \tag{2-147}$$

donde $f_0 = 1/(2\pi RC)$.

La respuesta al impulso y la función de transferencia de potencia se muestran en la figura 2-15. Obsérvese que el valor de la ganancia de potencia a $f = f_o$ (llamada *frecuencia* de 3 dB) es $G_h(f_0) = \frac{1}{2}$. Es decir, la componente de frecuencia en la forma de onda de entrada a $f = f_0$ está atenuada 3 dB en comparación con aquélla a $f = 0$. Por consiguiente, se dice que $f = f_0$ es el ancho de banda de 3 dB de este filtro. El tema del ancho de banda se analiza con más detalle en la sección 2-9.

## Transmisión de distorsión

En los sistemas de comunicaciones a menudo se desea un *canal sin distorsión*. Ello implica que el canal de salida es exactamente proporcional a una versión retardada de la entrada

$$y(t) = Ax(t - T_d) \tag{2-148}$$

donde $A$ es la ganancia (la cual puede ser menor que 1) y $T_d$ es el retardo.

El requisito correspondiente en la especificación de dominio de frecuencia se obtiene considerando las transformadas de Fourier de ambos lados de la ecuación (2-148).

$$Y(f) = AX(f)e^{-j2\pi fT_d}$$

Así, para una transmisión sin distorsión se requiere que la función de transferencia del canal esté dada por

$$H(f) = \frac{Y(f)}{X(f)} = Ae^{-j2\pi fT_d} \tag{2-149}$$

Esto implica que para que no haya distorsión a la salida de un sistema lineal invariable con el tiempo, es necesario que se satisfagan dos requisitos:

1. La respuesta a la amplitud es plana. Es decir,

$$|H(f)| = \text{constante} = A \tag{2-150a}$$

2. La respuesta de fase es una función de frecuencia *lineal*. Es decir,

$$\theta(f) = \underline{/H(f)} = -2\pi fT_d \tag{2-150b}$$

Cuando se satisface la primera condición, se dice que no hay *distorsión de amplitud*. Cuando se satisface la segunda, no hay *distorsión de fase*. Para una transmisión sin distorsión se tienen que satisfacer ambas condiciones.

El segundo requisito con frecuencia se especifica de manera equivalente utilizando el retardo. El *retardo* del sistema se define mediante

$$T_d(f) = -\frac{1}{2\pi f}\theta(f) = -\frac{1}{2\pi f}\underline{/H(f)]} \tag{2-151}$$

De acuerdo con la ecuación (2-149), se requiere que

$$T_d(f) = \text{constante} \tag{2-152}$$

para una transmisión sin distorsión. Si $T_d(f)$ no es una constante como una función de frecuencia, existe distorsión de fase porque la respuesta de fase, $\theta(t)$, no es una función lineal de frecuencia.

**Ejemplo 2-15** DISTORSIÓN PROVOCADA POR UN FILTRO

Examínese el efecto de distorsión provocado por el filtro *RC* pasabajas estudiado en el ejemplo 2-14. De acuerdo con la ecuación (2-145) la respuesta de amplitud es

$$|H(f)| = \frac{1}{\sqrt{1 + (f/f_0)^2}} \tag{2-153}$$

y la respuesta de fase es

$$\theta(f) = \underline{/H(f)} = -\tan^{-1}(f/f_0) \tag{2-154}$$

La función de retardo correspondiente es

$$T_d(f) = \frac{1}{2\pi f} \tan^{-1}(f/f_0) \tag{2-155}$$

Estos resultados se grafican en la figura 2-16 con líneas llenas. Este filtro producirá algo de distorsión porque las ecuaciones (2-150a) y (2-150b) no se satisfacen. Las líneas de trazos dan los resultados equivalentes con un filtro sin distorsión. Se realizaron varias observaciones. En primer lugar, si las señales implicadas muestran componentes espectrales a frecuencias por debajo de $0.5f_0$, el filtro producirá una transmisión prácticamente sin distorsión puesto que el error en la respuesta de magnitud (con respecto al caso sin distorsión) es menor que 0.5 dB y el error en la fase es menor que 2.1° (8%). Para $f < f_0$, el error en la magnitud es menor que 3 dB y el error en la fase es menor que 12.3° (27%). En la práctica de ingeniería, este tipo de error con frecuencia se considera tolerable. Las formas de onda con componentes espectrales por debajo de $0.50f_0$ se retardarían $1/(2\pi f_0)$. Es decir, si la frecuencia de interrupción fuera $f_0 = 1$ kHz, el retardo sería de 0.2 ms. En el caso de señales de banda ancha los componentes de alta frecuencia se retardarían menos que los de baja frecuencia.

Los efectos de distorsión previamente estudiados se basaron en la suposición de que el sistema era lineal e invariable con el tiempo. Un sistema lineal invariable con el tiempo producirá distorsión de amplitud si la respuesta de amplitud no es plana y producirá distorsión de fase (es decir, retardo) si la respuesta de fase no es una función lineal de frecuencia. Además, si el sistema no es lineal o variable, se producirán otros tipos de distorsión. Por consiguiente, existen componentes de frecuencia nuevos a la salida que no se presentan a la entrada. En algunas aplicaciones de comunicaciones, estas frecuencias nuevas en realidad son un resultado deseable y, por tanto, no se considerarían como distorsión. El lector debe consultar la sección 4-3 para un estudio de estos efectos.

## 2-7 SEÑALES Y RUIDO DE BANDA LIMITADA

A menudo hay que habérselas con formas de onda de señal y ruido que se pueden considerar como de *banda limitada*, lo que implica que sus espectros son no cero dentro de una cierta banda de frecuencia. En este caso se aplican algunos teoremas poderosos, a saber, el teorema de muestreo para procesar la forma de onda. Tal como se verá en el capítulo 3, estas ideas son *especialmente aplicables a problemas de comunicación digital*.

En primer lugar, se examinan algunas propiedades de las señales de banda limitada. En seguida se desarrollan los teoremas de muestreo y dimensionalidad.

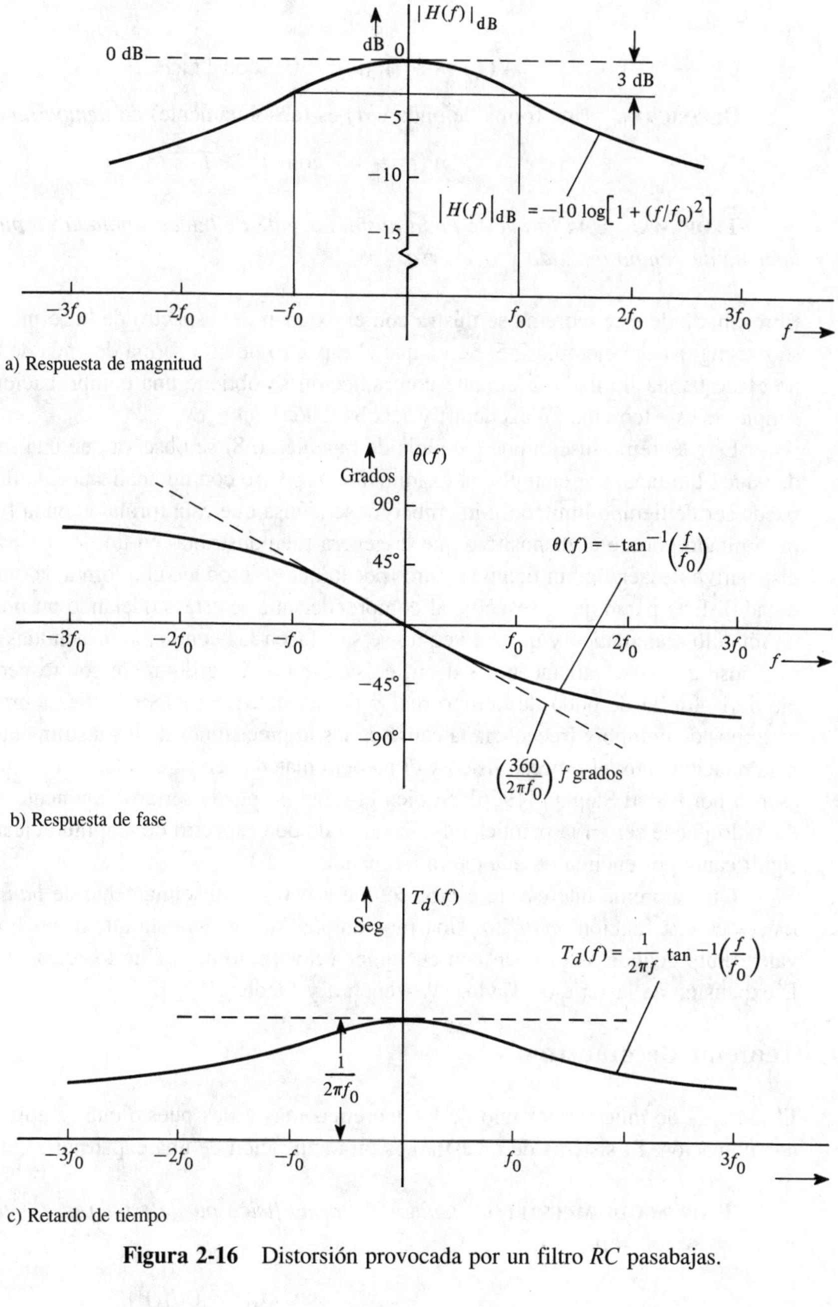


**Figura 2-16** Distorsión provocada por un filtro *RC* pasabajas.

## Formas de onda de banda limitada

**DEFINICIÓN.** Se dice que una forma de onda $w(t)$ es (en absoluto) de *banda limitada* a B hertz si

$$W(f) = \mathcal{F}[w(t)] = 0 \quad \text{con } |f| \geq B \tag{2-156}$$

**DEFINICIÓN.** Una forma de onda $w(t)$ es (absolutamente) de *tiempo limitado* si

$$w(t) = 0 \quad \text{con } |t| > T \tag{2-157}$$

**TEOREMA.** *Una forma de onda absolutamente de banda limitada no puede ser absolutamente de tiempo limitado y viceversa.*

El resultado de este teorema se ilustra con el examen del espectro de la forma de onda de pulso rectangular del ejemplo 2-5. Se ve que el espectro de esta forma de onda de tiempo limitado no es de banda limitada. Mediante contradicción se obtiene una comprobación relativamente simple de este teorema [Wozencraft y Jacobs, 1965].

Este teorema suscita una paradoja de ingeniería. Si se observa que una forma de onda es de banda limitada, por ejemplo, al examinar su espectro con un analizador, la forma de onda no puede ser de tiempo limitado. Sin embargo, se piensa que esta forma de onda física *es* de tiempo limitado porque el dispositivo que la genera fue construido en un tiempo pasado finito y el dispositivo decaerá en un tiempo futuro (por lo que se produce una forma de onda de tiempo limitado). Esta paradoja se resuelve al comprender que se está modelando un proceso físico con un modelo matemático y que tal vez no se satisfacen las condiciones incluidas en éste, aunque se piense que sí se satisfacen. Es decir, existe algo de incertidumbre con respecto a la apariencia de la forma de onda de tiempo real y del espectro correspondiente, sobre todo a valores extremos de tiempo y frecuencia, a causa de las imprecisiones de los instrumentos de medición. Esta relación entre el proceso físico y el modelo matemático se estudia en un interesante artículo escrito por David Slepian [1976]. Si bien la señal no puede ser absolutamente de banda limitada, sí lo puede ser en la práctica en el sentido de qué espectro de amplitud alcanza un nivel insignificante por encima de una cierta frecuencia.

Otro teorema interesante establece que si $w(t)$ es absolutamente de *banda limitada*, entonces es una función *analítica*. Una función analítica es aquella que dispone de derivadas de valor finito cuando se evalúan con cualquier valor finito de $t$. Este teorema se comprueba con la expansión de la serie de Taylor [Wozencraft y Jacobs, 1965].

## Teorema de muestreo

El teorema de muestreo es uno de los teoremas más útiles puesto que se aplica a sistemas de comunicación. El sistema de muestreo es otra aplicación de una expansión de serie ortogonal.

**TEOREMA DE MUESTREO.** *Cualquier forma física puede estar representada en el intervalo* $-\infty < t < \infty$ *por*

$$w(t) = \sum_{n=-\infty}^{n=\infty} a_n \frac{\operatorname{sen}\{\pi f_s[t - (n/f_s)]\}}{\pi f_s[t - (n/f_s)]} \tag{2-158}$$

*donde*

$$a_n = f_s \int_{-\infty}^{\infty} w(t) \frac{\operatorname{sen}\{\pi f_s[t - (n/f_s)]\}}{\pi f_s[t - (n/f_s)]} dt \tag{2-159}$$

*y $f_s$ es un parámetro al que se le asigna un valor conveniente mayor que cero. Además, si $w(t)$ es de banda limitada a B hertz y $f_s \geq 2B$, entonces la ecuación* (2-158) *se convierte en la representación de la función de muestreo, donde*

$$a_n = w(n/f_s) \tag{2-160}$$

Es decir, cuando $f_s \geq 2B$, los coeficientes de serie ortogonal son simplemente los valores de la forma de onda obtenidos cuando se muestrea cada $1/f_s$ segundos.

La serie dada por las ecuaciones (2-158) y (2-160) en ocasiones se llama *serie cardinal.* Los matemáticos y los ingenieros la conocen desde por lo menos 1915 [Whittaker, 1915] desde el trabajo pionero de Shannon, quien relacionó esta serie con la teoría de la información [Shannon, 1949]. En los *Proceedings of the IEEE* (Actas del Instituto de Ingenieros Electricistas y Electrónicos) [Jerri, 1977] se publicó un excelente artículo tutorial sobre el tema.

***Comprobación.*** Se tiene que demostrar que

$$\varphi_n(t) = \frac{\operatorname{sen}\{\pi f_s[t - (n/f_s)]\}}{\pi f_s[t - (n/f_s)]} \tag{2-161}$$

forma un conjunto de funciones ortogonales. A partir de la ecuación (2-77) se tiene que demostrar que la ecuación (2-161) se cumple

$$\int_{-\infty}^{\infty} \varphi_n(t)\varphi_m^*(t)\, dt = K_n\, \delta_{nm} \tag{2-162}$$

Con el teorema de Parseval, ecuación (2-40), se ve que el lado izquierdo se convierte en

$$\int_{-\infty}^{\infty} \varphi_n(t)\varphi_m^*(t)\, dt = \int_{-\infty}^{\infty} \Phi_n(f)\Phi_m^*(f)\, df \tag{2-163}$$

donde

$$\Phi_n(f) = \mathcal{F}[\varphi_n(t)] = \frac{1}{f_s}\Pi\left(\frac{f}{f_s}\right) e^{-j2\pi(nf/f_s)} \tag{2-164}$$

Se tiene

$$\int_{-\infty}^{\infty} \varphi_n(t)\varphi_m^*(t)\, dt = \frac{1}{(f_s)^2}\int_{-\infty}^{\infty}\left[\Pi\left(\frac{f}{f_s}\right)\right]^2 e^{-j2\pi(n-m)f/f_s}\, df$$

$$= \frac{1}{(f_s)^2}\int_{-f_s/2}^{f_s/2} e^{-j2\pi(n-m)(f/f_s)}\, df = \frac{1}{f_s}\,\delta_{nm} \tag{2-165}$$

De este modo, las funciones $\varphi_n(t)$ dadas por (2-161) son funciones ortogonales con $K_n = 1/f_s$. De la ecuación (2-84) se desprende la ecuación (2-159). Además, se demostrará que la ecuación (2-160) se deriva para el caso en que $w(t)$ es absolutamente de banda limitada a $B$ hertz con $f_s \geq 2B$. Con la ecuación (2-84) y el teorema de Parseval, (2-40), se obtiene

$$a_n = f_s \int_{-\infty}^{\infty} w(t)\varphi_n^*(t)\, dt$$

$$= f_s \int_{-\infty}^{\infty} W(f)\Phi_n^*(f)\, df \tag{2-166}$$

Sustituyendo la ecuación (2-164),

$$a_n = \int_{-f_s/2}^{f_s/2} W(f)e^{-j2\pi f(n/f_s)}\, df \tag{2-167}$$

Pero como $W(f)$ es cero cuando $|f| > \mathrm{B}$, donde $B \leq f_s/2$, los límites de la integral se pueden extender a $(-\infty, \infty)$ sin que cambie su valor. Esta integral con límites infinitos es exactamente la inversa de la transformada de Fourier de $W(f)$ evaluada con $t = n/f_s$. Por tanto, $a_n = w(n/f_s)$, la cual es la ecuación (2-160).

Por la ecuación (2-167) es obvio que la velocidad de muestreo mínima permitida para reconstruir una forma de onda de banda limitada sin error está dada por

$$(f_s)_{\text{mín}} = 2B \tag{2-168}$$

Ésta se llama *frecuencia de Nyquist.*

A continuación se examina el problema de reproducir una forma de onda de banda limitada con $N$ valores de muestreo. Supóngase que se desea reproducir la forma de onda en el intervalo $T_0$s como se muestra en la figura 2-17a. En tal caso se puede truncar la serie de la función de muestreo de (2-158) para incluir sólo $N$ de las funciones $\varphi_n(t)$ cuyos picos queden dentro del intervalo de interés. Es decir, la forma de onda se puede reconstruir de una manera aproximada con $N$ muestras:

$$w(t) \approx \sum_{n=n_1}^{n=n_1+N} a_n \varphi_n(t) \tag{2-169}$$

donde las funciones $\{\varphi_n(t)\}$ están descritas por la ecuación (2-161). La figura 2-17b muestra la forma de onda reconstruida (línea llena) obtenida con la suma ponderada de formas de onda (sen $x$)/$x$ retardadas (líneas de trazos), donde los pesos son los valores de muestreo, $a_n = w(n/f_s)$, denotados por los puntos. La forma de onda es de banda limitada a B hertz con la frecuencia de muestreo $f_s \geq 2B$. Los valores de muestreo se pueden guardar, por ejemplo, en la memoria de una computadora digital, para reconstruir la forma de onda posteriormente o para transmitir los valores a través de un sistema de comunicación para reconstruir la forma de onda en el extremo receptor. En uno u otro caso, la forma de onda se reconstruye con los valores de muestreo y la ecuación anterior. Es decir, cada uno de los valores de muestreo se multiplica por la función (sen $x)/x$ apropiada, y estas funciones (sen $x)/x$ ponderadas se suman para obtener la forma de onda

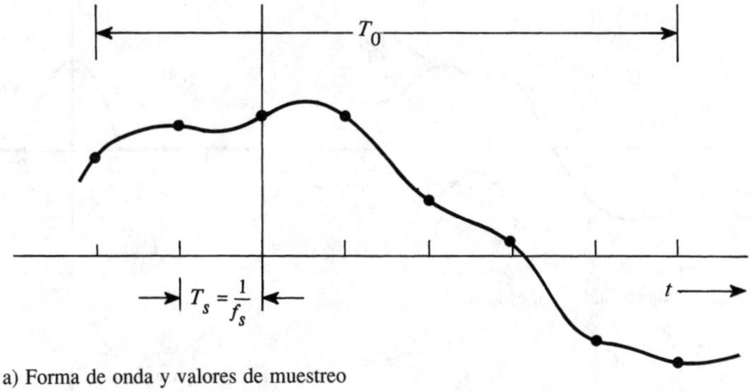


a) Forma de onda y valores de muestreo

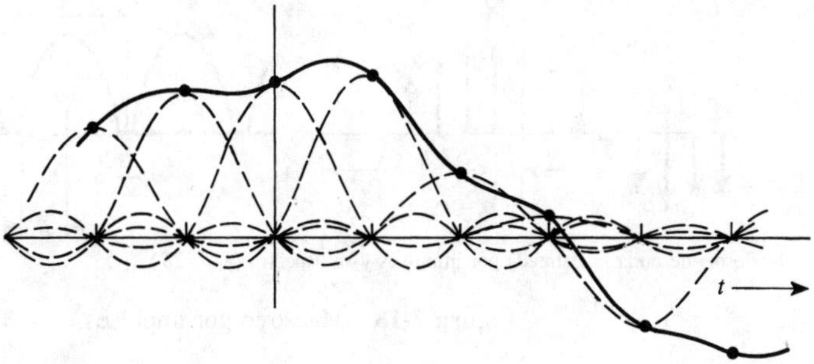


b) Forma de onda reconstruida con los valores de muestreo

**Figura 2-17** Teorema de muestreo.

original. Este procedimiento se ilustra en la figura 2-17b. El número mínimo de valores de muestreo para la reconstrucción de la forma de onda es

$$N = \frac{T_0}{1/f_s} = f_s T_0 \geq 2BT_0 \tag{2-170}$$

y existen $N$ funciones ortogonales en el algoritmo de reconstrucción. Se puede decir que $N$ es el número de dimensiones necesario para reconstruir la aproximación de la forma de onda en el intervalo $T_0$ segundos.

## Muestreo de impulsos

Si se desea reconstruir una forma de onda en tiempo real, con frecuencia se utiliza un procedimiento alternativo llamado *muestreo de impulsos*. La forma de onda se muestrea con un tren de impulsos de peso unitario. Esto se logra multiplicando la forma de onda con un tren de impulsos de peso unitario. La forma de onda muestreada resultante es

$$w_s(t) = w(t) \sum_{n=-\infty}^{\infty} \delta(t - nT_s)$$

$$= \sum_{n=-\infty}^{\infty} w(nT_s)\, \delta(t - nT_s) \tag{2-171}$$

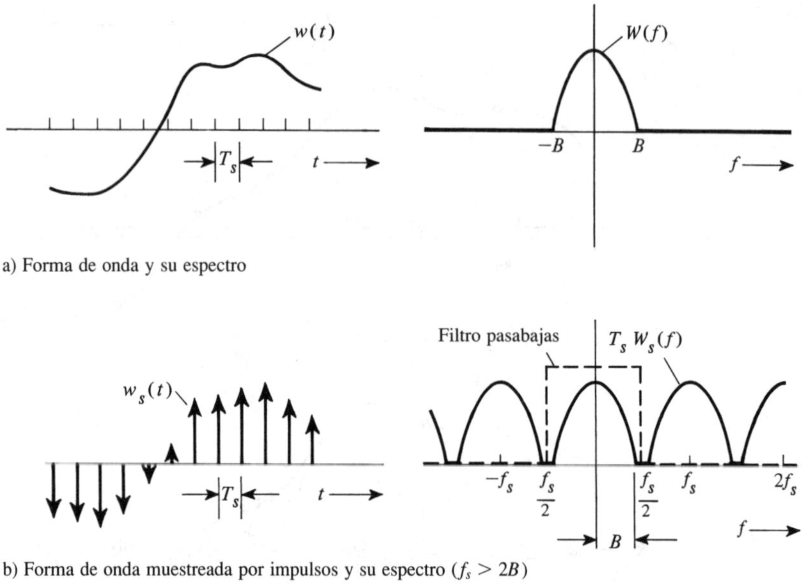


**Figura 2-18** Muestreo por impulsos.

donde $T_s = 1/f_s$. Esta situación se ilustra en la figura 2-18.[†] En la figura el peso (área) de cada impulso, $w(nT_s)$, está indicado por la altura. El espectro de la forma de onda $w_s(t)$ muestreada por impulsos se evalúa sustituyendo la serie de Fourier del tren de impulsos (periódicos) en la ecuación (2-171).

$$w_s(t) = w(t) \sum_{n=-\infty}^{\infty} \frac{1}{T_s} e^{jn\omega_s t} \tag{2-172}$$

Considerando la transformada de Fourier de ambos lados de esta ecuación, se obtiene

$$W_s(f) = \frac{1}{T_s} W(f) * \mathcal{F}\left[\sum_{n=-\infty}^{\infty} e^{jn\omega_s t}\right] = \frac{1}{T_s} W(f) * \sum_{n=-\infty}^{\infty} \mathcal{F}[e^{jn\omega_s t}]$$

$$= \frac{1}{T_s} W(f) * \sum_{n=-\infty}^{\infty} \delta(f - nf_s)$$

o

$$W_s(f) = \frac{1}{T_s} \sum_{n=-\infty}^{\infty} W(f - nf_s) \tag{2-173}$$

[†] Para propósitos ilustrativos, supóngase que $W(f)$ es real.

El espectro de la forma de onda muestreada por impulsos se compone del espectro de la forma de onda no muestreada replicada cada $f_s$ Hz.[†] Esto se muestra en la figura 2-18b. Obsérvese que la técnica de muestreo por impulsos se puede usar para transformar el espectro de una señal en otra banda de frecuencia centrada en un armónico de la frecuencia de muestreo. Un circuito más general que puede transformar el espectro en cualquier banda de frecuencia deseada se llama mezclador. En la sección 4-11 se analizan los mezcladores.

Si $f_s \geq 2B$, tal como se ilustra en la figura 2-18, los espectros replicados no se sobreponen y se puede regenerar el espectro original recortando $W_s(f)$ por encima de $f_s/2$. De este modo $w(t)$ se puede reproducir a partir de $w_s(t)$ simplemente con pasar $w_s(t)$ a través de un filtro pasabajas ideal cuya frecuencia de corte sea $f_c = f_s/2$ donde $f_s \geq 2B$.

Si $f_s < 2B$ (es decir, la forma de onda está submuestreada), el espectro de $w_s(t)$ se compondrá de espectros replicados de $w_s(t)$ sobrepuestos, como se ilustra en la figura 2-19.[‡] La sobreposición espectral o inversión de cola se llama *aliasing* o *espectro plegadizo (doblamiento)*.[§] En este caso, la versión filtrada del pasabajas de $w_s(t)$ será exactamente igual a $w(t)$. La $w(t)$

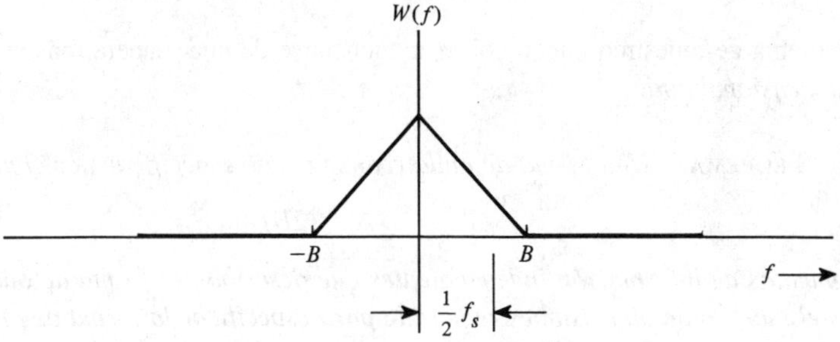


a) Espectro de una forma de onda no muestreada

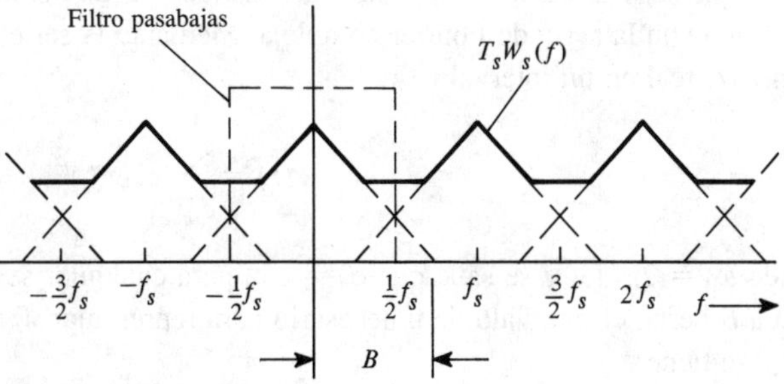


b) Espectro de una forma de onda muestreada por impulsos ($f_s < 2B$)

**Figura 2-19** Submuestreo y aliasing.

[†] En el capítulo 3 este resultado se generaliza como muestreo instantáneo con un tren de pulsos compuesto de pulsos de ancho finito y forma arbitraria (en vez de impulsos). Ésta se llama modulación por amplitud de pulsos (PAM) del tipo de muestra instantánea.

[‡] Para propósitos ilustrativos, supóngase que $W(f)$ es real.

[§] $f_s/2$ es la frecuencia de doblamiento donde $f_s$ es la frecuencia de muestreo. Para el caso sin introducción de errores, se requiere $f_s > 2B$, donde $2B$ es la frecuencia de Nyquist.

recuperada se distorsionará debido al aliasing. La distorsión por aliasing se elimina *prefiltrando* la $w(t)$ original antes del muestreo de modo que la $w(t)$ prefiltrada no contenga componentes espectrales por encima de $|f| = f_s/2$. El prefiltrado continúa produciendo distorsión en la forma de onda recuperada porque el prefiltro recorta el espectro de la $w(t)$ original por encima de $f = f_s/2$. Sin embargo, con la figura 2-19 se puede demostrar que si se utiliza un prefiltro, la forma de onda recuperada obtenida con la versión pasabajas de la señal muestra tendrá la mitad de energía errónea en comparación con la que se obtendría sin utilizar el filtro antes del muestreo.

Una forma de onda física $w(t)$ dispone de energía finita. De las ecuaciones (2-42) y (2-43) se desprende que el espectro de magnitud de la forma de onda, $|W(f)|$, tiene que ser insignificante cuando $|f| > B$ donde $B$ es un número positivo apropiadamente seleccionado. Por consiguiente, desde un punto de vista práctico, la forma de onda física es, en esencia, de banda limitada a $B$ Hz, donde $B$ se elige suficientemente grande de modo que la energía errónea quede por debajo de una cantidad específica.

## Teorema de dimensionalidad

El teorema de muestreo puede volver a enunciarse de una manera más general llamada *teorema de dimensionalidad.*

**Teorema.** *Una forma de onda real se puede especificar por completo mediante*

$$N = 2BT_0 \tag{2-174}$$

*fragmentos de información independientes que describan la forma de onda en un intervalo $T_0$. $N$ es el número de dimensiones requerido para especificar la forma de onda y $B$ es el ancho de banda absoluto de la forma de onda.*

Los $N$ valores de muestreo no necesariamente tienen que ser muestras periódicas; simplemente tienen que ser cantidades independientes. Esto se puede demostrar para el caso de muestreo no periódico con la serie de Fourier compleja. Mediante la serie de Fourier se representará la función $w(t)$ real en un intervalo $T_0$s.

$$w(t) = \sum_n c_n e^{jn\omega_0 t}$$

donde $\omega_0 = 2\pi/T_0$, y se sabe que $c_n^* = c_{-n}$ para cualquier señal real. Si $w(t)$ es de banda limitada a $B$ hertz, el intervalo de $n$ necesario para representar $w(t)$ es $-B \le nf_0 \le B$, y como $f_0 = 1/T_0$, se tiene†

$$w(t) = \sum_{n=-BT_0}^{n=BT_0} c_n e^{jn\omega_0 t}$$

El término $c_0$ es el nivel de cd de $w(t)$, y éste no comunica ninguna información (véase el capítulo 1). Como $c_n = |c_n| e^{j\angle c_n}$ y $c_{-n} = c_n^*$, existen $N = 2BT_0$ valores independientes (reales) necesarios. Obsérvese que las $c_n$ en este ejemplo no son muestras de tiempo de $w(t)$, y cada $c_n$

† En realidad, para que $-B \le nf_0 \le B$ se mantenga con igualdad, se requiere un entero múltiplo de $f_0$ igual a $B$ (que puede ser cualquier número positivo real). Así, en general, $T_0$ tiene que ser grande.

depende de la forma de onda de $w(t)$ en todo el intervalo $T_0$, tal como lo demuestra la ecuación (2-89).

El teorema de dimensionalidad, (2-174), establece que la información que puede ser transmitida por una forma de onda o un sistema de comunicación de banda limitada es proporcional al producto del ancho de banda de dicho sistema por el tiempo permitido para transmitir la información. *El teorema de dimensionalidad tiene implicaciones profundas en el diseño y desempeño de todos los tipos de sistemas de comunicación.* Por ejemplo, en sistemas de radar se sabe muy bien que el producto tiempo-ancho de banda de la señal recibida tiene que ser grande para un desempeño superior.

Existen *dos maneras distintas de aplicar el teorema de dimensionalidad. En primer lugar,* si se da cualquier forma de onda de banda limitada y se desea almacenar algunos números en una tabla (o en el banco de memoria de una computadora) que se podrían utilizar para reconstruir la forma de onda en el intervalo $T_0$s, se deben almacenar *por lo menos* $N$ números y, además, la velocidad de muestreo promedio debe ser por lo menos la velocidad Nyquist. Es decir,‡

$$f_s \geq 2B \tag{2-175}$$

Por tanto, en este primer tipo de aplicación, el teorema de dimensionalidad se utiliza para calcular el número de lugares de almacenamiento (cantidad de memoria) necesarios para representar una forma de onda.

El *segundo* tipo de aplicación es el tipo inverso de problema. En éste se utiliza el teorema de dimensionalidad para estimar el ancho de banda de formas de onda. Esta aplicación se estudia en detalle en el capítulo 3, sección 3-4, donde el teorema de dimensionalidad se utiliza para establecer un límite más bajo para el ancho de banda de señales digitales.

## 2-8 TRANSFORMADA DE FOURIER DISCRETA

Con la conveniencia de las computadoras personales y la disponibilidad de circuitos integrados procesadores de señales digitales, el espectro de una forma de onda se aproxima con facilidad con la transformada de Fourier discreta (DFT, por sus siglas en inglés: *discrete Fourier transform*). Aquí se demuestra con brevedad el uso de la DFT para calcular muestras de la transformada de Fourier continua (CFT, por sus siglas en inglés: *continuous Fourier transform*), (2-26), y los valores de los coeficientes de la serie de Fourier compleja (2-94).

**DEFINICIÓN.** La *transformada de Fourier discreta* (*DFT*) está definida por

$$X(n) = \sum_{k=0}^{k=N-1} x(k)e^{-j(2\pi/N)nk} \tag{2-176}$$

donde $n = 0, 1, 2, \ldots, N-1$, y la *transformada de Fourier discreta inversa* (*IDFT*, por sus siglas en inglés: *inverse discrete Fourier transform*) está definida por

‡ Si el espectro de la forma de onda que se va a muestrear tiene una línea a $f = \pm B$, existe algo de ambigüedad con respecto a si se incluye o no la línea dentro del ancho de banda $B$. La línea se incluye haciendo $f_s > 2B$ (es decir, eliminando el signo de igualdad).

$$x(k) = \frac{1}{N} \sum_{n=0}^{n=N-1} X(n) e^{j(2\pi/N)nk} \tag{2-177}$$

donde $k = 0, 1, 2, \ldots, N - 1$.

El tiempo y la frecuencia no aparecen explícitamente porque las expresiones (2-176) y (2-177) son sólo definiciones ejecutadas en una computadora digital para calcular $N$ valores de la DFT y de la IDFT, respectivamente. Por favor téngase en cuenta que otros autores pueden utilizar definiciones diferentes (igualmente válidas). Por ejemplo, se podría utilizar un factor $1/\sqrt{N}$ en el lado derecho de (2-176) si el factor $1/N$ de (2-177) es reemplazado por $1/\sqrt{N}$. Esto produce un factor de escala diferente cuando la DFT está relacionada con la CFT. Además, los signos de las expresiones (2-176) y (2-177) se podrían intercambiar. Esto invertiría las muestras espectrales a lo largo del eje de frecuencia.

MATLAB utiliza las definiciones de DFT e IDFT dadas por (2-176) y (2-177) excepto que los índices de los elementos del vector son del 1 a $N$ y no del 0 a $N - 1$. De este modo, los algoritmos FFT de MATLAB están relacionados con (2-176) y (2-177) mediante†

$$\mathbf{X} = fft(\mathbf{x}) \tag{2-178}$$

y

$$\mathbf{x} = ifft(\mathbf{X}) \tag{2-179}$$

donde $\mathbf{x}$ es un vector de $N$ elementos correspondientes a muestras de la forma de onda y $\mathbf{X}$ es el vector DFT de $N$ elementos. $N$ se selecciona de modo que sea una potencia de 2 (es decir, $N = 2^m$, donde $m$ es un entero positivo. Si se utiliza otro programa FFT, el usuario debe tener en cuenta la definición específica ejecutada para interpretar los resultados adecuadamente.

## Utilización de la DFT para calcular la transformada de Fourier continua

A continuación se examinará la relación entre la DFT, definida por (2-180), y la CFT. Se requieren tres conceptos: truncamiento, muestreo y generación de muestras periódicas. Éstos se ilustran en la figura 2-20, donde el lado izquierdo es el dominio del tiempo y el derecho es el dominio de frecuencia correspondiente. Supóngase que se va a evaluar la CFT de una forma de onda $w(t)$ con la DFT. Primero se trunca la forma de onda de tiempo en el intervalo $(0, T)$ de modo que se requiera sólo un número finito de muestras, $N$. La forma de onda truncada, denotada por un subíndice $w$, es

$$w_w(t) = \left\{ \begin{array}{ll} w(t), & 0 \le t \le T \\ 0, & t \text{ en otra parte} \end{array} \right\} = w(t)\,\Pi\left(\frac{t - (T/2)}{T}\right) \tag{2-180}$$

La transformada de Fourier de la forma de onda truncada es

$$W_w(f) = \int_{-\infty}^{\infty} w_w(t) e^{-j2\pi f t}\, dt = \int_0^T w(t) e^{-j2\pi f t}\, dt \tag{2-181}$$

† Los algoritmos de MATHCAD están relacionados con (2-176) y (2-177) mediante $\mathbf{X} = \sqrt{N}\, icfft(\mathbf{x})$ y $\mathbf{x} = (1/\sqrt{N})\, cfft(\mathbf{X})$.

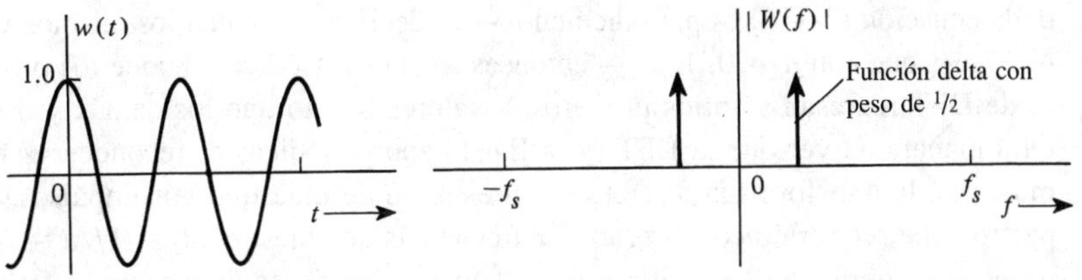


a) Forma de onda y su espectro

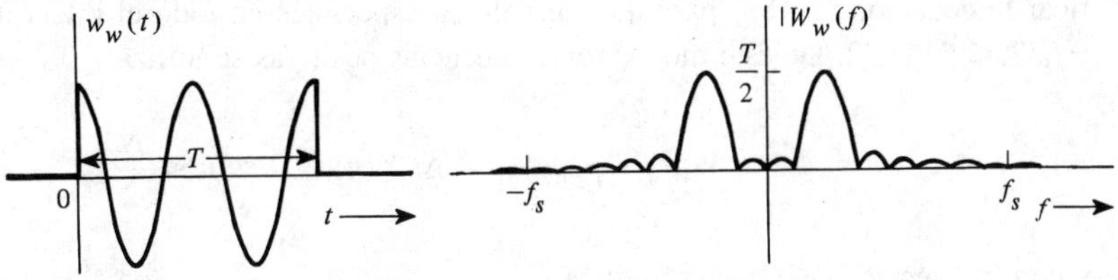


b) Forma de onda aventanada y su espectro

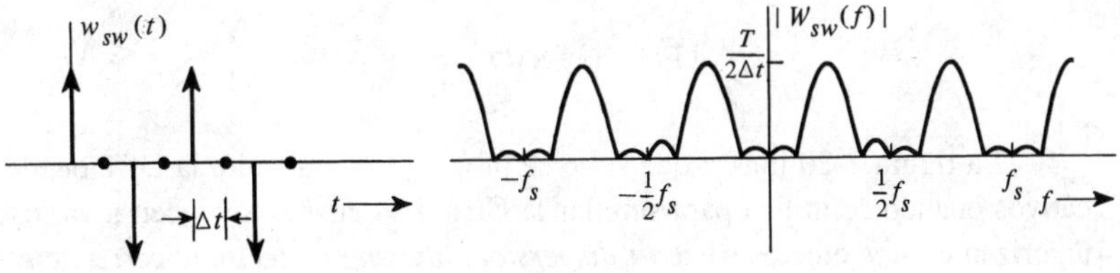


c) Forma de onda aventanada muestreada y su espectro ($f_s = 1/\Delta t$)

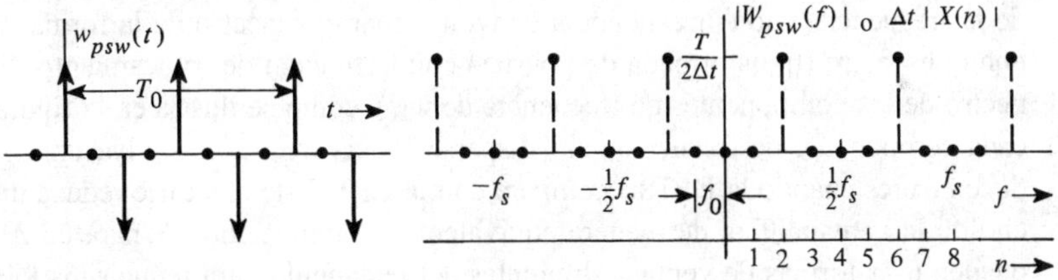


d) Forma de onda aventanada muestreada periódica y su espectro ($f_0 = 1/T$)

**Figura 2-20** Comparación de espectros CFT y DFT.

A continuación se aproxima la CFT con una serie finita para representar la integral donde $t = k\,\Delta t, f = n/T$, $dt = \Delta t$ y $\Delta t = T/N$. En tal caso,

$$W_w(f)\,|_{f=n/T} \approx \sum_{k=0}^{N-1} w(k\,\Delta t)e^{-j(2\pi/N)nk}\,\Delta t \tag{2-182}$$

Si se compara ésta con la ecuación (2-176), se obtiene la relación entre la CFT y la DFT:

$$W_w(f)\,|_{f=n/T} \approx \Delta t\, X(n) \tag{2-183}$$

donde $f = n/T$ y $\Delta t = T/N$. Los valores de muestreo utilizados en el cálculo de la DFT son $x(k) = w(k\,\Delta t)$, como se muestra en la parte izquierda de la figura 2-20c. Asimismo, como $e^{-j(2\pi/N)nk}$

de la ecuación (2-176) es periódico en $n$ —es decir, se obtienen los mismos valores con $n = N$, $N + 1, \ldots$ que con $n = 0, 1, \ldots$ — entonces $X(n)$ es periódica (aunque los programas de cómputo de DFT regresan sólo los primeros $N$ valores puesto que los demás son sólo repeticiones). Otra manera de ver que la DFT (y la IDFT) son periódicas es reconocer que como se utilizan muestras, la transformada discreta es un ejemplo de muestreo por impulsos, y por tanto, el espectro debe ser periódico en torno a la frecuencia de muestreo, $f_s = 1/\Delta t = N/T$ (como se ilustra en las figuras 2-18 y 2-20c y d). Además, si se desea el espectro a frecuencias negativas —la computadora regresa $X(n)$ con los valores positivos de $n$, $0, 1, \ldots, N - 1$—, se debe modificar la ecuación (2-183) para que dé valores especiales en todo el intervalo fundamental de $-f_s/2 < f < f_s/2$. De este modo, con frecuencias positivas se utiliza

$$W_w(f)\big|_{f=n/T} \approx \Delta t\, X(n), \quad 0 \leq n < \frac{N}{2} \tag{2-184a}$$

y con frecuencias negativas se utiliza

$$W_w(f)\big|_{f=(n-N)/T} \approx \Delta t\, X(n), \quad \frac{N}{2} < n < N \tag{2-184b}$$

La figura 2-20 ilustra que si no se procede con cuidado, la DFT puede dar errores significativos cuando se utiliza para simular la CFT. Los errores se deben a varios factores que se categorizan en tres efectos básicos: *dispersión*, *aliasing* y *efecto de cerca de estacas puntiagudas*.

El primer efecto es provocado por truncamiento en el dominio del tiempo. En el dominio de la frecuencia esto corresponde a convolucionar el espectro de la forma de onda no truncada con el espectro (transformada de Fourier) con la función de truncamiento. Esto ensancha el espectro de los componentes de frecuencia de $w(t)$, como se ilustra en la figura 2-20b, y hace que cada componente de frecuencia se "disperse" hacia frecuencias adyacentes. La dispersión produce errores cuando la DFT se compara con la CFT. Este efecto se reduce incrementando el ancho de la ventana $T$ o, de manera equivalente, incrementando $N$ para un $\Delta t$ dado. También se pueden usar formas de ventana diferentes del rectángulo para reducir los lóbulos laterales en el espectro de la función de ventana [Harris, 1978; Ziemer, Tranter y Fannin, 1989]. Los grandes componentes periódicos presentes en $w(t)$ provocan más dispersión, y si se sabe que estos componentes están presentes, se podrían eliminar antes de evaluar la DFT para reducir la dispersión.

Por el estudio previo de muestreo, se sabe que el espectro de una forma de onda muestreada consiste en replicar el espectro de la forma de onda no muestreada en torno a armónicos de la frecuencia de muestreo. Si $f_s < 2B$, donde $f_s = 1/\Delta t$ y $B$ es el componente de frecuencia significativa más alta presente en la forma de onda no muestreada, ocurrirá la introducción de errores. Los errores introducidos disminuyen al utilizar una frecuencia de muestreo más alta o un filtro pasabajas de premuestreo. Obsérvese que el componente de frecuencia más alta que se puede evaluar con una DFT de $N$ puntos es $f = f_s/2 = N/(2T)$.

El tercer tipo de error, el efecto de cerca de estacas puntiagudas, ocurre porque la DFT de $N$ puntos no puede resolver los componentes espectrales a un espaciamiento más estrecho que $\Delta f = 1/T$. $\Delta f$ disminuye al incrementar $T$. Si la longitud de los datos se limita a $T_0$ segundos, donde $T_0 \leq T$, $T$ se puede extender agregando puntos de muestreo de valor cero adicionales. Esto se llama *relleno de ceros* y reduce $\Delta f$ para producir una mejor resolución espectral.

La computadora no puede calcular valores infinitos; por consiguiente, la DFT se aproximará a funciones delta Dirac mediante pulsos de amplitud finita. Sin embargo, los pesos de las funciones delta se calculan con exactitud con la DFT para evaluar los coeficientes de la serie de Fourier. Esto se demuestra en el ejemplo 2-17.

En suma, se tienen que recordar varios conceptos fundamentales al evaluar la CFT utilizando la DFT. En primer lugar, la forma de onda se trunca en un intervalo $(0, T)$ de modo que se obtiene un número de muestras finito. En segundo lugar, la DFT y la IDFT son periódicas con periodos $f_s = 1/\Delta t$ y $T$, respectivamente. Los parámetros $\Delta t$, $T$ y $N$ se seleccionan utilizando las siguientes consideraciones.

- $\Delta t$ se selecciona de modo que satisfaga la condición de muestreo de Nyquist, $f_s = 1/\Delta t > 2B$, donde $B$ es la frecuencia más alta en la forma de onda. $\Delta t$ es el tiempo entre muestras y también se conoce como *tiempo de resolución*. Además, $t = k\Delta t$.
- $T$ se selecciona para dar de la *resolución de frecuencia* deseada, donde la resolución de frecuencia es $\Delta f = 1/T$. Además, $f = n/T$.
- $N$ es el número de puntos de datos y se determina mediante $N = T/\Delta t$.

$N$ depende de los valores utilizados para $\Delta t$ y $T$. El tiempo requerido para el cálculo se incrementa conforme aumenta $N$.† La DFT de $N$ puntos da los espectros de $N$ frecuencias en el intervalo de frecuencia $(0, f_s)$ donde $f_s = 1/\Delta t = N/T$. La mitad de este intervalo de frecuencia representa frecuencias negativas tal como lo describe la ecuación (2-184). Esto se ilustra en el ejemplo siguiente.

### Ejemplo 2-16 DFT DE UN PULSO RECTANGULAR

La tabla 2-3 es una lista de un archivo MATLAB que calcula el espectro de un pulso rectangular por medio del algoritmo DFT. En la figura 2-21 se muestran los resultados calculados. Obsérvese que se utilizan las ecuaciones (2-178) y (2-183) para relacionar los resultados DFT con el espectro (es decir, la CFT). Los parámetros $M$, tend, y $T$ se seleccionan de modo que los resultados espectrales de fase y magnitud obtenidos se comparen favorablemente (es decir, con poco error) con el espectro verdadero del pulso rectangular dado por las ecuaciones (2-59) y (2-60) del ejemplo 2-5. ($T$ en el ejemplo 2-5 equivale a "tend" en la tabla 2-3).

El pulso rectangular no es absolutamente de banda limitada. Sin embargo, para un ancho de pulso de tend = 1, el espectro de magnitud se vuelve relativamente pequeño a 5/tend = 5Hz = B. Por tanto, se tiene que muestrear la forma de onda a razón de 2 B = 10 Hz o mayor. Con $T = 10$ y $N = 128$, $\Delta t = 0.08$ o $f_s = 1/\Delta t = 12.8$ Hz. Por consiguiente, se tienen que seleccionar los valores de $T$ y $N$ de modo que satisfagan la velocidad de Nyquist de $f_s > 2B$. La resolución de frecuencia es $\Delta f = 1/T = 0.1$ Hz. Por tanto, con la DFT se obtiene una buena representación espectral.

En la gráfica inferior de la figura 2-21 se muestra el espectro de magnitud en todo el intervalo del vector FFT, es decir, en $0 < f < f_s$, donde $f_s = 12.8$ Hz. Como en el programa

† Los algoritmos de la *transformada de Fourier rápida* (FFT) son maneras rápidas de calcular la DFT. El número de multiplicaciones complejas requerido para la DFT es $N^2$, mientras que la FFT (con $N$ seleccionada como potencia de 2) requiere sólo $(N/2)\log_2 N$ multiplicaciones complejas. Por tanto, la FFT proporciona un factor de mejora de $2N/(\log_2 N)$ cuando se compara con la DFT. Ésta es una mejora de 113.8 con $N$ = FFT de 512 puntos.

**TABLA 2-3** LISTA DEL PROGRAMA MATLAB PARA CALCULAR EL ESPECTRO DE UN PULSO RECTANGULAR POR MEDIO DE LA DFT

```
% Archivo: FIG2_21.M
% Calcular la FFT para un escalón truncado
% Hacer que tend sea el final del escalón.
M = 7;
N = 2^M;
n = 0:1:N-1;
tend = 1;
T = 10;
dt = T/N;
t = n*dt;
% Crear la forma de onda de tiempo
w = zeros(length(t),1);
for (i = 1:1:length(w))
  if (t(i) <= tend)
    w(i) = 1;
  end;
end;
% Calcular la FFT
W = dt*fft(w);
f = n/T;
% Calcular la posición del 4o. NULO
pos = index(f,4/tend);
plot_pr(2);
plot(t,w);
axis([0 T 0 1.5]);
xlabel('t (sec) -->');
ylabel('w(t)');
title('Forma de onda de tiempo');
pause;
subplot(311);
plot(f(1:pos),abs(W(1:pos)));
xlabel('f (Hz) -->');
ylabel('|W(f)|');
title('ESPECTRO DE MAGNITUD hasta el 4o. Nulo');
subplot(312);
plot(f(1:pos),180/pi*angle(W(1:pos)));
xlabel('f (Hz) -->');
ylabel('theta(f) (degrees)');
title('ESPECTRO DE FASE hasta el 4o. Nulo');
grid;
subplot(313);
plot(f,abs(W));
xlabel('f (Hz) -->');
ylabel('|W(f)|');
title('ESPECTRO DE MAGNITUD en todo el intervalo de
  frecuencia FFT');
```

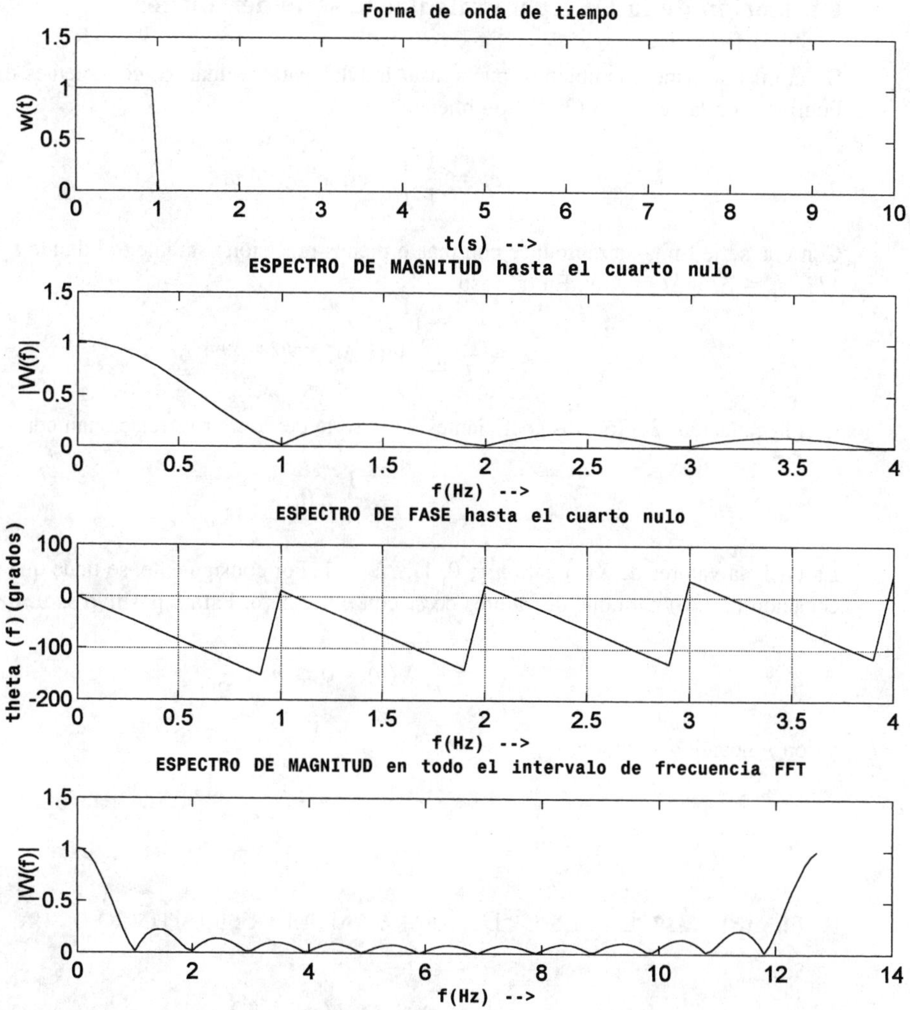


**Figura 2-21** Espectro de un pulso rectangular obtenido con la DFT y el programa MATLAB.

MATLAB no se usó la ecuación (2-184b), la gráfica para $0 < f < 6.8$ ($f_s/2 = 6.8$ Hz) corresponde al espectro de magnitud de la CFT a frecuencias positivas, y la gráfica para $6.4 < f < 12.8$ corresponde a las frecuencias negativas de la CFT. El programa MATLAB mostrado en la tabla 2-3, está disponible vía Internet (como se describe en el capítulo 1). El lector debe probar otros valores de $M$, tend y $T$ para ver la manera en que los errores por escape, introducción y de cerca de estacas aumentan si los parámetros no se seleccionan con cuidado. Asimismo, obsérvese que ocurren errores significativos si tend $= T$. ¿Por qué?

## Utilización de la DFT para calcular la serie de Fourier

De la misma manera también se puede usar la DFT para evaluar los coeficientes de la serie de Fourier. Con la ecuación (2-89) se obtiene

$$c_n = \frac{1}{T}\int_0^T w(t)e^{-j2\pi nf_0 t}\,dt$$

Con una serie finita se reproduce con más o menos precisión esta integral donde $t = k\,\Delta t$, $f_0 = 1/T$, $dt = \Delta t$ y $\Delta t = T/N$. En tal caso

$$c_n \approx \frac{1}{T}\sum_{k=0}^{N-1} w(k\,\Delta t)e^{-j(2\pi/N)nk}\,\Delta t \tag{2-185}$$

Con la ecuación (2-176), los coeficientes de la serie de Fourier se relacionan con la DFT

$$c_n \approx \frac{1}{N}X(n) \tag{2-186}$$

La DFT da valores de $X(n)$ para $n = 0, 1, \ldots N - 1$. Por consiguiente, se tiene que modificar la ecuación (2-186) para que dé valores de $c_n$ con $n$ negativo. Para $n$ positivo se utiliza

$$c_n = \frac{1}{N}X(n), \quad 0 \leq n < \frac{N}{2} \tag{2-187a}$$

y con $n$ negativo se utiliza

$$c_n = \frac{1}{N}X(N + n), \quad -\frac{N}{2} < n < 0 \tag{2-187b}$$

**Ejemplo 2-17** USO DE LA DFT PARA CALCULAR EL ESPECTRO DE UNA SENOIDE

Sea

$$w(t) = 3 \text{ sen } (\omega_0 t + 20°) \tag{2-188}$$

donde $\omega_0 = 2\pi f_0$ y $f_0 = 10$ Hz.

Como $w(t)$ es periódica, para obtener el espectro se utiliza la ecuación (2-109)

$$W(f) = \sum c_n\,\delta(f - nf_0)$$

donde $\{c_n\}$ son los coeficientes de la serie de Fourier compleja de $w(t)$. Además, como $(e^{jx} - e^{-jx})/(2j)$,

$$3 \text{ sen}(\omega_0 t + 20°) = \left(\frac{3}{2j}e^{j20}\right)e^{j\omega_0 t} + \left(\frac{-3}{2j}e^{-j20}\right)e^{-j\omega_0 t}$$

Por consiguiente, se sabe que los coeficientes son

$$c_1 = \left(\frac{3}{2j}e^{j20}\right) = 1.5\,\underline{/-70°} \tag{2-189a}$$

$$c_{-1} = \left(\frac{-3}{2j} e^{-j20}\right) = 1.5 \underline{/+70^\circ} \qquad (2\text{-}189b)$$

y los demás $c_n$ son cero. A continuación se ve si esta respuesta correcta conocida se puede calcular con la DFT. En la tabla 2-4 y la figura 2-22, MATLAB calcula la FFT y grafica el espectro. El resultado calculado concuerda con el resultado analítico (correcto) conocido.

Obsérvese que no se pueden graficar las funciones $\delta$ porque $\delta(0) = \infty$. Por tanto, se grafican los pesos de las funciones $\delta$ en lugar de indicar los espectros de magnitud. Además, a frecuencias en las que $|W(f)| = 0$, se puede usar *cualquier* valor para $\theta(f)$ porque $W(f) = |W(f)| \underline{/\theta(f)} = 0$.

Estos resultados también se pueden comparar con los del ejemplo 2-4 donde se obtuvo el espectro de una senoide mediante la evaluación directa de la integral de la transformada de Fourier.

## 2-9 ANCHO DE BANDA DE SEÑALES

El ancho espectral de señales o ruido en los sistemas de comunicación es un concepto muy importante, por dos razones principales. En primer lugar, más y más usuarios se asignan a bandas de RF cada vez más saturadas, de modo que el ancho espectral requerido para cada una se tiene que considerar con cuidado. En segundo lugar, el ancho espectral de señales/ruido es importante desde el punto de vista del diseño del equipo puesto que el ancho de banda de los circuitos tiene que ser el suficiente para acomodar la señal pero para rechazar el ruido. La pregunta es: ¿qué es el *ancho de banda*? Como más adelante se verá, existen muchas definiciones de ancho de banda.

En tanto se use la misma definición cuando se trabaje con varias señales y ruido, se pueden comparar sus anchos espectrales mediante la definición de ancho de banda particular seleccionada. Si se cambian las definiciones, se necesitarán “factores de conversión” para comparar los anchos espectrales obtenidos mediante las diferentes definiciones. Desafortunadamente, los factores de conversión por lo general dependen del tipo de *configuración espectral* implicada [por ejemplo, espectro rectangular o espectro tipo (sen $x)/x$].

En definiciones de ingeniería se considera que el ancho de banda es el ancho de una banda de frecuencia *positiva*. (Se está describiendo el ancho de banda de señales reales o el ancho de banda de un filtro físico que responde a impulsos reales; por tanto, los espectros de magnitud de estas formas de onda son pares con respecto al origen $f = 0$.) En otros términos, el ancho de banda sería $f_2 - f_1$, donde $f_2 > f_1 \geq 0$ y $f_2$ y $f_1$ quedan determinadas por la definición particular utilizada. Para redes o formas de onda de bandabase, por lo general $f_1$ se considera cero puesto que el espectro se extiende hacia abajo hasta cd ($f = 0$). Para señales pasabanda, $f_1 > 0$ y la banda $f_1 < f < f_2$ comprende la frecuencia portadora $f_c$ de la señal. Es de recordarse que conforme se incrementa la “velocidad de transmisión” de una señal (es decir, disminuye $T$), el espectro se ensancha (véase la figura 2-6). Por consiguiente, las definiciones de ingeniería de ancho de banda requieren que éste varíe como $1/T$.

Se dan seis definiciones de ingeniería de ancho de banda y una legal de uso frecuente.

1. El *ancho de banda absoluto* es $f_2 - f_1$, donde el espectro es cero fuera del intervalo $f_1 < f < f_2$ a lo largo del eje de frecuencia positiva.
2. El *ancho de banda de* 3 *dB* (o ancho de banda de media potencia) es $f_2 - f_1$, donde a frecuencias dentro de la banda $f_1 < f < f_2$, los espectros de magnitud, es decir $|H(f)|$, se

**TABLA 2-4** LISTA DEL PROGRAMA MATLAB PARA CALCULAR EL ESPECTRO DE UNA SENOIDE POR MEDIO DE LA FFT

```
% Archivo: TABLA 2_4.M
% Calcular el espectro de una senoide con la FFT.
M = 4;
N = 2^M;
fo = 10;
wo = 2*pi*fo;
n = 0:1:N-1;
T = 1/fo;
dt = T/N;
t = n*dt;
% Crear la forma de onda de tiempo
w = 3*sin(wo*t + (pi/180*20));
% Calcular los puntos de datos FFT.
W = fft(w);
W = W(:);
% COMO LA FORMA DE ONDA ES PERIÓDICA,
%      USAR LA SERIE DE FOURIER COMPLEJA PARA OBTENER EL ESPECTRO.
% ==> Calcular los coeficientes FS con los datos FFT y (2-186).
% Utilizar en seguida la ecuación (2-109) para obtener el espectro.
n1 = -N/2:1:N/2;
fn1 = n1/T;
fs = 1/dt;
% Generar los coeficientes de la serie de Fourier compleja
cn = 1/N * W;
% Generar la fase
Theta = (180/pi)*angle(cn + 0.001);
% Convertir muestras 0,1,2,3,...,N-1 en positivos y negativos
% Observar que (2-187) es una orden integrada: fftshift
cn = fftshift(cn)';
Theta = fftshift(Theta)';
cn = [cn cn(1)];
Theta = [Theta Theta(1)];
cn = cn(:);
Theta = Theta(:);
% Graficar los resultados
plot_pr(4);
plot(t,w);
xlabel('t (sec) -->');
ylabel('w(t)');
title('Forma de onda de tiempo');
pause;
plot(n,abs(W),'o');
for (i = 1:1:length(n))
  line([n(i) n(i)], [0 abs(W(i))]);
end;
xlabel('n');
ylabel('|W(n)|');
title('Puntos de datos FFT');
axis([0 16 0 25])
pause;
subplot(211)
```

**TABLA 2-4** LISTA DEL PROGRAMA MATLAB PARA CALCULAR EL ESPECTRO DE UNA SENOIDE POR MEDIO DE LA FFT *(cont.)*

```
plot(fn1,abs(cn),'o');
for (i = 1:1:length(n1))
  line([fn1(i) fn1(i)], [0 abs(cn(i))]);
end;
xlabel('f  (Hz) -->');
ylabel('|c(n)|');
title('ESPECTRO DE MAGNITUD, |W(f)|');
axis([-80 80 0 2])
subplot(212)
plot(fn1,zeros(length(fn1),1),'w',fn1,Theta,'o');
for (i = 1:1:length(n1))
  line([fn1(i) fn1(i)], [0 Theta(i)]);
end;
xlabel('f  (Hz) -->');
ylabel('theta(f) (degrees)');
title('ESPECTRO DE FASE, Theta(f)');
```

reducen no menos de $1/\sqrt{2}$ veces el valor máximo de $|H(f)|$, y el valor máximo se reduce a una frecuencia dentro de la banda.

3. El *ancho de banda de ruido equivalente* es el ancho de un espectro rectangular ficticio (altura especificada a continuación) de tal modo que la potencia en esa banda rectangular es igual a la potencia asociada con el espectro real a frecuencias positivas. Por ejemplo, de acuerdo con la ecuación (2-142), la PSD es proporcional al cuadrado de la magnitud del espectro. Si $f_0$ es la frecuencia a la que el espectro de magnitud alcanza su valor máximo, entonces la potencia en la banda rectangular equivalente es proporcional a

$$\text{potencia equivalente} = B_{eq}\,|H(f_0)|^2 \tag{2-190}$$

donde $B_{eq}$ es el ancho de banda equivalente que se va a determinar. La potencia real a frecuencias positivas es proporcional a

$$\text{potencia real} = \int_0^\infty |H(f)|^2\,df \tag{2-191}$$

Con las ecuaciones (2-190) igual a (2-191), se obtiene la fórmula que da el *ancho de banda de ruido equivalente*,

$$B_{eq} = \frac{1}{|H(f_0)|^2}\int_0^\infty |H(f)|^2\,df \tag{2-192}$$

4. El *ancho de banda nulo a nulo* (o ancho de banda de cruce cero) es $f_2 - f_1$, donde $f_2$ es el primer nulo en la envolvente del espectro de magnitud por encima de $f_0$ y, en sistemas pasabanda, $f_1$ es el primer nulo en la envolvente por debajo de $f_0$, donde $f_0$ es la frecuencia y el espectro de magnitud alcanza su valor máximo.† En sistemas de bandabase por lo general $f_1$ es cero.

† En los casos en que no hay un nulo definido en el espectro de magnitud, esta definición no es válida.

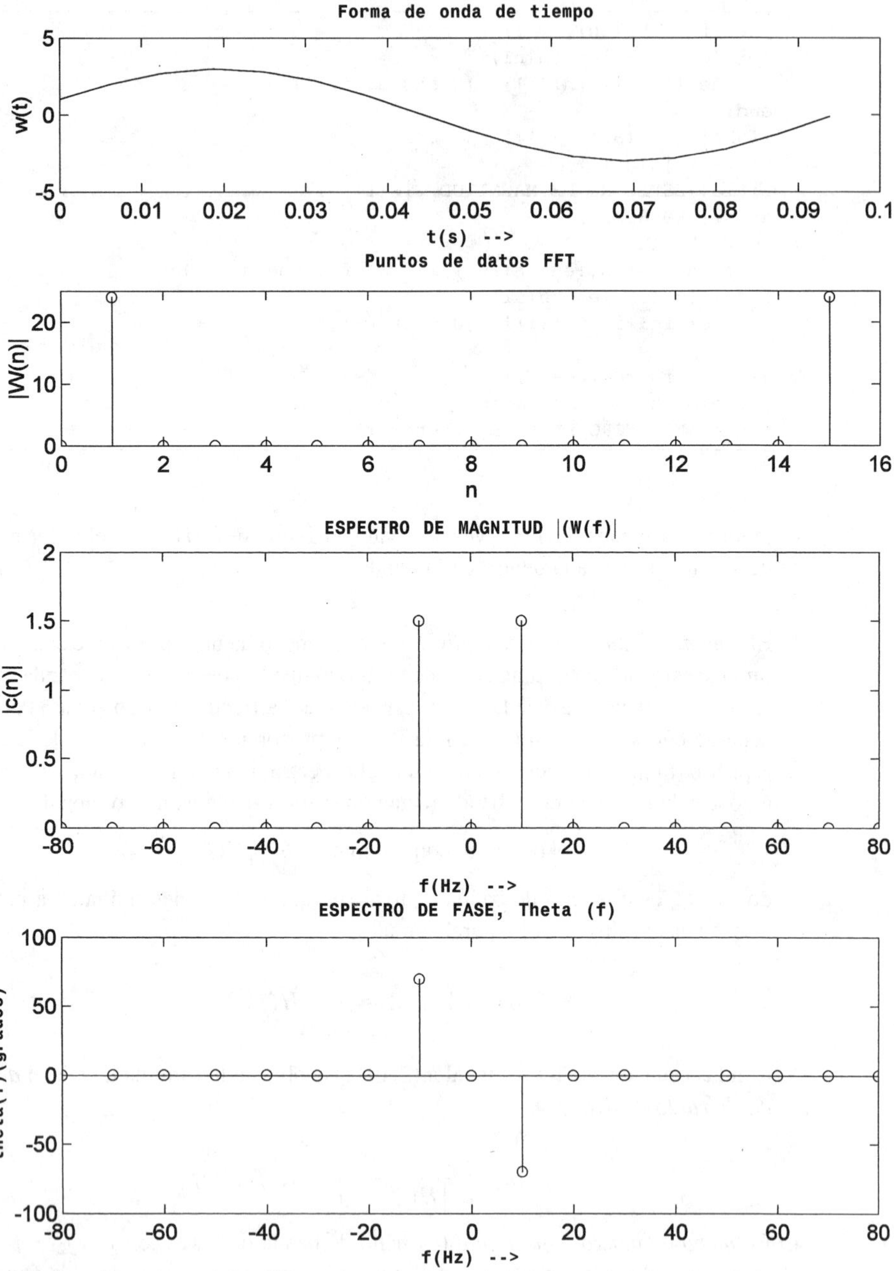


**Figura 2-22** Espectro de una senoide utilizando el programa MATLAB FFT.

5. El *ancho de banda del espectro acotado* es $f_2 - f_1$ de tal modo que fuera de la banda $f_1 < f < f_2$, la PSD, la cual es proporcional a $|H(f)|^2$, debe menguar por lo menos una cantidad, por ejemplo 50 dB, por debajo del valor máximo de la densidad espectral de potencia.
6. El *ancho de banda de potencia* es $f_2 - f_1$, donde $f_1 < f < f_2$ define la banda de frecuencia en la cual reside el 99% de la potencia total. Ésta es similar a la definición de FCC de *ancho de banda ocupada*, la que establece que la potencia por encima del borde superior de la banda $f_2$ es de $\frac{1}{2}$% y por debajo del borde inferior de $\frac{1}{2}$%, lo que deja 99% de la potencia total dentro de la banda ocupada (FCC Rules and Regulations, sección 2.202).
7. El *ancho de banda FCC* es un parámetro de ancho de banda autorizado asignado por la FCC para especificar el espectro permitido en los sistemas de comunicación. Cuando se sustituye el parámetro de ancho de banda FCC en la fórmula FCC, se obtiene la atenuación mínima para el nivel de potencia permitido en una banda de 4 kHz en el borde de ésta con respecto a la potencia de la señal promedio total. Según la sección 21.106 de la FFC Rules and Regulations: "Para frecuencias de operación por debajo de 15 GHz, en cualquier banda de 4 kHz, la frecuencia central se toma de la frecuencia asignada en más de 50% hasta el 250% del ancho de banda autorizado, tal como lo especifica la siguiente ecuación, pero en ningún caso menos de 50 dB":

$$A = 35 + 0.8(P - 50) + 10 \log_{10}(B) \tag{2-193}$$

(no se requiere una atenuación mayor que 80 dB) donde

$A$ = atenuación (en decibeles) por debajo del nivel medio de potencia de salida

$P$ = porcentaje tomado de la frecuencia portadora

$B$ = ancho de banda autorizado en megahertz

La definición de FCC (al igual que muchos reglamentos legales) es un tanto confusa, pero se interpretará en el ejemplo 2-18. En realidad define una máscara espectral. Es decir, el espectro de la señal debe ser menor que o igual a los valores dados por esta máscara espectral a todas las frecuencias. El parámetro de ancho de banda FCC $B$ no es compatible con las demás definiciones citadas en el sentido de que no es proporcional a $1/T$, la "velocidad de transmisión" de la señal correspondiente [Amoroso, 1980]. En este sentido el parámetro de ancho de banda de FCC $B$ es una definición legal en vez de una definición de ingeniería. El *ancho de banda rms*, el cual es muy útil en problemas analíticos, se define en el capítulo 6.

### Ejemplo 2-18 ANCHOS DE BANDA DE UNA SEÑAL BPSK

Se utilizará una señal manipulada por desplazamiento de fase binaria (BPSK) para ilustrar cómo se evalúa el ancho de banda con las diferentes definiciones dadas.

La siguiente ecuación describe la señal BPSK

$$s(t) = m(t) \cos \omega_c t \tag{2-194}$$

donde $\omega_c = 2\pi f_c$, en la que $f_c$ es la frecuencia portadora (en hertz) y $m(t)$ es una forma de onda moduladora binaria en serie ($\pm 1$ valores), ilustrada en la figura 2-23a, originada por una fuente de información digital tal como una computadora digital. Se evaluará el espectro de $s(t)$ para el peor caso (ancho de banda más amplio).

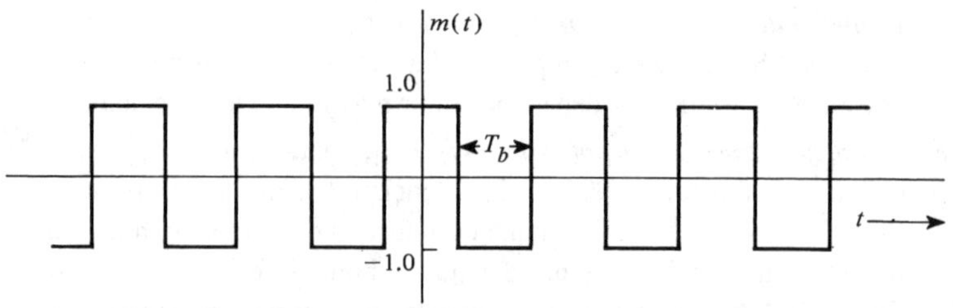


a) Forma de onda modulante digital

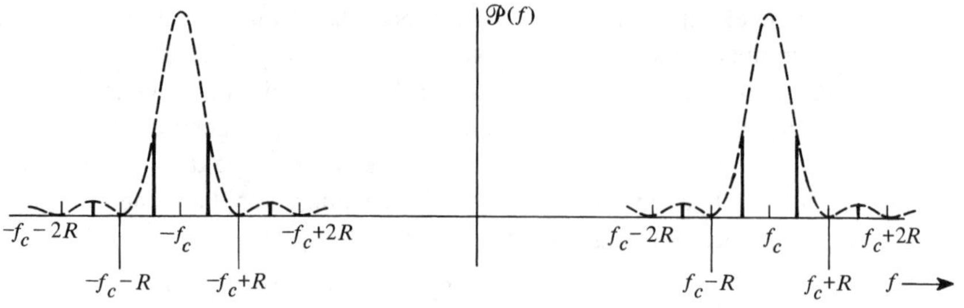


b) Espectro BPSK resultante

**Figura 2-23** Espectro de una señal BPSK.

El espectro correspondiente al peor caso (ancho de banda más amplio) ocurre cuando la forma de onda moduladora digital presenta transiciones frecuentes. En este caso $m(t)$ sería una onda cuadrada, como se muestra en la figura 2-23a. En éste el nivel +1 V representa un 1 binario y el −1 V un 0 binario y la velocidad de transmisión de señales es $R = 1/T_b$ bits/s. El espectro de potencia de la modulación de onda cuadrada se evalúa con la serie de Fourier. Con las ecuaciones (2-126) y (2-120),

$$\mathcal{P}_m(f) = \sum_{n=-\infty}^{\infty} |c_n|^2\, \delta(f - nf_0) = \sum_{\substack{n=-\infty \\ n\neq 0}}^{\infty} \left[\frac{\operatorname{sen}(n\pi/2)}{n\pi/2}\right]^2 \delta\left(f - n\frac{R}{2}\right) \tag{2-195}$$

donde $f_0 = 1/(2T_b = R/2)$. La PSD de $s(t)$ se puede expresar en función de la PSD de $m(t)$ al evaluar la autocorrelación de $s(t)$.

$$\begin{aligned} R_s(\tau) &= \langle s(t)s(t+\tau)\rangle \\ &= \langle m(t)m(t+\tau)\cos\omega_c t \cos\omega_c(t+\tau)\rangle \\ &= \tfrac{1}{2}\langle m(t)m(t+\tau)\rangle \cos\omega_c\tau + \tfrac{1}{2}\langle m(t)m(t+\tau)\cos(2\omega_c t + \omega_c\tau)\rangle \end{aligned}$$

o

$$R_s(\tau) = \tfrac{1}{2}R_m(\tau)\cos\omega_c\tau + \tfrac{1}{2}\ ]\lim_{T\to\infty} \frac{1}{T}\int_{-T/2}^{T/2} m(t)m(t+\tau)\cos(2\omega_c t + \omega_c\tau)\, dt \tag{2-196}$$

La integral es insignificante porque $m(t)m(t + \tau)$ es constante en intervalos de tiempo pequeños, pero $\cos(2\omega_c t + \omega_c\tau)$ tiene muchos ciclos de oscilación puesto que $f_c \gg R$.† Cualquier área pequeña acumulada por la integral se vuelve insignificante cuando se divide entre $T$, $T \to \infty$. Por tanto,

† Ésta es una consecuencia de la premisa de Riemann-Lebesque del cálculo integral [Olmsted, 1961].

$$R_s(\tau) = \tfrac{1}{2}R_m(\tau)\cos\omega_c\tau \tag{2-197}$$

La PSD se obtiene considerando las transformadas de Fourier de ambos lados de la ecuación (2-197). Con el teorema de la transformada de la frecuencia de la señal real (tabla 2-1) se obtiene

$$\mathcal{P}_s(f) = \tfrac{1}{4}[\mathcal{P}_m(f - f_c) + \mathcal{P}_m(f + f_c)] \tag{2-198}$$

Sustituyendo la ecuación (2-195) en la ecuación (2-198), se obtiene la PSD de la señal BPSK.

$$\mathcal{P}_s(f) = \tfrac{1}{4}\sum_{\substack{n=-\infty \\ n\neq 0}}^{\infty}\left[\frac{\operatorname{sen}(n\pi/2)}{n\pi/2}\right]^2 \times \{\delta[f - f_c - n(R/2)] + \delta[f + f_c - n(R/2)]\} \tag{2-199}$$

En la figura 2-23b se muestra el espectro.

La configuración del espectro que resulta con el uso de esta modulación determinística para el peor caso es en esencia la misma que se obtiene cuando se utilizan datos aleatorios; sin embargo, para el caso aleatorio el espectro es continuo. El resultado para el caso de datos aleatorios, tal como se obtuvo en el capítulo 3 donde la ecuación (3-41) da $\mathcal{P}_m(f)$, es

$$\mathcal{P}(f) = \tfrac{1}{4}T_b\left[\frac{\operatorname{sen}\,\pi T_b(f - f_c)}{\pi T_b(f - f_c)}\right]^2 + \tfrac{1}{4}\,T_b\left[\frac{\operatorname{sen}\,\pi T_b(f + f_c)}{\pi T_b(f + f_c)}\right]^2 \tag{2-200}$$

cuando la velocidad de transmisión de los datos es $R = 1/T_b$ bits/s. Ésta se muestra con la curva punteada en la figura 2-23b.

Esto demuestra que con frecuencia se pueden usar señales de prueba de onda cuadrada (determinísticas) para analizar un sistema de comunicación digital en lugar de usar un modelo de datos aleatorios más complicado.

A continuación se evaluará el ancho de banda de la señal BPSK correspondiente a cada una de las definiciones de ancho de banda dadas con anterioridad. Para llevarlo a cabo, se requiere la configuración de la PSD a frecuencias positivas. De acuerdo con la ecuación (2-200), es

$$\mathcal{P}(f) = \left[\frac{\operatorname{sen}\,\pi T_b(f - f_c)}{\pi T_b(f - f_c)}\right]^2 \tag{2-201}$$

Al sustituir esta ecuación en las definiciones, se obtienen los anchos de banda BPSK resultantes como se muestra en la figura 2-5, excepto para el ancho de banda FCC.

La relación entre el espectro y el parámetro de ancho de banda FCC es un poco más complicado de evaluar. Se tiene que valorar la atenuación en decibeles.

**TABLA 2-5** ANCHOS DE BANDA PARA LA TRANSMISIÓN DE SEÑALES BPSK DONDE LA VELOCIDAD DE TRANSFERENCIA DE BITS ES $R = 1/T_b$ BITS/S

| Definición utilizada | Ancho de banda | Anchos de banda (kHz) con $R = 9600$ bits/s |
|---|---|---|
| 1. Ancho de banda absoluto | $\infty$ | $\infty$ |
| 2. Ancho de banda 3 dB | $0.88R$ | 8.45 |
| 3. Ancho de banda de ruido equivalente | $1.00R$ | 9.60 |
| 4. Ancho de banda nulo a nulo | $2.00R$ | 19.20 |
| 5. Ancho de banda de espectro acotado (50 dB) | $201.04R$ | 1930.0 |
| 6. Ancho de banda de potencia | $20.56R$ | 197.4 |

$$A(f) = -10 \log_{10} \left[ \frac{P_{4\text{kHz}}(f)}{P_{\text{total}}} \right] \tag{2-202}$$

donde $P_{4\text{kHz}}(f)$ es la potencia en una banda de 4 kHz centrada a una frecuencia $f$ y $P_{\text{total}}$ es la energía de la señal total. La potencia en una banda de 4 kHz (suponiendo que la PSD permanece aproximadamente constante de una parte a otra del ancho de banda de 4 kHz) es

$$P_{4\text{kHz}}(f) = 4000\, \mathcal{P}(f) \tag{2-203}$$

y, utilizando la definición de ancho de banda equivalente, se encuentra que la potencia total es

$$P_{\text{total}} = B_{\text{eq}} \mathcal{P}(f_c) \tag{2-204}$$

donde el espectro alcanza un valor máximo a $f = f_c$. Con estas dos ecuaciones, la ecuación (2-202) se transforma en

$$A(f) = -10 \log_{10} \left[ \frac{4000\, \mathcal{P}(f)}{B_{\text{eq}} \mathcal{P}(f_c)} \right] \tag{2-205}$$

donde $A(f)$ es la atenuación en decibeles de la potencia medida en una banda de 4 kHz a la frecuencia $f$ comparada con el nivel de potencia promedio total. En el caso de transmisión de señales BPSK, con (2-201), se determina que la atenuación en decibeles es

$$A(f) = -10 \log_{10} \left\{ \frac{4000}{R} \left[ \frac{\text{sen } \pi T_b(f - f_c)}{\pi T_b(f - f_c)} \right]^2 \right\} \tag{2-206}$$

donde $R = 1/T_b$ es la velocidad de transmisión de datos. Si se intenta determinar el valor de $R$ tal que $A(f)$ resultará por debajo de la envolvente espectral FCC especificada mostrada en la figura 2-24 ($B$ = 30 MHz), se verá que $R$ es tan pequeña que habrá varios ceros en la función (sen $x$)/$x$ de (2-206) dentro del intervalo de frecuencia deseado, $-50$ MHz $< (f - f_c) <$ 50 MHz. Esto es difícil de graficar, así que en su lugar se grafica la envolvente de $A(f)$, reemplazando sen $\pi T(f - f_c)$ con su valor máximo (unitario). La curva envolvente BPSK resultante de la atenuación en decibeles se muestra en la figura 2-24, donde $R$ = 0.0171 Mbits/s.

Es obvio que la velocidad de transmisión de datos permitida para una señal BPSK para que satisfaga la especificación de FCC $B$ = 30 MHz es ridículamente baja. Esto se debe a que el parámetro de ancho de banda FCC especifica un espectro casi absolutamente de banda limitada. Para enviar señales con una velocidad de transmisión de datos razonable, la forma del pulso utilizado en la señal transmitida se debe cambiar de una forma rectangular (que da la señal BPSK) a un pulso redondeado tal que el ancho de banda de la señal transmitida será casi absolutamente de banda limitada. Al recordar el estudio del teorema de muestreo, se concluye que las formas del pulso (sen $x$)/$x$ son candidatos primordiales puesto que su espectro son absolutamente de banda limitada. Sin embargo, los pulsos (sen $x$)/$x$ no son absolutamente de banda limitada, de manera que no se puede usar esta forma de pulsos exactos. Frank Amoroso y otros han estudiado este problema, y han propuesto una versión cuasi de banda limitada de la forma de pulso (sen $x$)/$x$ [Amoroso, 1980]. Se ve que la curva de atenuación en decibeles de este tipo de transmisión de señales, mostrada en la figura 2-24, se acomoda perfectamente bajo la curva de la envolvente espectral FCC permitida cuando $R$ = 25 Mbits/s. Esta velocidad de transmisión de datos permisible de 25 Mbits/s es una fantástica mejora con respecto a la de $R$ = 0.0171 Mbits/s, permitida para BPSK. También es interesante hacer notar que se requieren configuraciones de pulsos analógicos [tipo (sen $x$)/$x$] en lugar de configuraciones de pulsos (rectangulares) digitales. *Ésta es otra manera de decir que es vital que los ingenieros en comunicaciones digitales sean capaces de analizar y diseñar sistemas analógicos lo mismo que sistemas digitales.*

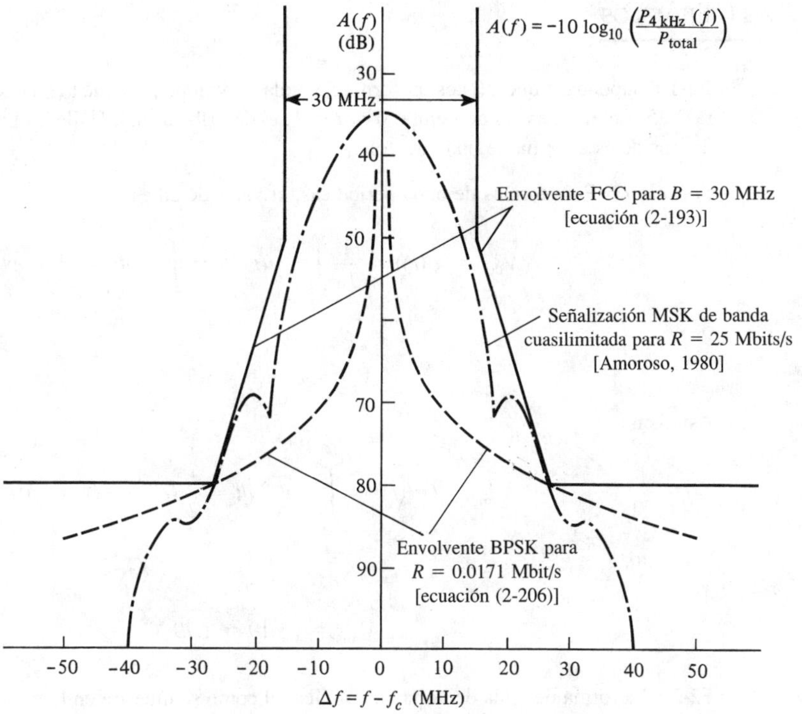


**Figura 2-24** Envolvente permitida por FCC para $B = 30$ MHz.

## 2-10 RESUMEN

Las señales y el ruido pueden ser determinísticos (forma de onda conocida), donde la señal es la parte deseable y el ruido la indeseable; o pueden ser estocásticos (forma de onda desconocida pero con su estadística conocida). Varias propiedades útiles de las señales y el ruido son sus espectros, valor cd, valor rms y potencia asociada.

Las propiedades de las transformadas de Fourier y sus espectros se estudiaron en detalle. La función de autocorrelación y la PSD se definieron y se estudiaron.

Las señales y el ruido se pueden representar por medio de expansiones de series ortogonales. Se dieron ilustraciones de señales digitales y analógicas. Se encontró que las series de Fourier y las series de funciones de muestreo son específicamente útiles.

Se revisaron los sistemas lineales, y se determinó la condición para la transmisión sin distorsión.

Se desarrollaron las propiedades de las señales de banda limitada y el ruido. Esto condujo al teorema de muestreo y al teorema de dimensionalidad. Se estudió la DFT.

Se analizó el concepto de ancho de banda y se dieron siete definiciones muy conocidas. Para ilustrar cómo de la misma señal resultan diferentes medidas de ancho de banda se utilizó una señal BPSK.

En el capítulo 3 se estudiará cómo se convierten las formas de onda analógicas de bandabase en formas de onda digitales de bandabase para transmisión a través de sistemas de comunicación digitales.

## 2-11 EJEMPLOS

**E2-1** Supóngase que $v(t)$ es un forma de onda de voltaje periódica como se muestra en la figura 2-25. En el intervalo de tiempo $0 < t < 1$, $e^t$ describe a $v(t)$. Hállese el valor de cd y el valor de rms de esta forma de onda de voltaje.

***Solución.*** Para formas de onda periódicas, el valor de cd es

$$V_{dc} = \langle v(t) \rangle = \frac{1}{T_0} \int_0^{T_0} v(t)\, dt = \int_0^1 e^t dt = e^1 - e^0$$

o

$$V_{cd} = e - 1 = 1.72 \text{ V}$$

Asimismo

$$V_{rms}^2 = \langle v^2(t) \rangle = \int_0^1 (e^t)^2\, dt = \frac{1}{2}(e^2 - e^0) = 3.19$$

Por tanto,

$$V_{rms} = \sqrt{3.19} = 1.79 \text{ V}$$

**E2-2** La forma de onda de voltaje periódica tal como se muestra en la figura 2-25 aparece a través de una carga resistiva de 600 Ω. Calcúlese la potencia promedio disipada en la carga y el valor dBm correspondiente.

***Solución.***

$$P = V_{rms}^2/R = (1.79)^2/600 = 5.32 \text{ mW}$$

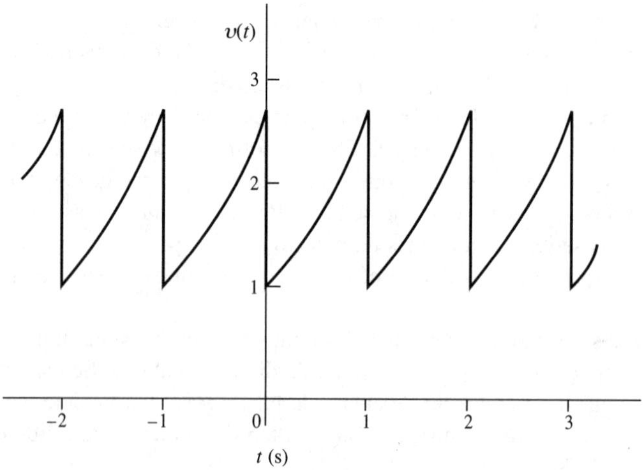


**Figura 2-25**

y

$$10 \log\left(\frac{P}{10^{-3}}\right) = 10 \log\left(\frac{5.32 \times 10^{-3}}{10^{-3}}\right) = 7.26 \text{ dBm}$$

*Nota.* La potencia instantánea pico es

$$\text{máx } [p(t)] = \text{máx } [v(t)\, i(t)] = \text{máx}[v^2(t)/R]$$

$$= \frac{(e)^2}{600} = 12.32 \text{ mW}$$

**E2-3** Determine el espectro de la forma de onda

$$w(t) = \Pi\left(\frac{t-5}{10}\right) + 8 \text{ sen}(6\pi t)$$

***Solución.*** El espectro de $w(t)$ es la superposición del espectro del pulso rectangular y el espectro de la senoide. Con las tablas 2-1 y 2-2,

$$\mathcal{F}\left[\Pi\left(\frac{t-5}{10}\right)\right] = 10\, \frac{\text{sen}(10\ \pi f)}{10\ \pi f}\, e^{j2\pi f5}$$

y con el resultado del ejemplo 2-4,

$$\mathcal{F}[8 \text{ sen}(6\pi t)] = j\frac{8}{2}\, [\delta(f+3) - \delta(f-3)]$$

Por tanto,

$$W(f) = 10\, \frac{\text{sen}(10\ \pi f)}{10\ \pi f}\, e^{j10\pi f} + j4[\delta(f+3) - \delta(f-3)]$$

**E2-4** Halle el espectro de $w(t) = 5 - 5e^{-2t}\, w(t)$,

***Solución***

$$W(f) = \int_{-\infty}^{\infty} w(t)e^{-j\omega t}\, dt$$

$$= \int_{-\infty}^{\infty} 5e^{-j2\pi ft}\, dt - 5\int_{0}^{\infty} e^{-2t}e^{-j\omega t}\, dt$$

$$= 5\delta(f) - 5\, \frac{e^{-2(1+j\pi f)t}}{-2(1+j\pi f)}\Bigg|_{0}^{\infty}$$

o

$$W(f) = 5\delta(f) - \frac{5}{2 + j2\pi f}$$

**E2-5** Demuestre que $\varphi_1(t) = \Pi(t)$ y $\varphi_2(t) = \text{sen } 2\pi t$ son funciones ortogonales en el intervalo $-0.5 < t < 0.5$.

***Solución***

$$\int_a^b \varphi_1(t)\,\varphi_2(t)\,dt = \int_{-0.5}^{0.5} 1 \text{ sen } 2\pi t dt = -\frac{\cos 2\pi t}{2\pi}\bigg|_{-0.5}^{0.5}$$

$$= \frac{-1}{2\pi}[\cos\pi - \cos(-\pi)] = 0$$

Como esta integral es cero, (2-77) se satisface. Por consiguiente, $\Pi(t)$ y sen $2\pi t$ son ortogonales en el intervalo $-0.5 < t < 0.5$. *Nota*: $\Pi(t)$ y sen $2\pi t$ *no* son ortogonales en el intervalo $0 < t < 1$ porque $\Pi(t)$ es cero cuando $t > 0.5$. Es decir, la integral es $1/\pi$ (el cual no es cero).

**E2-6** Determine la serie de Fourier y la PSD de la forma de onda mostrada en la figura 2-25. En el intervalo de tiempo $0 < t < 1$, $e^t$ describe a $v(t)$.

***Solución.*** Con las ecuaciones (2-88) y (2-89), donde $T_0 = 1$ y $\omega_0 = 2\pi/T_0 = 2\pi$

$$c_n = \int_0^1 e^t e^{-jn2\pi t}\,dt = \frac{e^{(1-j2\pi n)t}}{1-j2\pi n}\bigg|_0^1$$

$$= \frac{e-1}{1-j2\pi n} = 1.72\,\frac{1}{1-j6.28n}$$

Por tanto,

$$v(t) = 1.72 \sum_{n=-\infty}^{\infty} \frac{1}{1-j6.28n}\, e^{j2\pi nt}$$

Como $v(t)$ es periódica, la PSD se compone de funciones delta dadas por (2-126), donde $f_0 = 1/T_0 = 1$

$$\mathcal{P}(f) = \sum_{-\infty}^{\infty} |c_n|^2\,\delta(f - nf_0)$$

o

$$\mathcal{P}(f) = \sum_{-\infty}^{\infty} \frac{2.95}{1 + (39.48)n^2}\,\delta(f - n)$$

**E2-7** Si $w(t)$ es una función periódica con periodo $T_0$ y $w(t)$ es *rotacionalmente simétrica*. Es decir, $w(t) = -w(t \pm T_0/2)$. Compruebe que $c_n = 0$ para armónicos pares.

***Solución.*** Con (2-89) y $w(t) = -w(t - T_0/2)$

$$c_n = \frac{1}{T_0}\int_0^{T_0/2} w(t)\,e^{-jn\omega_0 t}\,dt - \frac{1}{T_0}\int_{T_0/2}^{T} w(t - T_0/2)\,e^{-jn\omega_0 t}\,dt$$

Cambie las variables. Sea $t_1 = t$ en la primera integral y $t_1 = t - T_0/2$ en la segunda. En tal caso,

$$c_n = \frac{1}{T_0}\int_0^{T_0/2} w(t_1)\, e^{-jn\omega_0 t}\, dt_1 - \frac{1}{T_0}\int_0^{T_0/2} w(t_1)\, e^{-jn\omega_0(t_1+T_0/2)}\, dt_1$$

o

$$= \frac{1}{T_0}\int_0^{T_0/2} w(t_1)\, e^{jn\omega_0 t_1}(1 - e^{-jn\pi})\, dt_1$$

Pero $(1 - e^{jn\pi}) = 0$ con $n = \ldots -2, 0, 2. \ldots$ Por tanto, $c_n = 0$ con $n$ par y $w(t) = -w(t - T_0/2)$. Asimismo, se puede demostrar que $c_n = 0$ con $n$ par y $w(t) = -w(t + T_0/2)$.

# PROBLEMAS

**2-1** Para una forma de onda senoidal con valor pico de $A$ y una frecuencia de $f_0$, use el operador promedio de tiempo para demostrar que el valor rms de esta forma de onda es $A/\sqrt{2}$.

**2-2** Un generador de función produce una forma de onda de voltaje periódica como se muestra en la figura P2-2.

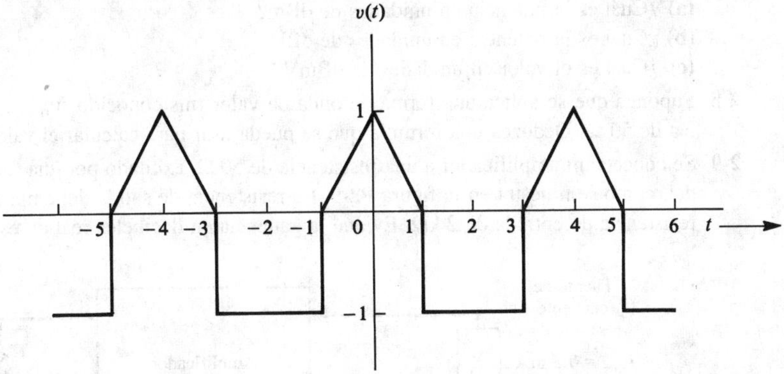


**Figura P2-2**

**(a)** Halle el valor del voltaje de cd.
**(b)** Halle el valor del voltaje rms.
**(c)** Si se aplica esta forma de onda de voltaje a través de una carga de 1000 Ω, ¿cuál es la potencia disipada en la carga?

**2-3** $v(t) = A_0 \cos \omega_0 t$ da el voltaje a través de una carga, y la corriente a través de la misma es una onda cuadrada,

$$i(t) = I_0 \sum_{n=-\infty}^{\infty}\left[\Pi\left(\frac{t - nT_0}{T_0/2}\right) - \Pi\left(\frac{t - nT_0 - (T_0/2)}{T_0/2}\right)\right]$$

donde $\omega_0 = 2\pi/T_0$, $T_0 = 1$ s, $A_0 = 10$ V e $I_0 = 5$ mA.

**(a)** Encuentre la expresión de la potencia instantánea y grafique el resultado como una función del tiempo.
**(b)** Determine el valor de la potencia promedio.

**2-4** El voltaje a través de una carga resistiva de 50 Ω es la parte positiva de una onda cosenoidal. Es decir,

$$v(t) = \begin{cases} 10 \cos \omega_0 t, & |t - nT_0| < T_0/4 \\ 0, & t \text{ en otra parte} \end{cases}$$

donde $n$ es cualquier entero.

**(a)** Grafique las formas de onda de voltaje y corriente.
**(b)** Evalúe los valores de cd del voltaje y de corriente.
**(c)** Encuentre los valores de cd del voltaje y de corriente.
**(d)** Determine la potencia promedio total disipada en la carga.

**2-5** Para el problema 2-4, determine la energía disipada en la carga durante un intervalo de 1 h si $T_0 = 1$ s.

**2-6** Determine si cada una de las siguientes señales es una señal de energía o una señal de potencia y evalúe la energía o potencia normalizada, como sea pertinente.

**(a)** $w(t) = \Pi(t/T_0)$.
**(b)** $w(t) = \Pi(t/T_0) \cos \omega_0 t$.
**(c)** $w(t) = \cos^2 \omega_0 t$.

**2-7** Se conecta un potenciómetro de lectura promedio al circuito de salida de un transmisor. La salida del transmisor se alimenta a una resistencia de 75 Ω y el wattímetro lee 67 W.

**(a)** ¿Cuál es la potencia en unidades de dBm?
**(b)** ¿Cuál es la potencia en unidades de dBk?
**(c)** ¿Cuál es el valor en unidades de dBmV?

**2-8** Suponga que se aplica una forma de onda de valor rms conocido, $V_{rms}$, a través de una resistencia de 50 Ω. Deduzca una fórmula que se pueda usar para calcular el valor dBm de $V_{rms}$.

**2-9** Se conecta un amplificador a una resistencia de 50 Ω, excitado por una fuente de corriente senoidal, como se muestra en la figura P2-9. La resistencia de salida del amplificador es de 10 Ω y la resistencia de entrada de 2 kΩ. Evalúe la ganancia en decibeles real de este circuito.

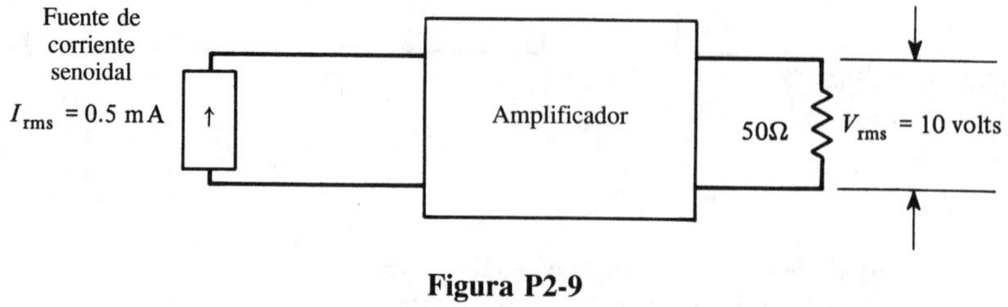


**Figura P2-9**

**2-10** El voltaje (rms) entre las terminales de entrada de una antena de 300 Ω de un receptor de FM es de 3.5 $\mu$V.

**(a)** Determine la potencia de entrada (watts).
**(b)** Evalúe la potencia de entrada medida en decibeles por debajo de 1 mW (dBm).
**(c)** ¿Cuál será el voltaje de entrada (en microvolts) con la misma potencia de entrada si la resistencia de entrada es de 75 Ω en lugar de 300 Ω?

**2-11** ¿Cuál es el valor del fasor que corresponde a la forma de onda de voltaje $v(t) = 12 \operatorname{sen}(\omega_0 t - 25°)$, donde $\omega_0 = 2000\pi$?

**2-12** Una señal es $w(t) = 3 \operatorname{sen}(100\pi t - 30°) + 4 \cos(100\pi t)$. Determine el fasor correspondiente.

**2-13** Determine la transformada de Fourier de

$$w(t) = \begin{cases} e^{-\alpha t}, & t \geq 1 \\ 0, & t < 0 \end{cases}$$

**2-14** Determine el espectro de la forma de onda $w(t) = e^{-\pi(t/T)^2}$ en función del parámetro $T$. ¿Qué se puede decir sobre el ancho de $w(t)$ y $W(f)$ conforme se incrementa $T$? [*Sugerencia:* Use (A-75).]

**2-15** Con la propiedad de convolución, determine el espectro de

$$w(t) = \text{sen } 2\pi f_1 t \cos 2\pi f_2 t$$

**2-16** Determine el espectro (transformada de Fourier) de la forma de onda triangular

$$s(t) = \begin{cases} At, & 0 < t < T_0 \\ 0, & t \text{ en otra parte} \end{cases}$$

en función de $A$ y $T_0$.

**2-17** Determine el espectro de la forma de onda mostrada en la figura P2-17.

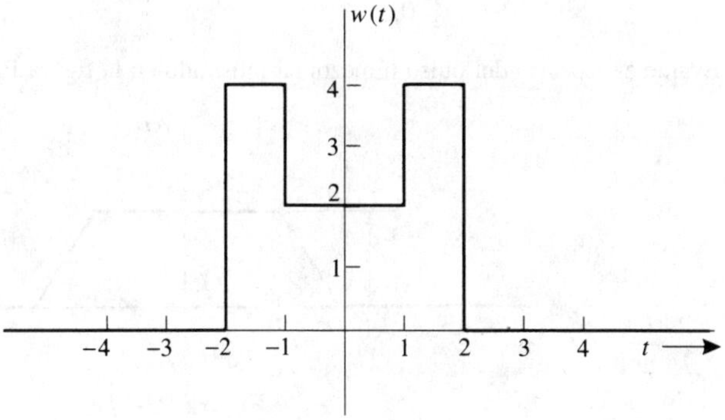


**Figura P2-17**

**2-18** Si $w(t)$ tiene la transformada de Fourier

$$W(f) = \frac{j2\pi f}{1 + j2\pi f}$$

determine $X(f)$ de las formas de onda siguientes.

**(a)** $x(t) = w(2t + 2)$.

**(b)** $x(t) = e^{-jt}w(t - 1)$.

**(c)** $x(t) = 2\dfrac{dw(t)}{dt}$.

**(d)** $x(t) = w(1 - t)$.

**2-19** Con la ecuación (2-30), determine $w(t)$ para $W(f) = A\Pi(f/2B)$ y verifique la respuesta con la propiedad de dualidad.

**2-20** Determine las funciones espectrales en cuadratura $X(f)$ y $Y(f)$ de la forma de onda senoidal amortiguada

$$w(t) = u(t)e^{-at} \text{ sen } \omega_0 t$$

donde $u(t)$ es una función escalón unitario, $a > 0$ y $W(f) = X(f) + jY(f)$.

**2-21** Derive el espectro de $w(t) = e^{-|t|/T}$.

**2-22** Determine las transformadas de Fourier de las formas de onda siguientes. Grafique las formas de onda y sus espectros de magnitud. [*Sugerencia*: Use la ecuación (2-184).]

**(a)** $\Pi\left(\frac{t-3}{4}\right)$.

**(b)** 2.

**(c)** $\Lambda\left(\frac{t-5}{5}\right)$.

**2-23** Determine la transformada de Fourier aproximada de la forma de onda siguiente por medio de la ecuación (2-184)

$$x(t) = \begin{cases} \operatorname{sen}(2\pi t/512) + \operatorname{sen}(70\pi t/512), & 5 < t < 75 \\ 0, & t \text{ en otra parte} \end{cases}$$

**2-24** Evalúe el espectro del pulso trapezoidal mostrado en la figura P2-24.

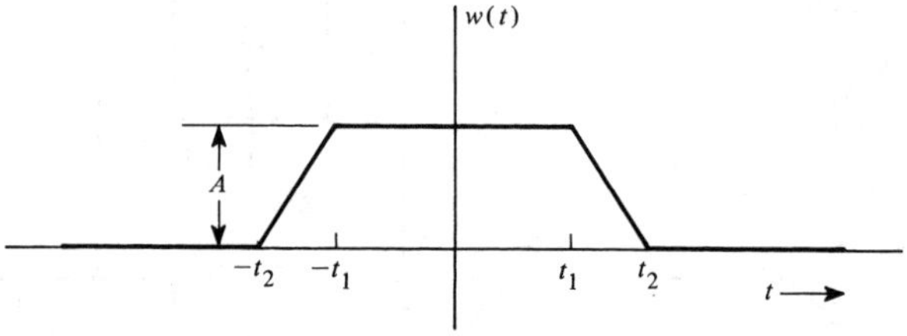


**Figura P2-24**

**2-25** Demuestre que

$$\mathcal{F}^{-1}\{\mathcal{F}[w(t)]\} = w(t)$$

[*Sugerencia*: Use la ecuación (2-33).]

**2-26** Con la definición de la transformada de Fourier inversa, demuestre que el valor de $w(t)$ cuando $t = 0$ es igual al área bajo $W(f)$. Es decir, demuestre que

$$w(0) = \int_{-\infty}^{\infty} W(f)\, df$$

**2-27** Demuestre que:

**(a)** Si $w(t)$ es real y una función par de $t$, $W(f)$ es real.

**(b)** Si $w(t)$ es real y una función impar de $t$, $W(f)$ es imaginaria.

**2-28** Supóngase que el espectro de una forma de onda como una función de la frecuencia en hertz es

$$W(f) = \frac{1}{2}\,\delta(f-4) + \frac{1}{2}\,\delta(f+4) + \frac{j\pi f}{2 + j2\pi f}\, e^{j\pi f}$$

Determine el espectro correspondiente como una función de la frecuencia en radianes, $W(\omega)$.

**2-29** El impulso unitario también se define como sigue:

$$\delta(t) = \lim_{a \to \infty} \left[ Ka \left( \frac{\operatorname{sen} at}{at} \right) \right]$$

Determine el valor de $K$ necesario, y demuestre que esta definición es compatible con las que se dieron en el texto. Dé otro ejemplo de función ordinaria de modo que en el límite de algún parámetro, la función se convierta en una función delta Dirac.

**2-30** Utilice $v(t) = ae^{-at}$, $a > 0$, para reproducir con más o menos precisión a $\delta(t)$ conforme $a \to \infty$.
**(a)** Grafique $v(t)$ con $a = 0.1$, 1 y 10.
**(b)** Grafique $V(f)$ con $a = 0.1$, 1 y 10.

**2-31** Demuestre que

$$\operatorname{sgn}(t) \leftrightarrow \frac{1}{j\pi f}$$

[*Sugerencia:* Use la ecuación 2-30 y $\int_0^\infty (\text{sen } x)/x \, dx = \pi/2$ del apéndice A.]

**2-32** Demuestre que

$$u(t) \leftrightarrow \tfrac{1}{2}\delta(f) + \frac{1}{j2\pi f}$$

[*Sugerencia*: Use el teorema de linealidad (superposición) y el resultado del problema 2-31.]

**2-33** Demuestre que la propiedad de desplazamiento de funciones $\delta$ (2-47), se puede generalizar para evaluar integrales que implican derivadas de la función delta. Es decir, demuestre que

$$\int_{-\infty}^{\infty} w(x)\, \delta^{(n)}(x - x_0)\, dx = (-1)^n w^{(n)}(x_0)$$

donde el superíndice $(n)$ denota la derivada $n$-ésima. (*Sugerencia*: Use integración por partes.)

**2-34** Sea $x(t) = \Pi\left(\dfrac{t - 0.05}{0.1}\right)$. Grafique el espectro de $x(t)$ por medio de MATLAB con la ayuda de (2-59) y (2-60). Compruebe los resultados con la FFT y (2-184).

**2-35** Si $w(t) = w_1(t)w_2(t)$, demuestre que

$$W(f) = \int_{-\infty}^{\infty} W_1(\lambda)W_2(f - \lambda)\, d\lambda$$

donde $W(f) = \mathscr{F}[w(t)]$.

**2-36** Demuestre que:
**(a)** $\int_{-\infty}^{t} w(\lambda)\, d\lambda = w(t) * u(t)$.
**(b)** $\int_{-\infty}^{t} w(\lambda)\, d\lambda \leftrightarrow (j2\pi f)^{-1}\, W(f) + \frac{1}{2}W(0)\, \delta(f)$.
**(c)** $w(t) * \delta(t - a) = w(t - a)$.

**2-37** Demuestre que

$$\frac{dw(t)}{dt} \leftrightarrow (j2\pi f)W(f)$$

[*Sugerencia*: Use (2-26) e integre por partes. Suponga que $w(t)$ es absolutamente integrable.]

**2-38** De acuerdo con lo visto en el ejemplo 2-8, demuestre que

$$\frac{1}{T}\Pi\left(\frac{t}{T}\right) * \Pi\left(\frac{t}{T}\right) = \Lambda\left(\frac{t}{T}\right)$$

**2-39** Dada la forma de onda $w(t) = A\Pi(t/T)$ sen $\omega_0 t$. Determine el espectro de $w(t)$ con el teorema de multiplicación como en el ejemplo 2-9.

**2-40** Evalúe las siguientes integrales.

**(a)** $\displaystyle\int_{-\infty}^{\infty} \frac{\operatorname{sen} 4\lambda}{4\lambda}\, \delta(t-\lambda)\, d\lambda.$

**(b)** $\displaystyle\int_{-\infty}^{\infty} (\lambda^3 - 1)\, \delta(2-\lambda)\, d\lambda.$

**2-41** Demuestre que

$$M(f) * \delta(f - f_0) = M(f - f_0)$$

**2-42** Evalúe $y(t) = w_1(t) * w_2(t)$, donde

$$w_1(t) = \begin{cases} 1, & |t| < T_0 \\ 0, & t \text{ en otra parte} \end{cases}$$

$$w_2(t) = \begin{cases} [1 - 2|t|], & |t| < \frac{1}{2}T_0 \\ 0, & t \text{ en otra parte} \end{cases}$$

**2-43** Dada $w(t) = 5 + 12 \cos \omega_0 t$ donde $f_0 = 10$ Hz:
**(a)** Determine $R_w(\tau)$.
**(b)** $\mathcal{P}_w(f)$.

**2.44** Dada la forma de onda

$$w(t) = A_1 \cos(\omega_1 t + \theta_1) + A_2 \cos(\omega_2 t + \theta_2)$$

donde $A_1$, $A_2$, $\omega_1$, $\omega_2$, $\theta_1$ y $\theta_2$ son constantes.
**(a)** Determine la autocorrelación de $w(t)$ en función de las constantes.
**(b)** Determine la función densidad espectral de potencia para $w(t)$.
**(c)** Dibuje la PSD para el caso de $\omega_1 \neq \omega_2$.
**(d)** Dibuje la PSD para el caso de $\omega_1 = \omega_2$ y $\theta_1 = \theta_2 + 90°$.
**(e)** Dibuje la PSD para el caso de $\omega_1 = \omega_2$ y $\theta_1 = \theta_2$.

**2-45** Dada la forma de onda de voltaje periódica mostrada en la figura P2-45:
**(a)** Determine el valor de cd de esta forma de onda.
**(b)** Determine el valor rms de esta forma de onda.

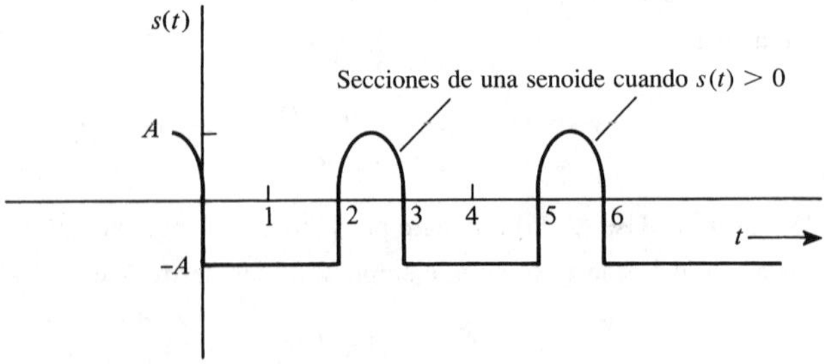


**Figura P2-45**

**(c)** Determine la serie de Fourier exponencial compleja.
**(d)** Halle el espectro de voltaje de esta forma de onda.

**2-46** Determine si $s_1(t)$ y $s_2(t)$ son ortogonales en el intervalo $(-\frac{5}{2}T_2 < t < \frac{5}{2}T_2)$, donde $s_1(t) = A_1 \cos(\omega_1 t + \varphi_1)$, $s_2(t) = A_2 \cos(\omega_2 t + \varphi_2)$, y $\omega_2 = 2\pi/T_2$ en los casos siguientes.
**(a)** $\omega_1 = \omega_2$ y $\varphi_1 = \varphi_2$.
**(b)** $\omega_1 = \omega_2$ y $\varphi_1 = \varphi_2 + \pi/2$.
**(c)** $\omega_1 = \omega_2$ y $\varphi_1 = \varphi_2 + \pi$.
**(d)** $\omega_1 = 2\omega_2$ y $\varphi_1 = \varphi_2$.
**(e)** $\omega_1 = \frac{4}{5}\omega_2$ y $\varphi_1 = \varphi_2$.
**(f)** $\omega_1 = \pi\omega_2$ y $\varphi_1 = \varphi_2$.

**2-47** Sea $s(t) = A_1 \cos(\omega_1 t + \varphi_1) + A_2 \cos(\omega_2 t + \varphi_2)$. Determine el valor rms de $s(t)$ en función de $A_1$ y $A_2$ en los casos siguientes.
**(a)** $\omega_1 = \omega_2$ y $\varphi_1 = \varphi_2$.
**(b)** $\omega_1 = \omega_2$ y $\varphi_1 = \varphi_2 + \pi/2$.
**(c)** $\omega_1 = \omega_2$ y $\varphi_1 = \varphi_2 + \pi$.
**(d)** $\omega_1 = 2\omega_2$ y $\varphi_1$ y $\varphi_2$.
**(e)** $\omega_1 = 2\omega_2$ y $\varphi_1 = \varphi_2 + \pi$.

**2-48** Demuestre que

$$\sum_{k=-\infty}^{\infty} \delta(t - kT_0) \leftrightarrow f_0 \sum_{k=-\infty}^{\infty} \delta(f - nf_0)$$

donde $f_0 = 1/T_0$. [*Sugerencia:* Expanda $\sum_{k=-\infty}^{\infty} \delta(t - kT_0)$ hasta una serie de Fourier y luego considere la transformada de Fourier.]

**2-49** En la figura P2-49 se muestran tres funciones.
**(a)** Demuestre que estas funciones son ortogonales en el intervalo $(-4, 4)$.

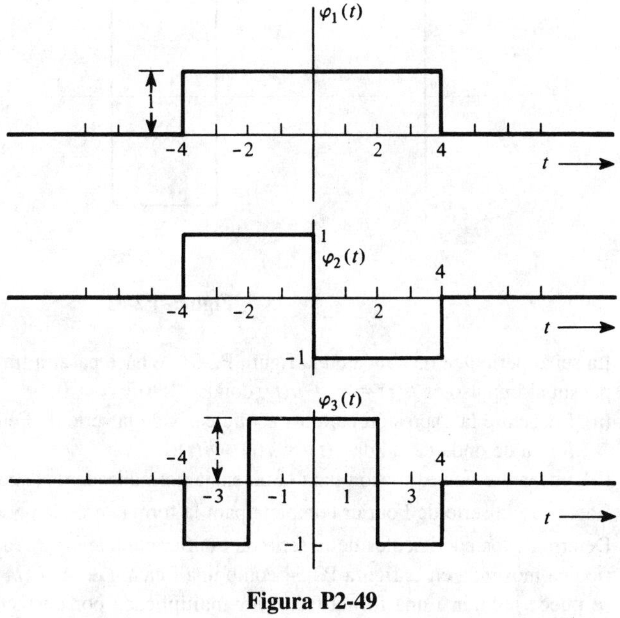


**Figura P2-49**

**(b)** Determine el conjunto de funciones ortonormales correspondiente.

**(c)** Expanda la forma de onda

$$w(t) = \begin{cases} 1, & 0 \le t \le 4 \\ 0, & t \text{ en otra parte} \end{cases}$$

en la forma de una serie ortonormal con este conjunto ortonormal.

**(d)** Evalúe el error medio cuadrático de la serie ortogonal obtenida en el inciso (c) evaluando

$$\varepsilon = \int_{-4}^{4} \left[ w(t) - \sum_{j=1}^{3} a_j \varphi_j(t) \right]^2 dt$$

**(e)** Repita los incisos (c) y (d) para la forma de onda

$$w(t) = \begin{cases} \cos(\frac{1}{4}\pi t), & -4 \le t \le 4 \\ 0, & t \text{ en otra parte} \end{cases}$$

¿Son las tres funciones ortonormales un conjunto ortonormal completo?

**2-50** Demuestre que las funciones basadas en la serie de Fourier en cuadratura $\cos(n\omega_0 t)$ y $\text{sen}(n\omega_0 t)$ dadas por (2-95) son ortogonales en el intervalo $a < t < a + T_0$ donde $\omega_0 = 2\pi/T_0$.

**2-51** Encuentre las expresiones para los coeficientes de la serie de Fourier compleja que representan la forma de onda mostrada en la figura P2-51.

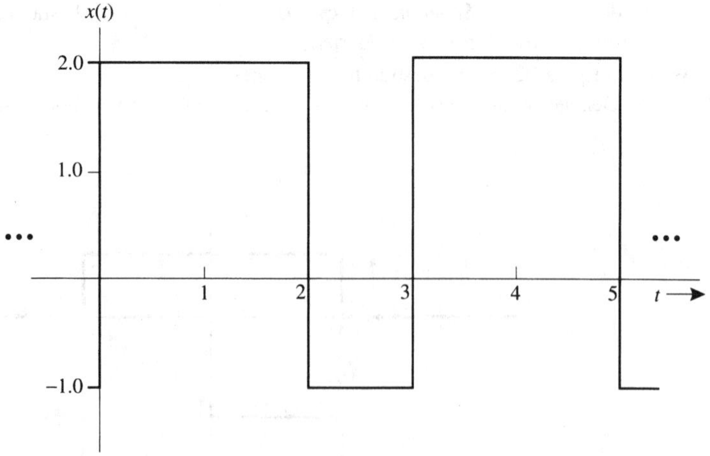


**Figura P2-51**

**2-52** La señal periódica mostrada en la figura P2-51 se hace pasar a través de un filtro lineal cuya respuesta al impulso es $h(t) = e^{-\alpha t}u(t)$, donde $t > 0$ y $\alpha > 0$.

**(a)** Encuentre la expresión para los coeficientes de la serie de Fourier compleja asociados con la forma de onda de salida $y(t) = x(t) * h(t)$.

**(b)** Encuentre una expresión para la potencia normalizada de salida, $y(t)$.

**2-53** Encuentre la serie de Fourier compleja para la forma de onda periódica dada en la figura P2-2.

**2-54** Determine los coeficientes de la serie de Fourier compleja para la forma de onda rectangular periódica mostrada en la figura P2-54 como una función de $A$, $T$, $b$ y $\tau_0$. [*Sugerencia*: La respuesta se puede reducir a una forma $(\text{sen } x)/x$ multiplicada por un factor de desplazamiento de fase, $e^{j\theta_n(\tau_0)}$.]

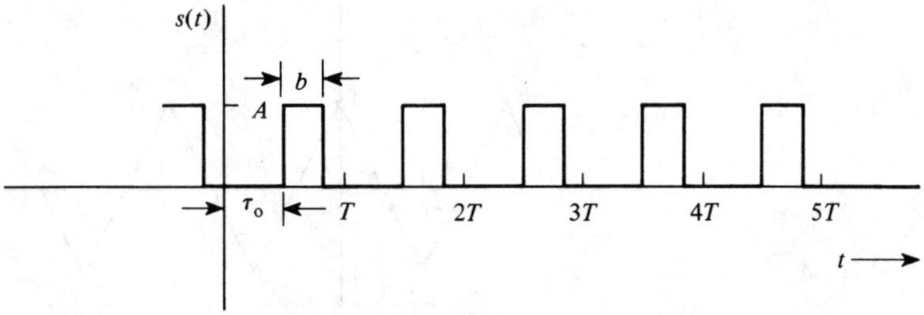


**Figura P2-54**

**2-55** Para la forma de onda mostrada en la figura P2-55, encuentre:

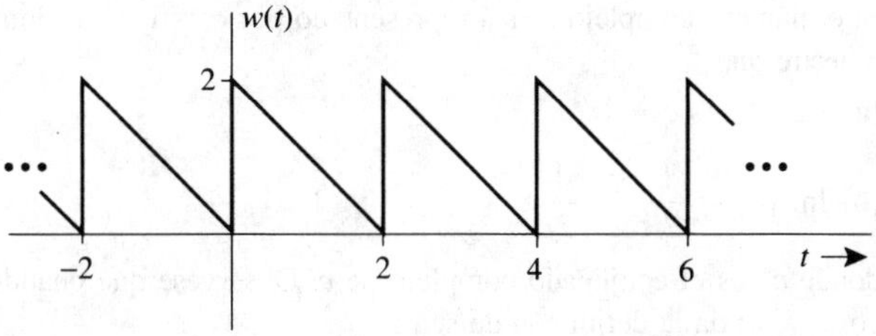


**Figura P2-55**

**(a)** La serie de Fourier compleja.
**(b)** La serie de Fourier en cuadratura.

**2-56** Dada una forma de onda periódica $s(t) = \sum_{n=-\infty}^{\infty} p(t - nT_0)$, donde

$$p(t) = \begin{cases} At, & 0 < t < T \\ 0, & t \text{ en otra parte} \end{cases}$$

y $T \leq T_0$.
**(a)** Encuentre los coeficientes $c_n$ de la serie de Fourier.
**(b)** Encuentre los coeficientes $\{x_n, y_n\}$ de la serie de Fourier.
**(c)** Encuentre los coeficientes $\{D_n, \varphi_n\}$ de la serie de Fourier.

**2-57** Demuestre que se puede obtener la forma polar de la serie de Fourier, (2-103), reordenando los términos de la serie de Fourier compleja, (2-88).

**2-58** Demuestre que (2-93) está correcta.

**2-59** Si los dos números complejos $c_1$ y $c_2$ están representados por $c_1 = x_1 + jy_1$ y $c_2 = x_2 + jy_2$, donde $x_1$, $x_2$, $y_1$ y $y_2$ son números reales. Demuestre que $\text{Re}\{\cdot\}$ es un operador lineal demostrando que

$$\text{Re}\{c_1 + c_2\} = \text{Re}\{c_1\} + \text{Re}\{c_2\}$$

**2-60** Supóngase que $y(t) = s_1(t) + 2s_2(t)$, donde $s_1(t)$ está dada por la figura P2-45 y $s_2(t)$ por la figura P2-54. $T = 3$, $b = 1.5$ y $\tau_0 = 0$. Determine los coeficientes de Fourier complejos $\{c_n\}$ para $y(t)$.

**2-61** Evalúe la forma de onda de PSD que se muestra en la figura P2-2.

**2-62** Supóngase que $v(t)$ es una forma de onda triangular, como se muestra en la figura P2-62.
**(a)** Encuentre la serie de Fourier compleja para $v(t)$.
**(b)** Calcule la potencia promedio normalizada.

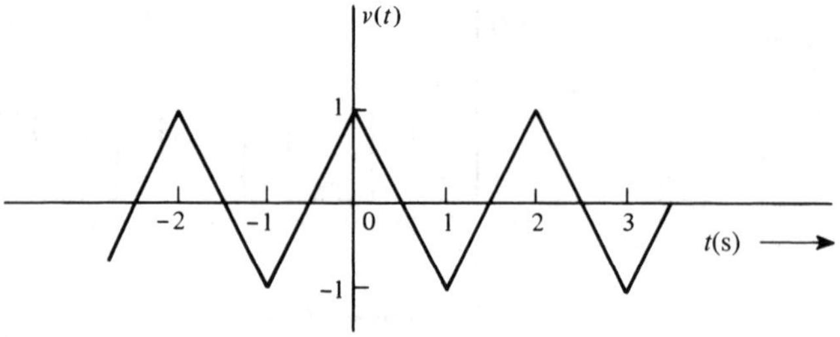


**Figura P2-62**

**(c)** Calcule y grafique el espectro de voltaje.

**(d)** Calcule y grafique la PSD.

**2-63** Si el número complejo $c$ está representado por $c = x + jy$, donde $x$ y $y$ son números reales. Demuestre que

**(a)** $\text{Re}\{c\} = \frac{1}{2}c + \frac{1}{2}c^*$.

**(b)** $\text{Im}\ \{c\} = \dfrac{1}{2j}c - \dfrac{1}{2j}c^*$.

donde $c^*$ es el conjugado complejo de $c$. Obsérvese que cuando $c = e^{jz}$, (a) da la definición de cos $z$ y (b) da la definición de sen $z$.

**2-64** Calcule y grafique la PSD de la senoide rectificada de media onda descrita por P2-4.

**2-65** Las definiciones básicas de ondas senoidales y cosenoidales son

$$\text{sen}\ z_1 \triangleq \frac{e^{jz_1} - e^{-jz_1}}{2j} \quad \text{y} \quad \cos z_2 \triangleq \frac{e^{jz_2} + e^{-jz_2}}{2}$$

Demuestre que

**(a)** $\cos z_1 \cos z_2 = \frac{1}{2}\cos(z_1 - z_2) + \frac{1}{2}\cos(z_1 + z_2)$.

**(b)** $\text{sen}\ z_1\ \text{sen}\ z_2 = \frac{1}{2}\cos(z_1 - z_2) - \frac{1}{2}\cos(z_1 + z_2)$.

**(c)** $\text{sen}\ z_1 \cos z_2 = \frac{1}{2}\text{sen}(z_1 - z_2) + \frac{1}{2}\text{sen}(z_1 + z_2)$.

**2-66** Si los dos números complejos $c_1$ y $c_2$ están representados por $c_1 = x_1 + jy_1$ y $c_2 = x_2 + jy_2$, donde $x_1$, $x_2$, $y_1$ y $y_2$ son números reales. Demuestre que

$$\text{Re}\{c_1\}\ \text{Re}\{c_2\} = \tfrac{1}{2}\ \text{Re}\{c_1c_2^*\} + \tfrac{1}{2}\ \text{Re}\{c_1c_2\}$$

Observe que ésta es una generalización de la identidad cos $z_1$ y cos $z_2$ del problema 2-65, donde para la identidad cos $z_1$ y cos $z_2$, $c_1 = e^{jz_1}$ y $c_2 = e^{jz_2}$.

**2-67** Demuestre que la transformada de Fourier es un operador lineal. Es decir, demuestre que

$$\mathcal{F}[ax(t) + by(t)] = a\mathcal{F}[x(t)] + b\mathcal{F}[y(t)]$$

**2-68** Grafique la respuesta de amplitud y fase de la función de transferencia

$$H(f) = \frac{j10f}{5 + jf}$$

**2-69** Dado el filtro mostrado en la figura P2-69.

**(a)** Determine la función de transferencia de este filtro.

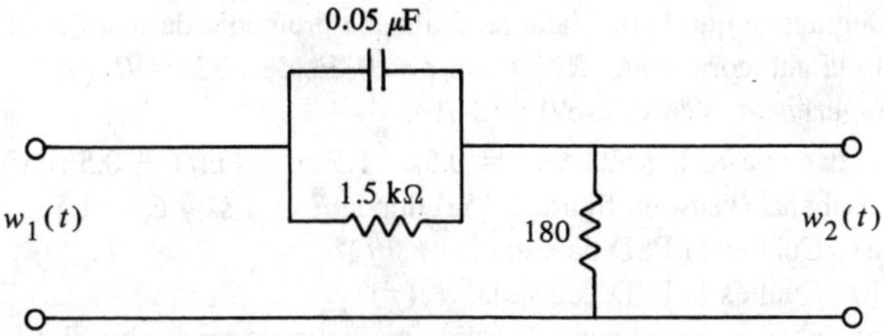


**Figura P2-69**

**(b)** Grafique la respuesta de magnitud y fase.

**(c)** Halle la función de transferencia de potencia de este filtro.

**(d)** Grafique la función de transferencia de potencia.

**2-70** Una señal con PSD de

$$\mathcal{P}_x(f) = \frac{2}{(1/4\pi)^2 + f^2}$$

se aplica a la red mostrada en la figura P2-70.

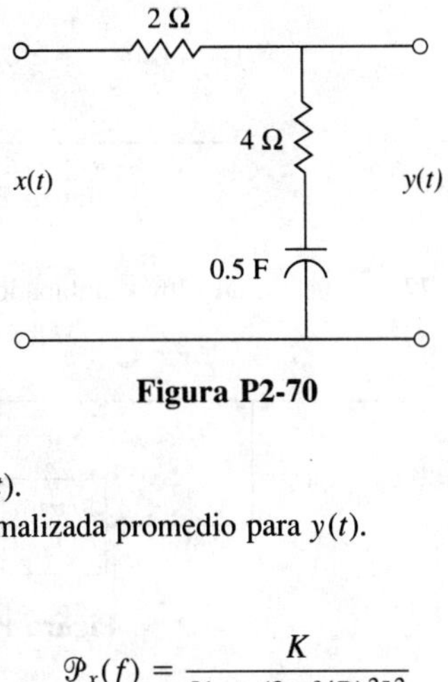


**Figura P2-70**

**(a)** Encuentre la PSD para $y(t)$.

**(b)** Encuentre la potencia normalizada promedio para $y(t)$.

**2-71** Una señal $x(t)$ tiene la PSD

$$\mathcal{P}_x(f) = \frac{K}{[1 + (2\pi f/B)^2]^2}$$

donde $K > 0$ y $B > 0$.

**(a)** Encuentre el ancho de banda de 3 dB en función de $B$.

**(b)** Encuentre el ancho de banda de ruido equivalente en función de $B$.

**2-72** Se aplica la señal $x(t) = e^{-400\pi t}u(t)$ a un filtro pasabajas de pared de ladrillo cuya función de transferencia es

$$H(f) = \begin{cases} 1, & |f| \leq B \\ 0, & |f| > B \end{cases}$$

Encuentre el valor de $B$ de modo que el filtro deje pasar la mitad de la energía de $x(t)$.

**2-73** Demuestre que la potencia normalizada promedio de una forma de onda se puede hallar evaluando la autocorrelación $R_w(\tau)$ con $\tau = 0$. Es decir, $P = R_w(0)$.
*Sugerencia.* Véase (2-69) y (2-70).

**2-74** Se hace pasar la señal $x(t) = 0.5 + 1.5\cos[(\frac{2}{3})\pi t] + 0.5\,\text{sen}[(\frac{2}{3})\pi t]$ V a través de un filtro *RC* pasabajas (véase la figura 2-15a) donde $R = 1\ \Omega$ y $C = 1$ F.
**(a)** ¿Cuál es la PSD de entrada, $\mathcal{P}_x(f)$?
**(b)** ¿Cuál es la PSD de salida, $\mathcal{P}_y(f)$?
**(c)** ¿Cuál es la potencia de salida normalizada promedio, $P_y$?

**2-75** La entrada al filtro *RC* pasabajas mostrado en la figura 2-15 es

$$x(t) = 0.5 + 1.5\cos\omega_x t + 0.5\,\text{sen}\,\omega_x t$$

Suponga que la frecuencia de corte es $f_0 = 1.5 f_x$.
**(a)** Encuentre la PSD de entrada, $\mathcal{P}_x(f)$.
**(b)** Encuentre la PSD de salida, $\mathcal{P}_y(f)$.
**(c)** Encuentre la potencia promedio normalizada de la salida, $y(t)$.

**2-76** Con el programa MATLAB, grafique las respuestas de magnitud y fase de frecuencia del filtro pasabajas mostrado en la figura P2-76, donde $R_1 = 7.5\ \text{k}\Omega$, $R_2 = 15\ \text{k}\Omega$ y $C = 0.1\ \mu\text{F}$.

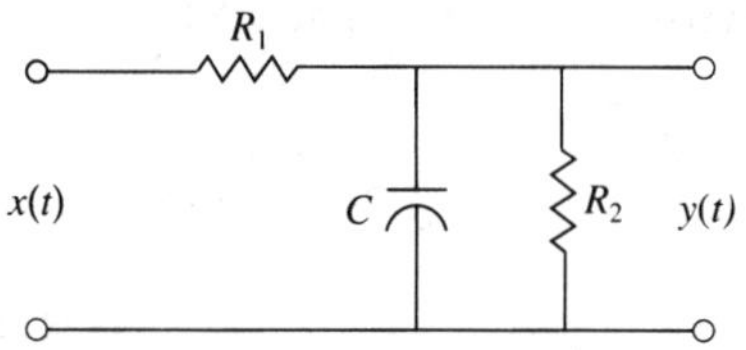


**Figura P2-76**

**2-77** En la figura P2-77 se muestra un filtro combinado. Sea $T_d = 0.1$.

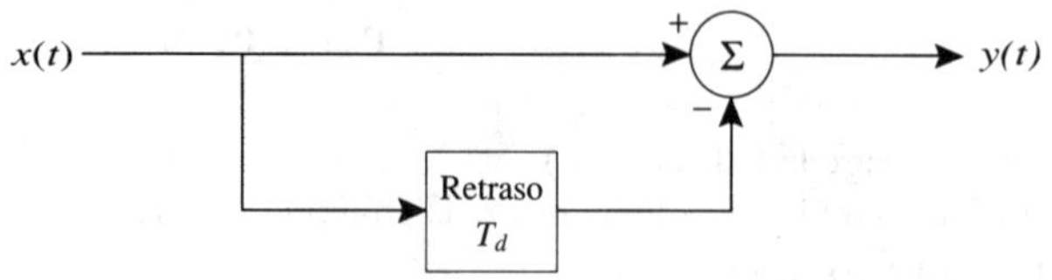


**Figura P2-77**

**(a)** Grafique la magnitud de la función de transferencia del filtro.
**(b)** Si la entrada es $x(t) = \Pi(t/T)$, donde $T = 1$, grafique el espectro de la salida $|Y(f)|$.

**2-78** Se hace pasar la señal $x(t) = \Pi(t - 0.5)$ a través de un filtro cuya función de transferencia es $H(f) = \Pi(f/B)$. Grafique la forma de onda de salida cuando:
**(a)** $B = 0.6$ Hz.
**(b)** $B = 1$ Hz.
**(c)** $B = 50$ Hz.

**2-79** Examine el efecto de distorsión de un filtro *RC* pasabajas. Suponga que a la entrada del filtro se presenta una onda cuadrada periódica de amplitud unitaria con 50% de ciclo de trabajo y que el ancho de banda 3 dB del filtro es de 1500 Hz. Con una computadora o una calculadora programable, halle y grafique la forma de onda de salida si la frecuencia de la onda cuadrada es de:

**(a)** 300 Hz.
**(b)** 500 Hz.
**(c)** 1000 Hz.
*Sugerencia*: Represente la onda cuadrada con una serie de Fourier.

**2-80** Dado que la PSD de una señal es plana [es decir, $\mathcal{P}_s(f) = 1$], diseñe un filtro *RC* pasabajas que atenúe la señal en 20 dB a 15 kHz. Es decir, encuentre el valor del filtro *RC* de la figura 2-15 de modo que se satisfagan las especificaciones de diseño.

**2-81** El ancho de banda de $g(t) = e^{-0.1t}$ es aproximadamente de 0.5 Hz; por tanto, se puede muestrear con una frecuencia de muestreo de $f_s = 1$ Hz sin una introducción de errores significativa. Tome muestras $a_n$ en el intervalo de tiempo (0,14). Use el teorema de muestreo, (2-158), para reconstruir la señal. Grafique y compare la señal reconstruida con la señal original. ¿Son iguales? ¿Qué sucede cuando se reduce la frecuencia de muestreo?

**2-82** Una forma de onda, $20 + 20 \text{ sen}(500t + 30°)$, se va a muestrear periódicamente y a reproducir con los valores de muestreo.
**(a)** Encuentre el intervalo de tiempo permisible máximo entre los valores de muestreo.
**(b)** ¿Cuántos valores de muestreo se tienen que almacenar para reproducir 1 s de esta forma de onda?

**2-83** Con un programa de cómputo, calcule la DFT de un pulso rectangular, $\Pi(t)$. Tome cinco muestras del pulso y rellénelas con 59 ceros de modo que se pueda usar un algoritmo FFT de 64 puntos. Dibuje el espectro de magnitud resultante. Compare este resultado con el espectro real del pulso. Pruebe otras combinaciones de número de muestras del pulso y rellenos de ceros para ver cómo cambia la FFT resultante.

**2-84** Con la DFT, calcule y grafique el espectro de $\Lambda(t)$. Verifique los resultados con los que se dan en la figura 2-6c.

**2-85** Con la DFT, calcule y grafique la $|W(f)|$ del pulso mostrado en la figura P2-24, donde $A = 1$, $t_1 = 1$ s y $t_2 = 2$ s.

**2-86** Dada la forma de onda

$$w(t) = 4 \text{ sen}(2\pi f_1 t + 30°) + 2 \cos(2\pi f_2 t - 10°)$$

donde $f_1 = 10$ Hz y $f_2 = 25$ Hz,
**(a)** Con la DFT, calcule y grafique $|W(f)|$ y $\theta(f)$.
**(b)** Si $\mathcal{P}_w(f)$ denota la PSD de $w(t)$, con la DFT calcule y grafique $\mathcal{P}_w(f)$.
**(c)** Verifique los resultados calculados obtenidos en (a) y (b) con los resultados correctos conocidos evaluados con métodos analíticos.

**2-87** Con la DFT, calcule y grafique $|S(f)|$ de la señal periódica mostrada en la figura P2-45, donde $A = 5$.

**2-88** Dado el filtro pasabajas mostrado en la figura 2-15.
**(a)** Encuentre el ancho de banda equivalente en función de *R* y *C*.
**(b)** Encuentre el primer ancho de banda de cruce cero (nulo) del filtro.
**(c)** Encuentre el ancho de banda absoluto del filtro.

**2-89** Suponga que la PSD de una señal está dada por

$$\mathcal{P}_s(f) = \left[\frac{\text{sen}(\pi f/B_n)}{\pi f/B_n}\right]^2$$

donde $B_n$ es el ancho de banda nulo. Encuentre la expresión del ancho de banda equivalente en función del ancho de banda nulo.

**2-90** La tabla 2-5 da los anchos de banda de una señal BPSK mediante seis diferentes definiciones. Con las seis definiciones y la ecuación (2-20) demuestre que los resultados dados en la tabla son correctos.

**2-91** Dada una señal de pulso rectangular

$$s(t) = \Lambda(t/T_0)$$

**(a)** Encuentre el ancho absoluto de esta señal.
**(b)** Encuentre el ancho de banda 3 dB en función de $T_0$.
**(c)** Determine el ancho de banda equivalente en función de $T_0$.
**(d)** Determine el ancho de banda de cruce cero en función de $T_0$.

CAPÍTULO 3

# PULSO DE BANDABASE Y SEÑALIZACIÓN DIGITAL

## 3-1 INTRODUCCIÓN

Este capítulo muestra cómo codificar las formas de onda analógicas (de fuentes analógicas) para convertirlas en señales de pulsos de bandabase y cómo aproximar las señales analógicas con señales digitales. Como se verá, la aproximación digital de señales analógicas puede ser muy precisa si se desea. Además, se aprenderá cómo procesar las señales de bandabase digital de modo que su ancho de banda se reduzca al mínimo.

La señalización digital tiene mucha aceptación por el bajo costo de los circuitos digitales y por la flexibilidad del enfoque digital. Esta flexibilidad surge, por ejemplo, porque los datos digitales producidos por fuentes digitales se pueden mezclar con datos digitalizados provenientes de fuentes analógicas para abastecer a un sistema de comunicación de uso general.

Las señales implicadas en el problema de conversión analógica a digital son señales de *bandabase*. También se ve que las señales para comunicación digital *pasabanda* se producen al utilizar señales digitales de bandabase para modular una portadora, como se describe en el capítulo 1. Por ejemplo, si una fase de señal digital (bandabase) modula una portadora, se dice que la señal pasabanda digital resultante es una señal de *transmisión por desplazamiento de fase*

(PSK, por sus siglas en inglés: *phase-shift-keyed*). Los sistemas de comunicación digitales pasabanda tal como los PSK se analizan más a fondo en el capítulo 5.

Los cuatro objetivos principales de este capítulo son:

- Estudiar cómo se convierten las formas de onda analógicas en digitales. La técnica más aceptada se llama *modulación por codificación de pulso* (PCM, por sus siglas en inglés: *pulse code modulation*).
- Aprender cómo se calcula el espectro de señales digitales.
- Examinar de qué manera la filtración de señales de pulsos afecta la capacidad de recuperar la información digital en el receptor. Esta filtración produce lo que se llama *interferencia intersímbolos* (ISI, por sus siglas en inglés: *intersymbol interference*) en la señal de datos recuperados.
- Estudiar cómo se *multicanalizan* (combinan) los datos de diferentes flujos de bits digitales para formar un solo flujo digital de alta velocidad para su transmisión a través de un sistema digital. Una técnica como ésa que se llama *multicanalización por división de tiempo* (TDM, por sus siglas en inglés: *time-division multiplexing*) se estudiará en este capítulo.†

Existe otro problema muy importante en los sistemas digitales de comunicación: el efecto del ruido que hace que el receptor digital produzca algunos errores de bits a la salida. Este problema se estudiará en el capítulo 7 puesto que implica el uso de conceptos estadísticos que se recalcan en la segunda parte de este libro.

## 3-2 MODULACIÓN POR AMPLITUD DE PULSO

La *modulación por amplitud de pulso* (PAM) es un término en ingeniería que se utiliza para describir la conversión de señales analógicas en señales de pulsos donde la amplitud del impulso denota la información analógica. Como se verá en la sección 3-3, esta señal PAM se puede convertir en una señal digital PCM (de bandabase), la que a su vez se modula sobre una portadora en sistemas de comunicación digital pasabanda. Por consiguiente, el proceso de conversión analógica a PAM es el primer paso en la conversión de una forma de onda analógica en una señal PCM (digital). (En algunas aplicaciones la señal PAM se usa directamente, y no se requiere convertirla en PCM.)

El teorema de muestreo, tal como se estudia en el capítulo 2, permite reproducir una forma de onda analógica con valores de muestreo de dicha forma de onda y funciones ortogonales (sen $x$)/$x$. El objetivo de la señalización PAM es proporcionar *otra* forma de onda con apariencia de pulsos, y que aun así contenga la información que estaba presente en la forma de onda analógica. Como se usan pulsos, se puede esperar que el ancho de banda de la forma de onda PAM sea más ancha que el de la forma de onda analógica. No obstante, los pulsos son más prácticos de utilizar en sistemas digitales. Se verá que la velocidad de los pulsos, $f_s$, en el caso de PAM es la misma que la requerida por el teorema de muestreo, es decir, $f_s \geq 2B$, donde $B$ es la frecuencia más alta en la forma de onda analógica y $2B$ se llama *tasa (relación) de Nyquist*.

Existen dos clases de señales PAM: PAM que utiliza *muestreo natural* (compuerta) y la PAM que utiliza *muestreo instantáneo* para producir un pulso de cresta plana. Estas señales se

† En los capítulos 5 y 8 se estudian otras técnicas, como la multicanalización por división de frecuencia y la multicanalización por división de códigos.

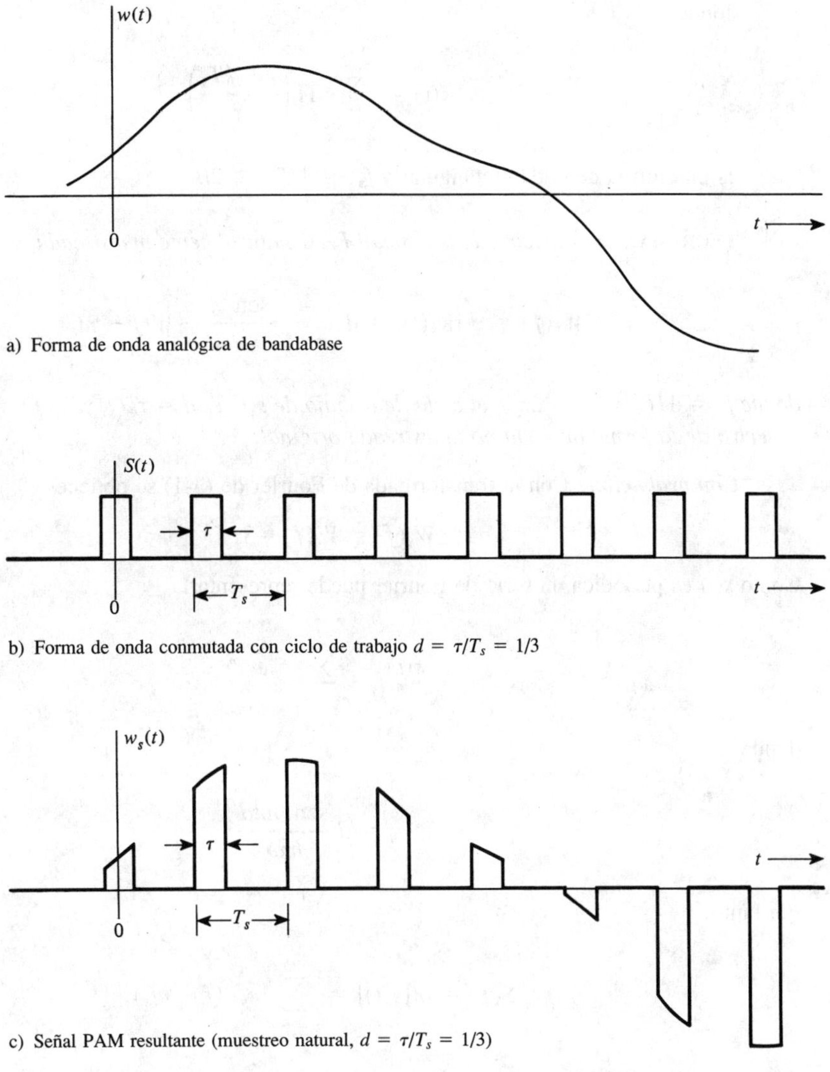


a) Forma de onda analógica de bandabase

b) Forma de onda conmutada con ciclo de trabajo $d = \tau/T_s = 1/3$

c) Señal PAM resultante (muestreo natural, $d = \tau/T_s = 1/3$)

**Figura 3-1** Señal PAM con muestreo natural.

ilustran en las figuras 3-1 y 3-5, respectivamente. Las de cresta plana son más útiles para la conversión en PCM; sin embargo, las de muestreo natural son más fáciles de generar y usar en otras aplicaciones.

## Muestreo natural (compuerta)

**Definición.** Si $w(t)$ es una forma de onda analógica de banda limitada a $B$ hertz, la señal *PAM* que utiliza *muestreo natural* (compuerta) es

$$w_s(t) = w(t)s(t) \tag{3-1}$$

donde

$$s(t) = \sum_{k=-\infty}^{\infty} \Pi\left(\frac{t - kT_s}{\tau}\right) \tag{3-2}$$

es una forma de onda rectangular y $f_s = 1/T_s \geq 2B$.

**Teorema.** *El espectro de una señal PAM naturalmente muestreada es*

$$W_s(f) = \mathcal{F}[w_s(t)] = d \sum_{n=-\infty}^{\infty} \frac{\operatorname{sen} \pi nd}{\pi nd} W(f - nf_s) \tag{3-3}$$

*donde $f_s = 1/T_s$, y $\omega_s = 2\pi f_s$, el ciclo de trabajo de $s(t)$ es $d = \tau/T_s$, y $W(f) = \mathcal{F}[w(t)]$ es el espectro de la forma de onda no muestreada original.*

***Comprobación.*** Con la transformada de Fourier de (3-1) se obtiene

$$W_s(f) = W(f) * S(f) \tag{3-4}$$

Como $s(t)$ es periódica, la serie de Fourier puede representarla

$$s(t) = \sum_{n=-\infty}^{\infty} c_n e^{jn\omega_s t} \tag{3-5a}$$

donde

$$c_n = d \frac{\operatorname{sen} n\pi d}{n\pi d} \tag{3-5b}$$

Por tanto,

$$S(f) = \mathcal{F}[s(t)] = \sum_{n=-\infty}^{\infty} c_n \delta(f - nf_s) \tag{3-6}$$

y (3-4) se convierte en

$$W_s(f) = W(f) * \left(\sum_{n=-\infty}^{\infty} c_n \delta(f - nf_s)\right) = \sum_{n=-\infty}^{\infty} c_n\, W(f) * \delta(f - nf_s)$$

o

$$W_s(f) = \sum_{n=-\infty}^{\infty} c_n W(f - nf_s) \tag{3-7}$$

la que se convierte en (3-3) al sustituir la (3-5b).

La forma de onda PAM con muestreo natural es relativamente fácil de generar puesto que sólo requiere el uso de un interruptor analógico disponible en "hardware CMOS" (por ejem-

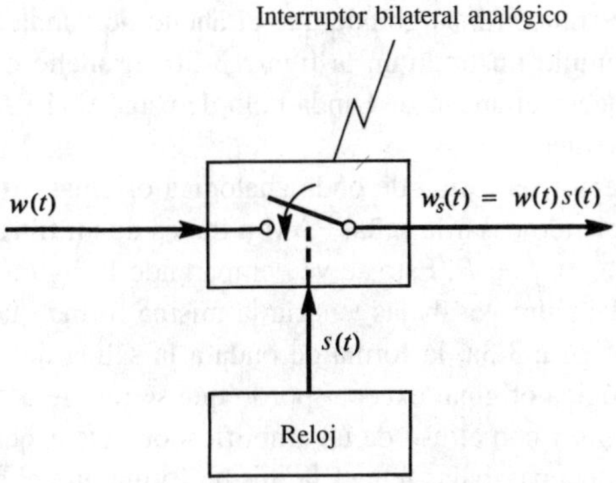


**Figura 3-2** Generación de PAM con muestreo natural (compuerta selectiva).

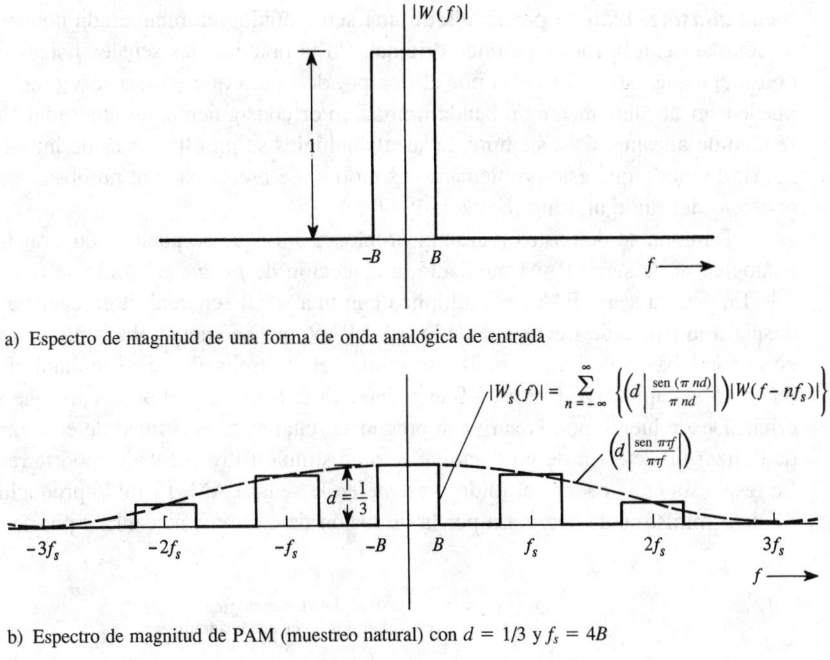


**Figura 3-3** Espectro de una forma de onda PAM con muestreo natural.

plo, el interruptor bilateral cuádruple-4016). Éste se muestra en la figura 3-2, y las formas de onda asociadas $w(t)$, $s(t)$ y $w_s(t)$ se ilustran en la figura 3-1.

La ecuación (3-3) da el espectro de la señal PAM con muestreo natural en función del espectro de la forma de onda de entrada analógica. Éste se ilustra en la figura 3-3 para el caso de una forma de onda de entrada de espectro rectangular donde el ciclo de trabajo de la forma de onda conmutadora es $d = \tau/T_s = \frac{1}{3}$ y la razón de muestreo es $f_s = 4B$. En este ejemplo, donde $d = \frac{1}{3}$, el espectro PAM es cero a $\pm 3f_s$, $\pm 6f_s$, y así sucesivamente, porque en estas bandas armónicas la función (sen $x$)/$x$ nulifica el espectro. En la figura, se ve que el ancho de banda de la señal PAM es mucho más grande que el ancho de banda de la señal analógica original. De hecho, en el ejemplo ilustrado en la figura 3-3b, el ancho de banda nulo de la señal PAM es $3f_s = 12B$; es decir, el ancho de banda nulo de esta señal PAM es 12 veces el ancho de banda de la señal analógica.

En el receptor, la forma de onda analógica original, $w(t)$, se puede recuperar de la señal PAM, $w_s(t)$, haciendo pasar la señal PAM a través de un filtro pasabajas donde la frecuencia de corte es $B < f_{\text{corte}} < f_s - B$. Esto se ve comparando la figura 3-3b con la 3-3a. Como el espectro a la salida del filtro pasabajas tendría la misma forma que la de la señal analógica original mostrada en la figura 3-3a, la forma de onda a la salida del filtro pasabajas sería idéntica a la de la señal analógica original excepto por lo que se refiere a un factor de ganancia de $d$ (lo cual se podría compensar con el uso de un amplificador). De acuerdo con la figura 3-3b, el espectro a la salida del filtro pasabajas tendrá la misma forma que el espectro de la señal analógica original sólo cuando $f_s \geq 2B$, porque de lo contrario las componentes espectrales en las bandas armónicas (de $f_s$) se traslaparían. Ésta es otra ilustración del requisito de la razón de muestreo de Nyquist. Si la señal analógica se *submuestrea* ($f_s < 2B$), el efecto del traslape espectral se llama *aliasing*. Esto da por resultado una señal analógica recuperada con distorsión cuando se compara con la forma de onda original. En la práctica, las señales físicas por lo general se considera que están limitadas por el tiempo, de modo que (como se vio en el capítulo 2) no pueden ser absolutamente de banda limitada. Por consiguiente, en una señal PAM se presentará algo de aliasing. Casi siempre, la señal analógica se prefiltra antes de introducirla al circuito PAM, de modo que este problema no es motivo de preocupación; no obstante, se ha estudiado el efecto del ruido aliasing [Spilker, 1977].

También se demostró (véase el problema 3-4) que se puede recuperar la forma de onda analógica de la señal PAM mediante la detección de *producto*, como se muestra en la figura 3-4. En ésta la señal PAM se multiplica con una señal senoidal de frecuencia $\omega_o = n\omega_s$. Esto desplaza la banda de frecuencia de la señal PAM que se encontraba centrada con respecto a $nf_s$ en la bandabase (es decir, $f = 0$) a la salida del multiplicador. Se estudiará el detector de producto en el capítulo 4. Con $n = 0$ es idéntico a la filtración de pasabajas, que se acaba de describir. Desde luego, podría surgir la pregunta: ¿cuál es la necesidad de enfrentarse al problema de utilizar un detector de producto cuando un simple filtro pasabajas podría realizar el trabajo? La respuesta es: a causa del ruido presente en la señal PAM. El ruido producido por el zumbido de suministros de energía o por la vibración de circuitos mecánicos podría localizarse en la

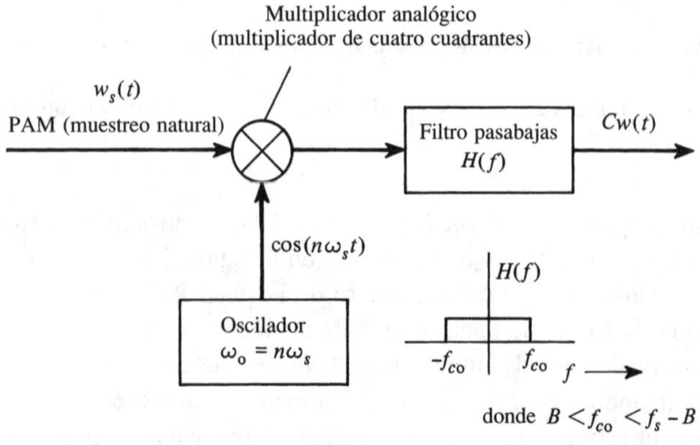


**Figura 3-4** Demodulación de una señal PAM (naturalmente muestreada).

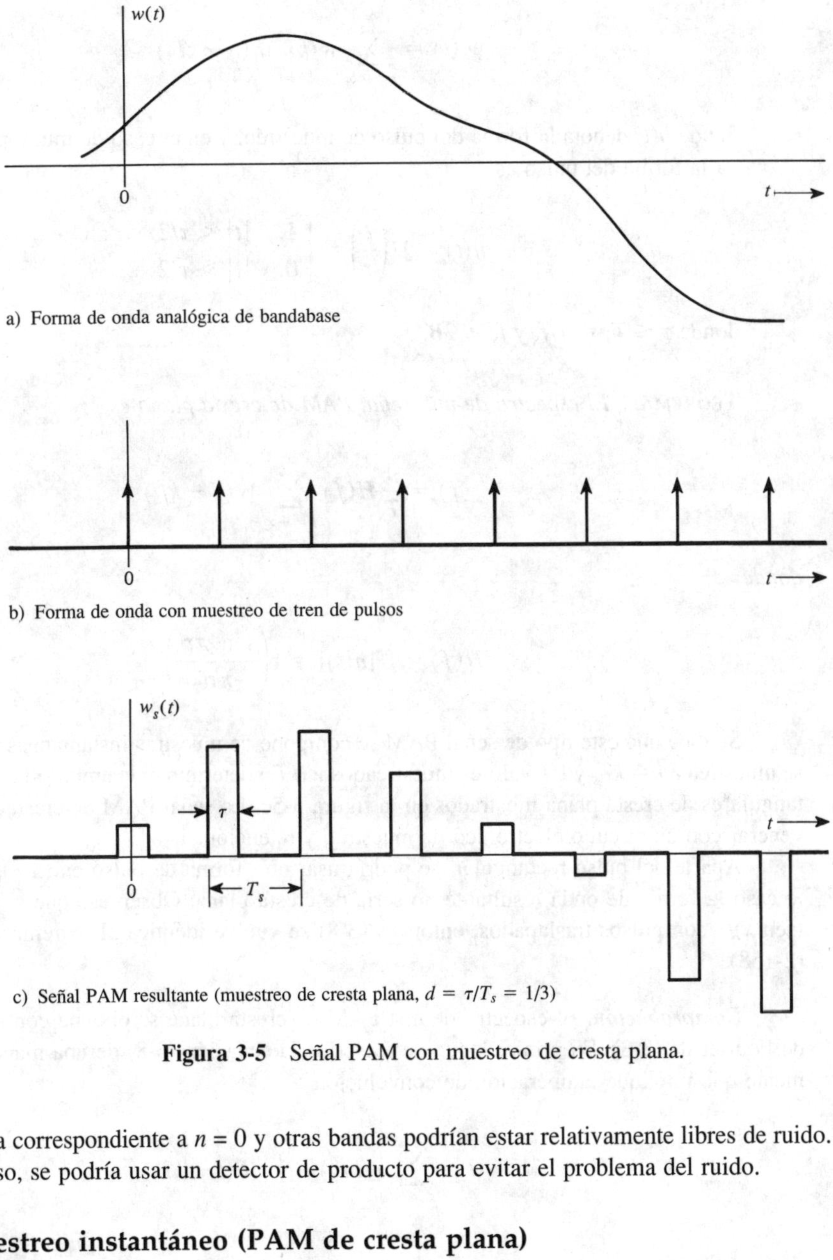


a) Forma de onda analógica de bandabase

b) Forma de onda con muestreo de tren de pulsos

c) Señal PAM resultante (muestreo de cresta plana, $d = \tau/T_s = 1/3$)

**Figura 3-5** Señal PAM con muestreo de cresta plana.

banda correspondiente a $n = 0$ y otras bandas podrían estar relativamente libres de ruido. En este caso, se podría usar un detector de producto para evitar el problema del ruido.

## Muestreo instantáneo (PAM de cresta plana)

Las formas de onda analógicas también se pueden convertir en señalización por pulso con el uso de señalización de *cresta plana* junto con muestreo instantáneo, como se muestra en la figura 3-5. Ésta es una generalización de la técnica de muestreo por tren de pulso que se estudió en la sección 2-7.

**DEFINICIÓN.** Si $w(t)$ es una forma de onda analógica de banda limitada a $B$ hertz, la señal PAM *instantáneamente muestreada* está dada por

$$w_s(t) = \sum_{k=-\infty}^{\infty} w(kT_s)h(t - kT_s) \tag{3-8}$$

donde $h(t)$ denota la forma del pulso de muestreo, y en el caso de muestreo de cresta plana la forma del pulso es

$$h(t) = \Pi\left(\frac{t}{\tau}\right) = \begin{cases} 1, & |t| < \tau/2 \\ 0, & |t| > \tau/2 \end{cases} \tag{3-9}$$

donde $\tau \leq T_s = 1/f_s$ y $f_s \geq 2B$.

**Teorema.** *El espectro de una señal PAM de cresta plana es*

$$W_s(f) = \frac{1}{T_s}H(f) \sum_{k=-\infty}^{\infty} W(f - kf_s) \tag{3-10}$$

*donde*

$$H(f) = \mathscr{F}[h(t)] = \tau\left(\frac{\text{sen } \pi\tau f}{\pi\tau f}\right) \tag{3-11}$$

Se dice que este tipo de señal PAM se compone de muestras instantáneas puesto que $w(t)$ se muestrea a $t = kT_s$ y los valores muestreados $w(kT_s)$ determinan la amplitud de los pulsos rectangulares de cresta plana mostrados en la figura 3-5c. La señal PAM de cresta plana se podría generar con un circuito electrónico de muestreo y retención.

Aparte del pulso rectangular, se podría usar otra forma de pulso en (3-8), aunque en este caso la forma de onda resultante no sería de cresta plana. Obsérvese que si $h(t)$ es del tipo (sen $x$)/$x$ con pulsos traslapados, entonces (3-8) se vuelve idéntica al teorema de muestreo de (2-158).

***Comprobación.*** El espectro de una PAM de cresta plana se obtiene con la transformada de Fourier de (3-8). En primer lugar, se reescribe la ecuación (3-8) de una manera más conveniente que implique la operación de convolución.

$$w_s(t) = \sum_k w(kT_s)h(t) * \delta(t - kT_s)$$

$$= h(t) * \sum_k w(kT_s)\delta(t - kT_s)$$

o

$$w_s(t) = h(t) * \left[w(t) \sum_k \delta(t - kT_s)\right]$$

El espectro es

$$W_s(f) = H(f)\left[W(f) * \sum_k e^{-j2\pi fkT_s}\right] \tag{3-12}$$

Pero la suma de las funciones exponenciales equivale a una expansión de la serie de Fourier (en el dominio de la frecuencia), donde la función periódica es un tren de pulsos. Es decir,

$$\frac{1}{T_s}\sum_k \delta(f - kf_s) = \frac{1}{T_s}\sum_{n=-\infty}^{\infty} c_n e^{j(2\pi nT_s)f} \tag{3-13a}$$

donde

$$c_n = \frac{1}{f_s}\int_{-f_s/2}^{f_s/2}\left[\sum_k \delta(f - kf_s)\right] e^{-j2\pi nT_s f}\, df = \frac{1}{f_s} \tag{3-13b}$$

Con la ecuación (3-13a), la (3-12) se transforma en

$$W_s(f) = H(f)\left[W(f) * \frac{1}{T_s}\sum_k \delta(f - kf_s)\right]$$

$$= \frac{1}{T_s}H(f)\left[\sum_k W(f) * \delta(f - kf_s)\right]$$

la cual se reduce a la (3-10).

El espectro de la señal de cresta plana se ilustra en la figura 3-6 para el caso de una forma de onda de entrada analógica de espectro rectangular. La señal analógica se puede recuperar de la señal PAM de cresta plana con un filtro pasabajas. Sin embargo, se observa que existe algo de pérdida de alta frecuencia en la forma de onda analógica recuperada debido al efecto de filtración, $H(f)$, provocado por el pulso de cresta plana. Esta pérdida, si es significativa, se puede reducir disminuyendo $\tau$ o utilizando una poca de ganancia adicional a altas frecuencias en la función de transferencia del filtro pasabajas. En este caso, el filtro pasabajas se llamaría filtro de *ecualización* y su función de transferencia sería $1/H(f)$. El ancho del pulso $\tau$ también se llama *apertura* puesto que $\tau/T_s$ determina la ganancia de la señal analógica recuperada, la cual es pequeña si $\tau$ es pequeño con respecto a $T_s$. También es posible utilizar detección de producto, similar al mostrado en la figura 3-4, excepto que ahora se podría requerir un prefiltro antes del multiplicador (para aplanar el espectro en una banda centrada en $f = nf_s$) para compensar la pérdida espectral provocada por el efecto de apertura.

La transmisión de señales PAM natural o instantáneamente muestreadas a través de un canal requiere una respuesta de frecuencia muy amplia debido al ancho estrecho del pulso. Esto impone requisitos rigurosos sobre la respuesta de magnitud y fase. El ancho de banda requerido es mucho más grande que el de la señal analógica original, y el desempeño con la presencia de ruido del sistema PAM nunca puede ser mejor que el que se logra con la transmisión directa de la señal analógica. Por consiguiente, PAM no es muy buena para transmisión a larga distancia. Proporciona un medio para convertir una señal analógica en una señal PCM (como se verá en la siguiente sección). PAM también sirve para dividir una señal en ranuras (*slots*) de tiempo, de modo que las señales PAM múltiples que transportan información de diferentes fuen-

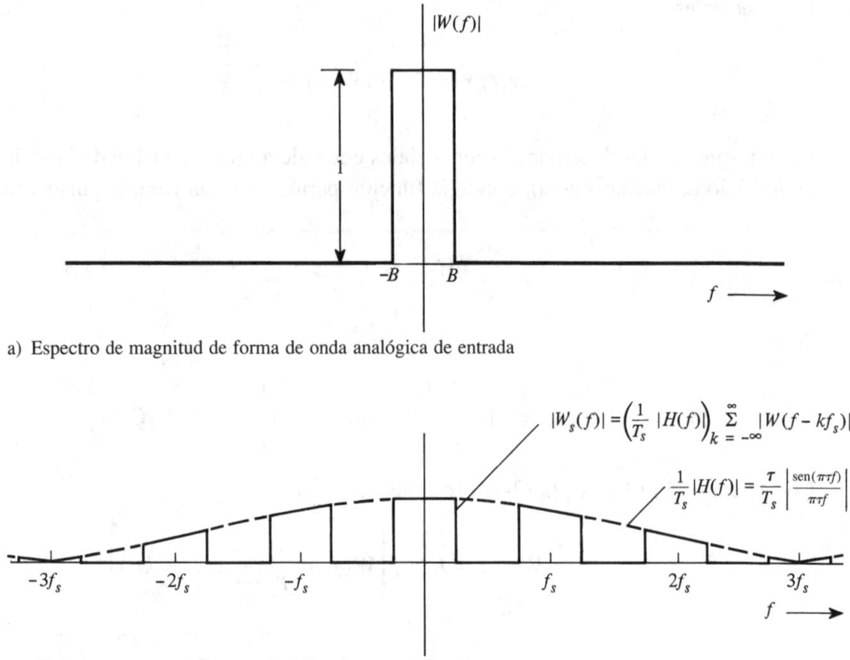


**Figura 3-6** Espectro de una forma de onda PAM con muestreo de cresta plana.

tes se pueden entrelazar para transmitir toda la información a través de un solo canal. Esto se llama multicanalización por división de tiempo y se estudiará en la sección 3-9.

## 3-3 MODULACIÓN POR CODIFICACIÓN DE PULSO

**Definición.** La *modulación por codificación de pulso* (PCM, por sus siglas en inglés: *pulse code modulation*) en esencia es una conversión analógica en digital de un tipo especial en el que la información contenida en las muestras instantáneas de una señal analógica están representadas por palabras digitales en un flujo de bits en serie.

Si se supone que cada una de las palabras digitales contiene $n$ dígitos binarios, existen $M = 2^n$ palabras de código único posibles; cada palabra de código corresponde a un cierto nivel de amplitud. Sin embargo, cada valor muestreado de la señal analógica puede ser cualquiera de un número infinito de niveles, de modo que se usa la palabra digital que representa la amplitud que más se aproxima al valor muestreado real. Esto se llama *cuantización*. Es decir, en lugar de usar el valor muestreado exacto de la forma de onda analógica $w(kT_s)$, el valor permitido más próximo reemplaza a la muestra, donde existen $M$ valores permitidos, y cada valor permitido corresponde a una de las palabras de código. En secciones subsecuentes, se analizan otros tipos aceptados de conversión analógica a digital, tales como la modulación delta (DM, por sus siglas en inglés: *delta modulation*) y la modulación por codificación de pulso diferencial (DPCM, por sus siglas en inglés: *differential pulse code modulation*).

PCM tiene mucha aceptación por las muchas ventajas que ofrece. Algunas de estas ventajas son las siguientes.

- Se puede usar circuitería digital relativamente barata en casi todo el sistema.
- Las señales PCM provenientes de todos los tipos de fuentes analógicas (audio, video, etc.) se pueden combinar con señales de datos (por ejemplo, provenientes de computadoras digitales) y transmitir a través de un sistema de comunicación digital de alta velocidad común. Esta combinación se llama multicanalización por división de tiempo y se analiza en detalle en una sección posterior.
- En los sistemas de telefonía digital de larga distancia que requieren repetidores, se puede generar una forma de onda PCM limpia a la salida de cada repetidor, donde la entrada es una forma de onda PCM ruidosa. Sin embargo, el ruido a la entrada puede provocar errores de bits en la señal de salida PCM regenerada.
- El rendimiento de ruido de un sistema digital puede ser superior al de un sistema analógico. Además, la probabilidad de error a la salida del sistema se reduce aún más con el uso de técnicas de codificación apropiadas como se vio en el capítulo 1.

Estas ventajas por lo general superan la principal desventaja de PCM: un ancho de banda mucho más grande que el de la señal analógica correspondiente.

## Muestreo, cuantización y codificación

La señal PCM se genera por medio de tres operaciones básicas: muestreo, cuantización y codificación (Fig. 3-7). La operación de muestreo genera una señal PAM de cresta plana.

La operación de cuantización se ilustra en la figura 3-8 para el caso del nivel $M = 8$. Se dice que este cuantizador es *uniforme* porque todos los escalones son de igual tamaño. Como se están reproduciendo con más o menos precisión los valores de muestra analógica mediante un número finito de niveles ($M = 8$ en esta ilustración), se introduce un *error* en la señal analógica de salida recuperada debido al efecto de cuantización. La forma de onda con error se ilustra en la figura 3-8c. El error de cuantización consiste en la diferencia entre la señal analógica a la entrada del muestreador y a la salida del cuantizador. Obsérvese que el valor pico del error ($\pm$ 1) es la mitad del tamaño del escalón del cuantizador (2). Si se muestrea a la razón de Nyquist ($2\ B$) o más rápido, y existe ruido insignificante en el canal, aún habrá ruido, llamado *ruido de cuantización*, en la forma de onda analógica recuperada debido al error. El ruido de cuantización también se puede considerar como un error de redondeo. En la sección 7-7 se evalúan estadísticas de este ruido de cuantización, y se desarrolla una fórmula para la relación señal a ruido en un sistema PCM. La salida del cuantizador es una señal PAM *cuantizada*.

La señal PCM se obtiene de la señal PAM cuantizada al codificar cada valor de muestreo cuantizado para transformarlo en una palabra digital. Es asunto del diseñador del sistema especificar la palabra de código exacta que representará un nivel cuantizado particular. Si se usa un código Gray de la tabla 3-1, la señal PCM resultante es la mostrada en la figura 3-8d, donde la palabra PCM de cada muestra cuantizada se saca del codificador por el siguiente pulso de sincronización. Se seleccionó el código Gray porque experimenta sólo un cambio de bits por cada cambio de escalón en el nivel cuantizado. Por consiguiente, los errores únicos en la palabra de

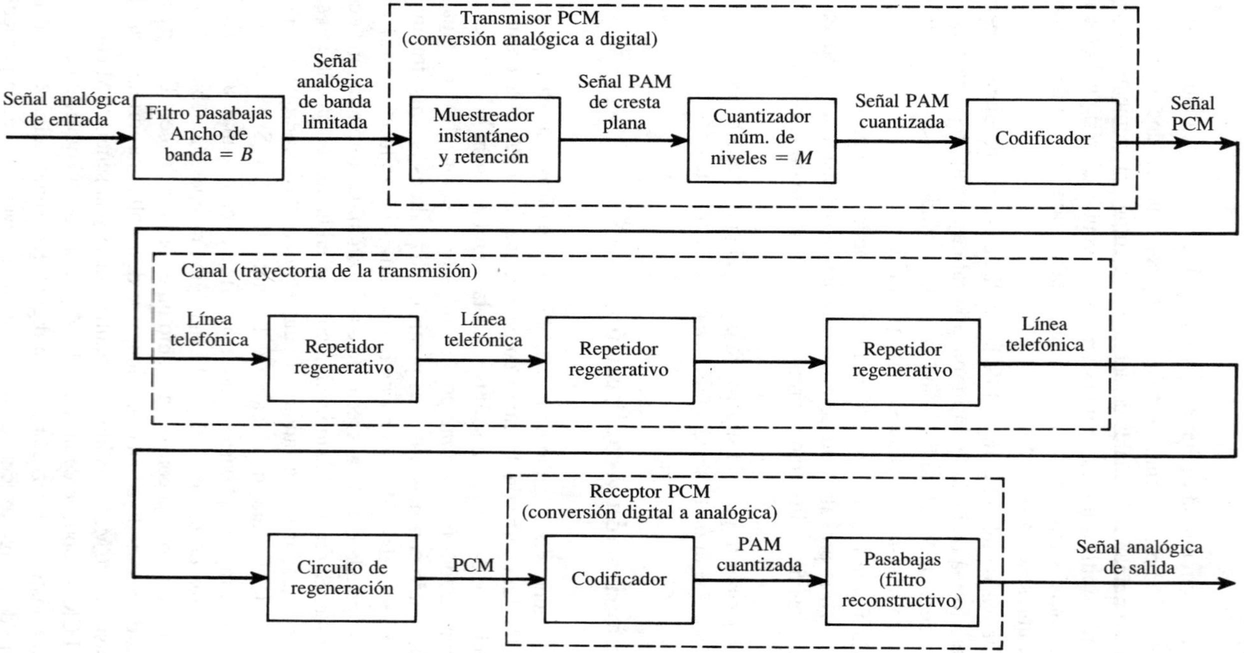


**Figura 3-7** Sistema de transmisión PCM.

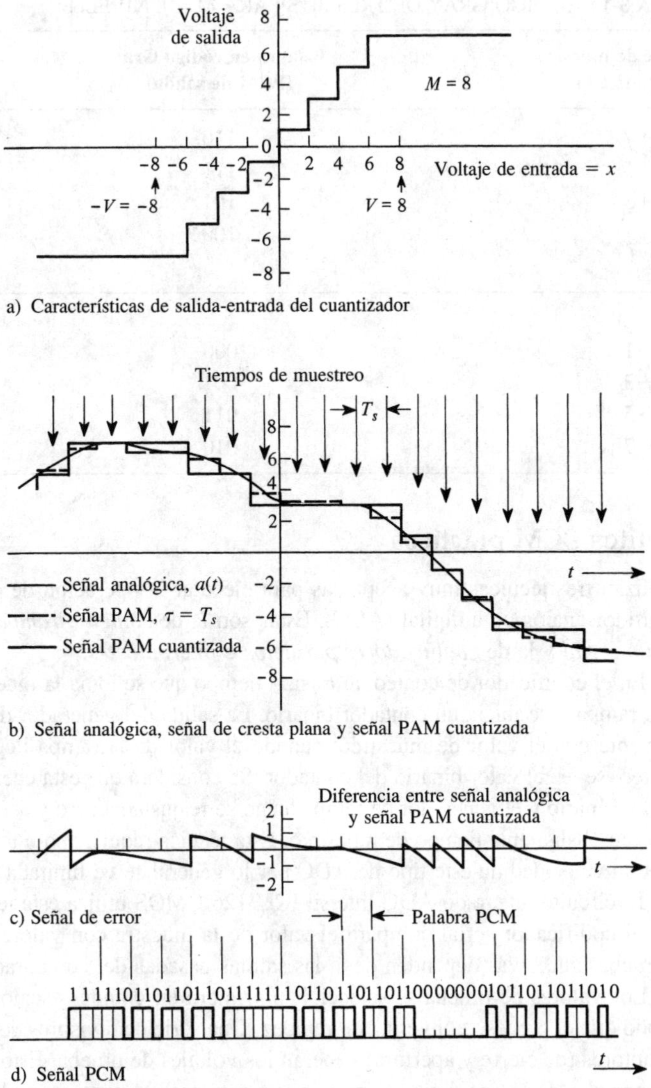


**Figura 3-8** Ilustración de formas de onda en un sistema PCM.

código PCM recibida provocarán errores mínimos en el nivel analógico recuperado, siempre que el bit de signo no contenga errores.

Aquí se han descrito los sistemas PCM que representan los valores de muestra analógica cuantizada por medio de palabras de código *binarias* que utilizan una base diferente de la base 2, o una equivalente, para convertir la señal binaria en una señal de niveles múltiples (como se verá en la sección 3-4). Las señales de niveles múltiples tienen la ventaja de un ancho de banda mucho más angosto que las señales binarias, aunque presentan la desventaja de requerir circuitería de niveles múltiples en lugar de circuitería binaria.

**TABLA 3-1** CÓDIGO GRAY DE TRES BITS PARA $M = 8$ NIVELES

| Voltaje de muestra cuantizada | Palabra en código Gray (PCM de salida) | |
|---|---|---|
| +7 | 110 | |
| +5 | 111 | |
| +3 | 101 | |
| +1 | 100 | |
| | | Imagen de espejo excepto para signo bit |
| −1 | 000 | |
| −3 | 001 | |
| −5 | 011 | |
| −7 | 010 | |

## Circuitos PCM prácticos

Se utilizan tres técnicas muy aceptadas para ejecutar la operación de codificación mediante un convertidor analógico a digital (ADC). Éstas son la de *conteo o rampa*, la de *aproximación sucesiva o serial* y la de *codificadores paralelos* o *intermitentes.*

En el codificador de conteo, al mismo tiempo que se toma la muestra, se activa un generador de rampa y se inicia un contador binario. La salida del generador de rampa se compara continuamente con el valor de muestreo; cuando el valor de la rampa llega a ser igual al valor de muestreo, se lee el valor binario del contador. Se considera que esta cuenta es la palabra PCM. El contador binario y el generador de rampa luego se reajustan a cero y así están listos para ser reactivados en el siguiente tiempo de muestreo. Esta técnica requiere sólo unos cuantos componentes, aunque la velocidad de este tipo de ADC por lo general se ve limitada por la velocidad del contador. El circuito integrado ADC Intersil ICL7126 CMOS utiliza está técnica.

El codificador serial compara el valor de la muestra con valores cuantizados de prueba. Las pruebas sucesivas dependen de si las salidas pasadas del comparador son positivas o negativas. Los valores de prueba se seleccionan primero en grandes escalones y luego en pequeños de modo que el proceso converja con rapidez. Una serie de divisores de voltaje configurados por interruptores (de cierre y apertura) generan los voltajes de prueba. Estos interruptores se controlan por medio de lógica digital. Una vez que converge el proceso, se lee el valor de los ajustes de los interruptores como la palabra PCM. Esta técnica requiere más componentes de precisión (para los divisores de voltaje) que la técnica de rampa. La velocidad de los interruptores determina la velocidad de la técnica ADC de retroalimentación. El ADC, National Semiconductor ADC0804 de 8 bits, utiliza esta técnica.

El codificador en paralelo utiliza un conjunto de comparadores paralelos con niveles de referencia que son los valores cuantizados permitidos. El valor de muestreo se alimenta al mismo tiempo en todos los comparadores en paralelo. El nivel alto o bajo de las salidas del comparador determina la palabra PCM binaria con la ayuda de alguna lógica digital. Ésta es una técnica ADC rápida, aunque requiere más equipo que los demás métodos. El circuito integrado ADC RCA CA3318 de 8 bits es un ejemplo de esta técnica.

Todos los circuitos integrados citados como ejemplos con anterioridad disponen de salidas digitales que corresponden a la palabra digital que representa el valor de muestra analógica.

Para la generación de PCM, la salida en paralelo (palabra digital) se tiene que convertir en una forma serial para su transmisión a través de un canal a dos hilos. Esto se logra con un circuito integrado convertidor de paralelo a serial, que por lo general también se conoce como microcircuito de *entrada-salida serial* (SIO, por sus siglas en inglés: *serial-input-output*). El microcircuito (SIO) incluye un registro de desplazamiento ajustado para que contenga datos en paralelo (desde, por lo general, 8 o 16 líneas de entrada). En seguida los datos se desplazan de la última etapa del registro de desplazamiento bit a bit en una sola línea de salida para producir el formato serial. Además, en general los microcircuitos SIO son full duplex, es decir, disponen de dos juegos completos de registros de desplazamiento, uno que funciona para hacer fluir los datos en ambas direcciones. Un registro de desplazamiento convierte los datos de entrada en paralelo en datos de salida serial para su transmisión a través del canal, y, al mismo tiempo, el otro registro de desplazamiento convierte los datos seriales recibidos provenientes de otra entrada en datos en paralelo disponibles en otra salida. Están disponibles tres tipos de microcircuitos SIO: el *transmisor/receptor asíncrono universal* (UART, por sus siglas en inglés: *universal asynchronous receiver/transmitter*), el *transmisor/receptor síncrono universal* (USRT, por sus siglas en inglés: *universal synchronous receiver/transmitter*) y el *transmisor/receptor síncrono/asíncrono universal* (USART, por sus siglas en inglés: *universal synchronous/asynchronous receiver transmitter*). El UART transmite y recibe datos seriales asíncronos, el USRT transmite y recibe datos seriales síncronos y el USART incluye tanto el UART como el USRT en un microcircuito. (Véase la sección 3-9 para el análisis de las líneas de datos seriales asíncronos y síncronos.)

En el extremo receptor la señal se decodifica de nuevo para transformarla en una señal PCM digital con un microcircuito convertidor digital a analógico (DAC). Si el microcircuito DAC dispone de una entrada de datos en paralelo, los datos PCM en seriales recibidos primero se convierten en una forma en paralelo con un microcircuito SIO tal como se describió con anterioridad. Los datos en paralelo en seguida se convierten en una aproximación del valor de muestra analógica por medio del microcircuito DAC. Esta conversión por lo general se logra con el uso de una palabra digital en paralelo para establecer la configuración de los interruptores electrónicos en una red divisora de corriente (o voltaje) resistiva de modo que se produzca la salida analógica. Esto se llama DAC *multiplicador* porque el voltaje de salida "analógico" es directamente proporcional al voltaje divisor de referencia multiplicado por el valor de la palabra digital. Los microcircuitos DAC Motorola MC1408 y el National Semiconductor DAC0808 de 8 bits son ejemplos de esta técnica. El microcircuito DAC produce muestras de salida de la señal analógica cuantizada más o menos igual a los valores de muestra analógica. Por consiguiente, conforme el microcircuito DAC se sincroniza, genera una señal PAM cuantizada. Ésta se alisa con un filtro de reconstrucción pasabajas para producir la salida analógica tal como se ilustra en la figura 3-7.

El *Electrical Engineering Handbook* [Dorf, 1993, págs. 771-782] da más detalles sobre circuitos ADC, DAC y PCM.

## Ancho de banda de PCM

Una buena pregunta es: ¿cuál es el espectro de una señal PCM? En el caso de señalización PAM, el espectro de la señal PAM se obtendría como una función del espectro de la señal analógica de entrada porque la señal PAM es una función lineal de la señal analógica. Éste no es el caso cuando se trata de PCM. Como se muestra en la figuras 3-7 y 3-8, la PCM es una función *no lineal* de la señal analógica de entrada. Por consiguiente, el espectro de la señal PCM no está directamente relacionado con el espectro de la señal analógica de entrada (como se demostrará en las secciones 3-4 y 3-5).

El ancho de banda de las señales PCM (serial) depende de la tasa (razón) de bits y de la forma del pulso. De acuerdo con la figura 3-8, la tasa de bits es

$$R = nf_s \tag{3-14}$$

donde $n$ es el número de bits en la palabra PCM ($M = 2^n$) y $f_s$ es la tasa de muestreo. Sin aliasing se requiere $f_s \geq 2B$, donde $B$ es el ancho de banda de la señal analógica (que se va a convertir en señal PCM). En la sección 3-4 se ve que el teorema de dimensionalidad muestra que el ancho de banda de la forma de onda PCM está limitado por

$$B_{\text{PCM}} \geq \tfrac{1}{2}R = \tfrac{1}{2}nf_s \tag{3-15a}$$

donde la igualdad se obtiene si se utiliza un pulso tipo (sen $x$)/$x$ para generar la forma de onda PCM. El espectro exacto de la forma de onda PCM dependerá de la forma del pulso utilizado así como también del tipo de codificación de línea. Esto se estudiará en la sección 3-5. Por ejemplo, si se utiliza un pulso rectangular con codificación de línea NRZ polar, la figura 3-16b muestra que el primer ancho de banda nulo es simplemente

$$B_{\text{PCM}} = R = nf_s \quad \text{(primer ancho de banda nulo)} \tag{3-15b}$$

La tabla 3-2 presenta una tabulación de este resultado en el caso de tasa de muestreo mínima, $f_s = 2B$. Obsérvese que el teorema de dimensionalidad de (3-15a) demuestra que el ancho de banda tiene un límite inferior dado por

$$B_{\text{PCM}} \geq nB \tag{3-15c}$$

**TABLA 3-2** RENDIMIENTO DE UN SISTEMA PCM CON CUANTIZACIÓN UNIFORME Y SIN RUIDO EN EL CANAL

| Número de niveles del cuantizador utilizados, $M$ | Longitud de la palabra PCM, $n$ bits | Ancho de banda de la señal PCM (Primer ancho de banda nulo)[a] | Relaciones de ruido de cuantización a potencia de señal analógica recuperada (dB) | |
|---|---|---|---|---|
| | | | $(S/N)_{\text{pico de salida}}$ | $(S/N)_{\text{salida}}$ |
| 2 | 1 | $2B$ | 10.8 | 6.0 |
| 4 | 2 | $4B$ | 16.8 | 12.0 |
| 8 | 3 | $6B$ | 22.8 | 18.1 |
| 16 | 4 | $8B$ | 28.9 | 24.1 |
| 32 | 5 | $10B$ | 34.9 | 30.1 |
| 64 | 6 | $12B$ | 40.9 | 36.1 |
| 128 | 7 | $14B$ | 46.9 | 42.1 |
| 256 | 8 | $16B$ | 52.9 | 48.2 |
| 512 | 9 | $18B$ | 59.0 | 54.2 |
| 1,024 | 10 | $20B$ | 65.0 | 60.2 |
| 2,048 | 11 | $22B$ | 71.0 | 66.2 |
| 4,096 | 12 | $24B$ | 77.0 | 72.2 |
| 8,192 | 13 | $26B$ | 83.0 | 78.3 |
| 16,384 | 14 | $28B$ | 89.1 | 84.3 |
| 32,768 | 15 | $30B$ | 95.1 | 90.3 |
| 65,536 | 16 | $32B$ | 101.1 | 96.3 |

[a] $B$ es el ancho de banda absoluto de la señal de entrada analógica.

donde $f_s \geq 2B$ y $B$ es el ancho de banda de la señal analógica correspondiente. De este modo, con valores razonables de $n$, *el ancho de banda de la señal PCM será significativamente más grande que el ancho de banda de la señal analógica correspondiente* que representa. Para el ejemplo mostrado en la figura 3-8 donde $n = 3$, el ancho de banda de la señal PCM será por lo menos tres veces más ancho que el de la señal analógica correspondiente. Además, si el ancho de banda de la señal PCM se reduce a causa de filtración inapropiada, o por el paso de la señal PCM a través de un sistema cuya respuesta a la frecuencia es deficiente, los pulsos filtrados se alargarán (a lo ancho) de modo que los pulsos correspondientes a cualquier bit se dispersarán hacia las ranuras de bits adyacentes. Si esta condición se torna seria, provocará errores de bits detectados. Este efecto de dispersión de pulsos se llama *interferencia intersímbolos* (ISI). Las especificaciones de filtración para el caso sin ISI se analizan en la sección 3-6.

## Efectos del ruido

La señal analógica recuperada a la salida del sistema PCM está corrompida por el ruido. Dos efectos principales producen este ruido o distorsión:

- Ruido de cuantización provocado por el cuantizador de $M$ escalones en el transmisor PCM.
- Errores de bits de la señal PCM recuperada. Los errores de bits son provocados por *ruido en canal* lo mismo que por una filtración inapropiada en el mismo, lo cual provoca ISI.

Además, si la señal analógica de entrada muestreada no estrictamente de banda limitada, habrá algo de ruido por aliasing en la señal analógica recuperada [Spilker, 1977]. En el capítulo 7, conforme a ciertas suposiciones, se demostrará que la potencia *pico* de la señal analógica recuperada con respecto a la potencia del ruido total *promedio* está dada por†

$$\left(\frac{\mathrm{S}}{\mathrm{N}}\right)_{\text{pico de salida}} = \frac{3M^2}{1 + 4(M^2 - 1)P_e} \tag{3-16a}$$

y la potencia *promedio* de la señal con respecto a la potencia del ruido promedio es



$$\left(\frac{\mathrm{S}}{\mathrm{N}}\right)_{\text{salida}} = \frac{M^2}{1 + 4(M^2 - 1)P_e} \tag{3-16b}$$

donde $M$ es el número de niveles cuantizados utilizados en el sistema PCM y $P_e$ es la probabilidad de error de bits de la señal PCM binaria recuperada en el DAC receptor antes de que se convierta de nuevo en una señal analógica. En el capítulo 7, $P_e$ se evalúa para muchos tipos diferentes de sistemas de transmisión digital de bandabase y pasabanda. En el capítulo 1 se demostró el uso de la codificación de canal para corregir algunos de los errores de bits y, por consiguiente, para reducir $P_e$. Por tanto, en muchos sistemas prácticos $P_e$ es insignificante. Si se supone que no hay errores de bits a consecuencia de ruido en el canal (es decir, $P_e = 0$) y que tampoco hay ISI, entonces, de acuerdo con la ecuación (3-16a), la relación señal a ruido pico resultante de sólo errores de cuantización es

$$\left(\frac{\mathrm{S}}{\mathrm{N}}\right)_{\text{pico de salida}} = 3M^2 \tag{3-17a}$$

† Esta derivación se pospone hasta el capítulo 7 porque se requieren conocimientos de estadística para realizarla.

y de acuerdo con la ecuación (3-16b) la relación señal a ruido promedio provocada sólo por errores de cuantización es

$$\left(\frac{S}{N}\right)_{\text{salida}} = M^2 \tag{3-17b}$$

En la tabla 3-2 se dan valores numéricos de estas relaciones de señal a ruido.

Para obtener estas relaciones de señal a ruido, una suposición crítica es que el nivel pico a pico de la forma de onda analógica a la entrada del codificador PCM se ajusta al nivel de diseño del cuantizador. Por ejemplo, en la figura 3-8a éste corresponde a la entrada que recorre el intervalo $-V$ a $+V$, donde $V = 8$ volts es el nivel de diseño del cuantizador. Las ecuaciones (3-16) y (3-17) se derivaron de formas de onda con valores igualmente probables, tal como la forma de onda triangular, que tiene un valor de pico a pico de $2V$ y un valor rms de $V/\sqrt{3}$, donde $V$ es el nivel pico de diseño del cuantizador.

Desde un punto de vista práctico, el ruido de cuantización a la salida del decodificador PCM se puede categorizar en cuatro tipos según las condiciones de operación. Los cuatro tipos son ruido de sobrecarga, ruido aleatorio, ruido granular y ruido de oscilación. Como se vio con anterioridad, el nivel de la forma de onda analógica a la entrada del codificador PCM se tiene que ajustar de modo que el nivel pico no exceda el pico de diseño de $V$ volts. Si la entrada pico sobrepasa a $V$, entonces la forma de onda analógica recuperada a la salida del sistema PCM tendrá crestas planas cerca de los valores pico. Esto produce *ruido de sobrecarga*. Las crestas planas se ven con facilidad en un osciloscopio y la forma de onda analógica recuperada suena distorsionada puesto que el aplanamiento de las crestas produce componentes armónicos indeseables. Por ejemplo, este tipo de distorsión se puede oír en un sistema de telefonía PCM (por ejemplo, las líneas de AT&T y SLC como se describe en el capítulo 8), en el que existen niveles altos tales como tonos de marcación, señales de ocupado o señales de descolgado.

El segundo tipo de ruido, *ruido aleatorio*, es producido por los errores aleatorios de cuantización en el sistema PCM en condiciones normales de operación cuando el nivel de entrada se ajusta adecuadamente. En la ecuación (3-17) se supone este tipo de condición. El ruido aleatorio tiene un sonido silbante "blanco". Si el nivel de entrada no es suficientemente grande, la relación de señal a ruido se deteriorará desde la dada por la ecuación (3-17) hasta una descrita más adelante por las ecuaciones (3-28a) y (3-28b); sin embargo, el ruido de cuantización continuará siendo más o menos aleatorio.

Si el nivel de entrada se reduce aún más hasta un valor relativamente pequeño con respecto al nivel de diseño, los valores de error no son igualmente probables de una muestra a otra, y el ruido tiene un sonido áspero como si se estuviera vaciando grava en un barril. Éste se llama *ruido granular*. Este tipo de ruido se puede volver aleatorio (potencia de ruido disminuida) al incrementar el número de niveles de cuantización, y, por consiguiente, al aumentar la velocidad de transferencia de bits PCM. Por otra parte, el ruido granular se reduce con la utilización de un cuantizador no uniforme, tal como el cuantizador de ley $\mu$ o el cuantizador de ley $A$ descritos en la siguiente sección.

El cuarto tipo de ruido de cuantización que se puede presentar a la salida de un sistema PCM es el *ruido de oscilación*. Ocurre cuando la forma de onda analógica de entrada permanece casi constante, incluso cuando no hay señal (es decir, nivel cero). En estas condiciones los valores de muestreo a la salida del cuantizador (véase la figura 3-8) puede oscilar entre dos niveles de cuantización adyacentes, lo que provoca un tono de frecuencia tipo senoidal indeseable $\frac{1}{2}f_s$ a la salida del sistema PCM. El ruido de oscilación se reduce filtrando el tono o diseñando el cuantizador de modo que no haya ningún escalón vertical al valor "constante" de las entradas, tal como a una entrada de cero volts cuando no hay señal. En el caso en que no hay señal, el ruido de oscilación también se llama *ruido en canal en reposo*. El ruido en canal en reposo se reduce utilizando un escalón horizontal en el origen de la característica de entrada-salida del cuantizador en un lugar de un escalón vertical como se muestra en la figura 3-8a.

Recordando que $M = 2^n$, las ecuaciones (3-17a) y (3-17b) se expresan en decibeles como

$$\left(\frac{S}{N}\right)_{dB} = 6.02n + \alpha \qquad (3\text{-}18)$$

donde $n$ es el número de bits en la palabra PCM, $\alpha = 4.77$ para la relación de señal a ruido pico, y $\alpha = 0$ para la relación de señal a ruido promedio. Esta ecuación —llamada *regla de 6 dB*— señala la característica de rendimiento significativo de la PCM: *por cada bit agregado a la palabra PCM se obtiene una mejora adicional de 6 dB en la relación de señal a ruido*. Esto se ilustra en la tabla 3-2. La ecuación (3-18) es válida para una amplia variedad de suposiciones (tales como varios tipos de formas de onda de entrada y características de cuantización), aunque el valor dependerá de estas suposiciones [Jayant y Noll, 1984]. Se supone que no hay errores de bits y que el nivel de la señal de entrada es suficientemente grande para fluctuar dentro de un número significativo de niveles de cuantización.

## Ejemplo 3-1 DISEÑO DE UN SISTEMA PCM

Supóngase que se va a transmitir una señal de frecuencia de voz analógica que ocupa una banda de 300 a 3400 Hz a través de un sistema PCM binario. La frecuencia mínima de muestreo sería $2 \times 3.4 = 6.8$ kHz. En la práctica, la señal estaría sobremuestreada, y en Estados Unidos una frecuencia de muestreo de 8 kHz es la estándar utilizada para señales de frecuencia de voz en sistemas de telefonía. Supóngase que cada valor de muestra está representado por 7 bits de información más 1 bit de paridad; entonces, la velocidad de transferencia de bits de la señal PCM es

$$R = (f_s \text{ muestras/s})(n \text{ bits/muestra})$$

$$= (8\text{k muestras/s})(8 \text{ bits/muestra}) = 64 \text{ kbits/s} \qquad (3\text{-}19)$$

Como la señalización es binaria (es decir, dos niveles posibles), cada dimensión† (o símbolo) porta un bit de datos, de modo que la velocidad en baudios es igual a la velocidad de transferencia de bits, o $D = R = 64$k símbolos/s. Con respecto al teorema de dimensionalidad (3-15a), se ve que el ancho de banda absoluto teóricamente mínimo de la señal PCM es

$$(B)_{\text{mín}} = \tfrac{1}{2}D = 32 \text{ kHz} \qquad (3\text{-}20)$$

y éste se obtiene si la forma de onda PCM se compone de pulsos (sen $x$)/$x$. Si se utilizan pulsos rectangulares, el ancho de banda es infinito y el primer ancho de banda nulo, como se muestra en la figura 3-12b, es.

$$(B)_{\text{nulo}} = R = \frac{1}{T_b} = 64 \text{ kHz} \qquad (3\text{-}21)$$

Es decir, se requiere un ancho de banda de 64 kHz para transmitir esta señal PCM de voz digital donde el ancho de banda de la señal de voz analógica original era, cuando mucho, de 4 kHz. (En la sección 3-5 se verá que el ancho de banda de esta señal PCM binaria se reduce un poco al filtrarla sin la introducción de ISI.) Al utilizar la ecuación (3-17a), se observa que la relación de señal pico a potencia de ruido de cuantización es

† Véase la figura 3-11 que ilustra la expansión de una señal tridimensional. En este ejemplo se obtiene una expansión de señal de ocho dimensiones.

$$\left(\frac{S}{N}\right)_{\text{pico de salida}} = 3(2^7)^2 = 46.9 \text{ dB} \tag{3-22}$$

donde $M = 2^7$. Obsérvese que la inclusión de un bit de paridad no afecta el ruido de cuantización. Sin embargo, se puede usar codificación (bits de paridad) para disminuir los errores decodificados provocados por ruido en el canal o ISI. En este ejemplo, se supuso que estos efectos eran insignificantes porque se supuso que $P_e$ era cero.

El desempeño de un sistema PCM en el mejor de los casos (es decir, $P_e = 0$) se obtiene con facilidad como una función de $M$, el número de escalones de cuantización utilizado. Los resultados se muestran en la tabla 3-2. Cuando se obtuvo la relación de señal a ruido, no se utilizaron bits de paridad en la palabra PCM.

Esta tabla se podría usar para revisar los requisitos de diseño en un sistema PCM propuesto. Por ejemplo, los entusiastas de la alta fidelidad están recurriendo a las técnicas de grabación de audio digitales. En éstas se graban señales PCM en lugar de señales de audio analógica para producir una soberbia reproducción de sonido. En un rango dinámico de 90 dB, se ve que por lo menos se requerirían palabras PCM de 15 bits. Además, si la señal analógica tuviera un ancho de banda de 20 kHz, el primer ancho de banda nulo de una PCM rectangular sería de $2 \times 20$ kHz $\times 15 = 600$ kHz. Con tolerancia a cierto sobremuestreo y un ancho de banda más amplio para reducir al mínimo la ISI, el ancho de banda requerido sería de unos 1.5 MHz. Por consiguiente, se requieren videograbadoras de cinta para grabar y reproducir señales de audio digital de alta calidad. Aunque al principio este tipo de técnica de grabación podría parecer ridícula, se cae en la cuenta que los costosos aparatos de grabación analógica de alta calidad se ven muy apremiados para reproducir un rango dinámico de 70 dB. Por tanto, el audio digital es una manera de lograr un mejor rendimiento. Esto se ha comprobado en el mercado con la popularidad del disco compacto digital (CD). El CD utiliza una palabra PCM de 16 bits y una razón de muestreo de 44.1 kHz en cada canal estéreo [Miyaoka, 1984; Peek, 1985]. Se utiliza la codificación de Reed-Solomon con intercalamiento para corregir errores por ráfaga que ocurren a consecuencia de rayaduras y huellas digitales en el disco compacto.

## Cuantización no uniforme: compresión-expansión de ley $\mu$ y ley $A$

Es mucho más probable que las señales analógicas de voz tengan valores de amplitud cerca de cero que en los valores pico permitidos. Por ejemplo, cuando se digitalizan señales de voz, si el valor pico permitido es de 1 V, los pasos débiles pueden tener niveles de voltaje del orden de 0.1 V (20 dB hacia abajo). En el caso de señales como ésas, con distribución de amplitud no uniforme, el ruido de cuantización granular será un problema serio si el tamaño del escalón no se reduce para valores de amplitud próximos a cero y se incrementa para valores extremadamente grandes. Esto se llama *cuantización no uniforme* puesto que se utiliza un tamaño de escalón variable. En la figura 3-9a se muestra un ejemplo de una característica de cuantización no uniforme.

El efecto de cuantización no uniforme se obtiene haciendo pasar primero la señal analógica a través de un amplificador de compresión (no lineal) y en seguida a través de un circuito PCM que utiliza un cuantizador uniforme. En Estados Unidos se utiliza la característica de *compresión* tipo ley $\mu$. Está definida [Smith, 1957] por

$$|w_2(t)| = \frac{\ln(1 + \mu|w_1(t)|)}{\ln(1 + \mu)} \tag{3-23}$$

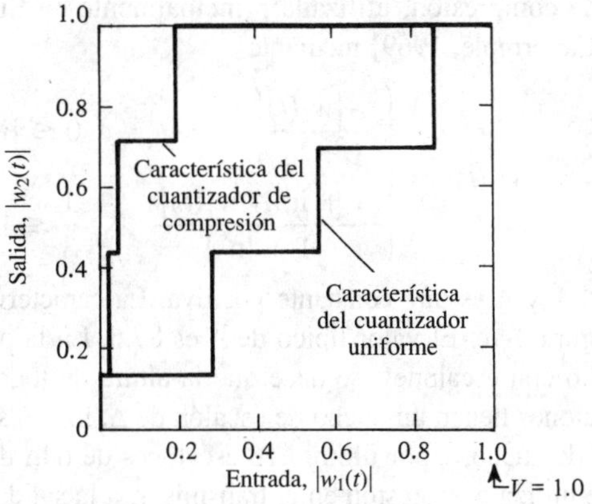


a) Característica de cuantizador con $M = 8$

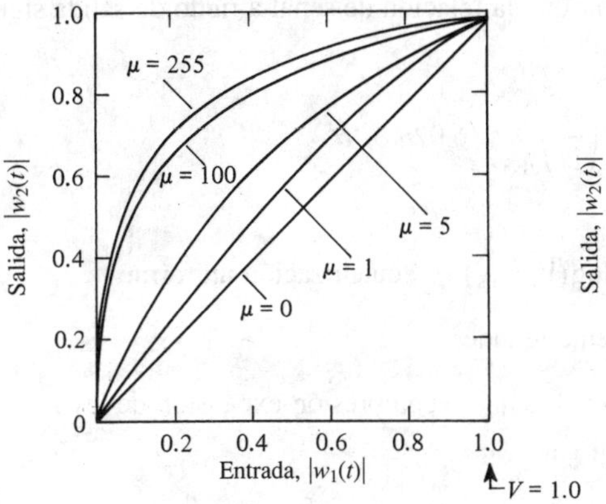


b) Característica de ley $\mu$

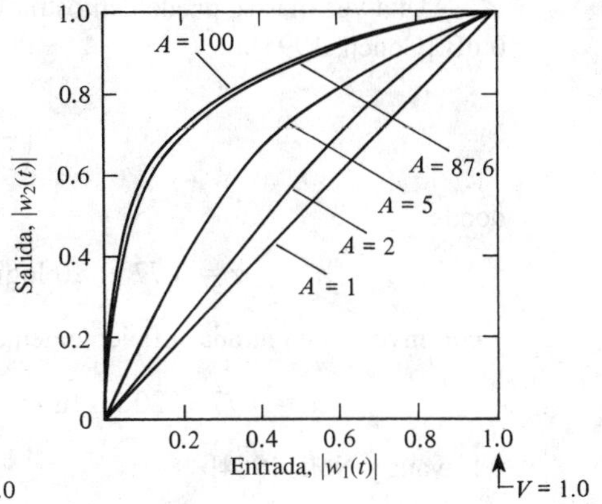


c) Característica de ley $A$

**Figura 3-9** Características de compresión (primer cuadrante mostrado).

donde los valores pico permitidos de $w_1(t)$ son $\pm$ 1 (es decir, $|w_1(t)| \leq 1$), $\mu$ es un parámetro constante positivo, y ln es el logaritmo natural. Esta característica de compresión se muestra en la figura 3-9b, para varios valores de $\mu$, y se observa que $\mu = 0$ corresponde a amplificación lineal (cuantización uniforme total). En Estados Unidos, Canadá y Japón, las compañías telefónicas utilizan una característica de compresión $\mu = 255$ en sus sistemas PCM [Dammann, McDaniel y Maddox, 1972]. En la práctica las características no lineales uniformes de la figura 3-9b se aproximan con escalones como se muestra en la figura 3-9a. Por ejemplo, para reproducir con más o menos precisión la característica $\mu = 255$, se hace que la altura de los escalones sea $\Delta$, entonces los primeros 16 escalones tienen un ancho de $\Delta$, los 16 escalones siguientes de $2\Delta$, seguidos por 80 escalones de $4\Delta$, y, por último, 16 escalones de $128\Delta$.

Otra ley de compresión, utilizada principalmente en Europa, es la característica ley $A$. Ésta se define [Cattermole, 1969] mediante

$$|w_2(t)| = \begin{cases} \dfrac{A|w_1(t)|}{1 + \ln A}, & 0 \le |w_1(t)| \le \dfrac{1}{A} \\ \dfrac{1 + \ln(A|w_1(t)|)}{1 + \ln A}, & \dfrac{1}{A} \le |w_1(t)| \le 1 \end{cases} \quad (3\text{-}24)$$

donde $|w_1(t)| \le 1$ y $A$ es una constante positiva. La característica de compresión de ley $A$ se muestra en la figura 3-9c. El valor típico de $A$ es 87.6. En la práctica, para aproximar la característica $A = 87.6$ con escalones, se hace que la altura de todos los escalones sea $\Delta$, luego los primeros 32 escalones tienen un ancho de escalón de $\Delta$, los 16 siguientes de $2\Delta$, seguidos por 64 escalones de $4\Delta$ de ancho, y por último, 16 escalones de $64\Delta$ de ancho.

Cuando se utiliza compresión en el transmisor, a la salida del receptor se debe utilizar *expansión* (es decir, descompresión) para restaurar los niveles de la señal a sus valores relativos correctos. La característica de *expansor* es la inversa de la característica de compresión; la combinación de un compresor y un expansor se llama *compandor*.

Una vez más se puede demostrar que la relación de señal a ruido de salida sigue la ley de 6 dB [Couch, 1993].

$$\left(\frac{S}{N}\right)_{dB} = 6.02n + \alpha \quad (3\text{-}25)$$

donde

$$\alpha = 4.77 - 20\log(V/x_{rms}) \qquad \text{cuantización uniforme} \quad (3\text{-}26a)$$

y con niveles de entrada suficientemente grandes

$$\alpha \approx 4.77 - 20\log[\ln(1 + \mu)] \qquad \text{compresión-expansión de ley } \mu \quad (3\text{-}26b)$$

y [Jayant y Noll, 1984]

$$\alpha \approx 4.77 - 20\log[1 + \ln A] \qquad \text{compresión-expansión de ley } A \quad (3\text{-}26c)$$

$n$ es el número de bits utilizado en la palabra PCM, $V$ es el nivel de diseño pico del cuantizador y $x_{rms}$ es el valor rms de la señal analógica de entrada. Obsérvese que la relación de señal a ruido de salida es una función del nivel de entrada en el caso de cuantización uniforme (sin compresión-expansión) aunque es relativamente insensible al nivel de entrada en el caso de compresión-expansión de ley $\mu$ y ley $A$ como se muestra en la figura 3-10. La relación $V/x_{rms}$ se llama *factor de carga*. Con frecuencia se establece el nivel de entrada para un factor de carga de 4, el cual es de 12 dB, para garantizar que el ruido de cuantización por sobrecarga será insignificante. En la práctica, esto da $\alpha = -7.3$ en el caso de codificación uniforme en comparación con $\alpha = 0$ obtenido en las condiciones ideales asociadas con (3-17b). Todos estos resultados provocan un incremento de 6 dB en la relación de señal a ruido de cuantización por cada bit agregado a la palabra de código PCM.

## 3-4 SEÑALIZACIÓN DIGITAL

En esta sección se planteará la pregunta: ¿cómo se representa matemáticamente una señal digital, como la señal PCM de la figura 3-8d, y cómo se calcula su ancho de banda?

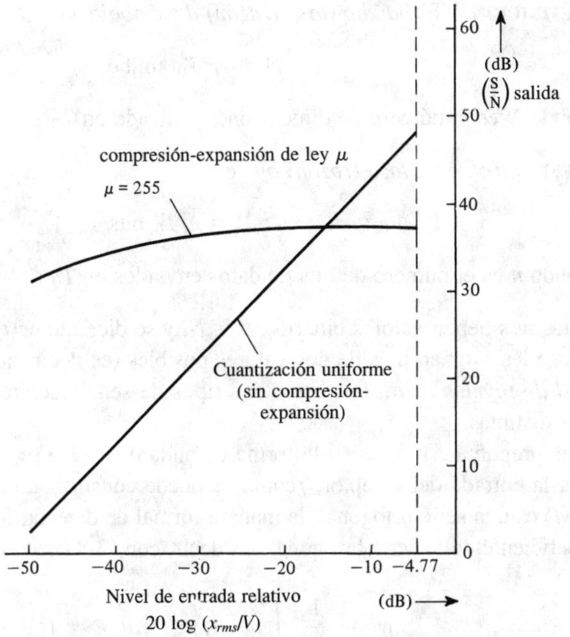


**Figura 3-10** Relación de señal a ruido de salida de sistemas PCM de 8 bits con y sin compresión-expansión.

Las formas de onda de voltaje (o corriente) de señales digitales se pueden expresar como una serie ortogonal con un número finito de términos, $N$. Es decir, la forma de onda se puede escribir como

$$w(t) = \sum_{k=1}^{N} w_k \varphi_k(t), \; 0 < t < T_0 \tag{3-27}$$

donde $w_k$ representa los datos digitales y $\varphi_k(t)$, $k = 1, 2 \ldots N$, son $N$ funciones ortogonales que dan forma a la onda. (Esto se ilustrará con ejemplos en las secciones sobre formas de onda binarias y formas de onda de niveles múltiples.) $N$ es el número de dimensiones requerido para describir la forma de onda. El término *dimensión* surge de la interpretación geométrica descrita en la siguiente sección sobre Representación vectorial. La forma de onda $w(t)$ dada por la expresión (3-27) representa una palabra PCM o cualquier mensaje de la fuente digital de mensajes $M$, donde a cada mensaje se le asigna un conjunto único de datos digitales $\{w_k\}$, $k = 1, 2 \ldots N$ para representar dicho mensaje. Por ejemplo, en el caso de una fuente binaria que consiste en un teclado de computadora ASCII, a la letra $X$ se le asigna la palabra de código 0001101. (Véase el apéndice C, tabla C-2.) Por tanto, en este caso, $w_1 = 0$, $w_2 = 0$, $w_3 = 0$, $w_4 = 1$, $w_5 = 1$, $w_6 = 0$, $w_7 = 1$ y $N = 7$. En este mensaje (es decir, la letra $X$) se envía en un intervalo de tiempo de $T_0$ segundos, entonces el voltaje (o forma de onda de corriente) que representa este mensaje, descrita por (3-27), tendría un intervalo de tiempo de $T_0$ s y la tasa datos se compararía mediante las siguientes definiciones:

**Definición.** El *baudio* (*tasa (razón) de símbolos*) es†

$$D = N/T_0 \text{ símbolos/s} \tag{3-28}$$

donde $N$ es el número de dimensiones utilizado en $T_0$ s.

**Definición.** La *tasa (razón) bits* es

$$R = n/T_0 \text{ bits/s} \tag{3-29}$$

donde $n$ es el número de bits de datos enviados en $T_0$ s.

Cuando las $w_k$s tienen valores binarios, $n = N$, y se dice que $w(t)$ es una *señal binaria*. Cuando a las $w_k$s se les asignan más de dos valores posibles (es decir, no binarios), se dice que $w(t)$ es una *señal de niveles múltiples*. Estos dos tipos de señalización se analizan a continuación en secciones distintas.

Una pregunta crítica es: si la forma de onda de (3-27) se transmite a través de un canal y aparece a la entrada del receptor, ¿cómo se puede construir un receptor que detecte los datos? Como $w(t)$ es una serie ortogonal, la manera formal de detectar los datos es que el receptor evalúe el coeficiente de la serie ortogonal. Es decir, con (2-84),

$$w_k = \frac{1}{K_k}\int_0^{T_0} w(t)\varphi_k^*(t)\,dt,\ k = 1, 2, \ldots N \tag{3-30}$$

donde $w(t)$ es la forma de onda a la entrada del receptor y $_k(t)$ es la función ortogonal conocida que se utilizó para generar la forma de onda recibida. También se puede demostrar que (3-30) es la manera óptima de detectar datos cuando la señal recibida es corrompida por ruido blanco aditivo; este procedimiento se llama detección de *filtro acoplado* mediante el procesamiento de correlación descrito en la sección 6-8. La detección de datos se ilustra en los ejemplos 3-3 y 3-4.

## Representación vectorial

La representación en el espacio de la función ortogonal de (3-27) corresponde al espacio vectorial ortogonal representado por

$$w = \sum_{j=1}^{N} w_j\varphi_j \tag{3-31a}$$

donde la negrilla denota un vector que representa la forma de onda de (3-27) y $\{\varphi_j\}$ es un conjunto vectorial ortogonal. **w** es un vector de $N$ dimensiones en el espacio vectorial euclidiano, y $\{_j\}$ es un conjunto de $N$ vectores direccionales que se transforma en un conjunto vectorial unitario cuando todas las $K_j$ (2-78) son unitarias. Una notación abreviada para el vector **w** de (3-52a) es un vector en hilera:

$$\mathbf{w} = (w_1, w_2, w_3, \ldots, w_N) \tag{3-31b}$$

† En la bibliografía técnica, en ocasiones se utiliza el término *tasa de baudios* en lugar de baudios aun cuando tasa de baudios es un nombre inapropiado, puesto que el término *baudio*, por definición, es la tasa de símbolos (símbolos/segundo).

**Ejemplo 3-2** REPRESENTACIÓN VECTORIAL DE UNA SEÑAL BINARIA

Examine la representación de la forma de onda de una señal (binaria) de 3 bits mostrada en la figura 3-11a. Esta señal se podría representar directamente mediante

$$s(t) = \sum_{j=1}^{N=3} d_j p[t - (j - \tfrac{1}{2})T] = \sum_{j=1}^{N=3} d_j p_j(t)$$

donde $p(t)$ se muestra en la figura 3-11b y $p_j(t) \triangleq p[t - (j - \frac{1}{2})T]$.

La $\{p_j(t)\}$ es un conjunto de funciones ortogonales no normalizadas.

$$\mathbf{d} = (d_1, d_2, d_3) = (1, 0, 1)$$

es la palabra binaria donde 1 representa un uno (1) binario y 0 un cero (0) binario. $p(t)$ es el pulso por cada bit.

Con el enfoque de función ortogonal, la forma de onda se representa como

$$s(t) = \sum_{j=1}^{N=3} s_j \varphi_j(t)$$

Sea $\{\varphi_j(t)\}$ el conjunto de funciones orto*normales*. Entonces, si se utiliza la ecuación (2-78),

$$\varphi_j(t) = \frac{p_j(t)}{\sqrt{K_j}} = \frac{p_j(t)}{\sqrt{\int_0^{T_0} p_j^2(t)\, dt}} = \frac{p_j(t)}{\sqrt{25T}}$$

o

$$\varphi_j(t) = \begin{cases} \dfrac{1}{\sqrt{T}}, & (j-1)T < t < jT \\ 0, & t \text{ de lo contrario} \end{cases}$$

donde $j = 1, 2$ o $3$. Con (2-84) donde $a = 0$ y $b = 3T$, se encuentra que los coeficientes de la serie ortogonal de la señal digital mostrada en la figura 3-11a son

$$\mathbf{s} = (s_1, s_2, s_3) = (5\sqrt{T}, 0, 5\sqrt{T})$$

La representación vectorial de $s(t)$ se muestra en la figura 3-11d. Obsérvese que en este caso de $N = 3$ dimensiones con señalización binaria, sólo $2^3 = 8$ mensajes diferentes se podrían representar. Cada mensaje corresponde a un vector que termina en un vértice de un cubo.

## Estimación del ancho de banda

El límite inferior del ancho de banda de la forma de onda que representa la señal digital, (3-27), se obtiene a partir del teorema de dimensionalidad. Por tanto, con las ecuaciones (2-174) y (3-28), el ancho de banda de la forma de onda $w(t)$ es

$$B \geq \frac{N}{2T_0} = \frac{1}{2} D \text{ Hz} \tag{3-32}$$

Si las funciones $\varphi_k(t)$ son tipo sen $(x)/x$, se obtendrá el límite inferior del ancho de banda absoluto de $N/(2T_0) = D/2$; de lo contrario (es decir, con otras formas de pulso), el ancho de banda será mayor que este límite inferior. La ecuación (3-32) es útil para predecir el ancho de banda de señales digitales, en especial cuando el ancho de banda exacto de la señal digital es difícil (o imposible) de calcular. Esta cuestión se ilustra en los ejemplos 3-3 y 3-4.

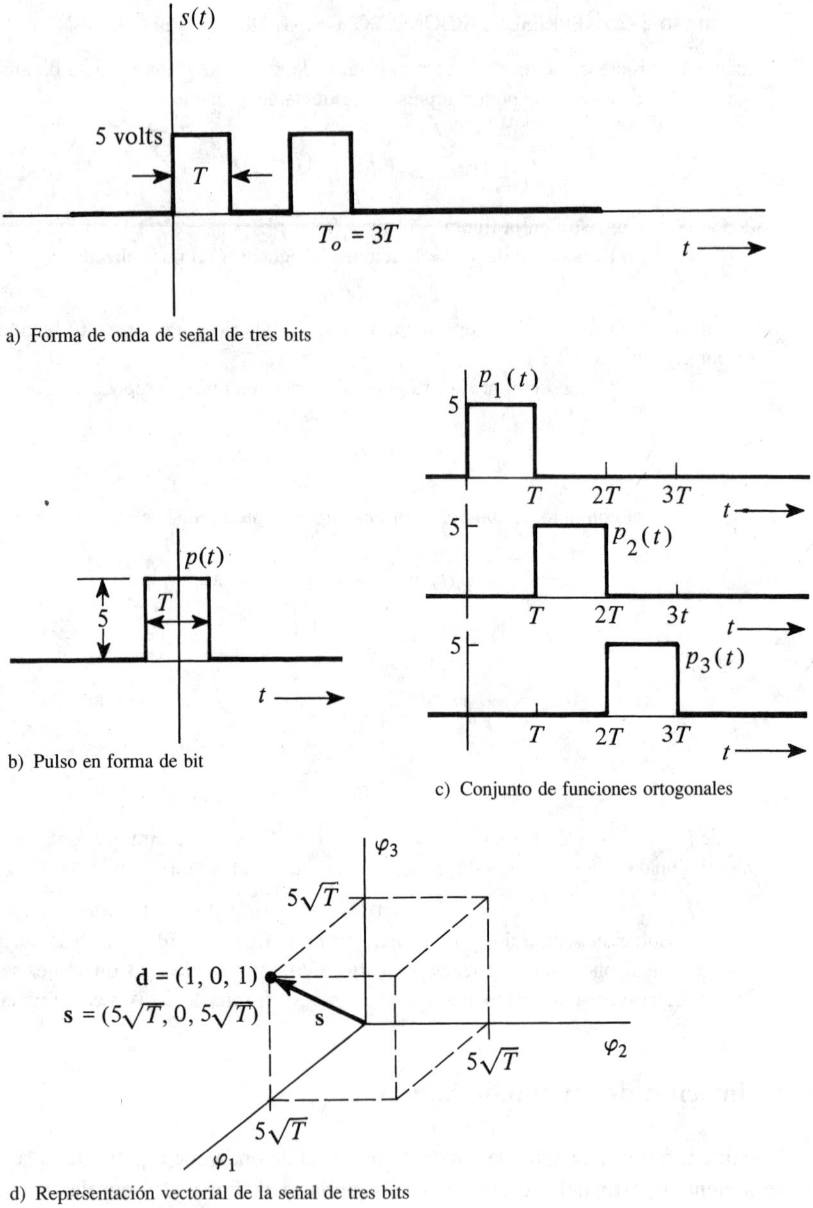


**Figura 3-11** Representación de una señal digital de tres bits.

## Señalización binaria

Una forma de onda que representa una señal binaria se puede describir con la serie ortogonal de $N$ dimensiones, (3-27), donde los coeficientes, $w_k$, asumen valores binarios. Con el ejemplo siguiente se ilustran más detalles sobre la señalización binaria incluidas sus formas de onda, la tasa de datos y el ancho de banda de la forma de onda.

## Ejemplo 3-3 SEÑALIZACIÓN BINARIA

Examínense algunas propiedades de la *señalización binaria* proveniente de una fuente digital que sea capaz de producir $M = 256$ mensajes diferentes. Cada mensaje se podría representar con palabras binarias de $n = 8$ bits porque $M = 2^n = 2^8 = 256$. Supóngase que se requiere $T_0 = 8$ ms para transmitir un mensaje, y que se va a transmitir un mensaje particular correspondiente a la palabra de código 01001110. Luego,

$$w_1 = 0, w_2 = 1, w_3 = 0, w_4 = 0, w_5 = 1, w_6 = 1, w_7 = 1, w_8 = 0$$

**CASO 1. FUNCIONES ORTOGONALES DE PULSO RECTANGULAR** Supóngase que las funciones ortogonales $\varphi_k(t)$ están dadas por pulsos rectangulares de amplitud unitaria de $T_b = T_0/n = 8/8 = 1$ ms de ancho, donde $T_b$ es el tiempo que se lleva enviar un bit de datos. Entonces, con (3-27) y MATLAB, la forma de onda transmitida resultante está dada por la figura 3-12a.

Los datos se detectan en el receptor evaluando los coeficientes de la serie ortogonal dada por (3-30). En el caso de pulsos rectangulares, esto equivale a muestrear la forma de onda en cualquier parte del intervalo de bits.† En la figura 3-12a se ve que el muestreo dentro de cada intervalo $T_b = 1$ ms da por resultado la detección de la palabra de datos de 8 bits correcta 01001110.

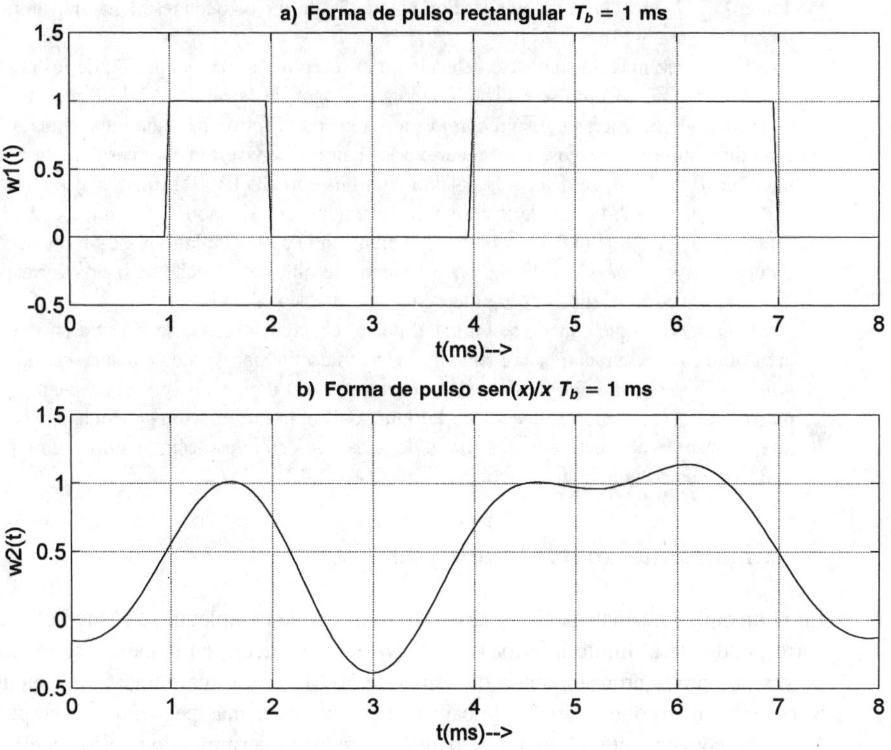


**Figura 3-12** Señalización binaria (calculada)

† La detección por muestreo es óptima sólo si la forma de onda recibida no contiene ruido. Véase el análisis después de (3-30).

La tasa de bits y los baudios (tasa [razón] de símbolos) de la señal binaria son $R = n/T_0 =$ 1 kbits/s y $D = N/T_0 = 1$ kbaudios, porque $N = n = 8$ y $T_0 = 8$ ms. Es decir, la velocidad de transferencia de bits y los baudios son iguales para la señalización binaria.

¿Cuál es el ancho de banda de la forma de onda de la figura 3-12a? Con (3-32), el límite inferior del ancho de banda es $\frac{1}{2}D = 500$ Hz. En la sección 3-5 se muestra que el ancho de banda nulo real de esta señal binaria de pulso rectangular es $B = 1/T_s = D = 1000$ Hz. Éste es mayor que el límite inferior del ancho, por lo que surge la pregunta: ¿cuál es la forma de onda que da el límite inferior del ancho de banda de 500 Hz? La respuesta es una con pulsos sen $(x)/x$ como se describe en el caso 2.

**CASO 2. FUNCIONES ORTOGONALES DE PULSO SEN (*X*)/*X*.** Desde un punto de vista intuitivo, se sabe que se tienen que redondear los vértices afilados del pulso rectangular para reducir el ancho de banda de la forma de onda. Además, recordando el estudio del teorema de muestreo, (2-158), se deduce que el pulso tipo sen $(x)/x$ tiene el ancho de banda mínimo. Por consiguiente, se hace que la función ${}_k(t)$ sea

$$ {}_k(t) = \frac{\operatorname{sen}\left\{\dfrac{\pi}{T_s}(t - kT_s)\right\}}{\dfrac{\pi}{T_s}(t - kT_s)} \tag{3-33}$$

donde $T_s = T_b$ en el caso de señalización binaria. La forma de onda resultante transmitida se muestra en la figura 3-12b.

Una vez más, los datos se detectan en el receptor con la evaluación de los coeficientes de la serie ortogonal. Como se utilizan funciones ortogonales sen$(x)/x$, (2-160) muestra que los datos se pueden recuperar tan sólo con el muestreo† de la forma de onda recuperada a la mitad de cada intervalo de símbolos. Si se recurre a la figura 3-12 y se toman muestras a la mitad de cada intervalo $T_s = 1$ ms, se detecta la palabra de 8 bits correcta 01001110.

En el caso 2, la tasa de los bits y los baudios sigue siendo $R = 1$ kbit/s y $D = 1$ kbaudio. El ancho de banda de (3-33) absoluto se evalúa con la ayuda de la figura 2-6b donde $2W = 1/T_s$. Es decir, $B = 1/(2T_s) = 500$ Hz. De este modo se obtiene el ancho de banda correspondiente al límite inferior (pronosticado por el teorema de dimensionalidad).

Obsérvese que cuando se utiliza el pulso rectangular, como se muestra en la figura 3-12a, la información generada por la fuente digital se transmite por medio de una *forma de onda digital binaria*. Es decir, la señal digital es una forma de onda digital. Sin embargo, cuando se utiliza el pulso sen $(x)$ / $x$, como se muestra en la figura 3-12b, la información generada por la fuente digital se transmite por medio de una forma de onda *analógica* (es decir, se utiliza un número infinito de valores de voltaje que fluctúan entre $-0.4$ y 1.2 V).

## Señalización de niveles múltiples

En el ejemplo de señalización binaria que se acaba de completar, se obtuvo el ancho de banda correspondiente al límite inferior de $B = N/(2T_0)$. Es decir, en el caso 2 se requirieron $N = 8$ pulsos que produjeron un ancho de banda de 500 Hz para una duración del mensaje de $T_0 =$ 8 ms. Sin embargo, este ancho de banda se podría hacer más pequeño si $N$ se pudiera reducir. $N$ (y, por consiguiente, el ancho de banda) se reducen permitiendo que los coeficientes $w_k$s de (3-27) asuman $L > 2$ valores posibles (en lugar de los 2 valores posibles utilizados en la seña-

† La detección por muestreo es óptima sólo si la forma de onda recibida no contiene ruido. Véase el análisis después de (3-30).

lización binaria). Cuando los $w_k$s asumen $L > 2$ valores posibles, la forma de onda resultante obtenida con (3-27) se llama *señal de niveles múltiples.*

## Ejemplo 3-4 SEÑAL DE L = 4 NIVELES MÚLTIPLES

En este caso, la fuente de $M = 256$ mensajes del ejemplo 3-3 se codifica para transformarla en una señal de $L = 4$ niveles múltiples, y el mensaje se envía, una vez más, en $T_0 = 8$ ms. Los datos de niveles múltiples se obtienen codificando los datos binarios de $\ell$ bits de la fuente de mensajes para transformarlos en datos de $L$ niveles por medio de un *convertidor digital a analógico* (DAC),† como se muestra en la figura 3-13. Por ejemplo, un posible esquema de codificación con un DAC de $\ell = 2$ bits se muestra en la tabla 3-3. Se leen $\ell = 2$ bits a la vez para producir una salida de $L = 4$ posibles niveles, donde $L = 2^{\ell}$.

**TABLA 3-3** CONVERTIDOR DIGITAL A ANALÓGICO DE 2 BITS

| Entrada binaria ($\ell$ = 2 bits) | Nivel de salida (V) |
|---|---|
| 11 | +3 |
| 10 | +1 |
| 00 | −1 |
| 01 | −3 |

Por tanto, para la palabra de código binario 01001110, la secuencia de salidas de 4 niveles serían −3, −1, +3, +1. Por consiguiente, los $w_k$s de (3-27) serían $w_1 = -3$, $w_2 = -1$, $w_3 = +3$, y $w_4 = +1$, donde se utilizaron $N = 4$ dimensiones. La forma de onda correspondiente de $L = 4$ niveles múltiples se muestra en la figura 3-14. La figura 3-14a da la forma de onda de niveles múltiples cuando se utilizan pulsos rectangulares para $\varphi_k(t)$ y la figura 3-14b da la forma de onda de niveles múltiples cuando se utilizan pulsos sen $(x)/x$. En uno u otro caso, el receptor podría recuperar los datos de 4 niveles correspondientes a los valores $w_k$ muestreando la forma de onda recibida a la mitad de los intervalos de símbolos $T_s = 2$ ms.‡

Para estas señales de niveles múltiples de $L = 4$, el intervalo de bit equivalente es $T_b = 1$ ms porque cada símbolo porta $\ell = 2$ bits de datos (es decir, uno de los $L = 4$ niveles como se

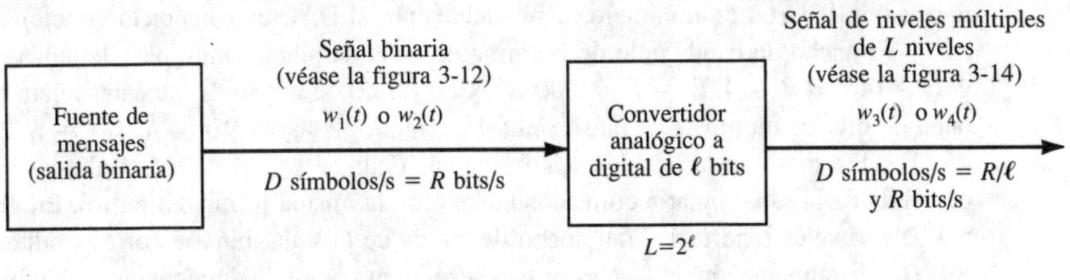


**Figura 3-13** Conversión de señal binaria a señal de niveles múltiples.

† El término *analógico* en un convertidor digital a analógico es un nombre erróneo porque la salida es una señal digital de $L$ niveles. Sin embargo, estos dispositivos se denominan convertidores digitales a analógicos en manuales de datos.

‡ La detección por muestreo es óptima sólo si la forma de onda recibida no contiene ruido. Véase el análisis después de (3-30).

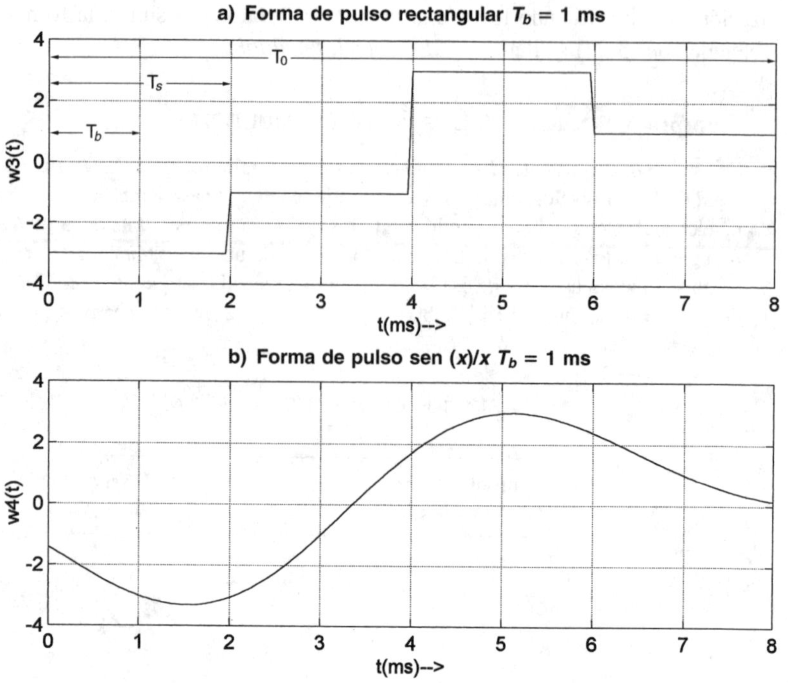


**Figura 3-14** Señalización de niveles múltiples con $L = 4$ (calculada).

muestra en la tabla 3-3). La tasa de bits es $R = n/T_0 = \ell/T_s = 1$ kbit/s (igual que en el ejemplo 3-3), y la velocidad en baudios es $D = N/T_0 = 1/T_s = 0.5$ kbaudios (diferente del ejemplo 3-3). La tasa de bits y la velocidad en baudios están relacionadas por

$$R = \ell D \tag{3-34}$$

donde $\ell = \log_2(L)$ es el número de bits leídos por el DAC en cada ciclo de reloj.

El ancho de banda nulo de la forma de onda de niveles múltiples de pulso rectangular, figura 3-14a, es $B = 1/T_s = D = 500$ Hz. Con (3-32), el ancho de banda absoluto de la forma de onda de niveles múltiples de pulso sen $(x)/x$, figura 3-14b, es $B = N/(2T_0) = 1/(2T_s) = D/2 = 250$ Hz. Por tanto, cada una de estas formas de onda de $L = 4$ niveles múltiples tiene 1/2 ancho de banda de la señal binaria correspondiente (con la misma forma del pulso). En general, una señal de $L$ niveles tendría $1/\ell$ del ancho de banda de la señal binaria correspondiente donde $\ell = \log_2(L)$. Esta reducción del ancho de banda se logra porque la duración del símbolo de la señal de niveles múltiples es $\ell$ veces la de la señal binaria. La tasa de bits, $R$, de la señal binaria es $\ell$ veces la tasa del símbolo de la señal de niveles múltiples.

En la siguiente sección se obtienen fórmulas exactas para la densidad espectral de potencia de las señales binarias y de niveles múltiples.

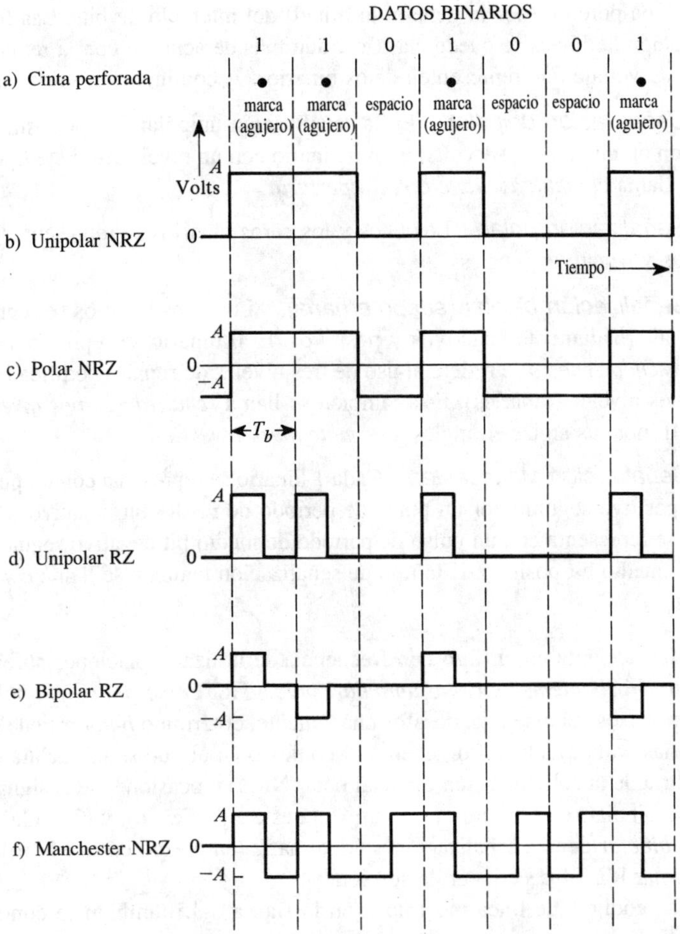


**Figura 3-15** Formatos de señalización binaria.

# 3-5 CÓDIGOS DE LÍNEA Y ESPECTRO

## Codificación de línea binaria

Los unos y los ceros binarios, como en la señalización PCM, se representan en varios formatos de señalización de bits serial llamados *códigos de línea*. En la figura 3-15 se muestran algunos de los códigos de línea más populares.† Existen dos categorías principales: *con retorno a cero* (RZ, por sus siglas en inglés: *return-to-zero*) y *sin retorno a cero* (NRZ, por sus siglas en inglés: *nonreturn-to-zero*. Con codificación RZ, la forma de onda retorna a un nivel de cero volts

† En rigor, la cinta de papel perforada es un medio de almacenamiento, no un código de líneas. Sin embargo, se incluye por cuestiones históricas para ilustrar el origen de los términos *marca* y *espacio*. En cinta de papel perforada el 1 binario corresponde a un agujero (marca) y un 0 binario a la ausencia de un agujero (espacio). En la señalización de circuito de corriente (véase el apéndice C), la presencia de corriente en el circuito denota una marca y la ausencia de corriente en el circuito denota un espacio.

durante una porción (por lo general la mitad) del intervalo de bits. Las formas de onda para la codificación de líneas se puede clasificar aún más de acuerdo con la regla utilizada para asignar niveles de voltaje que representen datos binarios. A continuación se dan algunos ejemplos.

*Señalización unipolar.* En la señalización unipolar lógica positiva el 1 binario se presenta con un nivel alto (+$A$ volts) y un 0 binario con un nivel cero. Este tipo de señalización también se llama *conmutador de cierre y apertura*.

*Señalización polar.* Los unos y los ceros binarios se representan por medio de niveles positivos y negativos iguales.

*Señalización bipolar (seudoternaria).* Los unos binarios se representan por medio de valores alternadamente negativos y positivos. El 0 binario se representa con un nivel cero. El término *seudoternario* se refiere al uso de tres niveles de señales codificadas para representar datos de dos niveles (binarios). Ésta también se llama *señalización por inversión de marca alterna* (AMI, por sus siglas en inglés: *alternate mark inversion*).

*Señalización Manchester.* Cada 1 binario se representa con un pulso de periodo de medio bit positivo seguido por un pulso de periodo de medio bit negativo. Del mismo modo, el 0 binario se representa con un pulso de periodo de medio bit negativo seguido por un pulso de periodo de medio bit positivo. Este tipo de señalización también se llama *codificación de fase desplazada*.

Más adelante en el libro con frecuencia se utilizan notaciones abreviadas *Unipolar NRZ se nombrará simplemente como unipolar*, *polar NRZ como polar*, *y bipolar RZ como bipolar*. También debe señalarse que, desafortunadamente, el término *bipolar* tiene dos definiciones contradictorias en la práctica. En general, el contexto en el que se usa aclara el significado: (1) En la industria de la comunicación espacial polar NRZ en ocasiones se designa bipolar NRZ, o simplemente bipolar (en este libro no se utilizará este significado); y (2) en la industria telefónica el término *bipolar* denota señalización seudoternaria (empleado en este libro) como en la señalización bipolar RZ T1 descrita en la sección 3-9.

Los códigos de línea mostrados en la figura 3-15 también se conocen por nombres alternos [Deffeback y Frost, 1971; Sklar, 1988]. Por ejemplo, polar NRZ también se conoce como NRZ-L, donde L denota la asignación de nivel lógico normal. Bipolar RZ también se llama RZ-AMI, donde AMI denota inversión por marca alterna (1 binario). Bipolar NRZ se nombra NRZ-M, donde M denota inversión de la marca. Bipolar NRZ de lógica negativa se llama NRZ-S, donde S denota inversión del espacio. Manchester NRZ se llama Bi-$\varphi$-L por bifásico con nivel de lógica normal.

Otros códigos de línea, demasiado numerosos para citarlos aquí, también se pueden hallar en otras obras. [Bylanski e Ingram, 1976; Bic, Duponteil e Imbeaux, 1991]. Por ejemplo, el tipo bipolar (seudoternario) se puede ampliar en varias subclases como se verá en el breve análisis de (3-45).

Cada uno de los códigos de línea mostrados en la figura 3-15 ofrece ventajas y desventajas. Por ejemplo, el código de línea unipolar NRZ tiene la desventaja de utilizar circuitos que requieren sólo un suministro de energía (por ejemplo, un solo suministro de energía de +5V para circuitos TTL), aunque este código de línea tiene la desventaja de requerir canales acoplados a cd (es decir, respuesta a frecuencias hasta de $f = 0$) porque la forma de onda tiene un valor de cd no cero. El código de línea polar NRZ no requiere un canal acoplado a cd, *siempre que* los datos fluctúen a menudo entre unos y ceros binarios y se envíen números iguales de unos y ceros binarios. Sin embargo, la circuitería que produce la señal polar NRZ requiere un suministro de energía de voltaje negativo lo mismo que un suministro de energía de voltaje positivo. El código de línea Manchester NRZ ofrece la ventaja de que siempre tiene un valor 0 de cd, sin importar la secuencia de los datos, pero tiene dos veces el ancho de banda de los códigos unipolar NRZ o polar NRZ porque los pulsos son de la mitad del ancho (véase la figura 3-15).

Algunas de las propiedades deseables de un código de línea son las siguientes:

- *Autosincronización.* Existe suficiente información de temporización incorporada al código de modo que se puede diseñar sincronización para extraer la señal de sincronización o de reloj. Una larga serie de unos y ceros binarios debe constituir un problema en la recuperación del tiempo.
- *Baja probabilidad de error de bits.* Se pueden diseñar receptores para recuperar datos binarios con una baja probabilidad de error de bits cuando la señal de datos de entrada se corrompe por ruido o ISI. El problema de interferencia intersímbolos se estudia en la sección 3-6 y el efecto del ruido en el capítulo 7.
- *Un espectro adecuado para el canal.* Por ejemplo, si el canal es acoplado de ca, la densidad espectral de potencia de la señal de codificación de líneas será insignificante a frecuencias cercanas a cero. Además el ancho de banda de la señal tiene que ser suficientemente pequeño comparado con el del canal de modo que la interferencia intersímbolos no constituirá un problema.
- *Ancho de banda de transmisión.* Debe ser tan pequeño como sea posible.
- *Capacidad de detección de errores.* Debe ser posible poner en práctica esta característica con facilidad por la adición de codificadores y decodificadores de canal, o debe incorporarse al código de línea.
- *Transparencia.* El protocolo de datos y el código de líneas están diseñados de modo que *toda secuencia posible de datos* se reciba fiel y *transparentemente*.

Un protocolo no es transparente si ciertas palabras están reservadas para secuencias de control de modo que, por ejemplo, una cierta palabra instruya al receptor para que envíe todos los datos a la impresora. Esta característica causa problemas cuando un archivo de datos aleatorios (tal como un archivo de lenguaje de máquina) se transfiere a través del enlace puesto que algunas palabras en el archivo pudieran ser secuencias de caracteres de control. Estas secuencias serían interceptadas por el sistema receptor, y se llevaría a cabo la acción definida, en lugar de transferir la palabra al destino pensado. Además, un código no es transparente si alguna secuencia hace que se pierda la señal de sincronización a la salida del sincronizador de bits en el receptor. El formato bipolar no es transparente puesto que una cadena de ceros hace que se pierda la señal de sincronización.

El tipo particular de forma de onda utilizada para señalización binaria depende de la aplicación. Por ejemplo, la mayoría de los circuitos digitales utilizan la señalización unipolar o polar, aunque estas formas de onda pueden tener un nivel de cd distinto de cero; además, el nivel de cd depende de los datos exactos que se van a representar. Por otra parte, la señalización bipolar y la señalización Manchester siempre tendrán un nivel de cd cero sin cuidado de los datos que se van a representar. Las ventajas y desventajas de cada formato de señal se analizan más a fondo una vez que se han obtenido sus espectros.

## Espectros de potencia de códigos de líneas binarios

La densidad espectral de potencia se evalúa con técnicas determinísticas o estocásticas. Esto se estudió por primera vez en el capítulo 1 y posteriormente se ilustró con el ejemplo 2-18. Para evaluar la densidad espectral de potencia con la técnica determinística, se utiliza la forma de onda de un código de líneas resultante de una secuencia de datos particular. Luego se evalúa la densidad espectral de potencia aproximada con la ecuación (2-66) o, si el código de líneas es periódico, con la ecuación (2-126). Resuélvase el problema 3-22 para aplicar esta técnica determinística. Por otra parte, la densidad espectral de potencia se puede evaluar con la técnica estocástica desarrollada en el capítulo 6. Se utilizará la técnica estocástica para obtener la densidad espectral de potencia de los códigos de líneas mostrados en la figura 3-15. Se utiliza porque da la densidad espectral de potencia del código de líneas con una secuencia de datos aleatorios (y no la de una secuencia de datos particular).

Conforme al análisis e ilustración de la sección 3-4, una señal digital (o código de líneas) puede estar representada por

$$s(t) = \sum_{n=-\infty}^{\infty} a_n f(t - nT_s) \tag{3-35}$$

donde $f(t)$ es la forma del pulso del símbolo, y $T_s$ es la duración de un símbolo. En el caso de señalización binaria, $T_s = T_b$, donde $T_b$ es el tiempo requerido para enviar un bit. En el caso de señalización de niveles múltiples, $T_s = \ell T_b$ . $\{a_n\}$ es el conjunto de datos aleatorios. Por ejemplo, para el código de líneas unipolar NRZ, $f(t) = \Pi\left(\frac{t}{T_b}\right)$; y $a_n = +A$ V cuando se envía un 1 binario y $a_n = 0$ V cuando se envía un 0 binario.

Tal como se demostró en la sección 6-2, si se utiliza la ecuación (6-70), la expresión de la densidad espectral de potencia de una señal digital

$$\mathcal{P}_s(f) = \frac{|F(f)|^2}{T_s} \sum_{k=-\infty}^{\infty} R(k) e^{j2\pi k f T_s} \tag{3-36a}$$

donde $F(f)$ es la transformada de Fourier de la forma del pulso, $f(t)$, y $R(k)$ es la autocorrelación de los datos. Esta autocorrelación está dada por

$$R(k) = \sum_{i=1}^{I} (a_n a_{n+k})_i P_i \tag{3-36b}$$

donde $a_n$ y $a_{n+k}$ son los niveles de (voltaje) de los pulsos de los datos en las posiciones del símbolo $n$-ésimo y $n + k$-ésimo, respectivamente, y $P_i$ es la probabilidad de tener el producto $i$-ésimo $a_n\ a_{n+k}$. Obsérvese que la expresión (3-36a) señala que el espectro de la señal digital depende de dos cosas: (1) de la forma del pulso y (2) de las propiedades estadísticas de los datos.

Con la ecuación (3-36), la cual es la técnica estocástica, se evaluará la densidad espectral de los diversos códigos de líneas mostrados en la figura 3-15.

***Señalización unipolar NRZ.*** En el caso de señalización unipolar, los niveles posibles para las letras $a$ son $+A$ y 0 V. Supóngase que estos valores tienen la misma probabilidad de ocurrir y que los datos son independientes. Ahora se evalúa $R(k)$ como lo define la ecuación (3-36b). Con $k = 0$ los posibles productos de $a_n a_n$ son $A \times A = A^2$ y $0 \times 0 = 0$, y por consiguiente, $I = 2$. Con datos aleatorios, la probabilidad de tener $A^2$ es $\frac{1}{2}$ y la probabilidad de tener 0 es $\frac{1}{2}$, así que

$$R(0) = \sum_{i=1}^{2} (a_n a_n)_i P_i = A^2 \cdot \tfrac{1}{2} + 0 \cdot \tfrac{1}{2} = \tfrac{1}{2} A^2$$

Con $k \neq 0$ existen $I = 4$ posibilidades de que ocurran los productos $A \times A$, $A \times 0$, $0 \times A$, $0 \times 0$. Todos ocurrirán con una probabilidad de $\frac{1}{4}$. Por tanto, con $k \neq 0$,

$$R(k) = \sum_{i=1}^{4} (a_n a_{n+k}) P_i = A^2 \cdot \tfrac{1}{4} + 0 \cdot \tfrac{1}{4} + 0 \cdot \tfrac{1}{4} + 0 \cdot \tfrac{1}{4} = \tfrac{1}{4} A^2$$

Por consiguiente,

$$R_{\text{unipolar}}(k) = \left\{ \begin{array}{ll} \dfrac{1}{2} A^2, & k = 0 \\ \dfrac{1}{4} A^2, & k \neq 0 \end{array} \right\} \tag{3-37a}$$

Para pulsos rectangulares NRZ, el par de transformadas de Fourier es

$$f(t) = \Pi\left(\frac{t}{T_b}\right) \leftrightarrow F(f) = T_b \frac{\text{sen } \pi f T_b}{\pi f T_b} \tag{3-37b}$$

Con la ecuación (3-36a) y $T_s = T_b$, la densidad espectral de potencia del código de líneas unipolares NRZ es

$$\mathcal{P}_{\text{unipolar NRZ}}(f) = \frac{A^2 T_b}{4} \left(\frac{\text{sen} \pi f T_b}{\pi f T_b}\right)^2 \left[1 + \sum_{k=-\infty}^{\infty} e^{j2\pi k f T_b}\right]$$

Pero†

$$\sum_{k=-\infty}^{\infty} e^{jk2\pi f T_b} = \frac{1}{T_b} \sum_{n=-\infty}^{\infty} \delta\left(f - \frac{n}{T_b}\right) \tag{3-38}$$

Por tanto,

$$\mathcal{P}_{\text{unipolar NRZ}}(f) = \frac{A^2 T_b}{4} \left(\frac{\text{sen} \pi f T_b}{\pi f T_b}\right)^2 \left[1 + \frac{1}{T_b} \sum_{n=-\infty}^{\infty} \delta\left(f - \frac{n}{T_b}\right)\right] \tag{3-39a}$$

Pero como $[\text{sen } (\pi f T_b)/(\pi f T_b)] = 0$ con $f = n/T_b$, $n \neq 0$; ésta se reduce a

$$\mathcal{P}_{\text{unipolar NRZ}}(f) = \frac{A^2 T_b}{4} \left(\frac{\text{sen} \pi f T_b}{\pi f T_b}\right)^2 \left[1 + \frac{1}{T_b} \delta(f)\right] \tag{3-39b}$$

Si se selecciona $A$ de modo que la potencia promedio normalizada de la señal NRZ sea la unidad, entonces‡ $A = \sqrt{2}$. Esta densidad espectral de potencia se grafica en la figura 3-16a, donde $1/T_b = R$ es la tasa de bits del código de líneas. La desventaja de la señalización unipolar NRZ es el desperdicio de energía debido al nivel de cd y al hecho de que el espectro no se aproxima a cero cerca de cd. Desde luego, se requieren circuitos de cd acoplados para este tipo

† La ecuación (3-38) se conoce como la fórmula de la suma de Poisson derivada como la ecuación (2-115).

‡ Esto se puede demostrar fácilmente con código de líneas que contenga datos periódicos 10101010. Luego, si se hace $P_s = \dfrac{1}{T_0} \displaystyle\int_0^{T_0} s^2(t)\, dt = \dfrac{1}{2T_b} A^2 T_b$ igual a la unidad, se obtiene $A = \sqrt{2}$.

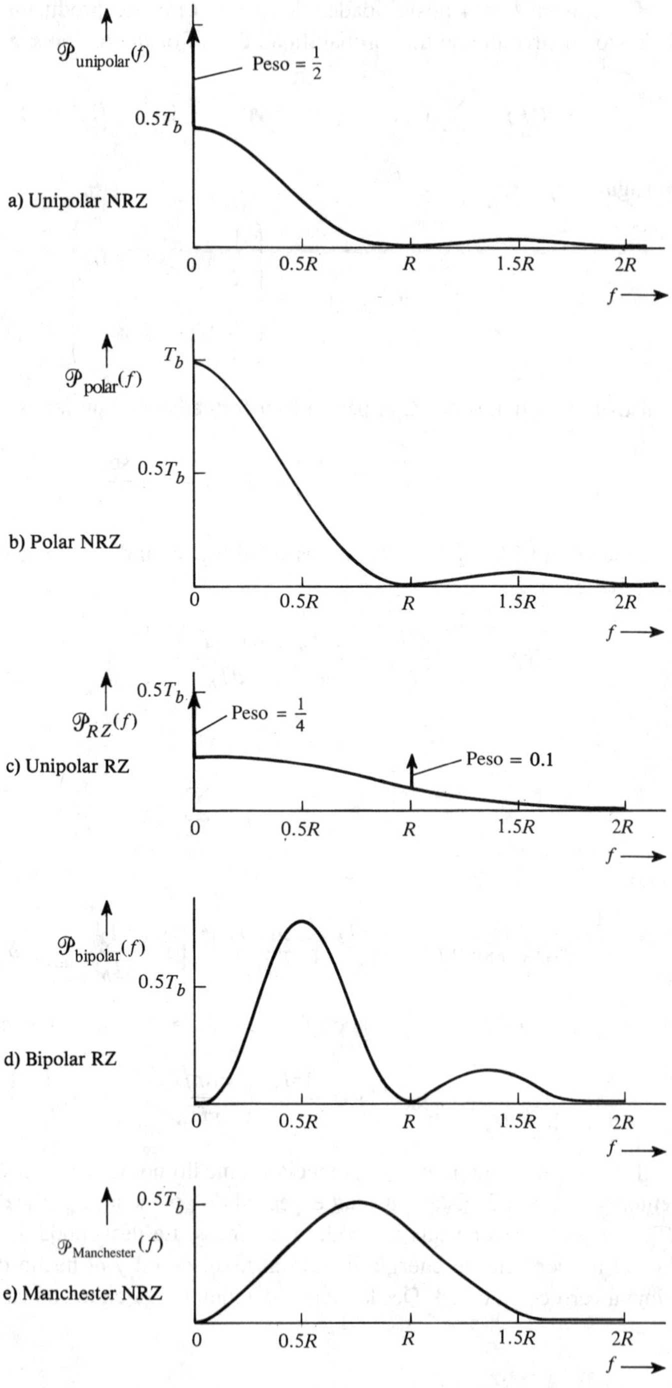


**Figura 3-16** Densidad espectral de potencia de códigos de líneas (se muestran las frecuencias positivas).

de señalización. Las ventajas de la señalización unipolar son que es fácil de generar (es decir, circuitos TTL y CMOS) y que requiere el uso de una sola fuente de energía.

***Señalización polar NRZ.*** Para la señalización polar NRZ los posibles niveles de las $a$ son $+A$ y $-A$ V. Con ocurrencias de $+A$ y $-A$ igualmente probables y suponiendo que los datos son independientes de un bit a otro, se obtiene

$$R(0) = \sum_{i=1}^{2} (a_n a_n)_i P_i = A^2 \frac{1}{2} + (-A)^2 \frac{1}{2} = A^2$$

Con $k \neq 0$,

$$R(k) = \sum_{i=1}^{4} (a_n a_{n+k}) P_i = A^2 \frac{1}{4} + (-A)(A)\frac{1}{4} + (A)(-A)\frac{1}{4} + (-A)^2 \frac{1}{4} = 0$$

Por tanto,

$$R_{\text{polar}}(k) = \begin{cases} A^2, & k = 0 \\ 0, & k \neq 0 \end{cases} \tag{3-40}$$

Luego, sustituyendo (3-40) y (3-37a) en (3-36a), la densidad espectral de potencia de la señal polar NRZ es

$$\mathcal{P}_{\text{polar NRZ}}(f) = A^2 T_b \left(\frac{\text{sen } \pi f T_b}{\pi f T_b}\right)^2 \tag{3-41}$$

Si se selecciona $A$ de modo que la potencia promedio normalizada de la señal polar NRZ sea unitaria, entonces $A = 1$, y la densidad espectral resultante se muestra en la figura 3-16b, donde la tasa de bits es $R = 1/T_b$.

La señal polar tiene la desventaja de poseer una gran densidad espectral de potencia cerca de cd. Por otra parte, las señales polares son relativamente fáciles de generar, aunque se requieren fuentes de energía positiva y negativa a menos que se utilicen circuitos integrados de uso especial que generen voltajes de suministro dobles con una sola fuente. La probabilidad del rendimiento del error de bits es superior a la de otros métodos de señalización (véase la figura 7-14).

***Unipolar RZ.*** La autocorrelación de los datos unipolares se calculó con anterioridad y está dada por (3-37a). Para señalización RZ, la duración del pulso es $T_b/2$ y no $T_b$ como en el caso de señalización NRZ. Es decir, para RZ

$$F(f) = \frac{T_b}{2}\left(\frac{\text{sen}(\pi f T_b/2)}{\pi f T_b/2}\right) \tag{3-42}$$

Entonces, de acuerdo con (3-37b) y (3-39a), la densidad espectral de potencia del código de líneas unipolar RZ es

$$\mathcal{P}_{\text{unipolar RZ}}(f) = \frac{A^2 T_b}{16}\left(\frac{\text{sen}(\pi f T_b/2)}{\pi f T_b/2}\right)^2 \left[1 + \frac{1}{T_b}\sum_{n=-\infty}^{\infty} \delta\left(f - \frac{n}{T_b}\right)\right] \tag{3-43}$$

Si $A$ se selecciona de modo que la potencia normalizada promedio de la señal unipolar RZ sea unitaria, entonces $A = 2$. La densidad espectral de potencia en este caso de potencia unitaria se muestra en la figura 3-16c, donde $R = 1/T_b$.

Tal como se esperaba, el primer ancho de banda nulo es dos veces el de la señalización unipolar o polar puesto que el ancho del pulso es de la mitad. Obsérvese que existe un término (pulso) discreto a $f = R$. En consecuencia, se puede usar este componente periódico para recuperar la señal de reloj. Una desventaja de este esquema es que requiere 3 dB más potencia de señal que la señalización polar para la misma probabilidad de error de bits (véase el capítulo 7). Además, el espectro no es insignificante a frecuencias próximas a cd.

*Señalización bipolar RZ.* También se puede obtener la densidad espectral de potencia de una señal bipolar con la ecuación (3-36a). Los valores permitidos para $a_n$ son $+A$, $-A$ y 0 donde los unos binarios están representados por valores alternos $+A$ y $-A$ y un 0 binario está representado por $a_n = 0$. Con $k = 0$, los productos $a_n a_n$ son $A^2$ y 0 donde cada uno de estos productos ocurre con una probabilidad de $\frac{1}{2}$. Por tanto,

$$R(0) = \frac{A^2}{2}$$

Con $k = 1$ (el caso de bits adyacentes) y las secuencias de datos (1,1), (1,0), (0,1) y (0,0), los productos $a_n a_{n+1}$ posibles son $-A^2$, 0, 0, 0. Cada una de estas secuencias ocurre con una probabilidad de $\frac{1}{4}$. Por consiguiente,

$$R(1) = \sum_{i=1}^{4} (a_n a_{n+1})_i P_i = -\frac{A^2}{4}$$

Con $k > 1$, los bits considerados no son adyacentes, y los productos $a_n\, a_{n+k}$ son $\pm A^2$, 0, 0, 0, y ocurren con una probabilidad de $\frac{1}{4}$. Luego

$$R(k > 1) = \sum_{i=1}^{5} (a_n a_{n+k})_i P_i = A^2 \cdot \tfrac{1}{8} - A^2 \cdot \tfrac{1}{8} = 0$$

Por tanto,

$$R_{\text{bipolar}}(k) = \left\{ \begin{array}{ll} \dfrac{A^2}{2}, & k = 0 \\ -\dfrac{A^2}{4}, & |k| = 1 \\ 0, & |k| > 1 \end{array} \right\} \tag{3-44}$$

Con las ecuaciones (3-44) y (3-42) en la ecuación (3-36a), donde $T_s = T_b$, la densidad espectral de potencia del código de líneas bipolar RZ es

$$\mathcal{P}_{\text{bipolar RZ}}(f) = \frac{A^2 T_b}{8} \left( \frac{\operatorname{sen}(\pi f T_b/2)}{\pi f T_b/2} \right)^2 (1 - \cos(2\pi f T_b))$$

o

$$\mathcal{P}_{\text{bipolar RZ}}(f) = \frac{A^2 T_b}{4} \left( \frac{\operatorname{sen}(\pi f T_b/2)}{\pi f T_b/2} \right)^2 \operatorname{sen}^2(\pi f T_b) \tag{3-45}$$

donde $A = 2$ siempre que la potencia normalizada promedio sea unitaria. Esta densidad espectral de potencia se grafica en la figura 3-16d. La señalización bipolar presenta un nulo espectral con cd de modo que se pueden usar circuitos de ca acoplados en la trayectoria de transmisión.

La señal de reloj se extrae con facilidad de la forma de onda bipolar al convertir el formato bipolar en una forma unipolar RZ mediante rectificación de onda completa. La señal (unipolar) RZ resultante tiene una componente periódica a la frecuencia de reloj (véase la figura 3-16c). Las señales bipolares no son transparentes. Es decir, una cadena de ceros hará que se pierda la señal de reloj. Esta dificultad se evita con la utilización de *señalización bipolar n de alta densidad* (HDBn, por sus siglas en inglés: *high-density bipolar n*) donde una cadena de más de $n$ ceros consecutivos es reemplazada por una secuencia de "relleno" que contiene algunos pulsos.† El cálculo de la densidad espectral de potencia de los códigos HDBn es difícil puesto que las autocorrelaciones $R(k)$ se tienen que evaluar individualmente cuando los valores de $k$ son grandes [Davis y Barber, 1973].

Las señales bipolares también incluyen la capacidad de detección de un solo error, puesto que un solo error violaría la regla del código bipolar de líneas. La lógica del receptor puede detectar con facilidad cualquier violación.

Algunas desventajas de las señales bipolares son que el receptor tiene que distinguir entre tres niveles ($+A$, $-A$ y 0) y no en dos como en los otros formatos de señalización previamente estudiados. La señal bipolar también requiere aproximadamente 3 dB más potencia de señal que una señal polar para la misma probabilidad de error de bits. [Su probabilidad de error de bits es de $\frac{3}{2}$ la de la señalización unipolar descrita por la ecuación (7-28).]

*Señalización Manchester NRZ.* La señal Manchester utiliza la forma de pulso

$$f(t) = \Pi\left(\frac{t + T_b/4}{T_b/2}\right) - \Pi\left(\frac{t - T_b/4}{T_b/2}\right) \tag{3-46a}$$

y el espectro del pulso resultante es

$$F(f) = \frac{T_b}{2}\left[\frac{\operatorname{sen}(\pi f T_b/2)}{\pi f T_b/2}\right] e^{j\omega T_b/4} - \frac{T_b}{2}\left[\frac{\operatorname{sen}(\pi f T_b/2)}{\pi f T_b/2}\right] e^{-j\omega T_b/4}$$

o

$$F(f) = jT_b\left[\frac{\operatorname{sen}(\pi f T_b/2)}{\pi f T_b/2}\right] \operatorname{sen}\left(\frac{\omega T_b}{4}\right) \tag{3-46b}$$

Sustituyendo esta ecuación y la (3-40) en la ecuación (3-36a), la densidad espectral de potencia de la señalización Manchester NRZ se vuelve

$$\mathcal{P}_{\text{Manchester NRZ}}(f) = A^2 T_b \left(\frac{\operatorname{sen}(\pi f T_b/2)}{\pi f T_b/2}\right)^2 \operatorname{sen}^2(\pi f T_b/2) \tag{3-46c}$$

Donde $A - 1$ siempre que la potencia normalizada promedio sea la unidad.

† Por ejemplo, para HDB3, las secuencias de relleno utilizadas para reemplazar $n + 1 = 4$ ceros son las secuencias alternas 000V y 100V, donde el bit 1 se codifica de acuerdo con la regla bipolar y el V es un pulso 1 de polaridad tal que viola la regla bipolar. Las secuencias de relleno alternas están diseñadas de manera que los pulsos V consecutivos alternen su signo. Por consiguiente, habrá un valor de cd 0 en el código de líneas y la densidad espectral de potencia tendrá un valor nulo cuando $f = 0$. Para decodificar el código HDB3, el decodificador bipolar tiene que detectar las violaciones bipolares y contar el número de ceros antes de cada violación de modo que los unos sustituidos se puedan eliminar.

Este espectro se grafica en la figura 3-16e. El ancho de banda nulo del formato Manchester es el doble del ancho de banda bipolar. Sin embargo, el código Manchester tiene un nivel de cd cero bit a bit. Además, una cadena de ceros no hará que se pierda la señal de reloj.

Al revisar el estudio de la densidad espectral de potencia de señales digitales, se debe recalcar que el espectro es una función de la configuración de bits (vía la autocorrelación de bits) y la forma del pulso.

## Codificación diferencial

Cuando se pasan datos seriales a través de muchos circuitos a lo largo de un canal de comunicación, la forma de onda con frecuencia se invierte de manera no intencional (es decir, datos complementados). Esto puede ocurrir en una línea de transmisión de par trenzado sólo con intercambiar los dos cables en un punto de conexión cuando se utiliza un código de línea polar. (Obsérvese que esto no afectaría los datos en una señal bipolar.) Para solucionar este problema, con frecuencia se utiliza la *codificación diferencial*, tal como se ilustra en la figura 3-17. Los datos diferenciales codificados son generados por

$$e_n = d_n \oplus e_{n-1} \tag{3-47}$$

donde $\oplus$ es un sumador de módulo 2 u operación de compuerta OR exclusivo (XOR). Los datos codificados recibidos se decodifican mediante

$$\tilde{d}_n = \tilde{e}_n \oplus \tilde{e}_{n-1} \tag{3-48}$$

donde la tilde denota los datos en el extremo receptor.

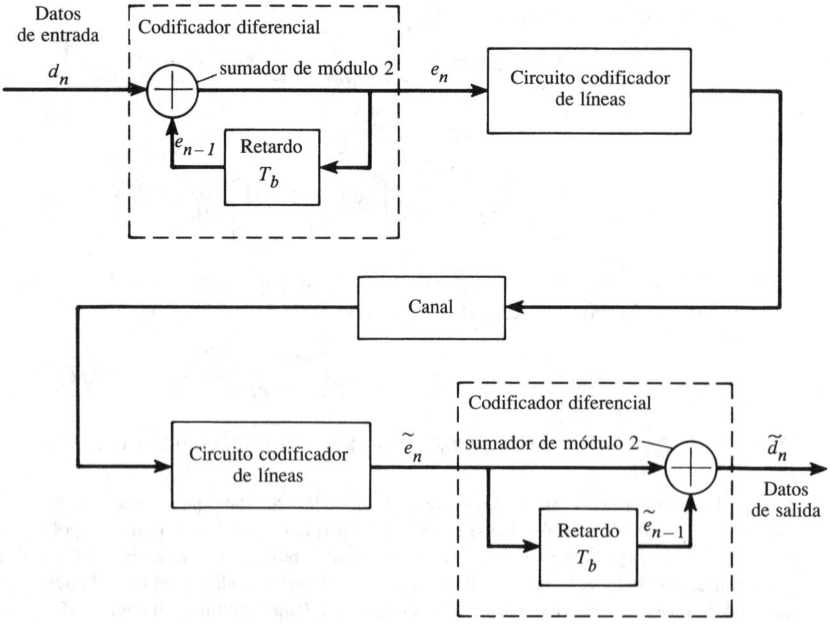


**Figura 3-17** Sistema de codificación diferencial.

**TABLA 3-4** EJEMPLO DE CODIFICACIÓN DIFERENCIAL

| | | | | | | | | | |
|---|---|---|---|---|---|---|---|---|---|
| Codificación | | | | | | | | | |
| Secuencia de entrada | $d_n$ | | 1 | 1 | 0 | 1 | 0 | 0 | 1 |
| Secuencia codificada | $e_n$ | 1 | 0 | 1 | 1 | 0 | 0 | 0 | 1 |
| Dígito de referencia | ——— | ↑ | | | | | | | |
| Decodificación (con polaridad del canal correcta) | | | | | | | | | |
| Secuencia recibida (polaridad correcta) | $\tilde{e}_n$ | 1 | 0 | 1 | 1 | 0 | 0 | 0 | 1 |
| Secuencia decodificada | $\tilde{d}_n$ | | 1 | 1 | 0 | 1 | 0 | 0 | 1 |
| Decodificación (con polaridad del canal invertida) | | | | | | | | | |
| Secuencia recibida (polaridad invertida) | $\tilde{e}_n$ | 0 | 1 | 0 | 0 | 1 | 1 | 1 | 0 |
| Secuencia decodificada | $\tilde{d}_n$ | | 1 | 1 | 0 | 1 | 0 | 0 | 1 |

Cada dígito en la secuencia codificada se obtiene comparando el bit de entrada presente con el bit codificado pasado. Se codifica un 1 binario si el bit de entrada presente y el bit codificado pasado son de estado opuesto, y un 0 binario se codifica si los estados son los mismos. Esto equivale a la tabla de verdad de una compuerta XOR (OR exclusivo) o un sumador de módulo 2. En la tabla 3-4 se muestra un ejemplo de una secuencia codificada, donde el dígito de referencia inicial es un 1 binario. En el receptor, la señal codificada se decodifica comparando el estado de los bits adyacentes. Si el bit codificado recibido presente tiene el mismo estado que el bit codificado pasado, la salida decodificada es un 0 binario. Asimismo, en el caso de estados opuestos se decodifica un 1 binario. Tal como se muestra en la tabla, se puede invertir la polaridad de la forma de onda diferencialmente codificada sin que se vean afectados los datos decodificados. Ésta es una gran ventaja cuando la forma de onda se hace pasar a través de miles de circuitos en un sistema de comunicación y el sentido positivo de la salida se pierde o cambia de vez en cuando conforme cambia la red, tal como en la conmutación entre varias trayectorias de datos.

## Patrones de ojo

El efecto de la filtración y ruido en un canal se ve observando el código de línea recibido en un osciloscopio. El lado izquierdo de la figura 3-18 muestra formas de onda polares NRZ dañadas en los casos de (a) filtración de canal ideal, (b) filtración que produce interferencia intersímbolos (ISI), y (c) ruido más ISI (ISI se describe en la sección 3-6). En el lado derecho de la figura se muestran las presentaciones osciloscópicas correspondientes de la señal dañada con múltiples barridos donde una señal de reloj activa cada barrido y el ancho de éste es ligeramente mayor que $T_b$. Estas representaciones del lado derecho se llaman *patrones de ojo* porque tienen la apariencia de un ojo humano. En condiciones normales de operación (es decir, sin errores de bits detectados), el ojo se abre. Si hay mucho ruido o ISI, el ojo se cierra; ello indica que se producirán errores de bits a la salida del receptor. El patrón de ojo es una excelente manera de evaluar la calidad del código de línea recibido y de la capacidad del receptor de combatir los errores de bits. Tal como se muestra en la figura, el patrón de ojo proporciona la siguiente información.

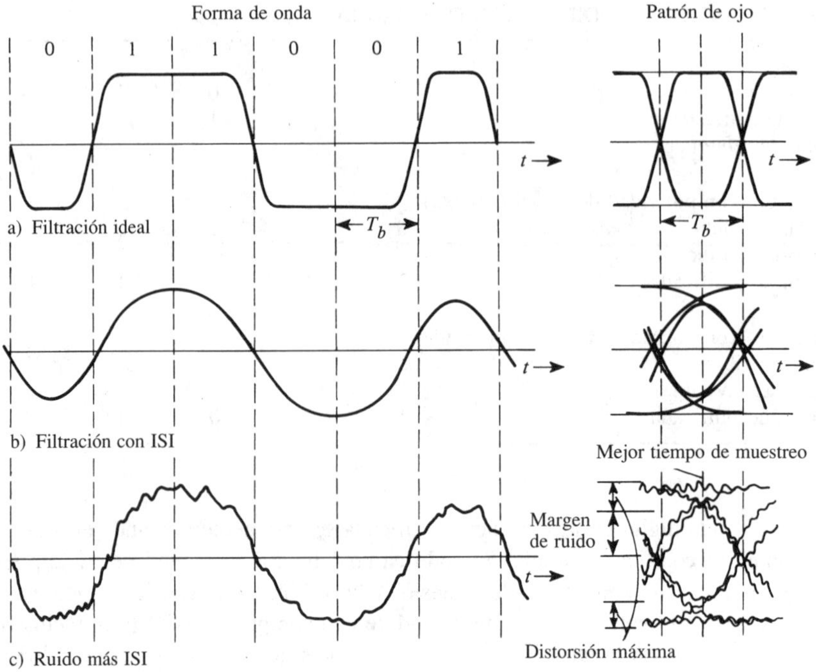


**Figura 3-18** Forma de onda polar NRZ distorsionada y patrón de ojo correspondiente.

- El *error de sincronización* permitido en el muestreador del receptor está dado por el ancho dentro del ojo, conocido como *apertura del ojo*. Desde luego, el tiempo preferido para muestrear se localiza en el punto donde la abertura vertical del ojo es mayor.
- La *sensibilidad* al error de sincronización está dada por la pendiente de la apertura del ojo (evaluada en, o cerca, del punto de cruce cero).
- El *margen de ruido* del sistema está dado por la altura de la apertura del ojo.

## Repetidores regenerativos

Cuando una señal digital de código de línea (tal como PCM) se transmite a través de un canal de cable sólido (tal como una línea telefónica de par trenzado), el ruido la atenúa, la filtra o la daña. Por consiguiente, en el caso de líneas largas, los datos no se pueden recuperar en el extremo receptor a menos que se coloquen repetidores en cascada a lo largo de la línea y en el receptor como se ilustra en la figura 3-7. Los repetidores amplifican y "limpian" la señal periódicamente. Si la señal fuera analógica en vez de digital, sólo se podrían usar amplificadores lineales con filtros apropiados puesto que se tendrían que preservar los valores de amplitud relativa. En este caso la distorsión en banda se acumularía de un repetidor lineal a otro. Ésta es una de las desventajas de la señalización analógica. Sin embargo, en el caso de señalización digital, se puede usar procesamiento no lineal para regenerar una señal digital "libre de ruido". Este tipo de procesamiento no lineal se llama *repetidor regenerativo*. En la figura 3-19 se muestra un diagrama a bloques simplificado de un repetidor regenerativo para señalización unipolar NRZ. El filtro amplificador incrementa la amplitud de la señal de entrada de bajo nivel a un nivel compatible con la circuitería restante y filtra la señal de tal modo que reduce al mínimo los

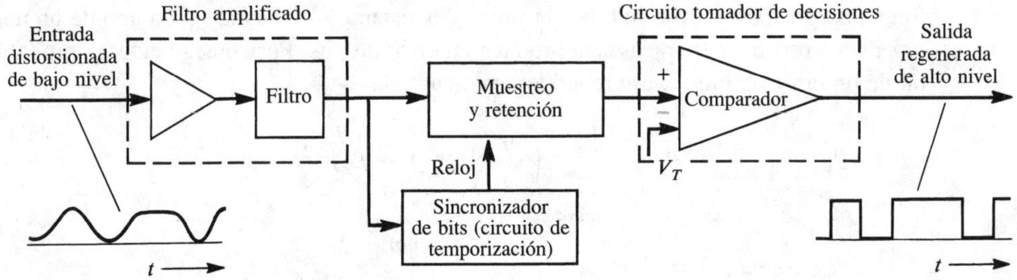


**Figura 3-19** Repetidor regenerativo para señalización unipolar NRZ.

efectos del ruido en el canal y de la interferencia intersímbolos. (El filtro que reduce la interferencia intersímbolos se llama *filtro de ecualización* y se estudia en la sección 3-6.) El sincronizador de bits genera una señal de reloj a la tasa de bits que se sincroniza de modo que la señal distorsionada amplificada se muestrea en un punto donde la apertura del ojo es máxima. (Los sincronizadores de bits se analizan en detalle en la siguiente sección.) Por cada pulso de reloj, el circuito de muestreo y retención produce el valor de muestreo que se retiene (durante $T_b$, intervalo de 1 bit) hasta que ocurre el siguiente pulso de reloj. El comparador produce una salida de alto nivel sólo cuando el valor de muestreo es mayor que el nivel de umbral, $V_T$. Por lo general, $V_T$ se selecciona de modo que sea de la mitad de la variación pico a pico esperada de los valores de muestreo.† Si el ruido de entrada es escaso y la interferencia intersímbolos insignificante, la salida del comparador será alta sólo cuando exista un 1 binario (es decir, un nivel alto) en el código de línea unipolar NRZ dañado a la entrada del repetidor. El comparador —un dispositivo de umbral— actúa como un dispositivo tomador de decisiones. Por tanto, el código de línea unipolar NRZ se regenera "libre de ruido", excepto por lo que se refiere a errores de bits provocados cuando el ruido de entrada y la interferencia intersímbolos alteran los valores de muestreo lo suficiente como para que ocurran en el lado equivocado de $V_T$. El capítulo 7 muestra de qué manera la probabilidad de errores de bits se ve influida por la relación de señal a ruido a la entrada del repetidor, el filtro utilizado y el valor de $V_T$ seleccionado.‡

En sistemas de comunicación digitales de larga distancia se pueden usar muchos repetidores en cascada, como se muestra en la figura 3-7. Desde luego, la separación entre los repetidores la dicta la pérdida en el trayecto del medio transmisor y la cantidad de ruido agregado. Se requiere un repetidor cuando la relación de señal a ruido en un punto a lo largo del canal llega a ser menor que el valor requerido para mantener la especificación completa de probabilidad de error de bits. Supóngase que los repetidores se separan entre sí de modo que cada uno de ellos tenga la misma probabilidad de errores de bits, $P_e$, y que existen $m$ repetidores en el sistema, incluido el extremo receptor. Luego, con $m$ repetidores en cascada, la probabilidad total de errores de bits, $P_{me}$, se evalúa con la distribución binomial del apéndice B. Con (B-33) se ve que la probabilidad de $i$ entre $m$ repetidores de que se produzca un error de bits es

$$P_i = \binom{m}{i} P_e^i (1 - P_e)^{m-i} \tag{3-49}$$

† Éste es el $V_T$ óptimo cuando los unos y ceros binarios son igualmente probables.

‡ En el caso de probabilidad mínima de error de bits, el circuito de muestreo y retención de la figura 3-19 es reemplazado por un circuito de detección de muestras óptimo llamado *filtro acoplado* (MF), descrito en la sección 6-8.

Sin embargo, existe error de bits a la salida del sistema sólo cuando cada uno de un número *impar* de los repetidores en cascada produce un error de bits. Por consiguiente, la probabilidad total de un error de bits con $m$ repetidores en cascada es

$$P_{me} = \sum_{\substack{i=1 \\ i=\text{impar}}}^{m} P_i = \sum_{\substack{i=1 \\ i=\text{impar}}}^{m} \binom{m}{i} P_e^i (1 - P_e)^{m-i}$$

$$= mP_e(1 - P_e)^{m-1} + \frac{m(m-1)(m-2)}{3!} P_e^3 (1 - P_e)^{m-3} + \cdots \tag{3-50a}$$

En condiciones de operación útiles, $P_e \ll 1$, así que sólo el primer término de esta serie es significativo. Por tanto la probabilidad total de error de bits se calcula de manera aproximada por medio de

$$P_{me} \approx mP_e \tag{3-50b}$$

donde $P_e$ es la probabilidad de errores de bits con un solo repetidor.

## Sincronización de bits

Las señales de sincronización son señales tipo reloj que son necesarias dentro de un receptor (o repetidor) para detectar (o regenerar) los datos de la señal de entrada dañada. Estas señales de reloj tienen una relación de frecuencia y fase precisa con respecto a la señal de entrada *recibida*, y están retardadas con respecto a las señales de reloj en el transmisor puesto que existe en la propagación a través del canal.

En general las comunicaciones digitales requieren por lo menos de tres tipos de señales de sincronización: (1) *sincronización de bits* para distinguir un intervalo de bit de otro, como se verá en esta sección; (2) *sincronización de cuadros (tramas)* para distinguir grupos de datos, como se verá en la sección 3-9 con respecto a multicanalización por división de tiempo; y (3) *sincronización de portadora* para señalización pasabanda con detección coherente, como se verá en los capítulos 4, 5 y 7. Los sistemas están diseñados de modo que la sincronización se derive directamente de la señal dañada o de otro canal utilizado sólo para transmitir la información de sincronización.

Se estudiarán sólo sistemas con sincronizadores de bits que derivan la sincronización directamente de la señal dañada porque con frecuencia no es económicamente factible enviar la sincronización a través de otro canal. La complejidad del circuito sincronizador de bits depende de las propiedades de sincronización del código de líneas. Por ejemplo, el sincronizador de bits de un código unipolar RZ con un número suficiente de 1 y 0 binarios alternos es casi trivial porque la densidad espectral de potencia de dicho código tiene una función delta a la velocidad de transferencia de bits, $f = R$, como se muestra en la figura 3-16c. Por consiguiente, la señal de reloj sincronizadora de bits se obtiene haciendo pasar la forma de onda unipolar RZ recibida a través de un filtro pasabanda de banda estrecha sintonizado a $f_0 = R = 1/T_b$. Esto se ilustra en la figura 3-20 al eliminar el dispositivo de ley cuadrada. Por otra parte, tal como se describe en la sección 4-3, se puede usar un circuito de fase cerrada (PLL) para extraer la señal de sincronización del código de líneas unipolar RZ fijándolo a la línea espectral discreta en $f = R$. En el caso de un código de líneas polar NRZ, el sincronizador de bits es un poco más complicado como se muestra en la figura 3-20. En éste la forma de onda polar NRZ filtrada (Fig. 3-20b) se transforma en una forma de onda unipolar RZ (Fig. 3-20c) mediante un circuito (o, alternativamente, un rectificador de onda completa) de ley cuadrada. La señal de reloj se recupera con

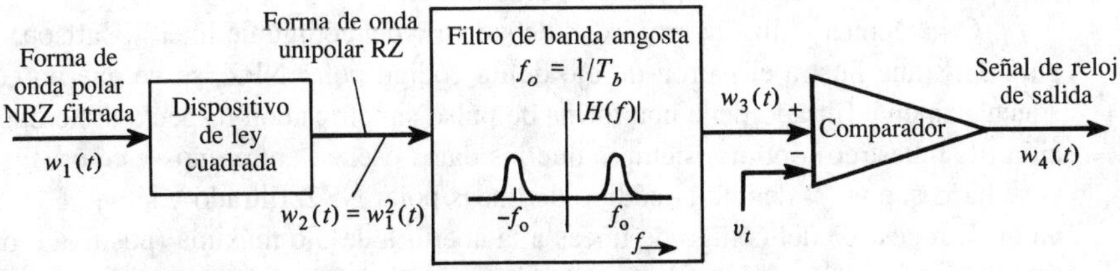


a) Diagrama de bloques del sincronizador de bits

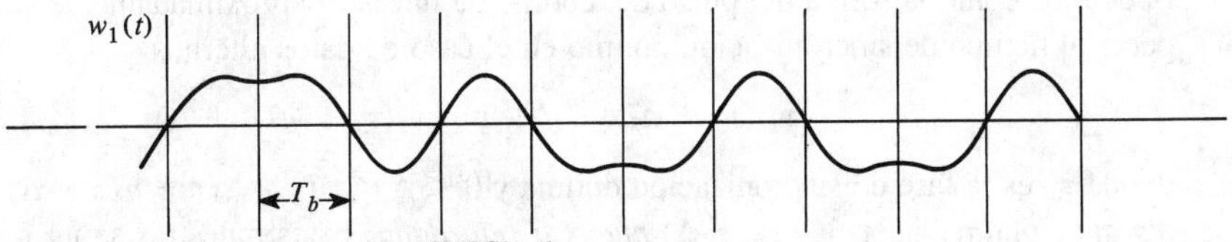


b) Forma de onda de entrada polar NRZ filtrada

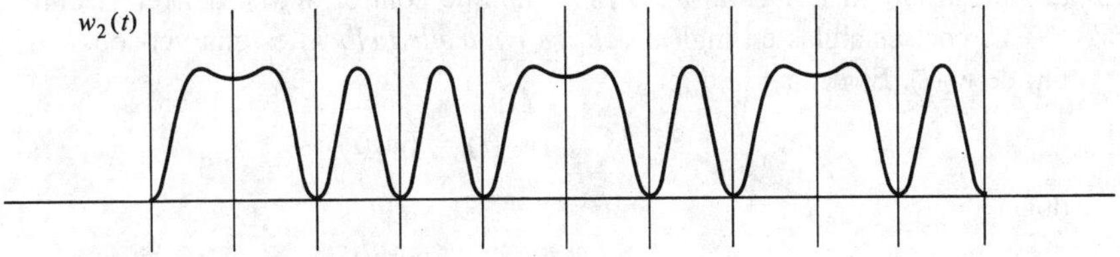


c) Salida de dispositivo de ley cuadrada (Unipolar RZ)

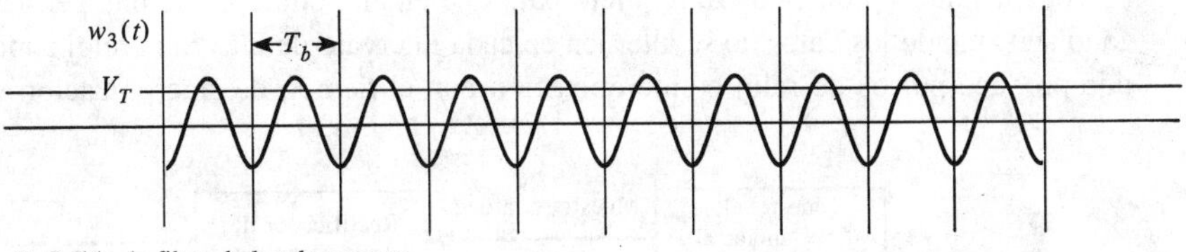


d) Salida de filtro de banda angosta

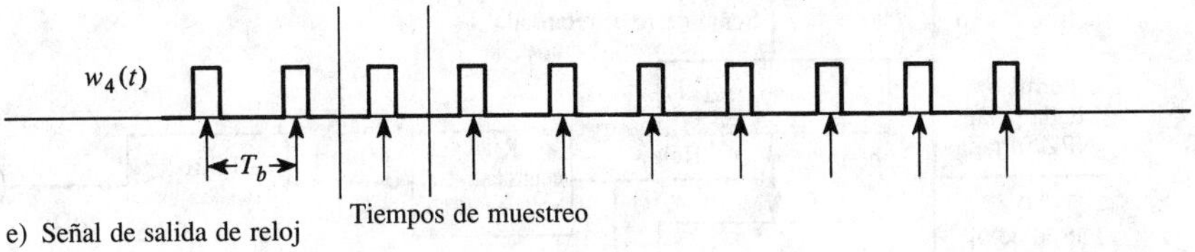


e) Señal de salida de reloj

**Figura 3-20** Sincronizador de bits de ley cuadrada para señalización polar NRZ.

facilidad con un filtro o un PLL puesto que el código unipolar RZ tiene una función delta en su espectro cuando $f = R$. Todos los sincronizadores de bits descritos hasta ahora utilizan una técnica para detectar la línea espectral cuando $f = R$.

Otra técnica utiliza la propiedad de simetría del código de líneas [Carlson, 1986]. En la figura 3-18 que ilustra el patrón de ojo de un código polar NRZ, se ve que un código de líneas adecuadamente filtrado tiene una forma de pulso simétrica con respecto al tiempo de sincronización (de muestreo) óptimo, siempre que los datos oscilen entre unos y ceros. En la figura 3-21, si se hace que $w_1(t)$ denote el código de líneas polar NRZ filtrado y si $w_1\ (\tau_0 + nT_b)$ denota un valor de muestreo del código de líneas a la abertura de ojo máxima (positiva o negativa) donde $n$ es un entero, $R = 1/T_b$ es la tasa de bits, $\tau$ es el tiempo de sincronización relativo (es decir, fase de sincronización) y $\tau_0$ es el valor óptimo correspondiente a muestras a la máxima abertura de ojo. Como la forma del pulso del código de líneas es aproximadamente simétrica con respecto al tiempo de sincronización óptimo en el caso de datos alternos,

$$|w_1(\tau_0 + nT_b - \Delta)| \approx |w_1(\tau_0 + nT_b + \Delta)|$$

donde $\tau_0$ es la fase de sincronización óptima y $0 < \Delta < \frac{1}{2}T_b . w_1\ (\tau + nT_b - \Delta)$ se llama *muestra anticipada* y $w_1(\tau + nT_b + \Delta)$ *muestra retardada*. Estas muestras se usan para obtener la señal de sincronización óptima como se ilustra en el *sincronizador de bits anticipados-retardados* mostrado en la figura 3-21. El voltaje de control, $w_3(t)$, del reloj controlado por voltaje (VCC, por sus siglas en inglés: *voltage-controlled clock*) es una versión suavizada (promediada) de $w_2(t)$. Es decir,

$$w_3(t) = \langle w_2(t) \rangle \tag{3-51a}$$

donde

$$w_2(t) = |w_1(\tau + nT_b - \Delta)| - |w_1(\tau + nT_b + \Delta)| \tag{3-51b}$$

(La operación de promediar se requiere para que el sincronizador de bits permanezca sincronizado aun cuando los datos no se alternen en cada intervalo de bit.) Si el reloj controlado por voltaje produce pulsos de reloj o sincronización con el tiempo de sincronización relativo óptimo

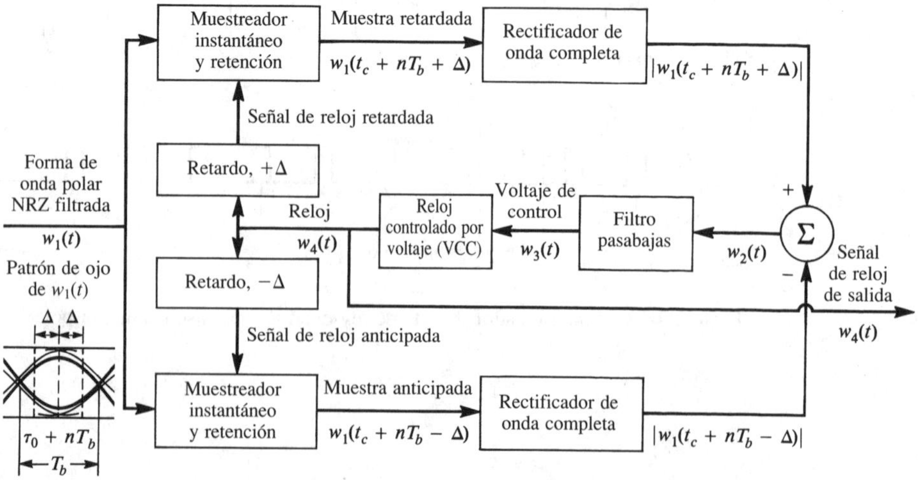


**Figura 3-21** Sincronizador de bits anticipado-retardado para señalización polar NRZ.

$\tau = \tau_0$ de modo que se tomen muestras a la abertura de ojo máxima, la ecuación (3-51) demuestra que el voltaje de control $w_3(t)$ será cero. Si $\tau$ se retarda, $w_3(t)$ será una voltaje de corrección positivo, y si $\tau$ se anticipa, $w_3(t)$ será negativo. Un voltaje de control positivo (negativo) incrementará (disminuirá) la frecuencia del reloj controlado por voltaje. De este modo, el sincronizador de bits producirá una señal de reloj de salida sincronizada con el flujo de datos de entrada. Es decir, $w_4(t)$ será un tren de pulsos con pulsos de reloj angostos a $t = \tau + nT_b$, donde $n$ es cualquier entero y $\tau$ se aproxima a $\tau_0$, la fase de reloj o sincronización óptima correspondiente al muestreo a la abertura de ojo máxima. Es interesante constatar que el sincronizador de bits anticipados-retardados de la figura 3-21 tiene la misma forma canónica que el circuito sincronizador de portadora Costas de la figura 5-3.

Los sincronizadores de bits unipolares, polares y bipolares trabajan sólo cuando existe un número suficiente de unos y ceros alternos en los datos. La pérdida de sincronización provocada por cadenas de todos los unos o todos los ceros se evita adoptando una de dos posibles alternativas. Una alternativa, analizada en el capítulo 1, consiste en intercalar bits (es decir, revolver). En este caso, los datos originales que contienen cadenas de unos o ceros se revuelven para producir datos con unos y ceros alternos, los cuales se transmiten a través del canal por medio de un código de líneas unipolar, polar o bipolar. En el extremo receptor los datos revueltos se recuperan mediante técnicas de recepción usuales con sincronizadores de bits como se acaba de describir; luego se ordenan los datos revueltos. La otra alternativa es usar un tipo completamente diferente de código de líneas quc no requiere datos alternos para la sincronización de los bits. Por ejemplo, se puede usar la codificación Manchester NRZ, pero requiere un canal con dos veces el ancho de banda del requerido para un código polar NRZ.

## Espectros de potencia de señales de niveles múltiples

La señalización de niveles múltiples proporciona un ancho de banda reducido en comparación con la señalización binaria. Este concepto se introdujo en la sección 3-4, y se ampliará para obtener una fórmula general de la densidad espectral de potencia de una señal de niveles múltiples. Para reducir el ancho de banda de la señalización, la figura 3-22 muestra cómo se convierte una señal binaria en una señal de niveles múltiples, donde se utiliza un DAC de $\ell$ bits para convertir la señal binaria con una tasa de datos de $R$ bits/s en una señal digital de $L = 2^\ell$ niveles múltiples.

Por ejemplo, supóngase que se utiliza un DAC de $\ell = 3$ bits, de modo que $L = 2^3 = 8$ niveles. La figura 3-22b ilustra una forma de onda de entrada típica, y la figura 3-22c muestra la forma de onda de salida de ocho niveles correspondiente donde $T_s$ es el tiempo requerido para enviar un símbolo de niveles múltiples. Para obtener esta forma de onda se utilizó el código mostrado en la tabla 3-5. En esta figura se ve que $D = 1/T_s = 1/(3T_b) = R/3$, o, en general, la velocidad en baudios es

$$D = \frac{R}{\ell} \tag{3-52}$$

La relación entre la velocidad en baudios de salida $D$ y la tasa de bits asociada $R$ es idéntica a la que se analizó junto con el teorema de dimensionalidad en la sección 3-4, donde se encontró que el ancho de banda estaba limitado por $B \geq D/2$.

La densidad espectral de potencia de la forma de onda de niveles múltiples mostrada en la figura 3-22c se obtiene mediante la ecuación (3-36a). Si se evalúa $R(k)$ para el caso de niveles $a_n$ igualmente probables, como se muestra en la tabla 3-5, con $k = 0$ se obtiene

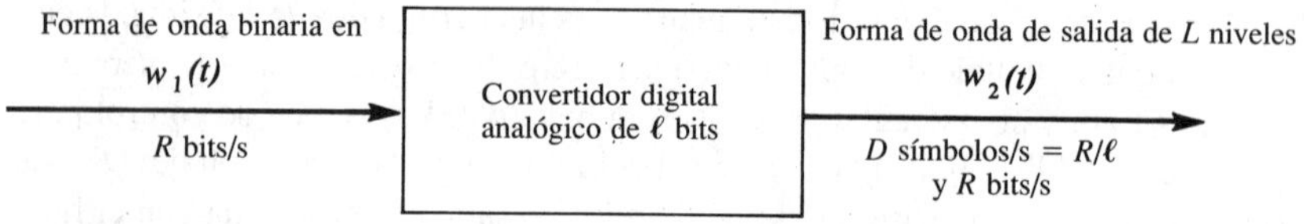


a) Convertidor analógico a digital de $\ell$ bits

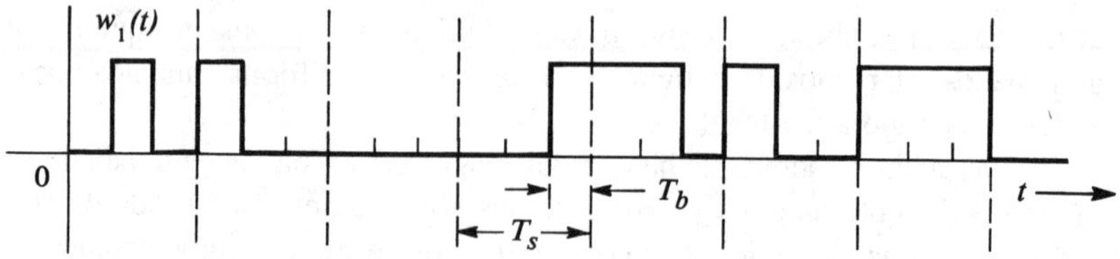


b) Forma de onda binaria de entrada, $w_1(t)$

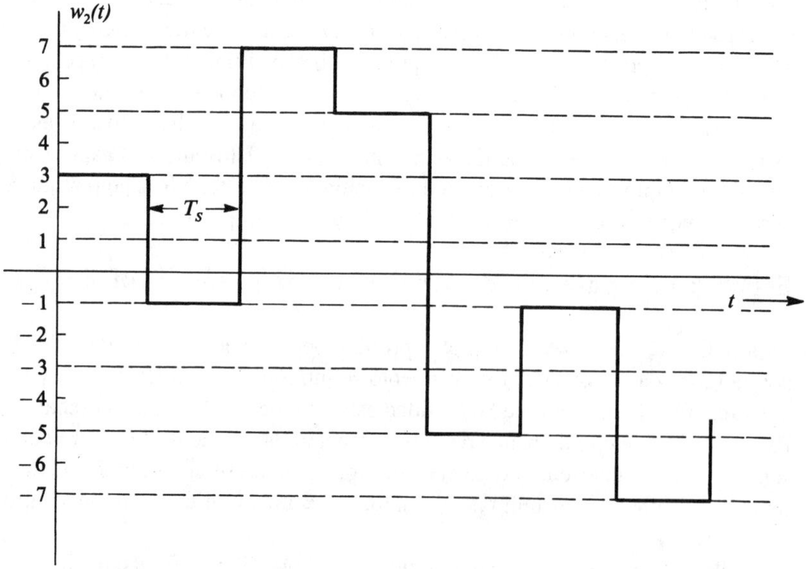


c) Forma de onda de salida de $L = 8 = 2^3$

**Figura 3-22** Conversión de señal binaria a señal de niveles múltiples.

$$R(0) = \sum_{i=1}^{8} (a_n)_i^2 P_i = 21$$

donde $P_i = \frac{1}{8}$ con los ocho valores posibles. Con $k \neq 0$, $R\ (k) = 0$. Entonces, de acuerdo con la ecuación (3-36a), la densidad espectral de potencia de $w_2(t)$ es

$$\mathcal{P}_{w_2}(f) = \frac{|F(f)|^2}{T_s}\,(21 + 0)$$

**TABLA 3-5** CÓDIGO DAC DE TRES BITS

| **Palabra digital** | **Nivel de salida $(a_n)_i$** |
|---|---|
| 000 | +7 |
| 001 | +5 |
| 010 | +3 |
| 011 | +1 |
| 100 | −1 |
| 101 | −3 |
| 110 | −5 |
| 111 | −7 |

donde el ancho del pulso (o ancho del símbolo) es $T_s = 3T_b$. Para el pulso rectangular de $3T_b$ de ancho, ésta se vuelve

$$\mathcal{P}_{w_2}(f) = 63T_b \left(\frac{\text{sen } 3\pi f T_b}{3\pi f T_b}\right)^2$$

en este caso en que $\ell = 3$. Por consiguiente el primer ancho de banda nulo de esta señal de niveles múltiples es $B_{\text{nulo}} = 1/(3T_b) = R/3$, o un tercio del ancho de banda de la señal binaria de entrada.

En general, en el caso de $L = 2^\ell$ niveles, la densidad espectral de potencia de una señal de niveles múltiples con pulsos rectangulares es

$$\mathcal{P}_{\text{niveles múltiples NRZ}}(f) = K\left(\frac{\text{sen}\,\ell\pi f T_b}{\ell\pi f T_b}\right)^2 \tag{3-53}$$

donde $K$ es una constante y el ancho de banda nulo es

$$B_{\text{nulo}} = R/\ell \tag{3-54}$$

En resumen, la señalización de niveles múltiples, donde $L > 2$, se utiliza para reducir el ancho de banda de una señal digital en comparación con el ancho de banda requerido para la señalización binaria. En la práctica, con frecuencia se usan señales de niveles múltiples filtradas para modular una portadora para transmitir información digital a través de un canal de comunicación. Esto proporciona una señal digital de banda relativamente angosta.

## Eficiencia espectral

**Definición.** La *eficiencia espectral* de una señal digital está dada por el número de bits por segundo de datos soportados por cada hertz de ancho de banda:

$$\eta = \frac{R}{B} \text{ (bits/s)/Hz} \tag{3-55}$$

donde $R$ es la tasa de datos y $B$ es el ancho de banda.

En aplicaciones donde el ancho de banda se ve limitado por limitaciones físicas y reglamentarias, el trabajo del ingeniero en comunicaciones consiste en seleccionar una técnica de señalización que produzca la máxima eficiencia espectral al mismo tiempo que se cumple con las limitaciones de costo dadas y las especificaciones de baja probabilidad de error de bits a la salida del sistema. Además, la eficiencia espectral máxima posible se ve limitada por el ruido presente en el canal si el error ha de ser pequeño. Esta eficiencia espectral máxima está dada por la fórmula de capacidad de canal de Shannon, (1-10),

$$\eta_{\text{máx}} = \frac{C}{B} = \log_2\left(1 + \frac{S}{N}\right) \tag{3-56}$$

La teoría de Shannon no dice cómo se obtiene un sistema con esta eficiencia espectral teórica máxima; sin embargo, los sistemas prácticos que se aproximan a esta eficiencia espectral en general incorporan codificación por corrección de errores y señalización de niveles múltiples.

La eficiencia espectral de la señalización NRZ de niveles múltiples se obtiene sustituyendo la ecuación (3-54) en la (3-55):

$$\eta = \ell \text{ (bit/s)/Hz} \qquad \text{(señalización NRZ de niveles múltiples)} \tag{3-57}$$

donde $\ell$ es el número de bits utilizado en el DAC. Desde luego, $\ell$ no se puede incrementar sin límite hasta una eficiencia infinita porque la relación de señal a ruido dada por la ecuación (3-56) lo limita.

Las eficiencias espectrales de todos los códigos de líneas estudiados en las secciones anteriores se pueden evaluar con facilidad a partir de sus densidades espectrales de potencia. En la tabla 3-6 se muestran los resultados. Las señalizaciones unipolar NRZ, polar NRZ y bipolar RZ son dos veces más eficientes que la unipolar o Manchester NRZ.

Todos estos códigos de líneas tienen $\eta \leq 1$. Se puede usar la señalización de niveles múltiples para lograr una mucho mayor eficiencia espectral, aunque los circuitos de niveles múltiples son más costosos. En la práctica se utiliza la señalización de niveles múltiples en las líneas telefónicas digitales T1G, como se describe en la sección 3-9.

## 3-6 INTERFERENCIA INTERSÍMBOLOS

El ancho absoluto de pulsos de niveles múltiples de cresta plana es infinito. Si estos pulsos se filtran inadecuadamente al pasar a través de un sistema de comunicación, se dispersarán con el tiempo, y el pulso de cada símbolo se puede dispersar hacia cuotas de tiempo adyacentes y pro-

**TABLA 3-6** EFICIENCIAS ESPECTRALES DE CÓDIGOS DE LÍNEAS

| Tipo de código | Primer ancho de banda nulo (Hz) | Eficiencia espectral $\eta = R/B$ [(bits/s)/Hz] |
|---|---|---|
| Unipolar NRZ | $R$ | 1 |
| Polar NRZ | $R$ | 1 |
| Unipolar RZ | $2R$ | $\frac{1}{2}$ |
| Bipolar RZ | $R$ | 1 |
| Manchester NRZ | $2R$ | $\frac{1}{2}$ |
| Niveles múltiples NRZ | $R/\ell$ | $\ell$ |

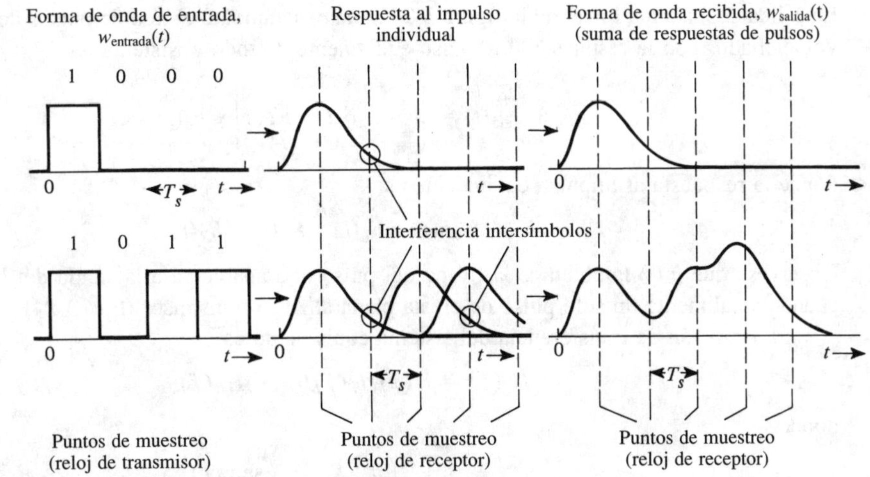


**Figura 3-23** Ejemplos de interferencia intersímbolos en pulsos recibidos en un sistema de comunicación binario.

vocar *interferencia intersímbolos* (ISI), como se ilustra en la figura 3-23. La pregunta es: ¿cómo se puede restringir el ancho de banda sin introducir ISI? Naturalmente, con ancho de banda restringido, los pulsos tendrían crestas redondeadas (en lugar de planas). Nyquist fue el primero que estudió este problema [Nyquist, 1928]. Descubrió tres métodos diferentes de configurar los pulsos que se podían usar para eliminar la interferencia intersímbolos. En las secciones siguientes se estudiará cada uno de estos métodos.

Considérese un sistema de señalización digital como se muestra en la figura 3-24. En general, se asumirá la señalización de niveles múltiples donde a la entrada la señal de niveles múltiples de cresta plana es

$$w_{\text{entrada}}(t) = \sum_n a_n h(t - nT_s) \tag{3-58}$$

donde $h(t) = \Pi(t/T_s)$ y $a_n$ pueden asumir cualesquiera de los $L$ niveles múltiples permitidos ($L = 2$ para señalización binaria). La tasa de símbolos es $D = 1/T_s$ pulsos/s. Luego la ecuación (3-58) se puede escribir como

$$\begin{aligned} w_{\text{entrada}}(t) &= \sum_n a_n h(t) * \delta(t - nT_s) \\ &= \left[\sum_n a_n \delta(t - nT_s)\right] * h(t) \end{aligned} \tag{3-59}$$

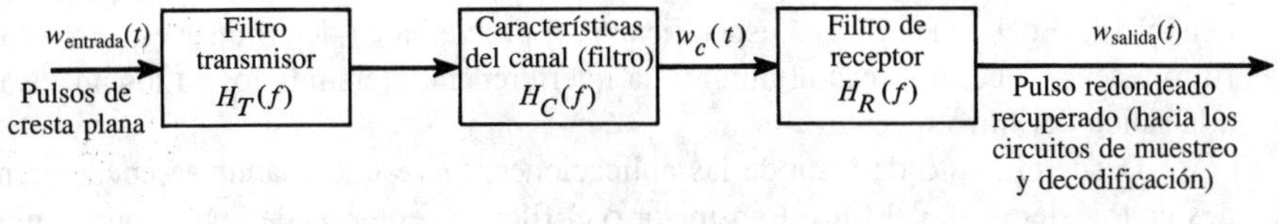


**Figura 3-24** Sistema de transmisión de pulsos de bandabase.

La salida del sistema lineal de la figura 3-24 sería exactamente el tren de pulsos de entrada convolucionados con la respuesta al impulso equivalente de todo el sistema

$$w_{\text{salida}}(t) = \left[\sum_n a_n \delta(t - nT_s)\right] * h_e(t) \tag{3-60}$$

donde la respuesta al impulso equivalente es

$$h_e(t) = h(t) * h_T(t) * h_C(t) * h_R(t) \tag{3-61}$$

Obsérvese que $h_e(t)$ también es la forma del pulso que aparecerá a la salida del filtro receptor cuando se alimenta un solo pulso de cresta plana al filtro transmisor (Fig. 3-24).

La función de transferencia del sistema equivalente es

$$H_e(f) = H(f)H_T(f)H_C(f)H_R(f) \tag{3-62}$$

donde

$$H(f) = \mathcal{F}\left[\Pi\left(\frac{t}{T_s}\right)\right] = T_s\left(\frac{\operatorname{sen}\pi T_s f}{\pi T_s f}\right) \tag{3-63}$$

La ecuación (3-63) se utiliza de modo que se presenten pulsos de cresta plana a la entrada del filtro transmisor. El filtro receptor, $H_R(f)$, está dado por

$$H_R(f) = \frac{H_e(f)}{H(f)H_T(f)H_C(f)} \tag{3-64}$$

donde $H_e(f)$ es la característica filtrante total.

Cuando $H_e(f)$ se selecciona para reducir al mínimo la interferencia intersímbolos, entonces el $H_R(f)$, obtenido con la ecuación (3-64), se llama *filtro de ecualización*. La característica de filtro de ecualización depende de $H_C(f)$, la respuesta del canal a la frecuencia, lo mismo que del $H_e(f)$ requerido. Cuando el canal se compone de líneas telefónicas de marcación, la función de transferencia del canal cambia de una llamada a otra y es posible que se requiera que el filtro de ecualización sea un *filtro adaptable*. En este caso, el filtro de ecualización se autoajusta para reducir al mínimo la interferencia intersímbolos. En algunos esquemas adaptables, cada sesión de comunicación es precedida por una configuración de bits de prueba utilizada para adaptar el filtro electrónicamente para la máxima abertura de ojo (es decir, interferencia intersímbolos mínima). Tales secuencias se llaman *secuencias o preámbulos de aprendizaje o entrenamiento*.

Si se reescribe la ecuación (3-60), el tren de pulsos redondeado a la salida del filtro receptor es

$$w_{\text{salida}}(t) = \sum_n a_n h_e(t - nT_s) \tag{3-65}$$

La forma de los pulsos de salida se ve afectada por forma de los pulsos de entrada (de cresta plana en este caso), el filtro transmisor, el filtro del canal y el filtro receptor. Como, en la práctica, el filtro del canal ya está especificado, el problema es determinar el filtro transmisor y el filtro receptor que reduzcan al mínimo la interferencia intersímbolos en los pulsos redondeados a la salida del filtro receptor.

Desde el punto de vista de las aplicaciones, se ve que cuando se encuentran las funciones de transferencia del filtro transmisor o el filtro receptor, cada una se puede multiplicar por $Ke^{-j\omega T_d}$, donde $k$ es un factor de ganancia conveniente y $T_d$ es un retardo conveniente. Estos parámetros se seleccionan de modo que faciliten la construcción de los filtros. El factor o los factores $Ke^{-j\omega T_d}$ no afectan el resultado de cero interferencia intersímbolos, aunque, desde luego, modifican el nivel y el retardo de la forma de onda de salida.

## Primer método de Nyquist (Cero ISI)

El *primer método de Nyquist* para la eliminación de la interferencia intersímbolos consiste en utilizar una función de transferencia equivalente, $H_e(f)$, tal que la respuesta al impulso satisfaga la siguiente condición:

$$h_e(kT_s + \tau) = \begin{cases} C, & k = 0 \\ 0, & k \neq 0 \end{cases} \tag{3-66}$$

donde $k$ es un entero, $T_b$ es el periodo de sincronización de los símbolos (muestras), $\tau$ es la separación en los tiempos de sincronización de muestreo del receptor comparados con los tiempos de sincronización de los símbolos de entrada y $C$ es una constante diferente de cero. Es decir, para un pulso único de cresta plana de nivel $a$ presente a la entrada del filtro transmisor cuando $t = 0$, el pulso recibido sería $ah_e(t)$. Su valor sería de $aC$ cuando $t = \tau$ aunque no provocaría interferencia en otros tiempos de muestreo porque $h_e(kT_s + \tau) = 0$ cuando $k \neq 0$ (véase la figura 3-23).

Ahora supóngase que se selecciona una función (sen $x$)/$x$ para $h_e(t)$. En particular, si $\tau = 0$ y se selecciona

$$h_e(t) = \frac{\text{sen}\pi f_s t}{\pi f_s t} \tag{3-67}$$

donde $f_s = 1/T_s$. Esta respuesta al impulso satisface el primer criterio de Nyquist para la interferencia intersímbolos cero, (3-66). Por consiguiente, si los filtros transmisor y receptor se diseñan de modo que la función de transferencia total sea

$$H_e(f) = \frac{1}{f_s}\Pi\left(\frac{f}{f_s}\right) \tag{3-68}$$

no habrá interferencia intersímbolos. Además, el ancho de banda absoluto es $B = f_s/2$. Del estudio de los teoremas de muestreo y de dimensionalidad del capítulo 2 y la sección 3-4 se desprende que ésta es la filtración óptima para producir un sistema con ancho de banda mínimo. Permitirá señalización a una velocidad en baudios de $D = 1/T_s = 2B$ impulsos/s, donde $B$ es el ancho de banda absoluto del sistema. Sin embargo, la forma del pulso total tipo (sen $x$)/$x$ plantea dos dificultades prácticas.

- La característica de transferencia de amplitud total $H_e(f)$ tiene que ser plana en el intervalo $-B < f < B$ y cero en cualquier otra parte. Esto es físicamente irrealizable (es decir, la respuesta al impulso es no causal y de duración infinita). $H_e(f)$ es difícil de aproximar debido a las fuertes pendientes en la función de transferencia del filtro cuando $f = \pm B$.
- La sincronización del reloj en el circuito de muestreo decodificador tiene que ser casi perfecta puesto que el impulso (sen $x$)/$x$ decae sólo $1/x$ y es cero en ranuras (*slots*) de tiempo adyacentes únicamente cuando $t$ está al tiempo de muestreo exactamente correcto. Por tanto, la sincronización inexacta provocará interferencia intersímbolos.

Debido a estas dificultades, se tienen que considerar otras formas de pulso con ancho de banda un poco más grande. La idea es encontrar formas de pulso que pasen por cero en puntos de muestreo adyacentes y que no obstante tengan una envolvente que decae mucho más rápido que $1/x$ de modo que la fluctuación de los tiempos de muestreo no provoque una interferencia intersímbolos apreciable. Una solución para la función de transferencia equivalente, la cual tiene muchas características deseables, es el filtro reductor en coseno elevado.

## Filtración de reducción en coseno elevado

**DEFINICIÓN.** El *filtro reductor en coseno elevado* tiene la función de transferencia

$$H_e(f) = \begin{cases} 1, & |f| < f_1 \\ \frac{1}{2}\left\{1 + \cos\left[\dfrac{\pi(|f| - f_1)}{2f_\Delta}\right]\right\}, & f_1 < |f| < B \\ 0, & |f| > B \end{cases} \tag{3-69}$$

donde $B$ es el *ancho de banda absoluto* y los parámetros $f_1$ y $f_\Delta$ son

$$f_\Delta = B - f_0 \tag{3-70}$$

$$f_1 \triangleq f_0 - f_\Delta \tag{3-71}$$

$f_0$ es el *ancho de banda de 6 dB* del filtro reductor en coseno elevado. El *factor de reducción* se define como

$$r = \frac{f_\Delta}{f_0} \tag{3-72}$$

Esta característica de filtro se ilustra en la figura 3-25. La respuesta al impulso correspondiente es

$$h_e(t) = \mathcal{F}^{-1}[H_e(f)] = 2f_0 \left(\frac{\text{sen } 2\pi f_0 t}{2\pi f_0 t}\right)\left[\frac{\cos 2\pi f_\Delta t}{1 - (4f_\Delta t)^2}\right] \tag{3-73}$$

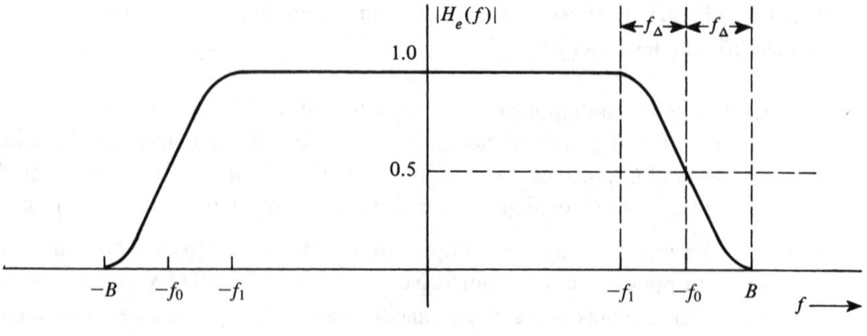


**Figura 3-25** Características de filtro reductor en coseno elevado.

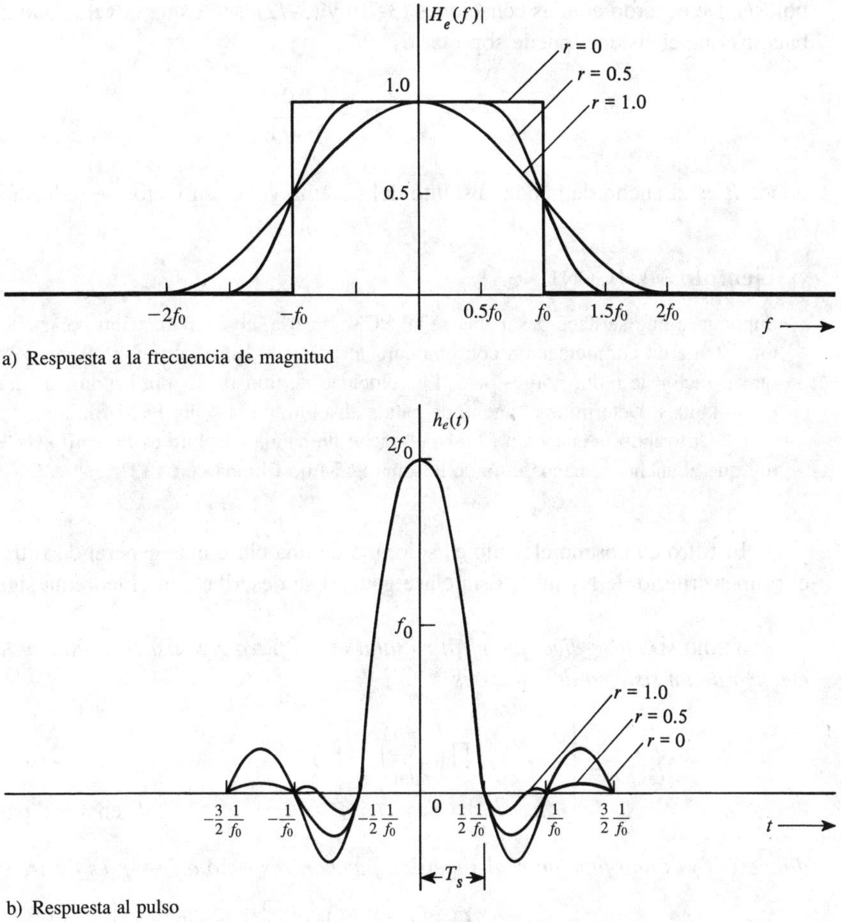


**Figura 3-26** Respuesta a la frecuencia y al tiempo con diferentes factores de reducción.

En la figura 3-26 se muestran gráficas de respuestas a la frecuencia y al impulso correspondientes a factores de reducción $r = 0$, $r = 0.5$ y $r = 1.0$. La característica correspondiente a $r = 0$ es el caso de ancho de banda mínimo en el que $f_0 = B$ y la respuesta al impulso es la forma de pulso (sen $x$)/$x$. En esta figura se ve que *conforme se incrementa el ancho de banda* (por ejemplo, $r = 0.5$ y $r = 1.0$), (1) *los requisitos de filtración se aligeran*, aunque $h_e(t)$ sigue siendo no causal; y (2) los *requisitos de sincronización también se aligeran* puesto que la envolvente de la respuesta al impulso decae más rápido que $1/|t|$ (a razón de $1/|t|^3$ con grandes valores de $t$).

La velocidad de transmisión en baudios que el sistema de comunicación puede soportar sin interferencia intersímbolos se relaciona con el ancho de banda absoluto del sistema y el factor de reducción de la característica de filtro reductor en coseno elevado. En la figura 3-26b se ve que los ceros en la respuesta al impulso del sistema ocurren cuando $t = n/2f_0$, $n \neq 0$. Por tanto, el filtro reductor en coseno elevado satisface el primer criterio de Nyquist para no interferencia intersímbolos tal como lo describe la ecuación (3-66) con $\tau = 0$ y una muestra con un periodo de $T_s = 1/2f_0$. La velocidad de transmisión en baudios correspondiente es $D = 1/T_s = 2f_0$ símbolos/s. De acuerdo con las ecuaciones (3-70) y (3-72), se ve que la velocidad de transmisión en baudios que el sistema puede soportar es

$$D = \frac{2B}{1 + r} \tag{3-74}$$

donde $B$ es el ancho de banda absoluto del sistema y $r$ es su factor de reducción.

**Ejemplo 3-1** (CONTINÚA)

Supóngase que se hace pasar una señal PCM binaria, con señalización polar NRZ, a través de un sistema de comunicación con una característica de filtro de reducción en coseno elevado y que el factor de reducción es 0.25. La velocidad de transmisión en baudios de la señal PCM es de 64 kbits/s. Determine el ancho de banda absoluto de la señal PCM filtrada.

Utilizando la ecuación (3-74), el ancho de banda absoluto es $B = 40$ kHz, el cual es menor que el ancho de banda nulo de la señal PCM no filtrada de 64 kHz.

El filtro en coseno elevado es sólo uno de una clase más general de filtros que satisfacen el primer criterio de Nyquist. Esta clase general se describe con el teorema siguiente.

**TEOREMA.** *Se dice que el filtro total es un filtro Nyquist si la función de transferencia efectiva de un sistema de pulsos es*

$$H_e(f) = \begin{cases} \Pi\left(\dfrac{f}{2f_0}\right) + Y(f), & |f| < 2f_0 \\ 0, & f \text{ en otra parte} \end{cases} \tag{3-75}$$

*donde $Y(f)$ es una función real simétrica par con respecto a $f = 0$; es decir,*

$$Y(-f) = Y(f), \qquad |f| < 2f_0 \tag{3-76a}$$

*y simétrica impar con respecto a $f = f_0$;* es decir,

$$Y(-f + f_0) = -Y(f + f_0), \qquad |f| < f_0 \tag{3-76b}$$

*Por consiguiente no habrá interferencia intersímbolos a la salida del sistema si la velocidad de transferencia de símbolos es*

$$D = f_s = 2f_0 \tag{3-77}$$

Este teorema se ilustra en la figura 3-27. $Y(f)$ puede ser cualquier función real que satisfaga las condiciones de simetría de (3-76). Por tanto, se puede usar un número infinito de características de filtro para producir cero ISI.

***Comprobación.*** Se tiene que demostrar que la respuesta al impulso de este filtro es 0 cuando $t = nT_s$, $n \neq 0$, donde $T_s = 1/f_s = 1/(2f_0)$. Con la transformada inversa de Fourier de (3-75), se obtiene

$$h_e(t) = \int_{-2f_0}^{-f_0} Y(f)e^{j\omega t}\,df + \int_{-f_0}^{f_0} [1 + Y(f)]e^{j\omega t}\,df + \int_{-f_0}^{2f_0} Y(f)e^{j\omega t}\,df$$

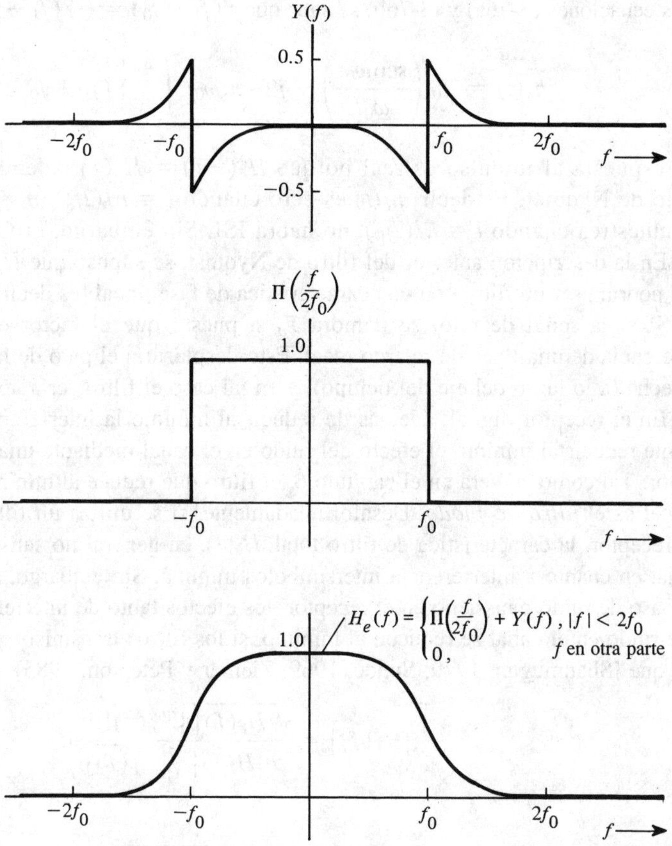


**Figura 3-27** Característica de filtro Nyquist.

o

$$h_e(t) = \int_{-f_0}^{f_0} e^{j\omega t}\, df + \int_{-2f_0}^{2f_0} Y(f) e^{j\omega t}\, df$$

$$= 2f_0 \left(\frac{\operatorname{sen}\omega_0 t}{\omega_0 t}\right) + \int_{-2f_0}^{0} Y(f) e^{j\omega t}\, df + \int_{0}^{2f_0} Y(f) e^{j\omega t}\, df$$

Si se cambia la variable en las integrales, con $f_1 = f + f_0$ en la primera integral y $f_1 = f - f_0$ en la segunda, se obtiene

$$h_e(t) = 2f_0 \left(\frac{\operatorname{sen}\omega_0 t}{\omega_0 t}\right) + e^{-j\omega_0 t} \int_{-f_0}^{f_0} Y(f_1 - f_0) e^{j\omega_1 t} df_1$$

$$+ e^{-j\omega_0 t} \int_{-f_0}^{f_0} Y(f_1 + f_0) e^{j\omega_1 t} df_1$$

Por las ecuaciones (3-76a) y (3-76b) se sabe que $Y(f_1 - f_0) = -Y(f_1 + f_0)$; por tanto se obtiene

$$h_e(t) = 2f_0\left(\frac{\text{sen}\omega_0 t}{\omega_0 t}\right) + j2\ \text{sen}\omega_0 t \int_{-f_0}^{f_0} Y(f_1 + f_0)e^{j\omega_1 t}df_1$$

Esta respuesta al impulso es real porque $H_e(-f) = H_e^*(f)$; además, satisface el primer criterio de Nyquist. Es decir, $h_e(t)$ es cero cuando $t = n/(2f_0)$, $n \neq 0$, y $\tau = 0$. Por tanto, si se muestrea cuando $t = n/(2f_0)$, no habrá ISI. Sin embargo, el filtro es no causal.

En la descripción anterior del filtro de Nyquist, se supuso que $H_e(f)$ era real. Desde luego, se podría usar un filtro con una característica de fase lineal [es decir, $H_e(f)e^{-j\omega T_d}$], y no habría ISI si la señal de reloj se demora $T_d$ s, puesto que el factor es la función $e^{-j\omega T_d}$ de transferencia de una línea de retardo ideal. Esto desplazaría el pico de la respuesta al impulso a la derecha (a lo largo del eje del tiempo), y en tal caso el filtro sería aproximadamente causal.

En el receptor digital, además de reducir al mínimo la interferencia intersímbolos, sería deseable reducir al mínimo el efecto del ruido en el canal mediante una adecuada filtración del receptor. Tal como se verá en el capítulo 6, el filtro que reduce al mínimo el efecto de ruido en un canal es el *filtro acoplado*. Desafortunadamente, si se utiliza un filtro acoplado para $H_R(f)$ en el receptor, la característica de filtro total, $H_e(f)$, en general no satisface la característica de Nyquist en cuanto a interferencia intersímbolos mínima. Sin embargo, se puede demostrar que en el caso de ruido gaussiano en el receptor, los efectos tanto de interferencia intersímbolos como de ruido en el canal se reducen al mínimo, si los filtros transmisor y receptor se diseñan de modo que [Shanmugan, 1979; Sunde, 1969; Ziemer y Peterson, 1985]

$$|H_T(f)| = \frac{\sqrt{|H_e(f)|}\,[\mathcal{P}_n(f)]^{1/4}}{\alpha\,|H(f)|\,\sqrt{|H_c(f)|}} \tag{3-78a}$$

y

$$|H_R(f)| = \frac{\alpha\sqrt{|H_e(f)|}}{\sqrt{H_c(f)}\,[\mathcal{P}_n(f)]^{1/4}} \tag{3-78b}$$

donde $\mathcal{P}_n(f)$ es la densidad espectral de potencia del ruido a la entrada del receptor y $\alpha$ es una constante positiva arbitraria (por ejemplo, selecciónese $\alpha$ =1 por conveniencia). $H_e(f)$ se selecciona de entre cualquier característica de respuesta a la frecuencia apropiada que satisfaga el primer criterio de Nyquist como previamente se vio y $H(f)$ está dado por (3-63). Se puede usar cualquier respuesta de fase apropiada para $H_T(f)$ y $H_R(f)$ en tanto la respuesta de fase del sistema total sea lineal. Esto da por resultado un retardo constante de tiempo contra frecuencia.

## Segundo y tercer métodos de Nyquist para el control de la interferencia intersímbolos

El *segundo método* de Nyquist de control de interferencia intersímbolos permite introducir algo de ISI de *manera controlada*, de modo que se pueda eliminar en el receptor y que se puedan recuperar los datos sin error, siempre y cuando no haya ruido presente [Couch, 1993]. Esta técnica también permite la posibilidad de duplicar la velocidad de transmisión en baudios o, de lo contrario, reducir a la mitad del ancho de banda del canal. Este fenómeno fue observado por telegrafistas en la década de los noventa y se conoce como "duplicación de la velocidad de transmisión de puntos" [Bennett y Davey, 1965].

En el *tercer método de Nyquist* de control de ISI, el efecto de ISI se elimina seleccionando $h_e(t)$ de modo que el área bajo el pulso $h_e(t)$ dentro del intervalo de símbolos deseado, $T_s$, no es cero aunque las áreas bajo $h_e(t)$ en intervalos de símbolos adyacentes son cero. Para la detección de datos, el receptor evalúa el área bajo la forma de onda del receptor en cada intervalo $T_s$. Se han encontrado pulsos que satisfacen el tercer criterio de Nyquist, pero su rendimiento en la presencia de ruido es inferior a los ejemplos analizados con anterioridad [Sunde, 1969].

## 3-7 MODULACIÓN POR CODIFICACIÓN DE PULSO DIFERENCIAL

Cuando se muestrean señales de audio o video, en general se ve que las muestras adyacentes en general son casi del mismo valor. Esto significa que existe mucha redundancia en las señales muestreadas y, por consiguiente, el ancho de banda y la gama dinámica de un sistema de modulación por codificación de pulso que se desperdicien cuando se retransmiten valores de muestreo redundantes. Una manera de reducir al mínimo la transmisión redundante y de disminuir el ancho de banda es transmitir señales PCM correspondientes a la diferencia de los valores de muestreo adyacentes. Esto, en lenguaje rudimentario, es *modulación por codificación de pulso diferencial* (DPCM, por sus siglas en inglés: *differential pulse code modulation*). El valor de muestreo actual presente en el receptor se regenera utilizando el valor pasado más el valor diferencial actualizado recibido a través del sistema diferencial.

Además, el valor actual se puede estimar a partir de valores pasados por medio de un *filtro de predicción*. El filtro se obtiene por medio de una línea de retardo con tomas (dispositivo de transferencia en cadena) para formar un *filtro transversal*, como se muestra en la figura 3-28. Cuando se establecen las ganancias de las tomas $\{a_l\}$ de modo que la salida del filtro prediga el valor actual a partir de los valores pasados, se dice que el filtro es un *filtro de predicción lineal* [Spilker, 1977]. Las ganancias óptimas de las tomas son una función de las propiedades de correlación de la señal de audio o video [Jayant y Noll, 1984]. Las muestras de salida son

$$z(nT_s) = \sum_{l=1}^{K} a_l y(nT_s - lT_s) \tag{3-79a}$$

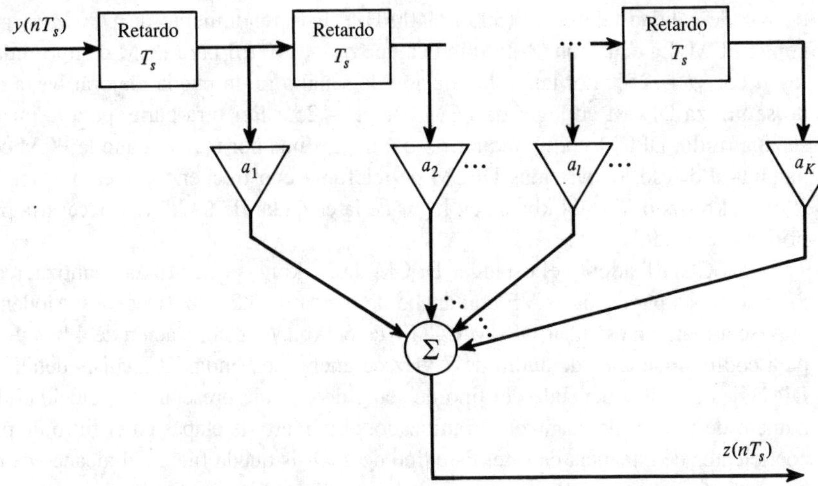


**Figura 3-28** Filtro transversal.

o, en notación simplificada,

$$z_n = \sum_{l=1}^{K} a_l y_{n-l} \tag{3-79b}$$

donde $y_{n-l}$ denota el valor de muestreo a la entrada del filtro en el momento $t = (n - l)T_s$ y existen $K$ dispositivos de retardo en el filtro transversal.

El filtro de predicción lineal se utiliza en una configuración lineal para producir DPCM. Se analizarán dos configuraciones posibles.

La primera configuración DPCM, mostrada en la figura 3-29, utiliza el pronosticador para obtener un señal modulada por amplitud de pulso diferencial (DPAM, por sus siglas en inglés: *differential pulse amplitude modulated*) cuantizada y codificada para producir la señal DPCM. La señal analógica recuperada a la salida del receptor será la misma de la entrada del sistema más ruido de cuantización *acumulado*. El efecto de acumulación se elimina con la configuración de transmisor de la figura 3-30.

En la segunda configuración DPCM mostrada en la figura 3-30, el predictor opera los valores cuantizados en el transmisor lo mismo que en el receptor para reducir al mínimo el ruido de cuantización en la señal analógica recuperada. La salida analógica en el receptor es igual a la señal analógica de entrada en el transmisor por lo que se refiere a ruido de cuantización; además, el ruido de cuantización no se acumula, como sucede en la primera configuración.

Se puede demostrar que DPCM, al igual que PCM, observan la regla de 6 dB [Jayant y Noll, 1984]

$$\left(\frac{S}{N}\right)_{dB} = 6.02n + \alpha \tag{3-80a}$$

donde

$$-3 < \alpha < 15 \qquad \text{en el caso de DPCM de voz} \tag{3-80b}$$

y $n$ es el número de bits de cuantización ($M = 2^n$). A diferencia de la PCM comprimida-expandida, el parámetro $\alpha$ en el caso de DPCM varía dentro de un amplio intervalo según las propiedades de la señal analógica de entrada. La ecuación (3-80b) da el intervalo de $\alpha$ para frecuencia de voz de calidad telefónica (300 a 3400 Hz). Este rendimiento de DPCM se puede comparar con el PCM. La ecuación (3-26b) indica que $\alpha = -10$ dB para PCM comprimida-expandida de ley $\mu$ con $\mu = 255$. Por tanto, la relación de señal a ruido puede mejorar hasta en 25 dB cuando se utiliza DPCM en lugar de PCM con $\mu = 255$. Por otra parte, para la misma relación de señal a ruido, DPCM podría requerir 3 o 4 menos bits por muestra que la PCM comprimida-expandida. Por eso los sistemas DPCM de telefonía con frecuencia operan a una tasa de bits de $R = 32$ kbits/s o $R = 24$ kbits/s en lugar de la estándar de 64 kbits/s necesaria para PCM comprimida-expandida.

La CCITT adoptó el estándar DPCM de 32 kbits/s que utiliza cuantización a una tasa de 8 kmuestras/s para señales VF con ancho de banda de 3.2 kHz [Decina y Modena, 1988]. Además, se adoptó un estándar DPCM CCITT de 64 kbits/s (cuantización de 4 bits y 16 kmuestras/s) para codificar señales de audio de 7 kHz de ancho de banda. El análisis detallado de sistemas DPCM es difícil y depende del tipo de señal de entrada presente, la velocidad de muestreo, el número de niveles de cuantización utilizado, el número de etapas en el filtro de predicción y los coeficientes de ganancia de éste. Este tipo de análisis queda fuera del alcance de este libro, pero para un estudio más amplio el lector puede consultar obras publicadas sobre este tema [Flanagan y colaboradores, 1979; Jayant, 1974; Jayant y Noll, 1984; O'Neal, 1966b].

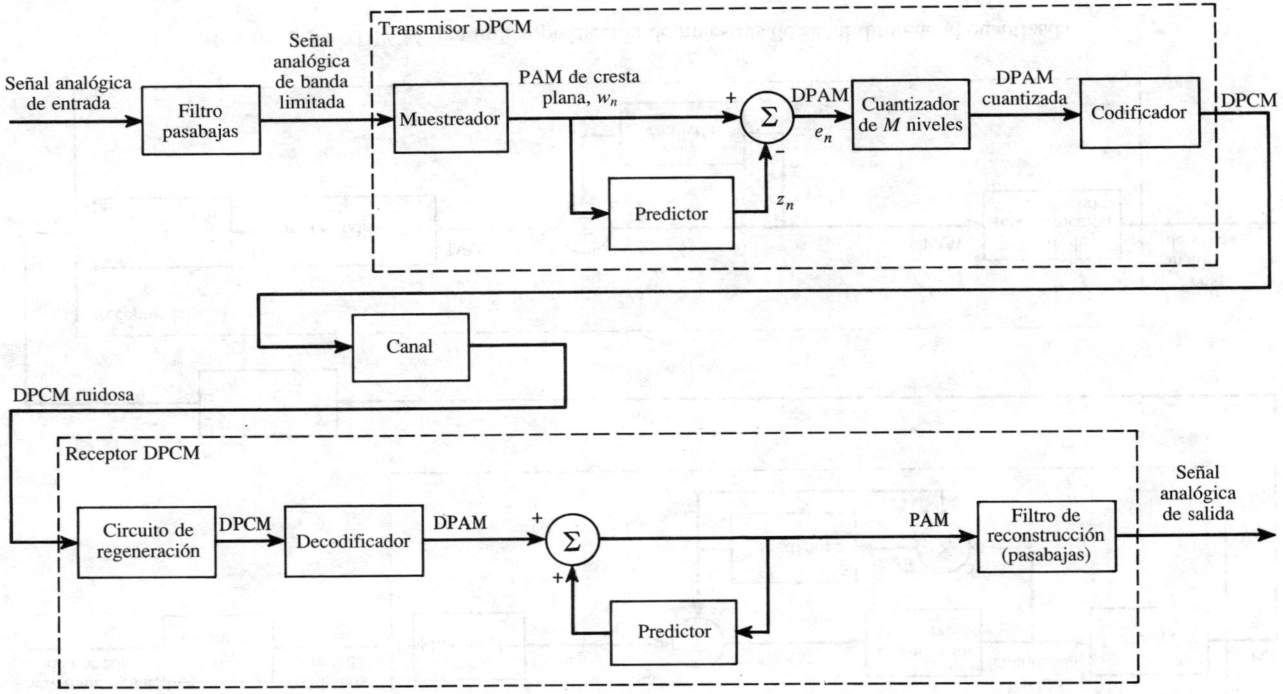


**Figura 3-29** DPCM que utiliza predicción de muestras de señal de entrada.

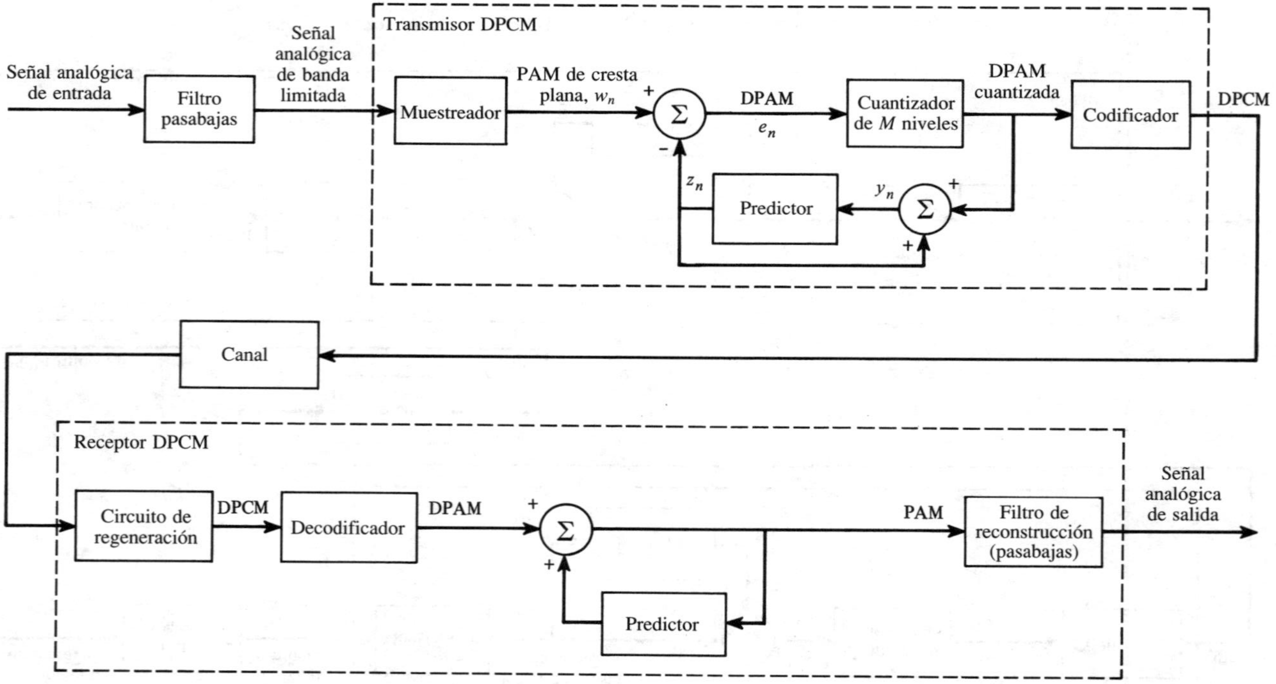


**Figura 3-30** DPCM que utiliza predicción de muestras de señal diferencial cuantizada.

## 3-8 MODULACIÓN DELTA

Desde un punto de vista de diagrama de bloques, la *modulación delta* (DM, por sus siglas en inglés: *delta modulation*) es un caso especial de DPCM cuando se tienen dos niveles de cuantización. Tal como se muestra en la figura 3-30, para el caso de $M = 2$, la señal DPAM cuantizada es *binaria* y no se requiere el codificador porque la función de éste es convertir la señal DPAM de niveles múltiples en palabras de código binario. Para el caso de $M = 2$, la señal DPAM es una señal DPCM donde las palabras de código son de un bit de longitud. El costo de un sistema DM es menor que el de un sistema DPCM ($M > 2$) porque no se requiere ni convertidor analógico a digital (ADC) ni convertidor digital a analógico (DAC). Éste es el principal atractivo del esquema DM es relativamente barato. De hecho, el costo se reduce todavía más si se reemplaza el predictor con un circuito de integración de bajo costo (tal como un filtro RC pasabajas), como se muestra en la figura 3-31.

En el circuito DM mostrado en la figura 3-31, las operaciones del restador y del cuantizador de dos niveles son ejecutadas por un comparador de modo que la salida sea $\pm V_c$ (binaria). En este caso la señal DM es una señal polar. En la figura 3-32 se muestra un conjunto de formas de onda asociadas con el modulador delta. En la figura 3-32a se ilustra una forma de onda de entrada analógica supuesta. Si se toman las muestras instantáneas de la señal PAM de cresta plana al principio de cada periodo de muestreo, la señal de salida del acumulador correspondiente se muestra.† En este caso se supone que el integrador actúa como un acumulador (como

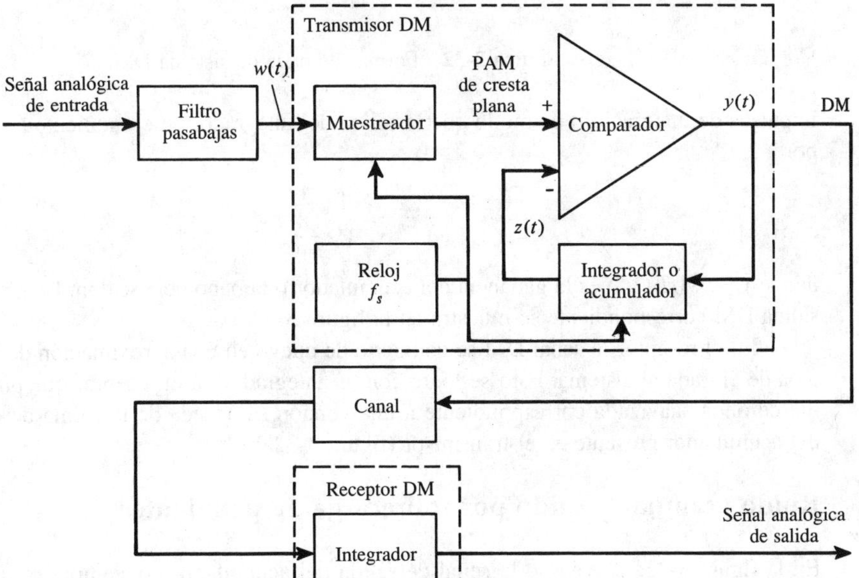


**Figura 3-31** Sistema DM.

† La frecuencia de muestreo, $f_s = 1/T_s$, se selecciona de modo que quede dentro del intervalo $2B_{\text{entrada}} < f_s < 2B_{\text{canal}}$, donde $B_{\text{entrada}}$ es el ancho de banda de la señal analógica de entrada y $B_{\text{canal}}$ es el ancho de banda del canal. El límite inferior evita la introducción de errores en la señal analógica y el superior evita la interferencia intersímbolos en la señal DM en el receptor. Véase el ejemplo 3-5 en cuanto a más restricciones con respecto a la selección de $f_s$.

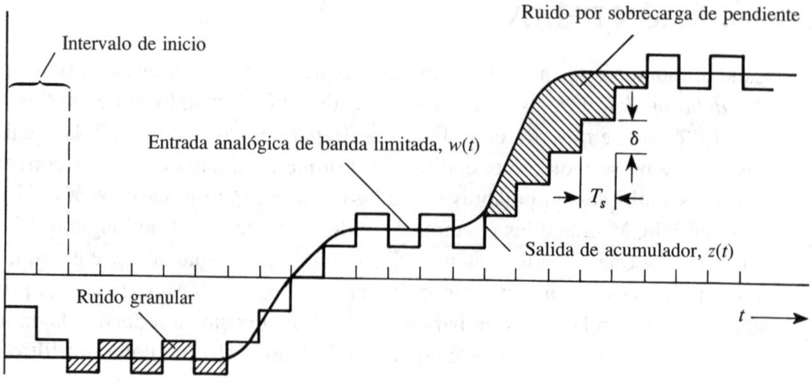


a) Formas de onda de entrada analógica y de salida de acumulador

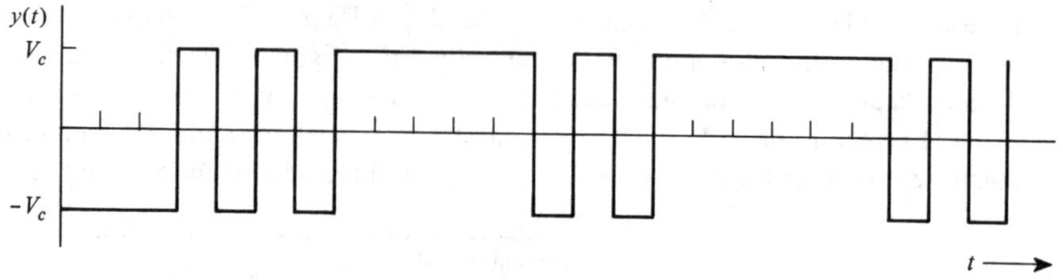


**Figura 3-32** Formas de onda de sistema DM.

impulsos de integración) de modo que la salida del integrador en el momento $t = nT_s$ está dada por

$$z_n = \frac{1}{V_c} \sum_{i=0}^{n} \delta y_i \tag{3-81}$$

donde $y_i = y(iT)$ y $\delta$ es la ganancia del acumulador o tamaño del escalón. La forma de onda de salida DM correspondiente se muestra en la figura 3-32b.

En el receptor la señal DM se convierte de nuevo en una aproximación de la señal analógica de entrada al sistema. Esto se logra con un integrador en el receptor que produce una forma de onda suavizada correspondiente a una versión suavizada de la forma de onda de salida del acumulador presente en el transmisor (figura 3-32a).

## Ruido granular y ruido por sobrecarga de pendiente

En la figura 3-32a se ve que la señal de salida del acumulador no siempre rastrea la señal de entrada analógica. La señal errónea por ruido de cuantización se clasifica en dos tipos de ruido: *por sobrecarga de pendiente* y *granular*. El ruido por sobrecarga de pendiente ocurre cuando el tamaño del escalón $\delta$ es demasiado pequeño como para que la salida del acumulador siga los rápidos cambios en la forma de onda de entrada.

El ruido granular ocurre con cualquier tamaño de escalón aunque es menor cuando el tamaño del escalón es pequeño. Por tanto, conviene tener un $\delta$ tan pequeño como sea posible para reducir al mínimo el ruido granular. El ruido granular en un sistema DM es similar al ruido granular en un sistema PCM, mientras que el ruido por sobrecarga de pendiente es un fenómeno nue-

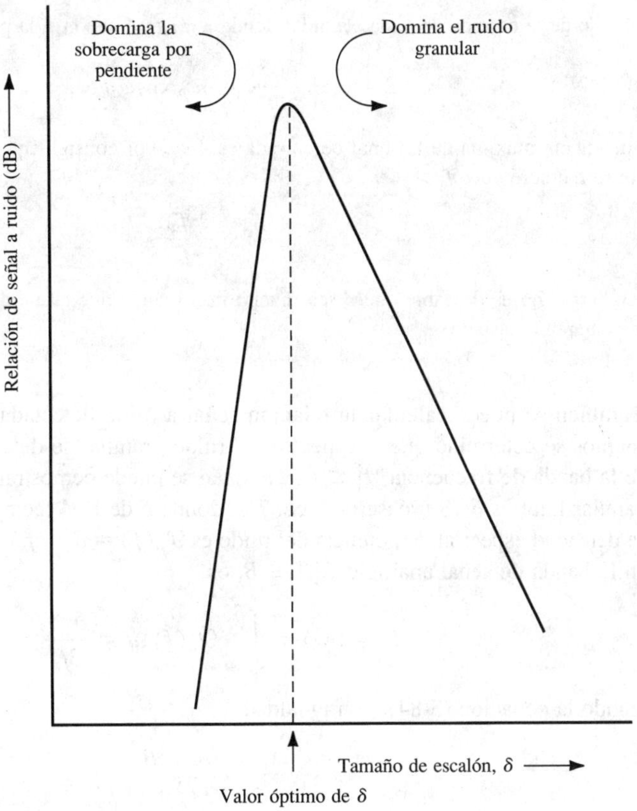


**Figura 3-33** Relación de señal a ruido a la salida de un sistema DM en función del tamaño de escalón.

vo provocado por una señal diferencial que se está codificando (en lugar de la señal original). En el sistema DPCM analizado con anterioridad también se presentan estos dos fenómenos.

Es evidente que debe de existir un valor óptimo para el tamaño del escalón, $\delta$, porque si $\delta$ se incrementa, el ruido granular también lo hará pero disminuirá el ruido por sobrecarga de pendiente. Esto se ilustra en la figura 3-33.

### Ejemplo 3-5 DISEÑO DE UN SISTEMA DM

Halle el tamaño del escalón necesario para evitar el ruido por sobrecarga de pendiente en el caso en que la señal de entrada es una onda senoidal.

La pendiente máxima que la salida del acumulador puede generar es

$$\frac{\delta}{T_s} = \delta f_s \tag{3-82}$$

En el caso de la entrada de onda senoidal donde $w(t) = A \text{ sen } \omega_a t$, la pendiente es

$$\frac{dw(t)}{dt} = A\omega_a \cos\omega_a t \tag{3-83}$$

y la pendiente máxima de la señal de entrada es $A\omega_a$. Por consiguiente, sin sobrecarga por pendiente se requiere que $\delta f_s > A\omega_a$, o

$$\delta > \frac{2\pi f_a A}{f_s} \tag{3-84}$$

Sin embargo, no es deseable que $\delta$ sea mucho más grande que este valor o el ruido granular se incrementará demasiado.

También se puede calcular la relación señal a ruido detectada resultante. Por medio de experimentos se determinó que el espectro del ruido granular se distribuye uniformemente a lo largo de la banda de frecuencia $|f| \leq f_s$. También se puede demostrar que el ruido de cuantización granular total es $\delta^2/3$ (véase la Secc. 7-7, donde $\delta$ de DM reemplaza a $\delta/2$ de PCM). Por tanto, la densidad espectral de potencia del ruido es $\mathcal{P}_n(f) = \delta^2/(6f_s)$. La potencia del ruido granular en la banda de señal analógica, $|f| \leq B$, es

$$N = \langle n^2 \rangle = \int_{-B}^{B} \mathcal{P}_n(f)\, df = \frac{\delta^2 B}{3f_s} \tag{3-85}$$

o, utilizando la ecuación (3-84), con igualdad

$$N = \frac{4\pi^2 A^2 f_a^2 B}{3f_s^3}$$

La potencia de la señal es

$$S = \langle w^2(t) \rangle = \frac{A^2}{2} \tag{3-86}$$

La relación promedio resultante de señal a ruido de cuantización que sale de un sistema DM con una señal de prueba de onda senoidal es

$$\left(\frac{S}{N}\right)_{\text{salida}} = \frac{3}{8\pi^2} \frac{f_s^3}{f_a^2 B} \tag{3-87}$$

donde $f_s$ es la frecuencia de muestreo DM, $f_a$ es la frecuencia de la entrada senoidal y $B$ es el ancho de banda del sistema receptor. Se recalca que se demostró que la ecuación (3-87) es válida sólo para señales senoidales.

Para señales de audiofrecuencia de voz (VF) se demostró que la ecuación (3-84) es demasiado restrictiva si $f_a = 4$ kHz y que la sobrecarga por pendiente es insignificante si [deJager, 1952]

$$\delta \geq \frac{2\pi 800 W_p}{f_s} \tag{3-88}$$

donde $W_p$ es el valor pico de la forma de onda de audio de entrada, $w(t)$. (Esto se debe al hecho de que las frecuencias medias alrededor de 800 Hz dominan en la señal VF.) Si se combinan las ecuaciones (3-88) y (3-85), se obtiene la relación señal/ruido del sistema DM con una señal VF

$$\left(\frac{S}{N}\right)_{\text{salida}} = \frac{\langle w^2(t)\rangle}{N} = \frac{3f_s^3}{(1600\pi)^2 B}\left(\frac{\langle w^2(t)\rangle}{W_p^2}\right) \tag{3-89}$$

donde $B$ es el ancho de banda de audio y $(\langle w^2(t)\rangle/W^2)$ es la relación de potencia de audio promedio a potencia de audio pico.

Este resultado se puede usar para diseñar un sistema DM de VF. Por ejemplo, supóngase que se desea un SNR de al menos 30 dB. Considere que el ancho de banda VF es de 4 kHz y que la relación de potencia de audio promedio a pico es de $\frac{1}{2}$. En tal caso, la ecuación (3-89) da una frecuencia de muestreo requerida de 40.7 kbits/s o $f_s = 10.2B$. También es interesante comparar este sistema DM con un sistema PCM que tenga el mismo ancho de banda (es decir, la tasa de bits). El número de bits, $n$, requerido para cada palabra PCM lo determina $R = (2B)n = 10.2B$ o $n \approx 5$. Entonces la relación de señal promedio a ruido de cuantización del sistema PCM comparable es 30.1 dB (véase la tabla 3-5). Por tanto, en estas condiciones, el sistema PCM con un ancho de banda comparable tiene aproximadamente la misma relación de señal a ruido que el sistema DM. Además, si se repite el procedimiento anterior, se puede demostrar que si se desea una relación de señal a ruido mayor que 30 dB, el sistema PCM tendría una relación de señal a ruido mayor que la de un sistema con ancho de banda comparable; por otra parte, si una relación de señal a ruido menor que 30 dB fuese suficiente, el sistema DM funcionaría mejor que (es decir, tendría una relación de señal a ruido mayor que) el sistema PCM del mismo ancho de banda. Obsérvese que la relación de señal a ruido en el caso de DM se incrementa $f_s^3$ o 9 dB por cada octava de incremento de $f_s$.

También es posible mejorar el rendimiento en cuanto a relación de señal a ruido de un sistema DM mediante integración doble en lugar de integración sencilla, tal como se estudió aquí. Con un sistema de doble integración la relación de señal a ruido se incrementa $f_s^5$ o 15 dB por octava [Jayant y Noll, 1984].

## Modulación delta adaptable y modulación delta con pendiente continuamente variable

Para reducir al mínimo el ruido por sobrecarga de pendiente mientras se mantiene el ruido granular a un valor razonable, se utiliza *modulación delta adaptable* (ADM, por sus siglas en inglés: *adaptive delta modulation*). En este caso el tamaño de escalón se hace variar como una función del tiempo conforme cambia la forma de onda de entrada. El tamaño de escalón se mantiene pequeño para reducir al mínimo el ruido granular hasta que el ruido por sobrecarga de pendiente comienza a dominar. En tal caso, el tamaño de escalón se incrementa para reducir el ruido por sobrecarga de pendiente. El tamaño de escalón se adapta, por ejemplo, examinando los pulsos DM a la salida del transmisor. Cuando los pulsos DM se componen de una cadena de pulsos de polaridad positiva, el tamaño de escalón se incrementa (véase la figura 3-32) hasta que los impulsos comienzan a alternarse en polaridad, luego disminuyen, y así sucesivamente. Un algoritmo posible para variar el tamaño de escalón se muestra en la tabla 3-7, donde el tamaño de escalón cambia con variación discreta. Aquí el tamaño de escalón normalmente se fija a un valor $\delta$ cuando la señal ADM se compone de datos con unos y ceros alternados o cuando ocurren dos unos binarios sucesivos. Sin embargo, si ocurren tres unos binarios sucesivos, el tamaño de escalón se incrementa a $2\delta$, y a $4\delta$ en el caso de cuatro unos binarios sucesivos. La figura 3-34 incluye un diagrama de bloques de este sistema ADM.

Se han publicado artículos con registros de demostración que ilustran la calidad de las técnicas ADM y de otras técnicas digitales cuando se envían señales de voz a través de sistemas y

TABLA 3-7 ALGORITMO DEL TAMAÑO DE ESCALÓN

| Secuencia de datos[a] | | | | Número de unos o ceros binarios sucesivos | Algoritmo de tamaño del escalón, $f(d)$ |
|---|---|---|---|---|---|
| × | × | 0 | 1 | 1 | $\delta$ |
| × | 0 | 1 | 1 | 2 | $\delta$ |
| 0 | 1 | 1 | 1 | 3 | $2\delta$ |
| 1 | 1 | 1 | 1 | 4 | $4\delta$ |

[a] ×, no importa.

se recuperan [Flanagan y colaboradores, 1979; Jayant, 1974]. Otra variación de la modulación delta adaptable es la *modulación delta con pendiente continuamente variable* (CVSD, por sus siglas en inglés: *continuously variable slope delta modulation*). En ésta el tamaño de escalón se hace continuamente variable en lugar de aumentar en incrementos discretos.

El circuito Motorola MC3417 es un circuito integrado CVSD que varía la pendiente (tamaño de escalón) como una función de los últimos tres dígitos de la secuencia de datos codificados; el MC3418 dispone de un algoritmo similar de 4 bits [Motorola, 1985]. Los dos microcircuitos codificadores/decodificadores CVSD se pueden conectar como moduladores (codificadores) o como demoduladores (decodificadores) y se pueden operar con velocidades de transferencia de bits que fluctúan entre 9.4 y 64 kbits/s. Se obtiene una mejor relación de señal a ruido a la salida del decodificador si se utiliza una velocidad de transferencia de bits mayor. Por ejemplo, si se utilizan codificadores/decodificadores MC3417 para codificar y decodificar en un sistema CVSD de 16 kbits/s, la relación señal a ruido a la salida será de 16 dB. Esto se llama "calidad de comunicación". Si se utilizan MC3418 en un sistema de 37.7 kbits/s, la relación señal a ruido de salida será de 30 dB. Este desempeño es similar al que se obtiene con los sistemas DM y PCM analizados después de la ecuación (3-89).

Se podría plantear la pregunta: ¿cuál técnica es mejor, PCM o DM? La respuesta, desde luego, depende del criterio utilizado en la comparación y del tipo de mensaje. Si el objetivo es contar con un sistema de bajo costo relativamente simple, la modulación delta puede ser la mejor técnica. Sin embargo, los costos de los ADC están bajando, de modo que ello puede ser un factor. Si el criterio es una alta relación de señal a ruido de salida, probablemente la técnica PCM es la mejor [O'Neal, 1966a]. Si va a servir como interfaz para el equipo existente, la compatibilidad es de primordial importancia. A este respecto, la técnica PCM tiene la ventaja porque se adoptó por primera vez y es de amplio uso.

## Codificación de voz

Los codificadores de voz digitales se clasifican en dos categorías: codificadores de forma de onda y codificadores de voz. Los *codificadores de forma de onda* utilizan algoritmos para codificar y decodificar de modo que la salida del sistema es una aproximación de la forma de onda de entrada. Los *codificadores de voz* codifican la voz mediante la extracción de un conjunto de parámetros. Tales parámetros se digitalizan y transmiten al receptor donde se utilizan para fijar los valores de los parámetros para los generadores y filtros, los que a su vez sintetizan el sonido de voz de salida. Por lo general, la forma de onda de salida de un codificador de voz no se parece a la forma de onda de entrada y tiene un sonido artificial no natural. Si bien las palabras que salen del altavoz pueden ser claramente entendibles, el altavoz puede no ser identificable. Es decir, el altavoz puede "sonar como un robot". Por esta razón y por limitaciones de espacio, en este li-

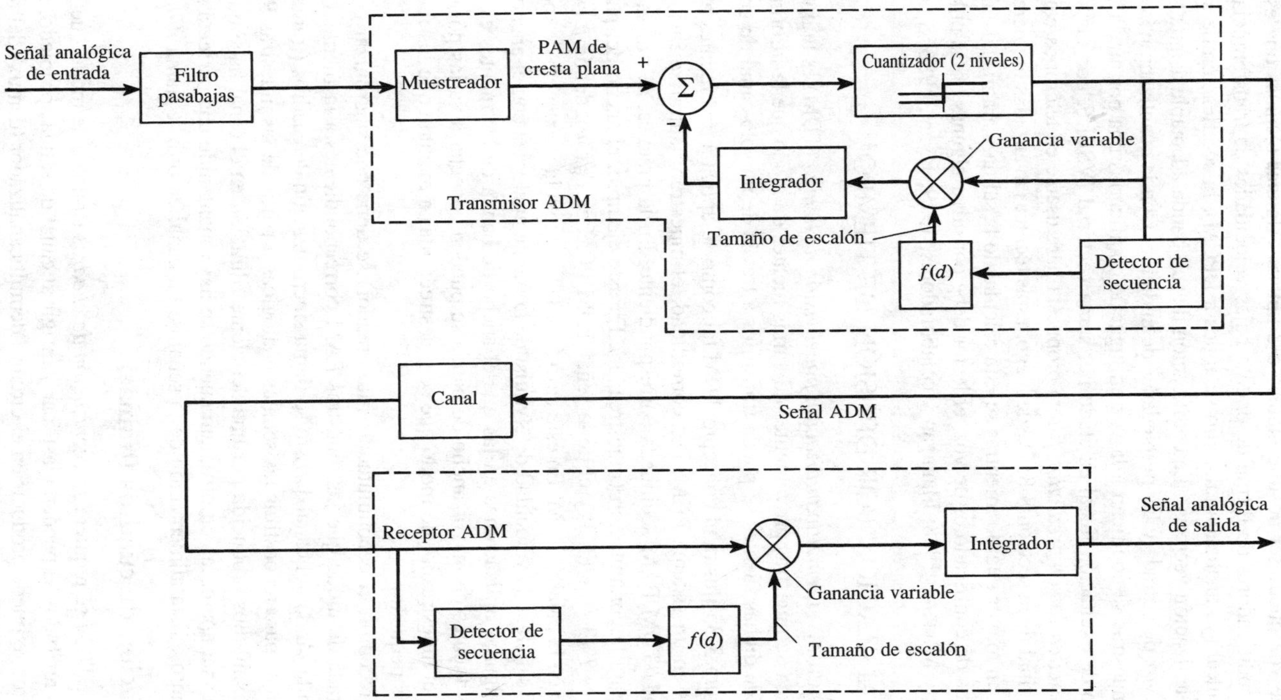


**Figura 3-34** Sistema ADM.

bro se analizan sólo codificadores de forma de onda (por ejemplo, PCM, DPCM, DM y CVSD). Se demostró que el discurso de la calidad VF podía codificarse en bites tan bajos como 24 kbits/s. Técnicas más avanzadas reducen la tasa de bits a 8 kbits/s, y los investigadores creen que la codificación de voz puede ser posible incluso a 2 kbits/s. Algunas técnicas que están disponibles para lograr codificadores de forma de onda a bajas velocidades de transferencia de bits son: la predicción lineal (ya analizada tal como se aplica a DPCM), la codificación de sub-banda adaptable y la cuantización vectorial. La codificación de sub-banda adaptable asigna bits según el espectro de la voz de entrada y las propiedades de audición. Con la cuantización vectorial, bloques enteros de muestras se codifican a la vez en lugar de codificarlas una por una. Un ejemplo es la técnica filtro de excitación lineal excitado por suma vectorial (VSELF, por sus siglas en inglés: *vector sum excited linear prediction filter*) propuesta para usarse en teléfonos celulares digitales y descrita al final de la sección 8-8. Desde luego, estas técnicas avanzadas requieren circuitos más complejos y un mayor retardo mientras se está calculando la salida. Para más detalles sobre el interesante tema de codificadores de voz, el lector debe consultar algunas obras publicadas [Aoyama, Daumer y Modena, 1988; Flanagan y colaboradores, 1979; Jayant, 1986; Spanias, 1994].

## 3-9 MULTICANALIZACIÓN POR DIVISIÓN DE TIEMPO†

**DEFINICIÓN.** La *multicanalización por división de tiempo* (TDM) es la intercalación cronológica de muestras provenientes de varias fuentes de modo que la información que proviene de dichas fuentes se pueda transmitir a través de un solo canal de comunicación.

La figura 3-35 ilustra el concepto TDM tal como se aplica a tres fuentes analógicas multicanalizadas en un sistema PCM. Por comodidad, el muestreo natural se ilustra junto con la forma de onda TDM PAM accionada correspondiente. En la práctica, se utiliza un interruptor electrónico para la conmutación (muestreador). En este ejemplo, el ancho del pulso de la señal TDM PAM es $T_s/3 = 1/(3f_s)$, y el de la señal TDM PCM es $T_s/(3n)$, donde $n$ es el número de bits utilizado en la palabra PCM. En este caso $f_s = 1/T_s$ denota la frecuencia de rotación del conmutador, y $f_s$ satisface la velocidad de Nyquist de la fuente analógica con el ancho de banda más grande. En algunas aplicaciones en las que el ancho de banda de las fuentes es marcadamente diferente, las fuentes de mayor ancho de banda se pueden conectar a varias posiciones de conmutación en el muestreador de modo que se muestreen más a menudo que las fuentes de ancho de banda más pequeño.

En el receptor, el deconmutador (muestreador) se tiene que sincronizar con la forma de onda de entrada de modo que las muestras PAM correspondientes a la fuente 1, por ejemplo, aparezcan en la salida del canal 1. Esto se llama sincronización de cuadros (tramas). Se utilizan filtros pasabajas para reconstruir las señales analógicas a partir de las muestras PAM. La interferencia intersímbolos producida por una deficiente filtración en el canal hace que las muestras PCM de un canal aparezcan en otro, aun cuando se haya mantenido una perfecta sincronización de bits y cuadros. Esta alimentación de la señal de un canal en otro se llama *diafonía*.

### Sincronización de cuadros (tramas)

En el receptor TDM se requiere *sincronización de cuadros* (tramas) de modo que los datos multicanalizados recibidos se puedan clasificar y dirigir al canal de salida apropiado. La sincronización de cuadros se puede producir en el circuito demulticanalizador (demux) del receptor con el

† Éste es un método en el cual muchos usuarios comparten un canal o sistema común. Otros métodos de compartir un sistema de comunicación común se analizan bajo el tema de técnicas de acceso múltiples en la sección 8-5.

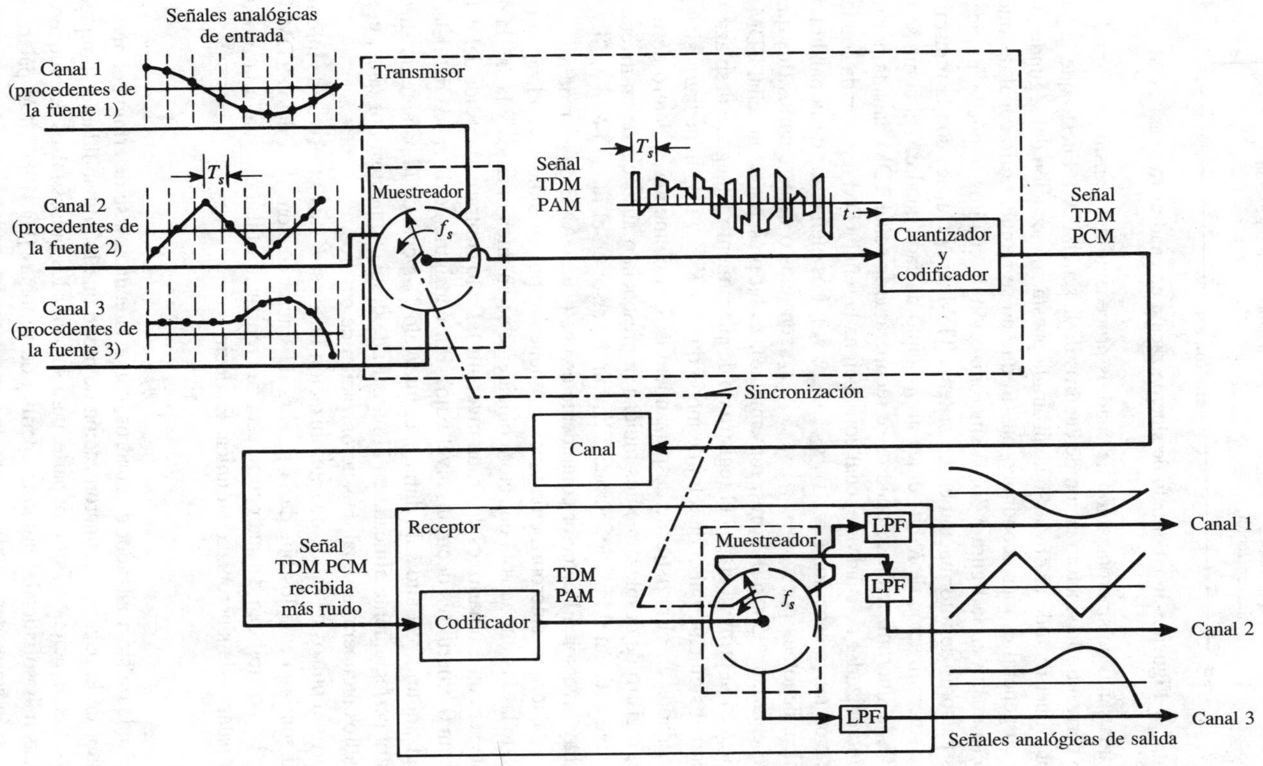


**Figura 3-35** Sistema TDM PCM de tres canales.

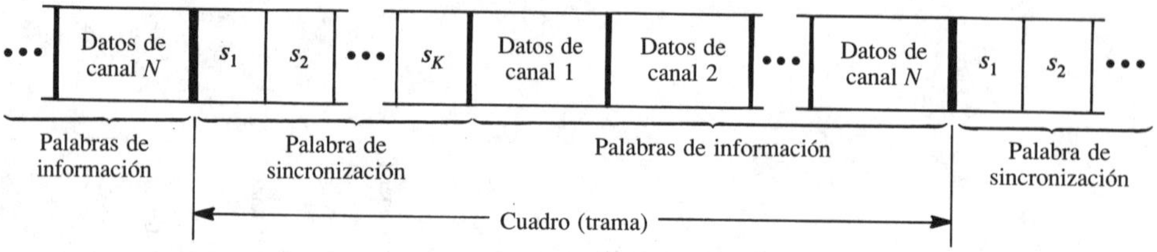


**Figura 3-36** Formato de sincronización de cuadros (tramas) TDM.

envío de una señal de sincronización de cuadros procedente del transmisor a través de un canal distinto o derivando la sincronización de cuadros de la señal TDM. Puesto que la puesta en ejecución del primer método es obvia, se analizará la puesta en ejecución del segundo método. Además, éste en general es más económico puesto que no se requiere otro canal de sincronización. Tal como se ilustra en la figura 3-36, la sincronización de cuadros se puede multicanalizar junto con las palabras de información en un sistema TDM de $N$ canales con la transmisión de una palabra de sincronización de $K$ bits única al principio de cada cuadro. Tal como se ilustra en la figura 3-37, la sincronización de cuadros se recupera de la señal TDM dañada por medio de un circuito sincronizador de cuadros el cual correlaciona la señal TDM regenerada con la palabra de sincronización única esperada $\mathbf{s} = (s_1, s_2, \ldots, s_K)$. Los elementos de la palabra de sincronización única, denotada por $s_1, s_2 \ldots s_j, \ldots s_k$, son unos o ceros binarios (los que, en lógica TTL representarían +5V o 0 V, respectivamente). El bit presente de la señal TDM regenerada se sincroniza en la primera etapa del registro de desplazamiento y luego se desplaza a la siguiente etapa con el siguiente pulso de reloj de modo que los $K$ bits más inmediatos siempre se quedan almacenados en el registro de desplazamientos. Los elementos $s_j$ dentro de los triángulos debajo del registro de desplazamientos indican la presencia o ausencia de un inversor. Es decir, si el elemento $s_j$ es un 0 binario, entonces hay un inversor en el ramal $j$-ésimo. Si $s_j$ es un 1 binario, no hay inversor. El detector coincidente es una puerta AND de entrada $K$.

Si la palabra de sincronización única se encuentra por casualidad en el registro de desplazamientos, todas las entradas al detector coincidente serán unos binarios y la salida del detector coincidente será un 1 binario (es decir, un nivel alto). De lo contrario, la salida del detector coincidente es un 0 binario (es decir, un nivel bajo). Por consiguiente, la salida del detector coincidente alcanzará un nivel alto sólo durante el intervalo $T_b$-s cuando la palabra de sincronización se encuentra perfectamente alineada en el registro de desplazamientos. Por tanto, el sincronizador de cuadros recupera la señal de sincronización de cuadros.

Ocurrirán pulsos de salida de sincronización falsos si $K$ bits sucesivos de información por casualidad son iguales a los bits de la palabra de sincronización. Para datos TDM igualmente probables, la probabilidad de que ocurra esta sincronización falsa es igual a la probabilidad de obtener la palabra de sincronización única. Es decir

$$P_f = \left(\frac{1}{2}\right)^K = 2^{-K} \tag{3-90}$$

En el diseño de un sincronizador de cuadros, con esta ecuación se determina el número de bits, $K$, requeridos en la palabra de sincronización de modo que la probabilidad de bloqueo falso satisfaga las especificaciones. Por otra parte, para suprimir los pulsos falsos de bloqueo se pueden usar técnicas más sofisticadas como la apertura de ventanas [Ha, 1986]. Las palabras de información también se pueden codificar para que no contengan cadenas de bits iguales a la palabra de sincronización única.

Como la salida del detector coincidente es una correlación cruzada digitalizada de la palabra de sincronización con la palabra de $K$ bits de paso almacenada en el registro de desplaza-

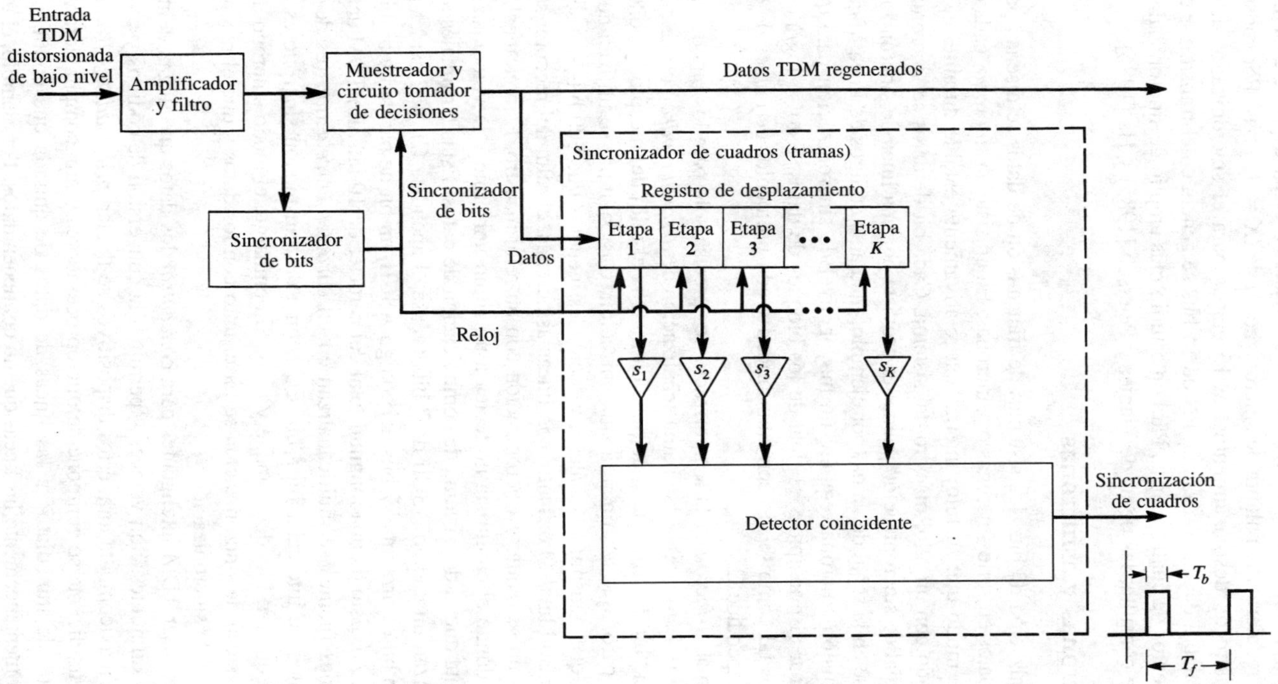


**Figura 3-37** Sincronizador de cuadros (tramas) con receptor TDM frontal.

mientos, se tiene que seleccionar la palabra de sincronización de modo que su función de autocorrelación, $R_s(k)$, contenga las propiedades deseables: $R_s(0) = 1$ y $R(k) \approx 0$ con $k \neq 0$. Los códigos PN (estudiados en la sección 5-12) son casi ideales a este respecto. Por ejemplo, si $P_f = 4 \times 10^{-5}$ es la probabilidad permitida de sincronización falsa, luego de acuerdo con la ecuación (3-90) se requiere una palabra de sincronización de ($K = 15$) bits. Por consiguiente, se requiere un registro de desplazamientos de 15 etapas para el sincronizador de cuadros en el receptor. La palabra de sincronización PN de 15 bits se genera en el transmisor con un registro de desplazamientos de cuatro etapas. Para un estudio más amplio de sincronizadores de cuadros el lector puede consultar las obras de Ziemer y Peterson [1985] y Ha [1986].

## Líneas síncronas y asíncronas

Para la sincronización de bits, los sistemas de transmisión de datos se diseñan para que operen con líneas de datos en serie síncronas o asíncronas. En un sistema *síncrono*, cada dispositivo está diseñado de modo que su reloj interno sea relativamente estable durante un largo lapso, y esté sincronizado con un reloj maestro del sistema. Cada bit de datos se sincroniza con el reloj maestro. La señal de sincronización puede ser provista por una línea de sincronización distinta o puede insertarse en la señal de datos (por ejemplo, mediante códigos de línea Manchester). Además, la transmisión síncrona requiere un mayor nivel de sincronización para que el receptor pueda determinar el principio y el final de los bloques de datos. Esto se logra con sincronización de cuadros tal como se vio con anterioridad y con protocolos de enlace de datos como se describe en el apéndice C.

En sistemas *asíncronos*, la temporización es precisa sólo para los bits dentro de cada carácter (o palabra). Esto también se llama señalización de *arranque-paro* porque cada carácter se compone de un "bit de arranque" que pone en marcha el reloj del receptor y concluye con uno o dos "bits de paro" que terminan la sincronización. Casi siempre se utilizan dos bits de paro con terminales que transmiten señales a velocidades menores que 300 bits/s, y se utiliza un bit de paro si $R \geq 300$ bits/s. Por tanto, con líneas asíncronas, el reloj del receptor se detiene aperiódicamente y no se requiere sincronización con un reloj maestro. Esto es ideal para terminales de teclado donde el capturista no teclea a un ritmo uniforme y la velocidad de entrada es mucho más lenta que la del sistema de comunicación de datos. Estas terminales asíncronas con frecuencia utilizan un código ASCII de 7 bits (véase el apéndice C), y el carácter completo se compone de un bit de arranque, 7 bits del código ASCII, un bit de paridad y un bit de paro (para $R \geq 300$ bits/s). Esto da una longitud total del carácter de 10 bits. En TDM del tipo asíncrono, las diferentes fuentes se multicanalizan en un *carácter entrelazado* (es decir, carácter a carácter) en lugar de intercalar bit a bit. El sistema de transmisión síncrono es más eficiente porque no se requieren bits de arranque y paro. Sin embargo, el modo síncrono de transmisión requiere que la señal de sincronización se pase junto con los datos y que el receptor se sincronice con la señal de sincronización.

Se pueden usar TDM inteligentes para *concentrar* los datos que llegan de muchas terminales o fuentes diferentes. Son veloces y permiten la conversión de códigos y protocolos. A la entrada de una maxicomputadora, estos dispositivos se llaman *procesadores frontales*. El equipo en el TDM inteligente se compone de microprocesadores y minicomputadoras. Por lo general se conectan "de inmediato" a las líneas de datos de entrada que contienen datos y se desconectan momentáneamente las líneas que no contienen datos. Por ejemplo, el usuario de una terminal de teclado se desconecta del sistema mientras piensa (aunque no parezca que el usuario está desconectado) pero se conecta conforme se envía cada carácter o bloque de datos. De este modo la tasa de datos de salida del multicanalizador es mucho menor que la suma de las capacidades de transferencia de datos de las líneas de entrada. Esta técnica se llama multicanalización *estadística*, y permite que muchas más terminales se conecten en línea al sistema.

Los multiplexores también se clasifican en tres tipos generales. El primer tipo TDM se compone de aquellos que se conectan a líneas síncronas. El segundo tipo TDM se conecta a líneas cuasisíncronas. En este caso, los relojes individuales de las fuentes de datos de entrada no están sincronizados con exactitud en cuanto a frecuencia. Por consiguiente, existirá una cierta variación en las tasas de bits entre los datos que llegan de diferentes fuentes. Además, en algunas aplicaciones las frecuencias de reloj del flujo de datos de entrada no están relacionadas por un número racional. En estos casos, la señal de salida TDM se tendrá que sincronizar a una tasa incrementada por encima del valor nominal para acomodar las entradas que no son síncronas. Cuando no se dispone de un bit de entrada nuevo al ritmo de sincronización del multiplexor (debido a la ausencia de sincronización), se insertan *bits de relleno*, los cuales son bits ficticios, en el flujo de datos de salida TDM. Esto se ilustra con el multiplexor (multicanalizador) de bits intercalados mostrado en la figura 3-38. Los bits de relleno pueden ser unos, ceros binarios, o alguna configuración alterna, de acuerdo con la preferencia del diseñador del sistema. El tercer tipo TDM se compone de aquellos que operan con fuentes asíncronas y producen una salida asíncrona de alta velocidad (no se requieren bits de relleno) o una salida síncrona de alta velocidad (se requieren bits de relleno).

**Ejemplo 3-6** DISEÑO DE UN MULTIPLEXOR (MULTICANALIZADOR) POR DIVISIÓN DE TIEMPO

Diseñe un multiplexor por división de tiempo que tenga espacio para 11 fuentes. Suponga que las fuentes tienen las siguientes especificaciones.

Fuente 1. Analógica, ancho de banda de 2 kHz.

Fuente 2. Analógica, ancho de banda de 4 kHz.

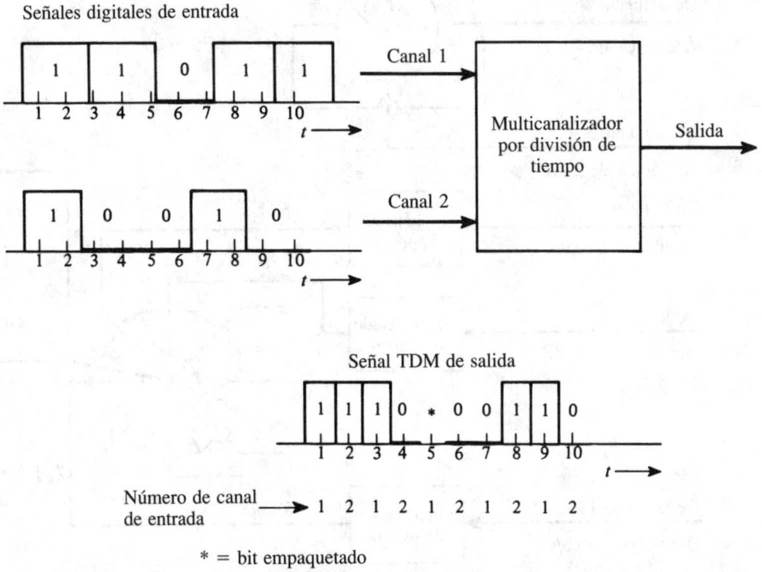


**Figura 3-38** TDM de bits entrelazados de dos canales con empaquetado de pulsos.

Fuente 3. Analógica, ancho de banda de 2 kHz.

Fuentes 4 a 11. Digitales, síncronas a 7200 bits/s.

También suponga que las fuentes analógicas se convertirán en palabras PCM de 4 bits y, por simplicidad, que la sincronización de cuadros se obtendrá por medio de un canal distinto y que utilizan líneas TDM síncronas. Para satisfacer la velocidad de transferencia de Nyquist de las fuentes analógicas, las fuentes 1, 2 y 3 se tienen que muestrear a 4, 8 y 4 kHz, respectivamente. Tal como se muestra en la figura 3-99, esto se logra haciendo girar el primer conmutador a $f_1 = 4$ kHz y muestrear la fuente 2 dos veces en cada revolución. Con esto se obtiene una señal TDM PAM de 16 kilomuestras/s a la salida del conmutador. Cada uno de los valores de muestreo analógicos se convierten en un palabra PCM de 4 bits, de modo que la velocidad de la señal TDM PCM a la salida del ADC es de 64 kbits/s. Los datos digitales a la salida del ADC se combinan con los datos provenientes de las fuentes digitales mediante un segundo conmutador que gira a $f_2 = 8$ kHz conectado de modo que la señal PCM de 64 kbits/s esté presente en 8 de 16 terminales. Esto permite una velocidad de muestreo efectiva de 64 kbits/s. En las ocho terminales restantes las fuentes digitales se conectan de modo que cada una produzca una tasa de bits de 8 kbits/s. Como las fuentes digitales generan una corriente de datos a 7.2 kbits/s, se utiliza el relleno de pulsos para elevar la velocidad a 8 kbits/s.

Este ejemplo ilustra la ventaja principal de TDM: acepta con facilidad tanto fuentes analógicas como digitales. Desafortunadamente, cuando las señales analógicas se convierten en señales digitales sin reducción por redundancia, consumen una gran cantidad de capacidad del sistema digital.

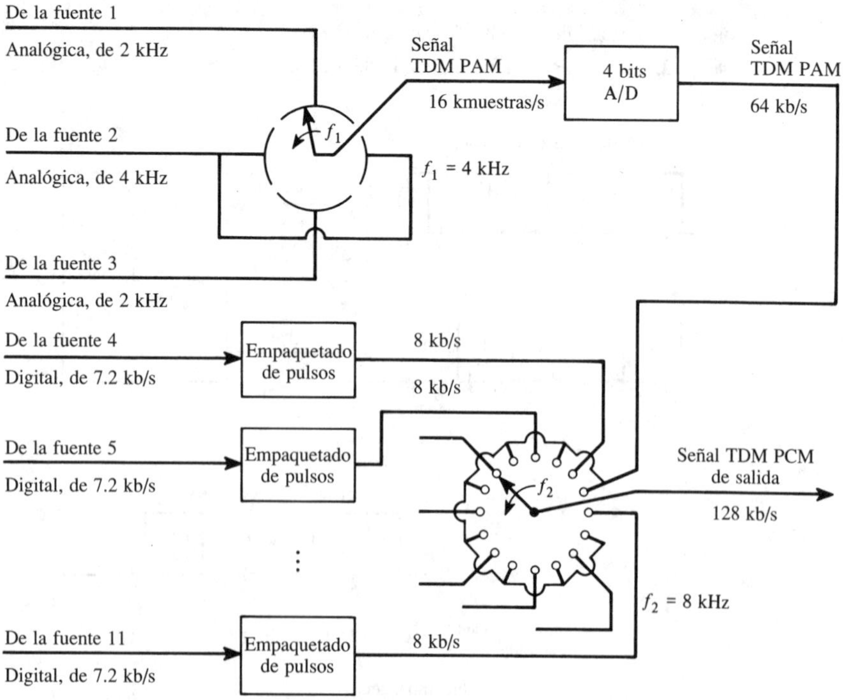


**Figura 3-39** TDM con entradas analógicas y digitales tal como se describe en el ejemplo 3-6.

## Jerarquía del TDM

En la práctica, los TDM se agrupan en dos categorías. La primera categoría la integran los multiplexores utilizados junto con los sistemas de computadoras digitales para combinar señales digitales provenientes de varias fuentes para su transmisión TDM a través de una línea de alta velocidad a una computadora digital. La velocidad de salida de estos multiplexores se ha estandarizado a 1.2, 2.4, 3.6, 4.8, 7.2, 9.6, 14.4, 19.2 y 28.8 kbits/s, y a 10 y 100 Mbits/s.

La segunda categoría de multiplexores por división de tiempo es utilizada por compañías comunes tales como la American Telephone and Telegraph (AT&T), para combinar diferentes fuentes en una señal TDM digital de alta velocidad para su transmisión a través de redes de llamadas peaje (costos). Desafortunadamente, los estándares adoptados por Estados Unidos y Japón son diferentes de los que se han adoptado en otras partes del mundo. Desde luego, ello conduce a complicaciones en los límites de dos sistemas con estándares diferentes. AT&T fue la primera en adoptar los estándares de Estados Unidos y Japón, y CCITT conforme a los auspicios de ITU adoptó otro grupo de estándares. La jerarquía TDM North American se muestra en la figura 3-40 [James y Muench].† La industria telefónica estandarizó las velocidades de transferencia de bits a 1.544 Mbits/s, 6.312 Mbits/s, etc., y las designa como DS-1 en el caso de una señal digital, tipo 1, DS-2 en el caso de una digital, tipo 2; etc., como se indica en la tabla 3-8. En la figura 3-40 se supone que todas las líneas de entrada son flujos digitales (binarias), y que el número de señales analógicas de frecuencia de voz (VF) que estas señales digitales pueden representar se muestra entre paréntesis. Las entradas de mayor nivel de multiplexión no siempre proceden de multiplexores de bajo nivel. Por ejemplo, una señal analógica de televisión se puede convertir directamente en un flujo de datos DS-3 (44.73 Mbits/s). Asimismo, los flujos DS pueden portar una mezcla de información proveniente de varias fuentes tales como video, VF y computadoras.

El medio de transmisión utilizado para los niveles multiplex depende del nivel DS implicado y de la economía de utilizar un tipo particular de medio en un lugar particular (tabla 3-8). Por ejemplo, los niveles DS más elevados se pueden transmitir a través de cables coaxiales, cables de fibra óptica y radio de microondas o vía satélite. En general una señal DS-1 sencilla se transmite a través de una par de cables trenzados. (Se utiliza un par en cada dirección.) Este tipo de transmisión DS-1 a través de un par trenzado se conoce (desde su desarrollo en 1962 por AT&T) como *sistema portador T1*. La señalización DS-1 a través de un sistema T1 goza de gran popularidad por su costo relativamente bajo y su excelente historial de mantenimiento. (El sistema T1 se analizará más a fondo en la siguiente sección.) La tabla 3-9 muestra las especificaciones de los sistemas digitales de bandabase portadores T. La tabla 8-2 es similar y muestra la capacidad de sistemas pasabanda portadores comunes. El estándar CCITT TDM correspondiente utilizado en todo el mundo, excepto en Estados Unidos y Japón,† se muestra en la figura 3-41 [Irmer, 1975].

Con el desarrollo de sistemas de fibra óptica de alta tasa de bits, se ha vuelto aparente que los estándares TDM originales ya no son adecuados. Alrededor de 1985, Bellcore (Bell Communications Research) propuso un estándar TDM nuevo llamado SONET (Synchronous Optical Network), el cual evolucionó hasta convertirse en un estándar internacional adoptado por la CCITT en 1989. Este estándar SONET se muestra en la tabla 3-10. La señal OC-1 es una se-

† La jerarquía TDM japonesa es la misma que la de Estados Unidos para los niveles multiplex 1 y 2, pero difiere en el caso de los niveles 3, 4 y 5. Para el nivel 3 el estándar japonés es de 32.064 Mbits/s (480 VF), para el nivel 4 es de 97.728 Mbits/s (1440 VF) y para el nivel 5 es de 397.200 Mbits/s (5760 VF). Jacobs [1986] analiza con brevedad y resume las diferencias entre los estándares utilizados.

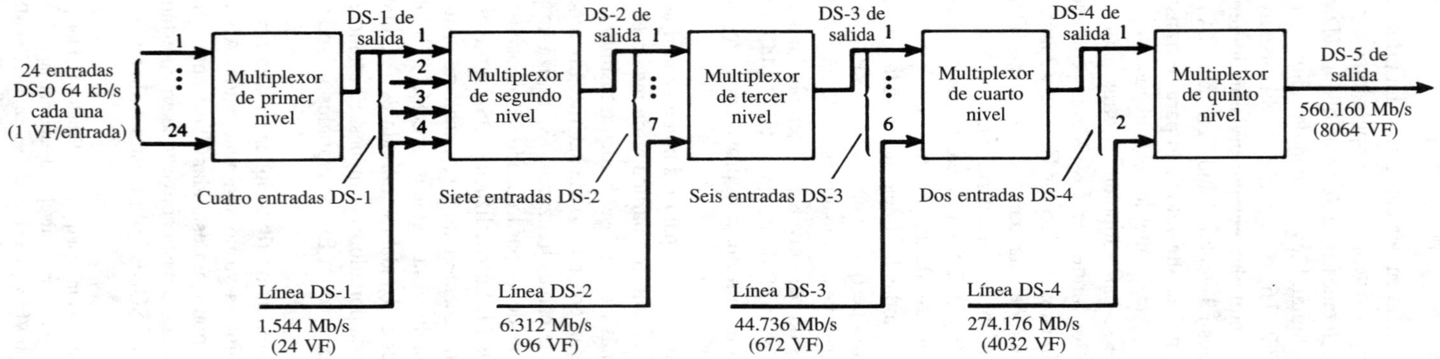


**Figura 3-40** Jerarquía TDM North American digital.

**TABLA 3-8** ESTÁNDARES TDM PARA ESTADOS UNIDOS

| Número de señal digital | Tasa de bits, *R* (Mbits/s) | Núm. de canales PCM VF de 64 kbits/s | Medios de transmisión utilizados |
|---|---|---|---|
| DS-0 | 0.064 | 1 | Pares de hilos |
| DS-1 | 1.544 | 24 | Pares de hilos |
| DS-1C | 3.152 | 48 | Pares de hilos |
| DS-2 | 6.312 | 96 | Fibra, pares de hilos |
| DS-3 | 44.736 | 672 | Coaxial, radio, fibra |
| DS-3C | 90.254 | 1344 | Radio, fibra |
| DS-4E | 139.264 | 2016 | Radio, fibra, coaxial |
| DS-4 | 274.176 | 4032 | Coaxial, fibra |
| DS-432 | 432.00 | 6048 | Fibra |
| DS-5 | 560.160 | 8064 | Coaxial, fibra |

ñal óptica (luminosa) que se prende y apaga (modula) por medio de una señal binaria eléctrica cuya velocidad de línea es de 51.84 Mbits/s. La señal eléctrica se llama señal STS-1 (Synchronous Transport Signal, level 1). Otras señales OC-N tienen velocidades de línea exactamente de *N* veces la velocidad de OC-1 y se forman modulando una señal luminosa con una señal eléctrica STS-N. La señal STS-N se obtiene mediante la intercalación (revoltura) de bytes en señales *N* STS-1. (En la sección 8-7 se dan más detalles sobre sistemas de fibra óptica.)

La industria telefónica se dirige hacia las redes completamente digitales que integran voz y datos a través de una sola línea telefónica desde cada usuario hasta el equipo de la compañía telefónica. Este enfoque se llama *red digital de servicios integrados* (ISDN, por sus siglas en inglés: *integrated services digital network*). La operación estándar del servicio ISDN de *velocidad (tasa) básica* utiliza una tasa de datos total de 144 kbits/s, la cual se divide en dos canales B (64 kbits/s cada uno) y un canal D (16 kbits/s). Los dos canales B portan conversaciones telefónicas o datos codificados por PCM y el canal D se utiliza para señalización para hacer llamadas, desconectar llamadas y encauzar datos por los canales B [Pandhi, 1987]. La ISDN de tasa básica también se llama *ISDN de banda angosta* (N-ISDN). El servicio de ISDN de *velocidad (tasa) primaria* se encuentra en su etapa de desarrollo, aunque una versión que ya se puso en operación dispone de una velocidad de transmisión de datos agregada de 1536 kbits/s y se compone de 23 canales B de 64 kbits/s y un canal D de 64 kbits/s. La ISDN de tasa primaria también se llama *ISDN de banda ancha* (B-ISDN). En la sección 8.3 se analiza más a fondo la ISDN, puesto que el material estudiado en capítulos anteriores a dicha sección es útil para una mejor comprensión de la ISDN y sus aplicaciones.

## El sistema T1 PCM

Para el servicio de telefonía de voz, el multiplexor TDM de primer nivel mostrado en la figura 3-40 se reemplaza con un sistema TDM PCM, el cual convierte señales telefónicas analógicas 24 VF en un flujo de datos DS-1 (1.544 Mbits/s). En terminología AT&T, ésta es un banco de canales tipo D o una troncal portadora digital (DCT, por sus siglas en inglés: *digital carrier trunk*). Un tramo de línea T1 es una línea telefónica de cable trenzado utilizado para portar el

**TABLA 3-9** ESPECIFICACIONES PARA SISTEMAS DE TRANSMISIÓN DIGITAL DE BANDABASE CON PORTADORA T

| | | Capacidad del sistema | | | | | | | |
|---|---|---|---|---|---|---|---|---|---|
| **Sistema** | **Tasa (Mbits/s)** | **Núm. de señal digital** | **Canales de voz** | **TV** | **Medio** | **Código de líneas** | **Separación entre repetidores (millas)** | **Longitud máxima del sistema (millas)** | **Velocidad de propagación de errores en el sistema** |
| T1 | 1.544 | DS-1 | 24 | — | Par de hilos | Bipolar RZ | 1 | 50 | $10^{-6}$ |
| T1C | 3.152 | DS-1C | 48 | — | Par de hilos | Bipolar RZ | 1 | — | $10^{-6}$ |
| T1D | 3.152 | DS-1C | 48 | — | Par de hilos | Duobinario NRZ | 1 | — | $10^{-6}$ |
| T1G | 6.443 | DS-2 | 96 | — | Par de hilos | Nivel 4 NRZ | 1 | 200 | $10^{-6}$ |
| T2 | 6.312 | DS-2 | 96 | — | Par de hilos[a] | B6ZS[b] RZ | 2.3 | 500 | $10^{-7}$ |
| T3 | 44.736 | DS-3 | 672 | 1 | Coaxial | B3ZS[b] RZ | [c] | [c] | [c] |
| T4 | 274.176 | DS-4 | 4032 | 6 | Coaxial | Polar NRZ | 1 | 500 | $10^{-6}$ |
| T5 | 560.160 | DS-5 | 8064 | 12 | Coaxial | Polar NRZ | 1 | 500 | $4 \times 10^{-7}$ |

[a] Se requiere un cable especial de par de hilos para una separación entre repetidores de 12,000 pies. Como T2 no puede usar cables de intercambio estándar, no tiene tanta aceptación como T1.

[b] BnZS denota *sustitución binaria de n ceros*, en la que una palabra de código especial de tres niveles reemplaza a una cadena de ceros en el código de líneas bipolar para que se mantenga la sincronización [Fike y Friend, 1984; Bic, Duponteil e Imbeaux, 1991].

[c] Utilizado en centrales telefónicas para niveles multiplex en edificios; no se utiliza para transmisión entre oficinas.

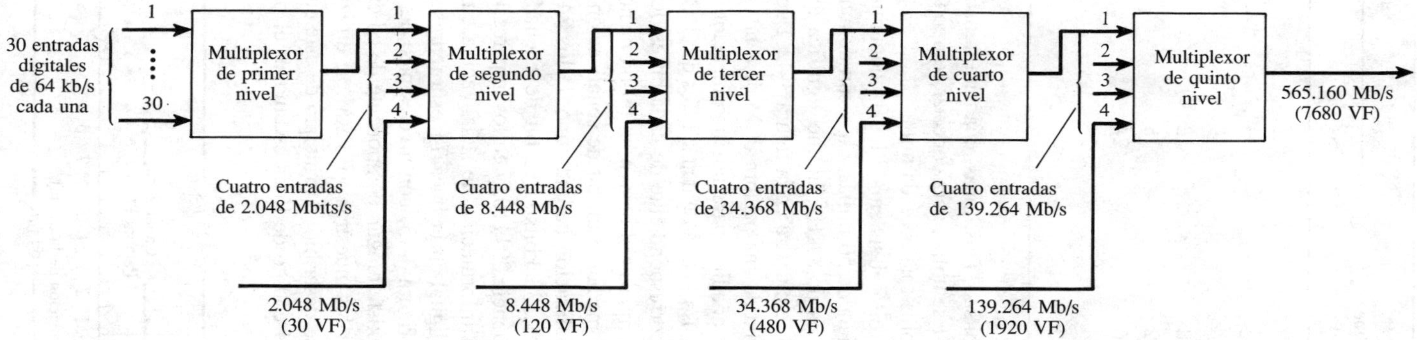


**Figura 3-41** Jerarquía TDM CCITT digital.

**TABLA 3-10** JERARQUÍA DE SEÑAL SONET

| Nivel OC | Tasa de la línea (M bits/s) | Número equivalente de DS-3s | DS-1s | DS-0s |
|---|---|---|---|---|
| OC-1 | 51.84 | 1 | 28 | 672 |
| OC-3 | 155.52 | 3 | 84 | 2,016 |
| OC-9 | 466.56 | 9 | 252 | 6,048 |
| OC-12 | 622.08 | 12 | 336 | 8,064 |
| OC-18 | 933.12 | 18 | 504 | 12,096 |
| OC-24 | 1,244.16 | 24 | 672 | 16,128 |
| OC-36 | 1,866.24 | 36 | 1,008 | 24,192 |
| OC-48 | 2,488.32 | 48 | 1,344 | 32,256 |

flujo de datos DS-1 (1.544 Mbits/s). Dos líneas, una para transmitir y una para recibir, se utilizan en el sistema. Si la línea T1 se utiliza para conectar equipo telefónico localizado en diferentes sitios, se requieren repetidoras casi en cada milla.

Bell Laboratories desarrolló el sistema T1 para comunicación digital a corta distancia de tráfico VF hasta una distancia de 50 millas. La razón de muestreo utilizada en cada una de las señales analógicas 24 VF es de 8 kHz, lo que significa que la longitud de un cuadro es de $1/(8\text{ kHz}) = 125\ \mu s$, como se muestra en la figura 3-42. Luego, cada muestra analógica nominalmente se codifica en forma de una palabra PCM de 8 bits de modo que existen $8 \times 24 = 192$ bits de datos, más un bit añadido para la sincronización de cuadros, lo que da un total de 193 bits por cuadro. En tal caso la tasa de datos T1 es de (193 bits/cuadro)(8000 cuadros/s) = 1.544 Mbits/s, y la duración correspondiente de cada bit es de 0.6477 $\mu$s. La señalización se incorpora al formato T1 al reemplazar el octavo bit (el bit menos significativo) en cada uno de los 24 canales de la señal T1 mediante un bit de señalización en cada sexto cuadro. De este modo la tasa de datos de señalización de cada uno de los 24 canales de entrada es (1 bit/6 cuadros)(8000 cuadros/s) = 1.333 kbits/s. El bit de encuadrado (entramado) utilizado en los cuadros pares sigue la secuencia 001110, y en los impares 101010, de modo que se pueden identificar los cuadros con la información de señalización en la posición del octavo bit (en cada canal). La señalización digital en la línea T1 está representada por un formato de forma de onda bipolar RZ (véase la figura 3-15) con niveles pico de $\pm 3$ V a través de una carga de 100 Ω. Por consiguiente, no existe ningún componente de cd en la línea T1 pese a la configuración de datos. Para codificar los muestras VF PAM, se utiliza una característica de compresión tipo $\mu = 255$, tal como se describió al principio de este capítulo. Devido a que la tasa de datos es de 1.544 Mbits/s y el código de línea es bipolar, el primer ancho de banda de cruce

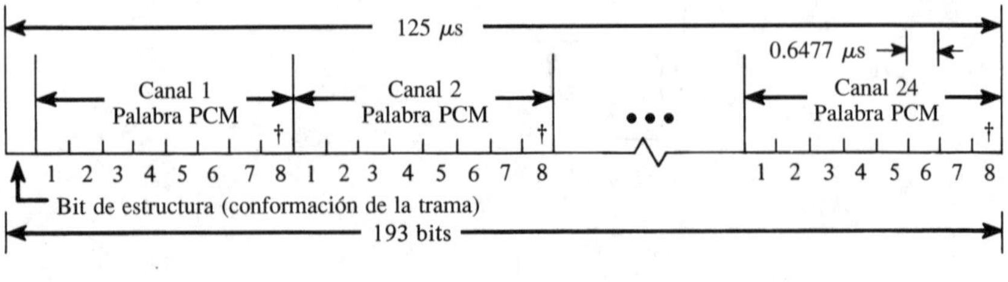


**Figura 3-42** Formato T1 TDM para un cuadro (trama).

cero es 1.544 MHz y el espectro alcanza su valor máximo a 772 kHz, como se muestra en la figura 3-16d. Si la función de transferencia del filtrado de canal fuera del tipo reductor en coseno elevado con $r = 1$, el ancho de banda absoluto del canal sería de 1.544 MHz. En el pasado, cuando se utilizaban líneas de par trenzado sólo para transmisión analógica, se empleaban bobinas de *carga* (inductores) para mejorar la respuesta a la frecuencia (amplitud). Sin embargo, hacen que la línea tenga una respuesta de fase no lineal con la frecuencia, lo que produce interferencia intersímbolos, así que se deben retirar cuando la línea se utiliza para servicio T1.

La portadora T1G se describe en la tabla 3-9. En lugar de niveles binarios, utiliza señalización de $M = 4$ (cuaternaria) de niveles múltiples, donde +3 V representa los dos bits binarios 11, +1 V representa 01, −1 V representa 00, y −3 V representa 10 [Azaret y colaboradores, 1985]. De este modo, se logra una tasa de datos de 6.443 Mbits/s por medio de una señalización de 3.221 Mbaudios. Esto da un ancho de banda de cruce cero de 3.221 MHz, el cual se encuentra cercano al ancho de banda de cruce cero del sistema T1C. Tal ancho de banda puede ser soportado por cable de par trenzado estándar (un par en cada dirección) con repetidores separados a intervalos de 1 milla.

Los nuevos sistemas de fibra óptica tienen un ancho de banda fenomenal y son relativamente baratos sobre la base por canal. Por ejemplo, la capacidad del sistema TDM de fibra óptica FT-2000 (véanse las tablas 8-2 y 8-6) es de 32,256 canales VF.

## 3-10 MODULACIÓN POR TIEMPO DEL PULSO: MODULACIÓN POR ANCHO DEL PULSO Y MODULACIÓN POR POSICIÓN DEL PULSO

La *modulación por tiempo del pulso* (PTM, por sus siglas en inglés: *pulse time modulation*) es una clase de técnica de señalización que codifica los valores de muestreo de una señal analógica en el *eje del tiempo* de una señal digital, y es análoga a las técnicas de modulación angular, la cual se describe en el capítulo 5. (Como ya se vio, las técnicas PAM, PCM y DM codifican los valores de muestreo, con lo que se transforman en características de amplitud de la señal digital.)

Los dos tipos principales de modulación por tiempo del pulso son *modulación por ancho del pulso* (PWM, por sus siglas en inglés: *pulse width modulation*) y *modulación por posición del impulso* (PPM, por sus siglas en inglés: *pulse position modulation*). En la PWM, también llamada *modulación por duración del pulso* (PDM, por sus siglas en inglés: *pulse duration modulation*), se utilizan los valores de muestreo de la forma de onda analógica para determinar el *ancho* de la señal. Se puede usar muestreo *instantáneo* o muestreo *natural*. La figura 3-44 muestra una técnica de generar señales PWM con muestreo instantáneo, y la figura 3-45 muestra la misma técnica pero con muestreo *natural*. En la PPM el valor de muestra analógica determina la *posición* de un pulso angosto con respecto al tiempo de sincronización. En las figuras también se muestran técnicas para generar PPM, y se ve que ésta se obtiene fácilmente a partir de PWM con un circuito multivibrador monoestable. En las obras sobre señales PTM, el nivel comparador a menudo se designa como *nivel de rebanado*.

Las señales PWM o PPM se pueden convertir de nuevo en la señal analógica correspondiente mediante un sistema receptor (Fig. 3-46). Para la detección de PWM se utiliza la señal PWM para iniciar y detener la integración de un integrador, es decir, el integrador se reajusta a cero, y la integración se inicia cuando el impulso PWM pasa de un nivel bajo a un alto y el integrador hace su función (integrar) hasta que el pulso PWM alcanza un nivel bajo. Si la entrada del integrador se conecta a una fuente de voltaje constante, la salida será una rampa truncada.

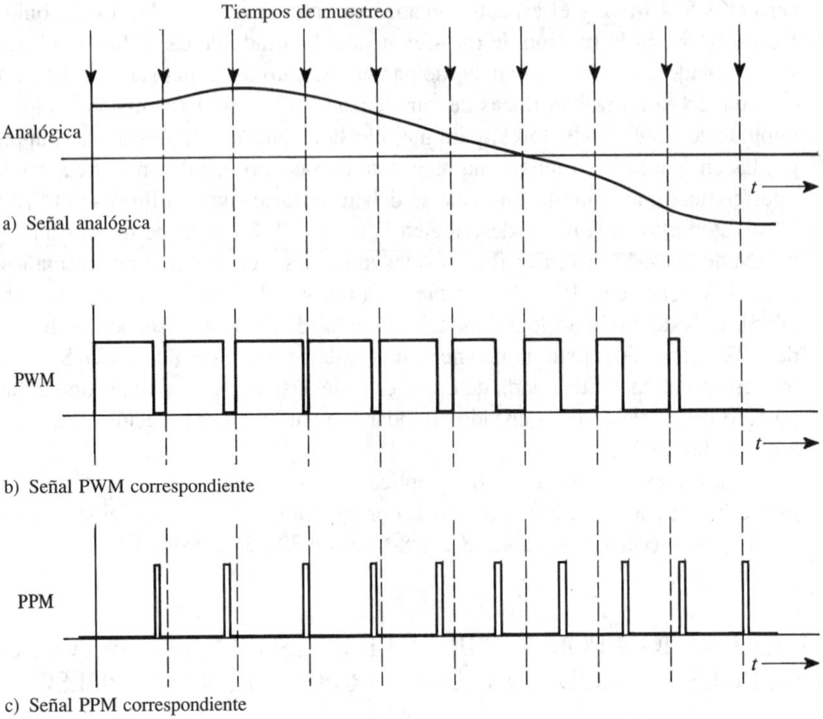


**Figura 3-43** Señalización por modulación de tiempo de pulso.

Después de que la señal PWM alcanza un valor bajo, la amplitud de la señal de rampa truncada será igual al valor de muestra PAM correspondiente. En el momento de sincronía, la salida del integrador luego se activa en la línea de salida PAM (un poco antes de que el integrador se reajuste en cero) por medio de un circuito de muestreo y retención. La señal PAM luego se transforma en una señal analógica mediante filtración pasabajas. Asimismo, la PPM se convierte en PAM mediante una señal de reloj para reajustar el integrador a cero e iniciar la integración. El impulso PPM luego se utiliza para detener la integración. El valor final de la rampa es la muestra PAM utilizada para regenerar la señal analógica.

La señalización por modulación de tiempo del pulso no se utiliza mucho para comunicación a través de canales porque se requiere un canal con ancho de banda relativamente grande, en especial para PPM. Sin embargo, se hallan señales PTM internamente en equipo terminal de comunicaciones digitales. Los espectros de señales PTM son bastante difíciles de evaluar debido a la naturaleza no lineal de la modulación [Rowe, 1965]. La ventaja principal de las señales PTM es su gran inmunidad al ruido aditivo en comparación con la señalización PAM, y son más fáciles de generar y dirigir que las señales PCM, puesto que éstas requieren convertidores analógicos a digitales.

## 3-11 RESUMEN

En este estudio de señalización digital de bandabase se analizaron cuatro temas principales: (1) cómo se puede representar la información en formas de onda analógicas mediante señalización digital; (2) cómo calcular los espectros de códigos de líneas; (3) en qué forma la filtración de la

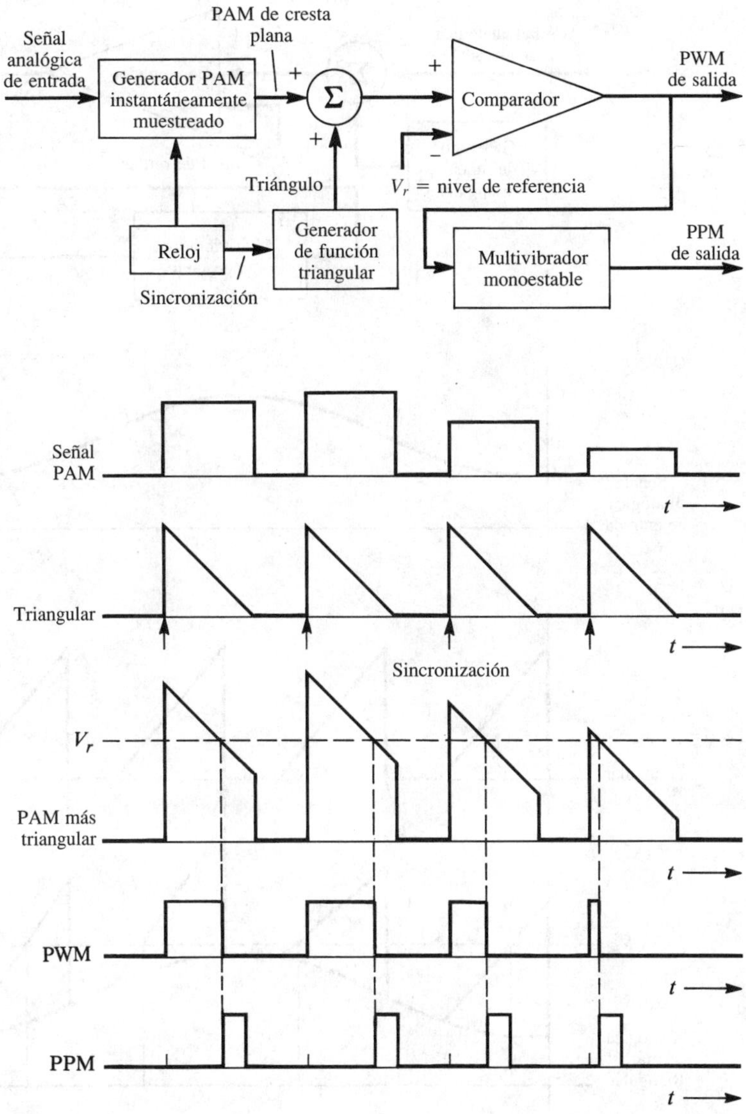


**Figura 3-44** Técnica para generar señales PTM instantáneamente muestreadas.

señal digital, provocada por el canal de comunicación, afecta la capacidad de recuperar información digital en el receptor (es decir, el problema de interferencia intersímbolos [ISI]); y (4) cómo se puede combinar la información proveniente de varias fuentes en una señal digital mediante multicanalización por división de tiempo (TDM). Se dieron estándares de sistemas de telecomunicaciones TDM de Estados Unidos y del resto del mundo.

PCM es un esquema de conversión analógica a digital que implica tres operaciones básicas: (1) *muestrear* una señal analógica de banda limitada, (2) *cuantizar* las muestras analógicas para transformarlas en $M$ valores discretos, y (3) *codificar* cada valor de muestreo para transformarlo en un palabra de $n$ bits donde $M = 2^n$. Existen dos fuentes de ruido en la señal recu-

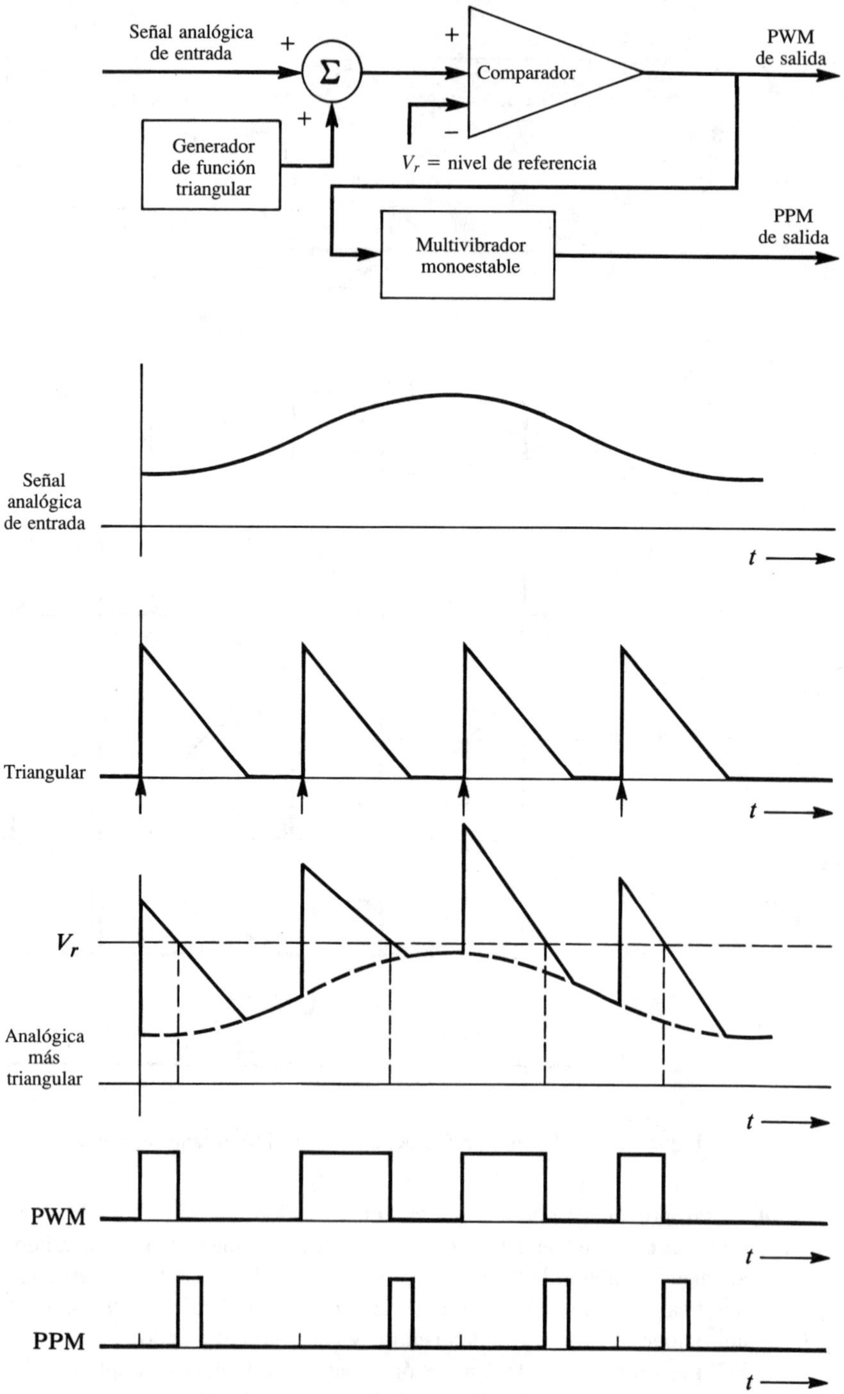


**Figura 3-45** Técnica para generar señales PTM naturalmente muestreadas.

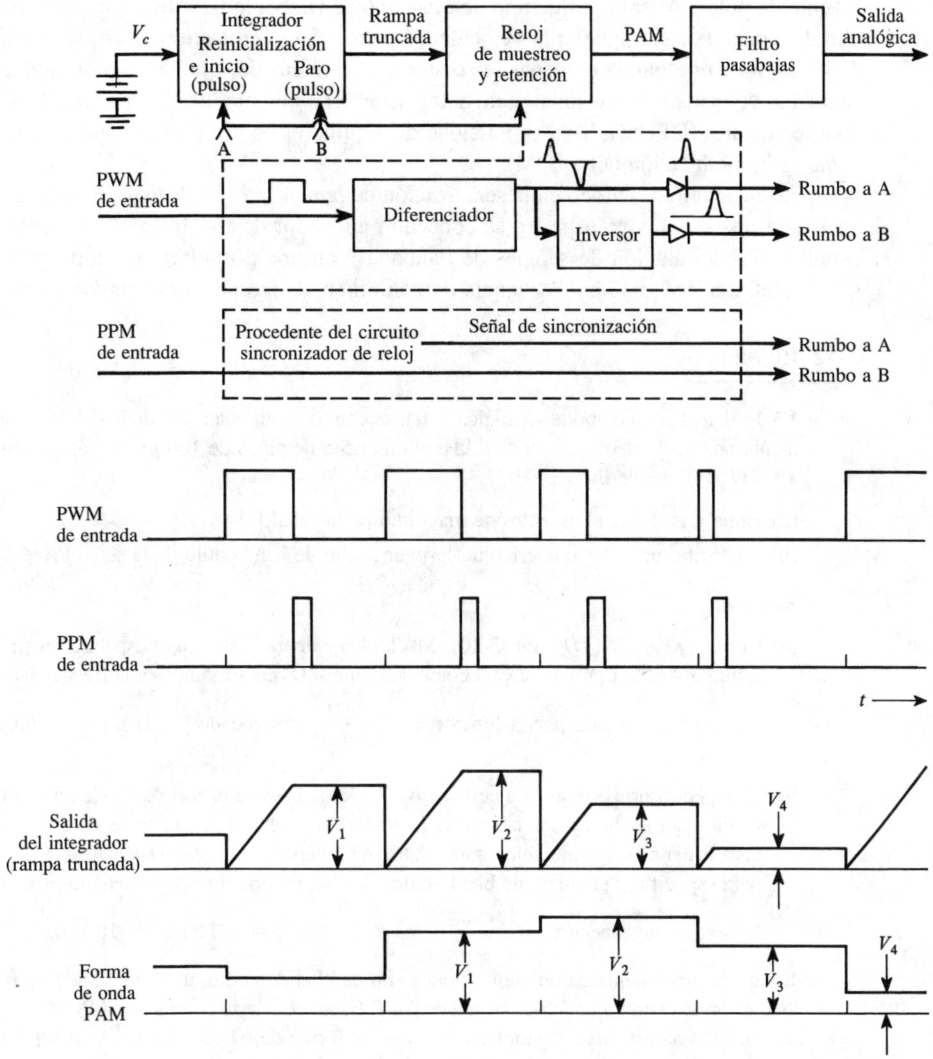


**Figura 3-46** Detección de señales PWM y PPM.

perada a la salida del receptor: (1) ruido de cuantización debido a la aproximación de los valores de muestreo por medio de los $M$ valores permitidos, y (2) ruido debido a errores de detección de bits en el receptor provocados por ruido en el canal o por interferencia intersímbolos provocada por una inapropiada respuesta a la frecuencia del canal. Si la señal analógica original no es estrictamente de banda limitada, habrá un tercer componente de ruido a la salida del receptor debido a introducción de errores.

Al estudiar el efecto de una inadecuada filtración en el canal que produce interferencia intersímbolos, se examinó el filtro reductor tipo en coseno elevado. Se encontró que el ancho de banda mínimo requerido para pasar una señal PCM sin ISI era igual a la mitad de la velocidad de transmisión en baudios. Sin embargo, éste conduce a dificultades técnicas puesto que la característica de filtro total es aquella de un filtro pasabajas ideal ($r = 0$), que tiene un número infinito de polos. Además, el tiempo de muestreo se vuelve muy crítico. Se encontró que un ancho de banda de canal igual a la velocidad de transmisión en baudios ($r = 1$) es más real.

El ancho de banda de canal se reduce con técnicas de señalización de niveles múltiples (para una velocidad de transmisión de datos dada, $R$) o con modulación por codificación de pulso diferenciales (DPCM). Si la simplicidad del equipo es de primordial importancia, la elección usual es la modulación delta (DM).

Este capítulo se enfocó en la señalización de *bandabase*. Es decir, la información se representa con una señal cuyo espectro se concentra alrededor de $f = 0$. En el siguiente capítulo se estudiará la modulación de señales de bandabase en una portadora de modo que el espectro se concentre en torno a una frecuencia deseada llamada *frecuencia portadora*.

## 3-12 EJEMPLOS

**E3-1** Una forma de onda analógica, $w(t)$, se convierte en una señal de PAM de cresta plana mediante una razón de muestreo de 8 kHz y un ancho de pulso de 100 $\mu$s. Supóngase que $W(f) = 2\Lambda(f/B)$, donde $B = 3$ kHz.

**(a)** Halle y grafique el espectro de magnitud de la señal PAM.

**(b)** Encuentre un valor numérico del primer ancho de banda nulo de la señal PAM.

***Solución.***

**(a)** Con $W(f) = 2\Lambda(f/B)$ en (3-10), MATLAB calcula y grafica el espectro mostrado en la figura 3-47. La gráfica muestra cómo se repite $W(f)$ en armónicos a la frecuencia de muestreo y es ponderada por la función $\tau\left(\dfrac{\text{sen}\pi\tau f}{\pi\tau f}\right)$ (provocada por la forma rectangular del pulso).

**(b)** El espectro primero se va a cero en $B = 3$ kHz. En este espectro, 3 kHz no es una buena medida del ancho de banda porque la magnitud espectral de nuevo se vuelve grande a altas frecuencias. En ejemplos como éste, los ingenieros utilizan la *envolvente* del espectro para especificar el ancho de banda nulo. De este modo, el primer ancho de banda nulo de la envolvente espectral, $\tau\left|\dfrac{\text{sen}\pi\tau f}{\pi\tau f}\right|$, es $B_{\text{nulo}} = 1/\tau = 1/100\ \mu\text{s} = 10$ kHz.

**E3-2** En un sistema de comunicaciones con calidad de audio, una señal (VF) de frecuencia de voz analógica con un ancho de banda de 3200 Hz se convierte en una señal PCM mediante muestreo a 7000 muestras/s y con un cuantizador uniforme de 64 escalones. Los datos binarios PCM se transmiten a través de un canal ruidoso hacia un receptor cuya razón de error de bits (BER) es de $10^{-4}$.

**(a)** ¿Cuál es el ancho de banda nulo de la señal PCM si se utiliza un código de líneas polar?

**(b)** ¿Cuál es la relación señal a ruido promedio de la señal analógica recuperada en el extremo receptor?

***Solución.***

**(a)** $M = 64$ escalones de cuantización generan palabras PCM de 6 bits porque $M = 2^n$. Con la ecuación (3-15b), el ancho de banda nulo es

$$B_{\text{nulo}} = nf_s = 6(7000) = 42 \text{ kHz}$$

*Nota:* Con formas de pulso sen $x/x$, el ancho de banda sería

$$B_{\text{nulo}} = \tfrac{1}{2}nf_s = 21 \text{ kHz}$$

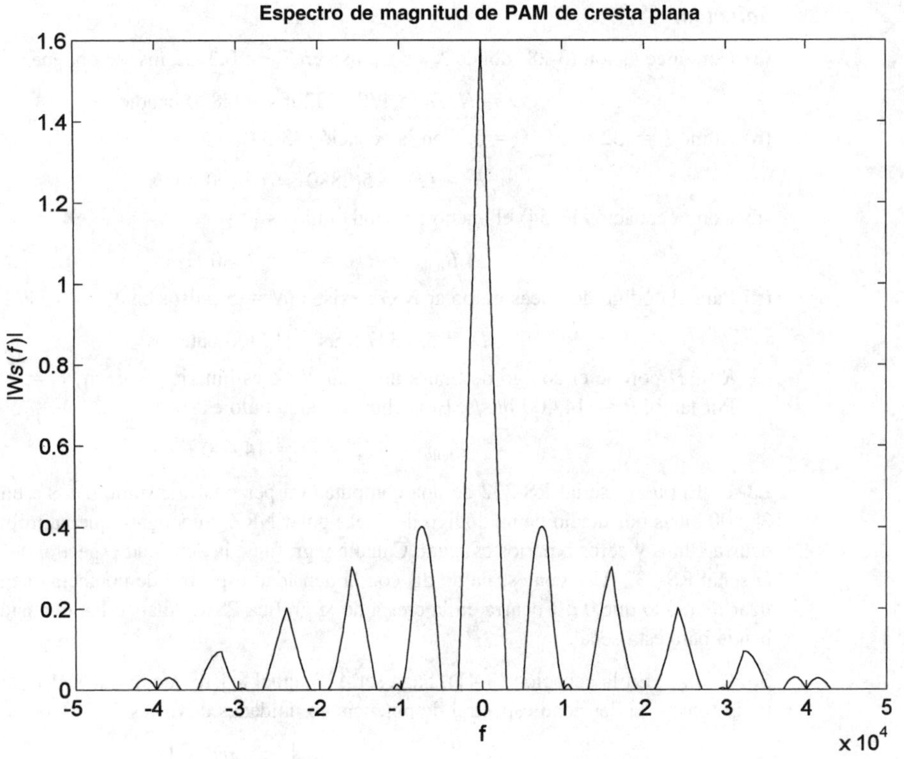


**Figura 3-47** Solución del ejemplo SA3-1.

**(b)** Con la ecuación (3-16b) y $M = 64$ y $P_e = 10^{-4}$

$$\left(\frac{S}{N}\right) = \frac{M^2}{1 + 4(M^2 - 1)P_e} = \frac{4096}{1 + 1.64} = 1552 = 31.9 \text{ dB}$$

*Nota:* El 1 en el denominador representa ruido de cuantización, y el 1.64 representa ruido en la señal analógica recuperada provocado por errores de bits en el receptor. En este ejemplo, ambos efectos de ruido contribuyen casi por igual. En este caso de $M = 64$, el BER sería menor que $10^{-5}$, el ruido de cuantización dominaría, o si el BER fuera mayor que $10^{-3}$, el ruido producido por errores de bits en el receptor dominaría.

**E3-3** Un código de líneas unipolar NRZ se convierte en una señal de niveles múltiples para su transmisión a través de un canal como se ilustra en la figura 3-13. El número de posibles valores en la señal de niveles múltiples es de 32 y la señal se compone de impulsos rectangulares de 0.3472 ms de ancho. Para la señal de niveles múltiples

**(a)** ¿Cuál es la velocidad de transmisión en baudios?

**(b)** ¿Cuál es la tasa de bits equivalente?

**(c)** ¿Cuál es el ancho de banda nulo?

**(d)** Repítanse los incisos del (a) al (c) para el código de líneas unipolar NRZ.

***Solución.***

**(a)** Con la ecuación (3-28) donde $N = 1$ pulso en $T_0 = 0.3452$ ms, se obtiene

$$D = N/T_0 = 1/0.3472 \text{ ms} = 2880 \text{ baudios}$$

**(b)** Como $L = 32 = 2^\ell$, $\ell = 5$. Con la ecuación (3-34),

$$R = \ell D = 5(2880) = 14{,}400 \text{ bits/s}$$

**(c)** Con la ecuación (3-54) el ancho de banda nulo es

$$B_{\text{nulo}} = R/\ell = D = 2880 \text{ Hz}$$

**(d)** Para el código de líneas unipolar NRZ, existen $N = 5$ pulsos en $T_0 = 0.3472$ ms o

$$D = 5/0.3472 \text{ ms} = 14400 \text{ baudios}$$

$R = D$ porque el código de líneas unipolar NRZ es binario (es decir, $L = 2^\ell$ o $\ell = 1$). Por tanto, $R = 14{,}400$ bits/s. El ancho de banda nulo es

$$B_{\text{nulo}} = R/\ell = D = 14{,}400 \text{ Hz}$$

**E3-4** El puerto serial RS-232 de una computadora personal transmite datos a una velocidad de 38,400 bits/s por medio de un código de líneas polar NRZ. Supóngase que la probabilidad de que ocurran unos y ceros binarios es igual. Calcule y grafique la densidad espectral de potencia de esta señal RS-232. Use una escala de dB con la densidad espectral de potencia que se va a normalizar de modo que 0 dB ocurra en la cresta de la gráfica PSD. Analice los requisitos de ancho de banda para esta señal.

***Solución.*** En la ecuación (3-41), haga set $A^2T_b$ igual a 1 de modo que 0 dB ocurra en la cresta. Entonces, la densidad espectral de potencia en unidades de dB es

$$\mathcal{P}_{\text{dB}}(f) = 10 \log \left[ \left( \frac{\text{sen}\pi f T_b}{\pi f T_b} \right)^2 \right]$$

donde $T_b = 1/R$ y $R = 38{,}400$ bits/s.

Este resultado se grafica en la figura 3-48 con una escala dB. La gráfica revela que el espectro es amplio en este caso de señalización digital con pulsos rectangulares. Aunque el ancho de banda nulo es de 38,000 Hz ($B_{\text{nulo}} = R$), esto conduce a una interpretación falsa en cuanto a que el espectro es relativamente angosto porque el primer lóbulo lateral pico (a $f = 57{,}600$ Hz $= 1.5R$) se encuentra localizado a sólo 13.5 dB por debajo del lóbulo principal, y el segundo lóbulo lateral pico (a $f = 96{,}000$ Hz $= 2.5R$) se encuentra a sólo 17.9 dB por debajo. El espectro de potencia decae a razón de $1/f^2$, lo cual representa sólo 6 dB por octava. Si se recurre a la figura 3-48 y sabiendo que $(1/\pi f T_b)^2$ describe a la envolvente de la densidad espectral de potencia, se ve que se requiere un ancho de banda de $f = 386$ kHz $= 10.1R$ (es decir, 10 veces la tasa de los datos) para pasar los componentes de frecuencia que no se ven atenuados más de 30 dB. Por tanto, el espectro es ancho cuando se utilizan pulsos de muestreo rectangulares. (Esto se ilustró por primera vez en la figura 2-24.)

Por consiguiente, en aplicaciones de señalización digital a través de canales de banda limitada, se requiere una cierta clase de forma de pulso filtrado para que se produzca una buena atenuación espectral fuera de banda, sin la introducción de interferencia intersímbolos. Por ejemplo, con la ecuación (3-74), un pulso filtrado correspondiente a una característica de coseno elevado $r = 0.5$ tendría una atenuación infinita a la frecuencia (ancho de banda absoluto) de $B = \frac{1}{2}(1 + r)D = (0.5)(1.5)(38{,}400) = 28{,}800$ Hz $= 0.75R$. Si se recurre a la figura 3.26a y con la ecuación (3-69), el espectro en coseno elevado $r = 0.5$ decaería 30 dB a $f = 20{,}070$ Hz $= 0.523R$ y 100 dB a $f = 22{,}217$ Hz $= 0.579R$. Para el criterio de ancho de banda correspondiente a una atenuación de 30 dB, éste es un ancho de banda (ahorro) 19 veces más pequeño que el que se requiere para la señalización con pulsos rectangulares.

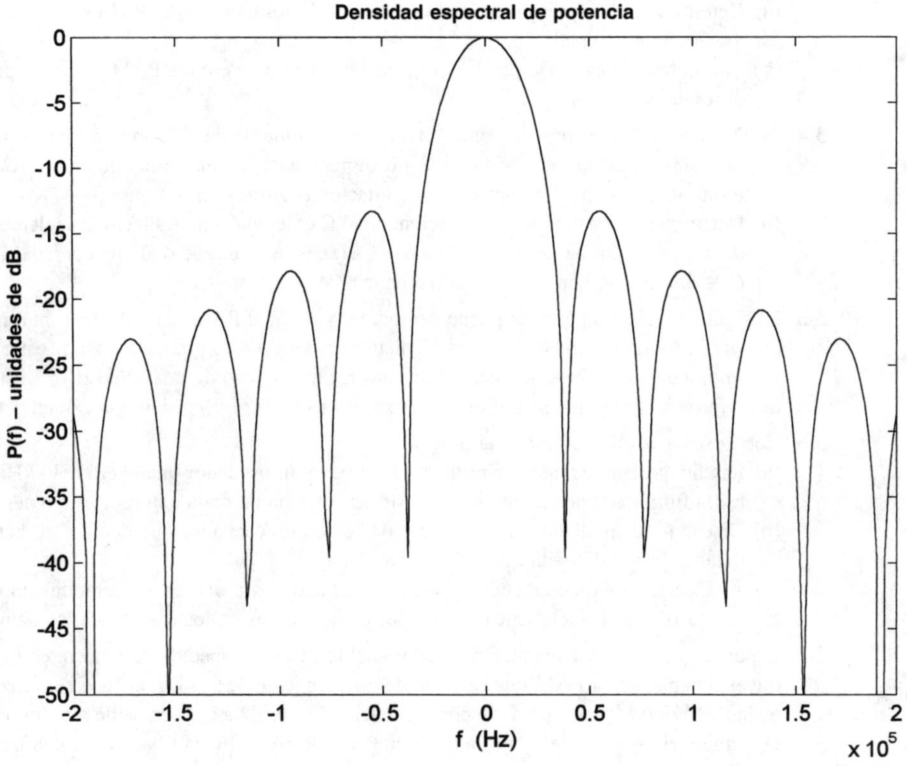


**Figura 3-48** Densidad espectral de potencia de una señal RS-232 con una tasa de datos de 38,400 bits/s.

# PROBLEMAS

**3-1** Demuestre que la ecuación (3-5b) da los coeficientes de la serie de Fourier para la forma de onda conmutadora mostrada en la figura 3-1b.

**3-2** **(a)** Trace la forma de onda PAM naturalmente muestreada que se produce cuando se muestrea una onda senoidal de 1 kHz a una velocidad de 4 kHz.

**(b)** Repita el inciso (a) para una forma de onda PAM de cresta plana.

**3-3** En la figura P3-3 se muestra el espectro de una señal de audio analógica. La forma de onda se ha de muestrear a una velocidad de 10 kHz con un ancho de pulso de $\tau = 50$ $\mu$s.

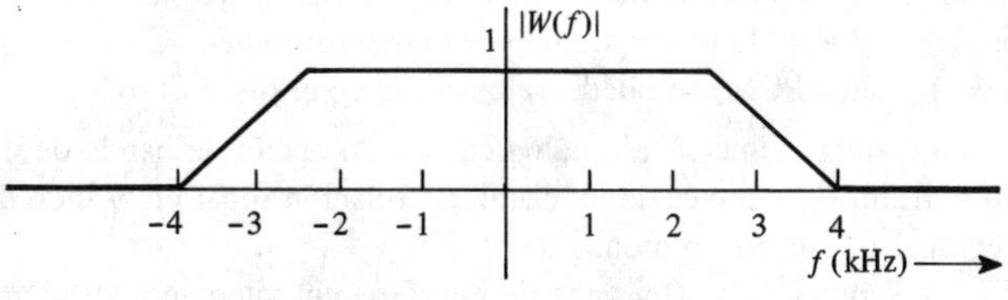


**Figura P3-3**

(a) Determine una expresión para el espectro de la forma de onda PAM naturalmente muestreada. Grafique el resultado.

(b) Encuentre una expresión para el espectro de la forma de onda PAM de cresta plana. Grafique el resultado.

**3-4** (a) Demuestre que la forma de onda analógica de salida (la cual es proporcional a la forma de onda analógica de entrada original) se puede recuperar de una forma de onda PAM naturalmente muestreada con la técnica de demodulación mostrada en la figura 3-4.

(b) Determine la constante de proporcionalidad $C$ obtenida con esta técnica de demodulación donde $w(t)$ es la forma de onda original y $Cw(t)$ es la forma de onda recuperada. Obsérvese que $C$ es una función de $n$ donde la frecuencia del oscilador es $nf_s$.

**3-5** La figura 3-4 ilustra cómo se puede demodular una señal PAM naturalmente muestreada para recuperar la forma de onda analógica mediante un detector de productos. Demuestre que el detector de productos también se puede usar para recuperar $w(t)$ de una señal PAM instantáneamente muestreada siempre que se utilice el filtro apropiado $H(f)$. Determine la característica $H(f)$.

**3-6** Con la señal PAM del problema 3-3:

(a) Diseñe un demodulador de producto PAM con un oscilador que opera a 30 kHz para recuperar la forma de onda analógica a partir de la forma de onda naturalmente muestreada.

(b) Diseñe un demodulador de producto PAM con un oscilador que opera a 30 kHz para demodular la forma de onda PAM de cresta plana.

(c) Analice si se requieren señales de sincronización para operar los demoduladores. Asegúrese de mostrar las características de los filtros necesarios en los diseños de los demoduladores.

**3-7** Suponga que se va a transmitir una señal analógica cuyo espectro se muestra en la figura P3-3 a través de un sistema PAM que dispone de acoplamiento de ca. En tal caso se utiliza la forma de onda PAM tipo Manchester dado por la ecuación (3-46a). La frecuencia de muestreo es de 10 kHz. Determine el espectro de la forma de onda PAM de cresta plana Manchester codificada. Grafique el resultado.

**3-8** En un sistema PCM binario, si el ruido de cuantización no es de más de $\pm P\%$ del nivel analógico pico a pico, demuestre que el número de bits en cada palabra PCM tiene que ser

$$n \geq [\log_2 10]\left[\log_{10}\left(\frac{50}{P}\right)\right] = 3.32 \log_{10}\left(\frac{50}{P}\right)$$

*Sugerencia:* Examine la figura 3-8c.

**3-9** La información en una forma de onda analógica de voltaje se va a transmitir a través de un sistema PCM con una precisión de $\pm 0.1\%$ (escala completa). La forma de onda analógica tiene un ancho de banda absoluto de 100 Hz y un intervalo de amplitud de $-10$ a $+10$ V.

(a) Determine la razón de muestreo mínima requerida.

(b) Determine el número de bits necesarios en cada palabra PCM.

(c) Determine la tasa de bits mínima requerida en la señal PCM.

(d) Determine el ancho de banda de canal mínimo absoluto para transmitir esta señal PCM.

**3-10** Se utiliza un disco duro de 850 Mbytes para almacenar datos PCM. Supóngase que se muestrea una señal VF (frecuencia de voz) a 8 kmuestras/s y que la PCM codificada ha de tener una relación de señal a ruido promedio de por lo menos 30 dB. ¿Cuántos minutos de conversación de VF (es decir, datos PCM) se pueden almacenar en el disco duro?

**3-11** Se va a convertir una señal analógica con un ancho de banda de 4.2 MHz en una PCM binaria para transmitirla a través de un canal. La relación señal pico/ruido de cuantización a la salida del receptor debe ser por lo menos de 55 dB.

(a) Si se supone $P_e = 0$ y nada de interferencia intersímbolos, ¿cuál será la longitud de palabra y el número de escalones de cuantización necesarios?

(b) ¿Cuál será la tasa de bits equivalente?

(c) ¿Cuál será el ancho de banda nulo de canal requerido si se utilizan pulsos rectangulares?

**3-12** Los reproductores de discos compactos (CD) utilizan palabras PCM de 16 bits, incluido un bit de paridad con ocho veces el sobremuestreo de la señal analógica. El ancho de banda de la señal analógica es de 20 kHz.

(a) ¿Cuál es el ancho de banda nulo de esta señal PCM?

(b) Con la ecuación (3-18) determine la relación señal a ruido pico en decibeles.

**3-13** Dada una señal de audio con componentes espectrales en la banda de frecuencia de 300 a 3000 Hz, suponga que se utilizará la velocidad de muestreo de 7 kHz para generar una señal PCM. Diseñe un sistema PCM apropiado, como sigue.

(a) Dibuje un diagrama de bloques del sistema PCM incluidos el transmisor, el canal y el receptor.

(b) Especifique el número de escalones de cuantización uniformes necesarios y el ancho de banda nulo de canal requerido, suponiendo que la relación señal pico a ruido a la salida del receptor tiene que ser por lo menos de 30 dB y que se utiliza señalización polar NRZ.

(c) Analice cómo se puede usar la cuantización no uniforme para mejorar el rendimiento.

**3-14** La SNR dada por las ecuaciones (3-17a) y (3-17b) supone que no hay interferencia intersímbolos ni errores de bits provocados por ruido en el canal (es decir, $P_e = 0$). ¿Qué tan grande puede llegar a ser $P_e$ antes de que las ecuaciones (3-17a) y (3-17b) den un 0.1% de error si $M = 4$, 8, o 16?

**3-15** En un sistema PCM la tasa de bits provocada por ruido en el canal es de $10^{-4}$. Suponga que la relación señal pico a ruido en la señal analógica recuperada tiene que ser por lo menos de 30 dB.

(a) Determine el número mínimo de escalones de cuantización que se pueden usar para codificar una señal analógica para que se transforme en una señal PCM.

(b) Si la señal analógica original tenía un ancho de banda absoluto de 2.7 kHz, ¿cuál es el ancho de banda nulo de la señal PCM en el caso de señalización polar NRZ?

**3-16** El sincronizador de bits mostrado en la figura 3-20 utiliza un dispositivo de ley cuadrada. Dibuje algunas formas de onda típicas que aparecerán en él si a la entrada se presenta una señal PCM Manchester codificada. Analice si se espera que este sincronizador de bits trabaje mejor con la señal PCM Manchester codificada o con una señal PCM polar NRZ codificada.

**3-17** (a) Dibuje la característica de compresor $\mu = 10$ completa capaz de manejar voltajes en el intervalo $-5$ a $+5$ V.

(b) Dibuje la característica de expansor correspondiente.

(c) Trace una característica de cuantizador no uniforme de 16 niveles que corresponda a la característica de compresión $\mu = 10$.

**3-18** Para un sistema PCM de 4 bits, calcule y grafique la relación de señal a ruido de salida (en decibeles) como una función del nivel de entrada relativo, 20 log $(x_{rms}/V)$ para

(a) Un sistema PCM que utiliza una ley de compresión-expansión $\mu = 10$.

(b) Un sistema PCM que utiliza cuantización uniforme (sin compresión-expansión).

¿Cuál de los dos sistemas es mejor utilizar en la práctica? ¿Por qué?

**3-19** Se ha de examinar el rendimiento de sistema PCM comprimido-expandido de ley $\mu = 255$ cuando la entrada es una onda senoidal con valor pico de $V$ volts. Suponga que $M = 256$.

(a) Halle la expresión que describe la relación de señal a ruido de salida de este sistema PCM comprimido-expandido.

(b) Grafique la relación $(S/N)_{salida}$ (en decibeles) como una función del nivel de entrada relativo, 20 log $(x_{rms}/V)$. Compare el resultado con el mostrado en la figura 3-10.

**3-20** Un sistema de comunicación digital de niveles múltiples envía uno de 16 niveles posibles a través del canal cada 0.8 ms.

(a) ¿Cuál es el número de bits correspondiente a cada nivel?

(b) ¿Cuál es la velocidad de transmisión en baudios?

(c) ¿Cuál es la tasa de bits?

**3-21** Un sistema de comunicación de niveles múltiples debe operar a una velocidad de transmisión de datos de 9600 bits/s.

(**a**) Si en cada nivel se codifican palabras de 14 bits para transmitirlas a través del canal, ¿cuál es el ancho de banda mínimo requerido para el canal?

(**b**) Repita el inciso (a) para el caso de codificación de 8 bits en cada nivel.

**3-22** Considere un patrón de prueba determinística compuesto de unos y ceros binarios alternos. Determine los espectros de magnitud (no la densidad espectral de potencia) de los siguientes tipos de formatos de señalización como una función de $T_b$, donde $T_b$ es el tiempo necesario para enviar un bit de datos.

(**a**) Señalización unipolar NRZ.

(**b**) Señalización unipolar RZ donde el ancho del pulso $\tau$ es $\tau = \frac{3}{4}T_b$.

¿Cómo cambiaría cada uno de estos espectros de magnitud si el patrón de prueba cambiara a una secuencia alterna de cuatro unos binarios seguidos de cuatro ceros binarios?

**3-23** Considere un patrón de datos aleatorio compuesto de unos y ceros binarios, donde la probabilidad de obtener un 1 binario o un 0 binario es $\frac{1}{2}$. Calcule la densidad espectral de potencia de los siguientes tipos de formatos de señalización como una función de $T_b$, donde $T_b$ es el tiempo necesario para enviar un bit de datos.

(**a**) Señalización unipolar NRZ.

(**b**) Señalización unipolar RZ donde el ancho del pulso $\tau$ es $\tau = \frac{3}{4}T_b$.

¿Cómo se comparan las densidades espectrales de potencia en los casos de datos aleatorios con los espectros de magnitud para el caso determinístico del problema 3-22? ¿Cuál es la eficiencia espectral en cada uno de estos casos?

**3-24** Considere un patrón de datos determinístico compuesto de unos y ceros alternos. Determine los espectros de magnitud (no la densidad espectral de potencia) de los siguientes tipos de formatos de señalización como una función de $T_b$, donde $T_b$ es el tiempo necesario para enviar un bit de datos.

(**a**) Señalización polar NRZ.

(**b**) Señalización Manchester NRZ.

¿Cómo cambiaría cada uno de estos espectros de magnitud si el patrón de prueba se cambiara a una secuencia alterna de cuatro unos binarios seguidos de dos ceros binarios.

**3-25** Considere un patrón de datos aleatorios compuesto de unos y ceros binarios, donde la probabilidad de obtener un 1 binario o un 0 binario es $\frac{1}{2}$. Calcule la densidad espectral de potencia de los siguientes tipos de formatos de señalización como una función de $T_b$, donde $T_b$ es el tiempo necesario para enviar 1 bit de datos.

(**a**) Señalización polar RZ donde el ancho del pulso es $\tau = \frac{1}{2}T_b$.

(**b**) Señalización Manchester RZ donde el ancho del impulso es $\tau = \frac{1}{4}T_b$. ¿Cuál es el primer ancho de banda nulo de estas señales? ¿Cuál es la eficiencia espectral en cada uno de estos casos de señalización?

**3-26** Obtenga ecuaciones para la densidad espectral de potencia de los códigos de líneas bipolar NRZ y bipolar RZ (ancho de pulso de $\frac{1}{2}T_b$) con valores pico de $\pm 3$ V. Grafique los resultados de densidad espectral de potencia en el caso de $R = 1.544$ Mbits/s.

**3-27** En la figura 3-16 se muestran las densidades espectrales de potencia de varios de códigos de líneas. Se obtuvieron suponiendo que la potencia de cada señal es unitaria de modo que las densidades espectrales de potencia se pudieran comparar con base en una potencia de transmisión igual. Obténgase de nuevo las densidades espectrales de potencia de estos códigos de líneas suponiendo que el nivel pico es unitario (es decir, $A = 1$). Grafique las densidades espectrales de potencia de modo que los espectros se puedan comparar con base en un nivel de señal pico igual.

**3-28** Con la ecuación (3-36) determine las condiciones requeridas de modo que existan funciones delta en la densidad espectral de potencia de los códigos de líneas. Analice el efecto que esto tiene en el diseño de sincronizadores de bits con estos códigos de líneas. [*Sugerencia*: Examine las ecuaciones (3-43) y (6-70d).]

**3-29** Considere un patrón de datos aleatorios compuesto de unos y ceros binarios, donde la probabilidad de obtener un 1 binario o un 0 binario es de $\frac{1}{2}$. Suponga que estos datos se codifican para transformarlos en una forma de onda tipo polar donde la forma del pulso de cada bit se obtiene por

$$f(t) = \begin{cases} \cos\left(\dfrac{\pi t}{T_b}\right), & |t| < T_b/2 \\ 0, & |t| \text{ en otra parte} \end{cases}$$

$T_b$ es el tiempo necesario para enviar un bit.

**(a)** Trace un ejemplo típico de esta forma de onda.

**(b)** Encuentre la expresión para la densidad espectral de potencia de esta forma de onda y dibújela.

**(c)** ¿Cuál es la eficiencia espectral de este tipo de señal binaria?

**3-30** A la entrada de un codificador diferencial aparece la corriente de datos 01101000101. Según la condición inicial de activación del codificador, encuentre dos posibles flujos de datos diferencialmente codificados que puedan aparecer a la salida.

**3-31** Cree un diagrama a bloques práctico para un sistema de codificación y decodificación diferencial. Explique cómo trabaja mostrando la codificación y decodificación de la secuencia 001111010001. Suponga que el dígito de referencia es un 1 binario. Demuestre que no puede haber propagación de errores.

**3-32** Diseñe un repetidor regenerativo con su sincronizador de bits asociado para un código de líneas polar RZ. Explique cómo trabaja su diseño. (*Sugerencia*: Véase la figura 3-19 y el análisis de sincronizadores de bits.)

**3-33** Diseñe un sincronizador de bits para un código de líneas Manchester NRZ completando los siguientes pasos:

**(a)** Dibuje un diagrama a bloques simplificado.

**(b)** Explique su funcionamiento.

**(c)** Especifique los requisitos de filtro.

**(d)** Explique las ventajas y desventajas de utilizar este diseño para el código de líneas Manchester NRZ en comparación con utilizar un código de líneas polar NRZ y su sincronizador de bits asociado.

**3-34** La figura 3-22c ilustra una señal de ocho niveles. Suponga que este código de líneas se hace pasar a través de un canal que filtra la señal y agrega algo de ruido.

**(a)** Dibuje el patrón de ojo de la forma de onda recibida.

**(b)** Diseñe un posible receptor con su sincronizador de símbolos asociado para este código de líneas.

**(c)** Explique cómo trabaja su receptor.

**3-35** La información contenida en una forma de onda analógica primero se codifica para transformarla en una señal PCM binaria y luego se convierte en una señal de niveles múltiples para transmitirla a través del canal. El número de niveles múltiples es de ocho. Suponga que el ancho de banda de la señal analógica es de 2700 Hz y que se ha de reproducir en el receptor con una precisión de $\pm 1\%$ (escala completa).

**(a)** Determine la tasa de bits mínima de la señal PCM.

**(b)** Determine la velocidad de transmisión en baudios mínima de la señal de niveles múltiples.

**(c)** Determine el ancho de banda del canal absoluto mínimo requerido para transmitir esta señal PCM.

**3-36** Una forma de onda binaria de 9600 bits/s se convierte en una forma de onda octal (de niveles múltiples) que se hace pasar a través de un canal con una característica de filtro de reductor en coseno elevado. El canal dispone de una respuesta de fase condicionada (ecualizada) de salida a 2.4 kHz.

**(a)** ¿Cuál es la velocidad de transmisión en baudios de la señal de niveles múltiples?

**(b)** ¿Cuál es el factor de reducción de la característica de filtro?

**3-37** Suponga que se tienen que examinar las propiedades espectrales de una forma de onda rectangular tipo RZ de $L = 64$ niveles. La forma del pulso está dada por

$$f(t) = \Pi\left(\frac{2t}{T_s}\right)$$

$T_s$ es el tiempo necesario para enviar uno de los símbolos de niveles múltiples.

**(a)** Determine la expresión para la densidad espectral de potencia en el caso de niveles igualmente probables donde los niveles de señal pico de esta forma de onda de niveles múltiples son $+10$ V.

**(b)** ¿Cuál es el ancho de banda nulo?

**(c)** ¿Cuál es la eficiencia espectral?

**3-38** Un sistema de comunicación binario utiliza señalización polar. La respuesta total al impulso diseñada es del tipo (sen $x$)/$x$ y está dada por la ecuación (3-67) de modo que no se produzca interferencia intersímbolos. La tasa de bits es $R = f_s = 300$ bits/s.

**(a)** ¿Cuál es el ancho de banda de la señal polar?

**(b)** Trace la forma de onda de la señal polar a la salida del sistema cuando los datos binarios de entrada son 01100101. ¿Se pueden discernir los datos con sólo examinar esta forma de onda polar?

**3-39** La ecuación (3-67) da una posible respuesta al impulso no causal de un sistema de comunicación que no presentará interferencia intersímbolos. Para una aproximación causal, seleccione

$$h_e(t) = \frac{\sin \pi f_s(t - 4 \times 10^{-3})}{\pi f_s(t - 4 \times 10^{-3})}\,\Pi\left(\frac{t - 4 \times 10^{-3}}{8 \times 10^{-3}}\right)$$

donde $f_s = 1000$.

**(a)** Con una PC y la integral de la transformada de Fourier, calcule $H_e(f)$ y grafique $|H_e(f)|$.

**(b)** ¿Cuál es el ancho de banda de esta aproximación causal y cómo se compara con el ancho de banda del filtro no causal descrito por las ecuaciones (3-67) y (3-68)?

**3-40** Comenzando con la ecuación (3-69), demuestre que la respuesta al impulso del filtro reductor en coseno elevado está dada por la ecuación (3-73).

**3-41** Considere el filtro reductor en coseno elevado dado por las ecuaciones (3-69) y (3-73).

**(a)** Grafique $|H_e(f)|$ para el caso de $r = 0.75$ e indique $f_1$, $f_0$ y $B$ en el dibujo, similar a la figura 3-25.

**(b)** Grafique $h_e(t)$ para el caso de $r = 0.75$ en función de $1/f_0$, similar a la figura 3-26.

**3-42** Encuentre la densidad espectral de potencia de la forma de onda que sale de un canal reductor en coseno elevado con $r = 0.5$, cuando la entrada es una señal polar NRZ. Suponga que se utiliza señalización binaria igualmente probable y que el ancho de banda del canal es suficientemente grande para prevenir la interferencia intersímbolos.

**3-43** La ecuación (3-66) da la condición para que no se presente interferencia intersímbolos (primer método de Nyquist). Con la ecuación (3-66) y $C = 1$ y $\tau = 0$, demuestre que el primer método de Nyquist para el caso ISI también se satisface si

$$\sum_{k=-\infty}^{\infty} H_e\left(f + \frac{k}{T_s}\right) = T_s \qquad \text{con } |f| \leq \frac{1}{2T_s}$$

**3-44** Con los resultados del problema 3-43, demuestre que las características de filtro siguientes satisfacen o no el criterio de Nyquist para el caso sin interferencia ISI ($f_s = 2f_0 = 2/T_0$).

**(a)** $H_e(f) = \frac{T_0}{2}\Pi\left(\frac{1}{2}fT_0\right)$.

**(b)** $H_e(f) = \frac{T_0}{2}\Pi\left(\frac{2}{3}fT_0\right)$.

**3-45** Suponga que un sistema de transmisión de pulsos tiene la característica de filtro reductor en coseno elevado descrito por la ecuación (3-69).

**(a)** Encuentre la función de Nyquist $Y(f)$ de (3-75) correspondiente a la característica de filtro reductor en coseno elevado.

**(b)** Dibuje $Y(f)$ para el caso de $r = 0.75$.

**(c)** Dibuje otra $Y(f)$ que no sea del tipo reductor en coseno elevado y determine el ancho de banda absoluto de la característica de filtro de Nyquist resultante.

**3-46** Se tiene que convertir una señal analógica en una señal PCM que es un código de líneas binario polar NRZ. Esta señal se transmite a través de un canal que es absolutamente de banda limitada a 4 kHz. Suponga que el cuantizador PCM es de 16 escalones y que la función de transferencia del sistema equivalente total es del tipo reductor en coseno elevado con $r = 0.5$.

**(a)** Encuentre la velocidad de tasa de bits PCM máxima que este sistema puede soportar sin la introducción de ISI.

**(b)** Encuentre el ancho de banda máximo permitido para la señal analógica.

**3-47** Resuelva de nuevo el problema 3-46 para el caso de un código de líneas polar NRZ de niveles múltiples cuando el número de niveles es cuatro.

**3-48** Se envían datos de niveles múltiples con una tasa de bits equivalente de 2400 bits/s a través de un canal que utiliza un código de líneas de 4 niveles, cuyo pulso a la salida del transmisor es rectangular. El sistema de transmisión completo (es decir, el transmisor, el canal y el receptor) tiene una característica de filtro reductor en coseno elevado con $r = 0.5$.

**(a)** Encuentre la velocidad de transmisión en baudios de la señal recibida.

**(b)** Encuentre el ancho de banda de 6 dB para este sistema de transmisión.

**(c)** Encuentre el ancho de banda absoluto para este sistema de transmisión.

**3-49** Suponga que se tiene que diseñar un sistema tipo PCM de modo que se pueda entregar una señal de audio a la salida del receptor. El ancho de banda de esta señal de audio tiene que ser de 3400 Hz y la relación de señal a ruido de por lo menos 40 dB. Determine la velocidad de transferencia de bits para un diseño que utiliza:

**(a)** Señalización PCM comprimida-expandida con $\mu = 255$.

**(b)** Señalización DPCM.

Razone cuál de los sistemas anteriores se utilizaría en el diseño y por qué.

**3-50** Recurra a la figura 3-32 que ilustra formas de onda DM típicas. Dibuje una forma de onda analógica diferente de la mostrada en la figura. Dibuje la modulación delta y las formas de onda de salida del integrador correspondientes. Denote las regiones donde domina el ruido por sobrecarga de pendiente y donde lo hace el ruido granular.

**3-51** Se somete a prueba un sistema DM con una señal senoidal de 10 kHz, 1 V entre pico a pico, a la entrada. Se muestrea a 10 veces la razón de Nyquist.

**(a)** ¿Cuál es el tamaño del escalón requerido para evitar la sobrecarga por pendiente y para reducir al mínimo el ruido granular?

**(b)** ¿Cuál es la densidad espectral de potencia del ruido granular?

**(c)** Si la entrada al receptor es de banda limitada a 200 kHz, ¿cuál es la relación promedio de señal/potencia de ruido de cuantización?

**3-52** Suponga que la entrada a un DM es $0.1t^8 - 5t + 2$. El tamaño del escalón del DM es de 1 V, y el muestreador opera a 10 muestras/s. En un intervalo de tiempo de 0 a 2 s, dibuje la forma de onda de entrada, la salida del modulador delta y la salida del integrador. Señale las regiones de ruido granular y de sobrecarga por pendiente.

**3-53** Resuelva de nuevo el problema 3-52 para el caso de un modulador delta adaptable, en el cual el tamaño de escalón se selecciona de acuerdo con el número de unos y ceros binarios sucesivos a la salida del DM. Suponga que el tamaño de escalón es de 1.5 V cuando existen cuatro o más dígitos binarios del mismo signo, 1 V cuando existen tres dígitos sucesivos y 0.5 cuando existen dos o menos dígitos sucesivos.

**3-54** Se tiene que diseñar un modulador delta para transmitir la información de un forma de onda analógica que tiene un nivel pico a pico de 1 V y un ancho de banda de 3.4 kHz. Suponga que la forma de onda se tiene que transmitir a través de un canal donde la respuesta a la frecuencia es extremadamente deficiente por encima de 1 MHz.

**(a)** Seleccione el tamaño de escalón apropiado y la razón de muestreo para una señal de prueba de onda senoidal y analice el rendimiento del sistema con los valores de parámetros seleccionados.

**(b)** Si se tiene que usar el sistema DM para transmitir la información de una señal (analógica) de voz, seleccione el tamaño de escalón apropiado cuando la razón de muestreo es de 25 kHz. Analice el rendimiento del sistema en estas condiciones.

**3-55** Una forma de onda analógica $w_1(t)$ es de banda limitada a 3 kHz, y otro, $w_2(t)$, es de banda limitada a 9 kHz. Estas dos señales se van a enviar por TDM a través de un sistema tipo PAM.

**(a)** Determine la frecuencia de muestreo mínima para cada una de las señales y diseñe un conmutador y deconmutador para acomodar estas señales.

**(b)** Dibuje algunas formas de onda típicas para $w_1(t)$ y $w_2(t)$, y dibuje la forma de onda TDM PAM correspondiente.

**3-56** Tres formas de onda se multicanalizan por división de tiempo a través de un canal que utiliza PAM instantáneamente muestreada. Suponga que el ancho de pulso PAM es muy angosto y que cada una de las formas de onda analógicas se muestrea cada 0.15 s. Grafique la forma de onda TDM (compuesta) cuando las formas de onda analógicas de entrada son

$$w_1(t) = 3\ \text{sen}(2\pi t)$$

$$w_2(t) = \Pi\left(\frac{t-1}{2}\right)$$

$$w_3(t) = -\Lambda(t-1)$$

**3-57** Se muestrean 23 señales analógicas, cada una con un ancho de banda de 3.4 kHz, a una tasa de 8 kHz y se multicanalizan con un canal de sincronización (8 kHz) para formar una señal TDM PAM. Se hace pasar esta señal TDM a través de un canal con un característica de filtro reductor en coseno elevado de $r = 0.75$.

**(a)** Dibuje un diagrama a bloques del sistema e indique la $f_s$ del conmutador y la tasa de pulso total de la señal TDM PAM.

**(b)** Evalúe el ancho de banda absoluto requerido para el canal.

**3-58** Dos señales PAM de cresta plana se multicanalizan por división de tiempo para producir una señal TDM PAM compuesta que se transmite a través de un canal. La primera señal PAM se obtiene de una señal analógica de espectro rectangular, $W_1(f) = \Pi(f/2B)$. La segunda señal PAM se obtiene de una señal analógica de espectro triangular, $W_2(f) = \Lambda(f/B)$ donde $B = 3$ kHz.

**(a)** Determine la frecuencia de muestreo mínima para cada señal y diseñe un conmutador y deconmutador para acomodar estas señales.

**(b)** Calcule y dibuje el espectro de magnitud de la señal TDM PAM compuesta.

**3-59** Resuelva de nuevo el problema 3-57 con un sistema de modulación por codificación de pulsos TDM en el que se utiliza un cuantizador de 8 bits para generar las palabras PCM para cada una de las entradas analógicas y se utiliza una palabra de sincronización de 8 bits en el canal de sincronización.

**3-60** Diseñe un sistema TDM PCM que contenga cuatro entradas digitales (síncronas) de 300 bits/s y una entrada analógica cuyo ancho de banda sea de 500 Hz. Suponga que las muestras analógicas se codificarán para formar palabras PCM de 4 bits. Dibuje un diagrama de bloques del diseño, semejante a la figura 3-39, e indique las tasas de datos en diversos puntos del diagrama. Explique el funcionamiento de su diseño.

**3-61** Diseñe un sistema TDM que contenga dos entradas digitales (síncronas) de 2400 bits/s y una entrada analógica con ancho de banda de 2700 Hz. Suponga que la entrada analógica se muestrea a 1.11111 veces la velocidad de Nyquist y que se convierte en palabras PCM de 4 bits. Dibuje un diagrama de bloques de su diseño e indique la tasa de datos en diversos puntos del diagrama. Explique cómo trabaja su esquema TDM.

**3-62** Determine el número de los siguientes dispositivos que podría manejar una línea TDM tipo T1 si 1% de la capacidad de ésta se reserva para propósitos de sincronización.

**(a)** terminales de teleimpresora de 110 bits/s.
**(b)** terminales de computadora de 300 bits/s.
**(c)** terminales de computadora de 1200 bits/s.
**(d)** puertos de salida de computadora de 9600 bits/s.
**(e)** líneas PCM VF de 64 kbits/s.

¿Cómo cambiarían estos números si cada una de las fuentes estuviera en operación un promedio de 10% del tiempo?

**3-63** Suponga que se muestrea una onda senoidal a cuatro veces la velocidad de Nyquist con muestreo instantáneo.

**(a)** Dibuje la señal PWM correspondiente.
**(b)** Dibuje la señal PPM correspondiente.

**3-64** Repita el problema 3-63, pero suponga que se utiliza muestreo natural.

**3-65** Analice por qué un sistema PPM requiere una señal de sincronización, mientras que los sistemas PAM y PWM se pueden detectar sin la necesidad de una señal de sincronización.

**3-66** Compare el ancho de banda requerido para enviar un mensaje por medio de señalización PPM o PCM. Suponga que la fuente digital envía 8 bits/carácter, de tal suerte que la fuente digital puede enviar 256 mensajes diferentes (caracteres). Suponga que la velocidad de la fuente es de 10 caracteres/s. Use el teorema de dimensionalidad, $N/T_0 = 2B$, para determinar el ancho de banda mínimo requerido, $B$.

**(a)** Determine el ancho de banda mínimo requerido para una señal PCM que codificará la información original.
**(b)** Determine el ancho de banda mínimo requerido para una señal PPM que codificará la información original.

CAPÍTULO 4

# PRINCIPIOS Y CIRCUITOS DE SEÑALIZACIÓN PASABANDA

Este capítulo se ocupa de técnicas de señalización *pasabanda*. Tal como se indica en el capítulo 1, la señal de comunicación pasabanda se obtiene modulando una señal analógica o digital en una portadora. Aquí se desarrollan los principios básicos de representación y el proceso de modulación de señales pasabanda mediante la envolvente compleja. La envolvente compleja en seguida se utiliza para evaluar espectros y potencias de señales pasabanda.

La segunda mitad de este capítulo —la cual comienza en la sección 5-8— utiliza esta teoría pasabanda para analizar y diseñar bloques de componentes y circuitos utilizados en sistemas de comunicación. Éstos son filtros, amplificadores lineales y no lineales, convertidores ascendentes y descendentes, moduladores, detectores y circuitos de fase cerrada.

## 4-1 REPRESENTACIÓN CON LA ENVOLVENTE COMPLEJA DE FORMAS DE ONDA PASABANDA

¿Cuál es la representación general de las señales digitales y analógicas pasabanda? ¿Cómo se representa y modula una señal? ¿Cómo se representa el ruido pasabanda? Éstas son algunas de las preguntas que encuentran respuesta en esta sección.

## Definiciones, bandabase, pasabanda y modulación

**DEFINICIÓN.** La magnitud espectral de una forma de onda de *bandabase* es diferente de cero o no cero a frecuencias cercanas al origen (es decir, $f = 0$) e insignificante en otra parte.

**DEFINICIÓN.** La magnitud espectral de una forma de onda *pasabanda* es diferente de cero a frecuencias en alguna banda concentrada en torno a la frecuencia $f = \pm f_c$, donde $f_c \gg 0$. La magnitud espectral es insignificante en cualquier otra parte. $f_c$ se llama *frecuencia portadora.*

En el caso de formas de onda pasabanda el valor de $f_c$ se asigna arbitrariamente por comodidad matemática en *algunos* problemas. En otros, como los problemas de modulación, $f_c$ es la frecuencia de una señal oscilatoria presente en el circuito transmisor y es la frecuencia asignada del mismo, por ejemplo 850 kHz para una radiodifusora de AM.

En problemas de comunicación, la señal proveniente de la fuente de información en general es una señal de bandabase: por ejemplo, una forma de onda de la lógica transistor-transistor (TTL) producida por un circuito digital o una señal de audio (analógica) proveniente de un micrófono. La tarea del ingeniero en comunicaciones consiste en construir un sistema que transfiera la información presente en esta señal original $m(t)$ al destino deseado. Tal como se muestra en la figura 4-1, por lo general esto requiere que se utilice una señal pasabanda, $s(t)$, cuyo espectro se concentra alrededor de $\pm f_c$ donde $f_c$ se selecciona de modo que $s(t)$ se propague a través del canal de comunicación (un canal de cable blando o cable sólido).

**DEFINICIÓN.** *Modulación* es el proceso de implantar la información original en una señal pasabanda con una frecuencia portadora $f_c$ mediante la introducción de perturbaciones de amplitud o fase. Esta señal pasabanda se llama señal *modulada* $s(t)$, y la señal original de bandabase se llama señal *moduladora* $m(t)$.

Más adelante, en este capítulo, se dan ejemplos de cómo se logra exactamente la modulación. Esta definición indica que la modulación se puede visualizar como una operación de mapeo que topografía la información original sobre la señal pasabanda $s(t)$ que se transmitirá a través del canal.

Conforme la señal modulada pasa a través del canal, el ruido la daña. El resultado es una forma de onda de señal de bandabase y ruido que aparece a la entrada del receptor, $r(t)$ (véase la figura 4-1). La tarea del receptor es tratar de recuperar la información enviada por la fuente. $\tilde{m}$ denota la versión dañada de $m$.

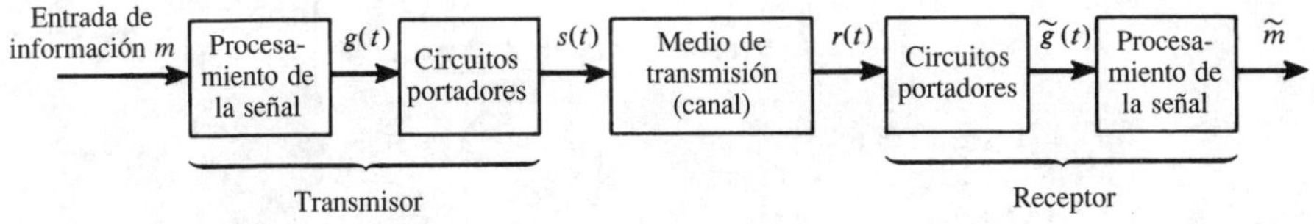


**Figura 4-1** Sistema de comunicación.

## Representación de la envolvente compleja

*Todas* las formas pasabanda, ya sea que surjan de una señal modulada, señales de interferencia o ruido, se pueden representar en una forma conveniente por medio del teorema siguiente. Se utilizará $v(t)$ para denotar la forma de onda pasabanda canónicamente; de una manera específica, $v(t)$ puede representar la señal cuando $s(t) \equiv v(t)$, el ruido cuando $n(t) \equiv v(t)$, la señal filtrada más ruido a la salida del canal cuando $r(t) \equiv v(t)$, o cualquier otro tipo de forma de onda pasabanda.†

**Teorema.** *Cualquier forma de onda pasabanda física puede estar representada por*

$$v(t) = \text{Re}\{g(t)e^{j\omega_c t}\} \tag{4-1a}$$

$\text{Re}\{\cdot\}$ *denota la parte real de* $\{\cdot\}$, $g(t)$ *es la envolvente compleja de* $v(t)$ *y* $f_c$ *es la frecuencia portadora asociada (hertz) donde* $\omega_c = 2\pi f_c$. *Además, otras dos representaciones equivalentes son*

$$v(t) = R(t)\cos[\omega_c t + \theta(t)] \tag{4-1b}$$

*y*

$$v(t) = x(t)\cos\omega_c t - y(t)\,\text{sen}\,\omega_c t \tag{4-1c}$$

*donde*

$$g(t) = x(t) + jy(t) = |g(t)|e^{j\angle g(t)} \equiv R(t)e^{j\theta(t)} \tag{4-2}$$

$$x(t) = \text{Re}\{g(t)\} \equiv R(t)\cos\theta(t) \tag{4-3a}$$

$$y(t) = \text{Im}\{g(t)\} \equiv R(t)\,\text{sen}\,\theta(t) \tag{4-3b}$$

$$R(t) \triangleq |g(t)| \equiv \sqrt{x^2(t) + y^2(t)} \tag{4-4a}$$

$$\theta(t) \triangleq \angle g(t) = \tan^{-1}\left(\frac{y(t)}{x(t)}\right) \tag{4-4b}$$

Las formas de onda $g(t)$, $x(t)$, $y(t)$, $R(t)$ y $\theta(t)$ son formas de onda de bandabase, y, excepto $g(t)$, son formas de onda reales. $R(t)$ es una forma de onda real no negativa. Por tanto, la ecuación (4-1) es una transformación de pasabajas a pasabanda.

***Comprobación.*** Cualquier forma de onda física (no tiene que ser periódica) se puede representar en todo momento, $T_0 \to \infty$, mediante la serie de Fourier compleja:

$$v(t) = \sum_{n=-\infty}^{n=\infty} c_n\, e^{jn\omega_0 t}, \quad \omega_0 = 2\pi/T_0 \tag{4-5}$$

Además, como la forma de onda física es real $c_{-n} = c_n^*$ y con $\text{Re}\{\cdot\} = \frac{1}{2}\{\cdot\} + \frac{1}{2}\{\cdot\}^*$,

$$v(t) = \text{Re}\left\{c_0 + 2\sum_{n=1}^{\infty} c_n e^{jn\omega_0 t}\right\} \tag{4-6}$$

† El símbolo $\equiv$ denota equivalencia y el símbolo $\triangleq$ definición.

Además, como $v(t)$ es una forma de onda pasabanda, las magnitudes de $c_n$ son insignificantes con $n$ en las proximidades de 0 y, en particular, $c_0 = 0$. Así pues, con la introducción de una parámetro arbitrario $f_c$, la ecuación (4-6) se vuelve†

$$v(t) = \text{Re}\left\{\left(2\sum_{n=1}^{n=\infty} c_n e^{j(n\omega_0 - \omega_c)t}\right) e^{j\omega_c t}\right\} \tag{4-7}$$

la cual se convierte en la ecuación (4-1a) con

$$g(t) \equiv 2\sum_{n=1}^{\infty} c_n e^{j(n\omega_0 - \omega_c)t} \tag{4-8}$$

Como $v(t)$ es una forma de onda pasabanda cuyo espectro no cero se concentra cerca de $f = f_c$, los coeficientes de Fourier $c_n$ son diferentes de cero sólo con valores de $n$ en el intervalo $\pm nf_0 \approx f_c$. Por consiguiente, según la ecuación (4-8) el espectro de $g(t)$ se concentra cerca de $f = 0$. Es decir, $g(t)$ es una forma de onda de *bandabase*. También es obvio de acuerdo con la ecuación (4-8) que $g(t)$ puede ser una función de tiempo compleja. Si se representa la envolvente compleja en función de dos funciones reales en coordenadas cartesianas, se tiene

$$g(t) \equiv x(t) + jy(t)$$

donde $x(t) = \text{Re}\{g(t)\}$ y $y(t) = \text{Im}\{g(t)\}$. Se dice que $x(t)$ es la *modulación en fase* asociada con $v(t)$, y que $y(t)$ es la *modulación en cuadratura* asociada con $v(t)$. Por otra parte, la ecuación (4-2) da la forma polar de $g(t)$, representada por $R(t)$ y $\theta(t)$, donde las ecuaciones (4-3) y (4-4) dan las identidades entre las coordenadas cartesianas y polares. $R(t)$ y $\theta(t)$ son formas de onda reales y, además, $R(t)$ siempre es no negativa. Se dice que $R(t)$ es la *modulación de amplitud* (AM) en $v(t)$, y $\theta(t)$ *la modulación de fase* (PM) en $v(t)$. También se ve que si $v(t)$ es una forma de onda determinística, $x(t)$, $y(t)$, $R(t)$ y $\theta(t)$ también lo son. Si $v(t)$ es estocástica, por ejemplo, y representa ruido pasabanda, $x(t)$, $y(t)$, $R(t)$ y $\theta(t)$ son procesos de bandabase estocásticos. Por tanto, en general, el ruido pasabanda incluye tanto componentes de ruido AM, $R(t)$ como PM, $\theta(t)$. Esto se estudiará más a fondo en el capítulo 6. La utilidad de la representación con envolvente compleja de formas de onda pasabanda no se debe exagerar. En los sistemas de comunicación modernos, la señal pasabanda con frecuencia se divide en dos canales, uno para $x(t)$ llamado canal $I$ (en fase) y el otro para $y(t)$, llamado canal $Q$ (en cuadratura-fase).

## 4-2 REPRESENTACIÓN DE SEÑALES MODULADAS

Según la definición anterior, modulación es el proceso de codificar la información original $m(t)$ (señal moduladora) para transformarla en una señal pasabanda $s(t)$ (señal modulada). Por consiguiente, la señal modulada es sólo una aplicación especial de la representación pasabanda. La *señal modulada* está dada por

$$s(t) = \text{Re}\{g(t)e^{j\omega_c t}\} \tag{4-9}$$

† Como todas las frecuencias implicadas en el argumento de Re{·} son positivas, se puede demostrar que la función compleja $2\sum_{n=1}^{\infty} c_n e^{jn\omega_0 t}$ es analítica en la mitad superior del plano complejo $t$. Del hecho de que esta función es una función analítica de una variable compleja se derivan muchas propiedades interesantes.

donde $\omega_c = 2\pi f_c$. $f_c$ es la frecuencia portadora. La envolvente compleja $g(t)$ es una función de la señal modulada $m(t)$. Es decir,

$$g(t) = g[m(t)] \tag{4-10}$$

Por tanto, $g[\cdot]$ realiza una operación de mapeo sobre $m(t)$. Esto se mostró en la figura 4-1.

La tabla 4-1 repasa el amplio problema de la modulación. Se dan ejemplos de la función de mapeo $g[m]$ con respecto a modulación de amplitud (AM), doble banda lateral con portadora suprimida (DSB-SC), modulación de fase (PM), modulación de frecuencia (FM), banda lateral sencilla con portadora suprimida AM (SSB-AM-SC), banda lateral sencilla con PM (SSB-PM), banda lateral sencilla con FM (SSB-FM), banda lateral sencilla con detección de envolvente (SSB-EV), banda lateral sencilla con detección de ley cuadrática (SSB-SQ) y modulación en cuadratura (QM). Las señales moduladas se analizan en detalle en el capítulo 5. Se obtienen señales pasabanda digitalmente moduladas cuando $m(t)$ es una señal de bandabase digital, por ejemplo, la salida de un circuito de lógica transistor-transistor (TTL).

Obviamente, es posible utilizar otras funciones $g[m]$ que no aparecen en la tabla 4-1. La pregunta es: ¿son útiles? Se requieren funciones $g[m]$ fáciles de poner en práctica y que den propiedades espectrales deseables. Además, en el receptor se requiere la función inversa $m[g]$. La función inversa debe tener un solo valor en el intervalo utilizado y ser fácil de poner en práctica. El mapeo deberá suprimir tanto ruido como sea posible de modo que $m(t)$ se pueda recuperar con poco daño.

## 4-3 ESPECTRO DE SEÑALES PASABANDA

El espectro de una señal pasabanda está directamente relacionado con el espectro de su envolvente compleja.

**TEOREMA.** *Si una forma de onda pasabanda está representada por*

$$v(t) = \mathrm{Re}\{g(t)e^{j\omega_c t}\} \tag{4-11}$$

*entonces el espectro de la forma de onda pasabanda es*

$$V(f) = \tfrac{1}{2}[G(f - f_c) + G^*(-f - f_c)] \tag{4-12}$$

*y la densidad espectral de potencia de la forma de onda pasabanda es*

$$\mathcal{P}_v(f) = \tfrac{1}{4}[\mathcal{P}_g(f - f_c) + \mathcal{P}_g(-f - f_c)] \tag{4-13}$$

*donde* $G(f) = \mathcal{F}[g(t)]$ y $\mathcal{P}_g(f)$ es la densidad espectral de potencia de $g(t)$.

***Comprobación***

$$v(t) = \mathrm{Re}\{g(t)e^{j\omega_c t}\} = \tfrac{1}{2}g(t)e^{j\omega_c t} + \tfrac{1}{2}g^*(t)e^{-j\omega_c t}$$

Por tanto,

$$V(f) = \mathcal{F}[v(t)] = \tfrac{1}{2}\,\mathcal{F}[g(t)e^{j\omega_c t}] + \tfrac{1}{2}\mathcal{F}[g^*(t)e^{-j\omega_c t}] \tag{4-14}$$

**TABLA 4-1** FUNCIONES DE ENVOLVENTE COMPLEJA DE VARIOS TIPOS DE MODULACIÓN[a]

| Tipo de modulación | Funciones de mapeo $g(m)$ | Modulación en cuadratura correspondiente $x(t)$ | $y(t)$ |
|---|---|---|---|
| AM | $A_c[1 + m(t)]$ | $A_c[1 + m(t)]$ | 0 |
| DSB-SC | $A_c m(t)$ | $A_c m(t)$ | 0 |
| PM | $A_c e^{jD_p m(t)}$ | $A_c \cos[D_p m(t)]$ | $A_c \operatorname{sen}[D_p m(t)]$ |
| FM | $A_c e^{jD_f \int_{-\infty}^{t} m(\sigma)\, d\sigma}$ | $A_c \cos\left[D_f \int_{-\infty}^{t} m(\sigma)\, d\sigma\right]$ | $A_c \operatorname{sen}\left[D_f \int_{-\infty}^{t} m(\sigma)\, d\sigma\right]$ |
| SSB-AM-SC[b] | $A_c[m(t) \pm j\hat{m}(t)]$ | $A_c m(t)$ | $\pm A_c \hat{m}(t)$ |
| SSB-PM[b] | $A_c e^{jD_p[m(t) \pm j\hat{m}(t)]}$ | $A_c e^{\mp D_p \hat{m}(t)} \cos[D_p m(t)]$ | $A_c e^{\mp D_p \hat{m}(t)} \operatorname{sen}[D_p m(t)]$ |
| SSB-FM[b] | $A_c e^{jD_f \int_{-\infty}^{t} [m(\sigma) \pm j\hat{m}(\sigma)]\, d\sigma}$ | $A_c e^{\mp D_f \int_{-\infty}^{t} \hat{m}(\sigma) d\sigma} \cos\left[D_f \int_{-\infty}^{t} m(\sigma)\, d\sigma\right]$ | $A_c e^{\mp D_f \int_{-\infty}^{t} \hat{m}(\sigma) d\sigma} \operatorname{sen}\left[D_f \int_{-\infty}^{t} m(\sigma)\, d\sigma\right]$ |
| SSB-EV[b] | $A_c e^{\{\ln[1+m(t)] \pm j\hat{\ln}\,|1+m(t)|\}}$ | $A_c[1 + m(t)] \cos\{\hat{\ln}[1 + m(t)]\}$ | $\pm A_c[1 + m(t)] \operatorname{sen}\{\hat{\ln}[1 + m(t)]\}$ |
| SSB-SQ[b] | $A_c e^{(1/2)\{\ln[1+m(t)] \pm j\hat{\ln}\,|1+m(t)|\}}$ | $A_c\sqrt{1 + m(t)} \cos\{\frac{1}{2}\hat{\ln}[1 + m(t)]\}$ | $\pm A_c\sqrt{1 + m(t)} \operatorname{sen}\{\frac{1}{2}\hat{\ln}[1 + m(t)]\}$ |
| QM | $A_c m_1(t) + jm_2(t)$ | $A_c m_1(t)$ | $A_c m_2(t)$ |

| Tipo de modulación | Modulación de amplitud y fase correspondiente | | Linealidad | Observaciones |
|---|---|---|---|---|
| | $R(t)$ | $\theta(t)$ | | |
| AM | $A_c\|1 + m(t)\|$ | $\begin{cases} 0, & m(t) > -1 \\ 180°, & m(t) < -1 \end{cases}$ | L[c] | Se requiere $m(t) > -1$ para detección de la envolvente |
| DSB-SC | $A_c\|m(t)\|$ | $\begin{cases} 0, & m(t) > 0 \\ 180°, & m(t) < 0 \end{cases}$ | L | Se requiere detección coherente |
| PM | $A_c$ | $D_p m(t)$ | NL | $D_p$ es la constante de desviación de fase (rad/volt) |
| FM | $A_c$ | $D_f \int_{-\infty}^{t} m(\sigma)\, d\sigma$ | NL | $D_f$ es la constante de desviación de frecuencia (rad/volt/s) |
| SSB-AM-SC[b] | $A_c\sqrt{[m(t)]^2 + [\hat{m}(t)]^2}$ | $\tan^{-1}[\pm\hat{m}(t)/m(t)]$ | L | Se requiere detección coherente |
| SSB-PM[b] | $A_c e^{\pm D_p \hat{m}(t)}$ | $D_p m(t)$ | NL | |
| SSB-FM[b] | $A_c e^{\pm D_f \int_{-\infty}^{t} \hat{m}(\sigma) d\sigma}$ | $D_f \int_{-\infty}^{t} m(\sigma)\, d\sigma$ | NL | |
| SSB-EV[b] | $A_c\|1 + m(t)\|$ | $\pm\hat{\ln}[1 + m(t)]$ | NL | Se requiere $m(t) > -1$ de modo que $\ln(\cdot)$ tenga un valor real |
| SSB-SQ[b] | $A_c\sqrt{1 + m(t)}$ | $\pm\frac{1}{2}\hat{\ln}[1 + m(t)]$ | NL | Se requiere $m(t) > -1$ de modo que $\ln(\cdot)$ tenga un valor real |
| QM | $A_c\sqrt{m_1^2(t) + m_2^2(t)}$ | $\tan^{-1}[m_2(t)/m_1(t)]$ | L | Utilizada en la televisión a color NTSC; requiere detección coherente |

[a] $A_c > 0$ es una constante que fija el nivel de potencia de la señal evaluada con la ecuación (4-17); L, lineal; NL, no lineal; $[\hat{\cdot}]$ es la transformada de Hilbert (es decir, versión con desplazamiento de fase de $-90°$ de $[\cdot]$, véase la sección A-7, apéndice A).

[b] Úsense los signos superiores para señales de banda lateral superior y los inferiores para señales de banda lateral inferior.

[c] En sentido estricto, las señales de AM no son lineales porque el término correspondiente a la portadora no satisface la condición de linealidad (superposición).

Si se utiliza $\mathcal{F}[g^*(t)] = G^*(-f)$ de la tabla 2-1 y la propiedad de traslación de frecuencia de las transformadas de Fourier de la tabla 2-1, esta ecuación se transforma en

$$V(f) = \tfrac{1}{2}\{G(f - f_c) + G^*[-(f + f_c)]\} \tag{4-15}$$

la cual se reduce a la ecuación (4-12).

La densidad espectral de potencia de $v(t)$ se obtiene evaluando primero la autocorrelación de $v(t)$,

$$R_v(\tau) = \langle v(t)v(t + \tau)\rangle = \langle \text{Re}\{g(t)e^{j\omega_c t}\} \,\text{Re}\{g(t + \tau)e^{j\omega_c(t+\tau)}\}\rangle$$

Y si se utiliza la identidad (véase el problema 2-66),

$$\text{Re}(c_2)\,\text{Re}(c_1) = \tfrac{1}{2}\,\text{Re}(c_2^* c_1) + \tfrac{1}{2}\,\text{Re}(c_2 c_1)$$

donde $c_2 = g(t)e^{j\omega_c t}$ y $c_1 = g(t + \tau)e^{j\omega_c(t+\tau)}$, se obtiene

$$R_v(\tau) = \langle \tfrac{1}{2}\,\text{Re}\{g^*(t)g(t + \tau)e^{-j\omega_c t}\, e^{j\omega_c(t+\tau)}\}\rangle + \langle \tfrac{1}{2}\,\text{Re}\{g(t)g(t + \tau)e^{j\omega_c t}\, e^{j\omega_c(t+\tau)}\}\rangle$$

Como tanto $\langle\ \rangle$ como Re{ } son operadores lineales, se puede intercambiar el orden de los operadores sin que se vea afectado el resultado, y la autocorrelación se convierte en

$$R_v(\tau) = \tfrac{1}{2}\,\text{Re}\{\langle g^*(t)g(t + \tau)e^{j\omega_c\tau}\rangle\} + \tfrac{1}{2}\,\text{Re}\{\langle g(t)g(t + \tau)e^{j2\omega_c t}\, e^{j\omega_c\tau}\rangle\}$$

o

$$R_v(\tau) = \tfrac{1}{2}\,\text{Re}\{\langle g^*(t)g(t + \tau)\rangle e^{j\omega_c\tau}\} + \tfrac{1}{2}\,\text{Re}\{\langle g(t)g(t + \tau)e^{j2\omega_c t}\rangle e^{j\omega_c\tau}\}$$

Pero $\langle g^*(t)g(t + \tau)\rangle = R_g(\tau)$. El segundo término de la derecha es insignificante porque $e^{j2\omega_c t} = \cos 2\omega_c t + j \,\text{sen}\, 2\omega_c t$ oscila mucho más rápido que las variaciones de $g(t)g(t + \tau)$. Es decir, $f_c$ es mucho mayor que las frecuencias en $g(t)$, así que la integral es insignificante. Esta es una aplicación del lema de Riemann-Lebesque del cálculo integral [Olmsted, 1961]. Por tanto, la autocorrelación se reduce a

$$R_v(\tau) = \tfrac{1}{2}\,\text{Re}\{R_g(\tau)e^{j\omega_c\tau}\} \tag{4-16}$$

La densidad espectral de potencia se obtiene con la transformada de Fourier de la ecuación (4-16) (esto es, aplicando el teorema de Wiener-Khintchine). Obsérvese que la ecuación (4-16) tiene la misma forma matemática que la (4-11) cuando $t$ reemplaza a $\tau$, de modo que la transformada de Fourier tiene la misma forma que la ecuación (4-12). Por tanto,

$$\mathcal{P}_v(f) = \mathcal{F}[R_v(\tau)] = \tfrac{1}{4}[\mathcal{P}_g(f - f_c) + \mathcal{P}_g^*(-f - f_c)]$$

Pero $\mathcal{P}_g^*(f) = \mathcal{P}_g(f)$ puesto que la densidad espectral de potencia es una función real. Por tanto, la ecuación (4-13) da la densidad espectral de potencia.

## 4-4 EVALUACIÓN DE LA POTENCIA

**Teorema.** *La potencia normalizada promedio total de una forma de onda pasabanda, $v(t)$, es*

$$P_v = \langle v^2(t)\rangle = \int_{-\infty}^{\infty} \mathcal{P}_v(f)\, df = R_v(0) = \tfrac{1}{2}\langle |g(t)|^2\rangle \tag{4-17}$$

*donde "normalizada" implica que la carga equivale a un ohm.*

***Comprobación.*** Sustituyendo $v(t)$ en la ecuación (2-67), se obtiene

$$P_v = \langle v^2(t) \rangle = \int_{-\infty}^{\infty} \mathcal{P}_v(f)\, df$$

Pero $R_v(\tau) = \mathcal{F}^{-1}[\mathcal{P}_v(f)] = \int_{-\infty}^{\infty} \mathcal{P}_v(f) e^{j2\pi f\tau}\, df$, por tanto

$$R_v(0) = \int_{-\infty}^{\infty} \mathcal{P}_v(f)\, df$$

Asimismo, de la ecuación (4-16) se obtiene

$$R_v(0) = \tfrac{1}{2}\,\mathrm{Re}\{R_g(0)\} = \tfrac{1}{2}\,\mathrm{Re}\{\langle g^*(t) g(t+0)\rangle\}$$

o

$$R_v(0) = \tfrac{1}{2}\,\mathrm{Re}\{\langle |g(t)|^2 \rangle\}$$

Pero $|g(t)|$ siempre es real, por tanto

$$R_v(0) = \tfrac{1}{2}\,\langle |g(t)|^2 \rangle$$

Otro tipo de clasificación de potencia, llamada *potencia de envolvente pico* (PEP), es útil para especificaciones de transmisor.

**Definición.** La *potencia de envolvente pico* (PEP) es la potencia promedio que se obtendría si $|g(t)|$ se mantuviera constante a su valor pico.

Esto equivale a evaluar la potencia promedio en una senoidal RF no modulada cuyo valor pico es $A_p = \text{máx}\,[v(t)]$, lo que se deduce fácilmente de la figura 5-1.

**Teorema.** *La PEP normalizada está dada por*

$$P_{\text{PEP}} = \tfrac{1}{2}\,[\text{máx}\,|g(t)|]^2 \tag{4-18}$$

Al aplicar la definición a la ecuación (4-17) se comprueba este teorema. Tal como se describe más adelante en los capítulos 5 y 8, la PEP es útil para especificar la capacidad de potencia de transmisores AM, SSB y de televisión.

## Ejemplo 4-1 Señal modulada en amplitud

Evalúe el espectro de magnitud de una señal modulada en amplitud (AM). Según la tabla 4-1, la envolvente compleja de una señal AM es

$$g(t) = A_c[1 + m(t)]$$

de modo que el espectro de la envolvente compleja es

$$G(f) = A_c\delta(f) + A_c M(f) \tag{4-19}$$

Con la ecuación (4-9), se obtiene la forma de onda de la señal AM.

$$s(t) = A_c[1 + m(t)] \cos \omega_c t$$

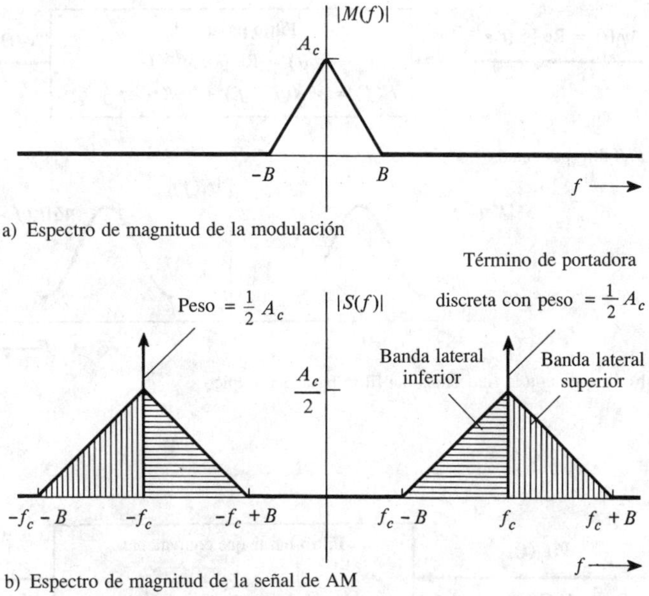


**Figura 4-2** Espectro de la señal de AM.

y, con la ecuación (4-12), el espectro AM

$$S(f) = \tfrac{1}{2}A_c[\delta(f - f_c) + M(f - f_c) + \delta(f + f_c) + M(f + f_c)] \qquad \text{(4-20a)}$$

donde, porque $m(t)$ es real, se utilizaron $M^*(f) = M(-f)$, y $\delta(f) = \delta(-f)$ (la función delta se definió como par). Supóngase que el espectro de magnitud de la modulación resulta ser una función triangular, como se muestra en la figura 4-2a. Este espectro podría provenir de una fuente de audio analógica donde se recalcan las frecuencias bajas. El espectro AM resultante, utilizando la ecuación (4-20a), se muestra en la figura 4-2b. Obsérvese que $G(f - f_c)$ y $G^*(-f - f_c)$ no se traslapan, el espectro de magnitud es

$$|S(f)| = \begin{cases} \frac{1}{2}A_c\delta(f - f_c) + \frac{1}{2}A_c|M(f - f_c)|, & f > 0 \\ \frac{1}{2}A_c\delta(f + f_c) + \frac{1}{2}A_c|M(-f - f_c|, & f < 0 \end{cases} \qquad \text{(4-20b)}$$

El 1 en $g(t) = A_c[1 + m(t)]$ hace que aparezcan funciones delta en el espectro cuando $f = \pm f_c$, donde $f_c$ es la frecuencia portadora asignada. Con la ecuación (4-17) se obtiene la potencia de la señal promedio total

$$P_s = \tfrac{1}{2} A_c^2\langle|1 + m(t)|^2\rangle = \tfrac{1}{2} A_c^2\langle 1 + 2m(t) + m^2(t)\rangle$$
$$= \tfrac{1}{2} A_c^2[1 + 2\langle m(t)\rangle + \langle m^2(t)\rangle]$$

Si se supone que el valor de cd de la modulación es cero, como se muestra en la figura 4-2a, la potencia de la señal promedio se vuelve

$$P_s = \tfrac{1}{2} A_c^2[1 + P_m] \qquad \text{(4-21)}$$

donde $P_m = \langle m^2(t)\rangle$ es la potencia en la modulación, $m(t)$, $\frac{1}{2} A_c^2$ es la potencia portadora, y $\frac{1}{2} A_c^2 P_m$ es la potencia en las bandas laterales de $s(t)$.

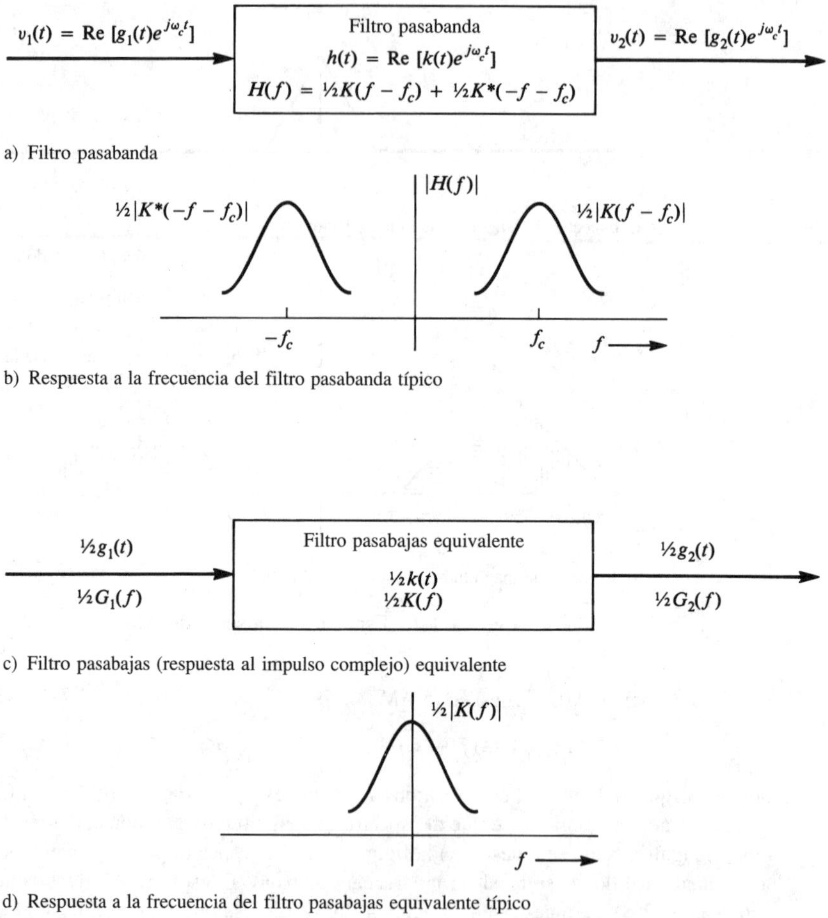


**Figura 4-3** Filtración del pasabanda.

# 4-5 FILTRACIÓN PASABANDA Y DISTORSIÓN LINEAL

## Filtro pasabajas equivalente

En la sección 2-6 se describió la técnica general de la función de transferencia para el tratamiento de problemas de filtro lineal. Ahora se desarrollará una técnica abreviada para modelar un filtro pasabanda mediante un filtro pasabajas equivalente cuya respuesta al impulso es de valor complejo (véase la figura 4-3a). $v_1(t)$ y $v_2(t)$ son las formas de onda pasabanda de salida con sus correspondientes envolventes complejas $g_1(t)$ y $g_2(t)$. La respuesta al impulso del filtro pasabanda, $h(t)$, también puede estar representada por su correspondiente envolvente compleja $k(t)$. Además, tal como se muestra en la figura 4-3a, la descripción en el dominio de la frecuencia, $H(f)$, se puede expresar en función de $K(f)$ con la ayuda de las ecuaciones (4-11) y (4-12). La figura 4-3b muestra una característica de respuesta a la frecuencia pasabanda típica $|H(f)|$.

**Teorema.** *Las envolventes complejas, de la entrada, salida y respuesta al impulso de un filtro pasabanda están relacionadas por medio de*

$$\tfrac{1}{2}g_2(t) = \tfrac{1}{2}g_1(t) * \tfrac{1}{2}k(t) \tag{4-22}$$

*donde $g_1(t)$ es la envolvente compleja de la entrada y $k(t)$ es la envolvente compleja de la respuesta al impulso.* También se desprende que

$$\tfrac{1}{2}G_2(f) = \tfrac{1}{2}G_1(f)\tfrac{1}{2}K(f) \tag{4-23}$$

***Comprobación.*** Se sabe que el espectro de la salida es

$$V_2(f) = V_1(f)\,H(f) \tag{4-24}$$

Como $v_1(t)$, $v_2(t)$ y $h(t)$ son formas de onda pasabanda, los espectros de estas formas de onda están relacionadas con los espectros de sus envolventes complejas por la ecuación (4-15); por tanto, la ecuación (4-24) se convierte en

$$\begin{aligned}
&\tfrac{1}{2}[G_2(f-f_c) + G_2^*(-f-f_c)] \\
&\quad = \tfrac{1}{2}[G_1(f-f_c) + G_1^*(-f-f_c)]\tfrac{1}{2}[K(f-f_c) + K^*(-f-f_c)] \\
&\quad = \tfrac{1}{4}[G_1(f-f_c)\,K(f-f_c) + G_1(f-f_c)\,K^*(-f-f_c) \\
&\qquad + G_1^*(-f-f_c)\,K(f-f_c) + G_1^*(-f-f_c)\,K^*(-f-f_c)]
\end{aligned} \tag{4-25}$$

Pero $G_1(f-f_c)\,K^*(-f-f_c) = 0$ porque el espectro de $G_1(f-f_c)$ es cero en la región de frecuencias alrededor de $-f_c$, donde $K^*(-f-f_c)$ es diferente de cero. Esto es, no existen traslape espectral de $G_1(f-f_c)$ y $K^*(-f-f_c)$ porque $G_1(f)$ y $K(f)$ tienen espectros diferentes de cero sólo alrededor de $f = 0$ (es decir, bandabase como se ilustra en la figura 4-3d. Asimismo, $G_1^*(-f-f_c)\,K(f-f_c) = 0$. Por consiguiente, la ecuación (4-25) se transforma en

$$\begin{aligned}
&[\tfrac{1}{2}G_2(f-f_c)] + [\tfrac{1}{2}G_2^*(-f-f_c)] \\
&\quad = [\tfrac{1}{2}G_1(f-f_c)\,\tfrac{1}{2}K(f-f_c)] + [\tfrac{1}{2}G_1^*(-f-f_c)\,\tfrac{1}{2}K^*(-f-f_c)]
\end{aligned} \tag{4-26}$$

Por tanto, $\tfrac{1}{2}G_2(f) = \tfrac{1}{2}G_1(f)\,\tfrac{1}{2}K(f)$, la cual es idéntica a la ecuación (4-23). Con las transformadas de Fourier inversas de ambos lados de las ecuaciones (4-23), se obtiene la ecuación 4-22).

Este teorema indica que cualquier sistema de filtro pasabanda se puede describir y analizar por medio de un *filtro pasabajas equivalente* como se muestra en la figura 4-3c. En la figura 4-3d se muestra una característica de respuesta a la frecuencia del pasabajas equivalente típica. Por lo general las ecuaciones para filtros pasabajas equivalentes son mucho menos complicadas que las de filtros pasabanda, por lo que el modelo de filtro pasabajas es muy útil. Como la frecuencia más alta es mucho menor en el filtro pasabajas equivalente, constituye la base de programas de cómputo que simulan sistemas de comunicación pasabanda.

Se ve que el filtro pasabanda lineal produce variaciones en la modulación de fase a la salida, $\theta_2(t)$, donde $\theta_2(t) = \underline{/g_2(t)}$ como una función de la modulación en amplitud en la envolvente compleja de salida, $R_1(t)$, donde $R_1(t) = |g_1(t)|$. Esto se llama *conversión de AM a PM*. Asimismo, el filtro también provoca variaciones en la modulación de amplitud a la salida, $R_2(t)$, debido a la modulación de fase a la entrada, $\theta_1(t)$. Esto se llama *conversión de PM a AM*.

Como $h(t)$ representa un filtro lineal, $g_2(t)$ será la versión filtrada de $g_1(t)$; sin embargo, $\theta_2(t)$ y $R_2(t)$ —las componentes de PM y AM de $g_2(t)$— serán una versión filtrada *no lineal* de

$g_1(t)$ puesto que $\theta_2(t)$ y $R_2(t)$ son funciones no lineales de $g_2(t)$. El análisis de la distorsión no lineal es muy complicado. Aun cuando se han publicado muchas técnicas de análisis, ninguna ha resultado enteramente satisfactoria. Panter [1965] da un resumen que abarca tres capítulos de algunas de estas técnicas, y también se recomienda un ensayo clásico [Bedrosian y Rice, 1968]. Además, las no linealidades que se presentan en un sistema práctico también provocan distorsión no lineal y efectos de conversión AM a PM. Los efectos no lineales se pueden analizar con varias técnicas, incluido el análisis con la serie de potencia; esto se estudia en la sección sobre amplificadores más adelante en el capítulo. Si se tiene que analizar un efecto no lineal en un sistema *pasabanda*, se ha visto que es útil una técnica de serie de Fourier que utiliza la transformada de Chebyshev [Spilker, 1977].

## Distorsión lineal

En la sección 2-6 se determinaron las condiciones generales para una transmisión sin distorsión. Para *filtros pasabanda* lineales (canales), a continuación se demostrará que un conjunto de condiciones menos restrictivas son satisfactorias. Para una transmisión sin distorsión de señales pasabanda, la función de transferencia de canal, $H(f) = |H(f)|e^{j\theta(f)}$, tiene que satisfacer los siguientes requisitos:

- La respuesta a la amplitud es constante. Es decir,

$$|H(f)| = A \tag{4-27a}$$

  donde $A$ es una constante real (positiva).
- La derivada de la respuesta de fase es una constante. Es decir,

$$-\frac{1}{2\pi}\frac{d\theta(f)}{df} = T_g \tag{4-27b}$$

  donde $T_g$ es una constante llamada *retardo de envolvente* compleja o, más concisamente, *retardo en grupo* y $\theta(f) = \underline{/H(f)}$.

Esto se ilustra en la figura 4-4. Obsérvese que la ecuación (4-27a) es idéntica al requisito general de (2-150a), aunque la ecuación (4-27b) es menos restrictiva que la (2-150b). Es decir, si se satisface la ecuación (2-150b), entonces también se satisface la (4-27b) donde $T_d = T_g$; sin embargo, si se satisface la ecuación (4-27b), no necesariamente se satisface la (2-150b) porque la integral de (4-27b) es

$$\theta(f) = -2\pi f T_g + \theta_0 \tag{4-28}$$

donde $\theta_0$ es una constante de desplazamiento de fase, como se muestra en la figura 4-4b. Si $\theta_0$ es diferente de cero, la ecuación (2-150b) no se satisface.

En seguida se demostrará que las ecuaciones (4-27a) y (4-27b) son requisitos suficientes para la transmisión sin distorsión de señales pasabanda. De acuerdo con las ecuaciones (4-27a) y (4-28) la función de transferencia de canal (o filtro) es

$$H(f) = Ae^{j(-2\pi f T_g + \theta_0)} = (Ae^{j\theta_0})e^{-j2\pi f T_g} \tag{4-29}$$

de un extremo a otro de la pasabanda de la señal. Si la entrada al canal pasabanda está representada por

$$v_1(t) = x(t)\cos\omega_c t - y(t)\operatorname{sen}\omega_c t$$

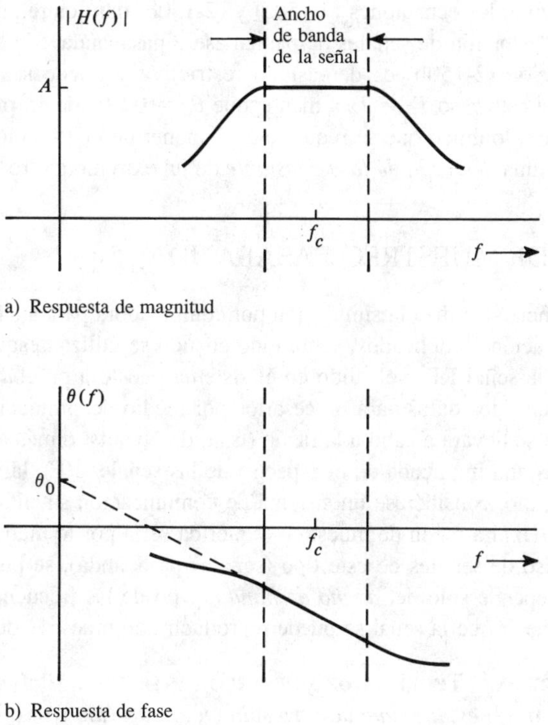


**Figura 4-4** Características de transferencia de un canal pasabanda libre de distorsión.

luego, si se utiliza la ecuación (4-29) y sabiendo que $e^{-j2\pi f T_g}$ provoca un retardo de $T_g$, la salida del canal es

$$v_2(t) = Ax(t - T_g)\cos[\omega_c(t - T_g) + \theta_0] - Ay(t - T_g)\,\text{sen}[\omega_c(t - T_g) + \theta_0]$$

Y con la ecuación (4-28) se obtiene

$$v_2(t) = Ax(t - T_g)\cos[\omega_c t + \theta(f_c)] - Ay(t - T_g)\,\text{sen}[\omega_c t + \theta(f_c)]$$

donde, si se utiliza la ecuación (2-150b) evaluada con $f = f_c$,

$$\theta(f_c) = -\omega_c T_g + \theta_0 = -2\pi f_c T_d$$

Por tanto, la señal pasabanda de salida puede ser descrita por

$$v_2(t) = Ax(t - T_g)\cos[\omega_c(t - T_d)] - Ay(t - T_g)\,\text{sen}[\omega_c(t - T_d)] \tag{4-30}$$

donde la modulación en la portadora (es decir, las componentes $x$ y $y$) se retardó a causa del *retardo en grupo*, $T_g$, y la portadora se retardó a causa del *retardo de portadora*, $T_d$. Como $\theta(f_c) = -2\pi f_c T_d$, donde $\theta(f_c)$ es el desplazamiento de fase de la portadora, $T_d$ también se llama *retardo de fase*. La ecuación (4-30) demuestra que el filtro pasabanda provoca un retardo de la envolvente compleja de entrada (es decir, la información de entrada) de $T_g$ segundos, mientras que la portadora se retarda $T_d$ s. Ésta es una transmisión sin distorsión, que se obtiene cuando se satisfacen las ecuaciones (4-27a) y (4-27b). Obsérvese que $T_g$ diferirá de $T_d$ a menos que $\theta_0$ sea cero.

En suma, las ecuaciones (2-150a) y (2-150b) dan los requisitos generales para una transmisión sin distorsión de señales de bandabase o pasabanda. Sin embargo, para el caso pasabanda la ecuación (2-150b) es demasiado restrictiva y puede ser reemplazada por la ecuación (4-27b). (En este caso $T_d \neq T_g$ a menos que $\theta_0 = 0$.) Es decir, para una transmisión *pasabanda* sin distorsión, lo único que se requiere es disponer de una función de transferencia de *amplitud constante* y una *derivada de fase constante* de un extremo a otro del ancho de banda de la señal.

## 4-6 TEOREMA DE MUESTREO PASABANDA

Con frecuencia se utiliza la simulación por computadora para analizar el rendimiento de sistemas de comunicación complicados, sobre todo cuando se utilizan esquemas de codificación. Esto requiere que la señal RF y el ruido en el sistema puesto a prueba se muestreen de modo que se puedan obtener los datos para procesarlos por medio de simulación por computadora digital. Si el muestreo se llevara a cabo a la razón (tasa) de Nyquist o más alta ($f_s \geq 2B$, donde $B$ es la frecuencia más alta implicada en el espectro de las señales RF), la razón de muestreo sería ridícula. Por ejemplo, considérese un sistema de comunicación satelital con una frecuencia portadora de $f_c = 6$ GHz. La razón de muestreo requerida sería por lo menos de 12 GHz. Afortunadamente, en el caso de señales de este tipo (señales pasabanda), se puede demostrar que la razón de muestreo depende sólo del *ancho de banda*, y no de las frecuencias absolutas implicadas. Esto equivale a decir que la señal se puede reproducir con muestras de la envolvente compleja.

**TEOREMA. TEOREMA DE MUESTREO PASABANDA.** *Si el espectro de una forma de onda pasabanda (real) es diferente de cero sólo en el intervalo* $f_1 < |f| < f_2$ *donde se considera que el ancho de banda de transmisión* $B_T$ *es el ancho de banda absoluto dado por* $B_T = f_2 - f_1$, *entonces la forma de onda se puede reproducir con valores de muestreo, si la razón de muestreo es*

$$f_s \geq 2B_T \tag{4-31}$$

Este teorema se demuestra por medio de la representación pasabanda en cuadratura

$$v(t) = x(t)\cos\omega_c t - y(t)\,\text{sen}\,\omega_c t \tag{4-32}$$

Sea $f_c$ el centro de la pasabanda de modo que $f_c = (f_2 + f_1)/2$. Entonces, de acuerdo con la ecuación (4-8) se ve que tanto $x(t)$ como $y(t)$ son señales de bandabase y absolutamente de banda limitada a $B = B_T/2$. De acuerdo con el teorema de muestreo de bandabase, la razón de muestreo requerida para representar estas señales de bandabase es $f_b \geq 2B = B_T$. La ecuación (4-32) se transforma en

$$v(t) = \sum_{n=-\infty}^{n=\infty}\left[x\left(\frac{n}{f_b}\right)\cos\omega_c t - y\left(\frac{n}{f_b}\right)\text{sen}\,\omega_c t\right]\left[\frac{\text{sen}\{\pi f_b[t-(n/f_b)]\}}{\pi f_b[t-(n/f_b)]}\right] \tag{4-33}$$

En el caso general, en el que las muestras $x(n/f_b)$ y $y(n/f_b)$ son independientes, se obtienen dos muestras reales por cada valor de $n$ de modo que la razón de muestreo total para $v(t)$ es $f_s = 2f_b \geq 2B_T$. Éste es el requisito de frecuencia de muestreo pasabanda de (4-31). En la mayoría de las aplicaciones de ingeniería, $f_c \gg B_T$. Por tanto las muestras $x$ y $y$ se obtienen muestreando $v(t)$ en $t \approx (n/f_b)$, con un ligero ajuste de $t$, de modo que $\cos\omega_c t = 1$ y $\text{sen}\,\omega_c t = -1$ en el tiempo de muestreo *exacto* para $x$ y $y$, respectivamente. Es decir, con $t \approx n/f_s$, $v(n/f_b) = x(n/f_b)$ cuando $\cos \text{w}_c t = 1$ (es decir, $\text{sen}\,\omega_c t = 0$) y $v(n/f_b) = y(n/f_b)$ cuando $\text{sen}\,\omega_c t = -1$ (es decir, $\cos\omega_c t = 0$). Si $f_c$ no es suficientemente grande como para obtener las muestras $x$ y $y$ directamente de $v(t)$, entonces $x(t)$ y $y(t)$ se obtienen primero por medio de dos detectores de productos en cuadratura tal como lo describe la ecuación (4-76). Por tanto las señales de bandabase $x(t)$ y $y(t)$ se muestrean individualmente a la velocidad $f_b$ y se ve que la razón de muestreo equivalente total sigue siendo $f_s = 2f_b \geq 2B_T$.

**TEOREMA. TEOREMA DE DIMENSIONALIDAD PASABANDA.** *Supóngase que el espectro de una forma de onda pasabanda es diferente de cero sólo en el intervalo de frecuencia* $f_l < |f| < f_2$ *en el que se considera que el ancho de banda de transmisión* $B_T$ *es el ancho de banda absoluto dado por* $B_T = f_2 - f_1$ y $B_T \ll f_1$. *La forma de onda en el intervalo* $T_0$ *segundos puede estar completamente especificada por*

$$N = 2B_T T_0 \tag{4-34}$$

*fragmentos de información independientes. Se dice que* N *es el número de dimensiones requeridas para especificar la forma de onda.*

Para analizar sistemas de comunicación con frecuencia se utiliza la simulación por computadora. El teorema de dimensionalidad pasabanda que una señal pasabanda de $B_T$ Hz de ancho se puede representar en el intervalo $T_0$s siempre que se utilicen por lo menos $N = 2B_T\ T_0$ muestras. En el ejemplo E4-5 se analizan más detalles con respecto al teorema de muestreo pasabanda.

## 4-7 SEÑAL RECIBIDA CON RUIDO

Por medio de la representación de señales pasabanda e incluidos los efectos de filtración de canal, a continuación se obtendrá un modelo de la señal recibida con ruido. Si se recurre a la figura 4-1, la señal de salida del transmisor es

$$s(t) = \text{Re}[g(t)e^{j\omega_c t}]$$

donde $g(t)$ es la envolvente compleja del tipo particular de modulación utilizada (véase la tabla 4-1).

Un buen modelo matemático de la señal recibida con ruido, $r(t)$, puede o no ser fácil de obtener, según la complejidad del canal. Si el canal es lineal e invariable con el tiempo, entonces

$$r(t) = s(t) * h(t) + n(t) \tag{4-35}$$

donde $h(t)$ es la respuesta al impulso del canal y $n(t)$ es el ruido presente a la entrada del receptor. Además, si el canal se encuentra libre de distorsión, la ecuación (4-29) da su función de transferencia, y por consiguiente, la señal más ruido a la entrada del receptor es

$$r(t) = \text{Re}[Ag(t - T_g)e^{j(\omega_c t + \theta(f_c))} + n(t)] \tag{4-36}$$

donde $A$ es la ganancia del canal (un número positivo y por lo general menor que 1), $T_g$ es el retardo en grupo del canal y $\theta(f_c)$ es el desplazamiento de fase de la portadora provocado por el canal. En la práctica, los valores de $T_g$ y $\theta(f_c)$ con frecuencia no se conocen, de modo que si el receptor requiere valores de $T_g$ y $\theta(f_c)$ para detectar la información transmitida, se diseñan circuitos receptores para recuperar (es decir, estimar) la fase portadora recibida $\theta(f_c)$ y el retardo en grupo (es decir, un sincronizador de bits en el caso de señalización digital). El análisis detallado del rendimiento del receptor cuando existen errores provocados por estimaciones deficientes de la fase de la portadora recibida y el retardo en grupo queda fuera del alcance de este libro. (Estos temas son adecuados para cursos de posgrado.) Por consiguiente, se supondrá que los circuitos receptores están diseñados para hacer insignificantes tales efectos; por consiguiente, se considera que la señal más ruido a la entrada del receptor es

$$r(t) = \text{Re}[g(t)e^{j\omega_c t}] + n(t) \tag{4-37}$$

donde los efectos de filtración de canal, si los hay, se incluyen con alguna modificación de la envolvente compleja, $g(t)$, y la constante $A_c$ implícita en $g(t)$ (véase la tabla 4-1) se ajusta para reflejar el efecto de atenuación del canal. Los detalles de este enfoque se analizan en la sección 8-6.

Dado que la ecuación (4-37) modela la entrada del receptor, la salida de éste, $\tilde{m}(t)$, depende del tipo de bloques funcionales utilizados en el receptor, tales como filtros, limitadores y detectores. Tales bloques se describen en las secciones 4-8 a 4-14 y sus efectos se resumen en la tabla 4-4.

## 4-8 CLASIFICACIÓN DE FILTROS Y AMPLIFICADORES

### Filtros

Los filtros son dispositivos que toman una forma de onda de entrada y modifican el espectro de frecuencia para producir la forma de onda de salida. Los filtros se clasifican de varias maneras. Uno es por el tipo de construcción utilizada, tal como elementos *LC* o elementos de cristal de cuarzo. Otra es por el tipo de función de transferencia realizada, tal como la respuesta de Butterworth o Chebyshev (definida más adelante). En esta sección se analizan estos dos temas de tipos de construcción y características de función de transferencia.

Los filtros utilizan elementos de almacenamiento para obtener discriminación de frecuencia. En cualquier filtro físico los elementos de almacenamiento de energía son imperfectos. Por ejemplo, un inductor físico dispone de alguna resistencia en serie lo mismo que de una inductancia, y un capacitor físico dispone de alguna resistencia en paralelo (escape) así como también de una capacitancia. Una pregunta natural, entonces, es: ¿qué es la calidad, $Q$, de un elemento o filtro de un circuito? Desafortunadamente, en la bibliografía técnica se utilizan dos medidas diferentes de la calidad de un filtro. La primera definición tiene que ver con la eficiencia de *almacenamiento de energía* de un circuito, la cual es [Ramo, Whinnery y vanDuzer, 1967, 1984]

$$Q = \frac{2\pi(\text{energía máxima almacenada durante un ciclo})}{\text{energía disipada por ciclo}} \tag{4-38}$$

Un mayor valor de $Q$ corresponde a un elemento almacenador más cercano a lo perfecto. Es decir, un elemento $L$ o $C$ perfecto tendría una $Q$ infinita. La segunda definición tiene que ver con la *selectividad de frecuencia* de un circuito, la cual es

$$Q = \frac{f_0}{B} \tag{4-39}$$

donde $f_0$ es la frecuencia resonante y $B$ es el ancho de banda de 3 dB. En este caso, mientras mayor sea el valor de $Q$, mejor será la selectividad de frecuencia, porque para una $f_0$ dada, el ancho de banda sería más pequeño.

En general, el valor de $Q$ obtenido con la ecuación (4-38) es diferente del valor de $Q$ obtenido con la ecuación (4-39). Sin embargo, estas dos definiciones dan valores idénticos para un circuito resonante en serie *RLC* excitado por una fuente de voltaje o para un circuito resonante en paralelo *RLC* excitado por una fuente de corriente [Nilsson, 1990]. En aplicaciones de filtración pasabanda, la selectividad de frecuencia es la característica deseada, de modo que se utiliza la ecuación (4-39). Además, la ecuación (4-39) es fácil de evaluar con mediciones de laboratorio. Si se va a diseñar un filtro pasivo (no necesariamente un circuito sintonizado único) de frecuencia central $f_0$ y ancho de banda 3 dB, $B$, cada uno de los elementos individuales del circuito deberá tener valores de $Q$ mucho más grandes que $f_0/B$. Por tanto, para un diseño de filtro práctico primero se tiene que responder la pregunta: ¿cuáles son los valores de $Q$ necesarios para los elementos del filtro, y qué clase de elementos darán estos valores de $Q$? Esta pregunta se contesta en la tabla 4-2.

La tabla 4-2 incluye filtros clasificados por el tipo de elementos de almacenamiento de energía utilizados en su construcción y contiene valores típicos de la $Q$ de los elementos. Los filtros que utilizan elementos $L$ y $C$ concentrados† llegan a ser imprácticos de construir por encima de 300 MHz por la capacitancia y la inductancia parásitas de los cables que afectan de manera significativa la respuesta a la frecuencia a altas frecuencias. Los filtros activos, que utilizan amplificadores operacionales con elementos de circuito *RC*, son prácticos sólo por debajo de 500 kHz porque los amplificadores operacionales requieren una gran ganancia de circuito abierto en la banda de operación. En el caso de filtros de muy baja frecuencia, por lo general se prefieren los filtros activos *RC* a los filtros pasivos *LC* porque el tamaño de las componentes *LC* se vuelve grande y la $Q$ de los inductores se vuelve pequeña en este intervalo de frecuencia. Los filtros activos son difíciles de acomodar en circuitos integrados porque los resistores y capacitores ocupan una parte significativa del área del microcircuito. Esta dificultad se reduce si se utiliza un diseño de capacitor conmutado. En este caso, los resistores son reemplazados por un conjunto de interruptores y capacitores electrónicos controlados por una señal de reloj digital [Schaumann, y colaboradores, 1990].

Los filtros de cristal se fabrican con elementos de cristal de cuarzo. Éstos actúan como un circuito resonante en serie en paralelo con una capacitancia en derivación provocada por el sujetador (montaje). Por tanto es posible un modo de operación tanto resonante en serie como resonante en paralelo. Por encima de 100 MHz el elemento de cuarzo se vuelve físicamente demasiado pequeño para fabricarlo, y por debajo de 1 kHz el tamaño del elemento se vuelve prohibitivamente grande. Los filtros de cristal tienen un excelente desempeño por la $Q$ inherentemente alta de los elementos, pero son más caros que los filtros de cerámica y *LC*.

Los filtros mecánicos utilizan las vibraciones de un sistema mecánico resonante para obtener la acción de filtración. El sistema mecánico casi siempre se compone de una serie de discos distribuidos a lo largo de una varilla. En cada extremo de la varilla se montan transductores para convertir las señales eléctricas en vibraciones mecánicas a la entrada, y viceversa a la salida. Cada uno de los discos es el equivalente mecánico de un circuito resonante en paralelo eléctrico de alta $Q$. El filtro mecánico por lo general tiene una alta pérdida por inserción provocada por la ineficiencia de los transductores de entrada y salida.

Los filtros de cerámica se construyen con discos de cerámica piezoeléctricos con electrodos de conexión niquelados en las caras opuestas de los discos. El comportamiento del elemento de cerámica es similar a la de un elemento de filtro de cristal, como se verá más adelante, excepto que la $Q$ del elemento de cerámica es mucho más baja. La ventaja del fil-

† Un elemento concentrado es un elemento tipo discreto $R$-, $L$-, o $C$ comparado con un elemento *RLC* continuamente distribuido, como los encontrados en una línea de transmisión.

**TABLA 4-2** TÉCNICAS DE CONSTRUCCIÓN DE FILTROS

| Tipo de construcción | Descripción de elementos o filtro | Intervalo de la frecuencia central | $Q$ sin carga (típico) | Aplicación del filtro[a] |
|---|---|---|---|---|
| $LC$ (pasivo) | 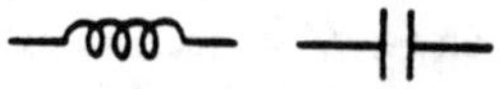 | cd–300 MHz | 100 | Audio, video, IF y RF |
| Activo y capacitor conmutado | 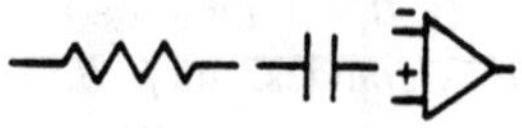 | cd–500 kHz | 200[b] | Audio |
| Cristal | 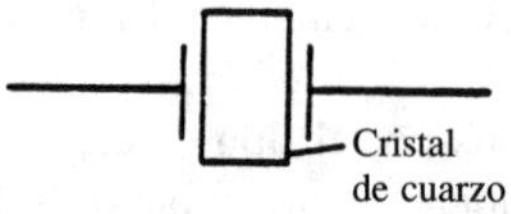 | 1 kHz–100 MHz | 100,000 | IF |
| Mecánico | 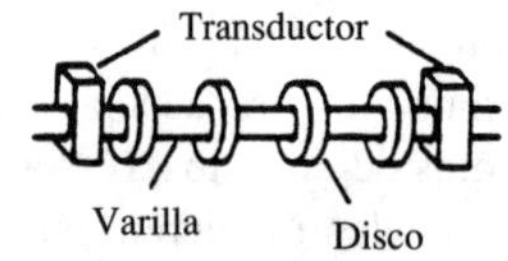 | 50–500 kHz | 1,000 | IF |
| Cerámica | 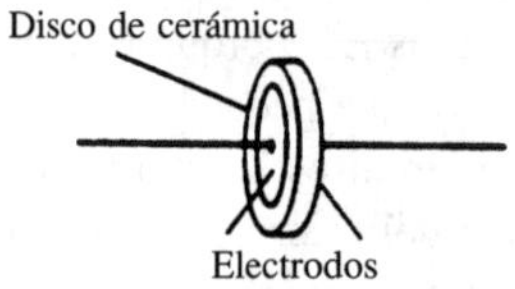 | 10 kHz–10.7 MHz | 1,000 | IF |
| Ondas acústicas superficiales (SAW) | 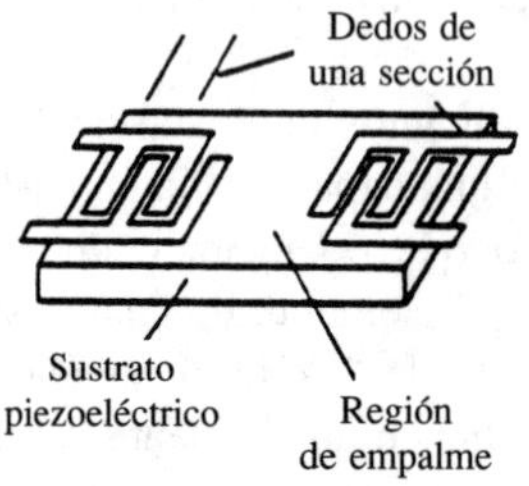 | 10-800 MHz | [c] | IF y RF |
| Línea de transmisión | 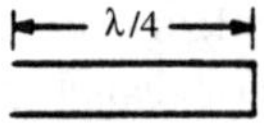 | UHF y microondas | 1,000 | RF |
| Cavidad | 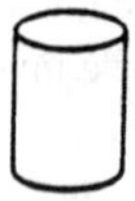 | Microondas | 10,000 | RF |

[a] IF, frecuencia intermedia; RF, radio frecuencia (véase la sección 4-15).

[b] $Q$ pasabanda.

[c] Depende el diseño: $N = f_0/B$, donde $N$ es el número de secciones, $f_0$ es la frecuencia central y $B$ es el ancho de banda. Se han logrado $Q$ cargadas de 18,000.

tro de cerámica es que con frecuencia ofrece un rendimiento adecuado a bajo costo en comparación con el de los filtros de cristal.

Los filtros de onda acústica superficial (SAW, por sus siglas en inglés: *surface accoustic wave*) utilizan ondas acústicas que se desplazan por la superficie de un sustrato piezoeléctrico (losa). En el sustrato se depositan "dedos" metálicos entrelazados. La señal de voltaje presente en los dedos se convierte en una señal acústica (y viceversa) a consecuencia del efecto piezoeléctrico. La geometría de los dedos determina la respuesta a la frecuencia del filtro y crea el acoplamiento entre la entrada y la salida [Dorf, 1993, págs. 1073-1074]. La pérdida por inserción es un poco más grande que la de los filtros de cristal o cerámica. Sin embargo, la facilidad con la que se configura la función de transferencia y el amplio ancho de banda que se puede obtener con características de atenuación controladas hacen que los filtros SAW sean muy atractivos. Esta nueva tecnología se utiliza para crear excelentes características de amplificador IF en los modernos aparatos de televisión.

Los dispositivos SAW también se pueden conectar en derivación para que resulten útiles en configuración de filtro transversal que operan en el intervalo de radiofrecuencia. A frecuencias más bajas, se pueden usar dispositivos de transferencia de carga (CTD, por sus siglas en inglés: *charge transfer devices*) para operar los filtros transversales [Gersho, 1975].

Los filtros de línea de transmisión utilizan las propiedades resonantes de las líneas de transmisión conectadas en circuito abierto o en cortocircuito. Son útiles a ultra altas frecuencias y a frecuencias de microonda donde las longitudes de onda son suficientemente pequeñas de modo que se pueden construir filtros de tamaño razonable. Asimismo, el efecto resonante de las cavidades es útil al construir filtros para frecuencias de microonda donde el tamaño de la cavidad se vuelve suficientemente pequeña como para que sea práctica.

Los filtros también se caracterizan por el tipo de función de transferencia que realizan. La función de transferencia de un filtro lineal con elementos de circuito concentrados se escribe como la razón de dos polinomios

$$H(f) = \frac{b_0 + b_1(j\omega) + b_2(j\omega)^2 + \cdots + b_k(j\omega)^k}{a_0 + a_1(j\omega) + a_2(j\omega)^2 + \cdots + a_n(j\omega)^n} \tag{4-40}$$

donde las constantes $a_i$ y $b_i$ son funciones de los valores de los elementos y $\omega = 2\pi f$. Se dice que el parámetro $n$ es el *orden* del filtro. Si se ajustan los valores a ciertos valores, se obtienen características deseables de la función de transferencia. La tabla 4-3 incluye tres características de filtro diferentes y el criterio de optimización que las define. Se utiliza el filtro Chebyshev cuando se requiere una característica de atenuación bien definida y un número mínimo de elementos de circuito. Con frecuencia se utiliza el filtro Bessel en la transmisión de datos cuando se tiene que conservar la forma del pulso puesto que intenta mantener una respuesta de fase lineal en la pasabanda. Con frecuencia se utiliza el filtro Butterworth como un compromiso entre las características del Chebyshev y el Bessel.

El tema de los filtros es inmenso, y en este libro es imposible abarcar todos los aspectos de la filtración. Por ejemplo, con el advenimiento de microprocesadores baratos, la *filtración digital* y el *procesamiento de señales digitales* cada vez adquieren más importancia [Oppenheim y Schaffer, 1975, 1989]. En este caso, la forma de onda analógica se muestrea, y los valores de muestreo se procesan por medio de técnicas digitales. Ecuaciones de diferencia (en contraste con las ecuaciones diferenciales) describen este tipo de operación de filtración. Con el cambio del "software" se obtienen diferentes características de filtro. Esta técnica de obtención de características de filtro mediante "software" en vez de programación de "hardware" ofrece muchas ventajas.

**TABLA 4-3** ALGUNAS CARACTERÍSTICAS DE FILTROS

| Tipo | Criterio de optimización | Característica de transferencia del filtro pasabajas[a] |
|---|---|---|
| Butterworth | Máximamente plano: tantas derivadas de $\lvert H(f)\rvert$ como es posible tienden a cero conforme $f \to 0$ | $\lvert H(f)\rvert = \dfrac{1}{\sqrt{1+(f/f_b)^{2n}}}$ |
| Chebyshev | Con un rizado dado pico a pico en el pasabanda de la característica $\lvert H(f)\rvert$, la $\lvert H(f)\rvert$ atenúa lo más rápido en cualquier filtro de orden enésimo | $\lvert H(f)\rvert = \dfrac{1}{\sqrt{1+\varepsilon^2 C_n^2(f/f_b)}}$ <br> $\varepsilon$ = una constante de diseño; $C_n(f)$ es el polinomio de Chebyshev de orden enésimo definido por la relación de recursión <br> $C_n(x) = 2xC_{n-1}(x) - C_{n-2}(x)$ <br> donde $C_0(x) = 1$ y $C_1(x) = x$ |
| Bessel | Intenta mantener la fase lineal en el pasabanda | $H(f) = \dfrac{K_n}{B_n(f/f_b)}$ <br> $K_n$ es una constante seleccionada que hace $H(0) = 1$ y la relación de recursión de Bessel es <br> $B_n(x) = (2n-1)\, B_{n-1}(x) - x^2 B_{n-2}(x)$ <br> donde $B_0(x) = 1$ y $B_1(x) = 1 + jx$ |

[a] $f_b$ es la frecuencia de corte del filtro.

Para una lectura adicional sobre filtros analógicos con énfasis en aplicaciones en sistemas de comunicaciones, el lector debe consultar la obra [Bowron y Stephenson, 1979].

## Amplificadores

Para propósitos de análisis, los circuitos electrónicos y, más específicamente, los amplificadores se clasifican en dos categorías principales:

- Circuitos no lineales
- Circuitos lineales

(La linealidad se definió en la sección 2-6.) En la práctica todos los circuitos son no lineales hasta cierto grado, incluso a niveles bajos de señal (voltaje y corriente), y se vuelven altamente no lineales a niveles altos de señal. Con frecuencia se utiliza el análisis de circuitos lineales en el caso de nivel bajo de señal puesto que simplifica en gran medida las matemáticas y da respuestas precisas si el nivel de la señal es suficientemente pequeño.

Las principales categorías de análisis no lineal y lineal se clasifican nuevamente en subcategorías de circuitos con

- Memoria
- Sin memoria

Los circuitos con memoria contienen efectos inductivos y capacitivos que hacen que el valor de salida actual sea una función de los valores de entrada previos, así como del valor de entrada actual. Si un circuito tiene memoria, su valor de salida actual es una función únicamente de su valor de entrada actual.

En cursos de ingeniería eléctrica preliminares, primero se supone que los circuitos son lineales sin memoria (circuitos resistivos) y, posteriormente, lineales con memoria (circuitos *RLC*). Se deduce que una función de transferencia puede describir los amplificadores lineales con memoria, la cual es la razón de la transformada de Fourier de la señal dividida entre la transformada de Fourier de la señal de entrada. Tal como se vio en la sección 2-6, la función de transferencia de un amplificador libre de distorsión está dada por $Ke^{-j\omega T_d}$, donde $K$ es la ganancia de voltaje del amplificador y $T_d$ es el retardo entre las formas de onda de entrada y salida. Si la función de transferencia del amplificador lineal no es de esta forma, la señal de salida será una versión *linealmente distorsionada* de la señal de entrada.

## 4-9 DISTORSIÓN NO LINEAL

Además de la distorsión lineal, los amplificadores prácticos también producen distorsión no lineal. Para examinar los efectos de no linealidad y además conservar un modelo matemático que sea manejable, se supondrá que no hay *memoria* en el análisis siguiente. Por tanto, la salida actual se considerará como una función de la entrada actual en el dominio del tiempo. Si el amplificador es lineal, esta relación es

$$v_0(t) = Kv_i(t) \tag{4-41}$$

donde $K$ es la ganancia de voltaje del amplificador. En la práctica, la salida del amplificador se satura a algún valor conforme se incrementa el valor de la señal de entrada. Esto se ilustra mediante la característica no lineal de salida a entrada mostrada en la figura 4-5. La característica de salida a entrada se puede modelar con una expansión de Taylor con respecto a $v_i = 0$ (es decir, una serie de Maclaurin):

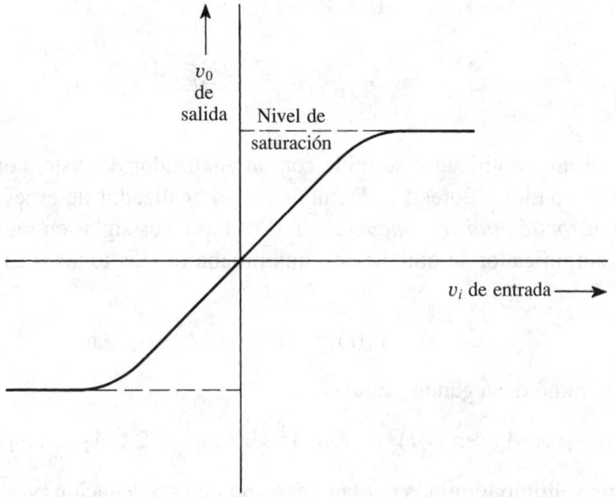


**Figura 4-5** Característica de entrada a salida del amplificador no lineal.

$$v_0 = K_0 + K_1 v_i + K_2 v_i^2 + \cdots = \sum_{n=0}^{\infty} K_n v_i^n \tag{4-42}$$

donde

$$K_n = \frac{1}{n!}\left(\frac{d^n v_0}{dv_i^n}\right)\bigg|_{v_i=0} \tag{4-43}$$

Se ve que habrá distorsión en la señal de salida si $K_2, K_3, \ldots$, no son cero. $K_0$ es el nivel de compensación cd de salida, $K_1 v_1$ es el término (lineal) de primer grado, $K_2 v_i^2$ es el término (ley cuadrática) de segundo grado, etc. Desde luego, $K_1$ será mayor que $K_2, K_3, \ldots$, si el amplificador está próximo a ser lineal.

La *distorsión armónica* asociada con la salida del amplificador se determina aplicando un tono de prueba senoidal único a la entrada del amplificador. Si el tono de prueba de entrada está representado por

$$v_i(t) = A_0 \text{ sen } \omega_0 t \tag{4-44}$$

Entonces el término de salida de segundo grado es

$$K_2(A_0 \text{ sen } \omega_0 t)^2 = \frac{K_2 A_0^2}{2}(1 - \cos 2\omega_0 t) \tag{4-45}$$

Ésta indica que la distorsión de segundo grado crea un nivel de cd $K_2 A_0^2/2$ (además de cualquier polarización de cd) y la segunda distorsión armónica con amplitud $K_2 A_0^2/2$. En general, con una entrada de tono único la salida será

$$v_{\text{salida}}(t) = V_0 + V_1 \cos(\omega_0 t + \varphi_1) + V_2 \cos(2\omega_0 t + \varphi_2) \\ + V_3 \cos(3\omega_0 t + \varphi_3) + \cdots \tag{4-46}$$

donde $V_n$ es el valor pico de la salida a la frecuencia de $nf_0$ hertz. En tal caso, el porcentaje de *distorsión armónica total* (THD, por sus siglas en inglés: *total harmonic distortion*) está definida por

$$\text{THD } (\%) = \frac{\sqrt{\sum_{n=2}^{\infty} V_n^2}}{V_1} \times 100 \tag{4-47}$$

La THD de un amplificador se mide con un analizador de distorsión, o se evalúa con la ecuación (4-47), con los valores $V_n$ obtenidos con el analizador de espectros.

La *distorsión por intermodulación* (IMD, por sus siglas en inglés: *intermodulation distortion*) del amplificador se obtiene con una prueba de dos tonos. Las señales (tonos) de entrada son

$$v_i(t) = A_1 \text{ sen } \omega_1 t + A_2 \text{ sen } \omega_2 t \tag{4-48}$$

luego el término de segundo grado es

$$K_2(A_1 \text{ sen } \omega_1 t + A_2 \text{ sen } \omega_2 t)^2 = K_2(A_1^2 \text{ sen}^2\, \omega_1 t + 2A_1 A_2 \text{ sen } \omega_1 t \text{ sen } \omega_2 t + A_2^2 \text{ sen}^2\, \omega_2 t)$$

El primero y último términos del lado derecho de esta ecuación producen distorsión armónica a las frecuencias $2f_1$ y $2f_2$. El término del producto cruzado produce IMD. Este término se encuentra sólo cuando se presentan *ambos* términos de entrada, de ahí el nombre "distorsión por intermodulación". Luego la IMD de segundo grado es

$$2K_2A_1A_2 \text{ sen } \omega_1 t \text{ sen } \omega_2 t = K_2A_1A_2 \{\cos[(\omega_1 - \omega_2)t] - \cos[(\omega_1 + \omega_2)t]\}$$

Está claro que IMD genera frecuencia de suma y diferencia.

El término de tercer grado es

$$\begin{aligned} K_3v_i^3 &= K_3(A_1 \text{ sen } \omega_1 t + A_2 \text{ sen } \omega_2 t)^3 \\ &= K_3(A_1^3 \text{ sen}^3 \omega_1 t + 3A_1^2A_2 \text{ sen}^2 \omega_1 t \text{ sen } \omega_2 t \\ &\quad + 3A_1A_2^2 \text{ sen } \omega_1 t \text{ sen}^2 \omega_2 t + A_2^3 \text{ sen}^3 \omega_2 t) \end{aligned} \tag{4-49}$$

El primero y último términos del lado derecho de esta ecuación producirán distorsión armónica, y el segundo término, un producto cruzado, por lo que se transforma en

$$\begin{aligned} 3K_3A_1^2A_2 \text{ sen}^2 \omega_1 t \text{ sen } \omega_2 t &= \tfrac{3}{2} K_3A_1^2A_2 \text{ sen } \omega_2 t(1 - \cos 2\omega_1 t) \\ &= \tfrac{3}{2} K_3A_1^2A_2 \{\text{sen } \omega_2 t - \tfrac{1}{2}[\text{sen}(2\omega_1 + \omega_2)t \\ &\quad - \text{sen}(2\omega_1 - \omega_2)t]\} \end{aligned} \tag{4-50}$$

Asimismo, el tercer término de la ecuación (4-49) es

$$\begin{aligned} &3K_3A_1A_2^2 \text{ sen } \omega_1 t \text{ sen}^2\omega_2 t \\ &\quad = \tfrac{3}{2}K_3A_1A_2^2\{\text{sen } \omega_1 t - \tfrac{1}{2}[\text{sen}(2\omega_2 + \omega_1)t - \text{sen}(2\omega_2 - \omega_1)t]\} \end{aligned} \tag{4-51}$$

Los últimos dos términos en las ecuaciones (4-50) y (4-51) son términos de intermodulación a frecuencias no armónicas. En el caso de amplificadores *pasabanda* donde $f_1$ y $f_2$ quedan dentro del pasabanda con $f_1$ próxima a $f_2$ (es decir, $f_1 \approx f_2 \gg 0$), los productos de distorsión a $2f_1 + f_2$ y $2f_2 + f_1$ en general quedan fuera del pasabanda y, por consiguiente, pueden no ser un problema. Sin embargo, los términos a $2f_1 - f_2$ y $2f_2 - f_1$ quedan dentro del pasabanda próximas a las frecuencias deseadas $f_1$ y $f_2$. Éstos son los principales productos de distorsión en amplificadores pasabanda, tales como los utilizados para amplificación RF en transmisores y receptores.

Tal como las ecuaciones (4-50) y (4-51) lo demuestran, si $A_1$ o $A_2$ se incrementa lo suficiente, la IMD se volverá significativa puesto que la salida deseada varía linealmente con $A_1$ y $A_2$ y la salida de IMD varía como $A_1^2A_2$ o $A_1A_2^2$. Desde luego, el nivel de entrada exacto requerido para que los productos de intermodulación sean un problema depende de los valores relativos de $K_3$ y $K_1$. Esto puede ser especificado por el *punto de intercepción* del amplificador de tercer orden, el cual se evalúa con la aplicación de dos tonos de prueba iguales (es decir, $A_1 = A_2 = A$). Las salidas linealmente amplificadas deseadas tendrán amplitudes de $K_1A$ y cada uno de los productos de intermodulación de tercer orden tendrán amplitudes de $3K_3A^3/4$. La relación de la salida deseada a la salida de IMD es por tanto

$$R_{\text{IMD}} = \frac{4}{3}\left(\frac{K_1}{K_3A^2}\right) \tag{4-52}$$

El punto de intercepción de entrada se define como el nivel de entrada que hace que $R_{\text{IMD}}$ sea unitario (véase la figura 4-6). Las curvas llenas se obtienen haciendo mediciones con dos generadores de señales senoidales que producen los tonos y miden el nivel de la salida deseada (a $f_1$ o $f_2$) y los productos de IMD (a $2f_1 - f_2$ o $2f_2 - f_1$) con un analizador de espectros. El punto de intercepción es un punto ficticio obtenido por extrapolación de la porción lineal (gráfica de de-

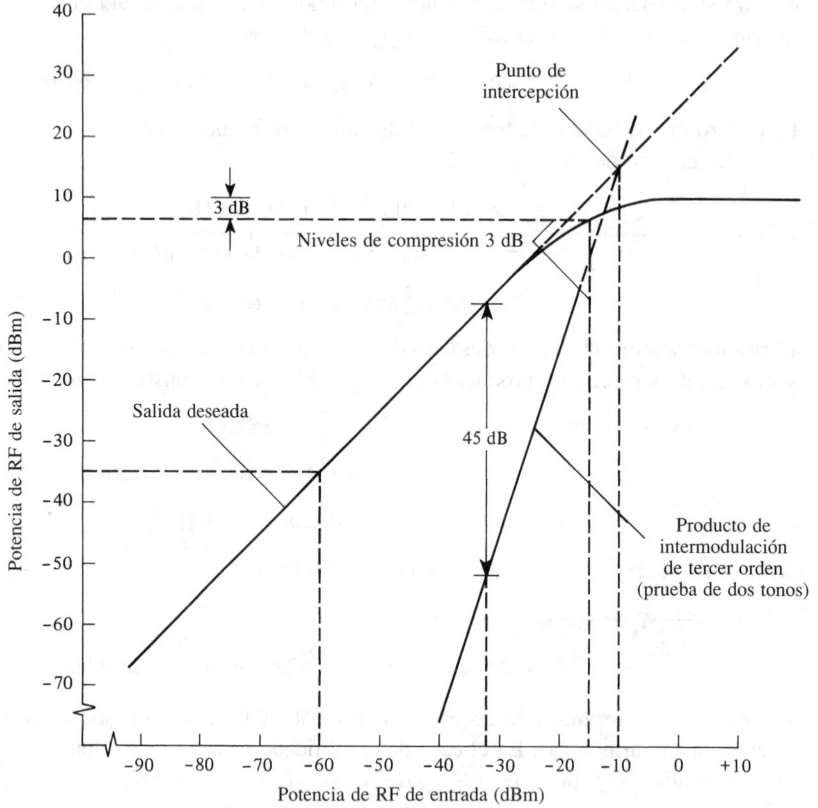


**Figura 4-6** Caracteristicas de salida del amplificador.

cibeles) de la salida deseada y las curvas IMD hasta que se cortan. Se ve que la salida deseada (salida a $f_1$ o $f_2$) de hecho se satura cuando se hacen las mediciones puesto que los términos de mayor grado en la serie de Taylor tienen componentes a $f_1$ y $f_2$ que se restan de la salida linealmente amplificada. Por ejemplo, con $K_3$ negativo, el término principal de la ecuación (4-51) se presenta a $f_1$ y se resta de la componente linealmente amplificada a $f_1$, por lo que se produce una característica saturada de la componente senoidal a $f_1$. En el caso de un amplificador que tiene la característica no lineal particular mostrada en la figura 4-6, el punto de intercepción ocurre con un nivel de entrada RF de $-10$ dBm. En la figura también se ilustran otras propiedades del amplificador. La ganancia del amplificador es de 25 dB en la región lineal porque una entrada de $-60$ dBm produce un nivel de salida de $-35$ dBm. La salida deseada se comprime 3 dB con un nivel de entrada de $-15$ dBm. Por consiguiente, se podría considerar que el amplificador es lineal sólo si el nivel de entrada es menor que $-15$ dBm. Además, si los productos de IMD de tercer orden se reducen por lo menos en 45 dBm, el nivel de entrada se tendrá que mantener por debajo de $-32$ dBm.

Otro término presente en los productos de distorsión a la salida de un amplificador no lineal se llama *modulación cruzada*. Los términos de modulación cruzada se obtienen cuando se examinan los productos de tercer grado que resultan de una prueba de dos tonos. Tal como se muestra en las ecuaciones (4-50) y (4-51), los términos $\frac{3}{2}K_3A_1^2A_2$ sen $\omega_2 t$ y $\frac{3}{2}K_3A_1A_2^2$ sen $\omega_1 t$

son términos de modulación cruzada. Examínese el término $\frac{3}{2}K_3A_1^2A_2$ sen $\omega_2 t$. Si se permite algo de variación de amplitud en la señal de entrada $A_1$ sen $w_1 t$ de modo que se vea como una señal AM $A_1[1 + m_1(t)]$ sen $\omega_1 t$, donde $m_1(t)$ es la señal moduladora, el producto de distorsión de tercer orden se transforma en

$$\tfrac{3}{2}K_3A_1^2A_2[1 + m_1(t)]^2 \text{ sen } \omega_2 t \tag{4-53}$$

Por tanto, la modulación de amplitud en la señal a la frecuencia portadora $f_l$ producirá una señal a la frecuencia $f_2$ con modulación distorsionada. Es decir, si se hacen pasar dos señales por un amplificador que presenta productos de distorsión de tercer orden a la salida, y si cualquier señal de entrada presenta algo de modulación de amplitud, la salida amplificada de la *otra* señal será modulada por amplitud hasta cierto punto por una versión distorsionada de la modulación. Este fenómeno es la modulación cruzada.

Los circuitos pasivos al igual que los activos pueden tener características no lineales y, por consiguiente, favorecerán productos de distorsión. Por ejemplo, supóngase que dos radiodifusoras AM emiten señales fuertes en la cercanía de un granero o casa con techo de lámina y juntas oxidadas. El techo puede actuar como una antena para recibir y reirradiar la energía de radiofrecuencia, y las juntas oxidadas pueden actuar como un diodo (un circuito pasivo no lineal). Las señales en las armónicas y a frecuencias de intermodulación se irradian y provocan interferencia en otras señales de comunicación. Además, se irradian productos de modulación cruzada. Es decir, la modulación distorsionada de una estación se escucha en radios (localizados cerca del techo oxidado) sintonizados en la otra frecuencia de la estación.

Cuando se utilizan amplificadores para producir señales de alta potencia, tales como transmisores, conviene disponer de amplicadores de alta eficiencia para reducir los costos del suministro de potencia, equipo de enfriamiento y energía consumida. La eficiencia es la relación de la potencia de la señal de salida a la potencia de entrada de cd. Los amplificadores se pueden agrupar en varias categorías, según los niveles de polarización y las configuraciones de circuito utilizadas. Algunas de éstas son de clase A, B, C, D, E, F, G, H y S [Krauss, Bostian y Raab, 1980; Smith, 1986]. Para la operación de clase A, la polarización en la etapa amplificadora se ajusta de modo que la corriente fluya durante todo el ciclo completo de un tono de prueba de entrada aplicado. Por consiguiente, si se tiene que usar un amplificador de clase B en un amplificador lineal de bandabase, tal como un amplificador de potencia de audio en un sistema de alta fidelidad, se conectan dos dispositivos en una configuración de equilibrio de modo que cada uno alternadamente conduzca corriente durante la mitad del ciclo de señal de entrada. En amplificación lineal de clase B *pasabanda*, donde el ancho de banda es un pequeño porcentaje de la frecuencia de operación, se requiere sólo un dispositivo activo puesto que se pueden usar circuitos sintonizados para suministrar la corriente de salida durante la otra mitad del ciclo de la señal. Para una operación de clase C, no es posible disponer de amplificación lineal aun cuando el amplificador sea un amplificador de RF pasabanda con circuitos sintonizados que suministren corriente durante la parte no conductora del ciclo. Si se trata de amplificar una señal de AM con un amplificador de clase C o con otros tipos de amplificadores no lineales, se distorsionará la modulación de amplitud a la salida. Sin embargo, las señales de RF con una envolvente real constante, como las de FM, se pueden amplificar sin distorsión puesto que un amplificador no lineal conserva los cruces cero de la señal de entrada.

La eficiencia de un amplificador de clase C está determinada en esencia por el ángulo de conducción del dispositivo activo puesto que la potencia de la señal desperdiciada en el dispositivo durante el tiempo de conducción da como resultado una eficiencia pobre. El amplificador de clase C es más eficiente, ya que el factor de eficiencia de un amplificador de clase C ideal es de 100%. La eficiencia de los amplificadores de clase B es de $\pi/4 \times 100 = 78.5\%$ o menos, y la de los amplificadores de clase A de 50% o menos [Krauss, Bostian y Raab, 1980]. Como los amplificadores de clase C son los más eficientes, en general se utilizan para amplificar señales de envolvente constante, como señales de FM utilizadas en la radiodifusión de FM. Los amplificadores de clase D, E, F, G, H y S en general emplean técnicas de conmutación en circuitos especializados para obtener una alta eficiencia [Krauss, Bostian y Raab, 1980; Smith, 1986].

Muchos amplificadores de microondas, como los tubos de onda progresiva (TWT, por sus siglas en inglés: *traveling-wave tubes*), operan con base en el principio de modulación de velocidad. La señal de microonda de entrada se alimenta a una estructura de onda lenta. En ésta la velocidad de propagación de la señal de microonda se reduce ligeramente por debajo de la velocidad del haz de electrones de cd. Esto permite transferir la energía cinética del haz de electrones a la señal de microonda, con lo cual se amplifica la señal. En este tipo de amplificador, la corriente de electrones *no* se activa o desactiva para abastecer al mecanismo amplificador; por tanto, no se clasifica como operación de clase B o C. El tubo de onda progresiva es un amplificador lineal cuando opera al nivel de excitación apropiado. Si se incrementa el nivel de excitación, mejora su eficiencia (salida de RF/entrada de cd), aunque el amplificador se vuelve no lineal. En este caso se tienen que usar señales de envolvente constante, como PSK o PM, de modo que la distorsión por intermodulación no constituya un problema. A menudo éste es el modo de operación de transponders satelitales (transmisores en satélites de comunicaciones), en los que las celdas solares son costosas y la salida de potencia es limitada. Este tema se estudia en detalle en el capítulo 8 en la sección sobre comunicaciones satelitales.

## 4-10 LIMITADORES

Un *limitador* es un circuito no lineal con una característica de saturación de salida. En la figura 4-5 se muestra una característica de limitador de saturación blanda. La figura 4-7 muestra una característica de limitador (ideal) sólido, junto con una ilustración de la forma de onda de salida no filtrada obtenida para una forma de onda de entrada. La función de transferencia del limitador ideal en esencia es idéntica a la característica de salida a entrada de un comparador ideal con un nivel de referencia cero. Las formas de onda de la figura 4-7 ilustran cómo se eliminan las variaciones de amplitud presentes en la señal de entrada en la señal de salida. Un *limitador pasabanda* es un circuito no lineal con una característica de saturación seguido por un filtro pasabanda. En el caso de un limitador pasabanda ideal, la forma de onda de salida del filtro sería senoidal puesto que se extraerían las armónicas de la onda cuadrada. En general, cualquier entrada pasabanda (podría ser una señal modulada más ruido) se puede representar por medio de la ecuación (4-1b), es decir

$$v_{\text{entrada}}(t) = R(t)\cos[\omega_c t + \theta(t)] \tag{4-54}$$

donde $R(t)$ es la envolvente real equivalente y $\theta(t)$ es la función de fase equivalente. La salida correspondiente de un limitador pasabanda ideal es

$$v_{\text{salida}}(t) = KV_L \cos[\omega_c t + \theta(t)] \tag{4-55}$$

donde $K$ es el nivel de la componente fundamental de la onda cuadrada, $4/\pi$ multiplicada por la ganancia del filtro (pasabanda) de salida. Esta ecuación indica que cualquier AM que estuvo presente a la entrada del limitador no aparece a la salida, pero que la función de fase se conserva

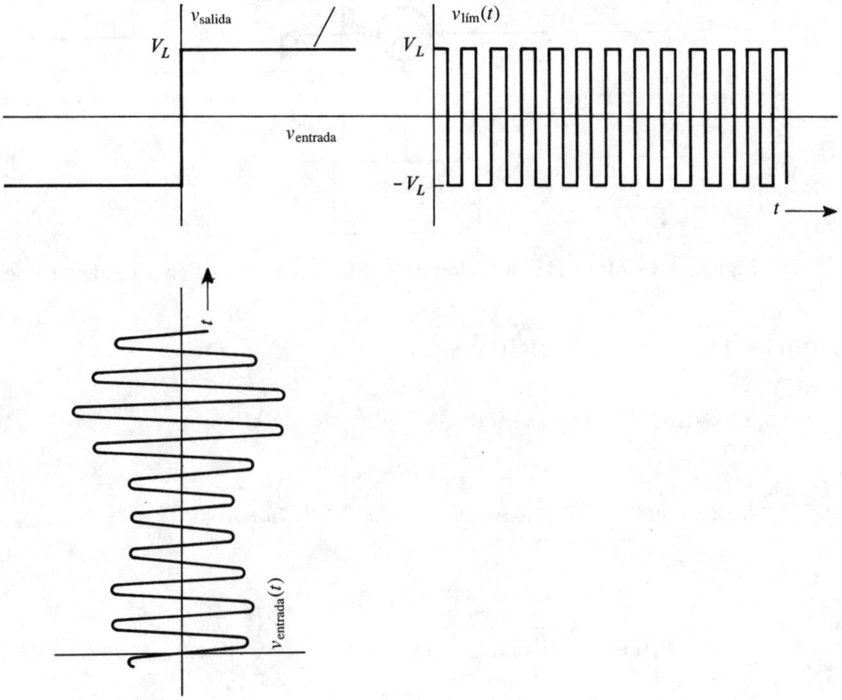


**Figura 4-7** Característica del limitador ideal con formas de onda de entrada y salida sin filtrar.

(es decir, los cruces ceros de la entrada se conservan a la salida del limitador). En sistemas receptores diseñados para señalización modulada por ángulo tal como PSK, FSK y FM analógica con frecuencia se utilizan limitadores, para eliminar cualquier variación presente en la envolvente real de la señal de entrada al receptor provocada por ruido en el canal o por debilitamiento de la señal.

## 4-11 MEZCLADORES, CONVERTIDORES ASCENDENTES Y DESCENDENTES

Un *mezclador ideal* es un circuito electrónico que funciona como multiplicador matemático de dos señales de entrada. Por lo general una de estas señales es una forma de onda senoidal producida por un oscilador local, como se ilustra en la figura 4-8.

Se utilizan mezcladores para obtener traslación de frecuencia de la señal de entrada. Supóngase que la señal de entrada es una señal pasabanda cuyo espectro es diferente de cero alrededor o cerca de $f = f_c$; en tal caso, la señal está representada por

$$v_{\text{entrada}}(t) = \text{Re}\{g_{\text{entrada}}(t)e^{j\omega_c t}\} \tag{4-56}$$

donde $g_{\text{entrada}}(t)$ es la envolvente compleja de la señal de entrada. La señal que sale del mezclador ideal es por tanto

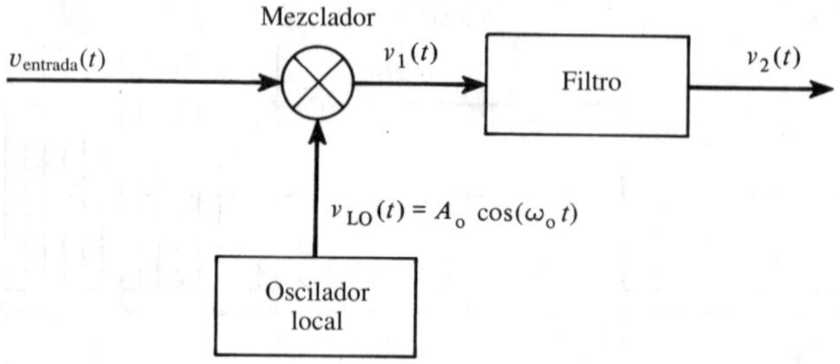


**Figura 4-8** Mezclador seguido por un filtro para conversión ascendente o descendente.

$$v_1(t) = [A_0 \operatorname{Re}\{g_{\text{entrada}}(t)e^{j\omega_c t}\}] \cos \omega_0 t$$

$$= \frac{A_0}{4} [g_{\text{entrada}}(t)e^{j\omega_c t} + g^*_{\text{entrada}}(t)e^{-j\omega_c t}](e^{j\omega_0 t} + e^{-j\omega_0 t})$$

$$= \frac{A_0}{4} [g_{\text{entrada}}(t)e^{j(\omega_c+\omega_0)t} + g^*_{\text{entrada}}(t)\, e^{-j(\omega_c+\omega_0)t} + g_{\text{entrada}}(t)e^{j(\omega_c-\omega_0)t} + g^*_{\text{entrada}}(t)\ \ e^{-j(\omega_c-\omega_0)t}]$$

o

$$v_1(t) = \frac{A_0}{2} \operatorname{Re}\{g_{\text{entrada}}(t)e^{j(\omega_c+\omega_0)t}\} + \frac{A_0}{2} \operatorname{Re}\{g_{\text{entrada}}(t)e^{j(\omega_c-\omega_0)t}\} \tag{4-57}$$

Esta ecuación ilustra que la señal pasabanda de entrada con espectro cerca de $f = f_c$ se convirtió (es decir, frecuencia trasladada) en dos señales pasabanda de salida, una en la banda de conversión de frecuencia ascendente, donde $f_u = f_c + f_0$, y una en la banda de conversión descendente, donde $f_d = f_c - f_0$. Se puede usar un filtro como el que se ilustra en la figura 4-8 para seleccionar ya sea una componente de conversión ascendente o una componente de conversión descendente. Un filtro *pasabanda* se usa para seleccionar la componente de conversión ascendente, pero la componente de conversión descendente se selecciona ya sea por un filtro *bandabase* o uno *pasabanda*, según la localización de $f_c - f_0$. Por ejemplo, si $f_c - f_0 = 0$, se requeriría un filtro pasabajas y el espectro resultante de salida sería un espectro de bandabase. Si $f_c - f_0 > 0$, donde $f_c - f_0$ fuera mayor que el ancho de banda de $g_{\text{entrada}}(t)$, se utilizaría un filtro pasabanda y la salida del filtro sería

$$v_2(t) = \operatorname{Re}\{g_2(t)e^{j(\omega_c-\omega_0)t}\} = \frac{A_0}{2} \operatorname{Re}\{g_{\text{entrada}}(t)e^{j(\omega_c-\omega_0)t}\} \tag{4-58}$$

En este caso de $f_c > f_0$, se ve que la modulación en la señal de entrada al mezclador $v_{\text{entrada}}(t)$ se conserva en las señales convertidas ascendentes o descendentes en el mezclador.

Si $f_c < f_0$, al reescribir la ecuación (4-57), se obtiene

$$v_1(t) = \frac{A_0}{2} \operatorname{Re}\{g_{\text{entrada}}(t)e^{j(\omega_c+\omega_0)t}\} + \frac{A_0}{2} \operatorname{Re}\{g^*_{\text{entrada}}(t)e^{j(\omega_0-\omega_c)t}\} \tag{4-59}$$

porque la frecuencia en el exponente de la representación de señal pasabanda tiene que ser positivo para una fácil interpretación física de la localización de las componentes espectrales. En este caso en que $f_0 > f_c$, la envolvente compleja de la señal descendentemente convertida se conjugó al compararla con la envolvente compleja de la señal de entrada. Esto equivale a decir que las bandas laterales se intercambiaron; es decir, la banda lateral superior del espectro de la señal de entrada se transforma en la banda lateral inferior de la señal de salida descendentemente convertida, etc. Esto se demuestra matemáticamente al examinar el espectro de $g^*(t)$. El espectro es

$$\mathscr{F}[g^*_{\text{entrada}}(t)] = \int_{-\infty}^{\infty} g^*_{\text{entrada}}(t)e^{-j\omega t}\,dt = \left[\int_{-\infty}^{\infty} g_{\text{entrada}}(t)e^{-j(-\omega)t}\,dt\right]^*$$

$$= G^*_{\text{entrada}}(-f) \tag{4-60}$$

La $-f$ indica que se intercambiaron las bandas superior e inferior, y el conjugado indica que el espectro de fase se invirtió.

En suma, la envolvente compleja de la señal que sale de un *convertidor ascendente* es

$$g_2(t) = \frac{A_0}{2}\, g_{\text{entrada}}(t) \tag{4-61a}$$

donde $f_u = f_c + f_0 > 0$. De este modo la modulación presente en la señal de salida es la misma que estuvo presente en el señal de entrada, aunque la amplitud cambió por el factor de escala $A_0/2$.

En el caso de *conversión descendente* existen dos posibilidades. Con $f_d = f_c - f_0 > 0$ donde $f_0 < f_c$,

$$g_2(t) = \frac{A_0}{2}\, g_{\text{entrada}}(t) \tag{4-61b}$$

Ésta se llama conversión descendente con *inyección de lado bajo* porque la frecuencia LO (oscilador local) se encuentra por debajo de la de la señal de entrada (es decir, $f_0 < f_c$). En este caso la modulación de salida es la misma que la de entrada excepto por lo que se refiere al factor de escala $A_0/2$. La otra posibilidad es $f_d = f_0 - f_c > 0$, donde $f_0 > f_c$, lo que produce la envolvente compleja de salida

$$g_2 = \frac{A_0}{2}\, g^*_{\text{entrada}}(t) \tag{4-61c}$$

Ésta es una conversión descendente con *inyección de lado alto* porque $f_0 > f_c$. Éste es el caso en que las bandas laterales de la señal de salida descendentemente convertida se invierten en relación con las de entrada (por ejemplo, una señal de entrada LSSB se convierte en una señal de salida USSB).

Los mezcladores ideales actúan como elementos de circuito lineal variable con el tiempo puesto que

$$v_1(t) = (A \cos \omega_0 t)v_{\text{entrada}}(t)$$

donde $A \cos \omega_0 t$ es la ganancia variable con el tiempo del circuito lineal. Asimismo es de hacerse notar que los mezcladores utilizados en los circuitos de comunicaciones en esencia son multiplicadores matemáticos. No se deben confundir con los mezcladores de audio utilizados en los estudios de transmisión de radio y TV. Un *mezclador de audio* es un amplificador sumador con entradas múltiples, de tal suerte que varias entradas procedentes de varias fuentes como micrófonos, reproductoras de cinta y reproductoras de discos compactos se puedan "mezclar" (sumar) para producir una señal de salida. El término *mezclador* tiene significados completamente diferentes según el contexto utilizado. Tal como se utiliza en transmisores y receptores, quiere decir una operación de multiplicación que produce una traslación de frecuencia de la señal de entrada. En sistemas de audio significa operación de suma para combinar varias entradas en una señal de salida.

En la práctica, la operación de multiplicación requerida para mezcladores se obtiene con el uso de uno de los siguientes dispositivos:

1. Dispositivo de transconductancia continuamente variable, tal como un FET de compuerta dual
2. Dispositivo no lineal
3. Dispositivo lineal con ganancia discreta variable con el tiempo

En el primer método, cuando se utiliza un FET de compuerta dual para obtener multiplicación, la $v_{\text{entrada}}(t)$ casi siempre se conecta a la compuerta 1 y el oscilador local a la compuerta 2. La salida resultante es

$$v_1(t) = K v_{\text{entrada}}(t) v_{\text{LO}}(t) \tag{4-62}$$

en la región operativa, donde $v_{\text{LO}}(t)$ es el voltaje del oscilador local. Se dice que el multiplicador es del tipo de *cuadrante único* si se obtiene la acción multiplicadora de (4-62) sólo cuando las dos formas de onda de entrada, $v_{\text{entrada}}$ y $v_{\text{LO}}(t)$, tienen valores no negativos o no positivos [es decir, una gráfica de los valores de $v_{\text{entrada}}(t)$ contra $v_{\text{LO}}(t)$ queda comprendida en un solo cuadrante]. El multiplicador es del tipo de *dos cuadrantes* si la acción multiplicadora se obtiene cuando $v_{\text{entrada}}(t)$ o $v_{\text{LO}}(t)$ es no negativa o no positiva y la otra es arbitraria. Se dice que el multiplicador es del tipo de *cuatro cuadrantes* cuando se obtiene la acción multiplicadora sin que importen los signos de $v_{\text{entrada}}(t)$ y $v_{\text{LO}}(t)$.

En la segunda técnica, se utiliza un dispositivo no lineal para obtener multiplicación con la suma de las dos entradas como se ilustra en la figura 4-9. Si se examina la componente de ley cuadrática en la salida, se obtiene

$$\begin{aligned} v_1(t) &= K_2(v_{\text{entrada}} + v_{\text{LO}})^2 + \text{otros términos} \\ &= K_2(v_{\text{entrada}}^2 + 2v_{\text{entrada}} v_{\text{LO}} + v_{\text{LO}}^2) + \text{otros términos} \end{aligned} \tag{4-63}$$

El término de producto cruzado da la acción multiplicadora deseada:

$$2K_2 v_{\text{entrada}} v_{\text{LO}} = 2K_2 A_0 v_{\text{entrada}}(t) \cos \omega_0 t \tag{4-64}$$

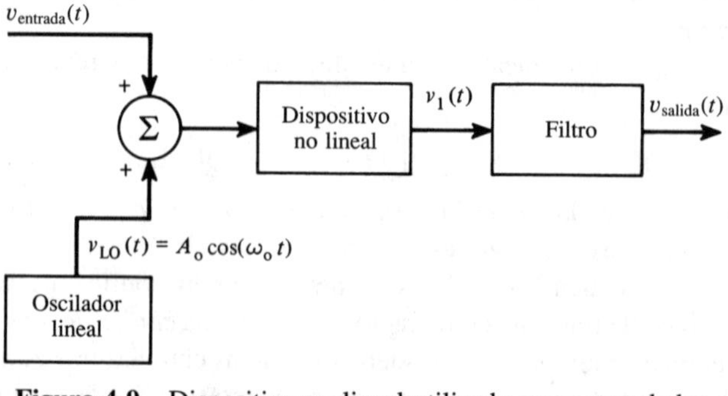


**Figura 4-9** Dispositivo no lineal utilizado como mezclador.

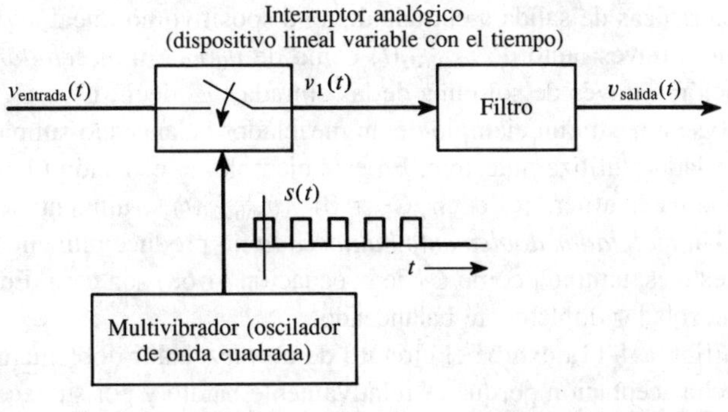


**Figura 4-10** Dispositivo lineal variable con el tiempo utilizado como mezclador.

Si se supone que $v_{entrada}(t)$ es una señal pasabanda, el filtro se puede usar para pasar los términos de conversión ascendente o descendente. Sin embargo, algunos productos de distorsión también se pueden quedar en el pasabanda de salida si $\omega_c$ y $\omega_0$ no se seleccionan con cuidado.

En el tercer método, se utiliza un dispositivo lineal con ganancia discreta variable con el tiempo para obtener la acción multiplicadora. Esto se demuestra en la figura 4-10, donde el dispositivo variable con el tiempo es un interruptor analógico (tal como el circuito integrado CMOS 4016) activado por una señal de oscilador de ley cuadrática, $v_0(t)$. La ganancia discreta del interruptor es unitaria o cero. La forma de onda a la salida del interruptor analógico es

$$v_1(t) = v_{entrada}(t)s(t) \tag{4-65}$$

donde $s(t)$ es una onda cuadrada conmutadora unipolar de amplitud pico unitaria. (Ésta es análoga a la PAM —modulación por amplitud de pulso— con muestreo natural estudiada en el capítulo 3.) De este modo, la ecuación (4-65) se vuelve

$$v_1(t) = v_{entrada}(t)\left[\frac{1}{2} + \sum_{n=1}^{\infty} \frac{2\ \mathrm{sen}(n\pi/2)}{n\pi} \cos n\omega_0 t\right] \tag{4-66}$$

La acción multiplicadora se obtiene con el término $n = 1$, la cual es

$$\frac{2}{\pi}\, v_{entrada}(t) \cos \omega_0 t \tag{4-67}$$

Ésta genera señales de conversión ascendente y descendente $f_c + f_0$ y $f_c - f_0$, siempre que $v_{entrada}(t)$ sea una señal pasabanda con espectro diferente de cero en la cercanía de $f = f_c$. Sin embargo, la ecuación (4-66) muestra que otras bandas de frecuencia también están presentes en la señal de salida, es decir, a frecuencias $f = |f_c \pm nf_0|$, $n = 3, 5, 7, \ldots$ y, además, existe el término de alimentación a través $\frac{1}{2}v_{entrada}(t)$ que aparece en la salida. Desde luego, se puede usar un filtro para pasar la componente de conversión ascendente o descendente que aparece en la ecuación (4-66).

Los mezcladores con frecuencia se clasifican como *desbalanceados*, *balanceados simples* o *doblemente balanceados*. Es decir, en general, a la salida de los circuitos mezcladores se obtiene

$$v_1(t) = C_1 v_{entrada}(t) + C_2 v_0(t) + C_3 v_{entrada}(t) v_0(t) + \text{otros términos} \tag{4-68}$$

Cuando $C_1$ y $C_2$ no son cero, se dice que el mezclador está *desbalanceado* puesto que $v_{entrada}(t)$ y $v_0(t)$ aparecen a la salida. En la figura 4-9 se ilustra un mezclador desbalanceado, donde se utilizó un dispositivo no lineal para obtener la acción mezcladora. En la expansión de Taylor de las características de salida a entrada de un dispositivo no lineal, el término lineal genera la alimentación a través tanto de $v_{\text{entrada}}(t)$ como de $v_0(t)$. Un *mezclador balanceado simple* genera alimentación a través de sólo una de las entradas; es decir, $C_1$ o $C_2$ de (4-68) es cero. En la figura 4-10 se muestra un ejemplo de un mezclador balanceado simple, el que para obtener la acción mezcladora utiliza muestreo. En este ejemplo, la ecuación (4-66) demuestra que $v_0(t)$ está balanceada hacia afuera (es decir, $C_2 = 0$) y $v_{\text{entrada}}(t)$ se alimenta a través con una ganancia de $C_1 = \frac{1}{2}$. Un *mezclador doblemente balanceado* no produce alimentación al través de una u otra entrada; esto es, tanto $C_1$ como $C_2$ de la ecuación (4-68) son cero. En el párrafo siguiente se analiza un mezclador doblemente balanceado.

La figura 4-11a exhibe el circuito de un mezclador doblemente balanceado. Este circuito tiene mucha aceptación porque es relativamente barato y por su excelente rendimiento. La IMD (distorsión por intermodulación) de tercer orden en general resulta 50 dB por debajo de los componentes de salida deseados. Casi siempre se diseña para impedancias de fuente y carga de 50 W

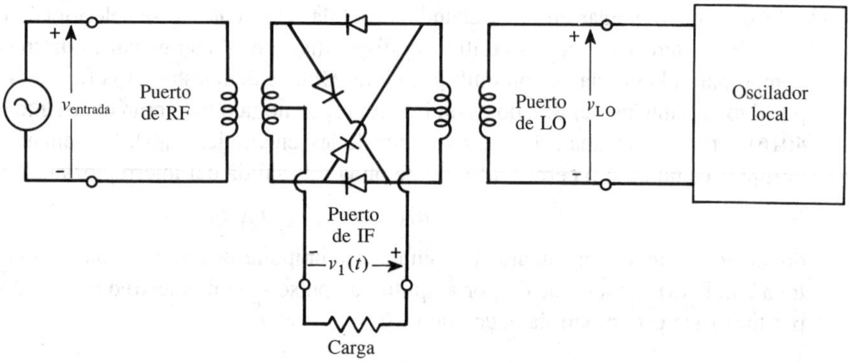


a) Circuito mezclador doblemente balanceado

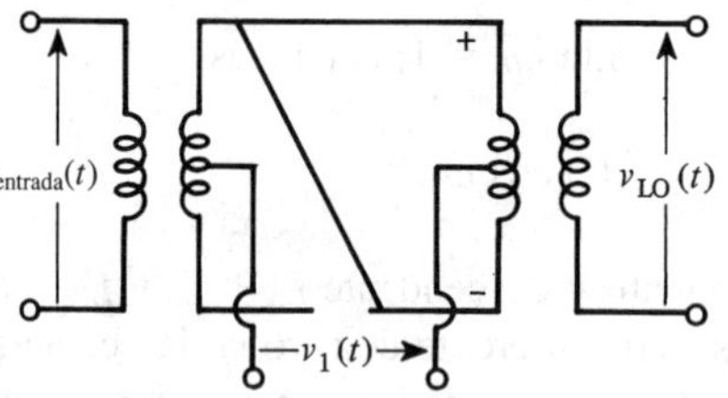


b) Circuito equivalente cuando $v_{OL}(t)$ es positivo

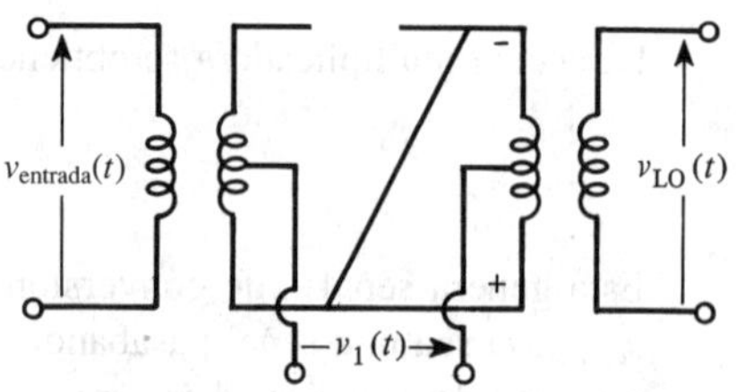


c) Circuito equivalente cuando $v_{OL}(t)$ es negativo

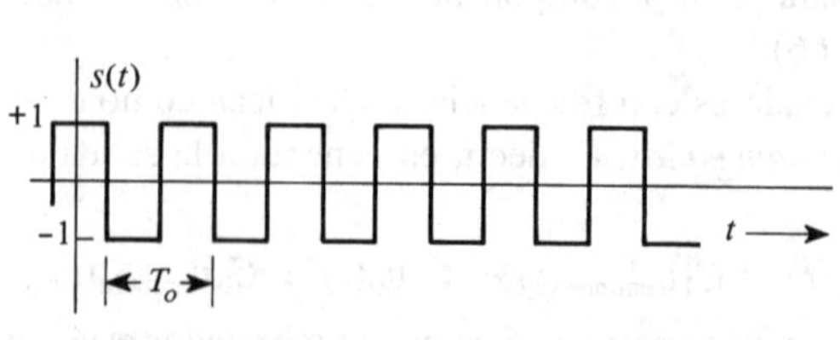


d) Forma de onda conmutada por un circuito mezclador doblemente balanceado.

**Figura 4-11** Análisis de un circuito mezclador doblemente balanceado.

con puertos de entrada y salida de banda ancha. El puerto de RF [es decir, $v_{\text{entrada}}(t)$] y puerto LO (oscilador local) con frecuencia son utilizables en una intervalo de frecuencia de 1000:1, es decir, 1 a 1000 MHz; y el puerto de salida de IF (frecuencia intermedia), $v_1(t)$, por lo general es utilizable desde cd hasta 600 MHz. Los transformadores se construyen con núcleos toroidales pequeños y los diodos agrupados son diodos portadores calientes. El nivel de la señal de entrada en el puerto de RF es relativamente pequeño, casi siempre menor que $-5$ dBm, y el nivel del oscilador local en el puerto LO es relativamente grande, es decir de $+5$ dBm. La señal LO es grande, así que esta señal, en realidad, activa y desactiva los diodos para que actúen como interruptores. El LO genera la señal de control conmutadora. Este circuito actúa por ende como un circuito lineal variable con el tiempo (con respecto al puerto de entrada de RF), y el análisis es muy similar al que se utilizó para el mezclador de interruptor analógico de la figura 4-10. Durante la parte del ciclo en el cual $v_{\text{LO}}(t)$ tiene un voltaje positivo, el voltaje de salida es proporcional a $+v_{\text{entrada}}(t)$, tal como lo demuestra el circuito equivalente mostrado en la figura 4-11b. Cuando $v_{\text{LO}}(t)$ es negativa, el voltaje de salida es proporcional a $-v_{\text{entrada}}(t)$, como se aprecia en el circuito equivalente de la figura 4-11c. De este modo la salida de este mezclador doblemente balanceado es

$$v_1(t) = Kv_{\text{entrada}}(t)s(t) \tag{4-69}$$

donde $s(t)$ es una forma de onda cambiante bipolar, como se muestra en la figura 4-11d. Desde que la forma de onda cambiante surge de la señal LO, su periodo es $T_0 = 1/f_0$. La forma de onda cambiante se describe por

$$s(t) = 4 \sum_{n=1}^{\infty} \frac{\text{sen}(n\pi/2)}{n\pi} \cos n\omega_0 t \tag{4-70}$$

de modo que la salida del mezclador es

$$v_1(t) = [v_{\text{entrada}}(t)] \left[ 4K \sum_{n=1}^{\infty} \frac{\text{sen}(n\pi/2)}{n\pi} \cos\ n\omega_0 t \right] \tag{4-71}$$

Si la entrada es una señal pasabanda con espectro diferente de cero cerca de $f_c$, esta ecuación muestra que el espectro de la entrada se transforma a las frecuencias $|f_c \pm nf_0|$, donde $n = 1$, 3, 5, .... En la práctica, el valor de $K$ es tal que la ganancia por conversión (definida como el nivel de salida deseado dividido por el nivel de entrada) a la frecuencia $|f_c \pm f_0|$ es aproximadamente de $-6$ dB. Desde luego, se puede usar un filtro de salida para seleccionar la banda de frecuencia ascendente o descendentemente convertida.

Además de las aplicaciones de conversión ascendente o descendente, se pueden usar mezcladores (es decir, multiplicadores) como moduladores para transformar una señal de bandabase en una de banda de RF, y mezcladores como detectores de producto para transformar señales de RF en señales de bandabase. Estas aplicaciones se analizarán en secciones posteriores que se ocupan de transmisores y receptores.

## 4-12 MULTIPLICADORES DE FRECUENCIA

Los *multiplicadores de frecuencia* se componen de un circuito no lineal seguido por un circuito sintonizado, como se ilustra en la figura 4-12. Si se alimenta una señal pasabanda a un mul-

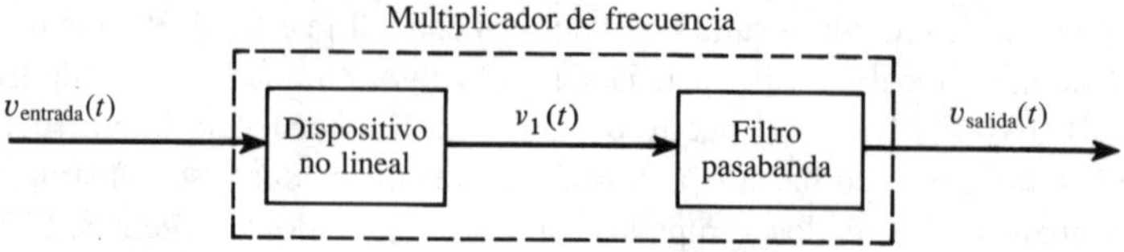


a) Diagrama de bloques de un multiplicador de frecuencia

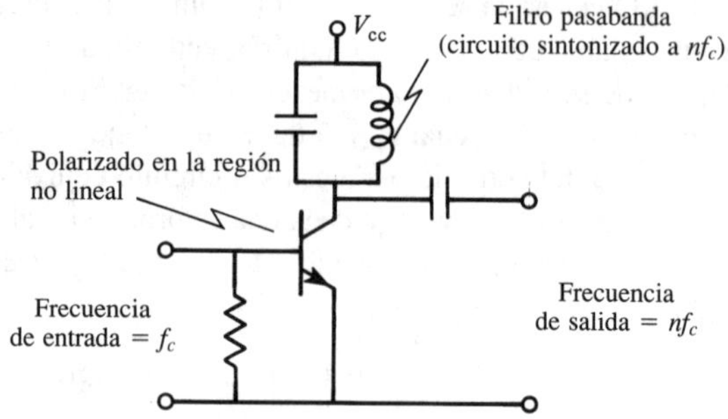


b) Diagrama del circuito de un multiplicador de frecuencia

**Figura 4-12** Multiplicador de frecuencia.

tiplicador de frecuencia, la salida aparecerá en una banda de frecuencia en la armónica $n$-ésima de la frecuencia de entrada. Como el dispositivo es no lineal, el ancho de banda de la salida armónica $n$-ésima es mayor que el de la señal de entrada. En general, la señal de entrada pasabanda está representada por

$$v_{\text{entrada}}(t) = R(t)\cos[\omega_c t + \theta(t)] \tag{4-72}$$

La función de transferencia del dispositivo lineal se puede expander en una serie de Taylor, de modo que el término de salida de orden $n$-ésima es

$$v_1(t) = K_n v_{\text{entrada}}^n(t) = K_n R^n(t)\cos^n[\omega_c t + \theta(t)]$$

o†

$$v_1(t) = CR^n(t)\cos[n\omega_c t + n\theta(t)] + \text{otros términos}$$

Como el filtro pasabanda está diseñado para pasar frecuencias en la proximidad de $nf_c$, la salida es

$$v_{\text{salida}}(t) = CR^n(t)\cos[n\omega_c t + n\theta(t)] \tag{4-73}$$

Ésta ilustra que la variación de la *amplitud* de entrada $R(t)$ *aparece distorsionada* en la señal de salida porque la envolvente real en la salida es $R^n(t)$. El multiplicador de frecuencia no *distorsiona* la forma de onda de la variación *angular*, $\theta(t)$, pero sí incrementa la magnitud de la variación angular por un factor de $n$. Por tanto, no se utilizan circuitos multiplicadores de fre-

† Términos de salida de orden $n$-ésimo, donde $m > n$ también puede contribuir a la salida armónica $n$-ésima siempre que $K_m$ sea suficientemente grande con respecto a $K_n$. (A-18) ilustra lo anterior, donde $m = 4$ y $n = 2$.

cuencia en señales donde se tiene que conservar la AM (modulación de amplitud); pero como se verá, el multiplicador de frecuencia es muy útil en problemas de FM y AM puesto que "amplifica" con eficacia la forma de onda de variación angular, $\theta(t)$. El multiplicador con $n = 2$ se llama *etapa duplicadora*, y el multiplicador de frecuencia con $n = 3$ *etapa triplicadora*.

No se debe confundir el multiplicador de frecuencia con un mezclador. El multiplicador de frecuencia actúa como un dispositivo no lineal. El circuito mezclador (que utiliza una operación multiplicadora matemática) actúa como un circuito lineal con ganancia variable con el tiempo (provocada por la señal de LO). El ancho de banda de la señal a la salida de un multiplicador de frecuencia es mayor que el de la señal de entrada, y aparece en una banda de frecuencia localizada en la armónica $n$-ésima de la entrada. El ancho de banda de una señal en la salida de un mezclador es el mismo que el de la entrada, pero el espectro de entrada se traslada hacia arriba o hacia abajo según la frecuencia del LO y el pasabanda del filtro de salida. Naturalmente, se ve que un multiplicador de frecuencia es esencial en un amplificador no lineal seguido de un filtro pasabanda diseñado para dejar pasar la armónica $n$-ésima.

## 4-13 CIRCUITOS DETECTORES

Tal como se indica en la figura 4-1, el receptor contiene circuitos portadores que convierten la forma de onda pasabanda de entrada en una forma de onda de bandabase de salida. Estos circuitos portadores se llaman circuitos detectores. Las secciones siguientes muestran cómo se diseñan los circuitos detectores para producir $R(t)$, $\theta(t)$, $x(t)$ o $y(t)$ en su salida para la señal pasabanda correspondiente alimentada a la entrada del receptor.

### Detector de envolvente

Un *detector de envolvente ideal* es un circuito que produce una forma de onda en su salida que proporciona a la envolvente real, $R(t)$, de su entrada. De acuerdo con la ecuación (4-1b), la entrada pasabanda puede estar representada por $R(t)\cos[\omega_c t + \theta(t)]$, donde $R(t) \geq 0$; en tal caso la salida del detector del envolvente ideal es

$$v_{\text{salida}}(t) = KR(t) \tag{4-74}$$

donde $K$ es la constante de proporcionalidad.

En la figura 4-13a se muestra un circuito detector de diodo simple que reproduce con más o menos precisión a un detector de envolvente ideal. La corriente en el diodo ocurre en pulsos proporcionales a la parte positiva de la forma de onda de entrada. Los pulsos de corriente cargan el capacitor para producir la forma de onda de voltaje de salida, como se ilustra en la figura 4-13b. La constante de tiempo $RC$ se selecciona de manera que la señal de salida siga la envolvente real, $R(t)$, de la señal de entrada. Por consiguiente, la frecuencia de corte del filtro pasabajas tiene que ser mucho más pequeño que la frecuencia portadora $f_c$ y mucho más grande que el ancho de banda de la forma de onda de modulación (detectada), $B$. Esto es,

$$B \ll \frac{1}{2\pi RC} \ll f_c \tag{4-75}$$

donde $RC$ es la constante de tiempo del filtro.

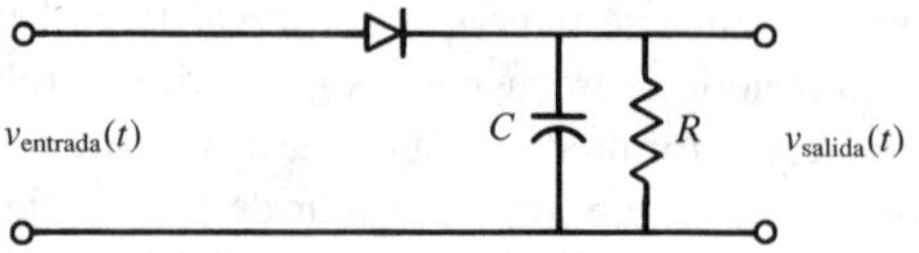


a) Diodo detector de envolvente

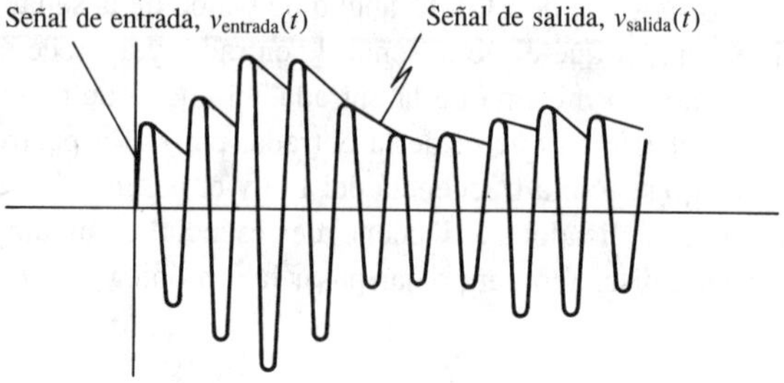


b) Formas de onda asociadas con el diodo detector de envolvente

**Figura 4-13** Detector de envolvente.

En general se utiliza el detector de envolvente para detectar la modulación en señales de AM. En este caso, $v_{entrada}(t)$ tiene la envolvente compleja $g(t) = A_c[1 + m(t)]$, donde $A_c > 0$ representa la fuerza de la señal de AM recibida, y $m(t)$ es la modulación. Si $|m(t)| < 1$, entonces

$$v_{\text{salida}} = KR(t) = K|g(t)| = KA_c[1 + m(t)] = KA_c + KA_c m(t)$$

$KA_c$ es un voltaje de CD utilizado para generar un *control automático de ganancia* (AGC, por sus siglas en inglés: *automatic gain control*) en el receptor de AM. Esto es, con $KA_c$ relativamente pequeño (señal recibida de AM débil), la ganancia del receptor se incrementa y viceversa. $KA_c m(t)$ es la modulación detectada. En el caso de la modulación de audio (no de video), algunos valores típicos de las componentes del detector de envolvente son $R = 10$ kΩ, y $C = 0.001$ $\mu fd$. Éste genera un frecuencia de corte para el filtro pasabajas (3 dB por debajo) de $f_{co} = 1/(2\pi RC) = 15.9$ kHz. Ésta es mucho menor que $f_c$ y mayor que la frecuencia de audio más alta, $B$, utilizada en aplicaciones de AM.

## Detector de producto

Un *detector de producto* (Fig. 4-14) es un circuito mezclador que convierte descendentemente la entrada (señal pasabanda más ruido) en una bandabase. La salida del multiplicador es

$$\begin{aligned} v_1(t) &= R(t)\cos[\omega_c t + \theta(t)]A_0\cos(\omega_c t + \theta_0) \\ &= \tfrac{1}{2}A_0 R(t)\cos[\theta(t) - \theta_0] + \tfrac{1}{2}A_0 R(t)\cos[2\omega_c t + \theta(t) + \theta_0] \end{aligned}$$

donde la frecuencia del oscilador es $f_c$ y la fase $\theta_0$. El filtro pasabajas pasa sólo el término de conversión descendente, de modo que la salida es

$$v_{\text{salida}}(t) = \tfrac{1}{2}A_0 R(t)\cos[\theta(t) - \theta_0] = \tfrac{1}{2}A_0\text{Re}\{g(t)e^{-j\theta_0}\} \tag{4-76}$$

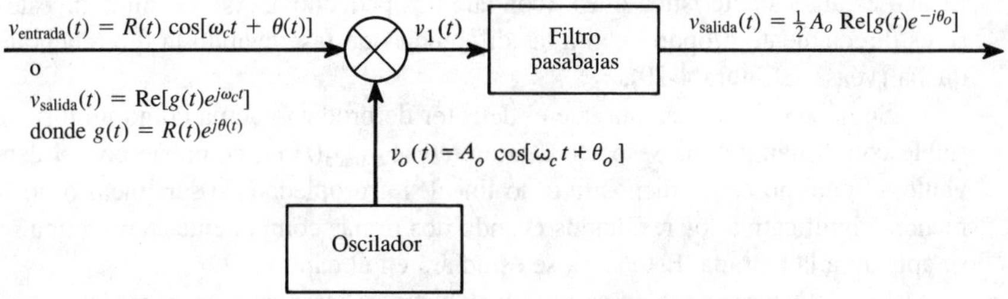


**Figura 4-14** Detector de producto.

donde la envolvente compleja de la entrada está denotada por

$$g(t) = R(t)e^{j\theta(t)} = x(t) + jy(t)$$

y $x(t)$ y $y(t)$ son las componentes de cuadratura [véase la ecuación (4-2)]. Como la frecuencia del oscilador es la misma que la frecuencia portadora de la señal de entrada, el oscilador está *sincronizado en frecuencia* con la señal de entrada. Además, si, $\theta_0 = 0$, se dice que el oscilador está *sincronizado en fase* con la componente de fase de entrada y la salida se vuelve

$$v_{\text{salida}}(t) = \tfrac{1}{2}A_0 x(t) \tag{4-77a}$$

Si $\theta_0 = 90°$,

$$v_{\text{salida}} = \tfrac{1}{2}A_0 y(t) \tag{4-77b}$$

La ecuación (4-76) también indica que un detector de producto es sensible a AM o PM. Por ejemplo, si la entrada no contiene modulación angular de modo que $\theta(t) = 0$ y si la fase de referencia se hace cero (es decir, $\theta_0 = 0$), entonces

$$v_{\text{salida}}(t) = \tfrac{1}{2}A_0 R(t) \tag{4-78a}$$

lo cual implica que $x(t) \geq 0$ y la envolvente real se obtiene sobre el resultado del detector del producto, igual que en el caso del detector de envolvente antes analizado. Sin embargo, si una señal modulada por ángulo $A_c \cos[\omega_c t + \theta(t)]$ está presente en la entrada y $\theta_0 = 90°$, la salida del detector de producto es

$$v_{\text{salida}}(t) = \tfrac{1}{2}A_0\ \text{Re}\{A_c e^{j[\theta(t) - 90°]}\}$$

o

$$v_{\text{salida}}(t) = \tfrac{1}{2}A_0 A_c \text{ sen } \theta(t) \tag{4-78b}$$

En este caso, el detector de producto actúa como un *detector de fase* con una *característica senoidal* porque el voltaje de salida es proporcional a la señal de la diferencia de fase entre la señal de entrada y la señal del oscilador. También hay circuitos detectores de fase que dan características triangulares y de diente de sierra [Krauss, Bostian y Raab, 1980]. Si se recurre a la ecuación (4-78b) para el detector de fase de característica senoidal, y si se supone que la diferencia de fase es pequeña [es decir, $|\theta(t)| \ll \pi/2$], se ve que sen $\theta(t) \approx \theta(t)$ y

$$v_{\text{salida}}(t) \approx \tfrac{1}{2}A_0 A_c \theta(t) \tag{4-79}$$

la cual es una característica lineal (con ángulos pequeños). Así, la salida de este detector de fase es directamente proporcional a las diferencias de fase cuando la diferencia de ángulo es pequeña (véase la figura 4-20).

Se debe tener en cuenta que el detector de producto actúa como un dispositivo lineal variable con el tiempo con respecto a la entrada $v_{\text{entrada}}(t)$ en contraste con el detector de envolvente, el cual no es un dispositivo no lineal. La propiedad de ser lineal o no lineal afecta de manera significativa los resultados cuando dos o más componentes, como una señal más ruido, se aplican a la entrada. Este tema se estudiará en el capítulo 7.

Los detectores también se clasifican como coherentes o no coherentes. Un detector *coherente* tiene dos entradas, una de ellas para una señal de referencia, tal como la señal de un oscilador sincronizado, y la otra para la señal modulada que no se tiene que demodular. El detector de producto es un ejemplo de detector coherente. Un detector *no coherente* tiene sólo una entrada, es decir, el puerto de señal modulada. El detector de envolvente es un ejemplo de detector no coherente.

## Detector de modulación en frecuencia

Un *detector de modulación en frecuencia* (*FM*) *ideal* es un dispositivo que produce una salida proporcional a la frecuencia instantánea de la entrada. Esto es, si la entrada pasabanda está representada por $R(t)\cos[\omega_c t + \theta(t)]$, la salida del detector de FM ideal es

$$v_{\text{salida}}(t) = \frac{Kd[\omega_c t + \theta(t)]}{dt} = K\left[\omega_c + \frac{d\theta(t)}{dt}\right] \tag{4-80}$$

Casi siempre el detector de FM está *balanceado*. Esto quiere decir que el voltaje de cd $K\omega_c$ no aparece en la salida si el detector se sintoniza a (o se diseña para) la frecuencia portadora $f_c$. En este caso la salida es

$$v_{\text{salida}}(t) = K\frac{d\theta(t)}{dt} \tag{4-81}$$

Existen muchas maneras de construir detectores de FM, pero casi todos se basan en uno de tres principios:

- Conversión de FM a AM
- Detección de desplazamiento de fase o cuadratura
- Detección de cruce cero

Un *detector de pendiente* es un ejemplo de principio de conversión de FM en AM. En la figura 4-15 se muestra un diagrama de bloques. Se requiere un limitador pasabanda para supri-

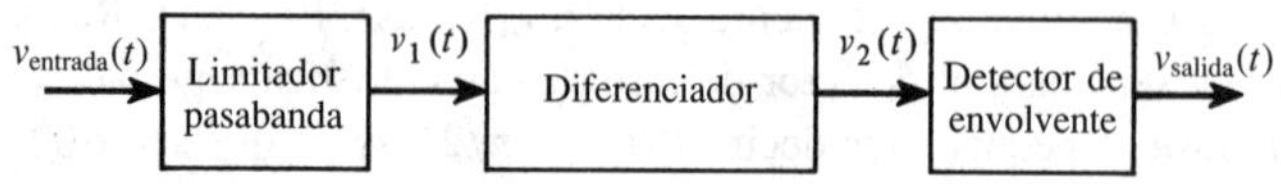


**Figura 4-15** Demodulación de frecuencia utilizando detección de pendiente.

mir cualquier variación de amplitud en la señal de entrada puesto que ésta distorsionaría (produciría ruido en) la señal de salida deseada.

El detector de pendiente se analiza como sigue. Supóngase que la entrada es una señal debilitada con modulación de frecuencia. Según la tabla 4-1, esta señal de FM se puede representar con la ecuación

$$v_{\text{entrada}}(t) = A(t) \cos[\omega_c t + \theta(t)] \tag{4-82}$$

donde

$$\theta(t) = K_f \int_{-\infty}^{t} m(t_1)\, dt_1 \tag{4-83}$$

$A(t)$ representa la envolvente desvanecida y $m(t)$ es la señal de modulación (por ejemplo, de audio). Se desprende que la salida del limitador es

$$v_1(t) = V_L \cos [\omega_c t + \theta(t)] \tag{4-84}$$

y la salida del diferenciador es

$$v_2(t) = -V_L\left[\omega_c + \frac{d\theta(t)}{dt}\right] \operatorname{sen}[\omega_c t + \theta(t)] \tag{4-85}$$

La salida del detector de envolvente es la magnitud de la envolvente compleja de $v_2(t)$:

$$v_{\text{salida}}(t) = \left| -V_L\left[\omega_c + \frac{d\theta(t)}{dt}\right]\right|$$

y como $\omega_c \gg d\theta/dt$ en la práctica, ésta se transforma en

$$v_{\text{salida}}(t) = V_L\left[\omega_c + \frac{d\theta(t)}{dt}\right]$$

Con la ecuación (4-83), se obtiene

$$v_{\text{salida}}(t) = V_L\omega_c + V_L K_f m(t) \tag{4-86}$$

que indica que la salida se compone de un voltaje de cd, $V_L\omega_c$, más el voltaje de ca $V_L K_f m(t)$, sería proporcional a la modulación en la señal de FM. Desde luego, se podría colocar un capacitor en serie con la salida de modo que sólo el voltaje de ca se pasaría a la carga.

La operación de diferenciación se obtiene con cualquier circuito que actúe como un convertidor de frecuencia a amplitud. Por ejemplo, se puede usar una circuito resonante sintonizado único como se ilustra en la figura 4-16, donde la función de transferencia de magnitud es $|H(f)| = K_1 f + K_2$ en la parte lineal (útil) de la característica. Un detector de FM balanceado, el que también se llama *discriminador balanceado*, se muestra en la figura 4-17. Se utilizan dos circuitos para balancear la corriente directa cuando la entrada tiene una frecuencia portadora de $f_c$ y para producir una característica de conversión de frecuencia a voltaje lineal extendido.

También se construyen discriminadores balanceados que funcionan debido a las propiedades de desplazamiento de fase de un circuito transformador de RF doblemente sintonizado con

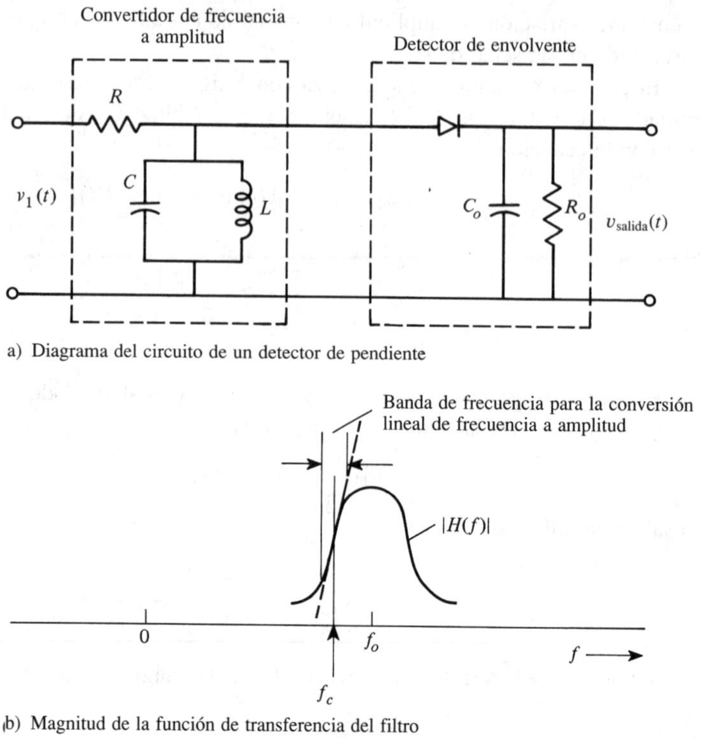


**Figura 4-16** Detección de pendiente por medio de un circuito sintonizado único para la conversión de frecuencia a amplitud.

devanados primario y secundario [Stark, Tuteur y Anderson, 1988]. En la práctica, se utilizan circuitos integrados en lugar de circuitos discriminadores que operan con base en el principio de cuadratura.

El *detector de cuadratura* se describe como sigue: de la señal de cuadratura primero se obtiene una señal de FM; en seguida, con un detector de producto, la señal de cuadratura se multiplica con la señal de FM para producir la señal demodulada, $v_{salida}(t)$. La señal de cuadratura se produce haciendo pasar la señal de FM por una reactancia (grande) de capacitor conectado en serie con un circuito resonante en paralelo sintonizado a $f_c$. El voltaje de señal de cuadratura aparece a través del circuito resonante en paralelo. La capacitancia en serie produce un desplazamiento de fase de 90° y el circuito resonante un desplazamiento de fase adicional proporcional a la desviación de frecuencia instantánea (a partir de $f_c$) de la señal de FM. De acuerdo con las ecuaciones (4-84) y (4-83), la señal de FM es

$$v_{entrada}(t) = V_L \cos[\omega_c t + \theta(t)] \tag{4-87}$$

y la señal de cuadratura es

$$v_{cuad}(t) = K_1 V_L \operatorname{sen}\left[\omega_c t + \theta(t) + K_2 \frac{d\theta(t)}{dt}\right] \tag{4-88}$$

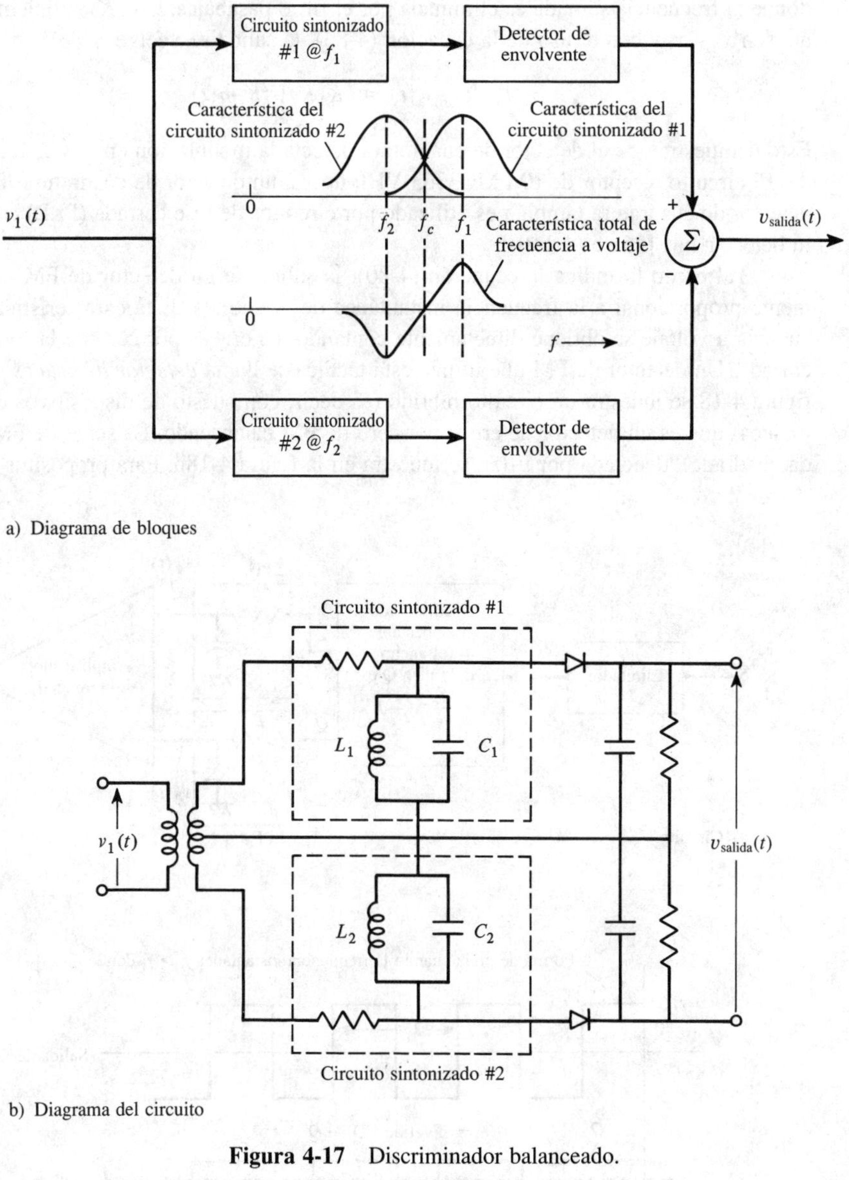


**Figura 4-17** Discriminador balanceado.

donde $K_1$ y $K_2$ son constantes que dependen de los valores de las componentes utilizadas en el capacitor en serie y en el circuito resonante en paralelo. Estas dos señales (4-87) y (4-88) se multiplican por un detector de producto, por ejemplo, véase la figura 4-14, para producir la señal de salida

$$v_{\text{salida}}(t) = \tfrac{1}{2} K_1 V_L^2 \operatorname{sen}\left[ K_2 \frac{d\theta(t)}{dt} \right] \tag{4-89}$$

donde la frecuencia sumada es eliminada por el filtro pasabajas. Con $K_2$ suficientemente pequeña, sen $x \approx x$, y con el uso de la ecuación (4-83), la salida se vuelve

$$v_{\text{salida}}(t) = \tfrac{1}{2}K_1 K_2 V_L^2 K_f m(t) \tag{4-90}$$

Esto demuestra que el detector de cuadratura detecta la modulación en la señal de FM de entrada. El circuito receptor de FM MC3363 VHF utiliza un detector de cuadratura. El principio del detector de cuadratura también es utilizado por circuitos de fase cerrada (PLL) configurados para detectar FM [véase (4-110)].

Tal como lo indica la ecuación (4-80), la salida de un detector de FM ideal es directamente proporcional a la frecuencia instantánea de la entrada. Esta característica lineal de frecuencia a voltaje se obtiene directamente contando los cruces por cero de la forma de onda de entrada. Un detector de FM que utiliza está técnica se llama *detector de cruces por cero*. En la figura 4-18 se muestra un circuito híbrido (es decir, compuesto de dispositivos digitales y analógicos) que es un detector de cruce por cero de FM balanceado. La señal de FM limitada (onda cuadrada), denotada por $v_1(t)$, se muestra en la figura 4-18b. Para propósitos ilustrativos, se

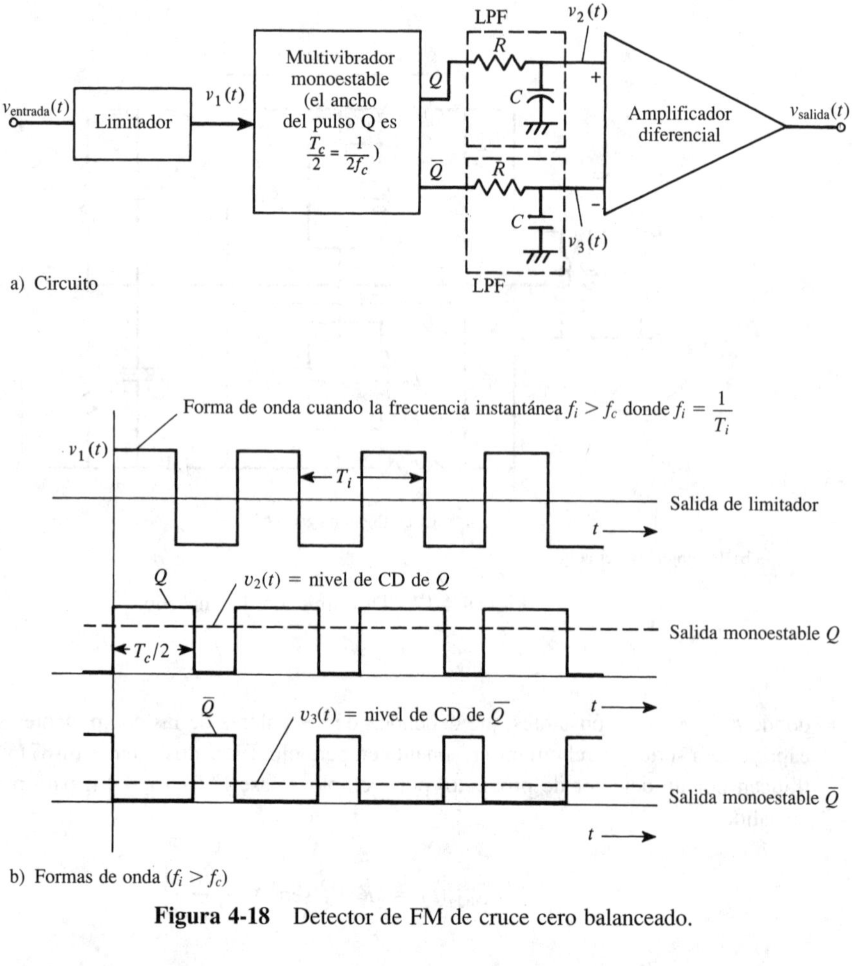


**Figura 4-18** Detector de FM de cruce cero balanceado.

supone que $v_1(t)$ se observa en la parte del ciclo de modulación donde la frecuencia instantánea

$$f_i(t) = f_c + \frac{1}{2\pi}\frac{d\theta(t)}{dt} \tag{4-91}$$

es mayor que la frecuencia portadora $f_c$. Es decir, $f_i > f_c$ en la ilustración. Como el voltaje de modulación varía lentamente con respecto a la oscilación de la señal de FM de entrada, $v_1(t)$ parece (en la figura) tener una frecuencia constante, aunque en realidad es variable de acuerdo con $f_i(t)$. El multivibrador monoestable (de un disparo) se activa en los cruces por cero de pendiente positiva de $v_1(t)$. Para la detección de FM balanceada, el ancho del pulso de la salida $Q$ se fija a $T_c/2 = 1/2f_c$, donde $f_c$ es la frecuencia portadora de la señal de FM a la entrada. De este modo el voltaje de salida del amplificador diferencial es cero si $f_i = f_c$. Con $f_i > f_c$ [ilustrado por la forma de onda $v_1(t)$ en la figura] el voltaje de salida es positivo y con $f_i < f_c$ el voltaje de salida será negativo. De este modo se obtiene una característica lineal de frecuencia a voltaje, $C[f_i(t) - f_c]$, donde, con una señal de FM a la entrada, $f_i(t) = f_c + (1/2\pi)K_f m(t)$.

Otro circuito que se usa para demodulación de FM así como para otros propósitos es el circuito de fase cerrada (PLL).

## 4-14 CIRCUITOS DE FASE CERRADA (PLL) Y SINTETIZADORES DE FRECUENCIA

Un circuito de fase cerrada (PLL, por sus siglas en inglés; *phase-locked loop*) se conforma de tres componentes básicas: (1) un detector de fase, (2) un filtro pasabajas y (3) un oscilador controlado por voltaje (VCO, por sus siglas en inglés: *voltage controlled oscilator*) (véase la figura 4-19). El VCO es un oscilador que produce una forma de onda periódica, cuya frecuencia puede variar alrededor de una frecuencia estable, $f_0$, de acuerdo con el valor del voltaje aplicado $v_2(t)$. La frecuencia estable, $f_0$, es la frecuencia a la salida del VCO cuando el voltaje aplicado $v_2(t)$ es cero. El detector de fase produce una señal de salida $v_1(t)$ que es una función de la diferencia de fase entre la señal de entrada $v_{\text{entrada}}(t)$ y la señal del oscilador $v_0(t)$. La señal filtrada es $v_2(t)$ es la señal de control utilizada para cambiar la frecuencia de la salida del VCO. La configuración del PLL se puede diseñar de modo que actúe como filtro rastreador de banda angosta cuando el filtro pasabajas (LPF) es de banda angosta. En este modo de operación la frecuencia del VCO llega a ser la de uno de las componentes lineales del espectro de la señal de entrada, de modo que, en realidad, la señal de salida del VCO es una señal periódica con una frecuencia igual a la frecuencia promedio de esta componente de la señal

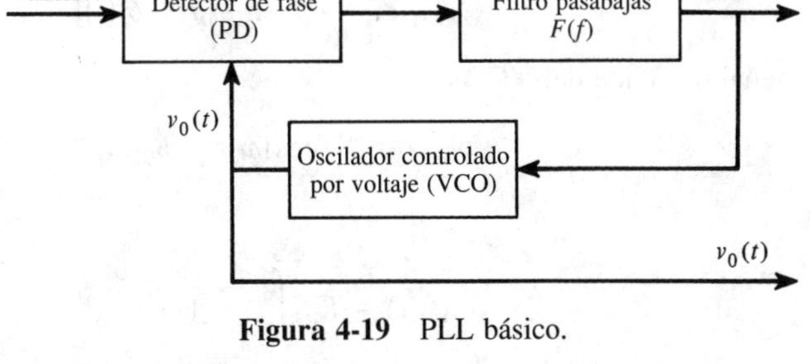


**Figura 4-19** PLL básico.

de entrada. Una vez que el VCO adquiere esta componente de frecuencia, la frecuencia del VCO rastrea esta componente de la señal de entrada si cambia ligeramente de frecuencia. En otro modo de operación, el ancho de banda del LPF es más amplio de modo que el VCO puede rastrear la frecuencia instantánea de la señal de entrada. Cuando el PLL rastrea la señal de entrada en cualquiera de estas maneras, se dice que el PLL está "con cerrojo".

Si la frecuencia inicial de la señal aplicada es $f_0$, el PLL se cerrará y el VCO rastrea la frecuencia de la señal de entrada en algún intervalo, siempre que la frecuencia de entrada cambie lentamente. Sin embargo, el circuito permanecerá cerrado sólo en un intervalo finito de desplazamiento de frecuencia. Este intervalo se llama *intervalo de retención* (o de *cerrojo*). El intervalo de retención depende de la ganancia de cd total del circuito, la cual incluye la ganancia de cd del LPF. Por otra parte, si la frecuencia inicial de la señal aplicada no es igual a $f_0$, el circuito no se puede cerrar aun cuando la frecuencia de entrada se encuentre dentro del intervalo de retención. El intervalo de frecuencia en el cual la entrada aplicada hace que el circuito se cierre se llama *intervalo de extracción* (o de *captura*). Este intervalo queda principalmente determinado por las características de filtro del circuito, y nunca es mayor que el intervalo de retención. (Véase la figura 4-23.) Otra especificación importante para el PLL es la *velocidad máxima de barrido*. Se define como la velocidad máxima de cambio de la frecuencia de entrada en la cual el circuito permanece cerrado. Si la frecuencia de entrada cambia más rápido que esta velocidad, el circuito se abre.

Si el PLL se obtiene mediante técnicas de circuitos analógicos, se dice que es un *circuito de cierre de fase analógico* (APLL, por sus siglas en inglés: *analog phase-locked loop*). A la inversa, si se utilizan circuitos digitales, se dice que es un *circuito de cierre de fase digital*) (DPLL, por sus siglas en inglés: *digital phase-locked loop*). Por ejemplo, la característica de detección de fase (PD) depende de la técnica exacta empleada. En la figura 4-20 se muestran algunas características de detección de fase. La característica senoidal se obtiene si se utiliza un multiplicador (circuito analógico) y las señales periódicas son senoides. El multiplicador se puede formar con un mezclador doblemente balanceado. Las características de detección de fase triangulares y de diente de sierra se obtienen con circuitos digitales. Además de utilizar circuitos VCO y PD, el DPLL puede incorporar un filtro de circuito digital y técnicas de procesamiento de señales que utilizan microprocesadores. Gupta publicó un excelente artículo tutorial sobre circuitos de fase cerrada analógicos en el *IEEE Proceedings* [Gupta, 1975], y Lindsey y Chie publicaron un ensayo de investigación sobre técnicas PLL digitales [Lindsey y Chie, 1981]. Además, existen libros excelentes [Blanchard, 1976; Gardner, 1979; Best, 1993]. El análisis detallado de los PLL queda fuera del alcance de este libro; sin embargo, algunos de los resultados significativos se desarrollarán aquí.

El PLL se puede estudiar examinando el APLL, como se muestra en la figura 4-21. En esta figura se usa un multiplicador (característica de detección de fase senoidal). Supóngase que la señal de entrada es

$$v_{\text{entrada}}(t) = A_i \operatorname{sen}[\omega_0 t + \theta_i(t)] \tag{4-92}$$

y que la señal de salida del VCO es

$$v_0(t) = A_0 \cos[\omega_0 t + \theta_0(t)] \tag{4-93}$$

donde

$$\theta_0(t) = K_v \int_{-\infty}^{t} v_2(\tau)\, d\tau \tag{4-94}$$

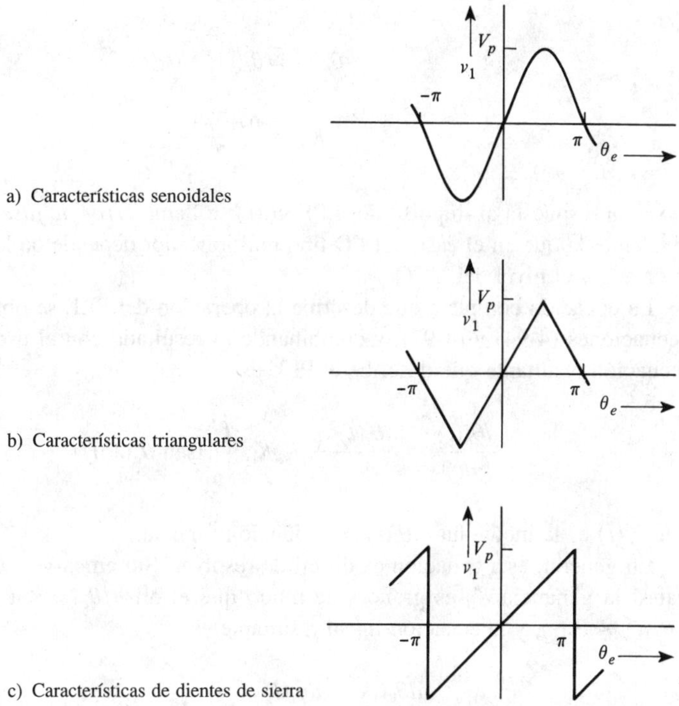


**Figura 4-20** Algunas características del detector de fase.

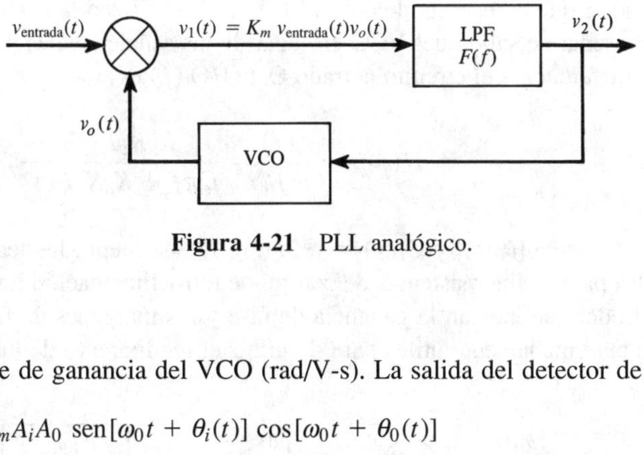


**Figura 4-21** PLL analógico.

$K_v$ es la constante de ganancia del VCO (rad/V-s). La salida del detector de fase es

$$v_1(t) = K_m A_i A_0\ \text{sen}[\omega_0 t + \theta_i(t)]\cos[\omega_0 t + \theta_0(t)]$$

$$= \frac{K_m A_i A_0}{2}\ \text{sen}[\theta_i(t) - \theta_0(t)] + \frac{K_m A_i A_0}{2}\ \text{sen}[2\omega_0 t + \theta_i(t) + \theta_0(t)] \qquad (4\text{-}95)$$

donde $K_m$ es la ganancia del circuito multiplicador. El término de la frecuencia de suma no pasa a través del LPF, de modo que la salida de éste es

$$v_2(t) = K_d[\text{sen}\ \theta_e(t)] * f(t) \qquad (4\text{-}96)$$

donde

$$\theta_e(t) \triangleq \theta_i(t) - \theta_0(t) \tag{4-97}$$

$$K_d = \frac{K_m A_i A_0}{2} \tag{4-98}$$

y $f(t)$ es la respuesta al impulso del LPF. $\theta_e(t)$ se llama *error de fase;* $K_d$ es la constante PD equivalente, la que en el caso del PD tipo multiplicador depende de los niveles de la señal de entrada, $A_i$, y el nivel del VCO, $A_0$.

La ecuación completa que describe la operación del PLL se obtiene con la derivada de las ecuaciones (4-94) y (4-97), y combinando el resultado con el uso de la ecuación (4-96). La ecuación resultante que describe el PLL es

$$\frac{d\theta_e(t)}{dt} = \frac{d\theta_i(t)}{dt} - K_d K_v \int_0^t [\text{sen}\ \theta_e(\lambda)] f(t-\lambda)\, d\lambda \tag{4-99}$$

donde $\theta_e(t)$ es la incógnita y $\theta_i(t)$ es la función forzada.

En general, esta ecuación es difícil de resolver. Sin embargo, se reduce a una ecuación lineal si la ganancia $K_d$ es grande, de modo que el error $\theta_e(t)$ sea pequeño. En este caso, sen $\theta_e(t) \approx \theta_e(t)$, y la ecuación lineal resultante es

$$\frac{d\theta_e(t)}{dt} = \frac{d\theta_i(t)}{dt} - K_d K_v \theta_e(t) * f(t) \tag{4-100}$$

En la figura 4-22 se muestra un diagrama de bloques derivado de esta ecuación lineal. Es de hacerse notar que en este modelo de PLL lineal se utilizan la *fase* de la señal de entrada y la *fase* de la señal de salida del VCO en lugar de las señales reales propiamente dichas. La función de trasferencia del circuito cerrado $\Theta_0(f)/\Theta_i(f)$ es

$$H(f) = \frac{\Theta_0(f)}{\Theta_i(f)} = \frac{K_d K_v F(f)}{j2\pi f + K_d K_v F(f)} \tag{4-101}$$

donde $\Theta_0(f) = \mathcal{F}[\theta_0(t)]$ y $\Theta_i(f) = \mathcal{F}[\theta_i(t)]$. Desde luego, las técnicas de diseño y análisis empleadas para evaluar sistemas de control de retroalimentación lineal, tales como los diagramas de Bode, que indican la ganancia de fase y los márgenes de fase, son aplicables. De hecho, son extremadamente útiles para describir el rendimiento de los PLL *cerrados*.

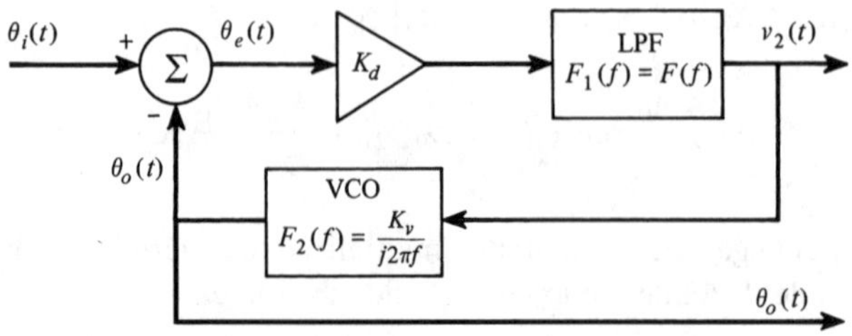


**Figura 4-22** Modelo lineal del PLL analógico.

La ecuación para el *intervalo de retención* se obtiene examinando el comportamiento lineal del PLL. De acuerdo con las ecuaciones (4-94) y (4-96), la desviación de frecuencia instantánea del VCO con respecto a $\omega_0$ es

$$\frac{d\theta_0(t)}{dt} = K_v v_2(t) = K_v K_d[\text{sen } \theta_e(t)] * f(t) \tag{4-102}$$

Para obtener el intervalo de retención, la frecuencia de entrada se cambia muy lentamente a partir de $f_0$. En este caso la ganancia del filtro es el parámetro de control, y la ecuación (4-102) se vuelve

$$\Delta\omega = K_v K_d F(0) \text{ sen } \theta_e \tag{4-103}$$

Los valores máximo y mínimo de $\Delta\omega$ dan el intervalo de retención, y se obtienen cuando sen $\theta_e = \pm 1$. Así el intervalo de retención máximo (sin nada de ruido) es

$$\Delta f_h = \frac{1}{2\pi} K_v K_d F(0) \tag{4-104}$$

En la figura 4-23 se ilustra una característica de cerrojo típica. La curva llena muestra la señal de control del VCO $v_2(t)$ a medida que se barre la señal de prueba senoidal desde una frecuencia baja hasta una frecuencia alta (con la frecuencia estable o normal del VCO, $f_0$, comprendida dentro de la banda de barrido). La curva punteada muestra el resultado cuando se barre desde una frecuencia alta a una baja. El intervalo de retención $\Delta f_h$ está relacionado con la ganancia de cd del PLL tal como lo describe la ecuación (4-104).

Las características del filtro del circuito determinan el *intervalo de captura* $\Delta f_p$. Supóngase, por ejemplo, que el circuito no se ha cerrado y que la señal de prueba se barre lentamente hacia $f_0$. A la salida del detector de fase (PD) se presentará una señal de batido (oscilatoria), y la frecuencia $|f_{\text{entrada}} - f_0|$ variará desde un valor grande a uno pequeño conforme se barre la frecuencia de la señal hacia $f_0$. Conforme la frecuencia de la señal de prueba se acerca a $f_0$, la forma de onda de la frecuencia de batido se vuelve no simétrica, de modo que tendrá un valor de cd no cero. Este valor de cd tiende a cambiar la frecuencia del VCO al de la frecuencia de la señal de entrada de modo que el circuito tiende a cerrarse. El intervalo de captura, $\Delta f_p$, donde el circuito se cierra con cerrojo depende exactamente de cómo el

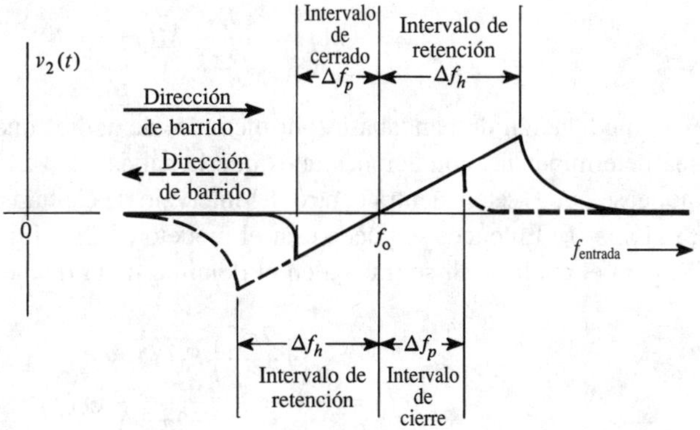


**Figura 4-23** PLL de voltaje de control VCO para una señal de barrido senoidal de entrada.

filtro del circuito $F(f)$ procesa la salida del PD para producir la señal de control del VCO. Además, aun cuando la señal de entrada se encuentre dentro del intervalo de captura, es posible que se requiera una buena cantidad de tiempo para que el circuito se cierre puesto que el LPF actúa como integrador y se requiere algo de tiempo para que el voltaje de control (salida del filtro) alcance un valor suficientemente grande para que ocurra el cierre. El análisis del fenómeno de captura es complicado. En realidad es de naturaleza estadística porque depende de la relación de fase inicial de la entrada, de las señales VCO y del ruido presente en el circuito. Por consiguiente, para medir el $\Delta f_p$, es posible que se requieran varios intentos para obtener un valor típico.

El fenómeno de cierre no es privativo de los circuitos PLL sino que también ocurre en otros tipos de circuitos. Por ejemplo, si se inyecta una señal externa en el puerto de salida de un oscilador (es decir, un oscilador simple, no un VCO), la señal del oscilador tenderá a cambiar la frecuencia y a la larga a cerrarse con la frecuencia de la señal externa siempre que la señal externa se encuentre dentro del intervalo de captura del oscilador. Este fenómeno de inyección y cierre se puede modelar con un modelo de PLL [Couch, 1971].

Los PLL encuentran numerosas aplicaciones en los sistemas de comunicación. Algunas de ellas son (1) detección de FM, (2) generación de señales de FM altamente estables, (3) detección coherente de AM, (4) multiplicación de frecuencia, (5) sintetizadores de frecuencia y (6) como bloque de construcción en sistemas digitales complicados para generar la sincronización de bits y la detección de datos.

A continuación se determinarán las condiciones requeridas para que el PLL se convierta en detector de FM. En la figura 4-21, si se hace que la señal de entrada al PLL sea una señal de FM:

$$v_{\text{entrada}}(t) = A_i \operatorname{sen}\left[\omega_c t + D_f \int_{-\infty}^{t} m(\lambda)\, d\lambda\right] \tag{4-105a}$$

donde

$$\theta_i(t) = D_f \int_{-\infty}^{t} m(\lambda)\, d\lambda \tag{4-105b}$$

o

$$\Theta_i(f) = \frac{D_f}{j2\pi f} M(f) \tag{4-105c}$$

y $m(t)$ es la modulación de bandabase (por ejemplo, de audio) que se va a detectar. Esto es, si se desea determinar las condiciones tales que la salida del PLL, $v_2(t)$, sea proporcional a $m(t)$. Supóngase que $f_c$ se encuentra dentro del intervalo de captura del PLL; así pues, por simplicidad, sea $f_0 = f_c$. Entonces se puede usar el modelo de PLL linealizado, mostrado en la figura 4-22, para el análisis. Si se trabaja en el dominio de la frecuencia, se obtiene la salida

$$V_2(f) = \frac{\left(j\dfrac{2\pi f}{K_v}\right) F_1(f)}{F_1(f) + j\left(\dfrac{2\pi f}{K_v K_d}\right)} \Theta_i(f)$$

la que al utilizar la ecuación (4-105c) se vuelve

$$V_2(f) = \frac{\dfrac{D_f}{K_v}F_1(f)}{F_1(f) + j\left(\dfrac{2\pi f}{K_v K_d}\right)} M(f) \tag{4-106}$$

Ahora se tienen que encontrar las condiciones tales que $V_2(f)$ sea proporcional a $M(f)$. Supóngase que el ancho de banda de la modulación es $B$ hertz, y sea $F_1(f)$ un filtro pasabajas. Por lo tanto

$$F(f) = F_1(f) = 1, \qquad |f| < B \tag{4-107}$$

Además, sea

$$\frac{K_v K_d}{2\pi} \gg B \tag{4-108}$$

En tal caso la ecuación (4-106) se vuelve

$$V_2(f) = \frac{D_f}{K_v} M(f) \tag{4-109}$$

o

$$v_2(t) = Cm(t) \tag{4-110}$$

donde la constante de proporcionalidad es $C = D_f / K_v$. De este modo el circuito PLL de la figura 4-21 se convierte en un detector de FM donde $v_2(t)$ es la salida de FM detectada cuando las condiciones de (4-107) y (4-108) se satisfacen.

En otra aplicación, el PLL se usa para generar la señal de oscilador coherente para la detección de producto de una señal de AM (Fig. 4-24). Recuérdese que de acuerdo con las ecuaciones (4-92) y (4-93), que el VCO de un PLL se cierra a 90° fuera de fase con respecto a la

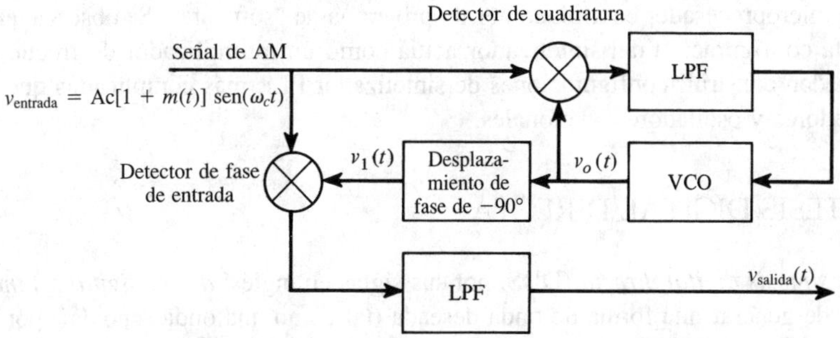


**Figura 4-24** PLL utilizado para la detección coherente de AM.

† Esto se debe a la característica del circuito detector de fase. Esta proposición es correcta en el caso de un detector de fase (PD) que produzca un voltaje de salida de cd cuando las dos señales de entrada del PD están desfasadas 90° (es decir, un PD tipo multiplicador). Sin embargo, si el circuito PD produce una salida de cd cero cuando las dos entradas al PD están en fase, el VCO del PLL se sincronizaría en fase con la señal del PLL.

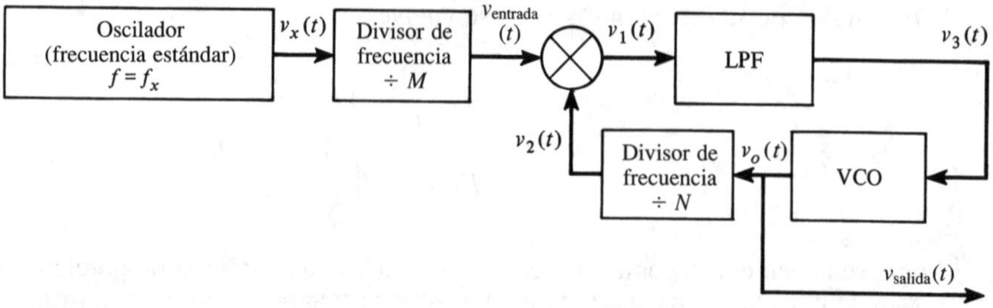


**Figura 4-25** PLL utilizado en un sintetizador de frecuencia.

señal de entrada.† Entonces $v_0(t)$ se tiene que desplazar $-90°$ para que quede en fase con la portadora de la señal de AM de entrada. Se encontró que éste es el requisito para la detección coherente de AM dada por la ecuación (4-77). En esta aplicación el ancho de banda del LPF tiene que ser lo suficientemente amplio para producir el intervalo de captura necesario para que el VCO pueda cerrarse con la frecuencia portadora, $f_c$.

La figura 4-25 ilustra el uso de un PLL es un sintetizador de frecuencia. Este sintetizador de frecuencia genera una señal de frecuencia periódica

$$f_{\text{salida}} = \left(\frac{N}{M}\right) f_x \tag{4-111}$$

donde $f_x$ es la frecuencia del oscilador estable y $N$ y $M$ son los parámetros divisores de frecuencia. Este resultado se verifica recordando que cuando el circuito se cierra, la señal de cd de control $v_3(t)$ desplaza la frecuencia del VCO de modo que $v_2(t)$ tendrá la misma frecuencia que $v_{\text{entrada}}(t)$. Por lo tanto,

$$\frac{f_x}{M} = \frac{f_{\text{salida}}}{N} \tag{4-112}$$

la cual es equivalente a la ecuación (4-111). Si se utilizan divisores programables, la frecuencia de salida del sintetizador se puede cambiar a voluntad, de acuerdo con la ecuación (4-111), con la selección apropiada de valores de $N$ y $M$. Desde luego, esto se podría llevar a cabo con un microprocesador controlado por un programa de "software". Se observa que cuando $M = 1$, esta configuración del sintetizador actúa como un multiplicador de frecuencia. Además, se pueden construir configuraciones de sintetizador PLL más complicadas que incorporen mezcladores y osciladores adicionales.

## 4-15 SÍNTESIS DIGITAL DIRECTA

La *síntesis digital directa* (DDS, por sus siglas en inglés: *direct digital synthesis*) es un método de generar una forma de onda deseada (tal como una onda senoidal) por medio de la téc-

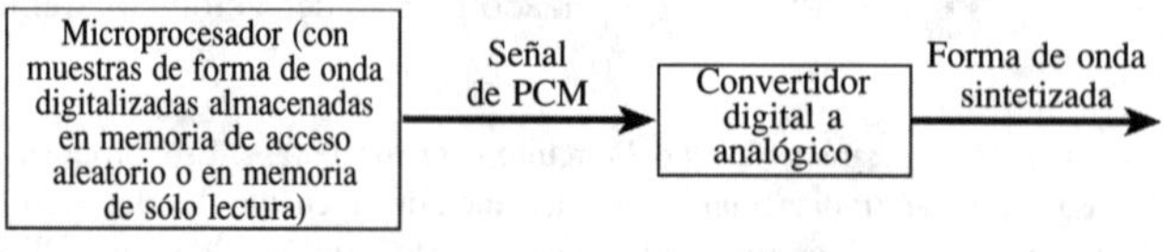


**Figura 4-26** Síntesis digital directa (DDS).

nica de computadora en la figura 4-26. Para configurar el sistema DDS para generar una forma de onda, muestras de la forma de onda deseada se convierten en palabras PCM y se almacenan en la memoria (memoria de acceso aleatorio [RAM] o memoria de sólo lectura [ROM]) del sistema microprocesador. El sistema DDS en seguida genera la forma de onda deseada "reproduciendo" las palabras almacenadas en el convertidor digital a analógico.

Esta técnica DDS tiene muchos atributos. Por ejemplo, si la forma de onda es periódica, tal como una onda senoidal, sólo un ciclo de muestras se tiene que almacenar en memoria. La onda senoidal continua se puede generar repitiendo el ciclo en la memoria. La velocidad a la que se lee la memoria determina la frecuencia de la onda senoidal generada. Si se desea, el microprocesador se programa para que genere una cierta frecuencia durante un cierto lapso y para que luego cambie a una distinta (a otra forma de onda) durante un lapso diferente. Además, si se agrega otro DAC se pueden generar salidas senoidales y cosenoidales (bifásicas) simultáneas. La relación de señal a ruido de cuantización se puede diseñar tan grande como se desee mediante la selección apropiada del número de bits almacenados por cada palabra PCM, tal como lo describe la ecuación (3-18).

La técnica DDS reemplaza a los circuitos analógicos en muchas aplicaciones. Por ejemplo, en receptores de comunicaciones costosos se utiliza la técnica DDS como sintetizador de frecuencia para generar señales de oscilador local que sintonicen el radio (véase la sección 4-16). En órganos de tubos electrónicos y en sintetizadores de música se puede usar la técnica DDS para generar sonidos auténticos o sonidos horripilantes. Los fabricantes de instrumentos utilizan la técnica DDS para generar las formas de onda de salida de generadores de función y generadores de formas de onda arbitrarias. Las compañías telefónicas utilizan la técnica DDS para generar tonos de marcación y señales de ocupado (véase el capítulo 8).

## 4-16 TRANSMISORES Y RECEPTORES

### Transmisores generalizados

Los transmisores generan la señal modulada a la frecuencia portadora $f_c$ a partir de la señal moduladora $m(t)$. En las secciones 4-1 y 4-2 se demostró que cualquier tipo de señal modulada puede estar representada por

$$v(t) = \text{Re}\{g(t)e^{j\omega_c t}\} \tag{4-113}$$

o, de manera equivalente,

$$v(t) = R(t)\cos[\omega_c t + \theta(t)] \tag{4-114}$$

y

$$v(t) = x(t)\cos\omega_c t - y(t)\,\text{sen}\,\omega_c t \tag{4-115}$$

donde la envolvente compleja

$$g(t) = R(t)e^{j\theta(t)} = x(t) + jy(t) \tag{4-116}$$

es una función de la señal moduladora $m(t)$. La relación particular seleccionada para $g(t)$ en función de $m(t)$ define el tipo de modulación utilizada, tal como AM, SSB o FM (véase la tabla 4-1). Con un procedimiento generalizado se obtienen modelos de transmisor universales que se pueden reducir a los que se utilizan para un tipo de modulación particular. También se verá que existen modelos equivalentes que corresponden a diferentes configuraciones de circuito, y que aun así se pueden usar para producir el mismo tipo de señal modulada en sus salidas. Es asunto del diseñador el seleccionar un método que eleve al máximo el desempeño, y que al mismo tiempo reduzca al mínimo el costo basado en lo último en cuanto a desarrollo de circuitos.

Existen dos formas canónicas para el transmisor generalizado, indicadas por las ecuaciones (4-114) y (4-115). La ecuación (4-114) describe un circuito tipo AM-PM como el mostrado en la figura 4-27. El circuito procesador de señales de bandabase genera $R(t)$ y $\theta(t)$ a partir de $m(t)$. $R$ y $\theta$ son funciones de la señal modulante $m(t)$ dadas en la tabla 4-1 para el tipo de modulación particular deseada. El procesamiento de señales se puede obtener con circuitos analógicos no lineales o con una computadora digital que incorpore los algoritmos $R$ y $\theta$ controlados por un programa de "software". En la técnica que utiliza una computadora digital, se requiere un ADC a la entrada y dos DAC a la salida. El resto de la forma canónica AM-PM requiere circuitos de RF, como se indica en la figura.

La figura 4-28 ilustra la forma canónica del transmisor generalizado. Éste utiliza un procesamiento de fase de entrada y de fase cuadratura (IQ). Asimismo, las fórmulas que relacionan $x(t)$ y $y(t)$ con $m(t)$ se muestran en la tabla 4-1, y el procesamiento de señales de bandabase se obtiene con "hardware" analógico o "hardware" digital y "software". El resto de la forma canónica utiliza circuitos de RF como se indica.

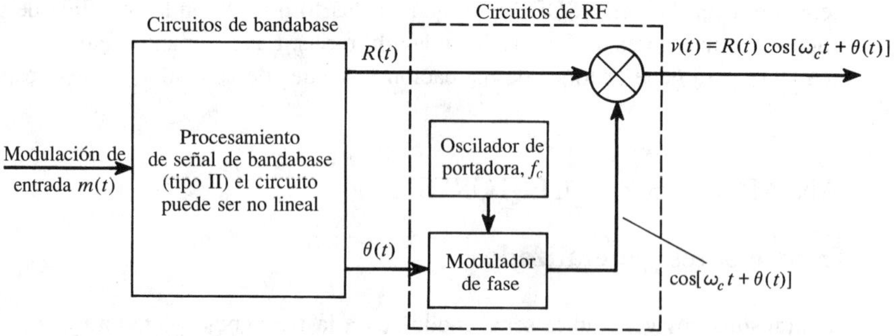


**Figura 4-27** Transmisor generalizado que utiliza la técnica de generación en cuadratura AM-PM.

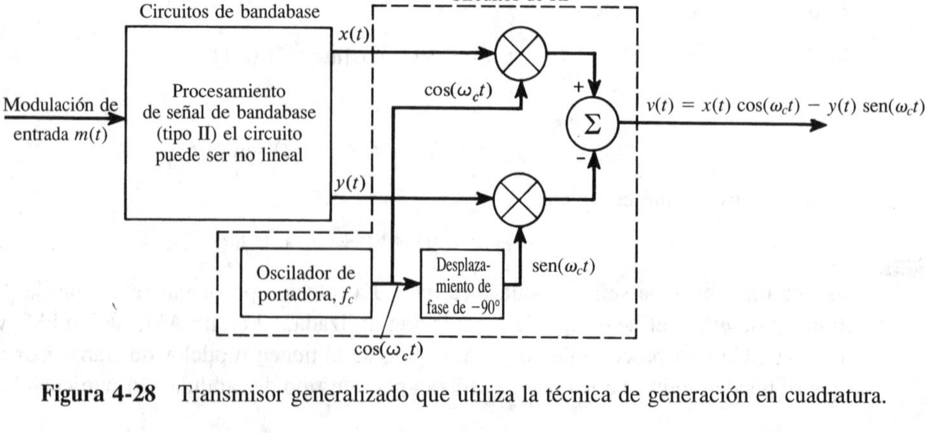


**Figura 4-28** Transmisor generalizado que utiliza la técnica de generación en cuadratura.

Una vez más se hace hincapié en que se puede generar cualquier tipo de modulación de señal (AM, FM, SSB, QPSK, etc.) con cualesquiera de estas dos formas canónicas. Estas dos formas separan de manera conveniente el procesamiento de bandabase del procesamiento de radiofrecuencia. Las técnicas digitales son especialmente útiles para obtener la parte de procesamiento de bandabase. Además, si se utilizan circuitos de cómputo digitales, se puede obtener cualquier tipo de modulación con la selección del algoritmo de "software" apropiado.

La mayoría de los transmisores prácticos en uso en la actualidad son variaciones especiales de estas formas canónicas. Los transmisores prácticos pueden realizar las operaciones de radiofrecuencia a una frecuencia RF convenientemente baja y luego convertirla a la frecuencia de operación deseada. En el caso de señales de RF que no contienen AM, se pueden usar multiplicadores de frecuencia para llegar a la frecuencia de operación. Desde luego, en general se requieren amplificadores de potencia para elevar la potencia de salida al valor especificado. Si la señal de RF no contiene variaciones de amplitud, se pueden usar amplificadores de clase C (de relativamente alta eficiencia) o, de lo contrario, amplificadores de clase B.

## Receptor generalizado: receptor superheterodino

El receptor extrae la información original de la señal modulada recibida que puede estar dañada por ruido. Con frecuencia se desea que la salida del receptor sea una réplica de la señal modulante que estuvo presente a la entrada del transmisor. Existen dos clases principales de receptores: el receptor de *radiofrecuencia sintonizada* (TRF, por sus siglas en inglés: *tuned radio frequency receiver*) y el receptor *superheterodino.*

El receptor TRF se compone de varias etapas pasabanda de RF de alta ganancia en cascada sintonizadas a la frecuencia portadora, $f_c$, seguidas por una circuito detector apropiado (detector de envolvente, detector de producto o detector de FM, etc.). El TRF no es muy popular porque es difícil diseñar etapas de RF sintonizables de modo que se pueda seleccionar la estación deseada y que no obstante tengan un ancho de banda angosto, de modo que se rechacen las estaciones en canales adyacentes. Además, es difícil obtener una alta ganancia a radiofrecuencias y tener un acoplamiento parásito suficientemente pequeño entre la salida y la entrada de la cadena amplificadora de RF de modo que ésta no convierta en un oscilador a $f_c$. El "aparato de cristal" fabricado por los "Cub Scouts" es un ejemplo de un receptor TRF de etapa única que no tiene ganancia en la etapa de RF. Con frecuencia se utilizan receptores TRF para medir características dispersoras del tiempo (trayectorias múltiples) de los canales de radio [Rappaport, 1989].

La mayoría de los receptores emplean la técnica receptora *superheterodina* mostrada en la figura 4-29. Esta técnica consiste en reducir o elevar la señal de entrada a una banda de frecuencia conveniente, llamada banda de *frecuencia intermedia* (IF), y luego en extraer la información (o modulación) por medio del detector apropiado.† Esta estructura de receptor básico se utiliza para la recepción de todos los tipos de señales de bandabase, tales como señales de televisión, FM, AM, satelitales y de radar. El amplificador de RF tiene una característica pasabanda que pasa la señal deseada y la amplifica para contrarrestar el ruido generado en la etapa mezcladora. La característica de filtro de RF también permite rechazar las señales y el ruido presentes en un canal adyacente, pero el rechazo principal en el canal adyacente se logra con el filtro de IF.

† También se pueden construir receptores superheterodinos de *conversión dual*. En este caso un segundo mezclador y una segunda etapa de IF van después de la primera etapa de IF mostrada en la figura 4-29. (El MC3363 es un ejemplo de un receptor de conversión dual.)

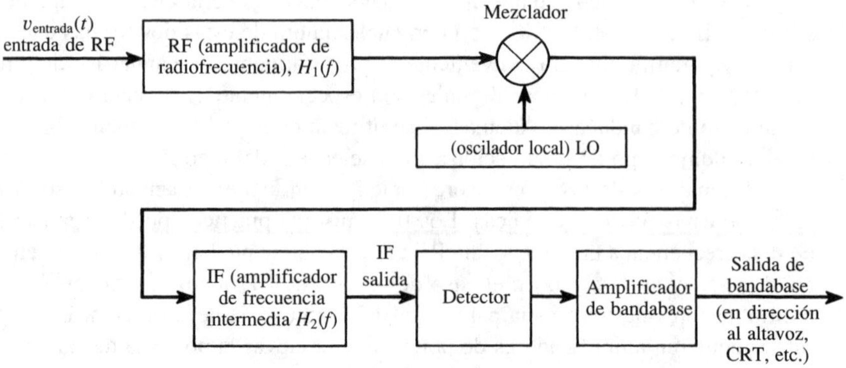


**Figura 4-29** Receptor superheterodino.

El filtro de IF es un filtro pasabanda que selecciona la componente de conversión ascendente o descendente (según lo que haya seleccionado el diseñador del receptor). Cuando se selecciona la conversión ascendente, la envolvente compleja de la salida del filtro de IF (pasabanda) es la misma que la envolvente compleja de la entrada de RF, excepto por lo que se refiere a la filtración $H_1(f)$ y a la filtración de IF $H_2(f)$. Sin embargo, si se utiliza la conversión descendente con $f_{LO} > f_c$, la envolvente compleja a la salida de IF será el conjugado de la entrada de RF [véase la ecuación (4-59)]. Esto quiere decir que las bandas laterales de la salida de IF se invertirán (es decir, la banda lateral superior en la entrada de RF se convierte en la banda lateral inferior, etc., en la salida de IF). Si $f_{LO} < f_c$, las bandas laterales no se invierten. En algunas aplicaciones especiales se selecciona la frecuencia del LO para que sea la frecuencia portadora ($f_{LO} = f_c$), y en tal caso el receptor superheterodino se convierte en un receptor de conversión directa.† En este caso, el filtro de IF se reemplaza con un filtro pasabajas de modo que la combinación mezclador-LPF se convierte en un detector de producto y la etapa detectora de la figura 4-29 se elimina. De este modo, el receptor de conversión directa es un receptor TRF con detección de producto.

La frecuencia central seleccionada para el amplificador de IF se selecciona con base en tres consideraciones:

- La frecuencia debe ser tal que un amplificador de alta ganancia estable sea económicamente factible.
- La frecuencia tiene que ser lo suficientemente baja de modo que con elementos de circuito prácticos en los filtros de IF se puedan lograr valores de $Q$ que den una marcada característica de atenuación fuera del ancho de banda de la señal de IF. Esto disminuye el ruido y reduce al mínimo la interferencia de los canales adyacentes.
- La frecuencia tiene que ser lo suficientemente alta de modo que la respuesta imagen del receptor se pueda hacer aceptablemente pequeña.

La *respuesta imagen* es la recepción de señal indeseable localizada en la frecuencia de imagen debido a una insuficiente atenuación de la señal de imagen por parte del filtro amplificador de RF. La respuesta de imagen se ilustra mejor con un ejemplo

† Un receptor de conversión directa también se conoce como receptor *homodino* o *sincrodino*.

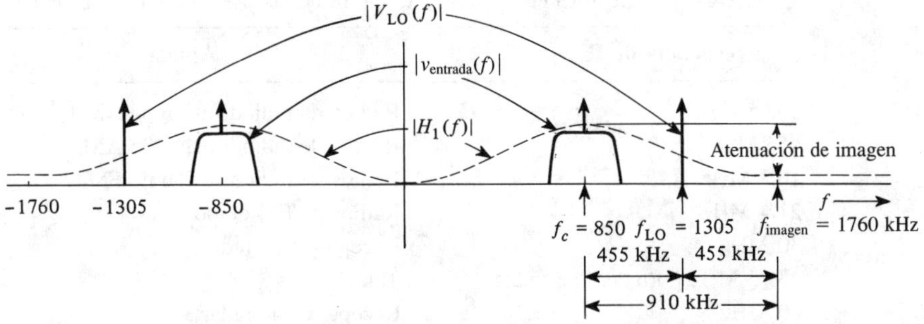


**Figura 4-30** Espectros de señales y función de transferencia de un amplificador de RF en un receptor superheterodino.

### Ejemplo 4-2 Receptor superheterodino de radiodifusión AM

Supóngase que un radio AM se sintoniza para recibir una estación a 850 kHz y que la frecuencia del LO se localiza en el lado alto de la frecuencia portadora. Si la frecuencia IF es de 455 kHz, la frecuencia del LO será de 850 + 455 = 1305 kHz (véase la figura 4-30). Supóngase, además, que otras señales están presentes a la entrada RF del radio y, en particular, que existe una señal a 1760 kHz. Esta señal será convertida en forma descendente por el mezclador en 1760 − 1305 = 455 kHz. Esta señal *indeseable* convertida en banda de IF se llama *señal de imagen.* Si la ganancia del amplificador de RF se reduce, por ejemplo, 25 dB a 1760 kHz con respecto al valor que tenía a 850 kHz, y si la señal indeseable es 25 dB más fuerte a la entrada del receptor que la señal deseada, ambas señales tendrán el mismo nivel cuando se trasladan a la frecuencia intermedia. En este caso la señal indeseable definitivamente interferirá con la señal deseada en el proceso de detección

En el caso de convertidores descendentes (es decir, $f_{IF} = |f_c - f_{LO}|$) la frecuencia de imagen es

$$f_{imagen} = \begin{cases} f_c + 2f_{IF}, & \text{if } f_{LO} > f_c \quad \text{(inyección por el lado alto)} \\ f_c - 2f_{IF}, & \text{if } f_{LO} < f_c \quad \text{(inyección por el lado bajo)} \end{cases} \tag{4-117a}$$

donde $f_c$ es la frecuencia de RF deseada, $f_{IF}$ es la frecuencia de IF y $f_{LO}$ es la frecuencia del oscilador local. En el caso de los convertidores ascendentes (es decir, $f_{IF} = f_c + f_{LO}$) la frecuencia de imagen es

$$f_{imagen} = f_c + 2f_{LO} \tag{4-117b}$$

En la figura 4-30 se ve que la respuesta imagen en general se reduce si la frecuencia de IF se incrementa, puesto que $f_{imagen}$ ocurre muy lejos del pico principal (o lóbulo) de la característica de filtro, $|H_1(f)|$.

Del análisis previo de los mezcladores se desprende que otras respuestas espúreas (además de la respuesta imagen) se presentarán en circuitos mezcladores prácticos. Tales respuestas también se deben tener en cuenta en un buen diseño del receptor.

La tabla 4-4 ilustra algunas frecuencias de IF típicas que de hecho se han convertido en estándares. Para la aplicación pensada, la frecuencia de IF es lo suficientemente baja de modo que el filtro de IF rechazará las señales presentes en canales adyacentes cuando se utilizan

**TABLA 4-4** ALGUNAS FRECUENCIAS DE IF POPULARES EN ESTADOS UNIDOS.

| Frecuencia de IF | Aplicación |
|---|---|
| 262.5 kHz | Radios de radiodifusión de AM (en automóviles) |
| 455 kHz | Radios de radiodifusión de AM |
| 10.7 MHz | Radios de radiodifusión de FM |
| 21.4 MHz | Radios de FM de dos vías |
| 30 MHz | Receptores de radar |
| 43.75 MHz portadora de video | Televisiones |
| 60 MHz | Receptores de radar |
| 70 MHz | Receptores satelitales |

elementos de circuito con $Q$ obtenible; no obstante, la frecuencia de IF es lo suficientemente grande para que el filtro amplificador de RF rechace la señal de imagen de manera adecuada.

El tipo de receptor seleccionado para usarse en el receptor superheterodino depende de la aplicación planeada. Por ejemplo, se puede usar un detector de producto en un sistema PSK (digital), y en receptores de radiodifusión de AM se utiliza un detector de envolvente. Si se desea la envolvente compleja $g(t)$ para una detección de señal generalizada o para una recepción óptima en sistemas digitales, se pueden obtener las componentes de cuadratura $x(t)$ y $y(t)$, donde $x(t) + jy(t) = g(t)$, con detectores de producto de cuadratura, como se ilustra en la figura 4-31. $x(t)$ y $y(t)$ se podrían alimentar a un procesador de señales para extraer la información de modulación. Si se desechan los efectos del ruido, el procesador de señales podría recuperar $m(t)$ con $x(t)$ y $y(t)$ (y por consiguiente, demodular la señal de IF) con la inversa de las funciones de generación de envolvente compleja dadas en la tabla 4-1.

El receptor superheterodino ofrece muchas ventajas y algunas desventajas. La ventaja principal es que puede obtener una ganancia extremadamente alta sin inestabilidad (autooscilación). El acoplamiento parásito entre la salida del receptor y la entrada no provoca oscilación porque la ganancia se obtiene en bandas de frecuencia desunidas RF, IF y bandabase. El receptor se sintoniza con facilidad a otra frecuencia cambiando la frecuencia de la señal del LO (la cual puede ser suministrada por un sintetizador de frecuencia) y sintonizando el paso a banda del amplificador de RF a la frecuencia deseada. Además, elementos de alta $Q$ —los cuales se necesitan (para producir faldas de filtración inclinadas) para el rechazo en canales adyacentes— se requieren sólo en el amplificador de IF sintonizado fijo. La desventaja prin-

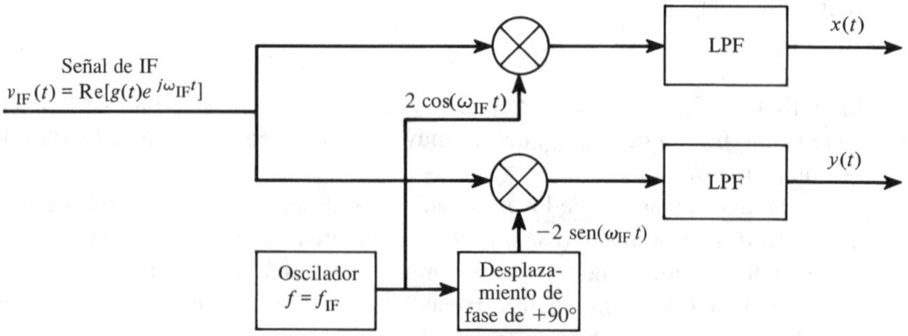


**Figura 4-31** Detector de IQ (fase de entrada y fase en cuadratura).

cipal del receptor superheterodino es la respuesta de señales espúreas que se presentarán si no se tiene cuidado con el diseño.

El análisis de receptores no estaría completo sin considerar algunas de las causas de *interferencia.* Con frecuencia el propietario del receptor piensa que una cierta señal, como la de un radioaficionado, provoca la dificultad. Éste puede o no ser el caso. El origen de la interferencia se puede localizar en uno de tres lugares.

- En la *fuente* de la señal que produce la interferencia, el transmisor puede generar componentes de señal fuera de banda (tales como armónicas) localizadas en la banda de la señal deseada.
- En el *receptor* en sí, en la parte frontal se puede sobrecargar o producir respuestas espúreas. La sobrecarga de la fase delantera ocurre cuando la señal que produce la interferencia impulsa a la etapa de RF o a la etapa mezcladora del receptor hacia el intervalo no lineal y la no linealidad provoca modulación cruzada en la señal deseada a la salida del amplificador de RF del receptor.
- En el *canal*, una no linealidad en el medio de transmisión puede causar componentes de señales indeseadas en la banda de la señal deseada.

Para un estudio más completo del diseño de receptores y ejemplos de circuitos receptores prácticos, el lector debe consultar el *ARRL Handbook* [ARRL, 1994].

## 4-17 RESUMEN

En este capítulo se estudiaron las técnicas básicas de señalización pasabanda. Se demostró que la técnica de la envolvente compleja para representar filtros y señales pasabanda es muy útil. Se describieron circuitos de comunicación y se analizó su desempeño, tales como filtros, amplificadores, limitadores, mezcladores, multiplicadores de frecuencia, circuitos de fase cerrada (PLL) y circuitos detectores. Se utilizaron técnicas de análisis de circuitos no lineales y lineales. En la tabla (4-5) se resumen los resultados, donde se da la salida de cada dispositivo como una función de la envolvente compleja de la entrada a dicho dispositivo. Se determinó que el circuito receptor superheterodino es la técnica fundamental empleada en el diseño de un receptor de comunicación, en el que el circuito detector determina si el receptor está diseñado para detectar señales digitales o analógicas de un tipo particular. Se desarrollaron transmisores y receptores generalizados y se evaluaron los aspectos prácticos de su diseño, tales como las señales espúreas.

### 4-18 EJEMPLOS



**E4-1** Una señal de voltaje AM, $s(t)$, con una frecuencia portadora de 1150 kHz tiene una envolvente compleja $g(t) = A_c[1 + m(t)]$. $A_c = 500$ V, y la modulación es un tono de prueba senoidal de 1 kHz descrito por $m(t) = 0.8\ \text{sen}(2\pi 1000t)$. Evalúe el espectro de voltaje de esta señal de AM.

***Solución.*** Con (A-1),

$$m(t) = \frac{0.8}{j2}\,[e^{j2\pi 1000t} - e^{-j2\pi 1000t}] \tag{4-118}$$

**TABLA 4-5** EFECTO DE LAS COMPONENTES DE UN SISTEMA DE COMUNICACIÓN

| Nombre del dispositivo | Parámetro(s) del dispositivo[a] | Envolvente compleja de salida[b] | Forma de onda de salida |
|---|---|---|---|
| Amplificador pasabanda lineal | Ganancia $= A$ | $Ag(t)$ | $\text{Re}\{Ag(t)\, e^{j\omega_c t}\}$ |
| Filtro pasabanda lineal | Respuesta al impulso $= \text{Re}\{k(t)\, e^{j\omega_c t}\}$ | $\frac{1}{2}\, g(t) * k(t)$ | $\frac{1}{2}\, \text{Re}\{g(t) * k(t)\, e^{j\omega_c t}\}$ |
| Limitador sólido pasabanda | Nivel límite $= V_L$ | $KV_L e^{j\theta(t)}$ | $\text{Re}\{KV_L e^{j\theta(t)}\, e^{j\omega_c t}\}$ |
| Convertidor descendente | Ganancia $= A$; $\omega_0 < \omega_c$ | $Ag(t)$ | $\text{Re}\{Ag(t)\, e^{j(\omega_c - \omega_0)t}\}$ |
| Convertidor descendente[c] | Ganancia $= A$; $\omega_c < \omega_0$ | $Ag^*(t)$ | $\text{Re}\{Ag^*(t)\, e^{j(\omega_0 - \omega_c)t}\}$ |
| Convertidor ascendente | Ganancia $= A$ | $Ag(t)$ | $\text{Re}\{Ag(t)\, e^{j(\omega_c + \omega_0)t}\}$ |
| Multiplicador de frecuencia | Entrada $= \text{Re}\{R(t)\, e^{j\theta(t)}\, e^{j\omega_c t}\}$; multiplicar por $n$ | $CR^n(t)\, e^{jn\theta(t)}$ | $\text{Re}\{CR^n(t)\, e^{jn\theta(t)}\, e^{jn\omega_c t}\}$ |
| Detector de envolvente | Ganancia $= A$ | NA | $AR(t)$ |
| Detector de fase | Ganancia $= A$ | NA | $A\theta(t)$ |
| Detector de modulación de frecuencia | Ganancia $= A$ | NA | $Ad\theta(t)/dt$ |
| Detector de producto | Ganancia $= A$; referencia $= K \cos(\omega_c t + \theta_0)$ | NA | $A\, \text{Re}\{g(t)\, e^{-j\theta_0}\}$ |
| Detector de producto | Ganancia $= A$; ref. en fase $(\theta_0 = 0)$ | NA | $Ax(t)$ |
| Detector de producto | Ganancia $= A$; ref. fase cuad. $(\theta_0 = 90°)$ | NA | $Ay(t)$ |

[a] $\omega_0$, frecuencia del LO.

[b] NA, no aplicable.

[c] Para inyección por el lado alto (es decir, $\omega_c < \omega_0$), las bandas laterales superiores e inferiores a la salida se invierten en relación con la de la entrada porque $\mathcal{F}[g^*(t)] = G^*(-f)$.

Con (2-26) y con la ayuda de (A-86), la transformada de Fourier es[†]

$$M(f) = -j\,0.4\,\delta(f - 1000) + j\,0.4\,\delta(f + 1000) \qquad (4\text{-}119)$$

Si se sustituye ésta en la ecuación (4-20a), el espectro de voltaje de la señal de AM es

$$S(f) = 250\,\delta(f - f_c) - j100\,\delta(f - f_c - 1000) + j100\,\delta(f - f_c + 1000)$$
$$+ 250\,\delta(f + f_c) - j100\,\delta(f + f_c - 1000) + j100\,\delta(f + f_c + 1000) \qquad (4\text{-}120)$$

**E4-2** Calcule la densidad espectral de potencia (PSD) de la señal de AM descrita en E4-1.

***Solución.*** Si se utiliza la ecuación (2-71), la autocorrelación de la modulación senoidal, $m(t)$, es

$$R_m(\tau) = \frac{A^2}{2}\cos\omega_0\tau = \frac{A^2}{4}[e^{j\omega_0\tau} + e^{-j\omega_0\tau}] \qquad (4\text{-}121)$$

donde $A = 0.8$ y $\omega_0 = 2\pi 1000$. Si se obtiene la transformada con el uso de la ecuación (2-26) y con la ayuda de (A-86), la PSD de $m(t)$ es[‡]

$$\mathcal{P}_m(f) = \frac{A^2}{4}[\delta(f - f_0) + \delta(f + f_0)]$$

o

$$\mathcal{P}_m(f) = 0.16\,[\delta(f - 1000) + \delta(f + 1000)] \qquad (4\text{-}122)$$

La autocorrelación de la envolvente compleja de la señal de AM es

$$R_g(\tau) = \langle g^*(t)g(t + \tau)\rangle = A_c^2\,\langle[1 + m(t)][1 + m(t + \tau)]\rangle$$
$$= A_c^2\,[\langle 1\rangle + \langle m(t)\rangle + \langle m(t + \tau)\rangle + \langle m(t)m(t + \tau)\rangle]$$

Pero $\langle 1\rangle = 1$, $\langle m(t)\rangle = 0$, $\langle m(t + \tau)\rangle = 0$ y $\langle m(t)m(t + \tau)\rangle = R_m(\tau)$. Por lo tanto,

$$R_g(\tau) = A_c^2 + A_c^2 R_m(\tau) \qquad (4\text{-}123)$$

Con la transformada de Fourier de ambos lados de la ecuación (4-123), se obtiene

$$\mathcal{P}_g(f) = A_c^2\,\delta(f) + A_c^2\,\mathcal{P}_m(f) \qquad (4\text{-}124)$$

Sustituyendo la ecuación (4-124) en la (4-13), con la ayuda de la ecuación (4-122), se obtiene la PSD de la señal de AM

$$\mathcal{P}_s(f) = 62{,}500\,\delta(f - f_c) + 10{,}000\,\delta(f - f_c - 1000)$$
$$+ 10{,}000\,\delta(f - f_c + 1000) + 62{,}500\,\delta(f + f_c)$$
$$+ 10{,}000\,\delta(f + f_c - 1000) + 10{,}000\,\delta(f + f_c + 1000) \qquad (4\text{-}125)$$

*Nota*: Obsérvese que la PSD pasabanda de $s(t)$ se obtiene trasladando (es decir, moviendo) la densidad espectral de potencia de bandabase de $g(t)$ hacia arriba hasta $f_c$ y hacia abajo hasta $-f_c$. Además, en el caso de AM, la PSD de $g(t)$ se compone de la densidad espectral de potencia de $m(t)$ más la superposición de una función delta cuando $f = 0$.

**E4-3** Supóngase que la señal de AM, $s(t)$, descrita en E4-1, aparece a través de una carga resistiva de 50 Ω. Calcule la potencia promedio real disipada en la carga.

[†] Como $m(t)$ es periódica, un método alternativo de evaluar $M(f)$ está dado por la ecuación (2-109), donde $c_{-1} = j0.4$, $c_1 = -j0.4$ y los demás $c_n$ son cero.

[‡] Como $m(t)$ es periódica, la ecuación (2-126) se pueden usar como un método alterno de evaluar $\mathcal{P}_m(f)$. Esto es, la ecuación (2-126) se obtiene con $c_1 = c_{-1}^* = A/(2j) = -j0.8/2 = -j0.4$ (y los demás $c_n$ son cero) (4-122).

***Solución.*** De acuerdo con la ecuación (4-21), la potencia promedio normalizada es

$$(P_s)_{\text{norm}} = (V_s)^2_{\text{rms}} = \tfrac{1}{2} A_c^2 \,[1 + (V_m)^2_{\text{rms}}]$$

$$= \tfrac{1}{2}\,(500)^2 \left[1 + \left(\frac{0.8}{\sqrt{2}}\right)\right]^2 = 165 \text{ kW} \qquad (4\text{-}126a)$$

*Nota:* Un método alternativo de calcular $(P_s)_{\text{norm}}$ es encontrar el área bajo la PSD de $s(t)$. Esto es, de acuerdo con la ecuación (4-125),

$$(P_s)_{\text{norm}} = (V_s)^2_{\text{rms}} = \int_{-\infty}^{\infty} \mathcal{P}_s(f)\, df = 165 \text{ kW} \qquad (4\text{-}126b)$$

Con las ecuaciones (4-126a) y (4-126b), la potencia promedio real disipada en la carga de 50 Ω es[†]

$$(P_s)_{\text{real}} = \frac{(V_s)^2_{\text{rms}}}{R_L} = \frac{1.65 \times 10^5}{50} = 3.3 \text{ kW} \qquad (4\text{-}127)$$

**E4-4** Si la señal de voltaje AM del E4-1 aparece a través de una carga resistiva de 50 Ω calcule la potencia envolvente pico real (PEP).

***Solución.*** De acuerdo con la ecuación (4-18), la PEP normalizada es

$$(P_{\text{PEP}})_{\text{norm}} = \tfrac{1}{2}\,[\text{máx}\,|g(t)|]^2 = \tfrac{1}{2} A_c^2 [1 + \text{máx}\; m(t)]^2$$

$$= \tfrac{1}{2}\,(500)^2\,[1 + 0.8]^2 = 405 \text{ kW} \qquad (4\text{-}128)$$

Por lo tanto, la PEP real de esta señal de voltaje AM con una carga de 50 Ω es

$$(P_{\text{PEP}})_{\text{real}} = \frac{(P_{\text{PEP}})_{\text{norm}}}{R_L} = \frac{4.05 \times 10^5}{50} = 8.1 \text{ kW} \qquad (4\text{-}129)$$

**E4-5** Supóngase que se tiene que muestrear una señal pasabanda, $s(t)$, y que las muestras se tienen que almacenar para procesarlas posteriormente. Tal como se muestra en la figura 4-32a, esta señal pasabanda tiene un ancho de banda $B_T$ centrado alrededor de $f_c$, donde $f_c \gg B_T$ y $B_T > 0$. $s(t)$ se tiene que muestrear con uno de los tres métodos mostrados en la figura 4-32.[‡] Con cada uno de los métodos de muestreo determine la frecuencia de muestreo mínima (es decir, la frecuencia mínima de reloj) requerida y analice la ventajas y desventajas de cada método.

***Solución.***

**Método I** En la figura 4-32a, el método 1 utiliza el muestreo directo descrito en el capítulo 2. Utilizando la ecuación (2-168), la frecuencia mínima de muestreo es $(f_s)_{\text{mín}} = 2B$, donde $B$ es la frecuencia más alta en la señal. Para esta señal pasabanda la frecuencia más alta es $B = f_c + B_T/2$. Por lo tanto, de acuerdo con el método 1, la frecuencia mínima de muestreo es

$$(f_s)_{\text{mín}} = 2f_c + B_T \qquad \text{Método I} \qquad (4\text{-}130)$$

Por ejemplo, si $f_c = 100$ MHz y $B_T = 1$ MHz, se requeriría una frecuencia mínima de muestreo de $(f_s)_{\text{mín}} = 201$ MHz.

[†] Si $s(t)$ fuera una señal de corriente (en lugar de una señal de voltaje), entonces $(P_s)_{\text{actual}} = (I_s)^2_{\text{rms}} R_L$.

[‡] Gracias al profesor Christopher S. Anderson, del Departamento de Ingeniería Eléctrica y Computación, de la Universidad de Florida, por sugerir el método II.

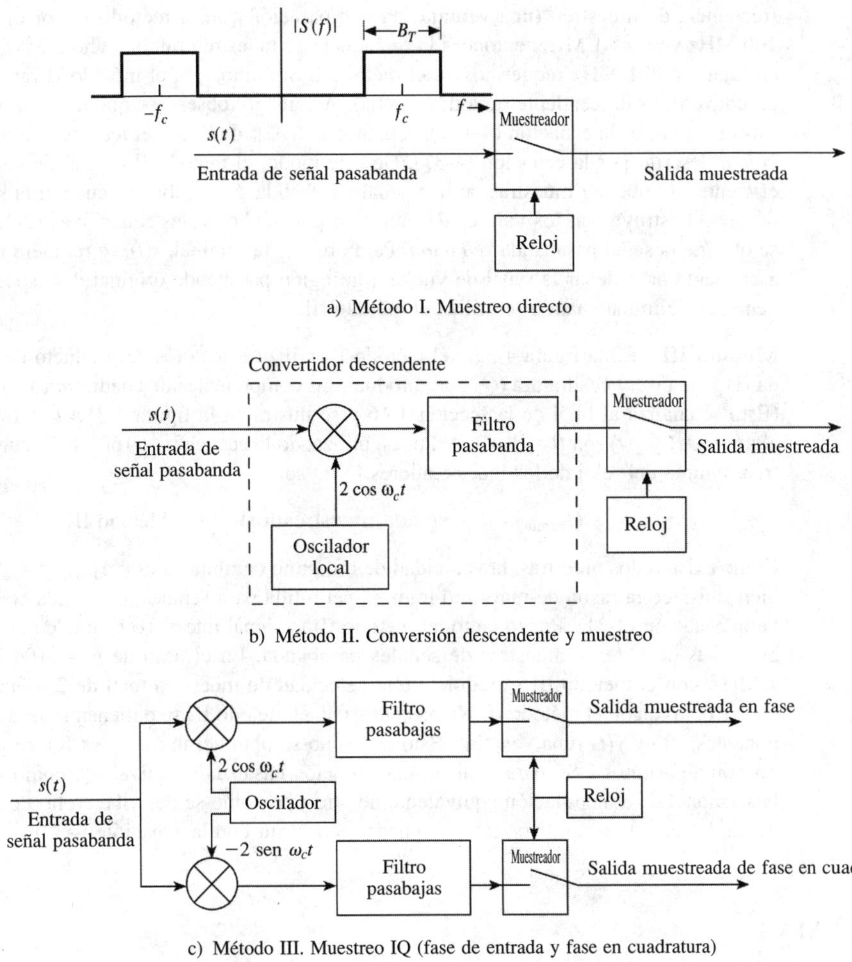


**Figura 4-32** Tres métodos de muestreo de señales pasabanda.

**Método II** En la figura 4-32b, el método II reduce la señal pasabanda de modo que la frecuencia más alta que se muestrea se reduce drásticamente. Para la reducción máxima de la frecuencia más alta, seleccione† del oscilador local $f_0 = f_c - B_T/2$. La frecuencia más alta en la señal reducida (a la entrada del muestreador) es $B = (f_c + B_T/2) - f_0 = f_c + B_T/2 - f_c + B_T/2 = B_T$ y la frecuencia más baja (la parte de la frecuencia positiva de la señal reducida) es $(f_c - B_T/2) - f_0 = f_c - B_T/2 - f_c + B_T/2 = 0$. Con la ecuación (2-168), la frecuencia mínima de muestreo es

$$(f_s)_{\text{mín}} = 2B_T \qquad \text{Método II} \tag{4-131}$$

cuando la frecuencia del oscilador local se selecciona como $f_0 = f_c - B_T/2$. Con esta selección de la frecuencia del oscilador local, el filtro pasabanda se convierte en un filtro pasabajas con una frecuencia de corte de $B_T$. Asimismo, obsérvese que el método II reduce drásticamente la

† Se utiliza la inyección por el lado bajo del LO de modo que se conservará cualquier simetría en las dos bandas laterales de $s(t)$ de la misma manera que en la señal reducida.

frecuencia de muestreo (una ventaja) en comparación con el método I. Por ejemplo, si $f_c$ = 100 MHz y $B_T$ = 1 MHz, entonces la frecuencia de muestreo mínima ahora es $(f_s)_{\text{mín}}$ = 2 MHz en lugar de 201 MHz requeridos en el método I. Sin embargo, el método II requiere el uso de un convertidor descendente (una desventaja). Asimismo, obsérvese que la $(f_s)_{\text{mín}}$ del método II, especificada por la ecuación (4-131), satisface la $(f_s)_{\text{mín}}$ dada por el *teorema de muestreo pasabanda* descrito por la ecuación (4-31). De este modo, el método II es una de las maneras más eficientes de obtener muestras de una señal pasabanda. Sin embargo, cuando la señal pasabanda se reconstruye con los valores de muestreo por medio de las ecuaciones (2-158) y (2-160), se obtiene la señal pasabanda *reducida*. Para obtener la original, $s(t)$, se requiere un convertidor ascendente para llevar la señal de vuelta a la región pasabanda original del espectro. Esta desventaja se elimina cuando se utiliza el método III.

**Método III** En la figura 4-32c, el método III utiliza detectores de producto de fase de entrada (I) y de fase y cuadratura ($Q$) para producir las componentes de cuadratura $x(t)$ y $y(t)$ de $s(t)$. (Esto se analiza al final de la sección 4-16 y se ilustra en la figura 4-31.) Las frecuencias más altas en $x(t)$ y $y(t)$ son $B = B_T/2$. Así pues, utilizando la ecuación (2-168), la frecuencia de muestreo mínima del reloj de los muestreadores I y Q son

$$(f_s)_{\text{mín}} = B_T \quad \text{(cada muestreador)} \qquad \text{Método III} \tag{4-132}$$

Como existen dos muestras, la velocidad de muestreo combinada es $(f_s)_{\text{mín total}} = 2B_T$. Ésta también satisface la razón de muestreo mínima permitida para señales pasabanda como los describe la ecuación (4-31). Por lo tanto, el método III (al igual que el II) es una de las maneras más eficientes de obtener muestras de señales pasabanda. En el caso de $f_c$ = 100 MHz y $B_T$ = 1 MHz, con el método III se requiere una velocidad de muestreo total de 2 MHz, la cual es la que se obtuvo con el método II. No obstante, con el método III se obtienen muestras de las componentes $x(t)$ y $y(t)$ (una ventaja). Esto es, como se obtuvieron muestras IQ, se pueden procesar con algoritmos DSP para realizar una filtración pasabanda equivalente como se describe en la sección 4-5, o modulación equivalente de otro tipo como se describe en la sección 4-2. Si se desea, la señal pasabanda original se puede reconstruir con la ecuación (4-32).

## PROBLEMAS

**4-1** Si $v(t) = \text{Re}\{g(t)e^{j\omega_c t}\}$, demuestre que las ecuaciones (4-1b) y (4-1c) son correctas donde $g(t) = x(t) + jy(t) = R(t)e^{j\theta(t)}$.

**4-2** Una señal de doble banda lateral con portadora suprimida (DSB-SC), $s(t)$, con una frecuencia portadora de 3.8 MHz tiene una envolvente compleja $g(t) = A_c m(t)$. $A_c$ = 50 V, y la modulación es un tono de prueba senoidal de 1 kHz descrito por $m(t) = 2\ \text{sen}(2\pi 1000t)$. Evalúe el espectro de voltaje de esta señal DSB-SC.

**4-3** Suponga que la señal de voltaje DSB-SC, $s(t)$, descrito en el problema 4-2 aparece a través de una carga resistiva de 50 Ω.

**(a)** Calcule la potencia promedio real disipada en la carga.

**(b)** Calcule la PEP real.

**4-4** En la figura P4-4 se muestra un filtro pasabanda.

**(a)** Encuentre la expresión matemática para la función de transferencia de este filtro $H(f) = V_2(f)/V_1(f)$ como una función de $R$, $L$ y $C$. Dibuje la función de transferencia de magnitud $|H(f)|$.

**(b)** Encuentre la expresión para la función de transferencia del filtro pasabanda equivalente y dibuje la función de transferencia de magnitud pasabajas correspondiente.

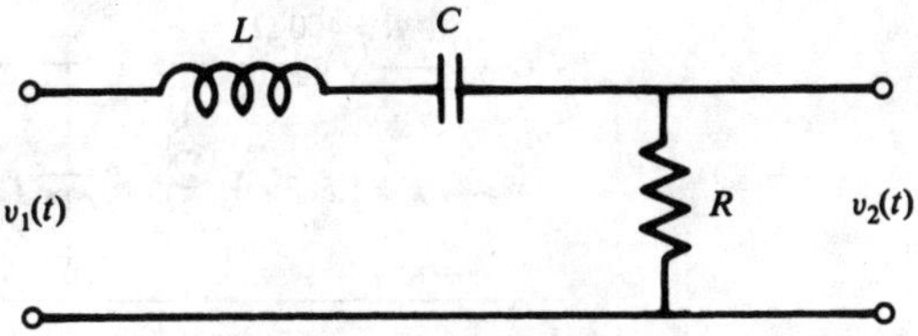


**Figura P4-4**

**4-5** Si la función de transferencia de un filtro pasabanda ideal está dada por

$$H(f) = \begin{cases} 1, & |f + f_c| < B_T/2 \\ 1, & |f - f_c| < B_T/2 \\ 0, & f \text{ en otra parte} \end{cases}$$

donde $B_T$ es el ancho de banda absoluto del filtro.

**(a)** Dibuje la función de transferencia de magnitud, $|H(f)|$.

**(b)** Encuentre una expresión para la forma de onda de salida, $v_2(t)$, si la entrada es una portadora pulsada:

$$v_1(t) = A\Pi(t/T)\cos(\omega_c t)$$

**(c)** Dibuje la forma de onda de salida, $v_2(t)$, cuando $B_T = 4/T$ y $f_c \gg B_T$.

*Sugerencia:* Use la técnica de envolvente compleja y exprese la respuesta como una función de la integral senoidal definida por

$$\text{Si}(u) = \int_0^u \frac{\text{sen } \lambda}{\lambda}\, d\lambda$$

El dibujo se obtiene buscando valores para la integral senoidal en tablas publicadas [Abramowitz y Stegun, 1964] o mediante la evaluación numérica de Si (u).

**4-6** Examine las propiedades de distorsión de un filtro pasabajas $RC$ (mostrado en la figura 2-15). Suponga que la entrada al filtro es una señal pasabanda con una ancho de banda de 1 kHz y frecuencia portadora de 15 kHz. Sea la constante de tiempo del filtro $\tau_0 = RC = 10^{-5}$ s.

**(a)** Halle el retardo de fase de la portadora de salida.

**(b)** Determine el retardo en grupo a la frecuencia portadora.

**(c)** Evalúe el retardo en grupo de las frecuencias en torno a y dentro de la banda de frecuencia de la señal. Grafique el retardo como función de frecuencia.

**(d)** Con los resultados de (a) a (c), explique por qué el filtro distorsiona o no la señal pasabanda.

**4-7** La función de transferencia del filtro pasabanda mostrado en la figura P4-7 es

$$H(s) = \frac{Ks}{s^2 + (\omega_0/Q)s + \omega_0^2}$$

donde $Q = R\sqrt{C/L}$, la frecuencia resonante es $f_0 = 1/(2\pi\sqrt{LC})$, $\omega_0 = 2\pi f_0$, $K$ es una constante, y los valores de $R$, $L$ y $C$ se dan en la figura. Suponga que una señal pasabanda con $f_c = 4$ kHz y un ancho de banda de 200 Hz pasa a través de filtro, donde $f_0 = f_c$.

**(a)** Con la ecuación (4-39), determine el ancho de banda del filtro.

**(b)** Grafique el retardo de la portadora como función de $f$ con respecto a $f_0$.

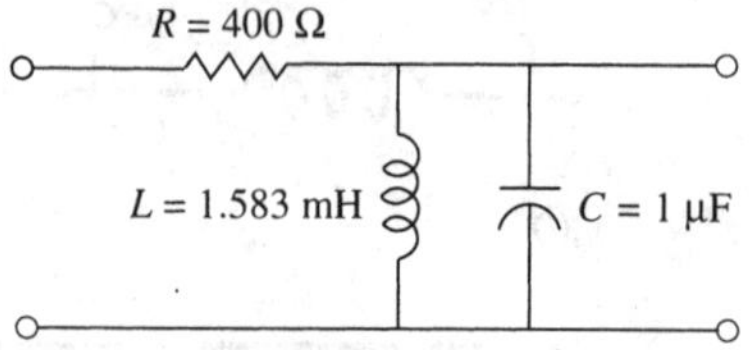


**Figura P4-7**

**(c)** Grafique el retardo en grupo como función de $f$ con respecto a $f_0$.
**(d)** Explique por qué el filtro distorsiona o no la señal.

**4-8** Una señal de FM es de la forma

$$s(t) = \cos\left[\omega_c t + D_f \int_{-\infty}^{t} m(\sigma)\, d\sigma\right]$$

donde $m(t)$ es la señal modulante y $\omega_c = 2\pi f_c$, $f_c$ es la frecuencia portadora. Demuestre que las funciones $g(t)$, $x(t)$, $y(t)$, $R(t)$ y $\theta(t)$ dadas para FM en la tabla 4-1 son correctas.

**4-9** Dada una señal modulada

$$s(t) = 100 \operatorname{sen}(\omega_c + \omega_a)t + 500 \cos \omega_c t - 100 \operatorname{sen}(\omega_c - \omega_a)t$$

donde la portadora no modulada es $500 \cos \omega_c t$.
**(a)** Halle la envolvente compleja de la señal modulada. ¿Qué tipo de modulación es? ¿Cuál es la señal modulante?
**(b)** Halle las componentes de cuadratura, $x(t)$ y $y(t)$, de esta señal modulada.
**(c)** Determine la magnitud y las componentes PM, $R(t)$ y $\theta(t)$, de esta señal modulada.
**(d)** Calcule la potencia promedio total donde $s(t)$ es una forma de onda de voltaje aplicado a través de una carga de 50 Ω.

**4-10** Determine el espectro de la señal modulada del problema 4-9 por medio de dos métodos.
**(a)** Mediante evaluación directa con la transformada de Fourier de $s(t)$.
**(b)** Con la ecuación (4-12).

**4-11** Dada una señal modulada por pulso de la forma

$$s(t) = e^{-at} \cos[(\omega_c + \Delta\omega)t]u(t)$$

donde $a$, $\omega_c$ y $\Delta\omega$ son constantes positivas y $\omega_c \gg \Delta\omega$ ($\omega_c$ es la frecuencia portadora),
**(a)** Determine la envolvente compleja.
**(b)** Determine el espectro $S(f)$.
**(c)** Dibuje los espectros de magnitud y fase $|S(f)|$ y $\theta(f) = \underline{/S(f)}$.

**4-12** En la simulación de un filtro pasabanda por computadora digital, se utiliza la respuesta al impulso donde $h(t) = \operatorname{Re}[k(t)e^{j\omega_c t}]$, como se muestra en la figura 4-3. La respuesta al impulso compleja se puede expresar en función de componentes de cuadratura: $k(t) = 2h_x(t) + j2h_y(t)$, donde $h_x(t) = \frac{1}{2}\operatorname{Re}[k(t)]$ y $h_y(t) = \frac{1}{2}\operatorname{Im}[k(t)]$. Las envolventes complejas de la entrada y salida están denotadas, respectivamente, por $g_1(t) = x_1(t) + jy_1(t)$ y $g_2(t) = x_2(t) + jy_2(t)$. La simulación del filtro pasabanda se puede llevar a cabo con cuatro *filtros de bandabase reales* (es decir, filtros con respuestas al impulso reales), como se muestra en la figura P4-12. Observe que aunque hay cuatro filtros, hay sólo dos respuestas al impulso completamente diferentes, $h_x(t)$ y $h_y(t)$.
**(a)** Con la ecuación (4-22) demuestre que la figura P4-12 es correcta.
**(b)** Demuestre que $h_y(t) \equiv 0$ (es decir, no se requiere filtro) si la función de transferencia del filtro pasabanda es de simetría hermitiana con respecto a $f_c$, es decir, si $H(-\Delta f + f_c) =$

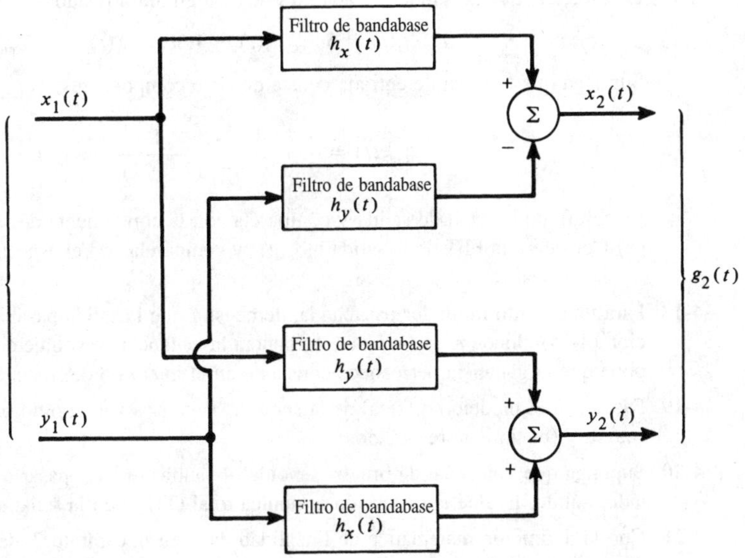


**Figura P4-12**

$H^*(\Delta f + f_c)$ donde $|\Delta f| < B_T/2$ y $B_T$ es el ancho de banda limitado del filtro pasabanda. La simetría hermitiana implica que la respuesta a la frecuencia de magnitud del filtro pasabanda es par con respecto a $f_c$ y que la respuesta de fase es impar con respecto a $f_c$.

**4-13** Evalúe y dibuje la función de transferencia de magnitud de los filtros pasabajas **(a)** Butterworth, **(b)** Chebyshev y **(c)** Bessel. Suponga que $f_b = 10$ Hz y $\varepsilon = 1$.

**4-14** Grafique la respuesta de amplitud, la respuesta de fase y el retardo de fase como una función de la frecuencia de los siguientes filtros pasabajas, con $B = 100$ Hz. Asimismo, compare los resultados de estos dos filtros.

**(a)** Filtro Butterworth, de segundo orden:

$$H(f) = \frac{1}{1 + \sqrt{2}\,(jf/B) + (jf/B)^2}$$

**(b)** Filtro Butterwoth, de cuarto orden:

$$H(f) = \frac{1}{[1 + 0.765(jf/B) + (jf/B)^2][1 + 1.848(jf/B) + (jf/b)^2]}$$

**4-15** Suponga que la ecuación (4-42) describe la característica de salida a entrada de un amplificador pasabanda y que su linealidad se evalúa con una prueba de dos tonos.

**(a)** Determine las frecuencias de los productos de intermodulación de quinto orden que queden dentro del pasabanda del amplificador.

**(b)** Evalúe los niveles de los productos de intermodulación de quinto orden en función de $A_1$, $A_2$ y las $K$.

**4-16** Un amplificador se somete a prueba en cuanto a distorsión armónica total (THD) con una prueba de dos tonos. La salida se observa en un analizador de espectros. Se ve que los valores pico de los tres armónicos medidos decrecen conforme a una relación de recursión exponencial, $V_{n+1} = V_n e^{-n}$, donde $n = 1, 2, 3$. ¿Cuál es la distorsión armónica total?

**4-17** La característica de salida-entrada no lineal de un amplificador es

$$v_{\text{salida}}(t) = 5v_{\text{entrada}}(t) + 1.5v^2_{\text{entrada}}(t) + 1.5v^3_{\text{entrada}}(t)$$

Suponga que la señal de entrada consta de siete componentes

$$v_{\text{entrada}}(t) = \frac{1}{2} + \frac{4}{\pi^2}\sum_{k=1}^{6} \frac{1}{(2k-1)^2}\cos[(2k-1)\pi t]$$

**(a)** Grafique la señal de salida y compárela con la componente de salida lineal $5v_{\text{entrada}}(t)$.

**(b)** Considere la FFT de la salida $v_{\text{salida}}(t)$ y compárela con el espectro de la componente de salida lineal.

**4-18** Para un circuito limitador pasabanda, demuestre que la salida pasabanda está dada por la ecuación (4-55), donde $K = (4/\pi)A_0$. $A_0$ denota la ganancia de voltaje del filtro pasabanda, y se supone que la ganancia permanece constante en el intervalo de frecuencia de la señal pasabanda.

**4-19** Discuta si el modelo no lineal de la serie de Taylor es válida o no para analizar (a) limitadores suaves y (b) limitadores sólidos.

**4-20** Suponga que una señal de prueba senoidal de audio se hace pasar a través de un circuito limitador sólido. Evalúe la distorsión armónica total (THD) en la señal a la salida del limitador.

**4-21** Con la definición matemática de linealidad dada en la capítulo 2, demuestre que el multiplicador conmutador analógico de la figura 4-10 es un dispositivo lineal.

**4-22** Se transmite una señal de audio con un ancho de banda de 10 kHz a través de un transmisor de AM con una frecuencia portadora de 1.0 MHz. La señal de AM se recibe en un receptor superheterodino con un detector de envolvente. ¿Cuál es la limitación en la constante de tiempo $RC$ para el detector de envolvente?

**4-23** Suponga que un receptor de AM con detector de envolvente se sintoniza a una señal SSB-AM cuya forma de onda de modulación está dada por $m(t)$. Encuentre la expresión matemática para la señal de audio que aparece a la salida del receptor en función de $m(t)$. ¿La salida de audio presenta distorsión?

**4-24** Evalúe la sensibilidad del detector de FM de cruce cero mostrado en la figura 4-18. Suponga que $v_{\text{salida}}(t) = A[v_2(t) - v_3(t)]$ describe al amplificador diferencial, donde $A$ es la ganancia de voltaje del amplificador. En particular, demuestre que $v_{\text{salida}} = Kf_d$, donde $f_d = f_i - f_c$ y determine el valor de la constante de sensibilidad $K$ en función de $A$, $R$ y $C$. Suponga que los niveles pico de las salidas monoestables $Q$ y $\bar{Q}$ son de 4 V (niveles de circuito TTL).

**4-25** **(a)** Con la ecuación (4-100), demuestre que el modelo de diagrama de bloques linealizado de un PLL está dado por la figura 4-22.

**(b)** Demuestre que la ecuación (4-101) describe el modelo de PLL lineal dado en la figura 4-22.

**4-26** Con la transformada de Laplace y el teorema del valor final, encuentre una expresión para el error de fase de estado constante, $\text{lím}_{t\to\infty}\,\theta_e(t)$, para el modelo PLL descrito en la ecuación (4-100) [*Sugerencia:* El valor final del teorema es $\text{lím}_{t\to\infty} f(t) = \text{lím}_{s\to 0} sF(s)$.]

**4-27** Suponga que el filtro del circuito de un PLL es un filtro pasabajas, como se muestra en la figura P4-27.

**(a)** Evalúe la función de transferencia del circuito cerrado $H(f) = \dfrac{\Theta_0(f)}{\Theta_i(f)}$ de un PLL linealizado.

**(b)** Trace el diagrama de Bode $[|H(f)|]_{\text{dB}} \triangleq 20\log|H(f)|$, de este PLL.

**4-28** Suponga que se va a examinar la característica de ruido de fase de un PLL. El ruido de fase interno del VCO se modela con la entrada $\theta_n(t)$, como se muestra en la figura P4-28.

**(a)** Encuentre una expresión para la función de transferencia de circuito cerrado $\Theta_0(f)/\Theta_n(f)$, donde $\theta_i(t) = 0$.

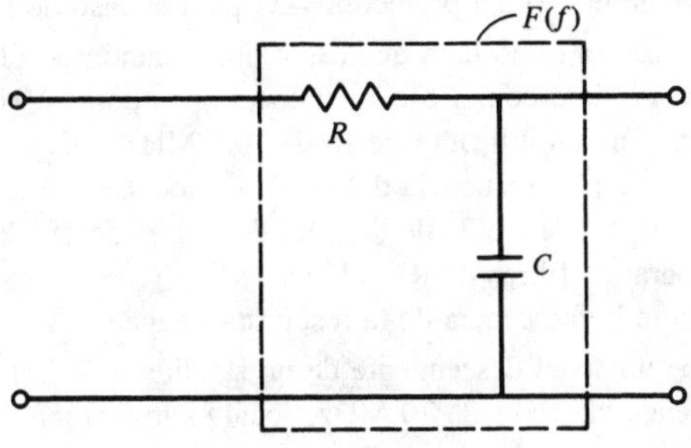


Figura P4-27

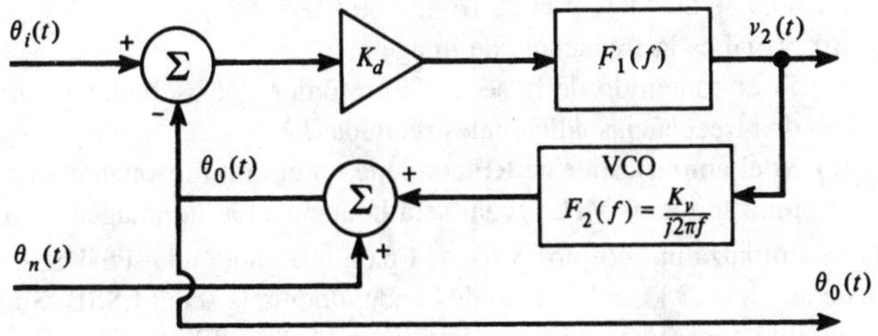


Figura P4-28

**(b)** Si $F_1(f)$ es el filtro pasabajas dado en la figura P4-27, dibuje el diagrama de Bode $[|\Theta_0(f)/\Theta_n(f)|]_{\text{dB}}$ de la función de transferencia de ruido de fase.

**4-29** La entrada a un PLL es $v_{\text{entrada}}(t) = A \operatorname{sen}(\omega_0 t + \theta_i)$. La función de transferencia del LPF es $F(s) = (s + a)/s$.

**(a)** ¿Cuál es el error de fase de estado constante?

**(b)** ¿Cuál es el intervalo de retención máximo en el caso sin ruido?

**4-30** **(a)** Recurra a la figura 4-25 por lo que se refiere a un sintetizador de frecuencia. Diseñe un sintetizador que abarque un intervalo de 144 a 148 MHz en incrementos de 5 kHz a partir de 144.000 MHz. Suponga que el estándar de frecuencia opera a 5 MHz, que el divisor $M$ se fija a un cierto valor y que el divisor $N$ es programable de modo que el sintetizador abarque el intervalo deseado. Dibuje un diagrama de su diseño e indique las frecuencias presentes en varios puntos del diagrama. **(b)** Modifique su diseño de modo que la señal de salida se pueda modular por frecuencia a una frecuencia de audio de modo que la desviación pico de la salida de RF sea de 5 kHz.

**4-31** Suponga que se va a construir un transmisor SSB-AM mediante la técnica de generación de AM-PM, como se muestra en la figura 4-27.

**(a)** Dibuje un diagrama de bloques del circuito procesador de señal de bandabase.

**(b)** Encuentre expresiones para $R(t)$, $\theta(t)$ y $v(t)$ cuando la modulación es $m(t) = A_1 \cos \omega_1 t + A_2 \cos \omega_2 t$.

**4-32** Resuelva de nuevo el problema 4-31 para el caso de generación de una señal de FM.

**4-33** Suponga que se va a construir un transmisor SSB-AM mediante la técnica de generación de cuadratura, como se muestra en la figura 4-28.

**(a)** Dibuje un diagrama de bloques del circuito procesador de señal de bandabase.

**(b)** Encuentre expresiones para $x(t)$, $y(t)$ y $v(t)$ cuando la modulación es $m(t) = A_1 \cos \omega_1 t + A_2 \cos \omega_2 t$.

**4-34** Resuelva de nuevo del problema 4-33 para el caso de generación de una señal de FM.

**4-35** Se sintoniza un radio para que capte una estación de FM en la frecuencia de 96.9 MHz. El radio es heterodino con el oscilador local que opera en el lado alto de la entrada de 96.9 MHz y que utiliza un amplificador de IF de 10.7 MHz.

**(a)** Determine la frecuencia del oscilador local.

**(b)** Si el ancho de banda de la señal de FM es de 180 kHz, determine las características de filtro para los filtros de RF e IF.

**(c)** Calcule la frecuencia de la respuesta imagen.

**4-36** Se recibe un señal descendente de un satélite de 4 GHz en una estación receptora terrestre. Si la frecuencia de IF es de 70 MHz, ¿cuál es la frecuencia de imagen en el caso de:

**(a)** Inyección por el lado alto?

**(b)** Inyección por el lado bajo?

**4-37** Se sintoniza un receptor superheterodino a una estación a 20 MHz. La frecuencia del oscilador local es de 80 MHz y la de IF de 100 MHz.

**(a)** ¿Cuál es la frecuencia de imagen?

**(b)** Si el contenido de la segunda armónica del oscilador local es apreciable, ¿cuáles son las dos frecuencias adicionales recibidas?

**(c)** Si el amplificador de RF contiene un circuito resonante en paralelo único con $Q = 50$ sintonizado a 20 MHz, ¿cuál será la atenuación de imagen en dB?

**4-38** Se sintoniza un receptor SSB-AM para que capte una señal SSB baja de 7.225 MHz. Una señal de audio de 3 kHz de ancho de banda modula la señal LSSB. Suponga que el receptor utiliza un circuito superheterodino con una filtro SSB IF. El amplificador de IF se centra en 3.995 MHz. La frecuencia del oscilador local se encuentra en el lado (frecuencia) alto de la señal LSSB de entrada.

**(a)** Dibuje un diagrama de bloques del receptor superheterodino de conversión simple e indique las frecuencias presentes y los espectros típicos de las señales en varios puntos del receptor.

**(b)** Determine las especificaciones para los filtros de RF y de IF y suponga que la frecuencia de imagen se tiene que atenuar 40 dB.

**4-39** **(a)** Dibuje un diagrama de bloques de un receptor de FM superheterodino diseñado para recibir una señal de FM en la banda de 144 a 148 MHz. Suponga que el receptor es de conversión doble (es decir, mezclador y amplificador de IF seguidos por otro mezclador y un segundo amplificador de IF) donde la primera frecuencia de IF es de 10.7 MHz y la segunda IF de 455 kHz. Indique las frecuencias de las señales en diferentes puntos en el diagrama y, en particular, muestre las frecuencias implicadas cuando se va a recibir una señal de 146.82 MHz.

**(b)** Reemplace el primer oscilador con un sintetizador de frecuencia de modo que el receptor se pueda sintonizar en intervalos de 5 kHz desde 144.000 hasta 148.000 MHz. Muestre el diagrama de su diseño de sintetizador y las frecuencias implicadas.

**4-40** Un radio AM se sintoniza para que capte una señal AM de 1080 kHz y utiliza inyección del LO por el lado alto. La IF es de 455 kHz.

**(a)** Dibuje la respuesta de frecuencia de los filtros de RF y de IF.

**(b)** ¿Cuál es la frecuencia de imagen?

**4-41** Las radiodifusoras de AM comerciales operan en la banda de 540 a 1700 kHz con un ancho de banda de transmisión limitado a 10 kHz.

**(a)** ¿Cuál es el número máximo de estaciones que se pueden acomodar?

**(b)** Si no se asignan estaciones a canales adyacentes (con objeto de reducir la interferencia en los receptores con características de IF deficientes), ¿cuántas estaciones se pueden acomodar?

**(c)** Para receptores de IF de 455 kHz, ¿qué banda de frecuencias de imagen queda en la banda de AM en el caso de receptores con convertidor descendente e inyección por el lado alto?

CAPÍTULO 5

# SISTEMAS MODULADOS AM, FM Y DIGITAL

Este capítulo se ocupa de las técnicas pasabanda clásicas de modulación en amplitud (AM), banda lateral sencilla (SSB), modulación en fase (PM) y modulación en frecuencia (FM), y de las técnicas de modulación digitales de transmisión por cierre y apertura (OOK), transmisión por desplazamiento de fase binaria (BPSK), transmisión por desplazamiento de frecuencia (FSK), transmisión por desplazamiento de fase de cuadratura (QPSK) y modulación en amplitud por cuadratura (QAM). Todas estas técnicas de señalización pasabanda consisten en modular una señal analógica o digital en una portadora. Este tema se abordó por primera vez en la sección 4-2. En particular, la señal pasabanda modulada puede estar descrita por

$$s(t) = \text{Re}\{g(t)^{j\omega_c t}\} \tag{5-1}$$

donde $w_c = 2\pi f_c$, y $f_c$ es la frecuencia portadora. El tipo deseado de señal modulada, $s(t)$, se obtiene seleccionando la función de mapeo de la modulación apropiada $g[m(t)]$ de la tabla 4-1 donde $m(t)$ es la señal de banda base digital.

El espectro de voltaje (o de corriente) de la señal pasabanda es

$$S(f) = \frac{1}{2}\,[G(f - f_0) + G^*(-f - f_c)] \tag{5-2a}$$

y la PSD es

$$\mathcal{P}_s(f) = \frac{1}{4}\,[\mathcal{P}_g(f - f_c) + \mathcal{P}_g(-f - f_c)] \tag{5-2b}$$

donde $G(f) = \mathcal{F}[g(t)]$ y $\mathcal{P}_g(f)$ es la PSD de la envolvente compleja $g(t)$.

Los objetivos de este capítulo son

- Estudiar la $g(t)$ y $s(t)$ de varios tipos de modulaciones analógicas y digitales
- Evaluar el espectro de varios tipos de modulaciones analógicas y digitales
- Examine algunas estructuras del transmisor y receptor
- Estudiar algunos estándares adoptados
- Aprenda acerca de los sistemas de espectro y desplazado

## 5-1 MODULACIÓN EN AMPLITUD

Según la tabla 4-1, la envolvente compleja de una señal de AM está dada por

$$g(t) = A_c[1 + m(t)] \tag{5-3}$$

donde se incluye la constante $A_c$ para especificar el nivel de potencia y en la que $m(t)$ es la señal modulante (la cual puede ser analógica o digital). Estas ecuaciones se reducen a la representación de la señal de AM:

$$s(t) = A_c[1 + m(t)]\cos \omega_c t \tag{5-4}$$

En la figura 5-1 se muestra una forma que ilustra la señal de AM, tal como se ve en un osciloscopio. Por comodidad se supone que la señal modulante $m(t)$ es una senoidal. $A_c[1 + m(t)]$ corresponde a la componente en fase $x(t)$ de la envolvente compleja, también corresponde a la envolvente real $|g(t)|$ cuando $m(t) \geq -1$ (el caso usual).

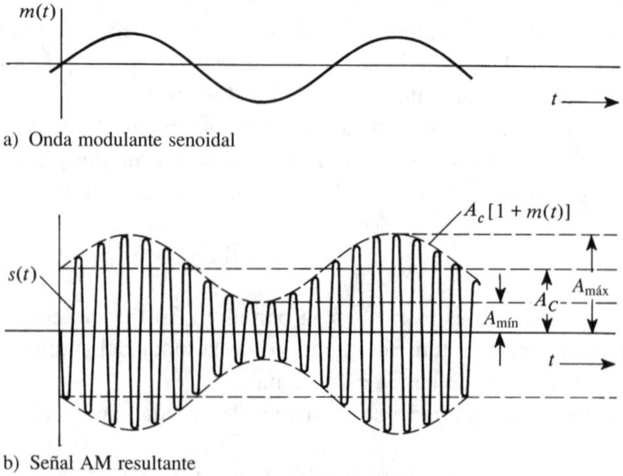


**Figura 5-1** Forma de onda de señal AM.

Si $m(t)$ tiene un valor pico positivo de $+1$ y un valor pico negativo $-1$, se dice que la señal de AM está 100% modulada.

**Definición.** *El porcentaje de modulación positiva* en una señal de AM es

$$\% \text{ de modulación positiva} = \frac{A_{\text{máx}} - A_c}{A_c} \times 100 = \text{máx}[m(t)] \times 100 \tag{5-5a}$$

*y el porcentaje de modulación negativa es*

$$\% \text{ de modulación negativa} = \frac{A_c - A_{\text{mín}}}{A_c} \times 100 = -\text{mín}\ [m(t)] \times 100 \tag{5-5b}$$

El porcentaje total de modulación es

$$\% \text{ de modulación} = \frac{A_{\text{máx}} - A_{\text{mín}}}{2A_c} \times 100 = \frac{\text{máx}[m(t)] - \text{mín}[m(t)]}{2} \times 100 \tag{5-6}$$

donde $A_{\text{máx}}$ es el valor máximo de $A_c[1 + m(t)]$, $A_{\text{mín}}$ es el valor mínimo, y $A_c$ es el nivel de la envolvente de AM en la condición de sin modulación (es decir, $m(t) = 0$].

La ecuación 5-6 se obtiene al promediar la modulación positiva y negativa dada por las ecuaciones (5-5a) y (5-5b). $A_{\text{máx}}$, $A_{\text{mín}}$ y $A_c$ se ilustran en la figura 5-1b, donde, en este ejemplo, $A_{\text{máx}} = 1.5A_c$ y $A_{\text{mín}} = 0.5A_c$, de modo que los porcentajes de modulación positiva y negativa son de 50% y la modulación total es de 50%.

El porcentaje de modulación puede ser de más de 100% ($A_{\text{mín}}$ tendrá un valor negativo) siempre que se utilice un multiplicador de cuatro cuadrantes para generar el producto de $A_c[1 + m(t)]$ y cos $\omega_c t$, de modo que se obtiene la forma de onda AM, dada por la ecuación (5-4).† No obstante, si el transmisor utiliza un multiplicador de dos cuadrantes que produce una salida cero cuando $A_c[1 + m(t)]$ es negativo, la señal de salida será

$$s(t) = \begin{cases} A_c[1 + m(t)] \cos \omega_c t, & \text{si } m(t) \geq -1 \\ 0, & \text{si } m(t) < -1 \end{cases} \tag{5-7}$$

la cual es la señal de AM distorsionada. El ancho de banda de esta señal es mucho más grande que el de la señal de AM no distorsionada, lo que se demuestra fácilmente con un análisis espectral. Ésta es la condición sobremodulada que la FCC no permite. Un transmisor de AM que utiliza modulación de placa es un ejemplo de un circuito que actúa como un multiplicador de dos cuadrantes. En este caso, para generar señales AM de alta potencia, se aplica la señal portadora no modulada a la rejilla del tubo, y el voltaje de placa de cd se hace variar proporcionalmente a $A_c[1 + m(t)]$, donde $A_c[1 + m(t)] \geq 0$. Esto crea el producto $A_c[1 + m(t)]$ cos $\omega_c t$, siempre que $m(t) \geq -1$, pero no produce salida cuando $m(t) < -1$.

Si el porcentaje de modulación negativa es menor que 100%, se puede usar un detector de envolvente para recuperar la modulación sin distorsión puesto que la envolvente, $|g(t)| = |A_c[1 + m(t)]|$, es idéntica a $A_c[1 + m(t)]$. Si el porcentaje de modulación negativa es de más de 100%, la modulación no distorsionada aún se puede recuperar siempre que se utilice el tipo de detector apropiado, es decir, un detector de producto. Esto se ve en la ecuación (4-76)

† Si el porcentaje de modulación llega a ser grande (tendiendo a infinito), la señal AM llega a ser una señal de doble banda lateral con portadora suprimida.

con $\theta_0 = 0$. Además, el detector de producto se puede usar con cualquier porcentaje de modulación. En el capítulo 7 se verá que un detector de producto es superior a un detector de envolvente cuando la relación de señal de ruido a la entrada es pequeña.

De la ecuación (4-17) se desprende que la *potencia promedio normalizada* de la señal de AM es

$$\begin{aligned}\langle s^2(t)\rangle &= \tfrac{1}{2}\langle|g(t)|^2\rangle = \tfrac{1}{2}A_c^2\langle[1+m(t)]^2\rangle \\ &= \tfrac{1}{2}A_c^2\langle 1 + 2m(t) + m^2(t)\rangle \\ &= \tfrac{1}{2}A_c^2 + A_c^2\langle m(t)\rangle + \tfrac{1}{2}A_c^2\langle m^2(t)\rangle \end{aligned} \tag{5-8}$$

Si la modulación no contiene nivel de cd, $\langle m(t)\rangle = 0$ y la potencia *normalizada* de la señal de AM es

$$\langle s^2(t)\rangle = \underbrace{\tfrac{1}{2}A_c^2}_{\substack{\text{potencia}\\ \text{portadora discreta}}} + \underbrace{\tfrac{1}{2}A_c^2\langle m^2(t)\rangle}_{\substack{\text{potencia de}\\ \text{banda lateral}}} \tag{5-9}$$

Obsérvese que este resultado es idéntico al dado por la ecuación (4-21) si $A_c = 1$.

**Definición.** La *eficiencia de modulación* es el porcentaje de la potencia total de la señal modulada que transporta información.

En la señalización de AM sólo los componentes de banda lateral transportan información, por lo que la eficiencia de modulación es

$$E = \frac{\langle m^2(t)\rangle}{1 + \langle m^2(t)\rangle} \times 100\% \tag{5-10}$$

La eficiencia máxima que se podría obtener para una señal 100% AM sería de 50%, la cual se logra sólo con modulación de onda cuadrada.

Con la ecuación (4-18), se obtiene la potencia envolvente pico normalizada (PEP) de la señal de AM:

$$P_{\text{PEP}} = \frac{A_c^2}{2}\{1 + \text{máx}[m(t)]\}^2 \tag{5-11}$$

El espectro de voltaje de la señal de AM se obtuvo en la ecuación (4-20a) del ejemplo 4-1 y es

$$S(f) = \frac{A_c}{2}[\delta(f - f_c) + M(f - f_c) + \delta(f + f_c) + M(f + f_c)] \tag{5-12}$$

(El espectro de AM se da en la figura 4-2.) El espectro de AM es relativamente fácil de obtener puesto que es sólo una versión transformada del espectro de modulación más funciones delta que dan el componente espectral de la línea portadora. El *ancho de banda* es dos veces el de la modulación. Como se verá en breve, el espectro de una señal de FM es mucho más complicado pues la función de mapeo de la modulación $g(m)$ no es lineal.

### Ejemplo 5-1 POTENCIA DE UNA SEÑAL DE AM

La FCC clasifica los transmisores de banda de radiodifusión de AM por su potencia *portadora* promedio; esto también es común en otras aplicaciones de audio de AM. Supóngase que se conecta un transmisor de AM de 5000 W a una carga de 50 Ω; entonces $\frac{1}{2} A_c^2/50 = 5000$ da la constante $A_c$. Por tanto el voltaje pico a través de la carga será $A_c = 707$ V cuando no hay modulación. Si el transmisor luego se modula al 100% con un tono de prueba de 1000 Hz, la potencia promedio total (portadora más banda lateral) será, según la ecuación (5-9),

$$1.5\left[\frac{1}{2}\left(\frac{A_c^2}{50}\right)\right] = (1.5) \times (5000) = 7500 \text{ W}$$

porque $\langle m^2(t)\rangle = \frac{1}{2}$ cuando se trata de una forma de onda de modulación senoidal de amplitud (100%) unitaria. Obsérvese que 7500 W es la potencia real, no la normalizada. El voltaje pico (100% de modulación) es $(2)(707) = 1414$ V a través de la carga de 50. De acuerdo con la ecuación (5-11), la PEP es

$$4\left[\frac{1}{2}\left(\frac{A_c^2}{50}\right)\right] = (4)(5000) = 20{,}000 \text{ W}$$

La eficiencia de modulación sería de 33% puesto que $\langle m^2(t)\rangle = \frac{1}{2}$.

Existen muchas maneras de construir transmisores de AM. Una podría ser tomar en cuenta en primer lugar la generación de la señal de AM a un bajo nivel de potencia (con un multiplicador) y luego amplificarla. Esto, sin embargo, requiere el uso de amplificadores lineales (tales como amplificadores de clase A o B, como se menciona en la sección 4-9) de modo que la AM no se distorsione. Como estos amplificadores lineales no son muy eficientes para convertir la energía del suministro de energía en una señal de RF, una gran parte de la energía se disipa en forma de calor.† Por consiguiente, los transmisores de radiodifusión de AM de alta potencia se construyen amplificando la señal del oscilador de la portadora a un alto nivel de potencia con amplificadores de clase C o clase D eficientes y modulando por amplitud la última etapa de alta potencia. Esto se llama modulación de *alto nivel*, y en la figura 5-2a se muestra un ejemplo. Para una alta eficiencia de conversión se utiliza una técnica de modulación por ancho de pulso (PWM, por sus siglas en inglés: *pulse width modulation*) para lograr la modulación en amplitud

† No confunda esta eficiencia de conversión con la eficiencia de modulación, definida por (5-10).

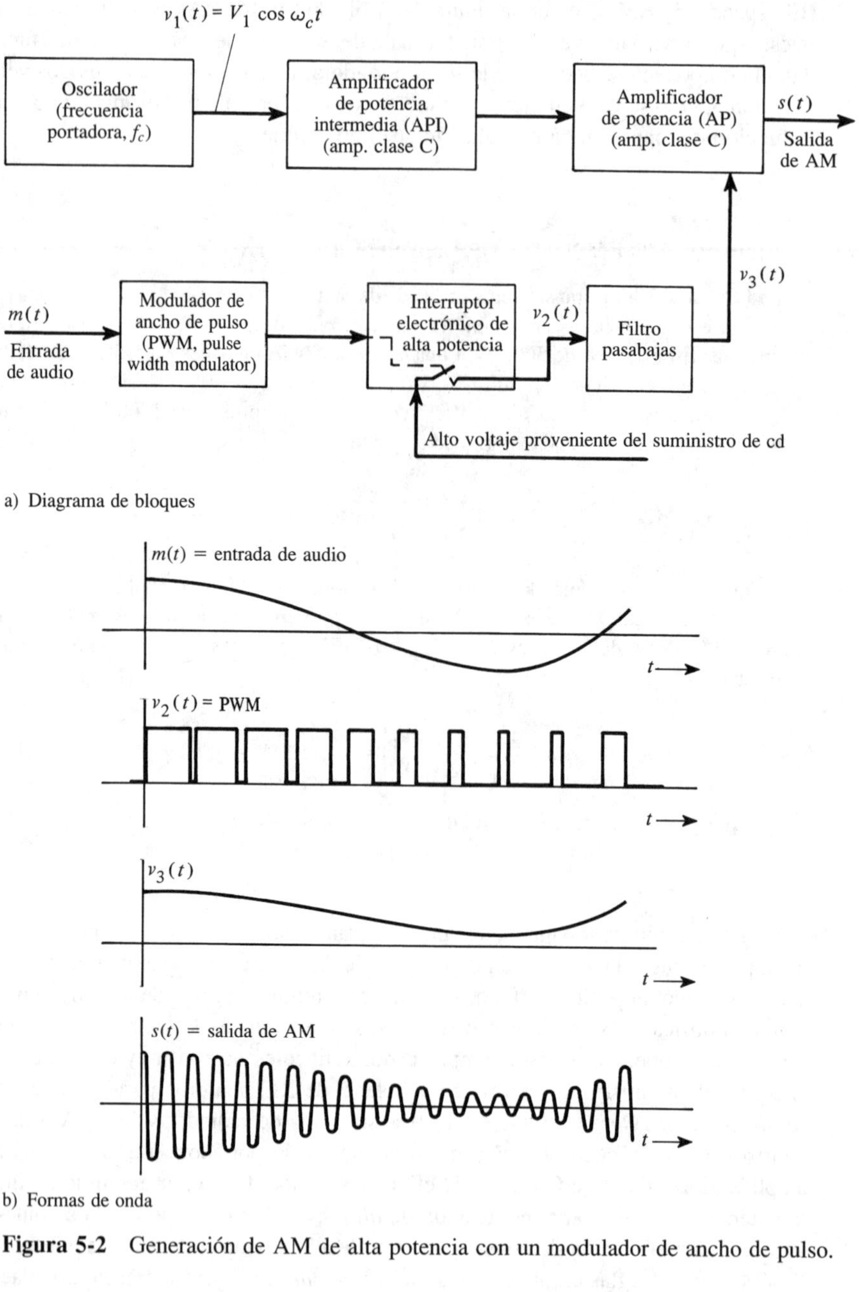


**Figura 5-2** Generación de AM de alta potencia con un modulador de ancho de pulso.

[DeAngelo, 1982], como se muestra en esta figura. La entrada de audio se convierte en una señal PWM que se utiliza para controlar un circuito conmutador (tubo o transistor) de alta potencia. La salida del circuito conmutador se compone de una señal PWM de alto nivel filtrada por un filtro pasabajas para producir la componente de "cd" utilizado como suministro de energía para la etapa del amplificador de potencia (PA, por sus siglas en inglés: *power amplifier*). En general la frecuencia conmutadora PWM se selecciona en el intervalo de 70 a 80 kHz de modo que los componentes fundamentales y armónicos de la señal PWM pueden ser suprimidos con facilidad por el filtro pasabajas, y no obstante la "cd" puede variar a una razón de audio hasta de 12 o 15 kHz para una buena respuesta en frecuencia de audio AM. Esta técnica produce una excelente respuesta de frecuencia y baja distorsión puesto que no se requieren transformadores de audio de alta potencia.

## 5-2 ESTÁNDARES TÉCNICOS DE RADIODIFUSIÓN AM

Algunos de los estándares técnicos de la FCC para radiodifusoras de AM se muestran en la tabla 5-1. En Estados Unidos las frecuencias portadoras asignadas se clasifican de acuerdo con la cobertura planeada de la estación: canal libre, regional o local. Las estaciones de canal libre, llamadas también estaciones *clase I* o *clase II*, están autorizadas para operar con una potencia portadora hasta de 50 kW. El objetivo de estas estaciones es cubrir grandes áreas. Además de acomodar tantas estaciones como sea posible, se pueden asignar estaciones de canal no libre para que operen en frecuencias de canal libre sin interferir con la estación de canal libre dominante. Con frecuencia, para evitar las interferencias estas estaciones secundarias tienen que operar con antenas direccionales de modo que se produzca un nulo en la dirección de la estación dominante. Esto es especialmente cierto en la operación nocturna cuando la propagación de ondas espaciales permite que las estaciones de canal libre cubran, por ejemplo, la mayor parte de Estados Unidos. Se permite que otras estaciones secundarias operen sólo de día puesto que cualquier operación nocturna interferiría con la estación de canal libre. Se reservan otras frecuencias para estaciones regionales, llamadas estaciones *clase III*, las cuales tienen por objeto cubrir áreas de tamaño mediano. Estas estaciones permiten niveles de potencia portadora de 5 kW. Una tercera clase de frecuencia se asigna a estaciones locales, las que tienen por objeto cubrir una ciudad o un condado y su potencia máxima autorizada es de 1 kW. Existen listas detalladas de las asignaciones de frecuencia para estas cuatro clases de estaciones y sus potencias autorizadas disponibles. Las estaciones de AM internacionales, que operan en las bandas de onda corta (3 a 30 MHz) en general operan con altos niveles de potencia. Algunas de éstas alimentan 500 kW de potencia portadora a antenas direccionales. Estas antenas producen niveles de potencia radiada efecti-

**TABLA 5-1** ESTÁNDARES TÉCNICOS PARA UNA RADIODIFUSORA DE AM

| Elemento | Estándar técnico de la FCC |
|---|---|
| Frecuencia asignada, $f_c$ | En incrementos de 10 kHz desde 540 hasta 1700 kHz |
| Ancho de banda del canal | 10 kHz |
| Estabilidad de la frecuencia portadora | ±20 Hz de la frecuencia asignada |
| % de modulación | Mantener 85-95%; máx.: 100% neg., 125% pos. |
| Respuesta de frecuencia de audio[a] | ±2 dB desde 100 Hz hasta 5 kHz donde 1 kHz es la referencia de 0 dB |
| Distorsión armónica[a] | Menos del 5% hasta 85% de modulación; menos que 7.5% con modulación entre 85 y 95% |
| Ruido y zumbido | Por lo menos 45 dB por debajo de 100% de modulación en la banda de 30 a 20 kHz |
| Potencia máxima autorizada | 50 kW |

[a] Conforme a la nueva política de desregulación de la FCC, estos requisitos se suprimen de los reglamentos de la FCC, aunque los radiodifusores aún los utilizan como guías para un rendimiento mínimo aceptable.

va en el intervalo de los megawatts (es decir, cuando se incluye la ganancia de la antena direccional).

Por muchos años, los radiodifusores de AM soñaron con ofrecer transmisiones estéreo a sus radioescuchas. Técnicamente, este avance ha sido posible desde hace mucho, pero por razones políticas no se puso en ejecución hasta los años ochenta. En 1977 la FCC evaluó sistemas de AM estéreo diferentes propuestos por la Kahn Communication/Hazel Corporation, Belar Electronics, la Magnavox Corporation, la Harris Corporation y Motorola [Mennie, 1978; Murphy, 1988]. Cada uno de los sistemas propuestos ofrecía ventajas y desventajas, y la FCC decidió permitir que cada radiodifusor de AM utilizara cualesquiera de ellos. Esto condujo a confusiones en el mercado puesto que cada sistema requería un tipo de circuito decodificador estéreo diferente en el receptor de AM. Sin embargo, parece que el sistema Motorola es el preferido por la mayoría de los radiodifusores, y la FCC adoptó el sistema Motorola como estándar de AM estéreo.

El sistema Motorola C-QUAM† utiliza modulación de cuadratura (QM) (véase la tabla 4-1). El audio monoaural, que consiste en la suma de los canales izquierdo y derecho, se utiliza para modular una portadora cosenoidal. Es decir, $m_1(t) = V_0 + m_L(t) + m_R(t)$, donde $V_0$ es el voltaje de compensación de cd utilizado para producir el término portador discreto en el espectro de AM, $m_L(t)$ es el audio del canal izquierdo y $m_R(t)$ es el audio del canal derecho. $m_2(t) = m_L(t) - m_R(t)$ modula la portadora de cuadratura. La envolvente real resultante $R(t)$ se compone de un término de cd y un término de audio distorsionado. La distorsión se reduce con un limitador y un filtro en la salida QM y luego con la modulación por amplitud de la señal de amplitud constante resultante con $m_L(t) + m_R(t)$ [Mennie, 1978). La señal C-QUAM resultante es compatible con un receptor de AM mono (convencional) para recepción mono. Los receptores de AM estéreo utilizan un detector de envolvente para recuperar $m_L(t) + m_R(t)$ y un detector de producto en cuadratura para recuperar $m_L(t) - m_R(t)$. Las redes de suma y diferencia se utilizan entonces para obtener el audio de los canales izquierdo y derecho, $m_L(t)$ y $m_R(t)$, respectivamente.

## 5-3 DOBLE BANDA LATERAL CON PORTADORA SUPRIMIDA

Una señal de *doble banda lateral* con *portadora suprimida de* (DSB-SC) en esencia es una señal de AM que dispone de una portadora discreta suprimida. La señal DSB-SC está dada por

$$s(t) = A_c m(t) \cos \omega_c t \tag{5-13}$$

donde se supone que el nivel de cd de $m(t)$ es cero en el caso de portadora suprimida. El espectro es idéntico al de AM dado por la ecuación (5-12), excepto que faltan las funciones delta a $\pm f_c$. Esto es, el espectro de DSB-SC es

$$S(f) = \frac{A_c}{2}[M(f - f_c) + M(f + f_c)] \tag{5-14}$$

Cuando se compara con una señal de AM, el porcentaje de modulación en una señal de DSB-SC es infinito porque no existe componente lineal de portadora. Además, la eficiencia de modulación de una señal de DSB-SC es de 100% puesto que no desperdicia potencia en una portadora discreta. Sin embargo, se requiere de un detector de producto (el cual es más caro que un detector de envolvente) para demodular la señal de DSB-SC. Si los circuitos transmisores limitan la señal modulada a un cierto valor pico, por ejemplo $A_p$, se puede demostrar (véase el problema

† C-QUAM es el acrónimo en inglés utilizado por Motorola para modulación por amplitud en cuadratura compatible.

5-8) que la potencia de la banda lateral de una señal de DSB-SC es *cuatro* veces la de una señal de AM comparable cuyo valor pico sea el mismo. En este sentido la ventaja de la señal DSB-SC es la potencia cuadruplicada sobre la de una señal de AM.

También se ve que si $m(t)$ es una señal polar de datos binarios (en vez de una señal de audio), entonces la ecuación (5-13) es una señal BPSK, analizada en el ejemplo 2-18. Tal como se muestra en la tabla 4-1, se puede generar una señal QM con la adición de dos señales DSB en los casos en que existen dos señales modulantes, $m_1(t)$ y $m_2(t)$, coseno modulante y portadoras seno, respectivamente.

## 5-4 CIRCUITO COSTAS Y CIRCUITO EN CUADRATURA

La referencia coherente en cuanto a la detección de producto no se puede obtener con el uso de un circuito rastreador con cerrojo de fase ordinario puesto que no existen componentes lineales espectrales a $\pm f_c$. Sin embargo, como el espectro de la señal DSB-SC es simétrico con respecto a la frecuencia portadora (suprimida), se puede usar cualquiera de los dos tipos de circuitos de recuperación de portadora mostrados en la figura 5-3 para demodular la señal DSB-SC. La figura 5-3a muestra el *PLL Costas* y la figura 5-3b el *circuito en cuadratura*. Se puede demostrar que el rendimiento en cuanto a ruido de estos dos circuitos es equivalente [Ziemer y Peterson, 1985], de modo que la decisión de qué circuito usar depende del costo relativo de los componentes del circuito y de la precisión que se puede obtener en la construcción de cada uno de los componentes.

Tal como se muestra en la figura 5-3a, el PLL Costas se analiza suponiendo que VCO está cerrado a la frecuencia portadora suprimida de entrada, $f_c$, con un error de fase constante de $\theta_e$. Por tanto los voltajes $v_1(t)$ y $v_2(t)$ se obtienen a la salida de los filtros pasabajas de bandabase como se muestra. Como $\theta_e$ es pequeño, la amplitud de $v_1(t)$ es relativamente grande en comparación con la de $v_2(t)$ (es decir, cos $\theta_e \gg$ sen $\theta_e$). Además, $v_1(t)$ es proporcional a $m(t)$, así que es la salida demodulada (detector de producto). El voltaje producto $v_3(t)$ es

$$v_3(t) = \tfrac{1}{2}\,(\tfrac{1}{2}A_0A_c)^2m^2(t)\text{ sen }2\theta_e$$

El voltaje $v_3(t)$ se filtra con un filtro pasabajas cuya frecuencia de corte se encuentra próxima a cd de modo que este filtro actúa como integrador para producir el voltaje de cd de control del VCO

$$v_4(t) = K\text{ sen }2\theta_e$$

donde $K = \frac{1}{2}\,(\frac{1}{2}A_0A_c)^2\langle m^2(t)\rangle$ y $\langle m^2(t)\rangle$ es el nivel de cd de $m^2(t)$. Este voltaje de control de cd es suficiente para mantener el VCO cerrado a $f_c$ con un pequeño error de fase, $\theta_e$.

El circuito en cuadratura, mostrado en la figura 5-3b, se analiza evaluando la expresión para la señal que sale de cada bloque componente como se muestra en esta figura. Tal como se muestra en la figura 5-3, se puede usar el PLL Costas o el circuito en cuadratura para demodular una señal DSB-SC, puesto que en cada caso la salida es $Cm(t)$, donde $C$ es una constante. Además, se puede usar cualquiera de estos circuitos para recuperar (es decir, demodular) una señal BPSK puesto que la señal BPSK tiene la misma forma matemática que una señal DSB-SC, donde $m(t)$ es una señal polar NRZ como se presenta en la figura 3-15c.

Tanto el PLL Costas como el circuito de cuadratura ofrecen una importante ventaja: una ambigüedad de fase de 180°. Por ejemplo, supóngase que la entrada es $-A_cm(t)$ cos $\omega_ct$ en lugar de $+A_cm(t)$ cos $\omega_ct$. Al volver sobre los pasos en el análisis precedente, se ve que la salida sería descrita por *exactamente* la misma ecuación que se obtuvo antes. Por tanto, siempre que se excite el circuito, es muy probable que la fase se cierre de tal modo que la salida demodulada

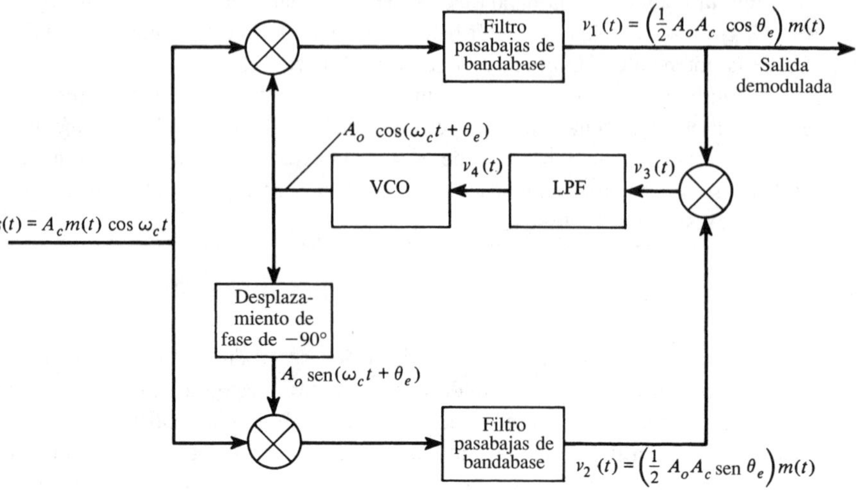


a) Circuito de fase cerrada Costas

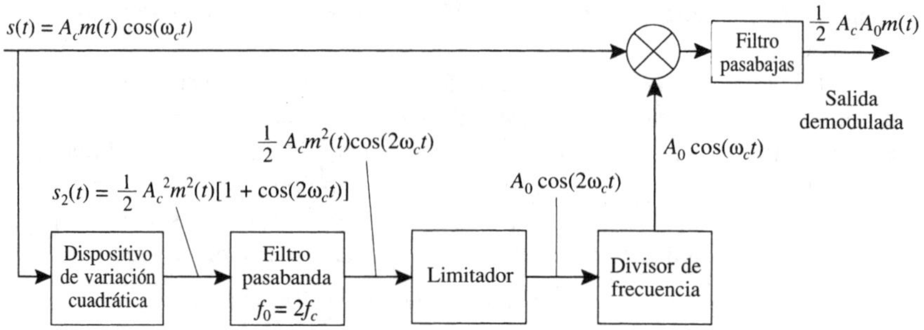


b) Circuito de variación cuadrática

**Figura 5-3** Circuitos recuperadores de portadora en el caso de señales DSB-SC.

sea proporcional tanto a $-m(t)$ como a $m(t)$. Por consiguiente, no se puede estar seguro en cuanto a la polaridad de la salida. Esto no constituye un problema si $m(t)$ es una señal monoaural puesto que $-m(t)$ suena igual al oído que $m(t)$. Sin embargo, si $m(t)$ es una señal polar de datos, los unos (1) binarios podrían salir como ceros (0) binarios después de que se excite el circuito, o viceversa. Tal como se vio en el capítulo 3, existen dos maneras de anular esta ambigüedad de fase de 180°: (1) se puede enviar una señal de prueba conocida a través del sistema después de que se activa el circuito de modo que se pueda determinar la polaridad, o (2) se puede usar codificación y decodificación diferencial.

## 5-5 SEÑALES DE BANDA LATERAL ASIMÉTRICA

### Banda lateral sencilla

**DEFINICIÓN.** Una señal de *banda lateral sencilla superior* (USSB, por sus siglas en inglés: *upper single sideband*) tiene un espectro de valor cero cuando $|f| < f_c$, donde $f_c$ es la frecuencia portadora.

Una señal *de banda lateral sencilla inferior* (LSSB, por sus siglas en inglés: *lower single sideband*) tiene un espectro de valor cero cuando $|f| > f_c$, donde $f_c$ es la frecuencia portadora.

Existen muchas maneras en que la modulación $m(t)$ se puede mapear en la envolvente compleja $g[m]$ de tal modo que se obtenga una señal SSB. La tabla 4-1 incluye algunos de estos métodos. SSB-AM es con mucho el tipo más popular. Es ampliamente utilizado por el ejército y por radioaficionados en sistemas de comunicación de alta frecuencia (HF), y es popular porque el ancho de banda es el mismo que el de la señal modulante (el cual es la mitad del ancho de banda de un señal AM o DSB-SC). Por esta razón, se estudiará este tipo de señal SSB. En la aplicación usual, el término *SSB* se refiere al tipo de señal SSB-AM a menos que se indique de otra manera.

**Teorema.** *Una señal SSB (es decir, tipo SSB-AM) se obtiene con la envolvente compleja*

$$g(t) = A_c[m(t) \pm j\hat{m}(t)] \tag{5-15}$$

*la que da por resultado la forma de onda de señal SSB*

$$s(t) = A_c[m(t) \cos \omega_c t \mp \hat{m}(t) \operatorname{sen} \omega_c t] \tag{5-16}$$

*donde el signo superior* $(-)$ *se usa para USSB y el inferior* $(+)$ *para LSSB* $\hat{m}(t)$ *denota la transformada de Hilbert de* $m(t)$, *la cual está dada por*†

$$\hat{m}(t) \triangleq m(t) * h(t) \tag{5-17}$$

*donde*

$$h(t) = \frac{1}{\pi t} \tag{5-18}$$

*y* $H(f) = \mathcal{F}[h(t)]$ *corresponde a una red con desplazamiento de fase de* $-90°$:

$$H(f) = \begin{cases} -j, & f > 0 \\ j, & f < 0 \end{cases} \tag{5-19}$$

La figura 5-4 ilustra este teorema. Supóngase que el espectro de magnitud de $m(t)$ es de forma triangular, como se muestra en la figura 5-4a. Entonces en el caso de USSB (signos superiores), el espectro de $g(t)$ es cero a frecuencias negativas, como se muestra en la figura 5-4b, y $s(t)$ tiene el espectro USSB mostrado en la figura 5-4c. Este resultado se comprueba como sigue.

***Comprobación.*** Se tiene que demostrar que el espectro de $s(t)$ es cero en la banda lateral apropiada (según el signo seleccionado). Con la transformada de Fourier de (5-15) se obtiene

$$G(f) = A_c\{M(f) \pm j\mathcal{F}[\hat{m}(t)]\} \tag{5-20}$$

y si se utiliza la ecuación (5-17), ésta se vuelve

$$G(f) = A_c M(f)\,[1 \pm jH(f)] \tag{5-21}$$

† En la sección A-7 (apéndice A) se da una tabla de pares de transformadas de Hilbert.

Para comprobar el resultado para el caso USSB, se selecciona el signo superior. En tal caso, si se utiliza la ecuación (5-19), la ecuación (5-21) se convierte en

$$G(f) = \begin{Bmatrix} 2A_c M(f), & f > 0 \\ 0, & f < 0 \end{Bmatrix} \qquad \textit{Caso USSB} \tag{5-22}$$

Sustituyendo la ecuación (5-22) en la ecuación (4-15), la señal pasabanda es

$$S(f) = A_c \begin{Bmatrix} M(f - f_c), & f > f_c \\ 0, & f < f_c \end{Bmatrix} + A_c \begin{Bmatrix} 0, & f > -f_c \\ M(f + f_c), & f < -f_c \end{Bmatrix} \tag{5-23}$$

la que ciertamente es una señal USSB (véase la figura 5-4).

De haberse seleccionado los signos inferiores de (5-21), se habría obtenido una señal LSSB.

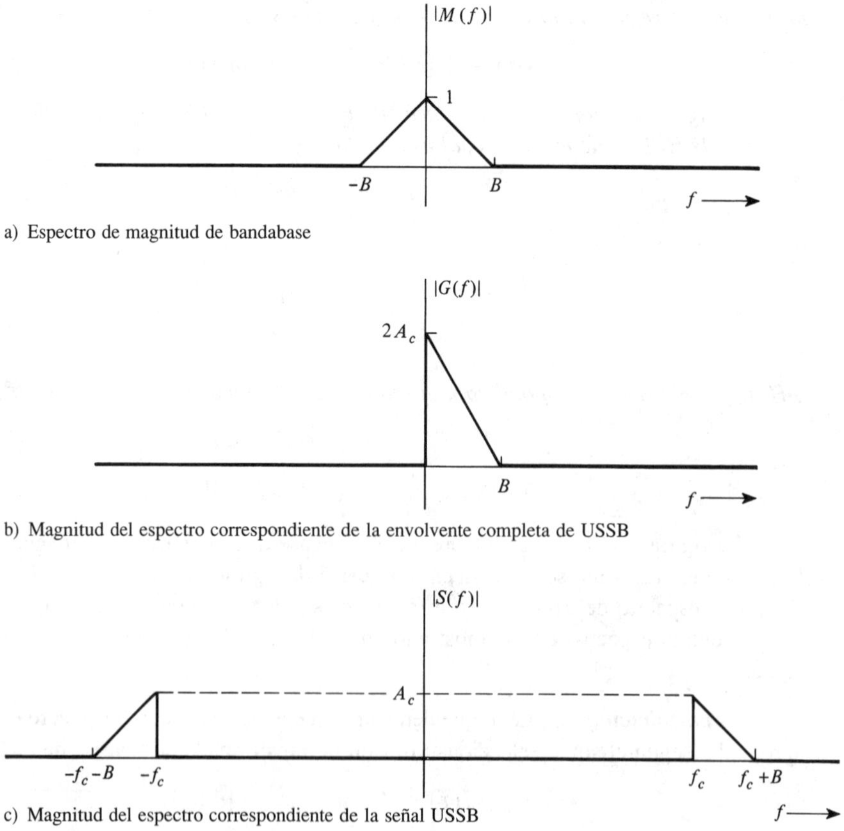


**Figura 5-4** Espectro de una señal USSB.

La *potencia normalizada promedio* de la señal SSB es

$$\langle s^2(t)\rangle = \tfrac{1}{2}\langle |g(t)|^2\rangle = \tfrac{1}{2}A_c^2\langle m^2(t) + [\hat{m}(t)]^2\rangle \tag{5-24}$$

Tal como se muestra en el ejemplo SA5-1, $\langle \hat{m}(t)^2\rangle = \langle m^2(t)\rangle$, de modo que la potencia de la señal SSB es

$$\langle s^2(t)\rangle = A_c^2\langle m^2(t)\rangle \tag{5-25}$$

la cual es la potencia de la señal modulante $\langle m^2(t)\rangle$ multiplicada por el factor de ganancia de potencia $A_c^2$.

La *potencia envolvente pico normalizada* (*PEP*) es

$$\tfrac{1}{2}\,\text{máx}\,\{|g(t)|^2\} = \tfrac{1}{2}A_c^2\,\text{máx}\,\{m^2(t) + [\hat{m}(t)]^2\} \tag{5-26}$$

La figura 5-5 ilustra dos técnicas de generar la señal SSB. El *método de puesta en fase* es idéntico a la forma canónica IQ analizada con anterioridad (Fig. 4-28), aplicada a la generación de una señal SSB. El *método de filtración* es un caso especial donde el procesamiento de RF (con el filtro de banda lateral) se usa para formar la $g(t)$ equivalente, en lugar de usar procesamiento de bandabase para generar $g[m]$ directamente. El método de filtración es el método más aceptado porque se obtiene una excelente supresión de la banda lateral cuando se utiliza un filtro de cristal como filtro de banda lateral.† Los filtros de cristal relativamente baratos cuando se produ-

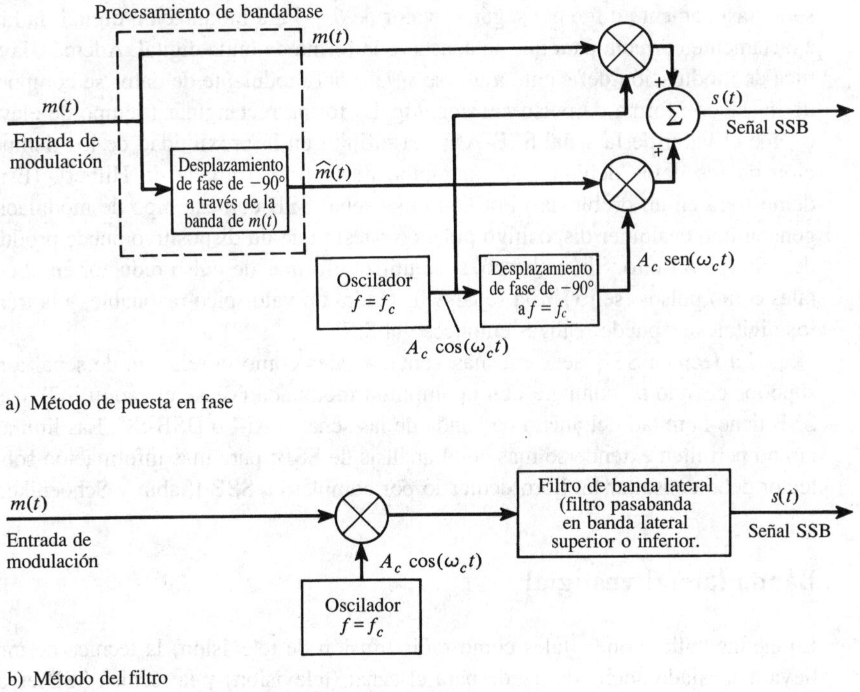


**Figura 5-5** Generación de SSB.

cen en cantidad a frecuencias de IF estándar. Además de estas dos técnicas para generar SSB, existe una tercera técnica llamada *método de Weaver*. La figura P5-12 y el problema 5-12 la describen. El transmisor SSB práctico incorpora un convertidor ascendente para transformar la señal SSB en una frecuencia de operación deseada y utiliza un amplificador de clase B para amplificar la señal al nivel de potencia deseado.

Las señales SSB incluyen *tanto* AM *como* PM. Si se utiliza la ecuación (5-15), se obtiene para la componente AM (envolvente real)

$$R(t) = |g(t)| = A_c \sqrt{m^2(t) + [\hat{m}(t)]^2} \tag{5-27}$$

y para la componente PM

$$\theta(t) = \underline{/g(t)} = \tan^{-1}\left[\frac{\pm\,\hat{m}(t)}{m(t)}\right] \tag{5-28}$$

Las señales de SSB se pueden recibir con un receptor superheterodino que incorpore un detector de producto $\theta_0 = 0$. Por tanto, la salida del receptor es

$$v_{\text{salida}}(t) = K\,\text{Re}\{g(t)e^{-j\theta_0}\} = KA_c m(t) \tag{5-29}$$

donde $K$ depende de la ganancia del receptor y de la pérdida en el canal. Para detectar señales SSB con modulación de audio, la fase de referencia $\theta_0$ no tiene que ser cero porque se oye la misma penetración (armonía), pese al valor de la fase utilizada [aunque la forma de onda $v_{\text{salida}}(t)$ será drásticamente diferente según el valor de $\theta_0$]. Para modulación digital, la fase tiene que ser exactamente correcta para que se conserve la forma de onda digital. Además, la SSB es una técnica de modulación deficiente a usarse *si* la señal modulante de datos se compone de un código de líneas con forma de pulso *rectangular*. La forma rectangular (tiempo de elevación cero) hace que el valor de la señal SSB-AM sea infinito en la proximidad de los tiempos de conmutación de los datos debido a la operación de la transformada de Hilbert. (Esta dificultad se demostrará en un problema.) Por tanto una señal SSB con este tipo de modulación no se puede generar con cualquier dispositivo práctico puesto que un dispositivo puede producir sólo señales de valor pico finito. Sin embargo, si se utilizan formas de pulso reductor en el código de líneas, tales como pulsos (sen $x$)/$x$, la señal SSB tendrá un valor pico razonable, y la transmisión de datos digitales se puede realizar entonces vía SSB.

La técnica SSB tiene muchas ventajas tales como la relación de señal a ruido detectada superior cuando se compara con la amplitud modulada (véase el capítulo 7) y el hecho de que SSB tiene la mitad del ancho de banda de las señales AM o DSB-SC. Las limitaciones de espacio no permiten extenderse más en el análisis de SSB; para más información sobre este tema, el lector debe consultar un libro dedicado por completo a SSB [Sabin y Schoenike, 1987].

## Banda lateral vestigial

En ciertas aplicaciones (tales como radiodifusión de televisión) la técnica de modulación DSB lleva demasiado ancho de banda para el canal (televisión) y la técnica SSB es demasiado caro

† Es posible una excelente supresión de banda lateral porque el audio de calidad para comunicaciones tiene un contenido espectral insignificante por debajo de 300 Hz. Por tanto, se puede diseñar un filtro de banda lateral para que produzca la atenuación de banda lateral requerida en una banda de transición de $2 \times 300 = 600$.

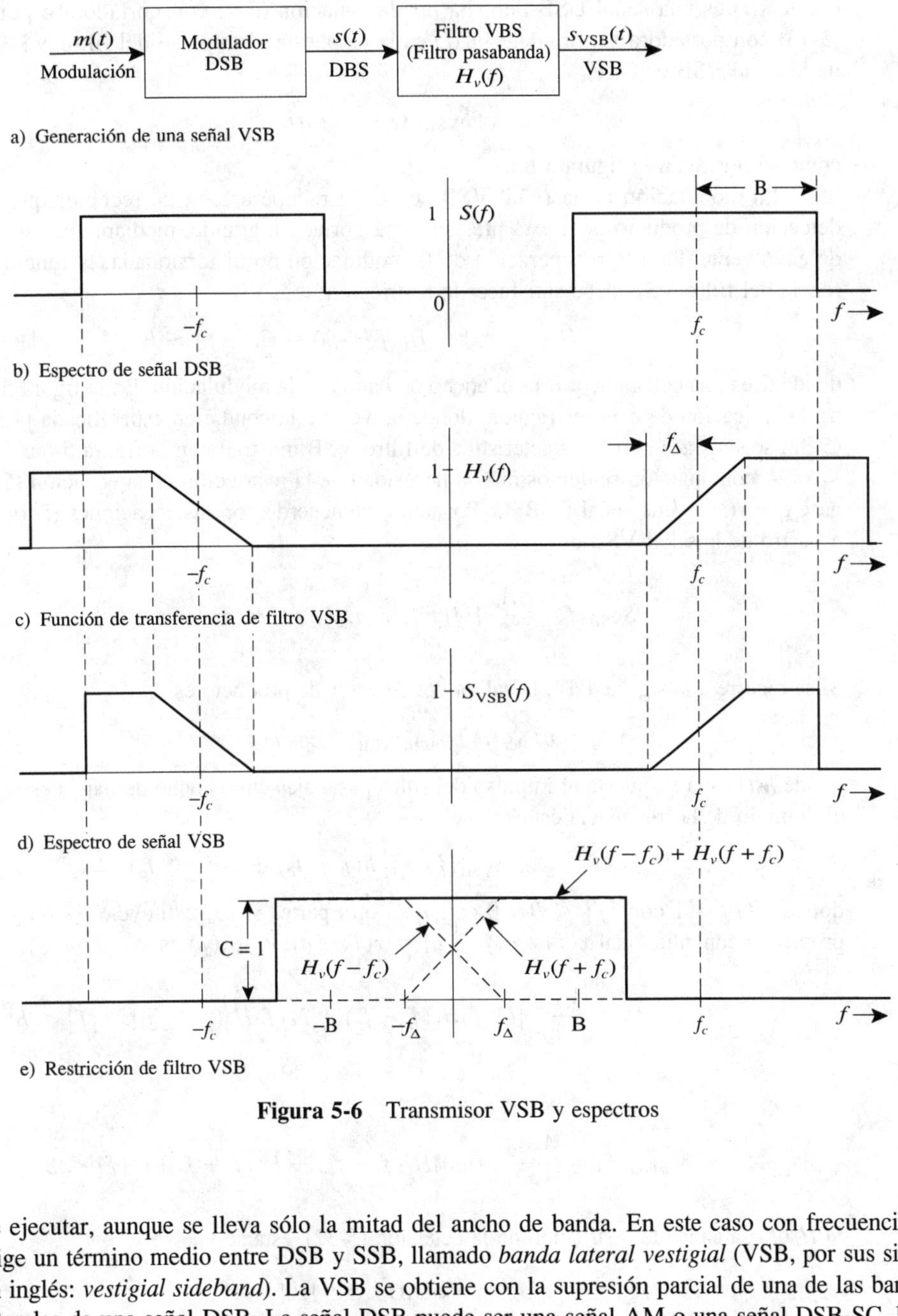


**Figura 5-6** Transmisor VSB y espectros

de ejecutar, aunque se lleva sólo la mitad del ancho de banda. En este caso con frecuencia se elige un término medio entre DSB y SSB, llamado *banda lateral vestigial* (VSB, por sus siglas en inglés: *vestigial sideband*). La VSB se obtiene con la supresión parcial de una de las bandas laterales de una señal DSB. La señal DSB puede ser una señal AM o una señal DSB-SC. Esto se ilustra en la figura 5-6, donde una banda lateral de la señal DSB se atenúa por medio de un filtro pasabanda, llamado filtro de banda lateral vestigial, que tiene una respuesta de frecuencia asimétrica cerca de $\pm f_c$. La señal VSB está dada por

$$s_{\text{VSB}}(t) = s(t) * h_v(t) \tag{5-30}$$

donde $s(t)$ es una señal DSB descrita por la ecuación (5-4) con portadora o por la ecuación (5-13) con portadora suprimida, y $h_v(t)$ es la respuesta al impulso del filtro VSB. El espectro de la señal VSB es

$$S_{\text{VSB}}(f) = S(f)H_v(f) \tag{5-31}$$

como se ilustra en la figura 5-6d.

La modulación en la señal VSB se puede recuperar con un receptor que disponga de detección de producto o, si está presente una portadora grande, mediante el uso de detección de envolvente. Para la recuperación de la modulación no distorsionada, la función de transferencia del filtro VSB debe satisfacer la restricción

$$H_v(f - f_c) + H_v(f + f_c) = C, \quad |f| \leq B \tag{5-32}$$

donde $C$ es una constante y $B$ es el ancho de banda de la modulación. En la figura 5-6e se muestra la aplicación de esta restricción, donde se ve que la condición especificada por la ecuación (5-32) se satisface con la característica de filtro VSB mostrado en la figura 5-6c.

A continuación se demostrará la necesidad de la restricción de la ecuación (5-32). Supóngase que $s(t)$ es una señal DSBSC. Por tanto, de acuerdo con las ecuaciones (5-14) y (5-31), el espectro de la señal VSB es

$$S_{\text{VSB}}(f) = \frac{A_c}{2}[M(f - f_c)H_v(f) + M(f + f_c)H_v(f)]$$

Si se recurre a la figura 4-14, la salida del detector de producto es

$$v_{\text{salida}}(t) = [A_0 s_{\text{VSB}}(t) \cos \omega_c t] * h(t)$$

donde $h(t)$ es la respuesta al impulso del filtro pasabajas cuyo ancho de banda es de $B$ hertz. En el dominio de la frecuencia ésta se vuelve

$$V_{\text{salida}}(f) = A_0\{S_{\text{VSB}}(f) * [\tfrac{1}{2}\delta(f - f_c) + \tfrac{1}{2}\delta(f + f_c)]\}H(f)$$

donde $H(f) = 1$ con $|f| < B$ y 0 con $f$ en otra parte. Si se sustituye $S_{\text{VSB}}(f)$ y se utiliza la propiedad convolucional $x(f) * \delta(f - a) = x(f - a)$, $V_{\text{salida}}(f)$ es

$$V_{\text{salida}}(f) = \frac{A_c A_0}{4}[M(f)H_v(f - f_c) + M(f)H_v(f + f_c)], \quad |f| < B$$

o

$$V_{\text{salida}}(f) = \frac{A_c A_0}{4} M(f)[H_v(f - f_c) + H_v(f + f_c)], \quad |f| < B$$

Si $H_v(f)$ satisface la restricción de la ecuación (5-32), ésta se vuelve

$$V_{\text{salida}}(f) = KM(f)$$

o $V_{\text{salida}}(t) = Km(t)$ donde $K = A_c A_0/4$. Esto demuestra que la salida del detector de producto no se distorsiona cuando se satisface la ecuación (5-32).

Tal como se indica en la sección 8-9 del capítulo 8, la televisión utiliza VSB para reducir el ancho de banda requerido a 6 MHz. En esta aplicación, como se observa en la figura 8-31c, la respuesta a la frecuencia del transmisor de TV visual es plana a lo largo de la banda lateral superior hasta 4.2 MHz por encima de la frecuencia portadora visual y es plana a lo largo de la banda lateral inferior hasta 0.75 MHz por debajo de la frecuencia portadora. Si el filtro de IF incluido en el receptor de TV tiene la característica del filtro VSB mostrada en la figura 5-6c, donde $f_\Delta = 0.75$ MHz. Esto produce una característica de respuesta a frecuencia total que satisface la restricción de la ecuación (5-32) de modo que la modulación de video en la señal de TV VSB visual se pueda recuperar en el receptor sin distorsión.

# 5-6 MODULACIÓN EN FASE Y MODULACIÓN EN FRECUENCIA

## Representación de señales de PM y FM

La *modulación en fase* (PM) y la *modulación en frecuencia* (FM) son casos especiales de señalización modulada angular. En la señalización modulada angular la envolvente compleja es

$$g(t) = A_c e^{j\theta(t)} \tag{5-33}$$

En este caso la envolvente real, $R(t) = |g(t)| = A_c$, es una constante, y la fase $\theta(t)$ es una función lineal de la señal modulante $m(t)$. Sin embargo, $g(t)$ es una función *no lineal* de la modulación. Con la ecuación (5-33) se encuentra que la señal *modulada angular* es

$$s(t) = A_c \cos[\omega_c t + \theta(t)] \tag{5-34}$$

En el caso de PM la fase es directamente proporcional a la señal modulante:

$$\theta(t) = D_p m(t) \tag{5-35}$$

donde la constante de proporcionalidad $D_p$ es la sensibilidad de fase del modulador de fase, cuyas unidades son radianes por volt [suponiendo que $m(t)$ es una forma de onda de voltaje]. En el caso de FM, la fase es proporcional a la integral de $m(t)$:

$$\theta(t) = D_f \int_{-\infty}^{t} m(\sigma)\, d\sigma \tag{5-36}$$

donde la constante de desviación de frecuencia $D_f$ tiene unidades de radianes/volt-segundo.

Si se comparan las dos últimas ecuaciones, es claro que si se tiene una señal PM modulada por $m_p(t)$, existe *también* FM en la señal correspondiente a una forma de onda de modulación *diferente* dada por

$$m_f(t) = \frac{D_p}{D_f}\left[\frac{dm_p(t)}{dt}\right] \tag{5-37}$$

donde los subíndices $f$ y $p$ denotan frecuencia y fase, respectivamente. Asimismo, si se tiene una señal modulada FM por $m_f(t)$, la modulación de fase correspondiente en esta señal es

$$m_p(t) = \frac{D_f}{D_p} \int_{-\infty}^{t} m_f(\sigma)\, d\sigma \tag{5-38}$$

Si se utiliza la ecuación (5-38), se puede usar un circuito PM para sintetizar un circuito FM mediante la inserción de un integrador en cascada con la entrada del modulador de fase (véase la figura 5-7a).

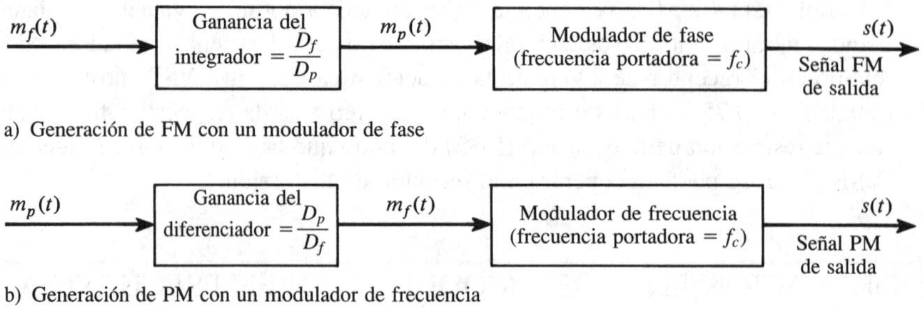


**Figura 5-7** Generación de FM a partir de PM, y viceversa.

Los circuitos PM directos se obtienen haciendo pasar una señal senoidal no modulada a través de un circuito variable con el tiempo que introduce un desplazamiento de fase que varía con el voltaje modulador aplicado (véase la figura 5-8a). $D_p$ es la ganancia del circuito PM (rad/V). De igual manera, se obtiene un circuito FM al variar la sintonía de un circuito tanque oscilador (resonante) de acuerdo con el voltaje de modulación. Esto se demuestra en la figura 5-8b, donde $D_f$ es la ganancia del circuito modulante (cuyas unidades son radianes por volt-segundo).

**Definición.** Si una señal pasabanda está representada por

$$s(t) = R(t) \cos \psi(t)$$

donde $\psi(t) = \omega_c t + \theta(t)$, por consiguiente la frecuencia *instantánea* (hertz) de $s(t)$ es [Boashash, 1992]

$$f_i(t) = \frac{1}{2\pi} \omega_i(t) = \frac{1}{2\pi} \left[ \frac{d\psi(t)}{dt} \right]$$

o

$$f_i(t) = f_c + \frac{1}{2\pi} \left[ \frac{d\theta(t)}{dt} \right] \tag{5-39}$$

En el caso de FM, si se utiliza la ecuación (5-36), la frecuencia instantánea es

$$f_i(t) = f_c + \frac{1}{2\pi} D_f m(t) \tag{5-40}$$

Desde luego, ésta es la razón por la cual este tipo de señalización se llama *modulación en frecuencia;* la frecuencia instantánea varía con respecto a la frecuencia portadora asignada $f_c$ directamente proporcional a la señal modulante $m(t)$. La figura 5-9b muestra la manera en que varía la frecuencia instantánea cuando se utiliza modulación senoidal (para propósitos ilustrativos). La señal FM resultante se muestra en la figura 5-9c.

No se debe confundir la frecuencia instantánea con el término *frecuencia* tal como se utiliza en el espectro de la señal FM. La transformada de Fourier de $s(t)$ da el espectro y se evalúa

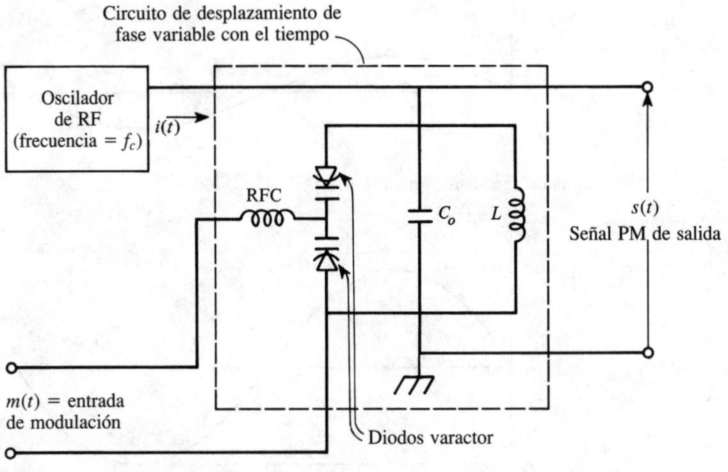


a) Circuito modulante de fase

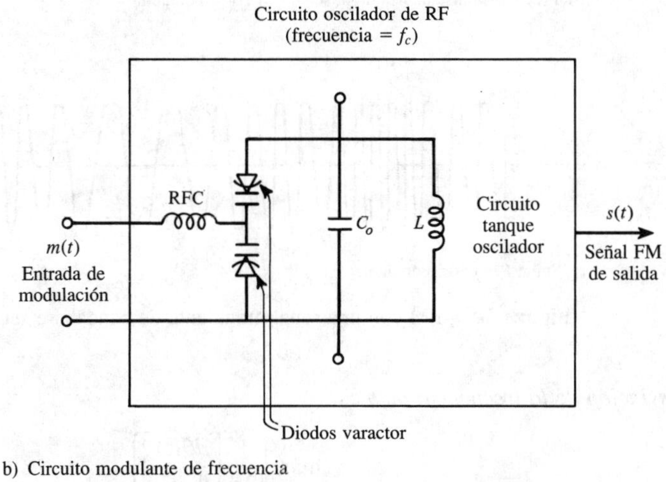


b) Circuito modulante de frecuencia

**Figura 5-8** Circuitos modulantes de ángulo. RFC = bobina de reactancia de radiofrecuencia.

examinando $s(t)$ en el intervalo de tiempo infinito $(-\infty < t < \infty)$. De este modo el espectro descubre las frecuencias presentes en la señal (promedio) en *todo momento*. La frecuencia instantánea es la frecuencia presente en un instante de tiempo *particular*.

La desviación de frecuencia de la frecuencia de la portadora es

$$f_d(t) = f_i(t) - f_c = \frac{1}{2\pi}\left[\frac{d\theta(t)}{dt}\right] \tag{5-41}$$

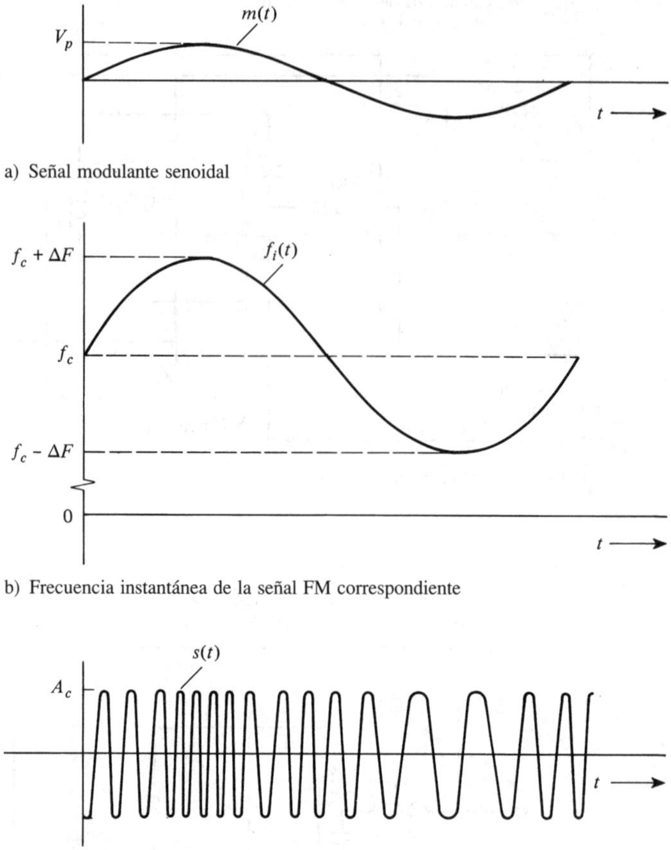


**Figura 5-9** FM con una señal modulante de bandabase senoidal.

y la *desviación de la frecuencia pico* es

$$\Delta F = \text{máx}\left\{\frac{1}{2\pi}\left[\frac{d\theta(t)}{dt}\right]\right\} \tag{5-42}$$

Obsérvese que $\Delta F$ es un número no negativo. En algunas aplicaciones, tal como la modulación digital (unipolar), se utiliza la desviación pico a pico. Ésta está definida por

$$\Delta F_{\text{pp}} = \text{máx}\left\{\frac{1}{2\pi}\left[\frac{d\theta(t)}{dt}\right]\right\} - \text{mín}\left\{\frac{1}{2\pi}\left[\frac{d\theta(t)}{dt}\right]\right\} \tag{5-43}$$

En el caso de señalización FM, la desviación de frecuencia pico está relacionada con el voltaje modulante pico mediante

$$\Delta F = \frac{1}{2\pi} D_f\, V_p \tag{5-44}$$

donde $V_p = \text{máx}[m(t)]$, como se ilustra en la figura 5-9a.

De acuerdo con la figura 5-9 es obvio que el aumento en la amplitud de la señal de modulación $V_p$ incrementará $\Delta F$. Esto incrementará el ancho de banda de la señal FM pero no afectará el nivel de potencia promedio de la señal FM, el cual es $A_c^2/2$. Conforme se incrementa $V_p$, los componentes espectrales aparecerán cada vez más lejos de la frecuencia portadora, y los componentes espectrales cerca de la frecuencia portadora disminuirán en magnitud, puesto que la potencia total en la señal permanece constante (para detalles específicos, véase el ejemplo 5-2). Esto es definitivamente diferente de la señalización AM, donde el nivel de la modulación afecta la potencia presente en la señal AM pero no su ancho de banda.

Asimismo, la *desviación de fase pico* se define como

$$\Delta\theta = \text{máx}[\theta(t)] \tag{5-45}$$

y para PM está relacionada con el voltaje modulante pico mediante

$$\Delta\theta = D_p V_p \tag{5-46}$$

donde $V_p = \text{máx}[m(t)]$.

**DEFINICIÓN.**† El *índice de modulación de fase* está dado por

$$\beta_p = \Delta\theta \tag{5-47}$$

donde $\Delta\theta$ es la desviación de fase pico.

El *índice de modulación de frecuencia* está dado por

$$\beta_f = \frac{\Delta F}{B} \tag{5-48}$$

donde $\Delta F$ es la desviación de frecuencia pico y $B$ es el ancho de banda de la señal modulante, la que en el caso de modulación senoidal es $f_m$, la frecuencia de la senoide.‡

En el caso de señalización PM o FM con modulación *senoidal* de tal modo que las señales PM y FM tengan la misma desviación de frecuencia pico, $\beta_p$ es idéntica a $\beta_f$.

## Espectros de señales de modulación angular

Con la ecuación (4-12), se encuentra que el espectro de una señal modulada por ángulo está dado por

$$S(f) = \tfrac{1}{2}[G(f - f_c) + G^*(-f - f_c)] \tag{5-49}$$

donde

$$G(f) = \mathcal{F}[g(t)] = \mathcal{F}[A_c e^{j\theta(t)}] \tag{5-50}$$

† Para señales digitales, en ocasiones se utiliza una definición alternativa de índice de modulación denotada por $h$ en la literatura. Este índice de modulación digital está dado por $h = 2\Delta\theta/\pi$, donde $2\Delta\theta$ es el cambio de desviación de fase pico a pico máxima durante el tiempo requerido para enviar un símbolo, $T_s$; véase (5-82).

‡ En rigor, el índice FM se define sólo para el caso de modulación de tono único (es decir, senoidal). No obstante, con frecuencia se utiliza para otras formas de onda, donde $B$ se elige como la frecuencia más alta o la dominante en la forma de onda modulante.

Cuando se evaluaron los espectros de AM, DSB-SC y SSB, se obtuvieron fórmulas relativamente simples que relacionan $S(f)$ con $M(f)$. Para señalización de modulación angular este no es el caso porque $g(t)$ es una función no lineal de $m(t)$. Por tanto no se puede obtener una fórmula general que relacione $G(f)$ con $M(f)$. Esto es desafortunado, pero es una realidad de la vida. Es decir, para evaluar el espectro de una señal de modulación angular, se debe evaluar la ecuación (5-50), caso por caso, para la forma de onda modulante particular de interés. Además, como $g(t)$ es una función no lineal de $m(t)$, no tiene cabida la superposición y el espectro FM de la suma de las formas de onda modulantes no es el mismo que se obtiene al sumar los espectros FM obtenidos cuando se utilizaron formas de onda individuales.

En el capítulo 2 (véase el ejemplo 2-18) se ejemplifican los espectros obtenidos para una señal de modulación angular. En él se moduló en fase una portadora por medio de una onda cuadrada donde la desviación pico a pico fue de 180°. En este ejemplo el espectro fue fácil de evaluar porque se trataba del caso muy especial en que la señal PM se reduce a una señal DSB-SC. En general, desde luego, la evaluación de la ecuación (5-50) en una forma cerrada no es fácil, y con frecuencia se tienen que usar técnicas numéricas para reproducir con más o menos precisión esta integral de transformada de Fourier. A continuación se resolverá un ejemplo para el caso de una forma de onda modulante senoidal.

### Ejemplo 5-2 ESPECTRO DE UNA SEÑAL PM O FM CON MODULACIÓN SENOIDAL

Supóngase que la modulación en la señal PM es

$$m_p(t) = A_m \operatorname{sen} \omega_m t \tag{5-51}$$

Luego

$$\theta(t) = \beta \operatorname{sen} \omega_m t \tag{5-52}$$

donde $\beta_p = D_p A_m = \beta$ es el índice de modulación de fase.

También se podría obtener la misma función de fase $\theta(t)$, dada por la ecuación (5-52), si se utilizara FM, donde

$$m_f(t) = A_m \cos \omega_m t \tag{5-53}$$

y $\beta = \beta_f = D_f A_m / \omega_m$. La desviación de frecuencia pico sería $\Delta F = D_f A_m / 2\pi$.

La envolvente compleja es

$$g(t) = A_c e^{j\theta(t)} = A_c e^{j\beta \operatorname{sen} \omega_m t} \tag{5-54}$$

la cual es periódica; con un periodo $T_m = 1/f_m$. Por consiguiente, $g(t)$ se podría representar con una serie de Fourier que sea válida en todo instante $(-\infty < t < \infty)$:

$$g(t) = \sum_{n=-\infty}^{n=\infty} c_n e^{jn\omega_m t} \tag{5-55}$$

donde

$$c_n = \frac{A_c}{T_m} \int_{-T_m/2}^{T_m/2} (e^{j\beta \operatorname{sen} \omega_m t}) e^{-jn\omega_m t}\, dt \tag{5-56}$$

la cual se reduce a

$$c_n = A_c \left[ \frac{1}{2\pi} \int_{-\pi}^{\pi} e^{j(\beta \text{ sen } \theta - n\theta)} \, d\theta \right] = A_c J_n(\beta) \tag{5-57}$$

Esta integral —conocida como *función de Bessel de primera clase de orden n-ésimo*, $J_n(\beta)$— no se puede evaluar en forma cerrada, pero sí numéricamente. En la tabla 5-2 se dan algunos valores tabulados de $J_n(\beta)$. Tablas extensas están disponibles [Abramowitz y Stegun, 1964] o se pueden calcular con MATLAB. Las funciones de Bessel son llamadas de función estándar en programas de cómputo matemático personales como MATLAB. El examen de la integral demuestra que (haciendo un cambio de variable)

$$J_{-n}(\beta) = (-1)^n J_n(\beta) \tag{5-58}$$

En la figura 5-10 se muestra una gráfica de las funciones de Bessel de varios órdenes, $n$, como una función de $\beta$.

Con la transformada de Fourier de la ecuación (5-55), se obtiene

$$G(f) = \sum_{n=-\infty}^{n=\infty} c_n \, \delta(f - nf_m) \tag{5-59}$$

o

$$G(f) = A_c \sum_{n=-\infty}^{n=\infty} J_n(\beta) \, \delta(f - nf_m) \tag{5-60}$$

Si se utiliza este resultado en la ecuación (5-49), se obtiene el espectro de la señal de modulación angular. El espectro de magnitud cuando $f > 0$ se muestra en la figura 5-11 en el caso de $\beta =$ 0.2, 1.0, 2.0, 5.0 y 8.0. Se observa que el término de la portadora discreta (a $f = f_c$) es proporcional a $|J_0(\beta)|$; por consiguiente, el nivel (magnitud) de la portadora discreta depende del índice de modulación. Será cero si $J_0(\beta) = 0$, lo cual ocurre si $\beta = 2.40$, 5.52, etc., como se muestra en la tabla 5-3.

La figura 5-11 también muestra que el ancho de banda de la señal modulación angular depende de $\beta$ y $f_m$. De hecho, se puede demostrar que 98% de la potencia total está contenida en el ancho de banda

$$B_T = 2(\beta + 1)B \tag{5-61}$$

donde $\beta$ es el índice de modulación de fase o el índice de modulación de frecuencia y $B$ es el ancho de banda de la señal modulante (la cual es $f_m$ en el caso de modulación senoidal).† Esta fórmula da una expresión empírica para evaluar el ancho de banda de transmisión de señales PM o FM; se llama *regla de Carson*. En la figura 5-11 se muestra $B_T$ para varios valores de $\beta$. La regla de Carson (5-61) es muy importante porque permite una manera fácil de calcular el ancho de banda de señales de modulación angular. El cálculo del ancho de banda por medio de otras definiciones suele ser muy difícil puesto que primero se tiene que evaluar el espectro de la

† En el caso de FM (no PM) con $2 < B < 10$, la regla de Carson (5-61) en realidad subestima a $B_T$ un poco. En este caso $B_T = 2(\beta + 2)B$ es una mejor aproximación. Además, si la señal de modulación contiene discontinuidades, tales como modulación de onda cuadrada, ambas fórmulas no son demasiado precisas y $B_T$ se debe evaluar examinando el espectro de la señal modulada por ángulo. Sin embargo, para evitar confusiones al comparar $B_T$, se supondrá que $B_T$ (5-61) es aproximadamente correcta en todos los casos.

**TABLA 5-2** VALORES DE CUATRO DECIMALES DE LAS FUNCIONES DE BESSEL $J_n(\beta)$

| $n$ \ $\beta$: | 0.5 | 1 | 2 | 3 | 4 | 5 | 6 | 7 | 8 | 9 | 10 |
|---|---|---|---|---|---|---|---|---|---|---|---|
| 0 | 0.9385 | 0.7652 | 0.2239 | −0.2601 | −0.3971 | −0.1776 | 0.1506 | 0.3001 | 0.1717 | −0.09033 | −0.2459 |
| 1 | 0.2423 | 0.4401 | 0.5767 | 0.3391 | −0.06604 | −0.3276 | −0.2767 | −0.004683 | 0.2346 | 0.2453 | 0.04347 |
| 2 | 0.03060 | 0.1149 | 0.3528 | 0.4861 | 0.3641 | 0.04657 | −0.2429 | −0.3014 | −0.1130 | 0.1448 | 0.2546 |
| 3 | 0.002564 | 0.01956 | 0.1289 | 0.3091 | 0.4302 | 0.3648 | 0.1148 | −0.1676 | −0.2911 | −0.1809 | 0.05838 |
| 4 | | 0.002477 | 0.03400 | 0.1320 | 0.2811 | 0.3912 | 0.3576 | 0.1578 | −0.1054 | −0.2655 | −0.2196 |
| 5 | | | 0.007040 | 0.04303 | 0.1321 | 0.2611 | 0.3621 | 0.3479 | 0.1858 | −0.05504 | −0.2341 |
| 6 | | | 0.001202 | 0.01139 | 0.04909 | 0.1310 | 0.2458 | 0.3392 | 0.3376 | 0.2043 | −0.01446 |
| 7 | | | | 0.002547 | 0.01518 | 0.05338 | 0.1296 | 0.2336 | 0.3206 | 0.3275 | 0.2167 |
| 8 | | | | | 0.004029 | 0.01841 | 0.05653 | 0.1280 | 0.2235 | 0.3051 | 0.3179 |
| 9 | | | | | | 0.005520 | 0.02117 | 0.05892 | 0.1263 | 0.2149 | 0.2919 |
| 10 | | | | | | 0.001468 | 0.006964 | 0.02354 | 0.06077 | 0.1247 | 0.2075 |
| 11 | | | | | | | 0.002048 | 0.008335 | 0.02560 | 0.06222 | 0.1231 |
| 12 | | | | | | | | 0.002656 | 0.009624 | 0.02739 | 0.06337 |
| 13 | | | | | | | | | 0.003275 | 0.01083 | 0.02897 |
| 14 | | | | | | | | | 0.001019 | 0.003895 | 0.01196 |
| 15 | | | | | | | | | | 0.001286 | 0.004508 |
| 16 | | | | | | | | | | | 0.001567 |

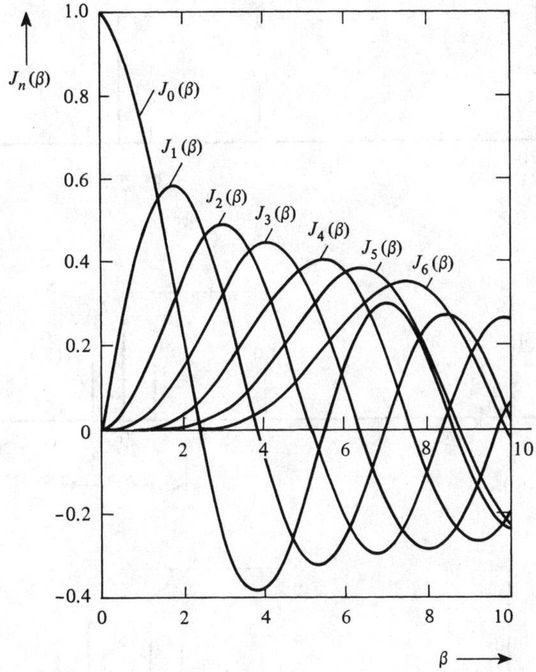


**Figura 5-10** Funciones de Bessel con $n = 0$ a $n = 6$.

**TABLA 5-3** CEROS DE LAS FUNCIONES DE BESSEL: VALORES DE $\beta$ CUANDO $J_n(\beta) = 0$

| | **Orden de la función de Bessel, $n$** | | | | | | |
|---|---|---|---|---|---|---|---|
| | **0** | **1** | **2** | **3** | **4** | **5** | **6** |
| $\beta$ para el primer cero | 2.40 | 3.83 | 5.14 | 6.38 | 7.59 | 8.77 | 9.93 |
| $\beta$ para el segundo cero | 5.52 | 7.02 | 8.42 | 9.76 | 11.06 | 12.34 | 13.59 |
| $\beta$ para el tercer cero | 8.65 | 10.17 | 11.62 | 13.02 | 14.37 | 15.70 | 17.00 |
| $\beta$ para el cuarto cero | 11.79 | 13.32 | 14.80 | 16.22 | 17.62 | 18.98 | 20.32 |
| $\beta$ para el quinto cero | 14.93 | 16.47 | 17.96 | 19.41 | 20.83 | 22.21 | 23.59 |
| $\beta$ para el sexto cero | 18.07 | 19.61 | 21.12 | 22.58 | 24.02 | 25.43 | 26.82 |
| $\beta$ para el séptimo cero | 21.21 | 22.76 | 24.27 | 25.75 | 27.20 | 28.63 | 30.03 |
| $\beta$ para el octavo cero | 24.35 | 25.90 | 27.42 | 28.91 | 30.37 | 31.81 | 33.23 |

señal FM o PM. Ésta es una tarea no trivial, excepto en casos simples tal como en la modulación de un solo tono (senoidal), a menos que se utilice una computadora digital para calcular el espectro aproximado.

Como en general el espectro exacto de señales de modulación angular es difícil de evaluar, las fórmulas para la aproximación de los espectros son extremadamente útiles. Se pueden obtener algunas aproximaciones relativamente simples cuando la desviación de fase pico es pequeña y cuando el índice de modulación es grande. Estos temas se analizan en las siguientes secciones sobre modulación angular de banda angosta y FM de banda ancha.

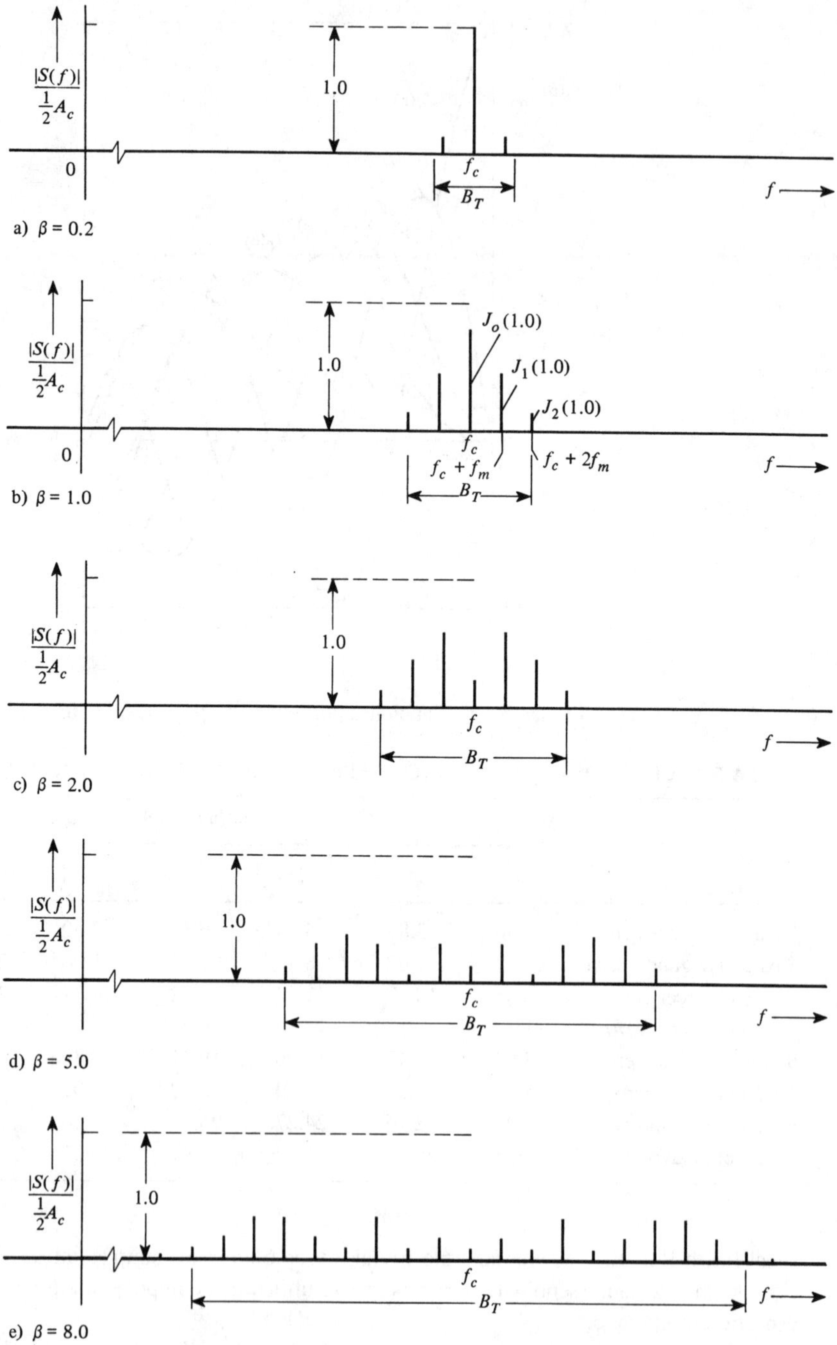


**Figura 5-11** Espectros de magnitud de FM o PM con modulación senoidal a varios índices de modulación.

## Modulación angular de banda angosta

Cuando $\theta(t)$ se limita a un valor pequeño, por ejemplo $|\theta(t)| < 0.2$ rad, la envolvente compleja $g(t) = A_c e^{j\theta}$ se puede aproximar con una serie de Taylor donde sólo los dos primeros términos se utilizan. Por tanto, como $e^x \approx 1 + x$ para $|x| \ll 1$,

$$g(t) \approx A_c[1 + j\theta(t)] \tag{5-62}$$

Con esta aproximación en la ecuación (4-9) o (5-1), se obtiene la expresión para la *señal de modulación angular de banda angosta*

$$s(t) = \underbrace{A_c \cos \omega_c t}_{\substack{\text{término de} \\ \text{portadora discreta}}} - \underbrace{A_c \theta(t) \operatorname{sen} \omega_c t}_{\substack{\text{potencia de} \\ \text{banda lateral}}} \tag{5-63}$$

Este resultado indica que una señal modulada por ángulo de banda angosta se compone de dos términos: una componente de portadora discreta (el cual no cambia con la señal modulante) y un término de banda lateral. Éste es similar a la señalización tipo AM *excepto* que el término de banda lateral desfasado 90° con respecto al término de portadora discreta. La señal de banda angosta se puede generar con un modulador balanceado (multiplicador), como se muestra en la figura 5-12a para el caso de modulación en frecuencia de banda angosta (NBFM, por sus siglas en inglés: *narrowband frequency modulation*). Además, se puede generar la modulación en frecuencia de banda ancha (WBFM, por sus siglas en inglés: *wideband frequency modulation*) a partir de la señal NBFM mediante multiplicación de frecuencia, como se muestra en la figura 5-12b. Se requieren circuitos limitadores para suprimir la AM incidental [la cual es $\sqrt{1 + \theta^2(t)}$ como el resultado de la aproximación (5-62)] presente en la señal NBFM. Este método de generación WBFM se llama *método de Armstrong* o *método indirecto*.

De acuerdo con las ecuaciones (5-62) y (5-49), el espectro de la señal de modulación angular de banda angosta es

$$S(f) = \frac{A_c}{2} \{[\delta(f - f_c) + \delta(f + f_c)] + j[\Theta(f - f_c) - \Theta(f + f_c)]\} \tag{5-64}$$

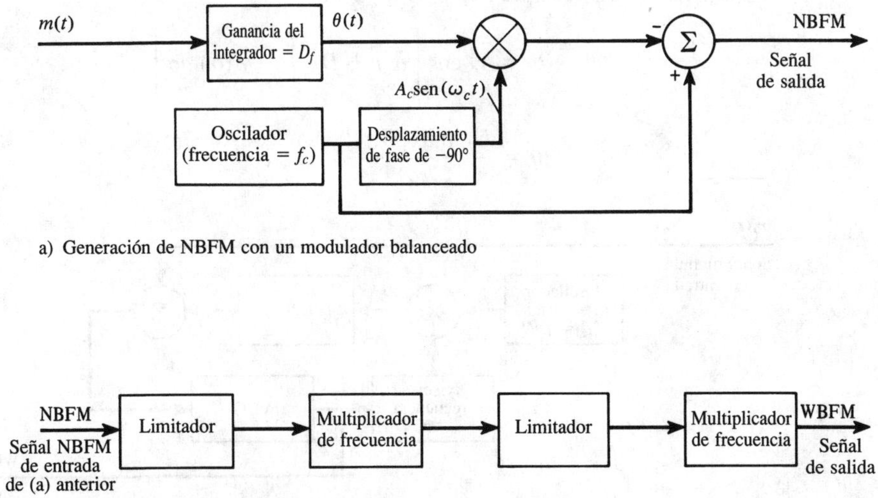


a) Generación de NBFM con un modulador balanceado

b) Generación de WBFM con una señal NBFM

**Figura 5-12** Método indirecto de generación de WBFM (método de Armstrong).

donde

$$\Theta(f) = \mathcal{F}[\theta(t)] = \begin{cases} D_p M(f), & \text{para señalización PM} \\ \dfrac{D_f}{j2\pi f}\, M(f), & \text{para señalización FM} \end{cases} \qquad (5\text{-}65)$$

## Modulación en frecuencia de banda ancha

Un *método directo* para generar modulación en frecuencia de banda ancha (WBFM) consiste en utilizar un oscilador controlado por voltaje (VCO), como se ilustra en la figura 5-8b. Sin embargo, con VCO diseñados para desviación de frecuencia ancha ($\Delta F$ grande), la estabilidad de la frecuencia portadora $f_c = f_0$ no es muy buena, así que el VCO se incorpora al arreglo PLL, donde el circuito se engancha a una fuente de frecuencia estable, tal como un oscilador de cristal (véase la figura 5-13). Se requiere el divisor de frecuencia para bajar el índice de modulación de la señal WBFM para producir una señal NBFM ($\beta \approx 0.2$), de modo que un término de portadora discreta grande siempre estará presente a la frecuencia $f_c/N$ para batirse con la señal del oscilador de cristal y producir el voltaje de control de cd [véase la figura 5-11a, (5-63) y (5-64)]. Este voltaje de control de cd mantiene el VCO en la frecuencia asignada con una tolerancia determinada por el circuito oscilador de cristal.

La densidad espectral de una señal WBFM se puede *aproximar* con la función de densidad de probabilidad (PDF, por sus siglas en inglés: *probability density function*) de la señal modulante. Esto es razonable desde un punto de vista intuitivo, puesto que la frecuencia instantánea varía directamente con el voltaje de la señal modulante en el caso de FM [$D_f/(2\pi)$ es la constante de proporcionalidad]. Si la señal modulante pasa más tiempo en un valor de voltaje que en otro, la frecuencia instantánea permanecerá a la frecuencia correspondiente, y el espectro de potencia alcanzará un pico a esta frecuencia. Un análisis de la aproximación implicada llamado *cuasi aproximación* está bien documentado [Rowe, 1965]. Este resultado se plantea en el siguiente teorema.

**Teorema.** *Para señalización* WBFM, *donde*

$$s(t) = A_c \cos\left[\omega_c t + D_f \int_{-\infty}^{t} m(\sigma)\, d\sigma\right]$$

$$\beta_f = \frac{D_f \,\text{máx}[m(t)]}{2\pi B} > 1$$

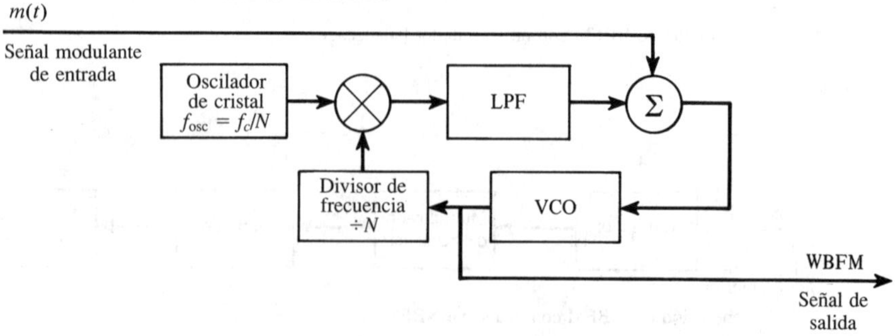


**Figura 5-13** Método directo de generación de WBFM.

*y* B *es el ancho de banda de* m(t), *la densidad espectral de potencia normalizada de la señal* WBFM *está aproximada por*

$$\mathcal{P}(f) = \frac{\pi A_c^2}{2D_f}\left[f_m\left(\frac{2\pi}{D_f}(f - f_c)\right) + f_m\left(\frac{2\pi}{D_f}(-f - f_c)\right)\right] \tag{5-66}$$

*donde* $f_m(\cdot)$ *es la densidad espectral de potencia de la señal modulante.*†

Este teorema se comprueba en el problema 6-44.

## Ejemplo 5-3 ESPECTRO DE WBFM CON MODULACIÓN TRIANGULAR

Se evaluará el espectro de una señal WBFM con una señal modulante triangular (Fig. 5-14a). La densidad espectral de potencia asociada a la modulación triangular se muestra en la figura 5-14b. La densidad espectral de potencia está descrita por

$$f_m(m) = \begin{cases} \dfrac{1}{2V_p}, & |m| < V_p \\ 0, & m \text{ de otro modo} \end{cases} \tag{5-67}$$

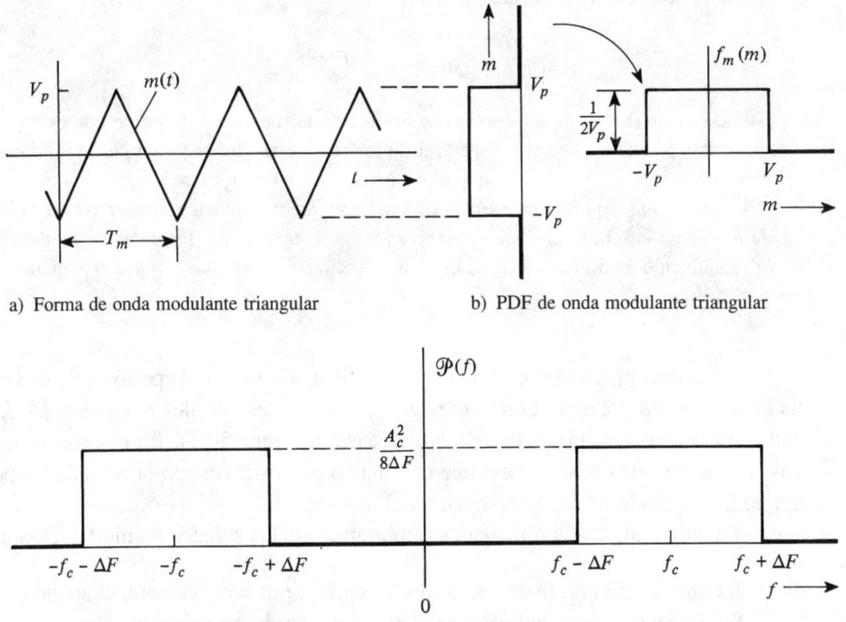


a) Forma de onda modulante triangular

b) PDF de onda modulante triangular

c) PSD de una señal WBFM con modulación triangular, $\Delta F = D_f V_p / 2\pi$

**Figura 5-14** Espectro aproximado de una señal WBFM con modulación triangular.

† Véase el apéndice B en cuanto a la definición de PDF y ejemplos de PDF de varias formas de onda. Este tema se puede suprimir si el lector no está suficientemente familiarizado con las PDF. No confundir la PDF de la modulación, $f_m(\cdot)$, con la frecuencia variable, $f$.

donde $V_p$ es el voltaje pico de la forma de onda triangular. Si se sustituye esta ecuación en la (5-66), se obtiene

$$\mathcal{P}(f) = \frac{\pi A_c^2}{2D_f}\left[\left\{\begin{array}{ll}\frac{1}{2V_p}, & \left|\frac{2\pi}{D_f}(f - f_c)\right| < V_p \\ 0, & f \text{ por otra parte}\end{array}\right\}\right.$$

$$\left. + \left\{\begin{array}{ll}\frac{1}{2V_p}, & \left|\frac{2\pi}{D_f}(f + f_c)\right| < V_p \\ 0, & f \text{ por otra parte}\end{array}\right\}\right]$$

La densidad espectral de la señal WBFM es

$$\mathcal{P}(f) = \left\{\begin{array}{ll}\frac{A_c^2}{8\Delta F}, & (f_c - \Delta F) < f < (f_c + \Delta F) \\ 0, & f \text{ por otra parte}\end{array}\right\}$$

$$+ \left\{\begin{array}{ll}\frac{A_c^2}{8\Delta F}, & (-f_c - \Delta F) < f < (f_c + \Delta F) \\ 0, & f \text{ por otra parte}\end{array}\right\} \tag{5-68}$$

donde la desviación de frecuencia pico es

$$\Delta F = \frac{D_f V_p}{2\pi} \tag{5-69}$$

Esta densidad espectral de potencia se grafica en la figura 5-14c. Se ve que este resultado es una *aproximación* de la densidad espectral de potencia real. En este ejemplo la modulación es periódica con periodo $T_m$, de modo que el espectro real es un espectro lineal con funciones delta separadas $f_m = 1/T_m$ hertz una de otra (como la separación mostrada en la figura 5-11 para el caso de modulación senoidal). Esta aproximación da la *envolvente aproximada* del espectro lineal. (Si la modulación es no periódica, el espectro exacto será continuo y por consiguiente no será un espectro lineal.)

En el otro ejemplo donde se utiliza modulación senoidal (periódica), se sabe que la densidad espectral de potencia exacta contiene componentes lineales con pesos $[A_c J_n(\beta)]^2/2$ localizados en las frecuencias $f = f_c + nf_m$ (véase la figura 5-11). En el caso de un alto índice, la envolvente de estos pesos reproduce con más o menos precisión la densidad espectral de potencia de una senoide tal como aparece en el apéndice B.

En suma, algunas propiedades importantes de las señales de modulación angular son

- Es una función no lineal de la modulación y, por consiguiente, el ancho de banda de la señal se incrementa conforme se eleva el índice de modulación.
- Los cambios de nivel de la portadora discreta, que dependen de la señal modulante, y es cero con ciertos tipos de formas de onda modulantes.
- El ancho de banda de una señal de modulación angular de banda angosta es dos veces el ancho de banda de la señal modulante (igual que el de señalización AM).
- La envolvente real de una señal de modulación angular, $R(t) = A_c$, es constante y, por consiguiente, no depende del nivel de la señal modulante.

## Preénfasis y deenfásis en sistemas de modulación angular

En sistemas de modulación angular la relación señal a ruido a la salida del receptor se puede mejorar si el nivel de la modulación (en el transmisor) se amplifica en el extremo superior del espectro (por ejemplo, audio) —esto se llama *preénfasis*— y se atenúa a altas frecuencias a la salida del receptor —lo cual se conoce como *deenfásis*. Esto produce una respuesta de frecuencia de bandabase total plana al mismo tiempo que mejora la relación de señal a ruido a la salida del receptor (véase la figura 5-15). En la característica de preénfasis, la segunda frecuencia esquinada $f_2$ ocurre muy por encima del espectro de bandabase de la señal modulante (por ejem-

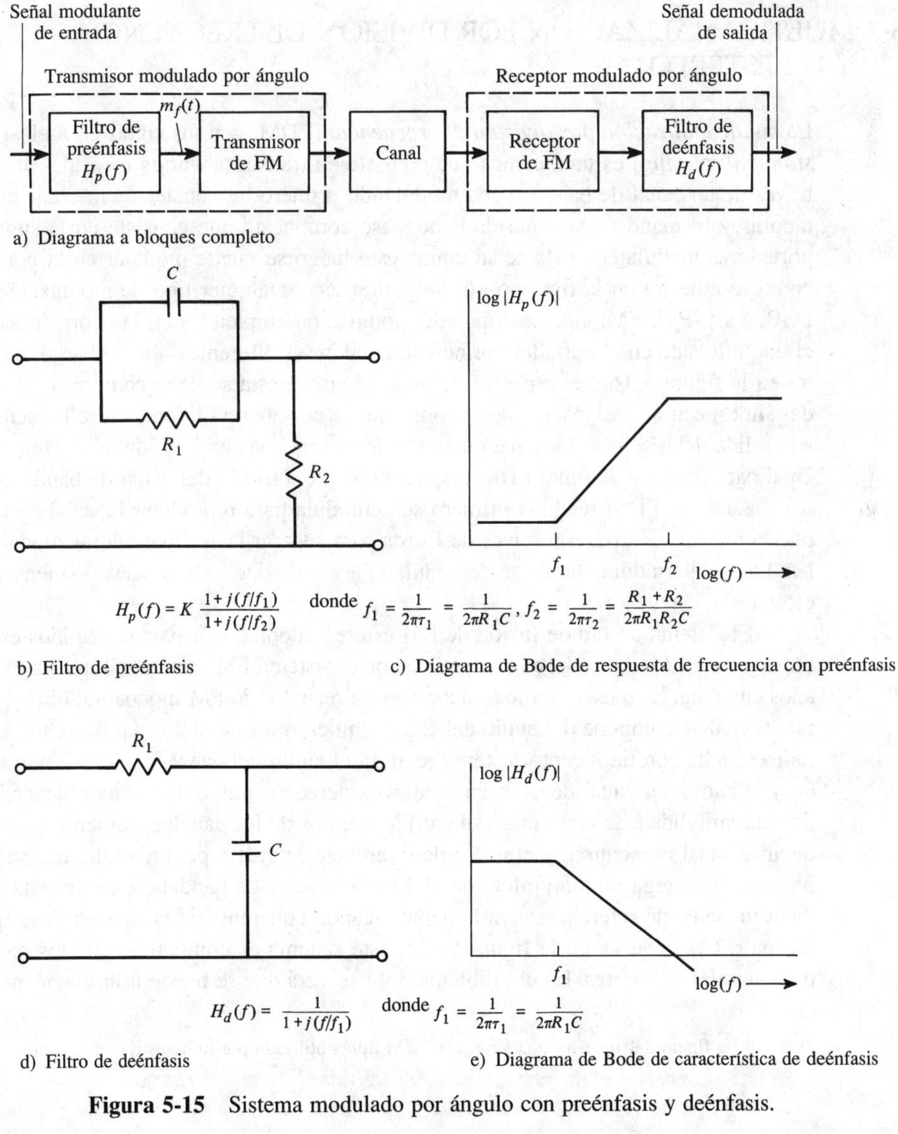


**Figura 5-15** Sistema modulado por ángulo con preénfasis y deénfasis.

plo, 25 kHz en el caso de modulación de audio). En la radiodifusión de FM la constante de tiempo $\tau_1$ en general es de 75 $\mu$s, de modo que $f_l$ ocurre a 2.12 kHz. La respuesta de frecuencia total del sistema resultante con preénfasis en el transmisor y deénfasis en el receptor es plana en la banda de la señal modulante. Es interesante observar que en la radiodifusión de FM con preénfasis de 75 $\mu$s, la señal transmitida es una señal de FM a frecuencias modulantes hasta de 2.1 kHz, pero una señal *modulada en fase* para frecuencias de audio por encima de 2.1 kHz porque la red de preénfasis actúa como diferenciador a frecuencias entre $f_1$ y $f_2$. De ahí que la *FM preenfatizada en realidad es una combinación de FM y PM* y combina las ventajas de ambas con respecto a rendimiento de ruido. En el capítulo 7 se demostrará que la preénfasis-deénfasis mejora la relación de señal a ruido a la salida del receptor.

## 5-7 MULTICANALIZACIÓN POR DIVISIÓN DE FRECUENCIA Y FM ESTÉREO

La *multicanalización por división de frecuencia* (FDM, por sus siglas en inglés: *frequency-division multiplexing*) es una técnica que consiste en transmitir varios mensajes al mismo tiempo a través de un canal de banda ancha modulando primero las señales de mensaje en varias subportadoras y formando una señal de bandabase compuesta que consiste en la suma de estas subportadoras moduladas. Esta señal compuesta luego se puede modular en la portadora principal como se muestra en la figura 5-16. Se podría usar cualquier tipo de modulación tal como AM, DSB, SSB, PM, FM, etc. Los tipos de modulación empleados en las portadoras, lo mismo que el tipo utilizado en la portadora principal, pueden ser diferentes. Sin embargo, tal como se muestra en la figura 5-16b, el espectro de la señal compuesta se debe componer de señales moduladas sin espectros traslapados; de lo contrario, se presentará diafonía entre las señales de mensaje a la salida del receptor. La señal de bandabase compuesta en seguida modula un transmisor principal para producir la señal FDM que se transmite a través del canal de banda ancha.

La señal FDM recibida primero se demodula para reproducir la señal de bandabase compuesta que se hace pasar a través de filtros para separar las subportadoras moduladas individuales. Las subportadoras luego se demodulan para reproducir las señales de mensaje $m_1(t)$, $m_2(t)$, etcétera.†

El sistema de radiodifusión de FM estéreo adoptado en Estados Unidos es un ejemplo de un sistema FDM. Además, es compatible con el sistema FM monoaural que ha existido desde los años cuarenta. Esto es, el radioescucha con un receptor de FM monoaural oirá el audio monoaural (el cual se compone del audio del canal izquierdo más el del canal derecho), mientras que un radioescucha con un receptor estéreo recibirá el audio del canal izquierdo en el altavoz izquierdo y el audio del canal derecho en el altavoz derecho (Fig. 5-17). Para obtener la característica de compatibilidad, se combinan (suman) los audios de los canales izquierdo y derecho para producir la señal monoaural, y el audio de diferencia se utiliza para modular una señal DSB-SC de 38 kHz. Se agrega un tono piloto de 19 kHz a la señal de bandabase compuesta $m_b(t)$ para producir un señal de referencia para la demodulación coherente de la subportadora (producto) en el receptor. Como se ve en la figura 5-17c, este sistema es compatible con los receptores de FM monoaurales existentes. En el problema 5-44 se verá que se puede usar una técnica de conmuta-

† La figura 8-1 muestra una jerarquía FDM típica utilizada por la industria telefónica.

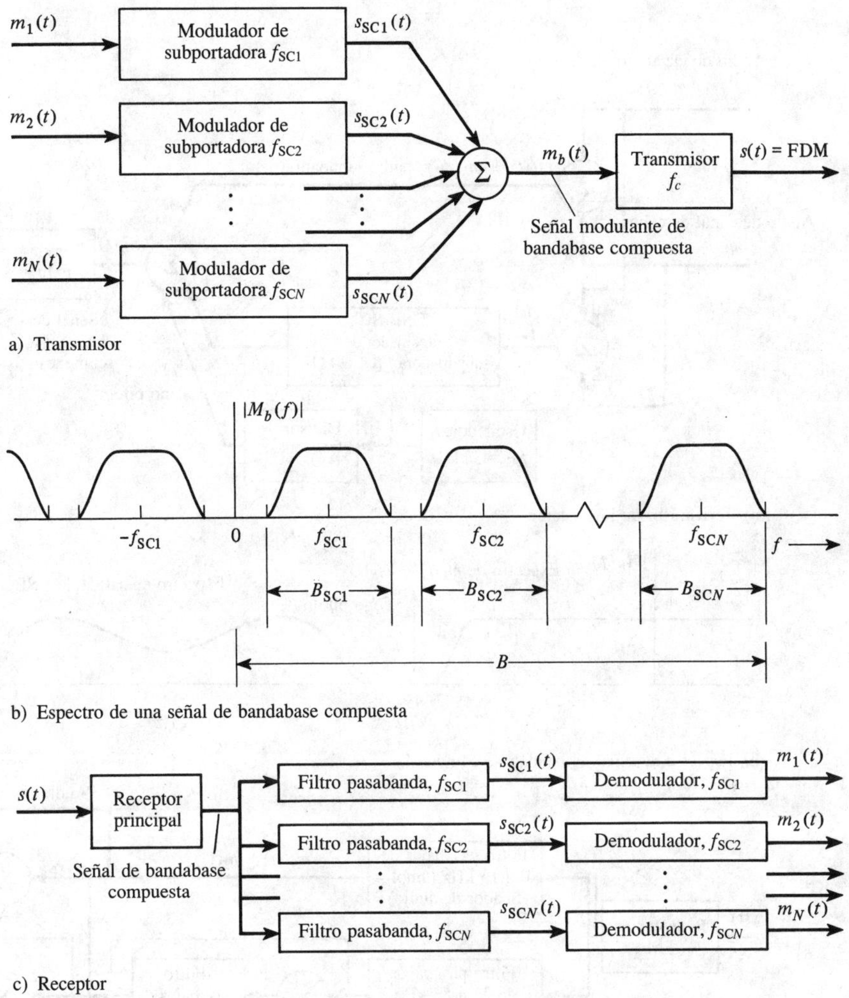


**Figura 5-16** Sistema FDM.

ción (muestreo) relativamente simple para la demodulación de la subportadora y la separación de las señales izquierda y derecha en una sola operación.

La FCC también puede otorgar a una estación de FM una *autorización de comunicaciones subsidiarias* (SCA, por sus siglas en inglés: *subsidiary communications authorization*). Ésta permite a la estación agregar una subportadora de FM que permita la transmisión de música de fondo privada para que la utilicen suscriptores en establecimientos comerciales y oficinas. La frecuencia subportadora SCA FM en general es de 67 kHz, aunque tal frecuencia no está especificada en los reglamentos de la FCC. Además, la FCC permite hasta cuatro subportadoras SCA, y cada una puede transmitir datos o audio para suscriptores o usuarios privados.

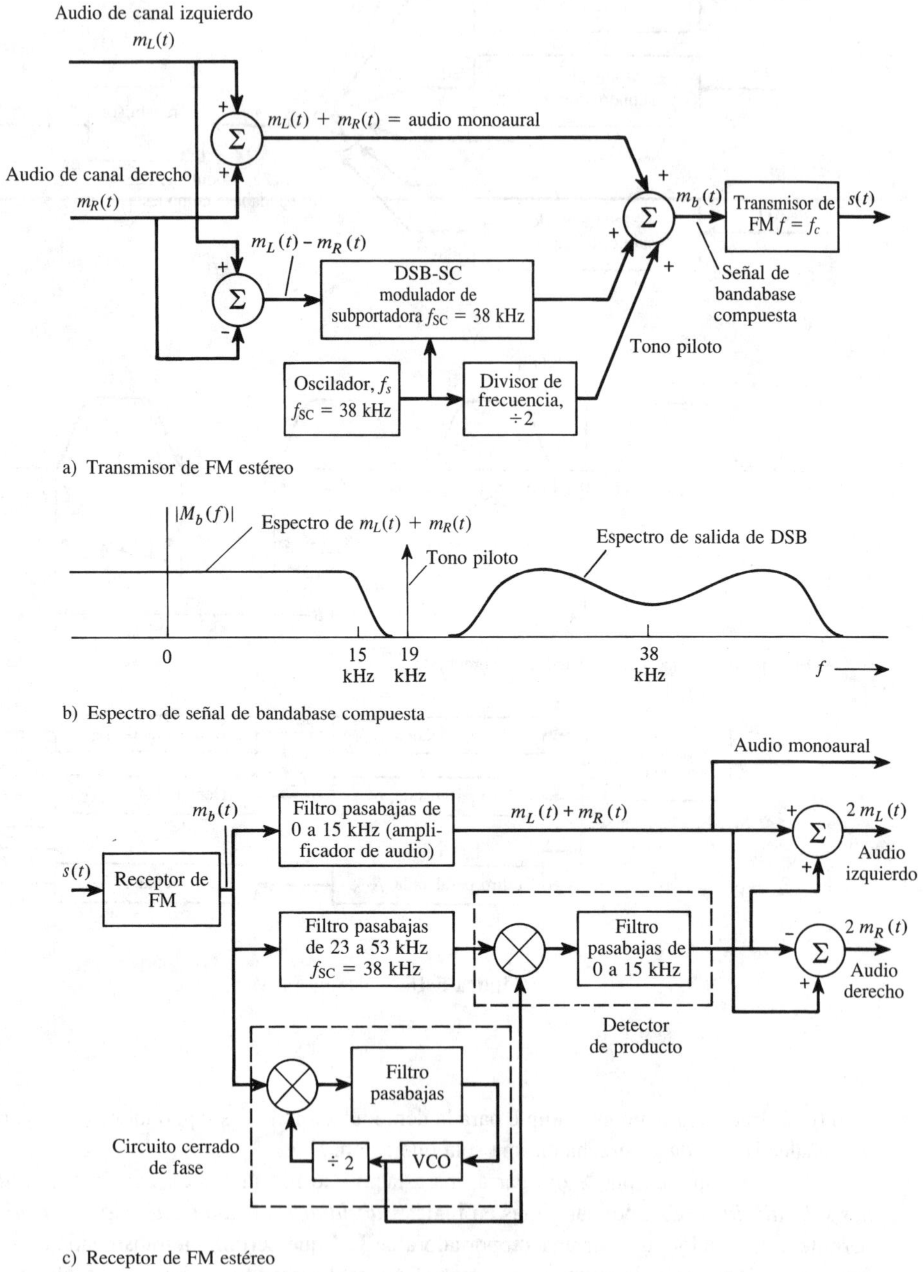


**Figura 5-17** Sistema de FM estéreo.

## 5-8 ESTÁNDARES DE FM Y REDUCCIÓN DE RUIDO

### Estándares técnicos de radiodifusión de FM

La tabla 5-4 da algunos de los estándares técnicos de la FCC adoptados para sistemas de FM. En Estados Unidos, las estaciones de FM se clasifican en una de tres categorías importantes que dependen de su área de cobertura planeada. Las estaciones clase A son estaciones locales. Su potencia radiada efectiva máxima (ERP, por sus siglas en inglés: *effective radiated power*) es de 6 kW y la altura máxima de su antena es de 300 pies sobre el nivel del suelo promedio. La ERP es la potencia promedio de salida del transmisor multiplicada por las ganancias de potencia tanto de la línea de transmisión (un número menor que 1) como de la antena (véase la sección 8-9 para más cálculos de ERP para TV). Las estaciones clase B tienen una ERP máxima de 50 kW, con una altura de antena máxima de 500 pies sobre el nivel del suelo promedio. Las estaciones clase B están asignadas a la parte noreste de Estados Unidos, el sur de California, Puerto Rico y las Islas Vírgenes. Las estaciones clase C están asignadas al resto de Estados Unidos. Tienen una ERP máxima de 100 kW y una altura de antena máxima de 2000 pies sobre el nivel del suelo promedio. Tal como se muestra en la tabla 5-4, las estaciones de FM se clasifican además como comerciales o no comerciales. Las estaciones no comerciales operan en el segmento de 88.1 a 91.9 MHz de la banda de FM y transmiten programas educativos sin comerciales. Las estaciones clase D están limitadas a una salida de transmisor de 10 W y están destinadas sólo para servicio no comercial. En el segmento comercial de la banda de FM, 92.1 a 107.9 MHz, ciertas frecuencias se reservan para estaciones clase A y el resto para estaciones clase B o clase C. Está disponible una lista de estas frecuencias y las asignaciones de estaciones específicas para cada ciudad [Broadcasting, 1995].

### Sistemas de reducción de ruido Dolby y DBX

Tal como se describió con anterioridad, el preénfasis y el deénfasis se utilizan en la radiodifusión de FM para la reducción de ruido. También se utilizan en la grabación de cintas de audio para la reducción de ruido. Se han desarrollado otras técnicas de reducción de ruido más complejas además de la compresión-expansión (véase la sección 3-3). Esta sección describe algunas de ellas.

En la grabación de cartuchos de cinta de audio, el ruido se presenta predominantemente a altas frecuencias y en general se llama *siseo*. Estas técnicas de reducción de ruido utilizan una combinación de filtración de preénfasis y de compresión de intervalo dinámico en el codificador antes de la grabación. El circuito decodificador de reproducción utiliza una combinación de deénfasis y expansión de intervalo dinámico. Si se lleva a cabo de una manera apropiada, se puede recuperar una señal de audio de alta calidad con poco ruido. Sin embargo, si el codificador y los decodificadores no están "acoplados" se puede presentar un efecto de "resuello" o "bombeo" que puede ser más molesto que el siseo en una señal sin procesar. Otra desventaja de estas técnicas es que si una cinta con una señal procesada se toca en un sistema amplificador regular sin decodificación, la reproducción es deficiente, con una respuesta de alta frecuencia excesiva.

Los laboratorios Dolby desarrollaron varias técnicas de reducción de ruido designadas como Dolby-A, Dolby-B y Dolby-C. *Dolby-A* está diseñada para uso comercial y, por consiguiente, es un sistema relativamente caro. El procesador Dolby-A divide el espectro de ruido en cuatro bandas de frecuencia: pasabaja, por debajo de 80 Hz; pasabanda, 80 Hz a 3 kHz; pasaalta, por encima de 3 kHz; y pasaalta por encima de 9 kHz. En el codificador, la ganancia en cada una de estas bandas se incrementa adaptablemente conforme el nivel de la señal en la banda asociada

**TABLA 5-4** ESTÁNDARES PARA FM DE LA FCC

| Clase de servicio | Elemento | Estándar de la FCC |
|---|---|---|
| Radiodifusión FM | Frecuencia asignada, $f_c$ | En incrementos de 200 kHz desde 88.1 MHz (canal de FM 201) hasta 107.9 MHz (canal de FM 300) |
| | Ancho de banda de canal | 200 kHz |
| | Estaciones no comerciales | 88.1 MHz (canal 201) hasta 91.9 MHz (canal 220) |
| | Estaciones comerciales | 92.1 MHz (canal 221) hasta 107.9 MHz (canal 300) |
| | Estabilidad de frecuencia portadora | $\pm 2000$ Hz de la frecuencia asignada |
| | 100% de modulación[a] | $\Delta F = 75$ kHz |
| | Respuesta de frecuencia de audio[b] | 50 Hz hasta 15 kHz después de una curva de preénfasis de 75 $\mu$s |
| | Índice de modulación | 5 (con $\Delta F = 75$ kHz y $B = 15$ kHz) |
| | % de distorsión armónica[b] | <3.5% (50–100 Hz)<br><2.5% (100–7500 Hz)<br><3.0% (7500–15,000 Hz) |
| | Ruido en FM | Por lo menos 60 dB por debajo de 100% de modulación a 400 Hz |
| | Ruido en AM | 50 dB por debajo del nivel correspondiente a 100% de AM en una banda de 50 Hz–15 kHz. |
| | Potencia máxima autorizada | 100 kW en un plano polarizado horizontal más 100 kW en un plano polarizado vertical |
| Radio móvil de dos vías | 100% de modulación | $\Delta F = 5$kHz |
| | Índice de modulación | 1 (con $\Delta F = 5$ kHz y $B = 5$ kHz) |
| | Frecuencias portadoras dentro de las bandas de frecuencia: | 32–50 MHz (banda VHF baja)<br>144–148 MHz (banda de radioaficionado de 2 m)<br>148–174 MHz (banda VHF alta)[c]<br>420–450 MHz (banda de radioaficionado de $\frac{3}{4}$m)<br>450–470 MHz (banda UHF)<br>470–512 MHz (banda T, UHF)<br>806–928 MHz (banda de 900 MHz) |
| Señal de TV aural (FM) | 100% de modulación | $\Delta F = 25$ kHz |
| | Índice de modulación | 1.67 (con $\Delta F = 25$ kHz y $B = 15$ kHz) |

[a] Para transmisión estéreo el tono piloto de 19 kHz puede contribuir tanto como el 10% de la desviación pico de 75 kHz total permitida. Si se usa SCA, cada subportadora SCA también puede contribuir hasta en un 10% y la desviación pico total puede ser 110% de 75 kHz siempre que estén presentes subportadoras SCA.

[b] Conforme a la nueva política de desregulación de la FCC, estos requisitos se suprimen de los reglamentos de la FCC, aunque los radiodifusores aún los utilizan como guías para un rendimiento mínimo aceptable.

[c] También se permite SSB de amplitud comprimida en la banda de 150 a 170 MHz en canales de 5 kHz de ancho de banda.

se reduce. Esto produce una característica de compresión total en el codificador. Se utiliza amplificación máxima de 10 a 15 dB en cada una de las bandas si el nivel de la señal se encuentra a 45 dB por debajo del nivel máximo de grabación (0 dB). Para la reproducción, el decodificador produce la expansión apropiada de la señal en cada una de las bandas de modo que la respuesta de frecuencia total sea plana y se conserve el intervalo dinámico de la señal de audio original. Si los niveles de grabación y reproducción se ajustan adecuadamente, el sistema Dolby-A produce un incremento de 10 a 15 dB en la relación señal a ruido.

Los sistemas *Dolby-B* y *Dolby-C* están diseñados para la grabación de casetes de audio y cintas de carrete a carrete para el consumidor. Son relativamente baratos de obtener y utilizan un sistema de dos bandas en lugar de uno de cuatro, como en el Dolby-A. Tal como se muestra en la figura 5-18, el codificador Dolby-B preenfatiza las frecuencias altas y proporciona una amplificación hasta de 10 dB cuando el nivel en la banda de alta frecuencia se encuentra 45 dB por debajo del nivel de referencia. El codificador Dolby-C amplifica los componentes de alta frecuencia hasta en 20 dB cuando su nivel se encuentra bajo. El codificador Dolby-C utiliza dos etapas de compresión en cascada, una activada a niveles altos de señal y otra a niveles bajos. En general, el sistema Dolby-B reduce el siseo de la cinta en aproximadamente 20 dB a frecuencias superiores a 1 kHz. En la radiodifusión de FM el sistema Dolby-B con frecuencia se utiliza un filtro pasaaltas de 6.4 kHz (25 $\mu$s) para mejorar la relación de señal a ruido a través del sistema de preénfasis-deénfasis FM estándar.

DBX, Inc., de Waltham, Massachusetts, desarrolló un sistema de reducción de ruido que procesa la señal de audio completa en una sola banda de audio. El *sistema DBX* utiliza amplificadores controlados por voltaje con 130 dB de intervalo dinámico tanto en codificador como en el decodificador para producir las características de compresión y expansión. El codificador también utiliza una red de preénfasis de 1.6 kHz que produce una amplificación de 20 dB en el extremo alto. El decodificador dispone de una red de deénfasis acopladora. El sistema DBX mejora la relación de señal a ruido en 20 a 30 dB y puede manejar grandes sobrecargas de señal (por encima del nivel de 0 dB) sin distorsión. Sin embargo, este sistema tiene la desventaja, del pro-

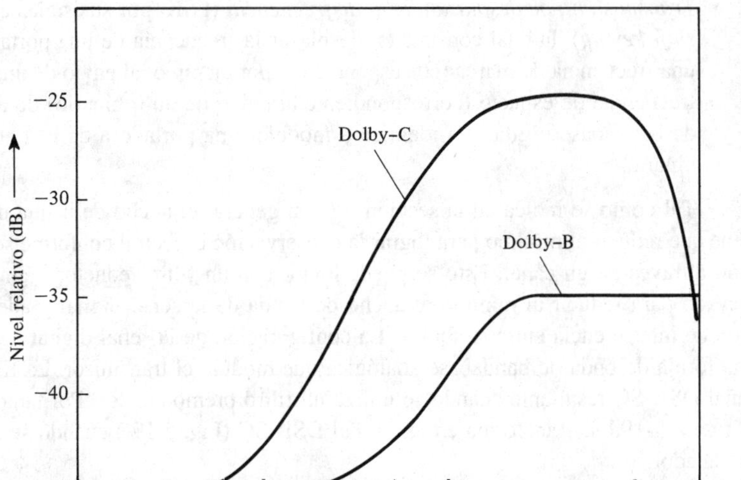


**Figura 5-18** Respuesta de frecuencia de bajo nivel de codificadores Dolby-B y Dolby-C.

cesamiento de banda simple. Esto es, un componente de gran nivel localizado en cualquier parte de la banda de frecuencia controlará el nivel de compresión de toda la señal.

## 5-9 SEÑALIZACIÓN PASABANDA DE MODULACIÓN BINARIA

Las señales pasabanda moduladas digitalmente se generan con envolventes complejas para señalización AM, PM, FM o QM (modulación de cuadratura) que se mostraron por primera vez en la tabla 4-1 y que se estudiaron en secciones previas. Para señales moduladas digitales, la señal modulante, $m(t)$, es una señal digital dada por los códigos de líneas binarios o de niveles múltiples desarrollados en el capítulo 3. En esta sección se dan detalles de señales moduladas binarias. En las secciones 5-10 y 5-11 se describen señales digitalmente moduladas de niveles múltiples y transmitidas por desplazamiento mínimo (MSK, por sus siglas en inglés: *minimum-shift keyed*).

En la figura 5-19 se ilustran las técnicas de señalización pasabanda binarias más comunes. Ellas son

- *Transmisión por cierre y apertura* (OOK, por sus siglas en inglés: *on-off keying*), también llamada *transmisión por desplazamiento de amplitud* (ASK, por sus siglas en inglés: *amplitude shift keying*), la cual consiste en activar o desactivar (conmutar) una portadora senoidal con una señal binaria unipolar. Es idéntica a la modulación binaria *unipolar* en una señal DSB-SC, (5-13). La transmisión de radio del código Morse es un ejemplo de esta técnica. Por consiguiente, la técnica OOK fue una de las primeras técnicas de modulación que se utilizó y precede a los sistemas de comunicación analógicos.
- *Transmisión por desplazamiento de fase binaria* (BPSK, por sus siglas en inglés: *binary-phase shift keying*), la cual consiste en desplazar la fase de una portadora senoidal portadora 0° a 180° con una señal binaria unipolar. Es equivalente a la señalización PM con una forma de onda digital y también es equivalente a modular una señal DSB-SC con una forma de onda digital polar.
- *Transmisión por desplazamiento de frecuencia* (FSK, por sus siglas en inglés: *frequency-shift keying*), la cual consiste en desplazar la frecuencia de una portadora senoidal desde una frecuencia de marca (correspondiente, por ejemplo, al envío de un 1 binario) hasta una frecuencia de espacio (correspondiente al envío de un 0 binario) de acuerdo con la señal de bandabase digital. Es idéntica a modular una portadora de FM con una señal digital binaria.

Tal como se indica en la sección 3-6, en general el ancho de banda de la señal digital se tiene que reducir al mínimo para lograr la conservación espectral conforme se transmite información a través de un canal. Esto se puede lograr con un filtro reductor premodulador en coseno elevado para reducir al mínimo el ancho de banda de la señal digital y además sin la intoducción de interferencia entre símbolos. La configuración de la señal digital de bandabase produce una forma de onda de bandabase analógica que modula el transmisor. La figura 5-19f ilustra la señal DSB-SC resultante cuando se utiliza un filtro premodulador. Por tanto, la señal BPSK de la figura 5-19d se transforma en una señal DSB-SC (Fig. 5.19f) cuando se utiliza un filtro premodulador.

### Transmisión por cierre y apertura (OOK)

La señal OOK está representada por

$$s(t) = A_c m(t) \cos \omega_c t \tag{5-70}$$

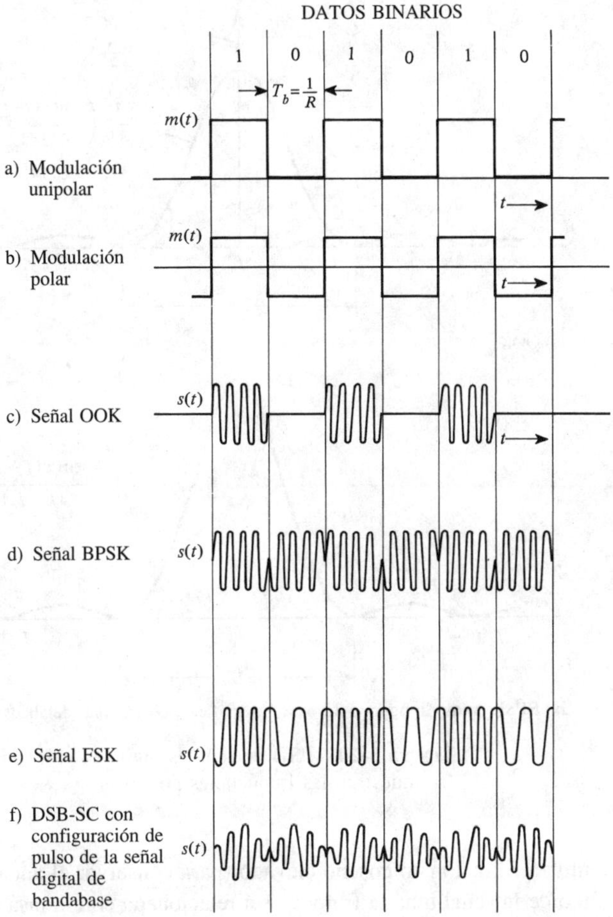


**Figura 5-19** Señales pasabanda moduladas digitalmente.

donde $m(t)$ es una señal de datos de bandabase unipolar, como se muestra en la figura 5-19a. Por consiguiente, la envolvente compleja simplemente es

$$g(t) = A_c m(t) \qquad \text{para OOK} \tag{5-71}$$

y la densidad espectral de potencia de esta envolvente compleja es proporcional a la de la señal unipolar. Con la ecuación (3-39b) se encuentra que esta densidad espectral de potencia es

$$\mathcal{P}_g(f) = \frac{A_c^2}{2}\left[\delta(f) + T_b\left(\frac{\operatorname{sen}\,\pi f T_b}{\pi f T_b}\right)^2\right] \quad \text{para OOK} \tag{5-72}$$

donde $m(t)$ tiene un valor pico de $\sqrt{2}$ de modo que $s(t)$ tiene una potencia normalizada promedio de $A_c^2/2$. La densidad espectral de potencia de la señal OOK correspondiente se obtiene entonces sustituyendo la ecuación (5-72) en la (5-2b). El resultado se muestra para frecuencias positivas en la figura 5-20a, donde $R = 1/T_b$ es la tasa de bits. Se ve que el ancho de banda nulo a nulo es de $2R$. Es decir, el ancho de banda de transmisión de la señal OOK es $B_T = 2B$ donde $B$ es el ancho de bandabase puesto que OOK es una señalización tipo AM.

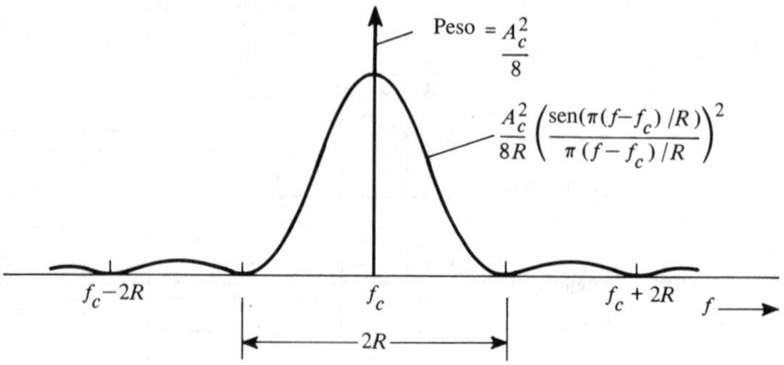


a) OOK

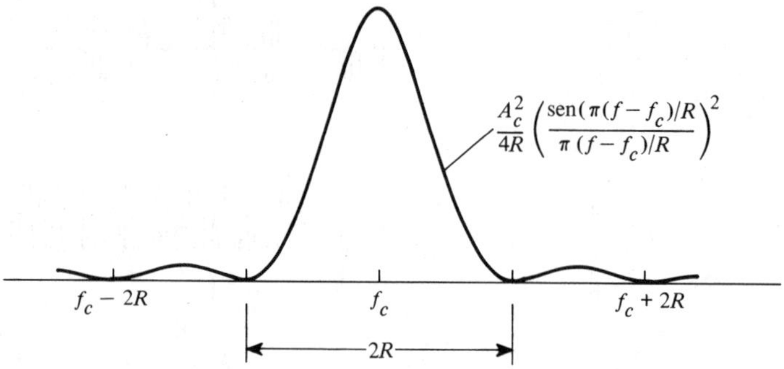


b) BPSK (véase la figura 5-15 para una gráfica espectral más detallada)

**Figura 5-20** PSD de señales digitales pasabanda (se muestran las frecuencias positivas).

Si se utiliza filtración en coseno elevado (para conservar el ancho de banda), el ancho de banda absoluto de la señal binaria filtrada está relacionada con la tasa de bits $R$ por la ecuación (3-74), donde $D = R$ en el caso de señalización digital binaria. Por tanto,

$$B = \tfrac{1}{2}(1 + r)R \tag{5-73}$$

donde $r$ es el factor de reducción del filtro. Ésta da un ancho de banda de transmisión absoluto de

$$B_T = (1 + r)R \tag{5-74}$$

en el caso de señalización OOK.

OOK se puede detectar con un detector de envolvente (detección no coherente) o un detector de producto (detección coherente) porque es una forma de señalización AM. (En aplicaciones de receptor de frecuencias de radio donde la señal RF de entrada es pequeña, se utiliza un circuito receptor superheterodino de la figura 4-29 donde uno de estos circuitos detectores se coloca después de la etapa de salida de IF.) Estos detectores se muestran en las figuras 5-21a y 5-21b. Para la detección de producto se debe proporcionar la referencia portadora, $\cos(\omega_c t)$. Ésta casi siempre se obtiene con un circuito PLL (estudiado en la sección 4-14), donde el PLL se engancha a un término de portadora discreta (véase la figura 5-20a) de la señal OOK.

Para la detección óptima de OOK —es decir, para obtener la menor proporción de errores en los bits cuando la señal OOK de entrada se encuentra dañada por ruido aditivo gaussiano

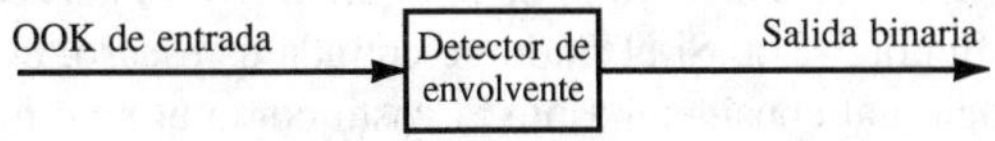


a) Detección no coherente

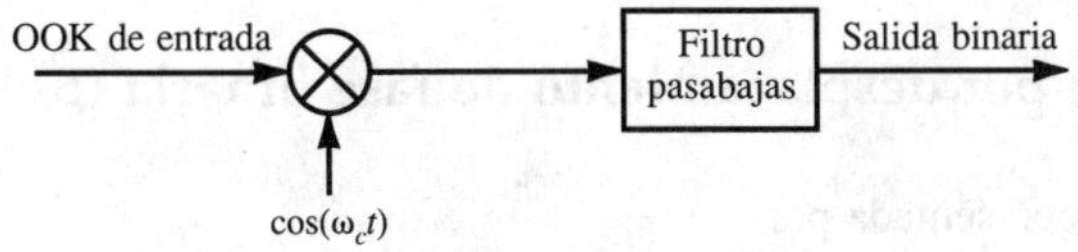


b) Detección coherente con procesamiento de filtro pasabajas

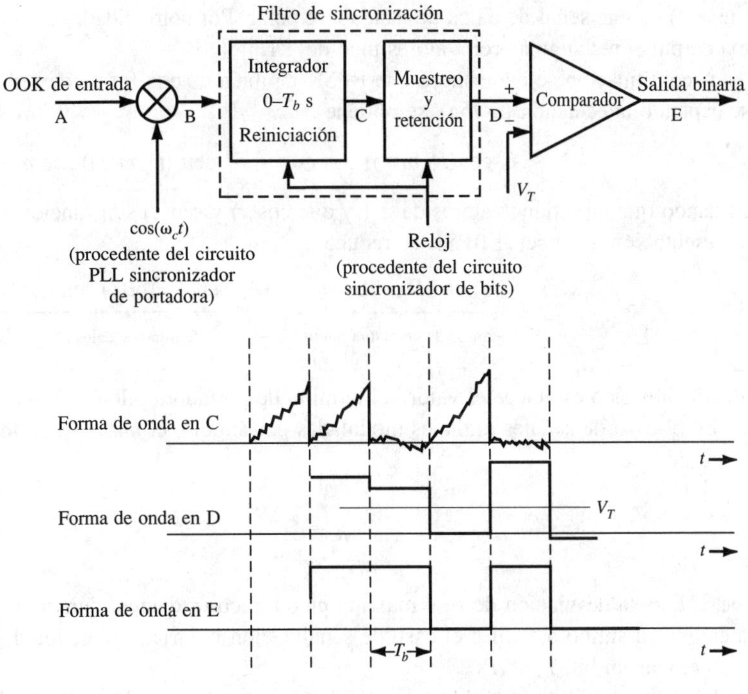


c) Detección coherente con procesamiento de filtro de sincronización

**Figura 5-21** Detección de OOK.

(AWGN, por sus siglas en inglés: *additive white Gaussian noise*)— se requiere detección de producto con procesamiento de filtro de sincronización. Esto se muestra en la figura 5-21c, donde se ilustran formas de onda en varios puntos del circuito para el caso de recepción de una señal OOK que corresponde a la corriente de datos binarios 1101. En la sección 6-8 se dan detalles acerca de la operación, rendimiento y realización del filtro de sincronización. Observe que el filtro de sincronización también requiere una señal de sincronización que se utiliza para reiniciar el integrador al principio de cada intervalo de bits y para sincronizar el circuito de muestreo y retención al final de cada intervalo de bits. Un circuito sincronizador de bits produce esta señal de sincronización (estudiado en el capítulo 4).

El detector OOK coherente óptimo de la figura 5-21c es más costoso que el detector OOK no coherente de la figura 5-21a. Si el ruido de entrada es escaso, el receptor no coherente puede ser la mejor solución al considerar tanto el costo como el rendimiento con relación al ruido. El intercambio en el rendimiento de la BER (tasa de error de bit) entre la detección coherente óptima y la detección no coherente no óptima se estudia en la sección 7-6.

## Transmisión por desplazamiento de fase binaria (BPSK)

La BPSK está representada por

$$s(t) = A_c \cos[\omega_c t + D_p m(t)] \tag{5-75a}$$

donde $m(t)$ es una señal de datos de bandabase polar. Por comodidad, se hace que $m(t)$ sea una forma de pulso rectangular con valores pico de $\pm 1$.

A continuación se demostrará que BPSK también es una forma de señalización tipo AM. Si se expande la ecuación (5-75a), se obtiene

$$s(t) = A_c \cos(D_p m(t)) \cos \omega_c t - A_c \operatorname{sen}(D_p m(t)) \operatorname{sen} \omega_c t$$

Recordando que $m(t)$ tiene valores de $\pm 1$ y que $\cos(x)$ y $\operatorname{sen}(x)$ son funciones par e impar de $x$, la representación de la señal BPSK se reduce a

$$s(t) = \underbrace{(A_c \cos D_p) \cos \omega_c t}_{\text{término de portadora piloto}} - \underbrace{(A_c \operatorname{sen} D_p) m(t) \operatorname{sen} \omega_c t}_{\text{término de datos}} \tag{5-75b}$$

La desviación pico establece el valor del término de portadora piloto, $\Delta\theta = D_p$.

En el caso de señales digitales moduladas por ángulo, el *índice de modulación digital*, $h$, está definido por

$$h = \frac{2\Delta\theta}{\pi} \tag{5-76}$$

donde $2\Delta\theta$ es la desviación de fase máxima pico a pico (radianes) durante el tiempo requerido para enviar un símbolo, $T_s$. En el caso de señalización binaria, éste es igual al tiempo requerido para enviar un bit, $T_s = T_b$.

La desviación pico establece el nivel del término de portadora piloto, el cual es $\Delta\theta = D_p$ cuando $m(t) = \pm 1$. Si $D_p$ es pequeña, la amplitud del término de portadora piloto es relativamente grande en comparación con la del término de datos; por consiguiente, hay muy poca potencia en el término de datos (el cual contiene la información original). Para aumentar al máximo la eficiencia de señalización (baja probabilidad de errores), se tiene que incrementar al máximo la potencia presente en el término de datos. Esto se logra haciendo que $\Delta\theta = D_p = 90° = \pi/2$ radianes, valor que corresponde a un índice de modulación digital de $h = 1$. En este caso óptimo de $h = 1$, la señal BPSK se transforma en

$$s(t) = -A_c m(t) \operatorname{sen} \omega_c t \tag{5-77}$$

En todo el texto, se supone que $\Delta\theta = 90°$, $h = 1$, se utiliza en la señalización BPSK (a menos que se diga lo contrario). La ecuación (5-77) demuestra que BPSK equivale a la señalización DSB-SC con una forma de onda de bandabase polar. La envolvente compleja de esta señal BPSK es

$$g(t) = jA_c m(t) \quad \text{como BPSK} \tag{5-78}$$

Con la ecuación (3-41) se obtiene la densidad espectral de potencia de la envolvente compleja,

$$\mathcal{P}_g(f) = A_c^2\ T_b \left(\frac{\text{sen}\ \pi f T_b}{\pi f T_b}\right)^2 \quad \text{como BPSK} \tag{5-79}$$

donde $m(t)$ tiene los valores de $\pm 1$, de modo que $s(t)$ tiene la potencia normalizada promedio de $A_c^2/2$. La densidad espectral de potencia de la señal BPSK correspondiente se evalúa con facilidad al transformar el espectro de banda de base en la frecuencia portadora, como se especifica al sustituir la ecuación (5-79) en la (5-2b). El espectro BPSK resultante se muestra en la figura 5-20b. El ancho de banda nulo a nulo de BPSK también es $2R$, el mismo de OOK.

Para detectar BPSK, se debe usar detección síncrona, como se ilustra en la figura 5-22a. Puesto que no existe término de portadora discreta en la señal BPSK, se puede usar un PLL para extraer la referencia portadora *sólo* si se transmite una portadora piloto de bajo nivel junto con esta señal BPSK. De lo contrario, se puede usar un lazo (circuito) Costas o un circuito de variación cuadrática (Fig. 5-3) para sintetizar la referencia portadora de esta señal DSB-SC (es decir, BPSK) y para producir detección coherente. Sin embargo, la ambigüedad de fase de 180° se debe resolver como se vio en la sección 5-4. Esto se logra con codificación diferencial a la entrada del transmisor y decodificación diferencial a la salida del receptor, como previamente se ilustró en la figura 3-17.

Para la detección óptima de BPSK (es decir, la BER mínima en el caso de AWGN) el filtro de pasabajas de la figura 5-22a se reemplaza con un filtro de sincronización de integración y vaciado ilustrado en la figura 5-21c, donde $V_T$ se fija a 0 V en el caso de BPSK. La probabilidad resultante de error de bits se da en la sección 7-3.

## Transmisión por desplazamiento de fase diferencial (DPSK)

Las señales transmitidas por desplazamiento de fase no se pueden detectar incoherentemente. No obstante, se puede usar una técnica parcialmente coherente donde una versión retardada de la señal que ocurre durante el intervalo previo de señalización proporciona la referencia de fase pa-

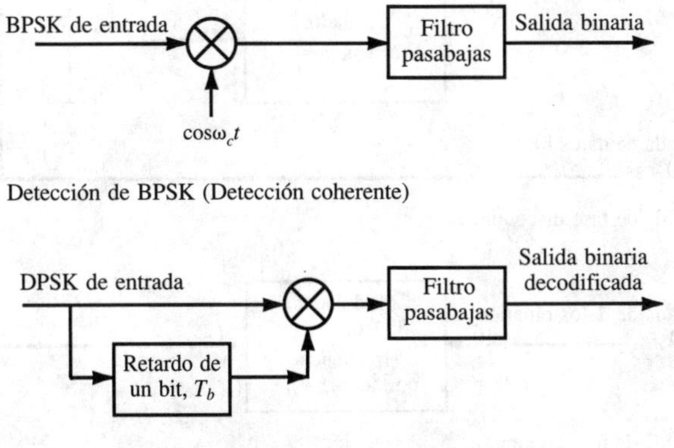


a) Detección de BPSK (Detección coherente)

b) Detección de DPSK (Detección parcialmente coherente)

**Figura 5-22** Detección de BPSK y DPSK.

ra el intervalo actual de señalización. Esto se ilustra con los receptores mostrados en la figura 5-22b, donde el retardo (de un bit) y el multiplicador producen la decodificación diferencial. Por consiguiente, si los datos presentes en las señal BPSK se codifican de manera diferente (por ejemplo, véase la ilustración en la tabla 3-4), la secuencia de datos *decodificados* se recuperará a la salida de este receptor. Esta técnica de señalización que consiste en transmitir una señal BPSK diferencialmente codificada se conoce como DPSK.

Para la detección óptima de DPSK el filtro pasabajas de la figura 5-22 se reemplaza con un filtro de sincronización de integración y vaciado y la señal de entrada DPSK se tiene que prefiltrar con un filtro pasabanda con respuesta al impulso de $h(t) = \Pi[(t - 0.5T_b)/T_b] \cos(\omega_c t)$. Para más detalles con respecto a este receptor óptimo véase la figura 7-12. Con las ecuaciones (7-66) y (7-67) se obtiene la BER resultante.

En la práctica, con frecuencia se utiliza DPSK en lugar de BPSK porque el receptor DPSK no requiere un circuito sincronizador de portadora. Un ejemplo es el módem Bell 212A (1200 bits/s) descrito en el apéndice C, tabla C-8.

## Transmisión por desplazamiento de frecuencia (FSK)

La señal FSK se puede caracterizar como uno de dos tipos diferentes, según el método utilizado para generar la señal FSK. Un tipo se genera conmutando la línea de salida del transmisor entre dos diferentes osciladores, como se muestra en la figura 5-23a. Este tipo genera una forma de onda de salida discontinua en los instantes de conmutación. Se llama *FSK de fase discontinua* porque $\theta(t)$ es discontinua en los instantes de conmutación. La señal FSK de fase discontinua está representada por

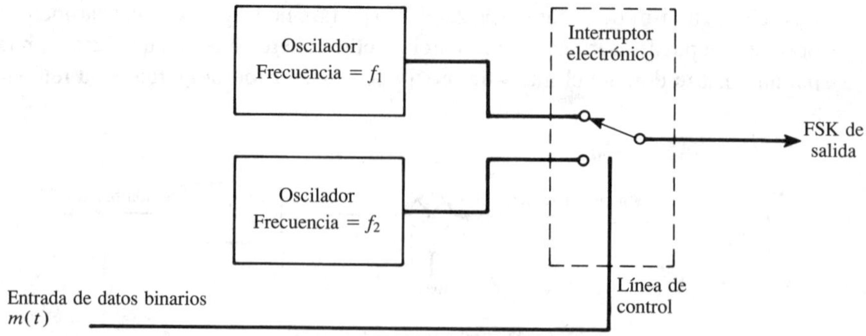


a) FSK de fase discontinua

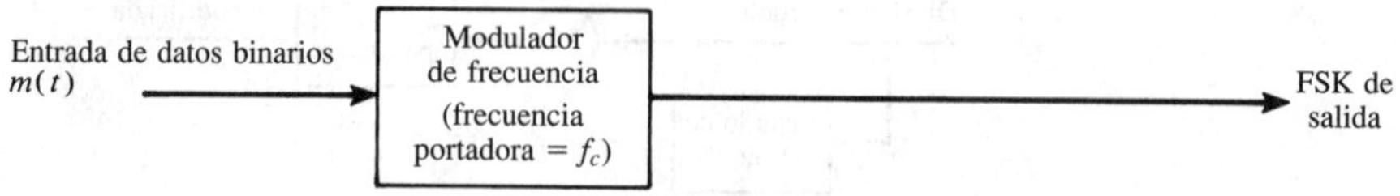


b) FSK de fase continua

**Figura 5-23** Generación de FSK.

$$s(t) = \begin{cases} A_c \cos(\omega_1 t + \theta_1), & \text{con } t \text{ en el intervalo de tiempo cuando se envía un 1 binario} \\ A_c \cos(\omega_2 t + \theta_2), & \text{con } t \text{ en el intervalo de tiempo cuando se envía un 0 binario} \end{cases} \tag{5-80}$$

donde $f_1$ es la frecuencia de *marca* (1 binario) y $f_2$ la frecuencia de *espacio* (0 binario). Como los transmisores FSK en realidad no se construyen de esta manera, se recurrirá al segundo tipo mostrado en la figura 5-23b.

La señal *FSK de fase continua* se genera alimentando la señal de datos a un modulador de frecuencia, como se muestra en la figura 5-23b. Esta señal FSK está representada por (si se recurre a la sección 5-6)

$$s(t) = A_c \cos\left[\omega_c t + D_f \int_{-\infty}^{t} m(\lambda)\, d\lambda\right]$$

o

$$s(t) = \mathrm{Re}\{g(t)e^{j\omega_c t}\} \tag{5-81a}$$

donde

$$g(t) = A_c e^{j\theta(t)} \tag{5-81b}$$

$$\theta(t) = D_f \int_{-\infty}^{t} m(\lambda)\, d\lambda \quad \text{con FSK} \tag{5-81c}$$

y $m(t)$ es una señal digital de bandabase. Aunque $m(t)$ es discontinua en el instante de conmutación, la función de fase $\theta(t)$ es continua porque $\theta(t)$ es proporcional a la integral de $m(t)$. Si la forma dc onda de entrada de datos seriales es binaria, tal como una señal de bandabase polar, la señal FSK se llama señal *FSK binaria*. Desde luego, una señal de entrada de niveles múltiples (multinivel) produce una señal FSK de niveles múltiples (multinivel). En esta sección se supondrá que la entrada es una señal binaria y se examinarán las propiedades de señales FSK binarias.

En general, los espectros de señales FSK son difíciles de evaluar puesto que la envolvente compleja, $g(t)$, es una función no lineal de $m(t)$. No obstante, las técnicas desarrolladas en la sección 5-6 son aplicables, como se demostrará en el ejemplo siguiente.

### Ejemplo 5-4 ESPECTRO DEL MÓDEM FSK BELL TIPO 103

Con frecuencia se utilizan las terminales de computadora tipo teclado para comunicación con una computadora remota por la vía de líneas telefónicas de marcación analógica. Estas líneas telefónicas tienen una pasabanda en el intervalo VF de 300 a 3200 Hz. Como las señales digitales de bandabase (como las señales de código de líneas polar) no tienen frecuencias dominantes en esta banda, se deben modular en una portadora para producir una señal pasabanda que tiene componentes espectrales dominantes en el intervalo VF. Para lograr lo anterior, se conectan módems (es decir, un modulador y demodulador) a la línea telefónica en cada extremo. Esto se ilustra en la figura 5-24 con un módem tipo FSK. (En el apéndice C también se dan especificaciones de módems con otros tipos de modulación.) La Bell Telephone System fue la primera en adoptar esta técnica, con un módem modelo 103, el cual utiliza FSK con una velocidad de señalización de 300 bits/s.† Cada módem contiene tanto un transmisor como un receptor FSK de modo que la terminal de

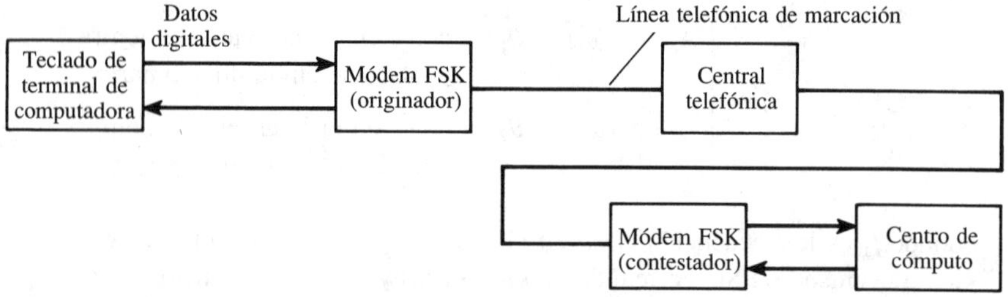


**Figura 5-24** Comunicación por computadora por medio de señalización FSK.

computadora puede "hablar" y "escuchar". Se utilizan dos bandas de frecuencia FSK (una alrededor de 1 kHz y otra alrededor de 2 kHz) de modo que es posible hablar y escuchar al mismo tiempo. Esto se llama *capacidad de full-dúplex*. (En *half-dúplex* no se puede oír mientras se habla, y viceversa; en *símplex* se puede sólo hablar o sólo escuchar.) Las frecuencias de marca y espacio estándar de las dos bandas se muestran en la tabla 5-5. En esta tabla se ve que la desviación pico a pico es $2\Delta F = 200$ Hz.

A continuación se evaluará el espectro de un módem Bell tipo 103 para el caso de la señal FSK de ancho de banda más grande. Se obtiene cuando la señal de datos de entrada es una forma de onda cuadrada (periódica) determinística correspondiente a una configuración de datos alternos (es decir, 10101010).‡ Esto se ilustra en la figura 5-25a, donde $T_b$ es el intervalo de tiempo correspondiente a un bit y $T_0 = 2T_b$ es el periodo de la modulación de datos. El espectro se obtiene con la técnica de la serie de Fourier desarrollada en la sección 5-6 y el ejemplo 5-2. Como la modulación es periódica, es de esperarse que el espectro FSK sea un espectro lineal (es decir, funciones delta). Con las ecuaciones (5-81c) y (5-42) se encuentra que la desviación pico de frecuencia es $\Delta F = D_f/(2\pi)$ cuando $m(t)$ tiene valores de $\pm 1$. Esto da por resultado la función de fase triangular mostrada en la figura 5-25b. De acuerdo con esta figura el índice de modulación digital es

$$h = \frac{2\Delta\theta}{\pi} = \Delta F T_0 = \frac{2\Delta F}{R} \tag{5-82}$$

donde la tasa de bits es $R = 1/T_b = 2/T_0$. En esta aplicación, se observa que el índice de modulación digital dado por la ecuación (5-82) es idéntico al índice de modulación de FM definido por la ecuación (5-48) puesto que

**TABLA 5-5** FRECUENCIAS DE MARCA Y ESPACIO PARA EL MÓDEM BELL TIPO 103

| | **Módem en modo originador (Hz)** | **Módem en modo contestador (Hz)** |
|---|---|---|
| Frecuencias para transmitir | | |
| Marca (1 binario) | $f_1 = 1270$ | $f_1 = 2225$ |
| Espacio (0 binario) | $f_2 = 1070$ | $f_2 = 2025$ |
| Frecuencias para recibir | | |
| Marca (1 binario) | $f_1 = 2225$ | $f_1 = 1270$ |
| Espacio (0 binario) | $f_2 = 2025$ | $f_2 = 1070$ |

† Se incluye este ejemplo para ilustrar la técnica FSK. Los módems populares de 14.4 y 28.8 kbits/s utilizan señalización QAM analizada en la sección 5-10.

‡ En el caso de datos aleatorios, la densidad espectral de potencia de $g(t)$ está dada por la curva de la figura 5-27 con $h = 0.7 \approx 0.67$.

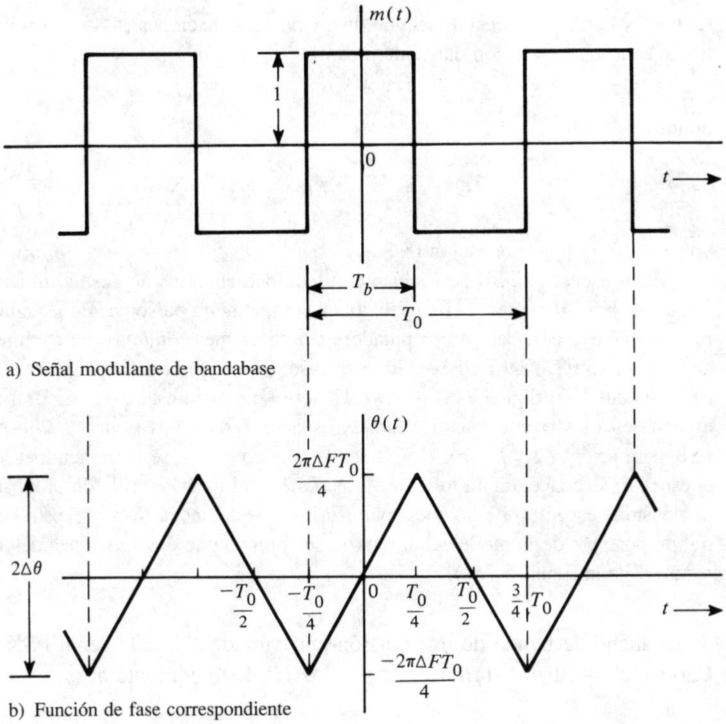


a) Señal modulante de bandabase

b) Función de fase correspondiente

**Figura 5-25** Señal de datos de entrada y función de fase de señal FSK.

$$h = \frac{\Delta F}{1/T_0} = \frac{\Delta F}{B} = \beta_f$$

*siempre que* el ancho de banda de $m(t)$ se defina como $B = 1/T_0$.

La serie de Fourier de la envolvente compleja es

$$g(t) = \sum_{-\infty}^{\infty} c_n\, e^{jn\omega_0 t} \tag{5-83}$$

donde $f_0 = 1/T_0 = R/2$ y

$$\begin{aligned} c_n &= \frac{A_c}{T_0}\int_{-T_0/2}^{T_0/2} e^{j\theta(t)} e^{-jn\omega_0 t}\, dt \\ &= \frac{A_c}{T_0}\left[\int_{-T_0/4}^{T_0/4} e^{j\Delta\omega t - jn\omega_0 t}\, dt + \int_{T_0/4}^{3T_0/4} e^{-j\Delta\omega(t-(T_0/2))} e^{-jn\omega_0 t}\, dt\right] \end{aligned} \tag{5-84}$$

y $\Delta\omega = 2\pi\Delta F = 2\pi h/T_0$. Ésta se reduce a

$$c_n = \frac{A_c}{2}\left[\left(\frac{\operatorname{sen}[(\pi/2)(h-n)]}{(\pi/2)(h-n)}\right) + (-1)^n \left(\frac{\operatorname{sen}[(\pi/2)(h+n)]}{(\pi/2)(h+n)}\right)\right] \tag{5-85}$$

donde el índice de modulación es $h = 2\Delta F/R$. $2\Delta F$ es el desplazamiento de frecuencia pico a pico y $R$ es la tasa de transferencia de bits. Con las ecuaciones (5-49) y (5-59) se ve que el espectro de esta señal FSK con datos alternos es

$$S(f) = \tfrac{1}{2}\,[G(f - f_c) + G^*(-f - f_c)] \tag{5-86a}$$

donde

$$G(f) = \sum_{-\infty}^{\infty} c_n\,\delta(f - nf_0) = \sum_{-\infty}^{\infty} c_n\,\delta\left(f - \frac{nR}{2}\right) \tag{5-86b}$$

y $c_n$ está dado por la ecuación (5-85).

Los espectros FSK se evalúan con facilidad en casos de desplazamientos de frecuencia $\Delta F$ y tasas de bits diferentes $R$ si se utiliza una computadora personal. En la figura 5-26 se muestra un resumen de tres corridas en computadora con diferentes conjuntos de parámetros. La figura 5-26a da el espectro FSK del Bell 103. En este caso, en que se utilizan parámetros del Bell 103, el índice de modulación digital es $h = 0.67$. Obsérvese que en este caso del Bell 103 no existen líneas espectrales a las frecuencias de marca y espacio, $f_1$ y $f_2$. Las figuras 5-26b y 5-26c dan espectros FSK para $h = 1.82$ y $h = 3.33$. Obsérvese que conforme se incrementa el índice de modulación, el espectro se concentra en torno a $f_1$ y $f_2$. Éste es el mismo resultado pronosticado por el teorema de densidad espectral de potencia para FM de banda ancha (5-66) puesto que la densidad espectral de potencia de la modulación binaria se compone de dos funciones delta (una para $+1$ y una para $-1$ de la figura 5-25a).

El ancho de banda de transmisión aproximado $B_T$ de la señal FSK está dado por la regla de Carson: $B_T = 2(\beta + 1)B$, donde $\beta = \Delta F/B$. Esto equivale a

$$B_T = 2\Delta F + 2B \tag{5-87}$$

$B$ es el ancho de banda de la forma de onda de modulación digital (es decir, onda cuadrada). En el ejemplo de una forma de onda de patrón de prueba de 1 y 0 alternos binarios, el ancho de banda de esta forma de onda modulante de onda cuadrada (suponiendo que se utiliza el primer tipo nulo de ancho de banda) es $B = R$ y, con la ecuación (5-87), el ancho de banda de transmisión FSK es

$$B_T = 2(\Delta F + R) \tag{5-88}$$

Este resultado se ilustra en la figura 5-26. Si se utiliza un filtro premodulador reductor en coseno elevado, el ancho de banda de transmisión de la señal FSK es

$$B_T = 2\Delta F + (1 + r)R \tag{5-89}$$

En el caso de FSK de banda ancha, donde $\beta \gg 1$, $\Delta F$ domina en estas ecuaciones y se tiene $B_T = 2\Delta F$. En el caso de FSK de banda angosta el ancho de banda de transmisión es $B_T = 2B$.

La densidad espectral de potencia exacta de señales FSK de fase continua es difícil de evaluar en el caso de modulación de datos aleatorios. Sin embargo, se puede hacer con el uso de algunas técnicas estadísticas elegantes [Proakis, 1995, págs. 209-215; Anderson y Salz, 1965; Bennett y Rice, 1963]. La densidad espectral de potencia resultante de la envolvente compleja de la señal FSK es†

$$\mathcal{P}_g(f) = \frac{A_c^2 T_b}{2} \times \left(A_1^2(f)[1 + B_{11}(f)] + A_2^2(f)[1 + B_{22}(f)] + 2B_{12}(f)A_1(f)A_2(f)\right) \tag{5-90a}$$

† Se supone que $h \neq 0, 1, 2, \ldots$. Cuando $h = 0, 1, 2, \ldots$, también existen términos discretos (funciones delta en el espectro).

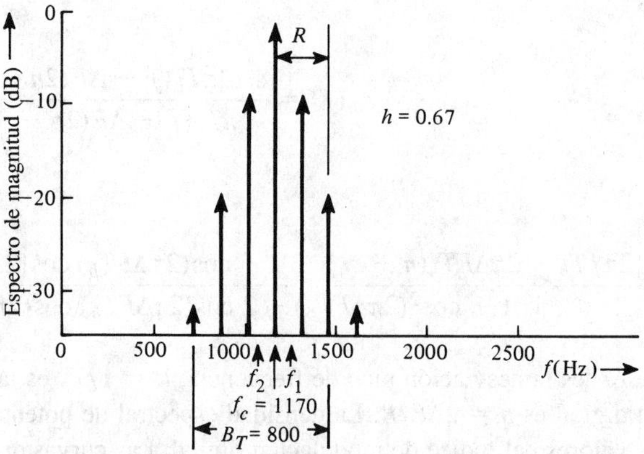


a) Espectro de FSK con $f_2$ = 1070 Hz, $f_1$ = 1270 Hz y $R$ = 300 bits/s (Parámetros del módem Bell 103, modo originador) con $h$ = 0.67

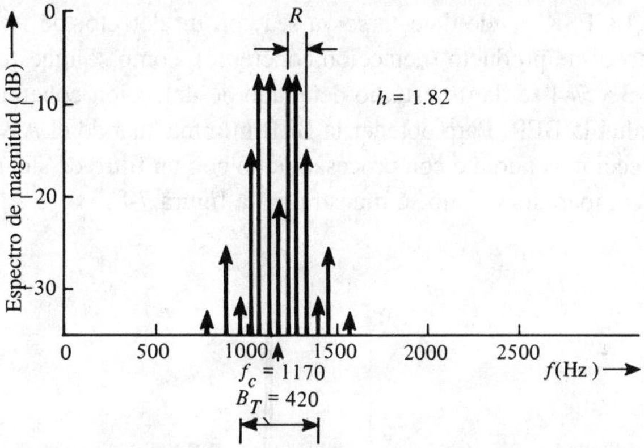


b) Espectro de FSK con $f_2$ = 1070 Hz, $f_1$ = 1270 Hz, $R$ = 110 bits/s y $h$ = 1.82

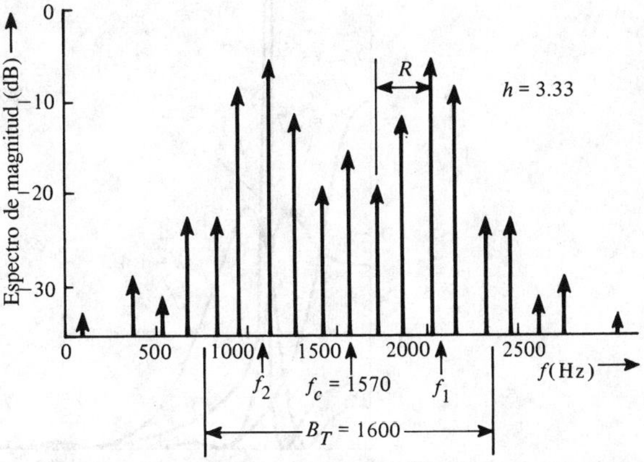


c) Espectro de FSK con $f_2$ = 1070 Hz, $f_1$ = 2070 Hz, $R$ = 300 bits/s y $h$ = 3.33

**Figura 5-26** Espectros de FSK con modulación de datos alternante (se muestran las frecuencias positivas con valores de magnitud unilaterales).

donde

$$A_n(f) = \frac{\text{sen}[\pi T_b(f - \Delta F(2n - 3))]}{\pi T_b(f - \Delta F(2n - 3))} \tag{5-90b}$$

y

$$B_{nm}(f) = \frac{\cos[2\pi f T_b - 2\pi \Delta F T_b(n + m - 3)] - \cos(2\pi \Delta F T_b)\cos[2\pi \Delta F T_b(n + m - 3)]}{1 + \cos^2(2\pi \Delta F T_b) - 2\cos(2\pi \Delta F T_b)\cos(2\pi f T_b)} \tag{5-90c}$$

donde $\Delta F$ es la desviación pico de frecuencia, $R = 1/T_b$ es la tasa de bits y el índice de modulación digital es $h = 2\Delta F/R$. La densidad espectral de potencia graficada en la figura 5-27 con varios valores del índice de modulación digital. Las curvas que aparecen en esta figura se obtuvieron usando MATLAB. La curva de $h = 0.7 \approx 0.67$ corresponde a la densidad espectral de potencia de $g(t)$ para el módem de FSK 103 de 300 bits/s Bell del ejemplo 5-4.

La FSK puede detectarse ya sea con un detector de frecuencia (no coherente) o con dos detectores de producto (detección coherente), como se muestra en la figura 5-28. En las secciones 7-3 y 7-4 se da un estudio detallado de detección coherente y no coherente de FSK, donde se evalúa la BER. Para obtener la BER mínima cuando el AWGN daña la señal FSK, se requiere detección coherente con procesamiento con un filtro de sincronización y un dispositivo de umbral (comparador) como se muestra en la figura 7-8.

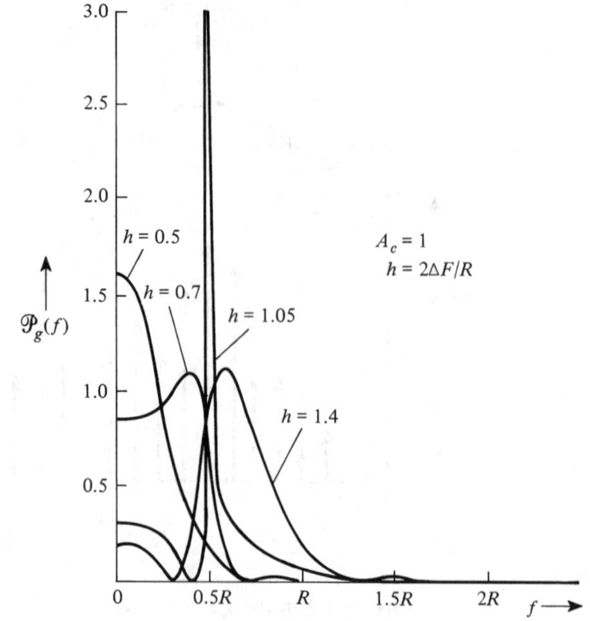


**Figura 5-27** PSD de la envolvente compleja de FSK (se muestran las frecuencias positivas).

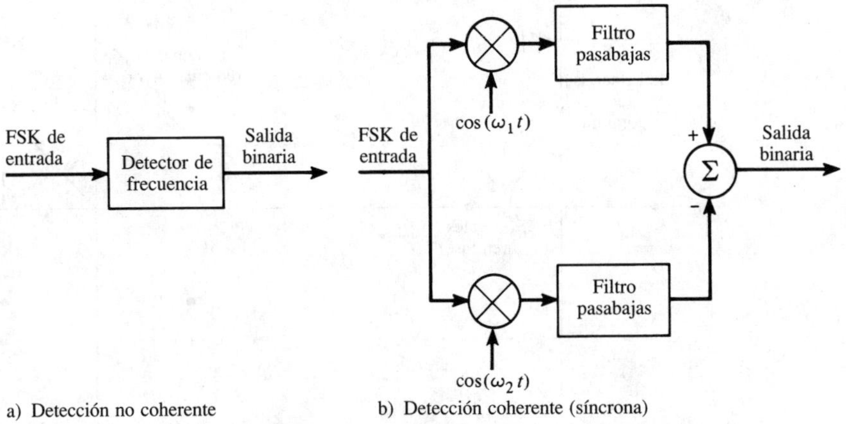


**Figura 5-28** Detección de FSK.

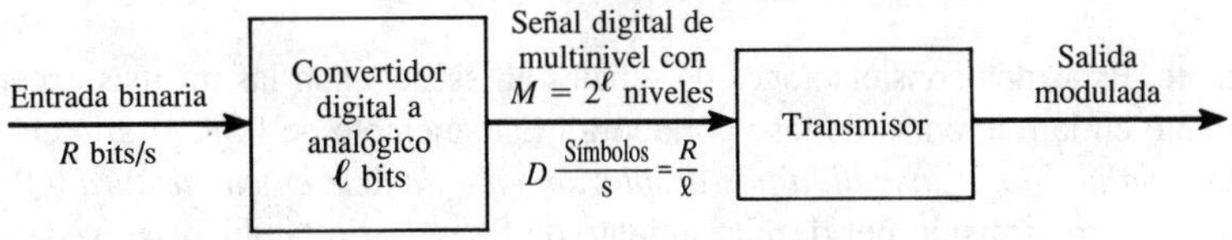


**Figura 5-29** Sistema de transmisión digital multinivel.

## 5-10 SEÑALIZACIÓN PASABANDA MODULADA DE NIVELES MÚLTIPLES (MULTINIVELES)

En el caso de señalización multinivel, se permiten las entradas digitales con más de dos niveles de modulación en la entrada del transmisor. Esto se ilustra en la figura 5-29, la cual muestra cómo se pueden generar señales multinivel a partir de una entrada binaria serial con un convertidor digital a analógico (DAC). Por ejemplo, supóngase que se utiliza un DAC de $\ell = 2$bits. Entonces el número de niveles (símbolos) en la señal multinivel es $M = 2^\ell = 2^2 = 4$. La tasa de símbolos (baudios) de la señal multinivel múltiples es $D = R/\ell = \frac{1}{2}R$, donde la tasa de bits es $R = 1/T_b$ bits/s.

### Transmisión por desplazamiento de fase en cuadratura (QPSK) y transmisión por desplazamiento de fase *M*-ario

Si el transmisor es un transmisor PM con una señal de modulación digital de $M = 4$ niveles, a la salida del transmisor se genera *transmisión por desplazamiento de fase M-ario* (MPSK). Una gráfica de los valores permitidos de la envolvente compleja, $g(t) = A_c e^{j\theta(t)}$, contendría cuatro puntos, un valor de $g$ (un número complejo en general) por cada uno de los cuatro valores multinivel, correspondientes a las cuatro fases que se permite tenga $\theta$. En la figura 5-30 se muestra una gráfica de dos juegos posibles de $g(t)$. Por ejemplo, supóngase que los valores de multinivel permitidos en el DAC son $-3$, $-1$, $+1$ y $+3$ V; entonces en la figura 5-30a estos valores multinivel podrían corresponder a fases PSK de 0, 90, 180 y 270°, respectivamente. En la figura 5-30b estos niveles corresponderían a las fases portadoras de 45, 135, 225 y 315°, respectiva-

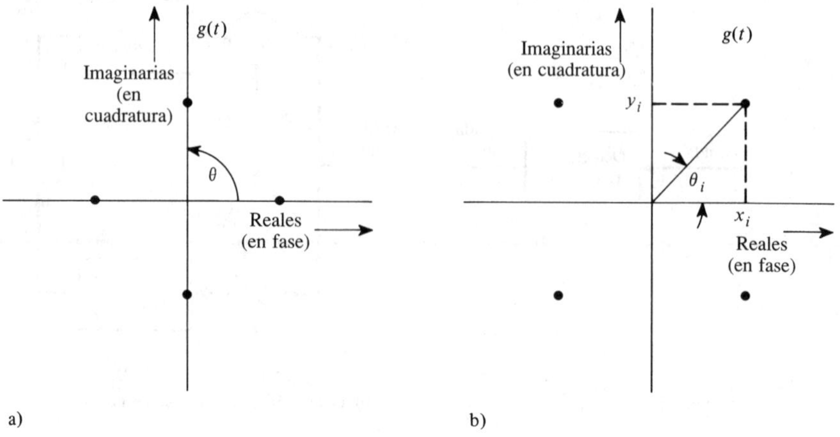


**Figura 5-30** Constelaciones de señales QPSK (valores permitidos de la envolvente compleja).

mente. Estas dos constelaciones de señales en esencia son las mismas excepto por un desplazamiento en la referencia de fase portadora.† Este ejemplo de PSK $M$-ario en el que $M = 4$ se llama *señalización transmitida por desplazamiento de fase en cuadratura* (QPSK).

La transmisión por desplazamiento de fase $M$-ario también se puede generar con dos portadoras en cuadratura moduladas por los componentes $x$ y $y$ de la envolvente compleja (en lugar de utilizar un modulador de fase)

$$g(t) = A_c e^{j\theta(t)} = x(t) + jy(t) \tag{5-91}$$

donde los valores permitidos de $x$ y $y$ son

$$x_i = A_c \cos \theta_i \tag{5-92}$$

$$y_i = A_c \operatorname{sen} \theta_i \tag{5-93}$$

con los ángulos de fase permitidos $\theta_i$, $i = 1, 2, \ldots, M$, de la señal MPSK. Esto se ilustra en la figura 5-31, donde el circuito procesador de la señal cumple con las ecuaciones (5-92) y (5-93). La figura 5-30 da la relación entre los ángulos de fase permitidos $\theta_i$ y los componentes $(x_i, y_i)$ de las dos constelaciones de señales QPSK. Obsérvese que este método es idéntico al de cuadratura, consistente en generar señales moduladas, que se presentó en la figura 4-28.

## Modulación de amplitud en cuadratura (QAM)

La señalización por medio de portadora en cuadratura, como se muestra en la figura 5-31, se llama *modulación de amplitud en cuadratura* (QAM). En general, las constelaciones de señales QAM no están limitadas a contar con puntos de señalización sólo en un círculo (de radio $A_c$, como en el caso de MPSK). La señal QAM general es

$$s(t) = x(t) \cos \omega_c t - y(t) \operatorname{sen} \omega_c t \tag{5-94}$$

† Una constelación es una gráfica de $N$ dimensiones de los posibles vectores de señal correspondientes a las posibles señales digitales (véase la sección 3-4).

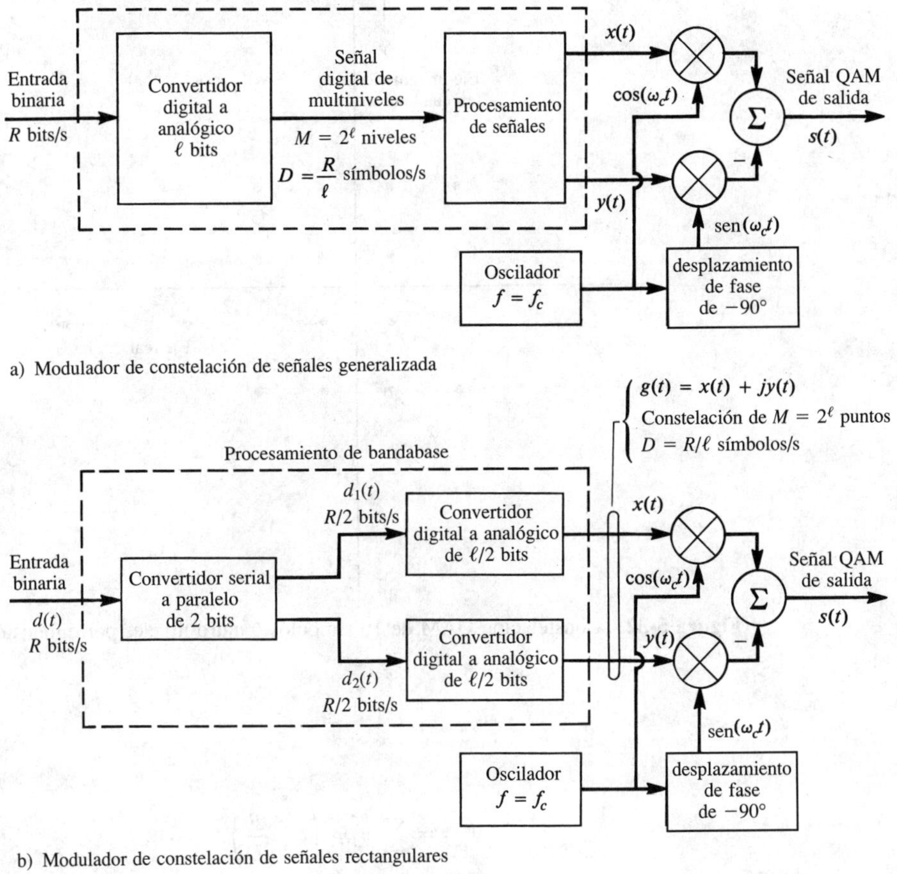


**Figura 5-31** Generación de señales QAM.

donde

$$g(t) = x(t) + jy(t) = R(t)e^{j\theta(t)} \tag{5-95}$$

Por ejemplo, en la figura se muestra una constelación QAM muy conocida de 16 símbolos ($M = 16$ niveles), donde la relación entre ($R_i$, $\theta_i$) y ($x_i$, $y_i$) se puede evaluar con facilidad por cada uno de los 16 valores de señal permitidos. Este tipo de señalización es utilizado por los módems de computadora de 2400 bits/s V.22 bis (véase la tabla C-7). En este caso se permite que $x_i$ y $y_i$ tengan cuatro niveles por dimensión. Esta señal QAM de 16 símbolos se puede generar con dos convertidores ($\ell/2 = 2$) bit digital a analógico y moduladores balanceados en cuadratura como se muestra en la figura 5-31b. Las formas de onda de $x$ y $y$ están representadas por

$$x(t) = \sum_n x_n h_1\left(t - \frac{n}{D}\right) \tag{5-96}$$

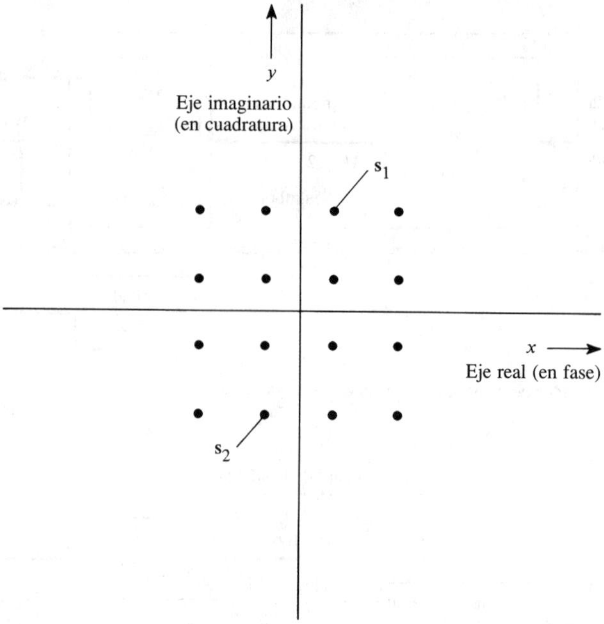


**Figura 5-32** Constelación QAM de 16 símbolos (cuatro niveles por dimensión).

y

$$y(t) = \sum_n y_n h_1 \left(t - \frac{n}{D}\right) \tag{5-97}$$

donde $D = R/\ell$ y $(x_n, y_n)$ denota uno de los valores $(x_i, y_i)$ permitidos durante el tiempo necesario para transmitir un símbolo queda centrado en $t = nT_s = n/D$ s. (Se requieren $T_s$ s para enviar cada símbolo.) $h_1(t)$ es la forma del pulso utilizado para cada símbolo. Si no se requiere que se limite el ancho de banda de la señal QAM, la forma del pulso será rectangular con duración de $T_s$ s. En algunas aplicaciones la sincronización entre los componentes $x(t)$ y $y(t)$ se compensa por $T_s/2 = 1/(2D)$ s. En otras palabras, $x(t)$ se describiría por la ecuación (5-96), y $y(t)$ se compensa y se describiría por

$$y(t) = \sum_n y_n h_1 \left(t - \frac{n}{D} - \frac{1}{2D}\right) \tag{5-98}$$

Un tipo popular de señalización de compensación es la *QPSK de compensación* (*OQPSK*), la cual se convierte en QAM compensada cuando $M = 4$. Un caso de especial de OQPSK cuando $h_1(t)$ es una forma de pulso senoidal se llama *transmisión por desplazamiento mínimo* (MSK). Este tipo se estudiará inmediatamente después de la siguiente sección. Además, se dice que una señal QPSK está *desbalanceada* si los componentes $x(t)$ y $y(t)$ tienen potencias o tasa de datos desiguales.

## Densidad espectral de potencia de MPSK y QAM

La densidad espectral de MPSK y QAM es relativamente fácil de evaluar en el caso de señalización con formas de bits rectangulares. En este caso, la densidad espectral de potencia tiene la misma forma espectral que se obtuvo para BPSK, *siempre* que se utilice el escalamiento de frecuencia adecuado.

La densidad espectral de potencia de la envolvente compleja, $g(t)$, de la señal MPSK o QAM se obtiene con la ecuación (6-70d). Se sabe que

$$g(t) = \sum_{-\infty}^{\infty} c_n f(t - nT_s) \tag{5-99}$$

donde $c_n$ es una variable aleatoria compleja que representa el valor multinivel durante el pulso del símbolo $n$-ésimo, $f(t) = \Pi(t/T_s)$ equivale al pulso de símbolo rectangular cuya duración es $T_s$. $D = 1/T_s$ es la tasa de símbolos (o baudios). La transformada de Fourier del pulso rectangular es

$$F(f) = T_s\left(\frac{\text{sen } \pi f T_s}{\pi f T_s}\right) = \ell T_b\left(\frac{\text{sen } \ell\ \pi f T_b}{\ell\ \pi f T_b}\right) \tag{5-100}$$

donde $T_s = \ell T_b$. Es decir, existen $\ell$ bits que representan cada valor multinivel permitido. En el caso de señalización simétrica (tipo polar) por ejemplo, como se ilustra en la figura 5-32 para el caso de $M = 16$, con multiniveles semejantes, el valor significativo de $c_n$ es

$$m_c = \overline{c_n} = 0 \tag{5-101a}$$

y la varianza es

$$\sigma_c^2 = \overline{c_n c_n^*} = \overline{|c_n|^2} = C \tag{5-101b}$$

donde $C$ es una constante real positiva. Si se sustituyen las ecuaciones (5-100) y (5-101) en la (6-70d), la densidad espectral de potencia de la envolvente compleja de señales MPSK o QAM con modulación de datos de patrón de bits rectangular es

$$\mathcal{P}_g(f) = K\left(\frac{\text{sen } \pi f \ell T_b}{\pi f \ell T_b}\right)^2 \quad \text{para MPSK y QAM} \tag{5-102}$$

donde $K = C\ell T_b$, $M = 2^\ell$ es el número de puntos en la constelación de señales, y la tasa de bits es $R = 1/T_b$. Con una potencia transmitida total de $P$ watts el valor de $K$ es $K = 2P\ell T_b$ puesto que $\int_{-\infty}^{\infty} \mathcal{P}_s(f)\, df = P$. Esta densidad espectral de potencia se grafica en la figura 5-33. La densidad espectral de potencia de la señal MPSK o QAM se obtiene tan sólo con transformar la densidad espectral de potencia de la figura 5-33 en la frecuencia portadora, tal como lo describe la ecuación (5-2b). Con $\ell = 1$, la figura da la densidad espectral de potencia de BPSK (compárense las figuras 5-33, $\ell = 1$ y 5-20b). También es de hacerse notar que la densidad espectral de potencia de la envolvente compleja de señales pasabanda multinivel, descrita por la ecuación (5-102), en esencia es la misma que la densidad espectral de potencia de señales de bandabase multinivel que se obtuvo en (3-53).

En la figura se ve que el ancho de banda de transmisión nulo a nulo de MPSK o QAM es

$$B_T = 2R/\ell \tag{5-103}$$

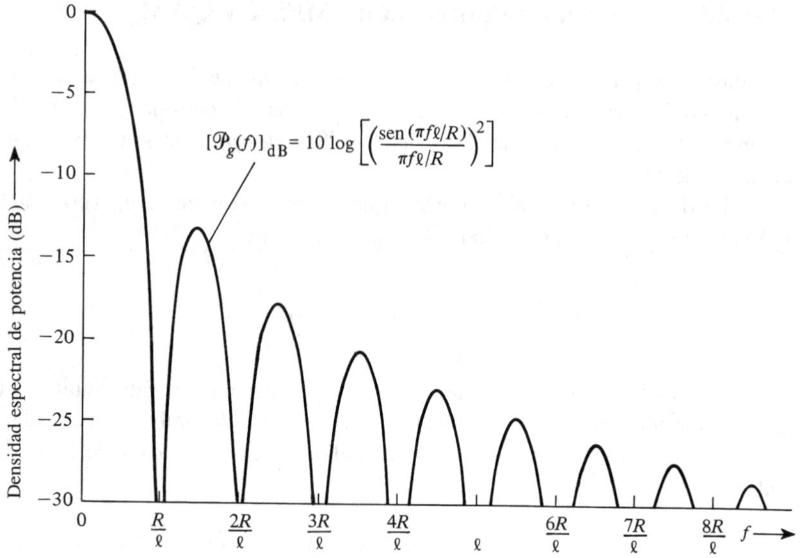


**Figura 5-33** PSD de la envolvente compleja de MPSK y QAM donde $M = 2^\ell$, R es la tasa de bits y $R/\ell = D$ es la tasa en baudios (se muestran las frecuencias positivas).

Cuando se utiliza la ecuación (3-55), la eficiencia espectral de señalización MPSK o QAM con pulsos de datos rectangulares es

$$\eta = \frac{R}{B_T} = \frac{\ell}{2} \frac{\text{bits/s}}{\text{Hz}} \tag{5-104}$$

donde $M = 2^\ell$ es el número de puntos en la constelación de señales. Por ejemplo, en el caso de la señal QAM con $M = 16$, la eficiencia del ancho de banda es $\eta = 2$ bits/s por hertz de ancho de banda. Con un módem de 2400 bits/s V.22bis ($M = 16$, QAM, véase la tabla C-7), el ancho de banda de transmisión nulo a nulo es $B_T = 1200$ Hz.

Cuando QAM (o la QAM equivalente de MPSK) con la forma de pulso de $h_1(t)$ —véanse las ecuaciones (5-96) y (5-97)— se transmite a través de un canal de banda limitada, se tiene que seleccionar la característica de filtro total de tal modo que la interferencia entre símbolos sea insignificante $h_1(t) = h(t) * h_T(t)$ corresponde a la forma del pulso del transmisor, como se describe en la sección 3-6. Si la forma del pulso total satisface la característica de filtro reductor en coseno elevado, entonces, con el uso de la ecuación (3-74), el ancho de banda absoluto de la señal modulante de $M$ niveles es

$$B = \tfrac{1}{2}(1 + r)D \tag{5-105}$$

donde $D = R/\ell$ según la figura 5-31 y $r$ es el factor de reducción de la característica de filtro. Además, por el estudio de AM (y de DSB-SC, para ser específicos) se sabe que el ancho de banda de transmisión está relacionado con el ancho de banda de modulación por $B_T = 2B$, así que el ancho de banda de transmisión absoluto de la señal QAM es

$$B_T = \left( \frac{1 + r}{\ell} \right) R \tag{5-106}$$

Como $M = 2^{\ell}$, lo que implica que $\ell = \log_2 M = (\ln M)/(\ln 2)$, la eficiencia espectral de la señalización tipo QAM con filtración en coseno elevado es

$$\eta = \frac{R}{B_T} = \frac{\ln M}{(1 + r)\ln 2} \frac{\text{bit/s}}{\text{Hz}} \tag{5-107}$$

Este resultado es extremadamente importante porque indica la rapidez con la que se puede enviar una señal con un ancho de banda prescrito. Desde luego, este resultado es válido para MPSK puesto que ésta es un caso especial de QAM. Esta fórmula se utiliza para generar la tabla 5-6, la cual ilustra la tasa de bits por hertz de ancho de transmisión para señalización QAM. Por ejemplo, supóngase que se desea enviar una señal a través de una línea telefónica cuyo ancho de banda disponible es de 2.4 kHz. Si se utiliza BPSK ($M = 2$) con un factor de reducción de 50%, la señal se podría enviar a una velocidad de $B_T \times \eta = 2.4 \times 0.677 = 1.60$ kbits/s; pero si se utiliza QPSK ($M = 4$) con un factor de reducción de 25%, la señal se podría enviar a una velocidad de $2.4 \times 1.6 = 3.84$ kbits/s.

Para conservar el ancho de banda no se puede incrementar demasiado el número de niveles $M$ en la ecuación (5-107) puesto que, para una potencia envolvente pico dada, la separación entre los puntos de la señal en la constelación de señales disminuirá y el ruido presente en la señal recibida provocará errores (puesto que el ruido cambia el vector de la señal recibida a un nuevo lugar que podría corresponder a un diferente nivel de señal). Sin embargo, se sabe con certeza que $R$ tiene que ser menor que $C$, la capacidad de canal (sección 1-9) para que los errores se conserven pequeños. Por consiguiente, si se utiliza la ecuación (1-10), se requiere

$$\eta < \eta_{\text{máx}} \tag{5-108a}$$

donde

$$\eta_{\text{máx}} = \log_2\left(1 + \frac{S}{N}\right) \tag{5-108b}$$

**TABLA 5-6** EFICIENCIA ESPECTRAL PARA SEÑALIZACIÓN QAM EN FORMA DE PULSO DE REDUCCIÓN EN COSENO ELEVADO

| **Número de niveles, $M$ (símbolos)** | **Tamaño del DAC, $\ell$ (bits)** | $\eta = \frac{R}{B_T}\left(\frac{\text{bit/s}}{\text{Hz}}\right)$ | | | | | |
|---|---|---|---|---|---|---|---|
| | | $r = 0.0$ | $r = 0.1$ | $r = 0.25$ | $r = 0.5$ | $r = 0.75$ | $r = 1.0$ |
| 2 | 1 | 1.00 | 0.909 | 0.800 | 0.667 | 0.571 | 0.500 |
| 4 | 2 | 2.00 | 1.82 | 1.60 | 1.33 | 1.14 | 1.00 |
| 8 | 3 | 3.00 | 2.73 | 2.40 | 2.00 | 1.71 | 1.50 |
| 16 | 4 | 4.00 | 3.64 | 3.20 | 2.67 | 2.29 | 2.00 |
| 32 | 5 | 5.00 | 4.55 | 4.0 | 3.33 | 2.86 | 2.50 |

## 5-11 TRANSMISIÓN POR DESPLAZAMIENTO MÍNIMO

La transmisión por desplazamiento mínimo es otra técnica de conservación de ancho de banda desarrollada. Tiene la ventaja de ser una señal de amplitud constante y, por consiguiente, se puede amplificar con amplificadores clase C sin distorsión. Como se verá, MSK es equivalente a OQPSK con forma de pulso senoidal [de $h_i(t)$].

**DEFINICIÓN.** La *transmisión por desplazamiento mínimo* (MSK) es una FSK de fase continua con índice de modulación mínimo ($h = 0.5$) que produce señalización ortogonal.

En primer lugar, se demostrará que $h = 0.5$ es el índice mínimo permitido para FSK de fase continua ortogonal. Para la trasmisión de un 1 binario en el intervalo de bits $0 < t < T_b$, la señal FSK sería $s_1(t) = A_c \cos(\omega_1 t + \theta_1)$, y para la transmisión de un 0 binario, la señal FSK sería $s_2(t) = A_c \cos(\omega_2 t + \theta_2)$, donde $\theta_1 = \theta_2$ en la condición de fase continua en el instante de conmutación $t = 0$. Para la señalización ortogonal, según la ecuación (2-77), se requiere que la integral del producto de las dos señales en el intervalo de bits sea cero. Por tanto, es necesario que

$$\int_0^{T_b} s_1(t)s_2(t)\,dt = \int_0^{T_b} A_c^2 \cos(\omega_1 t + \theta_1)\cos(\omega_2 t + \theta_2)\,dt = 0 \tag{5-109a}$$

Esto se reduce al requisito:

$$\frac{A_c^2}{2}\left[\frac{\operatorname{sen}[(\omega_1 - \omega_2)T_b + (\theta_1 - \theta_2)] - \operatorname{sen}(\theta_1 - \theta_2)}{\omega_1 - \omega_2}\right] + \frac{A_c^2}{2}\left[\frac{\operatorname{sen}[(\omega_1 + \omega_2)T_b + (\theta_1 + \theta_2)] + \operatorname{sen}(\theta_1 + \theta_2)}{\omega_1 + \omega_2}\right] = 0 \tag{5-109b}$$

El segundo término es insignificante porque $\omega_1 + \omega_2$ es grande,† así que el requisito es que

$$\frac{\operatorname{sen}[2\pi h + (\theta_1 - \theta_2)] - \operatorname{sen}(\theta_1 - \theta_2)}{2\pi h} = 0 \tag{5-110}$$

donde $(\omega_1 - \omega_2)T_b = 2\pi(2\Delta F)T_b$ y, de acuerdo con la ecuación (5-82), $h = 2\Delta F T_b$. En el caso de *fase continua* $\theta_1 = \theta_2$, y la ecuación (5-110) se satisface con un valor mínimo de $h = 0.5$ o una desviación pico de frecuencia de

$$\Delta F = \frac{1}{4T_b} = \frac{1}{4}R \quad \text{para MSK} \tag{5-111}$$

Obsérvese que la FSK *de fase discontinua* $\theta_1 \neq \theta_2$ y el valor mínimo de ortogonalidad en ese caso es $h = 1.0$.

En seguida se demostrará que la señal MSK (la cual es una FSK de fase continua con $h = 0.5$) es una forma de señalización OQPSK con forma de pulso senoidal. En primer lugar, considérese la señal FSK en el intervalo de señalización $(0,T_b)$. Cuando se utiliza la ecuación (5-81), la envolvente compleja es

† Si $\omega_1 + \omega_2$ no es suficientemente grande para hacer que el segundo término sea insignificante, elija $f_c = \frac{1}{2}m/T_b = \frac{1}{2}mR$ donde $m$ es un entero positivo. Esto hace que el segundo término sea cero ($f_1 = f_c - \Delta F$ y $f_2 = f_c + \Delta F$).

$$g(t) = A_c e^{j\theta(t)} = A_c\, e^{j2\pi\Delta F \int_0^t m(\lambda)\, d\lambda}$$

donde $m(t) = \pm 1$, $0 < t < T_b$. Con la ecuación (5-111) se encuentra que la envolvente compleja es

$$g(t) = A_c\, e^{\pm j\pi t/(2T_b)} = x(t) + jy(t), \quad 0 < t < T_b$$

donde los signos $\pm$ denotan los datos posibles durante el intervalo $(0, T_b)$. Por tanto

$$x(t) = A_c \cos\left(\pm 1 \frac{\pi t}{2T_b}\right), \quad 0 < t < T_b \tag{5-112a}$$

$$y(t) = A_c \operatorname{sen}\left(\pm 1 \frac{\pi t}{2T_b}\right), \quad 0 < t < T_b \tag{5-112b}$$

y la señal MSK es

$$s(t) = x(t) \cos \omega_c t - y(t) \operatorname{sen} \omega_c t \tag{5-112c}$$

Una forma de onda de datos típicos, $m(t)$, y las formas de onda de modulación en cuadratura $x(t)$ y $y(t)$, se muestran en la figura 5-34. De acuerdo con las ecuaciones (5-112a) y (5-112b), y sabiendo que $\cos[\pm\ \pi t/(2T_b)] = \cos[\pi t/(2T_b)]$ y $\operatorname{sen}[\pm\ \pi t/(2T_b)] = \pm\operatorname{sen}[\pi t/(2T_b)]$, se aprecia que el signo $\pm 1$ de $m(t)$ durante el intervalo $(0,T_b)$ afecta sólo a $y(t)$ y no a $x(t)$ en el intervalo de señalización de $(0,2T_b)$. Nótese también que el pulso sen $[\pi t/(2T_b)]$ de $y(t)$ es de $2T_b$ s de ancho. Asimismo, se puede ver que el signo $\pm 1$ de $m(t)$ en el intervalo $(T_b,2T_b)$ afecta sólo a $x(t)$ y no a $y(t)$ en el intervalo $(T_b,3T_b)$. Es decir, los datos binarios de $m(t)$ modulan *alternadamente* los componentes $x(t)$ y $y(t)$, y la forma del pulso de los símbolos $x(t)$ y $y(t)$ (los cuales son de $2T_b$ de ancho en lugar de $T_b$) es una senoidal, como se muestra en la figura. Por tanto MSK equivale a OQPSK con forma de pulso senoidal.

Las formas de onda $x(t)$ y $y(t)$ como se muestran en la figura 5-34 ilustran la MSK tipo II [Bhargava, Haccoun, Matyas y Nuspl, 1981], donde la forma de pulso básica es siempre una semicosenoide positiva. En el caso de MSK tipo I, la forma del pulso [tanto de $x(t)$ como $y(t)$] varía entre una semicosenoide positiva y una negativa. Tanto para MSK tipo I y tipo II, se puede demostrar que *no* existe una relación uno a uno entre los datos de entrada $m(t)$ y las frecuencias de marca y espacio resultantes, $f_1$ y $f_2$, en la señal MSK. Esto se puede demostrar evaluando la frecuencia instantánea, $f_i$, como una función de los datos presentados por $m(t)$ durante los diferentes intervalos de bits. La frecuencia instantánea es $f_i = f_c + (1/2\pi)[d\theta(t)/dt] = f_c \pm \Delta F$, donde $\theta(t) = \tan^{-1}[y(t)/x(t)]$. La técnica de codificación (tipo I o II) utilizada para obtener las formas de onda $x(t)$ o $y(t)$ en cada intervalo de bits, $T_b$, determina el signo $\pm$, lo mismo que el signo de los datos en $m(t)$. Para conseguir una relación de frecuencia uno a uno entre una señal MSK tipo I y la señal FSK con $h = 0.5$ correspondiente, llamada señal MSK tipo I *transmitida por desplazamiento de frecuencia rápida*, la entrada de datos al modulador FSK tipo I primero se codifica diferencialmente. En las soluciones con MATLAB de los problemas 5-69, 5-70 y 5-71 se dan ejemplos de las formas de onda de MSK, tipo I y II, y de FFSK. Pese a las diferencias señaladas, FFSK, MSK tipo I y MSK tipo II son señales FSK de fase continua y amplitud constante con un índice de modulación de $h = 0.5$.

La densidad espectral de potencia para MSK (tipo I y tipo II) se evalúa como sigue. Como $x(t)$ y $y(t)$ contienen datos independientes y su valor de cd es cero, y puesto que $g(t) = x(t) + jy(t)$, la densidad espectral de potencia de la envolvente compleja es

$$\mathcal{P}_g(f) = \mathcal{P}_x(f) + \mathcal{P}_y(f) = 2\mathcal{P}_x(f)$$

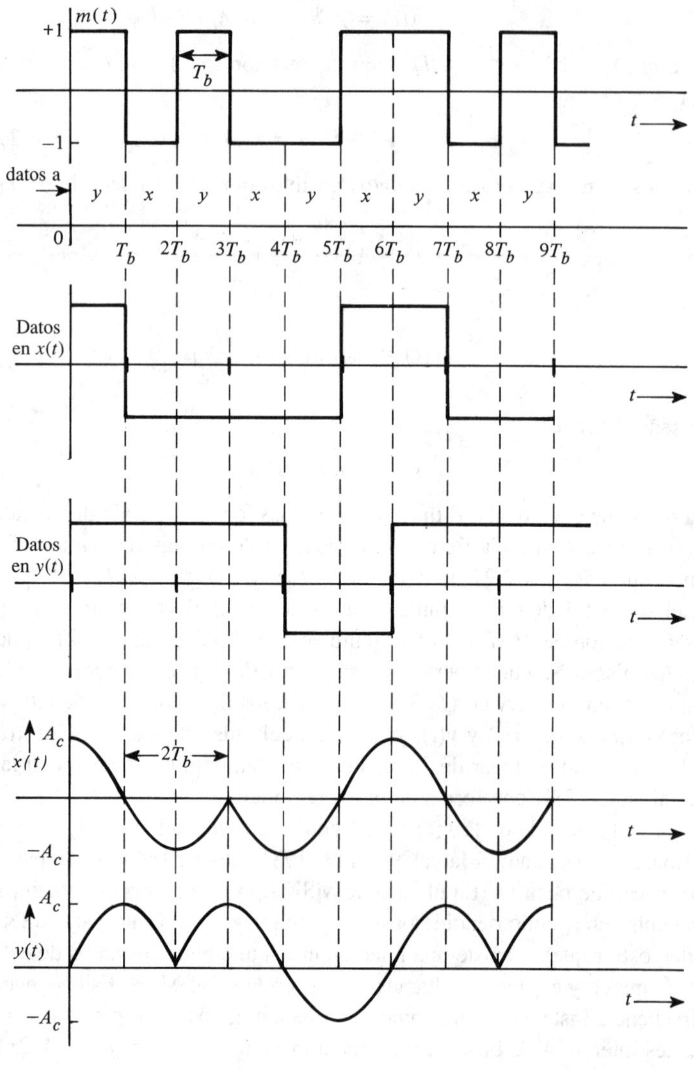


**Figura 5-34** Formas de onda de componente en cuadratura MSK (MSK tipo II).

donde $\mathcal{P}_x(x) = \mathcal{P}_y(f)$ porque $x(t)$ y $y(t)$ tienen el mismo tipo de forma de pulso. Cuando se utiliza la ecuación (3-40) en la ecuación (3-36a) con un ancho de pulso de $2T_b$, esta densidad espectral de potencia llega a ser

$$\mathcal{P}_g(f) = \frac{2}{2T_b} |F(f)|^2 \tag{5-113}$$

donde $F(f) = \mathcal{F}[f(t)]$ y $f(t)$ es la forma del pulso. Para la forma de pulso MSK semicosenoidal, se tiene

$$f(t) = \begin{cases} A_c \cos\left(\dfrac{\pi t}{2T_b}\right), & |t| < T_b \\ 0, & t \text{ en otra parte} \end{cases} \tag{5-114a}$$

y la transformada de Fourier es

$$F(f) = \frac{4A_c T_b \cos 2\pi T_b f}{\pi[1 - (4T_b f)^2]} \tag{5-114b}$$

Por tanto, la densidad espectral de potencia de la envolvente compleja de una señal MSK es

$$\mathcal{P}_g(f) = \frac{16A_c^2 T_b}{\pi^2}\left(\frac{\cos^2 2\pi T_b f}{[1 - (4T_b f)^2]^2}\right) \tag{5-115}$$

donde la potencia normalizada en la señal MSK es $A_c^2/2$. La densidad espectral de potencia de MSK se obtiene con facilidad desplazando este espectro hasta la frecuencia portadora, como lo describe la ecuación (5-2b). Esta densidad espectral de potencia de la envolvente compleja de MSK se muestra con la curva llena en la figura 5-35. Para propósitos de comparación, la densidad espectral de potencia de las envolventes complejas de OQPSK y QPSK se muestran con la

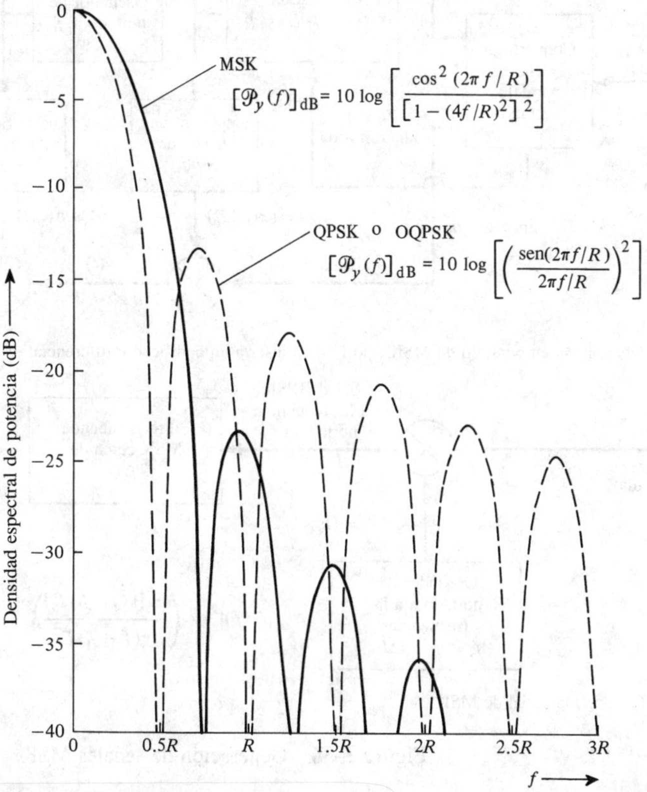


**Figura 5-35** PSD para la envolvente compleja de MSK, QPSK y OQPSK donde $R$ es la tasa de bits (se muestran las frecuencias positivas).

curva punteada. También se sabe que existen otras técnicas de modulación digital, tales como la *modulación de frecuencia suavizada** (TFM, por sus siglas en inglés: *tamed frequency modulation*), cuyas características espectrales son aún mejores que las de MSK [DeJager y Dekker, 1978; Pettit, 1982; Taub y Schilling, 1986], y se encontró la forma de pulso óptima de señales tipo FSK que produce una ocupación espectral mínima [Campanella, LoFaso y Mamola, 1984].

Se pueden generar señales MSK con cualquier método de entre varios, como se ilustra en la figura 5-36. La figura 5-36a muestra la generación de FFSK (la cual equivale a MSK Tipo I con codificación diferencial de los datos de entrada). En este caso se utiliza un modulador tipo

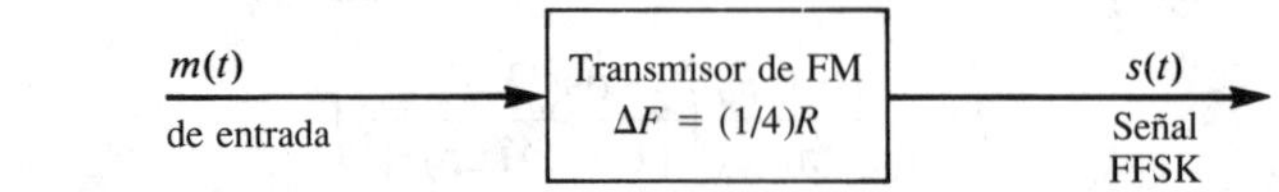


a) Generación de transmisión por desplazamiento de frecuencia rápida (FFSK)

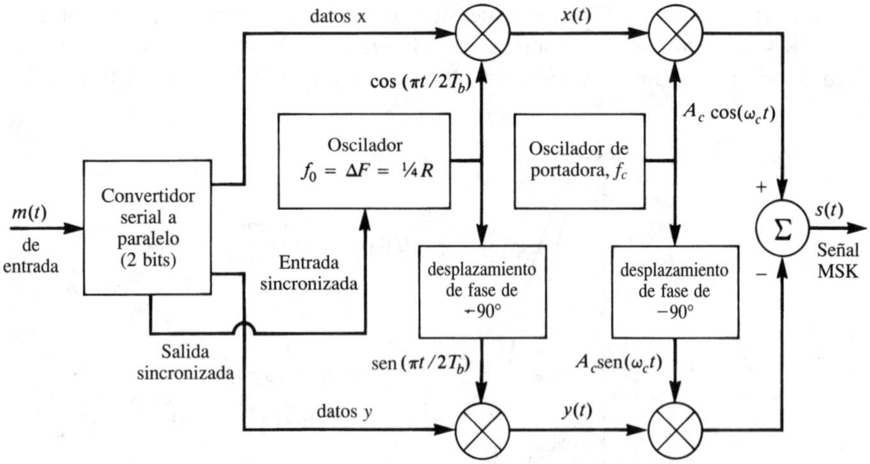


b) Generación en pararelo de MSK tipo I (si se inserta un codificador diferencial en la entrada se genera FFSK)

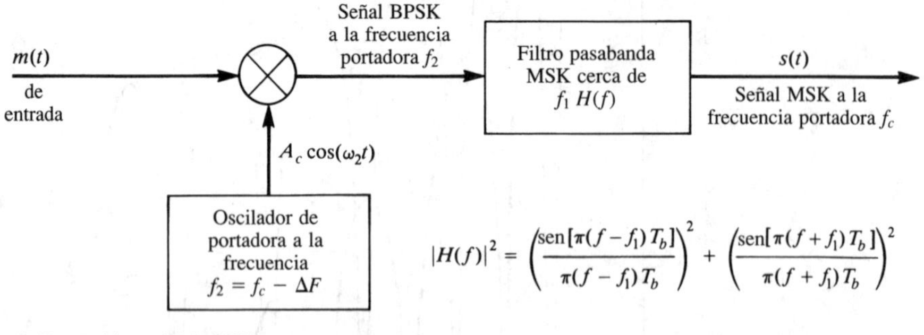


$$|H(f)|^2 = \left(\frac{\operatorname{sen}[\pi(f-f_1)T_b]}{\pi(f-f_1)T_b}\right)^2 + \left(\frac{\operatorname{sen}[\pi(f+f_1)T_b]}{\pi(f+f_1)T_b}\right)^2$$

c) Generación serial de MSK

**Figura 5-36** Generación de señales MSK.

* Frecuentemente se describe como modulación de frecuencia sintonizable por sus siglas en inglés TFM (nota del revisor técnico).

FM cuya desviación pico es $\Delta F = 1/(4T_b) = (1/4)R$. La figura 5-36b muestra un modulador MSK tipo I realizado conforme a la ecuación (5-112). Este método se conoce como método *pararelo* de generar MSK puesto que se utilizan canales en paralelo en fase (I) y en fase de cuadratura (Q). La figura 5-36c muestra el método *serial* de generación MSK. En éste, primero se genera BPSK a una frecuencia portadora de $f_2 = f_c - \Delta F$ y el pasabanda filtrado en torno a $f_1 = f_c + \Delta F$ para producir una señal MSK con una frecuencia portadora de $f_c$. (Véase el problema 5-72 para demostrar que esta técnica es correcta.) Se dan más propiedades de MSK [Leib y Pasupathy, 1993].

Las secciones 5-9, 5-10 y 5-11 sobre técnicas de señalización pasabanda se resumen en la tabla 5-7. En ésta se muestran las eficiencias espectrales de varios tipos de señales digitales utilizando dos criterios de ancho de banda diferentes —el ancho de banda nulo a nulo y el ancho de banda de 30 dB. Desde luego, un mayor valor de $\eta$ indica una mejor eficiencia espectral. Se ve que MSK es mejor o peor que QPSK y QAM 64 según los criterios de ancho de banda utilizados.

Cuando se diseña un sistema de comunicación, existe preocupación por el costo y el desempeño por lo que se refiere a errores lo mismo que por la ocupación espectral de la señal. El tema de desempeño con relación a los errores es demasiado extenso para analizarlo en esta sección; se aborda en el capítulo 7.

## 5-12 SISTEMA DE ESPECTRO AMPLIO (DIFUSIÓN)

En el estudio de los sistemas de comunicación, se estudió principalmente su rendimiento en función de la eficiencia de ancho de banda y eficiencia energética (es decir, SNR o probabilidad de error de bits detectada) con respecto a ruido natural. Sin embargo, en algunas aplicaciones también es necesario considerar la capacidad de acceso múltiple, la capacidad antiinterferencia, el rechazo de interferencia y la operación cubierta o la capacidad de baja probabilidad de intercepción (LPI, por sus siglas en inglés: *low probability of intercept*). (Las últimas consideraciones son especialmente importantes en aplicaciones militares.) Estos objetivos de rendimiento se pueden optimizar con técnicas de espectro amplio.

En aplicaciones de comunicación personal y de telefonía celular se requiere capacidad de acceso múltiple donde muchos usuarios comparten una banda de frecuencias porque no existe un ancho de banda suficiente disponible para asignar un canal de frecuencia permanente a cada usuario. Como se verá, se pueden usar técnicas de espectro amplio que permitan el uso simul-

**TABLA 5-7** EFICIENCIA ESPECTRAL DE SEÑALES DIGITALES

| | Eficiencia espectral, $\eta = \frac{R}{B_T}\left(\frac{\text{bits/s}}{\text{Hz}}\right)$ | |
|---|---|---|
| **Tipo de señal** | **Ancho de banda nulo a nulo** | **Ancho de banda de 30 dB** |
| OOK y BPSK | 0.500 | 0.052 |
| QPSK y OQPSK | 1.00 | 0.104 |
| MSK | 0.667 | 0.438 |
| 16 QAM | 2.00 | 0.208 |
| 64 QAM | 3.00 | 0.313 |

táneo de una banda amplia de frecuencia por parte de muchos usuarios mediante técnicas de *acceso múltiple por división de código* (CDMA, por sus siglas en inglés: *code-division multiple access*). Este es un enfoque alterno del compartimiento de banda. En las secciones 3-9, 5-7 y 8-5 se estudian otros dos enfoques: el acceso múltiple por división de tiempo (TDMA, por sus siglas en inglés: *time division multiple access*) y el acceso múltiple por división de frecuencia (FDMA, por sus siglas en inglés: *frequency-division multiple access*).

Existen muchos tipos de sistemas de *espectro amplio* (SS, por sus siglas en inglés: *spread spectrum*). Para que un sistema se pueda considerar como SS, el sistema debe satisfacer dos criterios.

1. El ancho de banda de la señal transmitida, $s(t)$, tiene que ser mucho mayor que el del mensaje, $m(t)$.
2. El ancho de banda relativamente amplio de $s(t)$ debe ser producido por una forma de onda modulante independiente, $c(t)$, llamada *señal difusora*, y el receptor debe conocer esta señal para que la señal de mensaje, $m(t)$, pueda ser detectada.

Por consiguiente, la señal de espectro amplio es

$$s(t) = \text{Re}\{g(t)\, e^{j\omega_c t}\} \tag{5-116a}$$

donde su envolvente compleja es una función tanto de $m(t)$ como de $c(t)$. En la mayoría de los casos se utiliza una función de producto, de modo que

$$g(t) = g_m(t)g_c(t) \tag{5-116b}$$

donde $g_m(t)$ y $g_c(t)$ son los tipos usuales de funciones de envolvente compleja de modulación que generan AM, PM, FM, etc., que aparecen en la tabla 4-1. Las señales SS se clasifican por el tipo de funciones de mapeo utilizadas para $g_c(t)$.

Algunos de los tipos más comunes de señales SS son:

- *Secuencia directa* (DS, por sus siglas en inglés: *direct sequence*). En ésta se utiliza un DSB-SC de modulación difusora [i.e., $g_c(t) = c(t)$] y $c(t)$ es una forma de onda polar.
- *Salto de frecuencia* (FH, por sus siglas en inglés: *frequency hopping*). En ésta $g_c(t)$ es del tipo FM donde existen $M = 2^k$ saltos de frecuencia determinados por las palabras de $k$ bits obtenidas a partir de la forma de onda de código difusor, $c(t)$.
- Técnicas *híbridas* que incluyen tanto DS como FH.

En las secciones siguientes se ilustrará con exactitud cómo trabajan los sistemas DS y FH.

## Secuencia directa

Supóngase que la forma de onda de información, $m(t)$, proviene de una fuente digital y que $m(t)$ es una forma de onda polar con valores de $\pm 1$. Además, se examinará el caso de modulación BPSK en el que $g_m(t) = A_c m(t)$. Por tanto, en el caso de señales de secuencia directa donde se utiliza $g_c(t) = c(t)$ en la ecuación (5-116b), su envolvente compleja es

$$g(t) = A_c m(t) c(t) \tag{5-117}$$

La $s(t) = \text{Re}\{g(t)e^{j\omega_c t}\}$ resultante se llama *señal de datos transmitidos por desplazamiento de fase binaria*, de *difusión de secuencia directa*, de *espectro amplio o difuso* (BPSK-DS-SS) y $c(t)$ es una señal de difusión polar. Además, si la forma de onda difusora se produce con un generador de código de *seudorruido* (PN, por sus siglas en inglés: *pseudonoise*), como se muestra

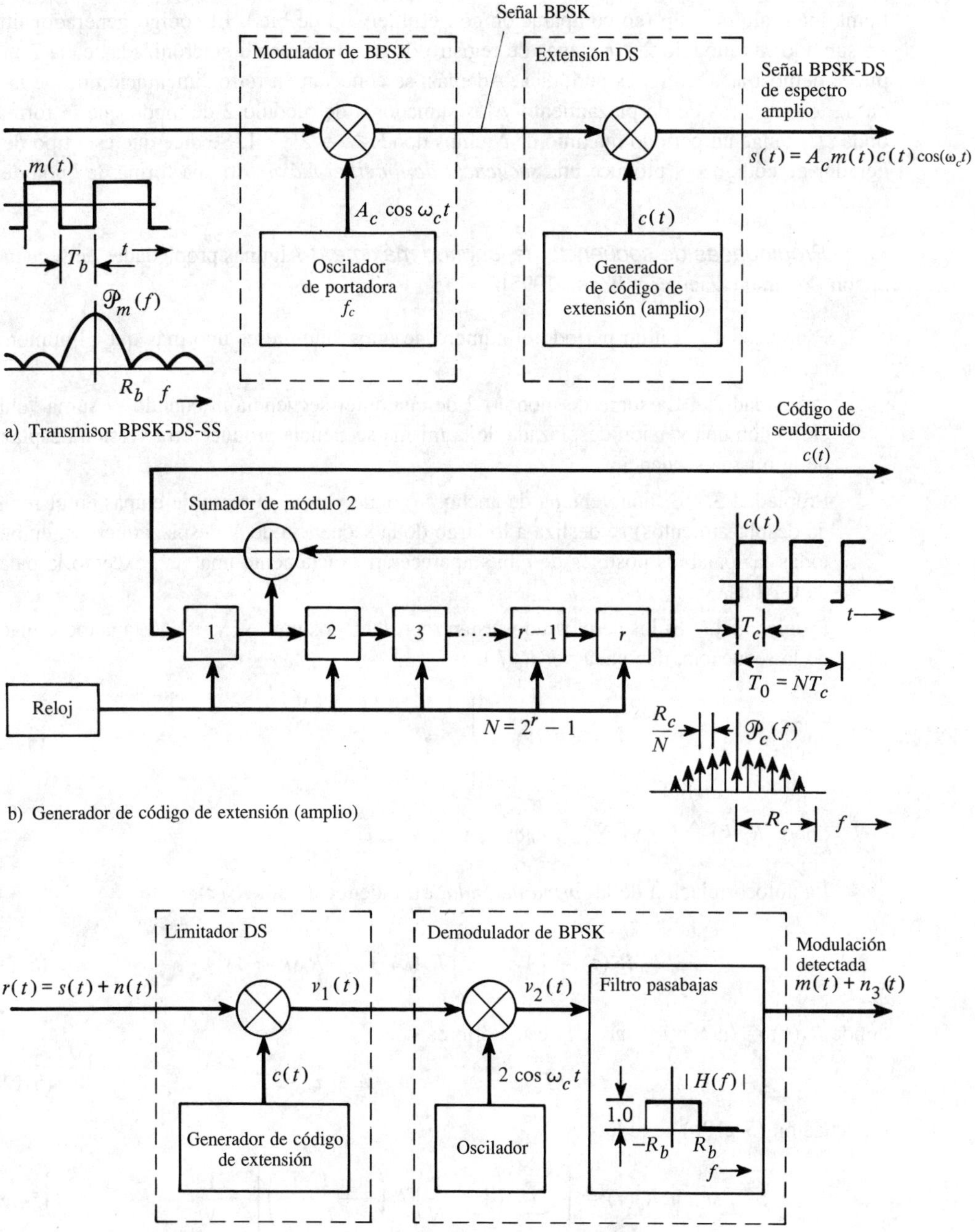


c) Receptor BPSK-DS-SS

**Figura 5-37** Sistema de espectro amplio (de difusión) de secuencia directa (DS-SS).

en la figura 5-37b, donde los valores de $c(t)$ son $\pm 1$. $T_c$ denota el ancho del pulso de $c(t)$ y se llama intervalo de chip (en comparación con el intervalo de bits). El código generador utiliza un sumador de módulo 2 y $r$ etapas de registro de desplazamiento sincronizadas cada $T_c$ $s$. Se puede demostrar que $c(t)$ es periódica. Además, se conectan en retroalimentación desde la etapa de los registros de desplazamiento y los sumadores de módulo 2 de modo que la forma de onda $c(t)$ tenga un periodo máximo de $N$ chips donde $N = 2^r - 1$. Se dice que este tipo de generador de código PN produce una *secuencia de longitud máxima* o una forma de onda de *secuencia m*.

***Propiedades de secuencia de longitud máxima.*** Algunas propiedades de secuencias $m$ son [Peterson, Ziemer y Borth, 1995]:

Propiedad 1. En un periodo el número de unos siempre es uno más que el número de ceros.

Propiedad 2. La suma de módulo 2 de cualquier secuencia $m$ cuando se suma "chip a chip" con una versión desplazada de la misma secuencia produce otra versión desplazada de la misma secuencia.

Propiedad 3. Si una ventana de ancho $r$ (donde $r$ es el número de etapas en el registro de desplazamientos) se desliza a lo largo de la secuencia de $N$ desplazamientos, entonces todas las palabras posibles de $r$ bits aparecerán exactamente una vez, excepto la palabra de 0 $r$ bits.

Propiedad 4. Si los ceros y unos están representados por $-1$ y $+1$ V, la autocorrelación de la secuencia, denotada por $R_c(k)$, es

$$R_c(k) = \begin{cases} 1, & k = \ell N \\ -\dfrac{1}{N}, & k \neq \ell N \end{cases} \tag{5-118}$$

donde $R_c(k) \triangleq (1/N) \sum_{n=0}^{N-1} c_n c_{n+k}$ y $c_n = \pm 1$.

La autocorrelación de la *forma de onda*, $c(t)$, denotada por $R_c(\tau)$, es

$$R_c(\tau) = \left(1 - \frac{\tau_\varepsilon}{T_c}\right) R_c(k) + \frac{\tau_\varepsilon}{T_c} R_c(k+1) \tag{5-119}$$

donde $R_c(\tau) = \langle c(t)c(t+\tau)\rangle$ y $\tau_\varepsilon$ está definida por

$$\tau = kT_c + \tau_\varepsilon \qquad \text{y} \qquad 0 \leq \tau_\varepsilon < T_c \tag{5-120}$$

La ecuación (5-119b) se reduce a

$$R_c(\tau) = \left[\sum_{\ell=-\infty}^{\ell=\infty} \left(1 + \frac{1}{N}\right) \Lambda\left(\frac{\tau - \ell N T_c}{T_c}\right)\right] - \frac{1}{N} \tag{5-121}$$

Ésta se grafica en la figura 5-38a, donde es aparente que la función de autocorrelación de la forma de onda PN es periódica de pulsos triangulares de $2T_c$ de ancho repetidos cada $NT_c$ segundos y que un nivel de correlación de $-1/N$ ocurre entre estos pulsos triangulares. Además, como la función de autocorrelación es periódica, la densidad espectral de potencia asociada es un espectro lineal. Esto es, la autocorrelación se expresa como una serie de Fourier

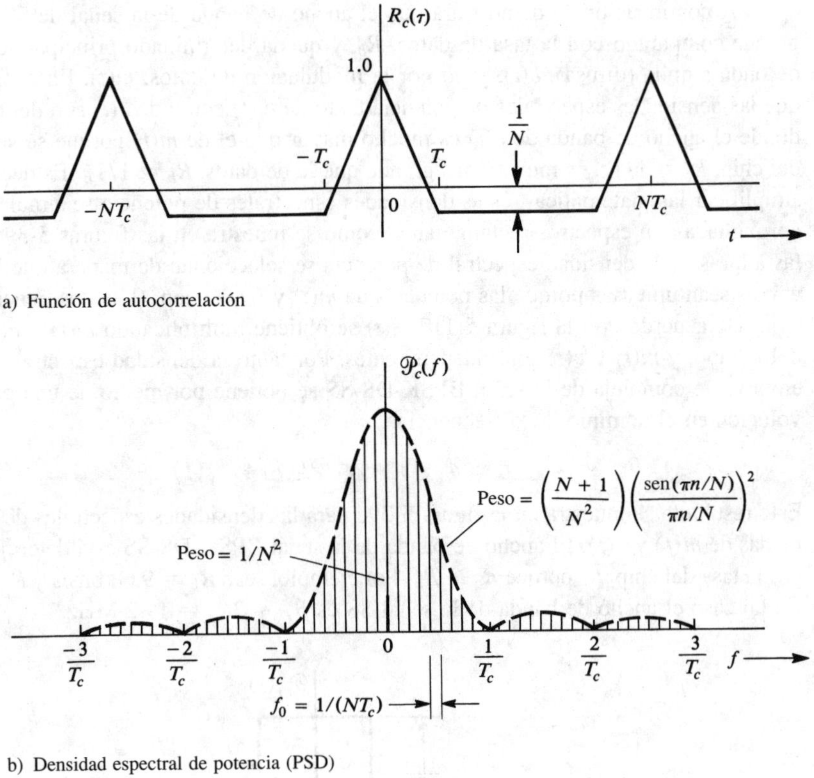


**Figura 5-38** Autocorrelación y PSD de una forma de onda PN de secuencia *m*.

$$R_c(\tau) = \sum_{n=-\infty}^{\infty} r_n e^{j2\pi n f_0 t} \tag{5-122}$$

donde $f_0 = 1/(NT_c)$ y $\{r_n\}$ es el conjunto de coeficientes de la serie de Fourier. Por tanto, con la ecuación (2-109) se obtiene

$$\mathcal{P}_c(f) = \mathcal{F}[R_c(\tau)] = \sum_{n=-\infty}^{\infty} r_n \delta(f - nf_0) \tag{5-123}$$

donde los coeficientes de la serie de Fourier se evalúan y se encuentra que son

$$r_n = \begin{cases} \dfrac{1}{N^2}, & n = 0 \\ \left(\dfrac{N+1}{N^2}\right)\left(\dfrac{\text{sen}(\pi n/N)}{\pi n/N}\right)^2, & n \neq 0 \end{cases} \tag{5-124}$$

Esta densidad espectral de potencia se grafica en la figura 5-38b.

A continuación se demostrará que el ancho de banda de la señal de SS es relativamente grande comparado con la tasa de datos, $R_b$, y queda determinado principalmente por la forma de onda amplia (difusa), $c(t)$, y no por la modulación de datos, $m(t)$. En la figura 5-37, se ve que las densidades espectrales de potencia tanto de $m(t)$ como de $c(t)$ son del tipo $[(\text{sen } x)/x]^2$, donde el ancho de banda de $c(t)$ es mucho mayor que el de $m(t)$ porque se supone que la tasa del chip, $R_c = 1/T_c$, es mucho más grande que la de datos, $R_b = 1/T_b$. Es decir, $R_c \gg R_b$. Para simplificar las matemáticas, estas densidades espectrales de potencia se simulan de una manera aproximada con espectros rectangulares, como se muestra en las figuras 5-39a y 5-39b, donde las alturas de la densidad espectral de potencia se seleccionan de manera que las áreas bajo las curvas sean unitarias porque las potencias de $m(t)$ y $c(t)$ lo son. (Las dos tienen sólo valores de $\pm 1$.) De acuerdo con la figura 5-117, $g(t)$ se obtiene multiplicando $m(t)$ y $c(t)$ en el dominio del tiempo, y $m(t)$ y $c(t)$ son independientes. Por tanto la densidad espectral de potencia de la envolvente compleja de la señal BPSK-DS-SS se obtiene por medio de una operación de convolución en el dominio de la frecuencia.

$$\mathcal{P}_g(f) = A_c^2\, \mathcal{P}_m(f) * \mathcal{P}_c(f) \tag{5-125}$$

Este resultado se muestra en la figura 5-39c para las densidades espectrales de potencia aproximadas de $m(t)$ y $c(t)$. El ancho de banda de la señal BPSK-DS-SS está determinado en esencia por la tasa del chip, $R_c$ porque $R_c \gg R_b$. Por ejemplo, sean $R_b = 9.6$ kbits/s y $R_c = 9.6$ Mchips/s. En tal caso el ancho de banda de la señal SS es $B_T \approx 2R_c = 19.2$ MHz.

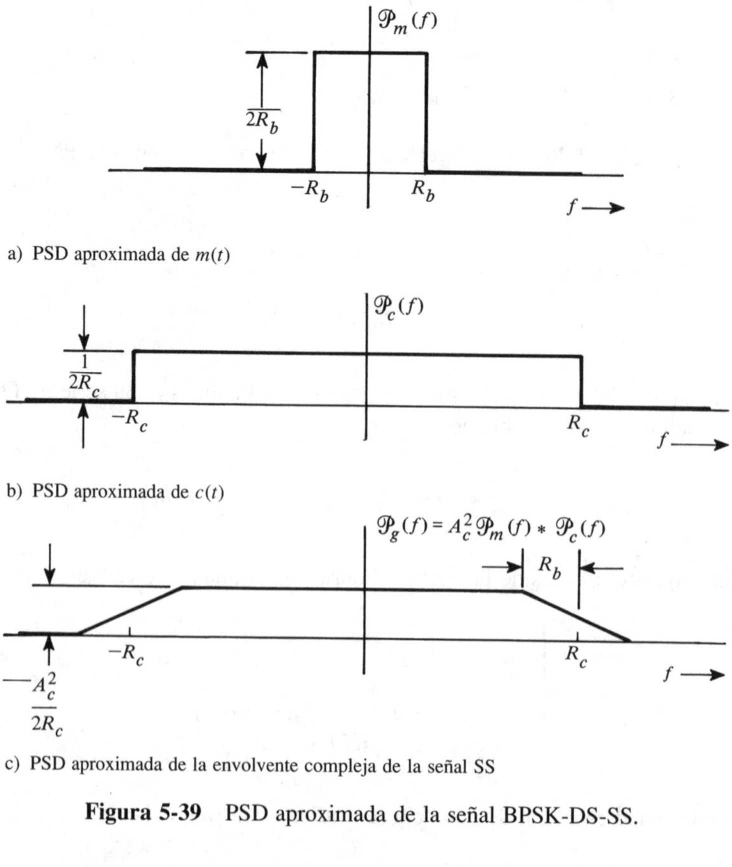


**Figura 5-39** PSD aproximada de la señal BPSK-DS-SS.

Con la figura 5-39 también se puede demostrar que la extensión (difusión) hace que la señal sea menos susceptible a detectadores espías (extraños). Es decir, esta señal tiene LPI. Sin extensión [es decir, si $c(t)$ fuera unitaria], el nivel de la densidad espectral de la banda de entrada sería proporcional a $A_c^2/(2R_b)$, como se ve en la figura 5-39a, pero con la extensión el nivel espectral de la banda de entrada decae a $A_c^2/(2R_c)$, como se indica en la figura 5-39c. Ésta es una reducción de $R_c/R_b$. Por ejemplo, con los valores de $R_b$ y $R_c$ citados, el factor de reducción sería de (9.6 Mchips/s)/(9.6 kbits/s) = 1000 o 30 dB. Con frecuencia el detector espía encuentra la presencia de una señal por medio de un analizador de espectros, pero cuando se utiliza SS, este nivel decae 30 dB. Esto se da con frecuencia por debajo del piso de ruido del detector espía potencial y, en consecuencia, la señal no podrá ser detectada por el espía.

La figura 5-37c muestra un receptor que recupera la modulación presente en la señal SS. El receptor dispone de un circuito limitador o concentrador activado por un generador de código PN en sincronía con el código extensor del transmisor. Supóngase que la entrada al receptor se compone de la señal SS más una señal de interferencia de banda angosta (onda senoidal). Entonces

$$r(t) = s(t) + n(t) = A_c m(t) c(t) \cos \omega_c t + n_J(t) \tag{5-126}$$

donde la señal de interferencia es

$$n_J(t) = A_J \cos \omega_c t \tag{5-127}$$

Aquí se supone que la potencia de interferencia es $A_J^2/2$ con respecto a la potencia de la señal de $A_c^2/2$ y que la frecuencia de interferencia se fija a $f_c$ en el peor de los casos de interferencia. En la figura 5-37c se ve que la salida del limitador es

$$v_1(t) = A_c m(t) \cos \omega_c t + A_J c(t) \cos \omega_c t \tag{5-128}$$

puesto que $c^2(t) = (\pm 1)^2 = 1$. La señal BPSK-DS-SS simplemente se transforma en una señal BPSK a la salida del limitador. Es decir, a la entrada del receptor el ancho de banda de la señal SS es de $2R_c$, pero a la salida del limitador el ancho de banda de la señal BPSK resultante es de $2R_b$, una reducción de 1000:1 con las cifras previamente citadas. Los datos presentes en la señal limitada BPSK se recuperan con un circuito detector BPSK como se muestra.

A continuación se demostrará que este receptor SS dispone de una capacidad contra interferencia de 30 dB en el caso de $R_b$ = 9.6 kbits/s y $R_c$ = 9.6 Mchips/s. En la figura (5-128) se ve que la señal de interferencia de banda angosta que estuvo presente a la entrada del receptor fue *extendida* por el limitador puesto que la multiplicó por $c(t)$. Éste es el efecto expansor en la señal de interferencia que produce una capacidad contra interferencia. Con la ecuación (5-128) y si se recurre a la figura 5-37c, se obtiene una entrada al filtro pasabajas de

$$v_2(t) = A_c m(t) + n_2(t) \tag{5-129}$$

donde

$$n_2(t) = A_J c(t) \tag{5-130}$$

y los términos alrededor de $f = 2f_c$ se omiten puesto que no pasan a través del filtro pasabajas. En la figura 5-37c, se observa que la potencia de interferencia a la salida del receptor es

$$P_{n_3} = \int_{-R_b}^{R_b} \mathcal{P}_{n_2}(f)\, df = \int_{-R_b}^{R_b} A_J^2 \frac{1}{2R_c}\, df = \frac{A_J^2}{R_c/R_b} \tag{5-131}$$

y la potencia de interferencia a la entrada del filtro pasabajas es $A_J^2$. [$\mathcal{P}_{n_2}(f) = A_J^2/(2R_c)$ como se indica en las figuras 5-39b y (5-130).] Cuando se trata de un sistema BPSK convencional (es decir, sin espectro extendido), $c(t)$ sería unitaria y la ecuación (5-130) se transformaría en $n_2(t) = A_J$, por lo que la potencia de interferencia que sale del filtro pasabajas sería $A_J^2$ en lugar de $A_J^2/(R_c/R_b)$ en el caso de un sistema de espectro extendido (amplio). [La señal de salida deberá ser $A_c m(t)$ en ambos casos.] Por tanto, el receptor de SS redujo el efecto de interferencia de banda angosta por el factor de $R_c/R_b$. Este factor, $R_c/R_b$, se llama *ganancia de procesamiento* del receptor de SS.† En el ejemplo de $R_c = 9.6$ Mchips/s y $R_b = 9.6$ kbits/s, la ganancia de procesamiento es 30 dB. Esto significa que la interferencia de banda angosta tendría que tener 30 dB más potencia para que ejerciera el mismo efecto de interferencia en este sistema SS, comparado con el sistema BPSK convencional (sin SS). Por tanto, esta técnica SS proporciona 30 dB de capacidad contra interferencia con la relación $R_c/R_b$ citada en el ejemplo.

También se utilizan técnicas SS para producir acceso múltiple. Éste se llama *acceso múltiple por división de código* (CDMA, por sus siglas en inglés: *code division multiple access*). En esta técnica a cada usuario se le asigna un código de extensión de tal modo que las señales sean ortogonales. De éste se pueden transmitir varias señales SS al mismo tiempo en la misma banda de frecuencia, y además los datos presentes en una señal SS particular pueden ser decodificados por un receptor, *siempre* que el receptor utilice un código PN idéntico al utilizado en la señal SS particular que se va decodificar. Aunque la técnica CDMA proporciona una solución clara para el problema de acceso múltiple en un ambiente de interferencia, se puede demostrar que las técnicas TDMA y FDMA son más eficientes en cuanto a ancho de banda [Viterbi, 1985].

Para acomodar más usuarios en las bandas de frecuencia que por ahora están saturadas con usuarios de banda angosta convencional (como las bandas de radio de dos vías), es posible asignar nuevas estaciones SS. Esto se llama *sobreposición de espectro extendido*. Las estaciones SS operarían con un ancho de banda tan grande que su PSD sería insignificante para receptores suficientemente alejados de los transmisores SS: por otra parte, para el receptor SS, las señales de banda angosta tendrían un efecto de interferencia mínimo a causa de su gran ganancia de codificación.

## Saltos de frecuencia

Como ya se señaló, una señal SS con salto de frecuencia (FH, por sus siglas en inglés: *frequency hopped*) utiliza una $g_c(t)$ tipo FM donde existen $M = 2^k$ saltos de frecuencia controlados por el código de extensión donde se consideran $k$ palabras de chip para determinar cada salto de frecuencia. En la figura 5-40a se muestra en transmisor FH-SS. La información original se modula en una portadora que utiliza técnicas FSK o BPSK convencionales para producir una señal FSK o BPSK. El salto de frecuencia se logra con un circuito mezclador donde la señal LO es provista por la salida de un sintetizador de frecuencia que es saltada por el código de extensión PN. El convertidor serie a paralelo lee $k$ chips en serie del código de extensión y produce una palabra en paralelo de $k$ chips de salida de los divisores programables en el sintetizador de frecuencia. (Véase la figura 4-25 y el análisis relacionado de sintetizadores de frecuencia.) La palabra de $k$ chips especifica uno de los $M = 2^k$ posibles saltos de frecuencia, $\omega_1, \omega_2, \ldots, \omega_M$.

La señal FH se decodifica como se muestra en la figura 5-40b. Aquí el receptor tiene conocimiento del transmisor, $c(t)$, de tal modo que el sintetizador de frecuencia en el receptor puede ser saltado en sincronía con el del transmisor. Esto limita la señal FH, y la información

† La ganancia de procesamiento se define como la relación de la potencia de ruido de salida sin SS dividida entre la potencia de ruido de salida con SS. Esto equivale a la relación $(S/N)_{\text{salida}}/(S/N)_{\text{entrada}}$ cuando $(S/N)_{\text{enttrada}}$ es la relación de la potencia de la señal a ruido en el receptor y $(S/N)_{\text{salida}}$ es la relación de la potencia de la señal a la salida del filtro pasabajas.

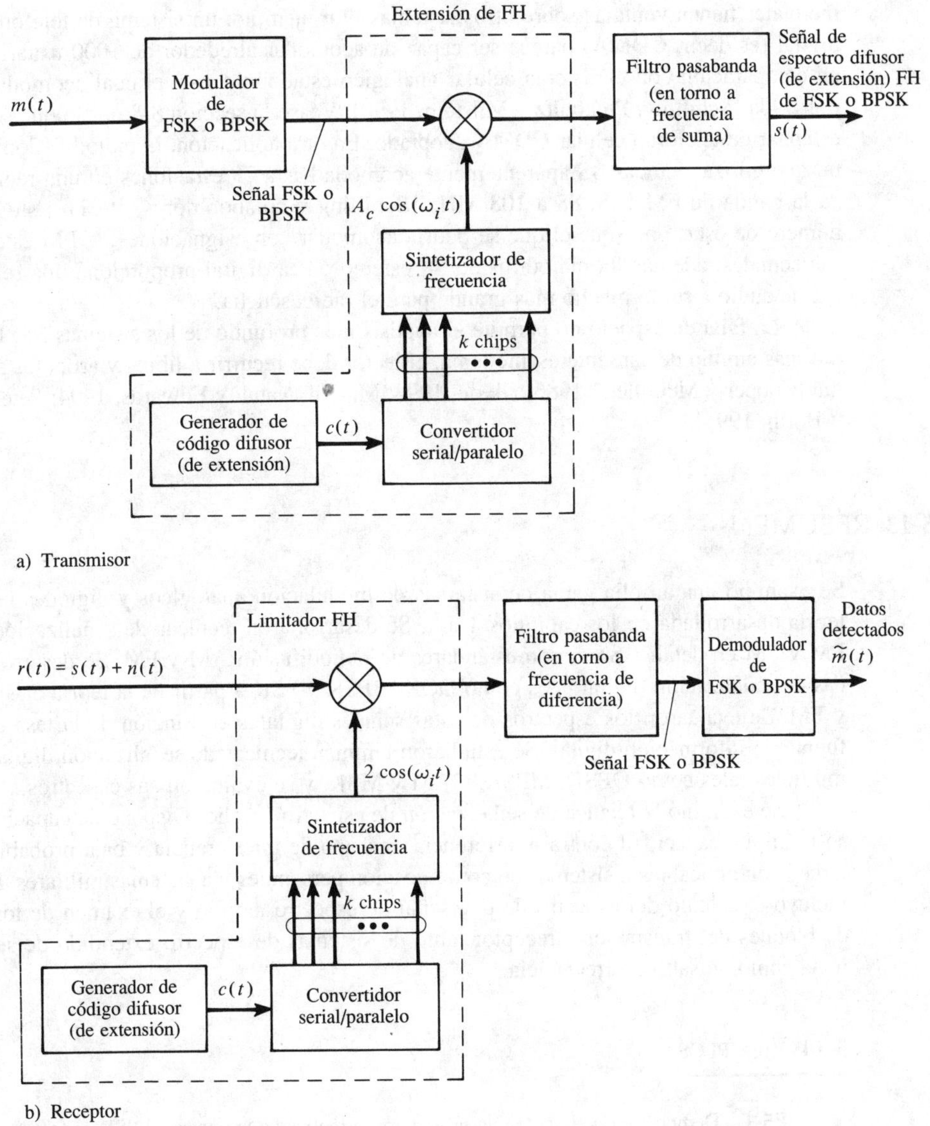


**Figura 5-40** Sistema de espectro amplio (difuso) con salto de frecuencia (FH-SS).

original se recupera a partir de la señal no saltada con un demodulador FSK o BPSK convencional, como se juzgue apropiado.

En 1985 la FCC abrió tres bandas de frecuencia compartida —902 a 928 MHz, 2400 a 2483.5 MHz y 5725 a 5850 MHz— para uso SS comercial con transmisores de 1 W no autorizados. Esto condujo a la producción y uso de equipo SS en sistemas de telemetría, redes de comunicación personal (PCN, por sus siglas en inglés: *personal communication networks*), redes de área local inalámbricas de computadoras personales y sistemas inalámbricos de seguridad y contra incendios [Schilling, Pickholtz y Milstein, 1990]. Además, algunas aplicaciones SS comerciales tienen ventajas sobre otros sistemas. Por ejemplo, un sistema de telefonía celular SS digital (es decir, CDMA) parece ser capaz de acomodar alrededor de 1000 usuarios por célula en comparación con el sistema celular analógico estadounidense, el cual acomoda 55 usuarios por celda [Schilling, Pickholtz y Milstein, 1990]. Véase la sección 8-8 por lo que se refiere a un estándar de telefonía celular CDMA adoptado. En otra aplicación, la radiodifusión estéreo digital que utiliza técnicas SS aparentemente acomoda hasta 75 estaciones en una región que utiliza la banda de FM U.S. 88 a 108 MHz [Schilling y colaboradores, 1991]. Éste es un mayor número de estaciones que el que se podría acomodar con asignaciones de FM estéreo analógicas actuales; además, la radiodifusión SS estereofónica digital proporciona una relación de señal de audio a ruido mucho más grande para el radioescucha.

La falta de espacio no permite el análisis más profundo de los sistemas SS. Para un estudio más amplio de este interesante tema, el lector debe recurrir a libros y artículos sobre este tema [Cooper y McGillem, 1986; Dixon, 1994; MaGill, Natali y Edwards, 1994; Peterson, Ziemer y Borth, 1995].

## 5-13 RESUMEN

Se examinó una amplia gama de sistemas de modulación analógicos y digitales basados en la teoría desarrollada en los capítulos 1 a 4. Se desarrollaron técnicas de señalización AM, SSB, PM y FM en detalle. Se dieron estándares de radiodifusión AM y FM. Se desarrollaron técnicas de señalización digital tales como OOK, BPSK y FSK a partir de la teoría clásica AM, PM y FM. Se evaluaron los espectros de estas señales digitales en función de la tasa de bits de la fuente de información digital. Se estudiaron también técnicas de señalización digital de niveles múltiples tales como QPSK, MPSK, QAM y MSK, y se evaluaron sus espectros.

Se examinó la técnica de señalización de espectro amplio. Dispone de capacidad de acceso múltiple, capacidad contra interferencia, rechazo de interferencia y baja probabilidad de intercepción aplicables a sistemas de comunicación personales y a sistemas militares. Este estudio incluyó el cálculo del espectro de una señal de espectro amplio y el examen de los diagramas de bloques del transmisor y receptor tanto de sistemas de espectro extendido de secuencia directa como de salto de frecuencia.

## 5-14 EJEMPLOS

**E5-1** Demuestre que la potencia promedio normalizada de una señal SSB es $\langle s^2(t)\rangle = A_c^2\langle m^2(t)\rangle$ dada por la ecuación (5-25).

***Solución*** Para SSB, $g(t) = A_c[m(t) \pm j\hat{m}(t)]$. Con la ecuación (4-17),

$$P_s = \langle s^2(t)\rangle = \tfrac{1}{2}\,\langle|g(t)|^2\rangle = \tfrac{1}{2}\,A_c\,\langle m^2(t) + [\hat{m}(t)]^2\rangle$$

o

$$P_s = \langle s^2(t)\rangle = \tfrac{1}{2}\,A_c\,\{\langle m^2(t)\rangle + \langle[\hat{m}(t)]^2\rangle\} \tag{5-132}$$

Pero,

$$\langle[\hat{m}(t)]^2\rangle = \int_{-\infty}^{\infty} \mathcal{P}_{\hat{m}}(f)\,df = \int_{-\infty}^{\infty} |H(f)|^2\,\mathcal{P}_m(f)\,df$$

donde $H(f)$ es la función de transferencia de la transformada de Hilbert. Si se utiliza la ecuación (5-19), se ve que $|H(f)| = 1$. Por consiguiente,

$$\langle[\hat{m}(t)]^2\rangle = \int_{-\infty}^{\infty} \mathcal{P}_{\hat{m}}(f)\, df = \langle m^2(t)\rangle \tag{5-133}$$

Si se sustituye la ecuación (5-133) en la (5-132), se obtiene

$$P_s = \langle s^2(t)\rangle = A_c^2 \langle m^2(t)\rangle$$

**E5-2** Un transmisor SSB con $A_c = 100$ se somete a prueba modulándolo con una forma de onda triangular como la de la figura 5-14a, donde $V_p = 0.5$ V. Este transmisor SSB se conecta a una carga resistiva de 50 Ω. Calcule la potencia real disipada en la carga.

***Solución*** Con la ecuación (5-25),

$$P_{\text{real}} = \frac{(V_s)^2_{\text{rms}}}{R_L} = \frac{\langle s^2(t)\rangle}{R_L} = \frac{A_c^2}{R_L}\langle m^2(t)\rangle \tag{5-134}$$

Para la forma de onda mostrada en la figura 5-14a,

$$\langle m^2(t)\rangle = \frac{1}{T_m}\int_0^{T_m} m^2(t)\, dt = \frac{4}{T_m}\int_0^{T_m/4}\left(\frac{4V_p}{T_m}t - V_p\right)^2 dt$$

o

$$\langle m^2(t)\rangle = \frac{4V_p^2}{T_m}\left.\frac{\left(\dfrac{4}{T_m}t - 1\right)^3}{3\left(\dfrac{4}{T_m}\right)}\right|_0^{T_m/4} = \frac{V_p^2}{3} \tag{5-135}$$

Si se sustituye la ecuación (5-135) en la ecuación (5-134), se obtiene

$$P_{\text{real}} = \frac{A_c^2 V_p^2}{3R_L} = \frac{(100)^2(0.5)^2}{3(50)} = 16.67 \text{ W}$$

**E5-3** Tal como se muestra en la figura 5-41, un transmisor de FM se compone de una etapa excitadora, un multiplicador ×3 de frecuencia, un convertidor ascendente (con un filtro pasabanda), un multiplicador ×2 de frecuencia y un multiplicador ×3 de frecuencia. La frecuencia del oscilador es de 80.0150 MHz, y el filtro pasabanda se centra alrededor de la frecuencia portadora localizada a aproximadamente 143 MHz. El excitador de FM tiene una frecuencia portadora de 20.9957 MHz y una desviación pico de 0.694 kHz cuando se aplica la entrada de audio. El ancho de banda de la entrada de audio es de 3 kHz. Calcule la frecuencia portadora y la desviación pico de señales FM en los puntos B, C, D, E y F. Además, calcule el ancho de banda requerido para el filtro pasabanda y la frecuencia central exacta para el mismo.

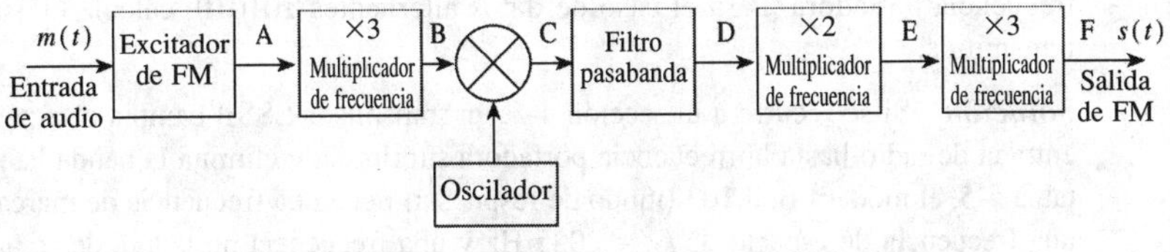


**Figura 5-41** Transmisor de FM.

***Solución*** Tal como se muestra en la sección 4-12, un multiplicador de frecuencia produce una señal de salida en la $n$-ésima armónica de la entrada, e incrementa cualquier variación de PM/FM que pudiera estar presente en la señal de entrada por un factor de $n$. Es decir, si la variación angular de la señal de entrada es $\theta(t)$, la variación de la señal de salida será $n\theta(t)$, tal como lo indica la ecuación (4-73). Por tanto, la desviación pico a la salida de un multiplicador de frecuencia es $(\Delta F)_{\text{salida}} = n(\Delta F)_{\text{entrada}}$ porque $\Delta F = (1/2\pi)\, d\theta(t)/dt$. La salida del excitador de FM tiene una frecuencia portadora $(f_c)_A = 20.9957$ MHz y una desviación pico de $(\Delta F)_A = 0.694$ kHz. De este modo, la señal FM en el punto B tiene los parámetros

$$(f_c)_B = 3(f_c)_A = 62.9871 \text{ MHz y } (\Delta F)_B = 3(\Delta F)_A = 2.08 \text{ kHz}$$

El mezclador (multiplicador) produce dos señales, un término de frecuencia de suma y un término de frecuencia de diferencia en el punto $C$, con las frecuencias portadoras

$$(f_c)_{C\ \text{suma}} = f_0 + (f_c)_B = 143.0021 \text{ MHz}$$

$$(f_c)_{C\ \text{dif.}} = f_0 - (f_c)_B = 17.0279 \text{ MHz}$$

Como la señal de salida del mezclador tiene la misma envolvente compleja que la de la entrada (es decir, véase la sección 4-11), todos los parámetros de salida de modulación a la salida del mezclador son los mismos de la entrada. Por tanto, las frecuencias portadoras de suma y diferencia son frecuencias moduladas y la desviación pico de cada una es $(\Delta F)_C = (\Delta F)_B = 2.08$ kHz. El filtro pasabanda deja pasar el término 143 MHz. Por consiguiente, la señal FM en el punto D tiene los parámetros

$$(f_c)_D = (f_c)_{C\ \text{suma}} = 143.0021 \text{ MHz y } (\Delta F)_D = (\Delta F)_C = 2.08 \text{ kHz}$$

Y los de las señales FM en los puntos E y F son

$$(f_c)_E = 2(f_c)_D = 286.0042 \text{ MHz y } (\Delta F)_E = 2(\Delta F)_D = 4.16 \text{ kHz}$$

y

$$(f_c)_F = 3(f_c)_E = 858.0126 \text{ MHz y } (\Delta F)_E = 3(\Delta F)_E = 12.49 \text{ kHz}$$

En suma, el circuito de la figura 5-41 produce una señal FM a 858.0126 MHz con una desviación pico de 12.49 kHz. El filtro pasabanda se centra en $(f_c)_{C\ \text{suma}} = 143.0021$ MHz y su ancho de banda es suficiente para dejar pasar la señal FM con la desviación $(\Delta F)_C = 2.08$ kHz. Con la utilización de la regla de Carson (5-61), el ancho de banda requerido del filtro pasabanda es

$$B_T = 2[\beta_C + 1]B = 2[(\Delta F)_C + B]$$

o

$$B_T = 2[2.08 + 3.0] = 10.16 \text{ kHz}$$

**E5-4** Un radioaficionado envía datos en la banda de 40 metros con un transceptor SSB. Para realizarlo, se conecta un módem tipo Bell 103 (descrito en el ejemplo 5-4) a la entrada de audio (micrófono) del transceptor SSB. Supóngase que el módem se ajusta al modo de respuesta y el transceptor para transmitir una señal SSB inferior a una frecuencia portadora suprimida de $(f_c)_{SSB} = 7.090$ MHz. Describa el tipo de señal digitalmente modulada emitida y determine su frecuencia portadora. Para el caso de datos alternantes 101010, calcule el espectro de la señal transmitida.

***Solución*** Si se recurre a la sección 4-5, un transmisor LSSB cambia el espectro de la señal de entrada de radio hasta la frecuencia portadora suprimida y elimina la banda lateral superior. En la tabla 5-5, el módem Bell 103 (modo de respuesta) tiene una frecuencia de marca de $f_1 = 2225$ Hz, una frecuencia de espacio de $f_2 = 2025$ Hz y una frecuencia portadora de $(f_c)_{\text{Bell 103}} = 2125$ Hz. El transmisor LSSB transforma estas frecuencias en una frecuencia de marca (1 binarios) de

$$(f_c)_{SSB} - f_1 = 7090 \text{ kHz} - 2.225 \text{ kHz} = 7087.775 \text{ kHz}$$

una frecuencia de espacio (0 binarios) de

$$(f_c)_{SSB} - f_2 = 7090 - 2.025 = 7087.975 \text{ kHz}$$

y una frecuencia portadora de

$$(f_c)_{FSK} = (f_c)_{SSB} - (f_c)_{Bell\ 103} = 7090 - 2.125 = 7087.875 \text{ kHz}$$

Por consiguiente, el transceptor SSB producirá una señal digital FSK con una frecuencia portadora de 7087.875 kHz.

En el caso de datos alternantes, la ecuaciones (5-85) y (5-86) dan el espectro de esta señal FSK, donde $f_c = 7087.875$ kHz. La gráfica espectral resultante sería como la de la figura 5-26a, donde el espectro se traslada desde $f_c = 1170$ Hz hasta $f_c = 7087.875$ kHz. También se ve que este espectro aparece en la banda lateral inferior de la frecuencia portadora SSB $(f_c)_{SSB} =$ 7090 kHz. De haberse utilizado un transmisor DSB-SC (en lugar de un transmisor LSSB), el espectro se hubiera replicado en la banda lateral superior lo mismo que en la inferior y se habrían emitido dos señales FSK redundantes.

En el caso de datos aleatorios, la ecuación (5-90) da la densidad espectral de potencia de la envolvente compleja, la cual se muestra en la figura 5-25 para el índice de modulación de $h = 0.7$. Con el uso de la ecuación (5-2b), la densidad espectral de potencia de la señal FSK es el desplazamiento de la densidad espectral de potencia de la envolvente compleja hasta la frecuencia portadora de 7087.875 kHz.

# PROBLEMAS

**5-1** Se somete a prueba un transmisor de radiodifusión AM alimentando la salida de RF a una carga de 50 Ω (falsa). Se aplica un tono de modulación. La frecuencia portadora es de 850 kHz y la potencia de salida autorizada por la FCC es de 5000 W. El tono senoidal de 1000 Hz se ajusta para 90% de modulación.

**(a)** Evalúe la potencia autorizada por la FCC en unidades de dBk (dB por encima de 1 kW).
**(b)** Escriba una ecuación del voltaje que aparece a través de la carga de 50 Ω, dando los valores numéricos de todas las constantes.
**(c)** Dibuje el espectro de este voltaje tal como aparecería en un analizador de espectros calibrado.
**(d)** ¿Cuál es la potencia promedio disipada en el carga falsa?
**(e)** ¿Cuál es la potencia envolvente pico?

**5-2** Se modula un transmisor AM con una señal de prueba de audio dada por $m(t) = 0.2 \text{ sen } \omega_1 t + 0.5 \cos \omega_2 t$, donde $f_1 = 500$ Hz, $f_2 = 500\sqrt{2}$ Hz, y $A_c = 100$. Suponga que la señal AM se alimenta a una carga de 50 Ω.

**(a)** Dibuje la forma de onda AM.
**(b)** ¿Cuál es el porcentaje de modulación?
**(c)** Evalúe y dibuje el espectro de la forma de onda AM.

**5-3** Para la señal AM del problema 5-2:

**(a)** Evalúe la potencia promedio de la señal AM.
**(b)** Evalúe la potencia envolvente pico de la señal AM.

**5-4** Suponga que un transmisor AM se modula con una señal de prueba de video dada por $m(t) = -0.2 + 0.6 \text{ sen } \omega_1 t$ donde $f_1 = 3.57$ MHz. Sea $A_c = 100$.

**(a)** Dibuje la forma de onda AM.
**(b)** ¿Cuál es el porcentaje de modulación positiva y negativa?
**(c)** Evalúe y trace el espectro de la forma de onda AM en torno a $f_c$.

**5-5** Se va a evaluar un transmisor de radiodifusión AM de 50,000 W por medio de una prueba de dos tonos. El transmisor se conecta a una carga de 50 Ω y $m(t) = A_1 \cos \omega_1 t + A_1 \cos 2\omega_1 t$ donde $f_1 = 500$ Hz. Suponga que se genera una señal AM perfecta.

**(a)** Evalúe la envolvente compleja de la señal AM en función de $A_1$ y $\omega_1$.

**(b)** Determine el valor de $A_1$ con 90% de modulación.

**(c)** Halle los valores de la corriente pico y la corriente promedio en la carga de 50 Ω en el caso de 90% de modulación.

**5-6** Un transmisor AM utiliza un multiplicador de dos cuadrantes de tal modo que la ecuación (5-7) describe la señal. Suponga que el transmisor se modula por medio de $m(t) = A_m \cos \omega_m t$, donde $A_m$ se ajusta de modo que se obtiene 120% de modulación positiva. Evalúe el espectro de esta señal AM en función de $A_c, f_c$ y $f_m$. Dibuje el resultado.

**5-7** Se modula una señal DSB-SC con $m(t) = \cos \omega_1 t + 2 \cos 2\omega_1 t$ donde $\omega_1 = 2\pi f_1$, $f_1 = 500$ Hz, y $A_c = 1$.

**(a)** Escriba una expresión para la señal DSB-SC y dibuje la forma de onda.

**(b)** Evalúe y dibuje el espectro de esta señal DSB-SC.

**(c)** Encuentre el valor de la potencia promedio (normalizada).

**(d)** Encuentre el valor de la potencia envolvente pico (normalizada)

**5-8** Suponga que el circuito transmisor limita la señal de salida modulada a cierto valor pico, por ejemplo $A_p$, debido a los voltajes de suministro de energía utilizados y las clasificaciones de voltaje y corriente de los componentes. Si este circuito genera una señal DSB-SC con un valor pico de $A_p$, demuestre que la potencia de la banda lateral de esta señal DSB-SC es cuatro veces la potencia de la banda lateral de un señal AM comparable cuyo valor pico es el mismo, $A_p$, que también podría ser generada por este circuito.

**5-9** Se puede generar una señal DSB-SC con dos señales AM como se muestra en la figura P5-9. Si se utilizan las matemáticas para describir las señales en cada punto de la figura, demuestre que la salida es una señal DSB-SC.

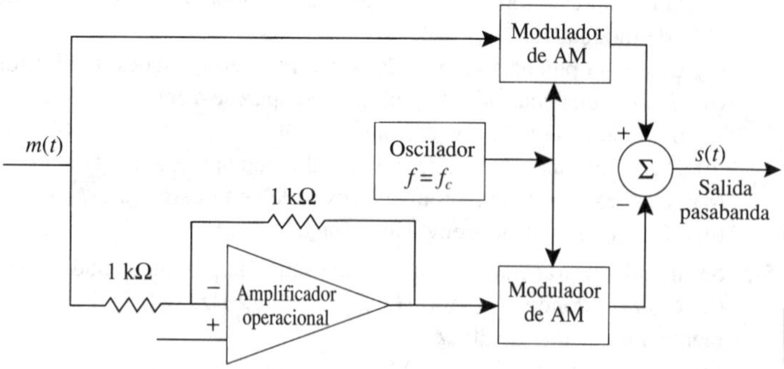


**Figura P5-9**

**5-10** Demuestre que la envolvente compleja $g(t) = m(t) - j\hat{m}(t)$ produce una señal SSB inferior, siempre que $m(t)$ sea una señal real.

**5-11** Demuestre que la respuesta al impulso de una red desfasada −90° (es decir, un transformador de Hilbert) es $1/\pi t$. *Sugerencia:*

$$H(f) = \lim_{\substack{\alpha \to 0 \\ \alpha > 0}} \begin{cases} -je^{-\alpha f}, & f > 0 \\ je^{\alpha f}, & f < 0 \end{cases}$$

**5-12** Se pueden generar señales SSB con el método de puesta en fase, figura 5-5a; el método del filtro, figura 5-5b; o con el método de Weaver mostrado en la figura P5-12. En el caso del método de Weaver (Fig. P5-12) donde $B$ es el ancho de banda de $m(t)$:

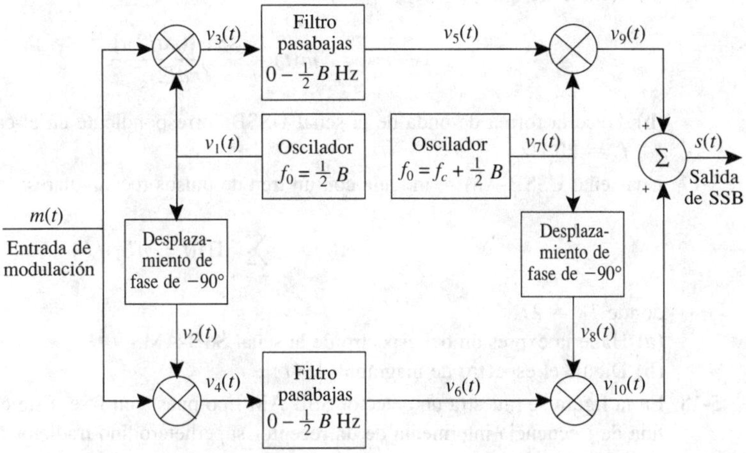


**Figura P5-12** Método de Weaver de generación de SSB.

**(a)** Encuentre una expresión matemática que describa la forma de onda que sale de cada bloque del diagrama.

**(b)** Demuestre que $s(t)$ es una señal SSB.

**5-13** Un transmisor se modula con una senoide $m(t) = 5\cos\omega_1 t$, donde $\omega_1 = 2\pi f_1, f_1 = 500$ Hz, y $A_c = 1$.

**(a)** Evalúe $\hat{m}(t)$.

**(b)** Encuentre la expresión para una señal SSB inferior.

**(c)** Determine el valor de rms de la señal SSB.

**(d)** Encuentre el valor pico de la señal SSB.

**(e)** Halle la potencia promedio normalizada de la señal SSB.

**(f)** Encuentre la PEP normalizada de la señal SSB.

**5-14** Se modula un transmisor SSB-AM con un pulso rectangular de tal modo que $m(t) = \Pi(t/T)$ y $A_c = 1$.

**(a)** Demuestre que

$$\hat{m}(t) = \frac{1}{\pi}\ln\left|\frac{2t+T}{2t-T}\right|$$

tal como aparece en la tabla A-7.

**(b)** Encuentre una expresión para la señal SSB-AM, $s(t)$, y dibújela.

**(c)** Encuentre el valor pico de $s(t)$.

**5-15** Para el problema 5-14:

**(a)** Encuentre la expresión para el espectro de una señal USSB-AM.

**(b)** Dibuje el espectro de magnitud, $|S(f)|$.

**5-16** Un transmisor USSB se modula con el pulso

$$m(t) = \frac{\text{sen } \pi a t}{\pi a t}$$

(**a**) Demuestre que

$$\hat{m}(t) = \frac{\text{sen}^2[(\pi a/2)t]}{(\pi a/2)t}$$

(**b**) Trace la forma de onda de la señal USSB correspondiente en el caso de $A_c = 1$, $a = 2$, y $f_c = 20$ Hz.

**5-17** Una señal USSB-AM se modula con un tren de pulsos rectangulares:

$$m(t) = \sum_{n=-\infty}^{\infty} \Pi[(t - nT_0)/T]$$

donde $T_0 = 2T$.

(**a**) Halle la expresión del espectro de la señal SSB-AM.

(**b**) Dibuje el espectro de magnitud, $|S(f)|$.

**5-18** En la figura se muestra un detector SSB-AM tipo puesta en fase. Este circuito se conecta a la salida de frecuencia intermedia de un receptor superheterodino tradicional para que permita recepción SSB.

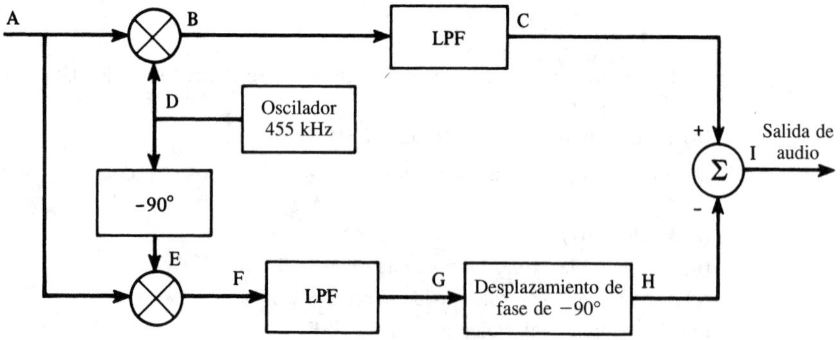


**Figura P5-18**

(**a**) Determine si este detector es sensible a señales LSSB o USSB. ¿Cómo se modificaría el receptor para que reciba señales SSB con bandas laterales alternas (de tipo opuesto)?

(**b**) Suponga que la señal en el punto $A$ es una señal USSB con $f_c = 455$ kHz. Halle las expresiones matemáticas para las señales en los puntos $B$ a $I$.

(**c**) Repita el inciso (b) para una señal LSSB-AM en el punto $A$.

(**d**) Analice los requisitos de frecuencia intermedia y de filtro pasabajas si el ancho de banda de la señal SSB en el punto $A$ es de 3 kHz.

**5-19** ¿Se puede usar un circuito Costas, como el de la figura 5-3, para demodular una señal SSB-AM? Por medio de matemáticas demuestre que su respuesta es correcta.

**5-20** La siguiente ecuación describe una señal modulada

$$s(t) = 10 \cos[(2\pi \times 10^8)t + 10 \cos(2\pi \times 10^3 t)]$$

Encuentre lo siguiente:

**(a)** El porcentaje de AM.
**(b)** La potencia normalizada de la señal modulada.
**(c)** La desviación máxima de fase.
**(d)** La desviación máxima de frecuencia.

**5-21** La entrada a un transmisor modulado por ángulo es una señal senoidal, $m(t) = \cos 2\pi f_m t$, donde la frecuencia portadora es $f_c = 1$ Hz y $f_m = f_c/4$.
**(a)** Dibuje $m(t)$ y la señal PM correspondiente donde $D_p = \pi$.
**(b)** Dibuje $m(t)$ y la señal FM correspondiente donde $D_f = \pi$.

**5-22** A un excitador de FM cuya frecuencia modulante es de 50 Hz/V se le aplica una forma de onda modulante senoidal de 4 V de amplitud y una frecuencia de 1 kHz.
**(a)** ¿Cuál es la desviación pico de frecuencia?
**(b)** ¿Cuál es el índice de modulación?

**5-23** La modulación de una señal FM es senoidal a la frecuencia $f_m = 15$ kHz y su índice de modulación es $\beta = 2.0$.
**(a)** Halle el ancho de banda de transmisión con la regla de Carson.
**(b)** ¿Qué porcentaje de la potencia de la señal FM queda comprendido dentro del ancho de banda de la regla de Carson?

**5-24** En la figura P5-24 se muestra el diagrama a bloques de un transmisor FM. Su respuesta de frecuencia de audio es plana en la banda de audio de 20 Hz a 15 kHz. La frecuencia portadora de la señal FM de salida debe ser de 103.7 MHz y su desviación pico de 75 kHz.

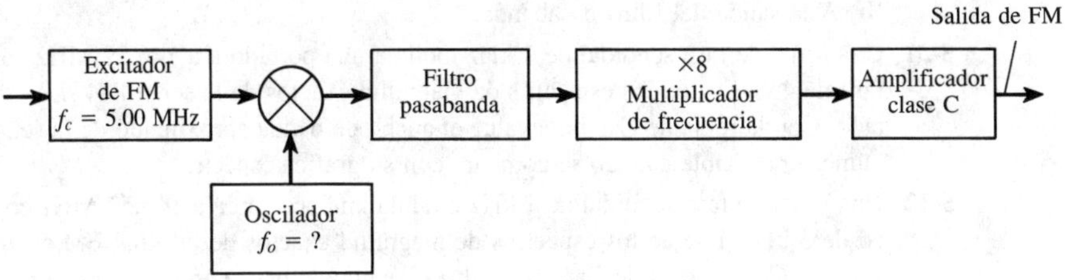


**Figura P5-24**

**(a)** Halle el ancho de banda y la frecuencia central requeridos para el filtro pasabanda.
**(b)** Calcule la frecuencia $f_0$ del oscilador.
**(c)** ¿Cuál es la capacidad de desviación pico requerida del excitador FM?

**5-25** Analice el rendimiento del circuito FM de la figura 5-8b. Suponga que el voltaje que aparece a través de los diodos inversamente polarizados, que producen la capacitancia variable de voltaje, es $v(t) = 5 + 0.05m(t)$, donde la señal modulante es un tono de prueba, $m(t) = \cos \omega_1 t$, $\omega_1 = 2\pi f_1$, y $f_1 = 1$ kHz. La capacitancia de cada uno de los diodos polarizados es $C_d = 100/\sqrt{1 + 2v(t)}$ pF. Suponga que $C_0 = 180$ pF y que $L$ se selecciona para que resuene a 5 MHz.
**(a)** Halle el valor de $L$.
**(b)** Demuestre que la señal osciladora resultante es una señal FM. Por comodidad, suponga que el nivel pico de la señal del oscilador es de 10 V. Encuentre el parámetro $D_f$.

**5-26** Una forma de onda de RF modulada está dada por $500 \cos[\omega_c t + 20 \cos \omega_1 t]$, donde $\omega_1 = 2\pi f_1$, $f_1 = 1$ kHz, y $f_c = 100$ MHz.
**(a)** Si la constante de desviación de fase es de 100 rad/V, encuentre la expresión matemática del voltaje de modulación de fase correspondiente $m(t)$. ¿Cuál es su valor pico y su frecuencia?
**(b)** Si la constante de desviación de frecuencia es $1 \times 10^6$ rad/Vs, encuentre la expresión matemática para el voltaje FM correspondiente, $m(t)$. ¿Cuál es su valor pico y su frecuencia?
**(c)** Si la forma de onda de RF aparece a través de una carga de 50 Ω, determine la potencia promedio y la PEP.

**5-27** Dada la señal FM $s(t) = 10 \cos [\omega_c t + 100 \int_{-\infty}^{t} m(\sigma)\, d\sigma]$, donde $m(t)$ es una señal de onda cuadrada polar con ciclo de trabajo de 50%, un periodo de 1 s y un valor pico de 5 V.

**(a)** Dibuje la forma de onda de frecuencia instantánea y la forma de onda de la señal FM correspondiente (véase la figura 5-9).

**(b)** Grafique la desviación de fase $\theta(t)$ como una función del tiempo.

**(c)** Evalúe la desviación de frecuencia pico.

**5-28** Una portadora $s(t) = 100 \cos(2\pi \times 10^9 t)$ de un transmisor FM se modula con una señal de tono. En este transmisor un tono de 1 V (rms) produce una desviación de 30 kHz. Determine la amplitud y la frecuencia de todos los componentes de la señal FM (líneas espectrales) mayores que 1% de la amplitud de la portadora no modulada con las siguientes señales modulantes:

**(a)** $m(t) = 2.5 \cos(3\pi \times 10^4 t)$.

**(b)** $m(t) = 1 \cos(6\pi \times 10^4 t)$.

**5-29** Con la ecuación (5-58) demuestre que

$$J_{-n}(\beta) = (-1)^n J_n(\beta)$$

**5-30** Considérese un excitador de FM con las salida $s(t) = 100 \cos[2\pi 1000 t + \theta(t)]$. La modulación es $m(t) = 5 \cos(2\pi 8t)$ y la ganancia de modulación del excitador es de 8 Hz/V. La señal de salida se hace pasar a través de un filtro pasabanda (muro de ladrillo) ideal cuya frecuencia central es de 1000 Hz, su ancho de banda de 56 Hz y su ganancia unitaria. Determine la potencia promedio normalizada:

**(a)** A la entrada del filtro pasabanda.

**(b)** A la salida del filtro pasabanda.

**5-31** Una señal de fase senoidal de 1 kHz modula una portadora a 146.52 MHz con una desviación de fase de 45°. Evalúe los espectros de magnitud exactos de la señal PM si $A_c = 1$. Dibuje el resultado. Con la regla de Carson, evalúe el ancho de banda aproximado de la señal PM y vea si es un número razonable cuando se compara con su gráfica espectral.

**5-32** Una señal de fase senoidal de 1 kHz modula una portadora a 146.52 MHz con una desviación pico de 5 kHz. Evalúe los espectros de magnitud exactos de la señal FM si $A_c = 1$. Dibuje el resultado. Con la regla de Carson, evalúe el ancho de banda aproximado de la señal FM y vea si es un número razonable cuando se compara con su gráfica espectral.

**5-33** Se tiene que verificar la calibración de un monitor de desviación de frecuencia con una prueba de función de Bessel. Se genera una señal de prueba FM con una desviación de frecuencia calculada al modular la frecuencia de una onda senoidal en una portadora. Suponga que la frecuencia de la onda senoidal es de 2 kHz y que su amplitud se incrementa lentamente desde cero hasta que el término de portadora discreta (a $f_c$) de la señal FM se reduce a cero, como se observa en un analizador de espectros. ¿Cuál es la desviación pico de frecuencia de la señal de prueba FM cuando el término de portadora discreta es cero? Suponga que la amplitud de la onda senoidal se incrementa todavía más hasta que aparece este término de portadora discreta, alcanza un máximo y luego desaparece. ¿Cuál es la desviación pico de frecuencia de la señal de prueba FM ahora?

**5-34** Un modulador de frecuencia tiene una ganancia modulante de 10 Hz/V y la forma de onda modulante es

$$m(t) = \begin{cases} 0, & t < 0 \\ 5, & 0 < t < 1 \\ 15, & 1 < t < 3 \\ 7, & 3 < t < 4 \\ 0, & 4 < t \end{cases}$$

**(a)** Dibuje la desviación de frecuencia en hertz en el intervalo de tiempo $0 < t < 5$.

**(b)** Dibuje la desviación de fase en radianes en el intervalo de tiempo $0 < t < 5$.

**5-35** Una señal de prueba (digital) de onda cuadrada con ciclo de trabajo de 50% modula un transmisor donde $s(t) = 10 \cos[\omega_c t + \theta(t)]$. La frecuencia portadora es de 60 MHz y la desviación de fase pico es de 45°. Suponga que la señal de prueba es del tipo unipolar NRZ con un periodo de 1 ms simétrica con respecto a $t = 0$. Halle el espectro exacto de $s(t)$.

**5-36** Dos senoides $m(t) = A_1 \cos \omega_1 t + A_2 \cos \omega_2 t$, modulan por fase un transmisor. Deduzca una fórmula que proporcione el espectro exacto de la señal PM resultante en función de los parámetros $A_c$, $\omega_c$, $D_p$, $A_1$, $A_2$, $\omega_1$ y $\omega_2$. [*Sugerencia*: Use $e^{ja(t)} = (e^{ja_1(t)})(e^{ja_2(t)})$ donde $a(t) = a_1(t) + a_2(t)$.]

**5-37** Trace el espectro de magnitud centrado en $f = f_c$ de una señal FM donde la señal modulante es

$$m(t) = A_1 \cos 2\pi f_1 t + A_2 \cos 2\pi f_2 t$$

Suponga que $f_1 = 10$ Hz, $f_2 = 17$ Hz y que $A_1$ y $A_2$ se ajustan de modo que cada tono aporte una desviación pico de 20 Hz.

**5-38** Con valores pequeños de $\beta$, $J_n(\beta)$ se puede aproximar por medio de $J_n(\beta) = \beta^n/(2^n n!)$. Demuestre que en caso de FM con modulación senoidal, $\beta = 0.2$ es suficientemente pequeño para dar NBFM.

**5-39** Una onda cuadrada polar con una frecuencia de ciclo de trabajo de 50% modula un transmisor NBFM de tal modo que su desviación de fase pico es de 10°. Suponga que el valor pico de la onda cuadrada es de 5 V, que su periodo es de 10 ms y que su cruce por cero ocurre a $t = 0$ con inclinación positiva.

**(a)** Determine la desviación pico de frecuencia de esta señal NBFM.

**(b)** Evalúe y dibuje el espectro de esta señal, con la técnica de análisis de banda angosta. Suponga que la frecuencia portadora es de 30 MHz.

**5-40** Diseñe un transmisor de FM de banda amplia que utilice el método indirecto de generar una señal WBFM. Suponga que la frecuencia portadora de la señal WBFM es de 96.9 MHz y que el transmisor es capaz de producir una señal de FM de alta calidad con una desviación pico de 75 kHz cuando una senoide de 1 V (rms) y 20 Hz de frecuencia lo modula. Muestre un diagrama a bloques completo de su diseño e indique las frecuencias y desviaciones pico en varios puntos.

**5-41** Una señal FM, $100 \cos[\omega_c t + D_f \int_{-\infty}^{t} m(\sigma)\, d\sigma]$, se modula con la forma de onda mostrada en la figura P5-41. Sea $f_c = 420$ MHz.

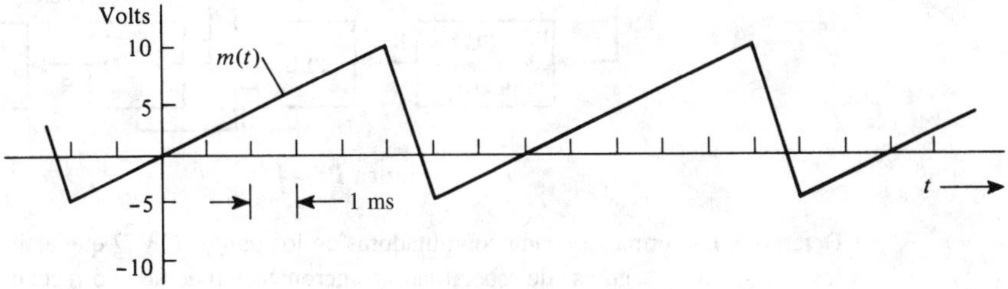


**Figura P5-41**

**(a)** Determine el valor de $D_f$ de modo que la desviación pico de frecuencia pico a pico sea de 25 kHz.

**(b)** Evalúe y dibuje la densidad espectral de potencia aproximada.

**(c)** Determine el ancho de banda de esta señal FM de tal modo que los componentes espectrales queden por lo menos 40 dB por debajo del nivel de portadora no modulada a frecuencias fuera de este ancho de banda.

**5-42** Una señal de prueba digital multinivel como se muestra en la figura P5-42 modula un transmisor WBFM. Evalúe y dibuje el espectro de potencia aproximado de esta señal WBFM si $A_c = 5$, $f_c = 2$ GHz y $D_f = 10^5$.

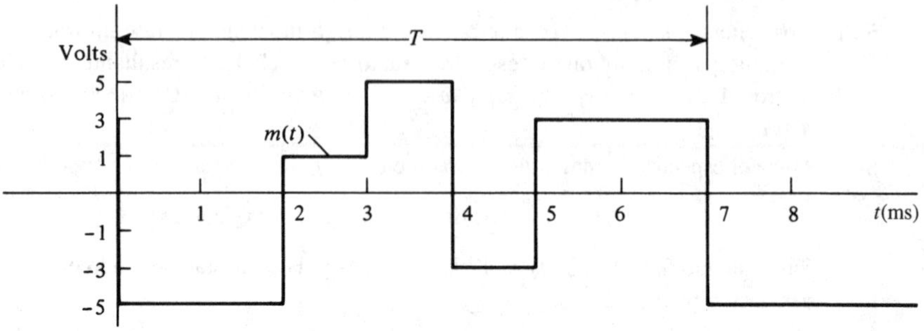


**Figura P5-42**

**5-43** Con base en la figura 5-15b, que ilustra el diagrama de circuito de una red de filtro de preénfasis de uso común.

**(a)** Demuestre que $f_1 = 1/(2\pi R_1 C)$.

**(b)** Demuestre que $f_2 = (R_1 + R_2)/(2\pi R_1 R_2 C) \approx 1/(2\pi R_2 C)$.

**(c)** Evalúe $K$ en función de $R_1$, $R_2$ y $C$.

**5-44** La señal de bandabase compuesta de transmisión estéreo FM esta dada por

$$m_b(t) = [m_L(t) + m_R(t)] + [m_L(t) - m_R(t)]\cos(\omega_{sc}t) + K\cos(\tfrac{1}{2}\omega_{sc}t)$$

Un receptor estéreo que utiliza un demultiplexor (de multicanalizador) tipo conmutador para la recuperación de $m_L(t)$ y $m_R(t)$ se muestra en la figura P5-44.

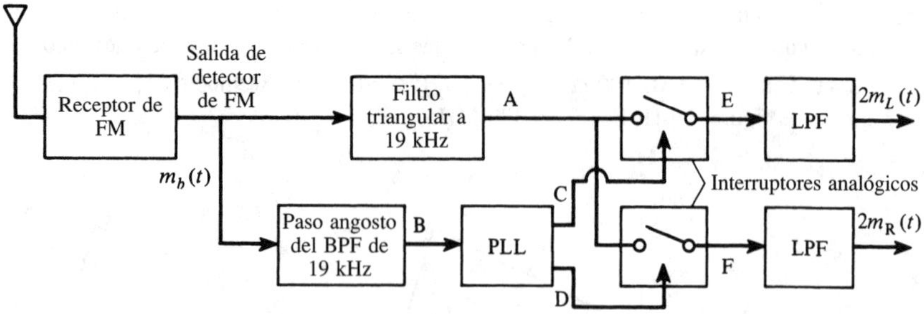


**Figura P5-44**

**(a)** Determine las formas de onda conmutadoras en los puntos $C$ y $D$ que activan los interruptores analógicos. Asegúrese de especificar la sincronización de fase correcta para cada una. Trace las formas de onda.

**(b)** Dibuje un diagrama a bloques más detallado que muestre los bloques dentro del PLL.

**(c)** Escriba ecuaciones para las formas de onda en los puntos del $A$ al $F$ y explique cómo trabaja el circuito dibujando las formas de onda típicas en cada uno de estos puntos.

**5-45** En un sistema de comunicación se transmiten dos señales de bandabase (que pueden ser analógicas o digitales) al mismo tiempo con la generación de una señal de RF

$$s(t) = m_1(t)\cos\omega_c t + m_2(t)\,\text{sen}\,\omega_c t$$

La frecuencia portadora es de 7.250 MHz. El ancho de banda de $m_1(t)$ es de 5 kHz y el ancho de banda $m_2(t)$ es de 10 kHz.

(a) Evalúe el ancho de banda de $s(t)$.

(b) Deduzca una ecuación para el espectro de $s(t)$ en función de $M_1(f)$ y $M_2(f)$.

(c) De $s(t)$ se recuperan (es decir, detectan) $m_1(t)$ y $m_2(t)$ por medio de un receptor superheterodino con dos detectores conmutadores. Dibuje un diagrama a bloques del receptor y dibuje las formas de onda digitales requeridas para operar los muestreadores. Describa cómo se obtienen. Demuestre que se satisface el criterio de muestreo de Nyquist. (*Sugerencia*: Véase la figura P5-44.)

**5-46** Se tiene que transmitir una señal de bandabase digital compuesta de pulsos binarios rectangulares que ocurre a una tasa de 2400 bits/s a través de un canal de bandabase.

(a) Evalúe el espectro de magnitud de la técnica de señalización OOK desplazada por una configuración de prueba digital de bandabase compuesta por unos y ceros alternados.

(b) Dibuje el espectro de magnitud e indique el valor del primer ancho de banda nulo a nulo. Suponga una frecuencia portadora de 50 kHz.

(c) Para una configuración de datos aleatorios, encuentre la densidad espectral de potencia y grafique el resultado. Compárelo con el que se obtuvo en los incisos (a) y (b) con datos alternos.

**5-47** Repita el problema 5-46 para el caso de señalización BPSK.

**5-48** Una portadora se modula por ángulo con una señal de datos de bandabase polar para producir una señal BPSK, $s(t) = 10 \cos[\omega_c t + D_p m(t)]$, donde $m(t) = \pm 1$ corresponde a los datos binarios $\{10010110\}$. $T_b = 0.0025$ s y $\omega_c = 1000\pi$. Con MATLAB, dibuje la forma de onda de señal BPSK y su espectro FFT correspondiente con los siguientes índices de modulación digitales:

(a) $h = 0.2$.

(b) $h = 0.5$.

(c) $h = 1.0$.

**5-49** Evalúe el espectro de magnitud de una señal FSK con datos de unos y ceros alternos. Suponga que la frecuencia de marca es de 50 kHz, la frecuencia de espacio de 55 kHz y la tasa de bits de 2400 bits/s. Encuentre el primer ancho de banda nulo a nulo.

**5-50** Suponga que se envían datos aleatorios a 4800 bits/s a través de un canal pasabanda por medio de señalización BPSK. Encuentre el ancho de banda de transmisión $B_T$ de tal modo que la envolvente espectral quede por lo menos 35 dB fuera de esta banda.

**5-51** Tal como se indica en la figura 5-22a, se puede demodular una señal BPSK con un detector coherente en los casos en que la portadora de referencia es provista por un circuito Costas con $h = 1.0$. Por otra parte, la portadora de referencia se puede producir con un circuito de variación cuadrática que utilice un multiplicador ×2 de frecuencia. En la figura P5-51 se muestra un diagrama a bloques de un circuito de variación cuadrática.

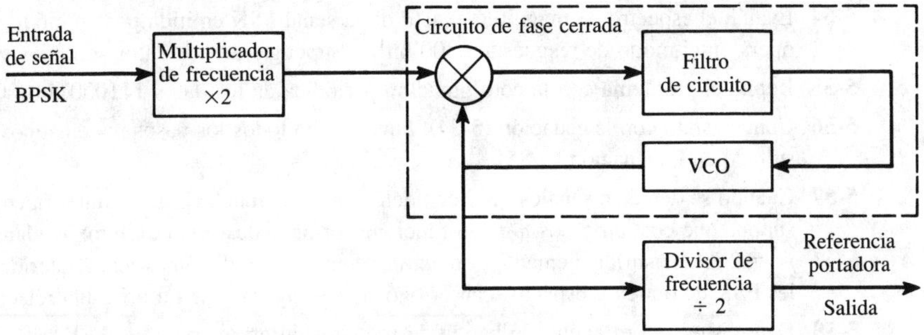


**Figura P5-51**

(a) Dibuje un diagrama a bloques completo de un receptor BPSK que utiliza el circuito de variación cuadrática.

**(b)** Por medio de las matemáticas represente las formas de onda y demuestre de qué manera el circuito de variación cuadrática recupera la referencia portadora.

**(c)** Demuestre que el circuito de variación cuadrática presenta o no el problema de ambigüedad de fase de 180°.

**5-52** Una señal de datos binarios diferencialmente codificada modula un transmisor PM para producir una señal transmitida por desplazamiento de fase codificada en forma diferencial (DPSK). La desviación de fase pico a pico es de 180° y $f_c$ está armónicamente relacionada con la tasa de bits $R$.

**(a)** Dibuje un diagrama a bloques del transmisor, incluido el codificador diferencial.

**(b)** Muestre formas de onda típicas en varios puntos del diagrama a bloques si la secuencia de datos de entrada es 01011000101.

**(c)** Suponga que el receptor es un circuito superheterodino. El detector utilizado se muestra en la figura P5-52, donde $T = 1/R$. Si la señal IF DPSK $v_1(t)$ tiene un valor pico de $A_c$ volts, determine el valor apropiado del ajuste de voltaje de umbral $V_T$.

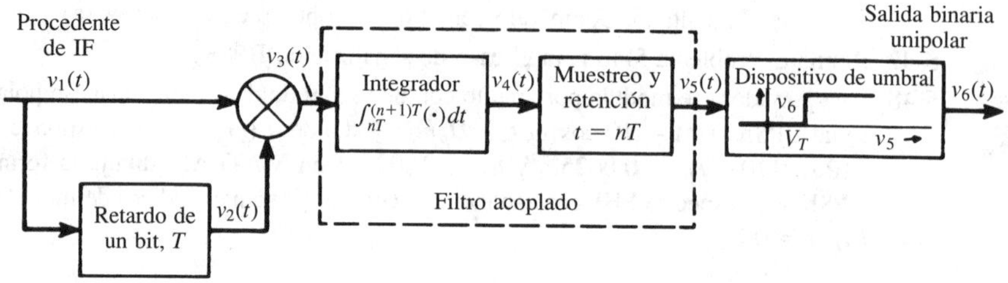


**Figura P5-52**

**(d)** Dibuje la forma de onda que aparece en varios puntos de este circuito detector con la secuencia de datos del inciso (b).

**5-53** Se hace pasar una señal de bandabase binaria a través de un filtro reductor en coseno elevado con un factor de reducción de 50% y luego se modula en una portadora. La tasa de datos es de 2400 bits/s. Evalúe:

**(a)** El ancho de banda absoluto de una señal OOK resultante.

**(b)** El ancho de banda aproximado de una señal FSK resultante cuando la frecuencia de marca es de 50 kHz y la de espacio de 55 kHz.

(*Nota:* Es interesante comparar estos anchos de banda con los que se obtuvieron en los problemas 5-46 y 5-49.)

**5-54** Evalúe el espectro de magnitud exacto de la señal FSK emitida por un módem Bell tipo 103 que opera en el modo de respuesta a 300 bits/s. Suponga que los datos son unos y ceros alternos.

**5-55** Repita el problema con la configuración periódica de los datos 111000111000.

**5-56** Comenzando con la ecuación (5-84), lleve a cabo todos los pasos matemáticos para obtener el resultado de la ecuación (5-85).

**5-57** Cuando se detectan señales FSK con detección coherente, como se muestra en la figura 5-28b, se supone que cos $\omega_1 t$ y cos $\omega_2 t$ son funciones ortogonales. Esto es aproximadamente cierto si $f_1 - f_2 = 2\,\Delta F$ es suficientemente grande. Encuentre la condición *exacta* requerida para que las señales FSK de marca y espacio sean ortogonales. (*Sugerencia:* La pregunta relaciona a $f_1$, $f_2$ y $R$.)

**5-58** Demuestre que el ancho de banda de transmisión aproximada de FSK está dado por $B_T = 2R(1 + h/2)$, donde $h$ es el índice de modulación digital y $R$ es la tasa de transferencia de bits.

**5-59** Suponga que se utiliza un módem QPSK para enviar datos a una velocidad de 3.6 kbits/s a través de línea telefónica de par trenzado. El ancho de banda de la línea es de 2.4 kHz.

(a) Si la línea se ecualiza (iguala) para que tenga una característica de filtro en coseno elevado equivalente, ¿cuál es el factor de reducción, $r$, requerido?

(b) ¿Se podría encontrar un factor de reducción, $r$, de tal modo que se pudiera soportar una tasa de datos de 4.8 kbits/s?

**5-60** Demuestre que dos sistemas BPSK pueden operar al mismo tiempo a través del mismo canal mediante dos portadoras en cuadratura (senoidal y cosenoidal). Dibuje un diagrama a bloques de los transmisores y receptores. ¿Cuál es la tasa de datos agregada total, de este sistema multicanalizador de portadora en cuadratura en función del ancho de banda nulo del canal $B_T$? ¿Cómo se compara la tasa de datos agregada de este sistema con la de un sistema que primero multicanaliza por división de tiempo las dos fuentes y transmite los datos TDM vía una portadora QPSK?

**5-61** Suponga que una línea telefónica se ecualiza (iguala) para que permita la transmisión de datos pasabanda en un intervalo de frecuencia de 600 a 3000 Hz con filtración en coseno elevado. El ancho de banda del canal disponible es de 2400 Hz con una frecuencia a la mitad del canal de 1800 Hz.

(a) Diseñe un sistema de transmisión QPSK de 2400 bits/s con $f_c = 1800$ Hz. Demuestre que el espectro de esta señal encajará en el canal cuando $r = 1$. Encuentre los anchos de banda de 6 dB y absoluto.

(b) Repita el inciso (a) para el caso de señalización PSK de ocho fase y 4800 bits/s.

**5-62** Suponga que el canal de una línea telefónica se ecualiza para que permita la transmisión de datos pasabanda en un intervalo de frecuencia de 400 a 3100 Hz de tal modo que el ancho de banda del canal disponible sea de 2700 Hz y la frecuencia de medio canal de 1750 Hz. Diseñe una esquema de señalización QAM de 16 símbolos que permita una tasa de datos de 9600 bits/s a través del canal. En su diseño, elija un factor de reducción apropiado $r$ e indique el ancho de banda absoluto y de señal QAM de 6 dB. Explique por qué eligió el valor particular de $r$ que utilizó.

**5-63** Suponga que $R = 9600$ bits/s. Calcule el *segundo* ancho de banda nulo a nulo de BPSK, QPSK, MSK, 64PSK y 64QAM. Analice las ventajas y desventajas de utiliza cada uno de estos métodos de señalización.

**5-64** Con base en la figura 5-31b, dibuje las formas de onda que aparecen a la salida de cada bloque suponiendo que la entrada es una señal de nivel TTL con los datos 110100101 y $\ell = 4$. Explique cómo trabaja este transmisor QAM.

**5-65** Diseñe un receptor (es decir, determine el diagrama a bloques) que detectará los datos presentes en una forma de onda QAM que tiene una constelación de señales con $M = 16$ puntos como se muestra en la figura 5-32. Explique cómo trabaja su receptor. (*Sugerencia*: Estudie la figura 5-31b.)

**5-66** Con MATLAB, grafique las formas de onda de modulación en fase y en cuadratura QPSK y OQPSK para el flujo de datos

$$\{-1, -1, -1, +1, +1, +1, -1, -1, -1, +1, -1, -1, +1, -1, -1\}$$

Utilice una forma de pulso rectangular. Por comodidad considere $T_b = 1$.

**5-67** Calcule y grafique la PSD de un módem de computadora CCITT V.22bis de 2400 bits/s que opera en modo originador y que transmite datos aleatorios. Véase la tabla C-7 por lo que se refiere a las especificaciones del módem.

**5-68** (a) La figura 5-34 muestra las formas de onda $x(t)$ y $y(t)$ de MSK tipo II. Vuelva a dibujar las formas de onda para el caso de MSK tipo I.

(b) Demuestre que (5-114b) es la transformada de Fourier de (5-114a).

**5-69** Con MATLAB, trace las formas de onda de modulación MSK tipo I $x(t)$, $y(t)$, y la señal MSK $s(t)$. Suponga que el flujo de datos de entrada es

$$\{+1, -1, -1, +1, -1, -1, +1, -1, -1, +1, +1, -1, +1, +1, -1\}$$

Suponga que $T_b = 1$ y que el valor de $f_c$ es tal que se obtiene una buena gráfica de $s(t)$ con una cantidad de tiempo de computadora razonable.

**5-70** Repita el problema 5-69 con el flujo de datos

$$\{-1, -1, -1, +1, +1, +1, -1, -1, -1, +1, -1, -1, +1, -1, -1\}$$

Este flujo de datos es la versión codificada diferencialmente del flujo de datos del problema 5-69. La generación de FFSK equivale a MSK tipo I con codificación diferencial de la entrada de datos. FSK tiene una relación uno a uno entre los datos de entrada y las frecuencias de marca y espacio.

**5-71** Con MATLAB, dibuje las formas de onda de modulación MSK tipo II $x(t)$, $y(t)$ y la señal $s(t)$. Suponga que el flujo de datos de entrada es

$$\{-1, -1, -1, +1, +1, +1, -1, -1, -1, +1, -1, -1, +1, -1, -1\}$$

Suponga que $T_b = 1$ y que el valor de $f_c$ es tal que se obtiene una buena gráfica de $s(t)$ con una cantidad de tiempo de computadora razonable.

**5-72** Demuestre que se puede generar MSK con el método serial de la figura 5-36c. Es decir, demuestre que la PSD de la señal a la salida del filtro pasabanda MSK es el espectro MSK descrito por (5-115) y (5-2b).

**5-73** Calcule de nuevo las eficiencias espectrales de todas las señales mostradas en la tabla 5-7 con un criterio de ancho de banda de 40 dB.

**5-74** Demuestre que (5-104b) —la autocorrelación de un código PN de secuencia *m*— es correcta. *Sugerencia:* Use la definición de función de autocorrelación $R_c(\tau) = \langle c(t)c(t+\tau)\rangle$ y (5-118) donde

$$c(t) = \sum_{-\infty}^{\infty} c_n p(t - nT_c)$$

y

$$p(t) = \begin{cases} 1, & 0 < t < T_c \\ 0, & t \text{ en otra parte} \end{cases}$$

**5-75** Encuentre una expresión para la PSD de un código PN de secuencia *m* cuando la tasa de chips es de 10 MHz y existen ocho etapas en el registro de desplazamientos. Dibuje su resultado.

**5-76** Con base en la figura 5-38a, demuestre que los coeficientes de la serie de Fourier compleja de la autocorrelación de un forma de onda PN de secuencia *m* están dados por (5-124).

**5-77** Suponga que el modulador y demodulador del sistema FH-SS de la figura 5-40 son del tipo FSK.
**(a)** Encuentre una expresión matemática para la señal FSK-SS, $s(t)$, a la salida del transmisor.
**(b)** Con el resultado para $s(t)$ del inciso (a) como entrada al receptor de la figura 5-40b [es decir, $r(t) = s(t)$], demuestre que la salida del filtro pasabanda receptor es una señal FSK.

CAPÍTULO 6

# ANÁLISIS ESPECTRAL Y PROCESOS ALEATORIOS

En este capítulo se desarrollan las matemáticas utilizadas para describir señales aleatorias y ruido. De acuerdo con lo estudiado en el capítulo 1, se utilizan señales aleatorias (en contraste con las determinísticas) para transmitir información. El ruido también se describe en términos estadísticos. En consecuencia la descripción de las señales aleatorias y el ruido es fundamental para la comprensión de sistemas de comunicación.

Este capítulo se escribió con la suposición de que el lector conoce los fundamentos de probabilidad, variables aleatorias y promedios en conjunto tal como se desarrollan en el apéndice B. Si el lector no está familiarizado con estas ideas, debe estudiar ahora el apéndice B como si fuera otro capítulo. Para el lector que ya llevó cursos en esta área, el apéndice se puede usar como un repaso breve.

Los procesos aleatorios son extensiones de los conceptos asociados con las variables aleatorias cuando el parámetro del tiempo se introduce en el problema. Como se verá, esto permite incorporar la respuesta de frecuencia a la descripción estadística.

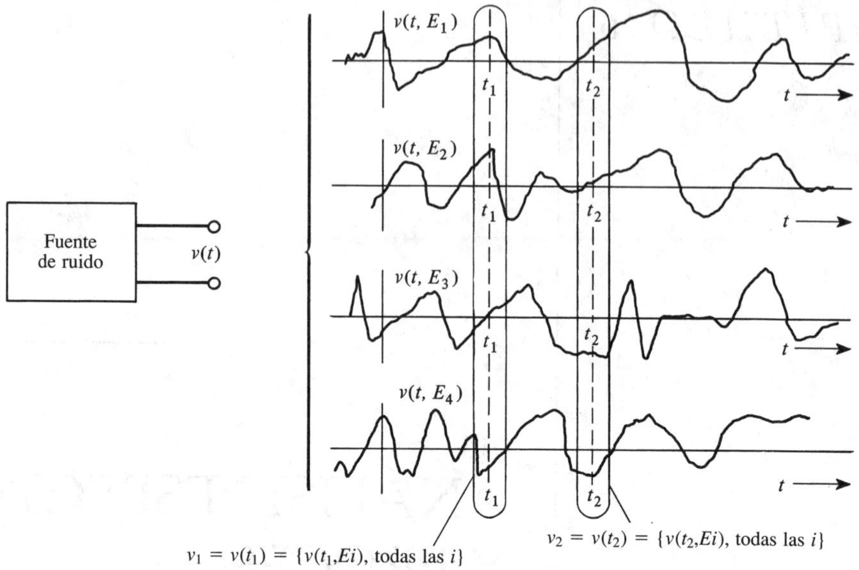


**Figura 6-1** Fuente de ruido aleatorio y algunas funciones muestrales del proceso de ruido aleatorio.

# 6-1 ALGUNAS DEFINICIONES BÁSICAS

## Procesos aleatorios

**DEFINICIÓN.** Un *proceso aleatorio real* (o *proceso estocástico*) es un conjunto indexado de funciones reales de algún parámetro (casi siempre tiempo) que tiene ciertas propiedades estadísticas.

Considérense formas de onda de voltaje que podrían ser emitidas desde una fuente de ruido (véase la figura 6-1). Una posible forma de onda es $v(t,E_1)$. Otra es $v(t,E_2)$. En general, $v(t,E_i)$ denota la forma de onda que se obtiene cuando ocurre el evento $E_i$ del espacio muestral. Se dice que $v(t,E_i)$ es una función *muestral* del espacio muestra. El conjunto de todas las posibles funciones de muestra $\{v(t,E_i)\}$ se llama *conjunto* y define el *proceso aleatorio* que describe la fuente de ruido. Es decir, los eventos $\{E_i\}$ se proyectan en un conjunto de función de tiempo $\{v(t,E_i)\}$. Este conjunto de funciones es el proceso aleatorio $v(t)$. Cuando se observa la forma de onda de voltaje generada por la fuente de ruido, se ve una de las funciones muestrales.

Las funciones muestrales se pueden obtener observando al mismo tiempo las salidas de muchas fuentes de ruido idénticas. Para obtener todas las funciones muestrales en general, se requeriría un número infinito de fuentes de ruido.

La definición de proceso aleatorio se puede comparar con el de una variable aleatoria. Una variable aleatoria transforma eventos en *constantes*, mientras que un proceso aleatorio transforma eventos en *funciones* del parámetro *t*.

**TEOREMA.** *Un proceso aleatorio se puede describir por un conjunto indexado de variables aleatorias.*

Con base en la figura 6-1, se define un conjunto de variables aleatorias $v_1 = v(t_1)$, $v_2 = v(t_2)$, ..., donde $v(t)$ es el proceso aleatorio. En este caso la variable aleatoria $v_j = v(t_j)$ toma los valores descritos por el conjunto de constantes $\{v(t_j, E_i)$, todas las $i\}$.

Por ejemplo, supóngase que la fuente de ruido tiene una distribución gaussiana. Entonces cualesquiera de las variables aleatorias se describe por medio de

$$f_{v_j}(v_j) = \frac{1}{\sqrt{2\pi}\sigma_j} e^{-(v_j - m_j)^2/(2\sigma_j^2)} \tag{6-1}$$

donde $v_j \triangleq v(t_j)$. Se observa que, en general, la función de densidad de probabilidad (PDF) depende implícitamente del tiempo puesto $m_j$ y $\sigma_j$ corresponden al valor medio y a la desviación estándar medidos en el instante $t = t_j$. La distribución conjunto con $N = 2$ de la fuente gaussiana con $t = t_1$ y $t = t_2$ es la función de densidad de probabilidad gaussiana bivariable (dos variables) $f_v(v_1, v_2)$ dada por (B-97), donde $v_1 = v(t_1)$ y $v_2 = v(t_2)$.

Para describir un proceso aleatorio general $x(t)$ por completo, se requiere una función de densidad de probabilidad de $N$ dimensiones, $f_x(\mathbf{x})$ donde $\mathbf{x} = (x_1, x_2, \ldots, x_j, \ldots, x_N)$, $x_j \triangleq x(t_j)$, y $N \to \infty$. Además, la función de densidad de probabilidad de $N$ dimensiones es una función implícita de $N$ constantes de tiempo $t_1, t_2, \ldots, t_N$ puesto que

$$f_x(\mathbf{x}) = f_x(x(t_1), x(t_2), \ldots, x(t_N)) \tag{6-2}$$

Los procesos aleatorios se clasifican como continuos o discretos. Un *proceso aleatorio continuo* se compone de una proceso aleatorio con variables aleatorias asociadas de distribución continua, $v_j = v(t_j)$. El proceso aleatorio gaussiano (previamente descrito) es un ejemplo de un proceso aleatorio continuo. El ruido en circuitos de comunicación lineales por lo general es del tipo continuo. (En muchos casos, en circuitos no lineales también del tipo continuo). Un *proceso aleatorio discreto* se compone de variables aleatorias con distribuciones discretas. Por ejemplo, la salida de un limitador ideal (duro o pesado) es un proceso aleatorio binario (discreto con dos niveles). En la figura 6-2 se ilustran algunas funciones muestrales de un proceso aleatorio binario.

## Estacionaridad y ergodicidad

**DEFINICIÓN.** Se dice que un proceso aleatorio es *estacionario hasta el orden N* si, con cualquier $t_1, t_2, \ldots, t_N$,

$$f_x(x(t_1), x(t_2), \ldots, x(t_N)) = f_x(x(t_1 + t_0), x(t_2 + t_0), \ldots, x(t_N + t_0)) \tag{6-3}$$

donde $t_0$ es cualquier constante real arbitraria. Además, se dice que el proceso es *estrictamente estacionario* si es estacionario hasta el orden $N \to \infty$.

Esta definición implica que si un proceso estacionario de orden $N$ se traslada en el tiempo, entonces la estadística de orden $N$-ésimo no cambia. Además, la función de densidad de probabilidad de $N$ dimensiones depende de $N - 1$ diferencias de tiempo $t_2 - t_1, t_3 - t_1, \ldots, t_N - t_1$ puesto que $t_0$ se podría seleccionar para que sea $-t_1$.

### Ejemplo 6-1 ESTACIONARIDAD DE PRIMER ORDEN

Examine un proceso aleatorio $x(t)$ para determinar si es estacionario de primer orden. Según la ecuación (6-3), el requisito para que exista estacionaridad de primer orden es que la función de densidad de probabilidad no sea una función del tiempo. Sea el proceso aleatorio

$$x(t) = A \operatorname{sen}(\omega_0 t + \theta_0) \tag{6-4}$$

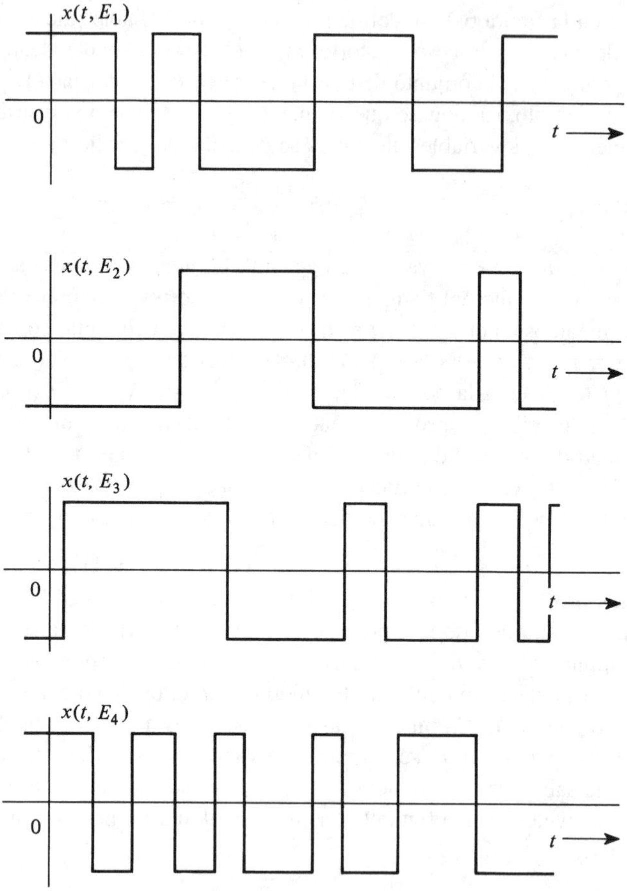


**Figura 6-2** Funciones muestrales de un proceso aleatorio binario.

**CASO 1: RESULTADO ESTACIONARIO.** En primer lugar, supóngase que $A$ y $\omega_0$ son constantes determinísticas y que $\theta_0$ es una variable aleatoria. $t$ es el parámetro de tiempo. Además, supóngase que $\theta_0$ está uniformemente distribuida en el intervalo $-\pi$ a $\pi$. Entonces y $\psi \triangleq \theta_0 + \omega_0 t$ es una variable aleatoria uniformemente distribuida en el intervalo $\omega_0 t - \pi < \psi < \omega_0 t + \pi$. La densidad de probabilidad de primer orden para $x(t)$ se obtiene con la técnica de transformación desarrollada en la sección B-8 del apéndice B. Ésta es en esencia el mismo problema resuelto en el ejemplo B-5. Según (B-71), la función de densidad de probabilidad de primer orden para $x(t)$ es

$$f(x) = \begin{cases} \dfrac{1}{\pi\sqrt{A^2 - x^2}}, & |x| \leq A \\ 0, & \text{en otra parte} \end{cases} \tag{6-5a}$$

Como esta función de densidad de probabilidad no es una función de $t$, $x(t)$ es un proceso estacionario de primer orden conforme a la suposición del caso 1 donde $\theta_0$ es una variable aleatoria. Este resultado se aplicaría a problemas donde $\theta_0$ es la fase de inicio aleatoria de un oscilador asíncrono.

**CASO 2: RESULTADO NO ESTACIONARIO.** En segundo lugar, supóngase que $A$, $\omega_0$ y $\theta_0$ son constantes determinísticas. Entonces, en cualquier instante, se conoce el valor de $x(t)$ con una probabilidad de 1. Por tanto la función de densidad de probabilidad de primer orden de $x(t)$ es

$$f(x) = \delta(x - A \operatorname{sen}(\omega_0 t + \theta_0)) \tag{6-5b}$$

Esta función de densidad de probabilidad es una función de $t$; por consiguiente, $x(t)$ no es estacionaria de primer orden con arreglo a la suposición del caso 2, donde $\theta_0$ es una constante determinística. Este resultado se aplicará a problemas donde el oscilador está sincronizado con alguna fuente externa de modo que su fase de inicio tendrá el valor conocido de $\theta_0$.

**DEFINICIÓN.** Se dice que un proceso aleatorio es *ergódico* si todos los promedios en tiempo de cualquier función muestral son iguales a los promedios en conjunto correspondientes (expectativas).

Dos promedios importantes en la ingeniería eléctrica son los valores de cd y rms. Estos valores se definen en función de promedios en tiempo, pero si el proceso es ergódico, se pueden evaluar por medio de promedios en conjunto. El valor de cd de $x(t)$ es $x_{cd} \triangleq \langle x(t) \rangle$. Cuando $x(t)$ es ergódica, el promedio en tiempo es igual al problema en conjunto, así que se obtiene

$$x_{cd} \triangleq \langle x(t) \rangle \equiv \overline{[x(t)]} = m_x \tag{6-6a}$$

donde el promedio en tiempo es

$$\langle [x(t)] \rangle = \lim_{T \to \infty} \frac{1}{T} \int_{-T/2}^{T/2} [x(t)]\, dt \tag{6-6b}$$

el promedio en conjunto es

$$\overline{[x(t)]} = \int_{-\infty}^{\infty} [x] f_x(x)\, dx = m_x \tag{6-6c}$$

y $m_x$ denota el valor medio. Asimismo, se obtiene el valor rms:

$$X_{rms} \triangleq \sqrt{\langle x^2(t) \rangle} \equiv \sqrt{\overline{x^2}} = \sqrt{\sigma_x^2 + m_x^2} \tag{6-7}$$

donde $\sigma_x^2$ es la varianza de $x(t)$.

En suma, si un proceso es ergódico, todos los promedios en tiempo y conjunto son intercambiables. El promedio en tiempo no puede ser una función de tiempo puesto que el parámetro de tiempo se promedió. Además, el proceso ergódico debe ser estacionario, puesto que de lo contrario los promedios en conjunto (tales como momentos) serían una función del tiempo. Sin embargo, no todos los procesos estacionarios son ergódicos.

**Ejemplo 6-2** PROCESO ERGÓDICO ALEATORIO

Sea el proceso aleatorio dado por

$$x(t) = A \cos(\omega_0 t + \theta) \tag{6-8}$$

donde $A$ y $\omega_0$ son constantes y $\theta$ es una variable aleatoria uniformemente distribuida en el intervalo $(0, 2\pi)$.

En primer lugar, se evalúan algunos promedios de conjunto. La media y el segundo momento son

$$\bar{x} = \int_{-\infty}^{\infty} [x(\theta)]f_\theta(\theta)d\theta = \int_0^{2\pi} [A\cos(\omega_0 t + \theta)]\frac{1}{2\pi}d\theta = 0 \tag{6-9}$$

y

$$\overline{x^2(t)} = \int_0^{2\pi} [\mathrm{A}\cos(\omega_0 t + \theta)]^2\frac{1}{2\pi}d\theta = \frac{A^2}{2} \tag{6-10}$$

En este ejemplo, el parámetro de tiempo $t$ desapareció cuando se evaluaron los promedios de conjunto. Éste no sería el caso a menos que $x(t)$ fuera estacionaria.

En segundo lugar, se evalúan los promedios de tiempo correspondientes con una función muestral típica del proceso aleatorio. Una función muestral es $x(t,E_1) = A\cos\omega_0 t$, que ocurre cuando $\theta = 0$. $\theta = 0$ corresponde a uno de los eventos (resultados). El promedio de tiempo de cualesquiera de las funciones muestrales con el valor apropiado de $\theta$ entre 0 y $2\pi$. Los promedios de tiempo del primer y segundo momentos son

$$\langle x(t)\rangle = \frac{1}{T_0}\int_0^{T_0} A\cos(\omega_0 t + \theta)\,dt = 0 \tag{6-11}$$

y

$$\langle x^2(t)\rangle = \frac{1}{T_0}\int_0^{T_0} [A\cos(\omega_0 t + \theta)]^2\,dt = \frac{A^2}{2} \tag{6-12}$$

donde $T_0 = 1/f_0$ y donde se utilizó el operador promediante de tiempo de una función periódica (2-4). En este ejemplo $\theta$ desaparece cuando se evalúa el promedio del tiempo. Esto se debe a que $x(t)$ es un proceso ergódico. No obstante, en un ejemplo no ergódico, el promedio de tiempo sería una variable aleatoria.

Si se compara (6-9) con (6-11) y (6-10) con (6-12), se ve que el promedio de tiempo es igual al promedio de conjunto en el primer y segundo momentos. Por consiguiente, se sospecha que este proceso pudiera ser ergódico. Sin embargo, no se ha comprobado que lo sea porque aún no se evalúan todos los promedios posibles de tiempo y conjunto o todos los momentos. No obstante, parece como si los demás promedios de tiempo y conjunto fueran iguales, así que se *supondrá* que el proceso es ergódico. En general, es difícil de comprobar que un proceso sea ergódico, así que se supondrá que lo es si el proceso parece ser estacionario y algunos de los promedios de tiempo son iguales a los promedios de conjunto correspondientes. Un proceso ergódico tiene que ser estacionario puesto que los promedios de tiempo no pueden ser funciones de tiempo. Sin embargo, si se sabe que un proceso es estacionario, puede ser o no ergódico.

En el problema 6-2 se demostrará que el proceso aleatorio descrito por (6-8) no sería estacionario (y, por consiguiente, no sería ergódico) si $\theta$ estuviera uniformemente distribuida en $(0, \pi/2)$ y no en $(0, 2\pi)$.

## Funciones de correlación y estacionaridad en sentido amplio

**DEFINICIÓN.** La *función de autocorrelación* de un proceso real $x(t)$ es

$$R_x(t_1, t_2) = \overline{x(t_1)x(t_2)} = \int_{-\infty}^{\infty}\int_{-\infty}^{\infty} x_1 x_2 f_x(x_1, x_2)\,dx_1\,dx_2 \tag{6-13}$$

donde $x_1 = x(t_1)$ y $x_2 = x(t_2)$. Si el proceso es estacionario de segundo orden, la función de autocorrelación es sólo una función de la diferencia de tiempo $\tau = t_2 - t_1$.

Es decir,

$$R_x(\tau) = \overline{x(t)x(t+\tau)} \tag{6-14}$$

si $x(t)$ es estacionaria de segundo orden.†

**Definición.** Se dice que un proceso aleatorio es *estacionario en sentido amplio* si

$$1.\ \overline{x(t)} = \text{constante} \tag{6-15a}$$

$$2.\ R_x(t_1, t_2) = R_x(\tau) \tag{6-15b}$$

donde $\tau = t_2 - t_1$.

Un proceso estacionario de segundo orden o mayor ciertamente es estacionario en sentido amplio. Sin embargo, lo contrario no necesariamente es cierto, puesto que sólo *ciertos* promedios de conjunto de segundo orden o menos, es decir, los de la ecuación (6-15), se tienen que satisfacer para que ocurra estacionaridad de segundo orden.‡ Tal como se indica por medio de la ecuación (6-15), la media y las funciones de autocorrelación de un proceso estacionario en sentido amplio no se alteran con un cambio en el origen del tiempo. Esto implica que los elementos del circuito asociado que generan el proceso aleatorio estacionario en sentido amplio no se desvían (deterioran) con el tiempo.

La función de autocorrelación da una idea de la respuesta de frecuencia asociada con el proceso aleatorio. Por ejemplo, si $R_x(\tau)$ permanece relativamente constante conforme se incrementa $\tau$ desde cero hasta un número positivo, ello indica que, en promedio, los valores de muestreo de $x$ leídos a $t = t_1$ y $t = t_1 + \tau$ son casi iguales. Por consiguiente, $x(t)$ no cambia rápidamente con el tiempo (en promedio) y es de esperarse que $x(t)$ tenga bajas frecuencias presentes. Por otra parte, si $R_x(\tau)$ disminuye con rapidez conforme $\tau$ se incrementa, es de esperarse que $x(t)$ cambie con rapidez con el tiempo y, por consiguiente, estarían presentes altas frecuencias. Este resultado se formula de manera rigurosa en la sección 6-2, donde se demostrará que la densidad espectral de potencia, la cual es una función de la frecuencia, es la transformada de Fourier de la función de autocorrelación.

Las propiedades de la función de autocorrelación de un proceso estacionario real en sentido amplio son las siguientes:

$$1.\ R_x(0) = \overline{x^2(t)} = \text{segundo momento} \tag{6-16}$$

$$2.\ R_x(\tau) = R_x(-\tau) \tag{6-17}$$

$$3.\ R_x(0) \geq |R_x(\tau)| \tag{6-18}$$

Las primeras dos propiedades se derivan directamente de la definición de $R_x(\tau)$ dada por (6-14). Además, si $x(t)$ es ergódica, $R(0)$ es idéntica al cuadrado del valor rms de $x(t)$. La propiedad 3 se demuestra como sigue: $[x(t) \pm x(t+\tau)]^2$ es una cantidad no negativa, de modo que

$$\overline{[x(t) \pm x(t+\tau)]^2} \geq 0$$

† El tipo de promedio de tiempo de la función de autocorrelación se definió en el capítulo 2. La función de autocorrelación de promedio de tiempo, (2-68), es idéntica a la función de autocorrelación de promedio en conjunto, (6-14), cuando el proceso es ergódico.

‡ En el caso del proceso aleatorio gaussiano ocurre una excepción. Aquí el estacionario en sentido amplio implica que el proceso es estacionario en sentido estricto puesto que la función de densidad de probabilidad gaussiana de $N \to \infty$ dimensiones queda completamente especificada por la media, la varianza y la covarianza de $x(t_1)$, $x(t_2), \ldots, x(t_N)$.

o

$$\overline{x^2(t)} \pm \overline{2x(t)x(t+\tau)} + \overline{x^2(t+\tau)} \geq 0$$

Esta equivale a

$$R_x(0) \pm 2R_x(\tau) + R_x(0) \geq 0$$

la cual se reduce a la propiedad 3.

La autocorrelación se generaliza para definir una función de correlación apropiada para dos procesos aleatorios.

**Definición.** La *función de correlación cruzada* de dos procesos reales $x(t)$ y $y(t)$ es

$$R_{xy}(t_1, t_2) = \overline{x(t_1)y(t_2)} \tag{6-19}$$

Además, si $x(t)$ y $y(t)$ son conjuntamente estacionarias,† la función de correlación cruzada se vuelve

$$R_{xy}(t_1, t_2) = R_{xy}(\tau)$$

donde $\tau = t_2 - t_1$.

Algunas *propiedades* de las funciones de correlación cruzada de procesos reales conjuntamente estacionarios son

1. $R_{xy}(-\tau) = R_{yx}(\tau)$ (6-20)
2. $|R_{xy}(\tau)| \leq \sqrt{R_x(0)R_y(0)}$ (6-21)
3. $|R_{xy}(\tau)| \leq \frac{1}{2}[R_x(0) + R_y(0)]$ (6-22)

La primera propiedad se deriva directamente de la definición, (6-19). La propiedad 2 del hecho de que

$$\overline{[x(t) + Ky(t+\tau)]^2} \geq 0 \tag{6-23}$$

con cualquier constante real $K$. Si se expande la ecuación (6-23), se obtiene una ecuación cuadrática en $K$.

$$[R_y(0)]K^2 + [2R_{xy}(\tau)]K + [R_x(0)] \geq 0 \tag{6-24}$$

Para que $K$ sea real, se puede demostrar que el discriminante de (6-24) tiene que ser no positivo.‡ Esto es,

$$[2R_{xy}(\tau)]^2 - 4[R_y(0)][R_x(0)] \leq 0 \tag{6-25}$$

† Similar a (6-3), se dice que $x(t)$ y $y(t)$ son conjuntamente estacionarios cuando

$$f_{xy}(x(t_1), x(t_2), \ldots, x(t_N), y(t_{N+1}), y(t_{N+2}), \ldots, y(t_{N+M}))$$
$$= f_{xy}(x(t_1+t_0), x(t_2+t_0), \ldots, x(t_N+t_0), y(t_{N+1}+t_0), y(t_{N+2}+t_0), \ldots, y(t_{N+M}+t_0))$$

$x(t)$ y $y(t)$ son conjuntamente estacionarios en sentido estricto si esta desigualdad se conserva cuando $N \to \infty$ y $M \to \infty$ y son conjuntamente estacionarios en sentido amplio cuando $N = 2$ y $M = 2$.

‡ El parámetro $K$ es una raíz de esta ecuación cuadrática sólo cuando ésta es igual a cero. Cuando es positiva, las raíces tienen que ser complejas.

Ésta equivale a la propiedad descrita por (6-21). La propiedad 3 se deriva directamente de (6-24), donde $K = \pm 1$. Además, se ve que

$$|R_{xy}(\tau)| \le \sqrt{R_x(0)R_y(0)} \le \tfrac{1}{2}[R_x(0) + R_y(0)] \tag{6-26}$$

porque la media geométrica de dos números positivos, $R_x(0)$ y $R_y(0)$, no exceden su media aritmética.

Obsérvese que la función de correlación cruzada de dos procesos aleatorios, $x(t)$ y $y(t)$, es una generalización del concepto de la media conjunta de dos variables aleatorias definidas por (B-91). En ésta $x(t)$ reemplaza a $x_1$ y $y(t + \tau)$ a $x_2$. En consecuencia, se dice que dos procesos aleatorios $x(t)$ y $y(t)$ son *no correlacionados* si

$$R_{xy}(\tau) = [\overline{x(t)}][\overline{y(t + \tau)}] = m_x m_y \tag{6-27}$$

*con todos los valores de* $\tau$. De igual manera se dice que dos procesos aleatorios $x(t)$ y $y(t)$ son *ortogonales* si

$$R_{xy}(\tau) = 0 \tag{6-28}$$

*con todos los valores de* $\tau$.

De acuerdo con lo previamente mencionado, se ve que si $y(t) = x(t)$, la función de correlación cruzada se vuelve una función de autocorrelación. En este sentido la función de autocorrelación es un caso especial de la función de correlación cruzada. Desde luego, cuando $y(t) \equiv x(t)$, todas las propiedades de la función de relación cruzada se reducen a las de la función de autocorrelación.

Si los procesos aleatorios $x(t)$ y $y(t)$ son conjuntamente ergódicos, se puede usar el promedio en tiempo para reemplazar en conjunto. En el caso de función de correlación esto se vuelve

$$R_{xy}(\tau) \triangleq \overline{x(t)y(t + \tau)} \equiv \langle x(t)y(t + \tau)\rangle \tag{6-29}$$

donde

$$\langle[\cdot]\rangle = \lim_{T\to\infty} \frac{1}{T}\int_{-T/2}^{T/2} [\cdot]\, dt \tag{6-30}$$

donde $x(t)$ y $y(t)$ son conjuntamente ergódicos. En este caso, las funciones de correlación cruzada y las de autocorrelación de formas de onda de voltaje o corriente se miden con un circuito electrónico integrado por una línea de retardo, un multiplicador y un integrador. Esta técnica de medición se ilustra en el figura 6-3.

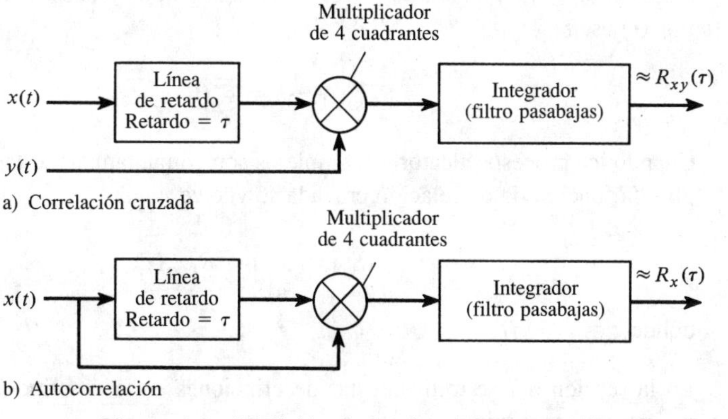


**Figura 6-3** Medición de funciones de correlación.

## Procesos aleatorios complejos

En capítulos previos, se encontró que la envolvente compleja $g(t)$ es extremadamente útil para describir formas de onda pasabanda. Las señales *aleatorias* pasabanda y el ruido también se pueden describir en función de la envolvente compleja, donde $g(t)$ es un *proceso aleatorio complejo* de bandabase.

**DEFINICIÓN.** Un *proceso aleatorio complejo* es

$$g(t) \triangleq x(t) + jy(t) \tag{6-31}$$

donde $x(t)$ y $y(t)$ son procesos aleatorios reales y $j = \sqrt{-1}$.

Un proceso complejo es estacionario en sentido estricto si $x(t)$ y $y(t)$ son conjuntamente estacionarios en sentido estricto; es decir,

$$f_g(x(t_1), y(t_1'), x(t_2), y(t_2'), \ldots, x(t_N), y(t_N'))$$
$$= f_g(x(t_1 + t_0), y(t_1' + t_0), \ldots, x(t_N + t_0), y(t_N' + t_0)) \tag{6-32}$$

con cualquier valor de $t_0$ y cualquier $N \to \infty$.

Las definiciones de las funciones de correlación se pueden generalizar para que abarquen los procesos aleatorios *complejos*.

**DEFINICIÓN.** La *función de autocorrelación* de un proceso aleatorio *complejo* es

$$R_g(t_1, t_2) = \overline{g^*(t_1)g(t_2)} \tag{6-33}$$

donde el asterisco denota el conjugado complejo.

Además, el proceso aleatorio complejo es estacionario en el sentido amplio si $\overline{g(t)}$ es una constante compleja y $R_g(t_1, t_2) = R_g(\tau)$, donde $\tau = t_2 - t_1$. La autocorrelación de un proceso estacionario complejo en sentido amplio tiene la propiedad de simetría de Hermitian

$$R_g(-\tau) = R_g^*(\tau) \tag{6-34}$$

**DEFINICIÓN.** La *función de relación cruzada* de dos procesos aleatorios *complejos* $g_1(t)$ y $g_2(t)$ es

$$R_{g_1g_2}(t_1, t_2) = \overline{g_1^*(t_1)g_2(t_2)} \tag{6-35}$$

Cuando los procesos aleatorios complejos son conjuntamente estacionarios en sentido amplio, la función de correlación cruzada se vuelve

$$R_{g_1g_2}(t_1, t_2) = R_{g_1g_2}(\tau)$$

donde $\tau = t_2 - t_1$.

En la sección 6-7 se utilizan estas descripciones en la descripción estadística de señales aleatorias pasabanda y ruido.

# 6-2 DENSIDAD ESPECTRAL DE POTENCIA

## Definición

En el capítulo 2 se dio una definición de la densidad espectral de potencia $\mathcal{P}_x(f)$ para el caso de formas de onda determinísticas. En este caso se desarrolla una definición más general aplicable al análisis espectral de procesos aleatorios.

Supóngase que $x(t,E_i)$ representa un función muestral de una proceso aleatorio $x(t)$. Una versión truncada de esta función muestral se define como:

$$x_T(t,E_i) = \begin{cases} x(t,\ E_i), & |t| < \frac{1}{2}T \\ 0, & t \text{ en otra parte} \end{cases} \tag{6-36}$$

donde el subíndice $T$ denota la versión truncada. La transformada de Fourier correspondiente es

$$X_T(f,E_i) = \int_{-\infty}^{\infty} x_T(t,E_i)e^{-j2\pi ft}\,dt$$

$$= \int_{-T/2}^{T/2} x(t,E_i)e^{-j2\pi ft}\,dt \tag{6-37}$$

Ésta indica que $X_T$ por sí misma es un proceso aleatorio puesto que $x_T$ es un proceso aleatorio. Ahora se simplificará la notación y se denotarán estas funciones simplemente como $X_T(f)$, $x_T(t)$ y $x(t)$ puesto que está claro que todas son procesos aleatorios.

La energía normalizada† en el intervalo de tiempo $(-T/2, T/2)$ es

$$E_T = \int_{-\infty}^{\infty} x_T^2(t)\,dt = \int_{-\infty}^{\infty} |X_T(f)|^2\,df \tag{6-38}$$

En este caso se utilizó el teorema de Parseval para obtener la segunda integral. Se ve que $E_T$ es una variable aleatoria puesto que $x(t)$ es un proceso aleatorio. Además, la energía normalizada media se obtiene con el promedio en conjunto de (6-38).

$$\bar{E}_T = \int_{-T/2}^{T/2} \overline{x^2(t)}\,dt = \int_{-\infty}^{\infty} \overline{x_T^2(t)}\,dt = \int_{-\infty}^{\infty} \overline{|X_T(f)|^2}\,df \tag{6-39}$$

La potencia normalizada promedio es la energía consumida por unidad de tiempo, de tal modo que la potencia promedio normalizada es

$$P = \lim_{T\to\infty} \frac{1}{T}\int_{-T/2}^{T/2} \overline{x^2(t)}\,dt = \lim_{T\to\infty} \frac{1}{T}\int_{-\infty}^{\infty} \overline{x_T^2(t)}\,dt$$

o

$$P = \int_{-\infty}^{\infty} \left[ \lim_{T\to\infty} \frac{1}{T} \overline{|X_T(f)|^2} \right] df = \overline{\langle x^2(t)\rangle} \tag{6-40}$$

† Si $x(t)$ es una forma de onda de corriente o voltaje, $E_T$ es la energía por ohm (es decir, $R = 1$).

En la evaluación del límite en (6-40) es importante que el promedio en conjunto se evalúe *antes* de llevar a cabo la operación de límite para asegurarse de que $X_T(f)$ sea finita. [Como $x(t)$ es una señal de potencia, $X(f) = \text{lím}_{T \to \infty} X_T(f)$ es posible que $X_T(f)$ no exista.] Obsérvese que (6-40) indica que para un proceso aleatorio, la potencia normalizada promedio está dada por el promedio del tiempo del segundo momento. Desde luego, si $x(t)$ es estacionario en sentido amplio, $\langle\overline{x^2(t)}\rangle = \overline{x^2(t)}$ porque $\overline{x^2(t)}$ es una constante.

Por la definición de densidad espectral de potencia del capítulo 2, se sabe que

$$P = \int_{-\infty}^{\infty} \mathcal{P}(f)\, df \tag{6-41}$$

Por consiguiente se ve que la siguiente definición de densidad espectral de potencia es compatible con la que se estudió en el capítulo mencionado (2-66).

**Definición.** La *densidad espectral de potencia* (PSD) de un proceso aleatorio $x(t)$ está dada por

$$\mathcal{P}_x(f) = \lim_{T \to \infty} \left( \frac{\overline{[|X_T(f)|^2]}}{T} \right) \tag{6-42}$$

donde

$$X_T(f) = \int_{-T/2}^{T/2} x(t) e^{-j2\pi ft}\, dt \tag{6-43}$$

## Teorema de Wiener-Khintchine

Con frecuencia la densidad espectral de potencia se evalúa a partir de la función de autocorrelación del proceso aleatorio mediante el siguiente teorema.

**Teorema de Wiener-Khintchine**† *Cuando $x(t)$ es un proceso estacionario en sentido amplio, la densidad espectral de potencia se obtiene con la transformada de Fourier de la función de autocorrelación:*

$$\mathcal{P}_x(f) = \mathcal{F}[R_x(\tau)] = \int_{-\infty}^{\infty} R_x(\tau) e^{-j2\pi f\tau}\, d\tau \tag{6-44}$$

*y a la inversa,*

$$R_x(\tau) = \mathcal{F}^{-1}[\mathcal{P}_x(f)] = \int_{-\infty}^{\infty} \mathcal{P}_x(f) e^{j2\pi f\tau}\, df \tag{6-45}$$

*siempre que* $\text{R}(\tau)$ *llegue a ser suficientemente pequeña con valores grandes de* $\tau$ *de tal modo que*

$$\int_{-\infty}^{\infty} |\tau R(\tau)|\, d\tau < \infty \tag{6-46}$$

† Nombrado en homenaje al matemático estadounidense Norbert Wiener (1894-1964) y al matemático alemán A. I. Khintchine (1894-1959). Otras maneras de escribir el apellido alemán son Khinchine y Khinchin.

Además, este teorema también es válido para un proceso estacionario, *siempre* que reemplace $R_x(\tau)$ con $\langle R_x(t, t + \tau)\rangle$.

***Comprobación.*** Por la definición de densidad espectral de potencia,

$$\mathcal{P}_x(f) = \lim_{T \to \infty} \left( \frac{\overline{|X_T(f)|^2}}{T} \right)$$

donde

$$\overline{|X_T(f)|^2} = \overline{\left| \int_{-T/2}^{T/2} x(t) e^{-j\omega t}\, dt \right|^2}$$

$$= \int_{-T/2}^{T/2} \int_{-T/2}^{T/2} \overline{x(t_1)x(t_2)} e^{-j\omega t_1} e^{j\omega t_2}\, dt_1 dt_2$$

y se supone que $x(t)$ es real. Pero $\overline{x(t_1)x(t_2)} = R_x(t_1, t_2)$. Además, si $\tau = t_2 - t_1$ y se hace un cambio de variable de $t_2$ a $\tau + t_1$. Se obtiene

$$\overline{|X_T(f)|^2} = \int_{t_1=-T/2}^{t_1=T/2} \underbrace{\left[ \int_{\tau=-T/2-t_1}^{\tau=T/2-t_1} R_x(t_1, t_1 + \tau) e^{-j\omega\tau}\, d\tau \right] dt_1}_{①} \tag{6-47}$$

El área de esta integración de dos dimensiones se muestra en la figura 6-4. En la figura, ① denota el área cubierta por la integral interna por el ancho diferencial $dt_1$. Para evaluar esta integral de dos dimensiones con facilidad, se intercambia el orden de integración. Tal como se ve en la figura, esto se logra si se abarca toda el área con ② cuando $\tau < 0$ y con ③ cuando $\tau \geq 0$. Por tanto la ecuación (6-47) se transforma en

$$\overline{|X_T(f)|^2} = \int_{-T}^{0} \underbrace{\left[ \int_{t_1=-T/2-\tau}^{t_1=T/2} R_x(t_1, t_1 + \tau) e^{-j\omega\tau}\, dt_1 \right] d\tau}_{②}$$

$$+ \int_{0}^{T} \underbrace{\left[ \int_{t_1=-T/2}^{t_1=T/2-\tau} R_x(t_1, t_1 + \tau) e^{-j\omega\tau}\, dt_1 \right] d\tau}_{③} \tag{6-48}$$

Supóngase que $x(t)$ es estacionario de modo que $R_x(t_1, t_1 + \tau) = R_x(\tau)$, y el factor $R_x(\tau)$ fuera de la integral interna. Se obtiene

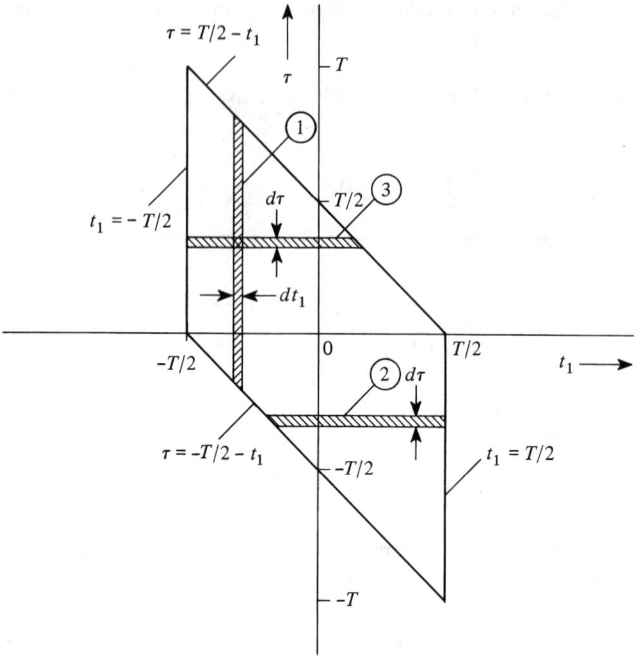


**Figura 6-4** Región de integración para las ecuaciones (6-47) y (6-48).

$$\overline{|X_T(f)|^2} = \int_{-T}^{0} R_x(\tau)e^{-j\omega\tau}\left[t_1 \Bigg|_{-T/2-\tau}^{T/2}\right] d\tau + \int_{0}^{T} R(\tau)e^{-j\omega\tau}\left[t_1 \Bigg|_{-T/2}^{T/2-\tau}\right] d\tau$$

$$= \int_{-T}^{0} (T + \tau)R_x(\tau)e^{-j\omega\tau}\, d\tau + \int_{0}^{T} (T - \tau)R_x(\tau)e^{-j\omega\tau}\, d\tau$$

Esta ecuación se puede escribir en forma compacta como

$$\overline{|X_T(f)|^2} = \int_{-T}^{T} (T - |\tau|)R_x(\tau)e^{-j\omega\tau}\, d\tau \tag{6-49}$$

Si se sustituye la ecuación (6-49) en la (6-42), se obtiene

$$\mathcal{P}_x(f) = \lim_{T \to \infty} \int_{-T}^{T} \left(\frac{T - |\tau|}{T}\right) R_x(\tau)e^{-j\omega\tau}\, d\tau \tag{6-50a}$$

o

$$\mathcal{P}_x(f) = \int_{-\infty}^{\infty} R_x(\tau)e^{j\omega\tau}\, d\tau - \lim_{T \to \infty} \int_{-T}^{T} \frac{|\tau|}{T} R_x(\tau)\varepsilon^{-j\omega\tau}\, d\tau \tag{6-50b}$$

Con la suposición de la ecuación (6-46), se observa que la integral del lado derecho es cero y que la ecuación (6-50b) se reduce a la (6-44). Esto comprueba el teorema. La relación inversa se deduce directamente con las propiedades de las transformadas de Fourier. Además, si $x(t)$ no es estacionario, la ecuación (6-44) aun así se obtiene si se reemplaza $R_x(t_1, t_1 + \tau)$ en la ecuación (6-48) con $\langle R_x(t_1, t_1 + \tau)\rangle = R_x(\tau)$.

Si se compara la definición de la densidad espectral de potencia con los resultados del teorema de Wiener-Khintchine, se ve que existen dos métodos completamente diferentes que se pueden usar para evaluar la densidad espectral de potencia de un proceso aleatorio.

1. La densidad espectral de potencia se obtiene directamente de la definición dada por la ecuación (6-42).
2. La densidad espectral de potencia se obtiene con la evaluación de la transformada de Fourier de $R_x(\tau)$, donde $R_x(\tau)$ se tiene que obtener primero.

Ambos métodos se demostrarán en el ejemplo 6-3.

## Propiedades de la densidad espectral de potencia

Algunas propiedades de la densidad espectral de potencia son:

1. $\mathcal{P}_x(f)$ siempre es real. (6-51)
2. $\mathcal{P}_x(f) \geq 0$. (6-52)
3. Cuando $x(t)$ es real, $\mathcal{P}_x(-f) = \mathcal{P}_x(f)$. (6-53)
4. $\int_{-\infty}^{\infty} \mathcal{P}_x(f)\, df = P =$ potencia total normalizada. (6-54a)
   Cuando $x(t)$ es estacionaria en sentido amplio,

$$\int_{-\infty}^{\infty} \mathcal{P}_x(f)\, df = P = \overline{x^2} = R_x(0) \tag{6-54b}$$

5. $\mathcal{P}_x(0) = \int_{-\infty}^{\infty} R_x(\tau)\, d\tau$. (6-55)

Estas propiedades se desprenden directamente de la definición y el teorema de Wiener-Khintchine.

**Ejemplo 6-3** EVALUACIÓN DE LA DENSIDAD ESPECTRAL DE POTENCIA DE UNA SEÑAL DE BANDA DE BASE POLAR

Sea $x(t)$ una señal polar con datos binarios aleatorios. En la figura 6-5a se ilustra una función muestral de esta señal. Suponga que los datos son independientes de un bit a otro y que la probabilidad de obtener un 1 binario durante cualquier intervalo de bits es $\frac{1}{2}$. Encuentre la densidad espectral de potencia de $x(t)$.

La señal polar se puede modelar por medio de

$$x(t) = \sum_{n=-\infty}^{\infty} a_n f(t - nT_b) \tag{6-56}$$

donde $f(t)$ es la forma del pulso de señalización, como se muestra en la figura 6-5b, y $T_b$ es la duración de un bit. $\{a_n\}$ es un conjunto de variables aleatorias que representan los datos binarios. Se sabe que las variables aleatorias son independientes. Se ve que cada una está discretamente distribuida en $a_n = \pm 1$ y $P(a_n = 1) = P(a_n = -1) = \frac{1}{2}$, como se describe en el enunciado del problema.

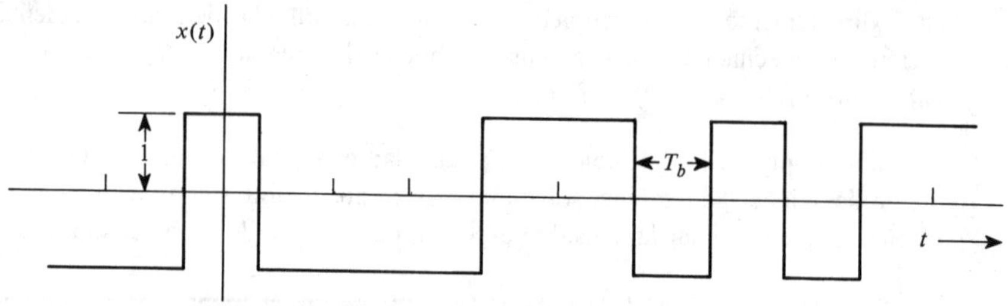


a) Señal polar

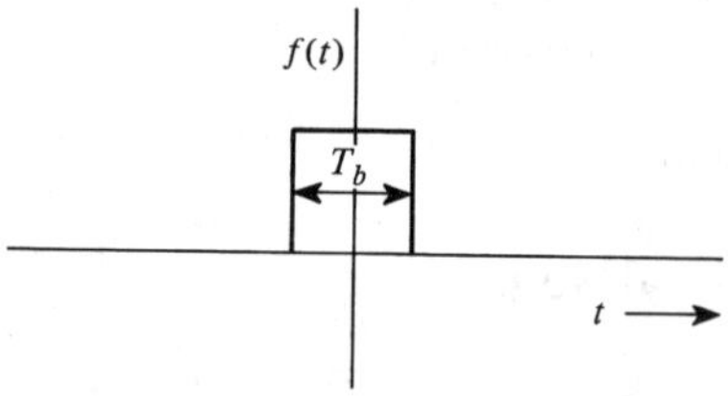


b) Forma del pulso de señalización

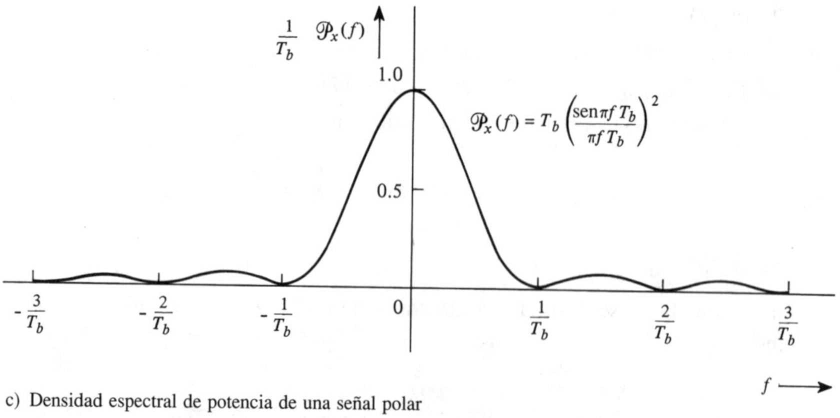


c) Densidad espectral de potencia de una señal polar

**Figura 6-5** Señal polar aleatoria y su densidad espectral de potencia.

La densidad espectral de potencia de $x(t)$ se evaluará primero con el método 1, el cual requiere que se obtenga $X_T(f)$. Se puede obtener $x_T(t)$ con el truncamiento de (6-56).

$$x_T(t) = \sum_{n=-N}^{n=N} a_n f(t - nT_b)$$

donde $T/2 = (N + \frac{1}{2})T_b$. Entonces

$$X_T(f) = \mathscr{F}[x_T(t)] = \sum_{n=-N}^{N} a_n \mathscr{F}[f(t - nT_b)] = \sum_{n=-N}^{N} a_n F(f) e^{-j\omega n T_b}$$

o

$$X_T(f) = F(f) \sum_{n=-N}^{N} a_n e^{-j\omega n T_b} \tag{6-57}$$

donde $F(f) = \mathcal{F}[f(t)]$. Cuando se sustituye la ecuación (6-57) en la ecuación (6-42), la densidad espectral de potencia es

$$\mathcal{P}_x(f) = \lim_{T \to \infty} \left( \frac{1}{T} |F(f)|^2 \overline{\left| \sum_{n=-N}^{N} a_n e^{-j\omega n T_b} \right|^2} \right)$$

$$= |F(f)|^2 \lim_{T \to \infty} \left( \frac{1}{T} \sum_{n=-N}^{N} \sum_{m=-N}^{N} \overline{a_n a_m} e^{j(m-n)\omega T_b} \right) \qquad (6\text{-}58)$$

Ahora se tiene que evaluar los $\overline{a_n a_m}$ para el caso de señalización polar ($a_n = \pm 1$).

$$\overline{a_n a_m} = \begin{cases} \overline{a_n^2}, & n = m \\ \overline{a_n a_m}, & n \neq m \end{cases}$$

donde $\overline{a_n a_m} = \overline{a_n}\ \overline{a_m}$ con $n \neq m$ puesto que $a_n$ y $a_m$ son independientes. Con la distribución discreta de $a_n$, se obtiene

$$\overline{a_n} = (+1)\tfrac{1}{2} + (-1)\tfrac{1}{2} = 0$$

Asimismo, $\overline{a_m} = 0$. Además,

$$\overline{a_n^2} = (+1)^2(\tfrac{1}{2}) + (-1)^2(\tfrac{1}{2}) = 1$$

Por tanto,

$$\overline{a_n a_m} = \begin{cases} 1, & n = m \\ 0, & n \neq m \end{cases} \qquad (6\text{-}59)$$

Con este resultado, la ecuación (6-58) se convierte en

$$\mathcal{P}_x(f) = |F(f)|^2 \lim_{T \to \infty} \left( \frac{1}{T} \sum_{n=-N}^{N} 1 \right)$$

y, con $T = 2(N + \frac{1}{2})T_b$,

$$\mathcal{P}_x(f) = |F(f)|^2 \lim_{N \to \infty} \left[ \frac{2N + 1}{(2N + 1)T_b} \right]$$

o

$$\mathcal{P}_x(f) = \frac{1}{T_b} |F(f)|^2 \qquad \text{(señalización polar)} \qquad (6\text{-}60)$$

Con la forma de pulso rectangular mostrado en la figura 6-5b,

$$F(f) = T_b \left( \frac{\operatorname{sen} \pi f T_b}{\pi f T_b} \right) \qquad (6\text{-}61)$$

De este modo la densidad espectral de potencia de una señal polar con forma de pulso rectangular es

$$\mathcal{P}_x(f) = T_b \left( \frac{\operatorname{sen} \pi f T_b}{\pi f T_b} \right)^2 \qquad (6\text{-}62)$$

Esta densidad espectral de potencia se grafica en la figura 6-5c.[†] El ancho de banda nulo es $B = 1/T_b = R$, donde $R$ es la velocidad de transferencia de bits. Obsérvese que (6-62) satisface las propiedades de una función de densidad espectral de potencia dadas con anterioridad.

A continuación se utilizará el método 2 para evaluar la densidad espectral de potencia de la señal polar. Esto implica el cálculo de la función de autocorrelación y luego la evaluación de la transformada de Fourier para obtener la densidad espectral de potencia de $Rx(\tau)$. Cuando se utiliza la ecuación (6-56), la autocorrelación es

$$R_x(t, t+\tau) = \overline{x(t)x(t+\tau)}$$

$$= \overline{\sum_{n=-\infty}^{\infty} a_n f(t-nT_b) \sum_{m=-\infty}^{\infty} a_m f(t+\tau-mT_b)}$$

$$= \sum_n \sum_m \overline{a_n a_m} f\,(t-nT_b) f(t+\tau-mT_b)$$

Con el uso de la ecuación (6-59), esta ecuación se reduce a

$$R_x(t, t+\tau) = \sum_{n=-\infty}^{\infty} f(t-nT_b) f(t+\tau-nT_b) \tag{6-63}$$

Obviamente, $x(t)$ *no* es un proceso estacionario en sentido amplio puesto que la función de autocorrelación depende del tiempo absoluto, $t$. Para reducir la ecuación (6-63) se tiene que designar un tipo particular de forma de pulso. Supóngase, una vez más, la forma de pulso rectangular.

$$f(t) = \begin{cases} 1, & |t| \le T_b/2 \\ 0, & t \text{ por otra parte} \end{cases}$$

El producto del pulso se vuelve entonces

$$f(t-nT_b)f(t+\tau-nT_b) = \begin{cases} 1, & \text{si } |t-nT_b| \le T_b/2 \text{ y } |t+\tau-nT_b| \le T_b/2 \\ 0, & \text{distinto} \end{cases}$$

Si se trabaja con las desigualdades, se obtiene un producto unitario sólo cuando

$$(n-\tfrac{1}{2})T_b \le t \le (n+\tfrac{1}{2})T_b$$

y

$$(n-\tfrac{1}{2})T_b - \tau \le t \le (n+\tfrac{1}{2})T_b - \tau$$

Supóngase que $\tau \ge 0$; entonces se tendrá un producto unitario cuando

$$(n-\tfrac{1}{2})T_b \le t \le (n+\tfrac{1}{2})T_b - \tau$$

siempre que $\tau \le T_b$. Por consiguiente, para $0 \le \tau \le T_b$,

$$R_x(t, t+\tau) = \sum_{n=-\infty}^{\infty} \left\{ \begin{array}{ll} 1, & (n-\tfrac{1}{2})T_b \le t \le (n+\tfrac{1}{2})T_b - \tau \\ 0, & \text{por otra parte} \end{array} \right\} \tag{6-64}$$

Se sabe que el teorema de Wiener-Khintchine es válido para procesos no estacionarios si se hace $R_x(\tau) = \langle R_x(t, t+\tau)\rangle$. Con la ecuación (6-64) se obtiene

[†] La densidad espectral de potencia de esta señal polar es puramente continua puesto que supone que los pulsos positivos y negativos son de igual amplitud.

$$R_x(\tau) = \langle R_x(t, t+\tau)\rangle = \lim_{T \to \infty} \frac{1}{T} \int_{-T/2}^{T/2} \sum_{n=-\infty}^{\infty} \left\{ \begin{array}{ll} 1, & (n-\frac{1}{2})T_b \leq t \leq (n+\frac{1}{2})T_b - \tau \\ 0, & \text{de otra manera} \end{array} \right\} dt$$

o

$$R_x(\tau) = \lim_{T \to \infty} \frac{1}{T} \sum_{n=-N}^{N} \left( \int_{(n+1/2)T_b}^{(n+1/2)T_b-\tau} 1 \; dt \right)$$

donde $T/2 = (N - \frac{1}{2})T_b$. Se reduce a

$$R_x(\tau) = \lim_{N \to \infty} \left[ \frac{1}{(2N+1)\, T_b} (2N+1) \left\{ \begin{array}{ll} (T_b - \tau), & 0 \leq \tau \leq T_b \\ 0, & \tau > T_b \end{array} \right\} \right]$$

o

$$R_x(\tau) = \begin{cases} \dfrac{T_b - \tau}{T_b}, & 0 \leq \tau \leq T_b \\ 0, & \tau > T_b \end{cases} \tag{6-65}$$

Asimismo, con $\tau < 0$ se pueden obtener resultados. Sin embargo, se sabe que $R_x(-\tau) = R_x(\tau)$, así que la ecuación (6-65) se puede generalizar para todos los valores de $\tau$. Por tanto

$$R_x(\tau) = \begin{cases} \dfrac{T_b - |\tau|}{T_b}, & |\tau| \leq T_b \\ 0, & \text{de otra maneara} \end{cases} \tag{6-66}$$

la cual demuestra que $R_x(\tau)$ es de forma triangular. Con la evaluación de la transformada de Fourier de (6-66) sc obtiene la densidad espectral de potencia de la señal polar con configuración de bits rectangular:

$$\mathcal{P}_x(f) = T_b \left( \frac{\operatorname{sen} \pi f T_b}{\pi f T_b} \right)^2 \tag{6-67}$$

Este resultado, obtenido con el método 2, es idéntico a (6-62), que se obtuvo con el método 1.

## Fórmula general de la densidad espectral de potencia de señales digitales

A continuación se obtendrá una fórmula general para la densidad espectral de potencia de señales digitales. Las fórmulas para la densidad espectral de potencia del ejemplo 6-3 son válidas sólo para señalización polar con $a_n = \pm 1$ y sin correlación entre los bits. Se puede obtener un resultado general a partir de (6-56) y obtener un resultado en función de la autocorrelación de los datos, $a_n$. Tal como se ilustra en las figuras 3-12 y 3-14, los datos pueden ser binarios o de niveles múltiples. La duración (ancho) del pulso de cada símbolo, $f(t)$, es $T_s$. Con datos binarios $T_s = T_b$, donde $T_b$ es la duración de 1 bit. La autocorrelación de los datos se define como

$$R(k) = \overline{a_n a_{n+k}} \tag{6-68}$$

Si se cambia el índice en (6-58), y con $m = n + k$. Entonces, con la ecuación (6-68) y $T = (2N + 1)T_s$, la ecuación (6-58) se vuelve

$$\mathcal{P}_x(f) = |F(f)|^2 \lim_{N \to \infty} \left[ \frac{1}{(2N+1)T_s} \sum_{n=-N}^{n=N} \sum_{k=-N-n}^{k=N-n} R(k) e^{jk\omega T_s} \right]$$

Si se reemplaza la suma externa sobre el índice $n$ por $2N + 1$, se obtiene la siguiente expresión. (Este procedimiento no es estrictamente correcto puesto que la suma interna también es una función de $n$. El procedimiento correcto sería intercambiar el orden de la suma, como en (6-47) a (6-50), donde se intercambió el orden de integración. El resultado sería el mismo que el que se obtiene en seguida cuando el límite se evalúa como $N \to \infty$.)

$$\begin{aligned}
\mathcal{P}_x(f) &= \frac{|F(f)|^2}{T_s} \lim_{N \to \infty} \left[ \frac{(2N+1)}{(2N+1)} \sum_{k=-N-n}^{k=N-n} R(k) e^{jk\omega T_s} \right] \\
&= \frac{|F(f)|^2}{T_s} \sum_{k=-\infty}^{k=\infty} R(k) e^{jk\omega T_s} \\
&= \frac{|F(f)|^2}{T_s} \left[ R(0) + \sum_{k=-\infty}^{-1} R(k) e^{jk\omega T_s} + \sum_{k=1}^{\infty} R(k) e^{jk\omega T_s} \right]
\end{aligned}$$

o

$$\mathcal{P}_x(f) = \frac{|F(f)|^2}{T_s} \left[ R(0) + \sum_{k=1}^{\infty} R(-k) e^{-jk\omega T_s} + \sum_{k=1}^{\infty} R(k) e^{jk\omega T_s} \right] \tag{6-69}$$

Pero como $R(k)$ es una función de autocorrelación, $R(-k) = R(k)$ y (6-69) se vuelve

$$\mathcal{P}_x(f) = \frac{|F(f)|^2}{T_s} \left[ R(0) + \sum_{k=1}^{\infty} R(k) (e^{jk\omega T_s} + e^{-jk\omega T_s}) \right]$$

En suma, la expresión general de la densidad espectral de potencia de una señal digital es

$$\mathcal{P}_x(f) = \frac{|F(f)|^2}{T_s} \left[ R(0) + 2 \sum_{k=1}^{\infty} R(k) \cos(2\pi k f T_s) \right] \tag{6-70a}$$

o, una expresión equivalente es

$$\boxed{\mathcal{P}_x(f) = \frac{|F(f)|^2}{T_s} \left[ \sum_{k=-\infty}^{\infty} R(k) e^{jk\omega T_s} \right]} \tag{6-70b}$$

donde la autocorrelación de los datos es

$$R(k) = \overline{a_n a_{n+k}} = \sum_{i=1}^{I} (a_n a_{n+k})_i P_i \tag{6-70c}$$

$P_i$ es la probabilidad de obtener el producto $(a_n a_{n+k})_i$, y existen $I$ valores posibles para el producto $a_n a_{n+k}$. $F(f)$ es el espectro de la forma del pulso del símbolo digital.

Obsérvese que la cantidad entre paréntesis rectangulares de (6-70b) es similar a la transformada de Fourier discreta (DFT) de la función de autocorrelación de datos, $R(k)$, a exepción de que la frecuencia variable, $\omega$, es continua. Por consiguiente, la densidad espectral de potencia de la señal digital de bandabase se ve influida *tanto* por el "espectro" de los datos *como* por la forma del pulso utilizada en el código de líneas. Además, a continuación se demostrará que el espectro también *puede* contener funciones delta si el valor medio de los datos, $\bar{a}_n$, es diferente de cero. Para ello, primero se supone que los símbolos de datos están no correlacionados; es decir

$$R(k) = \begin{Bmatrix} \overline{a_n^2}, & k = 0 \\ \overline{a_n a_{n+k}}, & k \neq 0 \end{Bmatrix} = \begin{Bmatrix} \sigma_a^2 + m_a^2, & k = 0 \\ m_a^2, & k \neq 0 \end{Bmatrix}$$

donde, tal como se define en el apéndice B, la media y la varianza de los datos son $m_a = \bar{a}_n$ y $\sigma_a^2 = \overline{(a_n - m_a)^2} = \overline{a_n^2} - m_a^2$. Sustituyendo ésta en la ecuación (6-70b), se obtiene

$$\mathcal{P}_x(f) = \frac{|F(f)|^2}{T_s}\left[\sigma_a^2 + m_a^2 \sum_{k=-\infty}^{\infty} e^{jk\omega T_s}\right]$$

Con la ecuación (2-115), y recordando la fórmula de la suma de Poisson,

$$\sum_{k=-\infty}^{\infty} e^{\pm jk\omega T_s} = D \sum_{n=-\infty}^{\infty} \delta(f - nD)$$

donde $D = 1/T_s$ es la tasa en baudios. Se ve que la densidad espectral de potencia se vuelve

$$\mathcal{P}_x(f) = \frac{|F(f)|^2}{T_s}\left[\sigma_a^2 + m_a^2 D \sum_{n=-\infty}^{\infty} \delta(f - nD)\right]$$

En consecuencia, en el caso de datos no correlacionados, la densidad espectral de potencia de la señal digital es

$$\mathcal{P}_x(f) = \underbrace{\sigma_a^2 D |F(f)|^2}_{\text{Espectro continuo}} + \underbrace{(m_a D)^2 \sum_{n=-\infty}^{\infty} |F(nD)|^2 \delta(f - nD)}_{\text{Espectro discreto}} \qquad \text{(6-70d)}$$

En el caso general en que existe correlación entre los datos, y si la función de autocorrelación de los datos, $R(k)$, se expresa en función de la función de autocorrelación de los *datos normalizados*, $\rho(k)$. Esto es, si $\tilde{a}_n$ representa los datos correspondientes normalizados de varianza unitaria y media cero. Por tanto

$$a_n = \sigma_a \tilde{a}_n + m_a$$

y, por consiguiente,

$$R(k) = \sigma_a^2 \rho(k) + m_a^2$$

donde

$$\rho(k) = \overline{[\tilde{a}_n \tilde{a}_{n+k}]}$$

Si se sustituye esta expresión para $R(k)$ en la ecuación (6-70b) y se utiliza $R(-k) = R\ (k)$, se obtiene

$$\mathcal{P}_x(f) = \frac{|F(f)|^2}{T_s}\left[\sigma_a^2 \sum_{k=-\infty}^{\infty} \rho(k)e^{-jk\omega T_s} + m_a^2 \sum_{k=-\infty}^{\infty} e^{-jk\omega T_s}\right]$$

Por consiguiente, en el caso general de datos correlacionados, la densidad espectral de potencia de la señal digital es

$$\mathcal{P}_x(f) = \underbrace{\sigma_a^2 D|F(f)|^2 \mathcal{W}_\rho(f)}_{\text{Espectro continuo}} + \underbrace{(m_a D)^2 \sum_{n=-\infty}^{\infty} |\mathrm{F}(nD)|^2 \delta(f - nD)}_{\text{Espectro discreto}} \qquad (6\text{-}70e)$$

donde

$$\mathcal{W}_\rho(f) \sum_{k=-\infty}^{\infty} \rho(k)e^{-j2\pi kfT_s} \qquad (6\text{-}70f)$$

es una función de peso espectral obtenida con la transformada de Fourier del tren de pulsos de autocorrelación normalizada

$$\sum_{k=-\infty}^{\infty} \rho(k)\delta(\tau - kT_s)$$

Esto demuestra que la densidad espectral de potencia de la señal digital se compone de un espectro continuo que depende del espectro de la forma del pulso, $F(f)$, y de la correlación de datos. Además, si $m_a \neq 0$ y $F(nD) \neq 0$, la densidad espectral de potencia también contendrá líneas espectrales (funciones delta) separadas en armónicos de la tasa en baudios, $D$.

En la sección 3-5 se dan ejemplos de la aplicación de estos resultados, donde se evalúa la densidad espectral de potencia de códigos de línea Manchester, unipolar RZ y bipolar. Véase la figura 3-16 donde se dan ejemplos de densidades espectrales de potencia de estos ejemplos. En las secciones 5-9 y 5-10 se dan ejemplos de señalización digital pasabanda, tales como OOK, BPSK, QPSK, MPSK y QAM.

## Procesos de ruido blanco

**Definición.** Se dice que un proceso aleatorio $x(t)$ es un *proceso de ruido blanco* si la densidad espectral de potencia es constante en todas las frecuencias:

$$\mathcal{P}_x(f) = \frac{N_0}{2} \qquad (6\text{-}71)$$

donde $N_0$ es una constante positiva.

La función de autocorrelación del proceso de ruido blanco se obtiene con la inversa de la transformada de Fourier de (6-71). El resultado es

$$R_x(\tau) = \frac{N_0}{2}\,\delta(\tau) \qquad (6\text{-}72a)$$

Por ejemplo, el proceso de ruido térmico, descrito en la sección 8-6, se puede considerar como un proceso de ruido blanco en la banda de operación donde

$$N_0 = kT \qquad (6\text{-}72b)$$

Da la casualidad que el ruido térmico también tiene una distribución gaussiana. Desde luego, también es posible tener ruido blanco con otras distribuciones.

## Medición de la densidad espectral de potencia

La densidad espectral de potencia se mide con técnicas analógicas o digitales. En uno u otro caso, la medición es sólo una aproximación de la verdadera densidad espectral de potencia porque la medición se realiza en un intervalo de tiempo finito y no en uno infinito tal como lo especifica la ecuación (6-42).

*Técnicas analógicas.* La técnica de medición analógica consiste en utilizar un banco de filtros pasabanda de banda angosta en paralelo con características pasabanda contiguas o en utilizar un filtro pasabanda único de frecuencia central sintonizable. En el caso de banco de filtros, la forma de onda se alimenta simultáneamente a las entradas de todos los filtros y luego se evalúa la potencia a la salida de cada uno. Estas potencias de salida se dividen (gradúan) entre el ancho de banda efectivo del filtro correspondiente de tal modo que se obtiene una aproximación de la densidad espectral de potencia. Esto es, la densidad espectral de potencia se evalúa para los puntos de frecuencia que corresponden a la frecuencia central de los filtros. Los analizadores de espectros con este tipo de procesamiento analógico en paralelo por lo general se diseñan para que abarquen el intervalo de audio del espectro donde es económicamente factible construir un banco de filtros pasabanda.

Los analizadores de espectros de radiofrecuencia en general se construyen con un solo filtro pasabanda de frecuencia intermedia de banda angosta alimentado por la salida de un circuito mezclador (convertidor ascendente o descendente). El oscilador local (LO) del mezclador se barre lentamente a través de una banda de frecuencia apropiada de modo que el analizador de espectros de radiofrecuencia equivale a un filtro pasabanda de banda angosta donde la frecuencia central del filtro sintonizable se barre a través del intervalo espectral deseado. Una vez más, la densidad espectral de potencia se obtiene evaluando la salida de potencia graduada del filtro de banda angosta como una función de la frecuencia de barrido.

*Cálculo numérico de la densidad espectral de potencia.* La densidad espectral de potencia se evalúa numéricamente en analizadores de espectros procesadores de señales digitales. Una aproximación de la densidad espectral de potencia es

$$\mathcal{P}_T(f) = \frac{|X_T(f)|^2}{T} \tag{6-73a}$$

donde el subíndice $T$ indica que esta aproximación se obtiene al observar $x(t)$ en un intervalo $T$-s. $T$ se llama *intervalo de observación* o *longitud de observación*. Desde luego, la ecuación (6-73a) es una aproximación de la verdadera densidad espectral de potencia definida por (6-42) porque $T$ es finito y porque se utiliza sólo una muestra del conjunto. En analizadores de espectros más complejos, $\mathcal{P}_T(f)$ se evalúa con varios registros de $x(t)$ y el valor promedio de $\mathcal{P}_T(f)$ en cada frecuencia se utiliza para aproximar el promedio en conjunto requerido para una $\mathcal{P}_x(f)$ tal como se define en (6-42). Al evaluar $\mathcal{P}_T(f)$ en general se usa la transformada de Fourier discreta para aproximar $X_T(f)$. Esto pone en juego las trampas del análisis con la transformada de Fourier compleja, como se describe en la sección 2-8.

Se debe hacer hincapié en que (6-73a) es una aproximación o *estimación* de la densidad espectral de potencia. Esta estimación se llama *periodograma* porque tradicionalmente se utilizó para buscar periodicidades en registros de datos que aparecen como funciones delta en la densidad espectral de potencia. [Las funciones delta son relativamente fáciles de localizar en la densidad espectral de potencia, y de este modo las periodicidades en $x(t)$ también son fáciles de determinar.] Es deseable que la estimación tenga un promedio en conjunto que la densidad espectral de potencia verdadera. Si éste es el caso, se dice que el estimador es *insesgado*. La ecuación (6-73a) se verifica con facilidad para ver si es insesgada.

$$\overline{\mathcal{P}_T(f)} = \overline{\left[\frac{|X_T(f)|^2}{T}\right]}$$

y utilizando la ecuación (6-50a) con $T$ finito, se obtiene

$$\overline{\mathcal{P}_T(f)} = \mathcal{F}\left[R_x(\tau)\,\Lambda\left(\frac{\tau}{T}\right)\right]$$

y luego, si se recurre a la tabla 2-2,

$$\overline{\mathcal{P}_T(f)} = T\mathcal{P}_x(f) * \left(\frac{\text{sen}\ \pi fT}{\pi fT}\right)^2 \tag{6-73b}$$

Debido a que $\overline{\mathcal{P}_T(f)} \neq \mathcal{P}_x(f)$, el periodograma es una estimación *sesgada*. La función aventanada triangular, $\Lambda(\tau/\mathrm{T})$, provoca el sesgo derivado del truncamiento de $x(t)$ a un intervalo de $T$ segundos. Con (A-103) donde $a = \pi T$, se ve que $\text{lím}_{T\to\infty}\ [\overline{\mathcal{P}_T(f)}] = \mathcal{P}_x(f)$ de tal modo que el periodograma se vuelve insesgado conforme $T \to \infty$. Por consiguiente, se dice que el periodograma es *asintóticamente insesgado*.

Además de ser insesgado, es deseable que el estimador sea *consistente*. Esto significa que la varianza del estimador debe volverse pequeña conforme $T \to \infty$. A este respecto, se puede demostrar que (6-73a) da una estimación *inconsistente* de la densidad espectral de potencia cuando $x(t)$ es gaussiana [Bendat y Piersol, 1971].

Desde luego, se pueden usar funciones aventanadas diferentes de las triangulares para obtener diferentes estimadores de densidad espectral de potencia [Blackman y Tukey, 1958; Jenkins y Watts, 1968]. Las técnicas más modernas asumen un modelo matemático (es decir, forma) de la función de autocorrelación y estiman los parámetros de este modelo. En seguida se verifica el modelo para ver si es compatible con los datos. Algunos ejemplos son los modelos de *promedio móvil* (MA, por sus siglas en inglés: *moving average*), el *autorregresivo* (AR, por sus siglas en inglés: *autoregressive*) y el de *promedio móvil autorregresivo* (ARMA, por sus siglas en inglés: *autoregressive-moving average*) [Kay, 1986; Kay y Marple, 1981; Marple, 1986; Scharf, 1991; Shanmugan y Breipohl, 1988].

Los analizadores de espectros que utilizan circuitos basados en microprocesadores con frecuencia se valen de técnicas numéricas para evaluar la densidad espectral de potencia. Estos instrumentos pueden evaluar la densidad espectral de potencia sólo de formas de onda de relativamente baja frecuencia, por ejemplo, en el intervalo de frecuencia de audio o ultrasónica, puesto que no se pueden construir circuitos procesadores de señales digitales en tiempo real para procesar señales a velocidades de radiofrecuencia.

## 6-3 VALORES DE CD Y RMS EN PROCESOS ALEATORIOS ERGÓDICOS

En el capítulo 2, el valor de cd, el valor rms y la potencia promedio se definieron en función de operaciones de promedio de tiempo. En los procesos ergódicos estos promedios de tiempo equivalen a promedios en conjunto. De este modo, el valor de cd, el valor rms y la potencia promedio (los cuales son conceptos fundamentales de la ingeniería eléctrica) se pueden relacionar con los momentos de un proceso aleatorio ergódico. A continuación se resumen estas relaciones. $x(t)$ es un proceso aleatorio ergódico que puede corresponder a una forma de onda de voltaje o corriente.

**1.** Valor de cd:

$$X_{\text{cd}} \triangleq \langle x(t) \rangle \equiv \overline{x} = m_x \tag{6-74}$$

**2.** Potencia de cd normalizada:

$$P_{\text{cd}} \triangleq [\langle x(t) \rangle]^2 \equiv (\overline{x})^2 \tag{6-75}$$

**3.** Valor de rms:

$$X_{\text{rms}} \triangleq \sqrt{\langle x^2(t) \rangle} \equiv \sqrt{(\overline{x^2})} = \sqrt{R_x(0)} = \sqrt{\int_{-\infty}^{\infty} \mathcal{P}_x(f)\, df} \tag{6-76}$$

**4.** Valor rms de la parte de ca:

$$(X_{\text{rms}})_{\text{ca}} \triangleq \sqrt{\langle (x(t) - X_{cd})^2 \rangle} \equiv \sqrt{\overline{(x - \overline{x})^2}}$$

$$= \sqrt{\overline{x^2} - (\overline{x})^2} = \sqrt{R_x(0) - (\overline{x})^2}$$

$$= \sqrt{\int_{-\infty}^{\infty} \mathcal{P}_x(f)\, df - (\overline{x})^2} = \sigma_x = \text{desviación estándar} \tag{6-77}$$

**5.** Potencia promedio total normalizada:

$$P \triangleq \langle x^2(t) \rangle \equiv \overline{x^2} = R_x(0) = \int_{-\infty}^{\infty} \mathcal{P}_x(f)\, df \tag{6-78}$$

**6.** Potencia promedio normalizada de la parte de ca:

$$P_{\text{ca}} \triangleq \langle (x(t) - X_{\text{cd}})^2 \rangle \equiv \overline{(x - \overline{x})^2}$$

$$= \overline{x^2} - (\overline{x})^2 = R_x(0) - (\overline{x})^2$$

$$= \int_{-\infty}^{\infty} \mathcal{P}_x(f)\, df - (\overline{x})^2 = \sigma_x^2 = \text{varianza} \tag{6-79}$$

Además, se puede usar equipo de laboratorio de uso común para evaluar la media, el segundo momento y la varianza de un proceso ergódico. Por ejemplo, si $x(t)$ es un forma de onda de voltaje, $\overline{x}$ se puede medir con un voltímetro de cd y $\sigma_x$ con un voltímetro "rms verdadero" (con acoplamiento de ca).[†] Con las mediciones, se obtiene fácilmente el segundo momento a partir de $\overline{x^2} = \sigma_x^2 + (\bar{x})^2$. A altas frecuencias (por ejemplo, de radio, microondas y ópticas), $\overline{x^2}$ y $\sigma_x^2$ se miden con un potenciómetro calibrado. Es decir, $\sigma_x^2 = \overline{x^2} = RP$, donde $R$ es la resistencia de la carga del potenciómetro (casi siempre de 50 Ω) y $P$ es la lectura obtenida con él.

## 6-4 SISTEMAS LINEALES

### Relaciones de entrada-salida

Tal como se desarrolló en el capítulo 2, un sistema lineal invariable con el tiempo se puede describir por su respuesta al impulso $h(t)$ o, de una manera equivalente, por su función de transferencia $H(f)$. Esto se ilustra en la figura 6-6, donde $x(t)$ es la entrada y $y(t)$ es la salida. Las relaciones de entrada-salida son

$$y(t) = h(t) * x(t) \tag{6-80}$$

Las relaciones correspondientes a la transformada de Fourier son

$$Y(f) = H(f)X(f) \tag{6-81}$$

Si $x(t)$ y $y(t)$ son procesos aleatorios, estas relaciones siguen siendo válidas (como en el caso de funciones determinísticas). En sistemas de comunicaciones $x(t)$ podría ser una señal aleatoria más ruido (aleatorio), o podría ser sólo ruido cuando no hay señal. En el caso de procesos aleatorios, se pueden usar funciones de autocorrelación y funciones de densidad espectral de potencia para describir las frecuencias implicadas. Por consiguiente, se tiene que plantear la pregunta: ¿cuál es la función de autocorrelación y la densidad espectral de potencia del proceso de salida $y(t)$ cuando la autocorrelación la densidad espectral de potencia de la entrada $x(t)$ se conocen?

**TEOREMA.** *Si en un proceso aleatorio estacionario en sentido amplio, $x(t)$, se aplica a la entrada de una red lineal invariable con el tiempo con respuesta al impulso $h(t)$, la autocorrelación de salida es*

$$R_y(\tau) = \int_{-\infty}^{\infty} \int_{-\infty}^{\infty} h(\lambda_1)h(\lambda_2)R_x(\tau - \lambda_2 + \lambda_1)\, d\lambda_1 d\lambda_2 \tag{6-82a}$$

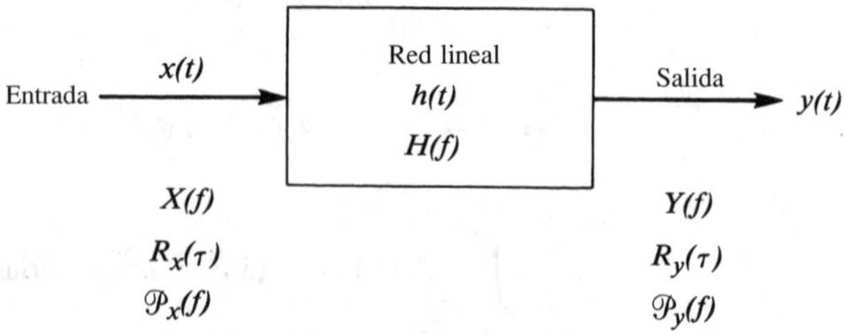


**Figura 6-6** Sistema lineal.

† La mayoría de los medidores "rms verdaderos" no disponen de respuesta hasta cd. Por tanto, no miden el valor rms verdadero $\sqrt{\langle x^2(t)\rangle} = \sqrt{\overline{x^2}}$; en su lugar miden $\sigma$.

*o*

$$R_y(\tau) = h(-\tau) * h(\tau) * R_x(\tau) \tag{6-82b}$$

*La densidad espectral de salida es*

$$\mathcal{P}_y(f) = |H(f)|^2\, \mathcal{P}_x(f) \tag{6-83}$$

*donde* $H(f) = \mathcal{F}[h(t)]$.

También se ve que (6-83) demuestra que la función de transferencia de potencia de la red es

$$G_h(f) = \frac{\mathcal{P}_y(f)}{\mathcal{P}_x(f)} = |H(f)|^2 \tag{6-84}$$

tal como lo cita la ecuación (2-143).

***Comprobación.*** De acuerdo con (6-80)

$$R_y(\tau) \triangleq \overline{y(t)y(t+\tau)}$$

$$= \overline{\left[\int_{-\infty}^{\infty} h(\lambda_1)x(t-\lambda_1)\, d\lambda_1\right]\left[\int_{-\infty}^{\infty} h(\lambda_2)x(t+\tau-\lambda_2)\, d\lambda_2\right]}$$

$$= \int_{-\infty}^{\infty}\int_{-\infty}^{\infty} h(\lambda_1)h(\lambda_2)\overline{x(t-\lambda_1)x(t+\tau-\lambda_2)}\, d\lambda_1 d\lambda_2 \tag{6-85}$$

Pero

$$\overline{x(t-\lambda_1)x(t+\tau-\lambda_2)} = R_x(t+\tau-\lambda_2-t+\lambda_1) = R_x(\tau-\lambda_2+\lambda_1)$$

así que (6-85) es equivalente a (6-82a). Además, (6-82a) se puede escribir en función de operaciones de convolución como sigue:

$$R_y(\tau) = \int_{-\infty}^{\infty} h(\lambda_1)\left\{\int_{-\infty}^{\infty} h(\lambda_2)R_x[(\tau+\lambda_1)-\lambda_2]\, d\lambda_2\right\} d\lambda_1$$

$$= \int_{-\infty}^{\infty} h(\lambda_1)\{h(\tau+\lambda_1) * R_x(\tau+\lambda_1)\}\, d\lambda_1$$

$$= \int_{-\infty}^{\infty} h(\lambda_1)\{h[-((-\tau)-\lambda_1)] * R_x[-((-\tau)-\lambda_1)]\}\, d\lambda_1$$

$$= h(-\tau) * h[-(-\tau)] * R_x[-(-\tau)]$$

la cual es equivalente a la notación de convolución de (6-82b).

La densidad espectral de potencia se obtiene con la transformada de Fourier de (6-82b).

$$\mathcal{F}[R_y(\tau)] = \mathcal{F}[h(-\tau)]\mathcal{F}[h(\tau) * R_x(\tau)]$$

o

$$\mathcal{P}_y(f) = H^*(f)H(f)\mathcal{P}_x(f)$$

donde se supone que $h(t)$ es real. Esta ecuación es equivalente a (6-83).

Este teorema se puede aplicar a sistemas lineales en cascada. Por ejemplo, en la figura 6-7 se muestran dos redes en cascada.

Este teorema también se generaliza para obtener la correlación cruzada o espectro cruzado de dos sistemas lineales, como se ilustra en la figura 6-8. $x_1(t)$ y $y_1(t)$ son los procesos de entrada y salida del primer sistema, cuya respuesta al impulso es $h_1(t)$. Asimismo, $x_2(t)$ y $y_2(t)$ son los procesos de entrada y salida del segundo sistema.

**Teorema.** *Sean* $\mathrm{x}_1(\mathrm{t})$ *y* $\mathrm{x}_2(\mathrm{t})$ *las entradas estacionarias en sentido amplio de dos sistemas lineales invariables con el tiempo, como se muestra en la figura 6-8; entonces la función de correlación cruzada de salida es*

$$R_{y_1y_2}(\tau) = \int_{-\infty}^{\infty}\int_{-\infty}^{\infty} h_1(\lambda_1)h_2(\lambda_2)R_{x_1x_2}(\tau - \lambda_2 + \lambda_1)\, d\lambda_1 d\lambda_2 \tag{6-86a}$$

o

$$R_{y_1y_2}(\tau) = h_1(-\tau) * h_2(\tau) * R_{x_1x_2}(\tau) \tag{6-86b}$$

*Además, por definición la densidad espectral de potencia cruzada de salida es la transformada de Fourier de la función de correlación cruzada; en consecuencia*

$$\mathcal{P}_{y_1y_2}(f) = H_1^*(f)H_2(f)\mathcal{P}_{x_1x_2}(f) \tag{6-87}$$

*donde* $\mathcal{P}_{\mathrm{y_1y_2}}(f) = \mathcal{F}[R_{\mathrm{y_1y_2}}(\tau)]$, $\mathcal{P}_{\mathrm{x_1x_2}}(f) = \mathcal{F}[R_{\mathrm{x_1x_2}}(\tau)]$, $H_1(f) = \mathcal{F}[h_1(t)]$, *y* $H_2(f) = \mathcal{F}[h_2(t)]$.

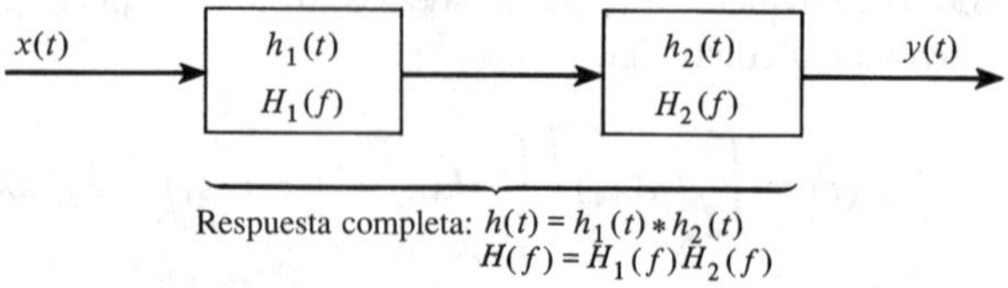


**Figura 6-7** Dos redes lineales conectadas en cascada.

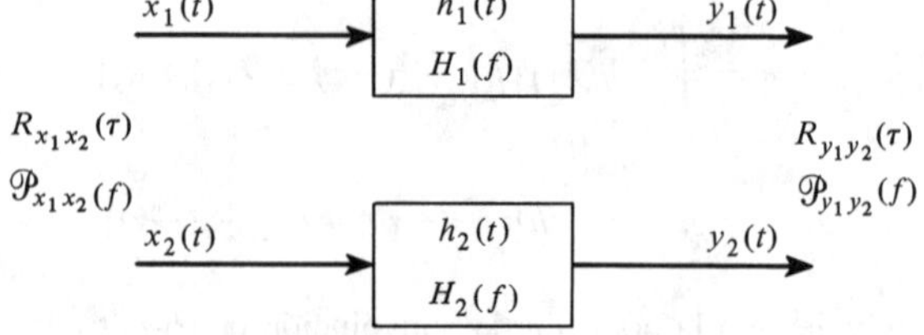


**Figura 6-8** Dos sistemas lineales.

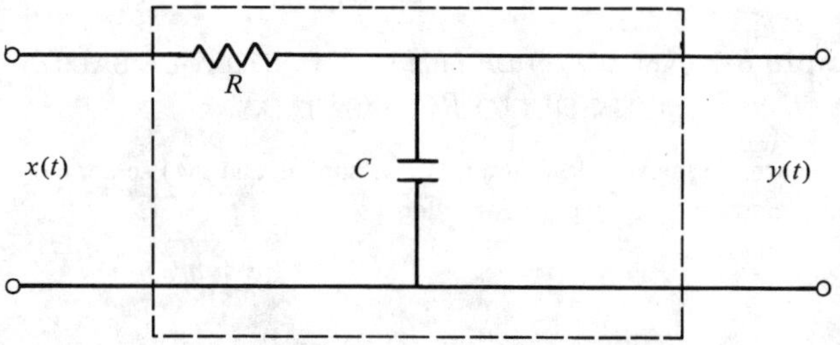


$$H(f) = \frac{1}{1 + j\left(\frac{f}{B_{3dB}}\right)} \qquad \text{donde } B_{3dB} = \frac{1}{2\pi RC}$$

**Figura 6-9** Filtro pasabajas RC.

La comprobación de este teorema es similar a la del teorema precedente y se dejará al lector como ejercicio.

### Ejemplo 6-4 AUTOCORRELACIÓN Y DENSIDAD ESPECTRAL DE POTENCIA DE SALIDA DE UN FILTRO *RC* PASABAJAS

En la figura 6-9 se muestra un filtro *RC* pasabajas. Supóngase que la entrada es un proceso aleatorio ergódico con densidad espectral de potencia uniforme:

$$\mathcal{P}_x(f) = \tfrac{1}{2}N_0$$

Luego la densidad espectral de potencia de la salida es

$$\mathcal{P}_y(f) = |\mathrm{H}(f)|^2\mathcal{P}_x(f)$$

la cual se vuelve

$$\mathcal{P}_y(f) = \frac{\frac{1}{2}N_0}{1 + (f/B_{3dB})^2} \tag{6-88}$$

donde $B_{3db} = 1/(2\pi RC)$. Obsérvese que $\mathcal{P}_y(B_{3dB})/\mathcal{P}_y(0)$ es $\frac{1}{2}$, así que $B_{3dB} = 1/(2\pi RC)$ con toda certeza es el ancho de banda 3 dB. Con la transforma de Fourier inversa de $\mathcal{P}_y(f)$ tal como lo describe la ecuación (6-88), se obtiene la función de autocorrelación de salida del filtro *RC*.

$$R_y(\tau) = \frac{N_0}{4RC}e^{-|\tau|/(RC)} \tag{6-89}$$

La potencia de salida normalizada que es el segundo momento de la salida es

$$P_y = \overline{y^2} = R_y(0) = \frac{N_0}{4RC} \tag{6-90}$$

Además, el valor de cd de la salida, el cual es el valor medio, es cero puesto que[†]

$$Y_{DC} = m_y = \sqrt{\lim_{\substack{\varepsilon \to 0 \\ \varepsilon > 0}} \int_{-\varepsilon}^{\varepsilon} \mathcal{P}_y(f)\, df} = 0 \tag{6-91}$$

(6-90) también da la varianza de la salida puesto que $\sigma_y^2 = \overline{y^2} - m_y^2$, donde $m_y = 0$.

[†] Cuando la integral es diferente de cero, el valor obtenido es igual o mayor que el cuadrado del valor medio.

**Ejemplo 6-5** RELACIÓN DE SEÑAL A RUIDO A LA SALIDA DE UN FILTRO *RC* PASABAJAS

Si se recurre de nuevo a la figura 6-9 y se supone que $x(t)$ se compone de una señal de onda senoidal (determinística) más ruido. Entonces

$$x(t) = s_i(t) + n_i(t)$$

y

$$s_i(t) = A_0 \cos(\omega_0 t + \theta_0)$$

donde $A_0$, $\omega_0$ y $\theta_0$ son constantes conocidas y $\mathcal{P}_{n_i}(f) = N_0/2$. La potencia de la señal de entrada es

$$\langle s_i^2(t)\rangle = \frac{A_0^2}{2}$$

y la potencia del ruido de entrada es

$$\langle n_i^2\rangle = \overline{n_i^2} = \int_{-\infty}^{\infty} \mathcal{P}_{n_i}(f)\, df = \int_{-\infty}^{\infty} \frac{N_0}{2}\, df = \infty$$

Por tanto la relación de señal a ruido (SNR) es

$$\left(\frac{\text{S}}{\text{N}}\right)_{\text{entrada}} = \frac{\langle s_i^2(t)\rangle}{\langle n_i^2(t)\rangle} = 0 \tag{6-92}$$

La salida se compone de la suma de la señal de entrada filtrada más el ruido de entrada filtrado puesto que el sistema es lineal.

$$y(t) = s_0(t) + n_0(t)$$

La señal de salida es

$$\begin{aligned} s_0(t) &= s_i(t) * h(t) \\ &= A_0 |H(f_0)| \cos[\omega_0 t + \theta_0 + \underline{/H(f_0)}] \end{aligned}$$

y la potencia de la señal de salida es

$$\langle s_0^2(t)\rangle = \frac{A_0^2}{2} |H(f_0)|^2 \tag{6-93}$$

De acuerdo con la ecuación (6-90) del ejemplo 6-4, la potencia del ruido de salida es

$$\overline{n_0^2} = \frac{N_0}{4RC} \tag{6-94}$$

La relación de señal a ruido de salida es, por tanto,

$$\left(\frac{\text{S}}{\text{N}}\right)_{\text{salida}} = \frac{\langle s_0^2(t)\rangle}{\langle n_0^2(t)\rangle} = \frac{\langle s_0^2(t)\rangle}{\overline{n_0^2(t)}} = \frac{2A_0^2|H(f_0)|^2 RC}{N_0} \tag{6-95}$$

o

$$\left(\frac{\text{S}}{\text{N}}\right)_{\text{salida}} = \frac{2A_0^2 RC}{N_0[1 + (2\pi f_0 RC)^2]}$$

Se incita al lector a que, por medio del cálculo, encuentre el valor de $RC$ que incrementa al máximo la relación señal a ruido. el cual es $RC = 1/(2\pi f_0)$. En consecuencia, para una relación señal a ruido máxima, el filtro se diseña con un ancho de banda 3 dB igual a $f_0$.

## 6-5 MEDIDAS DE ANCHO DE BANDA

En la sección 2-9 se definieron varias medidas de ancho de banda, a saber, ancho de banda absoluto, ancho de banda 3 dB, ancho de banda equivalente, ancho de banda nulo a nulo (cruce por cero), ancho de banda limitado, ancho de banda de potencia y el parámetro de ancho de banda de la FCC. Se aplican estas definiciones para evaluar el ancho de banda de un proceso estacionario en sentido amplio $x(t)$, donde $\mathcal{P}_x(f)$ reemplaza a $|H(f)|^2$ en las definiciones. En esta sección se revisa el ancho de banda equivalente y se define una nueva medición de ancho de banda, ancho de banda rms.

### Ancho de banda equivalente

En un proceso estacionario en sentido amplio, $x(t)$, el ancho de banda equivalente, definido por (2-192), se vuelve

$$B_{\text{eq}} = \frac{1}{\mathcal{P}_x(f_0)} \int_0^{\infty} \mathcal{P}_x(f)\, df = \frac{R_x(0)}{2\mathcal{P}_x(f_0)} \tag{6-96}$$

$f_0$ es la frecuencia donde $\mathcal{P}_x(f)$ es máxima. Esta ecuación es válida para procesos tanto pasabanda como de bandabase (en donde $f_0 = 0$ se utiliza para procesos de bandabase).

### Ancho de banda rms

El ancho de banda es la raíz cuadrada del segundo momento de la frecuencia con respecto a una densidad espectral de potencia adecuadamente normalizada. En este caso, $f$, aunque no es aleatoria, se puede *tratar* como variable aleatoria cuya "función de densidad" $\mathcal{P}_x(f)/\int_{-\infty}^{\infty} \mathcal{P}_x(\lambda)\, d\lambda$. Ésta es una función no negativa en la que el denominador proporciona la normalización correcta de tal modo que el valor integrado de esta relación es la unidad. Por consiguiente esta función satisface las propiedades de una función de densidad de probabilidad.

**DEFINICIÓN.** Si $x(t)$ es un proceso estacionario en sentido amplio *pasabajas*, el *ancho de banda rms* es

$$B_{\text{rms}} = \sqrt{\overline{f^2}} \tag{6-97}$$

donde

$$\overline{f^2} = \int_{-\infty}^{\infty} f^2 \left[ \frac{\mathcal{P}_x(f)}{\int_{-\infty}^{\infty} \mathcal{P}_x(\lambda)\, d\lambda} \right] df = \frac{\int_{-\infty}^{\infty} f^2\, \mathcal{P}_x(f)\, df}{\int_{-\infty}^{\infty} \mathcal{P}_x(\lambda)\, d\lambda} \tag{6-98}$$

Con frecuencia se usa la medida rms del ancho de banda en comparaciones teóricas de sistemas de comunicación puesto que las matemáticas implicadas en el cálculo rms con frecuencia son más fáciles de realizar que el de otras mediciones de ancho de banda. Sin embargo, el ancho de banda rms no es fácil de medir con instrumentos de laboratorio.

**Teorema.** *En un proceso estacionario en sentido amplio $x(t)$, la media cuadrática de la frecuencia $\overline{f^2}$* es

$$\overline{f^2} = \left[ -\frac{1}{(2\pi)^2 R(0)} \right] \frac{d^2 R_x(\tau)}{d\tau^2} \bigg|_{\tau=0} \tag{6-99}$$

***Comprobación.*** Se sabe que

$$R_x(\tau) = \int_{-\infty}^{\infty} \mathcal{P}_x(f) e^{j2\pi f\tau} \, dt$$

Con la segunda derivada de esta ecuación con respecto a $\tau$, se obtiene

$$\frac{d^2 R_x(\tau)}{d\tau^2} = \int_{-\infty}^{\infty} \mathcal{P}_x(f) e^{j2\pi f\tau} (j2\pi f)^2 \, df$$

Al evaluar ambos lados de esta ecuación con $\tau = 0$ se obtiene

$$\frac{d^2 R_x(\tau)}{d\tau^2} \bigg|_{\tau=0} = (j2\pi)^2 \int_{-\infty}^{\infty} f^2 \mathcal{P}_x(f) \, df$$

Sustituyendo ésta en lugar de la integral en (6-98), (6-98) se vuelve

$$\overline{f^2} = \frac{\displaystyle\int_{-\infty}^{\infty} f^2 \mathcal{P}_x(f) \, df}{\displaystyle\int_{-\infty}^{\infty} \mathcal{P}_x(\lambda) \, d\lambda} = \frac{-\dfrac{1}{(2\pi)^2} \left[ \dfrac{d^2 R_x(\tau)}{d\tau^2} \right]_{\tau=0}}{R_x(0)}$$

la cual es idéntica a (6-99).

También se puede definir el ancho de banda rms para un proceso *pasabanda*. En este caso interesa la raíz cuadrada del segundo momento con respecto a la frecuencia media de la parte de la frecuencia *positiva* del espectro.

**Definición.** Si $x(t)$ es un proceso estacionario en sentido amplio *pasabanda*, el *ancho de banda rms* es

$$B_{\text{rms}} = 2\sqrt{\overline{(f - f_0)^2}} \tag{6-100}$$

donde

$$\overline{(f - f_0)^2} = \int_0^{\infty} (f - f_0)^2 \left( \frac{\mathcal{P}_x(f)}{\displaystyle\int_0^{\infty} \mathcal{P}_x(\lambda) \, d\lambda} \right) df \tag{6-101}$$

y

$$f_0 \triangleq \bar{f} = \int_0^\infty f\left(\frac{\mathcal{P}_x(f)}{\displaystyle\int_0^\infty \mathcal{P}_x(\lambda)\, d\lambda}\right) df \tag{6-102}$$

Con el dibujo de una densidad espectral de potencia típica se constata que la cantidad dada por el radical en (6-100) es análoga a $\sigma_f$. Por consiguiente, se requiere el factor de 2 para dar una definición razonable de ancho de banda pasabanda.

**Ejemplo 6-6** ANCHO DE BANDA EQUIVALENTE Y ANCHO DE BANDA RMS DE UN FILTRO *RC* PASABAJAS

Para evaluar el ancho de banda equivalente y el ancho de banda rms de un filtro, se puede aplicar ruido blanco a la entrada. El ancho de banda de la densidad espectral de potencia de salida es el ancho de banda del filtro puesto que la densidad espectral de potencia de entrada es una constante.

En el filtro pasabajas *RC* (Fig. 6-9) la densidad espectral de salida, con ruido blanco a la entrada, está dada por (6-88). La ecuación (6-89) da la función de autocorrelación de salida correspondiente. Cuando se sustituyen estas ecuaciones en (6-96), el ancho de banda equivalente del filtro pasabajas *RC* es

$$B_{\text{eq}} = \frac{R_y(0)}{2\mathcal{P}_y(0)} = \frac{N_0/4RC}{2(\frac{1}{2}N_0)} = \frac{1}{4RC} \text{ hertz} \tag{6-103}$$

Por consiguiente, para un filtro pasabajas *RC*,

$$B_{\text{eq}} = \frac{\pi}{2} B_{3\text{dB}} \tag{6-104}$$

El ancho de banda rms se obtiene sustituyendo (6-88) y (6-90) en (6-98).

$$B_{\text{rms}} = \sqrt{\frac{\displaystyle\int_{-\infty}^{\infty} f^2 \mathcal{P}_y(f)\, df}{R_y(0)}} = \sqrt{\frac{1}{2\pi^2 RC} \int_{-\infty}^{\infty} \frac{f^2}{(B_{3\text{dB}})^2 + f^2}\, df} \tag{6-105}$$

Al examinar la integral, se observa que el integrando se vuelve *unitario* conforme $f \to \pm\infty$, por lo que el valor de la integral es infinito. Por tanto $B_{\text{rms}} = \infty$ para un *RC* pasabajas. Para que el ancho de banda rms sea finito, la densidad espectral de potencia tiene que menguar más rápido que $1/|f|^2$ conforme la frecuencia llega a ser grande. Por consiguiente, para el filtro pasabajas *RC*, la definición rms no es muy útil.

## 6-6 PROCESO ALEATORIO GAUSSIANO

**DEFINICIÓN.** Se dice que un proceso $x(t)$ es gaussiano si las variables aleatorias

$$x_1 = x(t_1),\ x_2 = x(t_2),\ \ldots,\ x_N = x(t_N) \tag{6-106}$$

tienen una función de densidad de probabilidad de $N$ dimensiones con cualquier $N$ y cualquier $t_1, t_2, \ldots, t_N$.

La función de densidad de probabilidad gaussiana de $N$ dimensiones se puede escribir en forma compacta mediante notación matricial. Sea $\mathbf{x}$ el vector de *columna* que denota las $N$ variables aleatorias,

$$\mathbf{x} = \begin{bmatrix} x_1 \\ x_2 \\ \vdots \\ x_N \end{bmatrix} = \begin{bmatrix} x(t_1) \\ x(t_2) \\ \vdots \\ x(t_N) \end{bmatrix} \tag{6-107}$$

La función de densidad de probabilidad gaussiana de $N$ dimensiones es

$$f_{\mathbf{x}}(\mathbf{x}) = \frac{1}{(2\pi)^{N/2}|\text{Det } \mathbf{C}|^{1/2}} e^{-(1/2)[(\mathbf{x}-\mathbf{m})^T\mathbf{C}^{-1}(\mathbf{x}-\mathbf{m})]} \tag{6-108}$$

donde el vector medio es

$$\mathbf{m} = \bar{\mathbf{x}} = \begin{bmatrix} \bar{x}_1 \\ \bar{x}_2 \\ \vdots \\ \bar{x}_N \end{bmatrix} = \begin{bmatrix} m_1 \\ m_2 \\ \vdots \\ m_N \end{bmatrix} \tag{6-109}$$

$(\mathbf{x} - \mathbf{m})^T$ denota la transposición del vector columnar $(\mathbf{x} - \mathbf{m})$.

Det $\mathbf{C}$ es el determinante de la matriz $\mathbf{C}$, y $\mathbf{C}^{-1}$ es la inversa de la matriz $\mathbf{C}$. La matriz C de covarianza se define mediante

$$\mathbf{C} = \begin{bmatrix} c_{11} & c_{12} & \cdots & c_{1N} \\ c_{21} & c_{22} & \cdots & c_{2N} \\ \vdots & \vdots & & \vdots \\ c_{N1} & c_{N2} & \cdots & c_{NN} \end{bmatrix} \tag{6-110}$$

donde los elementos de la matriz son

$$c_{ij} = \overline{(x_i - m_i)(x_j - m_j)} = \overline{[x(t_i) - m_i][x(t_j) - m_j]} \tag{6-111}$$

En un proceso estacionario en sentido amplio $m_i = \overline{x(t_i)} = m_j = \overline{x(t_j)} = m$. Los elementos de la matriz de covarianza se vuelven

$$c_{ij} = R_{\text{x}}(t_j - t_i) - m^2 \tag{6-112}$$

Si, además, los $x_i$ son no correlacionados, $\overline{x_i x_j} = \bar{x}_i \bar{x}_j$ con $i \neq j$, y la matriz de covarianza se vuelve

$$\mathbf{C} = \begin{bmatrix} \sigma^2 & 0 & \cdots & 0 \\ 0 & \sigma^2 & \cdots & 0 \\ \vdots & & \ddots & \vdots \\ 0 & 0 & \cdots & \sigma^2 \end{bmatrix} \tag{6-113}$$

donde $\sigma^2 = \overline{x^2} - m^2 = R_x(0) - m^2$. Esto es, la matriz de covarianza se transforma en una matriz diagonal si las variables aleatorias son no correlacionadas. Con (6-113) en (6-108), se concluye que las variables aleatorias gaussianas son independientes cuando son no correlacionadas.

## Propiedades de procesos gaussianos

A continuación se dan algunas propiedades de procesos gaussianos.

1. $f_{\mathbf{x}}(\mathbf{x})$ depende sólo de $\mathbf{C}$ y de $\mathbf{m}$, lo cual es otra manera de decir que la función de densidad de probabilidad de $N$ dimensiones queda especificada por completo por los momentos de primer y segundo órdenes (es decir, medias, varianzas y covarianzas).
2. Puesto que $\{x_i = x(t_i)\}$ son conjuntamente gaussianos, los $x_i = x(t_i)$ son individualmente gaussianos.
3. Cuando $\mathbf{C}$ es una matriz diagonal, las variables aleatorias son no correlacionadas. Además, las variables aleatorias gaussianas son independientes cuando no son correlacionadas.
4. Una transformación lineal de un conjunto de variables aleatorias gaussianas produce otro conjunto de variables aleatorias gaussianas.
5. Un proceso gaussiano en sentido amplio también es estacionario en sentido estricto† [Papoulis, 1984, pág. 222; Shanmugan y Breiphol, 1988, pág. 141].

La propiedad 4 es muy útil en el análisis de sistemas lineales. Esta propiedad, lo mismo que el teorema siguiente, se comprobarán más adelante.

**TEOREMA.** *Si la entrada a un sistema lineal es un proceso aleatorio gaussiano, la salida del sistema también es un proceso gaussiano.*

***Comprobación.*** La salida de una red lineal cuya respuesta al impulso $h(t)$ es

$$y(t) = h(t) * x(t) = \int_{-\infty}^{\infty} h(t-\lambda)x(\lambda)\,d\lambda$$

Ésta se puede aproximar mediante

$$y(t) = \sum_{j=1}^{N} h(t-\lambda_j)x(\lambda_j)\,\Delta\lambda \tag{6-114}$$

la cual se vuelve exacta conforme $N \to$ grande, y $\Delta\lambda \to 0$.

Las variables aleatorias de salida del proceso aleatorio de salida son

$$y(t_1) = \sum_{j=1}^{N} [h(t_1-\lambda_j)\,\Delta\lambda]x(\lambda_j)$$

$$y(t_2) = \sum_{j=1}^{N} [h(t_2-\lambda_j)\,\Delta\lambda]x(\lambda_j)$$

$$\vdots$$

$$y(t_N) = \sum_{j=1}^{N} [h(t_N-\lambda_j)\,\Delta\lambda]x(\lambda_j)$$

† Esto se deduce directamente de (6-112) puesto que la función de densidad de probabilidad gaussiana de $N$ dimensiones es una función sólo de $\tau$ y no de los tiempos absolutos.

En notación matricial ésta es

$$\begin{bmatrix} y_1 \\ y_2 \\ \vdots \\ y_N \end{bmatrix} = \begin{bmatrix} h_{11} & h_{12} & \cdots & h_{1N} \\ h_{21} & h_{22} & \cdots & h_{2N} \\ \vdots & \vdots & \ddots & \vdots \\ h_{N1} & h_{N2} & \cdots & h_{NN} \end{bmatrix} \begin{bmatrix} x_1 \\ x_2 \\ \vdots \\ x_N \end{bmatrix}$$

o

$$\mathbf{y} = \mathbf{H}\mathbf{x} \tag{6-115}$$

donde los elementos de la matriz **H** de $N \times N$ están relacionados con la respuesta al impulso de la red lineal por medio de

$$h_{ij} = [h(t_i - \lambda_j)]\,\Delta\lambda \tag{6-116}$$

A continuación se demostrará que $y$ es una función de densidad de probabilidad gaussiana de $N$ dimensiones donde **x** es una función de densidad de probabilidad de $N$ dimensiones. Esto se puede lograr con la teoría de una transformación funcional multivariable dada en el apéndice B. Según (B-99) la función de densidad de probabilidad de $y$ es

$$f_{\mathbf{y}}(\mathbf{y}) = \left.\frac{f_{\mathbf{x}}(\mathbf{x})}{|\mathrm{J}(\mathbf{y}/\mathbf{x})|}\right|_{\mathbf{x}=H^{-1}\mathbf{y}} \tag{6-117}$$

La jacobiana es

$$J\left(\frac{\mathbf{y}}{\mathbf{x}}\right) = \mathrm{Det}\begin{bmatrix} \frac{dy_1}{dx_1} & \frac{dy_1}{dx_2} & \cdots & \frac{dy_1}{dx_N} \\ \frac{dy_2}{dx_1} & \frac{dy_2}{dx_2} & \cdots & \frac{dy_2}{dx_N} \\ \vdots & \vdots & & \vdots \\ \frac{dy_N}{dx_1} & \frac{dy_N}{dx_2} & \cdots & \frac{dy_N}{dx_N} \end{bmatrix} = \mathrm{Det}[\mathbf{H}] \triangleq K \tag{6-118}$$

donde $K$ es una constante. En este problema $J(\mathbf{y}/\mathbf{x})$ es una *constante* (no una función de **x**) porque $\mathbf{y} = \mathbf{H}\mathbf{x}$ es una transformación *lineal*. Por consiguiente

$$f_{\mathbf{y}}(\mathbf{y}) = \frac{1}{|\mathbf{K}|} f_{\mathbf{x}}(\mathbf{H}^{-1}\mathbf{y})$$

o

$$f_{\mathbf{y}}(\mathbf{y}) = \frac{1}{(2\pi)^{N/2}|K|\,|\mathrm{Det}\,\mathbf{C}_x|^{1/2}}\, e^{-(1/2)[(\mathbf{H}^{-1}\mathbf{y}-\mathbf{m}_{\mathbf{x}})^T \mathbf{C}_x^{-1}(\mathbf{H}^{-1}\mathbf{y}-\mathbf{m}_{\mathbf{x}})]} \tag{6-119}$$

donde el subíndice $x$ se anexó a las cantidades asociadas con $x(t)$. Pero se sabe que $\mathbf{m}_y = \mathbf{H}\mathbf{m}_x$ y con base en la teoría de matrices se tiene la propiedad $[\mathbf{AB}]^T = \mathbf{B}^T\mathbf{A}^T$, por lo que el exponente de (6-119) se vuelve

$$-\tfrac{1}{2}[(\mathbf{y}-\mathbf{m}_y)^T(\mathbf{H}^{-1})^T]\mathbf{C}_x^{-1}[\mathbf{H}^{-1}(\mathbf{y}-\mathbf{m}_y)] = -\tfrac{1}{2}[(\mathbf{y}-\mathbf{m}_y)^T\mathbf{C}_y^{-1}(\mathbf{y}-\mathbf{m}_y)] \quad (6\text{-}120)$$

donde

$$\mathbf{C}_y^{-1} = (\mathbf{H}^{-1})^T\mathbf{C}_x^{-1}\mathbf{H}^{-1} \quad (6\text{-}121)$$

o

$$\mathbf{C}_y = \mathbf{H}\mathbf{C}_x\mathbf{H}^T \quad (6\text{-}122)$$

En consecuencia, la función de densidad de probabilidad de **y** es

$$f_{\mathbf{y}}(\mathbf{y}) = \frac{1}{(2\pi)^{N/2}|K|\,|Det\ \mathbf{C}_{\mathbf{x}}|^{1/2}}e^{-(1/2)(\mathbf{y}-\mathbf{m}_y)^T\mathbf{C}_y^{-1}(\mathbf{y}-\mathbf{m}_{\mathbf{y}})} \quad (6\text{-}123)$$

la cual es una función de densidad de probabilidad gaussiana de $N$ dimensiones. Esto completa la comprobación de este teorema.

Si un sistema lineal actúa como integrador o filtro pasabajas, las variables aleatorias de salida (del proceso aleatorio de salida) tienden a ser proporcionales a la suma de las variables aleatorias de entrada. Por consiguiente, si se aplica el teorema de límite central (véase el apéndice B), la salida del integrador o filtro pasabajas tenderá hacia un proceso aleatorio gaussiano cuando las variables aleatorias de entrada son independientes con funciones de densidad de probabilidad no gaussianas.

### Ejemplo 6-7 PROCESO DE RUIDO BLANCO GAUSSIANO

Supóngase que $n(t)$ es un proceso aleatorio gaussiano cuya densidad espectral de potencia es

$$\mathcal{P}_n(f) = \begin{cases} \frac{1}{2}N_0, & |f| \le B \\ 0, & f \text{ distinto} \end{cases} \quad (6\text{-}124)$$

donde $B$ es una constante positiva. Ésta describe un *proceso gaussiano blanco de banda limitada* en tanto $B$ sea finito, aunque se transforma en un *proceso gaussiano blanco* por completo (todas las frecuencias presentes) conforme $B \to \infty$.

La función de autocorrelación del proceso blanco de banda limitada es

$$R_n(\tau) = BN_0\left(\frac{\text{sen } 2\pi B\tau}{2\pi B\tau}\right) \quad (6\text{-}125)$$

La potencia promedio total es $P = R_n(0) = BN_0$. El valor medio de $n(t)$ es cero puesto que no existe función delta en la densidad espectral de potencia a $f = 0$. Además, la función de autocorrelación es cero con $\tau = k/(2B)$ donde $k$ es un entero diferente de cero. Por consiguiente, las variables aleatorias $n_1 = n(t_1)$ y $n_2 = n(t_2)$ son no correlacionadas cuando $t_2 - t_1 = \tau = k/(2B)$, $k \neq 0$. Con otros valores de $\tau$, las variables aleatorias son correlacionadas. Puesto que se supone que $n(t)$ es gaussiano, $n_1$ y $n_2$ son conjuntamente variables aleatorias gaussianas. Por consiguiente, de acuerdo con la propiedad 3, las variables aleatorias son independientes cuando $t_2 - t_1 = k/(2B)$. Son dependientes con otros valores de $t_2$ y $t_1$. Conforme $B \to \infty$, $R_n(\tau) \to \frac{1}{2}N_0\delta(\tau)$, y las variables aleatorias $n_1$ y $n_2$ se vuelven independientes con todos los valores de $t_1$ y $t_2$, siempre que $t_1 \neq t_2$. Además, conforme $B \to \infty$, la potencia promedio se vuelve infinita. Por consiguiente, un proceso de ruido blanco no es físicamente realizable. Sin embargo, es una idealización matemática muy útil para el análisis de un sistema, de la misma manera en que el impulso determinístico es útil para obtener la respuesta al impulso de un sistema lineal, aunque el impulso en sí mismo no sea físicamente realizable.

## 6-7 PROCESOS PASABANDA†

### Representación pasabanda

En la sección 4-1 se demostró que cualquier forma de onda pasabanda se puede representar mediante

$$v(t) = \mathrm{Re}\{g(t)e^{j\omega_c t}\} \tag{6-126a}$$

o, de manera equivalente, por medio de

$$v(t) = x(t)\cos\omega_c t - y(t)\,\mathrm{sen}\,\omega_c t \tag{6-126b}$$

y

$$v(t) = R(t)\cos[\omega_c t + \theta(t)] \tag{6-126c}$$

donde $g(t)$ es la envolvente compleja, $R(t)$ es la envolvente real, $\theta(t)$ es la fase y $x(t)$ y $y(t)$ son los componentes de cuadratura. Por tanto la envolvente compleja es

$$g(t) = |g(t)|e^{j\underline{/g(t)}} = R(t)e^{j\theta(t)} = x(t) + jy(t) \tag{6-127a}$$

Ésta proporciona las relaciones

$$R(t) = |g(t)| = \sqrt{x^2(t) + y^2(t)} \tag{6-127b}$$

$$\theta(t) = \underline{/g(t)} = \tan^{-1}\left[\frac{y(t)}{x(t)}\right] \tag{6-127c}$$

$$x(t) = R(t)\cos\theta(t) \tag{6-127d}$$

$$y(t) = R(t)\,\mathrm{sen}\,\theta(t) \tag{6-127e}$$

Además, el espectro de $v(t)$ está relacionado con el de $g(t)$ por medio de (4-12), el cual es

$$V(f) = \tfrac{1}{2}[G(f - f_c) + G^*(-f - f_c)] \tag{6-128}$$

En los capítulos 4 y 5 se utilizó la representación pasabanda para analizar sistemas de comunicaciones desde un punto de vista *determinístico*. En esta sección se amplía la representación a procesos aleatorios. En sistemas de comunicaciones, los procesos aleatorios pueden ser señales aleatorias, ruido o señales dañadas por ruido.

Cuando $v(t)$ es un proceso aleatorio pasabanda que contiene frecuencias próximas a $\pm f_c$, entonces $g(t)$, $x(t)$, $y(t)$, $R(t)$ y $\theta(t)$ serán procesos pasabanda. En general, $g(t)$ es un proceso complejo (como se describe en la sección 6-1), y $x(t)$, $y(t)$, $R(t)$ y $\theta(t)$ son siempre procesos reales. Esto se ve fácilmente con una expansión de la serie de Fourier de $v(t)$, como se demuestra por medio de las ecuaciones (4-5) a (4-8), donde los coeficientes de la serie de Fourier forman un conjunto de variables aleatorias puesto que $v(t)$ es un proceso aleatorio. Además, si $v(t)$ es un proceso aleatorio gaussiano, los coeficientes de la serie de Fourier consisten en un conjunto de variables aleatorias *gaussianas*, pues se obtienen por medio de operaciones lineales con $v(t)$. Asimismo, cuando $v(t)$ es un proceso aleatorio gaussiano, los coeficientes de la serie de Fourier, $g(t)$, $x(t)$ y $y(t)$ son procesos gaussianos puesto que son funciones lineales de $v(t)$. Sin embargo, $R(t)$ y $\theta(t)$ no son gaussianos porque son funciones no lineales de $v(t)$. La función de densidad de probabilidad de primer orden se evaluará en el ejemplo 6-10.

† En algunos otros textos éste se llama *proceso de ruido de banda angosta*, el cual es un nombre equivocado porque puede ser de banda ancha o angosta.

A continuación se aborda el tema de estacionaridad tal como se aplica a la representación pasabanda.

**Teorema.** *Si $x(t)$ y $y(t)$ son conjuntamente procesos estacionarios en sentido amplio* (WSS, por sus siglas en inglés: *wide-sense stationary*), *el proceso pasabanda real*

$$v(t) = \text{Re}\{g(t)e^{j\omega_c t}\} = x(t)\cos\omega_c t - y(t)\text{ sen }\omega_c t \tag{6-129a}$$

*será estacionario en sentido amplio si y sólo si*

$$\textbf{1.}\ \overline{x(t)} = \overline{y(t)} = 0 \tag{6-129b}$$

$$\textbf{2.}\ R_x(\tau) = R_y(\tau) \tag{6-129c}$$

$$\textbf{3.}\ R_{xy}(\tau) = -R_{yx}(\tau) \tag{6-129d}$$

***Comprobación.*** Los requisitos para que un proceso sea estacionario en sentido amplio son que $\overline{v(t)}$ sea constante y $R_v(t, t+\tau)$ sea sólo una función de $\tau$. Obsérvese que $\overline{v(t)} = \overline{x(t)}$ cos $\omega_c t - \overline{y(t)}$ sen $\omega_c t$ es una constante con cualquier valor de $t$ sólo si $\overline{x(t)} = \overline{y(t)} = 0$. En consecuencia, se requiere la condición 1.

Las condiciones necesarias para que $R_v(t, t+\tau)$ sea únicamente función $\tau$ se encuentran como sigue:

$$\begin{aligned} R_v(t, t+\tau) &\\ &= \overline{v(t)v(t+\tau)} \\ &= \overline{[x(t)\cos\omega_c t - y(t)\text{ sen }\omega_c t][x(t+\tau)\cos\omega_c(t+\tau) - y(t+\tau)\text{ sen }\omega_c(t+\tau)]} \\ &= \overline{x(t)x(t+\tau)}\cos\omega_c t\cos\omega_c(t+\tau) - \overline{x(t)y(t+\tau)}\cos\omega_c t\text{ sen }\omega_c(t+\tau) \\ &\quad - \overline{y(t)x(t+\tau)}\text{ sen }\omega_c t\cos\omega_c(t+\tau) + \overline{y(t)y(t+\tau)}\text{ sen }\omega_c t\text{ sen }\omega_c(t+\tau) \end{aligned}$$

o

$$\begin{aligned} R_v(t, t+\tau) = R_x(\tau)\cos\omega_c t\cos\omega_c(t+\tau) - R_{xy}(\tau)\cos\omega_c t\text{ sen }\omega_c(t+\tau) \\ - R_{yx}(\tau)\text{ sen }\omega_c t\cos\omega_c(t+\tau) + R_y(\tau)\text{ sen }\omega_c t\text{ sen }\omega_c(t+\tau) \end{aligned}$$

Cuando se utilizan identidades trigonométricas para los productos de seno y coseno, esta ecuación se reduce a

$$\begin{aligned} R_v(t, t+\tau) &\\ &= \tfrac{1}{2}[R_x(\tau) + R_y(\tau)]\cos\omega_c\tau + \tfrac{1}{2}[R_x(\tau) - R_y(\tau)]\cos\omega_c(2t+\tau) \\ &\quad - \tfrac{1}{2}[R_{xy}(\tau) - R_{yx}(\tau)]\text{ sen }\omega_c\tau - \tfrac{1}{2}[R_{xy}(\tau) + R_{yx}(\tau)]\text{ sen }\omega_c(2t+\tau) \end{aligned}$$

Se puede hacer que la autocorrelación de $v(t)$ sea una función de sólo $\tau$ si los términos que implican $t$ se hacen iguales a cero. Es decir, $[R_x(\tau) - R_y(\tau)] = 0$ y $[R_{xy}(\tau) + R_{yx}(\tau)] = 0$. Por consiguiente, se requieren las condiciones 2 y 3.

Si se satisfacen las condiciones 1 a 3 de (6-129) de modo que $v(t)$ sea un proceso estacionario en sentido amplio, las propiedades 1 a 5 de (6-133a) a (6-133e) son válidas. Además, los componentes $x(t)$ y $y(t)$ de $v(t) = x(t)\cos\omega_c t - y(t)\text{ sen }\omega_c t$ satisfacen las propiedades 6 a 14, como lo describen las ecuaciones (6-133f) a (6-133n), cuando se satisfacen las condiciones

1 a 3. Estas propiedades son muy útiles al analizar procesos aleatorios en varios puntos en sistemas de comunicación.

Para una forma de onda pasabanda dada, la descripción de la envolvente compleja, $g(t)$, no es única. Esto se ve fácilmente en (6-126), donde la selección del valor del parámetro $f_c$ se deja a la discreción del lector. Por consiguiente, para la representación de una forma de onda pasabanda dada, $v(t)$, los componentes de frecuencia que están presentes en la envolvente compleja, $g(t)$, correspondiente dependen del valor de $f_c$ seleccionado en el modelo. Además, para representar procesos aleatorios, con frecuencia interesa contar con una representación de un proceso pasabanda estacionario en sentido amplio con ciertas características de densidad espectral de potencia. En este caso, se puede demostrar que $\text{Re}\{(-j)g(t)e^{j\omega_c t}\}$ presenta la misma densidad espectral de potencia que $\text{Re}\{g(t)e^{j\omega_c t}\}$ cuando $v(t)$ es un proceso estacionario en sentido amplio [Papoulis, 1984, págs. 314 a 322]. Por consiguiente, $g(t)$ no es única, y se puede seleccionar para que satisfaga alguna condición adicional deseada. No obstante, las propiedades 1 a 14 aún se satisfarán cuando se cumplan las condiciones de (6-129).

En algunas aplicaciones, las condiciones 1 a 3 de (6-129) no se satisfacen. Éste será el caso, por ejemplo, cuando los componentes de cuadratura $x(t)$ y $y(t)$ no tienen la misma potencia, como en un problema de modulación de cuadratura desbalanceada. Otro ejemplo es el caso en que $x(t)$ o $y(t)$ tienen un valor de cd. En estos casos, el modelo de proceso aleatorio pasabanda descrito por (6-126) sería no estacionario. Por consiguiente, surge la pregunta: ¿se puede encontrar otro modelo pasabanda que modele un proceso estacionario en sentido amplio $v(t)$, pero sin que se requieran las condiciones 1 a 3 de (6-126)? La respuesta es sí. Se generaliza el modelo de (6-126) para incluir una constante de fase $\theta_c$ que sea una variable aleatoria. Entonces se tiene el teorema siguiente.

**Teorema.** *Si* x(t) *y* y(t) *son procesos conjuntamente estacionarios en sentido amplio, el proceso pasabanda real*

$$v(t) = \text{Re}\{g(t)e^{j(\omega_c t+\theta_c)}\} = x(t)\cos(\omega_c t + \theta_c) - y(t)\,\text{sen}(\omega_c t + \theta_c) \qquad (6\text{-}130)$$

*será estacionario en sentido amplio cuando* $\theta_c$ *es una variable aleatoria independiente uniformemente distribuida en el intervalo* $(0,2\pi)$.

Esta modificación del modelo pasabanda no es de preocupar porque se puede argüir que de hecho es un modelo mejor de procesos pasabanda físicamente obtenibles. Esto es, la constante $\theta_c$ con frecuencia se llama *fase de inicio aleatorio* puesto que depende de las "condiciones iniciales" del proceso físico. Cualquier fuente de ruido o señal arranca con un ángulo de fase aleatorio cuando se activa a menos que se sincronice inyectándole alguna señal externa.

***Comprobación.*** Si se utiliza (6-130) para modelar el proceso pasabanda, a continuación se demuestra que el proceso $v(t)$ es un estacionario en sentido amplio cuando $g(t)$ también lo es aun cuando se pudieran violar las condiciones de (6-129). Para demostrar que (6-130) es un proceso en sentido amplio, el primer requisito es que $\overline{v(t)}$ sea una constante.

$$\overline{v(t)} = \overline{\text{Re}\{g(t)e^{j(\omega_c t+\theta_c)}\}} = \text{Re}\{\overline{g(t)}e^{j\omega_c t}\,\overline{e^{j\theta_c}}\}$$

Pero $\overline{e^{j\theta_c}} = 0$, así que tenemos $\overline{v(t)} = 0$, lo que es una constante. El segundo es que $R_v(t, t + \tau)$ sea sólo una función de $\tau$.

$$R_v(t, t+\tau) = \overline{v(t)v(t+\tau)}$$
$$= \overline{\text{Re}\,\{g(t)e^{j(\omega_c t+\theta_c)}\}\,\text{Re}\{g(t+\tau)e^{j(\omega_c t+\omega_c\tau+\theta_c)}\}}$$

Con la identidad $\text{Re}(c_1)\,\text{Re}(c_2) = \frac{1}{2}\,\text{Re}(c_1c_2) + \frac{1}{2}\,\text{Re}(c_1^*c_2)$ y recordando que $\theta_c$ es una variable aleatoria dependiente, se obtiene

$$R_v(t, t+\tau) = \tfrac{1}{2}\mathrm{Re}\{\overline{g(t)g(t+\tau)e^{j(2\omega_c t+\omega_c\tau)}}\,\overline{e^{j2\theta_c}}\}$$
$$+ \tfrac{1}{2}\mathrm{Re}\{\overline{g^*(t)g(t+\tau)}e^{j\omega_c\tau}\}$$

Pero $\overline{e^{j2\theta_c}} = 0$ y $R_g(\tau) = \overline{g^*(t)g(t+\tau)}$, puesto que se supone que $g(t)$ es estacionaria en sentido amplio. Por tanto

$$R_v(t, t+\tau) = \tfrac{1}{2}\mathrm{Re}\{R_g(\tau)e^{j\omega_c\tau}\} \tag{6-131}$$

El lado derecho de la ecuación (6-131) no es una función de $t$, por consiguiente $R_v(t, t+\tau) = R_v(\tau)$. Por consiguiente, (6-130) da un modelo para un proceso pasabanda estacionario en sentido amplio.

Además, para este modelo tal como lo describe la ecuación (6-130), las propiedades 1 a 5 de (6-133a) a (6-133e) son válidas, aunque las propiedades 6 a 14, (6-133f) a (6-133h) no son válidas para los componentes $x(t)$ y $y(t)$ de $v(t) = x(t)\cos(\omega_c t + \theta_c) - y(t)\,\mathrm{sen}(\omega_c t + \theta_c)$ a menos que se satisfagan todas las condiciones de (6-129). Sin embargo, como más adelante se comprobará, los componentes $x(t)$ y $y(t)$ *detectados* a la salida de los detectores de producto de cuadratura (véase la figura 6-11) satisfacen las propiedades 6 a 14, siempre que la fase de inicio de los detectores, $\theta_0$, sea independiente de $v(t)$. [Obsérvese que los componentes $x(t)$ y $y(t)$ asociados con $v(t)$ a la entrada del detector no son idénticos a las formas de onda de salida de cuadratura $x(t)$ y $y(t)$, a menos que $\theta_c = \theta_0$; sin embargo, las densidades espectrales de potencia sí pueden ser idénticas.]

La representación por medio de la envolvente compleja de (6-130) es muy útil para evaluar la salida de circuitos detectores. Por ejemplo, si $v(t)$ es un proceso compuesto de señal más ruido aplicado a un detector de producto, $x(t)$ es el proceso de salida si la referencia es $-2\,\mathrm{sen}(\omega_c t + \theta_c)$ (véase el capítulo 4). De igual manera, $R(t)$ es el proceso de salida de un detector de envolvente, y $\theta(t)$ es el proceso de salida de un detector de fase.

## Propiedades de procesos pasabanda estacionarios en sentido amplio

Se pueden obtener teoremas que proporcionen las relaciones entre las funciones de autocorrelación y la densidad espectral de potencia de $v(t)$, $g(t)$, $x(t)$ y $y(t)$. Éstos y otros teoremas se presentan más adelante como propiedades de procesos aleatorios pasabanda. Estas relaciones presuponen que el proceso pasabanda $v(t)$ es real y estacionario en sentido amplio.† La naturaleza pasabanda de $v(t)$ se describe matemáticamente con la ayuda de la figura 6-10a. En este caso

$$\mathcal{P}_v(f) = 0 \qquad \text{para } f_2 < |f| < f_1 \tag{6-132}$$

donde $0 < f_1 \le f_c \le f_2$. Además, una constante positiva $B_0$ se define de tal modo que sea el intervalo de frecuencia más grande entre $f_c$ y cualquier extremo de banda, como se ilustra en la figura 6-10a y $B_0 < f_c$.

Las propiedades son:

1. $g(t)$ es un proceso de bandabase estacionario en sentido amplio complejo. (6-133a)
2. $x(t)$ y $y(t)$ son procesos reales de bandabase conjuntamente estacionarios en sentido amplio. (6-133b)
3. $R_v(\tau) = \frac{1}{2}\,\mathrm{Re}\,\{R_g(\tau)e^{j\omega_c\tau}\}$ . (6-133c)
4. $\mathcal{P}_v(f) = \frac{1}{4}\,[\mathcal{P}_g(f - f_c) + \mathcal{P}_g(-f - f_c)]$. (6-133d)
5. $\overline{v^2} = \frac{1}{2}\,\overline{|g(t)|^2} = R_v(0) = \frac{1}{2}\,R_g(0)$. (6-133e)

† $v(t)$ también tiene un valor medio cero puesto que es un proceso pasabanda.

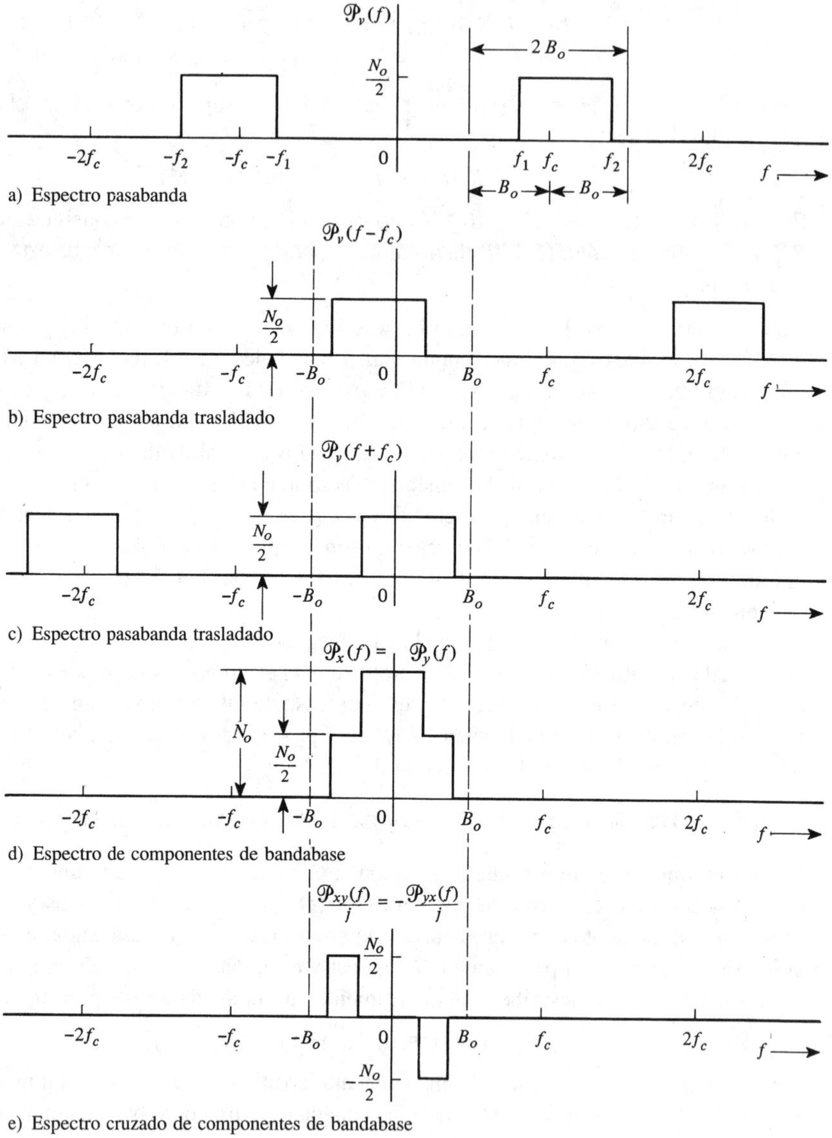


**Figura 6-10** Espectros del proceso aleatorio del ejemplo 6-8.

Si el proceso pasabanda $v(t)$ es estacionario en sentido amplio y si se satisfacen las condiciones 1 a 3 de (6-129), (6-129a) puede representar a $v(t)$, donde los componentes $x(t)$ y $y(t)$ satisfacen las propiedades 6 a 14 dadas en seguida. Por otra parte, si $v(t)$ es estacionario en sentido amplio pero no satisface las tres condiciones de (6-129), la representación de (6-129a) no es válida porque no será un modelo de un proceso estacionario en sentido amplio, y por consiguiente las propiedades 6 a 14 siguientes no son válidas. Sin embargo, para $v(t)$ estacionario en sentido amplio, la representación de (6-130) siempre es válida haciendo caso omiso de si ninguna, alguna o todas las condiciones de 6 a 14 se satisfacen, y, por consiguiente, ninguna, alguna o todas las condiciones 1 a 3 de (6-129) son satisfechas por los componentes $x(t)$ y $y(t)$ de (6-130). Además, si se recuperan los componentes de cuadratura de $v(t)$ por medio de circuitos detectores de producto, como se muestra en la figura 6-11, donde $\theta_0$ es una variable aleatoria uniformemente distribuida *independiente* de $v(t)$, los componentes de cuadratura $x(t)$ y $y(t)$ satisfacen las propiedades 6 a 14 dadas a continuación.†

**6.** $\overline{x(t)} = \overline{y(t)} = 0$ (6-133f)

**7.** $\overline{v^2(t)} = \overline{x^2(t)} = \overline{y^2(t)} = \frac{1}{2}\overline{|g(t)|^2}$
$= R_v(0) = R_x(0) = R_y(0) = \frac{1}{2}R_g(0)$ (6-133g)

**8.** $R_x(\tau) = R_y(\tau) = 2\int_0^{\infty} \mathcal{P}_v(f) \cos[2\pi(f - f_c)\tau]\, df$ (6-133h)

**9.** $R_{xy}(\tau) = 2\int_0^{\infty} \mathcal{P}_v(f) \operatorname{sen}[2\pi(f - f_c)\tau]\, df$ (6-133i)

**10.** $R_{xy}(\tau) = -R_{xy}(-\tau) = -R_{yx}(\tau)$ (6-133j)

**11.** $R_{xy}(0) = 0$ (6-133k)

**12.** $\mathcal{P}_x(f) = \mathcal{P}_y(f) = \begin{cases} [\mathcal{P}_v(f - f_c) + \mathcal{P}_v(f + f_c)], & |f| < B_0 \\ 0, & f \text{ en otra parte} \end{cases}$ (6-133l)

**13.** $\mathcal{P}_{xy}(f) = \begin{cases} j[\mathcal{P}_v(f - f_c) - \mathcal{P}_v(f + f_c)], & |f| < B_0 \\ 0, & f \text{ en otra parte} \end{cases}$ (6-133m)

**14.** $\mathcal{P}_{xy}(f) = -\mathcal{P}_{xy}(-f) = -\mathcal{P}_{yx}(f)$ (6-133n)

Se obtienen más propiedades cuando $v(t)$ es un *proceso aleatorio de banda lateral única* (*SSB*) estacionario en sentido amplio. Si $v(t)$ es SSB con respecto a $f = \pm f_c$, de acuerdo con el capítulo 5 se tiene

$$g(t) = x(t) \pm j\hat{x}(t) \tag{6-134}$$

donde el signo superior se utiliza para USSB y el inferior para LSSB. $\hat{x}(t)$ es la transformada de Hilbert de $x(t)$. Con la ecuación (6-134), se obtienen más propiedades.

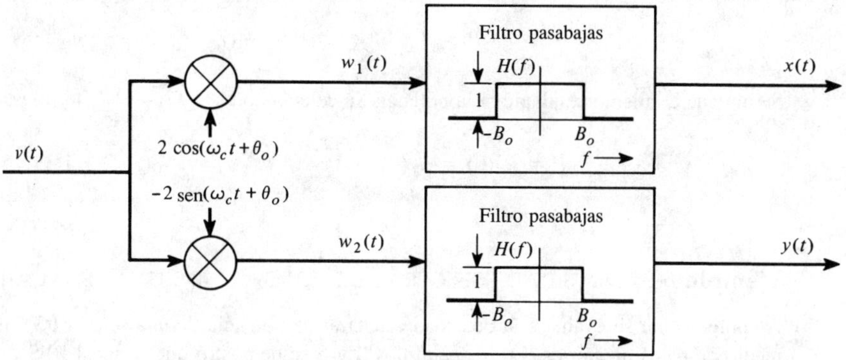


**Figura 6-11** Recuperación de $x(t)$ y $y(t)$ de $v(t)$

† Después de los ejemplos 6-8 y 6-9 se darán comprobaciones de estas propiedades. Las propiedades 6 a 14 también son válidas para los componentes $x(t)$ y $y(t)$ de (6-129a) siempre que se satisfagan las condiciones de (6-129b, c y d).

**15.** Cuando $v(t)$ es un proceso SSB con respecto a $f = \pm f_c$,

$$R_g(\tau) = 2[R_x(\tau) \pm j\hat{R}_x(\tau)] \tag{6-135a}$$

donde $\hat{R}_x(\tau) = [1/(\pi\tau)] * R_x(\tau)$

**16.** Para procesos USSB

$$\mathcal{P}_g(f) = \begin{cases} 4\mathcal{P}_x(f), & f > 0 \\ 0, & f < 0 \end{cases} \tag{6-135b}$$

**17.** Para procesos USSB

$$\mathcal{P}_g(f) = \begin{cases} 0, & f > 0 \\ 4\mathcal{P}_x(f), & f < 0 \end{cases} \tag{6-135c}$$

De la propiedad 9 se desprende que si la densidad espectral de potencia de $v(t)$ simétrica con respecto a $f = f_c$, $f > 0$, entonces $R_{xy}(\tau) \equiv 0$ con todos los valores de $\tau$. Por consiguiente, $x(t)$ y $y(t)$ serán procesos ortogonales cuando $\mathcal{P}_v(f)$ es simétrica con respecto a $f = f_c$, $f > 0$. Si además $v(t)$ es gaussiano, $x(t)$ y $y(t)$ serán procesos aleatorios gaussianos independientes.

## Ejemplo 6-8 ESPECTROS DE LOS COMPONENTES DE CUADRATURA DE RUIDO BLANCO PASABANDA

Supóngase que $v(t)$ es un proceso de ruido blanco y banda limitada independiente. Sea $N_0/2$ la densidad espectral de potencia de $v(t)$ en la banda de frecuencia $f_1 \le |f| \le f_2$, como se ilustra en la figura 6-10a. Con la propiedad 12, se evalúa la densidad espectral de potencia de $x(t)$ y $y(t)$. Ésta se obtiene sumando los espectros trasladados $\mathcal{P}_v(f - f_c)$ y $\mathcal{P}_v(f + f_c)$ como se ilustra en la figura 6-10b y c para obtener la $\mathcal{P}_x(f)$ mostrada en la figura 6-10d. Obsérvese que el espectro $\mathcal{P}_x(f)$ es cero cuando $|f| > B_0$. Asimismo, se obtiene el espectro cruzado $\mathcal{P}_{xy}(f)$ con la propiedad 13. Esto se muestra en la figura 6-10e. Es interesante observar que en el intervalo de frecuencia donde el espectro cruzado es no cero, es por completo imaginario puesto que $\mathcal{P}_v(f)$ es una función real. Además, el espectro cruzado siempre es una función impar.

La potencia normalizada total es

$$P = \int_{-\infty}^{\infty} \mathcal{P}_v(f)\, df = N_0(f_2 - f_1)$$

Se obtiene el mismo resultado si la potencia se calcula con $\mathcal{P}_x(f) = \mathcal{P}_y(f)$ y la propiedad 7.

$$P = R_x(0) = R_y(0) = \int_{-\infty}^{\infty} \mathcal{P}_x(f)\, df = N_0(f_2 - f_1)$$

## Ejemplo 6-9 DENSIDAD ESPECTRAL DE POTENCIA DE UNA SEÑAL BPSK

A continuación se evaluará la densidad espectral de potencia de una señal BPSK modulada por medio de datos aleatorios. En los capítulos 2 y 5 se demostró que la señal BPSK se representa por medio de

$$v(t) = x(t)\cos(\omega_c t + \theta_c) \tag{6-136}$$

donde $x(t)$ representa los datos binarios polares (véase el ejemplo 2-18) y $\theta_c$ es la fase de inicio aleatoria.

Con la propiedad 4, se encuentra la densidad espectral de potencia de $g(t) = x(t) + j0$. En consecuencia

$$\mathcal{P}_v(f) = \tfrac{1}{4}[\mathcal{P}_x(f - f_c) + \mathcal{P}_x(-f - f_c)] \tag{6-137}$$

Ahora se tiene que determinar la densidad espectral de potencia de la modulación binaria polar $x(t)$. Ésta se calculó en el ejemplo 6-3, donde se evaluó la densidad espectral de potencia de una señal de bandabase polar con datos binarios igualmente probables. Si se sustituye la ecuación (6-62), o la equivalente (6-67) en la (6-137), se obtiene la densidad espectral de potencia de la señal BPSK.

$$\mathcal{P}_v(f) = \frac{T_b}{4}\left\{\left[\frac{\operatorname{sen}\pi(f - f_c)\,T_b}{\pi(f - f_c)\,T_b}\right]^2 + \left[\frac{\operatorname{sen}\pi(f + f)\,T_b}{\pi(f + f_c)\,T_b}\right]^2\right\} \tag{6-138}$$

En la figura 6-12 se muestra un bosquejo de este resultado. Este resultado se citó con anterioridad en (2-200), donde también se evaluaron anchos de banda.

## Comprobaciones de algunas propiedades

Las comprobaciones de todas las 17 propiedades previamente listadas sería una tarea larga. Por consiguiente, se presentan comprobaciones detalladas de algunas de ellas. Las comprobaciones que implican matemáticas similares se dejan de tarea al lector.

Las propiedades 1 a 3 ya se dieron en el análisis precedente (6-131). La propiedad 4 se deduce con facilidad de la 3 con la transformada de Fourier de (6-133c). Las matemáticas son idénticas a las que se usaron para obtener (4-25). La propiedad 5 también se deriva directamente de la propiedad 3. Más adelante se demostrará la propiedad 6. La propiedad 7 se deriva de las propiedades 3 y 8. Como se verá más adelante, las propiedades 8 a 11 se derivan de las propiedades 12 y 13.

Las propiedades 6 y 12 se obtienen con la ayuda de la figura 6-11. Es decir, tal como se demuestra con la ecuación (4-76) en la sección 4-13, $x(t)$ y $y(t)$ se recuperan con detectores de producto. Por tanto

$$x(t) = [2v(t)\cos(\omega_c t + \theta_0)] * h(t) \tag{6-139}$$

y

$$y(t) = -[2v(t)\operatorname{sen}(\omega_c t + \theta_0)] * h(t) \tag{6-140}$$

donde $h(t)$ es la respuesta al impulso de un filtro de pasabajas ideal limitada a $B_0$ hertz. $\theta_0$ es una variable aleatoria independiente uniformemente distribuida en el intervalo $(0,2\pi)$ y corresponde

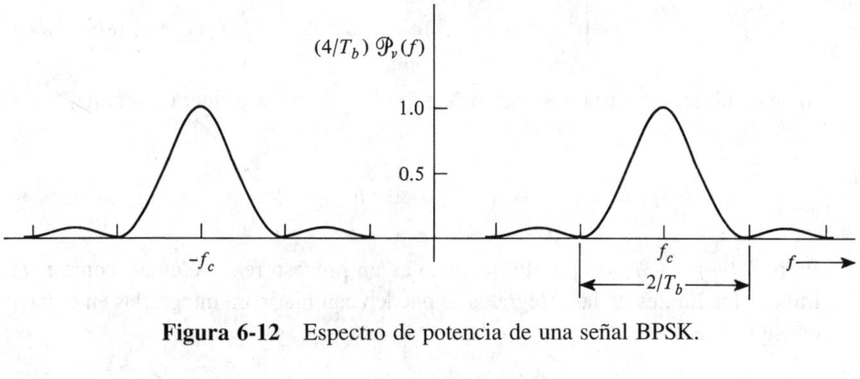


**Figura 6-12** Espectro de potencia de una señal BPSK.

a la fase de inicio aleatoria de un oscilador receptor de fase incoherente. La propiedad 6 se deriva de (6-139) con el promedio en conjunto puesto que $\overline{\cos(\omega_c t + \theta_0)} = 0$ y $\overline{\operatorname{sen}(\omega_c t + \theta_0)} = 0$. La propiedad 12, la cual es la densidad espectral de potencia de $x(t)$, se evalúa con la evaluación en primer lugar de la autocorrelación de $w_1(t)$ de la figura 6-11.

$$
\begin{aligned}
w_1(t) &= 2v(t)\cos(\omega_c t + \theta_0) \\
R_{w_1}(\tau) &= \overline{w_1(t)w_1(t+\tau)} \\
&= \overline{4v(t)v(t+\tau)\cos(\omega_c t + \theta_0)\cos(\omega_c(t+\tau) + \theta_0)}
\end{aligned}
$$

Pero como $\theta_0$ es una variable aleatoria independiente, con el uso de una identidad trigonométrica, se obtiene

$$R_{w_1}(\tau) = 4\overline{v(t)v(t+\tau)}[\tfrac{1}{2}\cos\omega_c\tau + \tfrac{1}{2}\overline{\cos(2\omega_c t + \omega_c\tau + 2\theta_0)}]$$

Pero $\overline{\cos(2\omega_c t + \omega_c\tau + 2\theta_0)} = 0$, en consecuencia,

$$R_{w_1}(\tau) = 2R_v(\tau)\cos\omega_c\tau \tag{6-141}$$

La densidad espectral de potencia de $w_1(t)$ se obtiene con la transformada de Fourier de (6-141).

$$\mathcal{P}_{w_1}(f) = 2\mathcal{P}_v(f) * [\tfrac{1}{2}\delta(f - f_c) + \tfrac{1}{2}\delta(f + f_c)]$$

o

$$\mathcal{P}_{w_1}(f) = \mathcal{P}_v(f - f_c) + \mathcal{P}_v(f + f_c)$$

Por último, la densidad espectral de potencia de $x(t)$ es

$$\mathcal{P}_x(f) = |H(f)|^2\mathcal{P}_{w_1}(f)$$

o

$$\mathcal{P}_x(f) = \begin{cases} [\mathcal{P}_v(f - f_c) + \mathcal{P}_v(f + f_c)], & |f| < B_0 \\ 0, & \text{distinto} \end{cases}$$

que es la propiedad 12.

La propiedad 8 se deriva directamente de la propiedad 12 con la transformada de Fourier inversa,

$$
\begin{aligned}
R_x(\tau) &= \mathcal{F}^{-1}[\mathcal{P}_x(f)] \\
&= \int_{-B_0}^{B_0} \mathcal{P}_v(f - f_c)e^{j2\pi f\tau}\,df + \int_{-B_0}^{B_0} \mathcal{P}_v(f + f_c)e^{j2\pi f\tau}\,df
\end{aligned}
$$

Si se cambian las variables, y con $f_1 = -f + f_c$ en la primera integral y $f_1 = -f + f_c$ en la segunda.

$$R_x(\tau) = \int_{f_c - B_0}^{f_c + B_0} \mathcal{P}_v(-f_1)e^{j2\pi(f_c - f_1)\tau}\,df_1 + \int_{f_c - B_0}^{f_c + B_0} \mathcal{P}_v(f_1)e^{j2\pi(f_1 - f_c)\tau}\,df_1$$

Pero $\mathcal{P}_v(-f) = \mathcal{P}_v(f)$ puesto que $v(t)$ es un proceso real. Además, como $v(t)$ es de banda limitada, los límites de las integrales se pueden cambiar para integrarlas en el intervalo $(0, \infty)$. Por consiguiente

$$R_x(\tau) = 2\int_0^{\infty} \mathcal{P}_v(f_1)\left[\frac{e^{j2\pi(f_1-f_c)\tau} + e^{-j2\pi(f_1-f_c)\tau}}{2}\right] df_1$$

la cual es idéntica a la propiedad 8.

De igual manera, se puede demostrar que las propiedades 13 y 9 son válidas. Las propiedades 10 y 14 se derivan directamente de la propiedad 9.

Para procesos SSB se sabe que $y(t) = \pm\hat{x}(t)$. La propiedad 15 se obtiene en seguida como sigue.

$$\begin{aligned} R_{gg}(\tau) &= \overline{g^*(t)g(t+\tau)} \\ &= \overline{[x(t) \mp j\hat{x}(t)][x(t+\tau) \pm j\,\hat{x}(t+\tau)]} \\ &= [\overline{x(t)x(t+\tau)} + \overline{\hat{x}(t)\hat{x}(t+\tau)}] \\ &\quad \pm j[\overline{-\hat{x}(t)x(t+\tau)} + \overline{[x(t)\hat{x}(t+\tau)}] \end{aligned} \tag{6-142}$$

Con la definición de funciones de correlación cruzada y la propiedad 10, se obtiene

$$R_{x\hat{x}}(\tau) = \overline{x(t)\hat{x}(t+\tau)} = -R_{\hat{x}x}(\tau) = -\overline{\hat{x}(t)x(t+\tau)} \tag{6-143}$$

Además, sabiendo que $\hat{x}(t)$ es la convolución de $x(t)$ con $1/(\pi t)$, se demuestra (véase el problema 6-35) que

$$R_{\hat{x}}(\tau) = R_x(\tau) \tag{6-144}$$

y

$$R_{x\hat{x}}(\tau) = \hat{R}_{xx}(\tau) \tag{6-145}$$

Por consiguiente la ecuación (6-142) se reduce a la propiedad 15. Con la transformada de Fourier de (6-135a), se obtienen las propiedades 16 y 17.

Tal como se demostró con la propiedad 6, los valores medios $\overline{x(t)}$ y $\overline{y(t)}$ detectados son cero cuando $v(t)$ es independiente de $\theta_0$. Sin embargo, de acuerdo con (6-139) y (6-140) se ve que se requiere una condición menos restrictiva. Es decir, $\overline{x(t)}$ o $\overline{y(t)}$ serán cero si $v(t)$ es ortogonal con respecto a $\cos(\omega_c t + \theta_0)$ o $\operatorname{sen}(\omega_c t + \theta_0)$, respectivamente; de lo contrario, serán diferentes de cero. Por ejemplo, supóngase que $v(t)$ es

$$v(t) = 5\cos(\omega_c t + \theta_c) \tag{6-146}$$

donde $\theta_c$ es una variable aleatoria uniformemente distribuida en el intervalo $(0,2\pi)$. Si la referencia $2\cos(\omega_c t + \theta_0)$ de la figura 6-11 es coherente en cuanto a fase con $\cos(\omega_c t + \theta_c)$ (es decir, $\theta_0 \equiv \theta_c$), la salida del filtro pasabajas superior tendrá un valor medio de 5. Por otra parte, si las variables aleatorias $\theta_0$ y $\theta_c$ son independientes, entonces $v(t)$ será ortogonal con respecto a $\cos(\omega_c t + \theta_0)$ y $\bar{x}$ de la salida del filtro pasabajas superior de la figura 6-11 será cero. El valor de cd de salida (es decir, el promedio en tiempo) será $5\cos\,(\theta_0 - \theta_c)$ en ambos casos.

No se han dado relaciones con respecto a la autocorrelación de $R(t)$ y $\theta(t)$ y la densidad espectral de potencia de $v(t)$. En general, éste es un problema difícil porque $R(t)$ y $\theta(t)$ son funciones no lineales de $v(t)$. Este tema se analiza más detalladamente después del ejemplo 6-10.

Como ya se indicó, $x(t)$, $y(t)$ y $g(t)$ son procesos gaussianos cuando $v(t)$ es gaussiano. Sin embargo, $R(t)$ y $\theta(t)$ no son procesos gaussianos cuando $v(t)$ es gaussiano, como se demostrará.

**Ejemplo 6-10** FUNCIÓN DE DENSIDAD DE PROBABILIDAD DE LA ENVOLVENTE Y FUNCIONES DE FASE DE UN PROCESO PASABANDA GAUSSIANO

Supóngase que $v(t)$ es un proceso gaussiano estacionario en sentido amplio con densidad espectral de potencia finita simétrica con respecto a $f = \pm f_c$. Se desea encontrar la función de densidad de probabilidad unidimensional del proceso envolvente, $R(t)$. Desde luego, éste es idéntico al proceso que aparece a la salida de un detector de envolvente cuando la entrada es un proceso gaussiano, tal como ruido gaussiano. De igual manera, también se obtendrá la función de densidad de probabilidad de la fase, $\theta(t)$ (la salida de un detector de fase).

Este problema se resuelve evaluando la transformación de la variable aleatoria bidimensional de $x = x(t)$ y $y = y(t)$ en $R = R(t)$ y $\theta = \theta(t)$. Esto se ilustra en la figura 6-13. Como $v(t)$ es gaussiano, se sabe que $x$ y $y$ son conjuntamente gaussianos. Si la densidad espectral de potencia de $v(t)$ es finita y simétrica con respecto a $f = \pm f_c$, los valores medios de $x$ y $y$ son cero y las varianzas de ambos son

$$\sigma^2 = \sigma_x^2 = \sigma_y^2 = R_v(0) \tag{6-147}$$

Además, $x$ y $y$ son independientes puesto que son variables aleatorias gaussianas no correlacionadas [puesto que la densidad espectral de potencia de $v(t)$ es simétrica con respecto a $f = \pm f_c$]. Por consiguiente, la función de densidad de probabilidad conjunta de $x$ y $y$ es

$$f_{xy}(x, y) = \frac{1}{2\pi\sigma^2} e^{-(x^2+y^2)/(2\sigma^2)} \tag{6-148}$$

La función de densidad de probabilidad conjunta de $R$ y $\theta$ se obtiene mediante la transformación bidimensional de $x$ y $y$ en $R$ y $\theta$.

$$f_{R\theta}(R,\theta) = \frac{f_{xy}(x, y)}{|J[(R, \theta)/(x, y)]|}\Bigg|_{\substack{x=R\cos\theta \\ y=R\operatorname{sen}\theta}}$$

$$= f_{xy}(x, y)\left|J\left(\frac{(x, y)}{(R, \theta)}\right)\right|\Bigg|_{\substack{x=R\cos\theta \\ y=R\operatorname{sen}\theta}} \tag{6-149}$$

Se trabajará con $J[(x, y)/(R, \theta)]$ y con $J[(R, \theta)/(x, y)]$ porque en este problema las derivadas parciales en la primera son más fáciles de evaluar que las de la segunda.

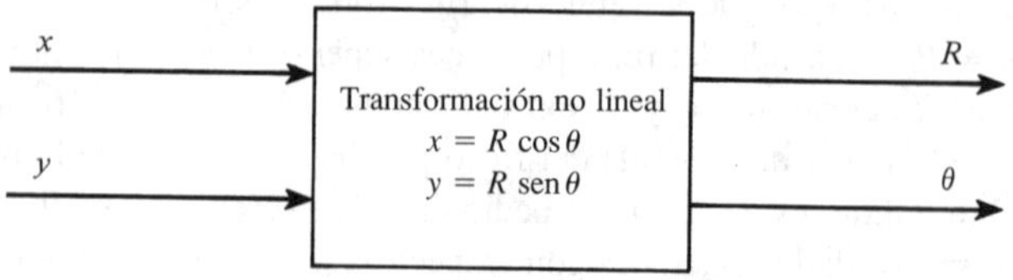


**Figura 6-13** Transformación no lineal (polar) de dos variables aleatorias gaussianas.

$$J\left(\frac{(x, y)}{(R, \theta)}\right) = \text{Det}\begin{bmatrix} \dfrac{\partial x}{\partial R} & \dfrac{\partial x}{\partial \theta} \\ \dfrac{\partial y}{\partial R} & \dfrac{\partial y}{\partial \theta} \end{bmatrix}$$

donde $x$ y $y$ están relacionadas con $R$ y $\theta$ como se muestra en la figura 6-13. Desde luego, $R \geq 0$, y $\theta$ queda en el intervalo $(0, 2\pi)$.

$$J\left(\frac{(x, y)}{(R, \theta)}\right) = \text{Det}\begin{bmatrix} \cos\theta & -R\ \text{sen}\ \theta \\ \text{sen}\ \theta & R\cos\theta \end{bmatrix}$$

$$= R[\cos^2\theta + \text{sen}^2\theta] = R \tag{6-150}$$

Si se sustituye (6-148) y (6-150) en (6-149), la función de densidad de probabilidad de $R$ y $\theta$ es

$$f_{R\theta}(R,\theta) = \begin{cases} \dfrac{R}{2\pi\sigma^2}\, e^{-R^2/2\sigma^2}, & R \geq 0 \text{ y } 0 \leq \theta \leq 2\pi \\ 0, & R \text{ y } \theta \text{ distinto} \end{cases} \tag{6-151}$$

La función de densidad de probabilidad se obtiene calculando la función de densidad de probabilidad marginal:

$$f_R(R) = \int_{-\infty}^{\infty} f_R\ (R, \theta)\ d\theta = \int_0^{2\pi} \frac{R}{2\pi\sigma^2} e^{-R/(2\sigma^2)}\ d\theta, \quad R \geq 0$$

o

$$f_R(R) = \begin{cases} \dfrac{R}{\sigma^2}\, e^{-R^2/(2\sigma^2)}, & R \geq 0 \\ 0, & R \text{ distinto} \end{cases} \tag{6-152}$$

Ésta se llama función de densidad de probabilidad de Rayleigh. Asimismo, se obtiene la función de densidad de probabilidad de $\theta$ integrando $R$ en la función de densidad de probabilidad conjunta:

$$f_\theta(\theta) = \begin{cases} \dfrac{1}{2\pi}, & 0 \leq \theta \leq 2\pi \\ 0, & \text{distinto} \end{cases} \tag{6-153}$$

Ésta se llama función de densidad de probabilidad uniforme. En la figura 6-14 se muestran dibujos de estas funciones de densidad de probabilidad.

Las variables aleatorias $R = R(t_1)$ y $\theta = \theta(t_1)$ son independientes puesto que se ve que $f_R(R, \theta) = f_R(R)f(\theta)$. Sin embargo, $R(t)$ y $\theta(t)$ no son procesos independientes aleatorios, ya que las variables aleatorias $R = R(t_1)$ y $\theta = \theta(t_1 + \tau)$ no son independientes para todos los valores de $\tau$. Para verificar esta aseveración, se tiene que resolver un problema de transformación de cuatro dimensiones que consiste en transformar las variables aleatorias $(x(t_1), x(t_2), y(t_1), y(t_2))$ en $(R(t_1), R(t_2), \theta(t_1), \theta(t_2))$ necesita determinarse donde $t_2 - t_1 = \tau$ (Davenport y Root, 1958).

La evaluación de la función de autocorrelación de la envolvente $R(t)$ en general requiere que se conozca la función de densidad bidimensional de $R(t)$ puesto que $R_R(\tau) = \overline{R(t)R(t + \tau)}$.

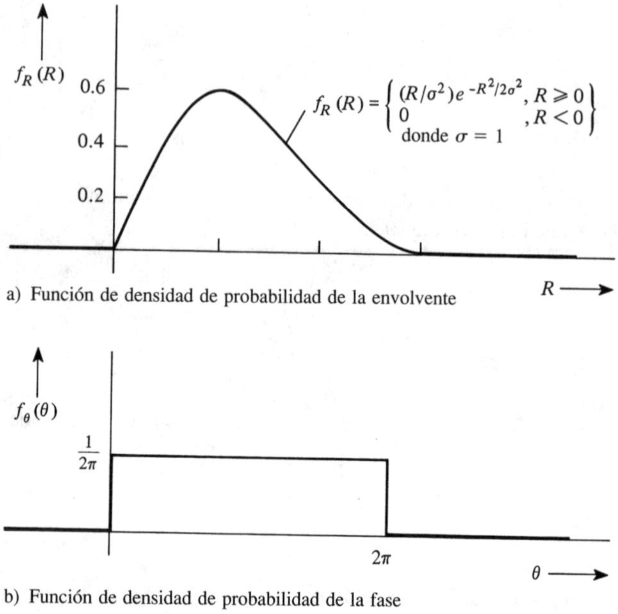


**Figura 6-14** Función de densidad de probabilidad de la envolvente y fase de un proceso gaussiano.

Sin embargo, para obtener esta función de densidad conjunta de $R(t)$, primero se tiene que obtener la función de densidad de cuatro dimensiones de $(R(t_1), R(t_2), \theta(t_1), \theta(t_2))$ con una transformación de cuatro dimensiones como la del párrafo precedente. Se resuelve un problema similar para evaluar la función de autocorrelación de la fase $\theta(t)$. Las dificultades que se presentan al evaluar la función de autocorrelación de $R(t)$ y $\theta(t)$ se deben a que son funciones no lineales de $v(t)$. Las densidades de densidad de probabilidad para $R(t)$ y $\theta(t)$ se obtienen con la transformada de Fourier de la función de autocorrelación.

## 6-8 FILTROS ACOPLADOS

### Resultados generales

En secciones anteriores de este capítulo se desarrollaron técnicas para describir procesos aleatorios y analizar el efecto de sistemas lineales en dichos procesos. Aquí se desarrolla una técnica para diseñar un filtro lineal que reduzca al mínimo el efecto del ruido al mismo tiempo que incrementa al máximo la señal.

En la figura 6-15 se ilustra la representación general de un filtro acoplado. $s(t)$ denota la señal de entrada y $s_0(t)$ la de salida. Se utiliza una notación similar para el ruido. Este filtro se utiliza en aplicaciones donde la señal puede o no estar presente, pero cuando la señal está presente, se conoce su forma de onda. (Ésta encuentra aplicación en la señalización digital y en problemas de radar, lo cual quedará claro en los ejemplos 6-11 y 6-12). Se supone que la señal está (absolutamente) limitada por el tiempo en el intervalo $(0,T)$ o que de lo contrario es cero. La densidad espectral de potencia, $\mathcal{P}_n(f)$, del ruido aditivo de entrada $n(t)$ también se conoce. Se de-

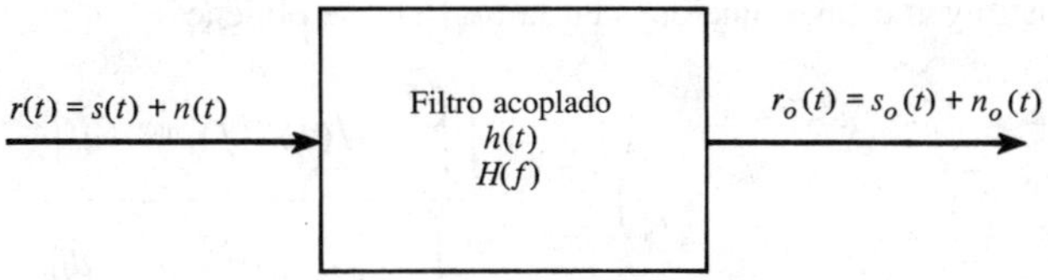


**Figura 6-15** Filtro acoplado.

sea determinar la característica de filtro tal que la señal de salida instantánea se incremente al máximo en un tiempo de muestreo $t_0$, comparada con la potencia de ruido de salida promedio. Es decir, se desea encontrar $h(t)$ o $H(f)$, el equivalente, de tal suerte que

$$\left(\frac{S}{N}\right)_{\text{salida}} = \frac{s_0^2(t)}{\overline{n_0^2(t)}} \tag{6-154}$$

sea máxima. Éste es el criterio para el diseño de un filtro acoplado o igualado.

El filtro acoplado no conserva la forma de onda de la señal de entrada. Éste no es el propósito. El objetivo es distorsionar la forma de onda de la señal de entrada y filtrar el ruido de tal modo que en el instante de muestreo $t_0$, el nivel de la señal de salida sea tan grande como sea posible con respecto al nivel de ruido (de salida) rms. En el capítulo 7 se demuestra que, en ciertas condiciones, esto reduce al mínimo la probabilidad de error cuando se reciben señales digitales.

TEOREMA. *El **filtro acoplado** es el filtro lineal que reduce al mínimo la relación* $(S/N)_{\text{salida}} = s_0^2(t_0)/\overline{n_0^2(t)}$ *de la figura 6-15 y cuya función de transferencia está dada por*†

$$H(f) = K\frac{S^*(f)}{\mathcal{P}_n(f)}\, e^{-j\omega t_0} \tag{6-155}$$

*donde* $S(f) = \mathcal{F}[s(t)]$ *es la transformada de Fourier de la señal de entrada conocida* $s(t)$ *de duración* T s. $\mathcal{P}_n(f)$ *es la densidad espectral de potencia del ruido de entrada,* $t_0$ *es el tiempo de muestreo cuando se evalúa* $(S/N)_{\text{salida}}$ *y* K *es un constante no cero real arbitraria.*

***Comprobación.*** La señal de salida en el instante $t_0$ es

$$s_0(t_0) = \int_{-\infty}^{\infty} H(f)S(f)e^{j\omega t_0}\, df$$

La potencia promedio del ruido de salida es

$$\overline{n_0^2(t)} = R_{n_0}(0) = \int_{-\infty}^{\infty} |H(f)|^2 \mathcal{P}_n(f)\, df$$

† Parece que esta formulación del filtro acoplado fue descubierta por primera vez de manera independiente por B. M. Dwork y T. S. George en 1950; el resultado en el caso de ruido blanco fue demostrado por primera vez por D. O. North en 1943 [Root, 1987].

Si se sustituyen estas ecuaciones en la (6-154), se obtiene

$$\left(\frac{\text{S}}{\text{N}}\right)_{\text{salida}} = \frac{\left|\int_{-\infty}^{\infty} H(f)S(f)e^{j\omega t_0}\, df\right|^2}{\int_{-\infty}^{\infty} |H(f)|^2\mathcal{P}_n(f)\, df} \tag{6-156}$$

Se desea encontrar el $H(f)$ particular que incremente al máximo $(\text{S/N})_{\text{salida}}$. Esto se puede obtener con la ayuda de la desigualdad de Schwarz,† la cual es

$$\left|\int_{-\infty}^{\infty} A(f)B(f)\, df\right|^2 \leq \int_{-\infty}^{\infty} |A(f)|^2\, df \int_{-\infty}^{\infty} |B(f)|^2\, df \tag{6-157}$$

donde $A(f)$ y $B(f)$ pueden ser funciones complejas de la variable real $f$. Además, se presenta desigualdad sólo cuando

$$A(f) = KB^*(f) \tag{6-158}$$

donde $K$ es cualquier constante real arbitraria. La desigualdad de Schwarz se usa para reemplazar el numerador del lado derecho de (6-156) con

$$A(f) = H(f)\sqrt{\mathcal{P}_n(f)}$$

y

$$B(f) = \frac{S(f)e^{j\omega t_0}}{\sqrt{\mathcal{P}_n(f)}}$$

En tal caso (6-156) se transforma en

$$\left(\frac{\text{S}}{\text{N}}\right)_{\text{salida}} \leq \frac{\int_{-\infty}^{\infty} |H(f)|^2\mathcal{P}_n(f)\, df \int_{-\infty}^{\infty} \frac{|S(f)|^2}{\mathcal{P}_n(f)}\, df}{\int_{-\infty}^{\infty} |H(f)|^2\mathcal{P}_n(f)\, df}$$

donde se ve que $\mathcal{P}_n(f)$ es una función real no negativa. Por tanto

$$\left(\frac{\text{S}}{\text{N}}\right)_{\text{salida}} \leq \int_{-\infty}^{\infty} \frac{|S(f)|^2}{\mathcal{P}_n(f)}\, df \tag{6-159}$$

La $(\text{S/N})_{\text{salida}}$ máxima se obtiene cuando $H(f)$ se selecciona de tal modo que haya igualdad. Esto ocurre cuando $A(f) = KB^*(f)$ o

$$H(f)\sqrt{\mathcal{P}_n(f)} = \frac{KS^*(f)e^{-j\omega t_0}}{\sqrt{\mathcal{P}_n(f)}}$$

la que se reduce a la ecuación (6-155) del teorema.

† En el apéndice que viene al final de este capítulo se da una comprobación de la desigualdad de Schwarz.

Desde un punto de vista práctico se ve que la constante $K$ es arbitraria puesto que tanto la señal como el ruido de entrada se multiplicarían por $K$ y $K$ se elimina cuando se evalúa la relación $(S/N)_{salida}$. Sin embargo, los niveles de la señal y el ruido de salida dependen del valor de la constante.

En esta comprobación, no se aplica ninguna restricción para garantizar que $h(t)$ sea causal. En consecuencia el filtro especificado por (6-155) pudiera no ser obtenible (es decir, causal). Sin embargo, la función de transferencia dada por (6-155) con frecuencia se puede aproximar con un filtro obtenible (causal). Si se incluye la limitación causal (al resolver para el filtro acoplado), el problema se dificulta más. Se obtiene una ecuación integral lineal que hay que resolver para obtener la función desconocida $h(t)$ [Thomas, 1969].

## Resultados para ruido blanco

En el caso de ruido blanco, la descripción del filtro acoplado se simplifica como sigue. Con ruido blanco $\mathcal{P}_n(f) = N_0/2$. Por consiguiente la ecuación (6-155) se vuelve

$$H(f) = \frac{2K}{N_0} S^*(f) e^{-j\omega t_0}$$

De esta ecuación se obtiene el teorema siguiente.

**Teorema.** *Cuando el ruido de entrada es blanco, la respuesta del impulso del filtro acoplado llega a ser*

$$h(t) = Cs(t_0 - t) \tag{6-160}$$

*donde* C *es una constante positiva real arbitraria,* $t_0$ *es el tiempo de la salida de señal pico y* s(t) *es la forma de onda de la señal de entrada conocida.*

***Comprobación.***

$$h(t) = \mathcal{F}^{-1}[H(f)] = \frac{2K}{N_0} \int_{-\infty}^{\infty} S^*(f)\, e^{-j\omega t_0} e^{j\omega t}\, df$$

$$= \frac{2K}{N_0} \left[ \int_{-\infty}^{\infty} S(f) e^{j2\pi f(t_0 - t)}\, df \right]^*$$

$$= \frac{2K}{N_0} [s(t_0 - t)]^*$$

Pero $s(t)$ es una señal real y se hace $C = 2K/N_0$, de modo que la respuesta al impulso sea equivalente a (6-160).

La ecuación (6-160) muestra que la respuesta al impulso del filtro acoplado (caso de ruido blanco) es simplemente la forma de onda de la señal conocida que se "reproduce" y traslada una cantidad $t_0$ (como se ilustra con el ejemplo 6-11). Por tanto se dice que el filtro está "acoplado" a la señal.

Una propiedad importante es el valor real de $(S/N)_{salida}$ obtenido con el filtro acoplado. Con (6-159) y el teorema de Parseval dado por (2-41) se obtiene

$$\left(\frac{S}{N}\right)_{salida} = \int_{-\infty}^{\infty} \frac{|S(f)|^2}{N_0/2}\, df = \frac{2}{N_0} \int_{-\infty}^{\infty} s^2(t)\, dt$$

Pero $\int_{-\infty}^{\infty} s^2(t)\, dt = E_s$ es la energía presente en la señal de entrada (de duración finita). En consecuencia

$$\left(\frac{S}{N}\right)_{salida} = \frac{2E_s}{N_0} \tag{6-161}$$

Este es un resultado muy importante. Manifiesta que de la relación $(S/N)_{salida}$ depende la energía presente en la señal y del nivel de densidad espectral de potencia del ruido y no de la forma de onda particular de la señal utilizada. Desde luego, la energía de la señal se puede incrementar, para mejorar la relación $(S/N)_{salida}$, incrementando la amplitud de la señal, la duración de la señal, o ambas.

La ecuación (6-161) también se puede escribir en función del producto tiempo-ancho de banda y de la relación de la potencia promedio de la señal de entrada (en $T$ segundos) a la potencia promedio del ruido. Supóngase que la potencia del ruido de entrada se mide en una banda de $W$ hertz de ancho. También se sabe que la duración de la señal es de $T$ segundos. Luego, de acuerdo con (6-161),

$$\left(\frac{S}{N}\right)_{salida} = 2TW\, \frac{(E_s/T)}{(N_0 W)} = 2(TW) \left(\frac{S}{N}\right)_{entrada} \tag{6-162}$$

donde $(S/N)_{entrada} = (E_s/T)/(N_0 W)$. En (6-162) se ve que un incremento en el producto tiempo-ancho de banda (TW) no cambia la relación de señal a ruido de salida porque la de entrada disminuye de la misma manera. En aplicaciones de radar, el producto TW incrementado aumenta la capacidad de determinar (distinguir) objetivos (blancos) en lugar de ver objetivos (blancos) combinados. La ecuación (6-161) muestra con toda claridad que la energía presente en la señal de entrada con respecto a $N_0$ es la que en realidad determina la relación $(S/N)_{salida}$ lograda [Turin, 1976].

## Ejemplo 6-11 FILTRO DE INTEGRACIÓN Y DESCARGA (ACOPLADO)

Supóngase que la señal conocida es el pulso rectangular mostrado en la figura 6-16a.

$$s(t) = \begin{cases} 1, & t_1 \le t \le t_2 \\ 0, & t \text{ distinto} \end{cases} \tag{6-163}$$

donde la duración de la señal es $T = t_2 - t_1$. Entonces, en el caso de ruido blanco, la respuesta al impulso requerida para el filtro acoplado es

$$h(t) = s(t_0 - t) = s(-(t - t_0)) \tag{6-164}$$

$C$ se seleccionó unitaria por conveniencia. En la figura 6-16b se muestra $s(-t)$. En esta figura es obvio que para que la respuesta al impulso sea causal se requiere

$$t_0 \ge t_2 \tag{6-165}$$

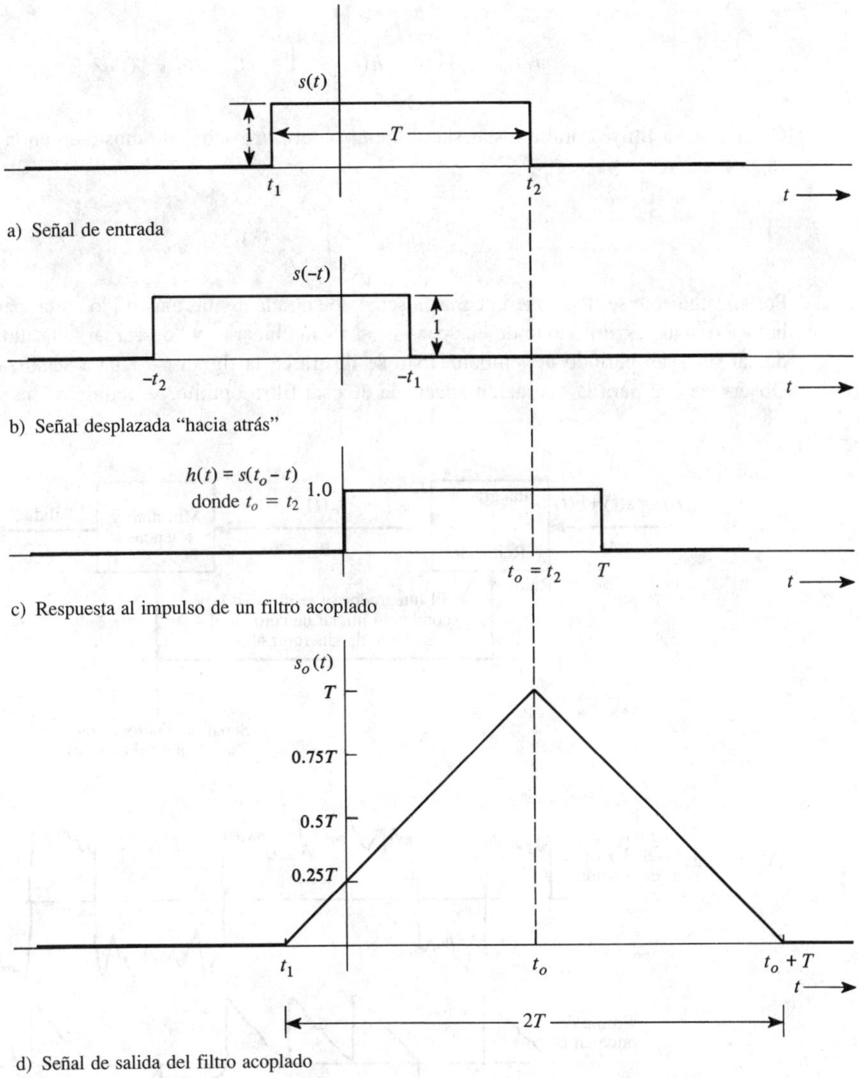


**Figura 6-16** Formas de onda asociadas con el filtro acoplado del ejemplo 6-11.

Se utilizará $t_0 = t_2$ porque éste es el valor mínimo permitido que satisface la condición causal, y se desea reducir al mínimo el tiempo que hay que esperar antes de que ocurra el nivel máximo de la señal a la salida del filtro (es decir, $t = t_0$). En la figura 6-16c se muestra un bosquejo de $h(t)$ cuando $t_0 = t_2$. La señal de salida resultante se muestra en la figura 6-16d. Obsérvese que el nivel de la señal de salida pico ocurre cuando $t = t_0$ y que el filtro distorsionó la forma de onda de la señal de entrada para incrementar al máximo la señal de salida cuando $t = t_0$.

En aplicaciones de señalización digital con configuración de bits rectangular, este filtro acoplado equivale a un *filtro de integración y descarga*, como a continuación se ilustra. Supóngase que se envía una señal con un pulso rectangular y que se desea muestrear la salida del filtro cuando el nivel de la señal alcanza su valor máximo. Entonces la salida del filtro cuando $t = t_0$ es

$$r_0(t_0) = r(t_0) * h(t_0) = \int_{-\infty}^{\infty} r(\lambda)h(t_0 - \lambda)\, d\lambda$$

Cuando se sustituye para la respuesta al impulso del filtro acoplado mostrado en la figura 6-16c, esta ecuación se vuelve

$$r_0(t_0) = \int_{t_0-T}^{t_0} r(\lambda)\, d\lambda \tag{6-166}$$

Por consiguiente se tiene que integrar la señal de entrada digital más ruido en un periodo de símbolo $T$ (el cual es el periodo de bits para señalización binaria) y "descargar" la salida del integrador al final del periodo de símbolo. Esto se ilustra en la figura 6-17 para señalización binaria. Obsérvese que para la operación adecuada de este filtro óptimo, se requiere una señal de reloj

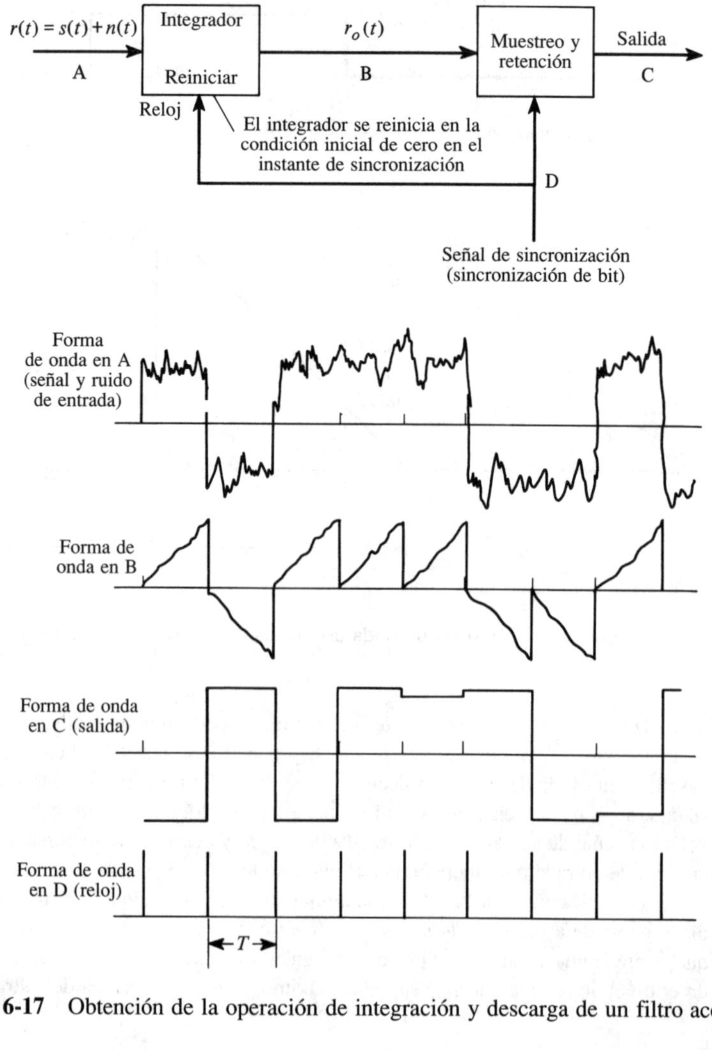


**Figura 6-17** Obtención de la operación de integración y descarga de un filtro acoplado.

llamada *sincronización de bits* (véase el capítulo 3 por lo que se refiere al análisis de sincronizadores de bits). Además, la señal de salida no es binaria puesto que los valores de muestreo de salida aún están dañados por el ruido (aunque el ruido se redujo al mínimo con el filtro acoplado). La salida se podría convertir en señal binaria alimentándola a un comparador. Esto es exactamente lo que se hace en los receptores digitales, tal como se describe en el capítulo 7.

## Procesamiento de la correlación

TEOREMA. *En el caso de ruido blanco, el filtro acoplado se obtiene correlacionando la entrada con* s(t).

$$r_0(t_0) = \int_{t_0-T}^{t_0} r(t)s(t)\,dt \tag{6-167}$$

*donde* s(t) *es la forma de onda de la señal conocida y* r(t) *es la entrada al procesador, como se ilustra en la figura 6-18.*

***Comprobación.*** La salida del filtro acoplado en el instante $t_0$ es

$$r_0(t_0) = r(t_0) * h(t_0) = \int_{-\infty}^{t_0} r(\lambda)h(t_0 - \lambda)\,d\lambda$$

Pero de acuerdo con (6-160),

$$h(t) = \begin{cases} s(t_0 - t), & 0 \leq t \leq T \\ 0, & \text{en otra parte} \end{cases}$$

por tanto

$$r_0(t_0) = \int_{t_0-T}^{t_0} r(\lambda)s[t_0 - (t_0 - \lambda)]\,d\lambda$$

la cual es idéntica a la (6-167).

El procesador de correlación con frecuencia se utiliza como filtro acoplado para señales pasabanda, como se ilustra con el ejemplo 6-12.

**Ejemplo 6-12** FILTRO ACOPLADO PARA DETECCIÓN DE UNA SEÑAL BPSK

En la figura 6-18, sea la entrada al filtro una señal BPSK más ruido blanco. Por ejemplo, ésta podría ser la salida IF en un receptor BPSK. La señal BPSK se puede escribir como

$$s(t) = \begin{cases} +A \cos \omega_c t, & nT < t \leq (n+1)T \quad \text{para un 1 binario} \\ -A \cos \omega_c t, & nT < t \leq (n+1)T \quad \text{para un 0 binario} \end{cases}$$

donde $f_c$ es la frecuencia IF central, $T$ es la duración de un bit de datos y $n$ es un entero. La entrada de referencia al procesador de correlación deberá ser $+A \cos \omega_c t$ o $-A \cos \omega_c t$, según lo que se esté intentando detectar, un 1 binario o un 0 binario. Como estas formas de onda son idén-

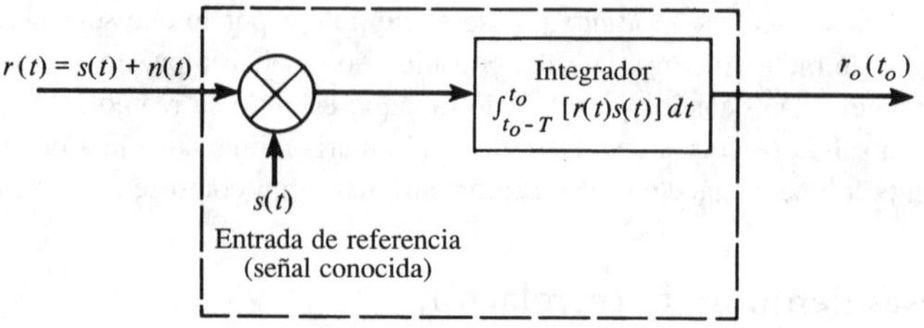


**Figura 6-18** Obtención de un filtro acoplado mediante procesamiento de correlación.

ticas excepto por lo que se refiere a las constantes $\pm 1$, se podría usar cos $\omega_c t$ como la referencia y reconocer que cuando a la entrada se presenta una señal BPSK correspondiente a un 1 binario (sin nada de ruido), a la salida se produciría un voltaje positivo, $\frac{1}{2}AT$. Asimismo, en el caso de una señal BPSK correspondiente a un 0 binario a la salida se produciría un voltaje negativo, $-\frac{1}{2}AT$. En consecuencia, para señalización BPSK más ruido se obtiene el filtro acoplado mostrado en la figura 6-19. Obsérvese que se parece al conocido detector de producto, excepto que el filtro pasabajas se reemplazó con un integrador controlado por el reloj sincronizador de bits. Con este tipo de procesamiento posdetección, el detector de producto se convierte en un filtro acoplado. Sin embargo, para activar este detector óptimo, se requiere tanto el sincronizador de bits como el sincronizador de portadora. También se ve que esta técnica, mostrada en la figura 6-19, se podría clasificar como una forma más general de un filtro de integración y descarga (mostrado en la figura 6-17).

## Filtro acoplado transversal

También se puede diseñar un filtro transversal que satisfaga el criterio de filtro acoplado. Con respecto a la figura 6-20, se desea encontrar el conjunto de coeficientes de filtro transversal $\{a_i;\ i = 1, 2, \ldots, N\}$ tales que $s_0^2(t_0)/\overline{n_0^2(t)}$ se incremente al máximo.

La señal de salida en el instante $t = t_0$ es

$$s_0(t_0) = a_1 s(t_0) + a_2 s(t_0 - T) + a_3 s(t_0 - 2T) + \ldots + a_N s(t_0 - (N-1)T)$$

o

$$s_0(t_0) = \sum_{k=1}^{N} a_k s(t_0 - (k-1)T) \tag{6-168}$$

Asimismo, para el ruido de salida,

$$n_0(t) = \sum_{k=1}^{N} a_k n(t - (k-1)T) \tag{6-169}$$

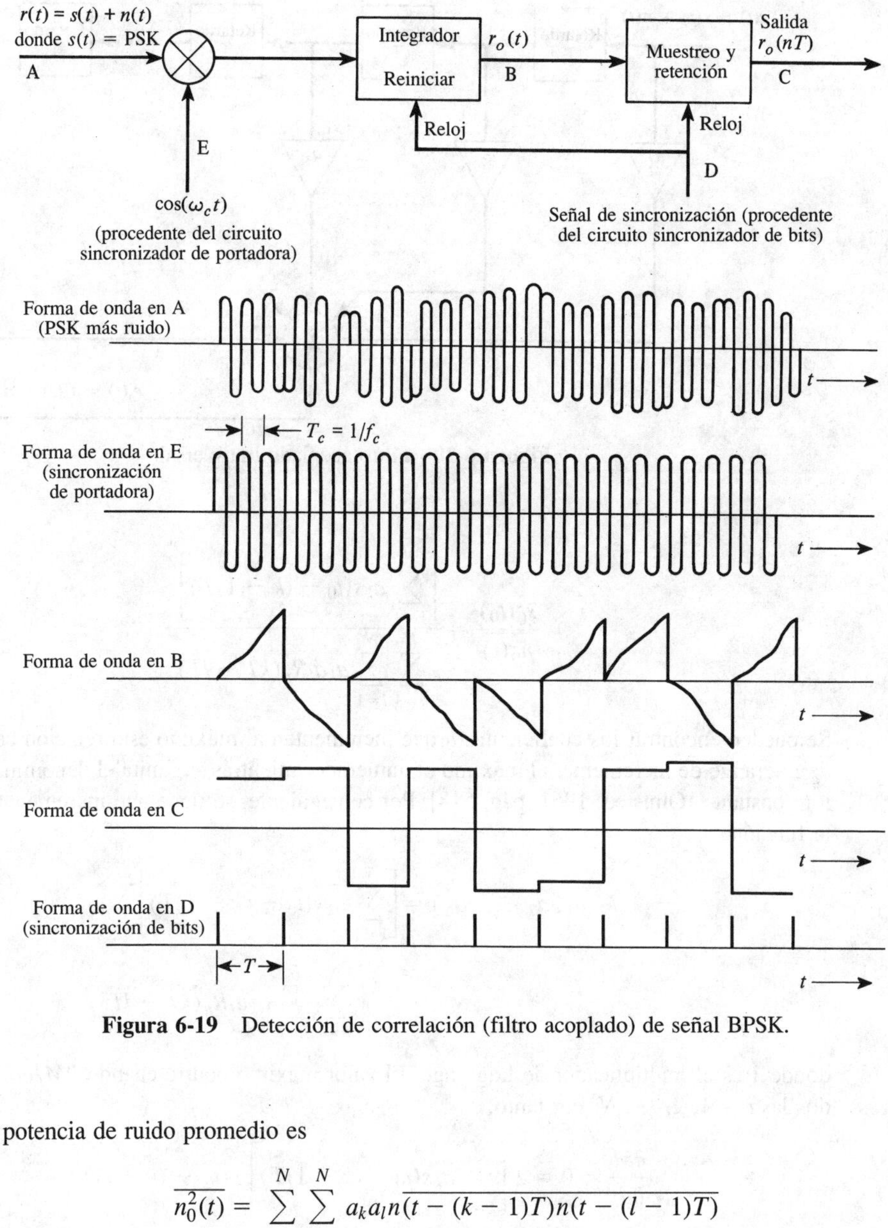


**Figura 6-19** Detección de correlación (filtro acoplado) de señal BPSK.

La potencia de ruido promedio es

$$\overline{n_0^2(t)} = \sum_{k=1}^{N} \sum_{l=1}^{N} a_k a_l \overline{n(t-(k-1)T)n(t-(l-1)T)}$$

o

$$\overline{n_0^2(t)} = \sum_{k=1}^{N} \sum_{l=1}^{N} a_k a_l R_n(kT - lT) \tag{6-170}$$

donde $R_n(\tau)$ es la autocorrelación del ruido de entrada. Por consiguiente, la relación de señal pico de salida a potencia de ruido promedio es

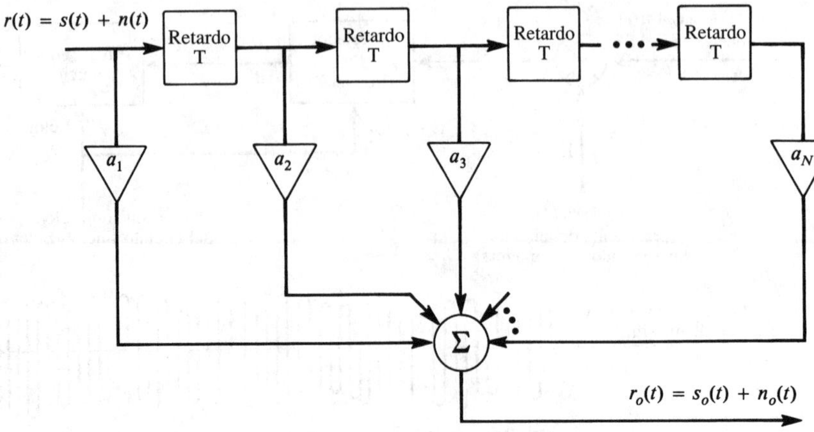


**Figura 6-20** Filtro acoplado transversal.

$$\frac{s_0^2(t_0)}{\overline{n_0^2(t)}} = \frac{\left[\sum_{k=1}^{N} a_k s(t_0 - (k-1)T)\right]^2}{\sum_{k=1}^{N}\sum_{l=1}^{N} a_k a_l R_n(kT - lT)} \tag{6-171}$$

Se pueden encontrar los coeficientes $a$ que incrementan al máximo esta relación con el método de Lagrange de incrementar al máximo el numerador mientras se limita el denominador a un valor constante [Olmsted, 1961, pág. 518]. Por consiguiente, se tiene que incrementar el máximo la función

$$M(a_1, a_2, \ldots, a_N) = \left[\sum_{k=1}^{N} a_k s(t_0 - (k-1)T)\right]^2 - \lambda \sum_{k=1}^{N}\sum_{l=1}^{N} a_k a_l R_n(kT - lT) \tag{6-172}$$

donde $\lambda$ es el multiplicador de Lagrange. El valor máximo ocurre cuando $\partial M/\partial a_i = 0$ con todos las $i = 1, 2, \ldots, N$. Por tanto,

$$\frac{\partial M}{\partial a_i} = 0 = 2\left[\sum_{k=1}^{N} a_k s(t_0 - (k-1)T)\right] s(t_0 - (i-1)T) - 2\lambda \sum_{k=1}^{N} a_k R_n(kT - iT) \tag{6-173}$$

con $i = 1, 2, \ldots, N$. Pero $\sum_{k=1}^{N} a_k s(t_0 - (k-1)T) = s_0(t_0)$, la cual es una constante. Además, sea $\lambda = s_0(t_0)$. Entonces se obtiene la condición requerida,

$$s(t_0 - (i-1)T) = \sum_{k=1}^{N} a_k R_n(kT - iT) \tag{6-174}$$

con $i = 1, 2, \ldots, N$. Éste es un conjunto de $N$ ecuaciones lineales simultáneas que han de resolverse para obtener las $a$. Se pueden obtener estos coeficientes de manera conveniente escribiendo la ecuación (6-174) en forma de matriz. Defínanse los elementos

$$s_i \triangleq s[t_0 - (i-1)T], \qquad i = 1, 2, \ldots, N \tag{6-175}$$

$$r_{ik} = R_n(kT - iT), \qquad i = 1, \ldots, N \tag{6-176}$$

En notación matricial la ecuación (6-174) se transforma en

$$\mathbf{s} = \mathbf{Ra} \tag{6-177}$$

donde el vector de señal conocido es

$$\mathbf{s} = \begin{bmatrix} s_1 \\ s_2 \\ \vdots \\ s_N \end{bmatrix} \tag{6-178}$$

la matriz de autocorrelación conocida del ruido de entrada es

$$\mathbf{R} = \begin{bmatrix} r_{11} & r_{12} & \cdots & r_{1N} \\ r_{21} & r_{22} & \cdots & r_{2N} \\ \vdots & \vdots & & \vdots \\ r_{N1} & r_{N2} & \cdots & r_{NN} \end{bmatrix} \tag{6-179}$$

y el vector coeficiente de filtro transversal desconocido es

$$\mathbf{a} = \begin{bmatrix} a_1 \\ a_2 \\ \vdots \\ a_N \end{bmatrix} \tag{6-180}$$

Los coeficientes del filtro acoplado transversal están dados por

$$\mathbf{a} = \mathbf{R}^{-1}\,\mathbf{s} \tag{6-181}$$

donde $\mathbf{R}^{-1}$ es la inversa de la matriz de autocorrelación del ruido y $\mathbf{s}$ es el vector de señal (conocido).

## 6-9 RESUMEN

Un proceso aleatorio es la ampliación del concepto de una variable aleatoria a formas de onda aleatorias. Un proceso aleatorio $x(t)$ se describe con una función de densidad de probabilidad de $N$ dimensiones donde las variables aleatorias son $x_1 = x(t_1)$, $x_2 = x(t_2)$, $\ldots$, $x_N = x(t_N)$. Si esta función de densidad de probabilidad es invariable por el desplazamiento del origen del tiempo, conforme $N \to \infty$, se dice que el proceso es *estacionario en sentido estricto*.

La *función de autocorrelación* de un proceso aleatorio $x(t)$ es

$$R_x(t_1, t_2) = \overline{x(t_1)x(t_2)} = \int_{-\infty}^{\infty}\int_{-\infty}^{\infty} x_1 x_2 f_x(x_1, x_2)\, dx_1\, dx_2$$

En general se requiere una función de densidad de probabilidad de $x(t)$ para evaluar $R_x(t_1, t_2)$. Si el proceso es estacionario,

$$R_x(t_1, t_2) = \overline{x(t_1)x(t_1 + \tau)} = R_x(\tau)$$

donde $\tau = t_2 - t_1$.

Si $\overline{x(t)}$ es una constante y si $R_x(t_1, t_2) = R_x(\tau)$, se dice que el proceso es *estacionario en sentido amplio*. Si un proceso es estacionario en sentido estricto, es estacionario en sentido amplio, pero lo contrario en general no es cierto.

Un proceso es *ergódico* cuando los promedios en tiempo son iguales a los promedios en conjunto correspondientes. Si un proceso es ergódico, también es estacionario, pero lo inverso en general no es cierto. Para procesos ergódicos, el valor de cd (un promedio de tiempo) también es $X_{cd} = \overline{x(t)}$ y el valor rms (un promedio en tiempo) también es $X_{rms} = \sqrt{\overline{x^2(t)}}$.

La *densidad espectral de potencia* (PSD), $\mathcal{P}_x(f)$, es la transformada de Fourier de la función de autocorrelación $R_x(\tau)$ (teorema de Wiener-Khintchine).

$$\mathcal{P}_x(f) = \mathcal{F}[R_x(\tau)]$$

La densidad espectral de potencia es una función no negativa y asimétrica con respecto a $f = 0$ en el caso de procesos reales. La densidad espectral de potencia también se puede evaluar con el promedio en conjunto de una función de las transformadas de Fourier de las funciones muestrales truncadas.

La función de autocorrelación de un proceso aleatorio real estacionario en sentido amplio es una función real, y es asimétrica con respecto a $\tau = 0$. Además, $R_x(0)$ da la potencia promedio normalizada, y éste es el valor máximo de $R_x(\tau)$.

Con *ruido blanco* la densidad espectral de potencia es una constante, y la función de autocorrelación es una función delta Dirac localizada en $\tau = 0$. El ruido blanco no es físicamente obtenible porque su potencia es infinita, pero es una aproximación muy útil en muchos problemas.

La función de *autocorrelación cruzada* de dos procesos reales conjuntamente estacionarios $x(t)$ y $y(t)$ es

$$R_{xy}(\tau) = \overline{x(t)y(t + \tau)}$$

y la densidad espectral de potencia cruzada es

$$\mathcal{P}_{xy}(f) = \mathcal{F}[R_{xy}(\tau)]$$

Se dice que los dos procesos son *no correlacionados* si

$$R_{xy}(\tau) = [\overline{x(t)}][\overline{y(t)}]$$

con todos los valores de $\tau$. Se dice que son ortogonales si

$$R_{xy}(\tau) = 0$$

con todos los valores de $\tau$.

Sea $y(t)$ el proceso de salida de un *sistema lineal* y $x(t)$ el proceso de entrada, donde $y(t) = x(t) * h(t)$. Entonces

$$R_y(\tau) = h(-\tau) * h(\tau) * R_x(\tau)$$

y

$$\mathcal{P}_y(f) = |H(f)|^2 \mathcal{P}_x(f)$$

donde $H(f) = \mathcal{F}[h(t)]$.

El *ancho de banda equivalente* de un sistema lineal se define como

$$B = \frac{1}{|H(f_0)|^2} \int_0^\infty |H(f)|^2 \, df$$

donde $H(f)$ es la función de transferencia del sistema y donde en general se considera que $f_0$ es la frecuencia, donde $|H(f)|$ es un máximo. Asimismo, el ancho de banda equivalente de un proceso aleatorio $x(t)$ es

$$B = \frac{1}{\mathcal{P}_x(f_0)} \int_0^\infty \mathcal{P}_x(f) \, df = \frac{R_x(0)}{2\mathcal{P}_x(f_0)}$$

Si la entrada a un sistema lineal es un proceso gaussiano, la salida es otro proceso gaussiano.

Un *proceso aleatorio pasabanda* real estacionario se puede representar mediante

$$v(t) = \text{Re}\{ g(t) e^{j(\omega_c t + \theta_c)} \}$$

donde la envolvente compleja $g(t)$ está relacionado con los procesos de cuadratura $x(t)$ y $y(t)$. Se pueden obtener numerosas propiedades de estos procesos aleatorios como se indica en la sección 6-7. Por ejemplo, $x(t)$ y $y(t)$ son procesos gaussianos independientes cuando la densidad espectral de potencia de $v(t)$ es simétrica con respecto a $f = f_c$, $f > 0$, y $v(t)$ es gaussiano. También se obtienen propiedades de procesos pasabanda SSB.

El *filtro acoplado* es un filtro lineal que incrementa al máximo la potencia de la señal de salida instantánea con respecto a la potencia del ruido de salida promedio para una forma de onda de señal de entrada dada. En el caso de ruido blanco, la respuesta al impulso del filtro acoplado es

$$h(t) = Cs(t_0 - t)$$

donde $s(t)$ es la forma de onda de la señal conocida, $C$ es una constante real y $t_0$ es el tiempo durante el cual la potencia de la señal de salida es máxima. El filtro acoplado se obtiene de muchas maneras, tales como las configuraciones de integración y descarga, la de correlacionador y la de filtro transversal.

## 6-10 APÉNDICE: COMPROBACIÓN DE LA DESIGUALDAD DE SCHWARZ

La *desigualdad de Schwarz* es

$$\left| \int_{-\infty}^{\infty} f(t) g(t) \, dt \right|^2 \leq \int_{-\infty}^{\infty} |f(t)|^2 \, dt \int_{-\infty}^{\infty} |g(t)|^2 \, dt \tag{6-182}$$

y se convierte en *desigualdad* si y sólo si

$$f(t) = Kg^*(t) \tag{6-183}$$

donde $K$ es una constante arbitraria real, $f(t)$ y $g(t)$ pueden tener valores complejos. Se supone que tanto $f(t)$ y $g(t)$ tienen energía finita. Es decir,

$$\int_{-\infty}^{\infty} |f(t)|^2\,dt < \infty \quad \text{y} \quad \int_{-\infty}^{\infty} |g(t)|^2\,dt < \infty \tag{6-184}$$

***Comprobación.*** La desigualdad de Schwarz es equivalente a la desigualdad.

$$\left|\int_{-\infty}^{\infty} f(t)g(t)\,dt\right| \le \sqrt{\int_{-\infty}^{\infty} |f(t)|^2\,dt}\sqrt{\int_{-\infty}^{\infty} |g(t)|^2\,dt} \tag{6-185}$$

Además, se concluyó que

$$\left|\int_{-\infty}^{\infty} f(t)g(t)\,dt\right| \le \int_{-\infty}^{\infty} |f(t)g(t)|\,dt = \int_{-\infty}^{\infty} |f(t)|\,|g(t)|\,dt \tag{6-186}$$

y la igualdad es válida si (6-183) se satisface. En consecuencia, se puede comprobar que

$$\int_{-\infty}^{\infty} |f(t)|\,|g(t)|\,dt \le \sqrt{\int_{-\infty}^{\infty} |f(t)|^2\,dt}\sqrt{\int_{-\infty}^{\infty} |g(t)|^2\,dt} \tag{6-187}$$

por consiguiente se comprueba la desigualdad de Schwarz. Para simplificar la notación, se reemplaza $|f(t)|$ y $|g(t)|$ con las funciones de valor real $a(t)$ y $b(t)$ donde

$$a(t) = |f(t)| \tag{6-188a}$$

$$b(t) = |g(t)| \tag{6-188b}$$

En tal caso se tiene que demostrar que

$$\int_{a}^{b} a(t)b(t)dt < \sqrt{\int_{-\infty}^{\infty} a^2(t)\,dt}\sqrt{\int_{-\infty}^{\infty} b^2(t)\,dt} \tag{6-189}$$

Esto se demuestra con facilidad con una serie funcional ortogonal que represente $a(t)$ y $b(t)$. Sea

$$a(t) = a_1\varphi_1(t) + a_2\varphi_2(t) \tag{6-190a}$$

$$b(t) = b_1\varphi_1(t) + b_2\varphi_2(t) \tag{6-190b}$$

donde, como se describe en el capítulo 2, $\mathbf{a} = (a_1,a_2)$ y $\mathbf{b} = (b_1,b_2)$ representan $a(t)$ y $b(t)$. Esto se ilustra en la figura 6-21.

Entonces, si se utiliza la figura,

$$\cos\theta = \cos(\theta_a - \theta_b) = \cos\theta_a\cos\theta_b + \operatorname{sen}\theta_a\operatorname{sen}\theta_b = \frac{a_1}{|\mathbf{a}|}\frac{b_1}{|\mathbf{b}|} + \frac{a_2}{|\mathbf{a}|}\frac{b_2}{|\mathbf{b}|}$$

o

$$\cos\theta = \frac{\mathbf{a}\cdot\mathbf{b}}{|\mathbf{a}|\,|\mathbf{b}|} \tag{6-191}$$

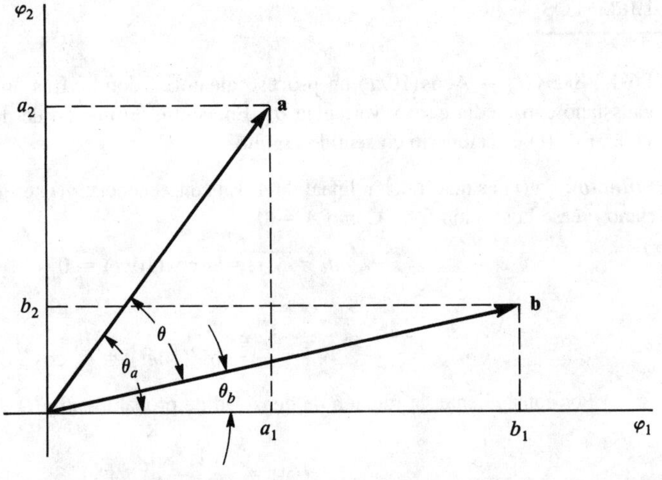


**Figura 6-21** Representación vectorial de $a(t)$ y $b(t)$.

Además del producto punto equivale al producto interno

$$\mathbf{a} \cdot \mathbf{b} = \int_{-\infty}^{\infty} a(t) b(t) dt \tag{6-192a}$$

(Esto se demuestra sustituyendo $a(t) = \Sigma a_j \varphi_j(t)$ y $b(t) = \Sigma b_k \varphi_k(t)$ en la integral, donde $\varphi_j(t)$ y $\varphi_k(t)$ son funciones ortonormales reales.)

Con el teorema de Pitágoras, la longitud (o norma) del vector es equivalente a

$$|\mathbf{a}| = \sqrt{a_1^2 + a_2^2} = \sqrt{\mathbf{a} \cdot \mathbf{a}} = \sqrt{\int_{-\infty}^{\infty} a^2(t)\, dt} \tag{6-192b}$$

y

$$|\mathbf{b}| = \sqrt{b_1^2 + b_2^2} = \sqrt{\mathbf{b} \cdot \mathbf{b}} = \sqrt{\int_{-\infty}^{\infty} b^2(t)\, dt} \tag{6-192c}$$

Como $|\cos \theta| \leq 1$ se tiene

$$\left| \int_{-\infty}^{\infty} a(t) b(t)\, dt \right| \leq \sqrt{\int_{-\infty}^{\infty} a^2(t)\, dt} \sqrt{\int_{-\infty}^{\infty} b^2(t)\, dt} \tag{6-193}$$

donde la igualdad se obtiene cuando se sustituye

$$\mathbf{a} = K\mathbf{b} \tag{6-194}$$

Con (6-188), cuando $f(t) = Kg^*(t)$, se encuentra que (6-194) también se satisface de tal manera que se obtiene la igualdad. Por tanto, la comprobación de (6-193) demuestra la desigualdad de Schwarz.

## 6-11 EJEMPLOS

**E6-1** Sea $y(t) = A\cos(10\pi t)$ un proceso aleatorio, donde $A$ es un proceso variable aleatorio gaussiano con media cero y variancia $\sigma_A^2$. Encuentre la función de densidad de probabilidad de $y(t)$. ¿Es $y(t)$ estacionario en sentido amplio?

***Solución*** $y(t)$ es una función lineal de $A$. En consecuencia, $y(t)$ es gaussiano porque $A$ es gaussiano (véase la sección 6-6). Como $\bar{A} = 0$,

$$m_y = \overline{y(t)} = \bar{A}\cos(10\pi t) = 0 \tag{6-195a}$$

y

$$\sigma_y^2 = \overline{y^2} - \overline{m_y^2} = \overline{A^2}\cos^2(10\pi t) = \sigma_A^2\cos^2(10\pi t) \tag{6-195b}$$

Por consiguiente, la función de densidad de probabilidad $y(t)$ es

$$f(y) = \frac{1}{\sqrt{2\pi}\,\sigma_y^2}\, e^{-y^2/2\sigma_y^2} \tag{6-195c}$$

donde $\sigma_y^2$ está dado por (6-195b). Además, $y(t)$ no es estacionario en sentido amplio porque

$$R_y(0) = \sigma_y^2 + m_x^2 = \sigma_A^2\cos^2(10\pi t)$$

es una función de $t$.

**E6-2** Deduzca una expresión para el valor medio de la salida de un filtro lineal invariable con el tiempo si la entrada $x(t)$ es un proceso aleatorio estacionario en sentido amplio.

***Solución*** La salida del filtro es

$$y(t) = h(t) * x(t)$$

donde $h(t)$ es la respuesta al impulso del filtro. Con el valor esperado, se obtiene

$$m_y = \overline{y(t)} = \overline{h(t) * x(t)} = h(t) * \overline{x(t)} = h(t) * m_x$$

$$= \int_{-\infty}^{\infty} h(\lambda) m_x d\lambda = m_x \int_{-\infty}^{\infty} h(\lambda) d\lambda \tag{6-196}$$

Sin embargo, la función de transferencia del filtro es

$$H(f) = \mathcal{F}[h(t)] = \int_{-\infty}^{\infty} h(t)\, e^{-j2\pi ft}\, dt$$

de tal suerte que $H(0) = \int_{-\infty}^{\infty} h(t)\, dt$. Por tanto, (6-196) se reduce a

$$m_y = m_x H(0) \tag{6-197}$$

**E6-3** Sea $y(t) = dn(t)/dt$ donde $n(t)$ es un proceso aleatorio de ruido cuya densidad espectral de potencia es $\mathcal{P}_n(f) = N_0/2 = 10^{-6}$ W/Hz. Evalúe la potencia normalizada de $y(t)$ sobre una banda de frecuencia pasabajas de B = 10 Hz.

***Solución*** $\mathcal{P}_y(f) = |H(f)|^2 \mathcal{P}_n(f)$

donde, en la tabla 2-1, $H(f) = j2\pi f$ para un diferenciador.

En consecuencia,

$$P_y = \int_{-B}^{B} \mathcal{P}_y(f)\, df = \int_{-B}^{B} (2\pi f)^2 \frac{N_0}{2}\, df = \frac{8\pi^2}{3}\left(\frac{N_0}{2}\right)B^3$$

o

$$P_y = \frac{8\pi^2}{3}(10^{-6})(10^3) = 0.0263 \text{ W} \tag{6-198}$$

**E6-4** Un proceso pasabanda se describe por medio de

$$v(t) = x(t)\cos(\omega_c t + \theta_c) - y(t)\,\text{sen}(\omega_c t + \theta_c)$$

donde $y(t) = x(t)$ es un proceso estacionario en sentido amplio con la densidad espectral de potencia mostrada en la figura 6-22a, $\theta_c$ es una variable aleatoria independiente uniformemente distribuida en $(0, 2\pi)$. Encuentre la densidad espectral de potencia de $v(t)$.

***Solución*** Por (6-130) se sabe que $v(t)$ es un proceso pasabanda estacionario en sentido amplio con $\mathcal{P}_v(f)$ dada por (6-133d). Esto es, $\mathcal{P}_g(f)$ también necesita ser evaluada. Además,

$$v(t) = \text{Re}\{g(t)e^{j(\omega_c t + \theta_c)}\}$$

donde $g(t) = x(t) + jy(t) = x(t) + jx(t) = (1 + j)x(t)$

$$R_g(\tau) = \overline{g^*(t)g(t+\tau)} = \overline{(1-j)(1+j)x(t)x(t+\tau)}$$

$$= (1 + 1)R_x(\tau) = 2R_x(\tau)$$

Por consiguiente,

$$\mathcal{P}_y(f) = 2\mathcal{P}_x(f) \tag{6-199}$$

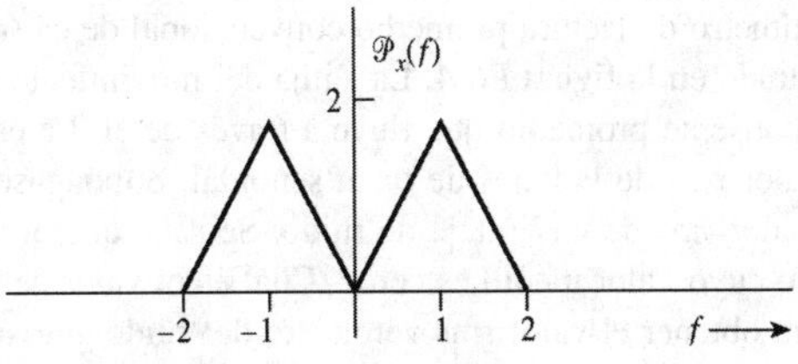


a) Densidad espectral de potencia de $x(t)$

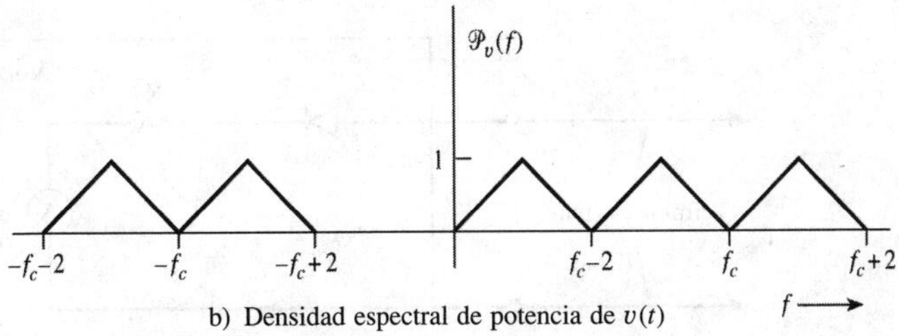


b) Densidad espectral de potencia de $v(t)$

**Figura 6-22** Densidad espectral de potencia del ejemplo E6-4.

Si se sustituye (6-199) en (6-133d), se obtiene

$$\mathcal{P}_v(f) = \frac{1}{2}[\mathcal{P}_x(f - f_c) + \mathcal{P}_x(-f - f_c)] \tag{6-200}$$

$\mathcal{P}_v(f)$ se grafica en la figura 6-22b en lugar de $\mathcal{P}_x(f)$ de la figura 6-22a.

## PROBLEMAS

**6-1** Sea $x(t)$ un proceso aleatorio definido por

$$x(t) = At + B$$

**(a)** Si $B$ es una constante y $A$ está uniformemente distribuida entre $-1$ y $+1$, dibuje algunas funciones muestrales.

**(b)** Si $A$ es una constante y $B$ está uniformemente distribuida entre 0 y 2, dibuje algunas funciones muestrales.

**6-2** Sea el proceso aleatorio dado por

$$x(t) = A\cos(\omega_0 t + \theta)$$

donde $A$ y $\omega_0$ son constantes, y $\theta$ es una variable aleatoria.

$$f(\theta) = \begin{cases} \dfrac{2}{\pi}, & 0 \le \theta \le \dfrac{\pi}{2} \\ 0, & \text{en otra parte} \end{cases}$$

**(a)** Evalúe $\overline{x(t)}$.

**(b)** Con base en el resultado del inciso (a), ¿qué se puede decir sobre la estacionaridad del proceso?

**6-3** Con el proceso aleatorio descrito en el problema 6-2:

**(a)** Evalúe $\langle x^2(t)\rangle$.

**(b)** Evalúe $\overline{x^2(t)}$.

**(c)** Con los resultados de los incisos (a) y (b), determine si el proceso es ergódico con esos promedios.

**6-4** Un voltímetro de lectura promedio convencional de ca (multímetro) tiene el diagrama esquemático mostrado en la figura P6-4. La aguja del movimiento medidor se deflexiona proporcionalmente a la corriente promedio que fluye a través de él. La escala de medición está marcada para que dé el valor rms de voltajes de onda senoidal. Supóngase que el medidor se utiliza para determinar el valor rms de un voltaje de ruido. Se sabe que el voltaje de ruido es un proceso gaussiano ergódico cuyo valor medio es cero. ¿Cuál es el valor de la constante que se multiplica por la lectura para obtener el valor rms verdadero del ruido gaussiano? (*Sugerencia:* El diodo es un cortocircuito cuando el voltaje de entrada es positivo y un circuito abierto cuando el voltaje de entrada es negativo.)

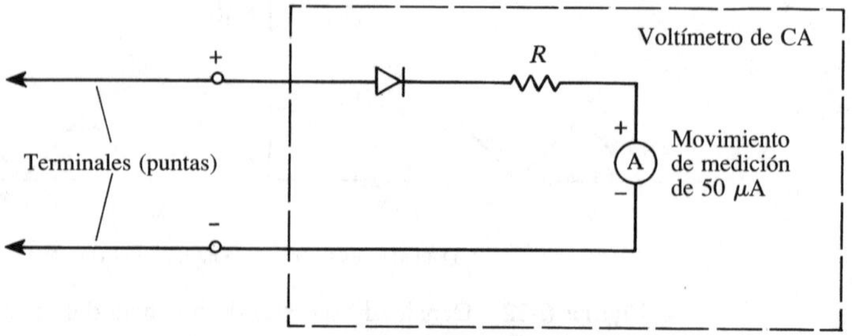


**Figura P6-4**

**6-5** Sea $x(t) = A_0 \operatorname{sen}(\omega_0 t + \theta)$ un proceso aleatorio donde $\theta$ es una variable aleatoria uniformemente distribuida entre 0 y $2\pi$, y $A_0$ y $\omega_0$ son constantes.
(**a**) Determine $R_x(\tau)$.
(**b**) Demuestre que $x(t)$ es estacionario en sentido amplio.
(**c**) Verifique que $R_x(\tau)$ satisface las propiedades apropiadas.

**6-6** Sea $r(t) = A_0 \cos \omega_0 t + n(t)$, donde $A_0$ y $\omega_0$ son constantes. Supóngase que $n(t)$ es un proceso de ruido aleatorio en sentido amplio con un valor medio cero y una autocorrelación de $R_n(\tau)$.
(**a**) Encuentre $\overline{r(t)}$ y determine si $r(t)$ es estacionario en sentido amplio.
(**b**) Encuentre $R_r(t_1, t_2)$.
(**c**) Evalúe $\langle R_r(t, t + \tau)\rangle$ donde $t_1 = t$ y $t_2 = t + \tau$.

**6-7** Sea un proceso de ruido más una señal agregada descrito por $r(t) = s(t) + n(t)$.
(**a**) Demuestre que $R_r(\tau) = R_s(\tau) + R_n(\tau) + R_{sn}(\tau) + R_{ns}(\tau)$.
(**b**) Simplifique el resultado del inciso (a) para el caso en que $s(t)$ y $n(t)$ son independientes y el valor medio del ruido es cero.

**6-8** Considere la suma de dos voltajes de ruido ergódicos

$$n(t) = n_1(t) + n_2(t)$$

La potencia de $n_1(t)$ es 5 W, la de $n_2(t)$ es 10 W, el valor cd de $n_1(t)$ es $-2$ V y el de $n_2$ es $+1$ V. Encuentre la potencia de $n(t)$ si
(**a**) $n_1(t)$ y $n_2(t)$ son ortogonales.
(**b**) $n_1(t)$ y $n_2(t)$ son no correlacionados.
(**c**) La correlación cruzada de $n_1(t)$ y $n_2(t)$ es 2 cuando $\tau = 0$.

**6-9** Supóngase que $x(t)$ es ergódico y que $x(t) = m_x + y(t)$, donde $m_x = \overline{x(t)}$ es el valor de cd de $x(t)$ y $y(t)$ es el componente de ca de $x(t)$. Demuestre que
(**a**) $R_x(\tau) = m_x^2 + R_y(\tau)$.
(**b**) $\text{lím}_{\tau \to \infty} R_x(\tau) = m_x^2$.
(**c**) Si $R_x(\tau)$ se puede medir, ¿cómo se puede determinar el valor de cd de $x(t)$ a partir de $R_x(\tau)$?

**6-10** Determine si las funciones siguientes satisfacen las propiedades de funciones de autocorrelación.
(**a**) $\operatorname{sen} \omega_0 \tau$.
(**b**) $(\operatorname{sen} \omega_0 \tau)/(\omega_0 \tau)$.
(**c**) $\cos \omega_0 \tau + \delta(\tau)$.
(**d**) $e^{-a|\tau|}$, donde $a < 0$.
(*Nota*: $\mathcal{F}[R(\tau)]$ también debe ser una función no negativa.)

**6-11** La función de autocorrelación de un proceso aleatorio $x(t)$ está dada por $R_x(\tau) = 5 + 8e^{-3|\tau|}$. Encuentre:
(**a**) El valor rms de $x(t)$.
(**b**) La densidad espectral de potencia de $x(t)$.

**6-12** La autocorrelación de un proceso aleatorio es $R_x(\tau) = 4e^{-\tau^2} + 3$. Grafique la densidad espectral de potencia de $x(t)$ y evalúe el ancho de banda rms de $x(t)$.

**6-13** Demuestre que dos procesos aleatorios $x(t)$ y $y(t)$ son no correlacionados (es decir, $R_{xy}(\tau) = m_x m_y$) si los procesos son independientes.

**6-14** Si $x(t)$ contiene componentes periódicos, demuestre que:
(**a**) $R_x(\tau)$ contiene componentes periódicos.
(**b**) $\mathcal{P}_x(f)$ contiene funciones delta.

**6-15** Encuentre la densidad espectral de potencia del proceso aleatorio descrito en el problema 6-2.

**6-16** Determine si las funciones siguientes pueden ser funciones de densidad espectral de potencia válidas para un proceso real.
(**a**) $2e^{-2\pi|f-45|}$.

(**b**) $4e^{-2\pi[f^2-16]}$.
(**c**) $25 + \delta(f - 16)$.
(**d**) $10 + \delta(f)$.

**6-17** La densidad espectral de potencia de un proceso aleatorio $x(t)$ es

$$\mathcal{P}_x(f) = \begin{cases} \dfrac{1}{B}(B - |f|), & |f| \leq B \\ 0, & f \text{ distinto} \end{cases}$$

donde $B > 0$. Encuentre:
(**a**) El valor rms de $x(t)$.
(**b**) $R_x(\tau)$.

**6-18** Con las técnicas descritas en el ejemplo 6-3, evalúe la densidad espectral de potencia de una señal PCM que utiliza codificación Manchester NRZ (véase la figura 3-11). Supóngase que los valores de los datos son $a_n = \pm 1$, los cuales son igualmente probables e independientes de un bit a otro.

**6-19** Se tiene que determinar la respuesta de frecuencia de *magnitud* de una red lineal invariable con el tiempo con equipo de laboratorio dispuesto como se muestra en la figura P6-19. Analice cómo se evalúa $|H(f)|$ con las mediciones.

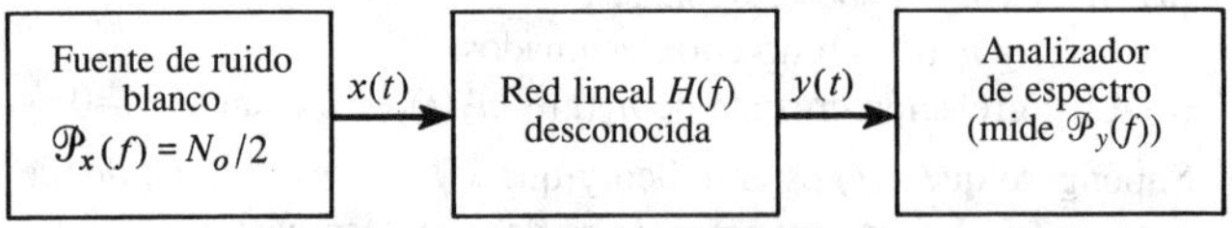


**Figura P6-19**

**6-20** En la figura P6-20 se muestra una red lineal invariable con el tiempo con $H(f)$ desconocida.

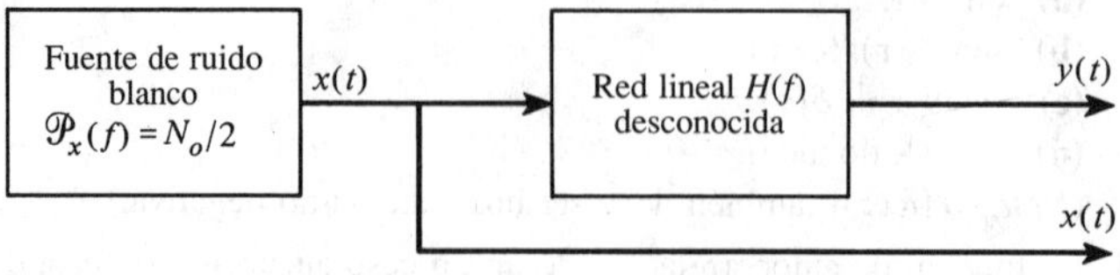


**Figura P6-20**

(**a**) Encuentre una fórmula para evaluar $h(t)$ en función de $R_{xy}(\tau)$ y $N_0$.
(**b**) Encuentre una fórmula para evaluar $H(f)$ en función de $\mathcal{P}_{xy}(f)$ y $N_0$.

**6-21** La salida de un sistema lineal está relacionada con la entrada por medio de $y(t) = h(t) * x(t)$, donde $x(t)$ y $y(t)$ son conjuntamente estacionarios en sentido amplio. Demuestre que:
(**a**) $R_{xy}(\tau) = h(\tau) * R_x(\tau)$.
(**b**) $\mathcal{P}_{xy}(f) = H(f)\mathcal{P}_x(f)$.
(**c**) $R_{yx}(\tau) = h(-\tau) * R_x(\tau)$.
(**d**) $\mathcal{P}_{yx}(f) = H^*(f)\mathcal{P}_x(f)$.
[*Sugerencia:* Use (6-86) y (6-87).]

**6-22** Se aplica ruido blanco ergódico con una densidad espectral de potencia $\mathcal{P}_n(f) = N_0/2$ a la entrada de un integrador ideal con una ganancia de $K$ (un número real de tal modo que $H(f) = K/(j2\pi f)$.

**(a)** Encuentre la densidad espectral de potencia de la salida.

**(b)** Encuentre el valor rms del ruido de salida.

**6-23** La función de transferencia de potencia de una sistema lineal es $|H(f)|^2$ como se muestra en la figura P6-23. La entrada $x(t)$ es un proceso aleatorio gaussiano con densidad espectral de potencia dada por

$$\mathcal{P}_x(f) = \begin{cases} \frac{1}{2}N_0, & |f| \leq 2B \\ 0, & f \text{ en otra parte} \end{cases}$$

**(a)** Encuentre la función de autocorrelación de la salida $y(t)$.

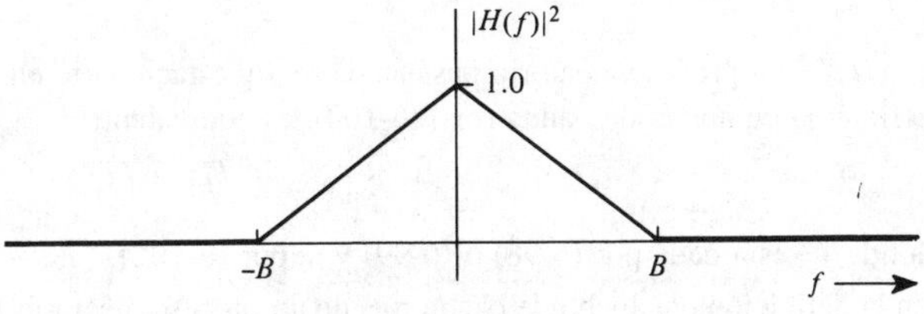


**Figura P6-23**

**(b)** Encuentre la función de densidad de probabilidad de $y(t)$.

**(c)** ¿Cuándo son independientes las dos variables $y_1 = y(t_1)$ y $y_2 = y(t_2)$?

**6-24** Un filtro lineal evalúa el promedio móvil en $T$ segundos de una forma de onda de entrada donde la salida del filtro es

$$y(t) = \frac{1}{T}\int_{t-(T/2)}^{t+(T/2)} x(u)\, du$$

y $x(t)$ es la entrada.

**(a)** Demuestre que la respuesta al impulso es $h(t) = (1/T)\,\Pi(t/T)$.

**(b)** Demuestre que

$$R_y(\tau) = \frac{1}{T}\int_{-T}^{T}\left(1 - \frac{|u|}{T}\right) R_x(\tau - u)\, du$$

**(c)** Si $R_x(\tau) = e^{-|\tau|}$ y $T = 1$ s, grafique $R_y(\tau)$ y compárelo con $R_x(\tau)$.

**6-25** Tal como se muestra en el ejemplo 6-5, la relación de salida de señal a ruido de un filtro $RC$ pasabajas está dada por (6-95) cuando la entrada es una señal senoidal más ruido blanco. Deduzca el valor del producto $RC$ de tal modo que la relación de salida de señal a ruido sea máxima.

**6-26** Suponga que se aplica una onda senoidal de amplitud pico $A_0$ y frecuencia $f_0$ más ruido blanco con $\mathcal{P}_n(f) = N_0/2$ a un filtro lineal. La función de transferencia del filtro es

$$H(f) = \begin{cases} \dfrac{1}{B}\,(B - |f|), & |f| < B \\ 0, & f \text{ en otra parte} \end{cases}$$

donde $B$ es el ancho de banda absoluto del filtro. Determine la relación de señal a potencia de ruido de la salida del filtro.

**6-27** Para el proceso aleatorio $x(t)$ con la densidad espectral de potencia mostrada en la figura P6-27, determine

**(a)** El ancho de banda equivalente.

**(b)** El ancho de banda rms.

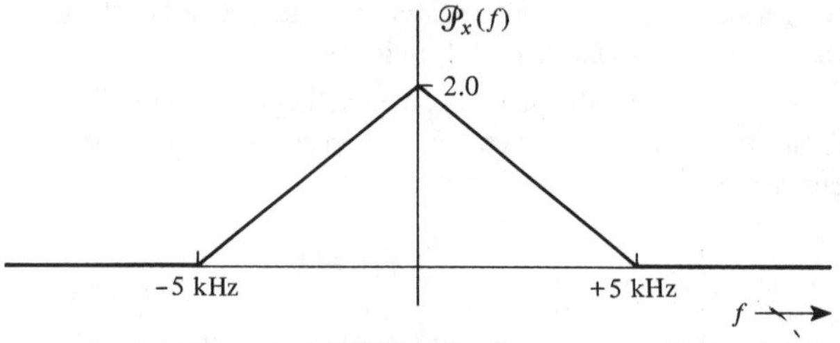


**Figura P6-27**

**6-28** Si $x(t)$ es un proceso aleatorio pasabanda real y estacionario en sentido amplio, demuestre que la definición de ancho de banda rms, (6-100), es equivalente a

$$B_{\text{rms}} = 2\sqrt{\overline{f^2} - (f_0)^2}$$

donde $\overline{f^2}$ está dada por (6-98) o (6-99) y $f_0$ por (6-102).

**6-29** En la definición del ancho de banda rms de un proceso aleatorio *pasabanda*, se utilizó $f_0$. Demuestre que

$$f_0 = \frac{1}{2\pi R_x(0)}\left(\frac{d\hat{R}_x(\tau)}{d\tau}\right)\Bigg|_{\tau=0}$$

donde $\hat{R}_x(\tau)$ es la transformada de Hilbert de $R_x(\tau)$.

**6-30** Dos filtros pasabajas *RC* idénticos se conectan en cascada por medio de un amplificador aislante cuya ganancia de voltaje es de 10.

**(a)** Encuentre la función de transferencia total de la red como una función de $R$ y $C$.

**(b)** Encuentre el ancho de banda 3 dB en función de $R$ y $C$.

**6-31** Sea $x(t)$ un proceso gaussiano donde dos variables aleatorias son $x_1 = x(t_1)$ y $x_2 = x(t_2)$. Las variables aleatorias tienen varianzas de $\sigma_1^2$ y $\sigma_2^2$ y medias de $m_1$ y $m_2$. El coeficiente de correlación es

$$\rho = \overline{(x_1 - m_1)(x_2 - m_2)}/(\sigma_1\sigma_2)$$

Con la notación matricial para la función de densidad de probabilidad de $N = 2$ dimensiones, demuestre que ésta se reduce a la función de densidad de probabilidad gaussiana bivariada dada por (B-97).

**6-32** Un proceso aleatorio gaussiano blanco de banda limitada tiene una función de autocorrelación especificada por (6-125). Demuestre que conforme $B \to \infty$, la función de autocorrelación se vuelve $R_n(\tau) = \frac{1}{2}N_0\delta(\tau)$.

**6-33** Sean dos procesos aleatorios $x(t)$ y $y(t)$ conjuntamente gaussianos con valores medios de cero. Es decir, $(x_1, x_2, \ldots, x_N, y_1, y_2, \ldots, y_M)$ se describe con una función de densidad de probabilidad gaussiana de $(N + M)$ dimensiones. La correlación cruzada es

$$R_{xy}(\tau) = \overline{x(t_1)y(t_2)} = 10\ \text{sen}(2\pi\tau)$$

**(a)** ¿Cuándo son independientes las variables $x_1 = x(t_1)$ y $y_2 = y(t_2)$?

**(b)** Demuestre que $x(t)$ y $y(t)$ son o no son procesos aleatorios independientes.

**6-34** Comenzando con (6-121), demuestre que

$$\mathbf{C}_y = \mathbf{H}\mathbf{C}_x\mathbf{H}^T$$

(*Sugerencia:* Use la propiedad matricial de identidad, $\mathbf{A}\mathbf{A}^{-1} = \mathbf{A}^{-1}\mathbf{A} = \mathbf{I}$, donde $\mathbf{I}$ es la matriz de identidad.)

**6-35** Dado el proceso aleatorio

$$x(t) = A_0 \cos(\omega_c t + \theta)$$

donde $A_0$ y $\omega_0$ son constantes y $\theta$ es una variable aleatoria uniformemente distribuida en el intervalo $(0, \pi/2)$.

**(a)** Determine si $x(t)$ es estacionario en sentido amplio.

**(b)** Encuentre la densidad espectral de potencia de $x(t)$.

**(c)** Si $\theta$ está uniformemente distribuida en $(0,2\pi)$, ¿es $x(t)$ estacionario en sentido amplio?

**6-36** Un proceso aleatorio pasabanda estacionario en sentido amplio $v(t)$ está representado por (6-129a), donde se satisfacen las condiciones de (6-129). En la figura P6-36 se muestra la densidad espectral de potencia de $v(t)$, donde $f_c = 1$ MHz. Con MATLAB o MathCAD:

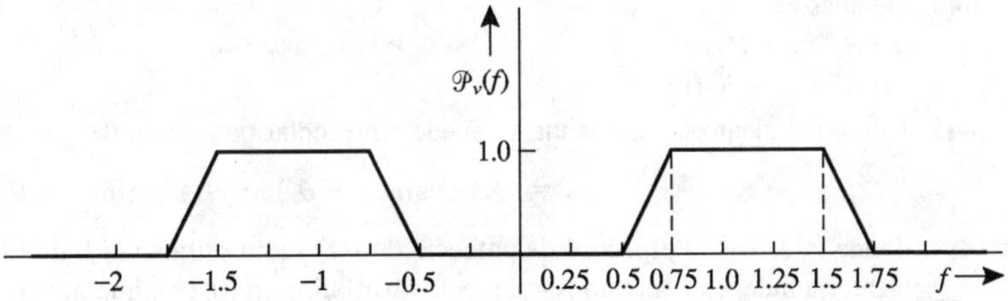


**Figura P6-36**

**(a)** Grafique $\mathcal{P}_x(f)$.

**(b)** Grafique $\mathcal{P}_{xy}(f)$.

**6-37** La densidad espectral de potencia de un proceso pasabanda estacionario en sentido amplio $v(t)$ se muestra en la figura P6-37. $v(t)$ es la entrada a un detector de producto y la señal del oscilador (es decir, la segunda entrada al multiplicador) es $5\cos(\omega_c t + \theta_0)$, donde $f_c = 1$ MHz y $\theta_0$ es una variable aleatoria independiente con distribución uniforme en $(0,2\pi)$. Con MATLAB o MathCAD, grafique la densidad espectral de potencia de la salida del detector de producto.

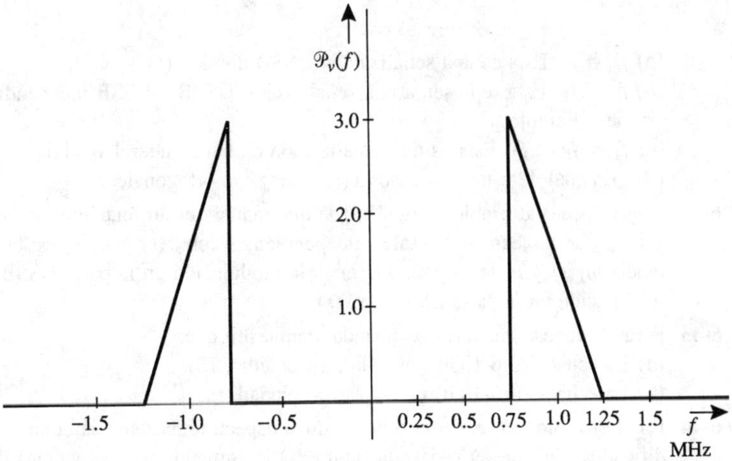


**Figura P6-37**

**6-38** Un proceso pasabanda estacionario en sentido amplio $v(t)$ se aplica a un detector de producto como se muestra en la figura 6-11 donde $\theta_c = 0$.

**(a)** Deduzca una expresión para la autocorrelación de $w_1(t)$ en función de $R_v(\tau)$. ¿Es $w_1(t)$ estacionario en sentido amplio?

**(b)** Con $R_{w_1}(\tau)$ obtenido en el inciso (a) encuentre una expresión para $\mathcal{P}_{w_1}(f)$. (*Sugerencia:* Use el teorema de Wiener-Khintchine.)

**6-39** Una señal USSB es

$$v(t) = 10 \operatorname{Re}\{[x(t) + j\hat{x}(t)]e^{j(\omega_c t + \theta_c)}\}$$

donde $\theta_c$ es una variable aleatoria uniformemente distribuida en $(0{,}2\ \pi)$. La densidad espectral de potencia de $x(t)$ se da en la figura P6-27. Encuentre:

**(a)** La densidad espectral de potencia de $v(t)$.

**(b)** La potencia total de $v(t)$.

**6-40** Demuestre que:

**(a)** $R_{\hat{x}}(\tau) = R_x(\tau)$.

**(b)** $R_{x\hat{x}}(\tau) = \hat{R}_x(\tau)$.

**6-41** Una señal aleatoria pasabanda se puede representar por medio de

$$s(t) = x(t)\cos(\omega_c t + \theta_c) - y(t)\operatorname{sen}(\omega_c t + \theta_c)$$

donde la densidad espectral de potencia de $s(t)$ se muestra en la figura P6-41. $\theta_c$ es una variable aleatoria independiente uniformemente distribuida en $(0{,}2\pi)$. Suponga que $f_3 - f_2 = f_2 - f_1$. Encuentre la densidad espectral de potencia de $x(t)$ y $y(t)$ cuando

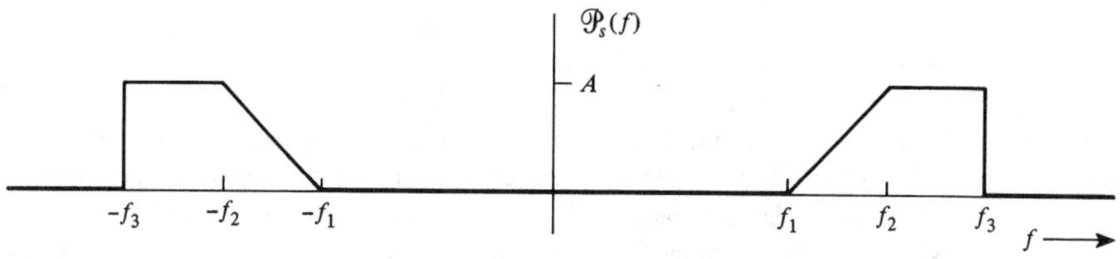


**Figura P6-41**

**(a)** $f_c = f_1$. Esta es una señalización USSB donde $y(t) = \hat{x}(t)$.

**(b)** $f_c = f_2$. Ésta representa una señalización USSB y LSSB independientes con dos modulaciones diferentes.

**(c)** $f_1 < f_c < f_2$. Ésta es una señalización de banda lateral vestigial.

**(d)** ¿En cuál de estos dos casos $x(t)$ y $y(t)$ son ortogonales?

**6-42** Con respecto al problema 6-41b, ¿de qué manera están relacionadas las dos modulaciones $m_1(t)$ y $m_2(t)$ de las bandas laterales independientes con $x(t)$ y $y(t)$? Dé la densidad espectral de potencia $m_1(t)$ y $m_2(t)$, donde $m_1(t)$ es la modulación en la parte USSB de la señal y $m_2(t)$ es la modulación en la parte LSSB de $s(t)$.

**6-43** Para el proceso aleatorio pasabanda, demuestre que:

**(a)** La ecuación (6-133m) es válida (propiedad 13).

**(b)** La ecuación (6-133i) es válida (propiedad 9).

**6-44** En el ejemplo 6-9, encuentre la densidad espectral de potencia de una señal BPSK con datos codificados Manchester (véase la figura 3-15). Suponga que los valores de los datos son $a_n = \pm 1$ con probabilidad igual e independientes de un bit a otro.

**6-45** La entrada a un detector de envolvente es un proceso de ruido gaussiano pasabanda ergódico. El valor rms de la entrada es de 2 V y el valor medio de 0 V. La ganancia del detector de envolvente es de 10. Encuentre:

**(a)** El valor de cd del voltaje de salida.

**(b)** El valor rms del voltaje de salida.

**6-46** Una señal de banda angosta más ruido es

$$r(t) = A\cos(\omega_c t + \theta_c) + x(t)\cos(\omega_c t + \theta_c) - y(t)\operatorname{sen}(\omega_c t + \theta_c)$$

donde $A\cos(\omega_c t + \theta_c)$ es una portadora senoidal y los términos restantes son el ruido pasabanda. El valor rms del ruido es $\sigma$ y su media de 0. Este proceso de señal más ruido aparece a la entrada de un detector de envolvente. Demuestre que la densidad espectral de potencia de la salida del detector de envolvente es

$$f(R) = \begin{cases} \dfrac{R}{\sigma^2} e^{-[(R^2+A^2)/(2\sigma^2)]} I_0\left(\dfrac{RA}{\sigma^2}\right), & R \geq 0 \\ 0, & R < 0 \end{cases}$$

donde

$$I_0(z) \triangleq \frac{1}{2\pi}\int_0^{2\pi} e^{z\cos\theta}\, d\theta$$

es la función de Bessel modificada de primera clase y orden cero. $f(R)$ se conoce como función de densidad de probabilidad de *Rician* en homenaje a S. O. Rice, quien fue un notable ingeniero en Bell Telephone Laboratories.

**6-47** Suponga que la señal conocida es

$$s(t) = \begin{cases} \dfrac{A}{T}\, t\cos\omega_c t, & 0 \leq t \leq T \\ 0, & t \text{ distinto} \end{cases}$$

Esta señal acompañada de ruido está presente a la entrada de un filtro acoplado.

**(a)** Diseñe un filtro acoplado para esta señal. Dibuje las formas de onda de este problema semejantes a las mostradas en la figura 6-16.

**(b)** Dibuje las formas de onda del procesador de correlación mostrado en la figura 6-18.

**6-48** Un sistema de comunicación digital de bandabase utiliza señalización polar con una tasa de bits de $R = 2000$ bits/s. Los pulsos transmitidos son rectangulares y la respuesta de frecuencia del filtro en el canal es

$$H_c(f) = \frac{B}{B + jf}$$

donde $B = 6000$ Hz. Los pulsos filtrados son la entrada a un receptor que utiliza procesamiento de integración y descarga como se ilustra en la figura 6-17. Examine la salida del integrador en cuanto a interferencia entre símbolos. En particular:

**(a)** Trace la salida del integrador cuando se envía un "1" binario.

**(b)** Dibuje la salida del integrador de un canal de paso completo y compare el resultado con el obtenido en el inciso (a).

**6-49** Recurra a la figura 6-19 por lo que se refiere a la detección de una señal BPSK. Suponga que la señal BPSK a la entrada es

$$r(t) = s(t) = \sum_{n=0}^{7} d_n p(t - nT)$$

donde

$$p(t) = \begin{cases} e^{-t}\cos(\omega_c t), & 0 < t < T \\ 0, & t \text{ en otra parte} \end{cases}$$

y los datos binarios $d_n$ son la cadena de 8 bits $\{+1, -1, -1, +1, +1, -1, +1, -1\}$. Use MATLAB o MathCAD para

**(a)** Graficar la forma de onda de entrada $r(t)$.

**(b)** Graficar la forma de onda de salida del integrador $r_0(t)$.

**6-50** En la figura P6-50 se describe un filtro acoplado.

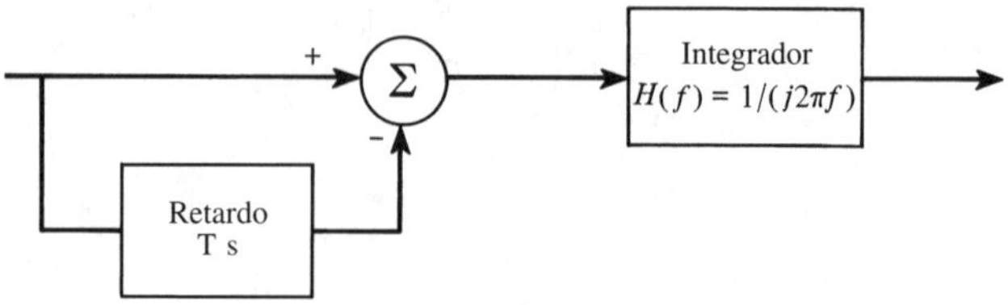


**Figura P6-50**

**(a)** Determine la respuesta al pulso del filtro acoplado.

**(b)** Encuentre la forma del pulso a la cual se acopla el filtro (caso de ruido blanco).

**6-51** Se aplica una señal FSK, $s(t)$, a un circuito receptor de filtro acoplado mostrado en la figura P6-51. La señal FSK es

$$s(t) = \begin{cases} A\cos(\omega_1 t), & \text{cuando se envía un 1 binario} \\ A\cos(\omega_2 t), & \text{cuando se envía un 0 binario} \end{cases}$$

donde $f_1 = f_c + \Delta F$ y $f_2 = f_c - \Delta F$. $\Delta F$ se selecciona para satisfacer la condición MSK, la cual es $\Delta F = 1/(4T)$. $T$ es el tiempo que se lleva enviar un bit y el integrador se reinicia cada $T$ segundos. Suponga que $A = 1$, $f_c = 1000$ Hz y $\Delta F = 50$ Hz.

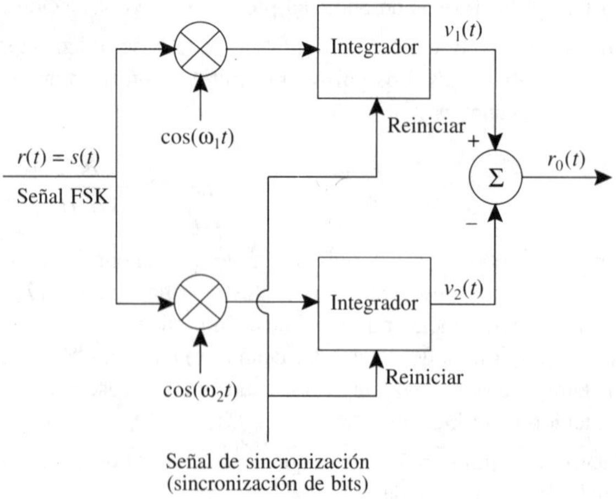


**Figura P6-51**

**(a)** Si se envía un 1 binario, dibuje $v_1(t)$, $v_2(t)$, y $r_0(t)$ en un intervalo de $T$ segundos.

**(b)** Con base en la figura 6-16, encuentre una expresión que describa la salida de un filtro acoplado a la señal FSK cuando se envía un 1 binario. Grafíquelo.

**(c)** Explique cómo concuerdan o difieren las gráficas de los incisos (a) y (b).

**6-52** Sea

$$s(t) = \text{Re}\{g(t)e^{j(\omega_c t + \theta_c)}\}$$

una señal FM de banda ancha donde

$$g(t) = A_c e^{jD_f \int_{-\infty}^{t} m(\lambda)\, d\lambda}$$

y $m(t)$ es un proceso aleatorio de modulación.

**(a)** Demuestre que

$$R_g(\tau) = A_c^2[\overline{e^{jD_f \tau m(t)}}]$$

cuando $\tau m(t)$ se aproxima a la integral $\int_t^{t+\tau} m(\lambda)\, d\lambda$.

**(b)** Con los resultados del inciso (a), demuestre que la densidad espectral de potencia de la señal de FM de banda ancha está dada por (5-66). Es decir, demuestre que

$$\mathcal{P}_s(f) = \frac{\pi A_c^2}{2D_f}\left[f_m\left(\frac{2\pi}{D_f}(f - f_c)\right) + f_m\left(\frac{2\pi}{D_f}(-f - f_c)\right)\right]$$

CAPÍTULO 7

# RENDIMIENTO DE LOS SISTEMAS DE COMUNICACIÓN CORROMPIDOS POR EL RUIDO

Como se estudió en el capítulo 1, las dos consideraciones primarias en el diseño de un sistema de comunicación son:

1. El *rendimiento* del sistema cuando es contaminado por el ruido. La medición del rendimiento por un sistema digital es la probabilidad de error en la señal de salida. En sistemas analógicos, la medición del rendimiento es la relación de señal a ruido de salida.
2. El *ancho de banda* del canal que es requerido para la transmisión de la señal de comunicación. Este ancho de banda fue evaluado por diferentes tipos de señales digitales y analógicas en los capítulos anteriores.

Hay diversas maneras en las que la información puede ser demodulada (recuperada) por la señal recibida que se ha contaminado por el ruido. Algunos receptores proporcionan un rendimiento óptimo, pero no son la mayoría. A menudo se usa un receptor subóptimo con el fin de bajar el costo. Además, para efectos prácticos, algunos de estos receptores rinden casi tan bien como los óptimos. En este capítulo *analizaremos* el rendimiento de algunos receptores tanto óptimos como subóptimos.

# 7-1 PROBABILIDADES DE ERROR PARA UNA SEÑALIZACIÓN BINARIA

## Resultados generales

La figura 7-1 es un diagrama general a bloques para un sistema de comunicación binario. El receptor de entrada $r(t)$ consta de una señal transmitida $s(t)$ y el canal del ruido $n(t)$. En la señalización bandabase el procesamiento de los circuitos en el recibidor consta de una filtración de pasabajas con la amplificación apropiada. En una señalización bandabase, como OOK, BPSK y FSK, discutidas en la sección 5-9, el procesamiento de los circuitos está compuesto normalmente de un receptor superheterodino que contiene un mezclador, un amplificador de IF y un detector. Estos circuitos producen una bandabase análoga de salida $r_0(t)$. (Por ejemplo, cuando se utiliza una señal BPSK, el detector puede consistir en un detector de producto y un integrador como se describió en la sección 6-8 y como se ilustra en la figura 6-19.)

La forma de la onda de la bandabase análoga es representada en un tiempo $t = t_0 + nT$ para producir las representaciones $r_0(t_0 + nT)$, las cuales se alimentan de un dispositivo de umbral (un comparador). El dispositivo de umbral produce la forma de onda de datos seriales binarios $\tilde{m}(t)$.

En esta sección desarrollaremos una *técnica general* para evaluar la probabilidad de un bit de error, también llamado *tasa de error bit* (BER, por sus siglas en inglés: *bit error rate*), para una señalización binaria. En las últimas secciones, esta técnica se usará para obtener expresiones específicas para la BER de varios programas de señalización binaria como OOK, BPSK y FSK.

Para desarrollar una fórmula general para la BER de una señal binaria detectada, sea $T$ la longitud del tiempo que toma transmitir un bit de datos. La señal transmitida en un intervalo de bit de $(0, T)$ se representa por

$$s(t) = \begin{cases} s_1(t), & 0 < t \leq T \quad \text{para un 1 binario} \\ s_2(t), & 0 < t \leq T \quad \text{para un 0 binario} \end{cases} \tag{7-1}$$

donde $s_1(t)$ es la forma de onda que se usa si se transmite un 1 binario y $s_2(t)$ es la forma de onda que se utiliza si se transmite un 0 binario. Si $s_1(t) = -s_2(t)$ es llamado una señal *antípoda*

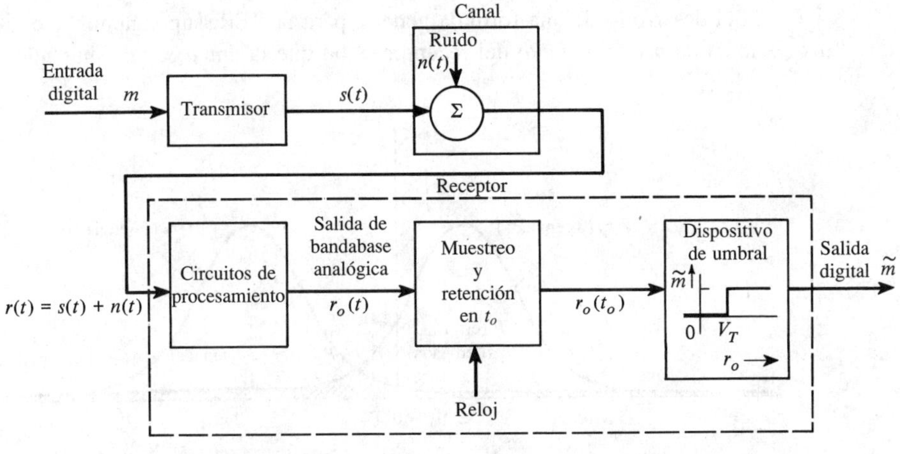


**Figura 7-1** Sistema de comunicación general binario.

u opuesta. La señal binaria más el ruido en la entrada del receptor producen una forma de onda bandabase análoga, en la salida del procesador de circuitos que está representada por

$$r_0(t) = \begin{cases} r_{01}(t), & 0 < t \leq T \quad \text{para un envío 1 binario} \\ r_{02}(t), & 0 < t \leq T \quad \text{para un envío 0 binario} \end{cases} \tag{7-2}$$

donde $r_{01}(t)$ es la señal de salida que se distorsiona por el ruido de una transición binaria 1 y $r_{02}(t)$ es la salida para la transición binaria 0. (Obsérvese que si el receptor utiliza un procesador de circuitos no lineal, como un detector de envolvente, la superposición de la señal más las señales de salida no son operaciones válidas.) Este voltaje de forma de onda análoga $r_0(t)$ se representa en el tiempo $t_0$ durante el intervalo de bit; esto es, $0 < t_0 \leq T$. Para un filtro acoplado de procesamiento de circuitos, $t_0 = T$. La representación que resulta es

$$r_0(t_0) = \begin{cases} r_{01}(t_0) & \text{para un envío 1 binario} \\ r_{02}(t_0) & \text{para un envío 0 binario} \end{cases} \tag{7-3}$$

Es de notarse que $r_0(t_0)$ es una *variable aleatoria* que tiene una distribución *continua* debido al canal de ruido que ha distorsionado la señal. Para la notación corta, denotaremos $r_0(t_0)$ simplemente por $r_0$. Esto es,

$$r_0 = r_0(t_0) = \begin{cases} r_{01} & \text{para un envío 1 binario} \\ r_{02} & \text{para un envío 0 binario} \end{cases} \tag{7-4}$$

$r_0 = r_0(t_0)$ se denomina *prueba estadística.*

Por el momento, consideremos que podemos evaluar las PDF para las dos variables aleatorias $r_0 = r_{01}$ y $r_0 = r_{02}$. Estas PDF son en realidad PDF *condicionales* ya que dependen, respectivamente, de un 1 binario o un 0 binario que se esté transmitiendo. Esto es, cuando $r_0 = r_{01}$, la PDF es $f(r_0|s_1$ enviada) y cuando $r_0 = r_{02}$ el PDF es $f(r_0|s_2$ enviada). Estas PDF condicionales se muestran en la figura 7-2. Para propósitos de ejemplificación se muestran las formas gaussianas. Las formas actuales de las PDF dependen de las características del ruido del canal, de los tipos específicos del filtro, del detector de circuitos usados y de los tipos de las señales binarias transmitidas. (En las últimas secciones obtendremos PDF específicas usando la teoría desarrollada en el capítulo 6.)

En el desarrollo de una fórmula general para la BER, supongamos que la *polaridad de los circuitos de procesamiento* del receptor es tal que la *única señal* (sin ruido) está presente

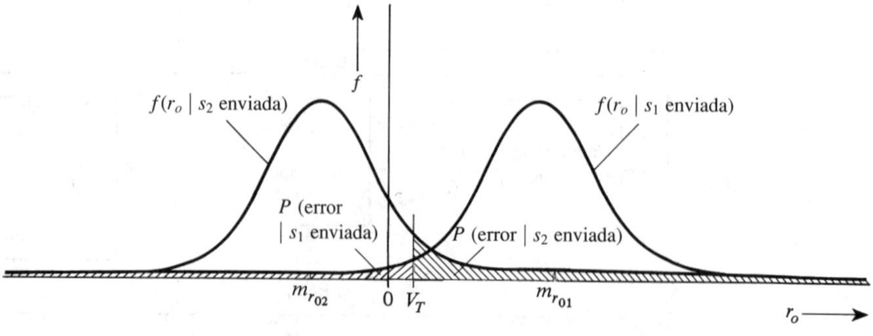


**Figura 7-2** Probabilidad de error para la señalización binaria.

en la entrada del receptor, $r_0 > V_T$ cuando un *1 binario se envía* y $r_0 < V_T$ cuando un *0 binario se envía*; $V_T$ es el umbral (voltaje) establecido del comparador (dispositivo de umbral).

Cuando la señal más el ruido están presentes a la entrada del receptor, los errores pueden ocurrir de dos maneras. Un error ocurre cuando $r_0 < V_T$ si se envía un 1 binario:

$$P\ (\text{error}|s_1\ \text{enviada}) = \int_{-\infty}^{V_T} f(r_0|s_1)\, dr_0 \tag{7-5}$$

Esto se ilustra por el área sombreada de la izquierda de $V_T$ en la figura 7-2. De igual manera, ocurre un error cuando $r_0 > V_T$ si se envía un 0 binario:

$$P\ (\text{error}|s_2\ \text{enviada}) = \int_{V_T}^{\infty} f(r_0|s_2)\, dr_0 \tag{7-6}$$

La tasa de error bit es, entonces,

$$P_e = P\ (\text{error}|s_1\ \text{enviada})P(s_1\ \text{enviada}) + P\ (\text{error}|s_2\ \text{enviada})P(s_2\ \text{enviada}) \tag{7-7a}$$

Esta situación sigue la teoría de probabilidad (véase el apéndice B), donde la probabilidad de un evento que consiste de eventos conjuntos es

$$P(E) = \sum_{i=1}^{2} P(E, s_i) = \sum_{i=1}^{2} P(E|s_i)P(s_i) \tag{7-7b}$$

Cuando combinamos (7-5), (7-6) y (7-7), la expresión general para la BER de cualquier sistema de comunicación binaria es

$$P_e = P(s_1\ \text{enviada}) \int_{-\infty}^{V_T} f(r_0|s_1)\, dr_0 + P(s_2\ \text{enviada}) \int_{V_T}^{\infty} f(r_0|s_2)\, dr_0 \tag{7-8}$$

$P(s_1$ enviada) y $P(s_2$ enviada) son conocidas como las *estadísticas fuente* o *estadísticas a priori*. En la mayoría de las aplicaciones, las estadísticas fuente son consideradas iguales. Esto es,

$$P(\text{binario 1 enviado}) = P(s_1\ \text{enviada}) = \tfrac{1}{2} \tag{7-9a}$$

$$P(\text{binario 0 enviado}) = P(s_2\ \text{enviada}) = \tfrac{1}{2} \tag{7-9b}$$

*En los resultados que obtendremos a lo largo de este capítulo asumiremos que las estadísticas fuente son iguales.* Como ya se estudió anteriormente, las PDF dependen de las formas de onda de la señalización involucrada, del ruido en el canal y de los circuitos de procesamiento del receptor utilizado. Éstos se obtienen en forma subsecuente para el caso del ruido del canal gaussiano y del procesador de circuitos lineal.

## Resultados para el ruido gaussiano

Considere que el ruido del canal es un proceso estacionario gaussiano de media cero, de sentido amplio y que los circuitos de procesamiento del receptor, excepto para el dispositivo de umbral, son lineales. También considere que para el ruido gaussiano (solamente) en la entrada, la salida del procesador lineal, $r_0(t) = n_0(t)$, es un proceso gaussiano (véase el capítulo 6). Para una señalización bandabase, el procesador de circuitos constaría de filtros alineales con alguna ganancia. Para una señalización pasabanda, como demostramos en el capítulo 4, un circuito superheterodino (consiste en un mezclador, etapa de IF y un detector de producto) es un circuito lineal. Sin embargo, si se utiliza un control de ganancia automática (AGC) o unos limitadores, el receptor será no lineal y los resultados de esta sección no serán aplicables. Además, si se utiliza un detector no lineal como un detector de envolvente, el ruido de salida no será gaussiano. Para el caso de un procesamiento lineal en el circuito del receptor con una señal binaria, y el ruido de salida, esta última se representa

$$r_0 = s_0 + n_0 \tag{7-10}$$

Aquí se usa la notación corta $r_0(t_0) = r_0$. $n_0(t_0) = n_0$ es una variable aleatoria gaussiana de media cero y $s_0(t_0) = s_0$ es una constante que depende de la señal que se está enviando. Esto es

$$s_0 = \begin{cases} s_{01} & \text{para un envío 1 binario} \\ s_{02} & \text{para un envío 0 binario} \end{cases} \tag{7-11}$$

donde $s_{01}$ y $s_{02}$ son constantes conocidas para un tipo dado de receptor con formas de ondas conocidas de señal de entrada $s_1(t)$ y $s_2(t)$. Ya que la muestra del ruido de salida $n_0$ es una variable aleatoria gaussiana de media cero, el total de la muestra de salida $r_0$ es una variable aleatoria gaussiana con un valor medio de $s_{01}$ o $s_{02}$, dependiendo de si se transmitió un 1 o un 0 binarios. Esto se ilustra en la figura 7-2, donde el valor medio de $r_0$ es $m_{r_{01}} = s_{01}$ cuando se envía un 1 binario y el valor medio de $r_0$ es $m_{r_{02}} = s_{02}$, cuando se envía un 0 binario. En consecuencia, las dos PDF condicionales son

$$f(r_0|s_1) = \frac{1}{\sqrt{2\pi}\,\sigma_0} e^{-(r_0 - s_{01})^2/(2\sigma_0^2)} \tag{7-12}$$

y

$$f(r_0|s_2) = \frac{1}{\sqrt{2\pi}\,\sigma_0} e^{-(r_0 - s_{02})^2/(2\sigma_0^2)} \tag{7-13}$$

$\sigma_0^2 = \overline{n_0^2} = \overline{n_0^2(t_0)} = \overline{n_0^2(t)}$ es la potencia promedio del ruido de *salida* del circuito procesador del receptor donde el proceso del ruido en la salida es estacionario de sentido amplio.

Usando igualmente estadísticas fuentes y sustituyendo (7-12) y (7-13) en (7-8), encontramos que la tasa de error de bit se transforma en

$$P_e = \frac{1}{2}\int_{-\infty}^{V_T} \frac{1}{\sqrt{2\pi}\,\sigma_0} e^{-(r_0 - s_{01})^2/(2\sigma_0^2)}\, dr_0 + \frac{1}{2}\int_{V_T}^{\infty} \frac{1}{\sqrt{2\pi}\,\sigma_0} e^{-(r_0 - s_{02})^2/(2\sigma_0^2)}\, dr_0 \tag{7-14}$$

Esto puede reducirse a las funciones $Q(z)$ definidas en la sección B-7 (apéndice B) y tabuladas en la sección A-10 (apéndice A). Sea $\lambda = -(r_0 - s_{01})/\sigma_0$ en la primera integral y $\lambda = (r_0 - s_{02})/\sigma_0$ en la segunda; por tanto

$$P_e = \frac{1}{2}\int_{-(V_T - s_{01})/\sigma_0}^{\infty} \frac{1}{\sqrt{2\pi}} e^{-\lambda^2/2}\, d\lambda + \frac{1}{2}\int_{(V_T - s_{02})/\sigma_0}^{\infty} \frac{1}{\sqrt{2\pi}} e^{-\lambda^2/2}\, d\lambda$$

o

$$P_e = \frac{1}{2} Q\left(\frac{-V_T + s_{01}}{\sigma_0}\right) + \frac{1}{2} Q\left(\frac{V_T - s_{02}}{\sigma_0}\right) \tag{7-15}$$

Al utilizar el valor apropiado para el umbral del comparador, $V_T$, la probabilidad de error puede ser minimizada. Para encontrar el $V_T$ que minimiza $P_e$, necesitamos resolver $dP_e/dV_T = 0$. Aplicando la regla de Leibnitz, (A-36), para diferenciar las integrales de (7-14), obtenemos

$$\frac{dP_e}{dV_T} = \frac{1}{2}\frac{1}{\sqrt{2\pi}\,\sigma_0} e^{-(V_T - s_{01})^2/(2\sigma_0^2)} - \frac{1}{2}\frac{1}{\sqrt{2\pi}\,\sigma_0} e^{-(V_T - s_{02})^2/(2\sigma_0^2)} = 0$$

o

$$e^{-(V_T - s_{01})^2/(2\sigma_0^2)} = e^{-(V_T - s_{02})^2/(2\sigma_0^2)}$$

lo cual implica la condición

$$(V_T - s_{01})^2 = (V_T - s_{02})^2$$

En consecuencia, para una $P_e$ mínima, el establecimiento del umbral del comparador necesita ser

$$V_T = \frac{s_{01} + s_{02}}{2} \tag{7-16}$$

Sustituyendo la ecuación (7-16) en la (7-15) obtenemos la expresión para la $P_e$ mínima. Por consiguiente, la señalización binaria en ruido gaussiano con el establecimiento óptimo de umbral como se especifica por (7-16), la BER es

$$P_e = Q\left(\frac{s_{01} - s_{02}}{2\sigma_0}\right) = Q\left(\sqrt{\frac{(s_{01} - s_{02})^2}{4\sigma_0^2}}\right) \tag{7-17}$$

donde se estableció que $s_{01} > V_T > s_{02}$.† Hasta aquí hemos optimado sólo el nivel del umbral, pero no los filtros en los circuitos de procesamiento.

## Resultados para el ruido blanco gaussiano y recepción de filtro acoplado

Si el filtro receptor (en los circuitos de procesamiento de la figura 7-1) es optimado, la BER dada por (7-17) puede reducirse. Para *minimizar* $P_e$ necesitamos maximizar el argumento de $Q$, como ya se vio en la figura B-7. Así, necesitamos encontrar el filtro lineal que maximiza

† Si $s_{01} < V_T < s_{02}$, el resultado es

$$P_e = Q\left(\frac{s_{02} - s_{01}}{2\sigma_0}\right) = Q\left(\sqrt{\frac{(s_{02} - s_{01})^2}{4\sigma_0^2}}\right)$$

donde la característica del dispositivo de umbral en la figura 7-1 es alterado para que así un 0 binario se seleccione cuando $r_0 > V_T$ y un binario 1 se seleccione cuando $r_0 < V_T$.

$$\frac{[s_{01}(t_0) - s_{02}(t_0)]^2}{\sigma_0^2} = \frac{[s_d(t_0)]^2}{\sigma_0^2}$$

$s_d(t_0) \triangleq s_{01}(t_0) - s_{02}(t_0)$ es la porción del valor de la *señal de diferencia* que se obtiene mediante la resta de la muestra $s_{02}$ de $s_{01}$. La potencia correspondiente instantánea de la diferencia de la señal de salida en $t = t_0$ es $s_d^2(t_0)$. Como la derivada en la sección 6-8, el filtro lineal que maximiza la señal de potencia instantánea de salida al tiempo muestra $t = t_0$ cuando se comparó con la potencia de ruido de salida promedio $\sigma_0^2 = \overline{n_0^2(t)}$ es el *filtro acoplado*. Para el caso del *ruido blanco* a la entrada del receptor, *el filtro acoplado necesita ser acoplado a la señal de diferencia* $s_d(t) = s_1(t) - s_2(t)$. Por lo tanto, la respuesta al impulso del filtro acoplado para una señal binaria es

$$h(t) = C[s_1(t_0 - t) - s_2(t_0 - t)] \tag{7-18}$$

donde $s_1(t)$ es la señal (única) que aparece en la entrada del receptor cuando un 1 binario es enviado, $s_2(t)$ es la señal recibida cuando un 0 binario es enviado y $C$ es una constante real. Además, al usar (6-161) la relación de la señal pico de salida al ruido promedio que se obtiene del filtro acoplado es

$$\frac{[s_d(t_0)]^2}{\sigma_0^2} = \frac{2E_d}{N_0}$$

$N_0/2$ es la PSD del ruido en la *entrada del receptor*, y $E_d$ es la señal de energía diferencial en la *entrada del receptor*, donde

$$E_d = \int_0^T [s_1(t) - s_2(t)]^2\, dt \tag{7-19}$$

Por tanto, para la señalización binaria distorsionada por el ruido *blanco* gaussiano, por la *recepción de filtro* acoplada y por usar el umbral óptimo, la tasa de error de bit es

$$P_e = Q\left(\sqrt{\frac{E_d}{2N_0}}\right) \tag{7-20}$$

Nosotros usaremos este resultado para evaluar $P_e$ con varios tipos de programas de señalización binaria donde se utiliza la recepción de filtro acoplada.

## Resultados para ruido gaussiano coloreado y recepción de filtro acoplada

La técnica que acabamos de usar para obtener la BER para la señalización binaria en ruido blanco puede ser modificada para evaluar la BER para el caso del ruido coloreado. La modificación utilizada se ilustra en la figura 7-3. Aquí un *filtro preblanqueador* se inserta delante de los circuitos de procesamiento del receptor. La función de transferencia del filtro preblanqueador es

$$H_p(f) = \frac{1}{\sqrt{\mathcal{P}_n(f)}} \tag{7-21}$$

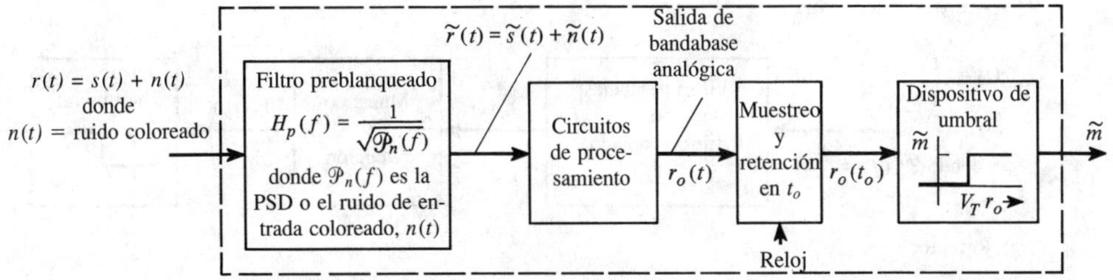


**Figura 7-3** Receptor de filtro acoplado para el ruido coloreado.

así que el ruido que aparece en el filtro de salida, $\tilde{n}(t)$, es blanco. Hemos ahora convertido el problema de un ruido coloreado a un problema de ruido blanco, así que son aplicables las técnicas de diseño presentadas en la sección anterior. Ahora el filtro acoplado en los circuitos de procesamiento se acopla a *formas de ondas filtradas*.

$$\tilde{s}(t) = \tilde{s}_1(t) = s_1(t) * h_p(t) \qquad \text{(binario 1)} \qquad (7\text{-}22a)$$

$$\tilde{s}(t) = \tilde{s}_2(t) = s_2(t) * h_p(t) \qquad \text{(binario 0)} \qquad (7\text{-}22b)$$

donde $h_p(t) = \mathcal{F}^{-1}[H_p(f)]$. Ya que el preblanqueado producirá señales $\tilde{s}_1(t)$ y $\tilde{s}_2$(t) —las cuales se esparcen más allá del intervalo de la señal *T*s, se producirán dos tipos de degradación.

- La energía de la señal filtrada que ocurre más allá del intervalo *T*s no se usará por el filtro acoplado para maximizar la señal de salida.
- Las porciones de las señales de los intervalos previos de señalización que ocurren en el intervalo de señalización presente producirán ISI (véase el capítulo 3).

Ambos efectos pueden ser disminuidos si la duración de la señal original se reduce menos que el intervalo y la señalización *T*s; así, casi toda la señal difundida ocurrirá dentro del intervalo.

## 7-2 RENDIMIENTO DE LOS SISTEMAS BANDABASE BINARIOS

### Señalización unipolar

Como se ilustró en la figura 7-4b, las dos formas de onda de las señales bandabase son:

$$s_1(t) = +\text{A}, \qquad 0 < t \leq T \qquad \text{(binario 1)} \qquad (7\text{-}23a)$$

$$s_2(t) = 0, \qquad 0 < t \leq T \qquad \text{(binario 0)} \qquad (7\text{-}23b)$$

donde A $> 0$. Esta señal unipolar, así como el ruido blanco gaussiano, están presentes en la entrada del receptor.

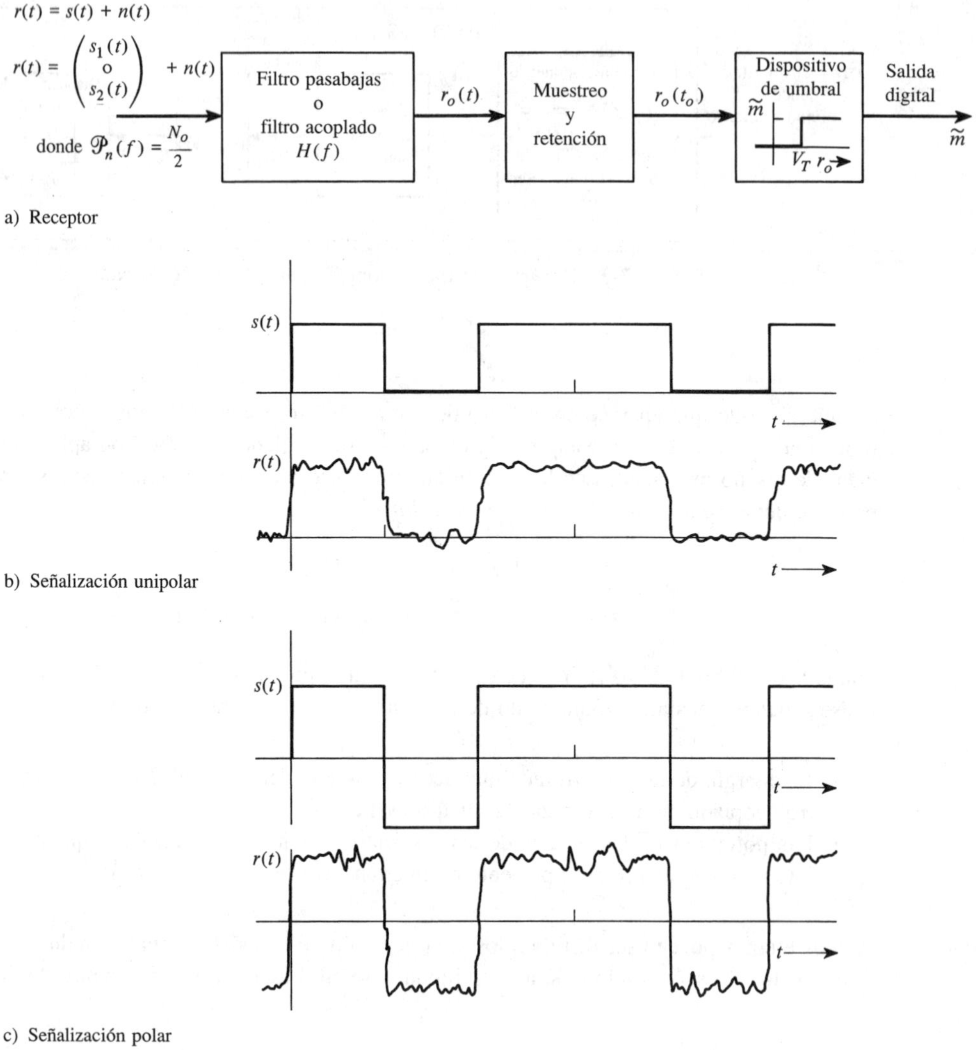


**Figura 7-4** Receptor de una señalización de bandabase binaria.

Primero evalúe el rendimiento de un receptor que use un LPF, $H(f)$, con ganancia unitaria. Suponga que el ancho de banda equivalente de este LPF es $B > 2/\text{T}$, así como la forma de onda de la señalización unipolar se mantiene (aproximadamente) en la salida del filtro y aun el ruido se reduce por el filtro.† Por tanto, $s_{01}(t_0) \approx A$ y $s_{02}(t_0) \approx 0$. La potencia del ruido a la salida del filtro es $\sigma_0^2 = (N_0/2)(2B)$, donde $B$ es el ancho de banda equivalente del filtro. El establecimiento del umbral óptimo es entonces $V_T = \frac{1}{2}A$. Cuando usamos (7-17), la BER es

† De la ecuación (3-39b), la PSD de una señal unipolar (pulso de forma rectangular) es proporcional a $[\text{sen}(\pi f T)/(\pi f T)]^2$ para que el segundo ancho de banda nula sea $2/T$. En referencia a los ejemplos de ayuda para estudiar los ejemplos SA7-1 y SA7-2, se muestra que si el ancho de banda equivalente del LPF es mayor que $2/T$, la señal filtrada constará de pulsos que son casi rectangulares y los valores pico de los pulsos son aproximadamente igual a $A$.

$$P_e = Q\left(\sqrt{\frac{A^2}{4N_0B}}\right) \quad \text{(filtro pasabajas)} \tag{7-24a}$$

para un receptor que usa un LPF con un ancho de banda equivalente de $B$.

El rendimiento de un receptor de filtro acoplado se obtiene al usar (7-20), donde el tiempo de la muestra es $t_0 = T$. La energía en la señal de diferencia es $E_d = A^2T$, así que la BER es

$$P_e = Q\left(\sqrt{\frac{A^2T}{2N_0}}\right) = Q\left(\sqrt{\frac{E_b}{N_0}}\right) \quad \text{(filtro acoplado)} \tag{7-24b}$$

donde la energía promedio por bit es $E_b = A^2T/2$, debido a que la energía para un 1 binario es $A^2T$ y la energía para un 0 binario es 0. Para un pulso de forma rectangular, el filtro acoplado es un integrador. En consecuencia, el valor óptimo del umbral es

$$V_T = \frac{s_{01} + s_{02}}{2} = \frac{1}{2}\left(\int_0^T A\,dt + 0\right) = \frac{AT}{2}$$

A menudo se quiere expresar la BER en términos de $E_b/N_0$, ya que indica la energía promedio requerida para transmitir un bit de información sobre un canal de ruido blanco (térmico). Al expresar la BER en términos de $E_b/N_0$, el rendimiento de las diferentes técnicas de señalización pueden compararse con facilidad.

Una gráfica de la ecuación (7-24b) se ilustra en la figura 7-5.

## Señalización polar

Como se muestra en la figura 7-4c, la forma de la onda de la señal bandabase polar es

$$s_1(t) = +\text{A}, \quad 0 < t \le T \quad \text{(1 binario)} \tag{7-25a}$$

$$s_2(t) = -\text{A}, \quad 0 < t \le T \quad \text{(0 binario)} \tag{7-25b}$$

La señal polar es antípoda ya que $s_1(t) = -s_2(t)$.

El rendimiento del sistema de un receptor LPF se obtiene al usar (7-17). Asumiendo que el ancho de banda equivalente de LPF es $B \ge 2/T$, nos damos cuenta de que las muestras de la señal son $s_{01}(t_0) \approx A$ y $s_{02}(t_0) \approx -A$ en el tiempo muestral $t = t_0$. Además, $\sigma_0^2 = N_0B$. El ajuste óptimo del umbral es ahora $V_T = 0$. Por tanto, la BER para una señal polar es

$$P_e = Q\left(\sqrt{\frac{A^2}{N_0B}}\right) \quad \text{(filtro pasabajas)} \tag{7-26a}$$

donde $B$ es el ancho de banda equivalente del LPF.

El rendimiento de un receptor de filtro acoplado se obtiene, una vez más, al usar (7-20), donde $t_0 = T$. (La integración y la descarga de un filtro acoplado para una señal polar se especificó en la figura 6-17.) Ya que la energía de la señal de diferencia es $E_d = (2A)^2T$, la BER es

$$P_e = Q\left(\sqrt{\frac{2A^2T}{N_0}}\right) = Q\left(\sqrt{2\left(\frac{E_b}{N_0}\right)}\right) \quad \text{(filtro acoplado)} \tag{7-26b}$$

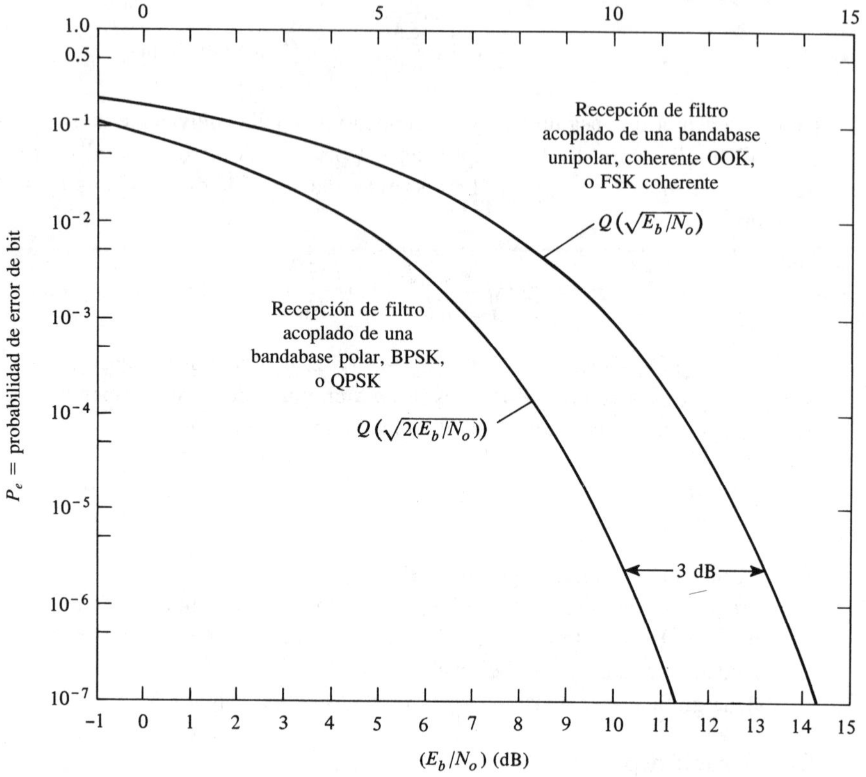


**Figura 7-5** $P_e$ para recepción de filtro acoplado de varios esquemas de señalización binarios.

donde la energía promedio por bit es $E_d = A^2T$. El ajuste óptimo del umbral es $V_T = 0$.

Una gráfica de BER para la señal bandabase unipolar y polar se muestra en la figura 7-5. Aparentemente la señal polar tiene una ventaja de 3 dB sobre la señal unipolar, ya que ésta requiere un $E_b/N_0$ que es 3 dB mayor que la señal polar para la misma $P_e$.

## Señal bipolar

En una señal bipolar NRZ, los unos binarios se representan por valores alternantes positivos y negativos y los ceros binarios, por un nivel cero. Por tanto

$$s_1(t) = \pm A, \quad 0 < t \leq T \quad \text{(binario 1)} \tag{7-27a}$$

$$s_2(t) = 0, \quad 0 < t \leq T \quad \text{(binario 0)} \tag{7-27b}$$

donde A > 0. Esto es similar a la señal unipolar excepto por dos umbrales, $+V_T$ y $-V_T$, que son necesarios como se muestra en la figura 7-6. La figura 7-6b ilustra las probabilidades de error para el caso de un ruido gaussiano aditivo. La BER es

$$P_e = P(\text{error}|\ +A \text{ enviada})P(+A \text{ enviada}) + P(\text{error}|\ -A \text{ enviada})P(-A \text{ enviada})$$
$$+ P(\text{error}|s_2 \text{ enviada})P(s_2 \text{ enviada})$$

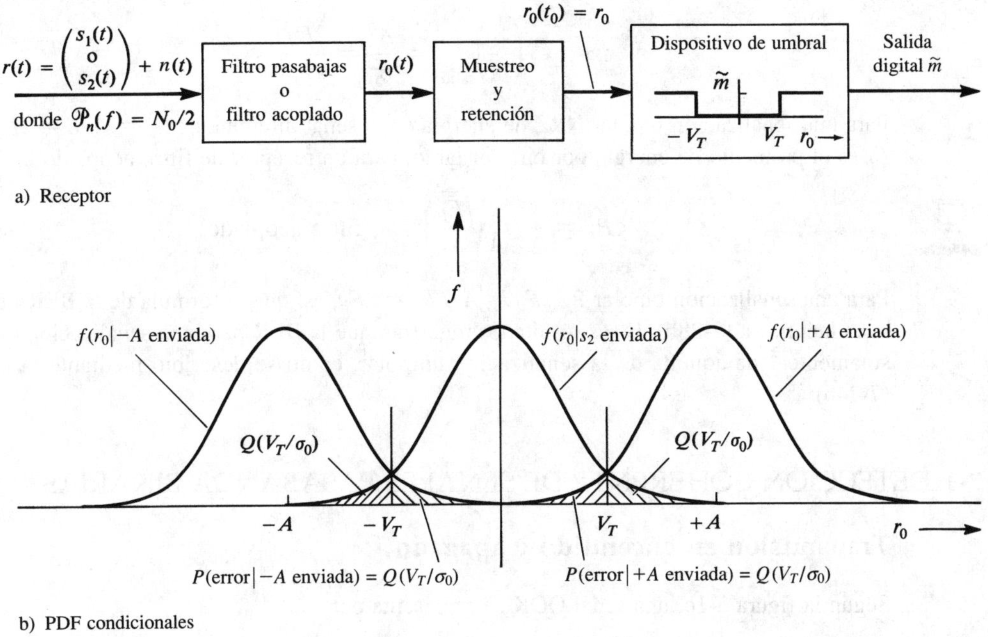


**Figura 7-6** Receptor para una señal bipolar.

y al utilizar la figura 7-6b,

$$P_e \approx \left[Q\left(\frac{V_T}{\sigma_0}\right)\right]\frac{1}{4} + \left[Q\left(\frac{V_T}{\sigma_0}\right)\right]\frac{1}{4} + \left[2Q\left(\frac{V_T}{\sigma_0}\right)\right]\frac{1}{2}$$

la cual se reduce a

$$P_e = \frac{3}{2}Q\left(\frac{V_T}{\sigma_0}\right)$$

o, al utilizar el valor óptimo de umbral, $V_T = \frac{1}{2}A$,

$$P_e = \frac{3}{2}Q\left(\frac{A}{2\sigma_0}\right)$$

Para el caso de un receptor con un filtro pasabajas que tiene una señal bipolar y un ruido blanco en su entrada, $\sigma_0^2 = N_0 B$. La BER es

$$P_e = \frac{3}{2}Q\left(\sqrt{\frac{A^2}{4N_0 B}}\right) \quad \text{(filtro pasabajas)} \tag{7-28a}$$

donde la PSD del ruido de entrada es $N_0/2$ y el ancho de banda equivalente del filtro es $B$ Hz. Si se usa un filtro acoplado, su SNR de entrada, usando la ecuación (6-161), es

$$\left(\frac{\text{S}}{\text{N}}\right)_{\text{salida}} = \frac{A^2}{\sigma_0^2} = \frac{2E_d}{N_0}$$

Para una señalización bipolar NRZ de energía en la señal diferente es $E_d = A^2T = 2E_b$, donde $E_b$ es el promedio de energía por bit. Por tanto, para un receptor de filtro acoplado la BER es

$$P_e = \frac{3}{2} Q\left(\sqrt{\frac{E_b}{N_0}}\right) \qquad \text{(filtro acoplado)} \tag{7-28b}$$

Para una señalización bipolar RZ, $E_d = A^2T/4 = 2E_b$, así que la fórmula de la BER que resulta es idéntica a (7-28b). Estos resultados muestran que la BER para una señalización bipolar es solamente $\frac{3}{2}$ de aquélla de la señalización unipolar, como se describió mediante la ecuación (7-24b).

## 7-3 DETECCIÓN COHERENTE DE SEÑALES PASABANDA BINARIAS

### Transmisión en encendido y apagado

Según la figura 5-1c, una señal OOK se representa por

$$s_1(t) = A\cos(\omega_c t + \theta_c), \qquad 0 < t \leq T \qquad \text{(1 binario)} \tag{7-29a}$$

o

$$s_2(t) = 0, \qquad 0 < t \leq T \qquad \text{(0 binario)} \tag{7-29b}$$

Para una detección coherente se utiliza un detector de producto, como se ilustra en la figura 7-7. En realidad, en las aplicaciones de RF un mezclador convertiría la señal de entrada OOK en una IF; así, una amplificación de alta ganancia estable podría lograrse en forma conveniente y luego un detector de producto podría traducir la señal a bandabase.

Considere que la señal OOK más el ruido blanco gaussiano (sobre el pasabanda equivalente) se presentan en la entrada del receptor. Como se desarrolló en el capítulo 6, este ruido pasabanda podría representarse por

$$n(t) = x(t)\cos(\omega_c t + \theta_n) - y(t)\,\text{sen}(\omega_c t + \theta_n)$$

donde la PSD de $n(t)$ es $\mathcal{P}_n(f) = N_0/2$ y $\theta_n$ es una variable aleatoria distribuida uniformemente y que es independiente de $\theta_c$.

El filtro receptor $H(f)$ de la figura 7-7 puede ser un LPF conveniente o un filtro acoplado. Por supuesto, el receptor sería optimado (por la menor $P_e$) si se utiliza un filtro acoplado.

Primero, evalúe el rendimiento de un receptor que use un LPF donde el filtro tiene una ganancia en cd unitaria. Suponga que el ancho de banda equivalente del filtro es $B \geq 2/T$, así que la envolvente de la señal OOK se mantiene (aproximadamente) en la salida del filtro. La banda base analógica de salida será

$$r_0(t) = \begin{Bmatrix} A, & 0 < t \leq T, & 1 \text{ binario} \\ 0, & 0 < t \leq T, & 0 \text{ binario} \end{Bmatrix} + x(t) \tag{7-30}$$

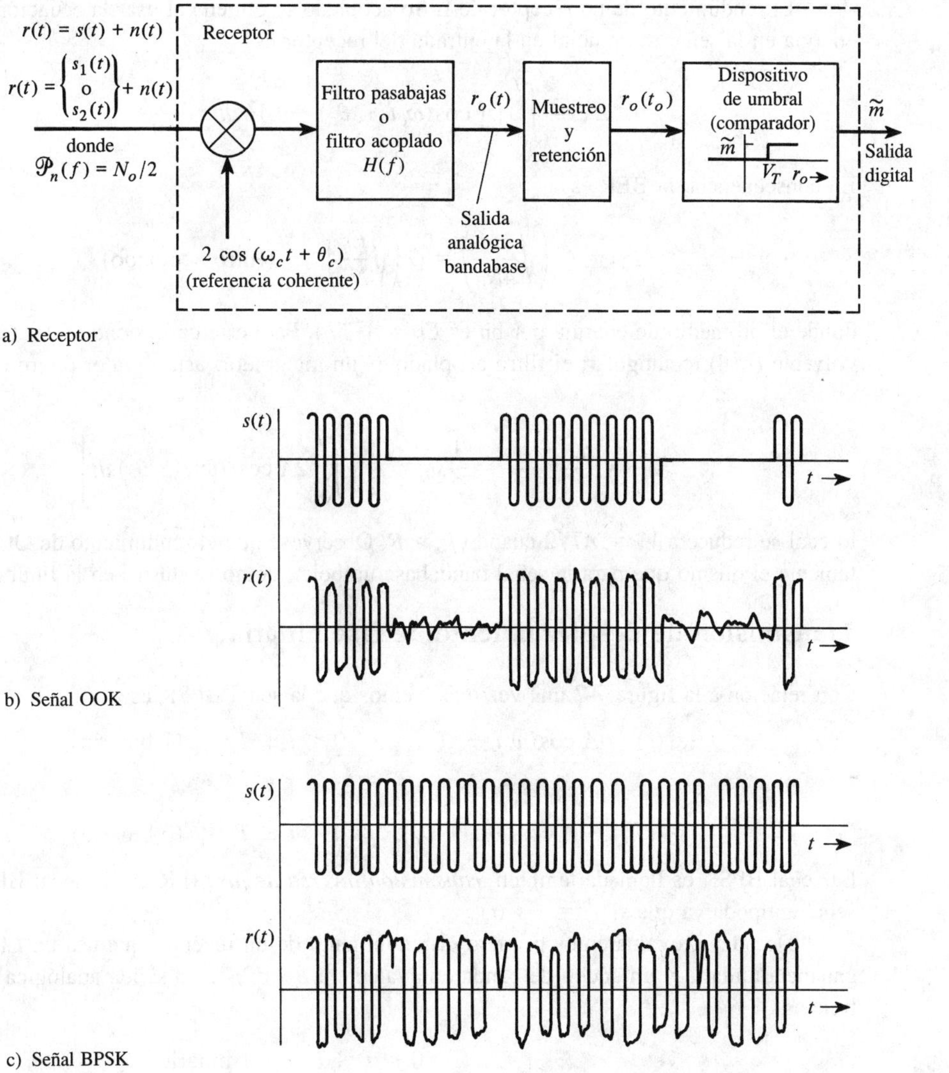


**Figura 7-7** Detección coherente de las señales OOK o BPSK.

donde $x(t)$ es el ruido de bandabase. La potencia de ruido es $\overline{x^2(t)} = \sigma_0^2 = \overline{n^2(t)} = 2(N_0/2)(2B) = 2N_0B$. Ya que $s_{01} = A$ y $s_{02} = 0$, y el ajuste óptimo de umbral es $V_T = A/2$. Cuando usamos (7-17), la BER es

$$P_e = Q\left(\sqrt{\frac{A^2}{8N_0B}}\right) \quad \text{(filtro de banda angosta)} \qquad (7\text{-}31)$$

$B$ es el ancho de banda equivalente del LPF. El ancho equivalente del pasabanda del receptor es $B_p = 2B$.

El rendimiento de un receptor de filtro acoplado se obtiene al usar la ecuación (7-20). La energía en la señal diferencial en la entrada del receptor es†

$$E_d = \int_0^T [A\cos(\omega_c t + \theta_c) - 0]^2\, dt = \frac{A^2T}{2} \tag{7-32}$$

En consecuencia, la BER es

$$P_e = Q\left(\sqrt{\frac{A^2T}{4N_0}}\right) = Q\left(\sqrt{\frac{E_b}{N_0}}\right) \quad \text{(filtro acoplado)} \tag{7-33}$$

donde el promedio de energía por bit es $E_b = A^2T/4$. Para este caso, donde $s_1(t)$ tiene una envolvente (real) rectangular, el filtro acoplado es un integrador; así, el valor óptimo del umbral es

$$V_T = \frac{s_{01} + s_{02}}{2} = \frac{1}{2}s_{01} = \frac{1}{2}\left[\int_0^T 2A\cos^2(\omega_c t + \theta_c)\, dt\right]$$

lo cual se reduce a $V_T = AT/2$ cuando $f_c \gg R$. Obsérvese que el rendimiento de OOK es exactamente el mismo que para la señal bandabase unipolar, como se ilustró en la figura 7-5.

## Transmisión de desplazamiento de fase binaria

Con relación a la figura 7-7 una vez más, vemos que la señal BPSK es

$$s_1(t) = A\cos(\omega_c t + \theta_c), \qquad 0 < t \le T \qquad \text{(1 binario)} \tag{7-34a}$$

y

$$s_2(t) = -A\cos(\omega_c t + \theta_c), \qquad 0 < t \le T \qquad \text{(0 binario)} \tag{7-34b}$$

La señal BPSK es llamada también *transmisión inversa de fase* (PRK). La señal BPSK es una señal antípoda ya que $s_1(t) = -s_2(t)$.

De nuevo, evaluaremos primero el rendimiento de un receptor que usa un LPF con una ganancia unitaria y un ancho de banda equivalente a $B \ge 2/T$. La salida analógica del bandabase es

$$r_0(t) = \begin{Bmatrix} A, & 0 < t \le T & 1 \text{ binario} \\ -A, & 0 < t \le T, & 0 \text{ binario} \end{Bmatrix} + x(t) \tag{7-35}$$

donde $\overline{x^2(t)} = \sigma_0^2 = \overline{n^2(t)} = 2N_0B$. Ya que $s_{01} = A$ y $s_{02} = -A$, el umbral óptimo es $V_T = 0$. Cuando usamos (7-17), la BER es

$$P_e = Q\left(\sqrt{\frac{A^2}{2N_0B}}\right) \quad \text{(filtro de banda angosta)} \tag{7-36}$$

Cuando BPSK se compara con OOK en una *potencia pico de la envolvente* (PEP) base para un valor dado de $N_0$, la señal BPSK requiere de 6 dB menos (pico) que la señal de potencia para

† En estricto sentido, $f_c$ necesita ser un múltiplo entero de la mitad de la tasa de bit, $R = 1/T$, para obtener exactamente $A^2T/2$ para $E_d$. Sin embargo, ya que $f_c \gg R$, para todos los propósitos prácticos $E_d = A^2T/2$ sin importar si $f_c = nR/2$ o no.

tener la misma $P_e$ que OOK. Sin embargo, si se comparan las dos en una base de potencia promedio (señal), el rendimiento de la BPSK tiene una ventaja de 3 dB sobre OOK, ya que la potencia promedio de OOK es 3 dB por debajo de su PEP (características iguales de señalización), pero la potencia promedio de la BPSK es igual a su PEP.

El rendimiento de un receptor de filtro acoplado se obtiene usando la expresión (7-20). Recuerde que el filtro acoplado para la señal BPSK aparece en la figura 6-19, donde se mostró un procesador de correlación usando un filtro de integración y descarga. La energía en la señal diferencial a la entrada del receptor es

$$E_d = \int_0^T [2A\cos(\omega_c t + \theta_c)]^2\, dt = 2A^2T \tag{7-37}$$

Por tanto, la BER es

$$P_e = Q\left(\sqrt{\frac{A^2T}{N_0}}\right) = Q\left(\sqrt{2\left(\frac{E_b}{N_0}\right)}\right) \qquad \text{(filtro acoplado)} \tag{7-38}$$

donde el promedio de la energía por bit es $E_b = A^2T/2$ y $V_T = 0$. Nótese que el rendimiento de la BPSK es exactamente el mismo que el de la señal polar bandabase; sin embargo, éste es 3 dB superior para la señal OOK (véase la figura 7-5).

## Transmisión por desplazamiento de frecuencia

La señal FSK puede detectarse coherentemente al utilizar dos detectores de producto. Esto se ilustra en la figura 7-8, donde LPF idénticas a la salida de los detectores de producto se han reemplazado por uno solo de los filtros, puesto que el orden de las operaciones lineales puede intercambiarse sin afectar los resultados. Las señales de marca (1 binario) y espacio (0 binario) son

$$s_1(t) = A\cos(\omega_1 t + \theta_c), \qquad 0 < t \le T \qquad \text{(binario 1)} \tag{7-39a}$$

$$s_2(t) = A\cos(\omega_2 t + \theta_c), \qquad 0 < t \le T \qquad \text{(binario 0)} \tag{7-39b}$$

donde el cambio de frecuencia es $2\,\Delta F = f_1 - f_2$, considerando que $f_1 > f_2$. Esta señal FSK y el ruido blanco gaussiano están presentes en la entrada del receptor. La PSD para $s_1(t)$ y $s_2(t)$ se muestra en la figura 7-8b.

Primero, evalúe el rendimiento de un receptor que utilice un LPF $H(f)$ con una ganancia de cd unitaria. Una vez más, asuma que el ancho de banda equivalente del filtro es $2/T \le B < \Delta F$. El LPF, cuando está combinado con la frecuencia de translación producida por los detectores de producto, actúa como filtros duales de pasabanda —uno centrado en $f = f_1$ y el otro en $f = f_2$, donde cada uno tiene un ancho de banda equivalente de $B_p = 2B$. Por tanto el ruido de entrada que afecta la salida consiste de dos componentes estrechos de banda $n_1(t)$ y $n_2(t)$, donde el espectro de $n_1(t)$ está centrado en $f_1$ y el espectro de $n_2(t)$ en $f_2$, como se muestra en la figura 7-8. Además, $n(t) = n_1(t) + n_2(t)$, donde

$$n_1(t) = x_1(t)\cos(\omega_1 t + \theta_c) - y_1(t)\,\mathrm{sen}(\omega_1 t + \theta_c) \tag{7-40a}$$

y

$$n_2(t) = x_2(t)\cos(\omega_2 t + \theta_c) - y_2(t)\,\mathrm{sen}(\omega_2 t + \theta_c) \tag{7-40b}$$

Suponga que el cambio de frecuencia es $2\Delta F > 2B$, así que las señales de marca y espacio deberían estar separadas por la acción de la filtración. Luego la marca, el espacio y el ruido que pasan a través del canal superior en la figura 7-8a son

$$r_1(t) = \left\{ \begin{array}{ll} s_1(t), & \text{binario } 1 \\ 0, & \text{binario } 0 \end{array} \right\} + n_1(t) \tag{7-41}$$

y la señal y el ruido que pasan a través del canal inferior es

$$r_2(t) = \left\{ \begin{array}{ll} 0, & \text{binario } 1 \\ s_2(t), & \text{binario } 0 \end{array} \right\} + n_2(t) \tag{7-42}$$

donde $r(t) = r_1(t) + r_2(t)$. El poder del ruido de $n_1(t)$ y $n_2(t)$ es $\overline{n_1^2(t)} = \overline{n_2^2(t)} = (N_0/2)(4B) = 2N_0B$. Por tanto, la bandabase analógica de salida es

$$r_0(t) = \left\{ \begin{array}{lll} +A, & 0 < t \leq T, & \text{binario } 1 \\ -A, & 0 < t \leq T, & \text{binario } 0 \end{array} \right\} + n_0(t) \tag{7-43}$$

donde $s_{01} = +A$, $s_{02} = -A$ y $n_0(t) = x_1(t) - x_2(t)$. El óptimo ajuste del umbral es $V_T = 0$. Además, el proceso de pasabanda del ruido $n_1(t)$ y $n_2(t)$ es independiente, ya que tienen espectros en bandas de frecuencia no sobrepuestas (véase la figura 7-8) y son blancas. (Véase el problema 7-29 para la verificación de este enunciado.) Así, el proceso del ruido resultante de la bandabase $x_1(t)$ y $x_2(t)$ es independiente y la potencia de salida del ruido es

$$\overline{n_0^2(t)} = \sigma_0^2 = \overline{x_1^2(t)} + \overline{x_2^2(t)} = \overline{n_1^2(t)} + \overline{n_2^2(t)} = 4N_0B \tag{7-44}$$

Sustituyendo $s_{01}$, $s_{02}$ y $\sigma_0$ en (7-17), tenemos

$$P_e = Q\left(\sqrt{\frac{A^2}{4N_0B}}\right) \qquad \text{(filtros pasabanda)} \tag{7-45}$$

Comparando el rendimiento de FSK con el de la BPSK y el de la OOK sobre una base PEP, podemos ver que FSK requiere de 3 dB más potencia que la BPSK para el mismo $P_e$ pero 3 dB menos potencia que OOK. Comparando el rendimiento sobre una base de potencia promedio, observamos que FSK es 3 dB, pero que la BPSK es equivalente a OOK (ya que la potencia promedio de OOK es 3 dB por debajo de su PEP).

El rendimiento de la señal FSK con la recepción del filtro acoplado se obtiene de (7-20). La energía en la señal diferente es

$$E_d = \int_0^T [A\cos(\omega_1 t + \theta_c) - A\cos(\omega_2 t + \theta_c)]^2\, dt$$

$$= \int_0^T [A^2\cos^2(\omega_1 t + \theta_c) - 2A^2\cos(\omega_1 t + \theta_c)$$

$$\times \cos(\omega_2 t + \theta_c) + A^2\cos^2(\omega_2 t + \theta_c)]\, dt$$

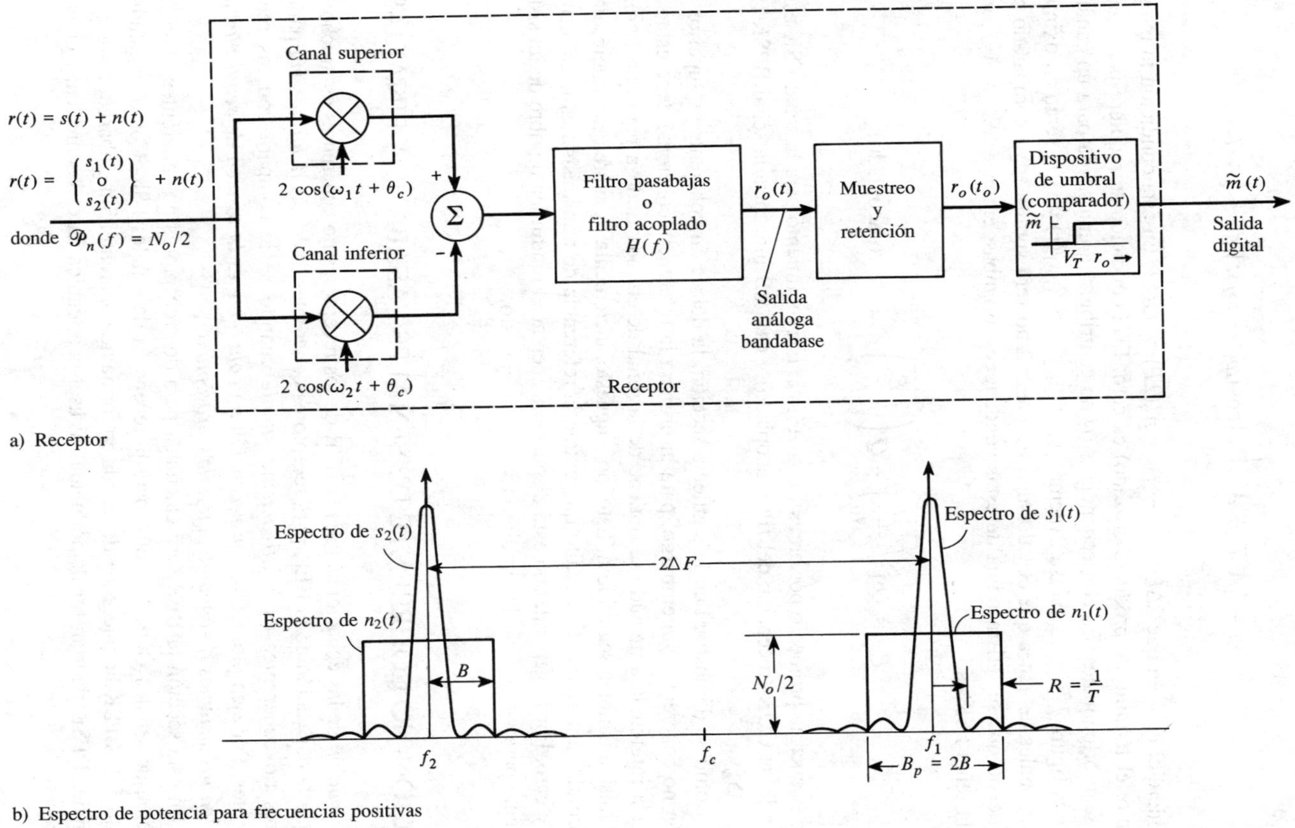


**Figura 7-8** Detección coherente de una señal FSK.

o†

$$E_d = \tfrac{1}{2}A^2T - A^2 \int_0^T [\cos(\omega_1 - \omega_2)t]\, dt + \tfrac{1}{2}A^2T \tag{7-46}$$

Considere el caso en que $2\Delta F = f_1 - f_2 = n/(2T) = nR/2$. En esta condición la integral (por ejemplo, el término de producto cruzado) es cero. Esta condición se requiere para que $s_1(t)$ y $s_2(t)$ sean ortogonales. En consecuencia, $s_1(t)$ no contribuirá a una salida para un canal inferior (véase la figura 7-8) y viceversa. Además, si $(f_1 - f_2) \gg R$, $s_1(t)$ y $s_2(t)$ serán aproximadamente ortogonales debido a que el valor de esta integral no será significativo comparado con $A^2T$. Asumiendo que se satisface una de estas condiciones, o ambas, entonces $E_d = A^2T$, y la BER para la señal FSK es

$$P_e = Q\left(\sqrt{\frac{A^2T}{2N_0}}\right) = Q\left(\sqrt{\frac{E_b}{N_0}}\right) \quad \text{(filtro acoplado)} \tag{7-47}$$

donde la energía promedio por bit es $E_b = A^2T/2$. El rendimiento para la señal FSK es equivalente a la de OOK (recepción del filtro acoplado) y es 3 dB inferior a la señal BPSK (véase la figura 7-5).

Como se demostrará en la siguiente sección, la detección coherente es superior a la detección no coherente. Sin embargo, para la primera la referencia coherente debe estar disponible. Esta referencia a menudo se obtiene de la señal de entrada ruidosa para que la referencia por sí misma también sea ruidosa. Esto, por supuesto, incrementa $P_e$ sobre esos valores dados por las fórmulas anteriores. El circuito que extrae la referencia de transmisión es usualmente complejo y caro. Por lo general, uno está dispuesto a aceptar el rendimiento pobre de un sistema no coherente para simplificar la circuitería y reducir el costo.

## 7-4 DETECCIÓN NO COHERENTE DE SEÑALES PASABANDA BINARIAS

La *derivación* de las ecuaciones para la BER de los receptores no coherentes es mucho más difícil que la derivación de la BER para receptores coherentes. Además la *circuitería* para los receptores no coherentes es *relativamente simple* cuando se le compara con los receptores coherentes. Por ejemplo, OOK *con recepción no coherente es la técnica de señal más popular usada en los sistemas de comunicación de fibra óptica.*

En esta sección la BER será calculada para dos receptores no coherentes —uno para la recepción de señales OOK y el otro para la recepción de señales FSK. Como se estudió en el capítulo 5, la BPSK no puede ser detectada en forma no coherente. Sin embargo, como veremos, las señales DPSK podrían ser demoduladas al usar una técnica parcialmente (cuasi) coherente.

† Para integrales de tipo $\int_0^T A^2\cos^2(\omega_1 t + \theta_c)\, dt = \frac{1}{2}A^2\,[\int_0^T dt + \int_0^T \cos(2\omega_1 t + 2\theta_c)\, dt]$, la segunda integral de la derecha no es significativa comparada con la primera integral debido a la oscilación en la segunda integral (lema de Riemann-Lebesque [Olmsted, 1961]).

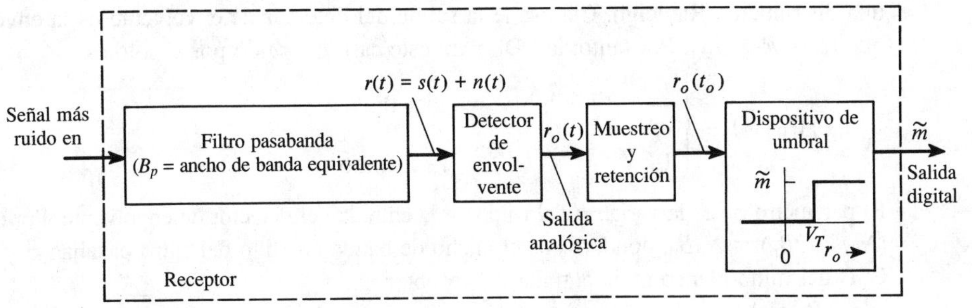


**Figura 7-9** Detección no coherente de OOK.

## Transmisión de encendido y apagado

Un receptor no coherente para la detección de las señales OOK se muestra en la figura 7-9. Suponga que una señal OOK y un ruido gaussiano blanco están presentes en la entrada del receptor. Entonces el ruido a la salida del filtro $n(t)$ será un ruido gaussiano de banda limitada y la salida total del filtro, que consiste en la señal más el ruido, es

$$r(t) = \begin{cases} r_1(t), & 0 < t \le T, \quad \text{para un envío 1 binario} \\ r_2(t), & 0 < t \le T, \quad \text{para un envío 0 binario} \end{cases} \tag{7-48}$$

Consideremos que el ancho de banda del filtro es $B_p$, donde $B_p$ es cuando menos tan grande como el ancho de banda de la transmisión de la señal OOK, así que la forma de onda de la señal se mantiene a la salida del filtro. Entonces, en el caso de un 1 binario, $s_1(t) = A\cos(\omega_c t + \theta_c)$, y de esta manera

$$r_1(t) = A\cos(\omega_c t + \theta_c) + n(t), \qquad 0 < t \le T$$

o

$$r_1(t) = [A + x(t)]\cos(\omega_c t + \theta_c) - y(t)\,\text{sen}(\omega_c t + \theta_c), \qquad 0 < t \le T \tag{7-49}$$

Para un 0 binario, $s_2(t) = 0$ y

$$r_2(t) = x(t)\cos(\omega_c t + \theta_c) - y(t)\cos(\omega_c t + \theta_c), \qquad 0 < t \le T \tag{7-50}$$

La BER se obtiene utilizando (7-8), la cual, para el caso de una señal similar, es

$$P_e = \tfrac{1}{2}\int_{-\infty}^{V_T} f(r_0|s_1)\,dr_0 + \tfrac{1}{2}\int_{V_T}^{\infty} f(r_0|s_2)\,dr_0 \tag{7-51}$$

Necesitamos evaluar las PDF condicionales para la salida del detector de envolvente, $f(r_0|s_1)$ y $f(r_0|s_2)$. $f(r_0|s_1)$ es la PDF para $r_0 = r_0(t) = r_{01}$ que ocurre cuando $r_1(t)$ está presente en la entrada del detector de envolvente, y $f(r_0|s_2)$ es la PDF para $r_0 = r_0(t_0) = r_{02}$ que ocurre cuando $r_2(t)$ está presente en la entrada del detector envolvente.

Primero evaluaremos $f(r_0|s_2)$. Cuando se envía $s_2(t)$, la entrada al detector de envolvente, $r_2(t)$, consiste en un ruido gaussiano pasabanda de banda limitada como se vio en la expresión (7-50). En el ejemplo 6-10 demostramos que, para este caso, la PDF del envolvente tiene una distribución Rayleigh. Claro que la salida del detector de envolvente es la envolvente, así que $r_0 = R = r_{02}$. Por tanto, la PDF para este caso del ruido por sí solo es

$$f(r_0|s_2) = \begin{cases} \dfrac{r_0}{\sigma^2} e^{-r_0^2/(2\sigma^2)}, & r \geq 0 \\ 0, & r_0 \text{ distinto} \end{cases} \tag{7-52}$$

El parámetro $\sigma^2$ es la varianza del ruido en la entrada del detector de envolvente. Por tanto, $\sigma^2 = (N_0/2)(2B_p) = N_0 B_p$, donde $B_p$ es el ancho de banda efectivo del filtro pasabanda y $N_0/2$ es la PSD del ruido blanco en la entrada del receptor.

Para el caso de que $s_1(t)$ se esté transmitiendo, la entrada al detector de envolvente se da por (7-49). Ya que $n(t)$ es un proceso gaussiano (que no tienen funciones delta en su espectro en $f = \pm f_c$), la componente de bandabase en fase, $A + x(t)$, es también un proceso gaussiano con un valor medio de $A$ en lugar de una media cero, como en (7-50). La PDF para la envolvente $r_0 = R = r_{01}$ se evalúa usando la misma técnica que en el ejemplo 6-10 y el resultado es como el que se obtuvo en el problema 6-46. En consecuencia, para este caso de una senoide más ruido en la entrada del detector de envolvente,

$$f(r_0|s_1) = \begin{cases} \dfrac{r_0}{\sigma^2} e^{-(r_0^2+A^2)/(2\sigma^2)} I_0\left(\dfrac{r_0 A}{\sigma^2}\right), & r_0 \geq 0 \\ 0, & r_0 \text{ distinto} \end{cases} \tag{7-53}$$

el cual es una PDF Rician, donde

$$I_0(z) \triangleq \frac{1}{2\pi}\int_0^{2\pi} e^{z\cos\theta}\, d\theta \tag{7-54}$$

es la función modificada Bessel de primera clase de orden cero.

Las dos PDF condicionales, $f(r_0|s_2)$ y $f(r_0|s_1)$, se muestran en la figura 7-10. En realidad $f(r_0|s_2)$ es un caso especial de $f(r_0|s_1)$ cuando $A = 0$, ya que para esta condición tenemos ruido solamente a la entrada del detector, y (7-53) se transforma en (7-52). Se dan otras dos

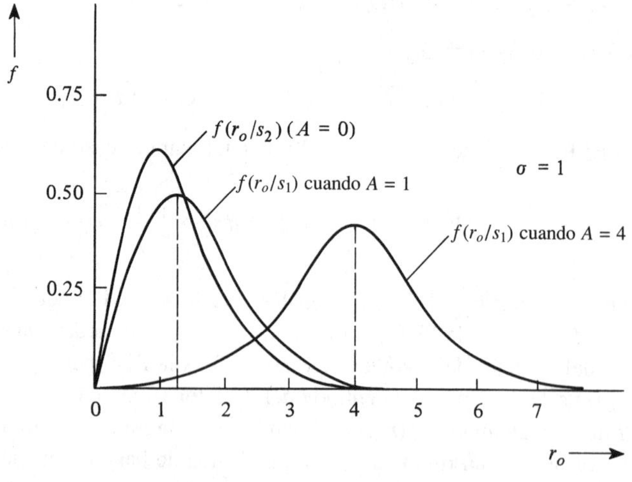


**Figura 7-10** PDF condicionales para recepción OOK no coherente.

curvas, una para $A = 1$ y otra para $A = 4$. Nótese que para $A/\sigma \gg 1$, la forma de la distribución [por ejemplo, donde $f(r_0|s_1)$ es un máximo] ocurre en el valor $r_0 = A$. Además, obsérvese que para $A/\sigma \gg 1$, $f(r_0|s_1)$ toma una forma gaussiana (como se ha demostrado en repetidas ocasiones).

La tasa de error de bit para un receptor no coherente OOK se obtiene sustituyendo las ecuaciones (7-52) y (7-53) en (7-51).

$$P_e = \frac{1}{2}\int_0^{V_T} \frac{r_0}{\sigma^2}\, e^{-(r_0^2+A^2)/(2\sigma^2)}\, I_0\left(\frac{r_0 A}{\sigma^2}\right) dr_0 + \frac{1}{2}\int_{V_T}^{\infty} \frac{r_0}{\sigma^2}\, e^{-r_0^2/(2\sigma^2)}\, dr_0 \qquad (7\text{-}55)$$

El nivel óptimo de umbral es el valor de $V_T$ para el cual $P_e$ es un mínimo. Para $A/\sigma \gg 1$, el umbral óptimo es cercano a $V_T = A/2$; así, nosotros también usamos este valor para simplificar las matemáticas.† La integral que envolverá la función de Bessel no puede ser evaluada en forma cerrada. Sin embargo, $I_0(z)$ puede ser aproximada por $I_0(z) = e^z/\sqrt{2\pi z}$, la cual es válida para $z \gg 1$. Entonces para $A/\sigma \gg 1$, la integral de la izquierda en (7-55) se transforma en

$$\frac{1}{2}\int_0^{V_T} \frac{r_0}{\sigma^2}\, e^{-(r_0^2+A^2)/(2\sigma^2)}\, I_0\left(\frac{r_0 A}{\sigma^2}\right) dr_0 \approx \frac{1}{2}\int_0^{A/2} \sqrt{\frac{r_0}{2\pi\sigma^2 A}}\, e^{(r_0-A)^2/(2\sigma^2)}\, dr_0$$

Ya que $A/\sigma \gg 1$, la integral no es significativa excepto para valores de $r_0$ en la vecindad de $A$, así que el límite inferior podría extenderse a $-\infty$ y $\sqrt{r_0/(2\pi\sigma^2 A)}$ puede ser reemplazada por $\sqrt{1/(2\pi\sigma^2)}$. Por consiguiente,

$$\frac{1}{2}\int_0^{V_T} \frac{r_0}{\sigma^2}\, e^{-(r_0^2+A^2)/(2\sigma^2)}\, I_0\left(\frac{r_0 A}{\sigma^2}\right) dr_0 \approx \frac{1}{2}\int_{-\infty}^{V_T} \frac{1}{\sqrt{2\pi}\sigma}\, e^{-(r_0-A)^2/(2\sigma^2)}\, dr_0 \qquad (7\text{-}56)$$

Cuando sustituimos (7-56) en (7-55), la BER se vuelve

$$P_e = \frac{1}{2}\int_{-\infty}^{A/2} \frac{1}{\sqrt{2\pi}\sigma}\, e^{-(r_0-A)^2/(2\sigma^2)}\, dr_0 + \frac{1}{2}\int_{A/2}^{\infty} \frac{r_0}{\sigma^2}\, e^{-r_0^2/(2\sigma^2)}\, dr_0$$

o

$$P_e = \tfrac{1}{2} Q\left(\frac{A}{2\sigma}\right) + \tfrac{1}{2} e^{-A^2/(8\sigma^2)} \qquad (7\text{-}57)$$

Usando $Q(z) = e^{-z^2/2}/\sqrt{2\pi z^2}$ para $z \gg 1$, tenemos

$$P_e = \frac{1}{\sqrt{2\pi}(A/\sigma)}\, e^{-A^2/(8\sigma^2)} + \tfrac{1}{2} e^{-A^2/(8\sigma^2)}$$

Debido a que $A/\sigma \gg 1$, el segundo término de la derecha domina sobre el primero. *Finalmente*, obtenemos la aproximación para la BER en la detección no coherente de OOK. Es decir

† La mayoría de los sistemas prácticos operan con $A/\sigma \gg 1$.

$$P_e = \tfrac{1}{2} e^{-A^2/(8\sigma^2)}, \qquad \frac{A}{\sigma} \gg 1$$

o

$$P_e = \tfrac{1}{2} e^{-[1/(2TB_p)](E_b/N_0)}, \qquad \frac{E_b}{N_0} \gg \frac{TB_p}{4} \tag{7-58}$$

donde la energía promedio por bit es $E_b = A^2T/4$ y $\sigma^2 = N_0 B_p$. $R = 1/T$ es la tasa de bit de la señal OOK y $B_p$ es el ancho de banda equivalente del filtro pasabanda que precede el detector de envolvente.

La ecuación (7-58) indica que la BER depende del ancho de banda del filtro pasabanda y que $P_e$ se vuelve pequeño mientras $B_p$ disminuye. Claro que este resultado es válido sólo cuando el ISI no es significativo. En referencia a la expresión (3-74), nos damos cuenta de que el ancho de banda mínimo permitido (por ejemplo, no para ISI) se obtiene cuando el factor *rolloff* es $r = 0$. Esto implica que el ancho de banda pasabanda mínimo que está permitido es $B_p = 2B = R = 1/T$. Una curva de BER se muestra en la figura 7-14 para este caso de ancho de banda mínimo de $B_p = 1/T$.

## Transmisión por desplazamiento de frecuencia

Un receptor no coherente para la detección de las señales de cambio de frecuencia ajustadas (FSK) se dibuja en la figura 7-11. La entrada consta de una señal FSK como se describió por (7-39) más un ruido blanco gaussiano con una PSD de $N_0/2$. Una presentación breve del espectro de la señal FSK y del ruido se ejemplificó en la figura 7-8b, donde el ancho de banda del filtro pasabanda es $B_p$. Se asume que el cambio de frecuencia, $2\Delta F = f_1 - f_2$, es suficientemente grande para que así los espectros de $s_1(t)$ y $s_2(t)$ tengan una superposición insignificante.

La BER para este receptor se obtiene al evaluar (7-8). Para una señal única en la entrada del receptor, la salida de la unión de la suma es $r_0(t) = +A$ cuando una marca (1 binario) es transmitida y $r_0(t) = -A$ cuando un espacio (0 binario) es transmitido. Debido a esta simetría

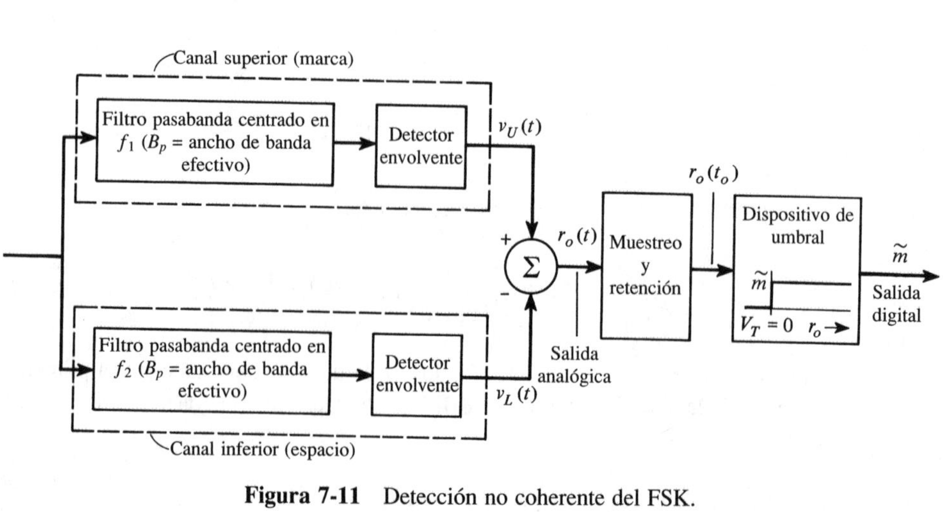


**Figura 7-11** Detección no coherente del FSK.

y al ruido de salida de los canales superior e inferior, el umbral óptimo es $V_T = 0$; de igual manera, es de darse cuenta que las PDF de $r_0(t)$ condicionado sobre $s_1$ y la PDF de $r_0(t)$ condicionado sobre $s_2$ son similares. Esto es

$$f(r_0 | s_1) = f(-r_0 | s_2) \tag{7-59}$$

Sustituyendo (7-59) en (7-8), encontramos que la BER es

$$P_e = \tfrac{1}{2}\int_{-\infty}^{0} f(r_0 | s_1)\, dr_0 + \tfrac{1}{2}\int_{0}^{\infty} f(r_0 | s_2)\, dr_0$$

o

$$P_e = \int_{0}^{\infty} f(r_0 | s_2)\, dr_0 \tag{7-60}$$

Como se muestra en la figura 7-11, $r_0(t)$ es positivo cuando el canal superior de salida $v_U(t)$ excede el canal inferior de salida $v_L(t)$. Así,

$$P_e = P(v_U > v_L | s_2) \tag{7-61}$$

Para el caso de una señal espacial con el ruido en la entrada del receptor, sabemos que la salida del filtro pasabanda superior es solamente un ruido gaussiano (no señal). Por lo anterior, la salida del detector de envolvente $v_U$ es ruido que tiene una distribución Rayleigh

$$f(v_U | s_2) = \begin{cases} \dfrac{v_U}{\sigma^2}\, e^{-v_U^2/(2\sigma^2)}, & v_U \geq 0 \\ 0, & v_U < 0 \end{cases} \tag{7-62}$$

donde $\sigma^2 = N_0 B_p$. Por otra parte, $v_L$ tiene una distribución Rician ya que una senoidal (la señal espacial) más el ruido aparece en la entrada del detector envolvente inferior.

$$f(v_L | s_2) = \begin{cases} \dfrac{v_L}{\sigma^2}\, e^{-(v_L^2 + A^2)/(2\sigma^2)}\, I_0\!\left(\dfrac{v_L A}{\sigma^2}\right), & v_L \geq 0 \\ 0, & v_L < 0 \end{cases} \tag{7-63}$$

donde $\sigma^2 = N_0 B_p$. Usando (7-62) y (7-63) en (7-61), obtenemos

$$P_e = \int_0^{\infty} \frac{v_L}{\sigma^2}\, e^{-(v_L^2 + A^2)/(2\sigma^2)}\, I_0\!\left(\frac{v_L A}{\sigma^2}\right) \left[\int_{v_L}^{\infty} \frac{v_U}{\sigma^2}\, e^{-v_U^2/(2\sigma^2)}\, dv_U\right] dv_L$$

Cuando evaluamos la integral central, la BER se vuelve

$$P_e = e^{-A^2/(2\sigma^2)} \int_0^{\infty} \frac{v_L}{\sigma^2}\, e^{-v_L^2/\sigma^2}\, I_0\!\left(\frac{v_L A}{\sigma^2}\right) dv_L \tag{7-64}$$

Esta integral puede ser evaluada al usar (A-81a) de la tabla de integrales del apéndice A. Por tanto, para la detección no coherente de FSK la BER es

$$P_e = \frac{1}{2} e^{-A^2/(4\sigma^2)}$$

o

$$P_e = \frac{1}{2} e^{-[1/(2TB_p)](E_b/N_0)} \quad (7\text{-}65)$$

donde la energía promedio por bit es $E_b = A^2T/2$ y $\sigma^2 = N_0B_p$. $N_0/2$ es la PSD del ruido de entrada y $B_p$ es el ancho de banda efectivo de cada uno de los filtros pasabanda (véase la figura 7-11). Comparando (7-65) con (7-58), vemos que OOK y FSK son equivalentes sobre una base $E_b/N_0$. Una curva de (7-65) se dibuja en la figura 7-14 para el caso del filtro de ancho de banda mínimo permitido, $B_p = R = 1/T$, no por ISI. Cuando se compara el error de rendimiento de no coherencia detectada FSK con aquella de la FSK detectada en forma coherente, se ve que la FSK no coherente requiere, cuando mucho, solamente 1 dB más de $E_b/N_0$ que para la FSK coherente, si $P_e$ es $10^{-4}$ o menor. El receptor FSK no coherente es considerablemente más fácil de construir ya que las señales coherentes de referencia no han sido generadas. En consecuencia, en la práctica, casi todos los receptores FSK usan detección no coherente.

## Transmisión por desplazamiento de fase diferencial

Las señales de desplazamiento de fase diferencial no pueden ser detectadas en forma incoherente. Sin embargo, una técnica parcialmente coherente puede usarse cuando la fase de referencia para el intervalo de la señal presente es proporcionado por una versión retrasada de la señal que ha ocurrido durante el intervalo previo a ésta. Esto se ilustra por los receptores mostrados en la figura 7-12, en donde la decodificación diferencial la proporciona el retraso (un bit) y el multiplicador. Si una señal BPSK (sin ruido) fuese aplicada a la entrada del receptor, la salida del circuito de muestreo y retención $r_0(t_0)$ sería positiva (1 binario) si el bit de datos presente y el bit de datos anterior fueran del mismo significado; $r_0(t_0)$ serían negativos (0 binario) si los dos bits de datos fueran diferentes. Como consecuencia, si los datos sobre la señal BPSK son codificados diferencialmente (véase, por ejemplo, la ilustración en la tabla 3-4), la secuencia de los datos *decodificados* se recuperarían a la salida de este receptor. Esta técnica de señalización que consiste en transmitir una señal BPSK codificada en forma diferencial es conocida como DPSK.

La BER para estos receptores DPSK puede ser derivada bajo las siguientes premisas.

- El ruido de entrada aditivo es blanco y gaussiano.
- La perturbación de fase de la señal compuesta más el ruido varía lentamente, así que la fase de referencia es, en esencia, una constante del intervalo pasado de la señalización hacia el intervalo presente.
- El oscilador del portador transmisor es lo suficientemente estable a fin de que la fase durante el intervalo presente de señalización sea el mismo que el del intervalo anterior.

La BER para el demodulador subóptimo de la figura 7-12a se obtuvo por J. H. Park para el caso de una razón de entrada señal a ruido y para $B_T > 2/T$, pero no son muy grandes. El resultado es [Park, 1978]

$$P_e = Q\left(\sqrt{\frac{(E_b/N_0)}{1 + [(B_TT/2)/(E_b/N_0)]}}\right) \quad (7\text{-}66a)$$

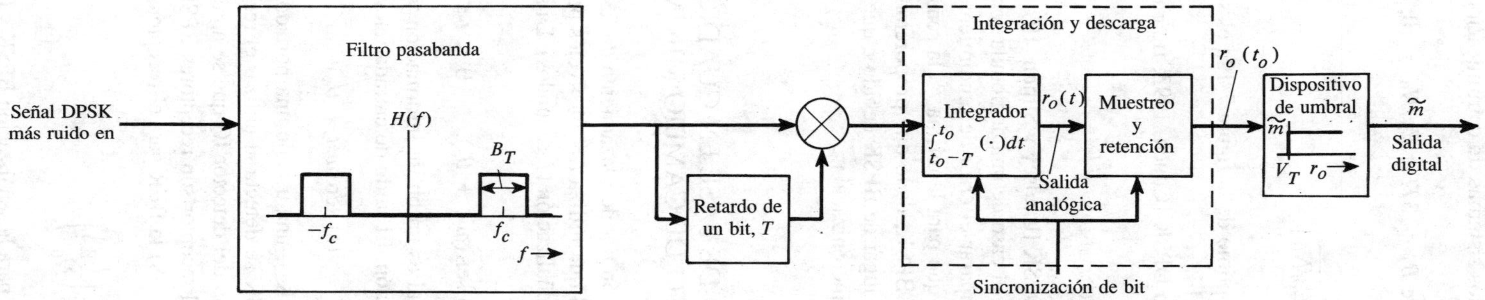


a) Un demodulador subóptimo. Usando un filtro de integración y descarga

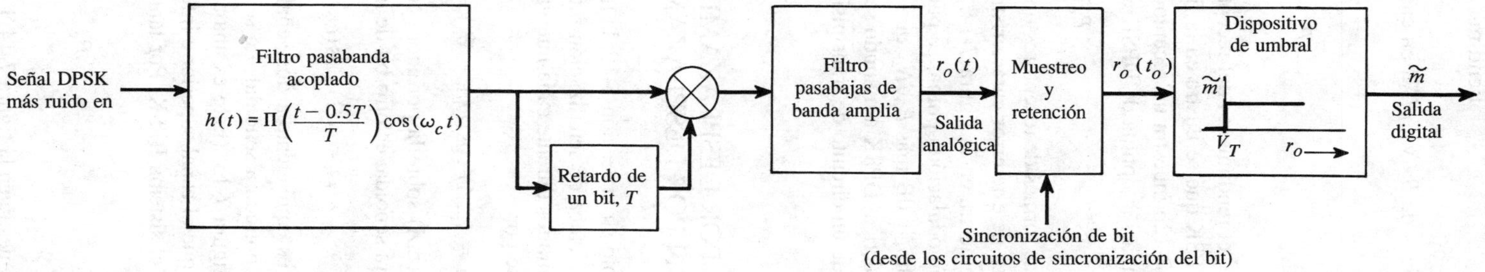


b) Un demodulador óptimo. Usando un filtro pasabanda acoplado

**Figura 7-12** Demodulación de DPSK.

Para valores típicos de $B_T$ y $E_b/N_0$ en el rango de $B_T = 3/T$ y $E_b/N_0 = 10$, esta BER puede aproximarse por

$$P_e = Q\left(\sqrt{E_b/N_0}\right) \tag{7-66b}$$

Por consiguiente, el rendimiento del receptor subóptimo de la figura 7-12a es similar al obtenido para OOK y FSK que se ilustra en la figura 7-14.

La figura 7-12b muestra un receptor óptimo DPSK [Couch, 1993, figura 8-25]. La BER para una demodulación óptima de DPSK es

$$P_e = \tfrac{1}{2} e^{-(E_b/N_0)} \tag{7-67}$$

Son posibles otras formas de receptores óptimos DPSK [Lindsey y Simon, 1973; Simon, 1978].

Una gráfica de este error característico para el caso de una demodulación óptima de DPSK, (7-67), se muestra en la figura 7-14. Al comparar el error de rendimiento de la BPSK y DPSK con la demodulación óptima, se puede ver que para la misma $P_e$ la señal DPSK requiere, cuando mucho, 1 dB más $E_b/N_0$ que para la BPSK, dado que proporciona $P_e = 10^{-4}$ o menos. En la práctica, DPSK a menudo se usa en lugar de BPSK debido a que el receptor DPSK no requiere de un circuito de transmisión de sincronización.

## 7-5 TRANSMISIÓN POR DESPLAZAMIENTO DE FASE EN CUADRATURA Y TRANSMISIÓN POR DESPLAZAMIENTO DE CAMBIO MÍNIMO

Como se describió en la sección 5-10, la transmisión por desplazamiento de fase en cuadratura (QPSK) es una técnica de señalización multinivel que utiliza $L = 4$ niveles por símbolo. Así, 2 bits son transmitidos durante cada intervalo de señalización ($T$ segundos). La señal QPSK podría representarse por

$$s(t) = (\pm A)\cos(\omega_c t + \theta_c) - (\pm A)\,\mathrm{sen}(\omega_c t + \theta_c), \qquad 0 < t \le T \tag{7-68}$$

donde el factor $(\pm A)$ sobre la portadora cosenoidal es un bit de información y el factor $(\pm A)$ sobre la portadora senoidal es otro bit de información. El ruido de entrada relevante es

$$n(t) = x(t)\cos(\omega_c t + \theta_n) - y(t)\,\mathrm{sen}(\omega_c t + \theta_n)$$

La señal QPSK es equivalente a dos señales BPSK —una usando una portadora cosenoidal y otra usando una portadora senoidal. La señal QPSK se detecta al utilizar el receptor coherente mostrado en la figura 7-13. (Esto es una aplicación del detector IQ que se aprecia en la figura 4-31.) Debido a que el canal superior e inferior del receptor son receptores BPSK, la BER es el mismo que para el sistema BPSK. Por tanto, de (7-38) la BER para el receptor QPSK es

$$P_e = Q\left(\sqrt{2\left(\frac{E_b}{N_0}\right)}\right) \tag{7-69}$$

que también se muestra en la figura 7-14. Las BER para la señalización BPSK y QPSK son idénticos para la misma tasa de bit $R$, pero el ancho de banda de las dos señales *no* son iguales. El

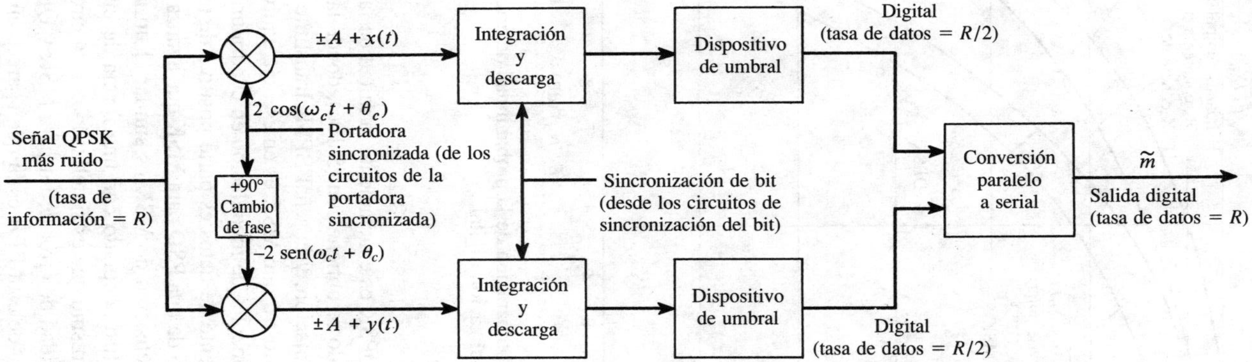


**Figura 7-13** Detección del filtro acoplado de QPSK.

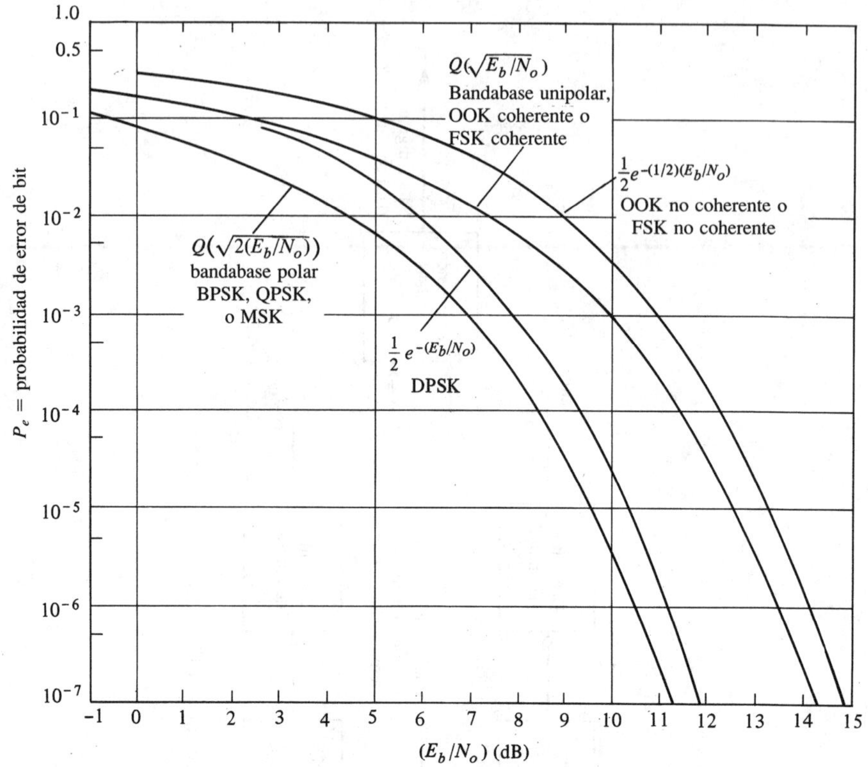


**Figura 7-14** Comparación de la probabilidad de error de bit para varios esquemas de señalización digital.

ancho de banda de la señal QPSK es exactamente la mitad de la señal BPSK para una determinada tasa de bit. Este resultado se obtiene con (5-106), donde la señal QPSK transmite un símbolo por cada 2 bits de información, y la señal BPSK transmite uno por cada bit.

En el capítulo 5 se demostró que MSK es en esencia equivalente a QPSK, excepto que la información sobre los componentes de modulación en cuadratura $x(t)$ y $y(t)$ están compensados y su forma de pulso equivalente de datos es parte positiva de una función cosenodial en lugar de un pulso rectangular. (Esto da una PSD para MSK que avanza más rápido que para una PSK.) El receptor óptimo para la detección de MSK es similar al utilizado para QPSK (figura 7-13), excepto porque se usa un filtro acoplado con una forma de pulso cosenoidal en lugar de un pulso de forma rectangular, mismo que es sintetizado por un circuito de integración y descarga. En consecuencia, la probabilidad de error de bit para MSK y QPSK es la misma, como se describió por (7-69). Una gráfica de esta BER es la que aparece en la figura 7-14.

Si los datos están codificados en forma correcta, los datos sobre una señal MSK también puede ser captada utilizando detectores de tipo FM ya que la señal MSK es una señal FSK con una cantidad mínima de cambio de frecuencia que hace de $s_1(t)$ y $s_2(t)$ señales ortogonales. En consecuencia, para una detección subóptima de MSK, la BER se obtiene de FSK, como se describió en (7-47) para la coherente de FM y (7-65) para la detección no coherente.

## 7-6 COMPARACIÓN DE SISTEMAS DE SEÑALIZACIÓN DIGITALES

### Tasa de error de bit y ancho de banda

Un resumen de las tasas de error de bit que obtuvimos en las secciones previas es el que aparece en la tabla 7-1. Los anchos de bandas mínimos para las señales también son tabuladas usando las ecuaciones desarrolladas en el capítulo 5.

Los anchos de banda que cruzan el cero no aparecen en la tabla ya que dependen de la forma del pulso que se utilice y de la información estadística. El ancho de banda que cruza el cero puede ser evaluado desde la PSD que describe la situación de interés. En los capítulos 3 y 5 se estudiaron métodos para la evaluación de la PSD, y el ancho de banda que cruza el cero correspondiente, así como también se trabajaron para muchos casos de interés práctico.

En la figura 7-14 las curvas de la BER se graficaron usando ecuaciones presentadas en la tabla 7-1. Excepto por las curvas que describen los casos de detección no coherente, todos estos resultados suponen que el filtro óptimo —filtro acoplado— se usa en el receptor. En la práctica, los filtros simples trabajan casi como el filtro acoplado. Por ejemplo, en una simulación en computadora de un sistema BPSK con un filtro receptor Butterworth de tres polos con un ancho de banda igual al de la tasa de 3 bit, el $E_b/N_0$ necesita incrementarse no más de 0.4 dB para obtener la misma BER como la que se obtiene cuando un filtro acoplado se utiliza (para tasas de error por arriba de $10^{-12}$).

Comparando varios tipos de señalización pasabanda, vemos que QPSK y MSK dan lo mejor de todo el rendimiento en términos del mínimo de ancho de banda requerido, para una tasa de señalización dada y una de las pequeñas $P_e$ para una determinada $E_b/N_0$. Sin embargo, QPSK es relativamente caro de implementar ya que requiere de detección coherente. La figura 7-14 muestra que para el mismo $P_e$, DPSK (usando un receptor no coherente) sólo se requiere 1 dB más $E_b/N_0$ que para QPSK o BPSK, para una tasa de error de $10^{-4}$ o menos. Es muy común que en la práctica se utilice más DPSK, ya que es mucho más fácil de recibir que BPSK. De igual manera, el rendimiento BER de un receptor FSK no coherente es muy cercano al de un receptor FSK. En la práctica los receptores no coherentes FSK son más simples que los receptores coherentes FSK y por ello son los más utilizados. En algunas aplicaciones habrá múltiples trayectorias de diferentes longitudes entre el transmisor y el receptor (el causado por la reflexión, por ejemplo). Esto ocasiona un debilitamiento de la recepción de una señal no coherente (fase). En este caso, es muy difícil implementar la detección coherente, sin importar la complejidad del receptor, por lo que se tiende al uso de técnicas no coherentes de detección.

El canal codificado puede usarse para reducir el $P_e$ por debajo de valores dados en la figura 7-14. Este concepto se desarrolló en el capítulo 1. Al usar la fórmula de la capacidad del canal de Shannon, se encontró que teóricamente la BER se aproximaría a cero mientras $E_b/N_0$ estuviera por arriba de $-1.59$ dB, cuando la codificación óptima (desconocida) se usara sobre un canal de ancho de banda infinito. Con la codificación práctica se descubrió que se obtienen 9 dB sobre sistemas BPSK y QPSK. Esto es, para una BER dada los requerimientos de $E_b/N_0$ en la figura 7-14 pudieran ser reducidos cuando mucho 9 dB, utilizando la codificación.

**TABLA 7-1** COMPARACIÓN DE MÉTODO DE SEÑALIZACIÓN DIGITAL

| Tipo de señalización digital | Ancho de banda requerida para transmisión mínima[a] (donde $R$ es la tasa de bit) | | Rendimiento de error | | | |
|---|---|---|---|---|---|---|
| **Señalización de bandabase** | | | | | | |
| Unipolar | $\frac{1}{2}R$ | (5-105) | | | $Q\left[\sqrt{\left(\frac{E_b}{N_0}\right)}\right]$ | (7-24b) |
| Polar | $\frac{1}{2}R$ | (5-105) | | | $Q\left[\sqrt{2\left(\frac{E_b}{N_0}\right)}\right]$ | (7-26b) |
| Bipolar | $\frac{1}{2}R$ | (5-105) | | | $\frac{3}{2}Q\left[\sqrt{\left(\frac{E_b}{N_0}\right)}\right]$ | (7-28b) |
| **Señalización pasabanda** | | | *Detección coherente* | | *Detección no coherente* | |
| OOK | $R$ | (5-106) | $Q\left[\sqrt{\left(\frac{E_b}{N_0}\right)}\right]$ | (7-33) | $\frac{1}{2}e^{-(1/2)(E_b/N_0)}, \left(\frac{E_b}{N_0}\right) > \frac{1}{4}$ | (7-58) |
| BPSK | $R$ | (5-106) | $Q\left[\sqrt{2\left(\frac{E_b}{N_0}\right)}\right]$ | (7-38) | Requiere detección coherente | |
| FSK | $2\Delta F + R$ donde $2\Delta F = f_2 - f_1$ es el cambio de frecuencia | (5-89) | $Q\left[\sqrt{\left(\frac{E_b}{N_0}\right)}\right]$ | (7-47) | $\frac{1}{2}e^{-(1/2)(E_b/N_0)}$ | (7-65) |
| DPSK | $R$ | (5-106) | No usada en la práctica | | $\frac{1}{2}e^{-(E_b/N_0)}$ | (7-67) |
| QPSK | $\frac{1}{2}R$ | (5-106) | $Q\left[\sqrt{2\left(\frac{E_b}{N_0}\right)}\right]$ | (7-69) | Requiere detección coherente | |
| MSK | $1.5R$ (ancho de banda nula) | (5-115) | $Q\left[\sqrt{2\left(\frac{E_b}{N_0}\right)}\right]$ | (7-69) | $\frac{1}{2}e^{-(1/2)(E_b/N_0)}$ | (7-65) |

[a] Especificaciones típicas de ancho de banda por ITU son mayores que estas mínimas [Jordan, 1985].

## Sincronización

Como hemos visto, se necesitan tres niveles de sincronización en los sistemas digitales de comunicación.

1. Sincronización de bit.
2. Sincronización de cuadro (trama) o palabra.
3. Sincronización de portadora.

Las sincronizaciones por bit y trama se discutieron en el capítulo 3.

La sincronización por portadora se requiere en receptores que usan detección coherente. Si el espectro de una señal digital tiene una línea discreta en la frecuencia de portadora, tal como en la señalización OOK, puede emplearse una PLL para recuperar la referencia de la portadora desde la señal recibida, tal y como se describió en el capítulo 4 y se ilustró en la figura 4-24. En la señalización BPSK no hay un término discreto de portadora, pero el espectro es simétrico con la portadora de frecuencia. En consecuencia, un circuito costas o un circuito en cuadrado podría utilizarse por una portadora de recuperación síncrona. Estos circuitos fueron ilustrados en las figuras 5-3 y P5-51. Como se indicó en la sección 5-4, estos circuitos cierran con un error de fase de 180°, que debía resolverse para asegurar que la información recuperada no fuera complementada. Para señales QPSK, la portadora de referencia podría obtenerse por un circuito costas más generalizado o por un circuito de cuarta potencia [Spilker, 1977]. Estos circuitos tienen una ambigüedad de cuatro fases de 0, ±90 o 180°, los cuales también deben obtener datos demulados correctamente. Estos hechos ilustran una vez más por qué las técnicas de recepción no coherente (que pueden ser usadas por OOK, FSK y DPSK) son tan populares.

Los sincronizadores de bit, ilustrados en la figura 3-20, son necesarios en el receptor para proporcionar la señal de sincronía de bit para poner a tiempo el circuito de muestreo y retención y para el filtro acoplado del circuito.

Todas las fórmulas de la BER se han obtenido considerando que la sincronía de bit libre de ruido y la portadora sincrónica (para detección coherente) están disponibles en el receptor. Aunque, si estas señales sincrónicas se obtienen de señales ruidosas que estén presentes en la entrada del receptor, entonces aquéllas también serán ruidosas. Consecuentemente, el $P_e$ será mayor que el proporcionado para el caso en que se considere una sincronización libre de ruido.

El tercer tipo de sincronización requerido por la mayoría de los sistemas digitales es la sincronización de trama (cuadro) o sincronía de palabra. En algunos sistemas este tipo de sincronización se utiliza simplemente para demarcar los datos seriales dentro de palabras digitales o *bytes*. En otros sistemas, la codificación en bloque o codificación convolucional se usa en el transmisor para que algunos de los errores de bit en la salida del dispositivo de umbral del receptor puedan detectarse y corregirse al usar circuitos decodificadores. Además, la sincronía de trama se requiere en sistemas de multicanalización por división de tiempo (TDM), como se describió en la figura 3-37. Pueden requerirse niveles más altos de sincronización en redes cuando los datos se reciben de diversas fuentes, por ejemplo sistemas de satélite de comunicación de acceso múltiple, como se estudió en el capítulo 8.

Para más bibliografía sobre el tema de sincronización, se remite al lector al número especial de *IEEE Transactions on Communications (trabajos sobre comunicaciones)*, que presenta el tutorial, así como también artículos en profundidad sobre los diferentes aspectos de los problemas de sincronización [Gardner y Lindsey, 1980].

## 7-7 RELACIÓN DE SEÑAL A RUIDO A LA SALIDA PARA SISTEMAS PCM

En las secciones anteriores hemos analizado cómo $P_e$ depende para varios sistemas digitales de la energía por bit de $E_b$, de la señal en la entrada del receptor y está sobre el nivel del espectro de ruido de entrada $N_0/2$. Ahora suponga que observamos las aplicaciones de estas técnicas de señalización donde la señal analógica es codificada dentro de una señal PCM que comprime la información que se transmite sobre el sistema digital teniendo una BER de $P_e$. Esto aparece en la figura 7-15. El transmisor digital y el receptor podrían ser cualquiera de los asociados con los sistemas de señalización digital estudiados en las secciones anteriores. Por ejemplo, $s(t)$ podría ser una señal FSK y el receptor un FSK. La señal recuperada PCM tiene algunos errores de bit (causados por el canal de ruido), por lo que la forma de onda analógica decodificada a la salida del decodificador PCM tendrá ruido, como estos errores de bits del ruido de cuantización. La pregunta es: ¿cuál es la relación de señal pico a ruido promedio $(S/N)_{salida}$ para la salida analógica? Si la entrada analógica tiene una PDF uniforme sobre $-V$ hasta $+V$ y hay M escalones en el cuantizador uniforme, la respuesta es

$$\left(\frac{S}{N}\right)_{\text{pk salida}} = \frac{3M^2}{1 + 4(M^2 - 1)P_e} \tag{7-70}$$

Las aplicaciones de este resultado se estudiaron en la sección 3-3.

La ecuación (7-70) ahora será derivada. Como se aprecia en la figura 7-15, la muestra analógica $x_k$ se obtiene en el segmento de tiempo $t = kT_s$. Esta muestra es cuantizada hasta un valor $Q(t_k)$, el cual se obtiene de $M$ niveles posibles, como se indicó en la figura 7-15. La muestra cuantizada $Q(x_k)$ se codifica dentro de una palabra PCM de $n$-bit $(a_{k1}, a_{k2}, \ldots, a_{kn})$, donde

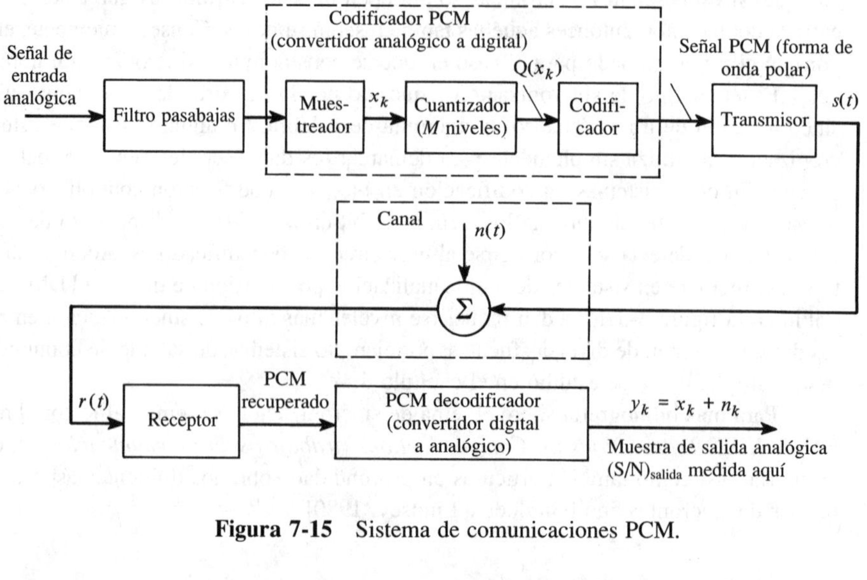


**Figura 7-15** Sistema de comunicaciones PCM.

$M = 2^n$. Si se usa una señalización polar, las $a_k$ toman valores de $+1$ o $-1$. Para simplificar, supongamos que las palabras del código PCM están relacionadas a los valores cuantizables por†

$$Q(x_k) = V \sum_{j=1}^{n} a_{kj} \left(\tfrac{1}{2}\right)^j \tag{7-71}$$

Por ejemplo, si la palabra PCM para la muestra $k$-ésima es $(+1, +1, \ldots, +1)$, entonces el valor de la muestra cuantizable será

$$Q(x_k) = V\left(\frac{1}{2} + \frac{1}{2} + \cdots + \frac{1}{2^n}\right) = \frac{V}{2}\left(1 + \frac{1}{2} + \frac{1}{4} + \cdots + \frac{1}{2^{n-1}}\right)$$

Usando la expresión (A-90), encontramos que la suma de esta serie finita es

$$Q(x_k) = \frac{V}{2}\left[\frac{\left(\frac{1}{2}\right)^n - 1}{\frac{1}{2} - 1}\right] = V - \frac{V}{2^n}$$

o, ya que $V = (\delta/2)2^n$,

$$Q(x_k) = V - \frac{\delta}{2}$$

donde $\delta$ es el tamaño del escalón del cuantizador (figura 7-16). Por consiguiente, la palabra PCM $(+1, +1, \ldots, +1)$ representa el valor máximo del cuantizador, como se ilustra en la figura 7-16. De igual manera, puede obtenerse el nivel del cuantizador correspondiente al otro código de palabras.

Nuevamente en relación a la figura 7-15 notamos que la muestra analógica de salida del sistema PCM para el segmento de tiempo $k$-ésimo es

$$y_k = x_k + n_k$$

donde $x_k$ es la señal (la misma que la muestra de salida) y $n_k$ es el ruido, por lo que la potencia de la señal pico de salida a la potencia promedio de ruido es

$$\left(\frac{S}{N}\right)_{\text{pk salida}} = \frac{[(x_k)_{\text{máx}}]^2}{\overline{n_k^2}} = \frac{V^2}{\overline{n_k^2}} \tag{7-72}$$

donde $(x_k)_{\text{máx}} = V$, como se vio en la figura 7-16. Al igual que en el análisis del capítulo 3, se ha asumido que el ruido $n_k$ consta de dos efectos no correlacionados.

- Ruido de cuantización debido al error de cuantización:

$$e_q = Q(x_k) - x_k \tag{7-73}$$

- Ruido debido a los errores de bit que son causados por el ruido del canal:

$$e_b = y_k - Q(x_k) \tag{7-74}$$

† Por simplicidad matemática, se usan niveles de código binario natural en la ecuación (7-71), no el código gris de la tabla 3-1.

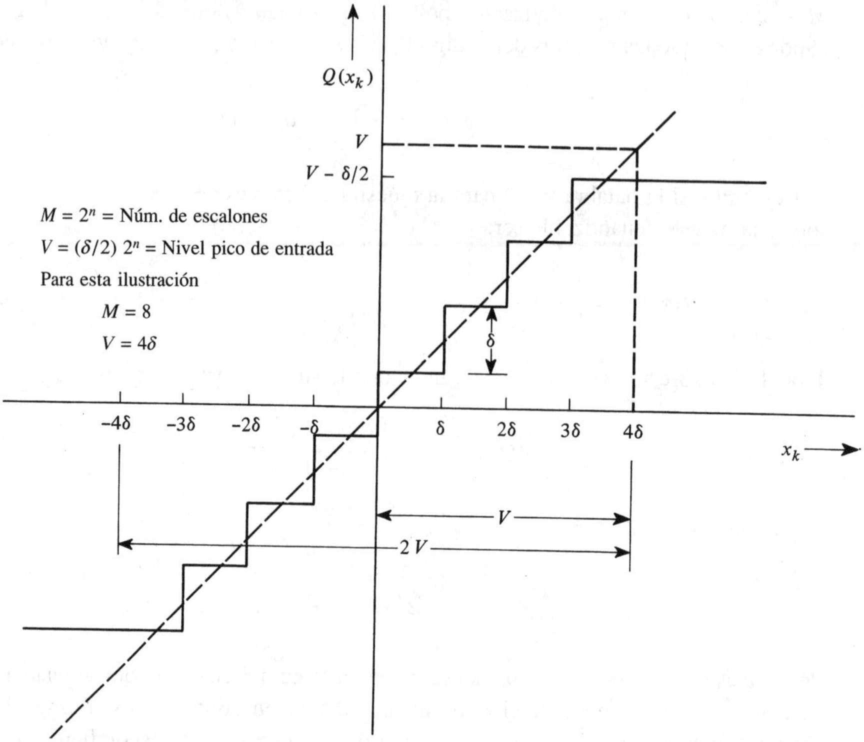


**Figura 7-16** Característica de un cuantizador uniforme para $M = 8$ ($n = 3$ bits en cada palabra PCM).

Así,

$$\overline{n_k^2} = \overline{e_q^2} + \overline{e_b^2} \tag{7-75}$$

Primero, evalúe la potencia de ruido de cuantización. Para una señal distribuida uniformemente, el ruido de cuantización también es uniforme. Aún más, como se indica en la figura 3-8c, el intervalo de la distribución uniforme es $(-\delta/2, \delta/2)$, donde δ es el tamaño del escalón ($\delta = 2$ en la figura 3-8c). Por tanto, con $M = 2^n = 2V/\delta$ (desde la figura 7-16),

$$\overline{e_q^2} = \int_{-\infty}^{\infty} e_q^2 f(e_q)\, de_q = \int_{-\delta/2}^{\delta/2} e_q^2 \frac{1}{\delta}\, de_q = \frac{\delta^2}{12} = \frac{V^2}{3M^2} \tag{7-76}$$

La potencia de ruido debido a los errores de bit se evalúa mediante el uso de (7-74),

$$\overline{e_b^2} = \overline{[y_k - Q(x_k)]^2} \tag{7-77}$$

donde $Q(x_k)$ se obtiene mediante (7-71). La muestra analógica recuperada $y_k$ se reconstruye desde la palabra codificada PCM que se recibió usando el mismo algoritmo como el de (7-71). Considerando que la palabra PCM recibida para la muestra $k$-ésima es $(b_{k1}, b_{k2}, \ldots, b_{kn})$, podemos ver que

$$y_k = V \sum_{j=1}^{n} b_{kj}(\tfrac{1}{2})^j \tag{7-78}$$

Las $b$ serán diferentes de las $a$ siempre que exista un error de bit en la forma de onda digital recuperada (PCM). Al usar (7-78) y (7-71), (7-77) se vuelve

$$\overline{e_b^2} = V^2 \overline{\left[\sum_{j=1}^{n} (b_{kj} - a_{kj})(\tfrac{1}{2})^j\right]^2}$$

$$= V^2 \sum_{j=1}^{n}\sum_{\ell=1}^{n} \left(\overline{b_{kj}b_{k\ell}} - \overline{a_{kj}b_{k\ell}} - \overline{b_{kj}a_{k\ell}} + \overline{a_{kj}a_{k\ell}}\right)2^{-j-\ell} \tag{7-79}$$

donde $b_{kj}$ y $b_{k\ell}$ son dos bits en la palabra PCM recibida que ocurren a diferentes posiciones de bit cuando $j \neq \ell$. De igual manera, $a_{kj}$ y $b_{k\ell}$ son los bits transmitidos (Tx) y recibidos (Rx) en dos posiciones de bit diferentes, donde $j \neq \ell$ (para la palabra PCM correspondiente a la muestra *k-ésima*). El proceso de codificación produce bits que son independientes a menos que $j = \ell$. Más todavía, los bits tienen un valor de promedio cero. En consecuencia, $\overline{b_{kj}b_{k\ell}} = \overline{b_{kj}}\,\overline{b_{k\ell}} = 0$ para $j \neq \ell$. Se obtienen resultados para los otros promedios del lado derecho de (7-79). La ecuación (7-79) se convierte

$$\overline{e_b^2} = V^2 \sum_{j=1}^{n} \left(\overline{b_{kj}^2} - 2\overline{a_{kj}b_{kj}} + \overline{a_{kj}^2}\right)2^{-2j} \tag{7-80}$$

Evaluando los promedios en (7-80), obtenemos†

$$\overline{b_{kj}^2} = (+1)^2P(+1\text{Rx}) + (-1)^2P(-1\text{Rx}) = 1$$

$$\overline{a_{kj}^2} = (+1)^2P(+1\text{Tx}) + (-1)^2P(-1\text{Tx}) = 1$$

$$\begin{aligned}\overline{a_{kj}b_{kj}} &= (+1)(+1)P(+1\text{Tx}, +1\text{Rx}) + (-1)(-1)P(-1\text{Tx}, -1\text{Rx})\\ &\quad +(-1)(+1)P(-1\text{Tx}, +1\text{Rx}) + (+1)(-1)P(+1\text{Tx}, -1\text{Rx})\\ &= [P(+1\text{Tx}, +1\text{Rx}) + P(-1\text{Tx}, -1\text{Rx})]\\ &\quad - [P(-1\text{Tx}, +1\text{Rx}) + P(+1\text{Tx}, -1\text{Rx})]\\ &= [1 - P_e] - [P_e] = 1 - 2P_e\end{aligned}$$

Por consiguiente, (7-80) se reduce a

$$\overline{e_b^2} = 4V^2P_e \sum_{j=1}^{n} (\tfrac{1}{4})^j$$

la cual, mediante (A-90), se vuelve

$$\overline{e_b^2} = V^2P_e \frac{(\frac{1}{4})^n - 1}{\frac{1}{4} - 1} = \frac{4}{3} V^2P_e \frac{(2^n)^2 - 1}{(2^n)^2}$$

† La notación $+1$ Tx denota un 1 binario transmitido, $-1$ Tx un 0 binario transmitido, $+1$Rx denota un binario 1 recibido, y $-1$ Rx denota un 0 binario recibido.

o

$$\overline{e_b^2} = \tfrac{4}{3} V^2 P_e \frac{M^2 - 1}{M^2} \tag{7-81}$$

Sustituyendo (7-76) y (7-81) en (7-72) con la ayuda de (7-75), tenemos

$$\left(\frac{\text{S}}{\text{N}}\right)_{\text{pk salida}} = \frac{V^2}{(V^2/3M^2) + (4V^2/3M^2)P_e(M^2 - 1)}$$

la cual se reduce a (7-70).

La ecuación (7-70) se utiliza para obtener las curvas mostradas en la figura 7-17. Para un sistema PCM con $M$ escalones cuantizables, $(\text{S/N})_{\text{salida}}$ se da como función de la BER del receptor digital. Para $P_e < 1/(4M^2)$ la señal analógica en la salida se distorsiona principalmente

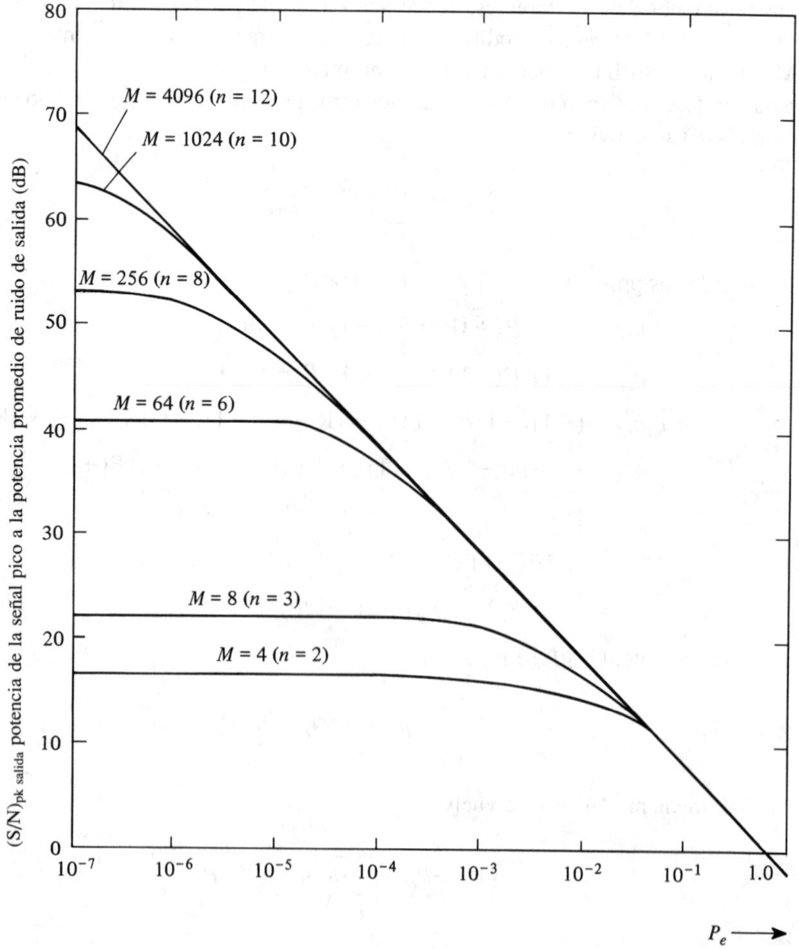


**Figura 7-17** $(\text{S/N})_{\text{salida}}$ de un sistema PCM como función de $P_e$ y el número de escalones cuantizadores, $M$.

por el ruido de cuantización. De hecho, en $P_e = 0$, $(3/\text{N})_{\text{salida}} = 3M^2$, donde todo el ruido es cuantización. Al contrario para $P_e > 1/(4M^2)$, la salida se distorsiona debido principalmente al ruido del canal.

Debe señalarse también que (7-70) es la relación de señal *pico* a ruido promedio, la que se obtiene con facilidad de los resultados proporcionados arriba. La relación de señal promedio a ruido promedio es

$$\left(\frac{\text{S}}{\text{N}}\right)_{\text{salida}} = \frac{\overline{(x_k)^2}}{\overline{n_k^2}} = \frac{V^2}{3\overline{n_k^2}} = \frac{1}{3}\left(\frac{\text{S}}{\text{N}}\right)_{\text{pk salida}}$$

donde $\overline{x_k^2} = V^2/3$, ya que $x_k$ se distribuye de manera uniforme de $-V$ hasta $+V$. Así, usando (7-72) y (7-70),

$$\left(\frac{\text{S}}{\text{N}}\right)_{\text{salida}} = \frac{M^2}{1 + 4(M^2 - 1)P_e} \tag{7-82}$$

cuando $(\text{S/N})_{\text{salida}}$ es la relación de potencia de señal promedio a ruido promedio en la salida del sistema.

## 7-8 RELACIONES DE SEÑAL A RUIDO A LA SALIDA EN SISTEMAS ANALÓGICOS

En los capítulos 4 y 5 se estudiaron las técnicas generalizadas de modulación y demodulación para señales analógicas y digitales. Se mostraron técnicas específicas para señales AM, DSB-SC, SSB, PM y FM, y se evaluaron los anchos de banda de estas señales. Ahora evaluaremos la relación de señal de ruido de salida para estos sistemas como una función de la señal de entrada, ruido y parámetros del sistema. Una vez más encontraremos que los análisis matemáticos de sistemas no coherentes son más difíciles que para los sistemas coherentes y que las aproximaciones se usan con frecuencia para obtener resultados simplificados. Sin embargo, los sistemas no coherentes se encuentran a menudo con que son los más utilizados en la práctica dado que el costo del receptor es normalmente más bajo. Así sucede para el costo del sistema total en aplicaciones que involucran un transmisor y miles o millones de receptores como transmisiones de FM, AM y TV.

Para sistemas con canales de ruido aditivo a la entrada del receptor es

$$r(t) = s(t) + n(t)$$

Para sistemas de comunicación pasabanda que tienen un ancho de banda de transmisión de $B_T$, esto es

$$\begin{aligned} r(t) &= \text{Re}\{g_s(t)e^{j(\omega_c t + \theta_c)}\} + \text{Re}\{g_n(t)e^{j(\omega_c t + \theta_c)}\} \\ &= \text{Re}\{[g_s(t) + g_n(t)]e^{j(\omega_c t + \theta_c)}\} \end{aligned}$$

o

$$r(t) = \text{Re}\{g_T(t)e^{j(\omega_c t + \theta_c)}\} \tag{7-83a}$$

donde

$$\begin{aligned} g_T(t) &\triangleq g_s(t) + g_n(t) \\ &= [x_s(t) + x_n(t)] + j[y_s(t) + y_n(t)] \\ &= x_T(t) + jy_T(t) \\ &= R_T(t)e^{j\theta_T}(t) \end{aligned} \tag{7-83b}$$

$g_T(t)$ denota la envolvente compleja total (compuesta, por ejemplo) a la entrada del receptor; consta de la envolvente compleja de la señal y la envolvente compleja del ruido. Las propiedades de esta envolvente compleja total, como también de las del ruido gaussiano, se analizaron en el capítulo 6. Las envolventes complejas para diferentes tipos de señales moduladas $g_s(t)$ se asentaron dadas en la tabla 4-1.

## Comparación con los sistemas bandabase

El rendimiento del ruido de varios tipos de sistemas de pasabanda se examina al evaluar la relación de potencia de señal a ruido a la salida del receptor $(S/N)_{salida}$, cuando una señal modulada y el ruido están presentes a la entrada. Nos gustaría ver si $(S/N)_{salida}$ es más grande para un sistema de AM, un sistema DSB-SC o un sistema FM. Para la comparación de estos SNR, la potencia de las señales moduladas en las entradas de estos receptores se establece al mismo valor y la PSD de la entrada de ruido es $N_0/2$. (Esto es, el ruido de entrada es blanco con un nivel espectral establecido en $N_0/2$.)

Para comparar la relación de señal a ruido a la salida $(S/N)_{salida}$ para varios sistemas de pasabanda, se necesita un criterio de medición común para la entrada del receptor. Por ejemplo, $E_b/N_0$ se usó para sistemas digitales. Para sistemas analógicos el criterio es la potencia de la señal recibida $P_s$ dividida entre la cantidad de potencia en el ruido blanco que contiene el ancho de banda igual al ancho de banda del mensaje (modulación). Esto es equivalente al $(S/N)_{salida}$ de un sistema de transmisión de bandabase como se ilustra en la figura 7-18. Esto es,

$$\left(\frac{S}{N}\right)_{bandabase} = \frac{P_s}{N_0 B} \tag{7-84}$$

Podemos comparar el rendimiento de diferentes sistemas modulados al evaluar $(S/N)_{salida}$ de cada sistema para un valor dado de $(P_s/N_0B) = (S/N)_{bandabase}$, donde $P_s$ es la señal de potencia de AM, DSB-SC o FM (en la entrada del receptor AM, DSB-SC o FM). Se decidió que

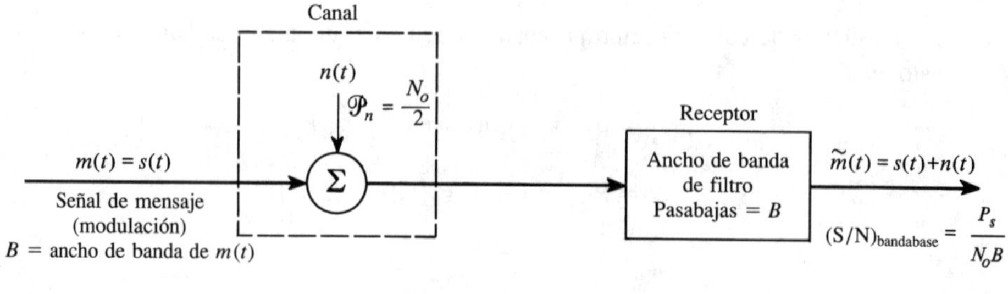


**Figura 7-18** Sistema bandabase.

$B$ fuera el *ancho de banda* de la señal bandabase (modulación), donde la misma señal de modulación bandabase se usa para todos los casos, de manera que se notará la misma base de comparación. (Si se escogiera $B$ como el ancho de banda de la señal de entrada modulada, $B_T$, la comparación no tendría una base de ruido igual a la PSD de $N_0/2$ para un valor fijo de $(S/N)_{bandabase}$, ya que los valores $B_T$ para las señales de AM y FM son diferentes.)

La SNR en la entrada del receptor también podría obtenerse; esto es

$$\left(\frac{S}{N}\right)_{entrada} = \frac{P_s}{N_0 B_T} = \left(\frac{S}{N}\right)_{bandabase}\left(\frac{B}{B_T}\right) \tag{7-85}$$

donde $B_T$ es el ancho de banda de la señal pasabanda en la entrada del receptor.

$(S/N)_{salida}$ se evaluará por diversos sistemas.

## Sistemas de AM con detección de producto

La figura 7-19 ilustra el receptor para un sistema de AM con detección coherente. De (4-107), la envolvente compleja de la señal AM es

$$g_s(t) = A_c[1 + m(t)]$$

La envolvente compleja de la señal compuesta recibida más el ruido es

$$g_T(t) = [A_c + A_c m(t) + x_n(t)] + jy_n(t) \tag{7-86}$$

Para la detección del producto, usando (4-71), encontramos que la salida es

$$\tilde{m}(t) = \text{Re}\{g_T(t)\} = A_c + A_c m(t) + x_n(t)$$

Aquí $A_c$ es el voltaje de cd en la salida del detector que ocurre debido a la portadora discreta AM,† $A_c m(t)$ es la modulación detectada y $x_n(t)$ es el ruido detectado. La salida de SNR es

$$\left(\frac{S}{N}\right)_{salida} = \frac{A_c^2\overline{m^2(t)}}{\overline{x_n^2(t)}} = \frac{A_c^2\overline{m^2(t)}}{2N_0 B} \tag{7-87}$$

donde, de (6-133g), $\overline{x_n^2} = \overline{n^2} = 2(N_0/2)(2B)$. La señal de potencia de salida es

$$P_s = \frac{A_c^2}{2}\overline{[1 + m(t)]^2} = \frac{A_c^2}{2}[1 + \overline{m^2}]$$

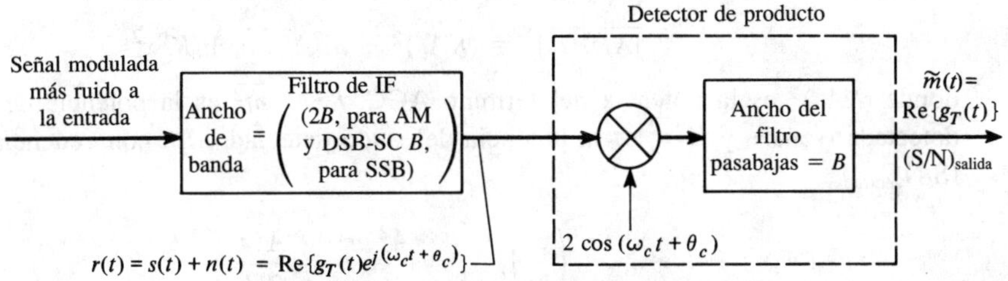


**Figura 7-19** Receptor coherente.

† El voltaje de cd se usa para proporcionar control automático de ganancia (AGC) de los estados precedentes de RF e IF.

donde se asume que $\overline{m(t)} = 0$ (sin cd sobre la forma de onda modulada, por ejemplo). Por tanto, la SNR de entrada es

$$\left(\frac{S}{N}\right)_{\text{entrada}} = \frac{(A_c^2/2)(1 + \overline{m^2})}{2N_0B} \tag{7-88}$$

Combinando (7-87) y (7-88) obtenemos

$$\frac{(S/N)_{\text{salida}}}{(S/N)_{\text{entrada}}} = \frac{2\overline{m^2}}{1 + \overline{m^2}} \tag{7-89}$$

Para el 100% de modulación de onda senoidal $\overline{m^2} = \frac{1}{2}$ y $(S/N)_{\text{salida}} / (S/N)_{\text{entrada}} = \frac{2}{3}$.

Para propósitos de comparación, (7-87) puede ser evaluado en términos de $(S/N)_{\text{bandabase}}$ al sustituir por $P_s$:

$$\frac{(S/N)_{\text{salida}}}{(S/N)_{\text{bandabase}}} = \frac{\overline{m^2}}{1 + \overline{m^2}} \tag{7-90}$$

Para 100% de modulación de onda senoidal $(S/N)_{\text{salida}}/(S/N)_{\text{bandabase}} = \frac{1}{3}$. Esto demuestra que este sistema AM es 4.8 dB; el sistema de bandabase que usa la misma cantidad de señal de potencia se muestra en la figura 7-27.

## Sistemas de AM con detección de envolvente

El detector de envolvente produce $KR_T(t)$ en su salida, donde $K$ es una constante de proporcionalidad. Para la señal aditiva más el ruido en la entrada, la salida es

$$KR_T(t) = K|g_s(t) + g_n(t)|$$

Sustituyendo (7-86) para $g_s(t) + g_n(t)$ da

$$KR_T(t) = K|[A_c + A_c m(t) + x_n(t)] + j[y_n(t)]| \tag{7-91}$$

La potencia es

$$\overline{[KR_T(t)]^2} = K^2A_c^2 \overline{\left\{\left[1 + m(t) + \frac{x_n(t)}{A_c}\right]^2 + \left[\frac{y_n(t)}{A_c}\right]^2\right\}} \tag{7-92}$$

Para el caso de un gran $(S/N)_{\text{entrada}}$, $(y_n/A_c)^2 \ll 1$, por lo que se tiene

$$\overline{[KR_T(t)]^2} = (KA_c)^2 + K^2A_c^2\,\overline{m^2} + K^2\overline{x_n^2} \tag{7-93}$$

donde $(KA_c)^2$ es la potencia del término AGC, $K^2A_c^2\,\overline{m^2}$ es la potencia de la modulación detectada (señal), y $K^2\overline{x_n^2}$ es la potencia del ruido detectado. En consecuencia, para un gran $(S/N)_{\text{entrada}}$,

$$\left(\frac{S}{N}\right)_{\text{salida}} = \frac{A_c^2\,\overline{m^2}}{\overline{x_n^2}} = \frac{A_c^2\,\overline{m^2}}{2N_0B} \tag{7-94}$$

Comparando esto con (7-87), vemos que para *el caso de un gran* $(S/N)_{\text{entrada}}$, *el rendimiento del detector envolvente es idéntico a aquél del detector de producto.*

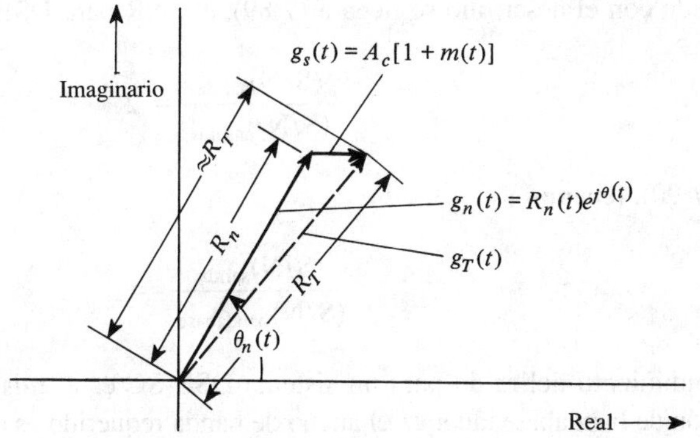


**Figura 7-20** Diagrama vectorial para AM, $(S/N)_{entrada} \ll 1$.

*Para $(S/N)_{entrada}$ pequeño, el rendimiento del detector envolvente es mucho menor que el del detector de producto.* En referencia a (7-91), notamos que la salida del detector es

$$KR_T(t) = K|g_T(t)| = K|A_c[1 + m(t)] + R_n(t)e^{j\theta_n(t)}|$$

Como se vio en la figura 7-20 para $(S/N)_{entrada} < 1$, la magnitud de $g_T(t)$ puede aproximarse con

$$KR_T(t) \approx K\{A_c[1 + m(t)] \cos \theta_n(t) + R_n(t)\} \tag{7-95}$$

Por consiguiente, para el caso del canal de ruido gaussiano, la salida del detector de envolvente consiste en la distribución del ruido Rayleigh $R_n(t)$, más un término de la señal que es *multiplicado* por un factor de ruido aleatorio de cos $\theta_n(t)$. Este efecto multiplicador distorsiona la señal en una extensión mayor que el ruido aditivo Rayleigh, que ocasiona un efecto de umbral. Esto es, $(S/N)_{salida}$ se vuelve *muy pequeño* cuando $(S/N)_{entrada} < 1$. De hecho, se puede demostrar que $(S/N)_{salida}$ es proporcional al *cuadrado* de $(S/N)_{entrada}$ para el caso de $(S/N)_{entrada} < 1$ [Schwartz, Bennett y Stein, 1966]. Aunque el detector envolvente es muy inferior al detector de producto para $(S/N)_{entrada}$, en la práctica esta deficiencia rara vez se advierte para aplicaciones de transmisión de AM. Esto se debe a que el usuario de AM por lo regular se interesa en escuchar estaciones que tengan buena $(S/N)_{salida}$, digamos 25 dB o más. En estas condiciones el rendimiento de detector de envolvente es equivalente al del detector de producto. Además, aquél es barato y no requiere de una referencia coherente. Por estas razones el detector de envolvente se usa casi exclusivamente en receptores de transmisiones de AM. Para otras aplicaciones, tales como escuchar estaciones débiles de AM o sistemas de transmisión de datos AM, la detección de producto podría ser requerida para erradicar el ruido multiplicador que podría ocurrir con la detección de envolvente de sistemas débiles.

## Sistemas DSB-SC

Como se indicó en el capítulo 5, la señal DSB-SC es en esencia una señal de AM en la cual se ha suprimido el término de portadora discreta (por ejemplo, equivalente al porcentaje infinito de AM). La forma de onda modulada $m(t)$ se recupera de la señal DSB-SC al usar una detección coherente como se muestra en la figura 7-19. Para DSB-SC,

$$g_s(t) = A_c m(t) \tag{7-96}$$

Continuando con el desarrollo se llega a (7-89), el SNR para DSB-SC es

$$\frac{(S/N)_{\text{salida}}}{(S/N)_{\text{entrada}}} = 2 \tag{7-97}$$

Usando (7-90), tenemos

$$\frac{(S/N)_{\text{salida}}}{(S/N)_{\text{bandabase}}} = 1 \tag{7-98}$$

Así, el rendimiento del ruido para un sistema DSB-SC es el mismo que para los sistemas de señalización de bandabase, aunque el ancho de banda requerido es el doble de tamaño (por ejemplo, $B_T = 2B$).

## Sistemas SSB

En la figura 7-19 se muestra el receptor para una señal SSB, donde el ancho de banda de IF es ahora $B_T = B$. La envolvente compleja para SSB es

$$g_s(t) = A_c[m(t) \pm j\hat{m}(t)] \tag{7-99}$$

donde la señal superior se usa para USSB y la señal inferior para LSSB. La envolvente compleja para la (total) señal recibida más el ruido es

$$g_T(t) = [A_c m(t) + x_n(t)] + j[\pm A_c\hat{m}(t) + y_n(t)] \tag{7-100}$$

La salida del detector de producto es

$$\tilde{m}(t) = \text{Re}\{g_T(t)\} = A_c m(t) + x_n(t) \tag{7-101}$$

La SNR correspondiente es

$$(S/N)_{\text{salida}} = \frac{A_c^2\,\overline{m^2(t)}}{\overline{x_n^2(t)}} = \frac{A_c^2\,\overline{m^2(t)}}{N_0 B} \tag{7-102}$$

donde $\overline{x_n^2} = \overline{n^2} = 2(N_0/2)(B)$. Usando (6-133g) vemos que la potencia de entrada de la señal es

$$P_s = \tfrac{1}{2}\overline{|g_s(t)|^2} = \frac{A_c^2}{2}[\overline{m^2} + \overline{(\hat{m})^2}] = A_c^2\overline{m^2} \tag{7-103}$$

y la potencia de entrada del ruido es $P_n = \overline{n^2(t)} = N_0 B$. Por tanto,

$$\frac{(S/N)_{\text{salida}}}{(S/N)_{\text{entrada}}} = 1 \tag{7-104}$$

De igual manera,

$$\frac{(S/N)_{\text{salida}}}{(S/N)_{\text{bandabase}}} = 1 \tag{7-105}$$

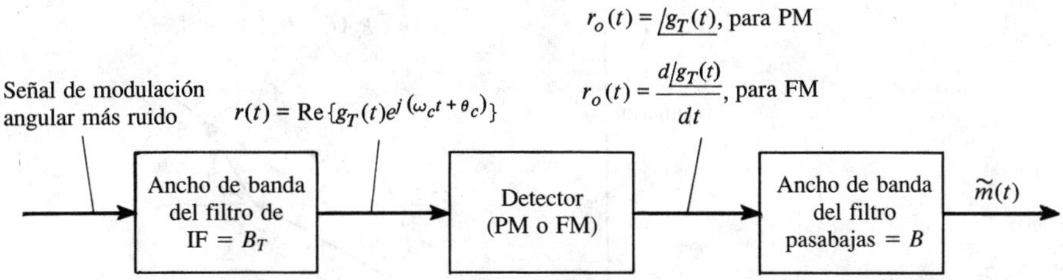


**Figura 7-21** Receptor para señales de modulación angular.

SSB es exactamente el equivalente a la señalización de bandabase, en términos del rendimiento del ruido y de los requerimientos del ancho de banda (por ejemplo, $B_T = B$). Más aún, (7-98) y (7-105) muestran que DSB, SSB y los sistemas de señalización de bandabase son todos SNR equivalentes a la salida.

## Sistemas PM

Como se muestra en la figura 7-21, la modulación sobre una señal PM se recupera por un receptor que usa un detector de fase (coherente). (En el capítulo 4 se demostró que el detector de fase podría ser apropiado al usar un limitador que sigue un detector de producto cuando $\beta_p$ es pequeño.) La señal PM tiene una envolvente compleja de

$$g_s(t) = A_c e^{j\theta_s(t)} \tag{7-106a}$$

donde

$$\theta_s(t) = D_p m(t) \tag{7-106b}$$

La envolvente compleja de la señal compuesta más el ruido de la entrada del detector es

$$\begin{aligned} g_T(t) &= |g_T(t)|\, e^{j\theta_T(t)} = [g_s(t) + g_n(t)] \\ &= A_c e^{j\theta_s(t)} + R_n(t) e^{j\theta_n(t)} \end{aligned} \tag{7-107}$$

Cuando la entrada es un ruido gaussiano (solamente), $R_n(t)$ es distribución de Rayleigh y $\theta_n(t)$ es distribuida de manera uniforme como se demostró en el ejemplo 6-10.

La salida del detector de fase es proporcional a $\theta_T(t)$:

$$r_0(t) = K\, \underline{/g_T(t)} = K\theta_T(t)$$

donde $K$ es una constante de ganancia del detector. Para (S/N)$_{\text{entrada}}$ grande, el ángulo de fase $g_T(t)$ puede ser aproximado con la ayuda de un diagrama vectorial para $g_T = g_s + g_n$. Esto se ilustra en la figura 7-22. Entonces, para $A_c \gg R_n(t)$, el ángulo de fase mezclado se aproxima por

$$r_0(t) = K\theta_T(t) \approx K\left\{\theta_s(t) + \frac{R_n(t)}{A_c}\,\text{sen}[\theta_n(t) - \theta_s(t)]\right\} \tag{7-108}$$

Para el caso de modulación sin fase (la portadora de la señal está todavía presente), la ecuación se reduce a

$$r_0(t) \approx \frac{K}{A_c}\, y_n(t), \qquad \theta_s(t) = 0 \tag{7-109}$$

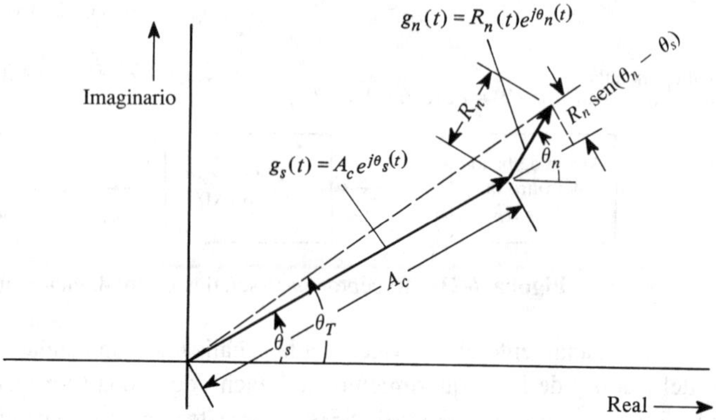


**Figura 7-22** Diagrama vectorial para la modulación angular, $(S/N)_{\text{entrada}} \gg 1$.

donde, usando (6-127e), $y_n(t) = R_n(t)$ sen $\theta_n(t)$. Esto demuestra que la presencia de una portadora sin modular (en la entrada del receptor PM) suprime el ruido de la salida. A esto se le denomina *efecto de reposo* y ocurre cuando la potencia de la señal de entrada está por arriba del *umbral* (por ejemplo, cuando $(S/N)_{\text{entrada}} \gg 1$). Incluso cuando la modulación de fase se presenta y $(S/N)_{\text{entrada}} \gg 1$, podemos reemplazar $R_n(t)$ sen$[\theta_n(t) - \theta_s(t)]$ mediante $R_n(t)$ sen $\theta_n(t)$. Esto puede llevarse a cabo ya que $\theta_s(t)$ puede considerarse determinístico y, en consecuencia, $\theta_s(t)$ es una constante para un valor dado de $t$. Entonces $\theta_n(t) - \theta_s(t)$ será distribuido de manera uniforme sobre un intervalo de $2\pi$, ya que, de acuerdo con la ecuación (6-153), $\theta_n(t)$ se distribuye uniformemente sobre $(0, 2\pi)$. En otras palabras, $\cos[\theta_n(t) - \theta_s(t)]$ tenderá a la misma PDF como el cos $[\theta_n(t)]$, así que el reemplazo puede llevarse a cabo. Por tanto, para $(S/N)_{\text{entrada}}$ grande, la parte relevante del detector de salida PM se aproxima mediante

$$r_0(t) \approx s_0(t) + n_0(t) \tag{7-110}$$

donde

$$s_0(t) = K\theta_s(t) = KD_p m(t) \tag{7-111a}$$

$$n_0(t) = \frac{K}{A_c}\, y_n(t) \tag{7-111b}$$

El PSD del ruido de salida, $n_0(t)$, se obtiene por el uso de (6-1331).

$$\mathcal{P}_{n_0}(f) = \begin{cases} \dfrac{K^2}{A_c^2}\, N_0, & |f| \le B_T/2 \\ 0, & f \text{ en otra parte} \end{cases} \tag{7-112}$$

donde la PSD de la entrada del ruido pasabanda es $N_0/2$ sobre el pasabanda del filtro de IF y cero fuera del pasabanda de IF. La ecuación (7-112) se dibuja en la figura 7-23a y la porción del espectro que pasa por el LPF se denota por las líneas sombreadas.

La entrada del receptor consta de la versión filtrada de pasabajas de $r_0(t)$. Sin embargo, el espectro de $s_0(t)$ está contenido en la pasabanda del filtro, así

$$\tilde{m}(t) = s_0(t) + \tilde{n}_0(t) \tag{7-113}$$

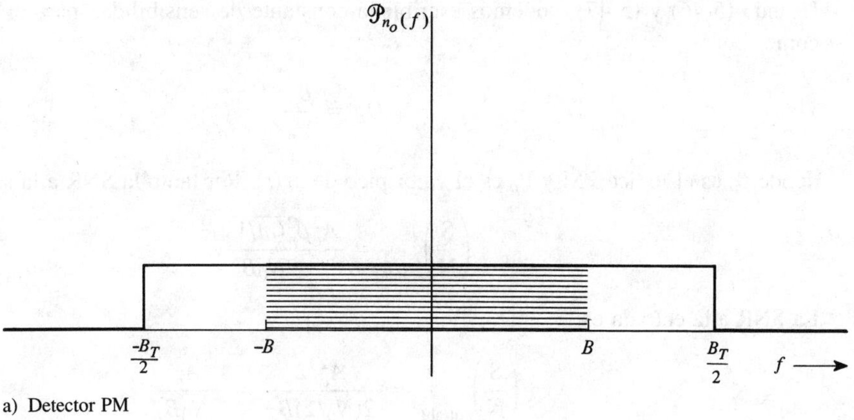


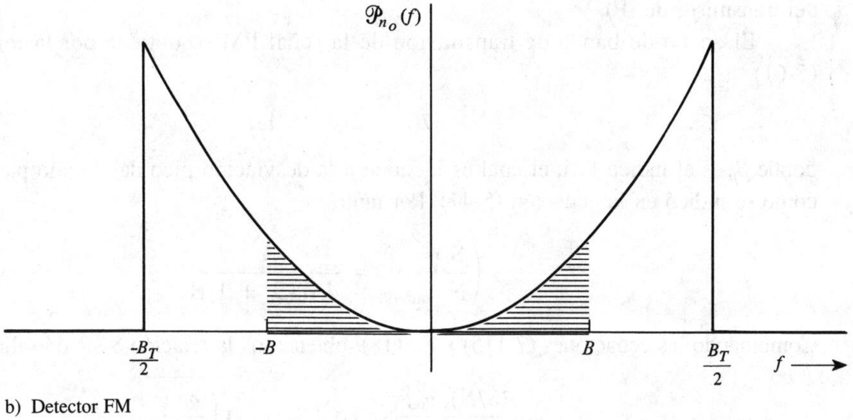


**Figura 7-23** PSD para ruido de salida de detectores para receptores de señales moduladas angulares.

donde $\tilde{n}_0(t)$ es un ruido blanco de banda limitada de la porción sombreada de la figura 7-23a. La potencia del ruido del receptor es

$$\overline{[\tilde{n}_0(t)]^2} = \int_{-B}^{B} \mathcal{P}_{n_0}(f)\, df = \frac{2K^2 N_0 B}{A_c^2} \tag{7-114}$$

La SNR a la salida se puede evaluar con facilidad con la ayuda de las ecuaciones (7-111a) y (7-114):

$$\left(\frac{\text{S}}{\text{N}}\right)_{\text{salida}} = \frac{\overline{s_0^2}}{\overline{\tilde{n}_0^2}} = \frac{A_c^2 D_p^2 \overline{m^2}}{2N_0 B}$$

Usando (5-46) y (5-47), podemos escribir la constante de sensibilidad para el transmisor PM como

$$D_p = \frac{\beta_p}{V_p}$$

donde $\beta_p$ es el índice PM y $V_p$ es el valor pico de $m(t)$. Por tanto la SNR a la salida se vuelve

$$\left(\frac{\text{S}}{\text{N}}\right)_{\text{salida}} = \frac{A_c^2 \beta_p^2 \overline{(m/V_p)^2}}{2N_0 B} \tag{7-115}$$

La SNR a la entrada es

$$\left(\frac{\text{S}}{\text{N}}\right)_{\text{entrada}} = \frac{A_c^2/2}{2(N_0/2)B_T} = \frac{A_c^2}{2N_0 B_T} \tag{7-116}$$

donde $B_T$ es el ancho de banda de la transmisión de la señal PM (y también el ancho de banda del transmisor de IF).

El ancho de banda de transmisión de la señal PM se obtiene por la regla de Carson, (5-61),

$$B_T = 2(\beta_p + 1)B \tag{7-117}$$

donde $\beta_p$ es el índice PM, el cual es idéntico a la desviación pico del ángulo para la señal PM, como se indicó en la ecuación (5-47). Por tanto

$$\left(\frac{\text{S}}{\text{N}}\right)_{\text{entrada}} = \frac{A_c^2}{4N_0(\beta_p + 1)B} \tag{7-118}$$

Combinando las ecuaciones (7-115) y (7-118), obtenemos la relación SNR de salida a la entrada.

$$\frac{(\text{S/N})_{\text{salida}}}{(\text{S/N})_{\text{entrada}}} = 2\beta_p^2(\beta_p + 1)\overline{\left(\frac{m}{V_p}\right)^2} \tag{7-119}$$

La SNR a la salida puede expresarse también en términos del sistema bandabase equivalente al sustituir la ecuación (7-84) dentro de la (7-115), donde $P_s = A_c^2/2$.

$$\frac{(\text{S/N})_{\text{salida}}}{(\text{S/N})_{\text{bandabase}}} = \beta_p^2\overline{\left(\frac{m}{V_p}\right)^2} \tag{7-120}$$

Esta ecuación muestra que el mejoramiento de un sistema PM sobre una señalización bandabase depende de la cantidad de desviación de fase que se utiliza. Parece indicar que podemos mejorar tanto como deseemos simplemente incrementando $\beta_p$. Esto depende de los tipos de circuitos que se usen. Si la desviación de la fase pico excede $\pi$ radianes, se tendrán que usar técnicas especiales de "desenvolvimiento de fase" en algunos circuitos para obtener el valor verdadero (como el comparado con el valor relativo) de la fase en la salida. Por consiguiente, el valor máximo de $\beta_p m(t)/V_p = D_p m(t)$ podría tomarse como $\pi$. Para modulación senoidal esto podría proporcionar un mejoramiento de $D_p^2\overline{m^2} = \pi^2/2$ o 6.9 dB sobre la señalización bandabase.

Se hace hincapié en que los resultados obtenidos previamente para $(\text{S/N})_{\text{salida}}$ sólo son válidos cuando la señal de entrada está por arriba del umbral [por ejemplo, $(\text{S/N})_{\text{entrada}} > 1$].

## Sistemas FM

El procedimiento que emplearemos para evaluar la SNR a la salida de los sistemas FM es básicamente el mismo que el usado para sistemas PM, excepto que la salida del detector de FM es proporcional a $d\theta_T(t)/dt$, donde la salida del detector de PM es proporcional a $\theta_T(t)$. El detector modulado en ángulo del receptor de la figura 7-21 es ahora un detector de FM. La envolvente compleja de la señal FM (sólo) es

$$g_s(t) = A_c e^{j\theta_s(t)} \tag{7-121a}$$

donde

$$\theta_s(t) = D_f \int_{-\infty}^{t} m(\lambda)\, d\lambda \tag{7-121b}$$

Se asumió que la señal de FM más ruido blanco están presentes en la entrada del receptor.

La salida del detector de FM es proporcional a la derivada de la fase compuesta en la entrada del detector:

$$r_0(t) = \left(\frac{K}{2\pi}\right)\frac{d\,\underline{/g_T(t)}}{dt} = \left(\frac{K}{2\pi}\right)\frac{d\theta_T(t)}{dt} \tag{7-122}$$

donde $K$ es la ganancia del detector de FM. Usando el mismo procedimiento como el que lleva a las ecuaciones (7-108), (7-110) y (7-111) podemos aproximar la salida del detector por

$$r_0(t) \approx s_0(t) + n_0(t) \tag{7-123}$$

donde, para FM,

$$s_0(t) = \left(\frac{K}{2\pi}\right)\frac{d\theta_s(t)}{dt} = \left(\frac{KD_f}{2\pi}\right)m(t) \tag{7-124a}$$

y

$$n_0(t) = \left(\frac{K}{2\pi A_c}\right)\frac{dy_n(t)}{dt} \tag{7-124b}$$

Este resultado es válido solamente cuando la señal de entrada está por arriba del umbral [por ejemplo, $(S/N)_{\text{entrada}} \gg 1$]. La derivada del ruido, de la ecuación (7-124b), hace que la PSD de la señal ruido de salida FM sea diferente de la del caso de PM. Para FM tenemos

$$\mathcal{P}_{n_0}(f) = \left(\frac{K}{2\pi A_c}\right)^2 |j2\pi f|^2 \mathcal{P}_{y_n}(f)$$

o

$$\mathcal{P}_{n_0}(f) = \begin{cases} \left(\dfrac{K}{A_c}\right)^2 N_0 f^2 & |f| < B_T/2 \\ 0, & f \text{ de otra manera} \end{cases} \tag{7-125}$$

Esto muestra que la PSD para el ruido de salida del detector de FM tiene una forma parabólica, como está dibujado en la figura 7-23b.

La salida del receptor consiste de la versión filtrada pasabajas de $r_0(t)$. La potencia de ruido para el ruido filtrado es

$$\overline{[\tilde{n}_0(t)]^2} = \int_{-B}^{B} \mathcal{P}_{n_0}(f)\, df = \frac{2}{3}\left(\frac{K}{A_c}\right)^2 N_0 B^3 \tag{7-126}$$

La SNR de salida es ahora fácil de evaluar usando (7-124a) y (7-126):

$$\left(\frac{\text{S}}{\text{N}}\right)_{\text{salida}} = \frac{\overline{s_0^2}}{\overline{[\tilde{n}_0]^2}} = \frac{3A_c^2[D_f/(2\pi B)]^2\overline{m^2}}{2N_0 B}$$

De (5-44) y (5-48), se nota que

$$\frac{D_f}{2\pi B} = \frac{\beta_f}{V_p}$$

donde $V_p$ es el valor pico de $m(t)$. Entonces la SNR a la salida se transforma

$$\left(\frac{\text{S}}{\text{N}}\right)_{\text{salida}} = \frac{3A_c^2\beta_f^2\overline{(m/V_p)^2}}{2N_0 B} \tag{7-127}$$

La SNR de entrada es

$$\left(\frac{\text{S}}{\text{N}}\right)_{\text{entrada}} = \frac{A_c^2}{4N_0(\beta_f + 1)B} \tag{7-128}$$

Combinando las ecuaciones (7-127) y (7-128), obtenemos la relación SNR de salida,

$$\frac{(\text{S/N})_{\text{salida}}}{(\text{S/N})_{\text{entrada}}} = 6\beta_f^2(\beta_f + 1)\overline{\left(\frac{m}{V_p}\right)^2} \tag{7-129}$$

donde $\beta_f$ es el índice de FM y $V_p$ es el valor pico de la señal modulada $m(t)$.

La SNR de salida puede expresarse en términos de la SNR de bandabase equivalente al sustituir la ecuación (7-84) dentro de la (7-127), donde $P_s = A_c^2/2$,

$$\frac{(\text{S/N})_{\text{salida}}}{(\text{S/N})_{\text{entrada}}} = 3\beta_f^2\overline{\left(\frac{m}{V_p}\right)^2} \tag{7-130}$$

Para el caso de una modulación senoidal $\overline{(m/V_p)^2} = \frac{1}{2}$, y (7-130) se vuelve

$$\frac{(\text{S/N})_{\text{salida}}}{(\text{S/N})_{\text{bandabase}}} = \frac{3}{2}\beta_f^2 \quad \text{(modulación sinusoidal)} \tag{7-131}$$

A primera vista, estos resultados parecen indicar que el rendimiento de los sistemas de FM pueden incrementarse sin límite con sólo elevar el índice de FM $\beta_f$. Sin embargo, mientras $\beta_f$ aumenta, el ancho de banda de la transmisión se incrementa y, en consecuencia, $(\text{S/N})_{\text{entrada}}$ disminuye. Estas ecuaciones para $(\text{S/N})_{\text{salida}}$ son *válidas únicamente* cuando $(\text{S/N})_{\text{entrada}} \gg 1$ (por

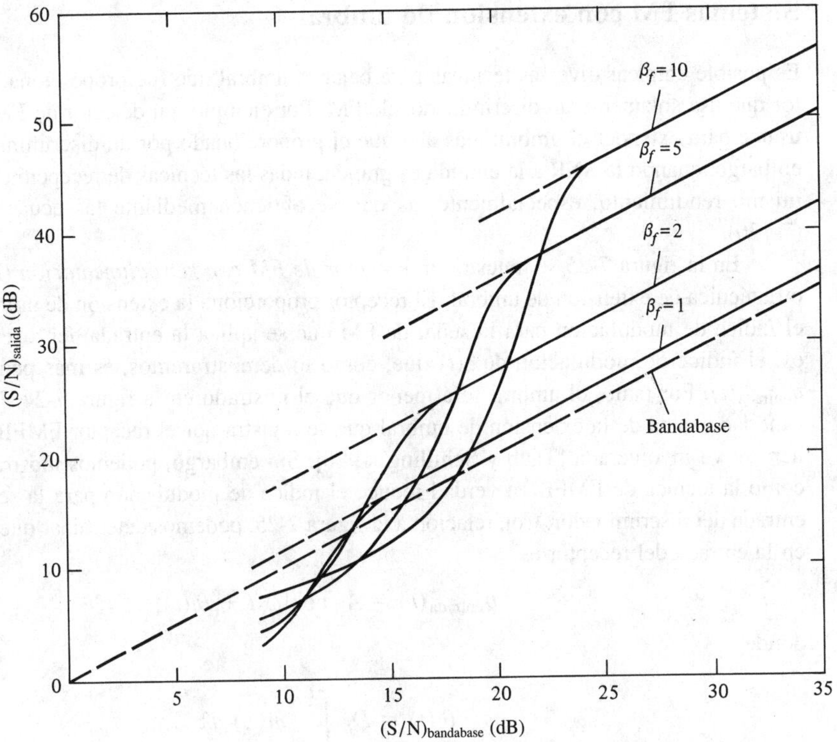


**Figura 7-24** Rendimiento del ruido de un discriminador de FM para una señal FM modulada senoidalmente más ruido gaussiano (sin deénfasis).

ejemplo, la potencia de la señal de entrada previa al umbral), así que $(S/M)_{salida}$ *no* se incrementa a un valor demasiado grande con sólo aumentar el índice de FM, $\beta_f$. Las gráficas de la ecuación (7-131) se dan por las líneas punteadas en la figura 7-24.

El efecto de umbral fue analizado primero en 1948 [Rice, 1948; Stumpers, 1948]. Taub y Schilling [1986] escribieron un tratamiento tutorial excelente. Demostraron que la ecuación (7-131) puede generalizarse para describir la $(S/N)_{salida}$ cerca del umbral. En el caso de modulación senoidal, la SNR a la salida para el discriminador de FM se muestra como

$$\left(\frac{S}{N}\right)_{salida} = \frac{\frac{3}{2}\beta_f^2\ (S/N)_{bandabase}}{1 + \left(\frac{12}{\pi}\ \beta_f\right)\left(\frac{S}{N}\right)_{bandabase}\ e^{\left\{-\left[\frac{1}{2(\beta_f+1)}\left(\frac{S}{N}\right)_{bandabase}\right]\right\}}} \tag{7-132}$$

(Ningún deénfasis se usa en obtener el resultado.) Esta característica de la SNR de salida mostrando el efecto de umbral de un discriminador de FM se grafica en las líneas sólidas en la figura 7-24. Esta figura ilustra que el rendimiento del ruido de FM puede ser sustancialmente mejor que el rendimiento de la bandabase. Por ejemplo, para $\beta_f = 5$ y $(S/N)_{bandabase} = 25$ dB, el rendimiento es 15.7 dB mejor que el rendimiento bandabase. El rendimiento puede mejorarse aun más por el uso del deénfasis, como lo demostraremos más adelante.

## Sistemas FM con extensión de umbral

Es posible emplear diversas técnicas para bajar el umbral que fue proporcionado por un receptor que usa solamente un discriminador de FM. Por ejemplo, un detector de FM de PLL puede usarse para extender el umbral más allá que el proporcionado por un discriminador de FM. Sin embargo, cuando la SNR a la entrada es grande, todas las técnicas de recepción proporcionan el mismo rendimiento, especialmente las que se obtienen mediante las ecuaciones (7-129) o (7-130).

En la figura 7-25 se muestra un *receptor de FM con retroalimentación* (FMFB). Esta es otra técnica de extensión de umbral. El receptor proporciona la extensión de umbral al disminuir el índice de modulación para la señal de FM que se aplica la entrada del discriminador. Esto es, el índice de modulación de $\tilde{e}(t)$ que, como lo demostraremos, es más pequeño que el de $v_{\text{entrada}}(t)$. Por tanto, el umbral será menor que el ilustrado en la figura 7-24. El cálculo de la cantidad exacta de la extensión de umbral que se registra por el receptor FMFB de alguna manera se ve involucrada [Taub y Schilling, 1986]. Sin embargo, podemos mostrar con facilidad cómo la técnica de FMFB en verdad reduce el índice de modulación para la señal de FM a la entrada del discriminador. Con relación a la figura 7-25, podemos determinar que la señal de FM en la entrada del receptor es

$$v_{\text{entrada}}(t) = A_c \cos[\omega_c t + \theta_i(t)]$$

donde

$$\theta_i(t) = D_f \int_{-\infty}^{t} m(\lambda)\, d\lambda$$

La salida del VCO es

$$v_0(t) = A_0 \cos[\omega_0 t + \theta_0(t)]$$

donde

$$\theta_0(t) = D_v \int_{-\infty}^{t} \tilde{m}(\lambda)\, d\lambda$$

Con estas representaciones para $v_{\text{entrada}}(t)$ y $v_0(t)$, la salida del multiplicador (mezclador) es

$$\begin{aligned} e(t) &= A_c A_0 \cos[\omega_c t + \theta_i(t)] \cos[\omega_0 t + \theta_0(t)] \\ &= \tfrac{1}{2} A_c A_0 \cos[(\omega_c - \omega_0)t + \theta_i(t) - \theta_0(t)] \\ &\quad + \tfrac{1}{2} A_c A_0 \cos[(\omega_c + \omega_0)t + \theta_i(t) + \theta_0(t)] \end{aligned}$$

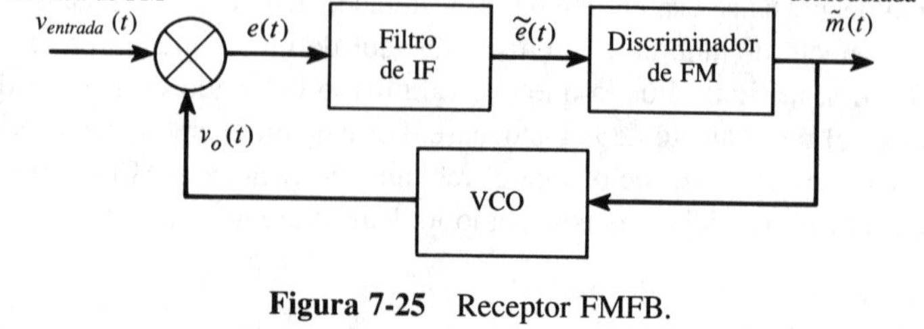


**Figura 7-25** Receptor FMFB.

Si el filtro de IF se sintoniza para pasar la banda de frecuencias centradas cerca de $f_{\text{if}} \triangleq f_c - f_0$, la salida de IF es

$$\tilde{e}(t) = \frac{A_c A_0}{2} \cos\,[\omega_{\text{if}} t + \theta_i(t) - \theta_0(t)] \tag{7-133a}$$

o

$$\tilde{e}(t) = \frac{A_c A_0}{2} \cos\left\{\omega_{\text{if}} t + \int_{-\infty}^{t} [D_f m(\lambda) - D_v \tilde{m}(\lambda)]\, d\lambda\right\} \tag{7-133b}$$

El discriminador de salida de FM es proporcional a la derivada de la desviación de fase

$$\tilde{m}(t) = \frac{K}{2\pi} \frac{d\left\{\int_{-\infty}^{t} [D_f m(\lambda) - D_v \tilde{m}(\lambda)]\, d\lambda\right\}}{dt}$$

Evaluando la derivada y resolviendo la ecuación final para $\tilde{m}(t)$, obtenemos

$$\tilde{m}(t) = \left(\frac{KD_f}{2\pi + KD_v}\right) m(t)$$

Sustituyendo esta expresión para $\tilde{m}(t)$ en (7-133), obtenemos

$$\tilde{e}(t) = \frac{A_c A_0}{2} \cos\left[\omega_{\text{if}} t + \left(\frac{1}{1 + (K/2\pi) D_v}\right) D_f \int_{-\infty}^{t} m(\lambda)\, d\lambda\right] \tag{7-134}$$

Esto demuestra que el índice de modulación de $\tilde{e}(t)$ es exactamente $1/[1 + (K/2\pi)D_v]$ del índice de modulación de $v_{\text{entrada}}(t)$. La extensión de umbral proporcionada por el receptor de FMFB es superior a los 5 dB, cuando el del receptor PLL es superior a 3 dB (cuando ambos se comparan con el umbral de un discriminador de FM). Aunque esto no representa una gran mejoría, puede ser lo bastante significativo para los sistemas que operan cerca del umbral, como los sistemas de comunicación satelital. Por ejemplo, un sistema que usa un receptor de extensión de umbral en lugar de un receptor convencional con un discriminador de FM podría ser menos costoso que un sistema que requiere de una antena de doble tamaño para proporcionar una ganancia en señal de 3 dB. Otras técnicas de extensión de umbral se describieron y analizaron en obras afines [Klapper y Frankle, 1972].

## Sistemas de FM con deénfasis

En el capítulo 5 (véase la figura 5-15), se estudió que el rendimiento del ruido de un sistema de FM podría mejorarse preenfatizando las frecuencias altas de la señal modulada a la entrada del transmisor y deenfatizando la salida del receptor. Este mejoramiento sucede porque la PSD del ruido en la salida de detector de FM tiene forma de parábola, como se observa en la figura 7-23b.

Con relación a la figura 7-21, incorporamos el deénfasis dentro del receptor mediante la inclusión de una respuesta de deénfasis en la característica de LPF. Suponga que la función de transferencia del LPF es

$$H(f) = \frac{1}{1 + j(f/f_1)} \tag{7-135}$$

sobre un ancho de banda pasabajas de $B$ hz. Para una transmisión estándar de FM, se utiliza un filtro de deénfasis de 75 $\mu$s, así que $f_1 = 1/[(2\pi)(75 \times 10^{-6})] = 2.1$ kHz. Desde las ecuaciones (7-125) y (7-126), la potencia de ruido fuera del receptor con deénfasis es

$$\overline{[\tilde{n}_0(t)]^2} = \int_{-B}^{B} |H(f)|^2 \mathcal{P}_{n_0}(f)\, df = \left(\frac{K}{A_c}\right)^2 N_0 \int_{-B}^{B} \left[\frac{1}{1 + (f/f_1)^2}\right] f^2\, df$$

o

$$\overline{[\tilde{n}_0(t)]^2} = 2\left(\frac{K}{A_c}\right)^2 N_0 f_1^3 \left[\frac{B}{f_1} - \tan^{-1}\left(\frac{B}{f_1}\right)\right] \tag{7-136}$$

En una aplicación típica $B/f_1 \gg 1$, así $\tan^{-1}(B/f_1) \approx \pi/2$, la cual no es legible cuando se compara con $B/f_1$. Por tanto (7-136) se convierte en

$$\overline{[\tilde{n}_0(t)]^2} = 2\left(\frac{K}{A_c}\right)^2 N_0 f_1^2 B \tag{7-137}$$

para $B/f_1 \gg 1$.

La potencia de salida de la *señal* para un sistema de preénfasis-deénfasis es la misma que cuando no se utiliza preénfasis-deénfasis, ya que la respuesta total de la frecuencia del sistema para $m(t)$ es plana (constante) sobre el ancho de banda de $B$ Hz.† Por tanto, de acuerdo con las ecuaciones (7-137) y (7-124a), la SNR de salida es

$$\left(\frac{\mathrm{S}}{\mathrm{N}}\right)_{\text{salida}} = \frac{\overline{s_0^2}}{\overline{\tilde{n}_0^2}} = \frac{A_c^2[D_f/(2\pi f_1)]^2\overline{m^2}}{2N_0B}$$

Además, $D_f/(2\pi B) = \beta_f/V_p$, así que la SNR de salida se reduce a

$$\left(\frac{\mathrm{S}}{\mathrm{N}}\right)_{\text{salida}} = \frac{A_c^2\beta_f^2(B/f_1)^2\,\overline{(m/V_p)^2}}{2N_0B} \tag{7-138}$$

† Para una comparación justa de los sistemas de FM, la desviación pico $\Delta F$ necesita ser la misma en ambos casos. Con señales de programas típicos de audio, la preénfasis no incrementa el $\Delta F$ en forma significativa ya que las frecuencias bajas dominan en el espectro de $m(t)$. Por tanto, este análisis es válido. Sin embargo, si se asume $m(t)$ para tener un espectro plano sobre la pasabanda de audio, la ganancia del filtro de preénfasis necesita ser reducido para que así la desviación pico sea el mismo con y sin preénfasis. En el último caso, existe menos mejoramiento en el rendimiento cuando se usa el preénfasis.

Aplicando la ecuación (7-128), encontramos que la relación SNR de salida a la entrada es

$$\frac{(S/N)_{\text{salida}}}{(S/N)_{\text{entrada}}} = 2\,\beta_f^2\,(\beta_f + 1)\left(\frac{B}{f_1}\right)^2 \overline{\left(\frac{m}{V_p}\right)^2} \tag{7-139}$$

donde $\beta_f$ es el índice de FM, $B$ es el ancho de banda de los circuitos bandabase (modulación), $f_1$ es un ancho de banda 3 dB del filtro de deénfasis, $V_p$ es el valor pico de la señal modulante $m(t)$ y $\overline{(m/V_p)^2}$ es el cuadrado del valor de rms de $m(t)/V_p$.

La SNR de salida se expresa en términos de la bandabase equivalente al sustituir la ecuación (7-84) en la (7-138).

$$\frac{(S/N)_{\text{salida}}}{(S/N)_{\text{bandabase}}} = \beta_f^2 \left(\frac{B}{f_1}\right)^2 \overline{\left(\frac{m}{V_p}\right)^2} \tag{7-140}$$

Cuando una prueba de tono senoidal se transmite sobre este sistema de FM, $\overline{(m/V_p)^2} = \frac{1}{2}$ y (7-140) se transforma en

$$\frac{(S/N)_{\text{salida}}}{(S/N)_{\text{bandabase}}} = \tfrac{1}{2}\beta_f^2 \left(\frac{B}{f_1}\right)^2 \quad \text{(modulación sinusoidal)} \tag{7-141}$$

Claro que todos estos resultados son válidos sólo cuando la señal de FM a la entrada del receptor está por arriba del umbral.

Es interesante comparar el rendimiento del ruido de los sistemas comerciales de FM. Como se muestra en la tabla 5-4, para la transmisión estándar de FM $\beta_f = 5$, $B = 15$ kHz y $f_1 = 2.1$ kHz. Usando estos parámetros en la ecuación (7-141), obtenemos el rendimiento de ruido de un sistema de radiodifusión de FM, como se muestra en la figura 7-26 mediante una curva sólida. El rendimiento correspondiente del mismo sistema, pero sin preénfasis-deénfasis, se señala con una curva punteada en la ecuación (7-131). De igual manera, se aprecian los resultados para el rendimiento de un sistema de transmisión aural (audio) de TV FM, donde $\beta_f = 1.67$, $B = 15$ kHz y $f_1 = 2.1$ kHz.

La figura 7-26 también muestra que el rendimiento del ruido de FM con deénfasis puede ser sustancialmente mejor que el de FM sin deénfasis. Por ejemplo, para la transmisión estándar de FM ($\beta_f = 5$, $B = 15$ kHz y $f_1 = 2.1$ kHz) con $(S/N)_{\text{bandabase}} = 25$ dB, el rendimiento de FM es superior por 13.3 dB.

## 7-9 COMPARACIÓN DE SISTEMAS DE SEÑALIZACIÓN ANALÓGICA

La tabla 7-2 compara los sistemas analógicos con aquéllos analizados en las secciones anteriores. Se ha visto que los sistemas de modulación no lineales proporcionan una mejora significativa en el rendimiento del ruido, *con la condición* de que la señal de entrada esté arriba del umbral. Obviamente, el mejoramiento en el rendimiento del ruido se obtiene por usar una transmisión de ancho de banda. Si la SNR a la entrada es muy baja, los sistemas lineales sobrepasan los sistemas no lineales. La SSB es mejor en términos de anchos de banda pequeños y tiene las mejores características de ruido en la SNR de entrada baja.

La selección de un sistema particular depende del ancho de banda de transmisión permitido y el receptor disponible SNR de entrada. Una comparación del rendimiento del ruido de

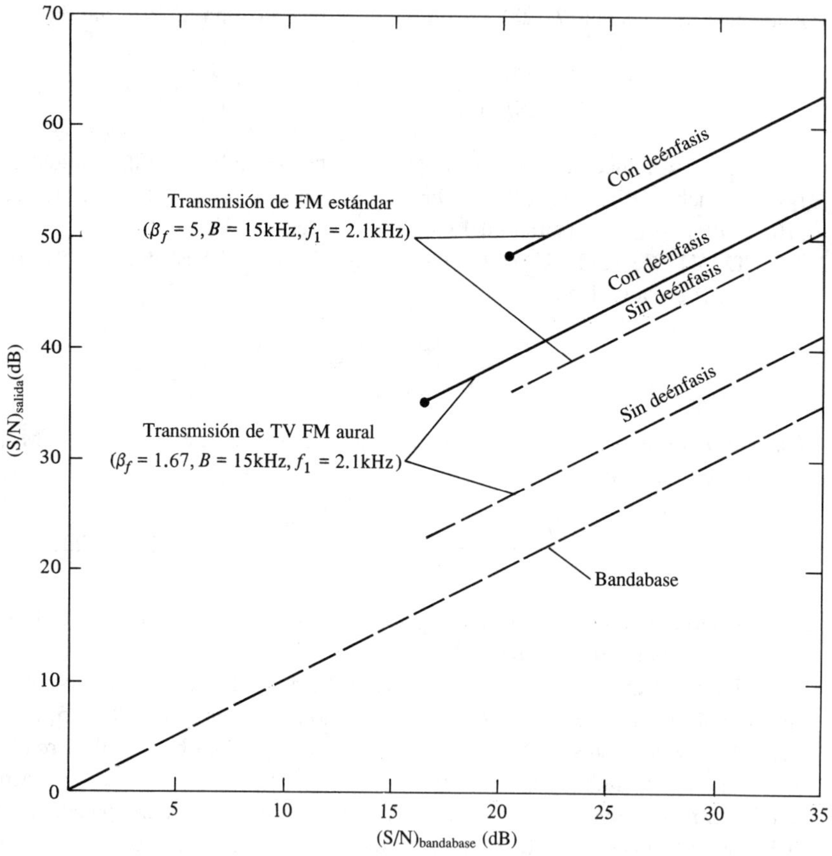


**Figura 7-26** Rendimiento del ruido para sistemas de FM estándar para modulación senoidal.

estos sistemas aparece en la figura 7-27, considerando que $V_p = 1$, $\overline{m^2} = \frac{1}{2}$ para sistemas AM, PM y FM. Para los sistemas no lineales se elige una relación de extensión de ancho de banda de $B_T/B = 12$ para comparaciones de sistemas. Esto corresponde a $\beta_f = 5$ en sistemas de FM citados en la figura (la cual corresponde a la transmisión comercial de FM).

Observe que, excepto por la potencia de la portadora "desperdiciada" en AM, todos los métodos lineales de modulación tienen el mismo rendimiento SNR como el del sistema de bandabase. (SSB tiene el mismo rendimiento que el DSB ya que la coherencia de las dos bandas en DSB compensa por la mitad de la potencia de ruido en SSB debido a la reducción de ancho de banda.) Estas comparaciones son realizadas sobre las bases de las señales con potencias *promedio* iguales. Si las comparaciones se realizan sobre potencias *pico* iguales (por ejemplo: valores pico para las señales), entonces SSB tiene un $(S/N)_{salida}$ que es 3 dB mejor que DSB y 9 dB mejor que AM con 100% de modulación (como se demostró en el problema 7-34). Por supuesto, cuando se opera por encima del umbral, todos los sistemas de modulación no lineal tienen mejor rendimiento SNR que los sistemas lineales de modulación, esto debido a que los sistemas no lineales tienen anchos de banda de transmisión más grandes.

**TABLA 7-2** COMPARACIÓN DE TÉCNICAS DE SEÑALIZACIÓN ANALÓGICA[a]

| Tipo | Linealidad | Ancho de banda requerida para transmisión[b] | $\frac{(S/N)_{salida}}{(S/N)_{bandabase}}$ | | Comentarios |
|---|---|---|---|---|---|
| Bandabase | L | $B$ | 1 | (7-84) | Sin modulación |
| AM | L[c] | $2B$ | $\frac{\overline{m^2}}{1+\overline{m^2}}$ | (7-90) | Válido para todo $(S/N)_{entrada}$ con detección coherente; válido por encima del umbral para detección de envolvente $\lvert m(t)\rvert \le 1$ |
| DSB-SC | L | $2B$ | 1 | (7-98) | Detección coherente requerida |
| SSB | L | $B$ | 1 | (7-105) | Detección coherente requerida; rendimiento idéntico al sistema de bandabase |
| PM | NL | $2(\beta_p + 1)B$ | $\beta_p^2\overline{\left(\frac{m}{V_p}\right)^2}$ | (7-120) | Detección coherente requerida; válida para $(S/N)_{entrada}$ encima del umbral |
| FM | NL | $2(\beta_f + 1)B$ | $3\beta_f^2\overline{\left(\frac{m}{V_p}\right)^2}$ | (7-130) | Válida para $(S/N)_{entrada}$ encima del umbral |
| FM con deénfasis | NL | $2(\beta_f + 1)B$ | $\beta_f^2\left(\frac{B}{f_1}\right)^2\overline{\left(\frac{m}{V_p}\right)^2}$ | (7-140) | Válida para $(S/N)_{entrada}$ encima del umbral |
| PCM | NL | [d] | $M^2/(S/N)_{bandabase}$ | (7-82) | Válida para $(S/N)_{entrada}$ encima del umbral (por ejemplo, $P_e \to 0$) |

[a] $B$, ancho de banda absoluto de la señal modulada; $f_1$, ancho de banda de 3 dB de la señal de deénfasis; L, Lineal; $m = m(t)$ es la señal modulante; $M = 2^n$, número de escalones cuantizados donde $n$ es el número de bits en la palabra PCM; NL, no lineal; $V_p$ valor pico de $m(t)$; $\beta_p$, índice PM; $\beta_f$, índice FM.

[b] Especificaciones típicas de ancho de banda mediante ITU son mayores que estas mínimas [Jordan, 1985].

[c] En estricto sentido, la señalización de AM es no lineal debido al término de la portadora (véase tabla 4-1).

[d] El ancho de banda depende del tipo de sistema digital usado (por ejemplo, OOK, FSK).

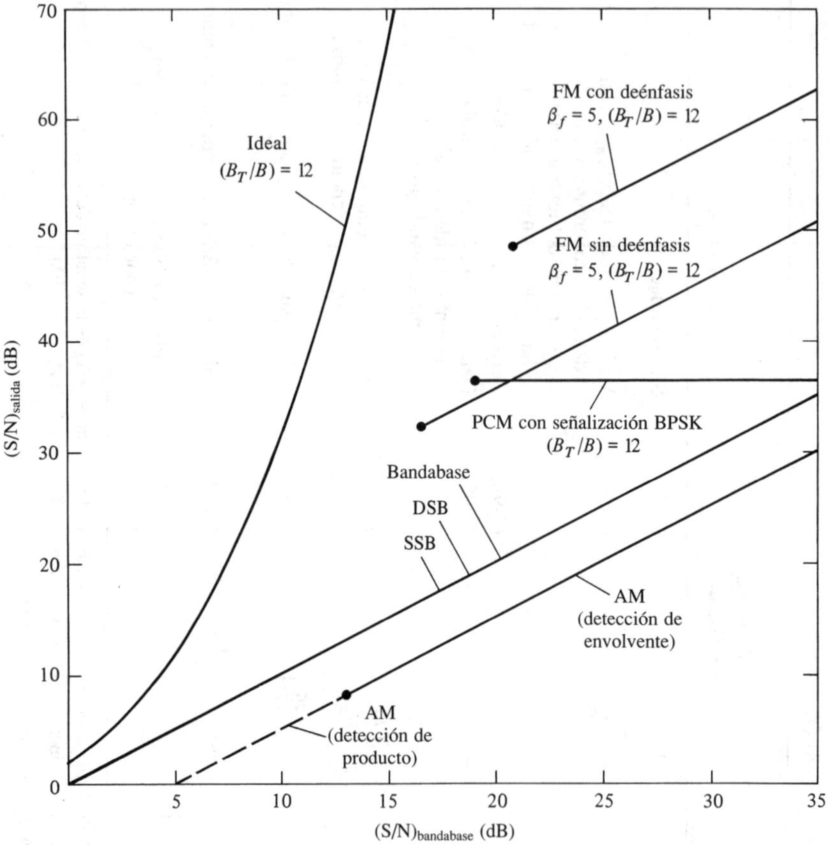


**Figura 7-27** Comparación del rendimiento del ruido para sistemas analógicos.

## Rendimiento del sistema ideal

Es interesante hacer la pregunta: ¿cuál es el mejor rendimiento de ruido que se puede conseguir? Aquí usaría un ancho de banda de transmisión amplio para mejorar el rendimiento del ruido. La respuesta se obtiene con el teorema de capacidad de canal de Shannon. El *sistema ideal* se define como aquel que no pierde capacidad de canal en el proceso de detección. Por tanto,

$$C_{\text{entrada}} = C_{\text{salida}} \tag{7-142}$$

donde $C_{\text{entrada}}$ es la capacidad del canal pasabanda y $C_{\text{salida}}$ es la capacidad del canal después de la detección. Usando la ecuación (1-10) en la (7-142), tenemos

$$B_T \log_2[1 + (\text{S/N})_{\text{entrada}}] = B \log_2[1 + (\text{S/N})_{\text{salida}}] \tag{7-143}$$

donde $B_T$ es el ancho de banda de transmisión de la señal pasabanda a la entrada del receptor y $B$ es el ancho de banda de la señal bandabase a la salida del receptor. Despejando $(\text{S/N})_{\text{salida}}$, tenemos

$$\left(\frac{S}{N}\right)_{\text{salida}} = \left[1 + \left(\frac{S}{N}\right)_{\text{entrada}}\right]^{B_T/B} - 1 \tag{7-144}$$

Pero

$$\left(\frac{S}{N}\right)_{\text{entrada}} = \frac{P_s}{N_0 B_T} = \left(\frac{P_s}{N_0 B}\right)\left(\frac{B}{B_T}\right) = \left(\frac{B}{B_T}\right)\left(\frac{S}{N}\right)_{\text{bandabase}} \tag{7-145}$$

donde se utilizó la ecuación (7-84). Por tanto, la ecuación (7-144) se transforma

$$\left(\frac{S}{N}\right)_{\text{salida}} = \left[1 + \left(\frac{B}{B_T}\right)\left(\frac{S}{N}\right)_{\text{bandabase}}\right]^{B_T/B} - 1 \tag{7-146}$$

La ecuación (7-146), que describe el rendimiento del sistema ideal, se grafica en la figura 7-27 para el caso de $B_T/B = 12$. Como es de esperarse, ninguno de los sistemas prácticos de señalización iguala el rendimiento del sistema ideal. Sin embargo, algunos de los sistemas no lineales (cerca del umbral, se aproximan al rendimiento del sistema ideal.

## 7-10 RESUMEN

El rendimiento de los sistemas digitales se resumió en la sección 7-6 y el de los sistemas analógicos, en la sección 7-9. Se invita al lector a revisar estas secciones para un resumen de este capítulo. No obstante, condensando estas secciones, simplemente enunciaremos que no existe “el mejor sistema”, que proporcione una solución universal a todos los problemas. La solución depende del rendimiento de ruido requerido, el ancho de banda disponible y lo más reciente en la electrónica que podrían favorecer el uso de un tipo de sistema de comunicación sobre otro. Además, el rendimiento ha sido evaluado para el caso de un canal de ruido blanco gaussiano. Para otros tipos de distribuciones de ruido o para ruido multiplicativo, los resultados serán diferentes.

## 7-11 EJEMPLOS

**E7-1** Refiriéndose a la sección 7-2 y a los incisos (a) y (b) de la figura 7-4, sea una señal unipolar más ruido blanco gaussiano la entrada a un receptor que usa un filtro pasabajas (LPF). Usando las premisas que llevan a la ecuación (7-24a), se demuestra que el valor de BER para los datos de salida de un receptor que usa un LPF (no el filtro óptimo acoplado) es aproximadamente $P_e = Q\left(\sqrt{\frac{A^2}{4N_0B}}\right)$, donde $A$ es el valor pico de la señal de entrada unipolar, $N_0/2$ es la PSD del ruido y $B$ es el ancho de banda equivalente del LPF. En la obtención de este resultado, se arguyó que el valor muestra de una señal 1 binaria filtrada, $s_{01}(t_0)$, es aproximadamente $A$, se proporcionó que el ancho de banda equivalente de LPF es $B > 2/T$, donde $T$ es el ancho de un pulso rectangular que se transmite cuando se envía un 1 binario. $R = 1/T$ es la taza de datos. Si el receptor utiliza un LPF ideal (por ejemplo, un LPF de ladrillo) con

$$H(f) = \Pi\left(\frac{f}{2B}\right) \tag{7-147}$$

muestra que la aproximación $s_{01}(t_0) \approx A$ es válida para $B \geq 2/T$.

***Solución*** La solución MATLAB se muestra en las gráficas de la figura 7-28. La figura 7-28a representa un pulso rectangular no filtrado de amplitud $A = 1$ y ancho $T = 1$. Las figuras 7-28b, 7-28c y 7-28d muestran el pulso filtrado cuando el ancho de banda del muro LPF es $B = 1/T$, $B = 2/T$ o $B = 3/T$, respectivamente. Para $B \geq 2/T$ el valor muestra es aproximado a $A$, donde $A = 1$, cuando la muestra se toma cerca de la mitad del intervalo bit. También, obsérvese que existe un ISI insignificante proporcionado que $B \geq 2/T$. Además, como se desprende de la figura 7-28b para $B = 1/T$, $s_{01}(t_0) \approx 1.2 \cdot 1 = 1.2$A. Es decir, es un intento para usar $s_{01}(t_0) \approx 1.2$A (el cual da un menor BER) en la fórmula para la BER y especifica el ancho de banda del filtro equivalente para ser exactamente $B = 1/T$. Sin embargo, si esto se realiza, la fórmula BER no sería correcta para los casos cuando $B > 1/T$. Además (como se muestra en el ejemplo SA7-2, si se utiliza un LPF RC (en lugar del muro LPF, el cual no es práctico para construir), no obtenemos $s_{01}(t_0) = 1.2$A para $B = 1/T$. Esto es, si $s_{01}(t_0) = 1.2$A se usa para obtener BER en la fórmula, ésta no sería válida para LPF RC, por lo que la ecuación (7-24a) que considera a $s_{01}(t_0) \approx A$ para $B \geq 2/T$, es correcta para casi todos los tipos de LPF prácticos que podrían usarse. Además, si $s_{01}(t_0)$ no es igual a $A$ para un filtro en particular, entonces simplemente reemplace $A$ en la ecuación (7-24a) mediante el valor muestra correcto para ese filtro y se obtendrá el resultado exacto (y no la aproximación, por ejemplo).

**E7-2** Trabaje nuevamente con el ejemplo SA7-1 para el caso de que el LPF sea un filtro RC con

$$H(f) = \frac{1}{1 + j\left(\dfrac{f}{B_{3\text{dB}}}\right)} \tag{7-148}$$

donde $B_{3\text{dB}} = 1/(2\pi\text{RC})$. Observe que usando la ecuación (6-104), el ancho de banda equivalente para el LPF RC es $B = (\pi/2)B_{3\text{dB}}$.

***Solución*** La solución MATLAB se presenta mediante la gráfica en las figuras 7-29. La figura 7-29a muestra el pulso rectangular no filtrado de amplitud $A = 1$ y ancho $T = 1$. Las figuras 7-29b, 7-29c y 7-29d muestran el pulso filtrado cuando el ancho de banda del muro LPF RC es $B = 1/T$, $B = 2/T$ o $B = 3/T$, respectivamente. $B$ será $= 1/T$, $s_{01}(t_0) = 1 = A$ solamente si el tiempo muestra, $t_0$, puede establecerse cerca del final del pulso, es decir, al punto donde el pulso filtrado es máximo. Esto requiere del uso de un sincronizador preciso de bit. Para $B \geq 2/T$ se ve que $s_{01}(t_0) = 1 = A$ y el tiempo muestra, $t_0$, no es muy crítico ya que el pulso filtrado es plano (con un valor de $A$) sobre una porción significante de intervalo de bit (pulso). También el ISI es insignificante cuando $B \geq 2/T$; es decir, la solución al problema 7-7d demuestra que la señal del peor caso para la razón ISI es cerca de 70 dB. En consecuencia, la ecuación (7-24a), que considera que $s_{01}(t_0) \approx A$ se podría aplicar para $B \geq 1/T$, si el tiempo de muestreo correcto se mantiene fijo.

**E7-3** Compare el rendimiento de un receptor digital que usa un LPF RC con el que usa un filtro acoplado (MF). Obsérvese la figura 7-4a. Sea la entrada al receptor una señal unipolar más ruido blanco gaussiano. Considere que la señal unipolar tiene una tasa de datos de $R = 9600$ bits/s y el valor pico de $A = 5$. El ruido tiene una PSD de $\mathcal{P}_n(f) = 3 \times 10^{-5}$.

**(a)** Si el filtro receptor es un LPF RC con un ancho de banda equivalente de $B = 2/T = 2R$, evalúe la SNR a la entrada del filtro RC donde el ancho de banda del ruido se toma como

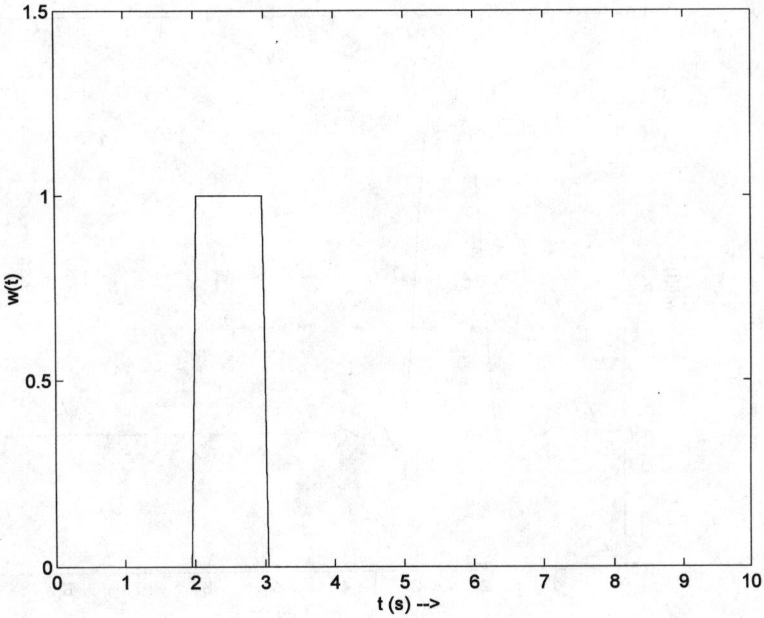


a) Pulso no filtrado con amplitud $A = 1$ y ancho de pulso $T = 1$

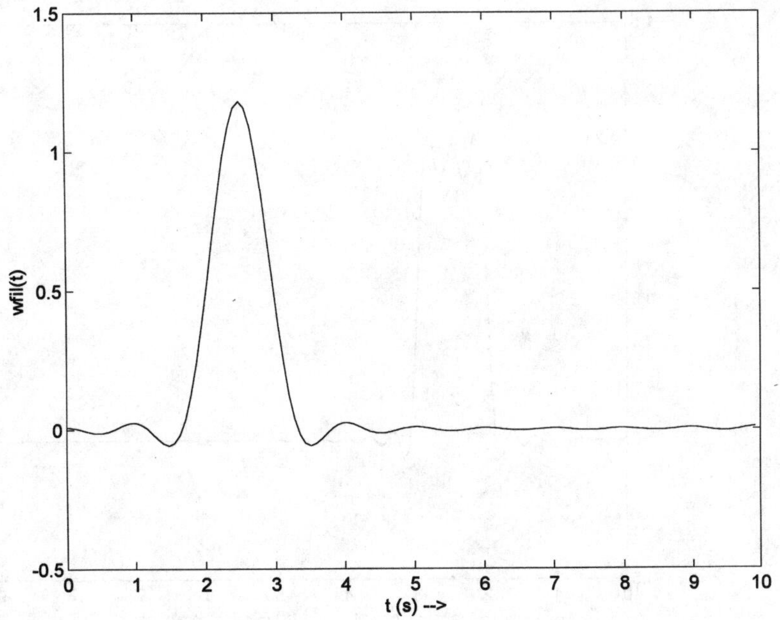


b) Pulso filtrado con ancho de banda equivalente $B = 1/T = 1$ Hz

**Figura 7-28** Solución para E7-1 mostrando el efecto del muro de ladrillo de filtración pasabajas.

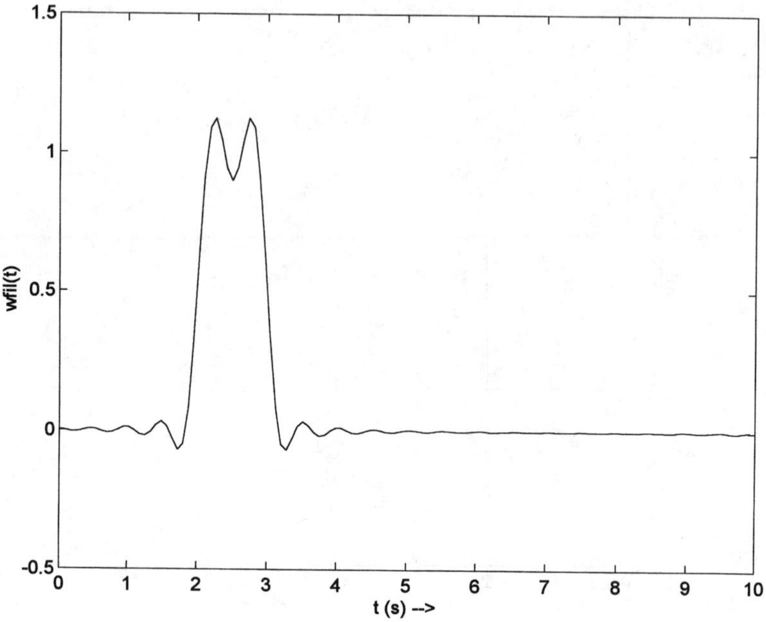


c) Pulso filtrado con ancho de banda equivalente $B = 2/T = 2$ Hz

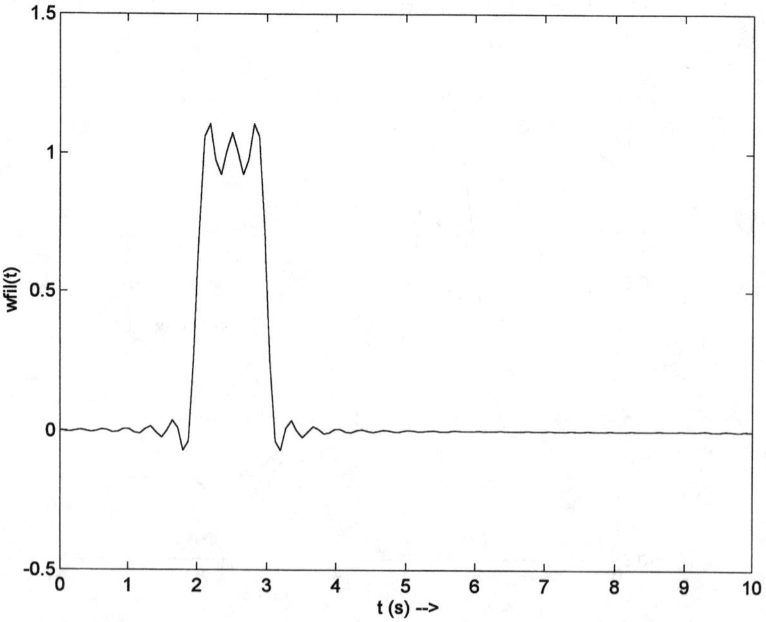


d) Pulso filtrado con ancho de banda equivalente $B = 3/T = 3$ Hz

**Figura 7-28** (*continuación*)

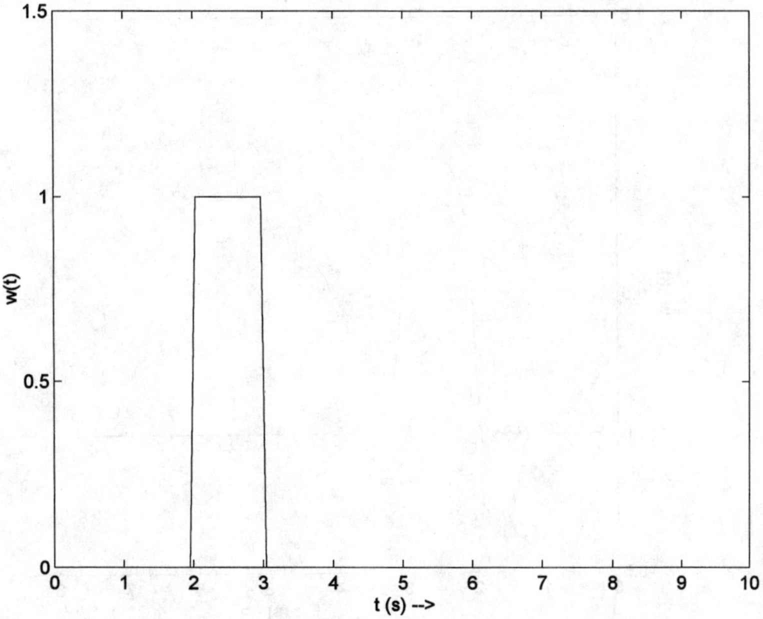


a) Pulso no filtrado con amplitud $A = 1$ y ancho de pulso $T = 1$

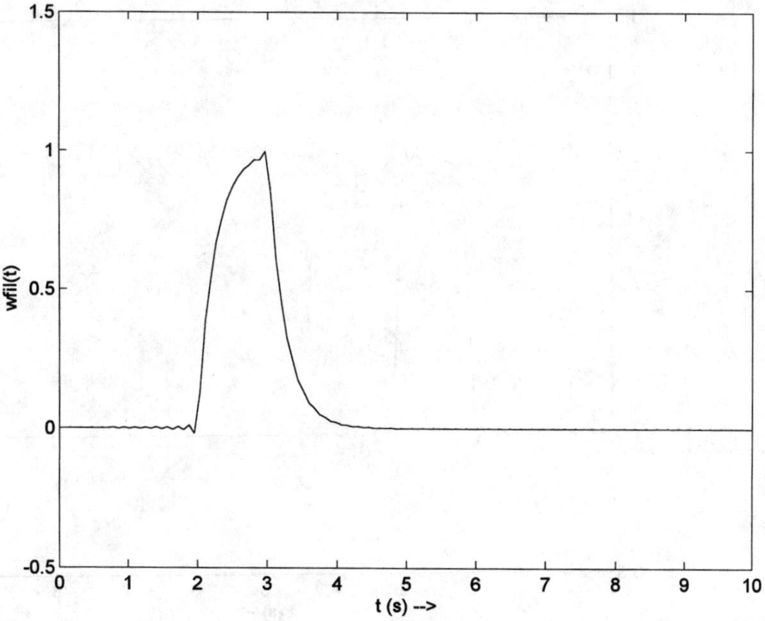


b) Pulso filtrado con ancho de banda equivalente $B = 1/T = 1$ Hz

**Figura 7-29** Solución para E7-2 que muestra los efectos del filtro pasabajas RC.

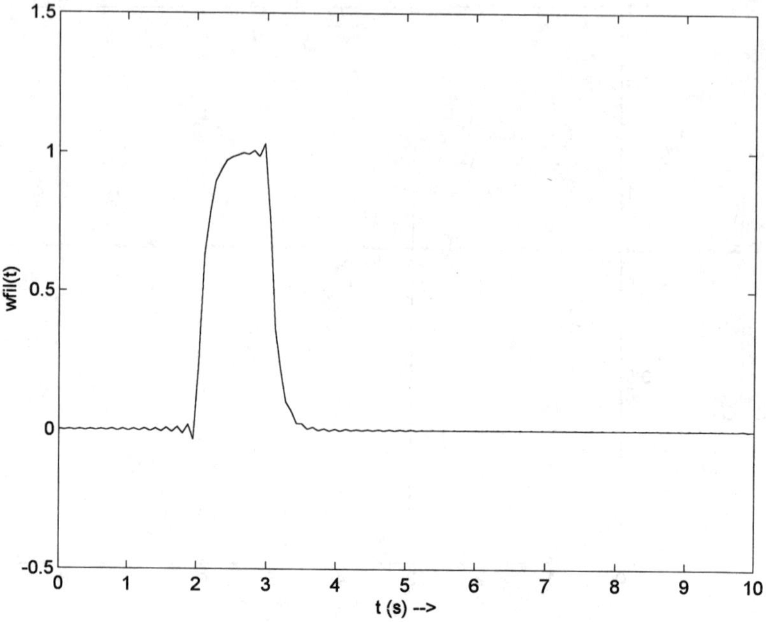


c) Pulso filtrado con ancho de banda equivalente $B = 2/T = 2$ Hz

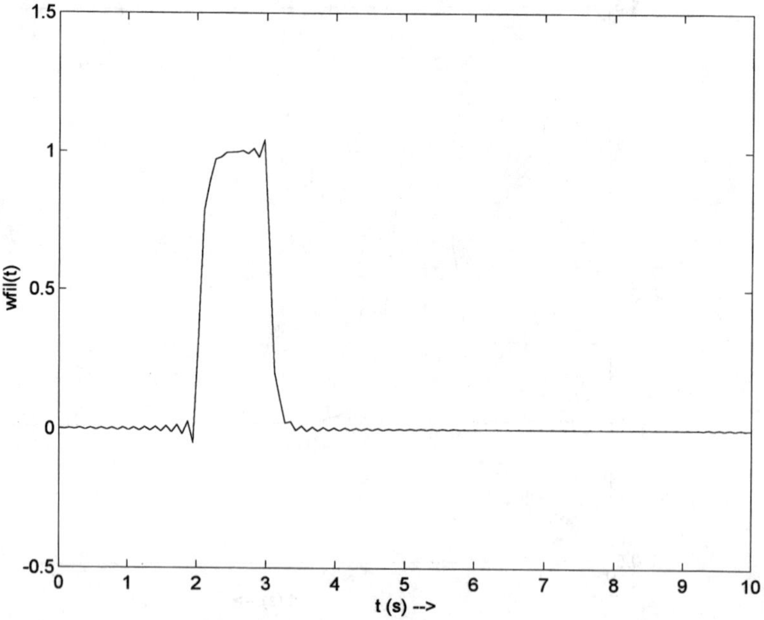


d) Pulso filtrado con ancho de banda equivalente $B = 3/T = 3$ Hz

**Figura 7-29** (*continuación*)

el ancho de banda equivalente del LPF RC. También evalúe la BER para los datos a la salida del receptor.

**(b)** Repita el inciso (a) para el caso de $B = 1/T = R$.

**(c)** Si el filtro receptor es un MF, analice la SNR a la entrada del MF, donde el ancho de banda del ruido es el ancho de banda equivalente del MF. También, analice la BER para los datos a la salida del receptor.

**(d)** Compare el rendimiento de la BER del receptor que usa el LPF RC con el rendimiento del receptor MF.

***Solución*** La energía promedio por bit para la señal a la entrada del receptor es $E_b = (A^2/2)T = A^2/(2\text{R})$. $\mathcal{P}_n(f) = N_0/2 = 3 \times 10^{-5}$, así que $N_0 = 6 \times 10^{-5}$. Por tanto,

$$\left(\frac{E_b}{N_0}\right)_{\text{dB}} = 10 \log\left(\frac{A^2}{2N_0R}\right) = 10 \log\left(\frac{(5)^2}{2(6 \times 10^{-5})\,(9600)}\right) = 13.4 \text{ dB} \tag{7-149}$$

**(a)** Para un receptor que usa un LPF RC con $B = 2/T = 2R$, la potencia de ruido en el ancho de banda de $B$ es $P_n = (N_0/2)(2B)$. La señal rms o el voltaje de ruido está relacionado con su potencia promedio mediante $V_{\text{rms}}^2 = \langle v^2(t)\rangle = P$. Por que la potencia de la señal de entrada promedio es $P_s = A^2/2$, y el voltaje de la señal rms a la entrada del receptor es

$$V_s = \sqrt{A^2/2} = A/\sqrt{2} = 5/\sqrt{2} = 3.54 \text{ V señal rms}$$

El voltaje del ruido rms (medido en un ancho de banda de $2R$) a la entrada del receptor es

$$V_n = \sqrt{\frac{N_0}{2}(2B)} = \sqrt{2N_0R} = \sqrt{2(6 \times 10^{-5})\,(9600)} = 1.07 \text{ V ruido rms}$$

Por tanto, la SNR a la entrada es

$$\left(\frac{\text{S}}{\text{N}}\right)_{\text{dB}} = 20 \log\left(\frac{V_s}{V_n}\right) = 20 \log\left(\frac{3.54}{1.04}\right) = 10.4 \text{ dB}$$

También la SNR puede examinarse al usar

$$\left(\frac{\text{S}}{\text{N}}\right)_{\text{dB}} = 10 \log\left(\frac{P_s}{P_n}\right) = 10 \log\left(\frac{A^2}{2N_0B}\right) \tag{7-150}$$

el cual, para $B = 2/T = 2R$, se transforma en

$$\left(\frac{\text{S}}{\text{N}}\right)_{\text{dB}} = 10 \log\left(\frac{A^2}{4N_0R}\right) = 10.4 \text{ dB}$$

El BER se obtiene mediante el uso de (7-24a) para el caso de una LPF RC, donde $s_{01}(t_0) \approx A$ y $B = 2/T = 2R$. Obtenemos

$$P_e = Q\left(\sqrt{\frac{A^2}{8N_0R}}\right) = Q\left(\sqrt{\frac{(5)^2}{8(6 \times 10^{-5})\,(9600)}}\right) = 9.9 \times 10^{-3}$$

**(b)** Para un receptor que usa un LPF RC con $B = 1/T = R$, el voltaje de ruido rms (medido en un ancho de banda de $R$) a la entrada del receptor es

$$V_n = \sqrt{\frac{N_0}{2}(2B)} = \sqrt{N_0 R} = \sqrt{(6 \times 10^{-5})(9600)} = 0.76 \text{ V ruido rms}$$

Por tanto, la SNR a la entrada es

$$\left(\frac{\text{S}}{\text{N}}\right)_{\text{dB}} = 20 \log\left(\frac{V_s}{V_n}\right) = 20 \log\left(\frac{3.54}{0.54}\right) = 13.4 \text{ dB}$$

También, usando la ecuación (7-150) con $B = R$, tenemos

$$\left(\frac{\text{S}}{\text{N}}\right)_{\text{dB}} = 10 \log\left(\frac{A^2}{2N_0 R}\right) = 13.4 \text{ dB}$$

El BER se obtiene a través del uso de la ecuación (7-24a) con $B = 1/T = R$. Obtenemos

$$P_e = Q\left(\sqrt{\frac{A^2}{4N_0 R}}\right) = Q\left(\sqrt{\frac{(5)^2}{4(6 \times 10^{-5})(9600)}}\right) = 4.9 \times 10^{-4}$$

**(c)** Para obtener la SNR para el receptor MF, necesitamos primero evaluar el ancho de banda equivalente del MF. Usando la ecuación (6-155), la función de transferencia para el MF que se acopla para el pulso rectangular $s(t) = 5\Pi(t/T)$ es

$$H(f) = K\frac{S^*(f)}{\mathcal{P}_n(f)}\, e^{-j\omega t_0} = CT\left(\frac{sen\ \pi Tf}{\pi Tf}\right) e^{-j\omega t_0}$$

donde $C = 5K/(N_0/2)$. Utilizando la ecuación (2-192), el ancho de banda equivalente de MF es

$$B = \frac{1}{|H(0)|^2}\int_{-\infty}^{\infty} |H(f)|^2\, df = \int_0^{\infty}\left(\frac{sen\ \pi Tf}{\pi Tf}\right)^2 df$$

Para evaluar esta integral, hacemos un cambio en la variable. Sea $x = \pi Tf$, así con la ayuda de la expresión (A-83), tenemos

$$B = \frac{1}{\pi T}\int_0^{\infty}\left(\frac{\text{sen}\ x}{x}\right) dx = \left(\frac{1}{\pi T}\right)\left(\frac{\pi}{2}\right) = \frac{1}{2T} = \frac{1}{2}\, R \tag{7-151}$$

Por tanto, el voltaje de ruido rms (medido en un ancho de banda de $B = R/2$) a la entrada del receptor es

$$V_n = \sqrt{\frac{N_0}{2}(2B)} = \sqrt{N_0 R/2} = \sqrt{(6 \times 10^{-5})(9600)/2} = 0.54 \text{ V ruido rms}$$

Como ya se obtuvo, el voltaje de la señal rms es $V_s = 3.54$ V. Entonces, la SNR a la entrada es

$$\left(\frac{\text{S}}{\text{N}}\right)_{\text{dB}} = 20 \log\left(\frac{V_s}{V_n}\right) = 20 \log\left(\frac{3.54}{0.54}\right) = 16.4 \text{ dB}$$

También, al usar la ecuación (7-150) con $B = R/2$ tenemos

$$\left(\frac{\text{S}}{\text{N}}\right)_{\text{dB}} = 10 \log\left(\frac{A^2}{N_0 R}\right) = 16.4 \text{ dB}$$

El BER se obtiene mediante el uso de la ecuación (7-24b).

$$P_e = Q\left(\sqrt{\frac{E_b}{N_0}}\right) = Q\left(\sqrt{\frac{A^2T}{2N_0}}\right) = Q\left(\sqrt{\frac{A^2}{2N_0R}}\right)$$

$$= Q\left(\sqrt{\frac{(5)^2}{2(6 \times 10^{-5})\,(9600)}}\right) = 1.6 \times 10^{-6}$$

Este resultado puede ser verificado usando la figura 7-14 para el caso de señales unipolares con $(E_b/N_0)_{\text{dB}} = 13.4$ dB.

**(d)** Como se discutió en la solución para el ejemplo SA7-2, si un LPF RC barato se utiliza con $B = 2R$, entonces un sincronizador de bit barato (con tiempos imprecisos de muestreo) es adecuado para usarlo en el receptor. Como se descubrió en (a), esto da una BER de $9.9 \times 10^{-3}$.

Si se desea un rendimiento mejor (por ejemplo, una BER baja), el ancho de banda del LPF puede reducirse a $B = R$, y se requeriría de sincronizador de bit preciso (más caro). Esto disminuye la BER a $4.9 \times 10^{-4}$, como se encontró en el inciso (b).

Para obtener un rendimiento todavía mayor, puede emplearse un MF (más caro que un LPF). Esto se implementa mediante el uso de un filtro de integración y descarga como se precisó en la figura 6-17. Este MF requiere de un sincronizador preciso de bit para proporcionar las señales de reloj que reestablecen el integrador y descargan el muestreador. Este receptor MF da el rendimiento óptimo (una BER más baja). En este caso, la BER se reduce a $1.6 \times 10^{-6}$ como se estudió en el inciso (c). Sin embargo, cabe hacer notar que en algunas aplicaciones, como sistemas de fibra óptica, el ruido es insignificante. En este caso el LPF simple del inciso (a) con $B = 2/T = 2R$ es correcto, ya que la BER se aproximaría a cero.

**E7-4** En sistemas de señalización FM los preénfasis de la modulación a la entrada del transmisor y de énfasis en la salida del receptor se usan para mejorar la salida de la SNR. Para énfasis de 75 $\mu$s, la frecuencia 3 dB del deénfasis del receptor LPF es $f_1 = 1/(2\pi 75\mu\text{s}) = 2.12$ kHz. El ancho de banda de audio es $B = 15$ kHz. Derive una fórmula para el mejoramiento en dB, $I_{\text{dB}}$, para la SNR de un sistema FM con preénfasis-deénfasis cuando se compara con la SNR para un sistema FM sin preénfasis-deénfasis. Calcule $I_{\text{dB}}$ para $f_1 = 2.12$ kHz y $B = 15$ kHz.

***Solución*** Refiérase a la ecuación (7-121) a través de la (7-127) para el desarrollo de la ecuación $(S/N)_{\text{salida}}$ para FM sin deénfasis y para la ecuación (7-135) a través de la (7-138) para el desarrollo de la ecuación $(S/N)_{\text{salida}}$ para FM con deénfasis. Entonces,

$$I = \frac{(S/N)_{\text{con deénfasisis}}}{(S/N)_{\text{sin deénfasis}}} = \frac{\left(\dfrac{\overline{s_0^2}}{\overline{n_0^2}}\right)_{\text{con deénfasis}}}{\left(\dfrac{\overline{s_0^2}}{\overline{n_0^2}}\right)_{\text{sin deénfasis}}} \tag{7-152}$$

En la sección 5-6 y en la figura 5-15, se vio que la inclusión de dos filtros —un filtro deénfasis en el receptor, $H_d(f)$, y un filtro preénfasis en el transmisor, $H_p(f)$— no tiene efecto sobre la respuesta de la frecuencia (y potencia) en la *señal* de salida de audio, $s_0(t)$, ya que $H_p(f)H_d(f) = 1$ sobre el ancho de banda del audio, $B$, donde $B < f_2$. Por tanto, $(\overline{s_0^2})_{\text{con deénfasis}} = (\overline{s_0^2})_{\text{sin deénfasis}}$ y (7-152) se reduce a

$$I = \frac{(\overline{n_0^2})_{\text{sin deénfasis}}}{(\overline{n_0^2})_{\text{con deénfasis}}} \tag{7-153}$$

El ruido de salida es diferente para el receptor con deénfasis (comparado con un receptor con deénfasis de salida) ya que el filtro deénfasis disminuye el ruido a una frecuencia mayor de audio. (El filtro transmisor preénfasis no tiene efecto sobre el ruido recibido.) Usando la ecuación (7-26) para $(\overline{n_0^2})_{\text{sin deénfasis}}$ y (7-136) para $(\overline{n_0^2})_{\text{con deénfasis}}$, (7-153) se transforma

$$I = \frac{\frac{2}{3}\left(\frac{K}{A_c}\right)^2 N_0 B^3}{2\left(\frac{K}{A_c}\right)^2 N_0 f_1^3\left[\frac{B}{f_1} - \tan^{-1}\left(\frac{B}{f_1}\right)\right]}$$

o

$$I = \frac{B^3}{3f_1^3\left[\frac{B}{f_1} - \tan^{-1}\left(\frac{B}{f_1}\right)\right]} \tag{7-154}$$

Ya que $I_{dB} = 10 \log(I)$, donde tenemos

$$I_{\text{dB}} = 30 \log\left(\frac{B}{f_1}\right) - 10 \log\left\{3\left[\frac{B}{f_1} - \tan^{-1}\left(\frac{B}{f_1}\right)\right]\right\} \tag{7-155}$$

Para $f_1 = 2.1$ kHz y $B = 15$ kHz, (7-155) da

$$I_{\text{dB}} = 13.2 \text{ dB}$$

Eso concuerda con el valor para $I_{\text{dB}}$ que se obtiene a partir de la figura 7-26.

## PROBLEMAS

**7-1** En un sistema de comunicación binaria la prueba estática del receptor, $r_0(t_0) = r_0$, consta de una señal polar más el ruido. La señal polar tiene valores $s_{01} = +A$ y $s_{02} = -A$. Suponga que el ruido tiene un distribución *laplaciana*, la cual es

$$f(n_0) = \frac{1}{\sqrt{2}\,\sigma_0} e^{-\sqrt{2}|n_0|/\sigma_0}$$

donde $\sigma_0$ es el valor rms del ruido.

**(a)** Encuentre la probabilidad de error $P_e$ como una función de $A/\sigma_0$ para el caso de señales iguales y $V_T$ con un valor óptimo.

**(b)** Grafique $P_e$ como una función de $A/\sigma_0$ decibeles. Compare este resultado con el obtenido por el ruido gaussiano mediante la ecuación (7-26a).

**7-2** Usando la ecuación (7-8), muestre que el nivel óptimo de umbral para el caso de una señal antipodal con ruido aditivo gaussiano es

$$V_T = \frac{\sigma_0^2}{2s_{01}} \ln\left[\frac{P(s_2 \text{ enviada})}{P(s_1 \text{ enviada})}\right]$$

Aquí el filtro receptor tiene una salida con una varianza de $\sigma_0^2$. $s_{01}$ es el valor de la señal 1 binario muestreado en la salida del filtro. $P(s_1$ enviada$)$ y $P(s_2$ enviada$)$ son las probabilidades de transmitir un 1 y un 0 binarios, respectivamente.

**7-3** Un sistema de comunicación de bandabase digital usa una señal polar de filtro acoplado en el receptor. La probabilidad de enviar un 1 binario es $p$ y la de enviar un cero binario es $1 - p$.

**(a)** Para $E_b/N_0 = 10$ dB, grafique $P_e$ como una función de $p$ usando una escala logarítmica.

**(b)** Con base en la ecuación (1-8), dibuje la entropía, $H$, como una función de $p$. Compare estas dos curvas.

**7-4** Un sistema de comunicación *completo* binario puede ser modelado como un *canal de información*, como se muestra en la figura P7-4. Encuentre las ecuaciones para las cuatro probabilidades de transición $P(\tilde{m}|m)$ donde $\tilde{m}$ y $m$ pueden ser 1 o 0 binarios. Considere que la prueba estadística es una función lineal de la entrada del receptor y que el ruido aditivo gaussiano aparece en la entrada del receptor. [*Sugerencia*: Véase la ecuación (7-15).]

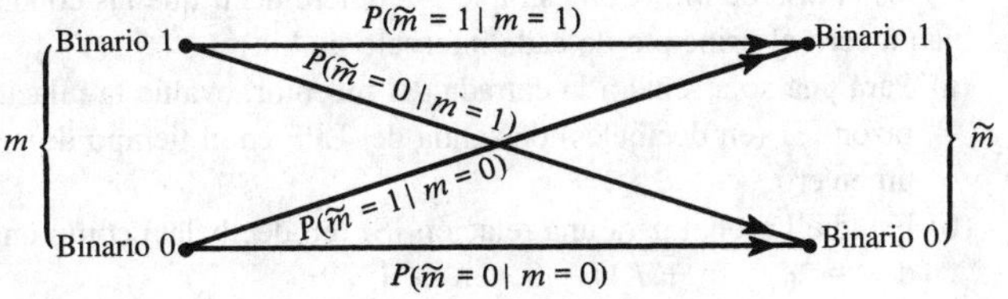


**Figura P7-4**

**7-5** Un sistema de comunicación digital usa una señal unipolar (forma de pulso rectangular) con detección de filtro acoplado. La tasa de datos es $R = 9600$ bits/s.

**(a)** Encuentre una expresión para la tasa de error de bit, $P_e$, como una función de $(S/N)_{\text{entrada}}$. $(S/N)_{\text{entrada}}$ es la relación de potencia de la señal ruido a la entrada del receptor, donde el ruido es medido en un ancho de banda correspondiente al ancho de banda equivalente del filtro acoplado. [*Sugerencia*: Primero encuentre una expresión de $E_b/N_0$ en términos de $(S/N)_{\text{entrada}}$.]

**(b)** Grafique $P_e$ *versus* $(S/N)_{\text{entrada}}$ en unidades dB sobre una escala logarítmica de un rango de $(S/N)_{\text{entrada}}$ de 0 a 15 dB.

**7-6** Utilice el problema 7-5 para el caso de una señal polar.

**7-7** Examine cuánto puede afectarse el rendimiento de un sistema de comunicación bandabase digital. La ecuación (7-26a) describe la BER cuando se usa un filtro de pasabajas y el ancho de banda de un filtro es lo suficientemente grande para que el nivel de la señal en la salida del filtro sea $s_{01} = +A$ o $s_{02} = -A$. En su lugar, considere que un filtro RC de pasabajas con un ancho de banda restringido se usa donde $T = 1/f_0 = 2\pi RC$. $T$ es la duración (ancho del pulso) de un bit y $f_0$ es el ancho de banda de 3 dB del filtro RC pasabajas como se describió por la ecuación (2-147). Considere que las condiciones iniciales del filtro cambian a cero al principio de cada intervalo de bit.

**(a)** Derive una expresión para $P_e$ como una función de $E_b/N_0$.

**(b)** Sobre una escala logarítmica, dibuje la BER obtenida en el inciso (a) para $E_b/N_0$ sobre un rango de 0 a 15 dB.

**(c)** Compare este resultado con el que se obtuvo para un receptor de filtro acoplado (como el mostrado en la figura 7-5).

**7-8** Considere un sistema de comunicación de bandabase digital que usa señalización polar (forma de pulso rectangular), cuyo receptor se muestra en la figura 7-4a. Asuma que el receptor utiliza un filtro Butterworth de segundo orden con un ancho de banda de $f_0$. La respuesta al impulso del filtro y la función de transferencia es

$$h(t) = \left[\sqrt{2}\omega_0 e^{-(\omega_0/\sqrt{2})t} \operatorname{sen}\left(\frac{\omega_0}{\sqrt{2}}\, t\right)\right] u(t)$$

$$H(f) = \frac{1}{(jf/f_0)^2 + \sqrt{2}(jf/f_0) + 1}$$

donde $\omega_0 = 2\pi f_0$. Suponga que $f_0 = 1/T$, donde $T$ es el intervalo de bit (por ejemplo, el ancho del pulso) y asuma que las condiciones iniciales del filtro cambian a cero al principio de cada intervalo de bit.

**(a)** Derive una expresión para $P_e$ como función de $E_b/N_0$.

**(b)** Sobre una escala logarítmica, grafique la BER obtenida en el inciso (a) para $E_b/N_0$ sobre un rango de 0 a 15 dB.

**(c)** Compare este resultado con el obtenido para el receptor de filtro acoplado (como se mostró en la figura 7-5).

**7-9** Considere un sistema de comunicación de bandabase unipolar con señales iguales. Dé por hecho que el receptor usa un LPF RC simple con una constante de tiempo de RC $= \tau$ donde $\tau = T$ y $1/T$ es la tasa de bit. (Con "simple" se quiere decir que las condiciones iniciales de LPF *no* cambian a cero al principio de cada intervalo de bit.)

**(a)** Para una sola señal a la entrada del receptor, evalúe la relación de señal de peor caso para la razón ISI (en decibeles) de salida del LPF en el tiempo de muestreo $t = t_0 = nT$, donde $n$ es un entero.

**(b)** Estudie la señal para una relación ISI (en decibeles) como una función del parámetro $K$, donde $t = t_0 = (n + K)T$ y $0 < K \leq 1$.

**(c)** ¿Cuál es el tiempo de muestreo óptimo que debe usarse con el fin de maximizar la relación de potencia de la señal a ISI de salida del LPF?

**(d)** Repita el inciso (a) para el caso en el que el ancho de banda equivalente del LPF *RC* es $2/T$.

**7-10** Considere un sistema de comunicación de bandabase polar con señalización igual y sin canal de ruido. Asuma que los receptores usan un LPF *RC* simple con una constante de tiempo de $\tau = RC$. (Con "simple" se quiere decir que las condiciones iniciales del LPF *no* son restablecidas a cero al principio de cada intervalo de bit.) Evalúe la relación de la señal en el peor caso a ISI (en decibles) a la salida del LPF en el tiempo de muestreo $t = t_0 = nT$, donde $n$ es un entero. Este resultado aproximado será valido para $T/\tau > \frac{1}{2}$. Grafique este resultado como una función de $T/\tau$ para $\frac{1}{2} \leq T/\tau \leq 5$.

**7-11** Considere el sistema bandabase unipolar descrito en el problema 7-9d. Suponga que el ruido blanco gaussiano está presente a la entrada del receptor.

**(a)** Derive una expresión de $P_e$ como una función de $E_b/N_0$ para el caso de muestreo en los tiempos $t = t_0 = nT$.

**(b)** Compare la BER obtenida en el inciso (a) con la BER característica que se consigue cuando un receptor de filtro acoplado es usado. Dibuje estas características BER como una función de $(E_b/N_0)_{\text{dB}}$ sobre un rango de 0 a 15 dB.

**7-12** Utilice el problema 7-11 para el caso de una señal de bandabase *polar*.

**7-13** Utilice el problema 7-9 para el caso de una señal de bandabase *polar*.

**7-14** Para una señal bandabase unipolar como la descrita mediante (7-23),

**(a)** Encuentre la respuesta a la frecuencia del filtro acoplado y muestre cómo la operación de filtrado puede implementarse al usar un filtro de integración y descarga.

**(b)** Demuestre que el ancho de banda equivalente del filtro acoplado es $B_{\text{eq}} = 1/(2T) = R/2$.

**7-15** La señalización polar igualmente probable se utiliza en un sistema de comunicación bandabase. El ruido gaussiano con PSD de $N_0/2$ W/Hz más una señal polar con un nivel pico de $A$ volts está presente a la entrada del receptor. El receptor usa un circuito de filtro acoplado que tiene una ganancia de voltaje de 1000.

**(a)** Encuentre la expresión $P_e$ como una función de $A$, $N_0$, $T$ y $V_T$, donde $R = 1/T$ es la tasa de bit y $V_T$ es el nivel de umbral.

**(b)** Haga una gráfica para $P_e$ como una función de $V_T$ para el caso de $A = 8 \times 10^{-3}$ V, $N_0/2 = 4 \times 10^{-9}$ W/Hz y $R = 1200$ bits/s.

**7-16** Considere un sistema de comunicación bandabase polar con una detección de filtro acoplado. Suponga que el canal de ruido es blanco y gaussiano con una PSD de $N_0/2$. La probabilidad de enviar un 1 binario es $P(1)$ y la de enviar un 0 binario es $P(0)$. Encuentre la expresión para $P_e$, como una función del nivel de umbral $V_T$ cuando el nivel de la señal de salida del filtro acoplado es $A$, y la varianza del ruido de salida del filtro acoplado es $\sigma^2 = N_0/(2T)$, donde $R = 1/\text{T}$ es la tasa de bit.

**7-17** Diseñe un receptor para detectar los datos sobre una señal bipolar RZ que tenga un valor pico de $A = 5$ volts. En su diseño, asuma que se usará un filtro pasabajas $RC$ y que la tasa de datos es 2400 bits/seg.

**(a)** Trace un diagrama a bloques en su diseño y explique cómo trabaja.

**(b)** Obtenga los valores para los parámetros de diseño $R$, $C$ y $V_T$.

**(c)** Calcule el nivel PSD para el ruido $N_0$ que está permitido si $P_e$ tiene que ser menor que $10^{-6}$.

**7-18** Se desea una BER de $10^{-5}$ o menor para un sistema de comunicación OOK donde la tasa de bit es $R = 2400$ bits/s. La entrada al receptor consiste en la señal OOK más el ruido blanco gaussiano.

**(a)** Encuentre el ancho de banda mínimo de transmisión que se requiere.

**(b)** Encuentre el $E_b/N_0$ que se solicita en la entrada del receptor para una detección coherente de filtro acoplado.

**(c)** Utilice nuevamente el inciso (b) para el caso de una detección no coherente.

**7-19** Utilice nuevamente el problema 7-18 para el caso cuando una señal FSK se usa donde $2\Delta F = f_2 - f_1 = 1.5R$.

**7-20** En este capítulo la BER para un receptor BPSK fue derivada con el supuesto de que el receptor de referencia coherente (véase la figura 7-7) estuvo exactamente en fase con la señal recibida BPSK. Suponga que hay un error de fase de $\theta_c$ entre la señal de referencia y la señal de entrada BPSK. Obtenga nuevas ecuaciones que den $P_e$ en términos de $\theta_c$ como también de otros parámetros. En particular:

**(a)** Obtenga una nueva ecuación que reemplace a la (7-36).

**(b)** Obtenga una nueva ecuación que reemplace a la (7-38).

**(c)** Grafique los resultados del inciso (b) donde la gráfica logarítmica de $P_e$ se da como una función de $\theta_c$ sobre un rango de $-\pi < \theta_c < \pi$ para el caso cuando $E_b/N_0 = 10$ dB.

**7-21** Los datos digitales se transmiten sobre un sistema de comunicación que utiliza 9 repetidoras más un receptor. Se usa la señalización BPSK. La $P_e$ para cada uno de los repetidores regenerativos (véase sección 3-5) es $5 \times 10^{-8}$. Considere el ruido aditivo gaussiano.

**(a)** Encuentre la $P_e$ total del sistema.

**(b)** Si cada repetidora es reemplazada por un amplificador ideal (sin ruido o distorsión), ¿cuál es la $P_e$ de todo el sistema?

**7-22** Los datos digitales se transmiten sobre un sistema telefónico público. Los repetidores regenerativos están repartidos 50 millas a lo largo del sistema. La longitud total del sistema es 600 millas. Las líneas telefónicas entre los sitios de los repetidores son ecualizados sobre una banda de 300 a 2700 Hz y proporcionan un $E_b/N_0$ (ruido gaussiano) de 15 dB a la repetidora de entrada.

**(a)** Encuentre la tasa de bit más grande que puede ser acomodada sin ISI.

**(b)** Encuentre la $P_e$ total para el sistema (esté seguro de incluir el receptor al final del sistema).

**7-23** Una señal BPSK se da por

$$s(t) = A\,\text{sen}[\omega_c t + \theta_c + (\pm 1)\beta_p], \qquad 0 < t \leq T$$

El dato binario está representado por $(\pm 1)$, donde $(+1)$ se utilizó para transmitir un 1 binario y $(-1)$ para transmitir un 0 binario. $\beta_p$ es el índice de modulación de fase como se definió mediante la ecuación (5-47).

**(a)** Para $\beta_p = \pi/2$ demuestre que esta señal BPSK se transforma en la señal BPSK como se describió mediante la ecuación (7-34).

**(b)** Para $0 < \beta_p < \pi/2$ demuestre que el término de portadora discreta está presente además de la señal BPSK como se describió por la ecuación (7-34).

**7-24** En referencia a la señal BPSK como se describió en el problema 7-23, encuentre $P_e$ como una función del índice de modulación $\beta_p$, donde $0 < \beta_p \leq \pi/2$.

**(a)** Encuentre $P_e$ como una función de $A$, $\beta_p$, $N_0$ y $B$ para el receptor que usa un filtro de ancho de banda angosta.

**(b)** Encuentre $P_e$ como una función de $E_b$, $N_0$ y $\beta_p$ para el receptor que usa un filtro acoplado ($E_b$ es la energía de la señal BPSK promedio que se recibe durante un bit).

**7-25** En referencia a la señal BPSK descrita en el problema 7-23, permita que $0 < \beta_p < \pi/2$.

**(a)** Realice un diagrama a bloques para la detección de la señal BPSK donde un PLL es utilizado para recupera la señal de referencia coherente desde la señal BPSK.

**(b)** Explique por qué la información codificada Manchester es a menudo utilizada cuando el receptor usa un PLL, para recuperación de la portadora, como en el inciso (a). [*Sugerencia*: Observe el espectro de la codificación Manchester de la señal PSK.]

**7-26** Para obtener la $P_e$ de una señal FSK con recepción coherente, fue necesaria la energía en la señal diferencial $E_d$, como se demostró en la ecuación (7-46). Para la señalización *ortogonal* FSK la integral de producto cruzado fue cero. Suponga que se escogen $f_1, f_2$ y $T$ para que así $E_d$ sea maximizada.

**(a)** Encuentre la relación como una función de $f_1, f_2$ y $T$ para la maximización de $E_d$.

**(b)** Encuentre la $P_e$ como una función de $E_b$ y $N_0$ para señalización con FSK.

**(c)** Trace la $P_e$ para este tipo de señal FSK y compárela con la de $P_e$ para la señal ortogonal FSK que se obtiene mediante la ecuación (7-47).

**7-27** Una señal FSK con $R = 110$ bits/s se transmite sobre un canal de RF que tiene un ruido gaussiano. El receptor usa un detector no coherente y tiene un número de ruido de 6 dB. La impedancia de entrada de la antena del receptor es de 50 Ω. El nivel de la señal a la entrada del receptor es 0.05 $\mu$V y el nivel ruido es $N_0 = kT_0$, donde $T_0 = 290$ K y $k$ es la constante de Boltzmann (véase la sección 8-6). Encuentre la $P_e$ para la señal digital a la salida del receptor.

**7-28** Utilice el problema 7-27 para el caso de una señal DPSK.

**7-29** Un análisis del ruido asociado con los dos canales de un receptor FSK precede a la ecuación (7-44). Se ha enunciado que $n_1(t)$ y $n_2(t)$ son independientes ya que provienen del proceso de ruido gaussiano blanco común y ya que $n_1(t)$ y $n_2(t)$ no tienen un espectro superpuesto. Pruebe que este enunciado es correcto. [*Sugerencia:* $n_1(t)$ y $n_2(t)$ puede modelarse como las salidas de dos filtros lineales que no poseen funciones de transferencia superpuestas y que tienen el mismo proceso de ruido blanco, $n(t)$, en sus entradas.]

**7-30** En la mayoría de las aplicaciones, los sistemas de comunicación se diseñan para que tengan un BER de $10^{-5}$ o menos. Encuentre los decibeles $E_b/N_0$ mínimos requeridos para lograr una tasa de error de $10^{-5}$ para los siguientes tipos de señalización

**(a)** Bandabase polar.

**(b)** OOK.

**(c)** BPSK.

**(d)** FSK.

**(e)** DPSK.

**7-31** Los datos digitales se van a transmitir sobre un canal de línea telefónica. Suponga que esta línea está ecualizada sobre una banda de 300 a 2700 Hz y que la razón (en potencia) de señal a ruido gaussiano a la salida (final de recepción) es 25 dB.

**(a)** De todas las técnicas de señalización digital estudiadas en este capítulo, escoja una que proporcione la mayor tasa de bit para $P_e$ de $10^{-5}$. ¿Cuál es la tasa de bit $R$ para el sistema?

**(b)** Compare este resultado con el de la tasa de bit $R$ posible cuando se usa un esquema de señalización digital ideal, como el dado por el de la capacidad del canal de Shannon enunciado por la ecuación (1-10).

**7-32** Una señal de bandabase analógica tiene una PDF uniforme y un ancho de banda de 3500 Hz. Esta señal se muestrea a una razón de 8 kmuestras/s, cuantizada uniformemente y codificada dentro de una señal PCM teniendo palabras de 8 bits. Esta señal PCM se transmite con un sistema de comunicación que contiene un canal de ruido gaussiano blanco. La razón de señal a ruido a la entrada del receptor es de 8 dB.

**(a)** Encuentre la $P_e$ para la señal recuperada PCM.

**(b)** Encuentre la relación de la señal pico/ruido promedio (decibeles) a la salida del sistema PCM.

**7-33** Una señal de espectro expandido (difuso) (SS) a menudo se utiliza para combatir interferencia de banda estrecha y para seguridad de comunicación. La señal SS con secuencia directa de difusión (expansión) es (véase la sección 5-12)

$$s(t) = A_c c(t) m(t) \cos(\omega_c t + \theta_c)$$

donde $\theta_c$ es la fase de la portadora de inicio, $m(t)$ es la modulación de la bandabase de dato binario y $c(t)$ es una forma de onda de la bandabase de expansión que por lo regular consiste en un código seudorruido (PN). El código PN es una secuencia binaria que es de $N$ bits de largo. Los "bits" son llamados *chips* debido a que no contienen datos y a que muchos chips se transmiten durante el tiempo que tarda transmitir 1 bit de dato [en $m(t)$]. El mismo código de palabra de $N$ bit se repite una y otra vez, pero $N$ es un número muy grande, así que la secuencia del chip en $c(t)$ aparece como un ruido digital. La secuencia PN pudiera ser generada usando un registro de desplazamiento sincronizado de $r$ etapas con retroalimentación así que $N = 2^r - 1$. La autocorrelación de una secuencia larga es aproximadamente

$$R_c(\tau) = \Lambda\left(\frac{\tau}{T_c}\right)$$

donde $T_c$ es la duración de un chip (el tiempo que toma enviar un chip de código PN). $T_c \gg T_b$, donde $T_b$ es la duración de un bit de dato.

**(a)** Encuentre la PSD para la señal SS $s(t)$. [*Sugerencia:* Suponga que el $m(t)$, $c(t)$ y $\theta_c$ son independientes. Además, observe que la PSD de $m(t)$ puede aproximarse por una función delta ya que el ancho espectral de $m(t)$ es muy pequeño cuando se compara con la forma de onda de expansión de la $c(t)$.]

**(b)** Dibuje un diagrama a bloques para un receptor óptimo coherente. Observe que $c(t)m(t)$ es el primero en ser detectado en forma coherente y entonces la información, $m(t)$, se recupera usando un procesador de correlación.

**(c)** Encuentre la expresión para $P_e$.

**7-34** Examine el rendimiento de un sistema de comunicación AM donde el receptor utiliza un detector de producto. Para el caso de una señal modulante de forma senoidal, grafique la relación de $[(S/N)_{salida}/(S/N)_{entrada}]$ como una función de modulación porcentual.

**7-35** Un transmisor de AM se modula 40% por medio de una onda senoidal de tono de prueba de audio. Esta señal de AM se transmite sobre un canal de ruido aditivo blanco gaussiano. Analice el rendimiento del ruido de este sistema y determine por cuántos decibeles es inferior este sistema al DSB-SC.

**7-36** Un receptor de tipo de fase para señales SSB se presenta en la figura P7-36. (Éste fue el tema del problema 5-18.)

**(a)** Demuestre si este receptor es o no es un sistema lineal.

**(b)** Derive la ecuación para la relación señal a ruido (SNR) de salida de este receptor cuando la entrada es una señal SSB más un ruido blanco con una PSD de $N_0/2$.

**7-37** En relación con la figura P7-36, suponga que el receptor consiste solamente en una porción superior del número, así que el punto C es la salida. Sea la entrada una señal SSB más un ruido blanco con una PSD de $N_0/2$. Encuentre $(S/N)_{salida}$.

**7-38** Considere el receptor mostrado en la figura P7-38. Sea la entrada una señal DSB-SC más ruido blanco con una PSD de $N_0/2$. El valor medio de la modulación es cero.

**(a)** Para un $A_0$ grande, demuestre que este receptor actúa como un detector de producto.

**(b)** Encuentre la ecuación para $(S/N)_{salida}$ como una función de $A_c$, $\overline{m^2}$, $N_0$, $A_0$ y $B_T$ cuando $A_0$ es muy grande.

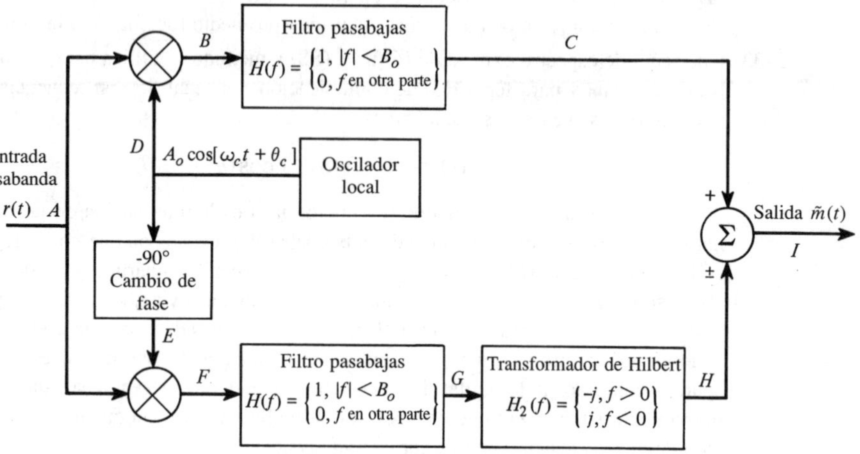


**Figura P7-36**

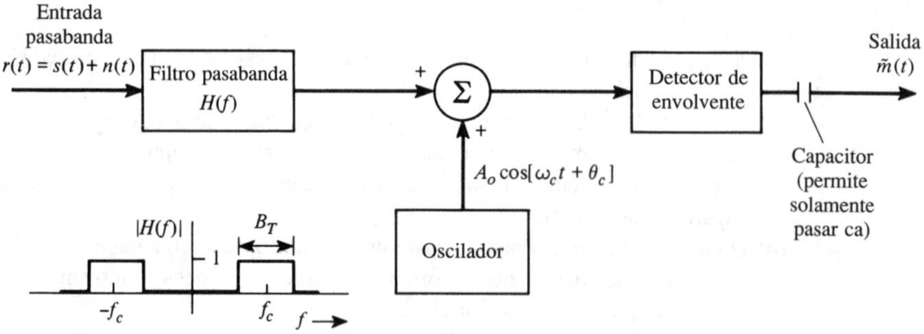


**Figura P7-38**

**7-39** Compare el rendimiento de los sistemas AM, DSB-SC y SSB cuando la señal modulante $m(t)$ sea un proceso aleatorio gaussiano. Asuma que la modulación gaussiana tiene un valor medio cero y el valor pico de $V_p = 1$ donde $V_p \approx 4\sigma_m$. Compare el rendimiento del ruido de estos tres sistemas al graficar $(S/N)_{salida}/(S/N)_{bandabase}$ para

**(a)** El sistema AM.

**(b)** El sistema DSB-SC.

**(c)** El sistema SSB.

**7-40** Si los sistemas de modulación lineal van a ser comparados sobre una base de igual potencia *pico* (por ejemplo si todos tienen iguales valores de señal pico), demuestre que

**(a)** SSB tiene un $(S/N)_{salida}$ que es 3 dB mejor que DSB.

**(b)** SSB tiene un $(S/N)_{salida}$ que es 9 dB mejor que AM.

[*Sugerencia:* Véase el problema 5-8.]

**7-41** Usando la gráfica (7-132), grafique la SNR salida del umbral característico de un discriminador para los parámetros de un sistema de TV FM aural. ($\Delta F = 25$ kHz y $B = 15$ kHz). Compare el $(S/N)_{\text{salida}}$ *versus* $(S/N)_{\text{bandabase}}$ para este sistema con aquéllos mostrados en la figura 7-24.

**7-42** Un receptor de FM tiene un ancho de banda de IF de 25 kHz y un ancho de banda en bandabase de 5 kHz. El número de ruido del receptor es de 12 dB y utiliza una red deénfasis de 75 $\mu$s. Una señal de FM más un ruido blanco está presente a la entrada del receptor, donde la PSD del ruido es $N_0/2 = kT/2$. $T = 290$ K (véase sección 8-6). Encuentre el mínimo nivel de la señal de entrada (en dBm) que proporcione una SNR de 35 dB a la salida cuando la modulación de prueba de onda senoidal es utilizada.

**7-43** En referencia a la tabla 5-4, los sistemas de radio FM móvil de dos vías usan los parámetros $\beta_f = 1$ y $B = 5$ kHz.

**(a)** Encuentre $(S/N)_{\text{salida}}$ para el caso sin deénfasis.

**(b)** Encuentre $(S/N)_{\text{salida}}$ si se utiliza deénfasis con $f_1 = 2.1$ kHz. Es de notarse que $B$ no es mucho más grande que $f_1$ en esta aplicación.

**(c)** Trace la gráfica el $(S/N)_{\text{salida}}$ contra el $(S/N)_{\text{bandabase}}$ para este sistema y compárelos con el resultado de la transmisión FM como se muestra en la figura 7-26.

**7-44** Compare el rendimiento de dos sistemas FM que usen características de deénfasis diferentes. Asuma que $\beta_f = 5$, $\overline{(m/V_p)^2} = \frac{1}{2}$, $B = 15$ kHz, y un canal de ruido blanco gaussiano es utilizado. Encuentre y grafique $(S/N)_{\text{salida}}/(S/N)_{\text{bandabase}}$ para:

**(a)** 25 $\mu$s deénfasis.

**(b)** 75 $\mu$s deénfasis.

**7-45** Una señal bandabase $m(t)$ que tiene una distribución gaussiana (amplitud) de frecuencia que modula un transmisor. Suponga que la modulación tiene un valor medio de cero y un valor pico de $V_p = 4\sigma_m$. La señal de FM se transmite sobre un canal de ruido gaussiano blanco aditivo. Deje que $\beta_f = 3$ y $B = 15$ kHz. Encuentre y dibuje la característica $(S/N)_{\text{salida}}/(S/N)_{\text{bandabase}}$ cuando:

**(a)** No se usa deénfasis.

**(b)** Se usa deénfasis de 75 $\mu$s.

**7-46** En la transmisión de FM, se utiliza un filtro de preénfasis a la entrada de audio del transmisor y un filtro deénfasis en la salida del receptor para mejorar la SNR de la salida. Para énfasis de 75 $\mu$s, el ancho de banda de 3 dB del LPF deénfasis del receptor es $f_1 = 2.1$ kHz. El ancho de banda del audio es $B = 15$ kHz. Defina el factor de mejora, $I$, como una función de $B/f_1$, como

$$I = \frac{(S/N)_{\text{salida}} \text{ para sistema con preénfasis-deénfasis}}{(S/N)_{\text{salida}} \text{ para sistema sin preénfasis-deénfasis}}$$

Para $B = 15$ kHz, grafique el mejoramiento del decibel que se ha notado como función del parámetro de diseño $f_1$ donde 50 Hz $< f_1 <$ 15 kHz.

**7-47** En transmisión de FM, se utiliza preénfasis y, sin embargo, $\Delta F = 75$ kHz se define como modulación 100%. Examine la incompatibilidad de estos dos estándares. Por ejemplo, suponga que la amplitud de 1 kHz de tono de prueba de audio se ajusta para producir 100% de modulación (por ejemplo: $\Delta F = 75$ kHz).

**(a)** Si la frecuencia se cambia a 15 kHz, encuentre $\Delta F$ que podrá obtenerse ($f_1 = 2.1$ kHz). ¿Cuál es el porcentaje de modulación?

**(b)** Explique por qué este fenómeno no causa mucha dificultad cuando el material de un típico programa de audio (modulación) se transmite.

**7-48** La transmisión estéreo de FM fue tema de la sección 5-6. En el transmisor, el canal izquierdo de audio, $m_L(t)$, y el canal derecho de audio, $m_R(t)$, cada uno son preenfatizados por una red de $f_1 =$ 2.1 kHz. Estas señales de audio preenfatizadas se convierten en una señal modulante de bandabase compuesta $m_b(t)$, como se muestra en la figura 5-17. En el receptor, el detector de salida de FM de la señal de bandabase compuesta ha sido distorsionada por el ruido. (Suponga que el ruido viene de un canal de ruido gaussiano blanco.) Esta señal bandabase compuesta y distorsionada es demulticanalizada dentro de señales de audio de canal izquierdo y derecho, $\tilde{m}_L(t)$ y $\tilde{m}_R(t)$, cada uno habiéndose deenfatizado por un filtro de 2.1 kHz. El ruido sobre estas salidas se incrementa desde el ruido en la salida del detector de FM que ocurre en bandas de 0 a 15 kHz y 23 a 53 kHz. La frecuencia de la subportadora es de 38 kHz. Suponiendo que la SNR de entrada del receptor de FM es muy grande, demuestre que el sistema de FM estéreo es 22.2 dB más ruidoso que el sistema monoaural correspondiente.

**7-49** Una señal de FDM, $m_b(t)$, consiste de cinco canales amplios de 4 kHz denotados por C1, C2,..., C5, como se precisa en la figura P7-49. La señal de FDM fue obtenida al modular cinco señales de audio (cada una con un ancho de banda de 4 kHz) sobre portadoras USSB (banda lateral simple superior). Esta señal FDM, $m_b(t)$, modula un transmisor DSB-SC. La señal DSB-SC se transmite sobre un canal de ruido gaussiano aditivo blanco. En el receptor la potencia promedio de la señal DSB-SC es $P_s$ y el ruido tiene una PSD de $N_0/2$.

**(a)** Dibuje un diagrama a bloques para un sistema de recepción con cinco salidas, una por cada canal de audio.

**(b)** Calcule la SNR de salida para cada uno de los cinco canales de audio.

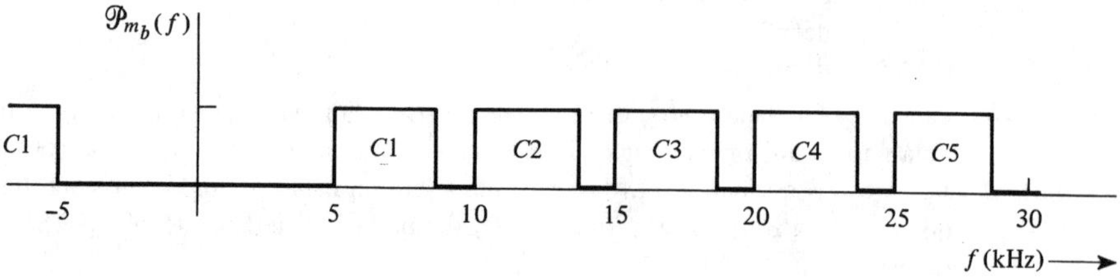


**Figura P7-49**

**7-50** Utilice el problema 7-49 nuevamente cuando la señal FDM es una frecuencia modulada sobre la portadora principal. Considere que la desviación rms de la portadora se denota como $\Delta F_{rms}$ y que los cinco canales de audio son independientes. No se utiliza deénfasis.

**7-51** Observe la figura 7-27 y

**(a)** Verifique que la curva PCM sea correcta.

**(b)** Encuentre la ecuación para la curva PCM para el caso de la señalización QPSK sobre el canal.

**(c)** Compare el rendimiento del sistema PCM/QPSK con aquél para el PCM/BPSK y para el caso ideal al trazar la característica $(S/N)_{salida}$.

# CAPÍTULO 8

# CASOS DE ESTUDIO SOBRE SISTEMAS DE COMUNICACIÓN

El objetivo de este capítulo es examinar el diseño de algunos sistemas reales de comunicación. Éstos están basados en los principios de comunicación que hemos desarrollado en los capítulos anteriores. También veremos cómo los diseños modernos están influidos por los estándares de la industria y cómo algunos sistemas avanzados son evolución de aquéllos históricos. Éste debe ser un capítulo "divertido".

Se presentan casos de estudio sobre sistemas telefónicos alámbricos, sistemas satelitales, análisis de sistemas de presupuesto de enlace, sistemas de fibra óptica, de telefonía celular y de televisión. El análisis de presupuesto de enlace tiene que ver con el diseño de un sistema que reúna una especificación de rendimiento requerido como una función del intercambio en la potencia transmitida, ganancia de la antena y la figura de ruido de los sistemas receptores. Esta especificación de rendimiento es la máxima probabilidad de error permitida para los sistemas digitales y el mínimo permitido de SNR a la salida en sistemas analógicos.

## 8-1 SISTEMAS DE TELECOMUNICACIÓN

Los sistemas de telecomunicación están diseñados para transmitir voz, datos o información visual desde una distancia determinada. (El prefijo *tele* es derivado de la palabra griega que significa distancia). Los sistemas modernos de telecomunicación han evolucionado a partir de los telegráficos y telefónicos del siglo XIX. Las compañías de telecomunicaciones que proporcionan los servicios a una cantidad de usuarios de sus *redes telefónicas públicas conmutadas* (PSTN, por sus siglas en inglés: *public switched telephone networks*) sobre una base de contratación de renta son conocidas como *portadoras comunes*. El término es aplicado a diversos campos como correo, líneas aéreas, camiones, teléfono y servicios de datos. Las portadoras comunes en general son reguladas por el gobierno para el bienestar general del público y, en algunos países, ciertos servicios de transportadores comunes son proporcionados también por el gobierno. La información para usuarios múltiples se transmite en estos sistemas principalmente a través de la utilización de TDM y multicanalización por división de frecuencia (FDM).

## Multicanalización por división de tiempo

En el capítulo 3 se estudiaron las técnicas TDM. Se estudiaron ejemplos de técnicas TDM de portadoras comunes usando señalización digital de los tipos DS-0, DS-1, DS-2, DS-3, DS-4 y DS-5. Para una revisión de estas técnicas, se remite al lector a la sección 3-9, específicamente a las figuras 3-39 y 3-40, así como a las tablas 3-8 y 3-9, mismas que proporcionan los estándares TDM que se desarrollan por las portadoras comunes. Para la transmisión pasabanda, como los relevadores de radio microondas, la fibra óptica o los sistemas satelitales, las señales bandabase TDM se modulan de forma digital sobre portadoras de RF usando las técnicas OOK, QPSK, MPSK o QAM que se estudiaron en las secciones 5-9 y 5-10. Los sistemas de fibra óptica con OOK se describen en la sección 8-7.

Las técnicas TDM por lo general son preferidas a las técnicas de FDM ya que la transmisión de datos libre de error e información de voz es fácil.

## Multicanalización por división de frecuencia

Las técnicas de FDM se analizaron y estudiaron en el capítulo 5 (figura 5-16), seguidas por una discusión sobre la técnica de FDM utilizada en la transmisión FM estéreo, donde las señales de audio izquierda y derecha son multicanalizadas en una portadora de frecuencia de radio. En el servicio de renta telefónica, las señales de voz se transmiten sobre canales de alta capacidad usando ya sea TDM o FDM. La técnica de FDM ha sido usada desde tiempos remotos; ahora la TDM se ha vuelto dominante y FDM se está volviendo obsoleta.

La técnica telefónica FDM se aprecia en la jerarquía FDM de la Compañía Estadounidense de Telefonía y Telegrafía (AT&T), que se muestra en la figura 8-1, en la que se multicanalizan 12 señales telefónicas analógicas (de 0 a 4 kHz de frecuencia de voz) por división de frecuencia para formar una señal de *grupo*. Cinco de estas señales forman una señal de *supergrupo*, que contiene la información de 60 señales telefónicas de frecuencia de voz (FV). El ancho de banda de la señal de grupo es 48 kHz y cualquier señal de este tipo (digital o analógica) con el espectro centrado en el pasabanda del grupo puede reemplazar, cuando sea necesario, una entrada de grupo en la jerarquía de FDM. De igual forma, una señal de supergrupo se puede reemplazar con cualquier señal de ancho de banda de 240 kHz. Diez señales de supergrupo son multicanalizadas por división de frecuencia a una forma de señal *master* de grupo, la cual contiene 600 señales FV. En la figura 8-1 las frecuencias de la portadora se generan por el grupo master de AT&T tipo U600 [Laboratorios Telefónicos Bell (Bell Telephone Laboratories), 1970]. Seis señales de grupo master pueden multicanalizarse por división de frecuencia a una forma de grupo jumbo que contenga la información de 3600 señales FV.

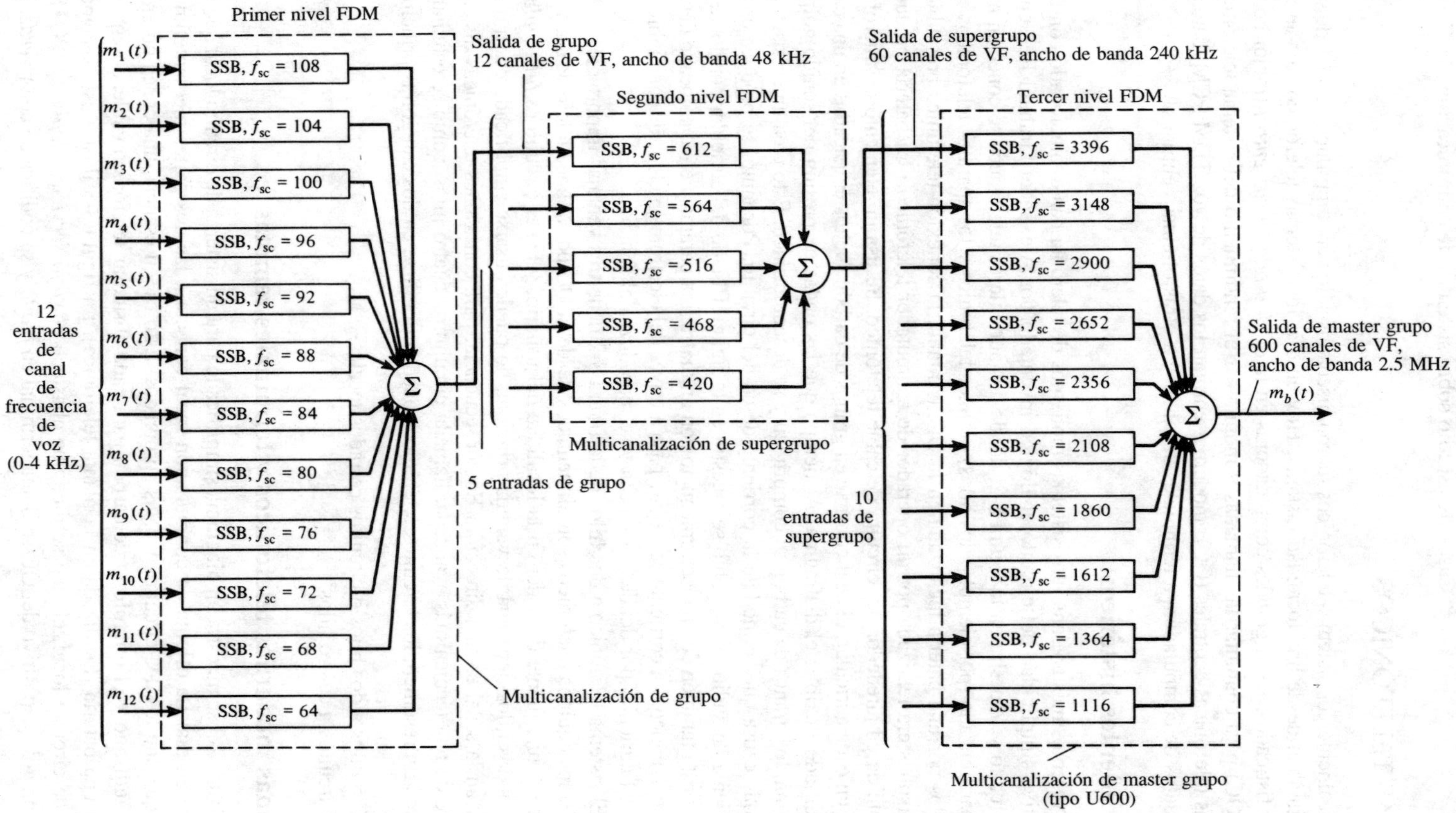


**Figura 8-1** Jerarquía FDM AT&T ($f_{sc}$ dado en kilohertz).

## 8-2 SISTEMAS TELEFÓNICOS

Históricamente, los sistemas telefónicos fueron diseñados sólo para reproducir señales de voz que se originaban desde una localidad distante. Hoy en día, los sistemas telefónicos modernos son muy sofisticados. Usan grandes computadoras en la *oficina telefónica central* (mejor conocidas como OC) para conmutar las llamadas y monitorear el rendimiento del sistema telefónico. Las oficinas telefónicas centrales (OC) modernas enrutan los datos de voz TDM PCM, datos de video y datos de computadora a terminales distantes y a otras oficinas centrales.

### Antecedentes históricos

Como veremos más adelante, los sistemas modernos de telefonía han evolucionado con base en la relativa simplicidad del circuito analógico inventado por Alexander Graham Bell en 1876. Este circuito se muestra en la figura 8-2, donde dos auriculares telefónicos se conectan mediante un par trenzado (por ejemplo, dos hilos) de línea telefónica y los aparatos telefónicos son alimentados por una batería localizada en la OC. (Antaño, la conexión telefónica por cable entre dos personas era realizada por un operador de conmutador telefónico.) La batería produce una corriente de cd alrededor del circuito de cable telefónico. Se usa un elemento de micrófono de carbón en cada auricular, el cual consiste en granos de carbón sueltos empacados en una caja que tiene un lado flexible: el diafragma. Al tiempo que las ondas de presión del sonido golpean el diafragma, los granos de carbón se comprimen y se descomprimen. Esto crea una resistencia variable que causa que se module la corriente de cd del circuito. Por tanto, se produce una señal de corriente de audio de ca, como se muestra en la figura. El lado del auricular por donde se escucha consta también de un electromagneto con un diafragma paramagnético colocado dentro del campo magnético. La corriente de ca que pasa a través del electromagneto causa que vibre el diagrama del auricular por donde se escucha y se reproduzca el sonido.

El sistema telefónico a dos hilos de la figura 8-2 tiene tres ventajas importantes: (1) no es caro; (2) los equipos telefónicos son alimentados desde la OC por la línea telefónica, así que no se requiere una fuente de poder en la localidad del usuario; y (3) el circuito es *full-duplex*.† El sistema a dos hilos tiene una desventaja principal: no pueden usarse amplificadores ya que sólo amplifican la señal en una dirección. En consecuencia, para conexiones telefónicas distantes se requiere de una técnica más avanzada, llamada circuito de cuatro hilos, como se estudiará más adelante. En resumen, los circuitos telefónicos pueden dividirse en dos categorías principales:

- Circuitos a dos hilos o circuitos cerrados locales.
- Circuitos a cuatro hilos.

### Sistemas modernos telefónicos y terminales remotas

En la figura 8-3 se muestra un diagrama simplificado para un sistema de circuito local que se utiliza hoy en día. La oficina de conmutación local conecta a las dos partes mediante un cable sólido que une los dos circuitos locales apropiados. Esto es, en esencia, una conexión en serie, con el audífono y el micrófono de carbón para cada auricular telefónico cableado en una serie con una batería (localizada en la planta telefónica). La figura 8-3 ilustra este sistema analógico de circuito local, el cual se dice que abastece *el viejo servicio telefónico* (POTS). El cable con voltaje positivo del OC se llama terminal en *punta* y se codifica en color *verde*. El ca-

† Con circuitos de *full-duplex* cada persona puede hablar y escuchar simultáneamente a la otra.

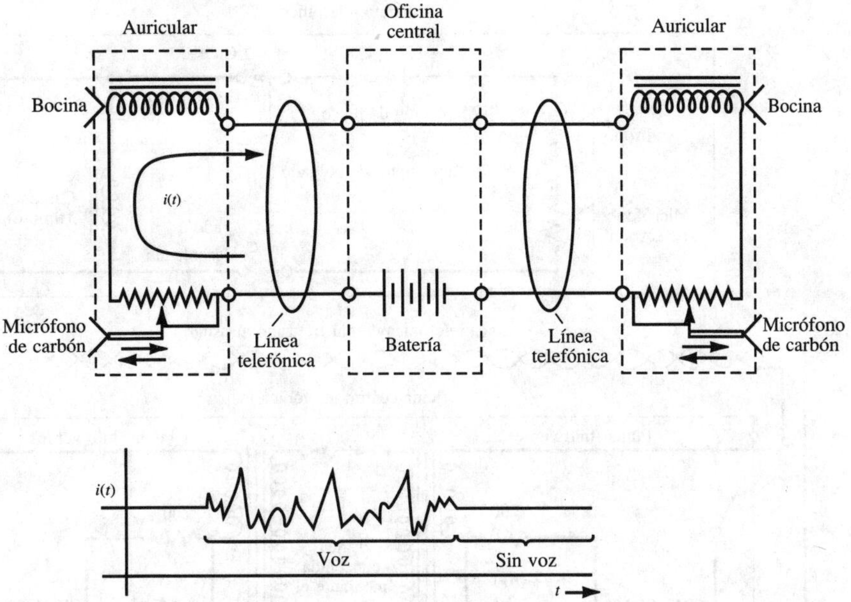


**Figura 8-2** Sistema telefónico histórico.

ble con voltaje negativo se llama *anillo* y se codifica en color *rojo*. Los términos *punta* y *anillo* provienen de la época en la que el conector de un conmutador se utilizaba en el OC y estas terminales se conectaban a un conector con punta y anillo. Este *jack** es similar a los conectores de audífonos de estéreo que tienen una punta, un anillo y contactos sujetadores. La terminal de tierra aterrizada se conectaba al contacto sujetador.

A continuación se describe la secuencia de eventos que ocurren cuando se realiza una llamada telefónica local con la ayuda de la figura 8-3 y la tabla 8-1. La parte que realiza la llamada —el equipo telefónico superior de la figura 8-3— levanta el auricular del teléfono; esta acción cierra el contacto del interruptor de colgado (descolgar) de manera que la corriente de cd fluya a través de la línea telefónica de quien hace la llamada. La corriente, cerca de 40 mA, se detecta en la OC y provoca que la OC proporcione tono de marcado (aproximadamente 400 Hz) sobre la línea del que realiza la llamada. Quien llama marca el número usando ya sea la marcación por pulsos o por tonos. Si se utiliza una marcación por pulsos, la corriente de cd de la línea se interrumpe por el número de veces iguales al dígito marcado (a una velocidad de 10 pulsos/s). Por ejemplo, hay cinco interrupciones de la corriente en la línea cuando se marca el número 5. Hasta que se reciba la secuencia completa del número al que se realiza la llamada, la OC da lugar al generador de campaneo (90 V rms, 20 Hz, prendido 2 s, apagado 4 s) en la línea correspondiente al número marcado. Esto hace sonar el teléfono. Cuando se contesta la llamada, la corriente de cd fluye en esa línea para señalar a la OC que desconecte el generador del campaneo y conecte a las dos partes a través del interruptor del circuito de OC. La corriente directa fluye en las líneas de ambas partes, y existe una conexión entre éstas mediante el transformador de

* *Jack* es una expresión muy frecuente en comunicaciones y se refiere a un conector con punta conectado a un dispositivo con entrada hueca circular. (Nota del revisor técnico.)

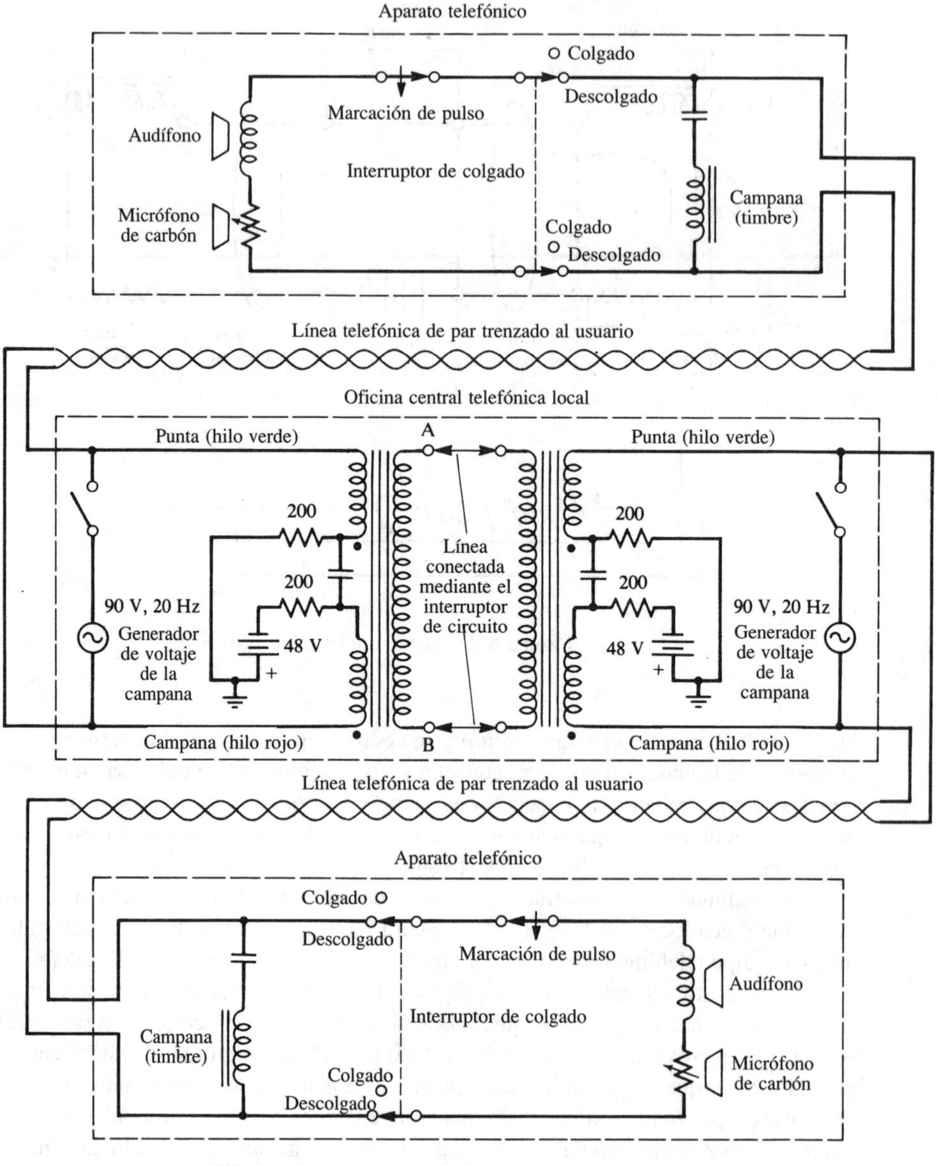


**Figura 8-3** Sistema telefónico local (simplificado).

acoplamiento,† como se muestra en la figura 8-3. Cuando habla cualquiera de las personas, las vibraciones del sonido causan que la resistencia en el micrófono de carbón cambie la sincronización con las vibraciones, así que la cd de la línea continua se modula (varía). Esto provoca la señal de audio de ca que está acoplada al audífono del teléfono de la otra parte. Obsérvese que ambas partes podían hablarse y escucharse simultáneamente. Ésta es una operación full-duplex.

En la mayoría de los aparatos telefónicos modernos, el micrófono de carbón se cambia por un dieléctrico sólido o un micrófono de elemento dinámico y un amplificador de IC (circuito

† En términos telefónicos, los transformadores se conocen como "bobinas repetidoras".

**TABLA 8-1** ESTÁNDARES TELEFÓNICOS PARA EL CIRCUITO DEL USUARIO

| Concepto | Estándar |
|---|---|
| Colgado (estado ocioso) | Línea de circuito abierto, resistencia de cd mínima 30 kΩ |
| Colgado (estado ocupado) | Línea de circuito cerrado, resistencia de cd máxima 200 Ω |
| Voltaje de batería | 48 V |
| Corriente de operación | 20–80 mA, 40 mA típico |
| Resistencia del circuito del usuario | 0–1300 Ω, 3600 Ω (máx) |
| Pérdida de circuito | 8 dB (Típico), 17 dB (máx) |
| Voltaje de la campana | 90 V rms, 20 Hz (típico) (por lo regular pulsado encendido 2 s, apagado 4 s) |
| Número equivalente de campanas (REN)[a] | 0.2 REN (mínimo), 5.0 REN (máximo) |
| Marcación de pulso | Circuito abierto momentáneo |
| Tasa de marcación | 10 pulsos/s ±10% |
| Ciclo de trabajo | 58–64% rompimiento (abierto) |
| Tiempo entre dígitos | 600 ms mínimo |
| Código de pulso | 1 pulso = 1, 2 pulsos = 2, . . ., 10 pulsos = 0 |
| Marcación de tonos[b] | Utiliza dos tonos, un tono de frecuencia baja y de frecuencia alta, para especificar cada dígito: |

| | Tono alto (Hz) | | |
|---|---|---|---|
| **Tono bajo** | **1209** | **1336** | **1477** |
| 697 Hz | 1 | 2 | 3 |
| 770 | 4 | 5 | 6 |
| 852 | 7 | 8 | 9 |
| 941 | * | 0 | # |

| Concepto | Estándar |
|---|---|
| Nivel de cada tono | −6 a −4 dBm |
| Máxima diferencia en los niveles | 4 dB |
| Nivel máximo (par) | +2 dBm |
| Frecuencia de tolerancia | ±1.5% |
| Ancho del pulso | 50 ms |
| Tiempo entre dígitos | 45 ms mínimo |
| Tono de marcación | 350 más 440 Hz |
| Señal de ocupado | 480 más 620 Hz, con 60 interrupciones por minuto |
| Señal de tono de llamado | 440 más 480 Hz, 2 s encendido, 4 s apagado |
| ID (identificador) del que llama[c] | 1.2–kbit/s señal FSK entre el primero y el segundo timbrazos (Bell 202 estándar módem; véase la tabla C-8)[d] |

[a] Indica la impedancia de carga causada por el timbre del teléfono. Un REN de 1.0 cerca 8 kΩ, 0.2 REN es 40 kΩ, y 5.0 REN es 1.6 kΩ.

[b] El tono es una marca registrada de AT&T. También se conoce como señalización *de frecuencia múltiple* de *tono dual* (DTMF).

[c] También se proponen otros servicios [Schwartz, 1993].

[d] [Lancaster, 1991].

integrado) asociado que se alimenta por el voltaje de una batería desde la OC, pero el principio de operación es el mismo que se describió anteriormente.

El sistema telefónico de la figura 8-3 funciona mientras que la resistencia del circuito de par trenzado sea 1300 Ω o menos. Esto limita la distancia a la que puede colocarse el teléfono de este tipo de OC cerca de 15 000 pies para un cable de 26-gauge, 24 000 pies para 24-gauge y 38 000 pies o cerca de 7 millas si se utiliza un par de 22-gauge de cable de par trenzado. Algunas veces un cable de 19-gauge se utiliza en áreas rurales, así que los teléfonos podrían colocarse hasta a 20 millas de la OC.

Abastecer un cable de par trenzado desde cada usuario hasta la OC es muy caro. En lugares donde existe gran concentración de suscriptores a cierta distancia de la OC, los costos pueden reducirse considerablemente mediante el uso de *terminales remotas* (TR) (véase la figura 8-4). Las terminales remotas también permiten colocar los teléfonos a cualquier distancia de la OC, como lo describiremos más adelante.

El circuito para una TR típica se ilustra en la figura 8-5. La TR abastece al voltaje de batería y al timbre continuo del teléfono. El *circuito de dos hilos* que transporta las señales duplex VF para y desde el usuario se convierte en un *circuito de cuatro hilos* que transporta señales de transmisión y recepción en dos vías de una trayectoria mediante el uso de un circuito *híbrido*. El híbrido es un circuito de transformador balanceado (o su circuito equivalente electrónico) que proporciona el aislamiento para la transmisión y recepción de señales, así que la autooscilación no ocurrirá si la señal amplificada transmitida se alimenta de nuevo a través la línea receptora. Como se muestra en la figura, la transmisión de la señal se convierte en una señal DS-0 PCM, la cual se multicanaliza por división de tiempo con las señales PCM con otros usuarios unidos a la TR. La señal TDM se envía sobre una troncal DS-1 hacia el OC. De igual manera, la señal DS-1 recibida de la OC es demulticanalizada y decodificada para obtener el audio VF recibido para el usuario. En un sistema de TR popular fabricado por AT&T llamado SLC-96, 96 VF las

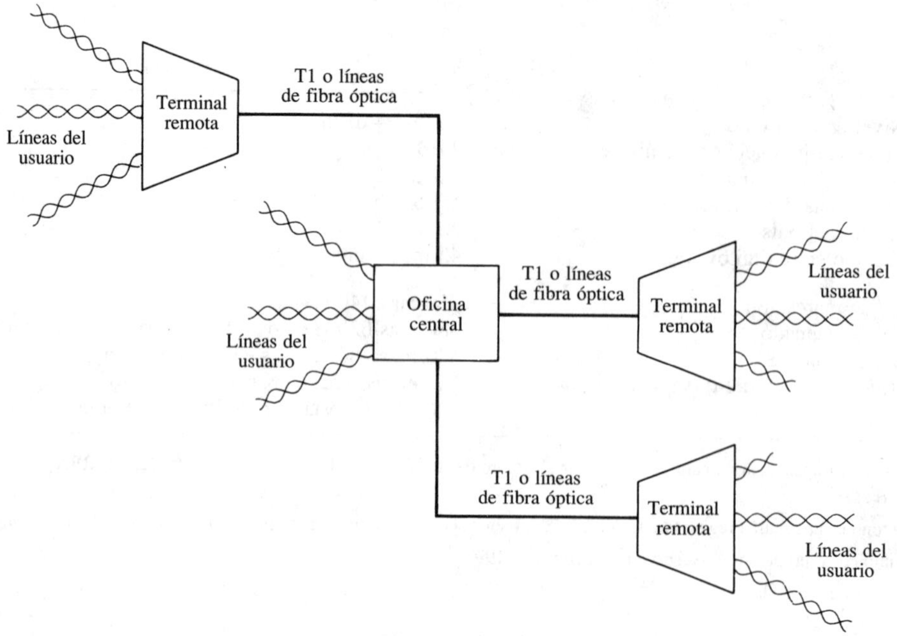


**Figura 8-4** Sistema telefónico con terminales remotas.

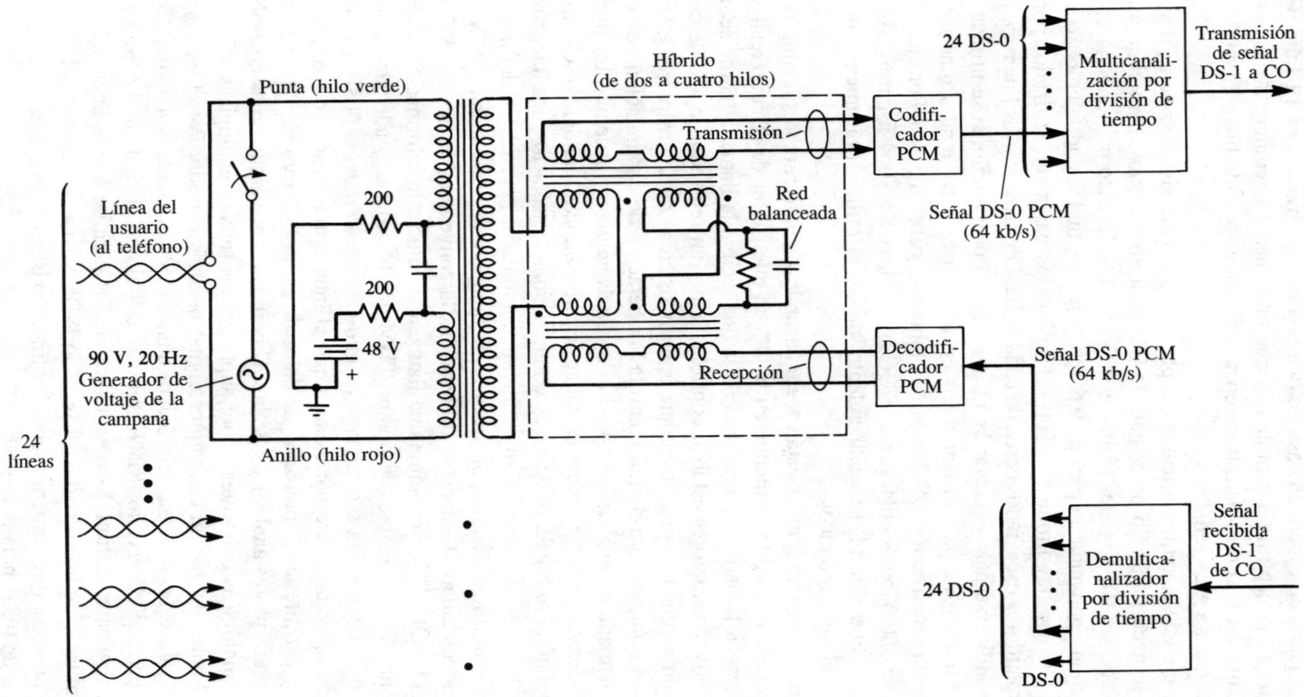


**Figura 8-5** Terminal remota (TR).

líneas de los usuarios son digitalizadas y multicanalizadas dentro de cuatro líneas T1 y una línea adicional T1 queda en espera en caso de que una de las otras líneas T1 falle [Chapman, 1984]. Recuerde que en el capítulo 3 estudiamos que una línea T1 requiere dos pares trenzados (uno para la transmisión y el otro para la recepción de datos) y cada línea T1 (1.544 Mbits/s) transporta el equivalente a 24 señales VF.

Comparemos los requerimientos del par trenzado para sistemas con TR y sin TR. Si no se utiliza TR, se necesitarán 96 pares para la OC para 96 usuarios, pero si se utiliza un SLC-96 RT, sólo se necesitarán 10 pares (5 líneas T1) para la OC. Esto proporciona un ahorro de pares (también llamado ganancia de par) de 9.6 a 1. Además, la TR podría colocarse a cualquier distancia de la OC (no hay límite de 1300 Ω) ya que los pares son utilizados por la señalización DS-1 con repetidores espaciados cerca de cada milla. Obviamente, las líneas de fibra óptica también pueden utilizarse para conectar la TR a la OC. Por ejemplo, si se utilizan dos fibras ópticas de 560 Mbit/s (una para enviar datos en cada dirección), tendrá una capacidad de 8064 canales VF para señalización DS-5 (véase la tabla 3-8 y figura 3-40). Por tanto, una TR con una fibra óptica de 560 Mbits/s enlazada a la OC podría servir a 8064 usuarios. Además, en la sección 8-7 vemos que si la TR se localiza dentro de las 35 millas (típicamente) de la OC, se necesitan los repetidores no ópticos.

Las compañías telefónicas están reemplazando sus interruptores analógicos en la OC con interruptores digitales. Anteriormente, en la OC un interruptor de circuito analógico era utilizado para conectar a la parte que llamaba con la que recibía la llamada (como se muestra en la figura 8-3). Estos interruptores estaban controlados por un relevador lógico de cable sólido. Hoy en día, las compañías telefónicas modernas usan sistemas de interruptores electrónicos (ESS). Con éstos, una computadora digital controla la operación de conmutación que está dirigida por un software llamado *control del programa de almacenamiento*. Además, los últimos interruptores ESS usan *interruptores digitales* en lugar de *interruptores analógicos*. Como ejemplos están los AT&T del número 5 ESS (sistema de conmutación electrónica) y los interruptores DMS-100 de Northern Telecom. En una OC digitalmente conmutada, la señal VF del usuario se convierte en una PCM y multicanalizada por división de tiempo con otras señales PCM sobre una línea digital de alta velocidad. (Cuando se utilizan TR, la conversión de la señal VF a PCM se realiza en el TR.) La OC digital conmuta una llamada al colocar la información PCM sobre la parte que llama dentro de una ranura de tiempo TDM que ha sido asignada para la parte destinataria (llamada). Esto se denomina *interconmutación de ranura de tiempo* (TSI). El interruptor digital es menos caro sobre una base por usuario que el interruptor analógico (para una gran cantidad de usuarios) y permite la conmutación de datos de audio PCM y video digitalizado. Sin embargo, algunos interruptores analógicos de la OC permanecen, ya que no es costeable desechar las instalaciones analógicas existentes y, por supuesto, las señales analógicas VF deben convertirse a TDM PCM antes de que un interruptor digital pueda ser usado. Por el otro lado, existe el incentivo de actualizar los sistemas telefónicos analógicos a conmutación digital con terminales remotas y que permite el servicio ISDN, como se estudió en el capítulo 3 y se describió con mas detalle en la siguiente sección. Esto es, el uso de TR permite que la línea del usuario sea corta (cerca de 1 milla). Con líneas cortas, el servicio ISDN y, si es necesario, el DS-1 (1.544-Mbits/s) puede proporcionarse directamente sobre las líneas existentes de par trenzado que están ya colocadas en lugar de residencia del usuario.

Para llamadas de larga distancia, la OC local conmuta la llamada a líneas troncales que conectan de la OC local a una OC distante. Las líneas troncales usualmente transportan ya sea señales TDM o FDM, siendo TDM la técnica preferida. Si la OC local utiliza interruptores analógicos, el circuito de dos hilos debe convertirse en un circuito de cuatro hilos (utilizando un híbrido como se describió en la figura 8-5), ya que los repetidores unidireccionales son utilizados sobre líneas troncales de larga distancia. Si la OC local utiliza un interruptor digital, actúa más como una TR con respecto a la OC distante y las dos OC se conectan por líneas troncales digitales TDM de alta velocidad. Curiosamente, las líneas de larga distancia son menos del 5% del total del costo de la red telefónica; la mayor parte del costo está en el equipo de conmutación.

En resumen, el usuario de un teléfono analógico está conectado a una OC o a una TR a través de una línea suscriptora de par trenzado. La OC o la TR como un terminador de este circuito suscriptor proporciona las siguientes funciones para POTS:

1. Termina la línea con una carga ca de 900 Ω (balanceada con respecto a tierra).
2. Proporciona corriente de circuito de cd desde su batería a través de resistores balanceados de 200 Ω (para un punto de excitación total de impedancia de cd de 400 Ω).
3. Monitorea la corriente del circuito para determinar las condiciones de colgado y descolgado.
4. Recibe información de marcado desde el usuario vía marcación de tonos o pulsos.
5. Aplica el voltaje del timbre y la señal de llamada en progreso (por ejemplo, tono de marcar, señal de ocupado, tono de llamado, etcétera).
6. Convierte una línea de dos hilos en una de cuatro hilos (trayectorias de transmisión y recepción) para usarse mediante OC digitales y TR o en llamadas de larga distancia. Una conversión de dos a cuatro hilos normalmente no requiere de OC analógicos que conmutan llamadas locales.
7. Proporciona conversión analógica a digital (por ejemplo, PCM) y digital a analógica para sistemas digitales.
8. Prueba la línea del suscriptor y la terminación de la línea (por ejemplo, las cargas telefónicas conectadas al otro extremo de la línea).
9. Proporciona aislamiento de protección del equipo OC/TR de potenciales de línea indeseables como rayos o conexión cruzada a alguna fuente de energía de ca.

Detalles prácticos adicionales pueden encontrarse en una obra de Reeve [Reeve, 1995].

## 8-3 RED DIGITAL DE SERVICIOS INTEGRADOS

Como ya se indicó, la industria telefónica está evolucionando de una red analógica a una red digital. En la actualidad, la tendencia es proporcionar una OC digital y una red digital de salida para la TR; la "última milla" desde la TT al susuario por lo regular es usualmente analógica. Un nuevo método llamado *red digital de servicios integrados* (ISDN) convierte la "última milla" de la línea analógica del subscriptor (ASL) en una *línea suscriptora digital* (DSL), así que los datos digitales pueden entregarse directamente en las instalaciones del usuario. El usuario de ISDN puede demulticanalizar los datos para proporcionar a cualquiera o a todas las siguientes aplicaciones simultáneamente: (1) decodificar datos para producir señales VF para auriculares telefónicos, (2) decodificar datos para pantalla de video o (3) procesar datos para telemetría y/o aplicaciones de PC.

Como se indicó en el capítulo 3, existen dos categorías de ISDN: (1) *ISDN de banda angosta* o *"tasa básica"*, denotada por N-ISDN, y (2) *ISDN de banda ancha* o *"tasa primaria"* mediante B-ISDN. B-ISDN está en proceso de desarrollo; en consecuencia, existen muchos protocolos propuestos y tasas de datos. Una propuesta tiene una tasa de datos agregada de 1.536 Mbits/s (aproximadamente la misma tasa que para las líneas T1) consistente de 23 canales B (64 kbits/s cada uno) y un canal D (64 kbits/s). Los canales B llevan al usuario (o portador) datos que podrían ser PCM para video o audio codificado. El canal D se utiliza para señalizar el establecimiento de las llamadas, desconectar las llamadas y/o enrutar datos para los canales 23 B.

Ya que los estándares B-ISDN no están totalmente desarrollados, se estudiarán brevemente. Es claro que las líneas de cobre de par trenzado deben usarse (en la actualidad) para proporcionar B-ISDN para la "última milla" al usuario ya que por cuestiones financieras no es posible reemplazar todas las líneas de cobre ya instaladas (cerca de $100 mil millones en inversión de instalaciones de línea de cobre en Estados Unidos) con fibra. Claro, la fibra podrá ser la solución económica para las nuevas instalaciones. Además, ya que las líneas de cobre de 24 gauge tienen una atenuación de cerca 35 dB/milla a 1MHz, la "última milla" de longitud de línea de cobre desde la TR al usuario tendrá que ser limitada a una milla o dos, suponiendo que no se utilizan repetidores. Como se discutió en la sección 3-9, las líneas de cobre de par trenzado con repetidores espaciados cada milla pueden soportar una tasa de datos de 1.5 Mbits/s (la línea T1, la cual tienen un código de línea bipolar), o 6.4 Mbits/s de tasa de datos(línea TIG, la cual tiene un código de línea cuaternario). Las líneas de fibra óptica (o coaxial) se requerirán para tasas de datos del orden de los 10 Mbits/s o mayores. Para mayor lectura sobre el desarrollo de la tecnología B-ISDN, se remite al lector [Hsing, Chen, Bellisio, 1993; Lin, Chen, Hsing, 1995; Saltzberg et al., 1991].

La implementación estándar de la N-ISDN se muestra en la figura 8-6. El usuario N-ISDN está conectado al de TR de la compañía telefónica por un par trenzado de dos hilos (no cargado) de línea telefónica. Esto permite la existencia de pares de cobre para ser utilizados ya sea por POTS o N-ISDN simplemente mediante la conexión de los extremos a los pares para el equipo de terminación apropiado. Para un servicio N-ISDN la línea no debe ser mayor que 18 kft (3.4 millas) para los 160 kbits/s tasa de datos agregada N-ISDN. (Si el usuario se localiza dentro de los 18 kft de la OC, no es necesaria una TR.) La tasa de datos disponible para el suscriptor N-ISDN es de 144 kbits/s, que consta de información partida en dos canales B de 64 kbits/s cada uno y un canal D de 16 kbits/s. Además, a la información 2B + D, la compañía telefónica agrega 12 kbits/s por trama/sincronización más 4 kbits/s por el funcionamiento para apoyar las operaciones de la red. Esto da una tasa de datos de 160 kbits/s sobre el DSL en ambas direcciones, la de transmisión y recepción (simultáneas) para la operación full-duplex. El DSL termina en el extremo que da al usuario en la interfase U como se muestra en la figura 8-6. La NTI (terminación de red) incorpora un circuito híbrido para convertir la interfase U de dos hilos a una interfase T de cuatro hilos la cual tiene dos buses de dos hilos, uno para la transmisión y otro para la recepción de señales de datos. El NT1 es un *transceiver* esclavo que deriva sus señales de sincronización de la señal DSL que se transmite desde la RT. La NT1 pasa los datos de 2B + D entre las interfases U y T y también procesa los bits adicionales que son necesarios para aparecer sobre las líneas de transmisión y recepción en la interfase T. Los bits adicionales son necesarios para la dirección, el control y la supervisión del equipo terminal. La tasa de datos sobre cada línea T de transmisión y recepción es de 192 kbits/s. EL NT2 podría ser o no necesario. Cuando se usa, proporciona los protocolos apropiados de nivel alto para un controlador de grupo terminal o para un nodo de acceso de una red de área local (LAN). Si no se utiliza, la interfase de cuatro hilos se transforma en una interfase S/T. Las interfases S y T son eléctricamente idénticas y utilizan un conector modular RS-23 de 8 terminales. El bus de la interfase S/T proporciona el medio de conexión para las terminales ISDN (video, audio y/o datos) y/o un adaptador de terminal (AT). Hasta ocho terminales podrían ser puenteadas sobre un bus S/T. El AT

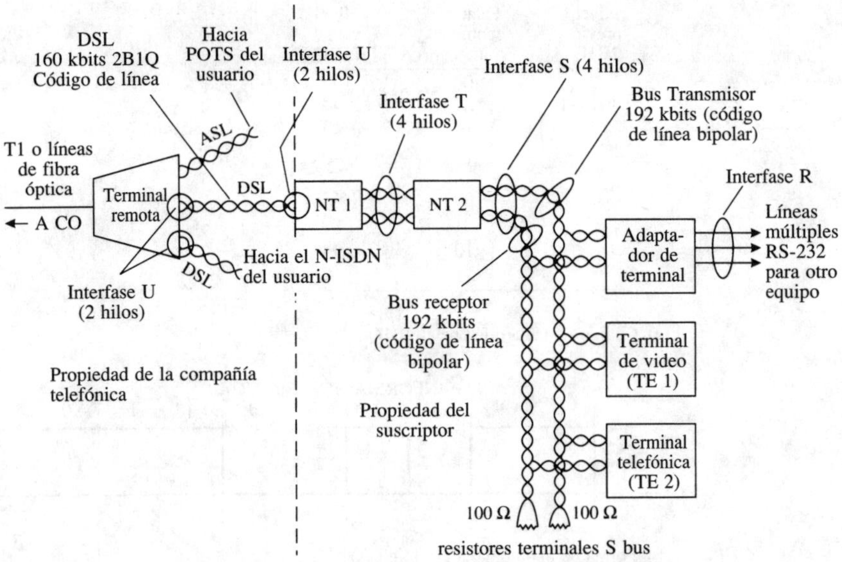


**Figura 8-6** Sistema N-ISDN con equipo suscriptor unido.

permite que las terminales no ISDN con puertos RS-232 puedan usarse en la red ISDN. Por ejemplo, una computadora personal (PC) puede conectarse a la red N-ISDN a través de su puerto serial y de la interfase R de la AT. También puede utilizarse un método alternativo, usando un adaptador de tarjeta de PC construido con un NTI interconstruido y un codec telefónico. Esto es, el conector modular de interfase DSL U se conecta directamente dentro de esta tarjeta adaptadora sobre la PC. Entonces ésta actúa como una terminal de video ISDN con un teléfono interconstruido. Para detalles sobre los protocolos usados en las interfases U, S y T, se remite al lector a las notas de aplicación para los chips ISDN como el transceiver de interfase MC 145472 de Motorola, interfase MC 145474 S/T y codec telefónico MC 145554.

El servicio N-ISDN al usuario a través de par trenzado de dos hilos DSL hasta 18 kft desde una TR se realiza mediante el uso de una señalización multinivel. Observe la figura 5-33 con $R = 160$ bits/s, una línea codificada de cuarto nivel (por ejemplo: $\ell = 2$ bits) 80 kbaud tiene un ancho de banda nulo de sólo 80 kHz en lugar de 160 kHz de ancho de banda nulo para una línea de código binario ($\ell = 1$). El ancho de banda de 80 kHz se apoya por un cable de par trenzado de 26 gauge si es menor a 18 kft de longitud. Específicamente la señal de cuarto nivel que se utiliza es el código de línea 2B1Q (para dos dígitos binarios codificados dentro de un símbolo cuaternario) como se ilustra en la figura 8-7. Nótese que el código de línea 2B1Q es un símbolo de código diferencial. Por tanto, si —debido a un error de cableado— se "invierte" el par trenzado, de tal manera que la punta del cable se conecte a la terminal del anillo y éste a la punta, de forma que se invierta la polaridad de la señal 2BIQ, los datos binarios decodificados todavía tendrán la polaridad correcta (por ejemplo, no complementada).

La principal ventaja del ISDN es obvia —proporciona los canales de datos TDM directamente al usuario. También tiene desventajas. Por ejemplo, ya que el equipo ISDN del suscriptor no está alimentado por el DSL, no funcionará cuando la alimentación local de ca falle a menos que una fuente de energía de respaldo sea proporcionada por el suscriptor. Si sólo se requiere POTS, el teléfono convencional analógico será más barato y más confiable.

| Nivel previo 2B1Q | Palabra continua binaria | Nivel actual 2B1Q |
|---|---|---|
| +1 o +3 | 00 | +1 |
| | 01 | +3 |
| | 10 | −1 |
| | 11 | −3 |
| −1 o −3 | 00 | −1 |
| | 01 | −3 |
| | 10 | +1 |
| | 11 | +3 |

a) Código de tabla diferencial 2B1Q

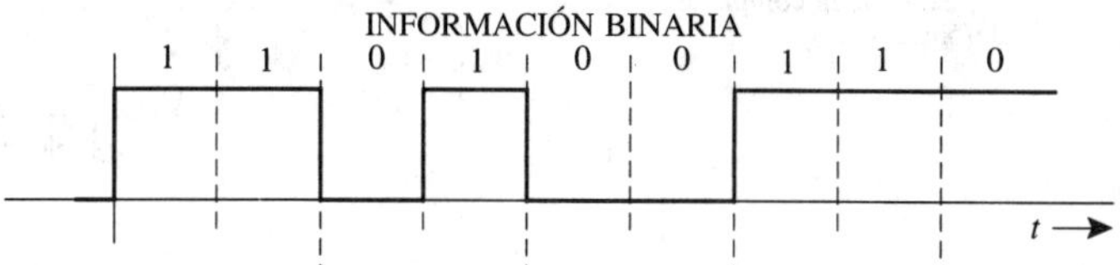


b) Forma de onda binaria (160 kbits/s)

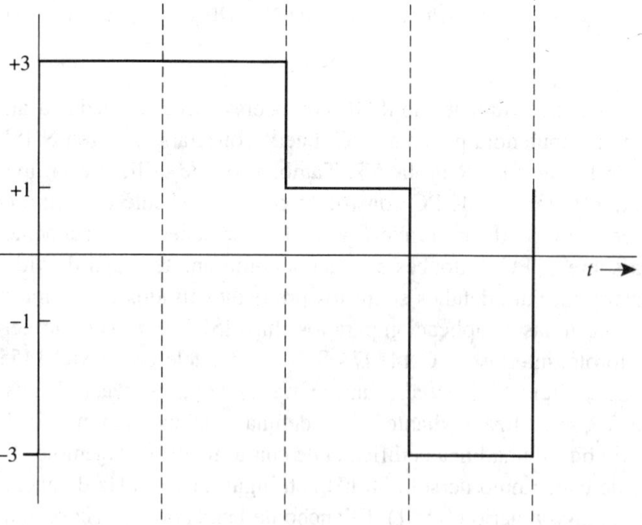


c) Forma de onda 2B1Q (80 kbaud)

**Figura 8-7** Código de línea 2B1Q.

Para el estudio de temas adicionales N-ISDN, como la estructura de la trama (o cuadro), la recuperación de sincronización, sincronización y cancelación del eco, remito al lector a un artículo tutorial por [Huang y Valenti, 1991] y a un libro [Stallings, 1992].

En Estados Unidos, debido a las desregulaciones por parte del gobierno, la naturaleza de las compañías telefónicas está cambiando rápidamente. Con la revolución de la telefonía inalámbrica y celular, la industria telefónica se está volviendo muy competitiva. Muy pronto las compañías telefónicas tradicionales tendrán permitido proporcionar servicio de video de tipo CATV a los suscriptores y las compañías de CATV podrán proporcionar servicio telefónico.

En consecuencia, la industria telefónica está investigando alternativas de costo eficaces para la entrega de servicio de video al hogar. Instalar una acometida de cable coaxial o de fibra óptica sería muy caro y por lo regular ya está instalada en los hogares una acometida de par trenzado. Una solución de costo eficaz para la compañía telefónica consiste en proporcionar *video digital conmutado* (SDV) al hogar sobre el par trenzado de cables de cobre. Los cables de cobre tienen el ancho de banda para apoyar la transmisión de uno a cuatro canales de televisión de video digital comprimido con tasas de información en el rango de los 1.5 a 6 Mbits/s [Lin, Chen y Hsing, 1995]. En este servicio SDV se utiliza la inteligencia de la red telefónica. El usuario selecciona un canal de televisión enviado en su línea de par trenzado y tiene la posibilidad de instruir al sistema SDV para cambiar a un canal diferente de televisión cuando lo desee. En consecuencia, el suscriptor de SDV puede tener acceso a un ilimitado número de canales de televisión y otros servicios de video.

## 8-4 CAPACIDADES DE LAS REDES TELEFÓNICAS PÚBLICAS CONMUTADAS

Los canales de banda ancha utilizados para conectar oficinas de larga distancia se componen de tres tipos predominantes: cable de fibra óptica, sistemas relevadores de radio microondas y sistemas de cable coaxial (enterrado). La tabla 8-2 lista algunos de los sistemas de banda ancha que se utilizan o que se han utilizado antes e indica la capacidad de estos sistemas en términos del número de canales VF que pueden manejar y su tasa de bit.

Los pares de cable abiertos, que son cables individuales desnudos apoyados mediante aislantes de vidrio sobre brazos cruzados de los postes telefónicos, proporcionaban el servicio de "banda ancha" vía señalización FDM/SSB. Ocasionalmente, se pueden observar algunas líneas abiertas a lo largo de las vías de ferrocarril. El cable de fibra óptica con señal TDM/OOK está desplazando con rapidez al de par trenzado, al cable coaxial y a los relevadores de microondas debido a su gran capacidad y bajo costo. Por ejemplo, la capacidad de 6 fibras TAT-12 de cable transoceánico es de 200 000 canales VF. Sin embargo, el cable de fibra óptica proporciona servicio a lugares determinados. Al contrario, los satélites de comunicación proporcionan conexiones de banda ancha a cualquier punto en el mundo. El servicio para localidades aisladas puede proporcionarse casi al instante mediante el uso de estaciones terrenas portátiles, las que se describen detalladamente en la siguiente sección.

## 8-5 SISTEMAS DE COMUNICACIÓN POR SATÉLITE

El número de sistemas de comunicación por satélite se ha incrementado de manera notable en los últimos años. Las comunicaciones por satélite sustituyen a una gran cantidad de tráfico telefónico transoceánico. Además, los satélites han hecho posible la sustitución de las señales de televisión. Por tanto, las comunicaciones por satélite proporcionan la alternativa de datos, teléfono y señales de televisión, y ahora es posible enviar la señal de televisión a nivel nacional vía satélite.

La mayoría de los satélites de comunicación están colocados en *órbita geoestacionaria* (GEO). Ésta es una órbita circular en el plano ecuatorial de la Tierra. Se encuentra localizada a 22 300 millas por arriba del ecuador, así que el periodo orbital es el mismo que el de la Tierra. En consecuencia, desde la Tierra estos satélites parecen localizarse en un punto estacionario en el cielo, como se muestra en la figura 8-8. Esto hace que las estaciones de antenas terrenas sean simples ya que apuntan a una dirección fija y no tienen que estar siguiendo un objeto en movi-

**TABLA 8-2** CAPACIDAD DE LAS REDES TELEFÓNICAS PÚBLICAS CONMUTADAS

| Medio de transmisión | Nombre | Desarrollador | Inicio de operaciones | Número de canales de frecuencia de voz | Tasa de bit (Mbits/s) | Espacio entre repetidoras (miles) | Frecuencia de operación (MHz) | Modulación[a] | |
|---|---|---|---|---|---|---|---|---|---|
| | | | | | | | | D/A | Método |
| Par de cable abierto | A | Bell | 1918 | 4 | | | 0.005–0.025 | A | FDM/SSB |
| | C | Bell | 1924 | 3 | | 150 | 0.005–0.030 | A | FDM/SSB |
| | | CCITT | | 12 | | 50 | 0.036–0.140 | | |
| | J | Bell | 1938 | 12 | | 50 | 0.036–0.143 | A | FDM/SSB |
| | | CCITT | | 28 | | | 0.003–0.300 | A | FDM/SSB |
| Cable de par trenzado | K | Bell | 1938 | 12 | | 17 | 0.012–0.060 | A | FDM/SSB |
| | | CCITT | | 12 | | 19 | 0.012–0.060 | A | FDM/SSB |
| | N1 | Bell | 1950 | 12 | | | 0.044–0.260 | A | FDM/SSB |
| | N3 | Bell | 1964 | 24 | | | 0.172–0.268 | A | FDM/SSB |
| | T1[b] | Bell | 1962 | 24 | 1.544 (DS-1) | 1 | | D | Bipolar |
| | T1G[b] | AT&T | 1985 | 96 | 6.312 (DS-2) | | | D | Cuatro niveles |
| | T2[b] | Bell | | 96 | 6.312 (DS-2) | 2.3 | | D | B6ZS |
| Cable coaxial | L1 | Bell | 1941 | 600 | | 8 | 0.006–2.79 | A | FDM/SSB |
| | L3 | Bell | 1953 | 1,860 | | 4 | 0.312–8.28 | A | FDM/SSB |
| | L4 | Bell | 1967 | 3,600 | | 2 | 0.564–17.55 | A | FDM/SSB |
| | L5 | Bell | 1974 | 10,800 | | 1 | 3.12–60.5 | A | FDM/SSB |
| | T4[b] | Bell | | 4,032 | 274.176 (DS-4) | 1 | | D | Polar |
| | T5[b] | Bell | | 8,064 | 560.16 (DS-5) | 1 | | D | Polar |
| Fibra óptica | FT3 | Bell | 1981 | 672 | 44.763 (DS-3) | 4.4 | 0.82 $\mu$m | D | TDM/OOK |
| | | Brit. Telcom | 1984 | | 140 | 6 | 1.3 $\mu$m | D | TDM/OOK |
| | | Sask. Telcom | 1985 | | 45 | 6–18 | 0.84 y 1.3 $\mu$m | D | TDM/OOK |
| | F-400M | Nippon | 1985 | | 400 | 12 | 1.3 $\mu$m | D | TDM/OOK |
| | FT3C-90 | AT&T | 1985 | 1,344 | 90.254 (DS-3C) | 16 | 1.3 $\mu$m | D | TDM/OOK |
| | FT4E-432 | AT&T | 1986 | 6,048 | 432 (DS-432) | 16 | 1.3 $\mu$m | D | TDM/OOK |
| | LaserNet[d] | Microtel | 1985 | 6,048 | 417.79 (9DS-3) | 25 | 1.3 $\mu$m | D | TDM/OOK |
| | FTG1.7 | AT&T | 1987 | 24,192 | 1,668 (36DS-3) | 29 | 1.3 $\mu$m | D | TDM/OOK |
| | FT-2000 | AT&T | 1995 | 32,256 | 2,488 (DC-48) | 100 | 1.5 y 1.3 $\mu$m | D | TDM/OOK |

| | | | | | | | | | |
|---|---|---|---|---|---|---|---|---|---|
| Transoceánico | TAT-1 (SB) | Bell | 1956 | 48 | | 20 | 0.024–0.168 | A | FDM/SSB |
| | TAT-3 (SD) | Bell | 1963 | 138 | | 11 | 0.108–1.05 | A | FDM/SSB |
| | TAT-5 (SF) | Bell | 1970 | 845 | | 6 | 0.564–5.88 | A | FDM/SSB |
| | TAT-6 (SG) | Bell | 1976 | 4,200 | | 3 | 0.5–30 | A | FDM/SSB |
| | TAT-8 (3 fibras) | | 1988 | 8,000 | 280 | | 1.3 $\mu$m | D | TDM/OOK |
| | TAT-9 (3 fibras) | | 1991 | 16,000 | 565 | | 1.55 $\mu$m | D | TDM/OOK |
| | TAT-10 (6 fibras) | | 1992 | 80,000[e] | 565 | | 1.55 $\mu$m | D | TDM/OOK |
| | TAT-12 (6 fibras) | Alcatel | 1995 | 200,000 | 5,000 | 30 | 1.48 $\mu$m | D | TDM/OOK |
| Relevador (enlace) de microondas | TD-2 | Bell | 1948 | 600 (1954) | más 1.544[c] | 30 | 3700–4200 | A | FDM/FM |
| | TH-1 | Bell | 1961 | 2,400 (1979) | más 1.544[c] | 30 | 5925–6245 | A | FDM/FM |
| | TD-3 | Bell | 1967 | 1,800 (1979) | más 1.544[c] | 30 | 3700–4200 | A | FDM/FM |
| | TN-1 | Bell | 1974 | 1,800 | más 1.544[c] | 30 | K banda, 18 GHz | A | FDM/FM |
| | AR6A | Bell | 1980 | 6,000 | | 30 | 5925–6425 | A | FDM/SSB |
| | 18G274 | NEC | 1974 | 4,032 | 274.176 (DS-4) | 7 | 18 GHz | D | 4 PSK |
| | 6G90 | NEC | 1979 | 1,344 | 90 (2DS-3) | 30 | 6 GHz | D | 16 QAM |
| | 11G135 | NEC | 1980 | 2,016 | 135 (3 DS-3) | 30 | 11 GHz | D | 16 QAM |
| | 6G135 | NEC | 1983 | 2,016 | 135 (3 DS-3) | 30 | 6 GHz | D | 64 QAM |
| | MDR-2306 | Collins | 1983 | 2,016 | 135 (3 DS-3) | 30 | 6 GHz | D | 64 QAM |
| | RD-6A | Northern Tel. | 1984 | 2,016 | 135 (3 DS-3) | 30 | 6 GHz | D | 64 QAM |
| Comunicación por satélite | Intelsat IV | COMSAT | 1970 | 8,000 | | 22,300 | 6 GHz arriba/4 GHz abajo | A/D | FDM/FM, QPSK/ SCPC |
| | Intelsat V | COMSAT | 1980 | 25,000 | | 22,300 | 6/4 y 14/11 GHz | A/D | FDM/FM, QPSK/ SCPC |
| | Intelsat VI | COMSAT | 1986 | 80,000 | | 22,300 | 6/4 y 14/11 GHz | A/D | FDM/FM, QPSK/ SCPC |

[a] analógico A; digital D más tipo de modulación.

[b] Véase la tabla 3-9 para mayores detalles sobre los sistemas de portadoras T.

[c] En 1974 se agregó datos bajo voz para dar un 1.544 Mbit/s (DS-1) canal de datos además de los enunciados por la capacidad VF FDM.

[d] Véase el ejemplo 8-5 en la sección. 8-7.

[e] Capacidad de VF con multicanalización estadística.

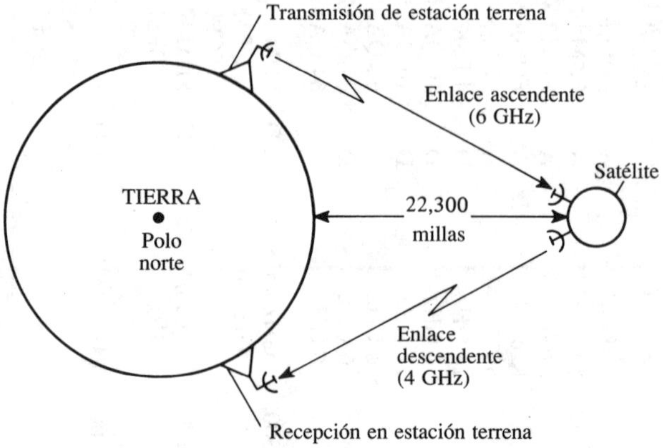


**Figura 8-8** Comunicaciones por satélite en órbita geosíncrona.

miento. (Para la comunicación de las regiones polares de la Tierra se utilizan satélites en órbitas polares, lo cual requiere estaciones terrenas con antenas de rastreo.) Para prevenir que el satélite dé vueltas, se utiliza una de las dos técnicas de estabilización de giro —estabilización de giro o estabilización de tres ejes—. Para la estabilización de giro, se hace rotar la parte externa del cilindro del satélite a fin de crear un efecto giroscópico que estabiliza el satélite. Para estabilizar los tres ejes, se utilizan giróscopos internos para sentir el movimiento del satélite y éste a su vez se estabiliza mediante el disparo de jets de propulsión.

La banda de frecuencia óptima para los sistemas de comunicación satelital es 6 GHz sobre el enlace ascendente (*uplink*) —transmisión de la Tierra al satélite— y 4 GHz sobre el enlace descendente (*downlink*) —(transmisión del satélite a la Tierra—. En este rango de frecuencia el equipo es relativamente barato, el ruido cósmico es pequeño y la frecuencia es tan baja como para que la lluvia no atenúe las señales. Otras pérdidas, como el centelleo ionosférico y la absorción atmosférica, son pequeñas a estas frecuencias [Spilker, 1977]. (La absorción ocurre en bandas específicas de frecuencia y es provocada por la señal excitada de gases atmosféricos y vapor de agua.) Sin embargo, los enlaces de radio microondas terrenas los sustituyen ya que han sido asignadas para operar en bandas de 6 y 4 GHz (véase la tabla 8-2), así que la FCC limita la densidad de energía sobre la Tierra desde los satélites transmisores. Debe tenerse cuidado de localizar las estaciones terrenas de antenas receptoras satelitales para que no reciban señales que interfieran desde radiomicroondas terrenas que están usando la misma frecuencia asignada. En la banda de los 6/4 GHz, los satélites síncronos son asignados a un espacio orbital de 2° (estándar Estados Unidos).

Nuevos satélites operan en bandas de frecuencia más altas debido a que existen muy pocas vacantes de asignaciones espectrales en la banda de los 6/4 GHz (banda C). Los satélites de banda Ku utilizan 14 GHz sobre el enlace ascendente y 12 GHz sobre el enlace descendente con un espacio orbital de 3°. Algunos satélites nuevos de la banda Ku tienen amplificadores de mayor poder que alimenta de 120 a 140 W dentro de su antena transmisora, en comparación con los 20 a 40 W para satélites de potencia baja o media. Los satélites de alta potencia —llamados satélites de transmisión directa (DBS)— proporcionan servicio de televisión directamente al propietario de una casa que tiene una pequeña antena receptora (2 pies o menos en diámetro).

Cada satélite tiene un número de *transponders* (receptor a transmisor) a bordo para amplificar la señal recibida desde el enlace ascendente y mandar hacia abajo la señal para la transmisión sobre el enlace descendente (figura 8-9). Esta figura ilustra un transponder de tubo curvo

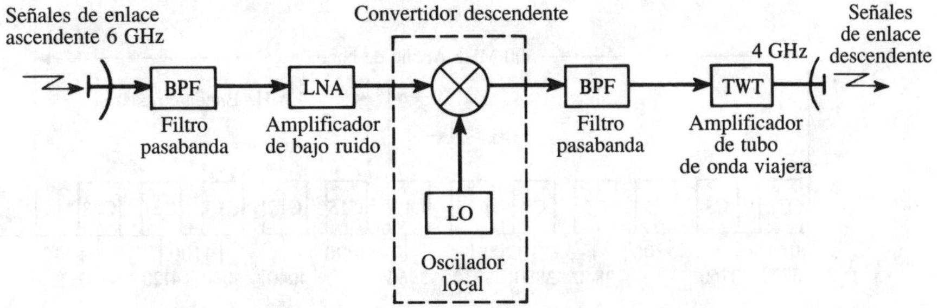


**Figura 8-9** Diagrama a bloques simplificado del transponder de comunicaciones satelital.

que no demodula la señal recibida y no realiza el procesamiento de la señal; sin embargo, actúa como un convertidor de baja frecuencia de ganancia de alta potencia. La mayoría de los transponders están diseñados para un ancho de banda de 36, 54 o 72 MHz, siendo 36 MHz el estándar usado para la banda C (6/4 GHz) para servicio de televisión. Mientras la tecnología lo permita, se usarán los transponders de procesamiento ya que proporcionan un mejor rendimiento (para señalización digital).

Cada satélite se asigna a una posición síncrona y a una banda de frecuencia en la que deben operar. En la banda de 6/4 GHz, a cada satélite se le permite usar un espectro asignado de 500 MHz de ancho y un satélite típico tiene 24 transponders a bordo; cada uno de ellos usa 36 MHz del ancho de banda de 500 MHz asignada. Los satélites reutilizan la misma banda de frecuencia al operar 12 transponders con señales radiadas polarizadas verticalmente y 12 transponders con señales polarizadas horizontalmente.† Una típica asignación de frecuencia de 6/4 GHz para satélites se muestra en la figura 8-10. Los transponders están denotados por C1 para el canal 1, C2 para el canal 2, y así sucesivamente. Estos satélites se utilizan para señales de sistemas CATV.

## Transmisión de televisión digital y analógica

La televisión puede transmitirse vía satélite mediante técnicas de transmisión digital o analógica.

Para transmisión digital, la señal bandabase de video es muestreada y digitalizada. La información por lo general se comprime para conservar el ancho de banda de la señal modulada satelital. La información se comprime al remover muestras de video redundantes que ocurren en cuadro por cuadro. Por ejemplo, en Estados Unidos el Sistema Satelital Digital Hughes (DSS)‡ proporciona más de 200 canales directamente a la casa del usuario usando dos satélites Hughes HS601. Estos satélites geoestacionarios se localizan por encima del ecuador a 101° de longitud oeste. Cada satélite DSS contiene 16 transponders de alta potencia (120 W) que operan en la banda Ku (12.2-12.7 GHz). El ancho de banda de cada transponder es de 24 MHz; la potencia efectiva radiada de cada uno de ellos emitida desde la antena del satélite es de 48 a 53 dBw dirigida sobre Estados Unidos continental y el sur de Canadá. Por tanto, un usuario puede recibir la señal del satélite usando una antena receptora relativamente pequeña que consta de un disco para-

† Una señal de satélite polarizada en forma vertical tiene un campo E que está orientado verticalmente (paralelo con el eje de rotación de la Tierra). Con una polarización horizontal, el campo E es horizontal.

‡ DSS es una marca registrada de DirectTV, Inc., una unidad de GM Hughes Electronics, El Segundo, CA.

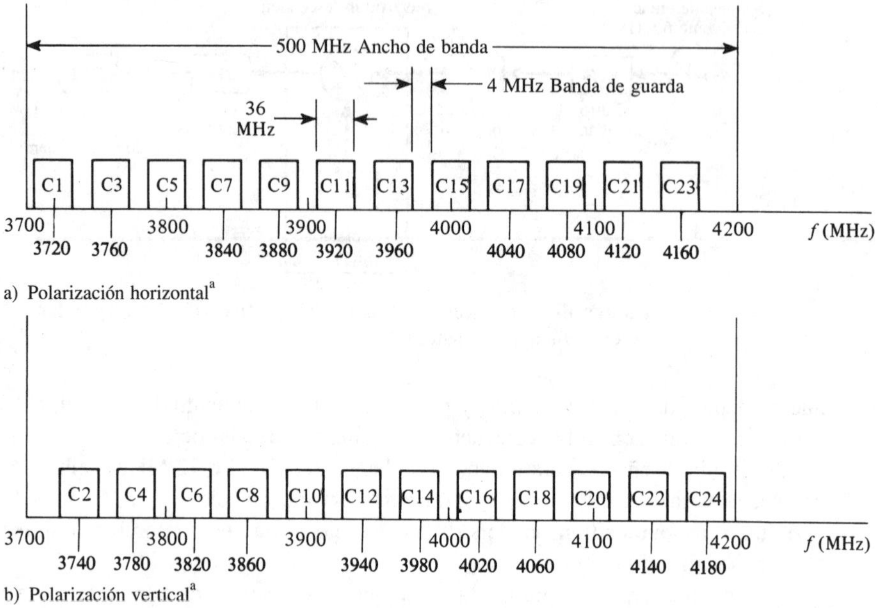


[a]Éstas son las polarizaciones utilizadas para los satélites Galaxy. Algunos de los otros satélites utilizan asignaciones opuestas de polarización.

**Figura 8-10** Plan de frecuencias de 6/4 GHz del transponder del satélite para los canales descendentes. (Para el plan de frecuencia ascendente, agregue 2225 MHz a los números previamente dados.)

bólico de 18 pulgadas. La bandabase de video para cada canal de televisión está digitalizada y comprimida usando el estándar del Grupo de Expertos de Imágenes en Movimiento (MPEG, por sus siglas en inglés: *Motions Pictures Experts Group*) [Pancha y Zarki, 1994]. Esta compresión da una tasa de datos promedio de video de 3 a 6 Mbits/s para cada canal, dependiendo de la cantidad de movimiento en el video. Los datos de cerca de seis canales de TV (el video más el audio multicanal) son TDM para transmisión sobre cada transponder del satélite usando la modulación QPSK [Thomson, 1994]. Además, la compresión de datos adaptiva (ajustable) se usa para minimizar la tasa de datos de la señal TDM, ya que para algunos canales de TV el flujo de datos TDM podría codificarse a una tasa más baja que otros dependiendo de la cantidad de movimiento (y de otras propiedades) para cada fuente de video. Se presentan más detalles del sistema DSS en los ejemplos de ayuda de estudio SA8-1 y SA8-2. La codificación digital también se utiliza en el sistema de alta definición de Estados Unidos (HDTV), mismo que se analiza en la sección 8-9.

Para la transmisión analógica de TV vía satélite, la bandabase de video para un solo canal con frecuencia se modula sobre una portadora. Por ejemplo, para retransmitir señales de TV en el extremo principal de los sistemas CATV, por lo regular se utilizan los satélites de banda C con 24 transponders (como se ilustra en la figura 8-10). Para cada transponder, el ancho de banda de 4.5 MHz de la bandabase de la señal compuesta de video de un solo canal de TV con frecuencia se modula sobre una portadora de 6 GHz, como se muestra en la figura 8-11. La señal visual compuesta consiste de una señal de video en blanco y negro; las señales de la portadora de color y la señal de pulso de sincronización se analizan en la sección 8-9. La señal aural también se transmite sobre el mismo transponder al modular en frecuencia sobre una portadora de 6.8 MHz

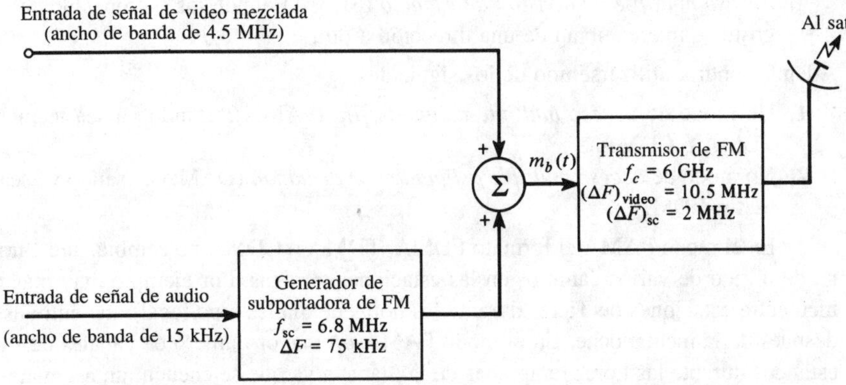


**Figura 8-11** Transmisión de señales de TV de calidad de transmisión desde una estación terrena.

que es multicanalizada por división de frecuencia con una señal de video compuesta. El ancho de banda resultante de la señal de frecuencia modula el transmisor.

El ancho de banda para una señal de FM de 6 GHz podría evaluarse mediante el uso de la regla de Carson. La desviación pico de video compuesto es de 10.5 MHz y la desviación pico de la subportadora es de 2 MHz, dando una desviación pico total de $\Delta F = 12.5$ MHz. El ancho de banda de la bandabase es alrededor de 6.8 MHz. El ancho de banda de la transmisión es

$$B_T = 2(\Delta F + B) = 2(12.5 + 6.8) = 38.6 \text{ MHz} \tag{8-1}$$

la cual es aceptada por un transponder de 36 MHz. Además, otros anchos de banda de señales aurales (0 a 15 KHz) pueden transmitirse mediante el uso de subportadoras de FM. Algunas frecuencias típicas de portadoras que se utilizan son 5.58, 5.76, 6.2, 6.3, 6.48, 6.8, 7.38 y 7.56 MHz.

## Acceso múltiple de señales de información y teléfono

La transmisión satelital proporciona un canal para datos y señalización VF (teléfono) similar a los enlaces de radio microonda terrestre. Esto es, los datos podrían ser multicanalizados por división de tiempo en tipos de señales DS-1, DS-2, y así sucesivamente, y moduladas (digitalmente) sobre una portadora para transmisión vía satélite. Los datos también podrían ser multicanalizados por división de frecuencia. En este caso se usan los módems para convertir la información en señales que son compatibles con anchos de banda de grupo, supergrupo o maestro grupo, las cuales son moduladas (analógicas) sobre la portadora para la transmisión satelital.

Los sistemas de comunicación por satélite difieren de los enlaces de microondas terrestres en las técnicas utilizadas para *acceso múltiple* de un solo transponder por estaciones múltiples de enlace ascendente y enlace descendente. Son cuatro los principales métodos que se utilizan para accesos múltiples:

1. *Acceso múltiple por división de frecuencia* (FDMA), el cual es similar a FDM
2. *Acceso múltiple por división de tiempo* (TDMA), el cual es similar a TDM†
3. *Acceso múltiple por división de código* (CDMA) o *acceso múltiple de espectro difusor* (SSMA)

4. *Acceso múltiple de división de espacio* (SDMA) donde los patrones de antena de haz angosto se intercambian de una dirección a otra†

Además, podría utilizarse uno de los siguientes:

1. Un modo de *acceso múltiple asignado fijo* (FAMA), usando ya sea técnicas de FDMA, TDMA o CDMA
2. Un modo de *acceso múltiple asignado por demanda* (DAMA), usando ya sea FDMA, TD-MA o CDMA

En el modo FAMA el formato FDMA, TDMA o CDMA no cambia, aun a través de la carga de tráfico de varios cambios en las estaciones terrenas. Por ejemplo, hay más tráfico telefónico entre estaciones de Tierra durante las horas de día (tiempo local) que entre estas estaciones después de la medianoche. En el modo FAMA un mayor número de canales de satélite estarían estáticos durante las horas tempranas de la mañana ya que se encuentran asignados. En el modo DAMA, los formatos FDMA o TDMA se cambian tanto como sea necesario dependiendo de la demanda en el tráfico de las estaciones terrenas. En consecuencia, el modo DAMA utiliza la capacidad del satélite en forma más eficiente, pero por lo general cuesta más el implementarlo y mantenerlo.

En CDMA los diferentes usuarios comparten de manera simultánea la misma banda de frecuencia en tiempo, como opuesta a FDMA y TDMA, donde los usuarios son asignados a diferentes ranuras de frecuencia o tiempo. Con CDMA cada usuario es asignado a una forma de onda particular digitalizada $\varphi_j(t)$ que es (casi) ortogonal a las formas de ondas usadas por otros (véanse secciones 2-4 y 5-12). La información podría ser modulada sobre esta forma de onda, transmitida sobre el sistema de comunicación y recuperada. Por ejemplo, si un bit de dato, $m_j$, se modula sobre una forma de onda, la señal transmitida desde el $j$-ésimo usuario podría ser $m_j\varphi_j(t)$ y la señal mezclada CDMA desde todos los usuarios sería $w(t) = \sum_j m_j\varphi_j(t)$. El dato del usuario $j$-ésimo podría recuperarse de la forma de onda CDMA para evaluar $\int_0^t w(t)\varphi_j(t)\,dt = m_j$, donde $T$ es la longitud de la forma de onda codificada $\varphi_j(t)$. Los códigos dorados se utilizan por lo regular para obtener las formas de onda codificadas.

### Ejemplo 8-1 MODO DE ACCESO MÚLTIPLE ASIGNADO FIJO USANDO UN FORMATO FDMA

Un buen ejemplo de la técnica de acceso múltiple asignado fijo es el formato FDM/FM utilizado con las series de satélites *Intelsat IV* y *V*. Suponga que una estación terrena A comparte un transponder de 36 MHz en el modo FDM con las estaciones B, C, D, E, F y G, las cuales están transmitiendo simultáneamente a través del transponder, como se ilustra por las asignaciones de frecuencia en la figura 8-12a. La estación A tiene una banda asignada de 6237.5 a 6242.5 MHz en la cual puede transmitir canales de 60 VF usando FDM/FM. Esto es la capacidad de un supergrupo. Suponga que la estación A tiene un tráfico como sigue: 24 canales de VF para la estación B, 24 canales de VF para la estación D, 12 canales de VF para la estación E; entonces, la configuración del equipo sería como la ilustrada en la figura 8-12b de manera similar, el espectro restante del transponder de 36 MHz está dividido entre otras estaciones de Tierra de acuerdo con sus necesidades de tráfico sobre una asignación fija.

† También se puede utilizar el *acceso múltiple por división conmutado satelital* (SS-TDMA). Con los satélites SS-TDMA se transfieren diversas antenas de haces angostos en el periodo de tiempo apropiado TDMA para dirigir la transmisión y recepción de los haces en la dirección deseada. Por tanto, con haces múltiples SS-TDMA, la misma transmisión y las frecuencias receptoras podrían reutilizarse simultáneamente, de tal manera que la capacidad del satélite SS-TDMA sea mucho más grande que la de un satélite TDMA. El satélite *Intelstat VI* es un SS-TDMA.

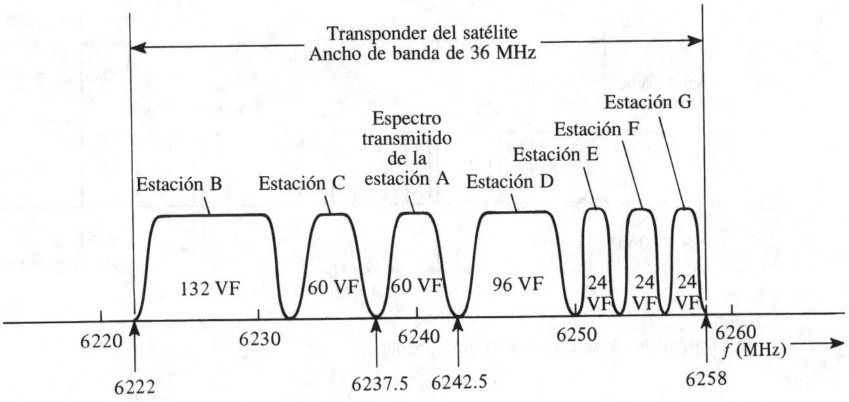


a) Distribución de la frecuencia del transponder

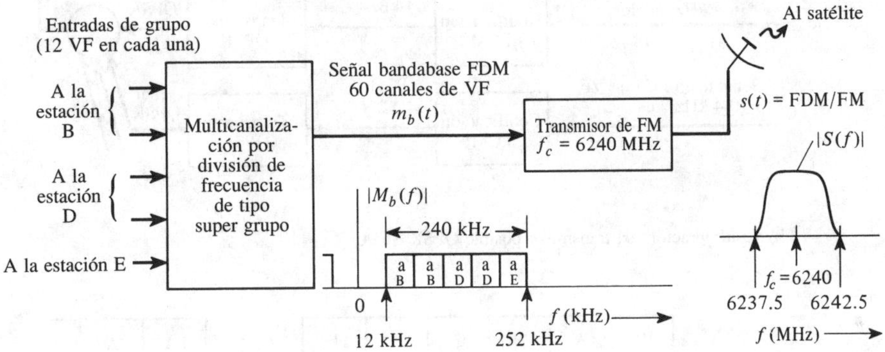


b) Equipo de transmisión de la estación terrena A

**Figura 8-12** Formato FDMA asignado fijo para comunicaciones por satélite.

## Ejemplo 8-2 SISTEMA SPADE

La serie de satélites *Intelsat IV* y *V* también pueden ser operados en un modo DAMA usando un formato FDMA que consta de una sola portadora QPSK por cada canal telefónico (VF). Este tipo de señal se llama *canal único por portadora* (SCPC), en la cual se pueden acomodar 800 señales QPSK en el ancho de banda de 36 MHz del transponder, como se muestra en la figura 8-13a. Por tanto, 800 mensajes de VF pueden transmitirse simultáneamente a través de un transponder satelital, donde cada señal QPSK está modulada por un PCM de 64kbits/s (digitalizado) de señal de voz (estudiada con anterioridad en el ejemplo 3-1 y usada como entrada a la jerarquía digital de Norteamérica mostrada en la figura 3-40). ¡Esta técnica SCPC-DAMA, que se aprecia en la figura 8-14, se llama *sistema SPADE*. (Acrónimo de SPADE son las iniciales de las palabras en inglés: canal sencillo por portadora, modulación por código de pulso, acceso múltiple, equipo de asignación por demanda.) [Edelson y Werth, 1972]!

La asignación por demanda de la frecuencia de la portadora para la señal QPSK a una estación terrena particular de enlace ascendente se lleva a cabo mediante la señal TDM en el *ca-*

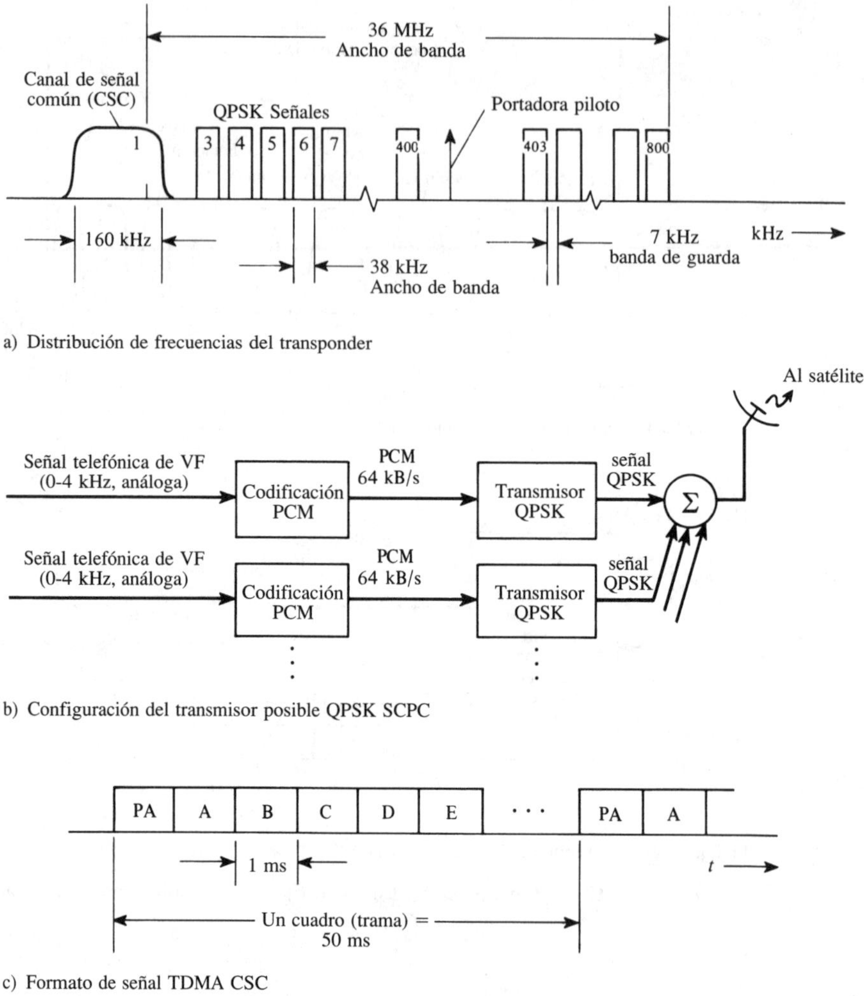


**Figura 8-13** Sistema de comunicación de satélite SPADE para transmisión de mensajes telefónicos VF.

*nal de señalización común* (CSC) (véase la figura 3-13a). La CSC consta de una señal PSK de 128 kbits/s compartido en tiempo entre las estaciones terrenas mediante el uso de un formato TDMA, como se muestra en la figura 8-13c. PA denota el preámbulo de sincronización que ocurre al principio de cada cuadro y A, B, C, etc., denota las ranuras de tiempo de 1 ms que están reservadas para transmisión por cada estación terrena A, B, C, etc. De esta manera, 49 estaciones terrenas diferentes podrían acomodarse en la trama de 50 ms. Por ejemplo, si la estación terrena B desea iniciar una llamada a la estación D, la estación B selecciona aleatoriamente una portadora de frecuencia QPSK de los canales estáticos que están disponibles, y transmite esta información de frecuencia junto con la dirección de la estación D (el destino de la llamada) en la ranura de tiempo TDMA de la estación B. Si se supone que la frecuencia no ha sido seleccionada por otra estación para otra llamada, la estación D tendrá conocimiento de la petición en su ranura de tiempo TD-

MA. Este conocimiento será escuchado por la estación B cerca de 600 ms después de la petición, ya que el retraso en el tiempo del viaje redondo al satélite es de 240 ms, además del retraso en el equipo y en el tiempo exacto asignado a la estación D con respecto a la estación B. Si otra estación, digamos la estación C, ha seleccionado la misma frecuencia durante el periodo de petición, se recibiría una señal de ocupado por la estación B, y ésta a su vez seleccionaría aleatoriamente otra frecuencia disponible y volvería a intentarlo. Cuando se termina la llamada, se transmiten señales de desconexión en la ranura de tiempo TDMA y la frecuencia de la portadora regresa para volver a usarla. Ya que la velocidad de la señal CSC es de 128 kbits/s y cada ranura de tiempo es de 1 ms de duración, 128 bits están disponibles para cada estación de acceso para usar la transmisión de información de la dirección, la información de petición de frecuencia y la señal de desconexión.

En la práctica, ya que sólo 49 ranuras de tiempo están disponibles para el modo TDMA, se asigna un número de frecuencias SCPC sobre una base fija.

En FDMA, al igual que en el sistema SPADE, cuando las portadoras se prenden y se apagan sobre demanda, existe una modulación de amplitud en la señal compuesta de 36 MHz que se amplifica por el TWT del transponder. En consecuencia, el nivel de excitación de la TWT tiene que ser "retirado" para que no se sature el amplificador y sea lo suficientemente lineal. Entonces los productos de intermodulación (IM) serán bajos. Por otro lado, si se ha usado una sola señal de amplitud constante (como una señal de banda ancha para transmitir señales de televisión), los productos de IM no se considerarán y el amplificador podrá ser dirigido con más fuerza para proporcionar una potencia de nivel de salida saturada.

Como se indicó en páginas anteriores, la TDMA es similar al TDM, en el que las diferentes estaciones terrenas envían hacia arriba ráfagas de energía de RF que contienen paquetes de información. Durante la ranura de tiempo designado para una estación particular, su señal utili-

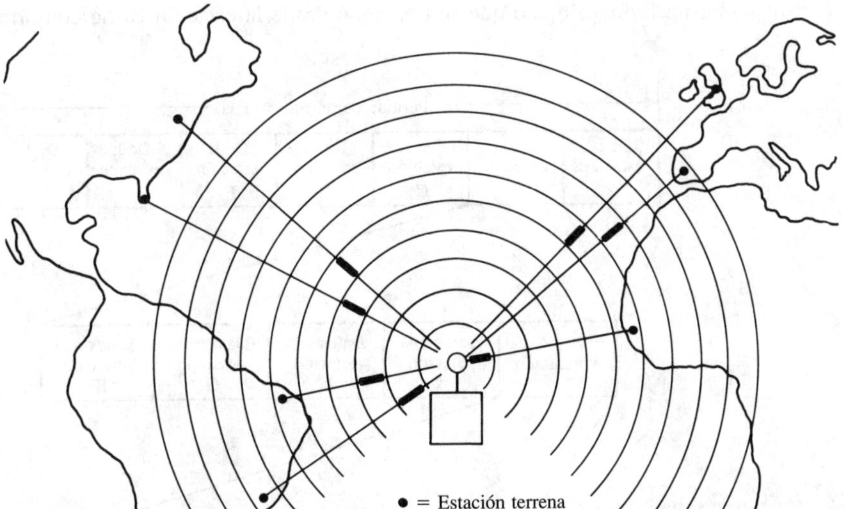


**Figura 8-14** Intercalación de ráfagas en un satélite TDMA.

za el ancho de banda de un transponder completo (véase la figura 8-14). Ya que las estaciones terrenas utilizan una técnica de modulación de envolvente constante, tal como la QPSK, y solamente una señal modulada de alta velocidad pasa a través del transponder durante cualquier intervalo de tiempo, ningún producto se genera dentro de la banda de IM (como lo es en la técnica FDMA que ya se describió). Por tanto, el amplificador final TWT en el satélite podría excitarse dentro de la saturación para más potencia de salida. Esta ventaja de la TDMA sobre el FDMA puede compararse con la principal desventaja de la técnica TDMA. Esta desventaja se presenta cuando en la estación de Tierra se requiere de un ajuste estricto de ráfagas a fin de prevenir la colisión de las ráfagas en el satélite. En otras palabras, la ráfaga de una particular estación terrena tiene que llegar al satélite en el tiempo exacto designado por la estación, así la señal no interferirá con las ráfagas que lleguen de otras estaciones que sean adyacentes a las ranuras de tiempo. Debido a que las estaciones terrenas están localizadas a diferentes distancias del satélite y a que podrían usar diferentes configuraciones de equipo, el tiempo de retraso de cada estación terrena al satélite será diferente y éste debe tomarse en consideración al calcular el tiempo de la transmisión para cada estación terrena. Además, el satélite podrá moverse con respecto a la estación terrena, lo que significa que el retraso en el tiempo está cambiando realmente con el tiempo. Otra desventaja de la TDMA es que es probable que las estaciones terrenas estén transmitiendo datos que han llegado desde líneas terrestres síncronas; en consecuencia, el equipo de estación terrena debe contener una gran memoria para que absorba los datos, que se lee a alta velocidad cuando el paquete de información se envía al satélite.

En la figura 8-15 se muestra un cuadro de formato típico TDMA para los datos transmitidos a través de un satélite. En este ejemplo, la estación B está enviando datos a las estaciones A, E, G y H. Un cuadro (trama) se integra con datos que llegan de cada estación de Tierra. En cualquier momento, solamente la estación terrena proporciona la señal de referencia de tiempo para otras estaciones de Tierra con objeto de calcular el tiempo que utilizan para sus ráfagas de transmisión (cuadro de sincronización). Las longitudes de ráfaga pueden cambiar cualquier estación dependiendo del volumen de tráfico. La segunda parte de la figura muestra una vista expandida de un formato típico que se transmite desde la estación B. Se conforma de dos partes

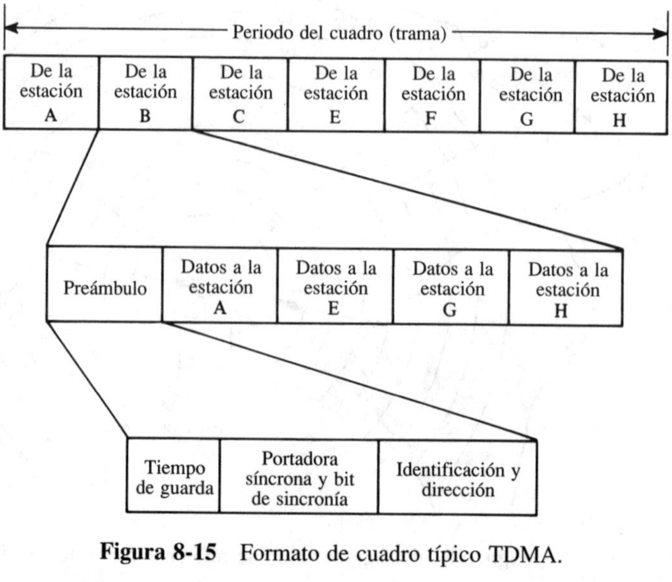


**Figura 8-15** Formato de cuadro típico TDMA.

importantes, el preámbulo y datos que son enviados a otra estación terrena desde la estación B. El preámbulo incluye un tiempo de guarda antes de que comience la transmisión.

Entonces se transmite una cadena de caracteres de sincronización que dan a la portadora de sincronización circuitos de recuperación y circuitos de recuperación de sincronización de bit (en los receptores de la estación terrena) tiempo para cerrar sobre esta ráfaga desde la estación B. La parte final del preámbulo contiene por lo regular una palabra única que identifica la ráfaga como proveniente de la estación B y podría indicar las direcciones (estaciones) para las cuales se dirige la información.

Otro método de acceso múltiple similar a la TDMA es la técnica *ALOHA* [Lam, 1979]. A través de ella los usuarios pueden enviar ráfagas de datos, llamados *paquetes*, en el momento que lo requieran. Si dos o más ráfagas se traslapan en el tiempo, se forma una *colisión*, y los usuarios deberán retransmitir sus paquetes después de un tiempo aleatorio de retraso. Entonces, el proceso de retransmisión se repite hasta tener éxito. Esta técnica tiene la ventaja de requerir de un bajo costo para implementarla, pero no funcionará si hay mucho tráfico en el satélite. El satélite se satura con paquetes de colisión y las colisiones pueden evitarse con sólo detener las nuevas transmisiones e incrementar el retraso requerido antes de la transmisión. Una técnica más elaborada es llamada *ALOHA ranurada*. En ésta los paquetes se transmiten aleatoriamente, pero sólo en ciertos momentos. Esto evita colisiones ocasionadas a sobreposición de paquete parcial. Las *terminales de apertura muy pequeña* (VSAT) se han vuelto populares con la disponibilidad de los satélites de banda Ku y con los recientes avances que han hecho posible las terminales de bajo costo. La "apertura muy pequeña" implica que estos sistemas utilizan pequeñas antenas terminales terrenas, de aproximadamente 1 o 2 metros de diámetro. Los amplificadores de potencia de estado sólido (1 a 2 W), los convertidores de frecuencia de bajo costo, el procesamiento digital y los circuitos VLSI han hecho posible los VSAT. El objetivo de los sistemas VSAT es proporcionar datos a bajo costo y transmisión de voz directamente a los usuarios, como distribuidores de automóviles, bancos (cajeros automáticos), firmas de corretaje, compañías de líneas de ductos (monitoreo y control), hoteles y aerolíneas (reservaciones), tiendas de venta (redes de datos) y corporaciones (transmisión de punto a multipunto). Las VSAT ofrecen transmisión de alta calidad (tasas de error menores que $10^{-7}$ por cada 99.5% de las veces) a tasas de datos de 100 bits/s a 64 kbits/s [Chakraborty, 1988; Maral, 1995]. Muchos usuarios comparten un solo transponder de satélite vía SCPC, TDMA o CDMA, así que el costo puede ser mucho menor que el asignado para el mismo tipo de servicio proporcionado por la red de telefonía de larga distancia [Dorf, 1993, p. 2201; Maral, 1995; Rana, McCoskey y Check, 1990].

## Comunicaciones personales vía satélite

Los sistemas satelitales hoy en día se desarrollan para comunicación directa a dispositivos de *sistema de comunicación personal* (PCS, por sus siglas en inglés: *personal communication system*), tales como teléfonos portátiles de mano y terminales de datos móviles. En general, estos dispositivos PCS usan pequeñas antenas no direccionales que tienen muy poca ganancia. En consecuencia, es necesario que la señal del satélite sea fuerte en la localidad del usuario. El usuario puede lograr una señal fuerte si la distancia al satélite es relativamente pequeña —de 400 a 1200 millas. Por tanto, los satélites de *órbita de Tierra baja* (LEO, por sus siglas en inglés: *low-Earth-orbit*), que no son geoestacionarios, proporcionan una solución a este problema. Otras soluciones son los satélites de *órbita de Tierra media* (MEO, por sus siglas en inglés: *medium-Earth-orbit*) (5000 millas de altitud) y satélites de *órbita de Tierra elevada* (HEO, por sus siglas en inglés: *high-Earth-orbit*) (10 000 millas de altitud) con grandes antenas de alta ganancia [Balduino, 1995;

**TABLA 8-3** SISTEMAS DE SATÉLITE DE COMUNICACIÓN PERSONAL

| | Sistema | | | |
|---|---|---|---|---|
| | **Globalstar** | **Immarstat P** | **Iridium** | **Odyssey** |
| Propietario(s) | Loral/Qualcomm | ICO Global Comm. Ltd. | Motorola | TRW |
| Costo del desarrollo (miles de millones de $) | 1.6 | 2.6 | 3.4 | 1.3 |
| Órbita | LEO | HEO | LEO | MEO |
| Altitud de la órbita (estac. millas) | 880 | 11,895 | 485 | 6,450 |
| Número de satélites | 48 | 10 | 66 | 12 |
| Número de planos de órbita | 8 | 2 | 6 | 3 |
| Planos de inclinación | 52° | 45° | 86.4° | 55° |
| Frecuencias, ascendente/ descendente(GHz) | 1.6/2.4 | 2.4/2.4 | 1.6/1.6 | 1.6/1.6 |
| Número de canales VF | 5,000 | | 3,800 | 4,600 |
| Costo de teléfonos portátiles ($) | 750 | 500 | 2,500 | 300 |
| Costo mensual del servicio ($) | 25 | 30 | 50 | 24 |
| Costo/min de canal de VF ($) | 0.30 | 2.00 | 3.00 | 0.65 |
| Año en servicio | 1997 | 2000 | 1998 | 1998 |

Wu, Miller, Pritchard y Pickholtz, 1994]. La tabla 8-3 muestra algunos de los sistemas LEO/-MEO/HEO que están diseñados para utilizarse con dispositivos PCS de mano. Los sistemas usan tecnología de telefonía celular (véase la sección 8-8), así que el servicio puede proporcionarse a un gran número de usuarios. La mayoría de los dispositivos PCS están diseñados para buscar primero el servicio local TELCO (sistema telefónico local vía celular o sistemas locales inalámbricos) y, si el servicio local no está disponible, se conecta para tal efecto al sistema satelital.

Para más información acerca de los sistemas satelitales se remite al lector a la obra especializada en ese tema de [Gordon y Morgan, 1993; Ha, 1986; Ha, 1989; MaGill, Natali, y Edwards, 1994; Pratt y Bostian, 1986; Spilker, 1977; Xiong, 1994].

En la siguiente sección se desarrolla un procedimiento para calcular la intensidad de una señal de recepción satelital y evaluar la cantidad de ruido que aparece en el sistema receptor. Esto será utilizado para evaluar el BER en la salida de los receptores digitales y la SNR a la salida de los receptores analógicos.

## 8-6 ANÁLISIS DE PRESUPUESTO DE ENLACE

En esta sección se desarrollarán fórmulas para la relación señal a ruido a la entrada del detector como una función de la potencia isotrópica radiada efectiva (PIRE), la pérdida de espacio libre, la ganancia de la antena receptora y la figura de ruido del sistema receptor. Estos resultados nos permitirán evaluar la calidad de la salida del receptor (como medido mediante la probabilidad de error de bit para los sistemas digitales y la razón de señal a ruido a la salida para sistemas analógicos) una vez conocidas, las características del circuito del detector receptor.

## Potencia de la señal recibida

En los sistemas de comunicación la potencia de la señal recibida (como opuesta al nivel de voltaje o corriente) es la cantidad importante, ya que esta potencia excita por último la pantalla del dispositivo, el cual, por ejemplo, podría ser una bocina. En consecuencia, la *potencia* de la señal recibida es de primordial importancia mientras se trata de *minimizar* el efecto de las *fuentes de ruido* que se alimentan dentro del sistema y se amplifican. La ganancia de voltaje, la ganancia de corriente y los niveles de impedancia tienen que ser tales que se consiga la ganancia requerida en potencia. En circuitos FET se consigue al utilizar niveles de voltaje relativamente grandes y corrientes pequeñas (circuito de impedancia alta). Con transistores bipolares la ganancia en potencia se logra con voltajes relativamente pequeños y corrientes grandes (circuito de impedancia baja).

En la figura 8-16 se muestra un diagrama de bloque de un sistema de comunicación con un canal de transmisión de espacio libre. La ganancia de potencia total (o la función de transferencia de potencia) del canal es

$$\frac{P_{\text{Rx}}}{P_{\text{Tx}}} = G_{\text{AT}} G_{\text{FS}} G_{\text{AR}} \tag{8-2}$$

donde $P_{\text{Tx}}$ es la potencia de la señal dentro de la antena transmisora, $G_{\text{AT}}$ es la ganancia de potencia en esa antena, $G_{\text{FS}}$ es la ganancia de potencia de espacio libre† (la cual es de magnitud menor que una de sistemas típicos de comunicación), $G_{\text{AR}}$ es la ganancia de potencia de la antena receptora y $P_{\text{RX}}$ es la potencia de la señal dentro del receptor.

Para usar esta relación, estas ganancias deberían expresarse en términos de la antena utilizable y los parámetros de espacio libre [Kraus, 1986]. Aquí $G_{\text{AT}}$ y $G_{\text{AR}}$ son tomados para obtener la ganancia de potencia con respecto a la antena isotrópica.‡ La PIRE es

$$P_{\text{PIRE}} = G_{\text{AT}} P_{\text{Tx}} \tag{8-3}$$

La ganancia de potencia en la antena se define como

$$G_A = \frac{\begin{array}{c}\text{densidad de potencia de radiación de la antena real}\\ \text{en la dirección de máxima radiación}\end{array}}{\begin{array}{c}\text{densidad de potencia de radiación}\\ \text{de una antena isotrópica}\end{array}}$$

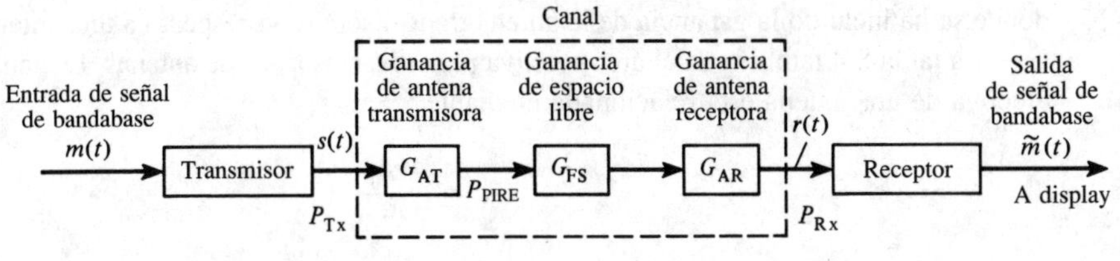


**Figura 8-16** Diagrama a bloques para un sistema de comunicación con un canal de transmisión de espacio libre.

† Una ganancia de la función de transferencia es la cantidad de salida dividida por la cantidad de entrada, mientras que una pérdida en la función de transferencia es la cantidad de entrada dividida por la cantidad de salida.

‡ Una antena isotrópica es una antena teórica no realizable que radia igualmente en todas direcciones y es referencia útil para comparar antenas prácticas.

**TABLA 8-4** GANANCIAS DE ANTENA Y ÁREAS EFECTIVAS

| Tipo de antena | Ganancia de potencia, $G_A$ (unidades absolutas) | Área efectiva, $A_e$ ($m^2$) |
|---|---|---|
| Isotrópica | 1 | $\lambda^2/4\pi$ |
| Dipolo infinitesimal o circuito | 1.5 | $1.5\lambda^2/4\pi$ |
| Dipolo de media onda | 1.64 | $1.64\lambda^2/4\pi$ |
| Antena de corneta (optimizado), área de boca, $A$ | $10A/\lambda^2$ | $0.81A$ |
| Parábola o "plato" con área de cara, $A$ | $7.0A/\lambda^2$ | $0.56A$ |
| Torniquete (dos dipolos cruzados alimentados por una fase de 90°) | 1.15 | $1.15\lambda^2/4\pi$ |

donde la densidad de potencia ($W/m^2$) se evalúa a la misma distancia, $d$, para ambas antenas. La ganancia para algunas antenas reales aparece en la tabla 8-4.

La densidad de potencia ($W/m^2$) de una antena isotrópica a una distancia $d$ de la antena es

$$\text{densidad de potencia en } d = \frac{\text{potencia transmitida}}{\text{área de la esfera con radio } d} = \frac{P_{\text{PIRE}}}{4\pi d^2} \tag{8-4}$$

La FCC y otros a menudo especifican la fortaleza de un campo electromagnético mediante la intensidad del campo, $\mathscr{E}$ (V/m), en lugar de la densidad de potencia ($W/m^2$). Los dos están relacionados mediante

$$\text{Densidad de potencia} = \frac{\mathscr{E}^2}{377} \tag{8-5}$$

donde la densidad de potencia y la intensidad de campo son evaluados en el mismo punto en el espacio y 377 Ω es *impedancia intrínseca del espacio libre*. Si la antena receptora se coloca a $d$ metros de la antena de transmisión, actuará como un "guante de catcher" e interceptará la potencia en un área efectiva de $(A_e)_{\text{Rx}}$ ($m^2$), así que la potencia recibida será

$$P_{\text{Rx}} = G_{\text{AT}}\left(\frac{P_{\text{Tx}}}{4\pi d^2}\right)(A_e)_{\text{Rx}} \tag{8-6}$$

donde se ha incluido la ganancia de la antena transmisora (con respecto a una antena isotrópica), $G_{\text{AT}}$. La tabla 8-4 también da el área efectiva para diversos tipos de antenas. La ganancia del área efectiva de una antena está relacionada mediante

$$G_A = \frac{4\pi A_e}{\lambda^2} \tag{8-7}$$

donde $\lambda = c/f$ es la longitud de onda, siendo $c$ la velocidad de la luz ($3 \times 10^8$ m/s) y $f$ la frecuencia de operación (hertz). Una antena es un *elemento recíproco*. Esto es, tiene las mismas propiedades de ganancia ya sea que esté transmitiendo o recibiendo. Sustituyendo (8-7) en (8-6), tenemos

$$\frac{P_{\text{Rx}}}{P_{\text{Tx}}} = G_{\text{AT}}\left(\frac{\lambda}{4\pi d}\right)^2 G_{\text{AR}} \tag{8-8}$$

donde la ganancia de espacio libre es

$$G_{FS} = \left(\frac{\lambda}{4\pi d}\right)^2 = \frac{1}{L_{FS}} \tag{8-9}$$

y $L_{FS}$ es la pérdida por trayectoria del camino de espacio libre (unidades absolutas). La ganancia de canal, expresado en unidades de decibeles, se obtiene de (8-2):

$$(G_{canal})_{dB} = (G_{AT})_{dB} - (L_{FS})_{dB} + (G_{AR})_{dB} \tag{8-10}$$

donde la pérdida del espacio libre es†

$$(L_{FS})_{dB} = 20 \log \left(\frac{4\pi d}{\lambda}\right) \text{ dB} \tag{8-11}$$

Por ejemplo, la pérdida de espacio libre a 4 GHz para la trayectoria más corta al satélite síncrono desde la Tierra (22 300 millas) es 195.6 dB.

## Las fuentes de ruido térmico

Debemos estudiar la potencia de ruido generada por una fuente de ruido térmico ya que el ruido del receptor se evalúa en términos de este fenómeno. Un elemento conductor con dos terminales podría estar caracterizado por su resistencia, $R$ ohms. Este elemento resistivo o con pérdida contiene electrones libres que tienen un movimiento aleatorio si el resistor tiene una temperatura cercana al cero absoluto. Este movimiento aleatorio causa un voltaje de ruido que se genera en las terminales del resistor. Aunque el ruido es pequeño, cuando se amplifica por un receptor de alta ganancia puede volverse un problema. (Si no hubiera ruidos presentes, podríamos comunicarnos al fin del universo con una potencia infinitamente pequeña, ya que la señal podría amplificarse sin tener que introducir ruido.)

Este elemento físico con pérdidas, o resistor físico, puede ser modelado por un circuito equivalente que consta de un resistor libre de ruido en serie con una fuente de voltaje de ruido (figura 8-17). Para la mecánica cuántica, puede ilustrar que el espectro de potencia (normalizado) correspondiente para la fuente de voltaje es [Van der Ziel, 1986]

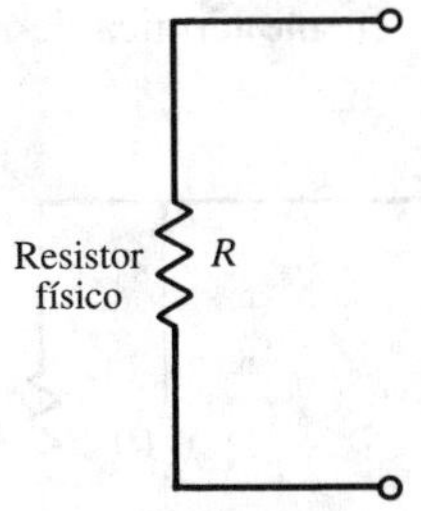


(a) Un elemento de circuito con pérdidas caracterizado por su resistencia

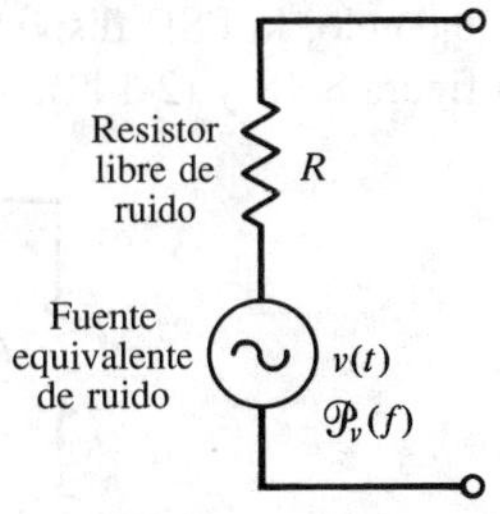


(b) Modelo de circuito equivalente de Thevenin de un elemento de circuito con pérdidas

**Figura 8-17** Fuente de ruido térmico.

†Esta expresión de pérdida por trayectoria de espacio libre puede modificarse para incluir efectos de un canal de multitrayectoria dentro de un ambiente de construcción urbana —véase la ecuación (8-67).

$$\mathcal{P}_v(f) = 2R\left[\frac{h|f|}{2} + \frac{h|f|}{e^{h|f|/(kT)} - 1}\right] \tag{8-12}$$

donde

$R$ = Valor del resistor físico (ohms)

$h = 6.2 \times 10^{-34}$ J-s es la constante de Plank

$k = 1.38 \times 10^{-23}$ J/K es la constante de Boltzmann, donde K es kelvin

$T = (273 + C)$ es la temperatura absoluta del resistor (kelvin)

A temperatura ambiente a frecuencias menores de 1000 GHz, $[h|f|/(kT)] < 1/5$, así que $e^x = 1 + x$ es una buena aproximación. Entonces (8-12) se reduce a

$$\mathcal{P}_v(f) = 2RkT \tag{8-13}$$

Esta ecuación se utiliza para desarrollar otras fórmulas en este libro ya que las frecuencias de RF de interés están por lo regular por debajo de los 1000 GHz y no estamos tratando con temperaturas cercanas al cero absoluto.

Si el voltaje de ruido de circuito abierto que aparece a través de un resistor se lee mediante un voltímetro rms correcto (confiable) que tiene un ancho de banda de $B$ hertz, entonces, utilizando (2-67), la lectura sería

$$V_{\text{rms}} = \sqrt{\langle v^2 \rangle} = \sqrt{2\int_0^B \mathcal{P}_v(f)\, df} = \sqrt{4kTBR} \tag{8-14}$$

## Caracterización de las fuentes de ruido

Las fuentes de ruido podrían caracterizarse por una cantidad máxima de potencia de ruido o una PSD que pueda pasarse a la carga.

**DEFINICIÓN.** La *potencia de ruido disponible* es la potencia real *máxima*† (por ejemplo, no normalizada) que puede obtenerse de una fuente. La *PSD disponible* es la máxima *real* (por ejemplo, no normalizada) PSD que puede obtenerse de una fuente.

Por ejemplo, la PSD disponible para una fuente térmica de ruido se evalúa con facilidad usando la figura 8-18 y (2-142).

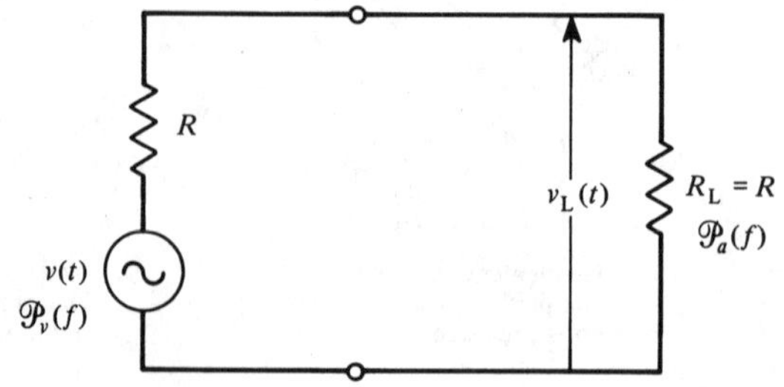


**Figura 8-18** Fuente térmica con una carga acoplada.

† La potencia máxima o máxima PSD se obtiene cuando $Z_L(f) = Z_s^*(f)$, donde $Z_L(f)$ es la impedancia de carga y $Z_s^*(f)$ es el conjugado de la impedancia de la fuente.

$$\mathcal{P}_a(f) = \frac{\mathcal{P}_v(f)|H(f)|^2}{R} = \tfrac{1}{2}kT \quad \text{W/Hz} \tag{8-15}$$

donde $H(f) = \frac{1}{2}$ para el resistor de la red divisora. La potencia disponible para una fuente térmica en un ancho de banda de $B$ hertz es

$$P_a = \int_{-B}^{B} \mathcal{P}_a(f)\, df = \int_{-B}^{B} \frac{1}{2}\, kT\, df$$

o

$$P_a = kTB \tag{8-16}$$

Esta ecuación indica que la potencia disponible de ruido de una fuente térmica no depende del valor de $R$, aun cuando el voltaje de circuito abierto rms sí lo hace.

La potencia de ruido disponible de una fuente (si no tiene una fuente térmica) puede especificarse por un número llamado temperatura de ruido.

**DEFINICIÓN.** La *temperatura de ruido* de una fuente se obtiene por

$$T = \frac{P_a}{kB} \tag{8-17}$$

donde $P_a$ es la potencia disponible desde una fuente en un ancho de banda de $B$ hertz.

De esta definición se desprende que si la fuente es de origen térmico, $T$ será la temperatura del dispositivo en Kelvin, pero si la fuente no tiene un origen diferente, el número obtenido de $T$ podría no tener nada que ver con la temperatura física del dispositivo.

## Caracterización de ruido de dispositivos lineales

Un dispositivo lineal con generadores de ruido interno pueden modelarse como se ilustra en la figura 8-19. Cualquier dispositivo que pueda construirse tendrá algunas fuentes de ruido interno. Como se muestra en la figura, el dispositivo puede modelarse como un dispositivo libre de ruido teniendo una ganancia de potencia $G_a(f)$ y una fuente de exceso de ruido a la salida para la

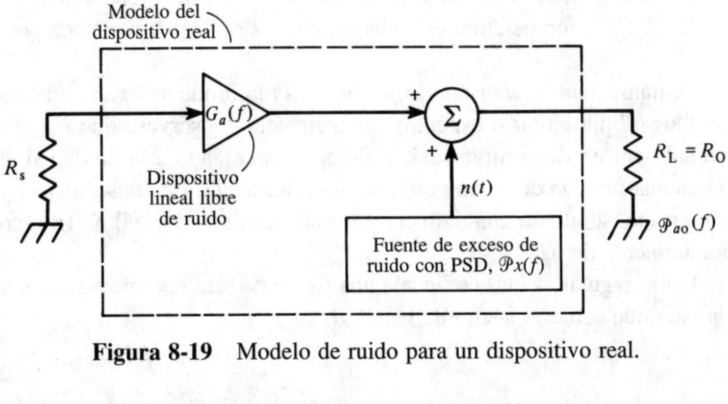


**Figura 8-19** Modelo de ruido para un dispositivo real.

cuenta del ruido interno del dispositivo real. Algunos ejemplos de dispositivos lineales que han sido caracterizados en sistemas receptores son: las líneas con pérdidas, los amplificadores de RF, los convertidores descendentes y los amplificadores de IF.

La ganancia de potencia de los dispositivos es la ganancia de potencia disponible.

**DEFINICIÓN.** La *ganancia de potencia disponible* para un dispositivo lineal es

$$G_a(f) = \frac{\text{la } PSD \text{ de salida disponible del dispositivo}}{\text{la } PSD \text{ de salida disponible de la fuente}} = \frac{\mathcal{P}_{ao}(f)}{\mathcal{P}_{as}(f} \tag{8-18}$$

Cuando $\mathcal{P}_{ao}(f)$ se mide para obtener $G_a(f)$, la fuente de potencia de ruido tiene el tamaño adecuado, así que la *fuente* de ruido amplificada que aparece a la salida domina cualquier otro ruido. Además, obsérvese que $G_a(f)$ dependerá de la impedancia de la fuente que dirige y de los elementos dentro del mismo dispositivo, pero *no* depende de la carga de impedancia. Si la fuente de impedancia y la salida de impedancia de un dispositivo son iguales, $G_a(f) = |H(f)|^2$, donde $H(f)$ es la función de transferencia de voltaje o corriente del dispositivo lineal.

Para caracterizar la bondad de un dispositivo, se necesita una figura de mérito para comparar el dispositivo real (de ruido) con un dispositivo ideal (por ejemplo, fuentes no internas de ruido). Dos figuras de mérito, que dicen lo mismo —qué tan malo es el nivel de rendimiento del ruido del dispositivo—, se usan internacionalmente Se trata de la figura de ruido y la temperatura de entrada de fluido efectiva.

**DEFINICIÓN.** La *figura de ruido específico* de un dispositivo lineal se obtiene mediante la terminación del dispositivo con una fuente de ruido térmico de temperatura $T_0$ sobre la entrada y una carga acoplada sobre la salida, como se indica en la figura 8-19. La figura de ruido específico es

$$F_s(f) = \frac{\text{la } PSD \text{ medible disponible del dispositivo real}}{\text{la } PSD \text{ disponible del dispositivo ideal con la misma ganancia disponible}}$$

o

$$F_s(f) = \frac{\mathcal{P}_{ao}(f)}{(kT_0/2)G_a(f)} = \frac{(kT_0/2)G_a(f) + \mathcal{P}_x(f)}{(kT_0/2)G_a(f)} > 1 \tag{8-19}$$

El valor de $R_s$ es el mismo que se utilizó para la resistencia de la fuente cuando se evaluó $G_a(f)$. Una temperatura estándar de $T_0 = 290$ K es la adoptada por la IEEE [Haus, 1963].

Se llama *número de ruido específico* $F_s(f)$ porque se refiere a la caracterización del ruido en un "lugar" particular o espectro de frecuencia. Obsérvese que $F_s(f)$ es siempre mayor que la unidad para un dispositivo real, y siempre es cercano a la unidad si es un dispositivo ideal. $F_s(f)$ es una función de la temperatura de la fuente, $T_0$. En consecuencia, cuando se evalúa la figura de ruido, se utiliza una temperatura estándar de $T_0 = 290$ K. Esto corresponde a la temperatura ambiente de 62.3°F.

Por lo regular es más codiciada una figura de ruido promedio que una en particular. El promedio se mide sobre el ancho de banda $B$.

**DEFINICIÓN.** La *figura de ruido promedio* es

$$F = \frac{P_{ao}}{kT_0 \int_{f_0-B/2}^{f_0+B/2} G_a(f)\,df} \tag{8-20}$$

donde

$$P_{ao} = 2 \int_{f_0-B/2}^{f_0+B/2} \mathcal{P}_{ao}(f)\,df$$

es la salida disponible medida en un ancho de banda de $B$ hertz de ancho, centrada sobre una frecuencia de $f_0$ y $T_0 = 290$ K.

Si la ganancia disponible es constante sobre la banda y si $G_a(f) = G_a$ sobre el intervalo de frecuencia $(f_0 - B/2) \leq f \leq (f_0 + B/2)$, entonces la figura de ruido se transforma en

$$F = \frac{P_{ao}}{kT_0BG_a} \tag{8-21a}$$

La figura de ruido casi siempre se mide a través del método del factor Y. Esta técnica se ilustra mediante el problema 8-15. El medidor Hewlett-Packard HP8970B de figura de ruido utiliza el método del factor Y para medir la figura de ruido de los dispositivos.

La figura de ruido puede especificarse también en unidades de decibel,†

$$F_{\text{dB}} = 10\log(F) = 10\log\left(\frac{P_{ao}}{kT_0BG_a}\right) \tag{8-21b}$$

Por ejemplo, suponga que el fabricante de un preamplificador de RF especifica que éste tiene una figura de ruido de 2 dB. Esto significa que la potencia de ruido real a la salida es 1.58 veces la potencia que ocurriría debido a la amplificación del ruido desde la entrada. La otra figura de mérito para evaluar el rendimiento del ruido de un dispositivo lineal es la temperatura de ruido de entrada efectiva, la cual se ilustra en la figura 8-20.

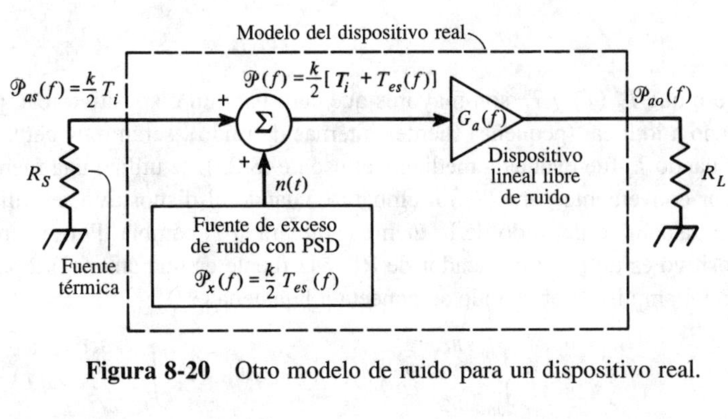


**Figura 8-20** Otro modelo de ruido para un dispositivo real.

† Algunos autores llaman $F$ al *factor de ruido* y $F_{dB}$ a la *figura de ruido*.

**DEFINICIÓN.** La *temperatura de ruido de entrada efectiva promedio*, $T_{es}(f)$, de un dispositivo lineal es la temperatura *adicional* requerida para una fuente de entrada, la cual excita un dispositivo ideal (libre de ruido), para producir la misma PSD disponible en la salida del dispositivo, como la que se obtiene del dispositivo real cuando se excita mediante la fuente de entrada de la temperatura $T_i$ kelvin. Esto es, $T_{es}(f)$ se define por

$$\mathcal{P}_{ao}(f) = G_a(f)\,\frac{k}{2}\,[T_i + T_{es}(f)] \tag{8-22}$$

donde $\mathcal{P}_{ao}(f)$ es el PSD de salida disponible del dispositivo real cuando se excita mediante una fuente de entrada de temperatura $T_i$, y $T_{es}(f)$ es la temperatura de ruido de entrada efectiva de ruido local.

La *temperatura de ruido de entrada efectiva promedio*, $T_e$, se define por la ecuación

$$P_{ao} = k(T_i + T_e)\int_{f_0-B/2}^{f_0+B/2} G_a(f)\,df \tag{8-23}$$

donde la potencia de salida medible disponible del dispositivo en la banda amplia de $B$ hertz es

$$P_{ao} = 2\int_{f_0-B/2}^{f_0+B/2} \mathcal{P}_{ao}(f)\,df \tag{8-24}$$

Debido a que $G_a(f)$ depende de la impedancia de la fuente y de los parámetros del dispositivo, $T_e(f)$ dependerá de la impedancia de la fuente utilizada y de las características del dispositivo en sí mismo, pero es independiente del valor $T_i$ utilizado. En la definición de $T_e$, nótese que los estándares IEEE no especifican que $T_i = T_0$ ya que el valor de $T_e$ obtenido no depende del valor que se utilice de $T_i$. Sin embargo, por comodidad, puede utilizarse $T_i = T_0 = 290$. La temperatura de ruido de entrada efectiva también puede evaluarse mediante el método del factor Y, como se ilustra en el problema 8-15.

Cuando la ganancia es plana (constante) sobre la banda de frecuencia, $G_a(f) = G_a$, la temperatura de ruido de entrada efectiva sólo es

$$T_e = \frac{P_{ao} - kT_iG_aB}{kG_aB} \tag{8-25}$$

Obsérvese que $T_{es}(f)$ y $T_e$ son mayores que cero para un dispositivo real, pero si el dispositivo es cercano a lo ideal (pequeñas fuentes internas de ruido), serán muy cercanas a cero.

Cuando $T_e$ fue evaluada mediante el uso de (8-23), se utilizó una fuente de entrada con algún valor conveniente para $T_i$. Sin embargo, cuando el dispositivo se utiliza en un sistema, la potencia disponible de ruido de la fuente cambiará si $T_i$ cambia. Por ejemplo, supongamos que el dispositivo es un preamplificador de RF y la fuente es una antena. La potencia de salida disponible del amplificador cuando se conecta a la antena es†

$$P_{ao} = 2\int_{f_0-B/2}^{f_0+B/2} \mathcal{P}_{as}(f)G_a(f)\,df + kT_e\int_{f_0-B/2}^{f_0+B/2} G_a(f)\,df \tag{8-26}$$

† El valor de $P_{ao}$ en las ecuaciones (8-26) y (8-27) es diferente al de las (8-23), (8-24), y (8-25).

donde $\mathcal{P}_{as}(f)$ es el PSD disponible de salida de la fuente (antena). $T_e$ es la temperatura de entrada efectiva promedio del amplificador que fue evaluado usando la fuente de entrada $T_i$. Si la ganancia del amplificador es constante sobre la banda, esto se reduce a

$$P_{ao} = G_a P_{as} + kT_e B\, G_a \tag{8-27}$$

donde la potencia disponible de la fuente (antena) es

$$P_{as} = 2\int_{f_0-B/2}^{f_0+B/2} \mathcal{P}_{as}(f)\, df \tag{8-28}$$

Además, la potencia disponible de la fuente podría caracterizarse por su temperatura de ruido, $T_s$, así que, usando (8-17),

$$P_{as} = kT_s B \tag{8-29}$$

En las aplicaciones de recepción de estaciones terrenas satelitales, la temperatura de ruido de la antena (fuente) puede ser $T_s = 32$ K a 4 GHz debido a la radiación cósmica y a la energía recibida desde Tierra como el resultado de un patrón de haz de lóbulo lateral de la antena. (La Tierra actúa como un cuerpo negro de la fuente de ruido con $T = 280$ K.) Nótese que el $T_s = 32$ K de la antena es "causado" por la resistencia de *radiación*, la cual no es la misma que una resistencia con pérdidas ($I^2R$ pérdidas), asociada con la fuente térmica, y $T_s$ no tiene relación con la temperatura física de la antena.

En resumen, se han estudiado dos figuras de mérito: la figura de ruido y la temperatura de ruido de entrada efectiva. Al combinar las ecuaciones (8-19) y (8-22) donde $T_i = T_0$, se obtiene una relación entre estas dos figuras de mérito para mediciones:

$$T_{es}(f) = T_0[F_s(f) - 1] \tag{8-30a}$$

Aquí se requiere $T_i = T_0$ ya que se utiliza en la definición para la figura de ruido que antecede la ecuación (8-19).

Usando las ecuaciones (8-21a) y (8-25), donde $T_i = T_0$, obtenemos la misma relación para las mediciones promedio:

$$T_e = T_0(F - 1) \tag{8-30b}$$

## Ejemplo 8-3 $T_e$ Y $F$ PARA UNA LÍNEA DE TRANSMISIÓN

A continuación evaluaremos la temperatura de ruido de entrada efectiva, $T_e$, y la figura de ruido, $F$, para una línea de transmisión con pérdidas (un dispositivo lineal).† Esto puede lograrse terminando la línea de transmisión con una fuente y una resistencia de carga (todas con la misma temperatura física) que sean iguales a la impedancia característica de la línea, como se muestra en la figura 8-21. La ganancia en la línea de transmisión es $G_a = 1/L$, donde $L$ representa la pérdida (potencia de entrada

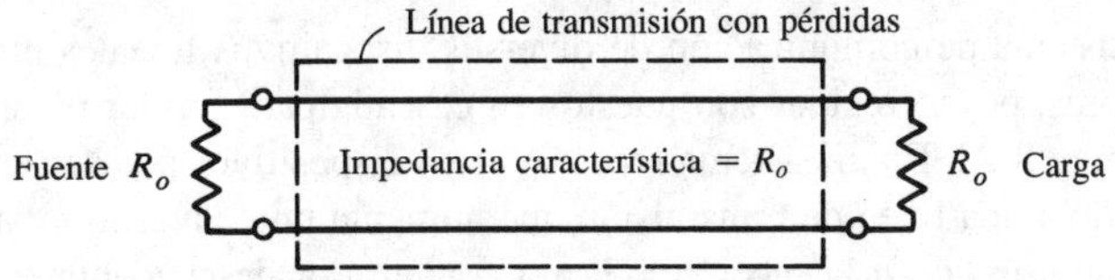


**Figura 8-21** Medición de la figura de ruido para una línea de transmisión con pérdidas.

† Estos resultados también se mantienen para el $T_e$ y $F$ de los atenuadores acoplados (impedancia).

dividida por la potencia de salida) en unidades absolutas (por ejemplo, no en unidades dB). En el puerto de salida de la línea de transmisión puede observarse un circuito equivalente que es resistivo (fuente térmica) con un valor de $R_0$ ohms, ya que la entrada de la línea está terminada mediante un resistor de $R_0$ ohms (la impedancia característica). Suponiendo que la temperatura física de la línea de transmisión es $T_L$ como medida sobre una escala Kelvin. Ya que la línea actúa como una fuente térmica, la potencia de ruido disponible a su salida es $P_{ao} = kT_L B$. Usando la ecuación (8-25), donde la fuente está a la misma temperatura física, $T_e = T_L$ tenemos

$$T_e = \frac{kT_L B - kT_L G_a B}{kG_a B} = T_L\left(\frac{1}{G_a} - 1\right)$$

Por tanto, la temperatura de ruido de entrada efectiva para la línea de transmisión es

$$T_e = T_L(L - 1) \tag{8-31a}$$

donde $T_L$ es la temperatura física (kelvin) de la línea y $L$ es la pérdida en la línea.

Si la temperatura física de la línea ocurre que sea $T_0$, entonces se transforma

$$T_e = T_0(L - 1) \tag{8-31b}$$

La figura de ruido para la línea de transmisión se obtiene usando la ecuación (8-30b) para convertir $T_e$ a $F$. Por tanto, sustituyendo la ecuación (8-31a) en la (8-31b), tenemos

$$T_L(L - 1) = T_0(F - 1)$$

Despejando $F$, se tiene que la figura de ruido para la línea de transmisión es

$$F = 1 + \frac{T_L}{T_0}(L - 1) \tag{8-32a}$$

donde $T_L$ es la temperatura física (kelvin) de la línea, $T_0 = 290$, y $L$ es la pérdida en la línea. Si la temperatura física de la línea es 290 K (63º F), la ecuación (8-32a) se reduce a

$$F = \frac{1}{G_a} = L \tag{8-32b}$$

En medida de decibel, esto es $F_{dB} = L_{dB}$. En otras palabras, si una línea de transmisión tiene una pérdida de 3 dB, tiene una figura de ruido de 3 dB proporcionada con una temperatura física de 63º F. Si la temperatura es de 32º F (273 K), la figura de ruido, usando la ecuación (8-32a), sería 2.87 dB. Por tanto, $F_{dB}$ se aproxima a $L_{dB}$, si la línea de transmisión se localiza en un ambiente (rango de temperatura) inhabitable para los humanos.

## Caracterización del ruido de dispositivos lineales en cascada

En un sistema de comunicación de diversos dispositivos lineales proporcionados por diferentes vendedores, por lo regular son puestos en cascada para formar un sistema total, como se indica en la figura 8-22. En un sistema receptor estos dispositivos podrían ser un preamplificador de RF conectado a una línea de transmisión que alimenta un convertidor bajo y un amplificador de IF. (Como se estudió en la sección 4-11, el convertidor descendente es un dispositivo y puede caracterizarse por su ganancia de conversión de potencia y su figura de ruido.) Para cálculos de rendimiento del sistema, necesitamos evaluar la ganancia total de potencia, $G_a$, y la caracterización total de ruido (la cual es proporcionada por la figura de ruido total o la temperatura de rui-

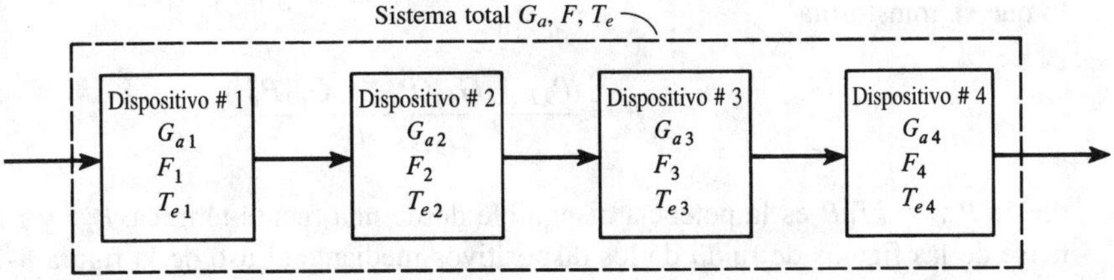


**Figura 8-22** Cascada de cuatro dispositivos.

do de entrada efectiva) desde las especificaciones para dispositivos proporcionados por los vendedores.

La ganancia de potencia disponible es

$$G_a(f) = G_{a1}(f)G_{a2}(f)G_{a3}(f)G_{a4}(f)\cdots \tag{8-33}$$

ya que, por ejemplo, para un sistema de cuatro etapas

$$G_a(f) = \frac{\mathcal{P}_{ao4}}{\mathcal{P}_{as}} = \left(\frac{\mathcal{P}_{ao1}}{\mathcal{P}_{as}}\right)\left(\frac{\mathcal{P}_{ao2}}{\mathcal{P}_{ao1}}\right)\left(\frac{\mathcal{P}_{ao3}}{\mathcal{P}_{ao2}}\right)\left(\frac{\mathcal{P}_{ao4}}{\mathcal{P}_{ao3}}\right)$$

**Teorema.** *La figura de ruido total para dispositivos lineales en cascada es*†

$$F = F_1 + \frac{F_2 - 1}{G_{a1}} + \frac{F_3 - 1}{G_{a1}G_{a2}} + \frac{F_4 - 1}{G_{a1}G_{a2}G_{a3}} + \cdots \tag{8-34}$$

*como se ilustra en la figura 8-22 (para un sistema de cuatro etapas).*

**Demostración**. Este resultado podría lograrse mediante el uso de un modelo de exceso de ruido como el presentado en la figura 8-23. La figura de ruido total es

$$F = \frac{P_{ao2}}{(P_{ao2})_{\text{ideal}}} = \frac{P_{x2} + P_{ao1}G_{a2}}{G_{a1}G_{a2}P_{as}}$$

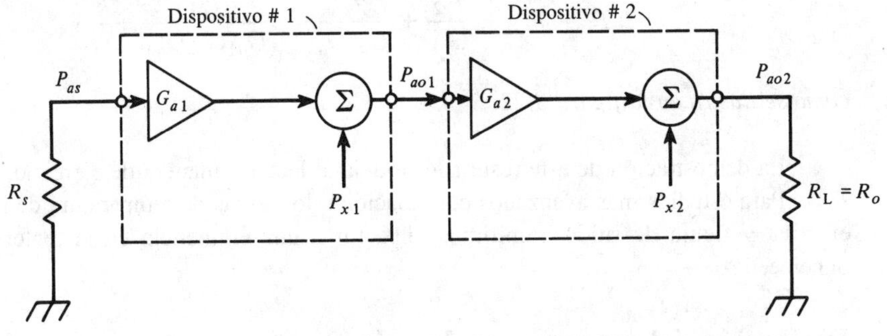


**Figura 8-23** Modelo de ruido para dos dispositivos en cascada.

† Esto se conoce como la fórmula de ruido de Friis.

lo que se transforma

$$F = \frac{P_{x2} + G_{a2}(P_{x1} + G_{a1}P_{as})}{G_{a1}G_{a2}P_{as}} \tag{8-35}$$

donde $P_{as} = kT_0B$ es la potencia disponible desde una fuente térmica. $P_{x1}$ y $P_{x2}$ pueden obtenerse de las figuras de ruido de los dispositivos mediante el uso de la figura 8-19, así que para el dispositivo $i$-ésimo

$$F_i = \frac{P_{aoi}}{G_{ai}P_{as}} = \frac{P_{xi} + G_{ai}P_{as}}{G_{ai}P_{as}}$$

o

$$P_{xi} = G_{ai}P_{as}(F_i - 1) \tag{8-36}$$

Sustituyendo esta ecuación dentro de la (8-35) para $P_{x1}$ y $P_{x2}$, tenemos

$$F = F_1 + \frac{F_2 - 1}{G_{a1}}$$

la cual es idéntica a la ecuación (8-34) para el caso de dos estados en cascada. De igual manera, la ecuación (8-34) puede ser cierta para cualquier número de etapas.

Atendiendo la ecuación (8-34), se observa que si los términos $G_{a1}$, $G_{a1}G_{a2}$, $G_{a1}G_{a2}G_{a3}$, y así sucesivamente, son grandes, $F_1$ dominaría la figura total de ruido. Por tanto, en el diseño del sistema receptor es importante que la primera etapa tenga una figura de ruido baja y una ganancia grande disponible, de tal modo que el ruido total del sistema sea lo más pequeño posible.

La temperatura de ruido de entrada efectiva total de varias etapas en cascada también puede evaluarse.

**TEOREMA.** *La temperatura de ruido de entrada efectiva total para dispositivos lineales en cascada es*

$$T_e = T_{e1} + \frac{T_{e2}}{G_{a1}} + \frac{T_{e3}}{G_{a1}G_{a2}} + \frac{T_{e4}}{G_{a1}G_{a2}G_{a3}} + \cdots \tag{8-37}$$

*como se ilustra en la figura 8-22.*

La demostración de este resultado se deja al lector a manera de ejercicio.

Para estudios más avanzados con relación a los temas de temperatura de ruido de entrada efectiva y figura de ruido, remitimos al lector a una eminencia en la materia [Mumford y Scheibe, 1968].

## Evaluación del presupuesto de enlace

El rendimiento de un sistema de comunicación depende de qué tan grande sea el SNR a la entrada del detector del receptor. Es costumbre en ingeniería designar a la razón de señal a ruido antes de la detección como la razón *de portadora a ruido* (CNR). Por tanto, en esta sección usaremos CNR para antes de la detección (caso pasabanda) y SNR para denotar la razón de señal a ruido después de la detección (caso bandabase). En este punto nos interesamos en evaluar la CNR a la entrada del detector como una función de los parámetros del enlace de comunicación, tales como la PIRE transmitido, la pérdida de espacio, la ganancia de antena receptora y la temperatura de ruido de entrada efectiva del sistema receptor. La fórmula que relaciona estos parámetros del sistema de enlace al CNR con la entrada del detector se llama *presupuesto de enlace.*

El sistema de comunicación puede describirse mediante el diagrama a bloques que se muestra en la figura 8-24. En este modelo, el sistema receptor desde la salida de la antena receptora a la entrada del detector se modela por un bloque lineal que representa las etapas en cascada del sistema receptor, tal como una línea de transmisión, un amplificador de bajo de ruido (LNA), un convertidor descendente y un amplificador de IF. Este bloque lineal describe la ganancia total de potencia disponible y la temperatura de ruido de entrada efectiva de estos dispositivos en cascada, como se describió en la sección anterior y se modela en la figura 8-21.

Como se observó en la figura 8-24, la CNR en la entrada del amplificador ideal (con ganancia $G_a$) es idéntica a la de la entrada del detector, ya que un amplificador ideal no agrega exceso de ruido ni tampoco amplifica la señal y el ruido en un ancho de banda de $B$ hertz (el ancho de banda de IF). Por tanto, se describe mediante CNR,

$$\left(\frac{C}{N}\right) \triangleq \left(\frac{C}{N}\right)_{Rx} = \left(\frac{C}{N}\right)_{\text{det}} \tag{8-38}$$

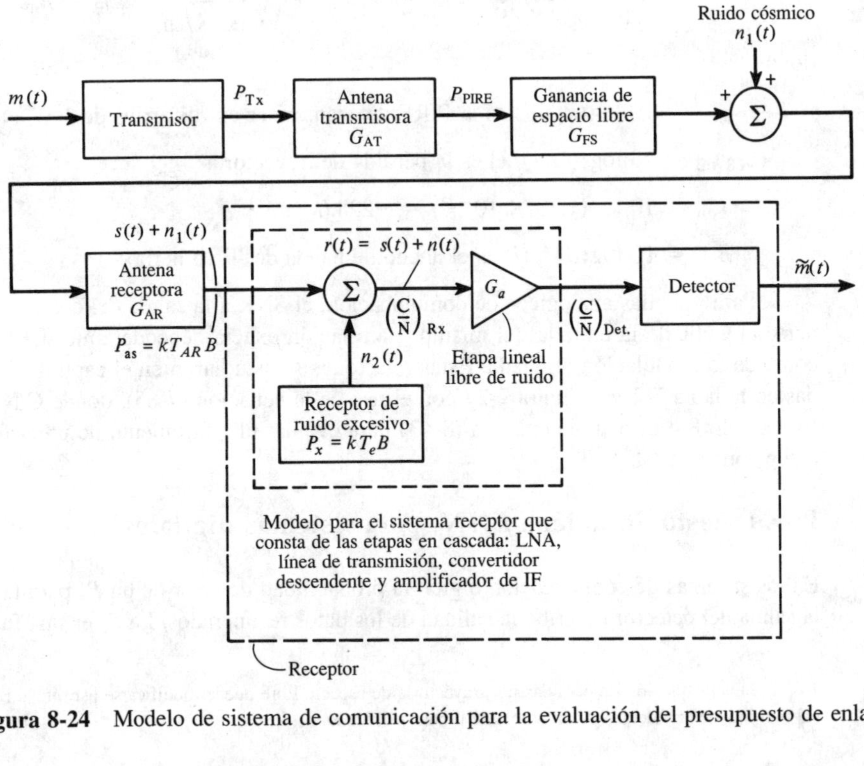


**Figura 8-24** Modelo de sistema de comunicación para la evaluación del presupuesto de enlace.

donde estas razones de potencia portadora a ruido están indicados en la figura.

Usando las ecuaciones (8-2) y (8-3), tenemos que la potencia de la señal recibida es

$$C_{\text{Rx}} = (P_{\text{PIRE}})G_{\text{FS}}G_{\text{AR}} \tag{8-39}$$

donde $P_{\text{PIRE}}$ es la *PIRE* del transmisor, $G_{\text{FS}}$ es la ganancia de espacio libre y $G_{\text{AR}}$ es la ganancia de potencia de la antena receptora.

Cuando usamos la ecuación (8-17), la potencia de ruido disponible en la entrada al amplificador ideal en el modelo (figura 8-24) es

$$N = kT_{\text{sistema}}B \tag{8-40}$$

donde $B$ es el ancho de banda de IF. La temperatura del sistema receptor es

$$T_{\text{sistema}} = T_{\text{AR}} + T_e \tag{8-41}$$

donde $T_{\text{AR}}$ es la temperatura de ruido de la antena (debido al ruido cósmico recibido y a la radiación de cuerpo negro de radiación de la Tierra) y $T_e$ es la temperatura de ruido de entrada efectiva de todo el sistema receptor.

Cuando las ecuaciones (8-39) y (8-40) se combinan, la relación de portadora a ruido a la entrada del detector es

$$\frac{\text{C}}{\text{N}} = \frac{P_{\text{PIRE}}G_{\text{FS}}G_{\text{AR}}}{kT_{\text{sistema}}B} \tag{8-42}$$

Para aplicaciones de ingeniería, esta fórmula se convierte en decibeles. Usando la ecuación (8-9) en (8-42), la razón de portadora a ruido recibida a la entrada del detector en decibeles es

$$\left(\frac{\text{C}}{\text{N}}\right)_{\text{dB}} = (P_{\text{PIRE}})_{\text{dBw}} - (L_{\text{FS}})_{\text{dB}} + \left(\frac{G_{\text{AR}}}{T_{\text{sistema}}}\right)_{\text{dB}} - k_{\text{dB}} - B_{\text{dB}} \tag{8-43}$$

donde

$$(P_{\text{PIRE}})_{\text{dBw}} = 10\log(P_{\text{PIRE}}) \text{ es la PIRE del transmisor en dB arriba de 1 W}$$

$$(L_{\text{FS}})_{\text{dB}} = 20\log[(4\pi d)/\lambda] \text{ es la pérdida de trayectoria}^{\dagger}$$

$$k_{\text{dB}} = 10\log(1.38 \times 10^{-23}) = -228.6$$

$$B_{\text{dB}} = 10\log(B) \quad (B \text{ es el ancho de banda de IF en hertz})$$

Para sistemas analógicos de comunicación, el SNR a la salida del detector puede relacionarse al CNR de la entrada del mismo. La relación exacta depende tanto del tipo de detector como de la modulación utilizada. Estas relaciones se estudiaron en el capítulo 7. Están resumidas en la tabla 7-2 y la figura 7-27 con el uso de la ecuación (7-85), donde $\text{C/N} = (\text{S/N})_{\text{entrada}}$. El ejemplo 8-4 utiliza la ecuación (8-43) para evaluar el rendimiento de un sistema CATV de recepción satelital.

## Presupuesto de cadena $E_b/N_0$ para sistemas digitales

En los sistemas de comunicación digital la probabilidad de error de bit $P_e$ para la señal digital a la salida del detector describe la calidad de los datos recuperados. La $P_e$ es una función de la re-

† Esta expresión de pérdidas por trayectoria de espacio libre puede modificarse para incluir efectos de un canal multitrayectoria dentro de un ambiente urbano edificado.

lación de la energía por bit al ruido PSD, $(E_b/N_0)$, como medida a la entrada del detector. La relación exacta entre $P_e$ y $E_b/N_0$ depende del tipo de señal digital que se utiliza, como se muestra en la tabla 7-1 y en la figura 7-14. En esta sección evaluamos la $E_b/N_0$ obtenida a la entrada del detector como función de los parámetros del enlace de comunicación.

La energía por bit se obtiene por $E_b = CT_b$, donde $C$ es la potencia de la señal y $T_b$ es el tiempo requerido para enviar un bit. Utilizando la ecuación (8-17), vemos que el ruido PSD (de un lado) es $N_0 = kT_{\text{sistema}}$. Por tanto,

$$\frac{\text{C}}{\text{N}} = \frac{E_b/T_b}{N_0 B} = \frac{E_b R}{N_0 B} \tag{8-44}$$

donde $R = 1/T_b$ es la tasa de datos (bits/s). Utilizando la ecuación (8-44) en la (8-42), tenemos

$$\frac{E_b}{N_0} = \frac{P_{\text{PIRE}} G_{\text{FS}} G_{\text{AR}}}{kT_{\text{sistema}} R} \tag{8-45}$$

En unidades de decibel, la $E_b/N_0$ recibida a la entrada del detector de un receptor de comunicaciones digitales se relaciona con los parámetros del enlace a través de

$$\left(\frac{E_b}{N_0}\right)_{\text{dB}} = (P_{\text{PIRE}})_{\text{dBw}} - (L_{\text{FS}})_{\text{dB}} + \left(\frac{G_{\text{AR}}}{T_{\text{sistema}}}\right)_{\text{dB}} - k_{\text{dB}} - R_{\text{dB}} \tag{8-46}$$

donde $(R)_{\text{dB}} = 10 \log(R)$ y $R$ es la tasa de datos (bits/segundo).

Por ejemplo, suponga que tenemos una señal BPSK y se utiliza un detector óptimo en el receptor; entonces $(E_b/N_0)_{\text{dB}} = 8.4$ dB se requiere para $P_e = 10^{-4}$ (véase la figura 7-14).† Utilizando la ecuación (8-46), los parámetros del enlace de comunicación se pueden seleccionar para obtener $(E_b/N_0)_{\text{dB}}$ de 8.4 dB. Obsérvese que mientras la tasa de bit se incrementa, también la potencia transmitida tiene que incrementarse o el rendimiento del sistema receptor —denotado por $(G_{\text{AR}}/T_{\text{sistema}})_{\text{dB}}$— tiene que mejorar para mantener el $(E_b/N_0)_{\text{dB}}$ necesario de 8.4 dB.

**Ejemplo 8-4** EVALUACIÓN DE PRESUPUESTO DE ENLACE PARA UNA TERMINAL DE TELEVISIÓN DE RECEPCIÓN DE SEÑALES DE SATÉLITE

Debe evaluarse el presupuesto de enlace para una terminal de televisión de recepción (TVRO), utilizada sólo para la recepción de señales de televisión desde un satélite. Se considera que esta terminal de recepción se localiza en Washington. D.C., y recibe las señales desde el satélite Hughes *Galaxy* que está en órbita geoestacionaria a 134º W longitud oeste por arriba del ecuador. Las especificaciones sobre el equipo propuesto aparecen en la tabla 8-5 junto con las coordenadas del sitio receptor y los parámetros del satélite. Esta terminal TVRO es típica de aquellas utilizadas en el extremo principal de los sistemas CATV para recepción de señales de televisión que se transmiten vía satélite. Como se discutió en la sección 8-5, la bandabase compuesta NTSC de la señal de video se transmite vía satélite mediante la modulación de la frecuencia de esta señal sobre una portadora de 6 GHz que es radiado hacia el satélite. Éste convierte la señal FM en descendencia a 4 GHz y retransmite la FM a la terminal TVRO.

La huella del PIRE antena de transmisión para el satélite *Galaxy I* se muestra en la figura 8-25, de la que se puede ver que la PIRE dirigida hacia Washington D.C., se aproxima a 36 dBw como la obtenida por inclusión en la tabla 8-5.

† Si, además, la codificación fuera usada con una ganancia de codificación de 3 dB (véase sección 1-11), se necesitaría un $E_b/N_0$ de 5.4 dB por $P_e = 10^{-4}$.

**TABLA 8-5** PARÁMETROS DE TRANSMISIÓN TÍPICOS PARA TELEVISIÓN SATELITAL

| Concepto | Valor del parámetro |
|---|---|
| Satélite Hughes *Galaxy I* | |
| Órbita | Geoestacionario |
| Localización (por encima del ecuador) | 134° W longitud |
| Banda de frecuencia de enlace ascendente | 6 GHz |
| Banda de frecuencia de enlace descendente | 4 GHz |
| $(P_{\text{PIRE}})_{\text{dBw}}$ | 36 dBw |
| Terminal de TVRO | |
| Localización del sitio | Washington, D.C., 38.8° N latitud norte, 77° W Longitud oeste |
| Antena | |
| Tipo de antena | Parábola de 10 pies de diámetro |
| Temperatura de ruido | 32 K (a la salida del alimentador) para elevación de 16.8° |
| Ganancia de línea de alimentación | 0.98 |
| Amplificador de bajo ruido | |
| Temperatura de ruido | 40 K |
| Ganancia | 50 dB |
| Receptor | |
| Fabricante | Microdyne Corp., Modelo 1100-TVR (×24) |
| Temperatura de ruido | 2610 K |
| Ancho de banda de IF | 30 MHz |
| Umbral de FM | 8 dB CNR |

Se puede comprobar que los ángulos de observación de la antena TVRO pueden evaluarse usando las siguientes fórmulas [Davidoff, 1984, cap. 9]. La elevación de la antena TVRO es

$$E = \tan^{-1}\left[\frac{1}{\tan\,\beta} - \frac{R}{(R+h)\text{sen}\,\beta}\right] \tag{8-47}$$

donde

$$\beta = \cos^{-1}[\cos\varphi\cos\lambda] \tag{8-48}$$

y $\lambda$ es la diferencia entre la longitud del sitio de TVRO y la longitud del *punto de subestación* (ejemplo, el punto directamente por abajo del satélite geoestacionario a lo largo del ecuador). $\varphi$ es la altitud del sitio del TVRO, $R = 3963$ millas terrestres es el radio de la Tierra y $h = 22{,}242$ millas por regla es la altitud del satélite síncrono. La distancia entre el sitio del TVRO y el satélite, llamado *rango de inclinación*, se obtiene por la ley de cosenos:

$$d = \sqrt{(R+h)^2 + R^2 - 2R(R+h)\cos\beta} \tag{8-49}$$

El acimut de la antena TRVRO es

$$A = \cos^{-1}\left(-\frac{\tan\,\varphi}{\tan\,\beta}\right) \tag{8-50}$$

donde el verdadero acimut, medido en el sentido de las manecillas del reloj desde el norte, está dado por $A$ o por $360° - A$, como sea apropiado, ya que una calculadora da un valor entre 0 y 180° para $\cos^{-1}(x)$. Usando estas fórmulas para el sitio del TVRO de Washington, D.C.,† tenemos $\lambda = 134 - 77 = 57°$ y

† Aquí, por comodidad y facilidad de interpretación de respuestas, la calculadora se establece para evaluar todas las funciones trigonométricas en grados (no radianes).

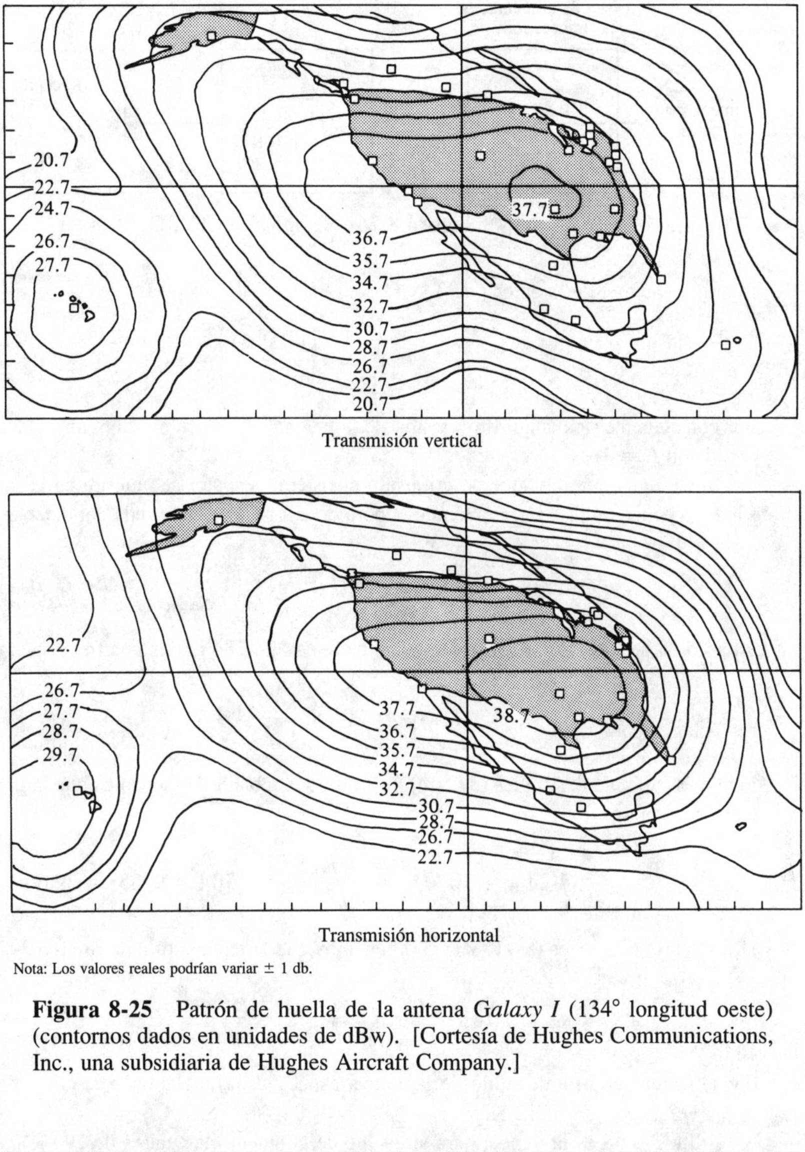


Nota: Los valores reales podrían variar ± 1 db.

**Figura 8-25** Patrón de huella de la antena G*alaxy I* (134° longitud oeste) (contornos dados en unidades de dBw). [Cortesía de Hughes Communications, Inc., una subsidiaria de Hughes Aircraft Company.]

$$\beta = \cos^{-1}[\cos(38.8)\cos(57)] = 64.9° \tag{8-51}$$

El rango de inclinación

$$d = \sqrt{(26{,}205)^2 + (3963)^2 - 2(3963)(26{,}205)\cos 64.9)}$$

$$= 24{,}784 \text{ millas} \tag{8-52}$$

El ángulo de elevación de la antena de TVRO es

$$E = \tan^{-1}\left[\frac{1}{\tan(64.9)} - \frac{3963}{(26{,}205)\ \text{sen}(64.9)}\right] = 16.8° \tag{8-53}$$

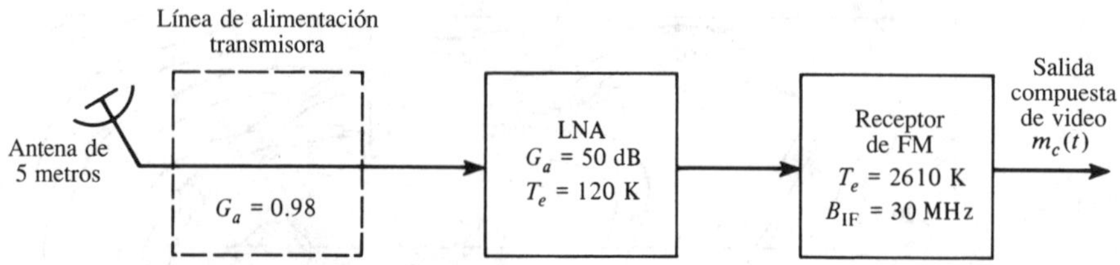


**Figura 8-26** Terminal de TVRO.

El ángulo acimut de la antena de TVRO es

$$A = \cos^{-1}\left[\frac{-\tan(38.8)}{\tan(64.9)}\right] = 247.9° \tag{8-54}$$

Por consiguiente, los ángulos de visión de la antena TVRO en Washington, D.C., al satélite *Galaxy I* son $E = 16.8°$ y $A = 247.9°$.

Un diagrama a bloque describiendo el sistema receptor se muestra en la figura 8-26. Utilizando la ecuación (8-43), la razón de la portadora a ruido a la entrada del detector del receptor es

$$\left(\frac{C}{N}\right)_{dB} = (P_{PIRE})_{dBw} - (L_{FS})_{dB} + \left(\frac{G_{AR}}{T_{sistema}}\right)_{dB} - k_{dB} - B_{dB} \tag{8-55}$$

La pérdida de trayectoria correspondiente para $d = 24{,}784$ millas una frecuencia de 4 GHz es

$$(L_{FS})_{dB} = 20 \log\left(\frac{4\pi d}{\lambda}\right) = 196.5 \text{ dB}$$

Para una parábola de 10 pies (3.05 m), utilizando la tabla 8-4 obtenemos que la ganancia de la antena receptora es

$$(G_{AR})_{dB} = 10 \log\left[\frac{7\pi(3.05/2)^2}{\lambda^2}\right] = 10 \log(9085) = 39.6 \text{ dB}$$

Usando las ecuaciones (8-41) y (8-37), tenemos que la temperatura de ruido del sistema es

$$T_{sistema} = T_{AR} + T_{alimentación} + \frac{T_{LNA}}{G_{alimentación}} + \frac{T_{receptor}}{G_{alimentación}G_{LNA}} \tag{8-56}$$

donde la temperatura de ruido de la antena especificada, incluyendo la alimentación, es $T_A = (T_{AR} + T_{alimentación}) = 32$ K.

La $T_{AR}$ no es la temperatura ambiente de la antena (la cual es de 290 K), ya que su resistencia efectiva no consiste en un resistor térmico sino en un resistor de radiación. Esto es, si la potencia de RF se alimenta a la antena, no se disipará en la antena; en su lugar, será radiada al espacio. En consecuencia, $T_{AR}$ es llamada la *temperatura de ruido espacial* y es causada por la atenuación atmosférica, donde esta potencia es $P_{AR} = kT_{AR}B$. Las gráficas dan la medición de la temperatura de ruido espacial como una función de la frecuencia de RF y el ángulo de elevación de la antena disponibles [Jordan, I985, capítulo 27; Pratt y Bostian, 1986].

Sustituyendo los parámetros del sistema de recepción dentro de la ecuación (8-56) tenemos

$$T_{sistema} = 32 + \frac{40}{0.98} + \frac{2610}{(0.98)(100{,}000)} = 72.8 \text{ K}$$

Por tanto,†

$$\left(\frac{G_{AR}}{T_{sistema}}\right)_{dB} = 10 \log\left(\frac{9{,}085}{72.8}\right) = 21.0 \text{ dB/K}$$

también,

$$(B)_{dB} = 10 \log(30 \times 10^6) = 74.8$$

Sustituyendo estos resultados en la ecuación (8-55) tenemos

$$\left(\frac{C}{N}\right)_{dB} = 36 - 196.5 + 21.0 - (-228.6) - 74.8$$

Por tanto, la relación de la portadora a ruido a la entrada del detector (dentro del receptor de FM) es

$$\left(\frac{C}{N}\right)_{dB} = 14.3 \text{ dB} \tag{8-57}$$

¿Un CNR de 14.3 dB no parece ser una muy buena relación de señal a ruido, o sí? En realidad, la pregunta es: ¿un CNR de 14.3 dB a la entrada del detector da una calidad alta en la señal de video por lo que hace a la salida del detector? Esta pregunta puede responderse con facilidad si tenemos algún detector de curvas de rendimiento, como el que se muestra en la figura 8-27, que

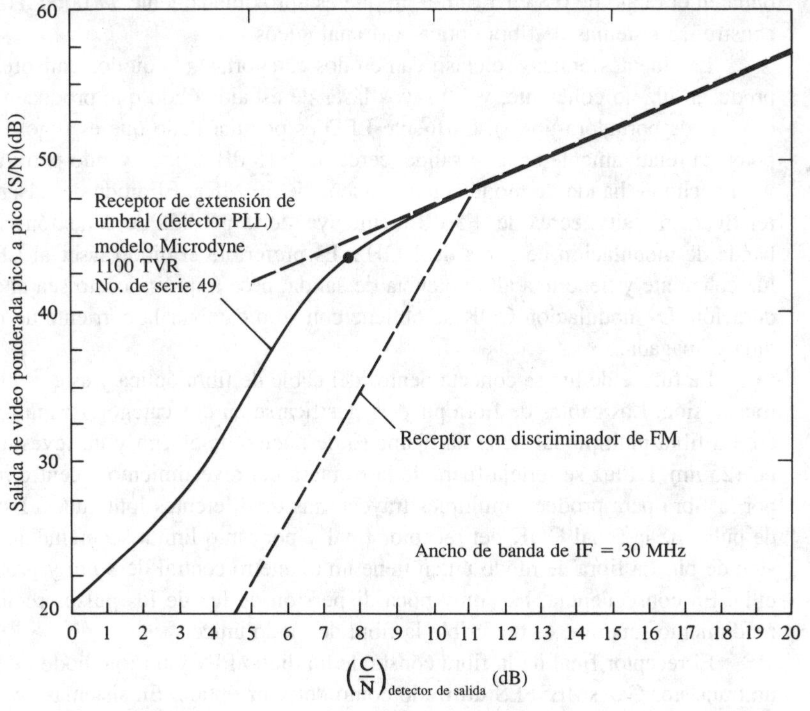


**Figura 8-27** SNR de salida como función del detector de FM de CNR a la entrada. [Curva para el receptor Microdyne, modelo 1100TVR, cortesía de Microdyne Corporation, Ocala, FL, 1981.]

† Los ingenieros especifican a dB/K como las unidades $(G/T)_{dB}$, aunque esto sea un error.

grafica dos curvas. Una es para la salida de un receptor que utiliza un discriminador de FM para el detector de FM y la otra es para un receptor (Microdyne 1100TVR) que utiliza un detector de FM PLL para proporcionar la extensión de umbral.† Para una CNR de 14.3 dB sobre la entrada, ambos receptores darán una salida de 51 dB de SNR a la salida, la cual corresponde a una imagen de alta calidad. Sin embargo, si la señal recibida desde un satélite se desvanece debido a las condiciones atmosféricas, mediante, digamos, 6 dB, la SNR a la salida del receptor con un discriminador de FM será únicamente 36 dB, donde el receptor con una detección de extensión de umbral tendrá una SNR a la salida de cerca de 45 dB.

## 8-7 SISTEMAS DE FIBRA ÓPTICA

Desde 1980 los sistemas de transmisión por cable de fibra óptica han cobrado gran auge. Como se muestra en la tabla 8-2, las portadoras comunes han instalado sistemas extensivas de fibra óptica en Estados Unidos, Japón, Gran Bretaña y Canadá. El cable de fibra óptica es el medio de transmisión subterráneo preferido y está tomando el lugar del cable de par trenzado y del coaxial. En esa misma tabla se aprecia que los sistemas de cable de fibra óptica transoceánicos se están volviendo populares. Los sistemas de fibra óptica digital usan modulación OOK simple de una fuente óptica para producir un haz de luz modulado. La fuente óptica tiene una longitud de onda en el rango de 0.85 a 1.6 mm, lo que es aproximadamente 77 000 GHz. (También pueden construirse sistemas de fibra óptica AM analógicos.)

Las fuentes ópticas se clasifican en dos categorías: (1) diodos emisores de luz (LED) que producen luz no coherente, y (2) rayos láser de estado sólido que producen luz coherente (frecuencia de portadora única). La fuente LED es popular dado que es rugosa y barata, tiene una potencia relativamente baja de salida, cerca de $-15$ dBm (incluyendo pérdida de acoplamiento) y un ancho de banda de modulación pequeña de 50 MHz. El diodo del láser tiene una potencia relativamente alta, cerca de $+5$ dBm (incluyendo la pérdida de conexión) y un gran ancho de banda de modulación de cerca de 1 GHz. Es preferible el diodo láser al LED porque produce luz coherente y tiene una alta potencia de salida, pese a que su costo sea alto y tenga una corta duración. La modulación OOK se obtiene con sólo cambiar la corriente de polarización encendida y apagada.

La fuente de luz se conecta dentro del cable de fibra óptica y éste es el medio de canal de transmisión. Los cables de fibra pueden clasificarse en dos categorías: multimodal y modo único. La fibra multimodal tiene un diámetro de núcleo de 50 $\mu$m y un revestimiento de diámetro de 125 $\mu$m. La luz se refleja fuera de la frontera del revestimiento y centro mientras se propaga por la fibra para producir múltiples trayectorias de diferentes longitudes. Esto causa dispersión de pulso de la señal OOK del receptor final y por tanto limita severamente la tasa de transmisión de bit. La fibra de modo único tiene un diámetro central de 8 $\mu$m y propaga una onda sencilla. En consecuencia, hay muy poca dispersión de luz de los pulsos recibidos. Debido a su rendimiento superior, es preferible la fibra de modo único.

El receptor final de la fibra consta de un diodo PIN y un fotodiodo de avalancha (ADP) o un transistor GaAsMESFES utilizado como detector óptico. En sistemas de 0.85 $\mu$m cualquiera

† El punto de umbral es aquél donde la rodilla ocurre en la típica $(S/N)_{salida}$ *versus* $(C/N)_{entrada}$. En este caso la rodilla se extiende a la izquierda (rendimiento mejorado) cuando se compara con la rodilla para el receptor correspondiente que usa un discriminador como detector.

de estos dispositivos puede utilizarse como un detector. Por lo regular en los sistemas de 1.3 y 1.55 $\mu$m se utiliza el APD. Aunque el diodo PIN es de bajo costo y confiable, sólo se usa en sistemas de 0.85 $\mu$m. Estos detectores actúan como un detector de envolvente simple. Como se muestra en la figura 7-14, se puede obtener un mejor rendimiento (menor probabilidad de error de bit) mediante el uso de un sistema de detección coherente de producto. Para ello se requiere que una fuente de luz coherente en el receptor se mezcle con la señal recibida OOK a través de la acción no lineal del fotodetector. Es conveniente tener sistemas coherentes PSK y FSK [Basch y Brown, 1985]; sin embargo, sus costos no son accesibles.

## Ejemplo 8-5 PRESUPUESTO DE ENLACE PARA UN SISTEMA DE FIBRA ÓPTICA

La figura 8-28 muestra la configuración del sistema de fibra óptica AT&T FT-2000. Consta de dos anillos bidireccionales de fibra óptica con terminales localizadas en los puntos de servicio (tales como ciudades) dentro de un área geográfica determinada. La configuración de anillo se utiliza para proporcionar trayectoria redundantes de datos; si un cable se corta en cualquier parte alrededor del anillo, el servicio continuará proporcionándose a las terminales mediante la otra fibra que siga en servicio. Las terminales se denominan como agregar/caer ya que agregan/caen los datos del anillo para los usuarios que la terminal sirve desde su localidad. Como se ilustra en la figura 8-28, se requieren dos fibras en el anillo para un servicio de full-duplex. Esto es, una para los datos transmitidos (Tx) y la otra para los datos que se reciben en forma simultánea (Rx).

Las especificaciones para el sistema AT&T FT-2000 aparecen en la tabla 8-6. Este sistema tiene una capacidad de OC-48, lo cual es equivalente a 48 circuitos DS-3 o 32, 256 circuitos full-duplex de VF como se describió en la sección 3-9 (véase la tabla 3-10).

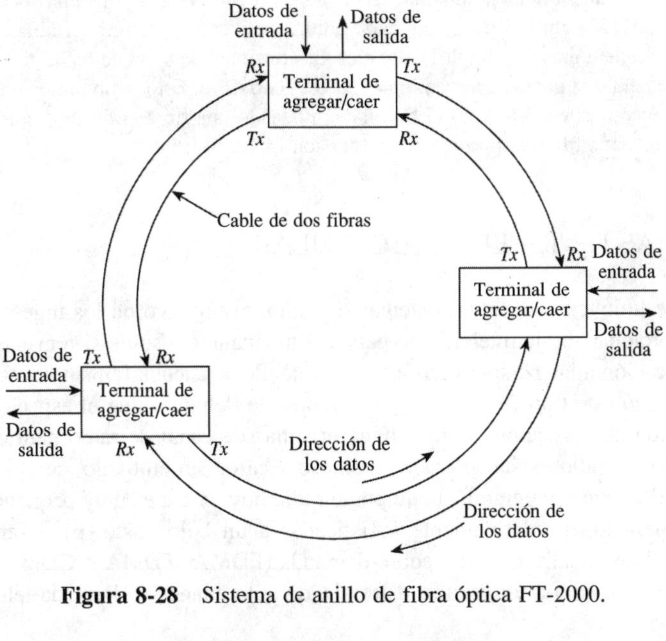


**Figura 8-28** Sistema de anillo de fibra óptica FT-2000.

**TABLA 8-6** ESPECIFICACIONES PARA EL SISTEMA DE ONDA DE LUZ FT-2000 OC-48

| | |
|---|---|
| Capacidad máxima para anillos de dos fibras bidireccionales | Equivalentes a 24 DS-3 (16,128 circuitos de VF full-duplex por par de fibras) por apertura<br>Equivalentes 48 DS-3 (32,256 circuitos de VF full-duplex por par de fibras) por terminal |
| Tasa de la línea | 2.488 Gbits/s |
| Código de línea | NRZ mezclado unipolar |
| Longitud de onda | 1310 nm ± 20 nm o 1550 nm ± 15 nm |
| Fuente óptica | Láser de (DFB) retroalimentación distribuida |
| Detector óptico | Fotodiodo de avalancha (APD) |
| Fibra óptica | Modo sencillo (único) |
| Potencia transmitida | |
| Rendimiento estándar OC-48 1.31 $\mu$m | Máx.: +2.5 dBm, Mín.: −2.0 dBm † |
| Rendimiento alto OC-48 1.3 $\mu$m | Máx.: +5.5 dBm, Mín.: +1.0 dBm† |
| Rendimiento estándar OC-48 1.55 $\mu$m | Máx.: +4.0 dBm, Mín.: −2.0 dBm† |
| Sensibilidad del receptor | −27.0 dBm |
| Potencia máxima del receptor (sin sobrecarga) | −10 dBm para 1.31 $\mu$m, −9.0 dBm para 1.55 $\mu$m |
| Tasa de error de bit (BER) | $<10^{-10}$ para −27 dBm a la entrada del receptor<br>$<10^{-9}$ BER acumulado para sistemas hasta 400 km (250 millas) |
| Espacio máximo del repetidor | |
| Rendimiento alto OC-48 1.31 $\mu$m | 60 km (0.45 dB/km pérdida de fibra) |
| Rendimiento estándar OC-48 1.55 $\mu$m | 92 km (0.25 dB/km pérdida de fibra), dispersión limitada |

†Incluye las pérdidas del conector del transmisor/receptor de 0.7 dB cada uno (el peor caso) y márgenes del sistema.
*Fuente:* Manual de AT&T 365-575-100, *Sistema de onda de luz FT-2000 OC-38*, diciembre de 1994.

En la tabla 8-7 encontramos un análisis de presupuesto de enlace para una línea FT-2000 con una apertura en la longitud de onda de 1.5 $\mu$m. Muestra que una apertura de línea máxima de 92 km (57.5 millas) puede utilizarse entre repetidores ópticos (o terminales agregar/caer). Además se puede utilizar un amplificador elevador opcional de onda de luz al final del transmisor para incrementar la potencia transmitida óptica a +16 dBm. Esto permite que un ancho de línea máximo se incremente a 140 km (87.5 millas) utilizando una fibra estándar o a 160 km (100 millas) si se utiliza una fibra desplazada por dispersión [AT&T, 1994].

## 8-8 SISTEMAS DE TELEFONÍA CELULAR

Desde la invención de los sistemas de radio, el objetivo de los ingenieros en telefonía ha sido proporcionar servicio telefónico personal mediante el uso de sistemas de radio para llevar la comunicación a las personas hasta el lugar donde se encuentren sin necesidad de estar en casa. En el pasado este tipo de servicio no fue posible debido a que el espacio limitado de espectro no permitía la asignación de una "línea privada" de canal de radio para cada usuario. Además, el equipo de radio existente era voluminoso y caro. Sin embargo, con el desarrollo de la tecnología del circuito integrado, el equipo de radio hoy en día es muy pequeño y se pueden implementar operaciones relativamente sofisticadas a un bajo costo. El desarrollo permite compartir numerosos canales de radio sobre demanda (FDMA, TDMA o CDMA) donde un canal en particular se asigna a un usuario determinado sólo cuando la llamada telefónica está en progreso.

**TABLA 8-7** ANÁLISIS DE PRESUPUESTO DE ENLACE PARA UNA APERTURA DE FIBRA FT-2000 DE 1.55 $\mu$m

| Descripción | Valor |
|---|---|
| Potencia máxima transmitida | +4.0 dBm |
| Sensibilidad del receptor | −27.0 dBm |
| Margen disponible | 31.0 dB |
| Pérdidas en un enlace de 57 millas de fibra | |
| Fallas de trayectoria óptica | 2.0 dB |
| Pérdidas del conector del transmisor/receptor (0.7 dB cada uno) | 1.4 dB |
| Atenuación de la fibra (92 km × 0.25 dB/km)† | 23.0 dB |
| Margen del sistema | 4.6 dB |
| Pérdida total | 31.0 dB |

†El 0.25 dB/km de pérdida incluye pérdidas de unión.

Un ejemplo de lo anterior son los *sistemas de radio móvil de líneas troncales*, en los cuales algunos canales de radio son compartidos con diferentes grupos de usuarios (por ejemplo: multicanalización estadística sobre una base FDMA). En estos sistemas de enlace se utilizan transmisores de potencia relativamente alta, de tal suerte que cada canal de radio cubre toda una ciudad o condado. En consecuencia, cuando un usuario ocupa un canal en el área, no puede utilizarse por otro. Se podría ampliar este servicio a un mayor número de usuarios si la cobertura de cada transmisor se redujera a áreas más pequeñas (una célula), de manera que el mismo canal de radiofrecuencia pudiera reutilizarse por otro individuo en una célula distante.

Este concepto de *radio celular* se presenta en la figura 8-29. Cada usuario se comunica a través de un teléfono celular establecido a la estación base del sitio de la célula. La estación base se conecta vía línea telefónica a la *central de conmutación de telefonía móvil* (MTSO). La MTSO conecta al usuario a la parte que desea llamar. Si está en tierra, la conexión se establece

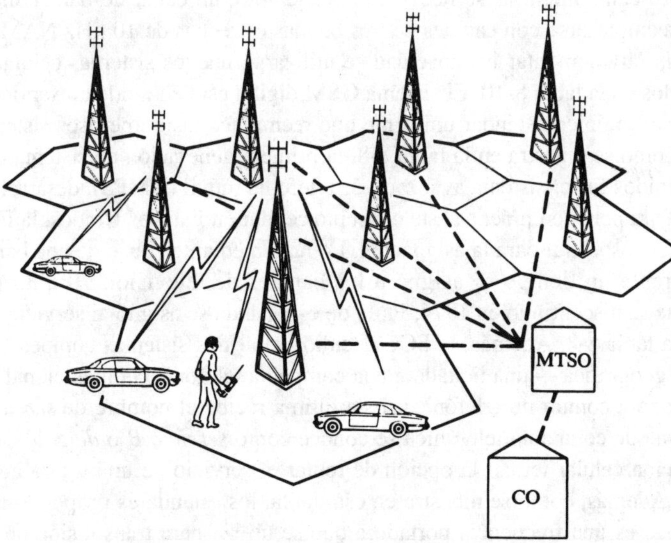


**Figura 8-29** Sistema de telefonía celular.

vía oficina central (CO) a la red telefónica terrena. Si la parte a la que se llama es móvil, la conexión se realiza por el lugar de la célula que cubre el área en la cual se localiza la parte llamada utilizando un canal de radio disponible en la célula, unida con la parte llamada. En teoría, este concepto celular permite que cualquier número de usuarios móviles sean acomodados para un grupo determinado de canales de radio. Esto es, entre más canales se requieran, más se divide la célula y más células pequeñas adicionales se agregan, así que los canales existentes pueden reutilizarse con más eficacia. Esta consideración crítica es para diseñar las células para niveles aceptables de interferencia de cocanal [Lee, 1986]. Mientras el usuario móvil viaje de una célula a otra, la MTSO automáticamente cambia al usuario a un canal disponible en la nueva célula y la conversación telefónica continúa sin interrupción.

El concepto celular tiene las siguientes ventajas:

- Gran capacidad de usuarios.
- Uso eficiente del espectro de radio.
- Disponibilidad nacional.
- Servicio para teléfonos portátiles y de vehículos.
- Teléfono de alta calidad y servicio de información para el usuario móvil a costo relativamente bajo.

Sin embargo, existen muchos estándares celulares utilizados a lo largo del mundo [Dorf, 1996, p. 1419-1420; Padgett, Gunther y Hattori, 1995], tantos que conforme uno viaja en Europa va necesitando 15 tipos distintos de teléfonos celulares para permanecer en comunicación. La tabla 8-8 muestra tres de los mayores estándares analógicos que se utilizan alrededor del mundo. Además, ya que los teléfonos celulares son tan populares, es claro que estos sistemas de ancho de banda de FM analógico no tienen la capacidad de acomodar a los nuevos usuarios. En consecuencia, los sistemas de banda angosta de FM analógicos con mayor capacidad, como los mostrados en la tabla 8-9, están reemplazando a los sistemas de banda amplia sobre una base de canal por canal mientras se necesite. Por ejemplo, un canal de banda ancha de 30 kHz AMPS puede reemplazarse con canales de tres bandas estrechas de 10 kHz NAMPS para triplicar la capacidad. Para aumentar la capacidad se utilizarán nuevos sistemas celulares digitales, como los mostrados en la tabla 8-10. El sistema GSM digital está entrando en servicio en Europa para proporcionar un único estándar uniforme que reemplace los numerosos sistemas analógicos.

Como se muestra en la tabla 8-8, la primera generación de sistema celular utilizado en Estados Unidos fue el sistema avanzado de telefonía móvil (AMPS), desarrollado por AT&T y Motorola. Para poner en práctica este concepto celular en Estados Unidos, la FCC tuvo que encontrar un espacio espectral para la asignación. Lo hizo mediante el uso de una banda de 806 a 890 MHz que durante un tiempo se asignó a los canales de televisión 70 a 83 (véase la tabla 8-12), pero que se discontinuó en 1974. Parte de esta banda se asignó al servicio celular como se muestra en la tabla 8-8. Además, la FCC decidió licitar dos sistemas competidores de llamada en cada área geográfica —una licitada a una compañía telefónica convencional y otra a una compañía de portadora común no telefónica. Esta última recibe el nombre de *servicio A* o *inalámbrico,* y el sistema de compañía telefónica se conoce como *servicio B* o *de cable*. Por tanto, los usuarios del sistema celular tenían la opción de rentar el servicio de una u otra compañías, o incluso de ambas. Además, como se muestra en esta tabla, los estándares proporcionan un servicio full-duplex. Esto es una frecuencia portadora que se utiliza para transmisión de móvil a estación base y otra frecuencia portadora se utiliza para transmisión estación base a móvil. Las señales telefó-

**TABLA 8-8** SISTEMAS ANALÓGICOS DE TELEFONÍA CELULAR FDMA

| Concepto | Nombre del sistema[a] y lugar donde se usa | | | |
|---|---|---|---|---|
| | AMPS América del Norte | | | |
| | Servicio A (línea sin cable) | Servicio B (línea con cable) | ETACS Reino Unido | JTACS Japón |
| Año de introducción | 1983 | 1983 | 1985 | 1988 |
| Estación de la célula base | | | | |
| Bandas de transmisión (MHz) | 869–880, 890–891.5 | 880–890, 891.5–894 | 917–933, 935–960 | 860–870 |
| Estación móvil | | | | |
| Bandas de transmisión (MHz) | 824–835, 845–846.5 | 835–845, 846.5–849 | 872–888, 890–915 | 915–925 |
| Potencia máxima (watts) | 3 | 3 | 3 | 2.8 |
| Tamaño de la célula, radio (km) | 2–20 | 2–20 | 2–20 | 2–20 |
| Número de canales duplex | 416[b] | 416[b] | 1000 | 400 |
| Ancho de banda del canal (kHz) | 30 | 30 | 25 | 25 |
| Modulación | | | | |
| Voz | FM<br>12kHz Desviación pico | FM<br>12kHz Desviación pico | FM<br>9.5kHz Desviación pico | FM<br>9.5kHz Desviación pico |
| Señal de control (Canales de voz y radiolocalización) | FSK<br>8kHz Desviación pico<br>10 kbits/s<br>Código de línea Manchester | FSK<br>8kHz Desviación pico<br>10 kbits/s<br>Código de línea Manchester | FSK<br>6.4kHz Desviación pico<br>8 kbits/s<br>Código de línea Manchester | FSK<br>6.4kHz Desviación pico<br>8 kbits/s<br>Código de línea Manchester |

[a] AMPS, sistema de teléfono móvil avanzado; ETACS, sistema de comunicación de acceso total extendido; JTACS, sistema de comunicación de acceso total japonés.

[b] 21 de los 416 canales son utilizados exclusivamente para radiolocalización (beepers).

**TABLA 8-9** SISTEMAS DE TELEFONÍA CELULAR FDMA ANALÓGICOS DE BANDA ANGOSTA

| | Nombre del sistema[a] y lugar donde se usa | |
|---|---|---|
| **Concepto** | **NAMPS América del Norte** | **NTACS Japón** |
| Año de introducción | 1992 | 1993 |
| Estación de la célula base | | |
| Bandas de transmisión (MHz) | 869–894 | 843–846, 860–870 |
| Estación móvil | | |
| Bandas de transmisión (MHz) | 824–849 | 898–901, 915–925 |
| Potencia máxima (watts) | 3 | 2.8 |
| Número de canales duplex | 2496 | 1040 |
| Ancho de banda del canal | | |
| Voz (kHz) | 10 | 12.5 |
| Radiolocalización (beeper) (kHz) | 30 | 25 |
| Modulación | | |
| Voz | FM<br>5kHz Desviación pico | FM<br>5kHz Desviación pico |
| Señalización (canal de voz) | FSK<br>0.7kHz Desviación pico<br>100 bits/s, Manchester | FSK<br>0.7kHz Desviación pico<br>100 bits/s, Manchester |
| Señalización (canal de radiolocalización) | FSK<br>8kHz Desviación pico<br>10 kbits/s, Manchester | FSK<br>6.4kHz Desviación pico<br>8 kbits/s, Manchester |

[a]NAMPS, sistema de telefonía móvil avanzada de banda angosta; NTACS, sistema de comunicación de acceso total de banda angosta.

nicas de VF se modulan en frecuencia sobre las portadoras y el control se proporciona mediante una señalización FSK. De los 416 canales que podrían utilizarse por una licencia de servicio celular, 21 se utilizan para radio localización y control con señalización FSK. La señalización FSK se utiliza también al principio y al final de cada llamada sobre el canal de VF. Cuando se prende un teléfono celular, su receptor explora los canales de radiolocalización buscando la señal más intensa de la célula del lugar y luego la asegura. La célula local transmite información FSK continuamente sobre un canal de radiolocalización, y, en particular, envía información de control dirigida a un teléfono celular cuando entra una llamada. Esto es, la señal de control FSK le dice al teléfono cuál canal de frecuencia de voz (VF) debe usar para llamar.

Cada teléfono celular contiene un PROM (memoria programable de sólo lectura) o EPROM (memoria programable de sólo lectura borrable) llamado *módulo de asignación numérica* (NAM), que se programa para almacenar

- El número telefónico, también llamado *número de servicio electrónico* (ESN).
- El número de serie del teléfono asignado por el fabricante.
- Códigos personales que pueden utilizarse para prevenir el uso no autorizado del teléfono.

En Estados Unidos, cuando el teléfono está "en el aire", automáticamente transmite su número de serie al MTSO. Este número se utiliza por el MTSO para impedir el uso a cualquier otro te-

**TABLA 8-10** LOS MAYORES SISTEMAS DE TELEFONÍA CELULAR DIGITAL

| Concepto | Nombre del sistema[a] y lugar donde se usa: GSM Europa | IS-54, NADC América del Norte | IS-95 América del Norte | JDC Japón |
|---|---|---|---|---|
| Año de introducción | 1990 | 1991 | 1993 | 1992 |
| Estación de la célula base | | | | |
| Bandas de transmisión (MHz) | 935–960 | 869–894 | 869–894 or 1930–1990 | 810–826, 1477–1489, 1501–1513 |
| Estación móvil | | | | |
| Bandas de transmisión (MHz) | 890–915 | 824–849 | 824–849 or 1850–1910 | 940–956, 1429–1441, 1453–1465 |
| Potencia máxima (watts) | 20 | 3 | 0.2 | |
| Número de canales duplex | 125 | 832 | 20 or 48 | 1600 |
| Ancho de banda del canal (kHz) | 200 | 30 | 1250 | 25 |
| Método de acceso al canal | TDMA | TDMA | CDMA[f] | TDMA |
| Usuarios por canal | 8 | 3 | 35[g] | 3 |
| Modulación[b] | | | | |
| Tipo | GMSK | $\pi/4$ DQPSK | QPSK | $\pi/4$ DQPSK |
| Tasa de datos | 270.833 kbits/s | 48.6 kbits/s | 9.6 kbits/s[f] | 42 kbits/s |
| Filtro | 0.3R gaussiano[c] | $r = 0.35$ coseno elevado[d] | | $r = 0.5$ coseno elevado[d] |
| Codificación de la voz[e] | RPE-LTP 13 kbits/s | VSELF 8 kbits/s | QCELP 8 kbits/s (variable) | VSELF 8 kbits/s |

[a]GSM, grupo especial móvil; NADC, celular digital de Estados Unidos; JDC, celular digital japonés.

[b]GMSK, MSK gaussiano (por ejemplo, $h = 0.5$ FSK, también llamado FFSK, con filtro de premodulación gaussiana; véase la sección 5-11 y la nota de pie de página c posterior); $\pi/4$ DQPSK, diferencial QPSK con rotación $\pi/4$ de fase de referencia para cada símbolo transmitido.

[c]Filtro gaussiano bandabase con 3 dB de ancho de banda igual a 0.3 de la tasa de bit.

[d]Raíz cuadrada del coseno elevado al transmisor y receptor.

[e]RPE-LTP, excitación de pulso regular —predicción a largo plazo; VSELF, filtro de predicción lineal excitado de suma de vector; QCELP, predicción lineal excitada del código Qualcomm.

[f]La tasa de chip del espectro expandido es 1.2288 Mchips/s para un factor de apertura de 128 o una ganancia de codificación de 21 dB.

[g]Para CDMA, las frecuencias de canal podrían reutilizarse en células adyacentes; otros métodos (TDMA y FDMA) requieren de un patrón de reuso de siete células.

léfono que haya sido robado. Esta característica, por supuesto, desestimula el robo de las unidades. El MTSO utiliza el número telefónico de la unidad para proporcionar información de facturación. Cuando el teléfono se utiliza en una ciudad diferente de la del usuario, puede adoptar una modalidad de *visitante* (roam), a fin de tener acceso al servicio, el cual se factura por medio de la compañía donde reside quien realiza la llamada.

Al procesar una llamada se origina la siguiente secuencia de eventos:

1. El usuario del teléfono celular inicia una llamada mediante el marcado del número a quien desea llamar y luego presiona la tecla de *envío* (send).
2. El MTSO verifica que el número telefónico sea válido y que el usuario esté autorizado para hacer la llamada.
3. El MTSO da instrucciones al teléfono celular del usuario indicando cuál canal de radio debe usar.
4. El MTSO envía una señal a la parte que fue llamada para que suene el timbre en su teléfono. Todas estas operaciones se producen dentro de los 10 segundos de iniciada la llamada.
5. Cuando la parte que fue llamada contesta, el MTSO conecta las líneas troncales para las dos partes e inicia la información de facturación.
6. Cuando cuelga una parte, el MTSO libera el canal de radio y completa la información de facturación.

Mientras la llamada está en proceso, el usuario del teléfono celular puede moverse de un área de célula a otra, así el MTSO:

- Observa la intensidad de la señal desde el teléfono celular mientras se recibe en la estación base celular. Si la señal cae por debajo del nivel designado, el MTSO inicia una secuencia de "manos libres".
- Para la secuencia "manos libres" el MTSO busca información acerca de la intensidad de la señal mientras se recibe en sitios de célula adyacente.
- Cuando el nivel de la señal se vuelve lo suficientemente grande en el sitio de la célula adyacente, el MTSO instruye al radio celular para que cambie a un canal apropiado para comunicación con el nuevo sitio celular. Este proceso de ajuste toma menos de 250 ms y por lo regular el usuario no lo nota.

Como se puede apreciar en las tablas, los sistemas celulares y los estándares de estos sistemas están en un proceso de evolución en todo el mundo. El primer servicio comercial celular fue implementado en Estados Unidos en 1983. Existe un fuerte impulso por el desarrollo de todos los sistemas celulares digitales que tienen una gran capacidad de usuario, como el ilustrado por el sistema basado-TDMA IS-54[†] y el CDMA IS-95 listado en la tabla 8-10. Para la conservación del ancho de banda, estos sistemas usan una codificación de tasa baja de bit de la señal de VF. Por ejemplo, el filtro de predicción lineal excitada de suma vectorial (VSELF) utilizado para los sistemas NADC y JDC son una versión modificada de la técnica de predicción lineal excitada de libro de código (CELP) desarrollada por B. Atal en los laboratorios de AT&T Bell [Gerson y Jasiuk, 1990]. Esta técnica imita las dos principales partes del sistema de habla huma-

[†] El Interium Standard 54 de la Asociación de la Industria de las Telecomunicaciones de Estados Unidos (Telecommunication Industry Association), también conocido como sistema celular digital estadounidense (NADC, por sus siglas en inglés).

na, las cuerdas vocales y el canal o sistema. El canal o sistema vocal es simulado por un filtro de predicción lineal variante con el tiempo y los sonidos de las cuerdas vocales utilizadas por la excitación del filtro se simulan con una base de datos (por ejemplo, un libro de códigos) de excitaciones posibles. Las particiones del codificador VSELF (en el transmisor) la señal del usuario de VF en segmentos de 20 ms. Las secuencias del codificador a través de los patrones posibles de excitación del libro código y los valores posibles para los parámetros del filtro se usan para encontrar el segmento de voz sintetizado que da el mejor acoplamiento de VF. Los parámetros del codificador que especifican su mejor acoplamiento se transmiten a través de datos digitales al receptor, donde los datos recibidos establecen los parámetros para el sintetizador de voz del receptor y la señal de VF se reproduce para el escucha.

Para más desarrollos en telefonía digital celular y sistemas de comunicación personal (PCS), remitimos al lector a un resumen de artículos de investigación, publicado en el *IEEE Proceedings* [Li y Qui, 1995] y a los números recientes de las revistas *IEEE Communication Magazine* y el *IEEE Personal Communications Magazine*. Las PCS vía satélite se describieron en la tabla 8-3.

## 8-9 TELEVISIÓN

La televisión (TV) es un método para reproducir imágenes visuales fijas o en movimiento mediante el uso de señales electrónicas. Existen numerosas clases de sistemas de TV y se han adoptado diferentes estándares alrededor del mundo. Además, como se discutirá más adelante, estos estándares están en un estado de flujo debido a que existe un auge mundial de la *televisión de alta definición* (HDTV). Primero nos concentraremos en la transmisión de TV en blanco y negro, cómo se ha desarrollado en Estados Unidos desde la década de los treinta y luego la televisión a color y la HDTV.

### Televisión en blanco y negro

La imagen en blanco y negro de una escena se debe a la intensidad de la luz como una función de las coordenadas $x$ y $y$ de la escena y del tiempo. Sin embargo, una forma de onda eléctrica es sólo una función del tiempo, así que deben usarse algunos medios de codificación de las coordenadas $x$ y $y$ asociadas con la intensidad de la luz desde un punto sencillo en la escena. En la transmisión de TV esto se logra mediante el uso de una *exploración por raster* (rastreo), como se muestra en la figura 8-30. Se supone que toda la escena es explorada antes de que cualquier objeto en ella se haya movido de manera significativa. Por tanto, las imágenes en movimiento pueden transmitirse mediante el envío de una serie de imágenes fijas, como en las películas. Al tiempo que se explora la escena, su intensidad se denota mediante la amplitud de la señal de video. Un pulso de sincronización se inserta al final de cada línea de exploración mediante un interruptor electrónico, como se muestra en la figura 8-30 para decirle al receptor de TV que empiece otra línea de exploración. Para propósitos de ilustración, se localiza un triángulo negro en la porción superior izquierda de la escena. En las figuras 8-30b y 8-30c, los números se utilizan para indicar los tiempos correspondientes en la forma de onda del video, con la localización del punto de inicio comienza la exploración en la escena desde ese instante. La señal compuesta de video es en realidad una señal híbrida que consta de una forma de onda digital durante el intervalo de sincronización y una forma analógica durante el intervalo de video. El personal operativo observa la calidad del video a través de un *monitor de forma de onda*, el cual despliega la forma de onda del video compuesta como se ilustra en la figura 8-30c.

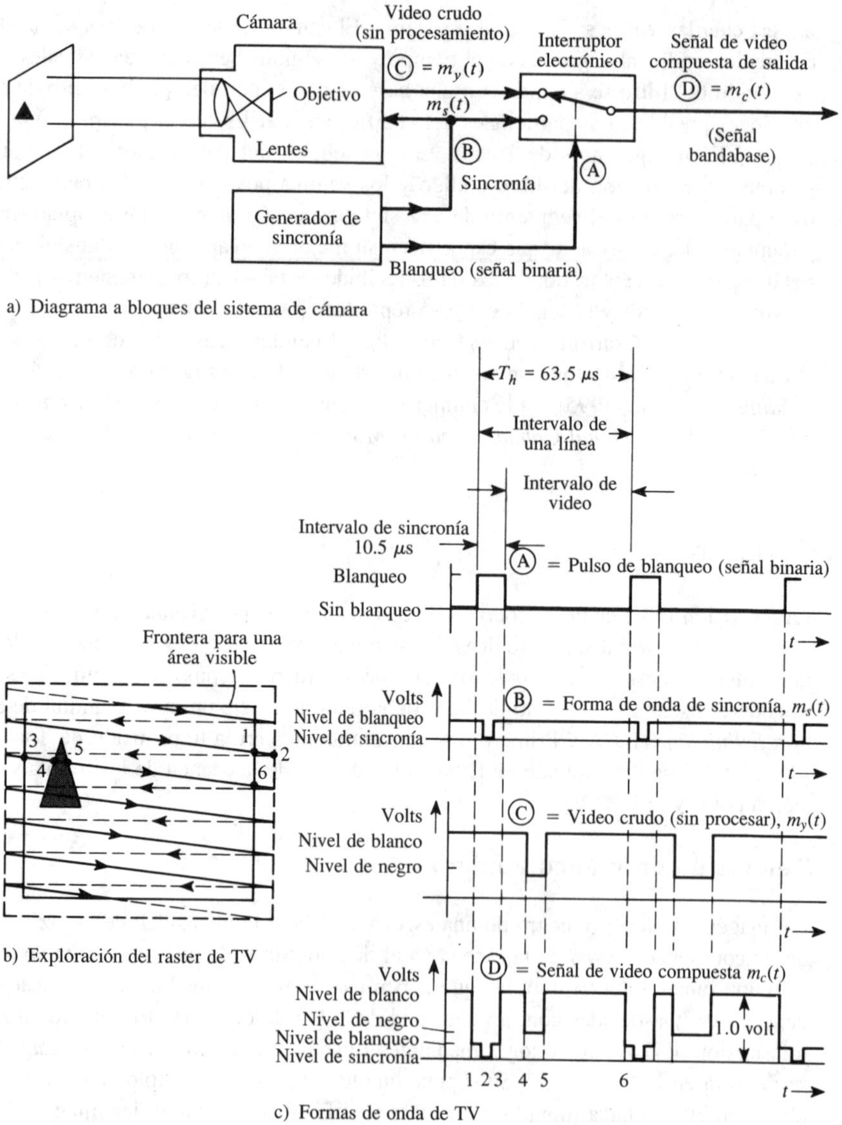


**Figura 8-30** Generación de una señal de video compuesta blanco y negro.

La foto (como se observa) se genera al explorar de izquierda a derecha para crear una línea, y las líneas se mueven de arriba hacia abajo de la pantalla. Durante el regreso para el comienzo de una nueva línea de exploración (retrazo), indicado por las líneas punteadas de derecha a izquierda, el CRT se apaga mediante el nivel de video que es "más negro que el negro" durante el intervalo de pulso de sincronía.† La escena se cubre mediante líneas de exploración alternadas desde arriba hacia abajo (un campo) y regresar a la parte de arriba para explorar las líneas perdidas (el siguiente campo). Esta técnica se llama *entrelazado* y reduce el efecto de par-

† Además, la mayoría de los televisores apagan el rayo de electrodos durante el retrazo usando el pulso síncrono obtenido a partir del transformador de la salida horizontal (flyback).

padeo sobre las imágenes en movimiento, dando dos campos (pasados por abajo de la pantalla) por cada cuadro. En Estados Unidos existen aproximadamente 30 cuadros/s transmitidos, lo cual equivale a 40 campos/s para el entrelazado 2:1 que se utiliza. Cuando la exploración alcanza el fondo del campo, el pulso de sincronía se amplía para cubrir el intervalo de video más el intervalo de sincronía. Esto pasa con las 21 líneas y, en consecuencia, se observa una barra negra a lo largo de la pantalla si la película se "enrolla" ajustando el control de sostenimiento vertical. En el receptor, la sincronía vertical (pulso amplio) puede separarse de la sincronía horizontal (pulso angosto) mediante el uso de un circuito diferenciador para recuperar la sincronía horizontal y un integrador para la sincronía vertical. El intervalo vertical también se usa para enviar señales especiales tales como las de prueba que utilizan los ingenieros en TV para verificar la respuesta a la frecuencia y linealidad del equipo en [Solomon, 1979]. Además, algunos programas de TV tienen información de captura cerrada que puede decodificarse en aparatos especiales de TV utilizados por televidentes sordos. Estos aparatos insertan subtítulos a lo largo y abajo de la pantalla. Como se muestra en la tabla 8-11, esta información de captura cerrada se transmite durante la línea 21 del intervalo mediante la inserción de una palabra en código de 16 bit. Los detalles para la estructura exacta de sincronía se especifican de manera rigurosa por la FCC (véase la figura 8-37).

La señal de bandabase compuesta que consiste de una señal de video de *luminancia* (intensidad) $m_y(t)$ y una señal de *sincronización* $m_s(t)$ se describe mediante

$$m_c(t) = \begin{cases} m_s(t) & \text{durante el intervalo sincronizado} \\ m_y(t) & \text{durante el intervalo de video} \end{cases} \tag{8-58}$$

El espectro de $m_c(t)$ es muy amplio debido a que $m_c(t)$ contiene pulsos rectangulares sincronizados. De hecho, el ancho de banda sería infinita si los pulsos tuvieran formas perfectas rectangulares. A fin de reducir el ancho de banda, los pulsos se redondean a los especificados por los estándares de la FCC (véase la figura 8-37). Esto permite que $m_c(t)$ se filtre para un ancho de banda de $B = 4.2$ MHz (estándar estadounidense). Para una imagen sin movimiento, el espectro exacto puede calcularse utilizando análisis de las series de Fourier (como se muestra en la sección 2-5). Para una foto típica todos los campos son similares, por tanto $m_c(t)$ sería periódica con un periodo de alrededor de $T_0 = 1/60$ s correspondiente a la tasa de campo de 60 campos/s (véase la tabla 8-11 para los valores exactos). Entonces para un imagen sin movimiento, el espectro consistiría de líneas espaciadas a intervalos de 60 Hz. Sin embargo, de la figura 8-30 se desprende que existen intervalos dominantes de ancho $T_h$ correspondiente a las líneas exploradas del cuadro. Además, las líneas adyacentes por lo regular tienen formas de onda similar. En consecuencia, $m_c(t)$ es cuasiperiódica con un periodo $T_h$, y el espectro consta de espacios de líneas espectrales que son centradas sobre armónicas de la frecuencia exploradora, $nf_h = n/T_h$, donde el espacio de las líneas dentro de estos grupos es de 60 Hz. Para fotos en movimiento, la estructura de la línea del espectro "se opaca" para un espectro continuo con grupos espectrales centrados de $nf_h$. Además, entre estos grupos el espectro está casi vacío. Como veremos, estos intervalos "vacantes" en el espectro son utilizados para transmitir la información a color para una señal de TV a color. Esto, por supuesto, es una forma de multicanalización por división de frecuencia.

La resolución de las fotos de TV es a menudo especificada en términos de líneas de resolución. El número de líneas horizontales que pueden distinguirse desde arriba hasta abajo de la pantalla de la TV para un patrón de prueba se llama *líneas de resolución vertical*. El máximo número de éstas es el número total de líneas exploradas en el explorador, menos aquéllas no utilizadas por la imagen. Esto es, la resolución vertical se obtiene

$$n_v = (N_f - N_v) \quad \text{líneas} \tag{8-59a}$$

**TABLA 8-11** ESTÁNDARES DE TRANSMISIÓN COMERCIAL DE TELEVISIÓN ANALÓGICA ESTADOUNIDENSE

| Concepto | FCC estándar |
|---|---|
| Ancho de banda del canal | 6 MHz |
| Frecuencia de la portadora visual | 1.25 MHz ± 1000 Hz arriba de la frontera inferior del canal |
| Frecuencia de la portadora aural | 4.5 MHz ± 1000 Hz arriba de la frecuencia de la portadora visual |
| Frecuencia de la subportadora de crominancia | 3.579545 MHz ± 10 Hz |
| Relación de aspecto (ancho a altura) | Cuatro unidades horizontales por cada tres unidades verticales |
| Portadora visual del tipo de modulación | AM con polaridad negativa (por ejemplo, una disminución en el nivel de luz causa un incremento en el nivel de la envolvente real) |
| Portadora aural | FM con 100% de modulación, siendo $\Delta F = 25$ kHz con una respuesta a la frecuencia de 50 a 15,000 Hz usando 75 $\mu$s de preénfasis |
| Niveles de modulación visual | |
| Nivel de blanqueo | 75% ± 2.5% de pico real del nivel de la envolvente (nivel de punta de sincronía) |
| Referencia del nivel negro | 7.5% ± 2.5% (del rango de video entre el blanqueo y el nivel blanco de referencia) debajo del nivel de blanqueo; esto se denomina el nivel de configuración (o instalación) por los ingenieros[a] |
| Referencia del nivel blanco | 12.5% ± 2.5% del nivel de la punta de sincronía[a] |
| Exploración | |
| Número de líneas | 525 líneas/cuadro, entrelazado 2:1 |
| Secuencia de exploración | En forma horizontal: de izquierda a derecha; y vertical: de arriba a abajo |
| Frecuencia de exploración horizontal, $f_h$ | 15,734.264 ± 0.044 Hz (2/455 de la frecuencia de crominancia); 15,750 Hz podrían usarse durante las transmisiones monocromáticas |
| Frecuencia de exploración vertical, $f_v$ | 59.94 Hz (2/525 de la frecuencia de exploración horizontal); 21 líneas horizontales equivalentes ocurren durante el intervalo de sincronía vertical de cada campo |
| Señalización de intervalo vertical | Líneas 13, 14, 15, 16. Teletexto<br>Líneas 17, 18. Señales de prueba de intervalo vertical (VITS)<br>Línea 19. Referencia de intervalo vertical (VIR)<br>Línea 20, Campo 1. Identificación de la estación<br>Línea 21, Campo 1. Captura de datos<br>Línea 21, Campo 2. Captura del código de cuadro (trama) ($\frac{1}{2}$ línea) |

[a] Véase la figura 8-31b.

donde $N_f$ es el número total de líneas de exploración por cuadro y $N_v$ es el número de líneas en el intervalo vertical (no líneas de imagen) por cada cuadro. Para estándares de Estados Unidos (tabla 8-11), la resolución máxima vertical es

$$n_v = 525 - 42 = 483 \quad \text{líneas} \tag{8-59b}$$

La resolución en la dirección horizontal es limitada por la respuesta a la frecuencia permitida para $m_c(t)$. Por ejemplo, si una señal de prueba de onda senoidal se usa durante el intervalo de video, la frecuencia más alta de la onda senoidal que puede transmitirse a través del sistema será $B = 4.2$ MHz (estándar de Estados Unidos) donde $B$ es el ancho de banda del sistema de video. Para cada pico de la onda senoidal aparecerá un punto a lo largo de la dirección horizontal mientras el haz CRT barre de izquierda a derecha. Por tanto, la resolución horizontal para entrelazado 2:1 es

$$n_h = 2B(T_h - T_b) \quad \text{líneas} \tag{8-60a}$$

donde $B$ es el ancho de banda del video, $T_h$ es el intervalo horizontal y $T_b$ es el intervalo en blanco (véase la figura 8-30). Para estándares estadounidenses, $B = 4.2$ MHz, $T_h = 63.5\ \mu s$, y $T_b = 10.5\ \mu s$, así que la resolución horizontal es

$$n_h = 445 \quad \text{líneas} \tag{8-60b}$$

Además, debido al ancho pobre de video y a las características pobres de entrelazado de los equipos de TV del consumidor, esta resolución horizontal de 445 por lo general no se obtiene en la práctica.[†] El mejor estándar estadounidense de 445 × 483 no proporciona una muy buena resolución y se nota especialmente en los equipos de televisión de pantalla grande. [En comparación el estándar de los monitores super VGA de computadora proporcionan una resolución tan grande de 1024 × 768.]

Para la transmisión de TV comercial (estándar estadounidense), la señal de video compuesta de la ecuación (8-58) se invierte y la amplitud modulada se invierte sobre una portadora de RF la señal de AM es

$$s_v(t) = A_c[1 - 0.875m_c(t)] \cos \omega_c t \tag{8-61}$$

Esto se ilustra en la figura 8-31. La banda lateral inferior de la señal se disminuye, así que el espectro se ajustará dentro de un canal de ancho de banda de TV de 6 MHz. Esto se puede lograr mediante el uso de un filtro de banda lateral vestigial, que es un filtro de pasabanda que atenúa la mayor parte de la banda lateral inferior. La señal resultante filtrada se llama señal de *banda lateral vestigial* (VSB), $s_{v_0}(t)$ como se describió en la sección 5-5. El término de portadora discreta en la señal de VSB se modifica cuando la imagen se cambia de una a otra escena, ya que la señal de bandabase compuesta tiene un nivel de cd de diferente de cero que depende sobre una escena en particular que se está televisando. La señal de audio para el programa de TV se transmite vía una portadora separada de FM localizado exactamente a 4.5 MHz por arriba de la frecuencia portadora visual.

La potencia nominal de una señal visual de TV es la potencia de envolvente pico radiada isotrópicamente efectiva (PIRE, por ejemplo, potencia promedio de punta de sincronía efectiva) y por lo regular se llama la *potencia radiada efectiva* (PRE). La PIRE es la potencia que se necesita para alimentarse dentro de una antena isotrópica y conseguir la misma intensidad de campo que la que se obtiene de una antena que en realidad se usa como medida en la dirección de máxima radiación. El patrón de la antena en una estación de TV omnidireccional se moldea como una dona con una torre pasando a través del agujero. (La estructura de la antena está localizada hasta arriba de la torre para máxima cobertura de línea de vista.) La PRE de la señal de estación de TV (visual o aural) es

$$P_{\text{ERP}} = P_{\text{PEP}} G_{\text{A}} G_{\text{L}} \tag{8-62}$$

donde

$P_{\text{PEP}}$ = potencia de envolvente pico de salida del transmisor

$G_{\text{A}}$ = ganancia de potencia de la antena (unidades absolutas como opuestas a unidades en decibeles) con respecto a una antena isotrópica

[†] Por lo común, se obtiene una resolución horizontal de aproximadamente 300 líneas.

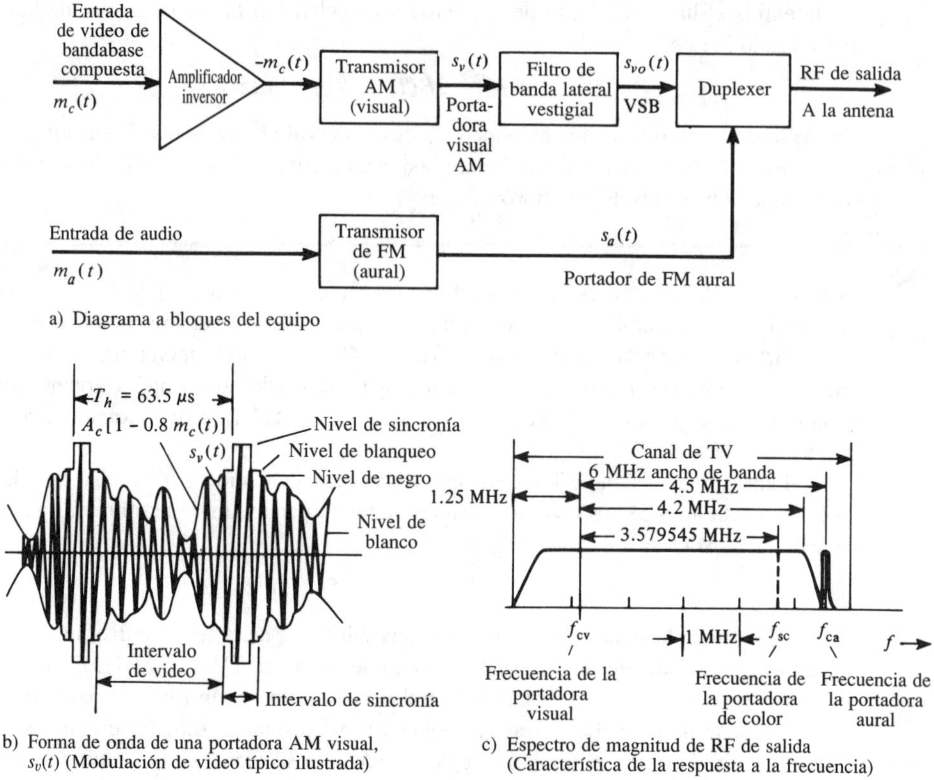


**Figura 8-31** Sistema de transmisión de TV.

$G_L$ = ganancia total del sistema de línea de transmisión para la salida del transmisor hacia la antena (incluyendo la ganancia del duplexer)

Para una estación de TV VHF que opera sobre el canal 5, algunos valores típicos son $G_A = 5.7$, $G_L = 0.873$ (850 pies de línea de transmisión más duplexer) y un PEP visual de 20.1 kW. Esto da un PRE total de 100 kW, lo cual es la potencia máxima aceptada por la FCC para canales de 2 a 6 (banda de VHF baja). Para una estación de UHF que opera en el canal 20, algunos valores típicos son $P_{\text{PEP}} = 21.7$ kW, $G_A = 27$, $G_L = 0.854$ (850 pies de línea de transmisión), lo cual da un PRE de 500 kW.

Un diagrama a bloques simplificado de un receptor de blanco y negro se muestra en la figura 8-32. La video compuesta, $m_c(t)$, como se describió con anterioridad, más una portadora FM de 4.5 MHz conteniendo la modulación de audio, aparece a la salida del detector de envolvente. La portadora de FM de 4.5 MHz está presente ya que la no linealidad del detector de envolvente y debido a la entrada del detector (señal de IF) contiene, entre otros términos, la portadora de FM aural más un término discreto (por ejemplo, senoidal), el cual es la portadora de video, localizado a 4.5 MHz lejos de la señal de la portadora de FM. El producto de intermodulación de estas dos señales produce la señal de 4.5 MHz, que se llama *señal interportadora* y contiene la modulación aural. Por supuesto, si cualesquiera de estas dos señales desaparece, la

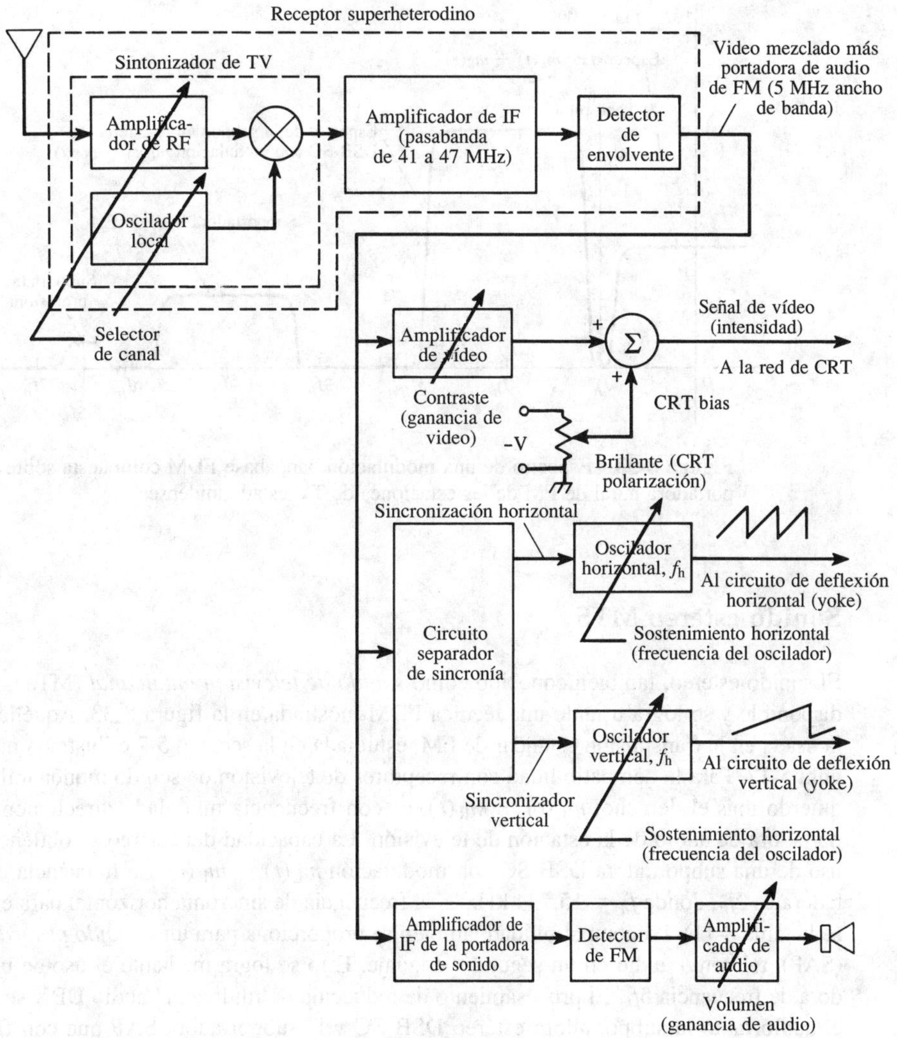


**Figura 8-32** Receptor de TV blanco y negro.

señal de salida de 4.5 MHz también desaparecerá. Esto sucederá si se permite que el nivel blanco de la imagen vaya más abajo, digamos, 10% del nivel de la envolvente pico (nivel de la punta de sincronía) de la señal visual de AM. Esto es porque la FCC especifica que el nivel blanco no puede ser más bajo que $(12.5 \pm 2.5)\%$ del nivel de la envolvente pico (véase la tabla 8-11). Cuando esto ocurre un zumbido se escucha en la señal de sonido, ya que la portadora de FM de 4.5 MHz está desapareciendo a una velocidad (campo) de 60 Hz durante la porción blanca de la escena de TV. El circuito de separador de sincronía consta de un integrador con pérdidas para recuperar los pulsos de sincronía vertical (amplios) y un diferenciador con pérdidas para los horizontales (angostos). El resto del diagrama a bloques se explica por sí mismo. También se muestran los ajustes disponibles del usuario para una TV en blanco y negro.

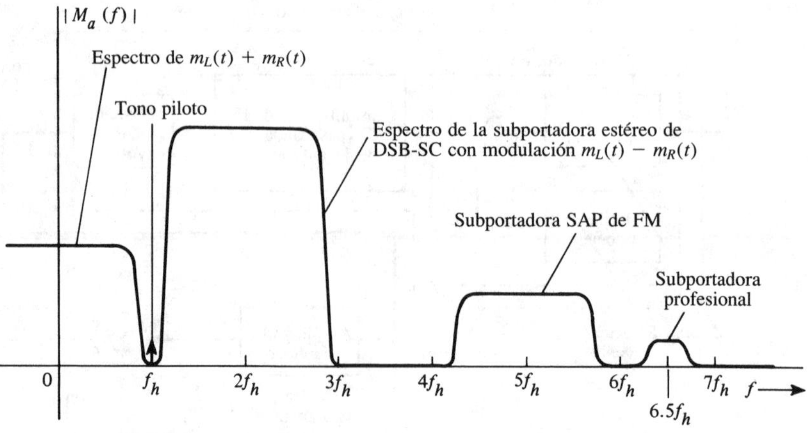


**Figura 8-33** Espectro de una modulación bandabase FDM compuesta sobre la portadora aural de FM de las estaciones de TV estadounidenses.

## Sonido estéreo MTS

El sonido estéreo, también conocido como *sonido de televisión multicanal* (MTS), también está disponible y se logra usando una técnica FDM mostrada en la figura 8-33. Aquélla es similar a la usada en la transmisión estándar de FM, estudiada en la sección 5-7 e ilustrada mediante la figura 5-17. Para la compatibilidad con receptores de televisión de sonido monoaural, el audio izquierdo más el derecho, $m_L(t) + m_R(t)$, es con frecuencia modulada directamente sobre una portadora de audio de la estación de televisión. La capacidad del estéreo se obtiene mediante el uso de una subportadora DSB-SC con modulación $m_L(t) - m_R(t)$. La frecuencia de la subportadora es $2f_h$, donde $f_h = 15.734$ kHz es la frecuencia de sincronía horizontal para el video (véase la tabla 8-11). La compatibilidad también se proporciona para un *segundo programa de audio* (SAP), tal como audio en un segundo lenguaje. Esto se logra mediante el uso de una subportadora de frecuencia $5f_h$. El procesamiento de reducción de ruido en el audio DBX se utiliza sobre el audio tanto la subportadora estéreo DSB-SC y la subportadora SAP que con frecuencia se modula mediante la segunda señal de audio. (Véase la sección 5-8 para una discusión de la técnica de reducción de ruido DBX.) Además, se permite una subportadora *canal profesional* a $6.5f_h$ para la transmisión de voz o información sobre una base de servicio de suscripción para pagar a clientes. Para mayores detalles sobre los estándares de FDM aurales que han sido adoptados mediante la transmisión de televisión y otros formatos posibles FDM, véase el artículo de investigación que sobre este tema escribió Eilers [1985].

## Televisión a color

Las representaciones en televisión a color son sintetizadas por una combinación de luz roja, verde y azul en la proporción adecuada para producir el color deseado. Esto se realiza mediante un CRT a color que tiene tres tipos de fósforos —un tipo que emite luz roja, uno que emite luz verde y un tercer tipo que emite luz azul cuando son golpeados por electrones. Por tanto, se necesitan tres señales de video —$m_R(t)$, $m_G(t)$ y $m_B(t)$— para excitar los circuitos que crean las luces roja, verde y azul. Además, se necesita un sistema de transmisión compatible de TV a color como el de los aparatos de TV en blanco y negro para que reciban la señal de vídeo de luminancia, $m_y(t)$, la cual corresponde a la escala de grises de la escena. Esta compatibilidad entre la transmisión a color y en blanco y negro se logra a través del uso de una técnica multicanalizadora análoga a la del FM estéreo, excepto que se involucran tres señales en el problema en lugar de dos.

El Comité del Sistema de Televisión Estadounidense (NTSC, por sus siglas en inglés: *National Television System Committee*) compatibilizó el sistema de TV a color que se desarrolló en Estados Unidos y fue adoptado por las transmisiones estadounidenses en 1954 y la analizaremos a continuación. Esta técnica se ilustra en la figura 8-34. Para la transmisión compatible, las formas de ondas que corresponden a la intensidad de los componentes rojo, verde y azul de la escena —$m_R(t)$, $m_G(t)$ y $m_B(t)$— se combinan en forma lineal para sintetizar la señal equivalente de blanco y negro, $m_y(t)$, y otras dos señales de video independientes, llamadas componentes *en fase* y *en cuadratura*, $m_i(t)$ y $m_q(t)$. (Los nombres de estos componentes vienen de la técnica de la modulación en cuadratura que se utiliza para modularlos sobre una subportadora.) Las ecuaciones exactas utilizadas para estas señales pueden expresarse en forma de matriz:

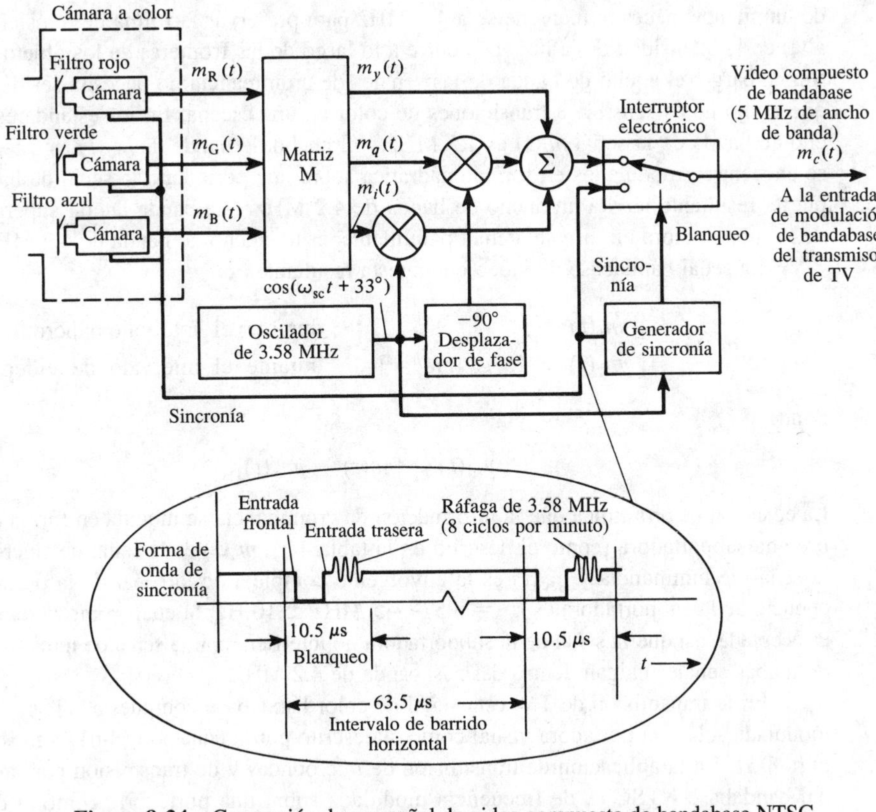


**Figura 8-34** Generación de una señal de video compuesta de bandabase NTSC. [Técnicamente, $m_q(t)$ es un filtro pasabajas a un ancho de banda de 0.5 MHz y $m_i(t)$ es un filtro pasabajas a un ancho de banda de 1.5 MHz.]

$$\begin{bmatrix} m_y(t) \\ m_i(t) \\ m_q(t) \end{bmatrix} = \underbrace{\begin{bmatrix} 0.3 & 0.59 & 0.11 \\ 0.6 & -0.28 & -0.32 \\ 0.21 & -0.52 & 0.31 \end{bmatrix}}_{M} \begin{bmatrix} m_R(t) \\ m_G(t) \\ m_B(t) \end{bmatrix} \tag{8-63}$$

donde $M$ es una matriz de $3 \times 3$ que traduce las señales roja, verde y azul para la brillantez, las señales de video (bandabase) en fase y en cuadratura de fase. Por ejemplo, de la ecuación (8-63) se deduce que para la señal de *luminancia* (blanco y negro) la expresión es

$$m_y(t) = 0.3m_R(t) + 0.59m_G(t) + 0.11m_B(t) \tag{8-64}$$

De igual manera, las ecuaciones para $m_i(t)$ y $m_q(t)$, que se denominan señales de *crominancia*, son fáciles de obtener. Además, observe que si $m_R(t) = m_G(t) = m_B(t) = 1$, el cual corresponde al máximo rojo, verde y azul, entonces $m_y(t) = 1$, que corresponde al nivel blanco en la foto en blanco y negro.

Los elementos cromáticos son otros dos componentes independientes, y si se transmiten al receptor a color de la TV junto con la señal de luminancia, pueden utilizarse para recuperar el rojo, verde y azul utilizando una operación de matriz inversa. El ancho de banda de las señales de luminancia necesita mantenerse a 4.2 MHz para preservar la forma de transición (frecuencia alta) en la intensidad de la luz que ocurre a lo largo de las fronteras de los objetos en la escena. Sin embargo, el ancho de banda de las señales de crominancia no necesita ser de este largo, ya que el ojo no es sensible a transiciones de color en una escena. En los estándares NTSC el ancho de banda de la señal $m_i(t)$ es 1.5 MHz y el ancho de banda de $m_q(t)$ es 0.5 MHz. Cuando se encuentren modulados en forma cuadrática sobre una portadora, la señal de bandabase compuesta resultante tendrá un ancho de banda de 4.2 MHz. (La banda lateral superior de la señal de la subportadora en fase se atenúa para mantener un ancho de banda de 4.2 MHz.)

La señal bandabase de video compuesta resultante es

$$m_c(t) = \begin{cases} m_s(t) & \text{durante el intervalo sincronizado} \\ m_y(t) + \text{Re}\{g_{sc}(t)e^{j\omega_{sc}t}\} & \text{durante el intervalo de video} \end{cases} \tag{8-65}$$

donde

$$g_{sc}(t) = [m_i(t) - jm_q(t)]e^{j33°} \tag{8-66}$$

La ecuación (8-66) indica que la información de crominancia se modula en forma cuadrática sobre una subportadora (como el descrito en la tabla 4-1). $m_s(t)$ es la señal de sincronía, $m_y(t)$ es la señal de luminancia y $g_{sc}(t)$ es la envolvente compleja de la señal de la portadora. La frecuencia de la subportadora es $f_{sc} = 3.579545$ MHz $\pm$ 10 Hz, la cual, como veremos más tarde, es aceptada, así que la señal de la subportadora no interfiere con la señal de luminancia aun cuando ambas señales caigan dentro del pasabanda de 4.2 MHz.

En la transmisión de TV, esta señal de color bandabase compuesta NTSC es de amplitud modulada sobre un portadora visual como el descrito por la ecuación (8-61) y mostrada en la figura 8-31. En la aplicación de transmisión de microondas y de transmisión por satélite, esta señal bandabase NTSC es de frecuencia modulada sobre una portadora, como el descrito en la sección 8-5. Estas señales pueden transmitirse sobre sistemas de comunicación que se utilizan para TV en blanco y negro; sin embargo, la respuesta a la frecuencia y las tolerancias de linealidad que se especifican son fuertes para la transmisión de TV a color.

Como ya se indicó, la envolvente compleja para una subportadora como el descrito por la ecuación (8-66) contiene la información del color. La magnitud de la envolvente compleja, $|g_{sc}(t)|$, es la *saturación* o la cantidad de color en la escena mientras es explorada en tiempo. El ángulo de la envolvente compleja, $\underline{/g_{sc}(t)}$, indica el matiz o tinte como una función del tiempo mientras se exploran las líneas de la fotografía. Este vector podría verse con un instrumento llamado *vectorscopio*, el cual tiene un CRT que despliega el vector $g_{sc}(t)$, como el mostrado en la figura 8-35. El vectorscopio es una pieza común de equipo de prueba que se usa para calibrar el equipo de color de TV y para proporcionar una medida en línea de la calidad de la señal de color que se está transmitiendo. La presentación usual del vectorscopio tiene el eje de la $x$ localizado en la dirección vertical, como el indicado en la figura. Utilizando la ecuación (8-66), las direcciones positivas de los ejes para las señales $m_i(t)$ y $m_q(t)$ también se indican sobre la presentación del vectorscopio, junto con los vectores para los colores saturados rojo, verde y azul. Por ejemplo, si el rojo saturado está presente, entonces $m_R = 1$ y $m_G = m_B = 0$. Usando la ecuación (8-63), tenemos $m_i = 0.6$ y $m_q = 0.21$. Por tanto, de la ecuación (8-66), el vector rojo saturado es

$$(g_{sc})_{\text{rojo}} = (0.60 - j0.21)e^{j33^\circ} = 0.64\ \underline{/13.7^\circ}$$

De igual manera, el vector saturado verde, es $(g_{sc})_{\text{verde}} = 0.59\ \underline{/151^\circ}$, y el vector azul saturado es $(g_{sc})_{\text{azul}} = 0.45\ \underline{/257^\circ}$. Estos vectores se muestran en la figura 8-35. Es importante hacer notar que los colores complementarios tienen la polaridad opuesta al vectorscopio, el cian es el complemento del rojo, el magenta del verde y el amarillo del azul.

Para una demodulación a color de la portadora en el receptor se necesita una referencia de fase. Ésta se proporciona ajustando a un rompimiento de ocho ciclos (o más) la senoidal de 3.58 MHz de la portadora sobre la "puerta trasera" del pulso horizontal sincronizado, como se muestra en la figura 8-34. La fase de la senoidal de referencia es $+90^\circ$ con respecto al eje de las $x$, como se indica en la pantalla del vectorscopio (figura 8-35).

El receptor a color es similar a un receptor de TV en blanco y negro, a excepción de que tiene circuitos demoduladores a color y un CRT a color. Esto se aprecia en la figura 8-36, donde se indica el circuito del demodulador a color. Las señales en fase y en cuadratura $m_i(t)$ y $m_q(t)$ se recuperan (demodulan) usando detectores de producto donde la señal de referencia de fase se obtiene de un circuito de PLL asegurado sobre la ráfaga a color (el cual fue transmitido sobre la parte trasera de la entrada del pulso sincronizado). $M^{-1}$ es la matriz inversa a la proporcionada en la ecuación (8-63), así que se recuperan las tres formas de onda del video correspondientes a la intensidad de las señales rojo, verde y azul. Es de notarse que el control de matiz en el equipo de TV ajusta la fase de referencia que establece el tinte de una imagen en el equipo de TV. El control del color establece la ganancia de la señal subportadora de crominancia. Si la ganancia se reduce a cero, ninguna subportadora estará presente a la entrada para los detectores de producto. En consecuencia, una imagen en blanco y negro se podrá reproducir sobre el CRT de la TV a color.

Por supuesto, también es posible usar diferentes fases de referencia sobre el detector balanceado de entrada *proporcionado* que en la matriz decodificada se cambia para producir $m_R$, $m_G$ y $m_B$ en esta salida. Por ejemplo, una técnica popular utiliza las fases R-Y y B-Y sobre la entrada para los moduladores balanceados [Grob, 1975]. Aquí la fase de salida de referencia del circuito de control de matiz es 0º en lugar de 33º, como se muestra en la figura 8-36. Esto corresponde a detectar la subportadora a lo largo de los ejes R-Y y B-Y, como el indicado sobre la presentación del vectorscopio (figura 8-35). En este caso $m_R(t) - m_Y(t)$ se obtiene a la salida del detector de producto superior, y si una ganancia de dos se utiliza sobre el detector

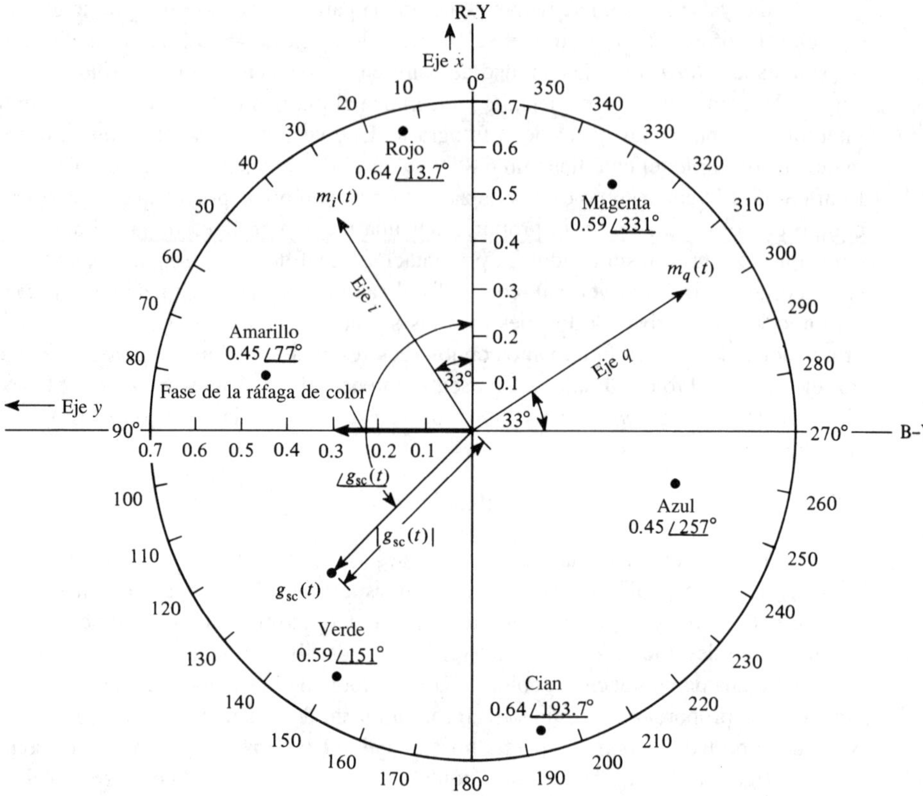


**Figura 8-35** Presentación vectorscopio de una envolvente compleja para la subportadora de crominancia de 3.58 MHz.

de producto bajo, $m_B(t) - m_Y(t)$ se obtiene en su salida. Estas dos salidas pueden agregarse en las proporciones adecuadas para obtener $m_G(t) - m_Y(t)$. Las señales $m_R(t) - m_Y(t)$, $m_G(t) - m_Y(t)$, y $m_B(t) - m_Y(t)$, pueden aplicarse a las tres redes de control de un CRT a color de tres pistolas (una pistola activando el fósforo rojo, una pistola para el verde y otra para el rojo). La señal $-m_Y(t)$ se aplica al cátodo común de las tres pistolas, así que las señales efectivas sobre aquellas son $m_R(t)$, $m_G(t)$ y $m_B(t)$, respectivamente, que constituyen las señales deseables de control. Además, para la operación de blanco y negro sólo es necesario quitar las tres señales de la red de control, ya que la dirección de señal de luminancia se aplica al cátodo.

Como se manifestó anteriormente, las señales de subportadora de luminancia y crominancia se encuentran en la señal compuesta de 4.2 MHz de la señal bandabase NTSC. Esto da lugar a señales de interferencia en los circuitos del video receptor. Por ejemplo, en la figura 8-36 existe una señal de interferencia sobre la entrada al circuito de la matriz inversa. Aquí $m_Y(t)$ más la interferencia se promedia sobre una base de exploración de línea por línea mediante la visión de observador si la frecuencia de subportadora de crominancia es un múltiplo impar de la mitad de la frecuencia de exploración horizontal. Por ejemplo, en la tabla 8-11, $f_{sc} = 3{,}579{,}545$ Hz y $f_h = 15{,}734$ Hz. En consecuencia, existen 227.5 ciclos de interferencia de crominancia de

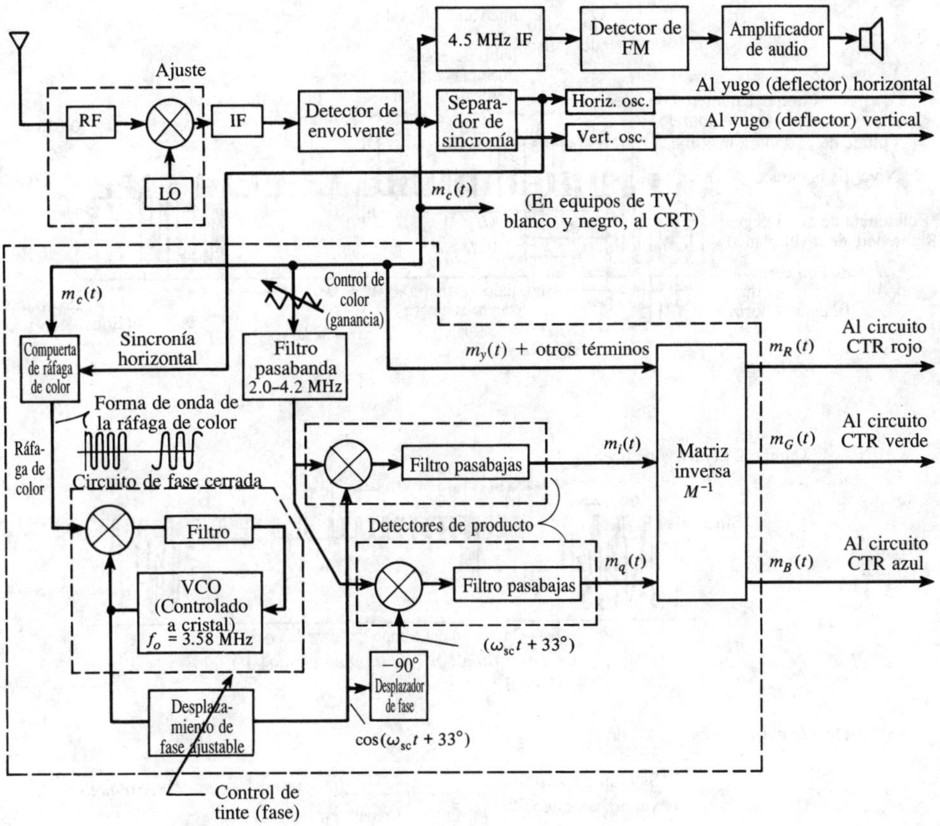


**Figura 8-36** Receptor de TV a color con demoduladores IQ.

3.58 MHz a lo largo de la línea explorada de la imagen. Ya que existe medio ciclo fuera, la interferencia sobre la *siguiente* línea explorada será *180° fuera de fase* con aquélla de la línea actual y la interferencia será *cancelada* por el ojo cuando uno vea la imagen.

Como hemos visto, el sistema a color NTSC es una aplicación ingeniosa de los principios básicos de ingeniería que, sin embargo, no es apreciada por el promedio de los espectadores de TV a color.

## Estándares para los sistemas de TV y CATV

Un resumen de algunos de los estándares de transmisión de TV analógica en Estados Unidos, como los adoptados por la FCC, se muestra en la tabla 8-11; los detalles de la forma de onda de sincronización se encuentran en la figura 8-37. Una lista de las frecuencias para los canales de TV aparece en la tabla 8-12. Además, una comparación de algunos estándares de transmisión de TV que se usan por varios países se presenta en la tabla 8-13. El sistema CCIR están-

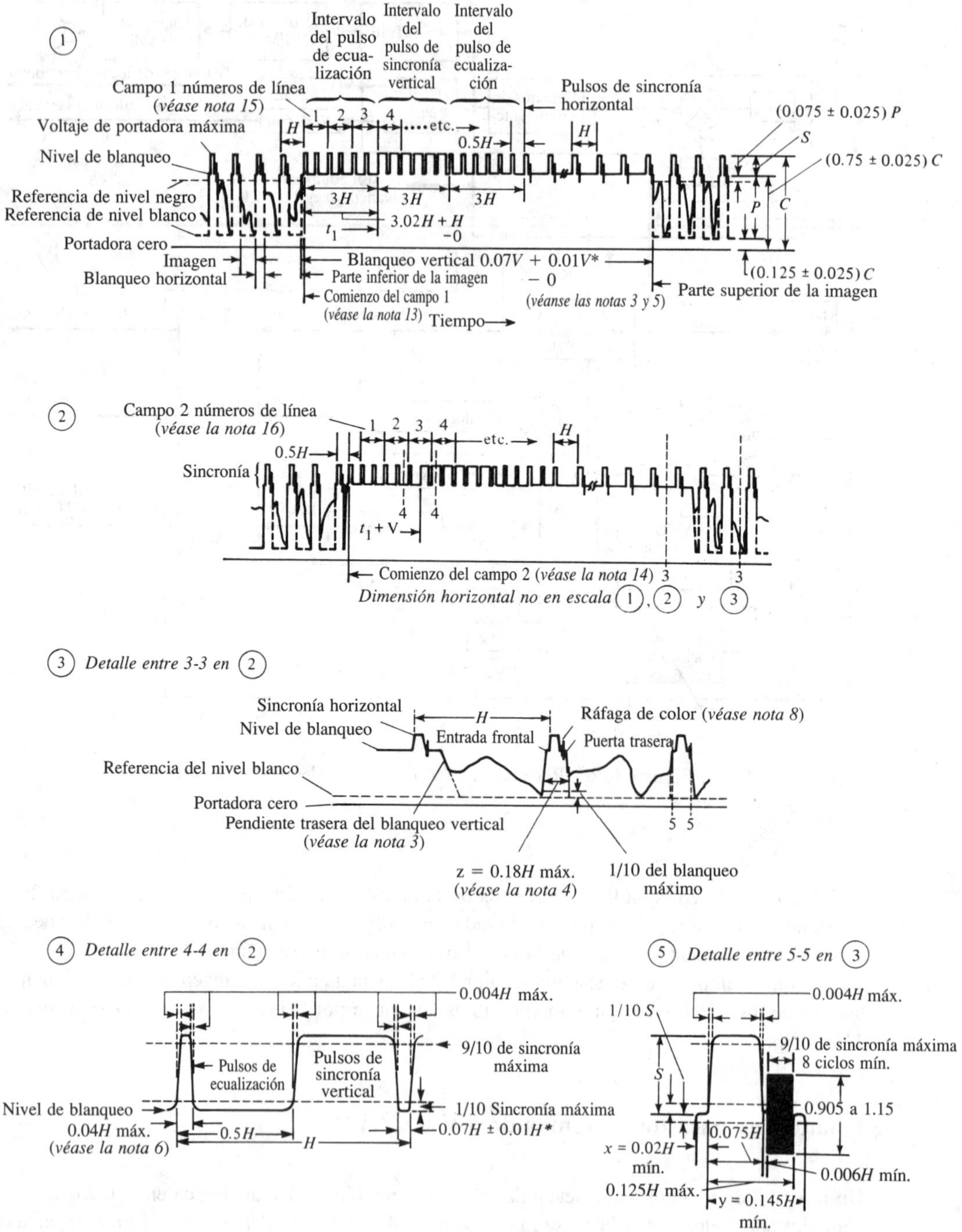


**Figura 8-37** Estándares de forma de onda de sincronización de TV estadounidense para transmisión a color. (De la parte 73 de las reglas y reglamentos de la FCC.)

dar B, el cual es uno de 625 líneas/cuadro, 25 cuadros/s, sistema de modulación negativa es el estándar de TV dominante en Europa [Dhake, 1980]. Además de estos estándares para TV convencional, como se muestra en esta tabla, existen estándares estadounidenses para HDTV como se estudiará en la siguiente sección. Cuando las señales de TV se transmiten de un país a otro vía satélite, los estándares del país de origen son utilizados y, si es necesario, la señal se convierte a los estándares del país receptor en la estación receptora terrena.

Los estándares de los canales de televisión estadounidense CATV se presentan en la tabla 8-14. Los sistemas CATV usan cable coaxial con amplificadores para distribuir TV y otras señales desde el extremo principal hasta el usuario. Ya que las señales de cable no son radiadas, las frecuencias que normalmente se asignan a un radio de dos vías y a otros servicios de aire pueden utilizarse para canales adicionales de TV sobre el cable.

En consecuencia, las asignaciones de canales CATV han sido estandarizadas como se muestran en la tabla. Para recibir estos canales adicionales, el usuario debe tener un aparato de

---

**NOTAS DE LA FIGURA 8-37**

1. $H$ = tiempo del comienzo de una línea al principio de la siguiente = $1/f_h$ (véase la tabla 8-11).
2. $V$ = tiempo de comienzo de un campo al comienzo del siguiente = $1/f_v$ (véase la tabla 8-11).
3. Los bordes guía y los traseros del blanco vertical deberían complementarse en menos de 0.1 $H$.
4. Pendientes guía y trasero del blanco horizontal deben ser lo suficientemente pronunciados para preservar los valores mínimos y máximos de $(x + y)$ y $(z)$ bajo todas las condiciones del contenido de la imagen.

*5. Las dimensiones marcadas con un asterisco indican las tolerancias permitidas sólo para variaciones de largo tiempo y no para ciclos sucesivos.

6. El área de ecualización de pulso deberá ser entre 0.45 y 0.5 del área de un pulso de sincronía vertical.
7. La ráfaga de color sigue cada pulso horizontal, pero se omite siguiendo los pulsos ecualizadores y durante los pulsos verticales amplios.
8. Las rupturas de color para ser omitidas durante la transmisión monocromática.
9. La frecuencia de ráfaga debería ser 3.579545 MHz. La tolerancia sobre la frecuencia debería ser $\pm 10$ Hz con una tasa máxima de cambio de frecuencia que no exceda 1/10 Hz/s.
10. La frecuencia de exploración horizontal debería ser $2/455$ veces la frecuencia de ráfaga.
11. Las dimensiones especificadas para la ráfaga determinan los momentos de comenzar y parar la ráfaga pero no su fase. La ráfaga de color consta de una modulación de amplitud de una onda senoidal continua.
12. La dimensión de $P$ representa la excursión pico de una señal de luminancia desde un nivel en blanco, pero no incluye la señal de crominancia. La dimensión $S$ es la amplitud síncrona por encima del nivel blanco. La dimensión $C$ es el pico de la amplitud de la portadora.
13. El comienzo del campo 1 está definido por una línea completa entre el primer pulso ecualizador y los pulsos de sincronías anteriores $H$.
14. El comienzo del campo 2 está definido por una línea punteada entre el primer pulso ecualizador y los pulsos de sincronías anteriores $H$.
15. Los números de línea del campo 1 con un primer pulso ecualizador en el campo 1.
16. Los números de línea del campo 2 con un segundo pulso ecualizador en el campo 2.
17. Refiérase a la tabla 8-11 para mayores explicaciones y tolerancias.

**TABLA 8-12** ASIGNACIONES DE FRECUENCIA DE CANAL DE TELEVISIÓN ESTADOUNIDENSE

| | Número de canal | Banda (MHz) | UHF Número de canal | Banda | UHF Número de canal | Banda |
|---|---|---|---|---|---|---|
| Radio astronomía | 2 | 54–60 | 29 | 560–566 | 57 | 728–734 |
| Aeronáutica | 3 | 60–66 | 30 | 566–572 | 58 | 734–740 |
| Radio de dos vías | 4 | 66–72 | 31 | 572–578 | 59 | 740–746 |
| | 5 | 76–82 | 32 | 578–584 | 60 | 746–752 |
| Radio astronomía | 6 | 82–88 | 33 | 584–590 | 61 | 752–758 |
| Aeronáutica | 7 | 174–180 | 34 | 590–596 | 62 | 758–764 |
| Radio de dos vías | 8 | 180–186 | 35 | 596–602 | 63 | 764–770 |
| | 9 | 186–192 | 36 | 602–608 | 64 | 770–776 |
| | 10 | 192–198 | 37 | 608–614 | 65 | 776–782 |
| | 11 | 198–204 | 38 | 614–620 | 66 | 782–788 |
| Canales | 12 | 204–210 | 39 | 620–626 | 67 | 788–794 |
| de VHF | 13 | 210–216 | 40 | 626–632 | 68 | 794–800 |
| | | | 41 | 632–638 | 69 | 800–806 |
| Canales de UHF | 14 | 470–476 | 42 | 638–644 | | |
| | 15 | 476–482 | 43 | 644–650 | 70[a] | 806–812 |
| | 16 | 482–488 | 44 | 650–656 | 71[a] | 812–818 |
| | 17 | 488–494 | 45 | 656–662 | 72[a] | 818–824 |
| | 18 | 494–500 | 46 | 662–668 | 73[a] | 824–830 |
| | 19 | 500–506 | 47 | 668–674 | 74[a] | 830–836 |
| | 20 | 506–512 | 48 | 674–680 | 75[a] | 836–842 |
| | 21 | 512–518 | 49 | 680–686 | 76[a] | 842–848 |
| | 22 | 518–524 | 50 | 686–692 | 77[a] | 848–854 |
| | 23 | 524–530 | 51 | 692–698 | 78[a] | 854–860 |
| | 24 | 530–536 | 52 | 698–704 | 79[a] | 860–866 |
| | 25 | 536–542 | 53 | 704–710 | 80[a] | 866–872 |
| | 26 | 542–548 | 54 | 710–716 | 81[a] | 872–878 |
| | 27 | 548–554 | 55 | 716–722 | 82[a] | 878–884 |
| | 28 | 554–560 | 56 | 722–728 | 83[a] | 884–890 |

[a] Estas frecuencias ahora están distribuidas para radio de dos vías y servicio telefónico celular, pero fueron distribuidas para transmisión de TV UHF antes de 1974.

televisión con la capacidad de canal CATV o usar un convertidor descendente para convertir el canal CATV a un canal estándar como el canal 3 o 4. Los sistemas CATV también pueden ser *bidireccionales*, permitiendo a algunos usuarios transmitir señales al extremo principal. En sistemas divisores de banda baja, las frecuencias por debajo de 50 MHz (canales de banda T) se utilizan para al extremo principal.

Los canales de TV premium se encuentran disponibles con frecuencia a los usuarios por un costo adicional. Los canales premium por lo regular se revuelven al modificar la sincronía de video o tal vez al usar técnicas digitales de codificación. Los usuarios de los servicios premium reciben decodificadores apropiados que, en algunos sistemas, son dirigibles y programables a control remoto por la compañía de CATV. Más detalles acerca de estándares de TV y prácticas de ingeniería pueden encontrarse en *Television Engineering Handbook* [Benson y Whitaker, 1992].

**TABLA 8-13** COMPARACIÓN DE ALGUNOS ESTÁNDARES DE TRANSMISIÓN COMERCIAL DE TELEVISIÓN

| | Donde se usan | | | | |
|---|---|---|---|---|---|
| **Concepto** | **América del Norte, América del Sur, Japón** | **España, Italia, Inglaterra, Alemania, Sistema CCIR B**[a] | **Francia** | | **Unión Soviética** |
| Líneas/cuadro | 525 | 625 | 625 | 819 | 625 |
| Líneas/segundo | 15,750 | 15,625 | 15,625 | 20,475 | 15,625 |
| Cuadro/segundo | 30 | 25 | 25 | 25 | 25 |
| Ancho de banda de video de bandabase (MHz) | 4.2 | 5 | 6 | 10 | 6 |
| Ancho del canal (MHz) | 6 | 7 | 8 | 14 | 8 |
| Polaridad de la modulación de video de AM | Negativo | Negativo | Positivo | Positivo | Negativo |
| Tipo de portadora aural | FM | FM | AM | AM | FM |
| Sistema a color | NTSC[b] | PAL[c] | SECAM[d] | SECAM[d] | SECAM[d] |
| Frecuencia de la subportadora a color (MHz) | 3.58 | 4.43 | 4.43 | 4.43 | 4.43 |

[a] El sistema de 625 líneas/cuadro, 25 cuadros/s es el estándar de sistema B de CCIR (Comité Consultivo de Radio Internacional) y es el estándar dominante de la TV en el continente europeo.

[b] NTSC, Comité del Sistema de Televisión Nacional (Estados Unidos).

[c] PAL, Línea de Alternación de Fase (Europa).

[d] SECAM, Color Secuencial a una Memoria (Francia).

## HDTV

Desde 1987, la FCC ha alentado el desarrollo de un sistema de *televisión de alta definición* (HDTV) para reemplazar al sistema NTSC. El sistema HDTV tendría alta resolución que se aproximaría a la calidad de una película de 35 mm y una relación de aspecto de la amplitud de la pantalla (ancho a altura) de 16:9 en lugar de la pantalla angosta 4:3 de la NTSC. Desde 1987 se han propuesto más de 20 métodos de HDTV [Jurgen, 1988; Jurgen, 1991]. Algunos de ellos son analógicos y otros digitales. Para 1993 el número de propuestas que competían se había reducido a cuatro, mismas que fueron sistemas digitales [Challapali y colaboradores, 1995; Harris, 1993; Zou, 1991]. En mayo de 1993, los proponentes de estos cuatro sistemas competidores unieron fuerzas para desarrollar un sistema único digital de HDTV que tuviera las mejores ideas de los cuatro sistemas competidores [Challapali y colaboradores, 1995; Hopkins, 1994; y Petajan, 1995]. Este grupo de unión se llama la Gran Alianza (GA) y sus miembros son: AT&T, General Instrument Corporation, Massachusetts Institute of Technology (MIT), Philips Electronics North America Corporation, David Sarnoff Research Center, Thomson Consumer Electronics y Zenith Electronics Corporation. Esto dio origen al estándar GA HDTV que se desarrolló por la FCC en 1995. Este estándar digital HDTV se describe en la tabla 8-15.

**TABLA 8-14** FRECUENCIAS DE CANAL DE CATV

| | CATV Número de canal | Banda (MHz) | Letra del canal designado |
|---|---|---|---|
| Sub-VHF | | 5.75–11.75 | T–7 |
| | | 11.75–17.75 | T–8 |
| | | 17.75–23.75 | T–9 |
| | | 23.75–29.75 | T–10 |
| | | 29.75–35.75 | T–11 |
| | | 35.75–41.75 | T–12 |
| | | 41.75–47.55 | T–13 |
| Bajo-VHF | 2 | 54–60 | |
| | 3 | 60–66 | |
| | 4 | 66–72 | |
| | 5 | 76–82 | |
| | 6 | 82–88 | |
| Transmisión de FM | | 88–108 | |
| Alto-VHF | 7 | 174–180 | |
| | 8 | 180–186 | |
| | 9 | 186–192 | |
| | 10 | 192–198 | |
| | 11 | 198–204 | |
| | 12 | 204–210 | |
| | 13 | 210–216 | |
| Banda media | 14 | 120–126 | A |
| | 15 | 126–132 | B |
| | 16 | 132–138 | C |
| | 17 | 138–144 | D |
| | 18 | 144–150 | E |
| | 19 | 150–156 | F |
| | 20 | 156–162 | G |
| | 21 | 162–168 | H |
| | 22 | 168–174 | I |
| Superbanda | 23 | 216–222 | J |
| | 24 | 222–228 | K |
| | 25 | 228–234 | L |
| | 26 | 234–240 | M |
| | 27 | 240–246 | N |
| | 28 | 246–252 | O |
| | 29 | 252–258 | P |
| | 30 | 258–264 | Q |
| | 31 | 264–270 | R |
| | 32 | 270–276 | S |
| | 33 | 276–282 | T |
| | 34 | 282–288 | U |
| | 35 | 288–294 | V |
| | 36 | 294–300 | W |

| CATV Número de canal | Banda UHF (MHz) |
|---|---|
| 37 | 300–306 |
| 38 | 306–312 |
| 39 | 312–318 |
| 40 | 318–324 |
| 41 | 324–330 |
| 42 | 330–336 |
| 43 | 336–342 |
| 44 | 342–348 |
| 45 | 348–354 |
| 46 | 354–360 |
| 47 | 360–366 |
| 48 | 366–372 |
| 49 | 372–378 |
| 50 | 378–384 |
| 51 | 384–390 |
| 52 | 390–396 |
| 53 | 396–402 |
| 54 | 402–408 |
| 55 | 408–414 |
| 56 | 414–420 |
| 57 | 420–426 |
| 58 | 426–432 |
| 59 | 432–438 |
| 60 | 438–444 |
| 61 | 444–450 |
| ⋮ | |
| 89 | 612–618 |
| 90 | 618–624 |
| 91 | 624–630 |
| 92 | 630–636 |
| 93 | 636–642 |
| 94 | 642–648 |
| 95 | 90–96 |
| 96 | 96–102 |
| 97 | 102–108 |
| 98 | 108–114 |
| 99 | 114–120 |

La tasa de bit para datos de video no comprimidos es muy grande. Por ejemplo, como se indica en la tabla 8-15, para 1080 líneas activas, 1920 muestras por línea (pixels), 8 bits por muestra, 30 cuadros (imágenes) por segundo y 3 colores primarios (R6B), la tasa de bit es $1080 \times 1920 \times 8 \times 30 \times 3 = 1{,}500$ Mbits/s. Sin embargo, un canal de TV con un ancho de banda de 6 MHz sólo puede soportar una tasa de información de 20 Mbits/s si se utilizan 8 niveles (3 bits/símbolo) de señalización multinivel es utilizado (de la figura 5-33, $B_T \approx D = R/\ell = 20/3 = 6.67$ MHz). En consecuencia, un factor de compresión de datos se utiliza alrededor de 75 (1,500/20) cuando es necesario. Como se muestra en la tabla 8-15, este factor de compresión se logra al utilizar una técnica de codificación de *Grupo de Expertos en Imágenes en Movimiento* (MPEG). Esta técnica consiste en tomar la *transformada discreta de coseno* (DCT) de $8 \times 8$ bloques de pixeles dentro de cada cuadro y digitalizando (usando) solamente los coeficientes significativos DFT de cada bloque para la transmisión. Además, por cada nuevo cuadro, la información se envía sólo cuando exista un cambio (movimiento) dentro del bloque de pixel de $8 \times 8$, cuadro por cuadro. Como se indicó en la tabla 8-15, esto produce una tasa de datos total (comprimido) de 19.39 Mbits/s. Esta carga total de datos más la paridad de bits para los códigos FEC se alimentan dentro de un convertidor digital a analógico de 3 bits (DAC) para producir un código de línea banda base de 8 niveles que tengan una tasa de símbolos (baud) de 10.76 Msímbolos/s. Esta línea de código de 8 niveles se modula en amplitud sobre una portadora suprimida y filtrada para producir una señal de banda lateral vestigial de (8VSB). Esta señal 8VSB se transmite a un receptor de TV. El filtrado del coseno elevado (raíz cuadrada del coseno elevado en el transmisor y la raíz cuadrada del coseno en el receptor) se utiliza para producir una señal 8VSB de ancho de banda de 6 MHz que no tiene ISI.

El estándar HDTV digital se ha adoptado debido a que la televisión digital tiene las siguientes ventajas:

- Utilización de circuitos de procesamiento digital de señales (DSP).
- Regeneración libre de error de las imágenes transmitidas y grabadas de TV ya que los datos binarios representan la imagen.
- Múltiples canales de sonido (de cuatro a seis) de calidad CD para capacidad estéreo multilingual vía TDM de las señales PCM.
- Los datos pueden ser multicanalizados para gráficas en pantalla de captura de texto y para control de la grabadora de TV y otro equipo.
- Las imágenes multitrayectorias (fantasma) y el ruido de ignición puede cancelarse usando circuitos DSP.
- Se requerirá de baja potencia de transmisión ya que se utilizará la modulación digital.
- Señales HDTV de cocanal digital interferirán menos con otra que con las señales analógicas cocanal NTSC.

La FCC planea implementar el nuevo sistema HDTV al evaluar un nuevo canal de TV (para la transmisión de HDTV) por cada estación de TV existente de NTSC. Por tanto, cada estación transmitirá en forma simultánea una señal NTSC sobre su canal existente y una señal HDTV sobre su nuevo canal. Los canales del 7 al 51 serán utilizados para nuevas señales HDTV. Para el año 2011, la FCC espera que todos estén usando receptores HDTV, así que las estaciones de televisión NTSC dejarán de transmitir. Esto liberará a los canales 2 al 6 y 52 al 69 para asignarse a otros usos.

Además las transmisiones de televisión están pidiendo a la FCC que se permita tener la opción de sustituir datos para 4 o 5 programas de *televisión de definición estándar* (SDTV)

**TABLA 8-15** SISTEMA HDTV ESTADOUNIDENSE

| | Formato 1 | Formato 2 |
|---|---|---|
| **Especificaciones de video** | | |
| Relación de aspecto | 16:9 | 16:9 |
| Exploración activa líneas/cuadro | 720 | 1080 |
| Pixeles/línea | 1280 | 1920 |
| Tasas de cuadro (Hz)[a] | 60P, 30P, 24P | 60I, 30P, 24P |
| Compresión estándar[b] | MPEG-2 | MPEG-2 |
| Técnica de compresión[c] | DCT, 8 × 8 Bloque | DCT, 8 × 8 Bloque |
| **Especificaciones de audio** | | |
| Método | Dolbey AC-3 | |
| Ancho de banda de audio | 20 kHz | |
| Frecuencia de muestreo | 48 kHz | |
| Rango dinámico | 100 dB | |
| Número de canales de contorno[d] | 5.1 | |
| Tasas de datos comprimidos | 384 kbits/s | |
| Lenguajes múltiples | Vía flujo de datos múltiple AC-3 | |
| **Sistema de transporte de datos** | | |
| Tipo | Paquete | |
| Técnica TDM | MPEG-2, capa del sistema | |
| Tamaño del paquete | 188 bytes | |
| Tamaño del encabezado del paquete | 4 bytes | |
| Encriptación | Provisión de restauración por decodificadores autorizados | |
| Soporte de características especiales | Captura cerrada y datos privados | |
| **Especificaciones de transmisión comercial para modo terrestre**[e] | | |
| Modulación[f] | 8VSB | |
| Bits/símbolo | 3 | |
| Ancho de banda del canal | 6 MHz | |
| Filtro del canal | Coseno elevado, $r = 0.115$ | |
| Tasa de símbolo (baud) | 10.76 Msímbolos/s | |
| Tasa de datos de la carga | 19.39 Mbits/s | |
| Codificación (FEC) | Tasa 2/3 TCM y (207,187) Reed-Solomon | |
| Umbral del CNR | 14.9 dB para una BER de $3 \times 10^{-6}$ | |
| Piloto (para sincronía de la portadora) | 310 kHz por encima del extremo de la banda baja del canal de RF | |

[a]P = exploración progresiva, I = exploración entrelazada.

[b]MPEG = Grupo de Expertos de Película en Movimiento de la Organización de Estándares Internacionales (ISO) (*Mo*ving *Pic*ture *E*xpert *G*roup).

[c]DCT = (horizontal y vertical) dos cosenos dimensionales discretos tomados sobre un bloque de 8 × 8 pixeles. Los valores insignificantes DCT son ignorados para proporcionar compresión de información.

[d]Izquierda, centro, derecha, alrededor a la izquierda y derecha subwoofer. El sexto canal (subwoofer subaltavoz) contiene solamente frecuencias bajas de audio así que se considera un canal de 0.1.

[e]Modo terrestre es para transmisión comercial fuera del aire. Para transmisión vía CATV, se pueden usar 16 VSB. Esto permite una tasa de datos de mucho mayor carga de 36.6 Mbits/s sobre un canal de ancho de banda de 6 MHz. Sin embargo, se requiere un (CNR) mínimo de 28.3 dB.

[f]8VSB = 8 niveles de modulación de banda lateral vestigial. Esto es, un código de línea de bandabase de nivel 8 es amplitud modulada sobre una señal de portadora suprimida (DSB-SC) y la banda lateral inferior se filtra para producir la señal VSB.

para reemplazar datos de un programa HDTV. Esto resulta atractivo para el comercio de los transmisores de TV, ya que les permitiría transmitir 4 o 5 programas SDTV sobre su canal asignado (ancho de banda de 6MHz). Si esto se permite, HDTV podría o no volverse una realidad.

Será interesante ver cómo funciona este plan HDTV. Requerirá de que los transmisores de TV compren estudios costosos de HDTV y equipo de transmisión. Al principio los equipos de HDTV costarán mucho más que los equipos de televisión NTSC. Obviamente, las economías del mercado marcarán el ritmo de esta transición (si sucede).

## 8-10 RESUMEN

Se han presentado estudios de casos para un amplio rango de sistemas prácticos de comunicación. Se han estudiado modernos sistemas telefónicos que tienen grandes oficinas centrales controladas por computadora y terminales. Se describió el servicio ISDN. Se dieron las especificaciones de los sistemas PSTN para la transmisión de voz y datos vía cable de fibra óptica, cable de par trenzado, transmisión por satélite y radiomicroondas. Se describieron los sistemas digitales y analógicos para la transmisión de señales de TV y transmisión de datos con FDMA y TDMA. Se definieron la figura de ruido y la temperatura de ruido de entrada efectiva de los sistemas receptores. Se presentaron estudios de casos de los presupuestos de enlaces. Se examinaron estándares de Estados Unidos y del mundo para los sistemas de telefonía celular. Por último, se presentó un estudio de caso del sistema de TV NTSC de Estados Unidos con estándares dados por éste y por otros países, para los canales de CATV de Estados Unidos. Además, se estudió el sistema digital de HDTV de Estados Unidos.

## 8-11 EJEMPLOS

**E8-1** Calcule el presupuesto de enlace para un sistema de TV digital que es similar al sistema GM Hughes DSS que se describió en la sección 8-5. El satélite DSS está localizado en una órbita geoestacionaria a 101° longitud O por arriba del ecuador. Suponga que el sitio de recepción de enlace descendente (downlink) está en Gainesville, Florida, localizado a 82.43° longitud O y 29.71° latitud N. El satélite DSS transmite señales de enlace descendente en la banda Ku (12.2-12.7 GHz) utilizando 16 transponders. Cada uno de ellos tiene una banda de 24 MHz y un PIRE de 52 dBw en la dirección de Estados Unidos y en particular a Gainesville, Florida. Cada transponder radia una señal QPSK con una tasa de datos de 40 Mbits/s. El sistema receptor consiste de (1) una antena parabólica de 18 pulgadas de diámetro con un convertidor descendente (2) unido al bloque de bajo ruido (LNB) que convierte la banda de entrada Ku hacia abajo hasta 950 a 1450 MHz, (3) una línea de transmisión que conecta la LNB a (4) un receptor que se localiza en lo alto del equipo de TV del usuario [Thomson, 1994]. La LNB tiene una ganancia de 40 dB y una figura de ruido (FN) de 0.6 dB. La línea de transmisión coaxial RG6/U tiene 110 pies de longitud y una pérdida de 8 dB/100 pies en la banda de 950-1450 MHz. El receptor detecta los paquetes de datos, los decodifica y los convierte en señales de video y audio analógicos usando convertidores digital a analógico interconstruidos. El receptor tiene un FN de 10 dB y un ancho de banda de IF de 24 MHz. Suponga que la temperatura de la antena fuente es 20 K.

Calcule el $(C/N)_{dB}$, $(E_b/N_0)_{dB}$, y el BER para este sistema de recepción.

***Solución.*** Los parámetros de apuntamiento de la antena receptora (acimut y elevación) desde Gainesville, Florida, al satélite son evaluados usando las ecuaciones (8-47) a (8-54).

$$\beta = \cos^{-1}[\cos(29.71)\cos(101 - 82.43)] = 34.58°$$

El acimut es

$$A = 360 - \cos^{-1}\left( -\frac{\tan(29.71)}{\tan(34.58)} \right) = 214.13°$$

La elevación es

$$E = \tan^{-1}\left[ \frac{1}{\tan(34.58)} - \frac{3963}{(26{,}205)\ \text{sen}(34.58)} \right] = 49.82°$$

Usando la ecuación (8-49) el rango de elevación es

$$d = \sqrt{(26{,}205)^2 + (3963)^2 - 2(3693)(26{,}205)\cos(34.58)}$$

Por tanto,

$$d = 23{,}052 \text{ millas} \quad \text{o} \quad 3.709 \times 10^7 \text{ m}$$

La FN total para el sistema receptor se evalúa usando la ecuación (8-34), donde $F_1 = 0.6$ dB $= 1.15$, $G_1 = 40$ dB $= 10^4$, $F_2 = 110$ pies $\times$ 8 dB/100 pies $= 8.8$ dB $= 7.59$, $G_2 = -8.8$ dB $= 0.13$ y $F_3 = 10$ dB $= 10$. Entonces,

$$F = F_1 + \frac{F_2 - 1}{G_{a1}} + \frac{F_3 - 1}{G_{a1}G_{a2}} = 1.15 + \frac{7.59 - 1}{10^4} + \frac{10 - 1}{(10^4)(0.13)}$$

o $F = 1.15 + 6.59 \times 10^{-4} + 6.83 \times 10^{-3} = 1.15 = 0.6$ dB.

Por tanto, $T_e = (F - 1)T_0 = (1.15 - 1)(290) = 43.18K$.

*Nota:* La ganancia del LNB se designa para ser lo suficientemente grande, así que las contribuciones de FN de la línea de transmisión y el receptor son nulas.

La antena receptora se calcula usando la tabla 8-4 para una parábola de 18 pulg = 0.46 m de diámetro donde $\lambda = f/c = 3 \times 10^8/12.45 \times 10^9 = 0.0241$ m.

$$(G_{AR})_{\text{dB}} = 10 \log\left[ \frac{7\pi(0.46/2)^2}{(0.0241)^2} \right] = 32.96 \text{ dB}$$

$$(T_{sistema})_{\text{dB}} = 10 \log(T_{AR} + T_e) = 10 \log(20 + 43.18) = 18.01 \text{ dBK}$$

Por tanto,

$$\left( \frac{G_{AR}}{T_{sistema}} \right)_{\text{dB}} = 32.96 - 18.01 = 14.96 \text{ dB/K}$$

El $(C/N)_{\text{dB}}$ se evalúa usando la ecuación (8-55), donde

$$(L_{FS})_{\text{dB}} = 20 \log\left( \frac{4\pi d}{\lambda} \right) = 20 \log\left( \frac{4\pi(3.709 \times 10^7)}{(0.0241)} \right) = 205.73 \text{ dB}$$

y

$$(B)_{\text{dB}} = 10 \log(B) = 10 \log(24 \times 10^6) = 73.8 \text{ dB}$$

Por tanto,

$$\left( \frac{\text{C}}{\text{N}} \right)_{\text{dB}} = (P_{\text{PIRE}})_{\text{dBw}} - (L_{FS})_{\text{dB}} + \left( \frac{G_{AR}}{T_{\text{sistema}}} \right)_{\text{dB}} - k_{\text{dB}} - B_{\text{dB}}$$

$$= 52 - 205.73 + 14.96 - (-228.6) - 73.8$$

o

$$(C/N)_{dB} = 14.03 \text{ dB}$$

$(E_b/N_0)_{dB}$ podría evaluarse usando la ecuación (8-44), donde $B = 24$ MHz y $R = 40$ Mbits/s o $R = B$ para este problema. Entonces

$$\left(\frac{E_b}{N_0}\right)_{dB} = \left(\frac{C}{N}\right)_{dB} + \left(\frac{B}{R}\right)_{dB} = 14.03 + 0 = 14.03 \text{ dB}$$

Un $(E_b/N_0)_{dB}$ de 14.03 dB = 25.29 da errores nulos para la señal QPSK. Esto es, si no se utiliza una codificación, la del BER QPSK se obtiene por la ecuación (7-69).

$$P_e = Q\left(\sqrt{2\left(\frac{E_b}{N_0}\right)}\right) = Q(\sqrt{2(25.29)}) = 5.7 \times 10^{-13}$$

o un error cada 3.4 horas. Sin embargo, si la señal se está desvaneciendo (debido a la lluvia u otras condiciones atmosféricas), pueden suceder errores significativos. Esto se examina en el ejemplo E8-2.

**E8-2** Repita el ejemplo SA8-1 y considere que existe un desvanecimiento de la señal de 4 dB en la banda Ku debido a la lluvia severa. Calcule $(C/N)_{dB}$, $(E_b/N_0)_{dB}$ y la BER con y sin codificación. Para el caso de codificación, suponga una ganancia de codificación de 3 dB.

***Solución***

$$\left(\frac{C}{N}\right)_{\text{desvanecimiento dB}} = \left(\frac{C}{N}\right)_{dB} - (L_{\text{desvanecimiento}})_{dB} = 14.03 - 10.0 = 4.03 \text{ dB}$$

y

$$\left(\frac{E_b}{N_0}\right)_{\text{desvanecimento dB}} = 4.03 \text{ dB} = 2.53$$

Entonces, la BER con desvanecimiento y sin codificación es

$$P_e = Q(\sqrt{2(2.53)}) = 1.23 \times 10^{-2}$$

o un error en 41 ms. Este rendimiento no es aceptable; en consecuencia se necesita la codificación FEC. Usando una codificación con una ganancia de 3dB, calcule la $(E_b/N_0\ )$ (consulte la figura 1-8),

$$\left(\frac{E_b}{N_0}\right)_{dB} = 4.03 + 6.0 = 10.03 \text{ dB} = 10.07$$

Entonces, usando la ecuación (7-69), el BER con el desvanecimiento y la codificación se transforma en

$$P_e = Q(\sqrt{2(10.07)}) = 3.6 \times 10^{-6}$$

o un error cada 78s.

**E8-3** Evalúe el rendimiento del BER de un dispositivo personal de comunicación (DPC). Asuma que una terminal portátil de video/teléfono/computadora está conectada al mundo exterior por un enlace inalámbrico dentro de un edificio. El enlace inalámbrico opera entre la DPC y una unidad de estación base, la cual también está dentro del edificio. Este enlace utiliza una señal OOK sobre una portadora de frecuencia de 2.4 GHz y la tasa de datos es de 2 Mbits/s. La potencia de transmisión DPC sobre el enlace (PCD a la estación base) es 0.5 mW. El receptor de la estación base tiene una figura de ruido de 8 dB y un ancho de banda de IF de 4 MHZ. Éste incorpora un detector de envolvente para los datos. El ruido externo a la entrada del receptor es despreciable cuando se compara con el ruido interno del mismo. Suponga que las antenas de transmisión y recepción dentro del entorno del edificio se modela por [Rappaport, 1996, página 126]

$$L_{dB}(d) = L_{FSdB}(d_0) + 10n \log\left(\frac{d}{d_0}\right) + X_{dB} \tag{8-67}$$

donde $L_{dB}(d)$ es la pérdida por trayectoria en dB por una distancia $d$ entre las antenas, $L_{FSdB}(d_0)$ es la pérdida del espacio libre para una distancia $d_0$ que es cercana al transmisor pero en el campo lejano y $d > d_0$. $n$ es el exponente de la pérdida por trayectoria y $X_{dB}$ representa el margen de pérdidas debido a variaciones en la pérdida por trayectoria causado por reflexiones múltiples. Para este ejemplo, escoja $d_0 = 50$ pies, $n = 3$, y $X_{dB} = 7$ dB. (El exponente, $n$, sería 2 para el caso de espacio libre y 2 para el caso de la reflexión de tierra y de dos haces).

Para una distancia de 200 pies entre el PCD y la estación base, calcule el CNR a la entrada del detector del receptor de la estación base y el BER para la información detectada a la salida del detector.

***Solución.*** La CNR se obtiene mediante la ecuación (8-67) para reemplazar $(L_{FS})_{dB}$ en la ecuación (8-43). Usando los valores dados anteriormente obtenemos $(P_{PIRE})_{dBw} = -30.86$ dBw. $T_{sistema} = 1540$ K, y $L_{dB}$ (200) = 88.18 dB. De la ecuación (8-43) con el PCD localizado a 200 pies de la estación base, la CNR es

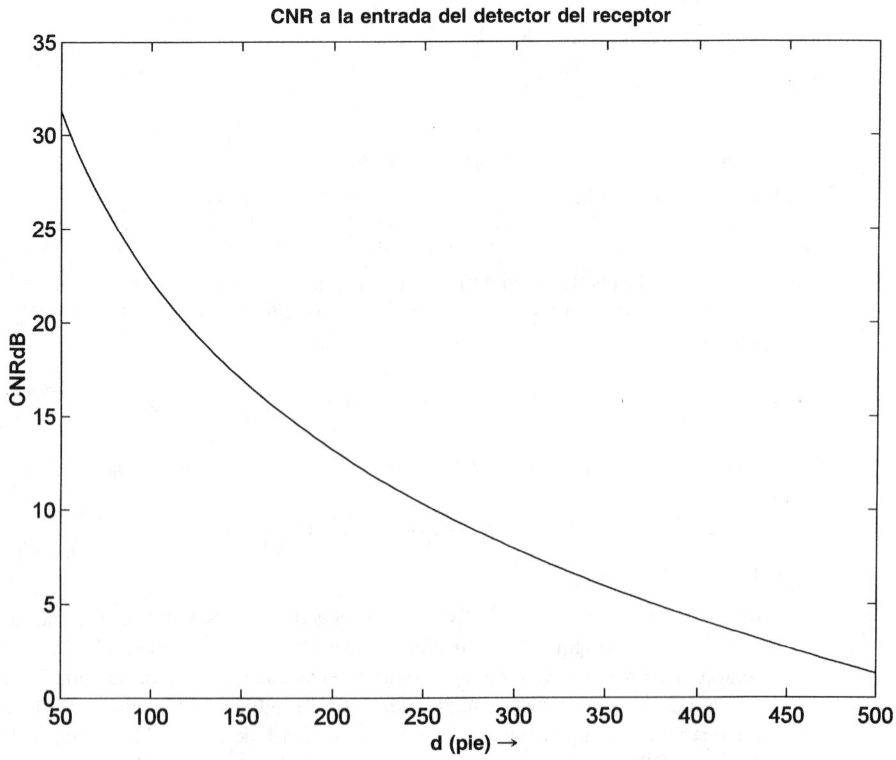

**Figura 8-38** CNR para un enlace inalámbrico PCD.

$$\left(\frac{C}{N}\right)_{\text{dB}} = 13.22 \text{ dB}, \qquad 200 \text{ pies de espacio}$$

También con la ecuación (8-44), $(E_b/N_0)_{\text{dB}} = 16.23\text{dB}$. Para este caso de OOK con detección de envolvente (no coherente), la BER se obtiene mediante el uso de la ecuación (7-58). La tasa de bit es $R = 1/T = 2$ Mbits/s y el ancho de banda de IF es $B_P = 4$ MHz. Para un espacio de 200 pies entre la PCD y la estación base, la BER de la estación base de la salida del flujo de datos es

$$P_e = 1.36 \times 10^{-5}, \qquad 200 \text{ pies de espacio}$$

Utilizando otros valores para $d$ en estas ecuaciones, MATLAB puede calcular el CNR y la BER sobre todo un rango de espacio desde 50 y hasta 500 pies. La gráfica MATLAB se muestra en las figuras 8-38 y 8-39.

El rango de este PCD de enlace inalámbrico podría incrementarse mediante el aumento de la potencia de transmisión, reduciendo la figura de ruido receptor o implementando un sistema de espectro difuso (extendido) (SS). Si la secuencia directa de SS se utiliza con un registro de desplazamiento en cascada $r = 4$ como se muestra en la figura 5-37, entonces la longitud del código PN es $N = 15$. Suponiendo que la longitud del código abre un bit de datos, entonces la tasa del chip es $R_c = NR$ de la ecuación (5-131). Este sistema de SS proporcionaría una ganancia de procesamiento de $G_p = R_c/R = N = 15$ o $G_{p\text{dB}} = 11.76$ dB. Si se implementa una compresión en el receptor después de la etapa de IF (por ejemplo, después de la fuente interna del receptor), esta ganancia de procesamiento incrementaría el CNR a la entrada del detector por 11.76 dB.

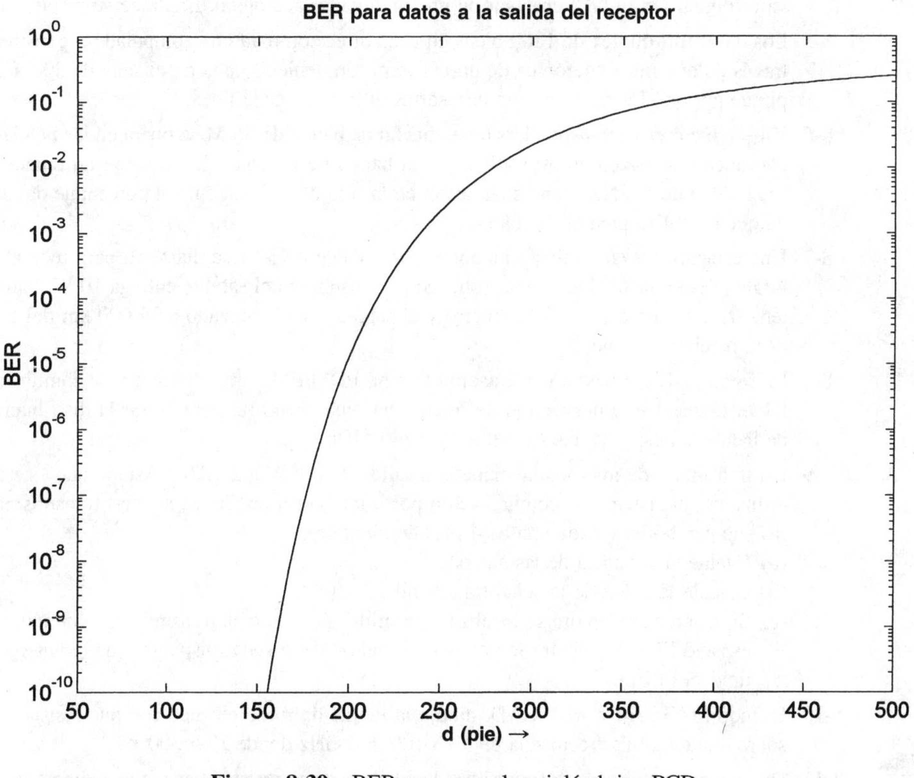


**Figura 8-39** BER para un enlace inlámbrico PCD.

Y, en consecuencia, aumentaría el rango útil alrededor de 500 pies. Esto es, con referencia a la figura 8-38 a $d = 500$ pies, una ganancia de procesamiento de 11.76 dB resultaría en un CNR de 13.0 dB, lo cual corresponde a un BER de $2.1 \times 10^{-5}$.

# PROBLEMAS

**8-1** Un usuario de teléfono se conecta mediante una línea de par trenzado directamente a la oficina central como en la figura 8-3. La larga línea telefónica tiene una alta resistencia de tal manera que las señales de audio son débiles. Sugiera una manera de modificar el equipo de la OC para que se incrementen los niveles de la señal de audio. (Esta modificación se denomina extensión de línea y no utiliza una terminal remota).

**8-2** Una línea de 50 pares proporciona servicio telefónico a 50 usuarios en una subdivisión rural vía circuitos locales a la OC. ¿Cuántos usuarios se pueden conectar si los 50 pares se convierten en líneas T1 y se instala una terminal remota en la subdivisión?

**8-3** Suponga que una compañía telefónica tiene terminales remotas conectadas a su OC vía líneas T1. Trace un diagrama a bloques que muestre cómo las líneas T1 son interfaseadas con el conmutador de la OC, si el OC utiliza:

**(a)** Un conmutador analógico.

**(b)** Un conmutador digital integrado.

**8-4** Indique si una conexión de llamada de conferencia podría ser mejor o peor si se utiliza un conmutador digital (en el OC) en lugar de un conmutador analógico. Explique su respuesta.

**8-5** Los datos full-duplex de 1200 bits/s en cada dirección para una computadora personal se envían a través de una línea telefónica de un par trenzado, teniendo una pasabanda de 300 a 2700 Hz. Explique por qué los módems son necesarios al final de cada línea.

**8-6** Un satélite con 12 transponders de un ancho de banda de 36 MHz opera en las bandas de 6/4 GHz con ancho de banda de 500 MHz, y una banda de guarda 4 MHz sobre un enlace descendente (*downlink*) de 4 GHz, como se muestra en la figura 8-10. Calcule el porcentaje del ancho de banda que se utiliza para las de bandas guarda.

**8-7** Una estación terrena utiliza una antena parabólica de 3 m de diámetro para recibir una señal de 4 GHz desde un satélite geosíncrono. Si el transmisor del satélite entrega 10 W dentro de una antena transmisora de 3 m de diámetro y el satélite está localizado a 36 000 km del receptor, ¿cuál es la potencia recibida?

**8-8** La figura 8-12b muestra una estación terrena FDM/FM para un sistema de comunicación por satélite. Encuentre la desviación de frecuencia pico necesaria para lograr la distribución del ancho de banda del espectro para la señal de 6240 MHz.

**8-9** Un transmisor de microondas tiene una salida de 0.1 W a 2 GHz. Asuma que este transmisor se utiliza en un sistema de comunicación por microondas donde las antenas transmisoras y receptoras son parabólicas, cada una de 4 pies en diámetro.

**(a)** Evalúe la ganancia de las antenas.

**(b)** Calcule la PIRE de la señal transmitida.

**(c)** Si la antena receptora se localiza a 15 millas de la antena transmisora sobre una trayectoria de espacio libre, encuentre la potencia de salida de la señal disponible de la antena receptora en unidades dBm.

**8-10** Usando MATLAB o MathCAD, dibuje la fuente de ruido térmico con una resistencia de 10 k$\Omega$ sobre una rango de frecuencia de 10 a 100 000 GHz donde $T = 300$ K.

**8-11** Dado el circuito *RC* de la figura P8-11, donde $R$ es un resistor físico a una temperatura $T$, encuentre el valor rms del voltaje de ruido que aparece a la salida en términos de $k$, $T$, $R$ y $C$.

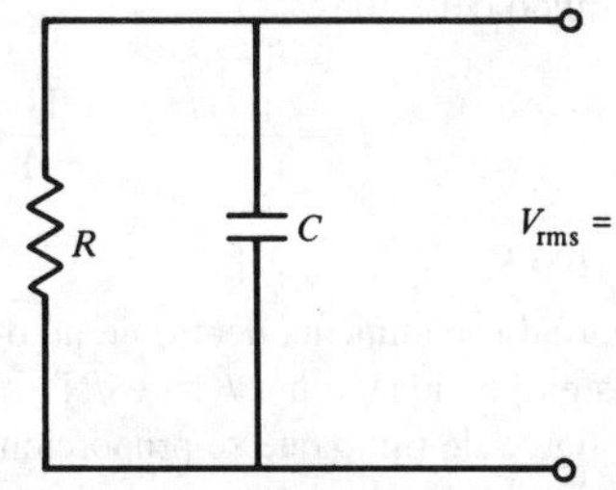


**Figura P8-11**

**8-12** Un receptor está conectado a un sistema de antena que tiene una temperatura de ruido de 100 K. Encuentre la potencia de ruido que está disponible desde la fuente sobre una banda de 20 MHz.

**8-13** Un amplificador de transistor bipolar se moldea como se muestra en la figura P8-13. Encuentre una fórmula para la ganancia de potencia disponible en términos de los parámetros apropiados.

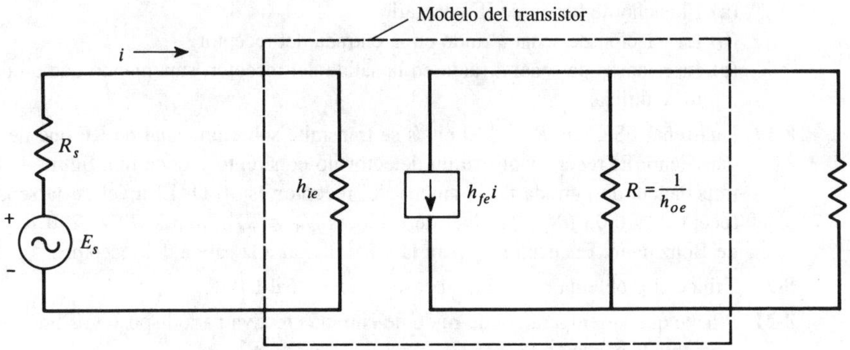


**Figura P8-13**

**8-14** Utilizando la definición para la ganancia de potencia disponible, $G_a(f)$, como está dado por la ecuación (8-18), muestre que $G_a(f)$ depende de la fuente directriz de la impedancia como también de los elementos del dispositivo y que $G_a(f)$ no depende de la impedancia de carga. [*Sugerencia*: Calcule $G_a(f)$ para una red resistiva simple.]

**8-15** Muestre que la temperatura de ruido de entrada efectiva y la figura de ruido pueden evaluarse mediante mediciones que usan el método del factor Y. Con este método el dispositivo bajo prueba (DBP) primero se conecta a una fuente de ruido que tiene una salida relativamente grande denotada por su temperatura de la fuente, $T_h$, donde la $h$ denota "caliente", y entonces la potencia de ruido disponible a la salida de la DBP, $P_{aoh}$, se mide con un medidor de potencia. Ahora la DBP se conecta a una fuente que tiene una temperatura de la fuente baja, $T_c$, donde la $c$ denota "frío", y se mide la potencia de ruido a la salida de la DBP, $P_{aoc}$. Demuestre que

**(a)** La temperatura de ruido de entrada efectiva de la DBP es

$$T_e = \frac{T_h - YT_c}{Y - 1}$$

donde $Y = P_{aoh}/P_{aoc}$ se obtiene de las mediciones.

**(b)** La figura de ruido del DBP es

$$F = \frac{[(T_h/T_0) - 1] - Y[(T_c/T_0) - 1]}{Y - 1}$$

donde $T_0 = 290$ K.

**8-16** Si una señal más ruido se alimenta dentro de un dispositivo lineal, muestra que la figura de ruido del dispositivo es proporcionado por $F = (\text{S/N})_{\text{entrada}}/(\text{S/N})_{\text{salida}}$. [*Solución*: Empiece con la definición básica de figura de ruido que se proporciona en este capítulo.]

**8-17** Una antena se apunta en una dirección tal que tiene una temperatura de ruido de 30 K. Se conecta a un preamplificador que tiene una figura de ruido de 1.6 dB y una ganancia disponible de 30 dB sobre un ancho de banda efectivo de 10 MHz.

**(a)** Encuentre la temperatura de ruido efectiva para el preamplificador.

**(b)** Encuentre la potencia de ruido disponible de salida del preamplificador.

**8-18** Una señal SSB-AM de 10 MHz, la cual se modula mediante una señal de audio que es en banda limitada a 5 KHz, se detecta por un receptor que tiene una figura de ruido de 10 dB. La potencia de la señal a la entrada del receptor es $10^{-10}$ mW y el PSD del ruido de la entrada, $\mathcal{P}(f) = kT/2$, es $2 \times 10^{-21}$. Evaluar:

**(a)** El ancho de banda de IF necesario.

**(b)** La relación de señal a ruido en la entrada del receptor.

**(c)** La relación de señal a ruido en la salida del receptor, suponiendo que un detector de producto se utiliza.

**8-19** Una señal FSK con $R = 110$ bits/s se transmite sobre un canal de RF que tiene un ruido blanco gaussiano. El receptor utiliza un detector no coherente y tiene una figura de ruido de 6 dB. La impedancia de entrada de la antena del receptor es 50 Ω. El nivel de la señal a la entrada del receptor es 0.05 $\mu$V y el nivel de ruido es $N_0 = kT_0$, donde $T_0 = 290$ K y $k$ es la constante de Boltzmann. Encuentre $P_e$ para la señal digital a la salida del receptor.

**8-20** Utilice el problema 8-19 para el caso de una señal DPSK.

**8-21** Pruebe que la temperatura de ruido de entrada efectiva para dispositivos lineales en cascada se da mediante la ecuación (8-37).

**8-22** Un equipo de TV se conecta a un sistema de antena como se muestra en la figura 8-22. Encuentre:

**(a)** La figura de ruido total.

**(b)** La figura de ruido total de ruido si un preamplificador de RF de 20 dB con una figura de ruido 3 dB se inserta al punto $B$.

**(c)** La figura de ruido total si el preamplificador se inserta en el punto $A$.

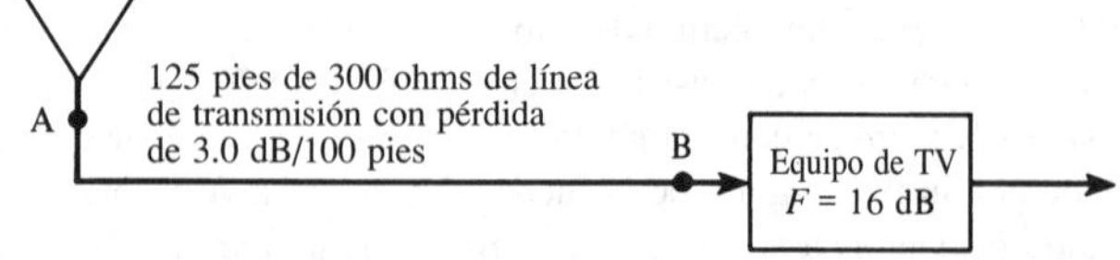


**Figura P8-22**

**8-23** Un sistema de recepción de estación terrena consta de una antena de ganancia de 20 dB con un $T_{\text{AR}} = 80$ K, un amplificador de RF con $G_a = 40$ dB y $T_e = 200$ K, y un convertidor descendente con $T_e = 15{,}000$ K. ¿Cuál es la temperatura de ruido de entrada efectiva del sistema receptor?

**8-24** Un amplificador de bajo ruido (LNA), un convertidor descendente y un amplificador de IF se conectan en cascada. El LNA tiene una ganancia de 40 dB y el $T_e$ de 100 K. El convertidor descendente tiene una figura de ruido de 8 dB y una ganancia de conversión de 6 dB. Si el amplificador de IF tiene una ganancia de 60 dB y una figura de ruido de 14 dB, calcule la temperatura total de ruido de entrada efectiva para este sistema.

**8-25** Un satélite geosíncrono transmite 13.5 dBW de PIRE sobre un enlace descendente (downlink) de 4 GHz a una estación terrena. El sistema receptor tiene una ganancia de 60 dB, una temperatura de ruido de entrada efectiva de 80 K, una temperatura de ruido de la antena fuente de 60 K y un ancho de banda de IF de 36 MHz. Si el satélite se localiza a 24 500 millas del receptor, ¿cuál es el $(C/N)_{dB}$ a la entrada del circuito del detector del receptor?

**8-26** Una antena con $T_{AR} = 160$ K está conectada a un receptor por medio de una guía de onda que tiene una temperatura física de 290 K y una pérdida de 2 dB. El receptor tiene un ancho de banda de ruido de 1 MHz, una temperatura de ruido de entrada efectiva de 800 K y una ganancia de 120 dB de su entrada a la antena a su salida de IF. Utilizando MATLAB o MathCAD, encuentre:

**(a)** La temperatura de ruido del sistema a la entrada del receptor.
**(b)** La figura de ruido total.
**(c)** La potencia de ruido disponible en la salida de IF.

**8-27** El satélite *Intelsat IV* utiliza transponders de 36 MHz con enlaces descendentes operando en la banda de 4 GHz. Cada transponder tiene una potencia de salida de 3.5 W y podrían usarse antenas con una cobertura global promedio de 17° que tiene una ganancia de 20 dB.

**(a)** Para usuarios localizados en el punto subsatelital (por ejemplo, directamente debajo del satélite), muestre que $(C/N)_{dB} = (G_{AR}/T_{sistema})_{dB} - 17.1$, donde $(G_{AR}/T_{sistema})_{dB}$ es la figura de mérito de la estación terrena receptora.
**(b)** Diseñe una estación receptora terrena (diagrama a bloques) mostrando especificaciones razonables para cada bloque así que la salida de IF de CNR será 12 dB. Discuta los intercambios que están involucrados.

**8-28** La eficiencia de una antena parabólica se determina mediante la precisión de la superficie de reflector parabólico y otros factores. La ganancia es $G_A = 4\pi\eta A/\lambda^2$, donde $\eta$ es la eficiencia de la antena. En la tabla 8-4 una eficiencia de 56% se utilizó para obtener la fórmula $G_A = 7A/\lambda^2$. En el sistema receptor terreno para el satélite *Intelsat IV,* suponga que se necesita una $(G_{AR}/T_{sistema})$ de 40 dB. Utilizando una antena de 30 m, proporcione en eficiencia de antena requerida si la temperatura de ruido del sistema es 85 K. ¿Qué tanto cambia la eficiencia de la antena requerida si se utiliza una antena de 28 m?

**8-29** Evalúe el rendimiento de un sistema TVRO. Considere que la terminal TVRO se localiza en Miami, Florida (26.8° latitud N, 80.2° W longitud O). Una antena parabólica receptora de 10 pies de diámetro se utiliza y apunta hacia el satélite *Galaxy I.* Otros parámetros del TVRO se exponen en la tabla 8-5, figura 8-25 y figura 8-27.

**(a)** Encuentre los ángulos de observación para el satélite y encuentre el rango de inclinación.
**(b)** Encuentre la temperatura total del sistema receptor.
**(c)** Encuentre el $(C/N)_{dB}$ dentro del detector del receptor.
**(d)** Encuentre el $(S/N)_{dB}$ a la salida del receptor.

**8-30** Repita los problemas 8-29 si la terminal TVR o se localiza en Anchorage, Alaska (61.2° latitud N, 149.8° W longitud O), y se utiliza una antena parabólica de 8 m de diámetro.

**8-31** Un sistema TVRO consta de una antena parabólica de 8 pies de diámetro que alimenta 50 dB, LNA de 85 K. La temperatura de ruido del cielo (con alimentación) es de 32 K. El sistema está diseñado para recibir señales del satélite *Galaxy I.* El LNA tiene un circuito con un posmezclador que convierte en forma descendente la señal del satélite a 70 MHz. La señal de 70 MHz se alimenta al receptor TVRO a través de un cable coaxial de 120 pies de longitud y 75 Ω. El cable tiene una pérdida de 3 dB/100 pies. El receptor tiene un ancho de banda de 36 MHz y una temperatura de ruido de 3 800 K. Suponga que el sitio del TVRO se localiza en Los Ángeles, California (34° latitud N, 118.3° longitud O), y se enfoca a una polarización vertical.

**(a)** Encuentre los ángulos de observación de la antena TVRO hacia el satélite y encuentre el rango de inclinación.
**(b)** Encuentre la temperatura total del sistema.
**(c)** Encuentre la $(C/N)_{dB}$ dentro del detector del receptor.

**8-32** Un sistema de recepción terrena opera a 11.95 GHz y consta de una antena de 20 m con una ganancia de 65.53 dB y una $T_{AR} = 60$ K, una guía de onda con una pérdida de 1.28 dB y una temperatura física de 290 K, un LNA con $T_e = 150$ K y una ganancia de 60 dB y un convertidor descendente con $T_e = 11{,}000$ K. Utilizando MATLAB o MathCAD, encuentre $(G/T)_{dB}$ para un sistema receptor evaluado en:
**(a)** La entrada al LNA.
**(b)** La entrada a la guía de onda.
**(c)** La entrada al convertidor descendente.

**8-33** Utilice otra vez el ejemplo 8-4 para el caso de una recepción de señales de TV desde una transmisión directa por satélite (DBS). Considere que los parámetros del sistema son similares a los proporcionados en la tabla 8-5, excepto que la potencia del satélite es PIRE 316 kW radiada en la banda de los 12 GHz. Además, suponga que se utiliza una antena parabólica receptora de 1 m y el LNA tiene una temperatura de 240 K.

**8-34** El planeta más distante de nuestro sistema solar es Plutón, que está localizado a una (gran) distancia de la Tierra de $7.5 \times 10^9$ km, por lo que un aparato espacial sin tripulación con un transponder de 2 GHZ, 10 W está en la vecindad de Plutón. Una estación receptora terrena con una antena de 64 m de diámetro está disponible y tiene una temperatura de ruido de sistema de 16 K a 2 GHz. Calcule el tamaño de la antena espacial que se necesita para un enlace de datos BPSK de 300 bit/s hacia la Tierra que tiene una tasa de error de $10^{-3}$ (correspondiente a $E_b/N_0$ de 9.88 dB). Sean de 2 dB las pérdidas incidentales.

**8-35** Utilizando MATLAB, MathCAD o algún programa de hoja de cálculo que corra en una computadora personal (PC), diseñe una hoja de cálculo que solucione el problema 8-31. Corra la hoja en su PC y verifique que obtenga las respuestas correctas. Imprima sus resultados. También trate otros parámetros, como los propios para su localización, e imprima sus resultados.

**8-36** Suponga que usted quiere analizar el rendimiento total de un sistema de transmisión por satélite que usa un transponder de "tubo curvo". Sea $(C/N)_{subida}$ la relación de portadora a ruido para el transponder como evaluado en la banda de IF del transponder del satélite. Y sea también $(C/N)_{bajada}$ la relación de portadora a ruido de IF en el downlink de la estación receptora terrena cuando el satélite esté enviando una señal perfecta (libre de ruido). Demuestre que la relación de portadora a ruido de operación total en la IF de la estación receptora terrena, $(C/N)_{ov}$, se obtiene por

$$\frac{1}{(C/N)_{ov}} = \frac{1}{(C/N)_{subida}} + \frac{1}{(C/N)_{bajada}}$$

**8-37** Refiérase a la tabla 8-13, evalúe la resolución máxima (líneas) vertical y horizontal para el estándar de TV del sistema B CCIR TV. Asuma que el tiempo de blanqueamiento horizontal es 10 $\mu$s.

**8-38** Una señal VSB puede analizarse utilizando

$$g(t) = [m_1(t) + m_2(t)] + j[\hat{m}_2(t)]$$

como un modelo para la envolvente compleja. Explique cómo este modelo podría utilizarse para representar las señales de TV estadounidenses.

**8-39** A una estación de TV de baja potencia se le permite operar con el canal 35 de TV con una potencia efectiva radiada de 1000 W. La altura de la torre es de 400 pies y la línea de transmisión es de 450 pies de largo. Suponga que una línea de transmisión de cable coaxial de $1\frac{5}{8}$ de pulg de diámetro semirrígido en una línea de transmisión coaxial de 50 Ω se usa cuando tiene una pérdida de 0.6 dB/100 pies (a la frecuencia de operación). La antena tiene una ganancia de 5.6 dB y las pérdidas del duplexer son insignificantes. Encuentre la PEP requerida a la salida visual del transmisor.

**8-40** Un transmisor visual se prueba mediante modulación con una señal de prueba periódica. La envolvente del transmisor de salida se observa sobre un osciloscopio como se muestra en la figura P8-40, donde $K$ es una constante desconocida. La salida del transmisor se conecta a una carga aparente de 50 Ω que tiene un wattmetro de lectura promedio calibrado. El wattmetro lee 6.9 kW. Encuentre el PEP de el transmisor de salida.

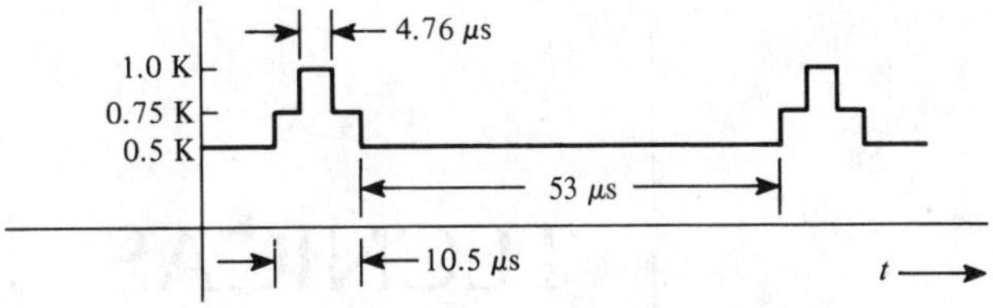


**Figura P8-40**

**8-41** Las especificaciones para el sistema MTS de audio estéreo para TV los proporciona la figura 8-33. Usando esta figura:

(**a**) Diseñe un diagrama a bloques para un circuito receptor de TV que detectará señales de audio en estéreo y la señal (SAP) de segundo programa de audio.

(**b**) Describa cómo trabaja el circuito. Esto es, dé las expresiones matemáticas para la señal a cada punto en su diagrama a bloques y explíquelo. Asegúrese de especificar todas las funciones del filtro de transferencia, frecuencias de VCO centrales, y así sucesivamente.

**8-42** Un transmisor de TV quiere enviar datos digitales a usuarios concerniente al mercado de valores usando una subportadora aural profesional. Proponga dos técnicas de señalización que satisfagan los requerimientos espectrales de la figura 8-33, donde el ancho de banda disponible es $0.5f_h$. En especial, diseñe y dibuje diagramas a bloques de módems de transmisión y recepción y de las especificaciones para transmitir datos a una tasa de (**a**) 1200 bits/s y (**b**) 9600 bits/s. Analice por qué piensa usted que tiene un buen diseño.

**8-43** En el sistema de demodulación de la subportadora de TV a color R-Y, B-Y, la señal G-Y se obtiene de las señales R-Y y B-Y. Esto es,

$$[m_G(t) - m_Y(t)] = K_1[m_R(t) - m_Y(t)] + K_2[m_B(t) - m_Y(t)]$$

(**a**) Encuentre los valores para $K_1$ y $K_2$ que se requieren.

(**b**) Dibuje un posible diagrama a bloques para un sistema R-Y, B-Y, y explique cómo funciona.

# APÉNDICE A

# TÉCNICAS MATEMÁTICAS, IDENTIDADES Y TABLAS

## A-1 TRIGONOMETRÍA

### Definiciones

$$\operatorname{sen} x = \frac{e^{jx} - e^{-jx}}{2j} \tag{A-1}$$

$$\cos x = \frac{e^{jx} + e^{-jx}}{2} \tag{A-2}$$

$$\tan x = \frac{\operatorname{sen} x}{\cos x} = \frac{e^{jx} - e^{-jx}}{j(e^{jx} + e^{-jx})} \tag{A-3}$$

### Identidades trigonométricas

$$e^{\pm jx} = \cos x \pm j \operatorname{sen} x \quad \text{(teorema de Euler)} \tag{A-4}$$

$$\cos(x \pm y) = \cos x \cos y \mp \operatorname{sen} x \operatorname{sen} y \tag{A-5}$$

$$\operatorname{sen}(x \pm y) = \operatorname{sen} x \cos y \pm \cos x \operatorname{sen} y \tag{A-6}$$

$$\cos\left(x \pm \frac{\pi}{2}\right) = \mp \operatorname{sen} x \tag{A-7}$$

$$\operatorname{sen}\left(x \pm \frac{\pi}{2}\right) = \pm \cos x \tag{A-8}$$

$$\cos 2x = \cos^2 x - \operatorname{sen}^2 x \tag{A-9}$$

$$\operatorname{sen} 2x = 2 \operatorname{sen} x \cos x \tag{A-10}$$

$$2 \cos x \cos y = \cos(x - y) + \cos(x + y) \tag{A-11}$$

$$2 \operatorname{sen} x \operatorname{sen} y = \cos(x - y) - \cos(x + y) \tag{A-12}$$

$$2 \operatorname{sen} x \cos y = \operatorname{sen}(x - y) + \operatorname{sen}(x + y) \tag{A-13}$$

$$2 \cos^2 x = 1 + \cos 2x \tag{A-14}$$

$$2 \operatorname{sen}^2 x = 1 - \cos 2x \tag{A-15}$$

$$4 \cos^3 x = 3 \cos x + \cos 3x \tag{A-16}$$

$$4 \operatorname{sen}^3 x = 3 \operatorname{sen} x - \operatorname{sen} 3x \tag{A-17}$$

$$8 \cos^4 x = 3 + 4 \cos 2x + \cos 4x \tag{A-18}$$

$$8 \operatorname{sen}^4 x = 3 - 4 \cos 2x + \cos 4x \tag{A-19}$$

$$A \cos x - B \operatorname{sen} x = R \cos(x + \theta) \tag{A-20a}$$

$$\text{donde} \quad R = \sqrt{A^2 + B^2} \tag{A-20b}$$

$$\theta = \tan^{-1}(B/A) \tag{A-20c}$$

$$A = R \cos \theta \tag{A-20d}$$

$$B = R \operatorname{sen} \theta \tag{A-20e}$$

## A-2 CÁLCULO DIFERENCIAL

### Definición

$$\frac{df(x)}{dx} = \lim_{\Delta x \to 0} \frac{f(x + (\Delta x/2)) - f(x - (\Delta x/2))}{\Delta x} \tag{A-21}$$

### Reglas de diferenciación

$$\frac{du(x)v(x)}{dx} = u(x)\frac{dv(x)}{dx} + v(x)\frac{du(x)}{dx} \qquad \text{(productos)} \tag{A-22}$$

$$\frac{d\left(\dfrac{u(x)}{v(x)}\right)}{dx} = \frac{v(x)\dfrac{du(x)}{dx} - u(x)\dfrac{dv(x)}{dx}}{v^2(x)} \qquad \text{(cociente)} \tag{A-23}$$

$$\frac{du[v(x)]}{dx} = \frac{du}{dv}\frac{dv}{dx} \qquad \text{(regla de cadena)} \tag{A-24}$$

## Tabla de derivadas

$$\frac{d[x^n]}{dx} = nx^{n-1} \tag{A-25}$$

$$\frac{d\,\mathrm{sen}\,ax}{dx} = a\cos ax \tag{A-26}$$

$$\frac{d\cos ax}{dx} = -a\,\mathrm{sen}\,ax \tag{A-27}$$

$$\frac{d\tan ax}{dx} = \frac{a}{\cos^2 ax} \tag{A-28}$$

$$\frac{d\,\mathrm{sen}^{-1}ax}{dx} = \frac{a}{\sqrt{1-(ax)^2}} \tag{A-29}$$

$$\frac{d\cos^{-1}ax}{dx} = -\frac{a}{\sqrt{1-(ax)^2}} \tag{A-30}$$

$$\frac{d\tan^{-1}ax}{dx} = \frac{a}{1+(ax)^2} \tag{A-31}$$

$$\frac{d[e^{ax}]}{dx} = ae^{ax} \tag{A-32}$$

$$\frac{d[a^x]}{dx} = a^x\ln a \tag{A-33}$$

$$\frac{d(\ln x)}{dx} = \frac{1}{x} \tag{A-34}$$

$$\frac{d(\log_a x)}{dx} = \frac{1}{x}\log_a e \tag{A-35}$$

$$\frac{d\left[\int_{a(x)}^{b(x)} f(\lambda, x)\,d\lambda\right]}{dx} = f(b(x), x)\frac{db(x)}{dx} - f(a(x), x)\frac{da(x)}{dx} + \int_{a(x)}^{b(x)} \frac{\partial f(\lambda, x)}{\partial x}\,d\lambda \qquad \text{(regla de Leibniz)} \tag{A-36}$$

## A-3 FORMAS INDETERMINADAS

Si $\lim_{x \to a} f(x)$ es de la forma

$$\frac{0}{0}, \frac{\infty}{\infty}, 0 \cdot \infty, \infty - \infty, 0^0, \infty^0, 1^\infty$$

entonces

$$\lim_{x \to a} f(x) = \lim_{x \to a} \left[\frac{N(x)}{D(x)}\right] = \lim_{x \to a} \left[\frac{(dN(x)/dx)}{(dD(x)/dx)}\right] \quad \text{(regla de L'Hospital's)} \qquad \text{(A-37)}$$

donde $N(x)$ es el numerador de $f(x)$, $D(x)$ es el denominador, $f(x)$, $N(a) = 0$, y $D(a) = 0$.

## A-4 CÁLCULO INTEGRAL

### Definición

$$\int f(x)\, dx = \lim_{\Delta x \to 0} \left\{ \sum_n [f(n\, \Delta x)]\, \Delta x \right\} \qquad \text{(A-38)}$$

### Técnicas de integración

1. Cambio en la variable. Deje que $v = u(x)$:

$$\int_a^b f(x)\, dx = \int_{u(a)}^{u(b)} \left( \left. \frac{f(x)}{dv/dx} \right|_{x = u^{-1}(v)} \right) dv \qquad \text{(A-39)}$$

2. Integración por partes

$$\int u\, dv = uv - \int v\, du \qquad \text{(A-40)}$$

3. Tabla de integrales
4. Técnicas de variable compleja
5. Métodos numéricos

## A-5 TABLAS DE INTEGRALES

### Integrales indefinidas

$$\int (a + bx)^n\, dx = \frac{(a + bx)^{n+1}}{b(n + 1)}, \qquad 0 < n \qquad \text{(A-41)}$$

$$\int \frac{dx}{a + bx} = \frac{1}{b} \ln|a + bx| \tag{A-42}$$

$$\int \frac{dx}{(a + bx)^n} = \frac{-1}{(n-1)b(a + bx)^{n-1}}, \quad 1 < n \tag{A-43}$$

$$\int \frac{dx}{c + bx + ax^2} = \begin{cases} \dfrac{2}{\sqrt{4ac - b^2}} \tan^{-1}\left(\dfrac{2ax + b}{\sqrt{4ac - b^2}}\right), & b^2 < 4ac \\ \dfrac{1}{\sqrt{b^2 - 4ac}} \ln\left|\dfrac{2ax + b - \sqrt{b^2 - 4ac}}{2ax + b + \sqrt{b^2 - 4ac}}\right|, & b^2 > 4ac \\ \dfrac{-2}{2ax + b}, & b^2 = 4ac \end{cases} \tag{A-44}$$

$$\int \frac{x\,dx}{c + bx + ax^2} = \frac{1}{2a} \ln|ax^2 + bx + c| - \frac{b}{2a} \int \frac{dx}{c + bx + ax^2} \tag{A-45}$$

$$\int \frac{dx}{a^2 + b^2x^2} = \frac{1}{ab} \tan^{-1}\left(\frac{bx}{a}\right) \tag{A-46}$$

$$\int \frac{x\,dx}{a^2 + x^2} = \frac{1}{2} \ln(a^2 + x^2) \tag{A-47}$$

$$\int \frac{x^2\,dx}{a^2 + x^2} = x - a \tan^{-1}\left(\frac{x}{a}\right) \tag{A-48}$$

$$\int \frac{dx}{(a^2 + x^2)^2} = \frac{x}{2a^2(a^2 + x^2)} + \frac{1}{2a^3} \tan^{-1}\left(\frac{x}{a}\right) \tag{A-49}$$

$$\int \frac{x\,dx}{(a^2 + x^2)^2} = \frac{-1}{2(a^2 + x^2)} \tag{A-50}$$

$$\int \frac{x^2\,dx}{(a^2 + x^2)^2} = \frac{-x}{2(a^2 + x^2)} + \frac{1}{2a} \tan^{-1}\left(\frac{x}{a}\right) \tag{A-51}$$

$$\int \frac{dx}{(a^2 + x^2)^3} = \frac{x}{4a^2(a^2 + x^2)^2} + \frac{3x}{8a^4(a^2 + x^2)} + \frac{3}{8a^5} \tan^{-1}\left(\frac{x}{a}\right) \tag{A-52}$$

$$\int \frac{x^2\,dx}{(a^2 + x^2)^3} = \frac{-x}{4(a^2 + x^2)^2} + \frac{x}{8a^2(a^2 + x^2)} + \frac{1}{8a^3} \tan^{-1}\left(\frac{x}{a}\right) \tag{A-53}$$

$$\int \frac{x^4\,dx}{(a^2 + x^2)^3} = \frac{a^2x}{4(a^2 + x^2)^2} - \frac{5x}{8(a^2 + x^2)} + \frac{3}{8a} \tan^{-1}\left(\frac{x}{a}\right) \tag{A-54}$$

$$\int \frac{dx}{(a^2 + x^2)^4} = \frac{x}{6a^2(a^2 + x^2)^3} + \frac{5x}{24a^4(a^2 + x^2)^2} + \frac{5x}{16a^6(a^2 + x^2)} + \frac{5}{16a^7} \tan^{-1}\left(\frac{x}{a}\right) \tag{A-55}$$

$$\int \frac{x^2\,dx}{(a^2 + x^2)^4} = \frac{-x}{6(a^2 + x^2)^3} + \frac{x}{24a^2(a^2 + x^2)^2} + \frac{x}{16a^4(a^2 + x^2)} + \frac{1}{16a^5} \tan^{-1}\left(\frac{x}{a}\right) \tag{A-56}$$

$$\int \frac{x^4\,dx}{(a^2 + x^2)^4} = \frac{a^2x}{6(a^2 + x^2)^3} - \frac{7x}{24(a^2 + x^2)^2} + \frac{x}{16a^2(a^2 + x^2)} + \frac{1}{16a^3} \tan^{-1}\left(\frac{x}{a}\right) \tag{A-57}$$

$$\int \frac{dx}{a^4 + x^4} = \frac{1}{4a^3\sqrt{2}} \ln\left(\frac{x^2 + ax\sqrt{2} + a^2}{x^2 - ax\sqrt{2} + a^2}\right) + \frac{1}{2a^3\sqrt{2}} \tan^{-1}\left(\frac{ax\sqrt{2}}{a^2 - x^2}\right) \tag{A-58}$$

$$\int \frac{x^2\,dx}{a^4 + x^4} = -\frac{1}{4a\sqrt{2}} \ln\left(\frac{x^2 + ax\sqrt{2} + a^2}{x^2 - ax\sqrt{2} + a^2}\right) + \frac{1}{2a\sqrt{2}} \tan^{-1}\left(\frac{ax\sqrt{2}}{a^2 - x^2}\right) \tag{A-59}$$

$$\int \cos x\,dx = \operatorname{sen} x \tag{A-60}$$

$$\int x\cos x\,dx = \cos x + x\operatorname{sen} x \tag{A-61}$$

$$\int x^2\cos x\,dx = 2x\cos x + (x^2 - 2)\operatorname{sen} x \tag{A-62}$$

$$\int \operatorname{sen} x\,dx = -\cos x \tag{A-63}$$

$$\int x\operatorname{sen} x\,dx = \operatorname{sen} x - x\cos x \tag{A-64}$$

$$\int x^2 \operatorname{sen} x \, dx = 2x \operatorname{sen} x - (x^2 - 2) \cos x \tag{A-65}$$

$$\int e^{ax} \, dx = \frac{e^{ax}}{a}, \qquad a \text{ real o compleja} \tag{A-66}$$

$$\int x e^{ax} \, dx = e^{ax}\left(\frac{x}{a} - \frac{1}{a^2}\right), \qquad a \text{ real o compleja} \tag{A-67}$$

$$\int x^2 e^{ax} \, dx = e^{ax}\left(\frac{x^2}{a} - \frac{2x}{a^2} + \frac{2}{a^3}\right), \qquad a \text{ real o compleja} \tag{A-68}$$

$$\int x^3 e^{ax} \, dx = e^{ax}\left(\frac{x^3}{a} - \frac{3x^2}{a^2} + \frac{6x}{a^3} - \frac{6}{a^4}\right), \qquad a \text{ real o compleja} \tag{A-69}$$

$$\int e^{ax} \operatorname{sen} x \, dx = \frac{e^{ax}}{a^2 + 1} (a \operatorname{sen} x - \cos x) \tag{A-70}$$

$$\int e^{ax} \cos x \, dx = \frac{e^{ax}}{a^2 + 1} (a \cos x - \operatorname{sen} x) \tag{A-71}$$

## Integrales definidas

$$\int_0^\infty \frac{x^{m-1}}{1 + x^n} \, dx = \frac{\pi/n}{\operatorname{sen}(m\pi/n)}, \qquad n > m > 0 \tag{A-72}$$

$$\int_0^\infty x^{\alpha-1} e^{-x} \, dx = \Gamma(\alpha), \qquad \alpha > 0 \tag{A-73a}$$

donde $\Gamma(\alpha + 1) = \alpha\Gamma(\alpha)$ (A-73b)

$\Gamma(1) = 1; \Gamma(\frac{1}{2}) = \sqrt{\pi}$ (A-73c)

$\Gamma(n) = (n - 1)!$ si $n$ es un entero positivo (A-73d)

$$\int_0^\infty x^{2n} e^{-ax^2} \, dx = \frac{1 \cdot 3 \cdot 5 \cdots (2n - 1)}{2^{n+1} a^n} \sqrt{\frac{\pi}{a}} \tag{A-74}$$

$$\int_{-\infty}^\infty e^{-a^2x^2 + bx} \, dx = \frac{\sqrt{\pi}}{a} e^{b^2/(4a^2)}, \qquad a > 0 \tag{A-75}$$

$$\int_0^\infty e^{-ax} \cos bx \, dx = \frac{a}{a^2 + b^2}, \qquad a > 0 \tag{A-76}$$

$$\int_0^\infty e^{-ax} \operatorname{sen} bx \, dx = \frac{b}{a^2 + b^2}, \qquad a > 0 \tag{A-77}$$

$$\int_0^\infty e^{-a^2x^2}\cos bx\,dx = \frac{\sqrt{\pi}\,e^{-b^2/4a^2}}{2a}, \qquad a > 0 \tag{A-78}$$

$$\int_0^\infty x^{\alpha-1}\cos bx\,dx = \frac{\Gamma(\alpha)}{b^\alpha}\cos\tfrac{1}{2}\pi\alpha, \qquad 0 < \alpha < 1,\ b > 0 \tag{A-79}$$

$$\int_0^\infty x^{\alpha-1}\,\mathrm{sen}\,bx\,dx = \frac{\Gamma(\alpha)}{b^a}\,\mathrm{sen}\,\tfrac{1}{2}\pi\alpha, \qquad 0 < |\alpha| < 1,\ b > 0 \tag{A-80}$$

$$\int_0^\infty xe^{-ax^2}I_k(bx)\,dx = \frac{1}{2a}e^{b^2/4a} \tag{A-81a}$$

$$\text{donde}\quad I_k(bx) = \frac{1}{\pi}\int_0^\pi e^{bx\cos\theta}\cos k\theta\,d\theta \tag{A-81b}$$

$$\int_0^\infty \frac{\mathrm{sen}\,x}{x}\,dx = \int_0^\infty \mathrm{Sa}(x)\,dx = \frac{\pi}{2} \tag{A-82}$$

$$\int_0^\infty \left(\frac{\mathrm{sen}\,x}{x}\right)^2 dx = \int_0^\infty \mathrm{Sa}^2(x)\,dx = \frac{\pi}{2} \tag{A-83}$$

$$\int_0^\infty \frac{\cos ax}{b^2 + x^2}\,dx = \frac{\pi}{2b}e^{-ab}, \qquad a > 0,\ b > 0 \tag{A-84}$$

$$\int_0^\infty \frac{x\,\mathrm{sen}\,ax}{b^2 + x^2}\,dx = \frac{\pi}{2}e^{-ab}, \qquad a > 0,\ b > 0 \tag{A-85}$$

$$\int_{-\infty}^\infty e^{\pm j2\pi yx}\,dx = \delta(y) \tag{A-86}$$

## A-6 EXPANSIONES DE SERIES

### Series finitas

$$\sum_{n=1}^N n = \frac{N(N+1)}{2} \tag{A-87}$$

$$\sum_{n=1}^N n^2 = \frac{N(N+1)(2N+1)}{6} \tag{A-88}$$

$$\sum_{n=1}^N n^3 = \frac{N^2(N+1)^2}{4} \tag{A-89}$$

$$\sum_{n=0}^{N} a^n = \frac{a^{N+1} - 1}{a - 1} \qquad \text{(A-90)}$$

$$\sum_{n=0}^{N} \frac{N!}{n!\,(N-n)!} x^n y^{N-n} = (x + y)^N \qquad \text{(A-91)}$$

$$\sum_{n=0}^{N} e^{j(\theta+n\phi)} = \frac{\operatorname{sen}[(N+1)\phi/2]}{\operatorname{sen}(\phi/2)} e^{j[\theta+(N\phi/2)]} \qquad \text{(A-92)}$$

$$\sum_{k=0}^{N} \binom{N}{k} a^{N-k} b^k = (a + b)^N \qquad \text{(A-93a)}$$

donde $\binom{N}{k} = \dfrac{N!}{(N-k)!\,k!}$ (A-93b)

## Series infinitas

$$f(x) = \sum_{n=0}^{\infty} \left(\frac{f^{(n)}(a)}{n!}\right)(x - a)^n \qquad \text{(Serie de Taylor)} \qquad \text{(A-94)}$$

$$f(x) = \sum_{n=-\infty}^{\infty} c_n e^{jn\omega_0 x} \qquad \text{para a} \le x \le a + T \qquad \text{(Serie de Fourier)} \qquad \text{(A-95a)}$$

donde $c_n = \dfrac{1}{T}\displaystyle\int_a^{a+T} f(x) e^{-jn\omega_0 x}\,dx$ (A-95b)

y $\omega_0 = \dfrac{2\pi}{T}$ (A-95c)

$$e^x = \sum_{n=0}^{\infty} \frac{x^n}{n!} \qquad \text{(A-96)}$$

$$\operatorname{sen} x = \sum_{n=0}^{\infty} \frac{(-1)^n x^{2n+1}}{(2n+1)!} \qquad \text{(A-97)}$$

$$\cos x = \sum_{n=0}^{\infty} \frac{(-1)^n x^{2n}}{(2n)!} \qquad \text{(A-98)}$$

## A-7 PARES DE TRANSFORMADAS DE HILBERT†

$$\hat{x}(t) \triangleq x(t) * \frac{1}{\pi t} = \frac{1}{\pi}\int_{-\infty}^{\infty} \frac{x(\lambda)}{t-\lambda}\, d\lambda \qquad \text{(A-99)}$$

| Función | Transformada de Hilbert |
|---|---|
| 1. $x(at+b)$ | $\hat{x}(at+b)$ |
| 2. $x(t)+y(t)$ | $\hat{x}(t)+\hat{y}(t)$ |
| 3. $\dfrac{d^n x(t)}{dt^n}$ | $\dfrac{d^n}{dt^n}\hat{x}(t)$ |
| 4. A constante | 0 |
| 5. $\dfrac{1}{t}$ | $-\pi\delta(t)$ |
| 6. $\operatorname{sen}(\omega_0 t+\theta)$ | $-\cos(\omega_0 t+\theta)$ |
| 7. $\dfrac{\operatorname{sen} at}{at} = \operatorname{Sa}(at)$ | $-\dfrac{1}{2\pi}\, at\, \operatorname{Sa}^2(at)$ |
| 8. $e^{\pm j\omega_0 t}$ | $\mp je^{\pm j\omega_0 t}$ |
| 9. $\delta(t)$ | $\dfrac{1}{\pi t}$ |
| 10. $\dfrac{a}{\pi(t^2+a^2)}$ | $\dfrac{t}{\pi(t^2+a^2)}$ |
| 11. $\Pi\left(\dfrac{t}{T}\right) \triangleq \begin{cases} 1, & \lvert t\rvert \le T/2 \\ 0, & t \text{ en otra parte} \end{cases}$ | $\dfrac{1}{\pi}\ln\left\lvert\dfrac{2t+T}{2t-T}\right\rvert$ |

## A-8 LA FUNCIÓN DELTA DIRAC

**Definición.** La *función delta* Dirac $\delta(x)$, también llamada *función de impulso unitario*, satisface *las dos* condiciones siguientes:

$$\int_{-\infty}^{\infty} \delta(x)\, dx = 1 \qquad \text{(A-100)}$$

$$\delta(x) = \begin{cases} \infty, & x = 0 \\ 0, & x \neq 0 \end{cases} \qquad \text{(A-101)}$$

† Los teoremas de la transformada de Fourier aparecen en la tabla 2-1, y los pares de la transformada de Fourier en la tabla 2-2.

En consecuencia, $\delta(x)$ es una función "singular".†

## Propiedades de las funciones delta Dirac

1. $\delta(x)$ puede expresarse en términos del límite de algunas funciones ordinarias de tal manera que (en el límite de algunos parámetros) la función ordinaria satisface la definición para $\delta(x)$. Por ejemplo,

$$\delta(x) = \lim_{\sigma \to 0} \left( \frac{1}{\sqrt{2\pi}\,\sigma} e^{-x^2/(2\sigma^2)} \right) \tag{A-102}$$

$$= \lim_{a \to \infty} \left[ \frac{a}{\pi} \left( \frac{\operatorname{sen} ax}{ax} \right) \right] \tag{A-103}$$

Para estos dos ejemplos, $\delta(-x) = \delta(x)$, así que para *estos* casos se dice que $\delta(x)$ es una *función delta simétrica*. En este texto se utiliza la *función delta simétrica*, excepto en los casos en los que se especifica el PDF de una variable aleatoria discreta.

$$\delta(x) = \begin{cases} \lim\limits_{a \to \infty} (ae^{ax}), & x \le 0 \\ 0, & x > 0 \end{cases} \tag{A-104}$$

Éste es un ejemplo de una función delta lateral sencilla; en particular, de una *función delta lateral izquierda*. Este tipo de función delta se utiliza para especificar el PDF de un punto discreto de una variable aleatoria (véase el apéndice B).

2. Propiedad de desplazamiento (separación)

$$\int_{-\infty}^{\infty} w(x)\, \delta(x - x_0)\, dx = w(x_0) \tag{A-105}$$

3. Para funciones delta *simétricas*

$$\int_a^b w(x)\, \delta(x - x_0)\, dx = \begin{cases} 0, & x_0 < a \\ \frac{1}{2} w(a), & x_0 = a \\ w(x_0), & a < x_0 < b \\ \frac{1}{2} w(b), & x_0 = b \\ 0, & x_0 > b \end{cases} \tag{A-106}$$

donde $b > a$.

4. Para funciones delta *lateral izquierdas*

$$\int_a^b w(x) \delta(x - x_0)\, dx = \begin{cases} 0, & x_0 \le a \\ w(x_0), & a < x_0 \le b \\ 0, & x_0 > b \end{cases} \tag{A-107}$$

donde $b > a$.

† La función delta de Dirac no es una función ordinaria ya que en realidad es indefinida a $x = 0$. Sin embargo, se describe mediante la teoría matemática de las distribuciones [Bremermann, 1965].

**5.** $$\int_{-\infty}^{\infty} w(x)\, \delta^{(n)}(x - x_0)\, dx = (-1)^n\, w^{(n)}(x_0) \tag{A-108}$$

donde el superíndice $(n)$ denota la $n$-ésima derivada con respecto a $x$.

**6.** La transformada de Fourier de $\delta(x)$ es la unidad. Esto es,

$$\mathscr{F}[\delta(x)] = 1 \tag{A-109a}$$

Por el contrario,

$$\delta(x) = \mathscr{F}^{-1}[1] \tag{A-109b}$$

**7.** Propiedad de escalamiento:

$$\delta(ax) = \frac{1}{|a|}\, \delta(x) \tag{A-110}$$

**8.** Para funciones delta *simétricas,*

$$\delta(x) = \int_{-\infty}^{\infty} e^{\pm j2\pi xy}\, dy \tag{A-111}$$

## A-9 TABULACIÓN DE $\mathrm{Sa}(x) = (\mathrm{sen}\ x)/x$

| $x$ | $\mathrm{Sa}(x)$ | $\mathrm{Sa}^2(x)$ | $x$ | $\mathrm{Sa}(x)$ | $\mathrm{Sa}^2(x)$ |
|---|---|---|---|---|---|
| 0.0 | 1.0000 | 1.0000 | 5.2 | −0.1699 | 0.0289 |
| 0.2 | 0.9933 | 0.9867 | 5.4 | −0.1431 | 0.0205 |
| 0.4 | 0.9735 | 0.9478 | 5.6 | −0.1127 | 0.0127 |
| 0.6 | 0.9411 | 0.8856 | 5.8 | −0.0801 | 0.0064 |
| 0.8 | 0.8967 | 0.8041 | 6.0 | −0.0466 | 0.0022 |
| 1.0 | 0.8415 | 0.7081 | 6.2 | −0.0134 | 0.0002 |
| 1.2 | 0.7767 | 0.6033 | $2\pi$ | 0.0000 | 0.0000 |
| 1.4 | 0.7039 | 0.4955 | 6.4 | 0.0182 | 0.0003 |
| 1.6 | 0.6247 | 0.3903 | 6.6 | 0.0472 | 0.0022 |
| 1.8 | 0.5410 | 0.2927 | 6.8 | 0.0727 | 0.0053 |
| 2.0 | 0.4546 | 0.2067 | 7.0 | 0.0939 | 0.0088 |
| 2.2 | 0.3675 | 0.1351 | 7.2 | 0.1102 | 0.0122 |
| 2.4 | 0.2814 | 0.0792 | 7.4 | 0.1214 | 0.0147 |
| 2.6 | 0.1983 | 0.0393 | 7.6 | 0.1274 | 0.0162 |
| 2.8 | 0.1196 | 0.0143 | 7.8 | 0.1280 | 0.0164 |
| 3.0 | 0.0470 | 0.0022 | 8.0 | 0.1237 | 0.0153 |
| $\pi$ | 0.0000 | 0.0000 | 8.2 | 0.1147 | 0.0132 |
| 3.2 | −0.0182 | 0.0003 | 8.4 | 0.1017 | 0.0104 |
| 3.4 | −0.0752 | 0.0056 | 8.6 | 0.0854 | 0.0073 |
| 3.6 | −0.1229 | 0.0151 | 8.8 | 0.0665 | 0.0044 |
| 3.8 | −0.1610 | 0.0259 | 9.0 | 0.0458 | 0.0021 |
| 4.0 | −0.1892 | 0.0358 | 9.2 | 0.0242 | 0.0006 |
| 4.2 | −0.2075 | 0.0431 | 9.4 | 0.0026 | 0.0000 |
| 4.4 | −0.2163 | 0.0468 | $3\pi$ | 0.0000 | 0.0000 |
| 4.6 | −0.2160 | 0.0467 | 9.6 | −0.0182 | 0.0003 |
| 4.8 | −0.2075 | 0.0431 | 9.8 | −0.0374 | 0.0014 |
| 5.0 | −0.1918 | 0.0368 | 10.0 | −0.0544 | 0.0030 |

## A-10 TABULACIÓN DE $Q(z)$

$$Q(z) \triangleq \frac{1}{\sqrt{2\pi}} \int_{z}^{\infty} e^{-\lambda^2/2}\, d\lambda \tag{A-112}$$

Para $z \geq 3$:

$$Q(z) \approx \frac{1}{\sqrt{2\pi}\, z} e^{-z^2/2} \qquad \text{(véase figura B-7)} \tag{A-113}$$

También,

$$Q(-z) = 1 - Q(z) \tag{A-114}$$

$$Q(z) = \tfrac{1}{2}\operatorname{erfc}\left(\frac{z}{\sqrt{2}}\right) = \tfrac{1}{2}\left[1 - \operatorname{erf}\left(\frac{z}{\sqrt{2}}\right)\right] \tag{A-115a}$$

donde

$$\operatorname{erfc}(x) \triangleq \frac{2}{\sqrt{\pi}} \int_{x}^{\infty} e^{-\lambda^2}\, d\lambda \tag{A-115b}$$

$$\operatorname{erfc}(x) = \frac{2}{\sqrt{\pi}} \int_{0}^{x} e^{-\lambda^2}\, d\lambda \tag{A-115c}$$

Para $z \geq 0$, una aproximación de la función racional es [Ziemer y Tranter, 1990]

$$Q(z) = \frac{e^{-z^2/2}}{\sqrt{2\pi}} (b_1 t + b_2 t^2 + b_3 t^4 + b_4 t^4 + b_5 t^5) \tag{A-116}$$

donde $t = 1/(1 + pz)$, con $p = 0.2316419$,

y

$$b_1 = 0.31981530$$
$$b_2 = -0.356563782$$
$$b_3 = 1.781477937$$
$$b_4 = -1.821255978$$
$$b_5 = 1.330274429$$

Otra aproximación para $Q(z)$ para $z \geq 0$ es [Börjesson y Sunberg, 1979; Peebles, 1993]:

$$Q(z) = \left[\frac{1}{(1 - 0.339)z + 0.339\sqrt{z^2 + 5.510}}\right] \frac{e^{-z^2/2}}{\sqrt{2\pi}} \tag{A-117}$$

Esta aproximación tiene un error máximo absoluto de 0.27% para $z \geq 0$.

| $z$ | $Q(z)$ | $z$ | $Q(z)$ |
|---|---|---|---|
| 0.0 | 0.50000 | 2.0 | 0.02275 |
| 0.1 | 0.46017 | 2.1 | 0.01786 |
| 0.2 | 0.42074 | 2.2 | 0.01390 |
| 0.3 | 0.38209 | 2.3 | 0.01072 |
| 0.4 | 0.34458 | 2.4 | 0.00820 |
| 0.5 | 0.30854 | 2.5 | 0.00621 |
| 0.6 | 0.27425 | 2.6 | 0.00466 |
| 0.7 | 0.24196 | 2.7 | 0.00347 |
| 0.8 | 0.21186 | 2.8 | 0.00256 |
| 0.9 | 0.18406 | 2.9 | 0.00187 |
| 1.0 | 0.15866 | 3.0 | 0.00135 |
| 1.1 | 0.13567 | 3.1 | 0.00097 |
| 1.2 | 0.11507 | 3.2 | 0.00069 |
| 1.3 | 0.09680 | 3.3 | 0.00048 |
| 1.4 | 0.08076 | 3.4 | 0.00034 |
| 1.5 | 0.06681 | 3.5 | 0.00023 |
| 1.6 | 0.05480 | 3.6 | 0.00016 |
| 1.7 | 0.04457 | 3.7 | 0.00011 |
| 1.8 | 0.03593 | 3.8 | 0.00007 |
| 1.9 | 0.02872 | 3.9 | 0.00005 |
| | | 4.0 | 0.00003 |

También véase figura B-7 para una gráfica de $Q(z)$.

APÉNDICE B

# PROBABILIDAD Y VARIABLES ALEATORIAS

## B-1 INTRODUCCIÓN

La necesidad de una teoría de probabilidad está presente en cada disciplina científica, dado que es imposible tener una precisión exacta de los valores que se obtienen al medir. Por ejemplo, podríamos decir que estamos 90% seguros de que un voltaje está dentro de un nivel de $\pm 0.1$ V a 5 V. Esto es una descripción estadística del parámetro del voltaje opuesta a una descripción determinística en la que podamos determinar que el voltaje es exactamente 5 V.

Este apéndice se desarrolla con objeto de que sea un curso breve de probabilidad y variables aleatorias. Muchos, y excelentes, son los libros que cubren este tema con mayor detalle [Papoulis, 1984 y 1991; Peebles, 1987 y 1993; Shanmugan y Breipohl, 1988]. Este apéndice será tanto una buena introducción al tema para el estudiante principiante como un breve repaso para el avanzado.

Si la probabilidad y las variables aleatorias son temas nuevos para usted, pronto se dará cuenta de que para entenderlas necesitará muchas definiciones nuevas que se presentan. Es importante memorizar estas definiciones a fin de tener un vocabulario que pueda usarse cuando converse con otros acerca de los resultados estadísticos. Además, usted deberá desarrollar el gusto por aplicar la ingeniería en estas definiciones y teoremas. De esta manera podrá entender el tema con facilidad.

## B-2 CONJUNTOS

**Definición.** Un conjunto es una colección (o clase) de objetos.

El conjunto más grande o todo el grupo de objetos que se toman en cuenta en un experimento se conoce como conjunto *universal*. Todos los demás se denominan subconjuntos o *eventos* del *conjunto* universal. Lo anterior se ilustra en la figura B-1a, donde se presenta un *diagrama de Venn*. Por ejemplo, $M$ podría denotar el grupo que contiene todos los tipos de malteadas y $B$ el de las malteadas de arándano. Por ello se dice que $B$ está contenida en $M$, lo cual se denota por $B \subset M$. En las partes b y c de esta figura se muestran dos conjuntos, $A$ y $B$. Exis-

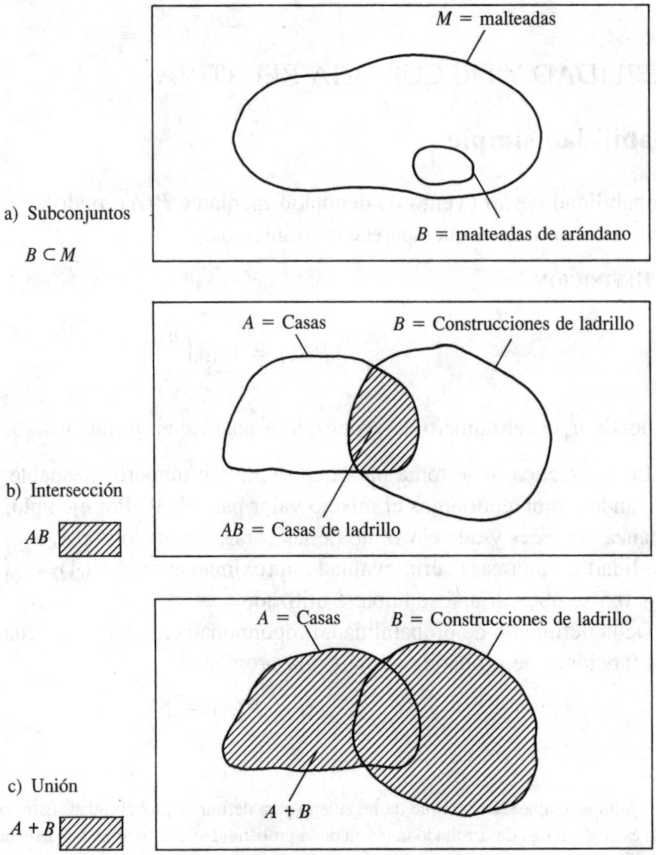


**Figura B-1** Diagrama de Venn.

ten dos formas para describir la combinación de los grupos $A$ y $B$. Éstos se denominan *intersección* y *unión*.

**DEFINICIÓN.** La *intersección* del conjunto $A$ y el conjunto $B$, denotado por $AB$, es el conjunto de elementos que son comunes a $A$ y $B$. (Los matemáticos usan la notación $A \cap$ B.)

La intersección de $A$ y $B$ es análoga a la operación AND de la lógica digital. Por ejemplo, si $A$ se integra por casas y $B$ por edificios de ladrillo, entonces el evento $C = AB$ sería integrado solamente con casas de ladrillo. Esto se ilustra en la figura B-1b.

**DEFINICIÓN.** La *unión* de un conjunto $A$ y un conjunto $B$, formado por $A + B$, es el conjunto que contiene todos los elementos de $A$, todos los elementos de $B$ o ambos. (Los matemáticos usan la notación $A \cup B$.)

La unión de $A$ y $B$ es análoga a la operación OR de la lógica digital. Continuando con el ejemplo, $D = A + B$ será el conjunto que contiene todos los edificios de ladrillo, todas las casas, y también las casas de ladrillo. Esto aparece en la figura B-1c.

Los eventos $A$ y $B$ se llaman *eventos simples* y los eventos $C = AB$ y $D = A + B$ se denominan *eventos compuestos* porque son funciones lógicas de eventos simples.

## B-3 PROBABILIDAD Y FRECUENCIA RELATIVA

### Probabilidad simple

La probabilidad de un evento $A$, denotado mediante $P(A)$, podría definirse en términos de la frecuencia relativa de $A$ que aparece en $n$ intentos.

**DEFINICIÓN.**[†]

$$P(A) = \lim_{n \to \infty} \left( \frac{n_A}{n} \right) \tag{B-1}$$

donde $n_A$ es el número de veces que $A$ aparece en $n$ intentos.

En la práctica, $n$ se toma para que sea algún número razonable tal que si se le diera un valor grande a $n$ obtendríamos el mismo valor para $P(A)$. Por ejemplo, suponga que una moneda se lanza 40 veces y que el evento de las caras, denotado por $A$, ocurra 19 veces. Entonces la probabilidad de una cara sería evaluada aproximadamente $P(A) = \frac{19}{40}$, donde el valor real de $P(A) = 0.5$ se obtendría si se hubiera utilizado $n = \infty$.

De la definición de probabilidad, proporcionada mediante la ecuación (B-1), se ve que todas las funciones de probabilidad tienen la propiedad

$$0 \le P(A) \le 1 \tag{B-2}$$

[†] Aquí se emplea un enfoque de ingeniería para definir la probabilidad. Estrictamente hablando, los estudiosos de la estadística han desarrollado la teoría de la probabilidad con base en tres axiomas: (1) $P(A) > 0$, (2) $P(S) = 1$, donde $S$ es un evento seguro, y (3) $P(A + B) = P(A) + P(B)$, cuando $AB$ es un evento nulo (por ejemplo, $AB = \emptyset$). Los especialistas en estadística definen $P(A)$ como cualquier función de $A$ que satisfaga estos axiomas. La definición de la ingeniería es consistente con este enfoque puesto que satisface estos axiomas.

donde $P(A) = 0$ si el evento $A$ es un *evento nulo* (no ocurre) y $P(A) = 1$ si el evento $A$ es un *evento seguro* (siempre ocurre).

## Probabilidad conjunta

**Definición.** La probabilidad de un *evento conjunto*, $AB$, es

$$P(AB) = \lim_{n\to\infty} \left(\frac{n_{AB}}{n}\right) \tag{B-3}$$

donde $n_{AB}$ es el número de veces que el evento $AB$ ocurre en $n$ intentos.

Además, se dice que los dos eventos, $A$ y $B$, son *mutuamente excluyentes* si $AB$ es un evento nulo, lo cual implica que $P(AB) \equiv 0$.

**Ejemplo B-1** EVALUACIÓN DE PROBABILIDADES

Sea el evento $A$ un accidente automovilístico que obstruye una calle durante un minuto. Asuma que el evento $B$ denota que hay lluvia en la intersección de la calle y que dura un minuto. Entonces el evento $E = AB$ sería una intersección bloqueada mientras hubiera lluvia, y se evaluaría en incrementos de un minuto.

Suponga que las mediciones experimentales son tabuladas en forma continua durante una semana y se encuentra que $n_A = 25$, $n_B = 300$, $n_{AB} = 20$, y que existen $n = 10{,}080$ intervalos de un minuto en la semana de mediciones. ($n_A = 25$ no significa que hubo 25 accidentes en una semana, que la intersección haya sido bloqueada 25 periodos de un minuto debido a accidentes automovilísticos; en forma similar sucede para $n_B$ y $n_{AB}$.) Estos resultados indican que la probabilidad de tener la intersección obstruida es $P(A) = 0.0025$, la probabilidad de lluvia es $P(B) = 0.03$ y la probabilidad de tener la intersección bloqueada y que además esté lloviendo es $P(AB) = 0.002$.

La probabilidad de la unión de dos eventos puede evaluarse mediante la medición del evento compuesto en forma directa o bien a través de las probabilidades de eventos simples como se muestra en el siguiente teorema.

**Teorema.** *Sea $E = A + B$; entonces*

$$P(E) = P(A + B) = P(A) + P(B) - P(AB) \tag{B-4}$$

***Comprobación.*** Suponga que el evento $A$ ocurre sólo $n_1$ veces en $n$ intentos; que el evento $B$ solamente ocurre $n_2$ veces de $n$ intentos, y que el evento $AB$ ocurre $n_{AB}$ veces. Por tanto

$$P(A + B) = \lim_{n\to\infty} \left(\frac{n_1 + n_2 + n_{AB}}{n}\right)$$

$$= \lim_{n\to\infty} \left(\frac{n_1 + n_{AB}}{n}\right) + \lim_{n\to\infty} \left(\frac{n_2 + n_{AB}}{n}\right) - \lim_{n\to\infty} \left(\frac{n_{AB}}{n}\right)$$

la cual es idéntica a la ecuación (B-4), ya que

$$P(A) = \lim_{n\to\infty} \left(\frac{n_1 + n_{AB}}{n}\right),$$

$$P(B) = \lim_{n\to\infty} \left(\frac{n_2 + n_{AB}}{n}\right), \text{ y } P(AB) = \lim_{n\to\infty} \left(\frac{n_{AB}}{n}\right)$$

**Ejemplo B-1** (Continuación)

La probabilidad de tener la intersección obstaculizada, la lluvia o ambas, es entonces

$$P(A + B) = 0.0025 + 0.03 - 0.002 \approx 0.03 \tag{B-5}$$

## Probabilidades condicionales

DEFINICIÓN. La probabilidad de que un evento $A$ ocurra, al mismo tiempo que un evento $B$, se denota mediante $P(A|B)$ y se define con esta expresión

$$P(A|B) = \lim_{n_B\to\infty} \left(\frac{n_{AB}}{n_B}\right) \tag{B-6}$$

**Ejemplo B-1** (Continuación)

La probabilidad de tener la intersección bloqueada cuando esté lloviendo es aproximadamente

$$P(A|B) = \tfrac{20}{300} = 0.066 \tag{B-7}$$

TEOREMA. *Sea $E = AB$; entonces*

$$P(AB) = P(A)P(B|A) = P(B)P(A|B) \tag{B-8}$$

*Esto se conoce como el teorema de Bayes.*

***Comprobación***

$$P(AB) = \lim_{n\to\infty} \left(\frac{n_{AB}}{n}\right) = \lim_{\substack{n\to\infty \\ n_A\to\text{largo}}} \left(\frac{n_{AB}}{n_A}\,\frac{n_A}{n}\right) = P(B|A)P(A) \tag{B-9}$$

Cabe hacer notar que los valores obtenidos para $P(AB)$, $P(B)$, y $P(A|B)$, en el ejemplo B-1 pueden verificarse mediante el uso de la ecuación (B-8).

DEFINICIÓN. Se dice que dos eventos, $A$ y $B$, son *independientes* si

$$P(A|B) = P(A) \tag{B-10}$$

o

$$P(B|A) = P(B) \tag{B-11}$$

Usando esta definición, podemos demostrar con facilidad que los eventos $A$ y $B$ del ejemplo B-1 no son independientes. Al contrario, si el evento $A$ fue definido como obtener una cara en un volado, mientras que $B$ fue el evento de que estuviera lloviendo en la intersección, entonces $A$ y $B$ serían independientes. ¿Por qué?

Usando las ecuaciones (B-8) y (B-10), podemos demostrar que si un conjunto de eventos $A_1, A_2, \ldots, A_n$, son independientes; entonces la condición necesaria es[†]

$$P(A_1 A_2 \cdots A_n) = P(A_1)P(A_2) \cdots P(A_n) \tag{B-12}$$

## B-4 VARIABLES ALEATORIAS

**Definición.** Una *variable aleatoria* real es una función de valor real definida sobre los eventos (elementos) del sistema de probabilidad.

Para entender por qué esta definición es fundamental para el tema de la teoría de probabilidad, hasta ahora hemos definido las probabilidades en términos de eventos $A$, $B$, $C$, y así sucesivamente. Es raro usar este método cuando los conjuntos son objetos (tales como naranjas, manzanas, etc.) en lugar de números. Es más conveniente describirlos mediante valores numéricos de tal manera que las ecuaciones puedan obtenerse como función de esos valores en lugar de funciones de parámetros alfanuméricos. Este método se logra mediante el uso de la variable aleatoria.

### Ejemplo B-2 Variables aleatorias

Con relación a la figura B-2, se muestran los eventos mutuamente excluyentes $A, B, C, D, E, F,$ $G$ y $H$ mediante el diagrama de Venn. Éstos son todos los posibles resultados de unos experimentos, así que el evento seguro es $S = A + B + C + D + E + F + G + H$. Cada uno de estos eventos se denota mediante algún valor conveniente de la variable aleatoria $x$, como se muestra en la tabla de esta figura. La asignación de valores para $x$ podrá ser positivo, negativo, fracciones o enteros mientras sean números reales. Ya que todos los eventos son mutuamente excluyentes, usando la ecuación (B-4) tenemos

$$P(S) = 1 = P(A) + P(B) + P(C) + P(D) + P(E) + P(F) + P(G) + P(H) \tag{B-13}$$

En otras palabras, las probabilidades tienen que sumarse para la unidad (la probabilidad de un evento seguro) como se muestra en la tabla y las probabilidades individuales tienen que proporcionarse o mediarse. Por ejemplo $P(C) = P(-1.5) = 0.2$. Estos valores para las probabilidades podrían ser graficadas como una función de la variable aleatoria $x$, como se aprecia en la gráfica de $P(x)$. Esto es una distribución *discreta* (o *puntual*) ya que la variable aleatoria sólo toma valores discretos (opuesto a lo continuo).

## B-5 FUNCIONES DE DISTRIBUCIÓN ACUMULATIVA Y FUNCIONES DE DENSIDAD DE PROBABILIDAD

**Definición.** La *función de distribución acumulativa* (CDF) de la variable aleatoria $x$ se obtiene por $F(a)$, donde

[†] La ecuación (B-12) no es una condición suficiente para que $A_1, A_2, \ldots, A_n$ sean independientes [Papoulis, 1984, p. 34].

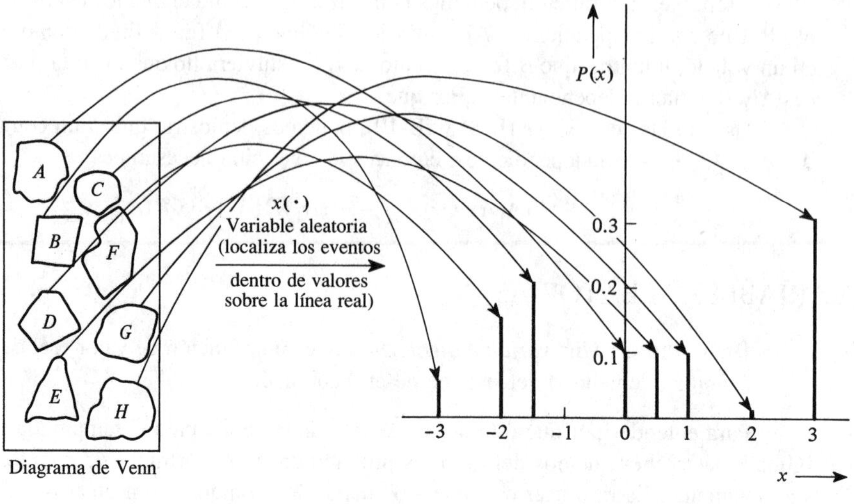


| Evento [·] | Valor de la variable aleatoria $x[\cdot]$ | Probabilidad del evento $P(x)$ |
|---|---|---|
| $A$ | 0.0 | 0.10 |
| $B$ | −3.0 | 0.05 |
| $C$ | −1.5 | 0.20 |
| $D$ | −2.0 | 0.15 |
| $E$ | +0.5 | 0.10 |
| $F$ | +1.0 | 0.10 |
| $G$ | +2.0 | 0.00 |
| $H$ | +3.0 | 0.30 |
| | Total = | 1.00 |

**Figura B-2** Variable aleatoria y funciones de probabilidad para el ejemplo B-2.

$$F(a) \triangleq P(x \leq a) \equiv \lim_{n\to\infty} \left(\frac{n_{x\leq a}}{n}\right) \tag{B-14}$$

donde $F(a)$ es una función menor a la unidad.

**Definición.** La *función de densidad probabilidad* (PDF) de una variable aleatoria $x$ se obtiene mediante $f(x)$, donde

$$f(x) = \left.\frac{dF(a)}{da}\right|_{a=x} = \left.\frac{dP(x \leq a)}{da}\right|_{a=x} = \lim_{\substack{n\to\infty \\ \Delta x\to 0}} \left[\frac{1}{\Delta x}\left(\frac{n_{\Delta x}}{n}\right)\right] \tag{B-15}$$

donde las $f(x)$ tienen unidades de $1/x$.

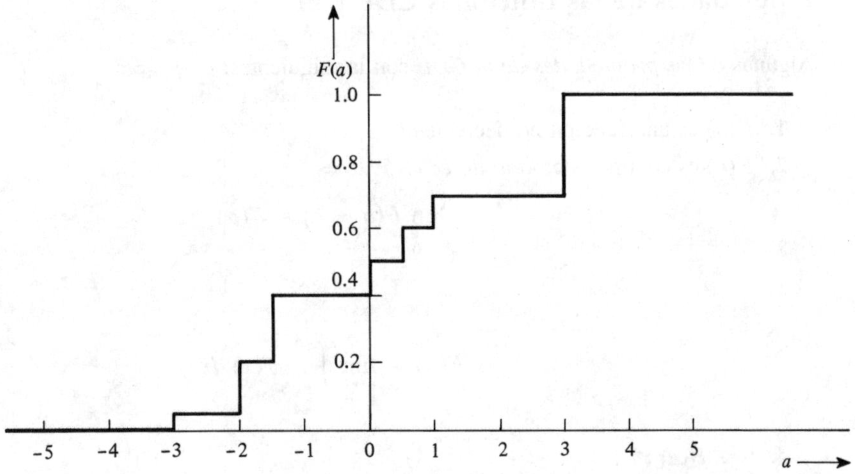


**Figura B-3** CDF para el ejemplo B-2.

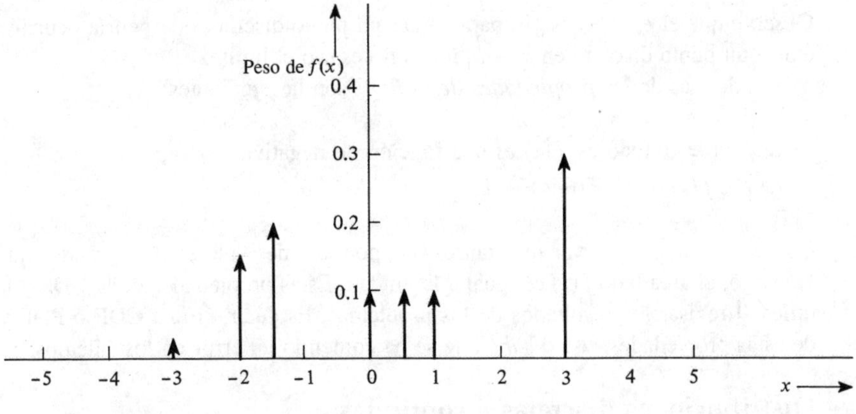


**Figura B-4** PDF para el ejemplo B-2.

## Ejemplo B-2 (Continuación)

La CDF para este ejemplo que se ilustra en la figura B-2 se obtiene con facilidad usando la ecuación (B-14). La CDF resultante se dibuja en la figura B-3. Observe que la CDF comienza en un valor cero de la izquierda ($a = -\infty$) y la probabilidad se acumula hasta que la CDF es una unidad a la derecha ($a = +\infty$).

Mediante la ecuación (B-15) obtenemos la PDF tomando la derivada de CDF. El resultado se aprecia en la figura B-4. La PDF consta de funciones delta Dirac localizadas en los valores asignados (discretos) de la variable aleatoria y tiene un peso igual al de las probabilidades del evento asociado.[†]

[†] Las funciones delta lateral izquierda se utilizan aquí en el caso de que ocurra $x = a$, que es un punto discreto, $F(a) = P(x \leq a)$ incluye toda la probabilidad desde $x = -\infty$ hasta e *incluyendo* el punto $x = a$. Véase la sección A-8 (apéndice A) para las propiedades de las funciones delta Dirac.

## Propiedades de las funciones CDF y PDF

Algunas de las *propiedades de la CDF* son las siguientes:

1. $F(a)$ es una función no decreciente.
2. $F(a)$ es continua del *lado derecho*. Esto es,

$$\lim_{\substack{\epsilon \to 0 \\ \epsilon > 0}} F(a + \epsilon) = F(a)$$

3. 

$$F(a) = \lim_{\substack{\epsilon \to 0 \\ \epsilon > 0}} \int_{-\infty}^{a+\epsilon} f(x)\, dx \tag{B-16}$$

4. $0 \leq F(a) \leq 1$.
5. $F(-\infty) = 0$.
6. $F(+\infty) = 1$.

Observe que el $\epsilon$ es necesario para contar un punto discreto que podría ocurrir en $x = a$. Si no existe un punto discreto en $x = a$, no es necesario el límite.

Algunas de las *propiedades de la PDF* son las siguientes:

1. $f(x) \geq 0$. Esto es, $f(x)$ *es* una función no negativa.
2. $\int_{-\infty}^{\infty} f(x)\, dx = F(+\infty) = 1$. (B-17)

Como podremos observar más tarde, $f(x)$ podría tener valores más grandes que la unidad; sin embargo, el área bajo $f(x)$ es igual a la unidad. Estas propiedades de la CDF y la PDF son muy útiles al revisar los resultados de los problemas. Es decir, si una CDF o PDF viola cualquiera de estas propiedades, usted *sabe* que se ha cometido un error en los cálculos.

## Distribuciones discretas y continuas

El ejemplo B-2 fue un ejemplo de una *distribución discreta (o puntual)*. Esto es, la variable aleatoria tiene $M$ valores discretos $x_1, x_2, x_3, \ldots, x_M = 7$ en este ejemplo. En consecuencia, la CDF sólo se incrementa en saltos [por ejemplo, $F(a)$ fue discontinua] mientras $a$ se incrementa y la PDF consta de funciones delta localizadas en los valores discretos de la variable aleatoria. En comparación con este ejemplo de la distribución discreta, existen distribuciones continuas, una de ellas ilustrada en el siguiente ejemplo. Si se permite que una variable discreta tome cualquier valor en algún intervalo, es una variable aleatoria *distribuida continuamente* en el intervalo.

**Ejemplo B-3** UNA DISTRIBUCIÓN CONTINUA

Permita que una variable aleatoria denote los voltajes que son asociados con la colección de un gran número de baterías de linterna (celdas de 1.5 V). Si el número de baterías en la colección fuera infinito, el número de valores de voltaje diferentes (eventos) que podríamos obtener también sería infinito, y entonces las distribuciones (PDF y CDF) serían funciones continuas. Suponga que, mediante medición, el CDF se evalúa primero usando $F(a) = P(x \leq a) = \text{lím}_{n \to \infty} (n_{x \leq a}/n)$, donde $n$ es el número de baterías en toda la colección y $n_{x \leq a}$ es el número de baterías con voltajes menores o iguales a $a$ V, donde $a$ es un parámetro. La CDF que podrá obtenerse está ilustrada en la figura B-5a. La PDF asociada se obtiene mediante la derivada de CDF, como se muestra en la figura B-5b. Observe que $f(x)$ excede la unidad para algunos valores de $x$, pero el área bajo la $f(x)$ es la unidad (una propiedad de PDF). (Podría verificar viendo que también se satisficieran las otras propiedades de CDF y de PDF.)

**TEOREMA.**

$$F(b) - F(a) = P(x \leq b) - P(x \leq a) = P(a < x \leq b)$$

$$= \lim_{\substack{\epsilon \to 0 \\ \epsilon > 0}} \left[ \int_{a+\epsilon}^{b+\epsilon} f(x)\, dx \right] \tag{B-18}$$

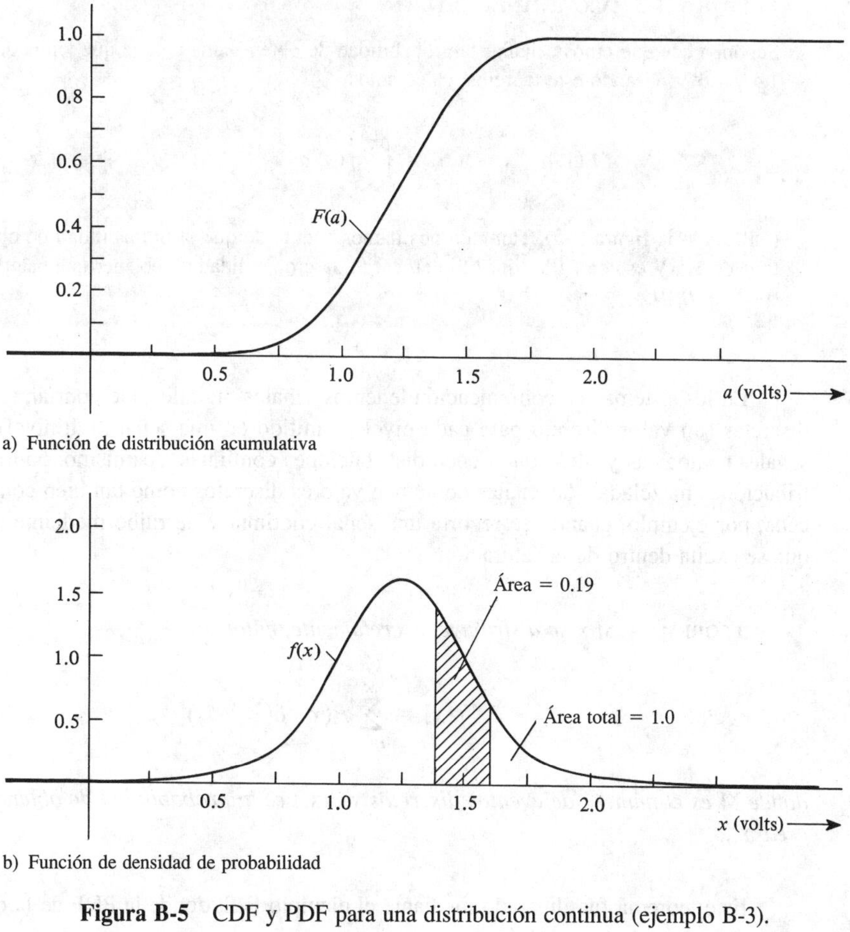


**Figura B-5** CDF y PDF para una distribución continua (ejemplo B-3).

***Comprobación.***

$$F(b) - F(a) = \lim_{\substack{\epsilon\to 0\\ \epsilon>0}} \left[\int_{-\infty}^{b+\epsilon} f(x)\,dx - \int_{-\infty}^{a+\epsilon} f(x)\,dx\right]$$

$$= \lim_{\substack{\epsilon\to 0\\ \epsilon>0}} \left[\int_{-\infty}^{a+\epsilon} f(x)\,dx + \int_{a+\epsilon}^{b+\epsilon} f(x)\,dx - \int_{-\infty}^{a+\epsilon} f(x)\,dx\right]$$

$$= \lim_{\substack{\epsilon\to 0\\ \epsilon>0}} \left[\int_{a+\epsilon}^{b+\epsilon} f(x)\,dx\right]$$

**Ejemplo B-3** (Continuación)

Suponga que queremos calcular la probabilidad de obtener una batería que tenga un voltaje entre 1.4 y 1.6 V. Usando este teorema, calculamos

$$P(1.4 < x \leq 1.6) = \int_{1.4}^{1.6} f(x)\,dx = F(1.6) - F(1.4) = 0.19$$

(utilizando la figura B-5). También nos damos cuenta de que la probabilidad de obtener una batería de 1.5-V es cero. ¿Por qué? Sin embargo, la probabilidad de obtener una batería de 1.5 V ± 0.1 V es 0.19.

En los sistemas de comunicación tenemos señales digitales que podrían ser distribuciones discretas (un valor discreto para cada nivel permitido en una señal multinivel) y hay también señales analógicas y ruido que tienen distribuciones continuas. Asimismo, podríamos tener distribuciones mezcladas, las cuales contienen valores discretos como también continuos. Esto sucede, por ejemplo, cuando se recorta una señal continua y de ruido mediante un amplificador que se excita dentro de la saturación.

TEOREMA. *Si* x *se distribuye discretamente, entonces*

$$f(x) = \sum_{i=1}^{M} P(x_i)\,\delta(x - x_i) \tag{B-19}$$

*donde* M *es el número de eventos discretos y* $P(x_i)$ *es la probabilidad de obtener el evento discreto* $x_i$.

Este teorema fue ilustrado mediante el ejemplo B-2, donde la PDF de la distribución discreta aparece en la figura B-4.

**TEOREMA.** Si $x$ se distribuye discretamente, entonces†

$$F(a) = \sum_{i=1}^{L} P(x_i) \qquad \text{(B-20)}$$

*donde* L *es el entero más grande tanto que* $x_L \leq a$ *y* $L \leq M$, *donde* M *es el número de puntos de la distribución discreta. Aquí se supone que los puntos discretos* $x_i$ *son indexados, así que ocurren en orden ascendente del índice. Esto es,* $x_1 < x_2 < x_3 < \cdots < x_M$.

Este teorema se ilustra en la figura B-3, el cual es una gráfica de la ecuación (B-20) por ejemplo B-2.

En problemas de ingeniería eléctrica, las CDF o las PDF de las formas de onda se obtienen con relativa facilidad mediante el uso de la aproximación de la frecuencia relativa, como se describió a través de las ecuaciones (B-14) y (B-15). Por ejemplo, en la figura B-6 se da la PDF para ondas triangulares y cuadradas. Éstas se obtienen al barrer una ventana horizontal estrecha, $\Delta x$ volts de ancho, en forma vertical a lo largo de las formas de onda y midiendo a la frecuencia relativa de la ocurrencia de voltajes en la ventana $\Delta x$. El eje del tiempo se divide en $n$ intervalos y la forma de onda aparece $n_{\Delta x}$ veces durante ellos en la ventana $\Delta x$. La idea básica de la

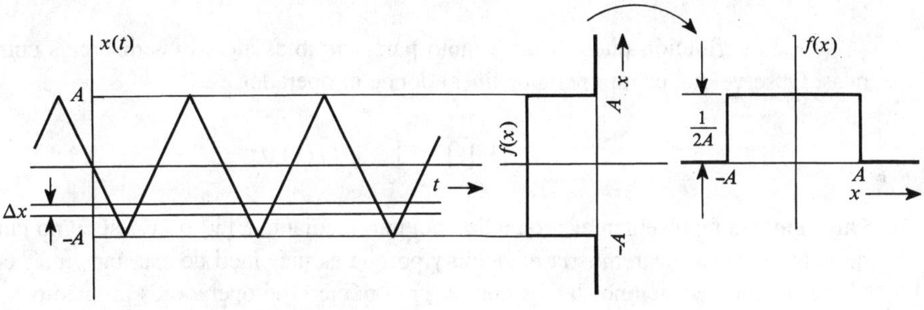


a) Forma de onda triangular y su PDF asociada

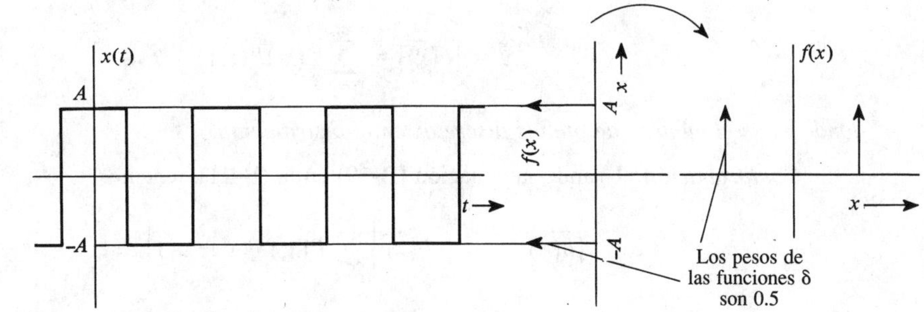


b) Forma de onda cuadrada y su PDF asociada

**Figura B-6** PDF para ondas triangulares y ondas cuadradas.

† La ecuación (B-20) es idéntica a $F(a) = \Sigma_{i=1}^{M} P(x_i)u(a - x_i)$, donde $u(y)$ es una función de escalón unitario [definido en (2-49)].

PDF en una forma de onda puede obtenerse mediante la observación en la forma de onda en un osciloscopio. Usando un barrido *no* horizontal, la intensidad de la presentación como una función del voltaje (eje $y$) proporciona la PDF. (Esto supone que la intensidad de la imagen es proporcional al tiempo que la forma de onda aparece en la pantalla de $\Delta y$ unidades de ancho.) La PDF es proporcional a la intensidad como una función de y (de la variable aleatoria).

## B-6 PROMEDIO CONJUNTO Y MOMENTOS

### Promedio conjunto

Uno de los usos principales de la teoría de probabilidad es evaluar el valor promedio de una variable aleatoria (la cual representa algunos fenómenos físicos), o bien evaluar el valor promedio de alguna función de la variable aleatoria. En general, sea la función de la variable aleatoria representada mediante $y = h(x)$.

**Definición.** El *valor esperado*, el cual también se conoce como el *promedio conjunto*, de $y = h(x)$ se obtiene por

$$\overline{y} = \overline{[h(x)]} \triangleq \int_{-\infty}^{\infty} [h(x)] f(x)\, dx \tag{B-21}$$

Esta definición puede usarse tanto para variables aleatorias discretas como para continuas. Observe que es un operador lineal donde el operador es

$$\overline{[\cdot]} = \int_{-\infty}^{\infty} [\cdot] f(x)\, dx \tag{B-22}$$

Otros autores representan el promedio conjunto mediante $E[y]$ o $\langle y \rangle$ así como también a través de $\overline{y}$. Nosotros utilizaremos la notación $\overline{y}$ porque es más fácil de escribir y más conveniente de usar al evaluar ecuaciones largas con un gran número de operadores promedio.

**Teorema.** *Si x es una variable aleatoria distribuida* ***discretamente****, el valor esperado puede evaluarse usando*

$$\overline{y} = \overline{[h(x)]} = \sum_{i=1}^{M} h(x_i) P(x_i) \tag{B-23}$$

*donde* M *es el número de puntos discretos en la distribución.*

***Comprobación.*** Usando la ecuación (B-19) en la (B-21), tenemos

$$\begin{aligned}
\overline{[h(x)]} &= \int_{-\infty}^{\infty} h(x) \left[ \sum_{i=1}^{M} P(x_i)\, \delta(x - x_i) \right] dx \\
&= \sum_{i=1}^{M} P(x_i) \int_{-\infty}^{\infty} h(x)\, \delta(x - x_i)\, dx \\
&= \sum_{i=1}^{M} P(x_i) h(x_i)
\end{aligned}$$

**Ejemplo B-4** EVALUACIÓN DE UN PROMEDIO

Ahora demostraremos que la ecuación (B-23) y la definición del valor esperado obtenido por la ecuación (B-21) son consistentes con la forma como se evalúan los promedios. Suponga que tenemos un grupo de $n = 40$ estudiantes que toman un examen. Las calificaciones obtenidas son: 1 examen con 100, 2 con 95, 4 con 90, 6 con 85, 10 con 80, 10 con 75, 5 con 70, 1 con 65 y 1 con 60. Por lo anterior el promedio de la clase será

$$\bar{x} = \frac{100(1) + 95(2) + 90(4) + 85(6) + 80(10) + 75(10) + 70(5) + 65(1) + 60(1)}{40}$$

$$= 100\left(\frac{1}{40}\right) + 95\left(\frac{2}{40}\right) + 90\left(\frac{4}{40}\right) + 85\left(\frac{6}{40}\right) + 80\left(\frac{10}{40}\right) + 75\left(\frac{10}{40}\right)$$

$$+ 70\left(\frac{5}{40}\right) + 65\left(\frac{1}{40}\right) + 60\left(\frac{1}{40}\right)$$

$$= \sum_{i=1}^{9} x_i P(x_i) = 79.6 \tag{B-24}$$

## Momentos

Los *momentos* están definidos como promedios conjuntos de algunas funciones específicas usadas por $h(x)$. Por ejemplo, para el momento $r$-ésimo, definido de manera subsecuente, sea $y = h(x) = (x - x_0)^r$.

**DEFINICIÓN.** El *momento* $r$-ésimo de la variable aleatoria $x$ tomada cerca del punto $x = x_0$ está dada por

$$\overline{(x - x_0)^r} = \int_{-\infty}^{\infty} (x - x_0)^r f(x)\, dx \tag{B-25}$$

**DEFINICIÓN.** La *media* $m$ es el primer momento tomado alrededor del origen (por ejemplo, $x_0 = 0$). En consecuencia,

$$m \triangleq \bar{x} = \int_{-\infty}^{\infty} x f(x)\, dx \tag{B-26}$$

**DEFINICIÓN.** La *varianza* $\sigma^2$ es el segundo momento tomado alrededor de la media. Por tanto

$$\sigma^2 = \overline{(x - \bar{x})^2} = \int_{-\infty}^{\infty} (x - \bar{x})^2 f(x)\, dx \tag{B-27}$$

**DEFINICIÓN.** La *desviación estándar* $\sigma$ es la raíz cuadrada de la varianza. Por tanto

$$\sigma = \sqrt{\sigma^2} = \sqrt{\int_{-\infty}^{\infty} (x - \bar{x})^2 f(x)\, dx} \tag{B-28}$$

Como ingeniero, usted puede reconocer las integrales de las ecuaciones (B-26) y (B-27) como relacionadas a las aplicaciones en problemas mecánicos. Esta media equivale al centro de gravedad de una masa que se encuentra distribuida a lo largo de una sola dimensión, donde $f(x)$ representa la densidad de masa como una función del eje $x$. La varianza equivale al momento de inercia cerca del centro de gravedad. Sin embargo, usted podría preguntarse: ¿cuál es el significado de la media, varianza y de otros momentos en problemas de ingeniería eléctrica? En el capítulo 6 se mostró que si $x$ representa una forma de onda de voltaje o de corriente, la media proporciona el valor en cd de la forma de onda. El segundo momento ($r = 2$) tomado alrededor del origen ($x_0 = 0$), lo cual es $\overline{x^2}$, se obtiene una potencia normalizada. $\sigma^2$ proporciona esta potencia en la correspondiente forma de onda acoplada en ca. En consecuencia, $\sqrt{\overline{x^2}}$ es el valor rms de la forma de onda y $\sigma$ es el valor rms de la forma de onda ca acoplada correspondiente.

En términos estadísticos, $m$ da el *centro de gravedad* de la PDF y $\sigma$ la *apertura* de la PDF cerca del centro de gravedad. Por ejemplo, en la figura B-5 se representa la distribución del voltaje para una colección de baterías de mano. Esta media es $\bar{x} = 1.25$ V y la desviación estándar es $\sigma = 0.25$ V. Este número muestra la distribución gaussiana que será estudiada en detalle en la sección B-7. Para esta distribución gaussiana el área bajo $f(x)$ desde $x = 1.0$ hasta 1.5 V, que corresponde al intervalo $\bar{x} \pm \sigma$, es 0.68. Por tanto, concluimos que 68% de las baterías tienen voltajes dentro de una desviación estándar del valor medio (distribución gaussiana).

Existen diversas formas para especificar el número que se usa para describir el valor típico o más común de $x$. La *media m* es aquella medida que da el centro de gravedad. Otra es la *mediana*, la cual corresponde al valor $x = a$, donde $F(a) = \frac{1}{2}$, y una tercera medición es la llamada *moda*, la cual corresponde al valor de $x$ donde $f(x)$ es un máximo, suponiendo que PDF sólo tiene un máximo. Para la distribución gaussiana, todas estas mediciones dan el mismo número, llamado $x = m$. Para otros tipos de distribuciones, los valores obtenidos para la media, mediana y moda por lo regular estarán cerca del mismo número. La varianza también se relaciona con el segundo momento alrededor del origen y de la media, como se describe con el siguiente teorema.

**TEOREMA.**

$$\sigma^2 = \overline{x^2} - (\bar{x})^2 \tag{B-29}$$

La comprobación de este teorema ilustra cómo se usa la notación del operador del promedio conjunto.

***Comprobación.***

$$\begin{aligned}\sigma^2 &= \overline{(x - \bar{x})^2} \\ &= \overline{[x^2]} - \overline{[2x\bar{x}]} + \overline{[(\bar{x})^2]}\end{aligned} \tag{B-30}$$

Debido a que $\overline{[\cdot]}$ es un operador lineal, $\overline{[2x\bar{x}]} = 2\bar{x}\bar{x} = 2(\bar{x})^2$. Además, $(\bar{x})^2$ es una constante y el valor promedio de una constante es la constante misma. Así, para la constante $c$,

$$\bar{c} = \int_{-\infty}^{\infty} c f(x)\, dx = c \int_{-\infty}^{\infty} f(x)\, dx = c \tag{B-31}$$

De esta manera, usando la ecuación (B-31) en la (B-30), tenemos

$$\sigma^2 = \overline{x^2} - 2(\bar{x})^2 + (\bar{x})^2$$

la cual es equivalente a la (B-29).

Por tanto, hay dos maneras de evaluar la varianza: (1) usando la definición proporcionada por la ecuación (B-27) o (2) aplicando el teorema de la ecuación (B-29).

## B-7 EJEMPLOS DE DISTRIBUCIONES IMPORTANTES

Existen numerosos tipos de distribuciones. Algunos de los más importantes que se utilizan en comunicación y problemas estadísticos aparecen resumidos en la tabla B-1. Se muestran las ecuaciones para su PDF y CDF, una presentación general dde la PDF y de la fórmula de la media y la varianza. A continuación estudiaremos cada una de estas distribuciones.

### Distribución binomial

La distribución binomial es útil para describir problemas digitales y otros problemas estadísticos. Su aplicación se describe mediante el siguiente ejemplo.

Suponga que tenemos una palabra binaria que es de $n$ bits de largo y que la probabilidad de enviar un uno binario es $p$. En consecuencia, la probabilidad de enviar un cero binario es $1 - p$. Queremos evaluar la probabilidad de obtener palabras de $n$ bit que contengan $k$ 1 (unos) binarios. Una palabra así es $k$ 1 binarios seguida de $n - k$ 0/(ceros) binarios. La probabilidad de obtener esta palabra es $p^k(1 - p)^{n-k}$. Hay también otras palabras de $n$ bits que contienen unos binarios. De hecho, el número de palabras diferentes de $n$ bits que contengan $k$ 1 binarios es

$$\binom{n}{k} = \frac{n!}{(n-k)!k!} \tag{B-32}$$

(Esto puede demostrarse si tomamos un ejemplo numérico como $n = 8$ y $k = 3$.). El símbolo $\binom{n}{k}$ se utiliza en álgebra para denotar la operación descrita mediante la ecuación (B-32) y se lee "la combinación de $n$ cosas tomadas $k$ veces". Por tanto, la probabilidad de obtener una palabra de $n$ bit que contengan $k$ unos binarios es

$$P(k) = \binom{n}{k} p^k(1-p)^{n-k} \tag{B-33}$$

Si permitimos que la variable aleatoria $x$ denote estos valores discretos, entonces $x = k$, donde $k$ puede tomar valores de 0, 1, 2, . . . , $n$, y podemos obtener la *PDF binomial:*

$$f(x) = \sum_{k=0}^{n} P(k)\delta(x-k) \tag{B-34}$$

donde $P(k)$ se obtiene mediante la ecuación (B-33).

El nombre *binomial* viene del hecho de que $P(k)$ son términos individuales en una expansión binomial. Esto es, sea $q = 1 - p$,

$$(p+q)^n = \sum_{k=0}^{n} \binom{n}{k} p^k q^{n-k} = \sum_{k=0}^{n} P(k) \tag{B-35}$$

**TABLA B-1** ALGUNAS DISTRIBUCIONES Y SUS PROPIEDADES

| Nombre de la distribución | Tipo: $F(a)$ es: | Diagrama de la PDF | Ecuación para: Función de distribución acumulativa (CDF) | Ecuación para: Función de densidad de probabilidad (PDF) | Media | Varianza |
|---|---|---|---|---|---|---|
| Binomial | Discreta | 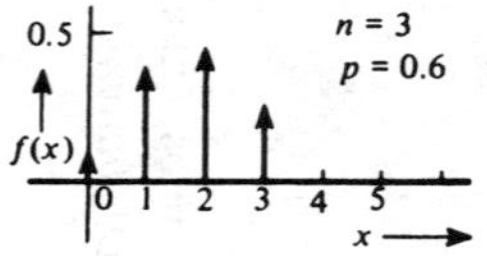 | $F(a) = \sum_{\substack{k=0 \\ m\le a}}^{m} P(k)$ donde $P(k) = \binom{n}{k} p^k (1-p)^{n-k}$ | $f(x) = \sum_{k=0}^{n} P(k)\,\delta(x-k)$ donde $P(k) = \binom{n}{k} p^k (1-p)^{n-k}$ | $np$ | $np(1-p)$ |
| Poisson | Discreta | 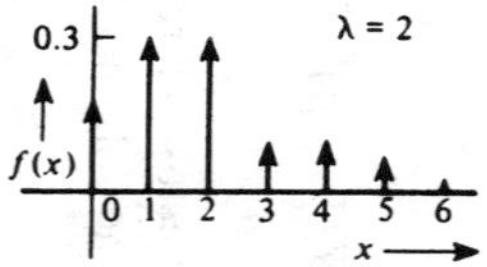 | $F(a) = \sum_{\substack{k=0 \\ m\le a}}^{m} P(k)$ donde $P(k) = \frac{\lambda^k}{k!} e^{-\lambda}$ | $f(x) = \sum_{k=0}^{\infty} P(k)\,\delta(x-k)$ donde $P(k) = \frac{\lambda^k}{k!} e^{-\lambda}$ | $\lambda$ | $\lambda$ |
| Uniforme | Continua | 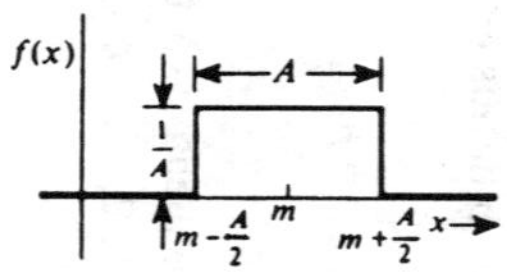 | $F(a) = \begin{cases} 0, & a < \left(\frac{2m-A}{2}\right) \\ \frac{1}{A}\left[a - \left(\frac{2m-A}{2}\right)\right], & \lvert a-m\rvert \le \frac{A}{2} \\ 1, & a \ge \left(\frac{2m+A}{2}\right) \end{cases}$ | $f(x) = \begin{cases} 0, & x < \left(\frac{2m-A}{2}\right) \\ \frac{1}{A}, & \lvert x-m\rvert \le \frac{A}{2} \\ 0, & x > \left(\frac{2m+A}{2}\right) \end{cases}$ | $m$ | $\frac{A^2}{12}$ |
| Gaussiana | Continua | 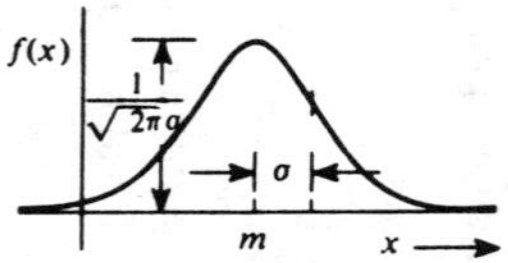 | $F(a) = Q\left(\frac{m-a}{\sigma}\right)$ donde $Q(\sigma) \triangleq \frac{1}{\sqrt{2\pi}} \int_{\alpha}^{\infty} e^{-x^2/2}\,dx$ | $f(x) = \frac{1}{\sqrt{2\pi}\sigma} \exp[-(x-m)^2/2\sigma^2]$ | $m$ | $\sigma^2$ |
| Senoidal | Continua | 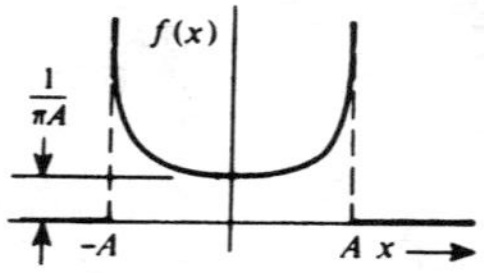 | $F(a) = \begin{cases} 0, & a \le -A \\ \frac{1}{\pi}\left[\frac{\pi}{2} + \operatorname{sen}^{-1}\left(\frac{a}{A}\right)\right], & \lvert a\rvert \le A \\ 1, & a \ge A \end{cases}$ | $f(x) = \begin{cases} 0, & x < -A \\ \frac{1}{\pi\sqrt{A^2 - x^2}}, & \lvert x\rvert \le A \\ 0, & x > A \end{cases}$ | 0 | $\frac{A^2}{2}$ |

Las combinaciones $\binom{n}{k}$, que también son coeficientes binomiales, pueden evaluarse mediante el uso del triángulo de Pascal

$$\begin{array}{lccccccccccc}
n = 0 & & & & & & 1 & & & & & \\
n = 1 & & & & & 1 & & 1 & & & & \\
n = 2 & & & & 1 & & 2 & & 1 & & & \\
n = 3 & & & 1 & & 3 & & 3 & & 1 & & \\
n = 4 & & 1 & & 4 & & 6 & & 4 & & 1 & \\
n = 5 & 1 & & 5 & & 10 & & 10 & & 5 & & 1 \\
\vdots & & & & & & \vdots & & & & &
\end{array}$$

Para un valor en particular de $n$, las combinaciones $\binom{n}{k}$, para $k = 0, 1, \ldots, n$, son los elementos del renglón $n$-ésimo. Por ejemplo, para $n = 3$,

$$\binom{3}{0} = 1, \quad \binom{3}{1} = 3, \quad \binom{3}{2} = 3, \quad \text{y} \quad \binom{3}{3} = 1$$

El valor medio de la distribución binomial se evalúa utilizando (B-23).

$$m = \bar{x} = \sum_{k=0}^{n} x_k P(x_k) = \sum_{k=0}^{n} kP(k)$$

o

$$m = \sum_{k=1}^{n} k \binom{n}{k} p^k q^{n-k} \tag{B-36}$$

Usando la identidad

$$k\binom{n}{k} = \frac{kn!}{(n-k)!k!} = \frac{n(n-1)!}{(n-k)!(k-1)!}$$

$$= n\left[\frac{(n-1)!}{((n-1)-(k-1))!(k-1)!}\right]$$

o

$$k\binom{n}{k} = n\binom{n-1}{k-1} \tag{B-37}$$

tenemos

$$m = \sum_{k=1}^{n} n \binom{n-1}{k-1} p^k q^{n-k} \tag{B-38}$$

Haciendo un cambio en el índice, sea $j = k - 1$. Por tanto,

$$m = \sum_{j=0}^{n-1} n \binom{n-1}{j} p^{j+1} q^{n-(j+1)}$$

$$= np \left[ \sum_{j=0}^{n-1} \binom{n-1}{j} p^j q^{(n-1)-j} \right] = np\,[(p+q)^{n-1}] \tag{B-39}$$

Recordando que $p$ y $q$ son probabilidades y que $p + q = 1$, entonces vemos que $(p + q)^{n-1} = 1$. Por lo tanto, (B-39) se reduce a

$$m = np \tag{B-40}$$

De igual manera, se puede mostrar que la varianza es $np(1 - p)$ mediante el uso de $\sigma^2 = \overline{x^2} - (\overline{x})^2$.

## Distribución de Poisson

La distribución de Poisson (tabla B-1) es obtenida como una aproximación de límite de una distribución binomial cuando $n$ es muy grande y $p$ es muy pequeño, pero el producto de $np = \lambda$ es de un tamaño razonable [Thomas, 1969].

## Distribución uniforme

La distribución uniforme es

$$f(x) = \begin{cases} 0, & x < \left(\dfrac{2m - A}{2}\right) \\ \dfrac{1}{A}, & |x - m| \le \dfrac{A}{2} \\ 0, & x > \left(\dfrac{2m + A}{2}\right) \end{cases} \tag{B-41}$$

donde $A$ es el valor pico a pico de la variable aleatoria. Esto se ilustra por el diagrama en la tabla B-1. La media de esta distribución es

$$\int_{-\infty}^{\infty} x f(x)\, dx = \int_{m-(A/2)}^{m+(A/2)} x \frac{1}{A}\, dx = m \tag{B-42}$$

y la varianza es

$$\sigma^2 = \int_{m-(A/2)}^{m+(A/2)} (x - m)^2 \frac{1}{A} dx \tag{B-43}$$

Haciendo un cambio en la variable, se obtiene $y = x - m$.

$$\sigma^2 = \frac{1}{A} \int_{-A/2}^{A/2} y^2 dy = \frac{A^2}{12} \tag{B-44}$$

La distribución uniforme es útil al describir el ruido de cuantización que se crea cuando una señal analógica se convierte en una señal PCM, como se estudió en el capítulo 3. En el capítulo 6 se muestra que también describe el ruido de un detector de fase cuando la entrada es un ruido gaussiano (tal y como se describirá a continuación).

## Distribución gaussiana

La distribución gaussiana, también llamada *distribución normal*, es una de las más importantes, si no es que la de *mayor* importancia. Como se estudió en el capítulo 5, el ruido térmico tiene una distribución gaussiana. Numerosos fenómenos pueden describirse mediante la estadística gaussiana y muchos teoremas han sido desarrollados por estadísticos que están basados sobre suposiciones gaussianas. La distribución gaussiana es muy importante en el análisis de los problemas tanto de comunicación como los de estadística. También se demuestra que la distribución gaussiana se obtiene como una forma limitante de la distribución binomial cuando $n$ se vuelve muy grande, mientras se mantiene la media finita $m = np$, y la varianza $\sigma^2 = np(1 - p)$ sea mucho mayor que la unidad [Feller, 1957; Papoulis, 1984].

**DEFINICIÓN.** La distribución gaussiana es

$$f(x) = \frac{1}{\sqrt{2\pi}\,\sigma} e^{-(x-m)^2/(2\sigma^2)} \tag{B-45}$$

donde $m$ es la media y $\sigma^2$ es la varianza.

Un diagrama de la ecuación (B-45) está representado en la figura B-5, junto con la CDF para la variable aleatoria gaussiana donde $m = 1.25$ y $\sigma = 0.25$. La PDF gaussiana es simétrica cerca de $x = m$, con el área bajo la PDF siendo $\frac{1}{2}$ para $(-\infty \leq x \leq m)$ y $\frac{1}{2}$ para $(m \leq x \leq \infty)$. El valor pico de la PDF es $1/(\sqrt{2\pi}\,\sigma)$, así que mientras $\sigma \to 0$, la PDF gaussiana está dentro de una función $\delta$ localizada a $x = m$ (ya que el área bajo la PDF es siempre la unidad).

Ahora demostraremos que la ecuación (B-45) está propiamente normalizada; esto es, el área bajo $f(x)$ es la unidad. Esto puede lograrse al permitir que $I$ represente la integral de la PDF:

$$I \triangleq \int_{-\infty}^{\infty} f(x)\,dx = \int_{-\infty}^{\infty} \frac{1}{\sqrt{2\pi}\,\sigma} e^{-(x-m)^2/(2\sigma^2)}\,dx \tag{B-46}$$

Haciendo un cambio en la variable, de manera que $y = (x - m)/\sigma$, entonces

$$I = \frac{1}{\sqrt{2\pi}\,\sigma} \int_{-\infty}^{\infty} e^{-y^2/2}(\sigma\,dy) = \frac{1}{\sqrt{2\pi}} \int_{-\infty}^{\infty} e^{-y^2/2}\,dy \tag{B-47}$$

Puede mostrarse que la integral $I$ es unitaria comprobando que $I^2$ es la unidad.

$$I^2 = \left[\frac{1}{\sqrt{2\pi}} \int_{-\infty}^{\infty} e^{-x^2/2}\,dx\right]\left[\frac{1}{\sqrt{2\pi}} \int_{-\infty}^{\infty} e^{-y^2/2}\,dy\right]$$

$$= \frac{1}{2\pi} \int_{-\infty}^{\infty} \int_{-\infty}^{\infty} e^{-(x^2+y^2)/2}\,dx\,dy \tag{B-48}$$

Haga un cambio en las variables de coordenadas cartesianas polares. Sean $r^2 = x^2 + y^2$ y $\theta = \tan^{-1}(y/x)$; entonces

$$I^2 = \frac{1}{2\pi}\int_0^{2\pi}\left[\int_0^{\infty} e^{-r^2/2} r\,dr\right]d\theta = \frac{1}{2\pi}\int_0^{2\pi} d\theta = 1 \tag{B-49}$$

Por tanto, $I^2 = 1$, y en consecuencia, $I = 1$.

Hasta ahora hemos supuesto que los parámetros $m$ y $\sigma^2$ de la ecuación (B-45) fueron la media y la varianza de la distribución. Ahora ¡necesitamos *demostrar* que en verdad ellas lo son! Esto puede lograrse al escribir la forma gaussiana en términos de algunos parámetros arbitrarios $\alpha$ y $\beta$.

$$f(x) = \frac{1}{\sqrt{2\pi}\,\beta} e^{-(x-\alpha)^2/(2\beta^2)} \tag{B-50}$$

Esta función es todavía propiamente normalizada, como se demostró mediante la ecuación (B-49). Primero necesitamos demostrar que el parámetro $\alpha$ es la media.

$$m = \int_{-\infty}^{\infty} x f(x)\,dx = \frac{1}{\sqrt{2\pi}\,\beta}\int_{-\infty}^{\infty} x e^{-(x-\alpha)^2/(2\beta^2)}\,dx \tag{B-51}$$

Haciendo un cambio en la variable, sea $y = (x - \alpha)/\beta$; entonces

$$m = \frac{1}{\sqrt{2\pi}}\int_{-\infty}^{\infty} (\beta y + \alpha) e^{-y^2/2}\,dy$$

o

$$m = \frac{\beta}{\sqrt{2\pi}}\int_{-\infty}^{\infty} (y e^{-y^2/2})\,dy + \alpha\left(\int_{-\infty}^{\infty} \frac{1}{\sqrt{2\pi}} e^{-y^2/2}\,dy\right) \tag{B-52}$$

La primera integral de la derecha de la ecuación (B-52) es cero ya que la integral es una función extraña y la integral se evalúa sobre límites simétricos. La segunda integral de la derecha es la de una PDF gaussiana propiamente normalizada, así que la integral tiene un valor de la unidad. Por tanto, (B-52) se transforma en

$$m = \alpha \tag{B-53}$$

y hemos demostrado que el parámetro $\alpha$ es el valor medio.

La varianza es

$$\sigma^2 = \int_{-\infty}^{\infty} (x - m)^2 f(x)\,dx$$

$$= \frac{1}{\sqrt{2\pi}\,\beta}\int_{-\infty}^{\infty} (x - m)^2 e^{-(x-m)^2/(2\beta^2)}\,dx \tag{B-54}$$

De igual manera, necesitamos demostrar que $\sigma^2 = \beta^2$. Pero se deja como una actividad aparte para el lector, junto con la determinación de: ¿cuál es la CDF para la distribución gaussiana?

**Teorema.** *La función de la distribución acumulativa (CDF) para una distribución gaussiana es*

$$F(a) = Q\left(\frac{m-a}{\sigma}\right) = \frac{1}{2}\,\text{erfc}\left(\frac{m-a}{\sqrt{2}\,\sigma}\right) \tag{B-55}$$

*donde la función $Q$ está definida por*

$$Q(z) \triangleq \frac{1}{\sqrt{2\pi}}\int_z^{\infty} e^{-\lambda^2/2}\,d\lambda \tag{B-56}$$

*y la función de error complementaria (erfc) se define como*

$$\text{erfc}(z) \triangleq \frac{2}{\sqrt{\pi}}\int_z^{\infty} e^{-\lambda^2}\,d\lambda \tag{B-57}$$

También puede demostrarse que

$$\text{erfc}(z) = 1 - \text{erf}(z) \tag{B-58}$$

donde la función error está definida como

$$\text{erf}(z) \triangleq \frac{2}{\sqrt{\pi}}\int_0^{z} e^{-\lambda^2}\,d\lambda \tag{B-59}$$

La función $Q$ y la función de error complementaria, como la utilizada en la ecuación (B-55), dan la misma curva para $F(a)$. Ya que ninguna de las integrales correspondientes, dadas mediante las ecuaciones (B-56) y (B-57), puede evaluarse en forma cerrada, con las tablas matemáticas (véase la sección A-10, apéndice A), las técnicas de integración numérica o las aproximaciones de forma cerrada. La equivalencia entre las dos funciones es

$$Q(z) = \frac{1}{2}\,\text{erfc}\left(\frac{z}{\sqrt{2}}\right) \tag{B-60}$$

Los ingenieros en comunicación a menudo prefieren usar la función $Q$ como comparada con la función erfc ya que las soluciones a problemas escritos en términos de la función $Q$ no requieren de escritura de los factores $\frac{1}{2}$ y $1/\sqrt{2}$. De modo contrario, la ventaja de usar funciones erf($z$) o erfc($z$) es que son una de las funciones estándar en MATLAB y MathCAD, además de que siempre están disponibles en algunas calculadoras. Sin embargo, los libros de texto en probabilidad y estadística por lo regular dan una tabulación de la CDF normalizada. Esto es una tabulación de $F(a)$ para el caso de $m = 0$ y $\sigma = 1$, y su equivalente a $Q(-a)$ y $\frac{1}{2}$ erfc $(-a/\sqrt{2})$. Ya que $Q(z)$ y $\frac{1}{2}$ erfc$(z/\sqrt{2})$ son equivalentes, cuál debe usarse es un problema de preferencia personal. En este libro nosotros empleamos la notación función $Q$.

***Comprobación.*** Comprobación de un teorema para la CDF gaussiana

$$F(a) = \int_{-\infty}^{a} f(x)\,dx = \frac{1}{\sqrt{2\pi}\,\sigma}\int_{-\infty}^{a} e^{-(x-m)^2/(2\sigma^2)}\,dx \tag{B-61}$$

Haciendo un cambio en la variable, hagamos que $y = (m - x)/\sigma$.

$$F(a) = \frac{1}{\sqrt{2\pi}\,\sigma}\int_{\infty}^{(m-a)/\sigma} e^{-y^2/2}\,(-\sigma dy) \tag{B-62}$$

o

$$F(a) = \frac{1}{\sqrt{2\pi}}\int_{(m-a)/\sigma}^{\infty} e^{-y^2/2}dy = Q\left(\frac{m-a}{\sigma}\right) \tag{B-63}$$

De igual manera, $F(a)$ podría expresarse en términos de una función de error complementaria.

Como se mencionó con anterioridad, las integrales para $Q(z)$ o $\mathrm{erfc}(z)$ por desgracia no pueden evaluarse en forma cerrada. Sin embargo, para grandes valores de $z$, se pueden obtener muy buenas aproximaciones de forma cerrada y para pequeños valores de $z$ las técnicas numéricas de integración pueden aplicarse con facilidad. Un diagrama de $Q(z)$ se muestra en la figura B-7 para $z \geq 0$ y una tabulación de $Q(z)$ se presenta en la sección A-10.

Un límite superior de forma cerrada relativamente simple para $Q(z)$, $z > 0$, es

$$Q(z) < \frac{1}{\sqrt{2\pi}\,z}e^{-z^2/2}, \qquad z > 0 \tag{B-64}$$

lo que también se muestra en la figura B-7. Así, pues, al evaluar la integral $Q(z)$ por partes, se obtiene

$$Q(z) = \int_z^{\infty} \frac{1}{\sqrt{2\pi}}e^{-\lambda^2/2}d\lambda = \int_z^{\infty} u\,dv = uv\Big|_z^{\infty} - \int_z^{\infty} v\,du$$

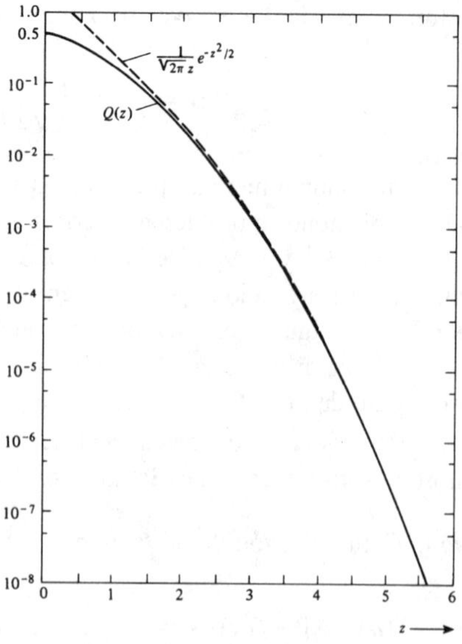


**Figura B-7** La función $Q(z)$ y una extralimitación (extrafrontera) $\frac{1}{\sqrt{2\pi}\,z}e^{-z^2/2}$.

donde $u = 1/(\sqrt{2\pi}\lambda)$ y $dv = \lambda e^{-\lambda^2/2} d\lambda$. Por tanto,

$$Q(z) = \left(\frac{1}{\sqrt{2\pi}\,\lambda}\right)\left(-e^{-\lambda^2/2}\right)\Big|_z^{\infty} - \int_z^{\infty}\left(-e^{-\lambda^2/2}\right)\left(-\frac{1}{\sqrt{2\pi}\,\lambda^2}\,d\lambda\right)$$

Reduciendo la integral, que es una cantidad positiva, obtenemos un límite superior en $Q(z)$ como el de la ecuación (B-64). En caso de ser necesario, puede obtenerse un límite inferior [Wozencraft y Jacobs, 1965]. Una aproximación de función racional para $Q(z)$ se obtiene mediante la ecuación (A-116) y una aproximación de forma cerrada que tiene un error de menos del 0.27% se proporciona por la ecuación (A-117).

Para valores de $z \geq 3$, este límite superior tiene un error de menos de 10% cuando se compara con el valor real para $Q(z)$. Esto es, $Q(3) = 1.35 \times 10^{-3}$ y el límite superior tiene un valor de $1.48 \times 10^{-3}$ para $z = 3$, lo que significa un error de 9.4%. Para $z = 4$ el error es 5.6% y para $z = 5$ el error es 3.6%. Al evaluar la probabilidad de error para sistemas digitales, como se analizó en los capítulos 6, 7 y 8, nos encontramos con que el resultado es a menudo una función de $Q$. Ya que la mayoría de los sistemas digitales utilizados tienen una probabilidad de error de $10^{-3}$ o menos, este límite superior se vuelve útil para evaluar $Q(z)$. A cualquier tasa, si la aproximación del límite superior se utiliza, sabemos que el valor obtenido indica un rendimiento ligeramente pobre del que puede obtenerse en teoría. En este sentido, esta aproximación nos dará el resultado del peor caso.

Para el caso de la $z$ negativa, $Q(z)$ puede evaluarse mediante el uso de la identidad

$$Q(-z) = 1 - Q(z) \tag{B-65}$$

donde se usa el valor $Q$ para la $z$ positiva (como el obtenido de la figura B-7) para calcular la $Q$ del valor negativo de $z$.

## Distribución senoidal

**TEOREMA.** *Si* $x = A$ *sen* $\psi$, *donde* $\psi$ *tiene la distribución uniforme,*

$$f_\psi(\psi) = \begin{cases} \dfrac{1}{2\pi}, & |\psi| \leq \pi \\ 0, & \text{en otra parte} \end{cases} \tag{B-66}$$

*entonces la PDF para la senoidal está dada por*

$$f_x(x) = \begin{cases} 0, & x < -A \\ \dfrac{1}{\pi\sqrt{A^2 - x^2}}, & |x| \leq A \\ 0, & x > A \end{cases} \tag{B-67}$$

Una comprobación de este teorema se realizará en la sección B-8.

Un diagrama de la PDF para una senoidal se representa en la tabla B-1, junto con ecuaciones para la CDF y la varianza. Observe que la desviación estándar —que equivale al valor rms, como se estudió en el capítulo 6— es $\sigma = A/\sqrt{2}$, lo cual *no* es de sorprender.

La distribución senoidal puede usarse para modelar fenómenos observados. Por ejemplo, $x$ podría representar un oscilador de voltaje en el que $\psi = \omega_0 t + \theta_0$. Aquí la frecuencia del oscilador es $f_0$, y $\omega_0$ y $t$ se supone que son valores determinísticos. $\theta_0$ representa la fase de inicio aleatorio del oscilador. (Cuando la potencia de un oscilador sin sincronización se enciende, la oscilación se construye de un voltaje de ruido que está presente en el circuito.) En otro modelo de oscilador, el tiempo podrá considerarse como una variable aleatoria distribuida de manera uniforme, donde $\psi = \omega_0 t$. Aquí una vez más tendríamos una distribución senoidal para $x$.

## B-8 TRANSFORMACIONES FUNCIONALES DE VARIABLES ALEATORIAS

Como se demostró con la distribución senoidal anterior, a menudo necesitamos evaluar la PDF para una variable aleatoria que es una función de otra variable cuya distribución es conocida. Esto se ilustra en la figura B-8. Aquí la variable aleatoria de entrada se representa con una $x$ y la variable aleatoria de salida mediante una $y$. Debido a que diversas PDF están involucradas, se utilizarán *subíndices* (tal como $x$ en $f_x$) para indicar la variable aleatoria a la cual está asociada la PDF. Los argumentos de las PDF podrían cambiar, dependiendo de las sustituciones que se hagan y de las ecuaciones que se reduzcan.

**Teorema.** *Si* $y = h(x)$, *donde* $h(\cdot)$ *es la salida a la entrada (transferencia) característica de un dispositivo* ***sin memoria,***† *entonces la PDF de la salida es*

$$f_y(y) = \sum_{i=1}^{M} \frac{f_x(x)}{|dy/dx|}\Bigg|_{x=x_i=h_i^{-1}(y)} \tag{B-68}$$

*donde* $f_x(x)$ *es la PDF de la entrada,* $x$. $M$ *es el número de raíces reales de* $y = h(x)$. *Esto es, la inversa de* $y = h(x)$ da $x_1, x_2, \ldots, x_M$ *para un solo valor de* $y$. $|\cdot|$ *representa el valor absoluto y la única línea vertical denota la evaluación de la cantidad en* $x = x_i = h_i^{-1}(y)$.

Resolveremos dos ejemplos para demostrar la aplicación de este teorema, y después se hará la comprobación.

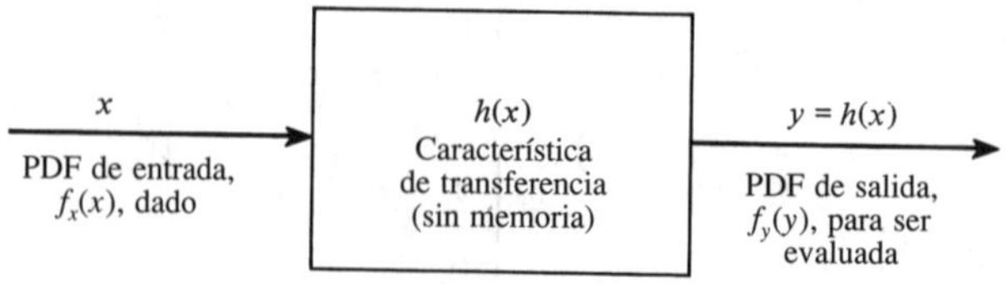


**Figura B-8** Transformación funcional de variables aleatorias.

† La $h(x)$ característica de la entrada a la salida no debería confundirse con la respuesta al impulso de una red lineal, denotada por $h(t)$.

## Ejemplo B-5 DISTRIBUCIÓN SENOIDAL

Sea

$$y = h(x) = A \operatorname{sen} x \tag{B-69}$$

donde $x$ es distribuida de manera uniforme sobre $-\pi$ a $+\pi$, como se desprende de la ecuación (B-66). Esto está ilustrado en la figura B-9. Para un valor dado de $y$, digamos $-A < y_0 < A$, existen dos posibles valores invertidos para $x$, llamémosle $x_1$ y $x_2$, como se muestra en la figura. Por tanto, $M = 2$, dado que $|y| < A$. De otra manera, $M = 0$, Evaluando la derivada de la ecuación (B-69), tenemos

$$\frac{dy}{dx} = A \cos x$$

y para $0 \leq y \leq A$,

$$x_1 = \operatorname{Sen}^{-1}\left(\frac{y}{A}\right)$$

y

$$x_2 = \pi - x_1$$

donde la S mayúscula en $\operatorname{Sen}^{-1}(\cdot)$ representa el ángulo principal. Un resultado similar se obtiene para $-A \leq y \leq 0$. Usando la ecuación (B-68), tenemos que la PDF para $y$ es

$$f_y(y) = \begin{cases} \dfrac{f_x(x_1)}{|A \cos x_1|} + \dfrac{f_x(x_2)}{|-A \cos x_2|}, & |y| \leq A \\ 0, & y \text{ en otra parte} \end{cases} \tag{B-70}$$

Los denominadores de estos dos términos son evaluados con la ayuda de los triángulos mostrados en la inserción de la figura B-9. Al utilizar este resultado y sustituir la PDF uniforme para $f_x(x)$, la ecuación (B-70) se transforma en

$$f_y(y) = \begin{cases} \dfrac{1/2\pi}{|\sqrt{A^2 - y^2}|} + \dfrac{1/2\pi}{|-\sqrt{A^2 - y^2}|}, & |y| \leq A \\ 0, & y \text{ en otra parte} \end{cases}$$

o

$$f_y(y) = \begin{cases} 0, & y < -A \\ \dfrac{1}{\pi\sqrt{A^2 - y^2}}, & |y| \leq A \\ 0, & y > A \end{cases} \tag{B-71}$$

lo cual es la PDF para una senoidal como la proporcionada en principio por la ecuación (B-67). Este resultado es obvio ya que nos damos cuenta de que una forma de onda senoidal pasa la mayor parte de su tiempo en sus valores pico y pasa a través de cero con relativa rapidez. Por tanto, la PDF debería llegar al pico en $+A$ y $-A$ V.

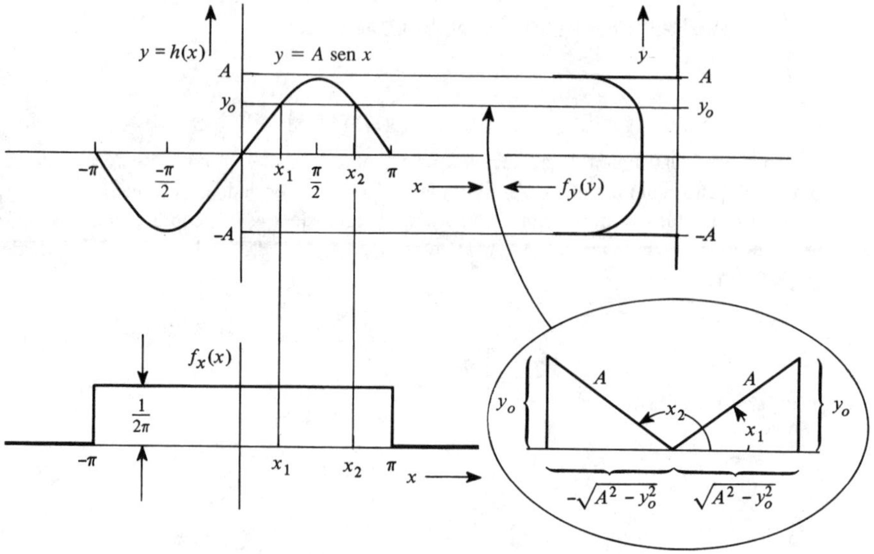


**Figura B-9** Evaluación de la PDF de una senoidal (ejemplo B-5).

## Ejemplo B-6 EL PDF PARA LA SALIDA DE UNA CARACTERÍSTICA DEL DIODO

Suponga que el voltaje de la corriente de una característica del diodo se modela para la característica ideal mostrada en la figura B-10, donde $y$ es la corriente a través de diodo y $x$ es el voltaje a lo largo del diodo. Este tipo de característica también se llama *rectificación lineal de media onda.*

$$y = \begin{cases} Bx, & x > 0 \\ 0, & x \le 0 \end{cases} \tag{B-72}$$

donde $B > 0$. Para $y > 0$, $M = 1$; y para $y < 0$, $M = 0$. Sin embargo, si $y = 0$, existe un número infinito de raíces para $x$ (por ejemplo, todas las $x \le 0$). En consecuencia, existe un punto discreto en $y = 0$ si el área bajo $f_x(x)$ no es cero para $x \le 0$ (por ejemplo, para valores de $x$ que están localizados dentro de $y = 0$). Usando la ecuación (B-68), tenemos

$$f_y(y) = \begin{Bmatrix} \dfrac{f_x(y/B)}{B}, & y > 0 \\ 0, & y < 0 \end{Bmatrix} + P(y = 0)\,\delta(y) \tag{B-73}$$

donde

$$P(y = 0) = P(x \le 0) = \int_{-\infty}^{0} f_x(x)\,dx = F_x(0) \tag{B-74}$$

Suponga que $x$ tiene una distribución gaussiana con media cero; entonces estas ecuaciones se reducen a

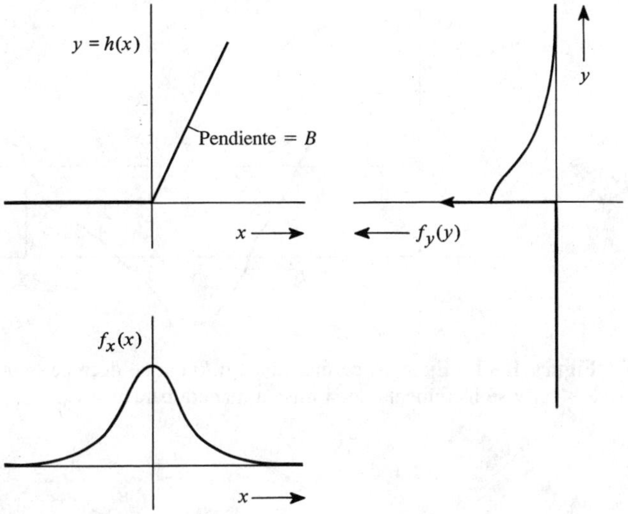


**Figura B-10** Evaluación de la PDF de salida de una característica de diodo para el ejemplo B-6.

$$f_y(y) = \begin{cases} \dfrac{1}{\sqrt{2\pi}\,B\sigma}\, e^{-y^2/(2B^2\sigma^2)}, & y > 0 \\ 0, & y < 0 \end{cases} + \tfrac{1}{2}\,\delta(y) \qquad \text{(B-75)}$$

Un diagrama de este resultado se muestra en la figura B-10. Para $B = 1$, observe que la salida es la misma que la de la entrada para $x$ positiva (por ejemplo, $y = x > 0$), así que la PDF de la salida es la misma que la PDF de la entrada para $y > 0$. Para $x < 0$, los valores de $x$ son trazados dentro de un punto $y = 0$, así que la PDF contiene una función $\delta$ de $\frac{1}{2}$ de peso en el punto $y = 0$.

***Comprobación***. Demostraremos que la ecuación (B-68) es válida al dividir el eje de las $x$ en intervalos sobre los cuales $h(x)$ se incrementa monótonamente, decrementada en la misma forma, o es una constante. Como se ha visto en el ejemplo B-6, cuando $h(x)$ es una constante sobre un intervalo de $x$, es posible un punto discreto en $y$ igual a esa constante. Además, los puntos discretos en la distribución de $x$ serán localizados en puntos discretos en $y$ y aun en regiones donde $h(x)$ no es una constante.

Ahora demostraremos que el teorema, como está descrito por la ecuación (B-68), es correcto al tomar el caso, por ejemplo, donde $y = h(x)$ se decrementa de manera monótona para $x < x_0$, y se incrementa de la misma manera para $x > x_0$. Esto aparece ilustrado en la figura B-11. La CDF para $y$ es entonces

$$\begin{aligned} F_y(y_0) &= P(y \leq y_0) = P(x_1 \leq x \leq x_2) \\ &= P[(x = x_1) + (x_1 < x \leq x_2)] \end{aligned} \qquad \text{(B-76)}$$

donde el signo + representa la operación de unión. Aplicando la ecuación (B-4) tenemos

$$F_y(y_0) = P(x_1) + P(x_1 < x \leq x_2)$$

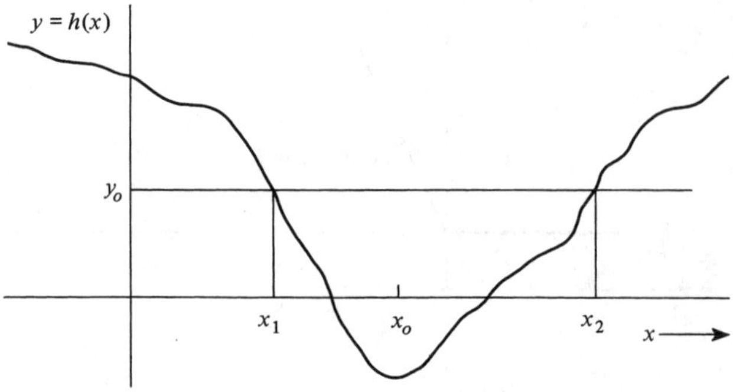


**Figura B-11** Ejemplo de una función $h(x)$ que decrece monótonamente para $x < x_0$ y se incrementa de la misma manera para $x > x_0$.

o

$$F_y(y_0) = P(x_1) + F_x(x_2) - F_x(x_1) \tag{B-77}$$

El PDF de $y$ se obtiene mediante la derivada de ambos lados de esta ecuación.

$$\frac{dF_y(y_0)}{dy_0} = \frac{dF_x(x_2)}{dx_2}\frac{dx_2}{dy_0} - \frac{dF_x(x_1)}{dx_1}\frac{dx_1}{dy_0} \tag{B-78}$$

donde se utilizó $dP(x_1)/dy_0 = 0$ ya que $P(x_1)$ es una constante. Dado que

$$dF_x(x_2)/dx_2 = f_x(x_2) \qquad \text{y} \qquad dF_x(x_1)/dx_1 = f_x(x_1)$$

la ecuación (B-78) se transforma en

$$f_y(y_0) = \frac{f_x(x_2)}{dy_0/dx_2} + \frac{f_x(x_1)}{-dy_0/dx_1} \tag{B-79}$$

Al punto $x = x_1$, la pendiente de $y$ es negativa en virtud de que la función es decreciente en forma monótona para $x < x_0$; por tanto, $dy_0/dx_1 < 0$ y la ecuación (B-79) se transforma

$$f_y(y_0) = \sum_{i=1}^{M=2} \frac{f_x(x)}{|dy_0/dx|}\bigg|_{x=x_i=h_i^{-1}(y_0)} \tag{B-80}$$

Donde existen más de dos intervalos durante los cuales $h(x)$ se incrementa o se decrementa monótonamente, este procedimiento puede extenderse y se obtiene la ecuación (B-68).

Al concluir esta discusión sobre la transformación funcional de una variable aleatoria, debería enfatizarse que la descripción de la función de mapeo $y = h(x)$ representa que la salida de $y$, en cualquier momento, depende del valor de entrada $x$ sólo en el mismo instante y no sobre los valores previos (o futuros) de $x$. Por tanto, esta técnica es aplicable a los dispositivos que no contienen elementos de memoria (por ejemplo, sin inductancia o capacitancia); sin embargo, el dispositivo podrá ser no lineal, como hemos visto en los exámenes anteriores.

## B-9 ESTADÍSTICA MULTIVARIADA

En la sección B-3 se definieron las probabilidades de eventos simples, las conjuntas y las condicionales. En las secciones B-4 y B-5, usando la probabilidad de eventos simples, desarrollamos los conceptos de PDF y CDF. Éstos involucraron sólo una variable aleatoria, así que son problemas de una dimensión. De igual manera, los momentos sólo comprometieron la integración de una dimensión.

En esta sección se desarrollaron los problemas de dimensión múltiple, también llamados de *estadística multivariada*. Éstos implican PDF y CDF asociadas a probabilidades de eventos intersecados y a probabilidades condicionales. Además, de obtendrán los momentos de dimensión múltiple como una extensión de los momentos de una dimensión que fueron estudiados en la sección B-6. *Si el lector entiende con claridad el caso de una dimensión (desarrollado en las secciones anteriores), no tendrá dificultad en generalizar aquellos resultados al caso de la dimensión N.*

### CDF y PDF de multivariación

**Definición.** La *CDF de dimensión N* es

$$F(a_1, a_2, \ldots, a_N) = P[(x_1 \leq a_1)(x_2 \leq a_2) \cdots (x_N \leq a_N)]$$

$$= \lim_{n\to\infty} \left[ \frac{n_{(x_1 \leq a_1)(x_2 \leq a_2)\cdots(x_N \leq a_N)}}{n} \right] \tag{B-81}$$

donde la notación $(x_1 \leq a_1)(x_2 \leq a_2) \cdots (x_N \leq a_N)$ es el evento de intersección que consiste en la intersección de eventos asociados a $x_1 \leq a_1$, $x_2 \leq a_2$, y así sucesivamente.

**Definición.** La *PDF* de *dimensión N* es

$$f(x_1, x_2, \ldots, x_N) = \left. \frac{\partial^N F(a_1, a_2, \ldots, a_N)}{\partial a_1 \partial a_2 \cdots \partial a_N} \right|_{\mathbf{a}=\mathbf{x}} \tag{B-82}$$

donde $\mathbf{a}$ y $\mathbf{x}$ son los vectores renglón; $\mathbf{a} = (a_1, a_2, \ldots, a_N)$ y $\mathbf{x} = f(x_1, x_2, \ldots, x_N)$.

**Definición.** El valor esperado de $y = h(\mathbf{x})$ es

$$\overline{[y]} = \overline{h(x_1, x_2, \ldots, x_N)}$$

$$= \int_{-\infty}^{\infty}\int_{-\infty}^{\infty}\cdots\int_{-\infty}^{\infty} h(x_1, x_2, \ldots, x_N)$$

$$\times f(x_1, x_2, \ldots, x_N)\, dx_1\, dx_2 \cdots dx_N \tag{B-83}$$

Algunas *propiedades* de las variables aleatorias de *N* dimensiones son

1. $f(x_1, x_2, \ldots, x_N) \geq 0$ (B-84a)
2. $\int_{-\infty}^{\infty}\int_{-\infty}^{\infty}\cdots\int_{-\infty}^{\infty} f(x_1, x_2, \ldots, x_N)\, dx_1\, dx_2 \cdots dx_N = 1$ (B-84b)
3. $F(a_1, a_2, \ldots, a_N)$

$$= \lim_{\substack{\epsilon\to 0\\ \epsilon>0}} \int_{-\infty}^{a_1+\epsilon}\int_{-\infty}^{a_2+\epsilon}\cdots\int_{-\infty}^{a_N+\epsilon} f(x_1, x_2, \ldots, x_N)\, dx_1\, dx_2 \cdots dx_N \tag{B-84c}$$

**4.** $F(a_1, a_2, \ldots, a_N) \equiv 0$ si *alguna* $a_i = -\infty, \quad i = 1, 2, \ldots, N$ (B-84d)

**5.** $F(a_1, a_2, \ldots, a_N) = 1$ cuando *toda* $a_i = +\infty, \quad i = 1, 2, \ldots, N$ (B-84e)

**6.** $P[(a_1 < x_1 \leq b_1)(a_2 < x_2 \leq b_2) \cdots (a_N < x_N \leq b_N)]$

$$= \lim_{\substack{\epsilon \to 0 \\ \epsilon > 0}} \int_{a_1+\epsilon}^{b_1+\epsilon} \int_{a_2+\epsilon}^{b_2+\epsilon} \cdots \int_{a_N+\epsilon}^{b_N+\epsilon} f(x_1, x_2, \ldots, x_N)\, dx_1\, dx_2 \cdots dx_N \tag{B-84f}$$

Las definiciones y propiedades para PDF y CDF multivariadas están basadas en los conceptos de las probabilidades conjuntas, como se discutió en la sección B-3. De la misma manera también pueden obtenerse las PDF y CDF [Papoulis, 1984] usando la propiedad $P(AB) = P(A)P(B|A)$ de (B-8), tenemos que PDF conjunta PDF de $x_1$ y $x_2$ es

$$f(x_1, x_2) = f(x_1)f(x_2|x_1) \tag{B-85}$$

donde $f(x_2|x_1)$ es la PDF condicional de $x_2$ dado $x_1$. En forma general, tenemos

$$f(x_1, x_2|x_3) = f(x_1|x_3)f(x_2|x_1, x_3) \tag{B-86}$$

Muchas otras expresiones deberían ser aparentes para las relaciones entre las PDF de dimensión múltiple. Cuando $x_1$ y $x_2$ son *independientes*, $f(x_2|x_1) = f_{x_2}(x_2)$ y

$$f_{\mathbf{x}}(x_1, x_2) = f_{x_1}(x_1)f_{x_2}(x_2) \tag{B-87}$$

donde el subíndice $x_1$ representa la PDF asociada a $x_1$ y el subíndice $x_2$ la PDF asociada a $x_2$. Para $N$ variables aleatorias independientes se convierte en

$$f_{\mathbf{x}}(x_1, x_2, \ldots, x_N) = f_{x_1}(x_1)f_{x_2}(x_2)\cdots f_{x_N}(x_N) \tag{B-88}$$

**Teorema.** *Si la PDF de dimensión* N*-ésima de* x *es conocida, puede obtenerse la PDF de dimensión* L*-ésima de* x, *cuando* L < N *mediante*

$$f(x_1, x_2, \ldots, x_L)$$

$$= \underbrace{\int_{-\infty}^{\infty} \int_{-\infty}^{\infty} \cdots \int_{-\infty}^{\infty}}_{N-L \text{ integrales}} f(x_1, x_2, \ldots, x_N)\, dx_{L+1}\, dx_{L+2} \cdots dx_N \tag{B-89}$$

*Esta PDF de dimensión* L*-ésima, donde* L < N, *es a veces llamada la* ***PDF marginal*** *ya que se obtiene de una PDF de dimensión más alta* (N*-ésima*).

***Comprobación.*** Primero demuestre que el resultado es correcto si $N = 2$ y $L = 1$.

$$\int_{-\infty}^{\infty} f(x_1, x_2)\, dx_2 = \int_{-\infty}^{\infty} f(x_1)f(x_2|x_1)\, dx_2$$

$$= f(x_1) \int_{-\infty}^{\infty} f(x_2|x_1)\, dx_2 = f(x_1) \tag{B-90}$$

en virtud de que el área bajo $f(x_2|x_1)$ es unitaria. Este procedimiento se extendió para comprobar el caso de dimensión $L$-ésima para la ecuación (B-89).

## Estadística de dos variables (bivariable)

Las distribuciones de dos variables (o conjuntas) son en el caso de $N = 2$ dimensiones. En esta sección las definiciones de la sección previa serán utilizadas para evaluar los momentos de dos dimensiones. Como se muestra en el capítulo 6, la estadística bivariable tiene algunas aplicaciones muy importantes a problemas de ingeniería eléctrica, y necesitan estudiarse algunas definiciones adicionales.

**DEFINICIÓN.** La *correlación (o media conjunta)* de $x_1$ y $x_2$ es

$$m_{12} = \overline{x_1 x_2} = \int_{-\infty}^{\infty}\int_{-\infty}^{\infty} x_1 x_2 f(x_1, x_2)\, dx_1\, dx_2 \tag{B-91}$$

**DEFINICIÓN.** Dos variables aleatorias $x_1$ y $x_2$ se dice que no están *correlacionadas* si

$$m_{12} = \overline{x_1 x_2} = \overline{x_1}\;\overline{x_2} = m_1 m_2 \tag{B-92}$$

Si $x_1$ y $x_2$ son independientes, se concluye que también no están correlacionadas, pero la negación por lo general no es cierta. Sin embargo, como veremos, la negación es cierta para las variables aleatorias gaussianas bivariables.

**DEFINICIÓN.** Las variables aleatorias se dicen que son *ortogonales* si

$$m_{12} = \overline{x_1 x_2} \equiv 0 \tag{B-93}$$

Observe la similitud de la definición de las variables aleatorias ortogonales con las funciones ortogonales dadas por la ecuación (2-73).

**DEFINICIÓN.** La *covarianza* es

$$\begin{aligned} u_{11} &= \overline{(x_1 - m_1)(x_2 - m_2)} \\ &= \int_{-\infty}^{\infty}\int_{-\infty}^{\infty} (x_1 - m_1)(x_2 - m_2) f(x_1, x_2)\, dx_1\, dx_2 \end{aligned} \tag{B-94}$$

Debe quedar claro que si $x_1$ y $x_2$ son independientes, la covarianza es cero (y que $x_1$ y $x_2$ no están correlacionadas). La regla no siempre es cierta, pero funciona para el caso de las variables aleatorias gaussianas bivariables.

**DEFINICIÓN.** El *coeficiente de correlación* es

$$\rho = \frac{u_{11}}{\sigma_1 \sigma_2} = \frac{\overline{(x_1 - m_1)(x_2 - m_2)}}{\sqrt{\overline{(x_1 - m_1)^2}}\sqrt{\overline{(x_2 - m_2)^2}}} \tag{B-95}$$

A esto también se le conoce como *covarianza normalizada*. El coeficiente de correlación está siempre dentro del rango

$$-1 \le \rho \le +1 \tag{B-96}$$

Por ejemplo, suponga que $x_1 = x_2$; entonces $\rho = +1$. Si $x_1 = -x_2$, entonces $\rho = -1$; y si $x_1$ y $x_2$ son independientes, $\rho = 0$. Por tanto, el coeficiente de correlación nos dice, en promedio, en qué medida es proporcional un valor de $x_1$ al valor de $x_2$. Este tema se analizará con más detalle en el capítulo 6, donde estos resultados se amplían para incluir procesos aleatorios (funciones de tiempo). Existe la dependencia del valor de una forma de onda a un tiempo que se compara con el valor de una forma de onda que ocurre en otro tiempo. Esto traerá el concepto de respuesta a la frecuencia al problema.

## Distribución bivariable gaussiana

Un buen ejemplo de una distribución conjunta ($N = 2$) que es de gran importancia es la distribución gaussiana bivariable. La PDF gaussiana bivariable es

$$f(x_1, x_2) = \frac{1}{2\pi\sigma_1\sigma_2\sqrt{1-\rho^2}} e^{-\frac{1}{2(1-\rho^2)}\left[\frac{(x_1-m_1)^2}{\sigma_1^2} - 2\rho\frac{(x_1-m_1)(x_2-m_2)}{\sigma_1\sigma_2} + \frac{(x_2-m_2)^2}{\sigma_2^2}\right]} \tag{B-97}$$

donde $\sigma_1^2$ es la varianza de $x_1$, $\sigma_2^2$ es la varianza de $x_2$, $m_1$ es la media de $x_1$ y $m_2$ es la media de $x_2$. Examinando la ecuación (B-97), vemos que si $\rho = 0, f(x_1, x_2) = f(x_1)f(x_2)$, donde $f(x_1)$ y $f(x_2)$ son PDF de una dimensión de $x_1$ y $x_2$. Por tanto, las variables aleatorias *gaussianas* bivariables no están correlacionadas (lo cual implica que $\rho = 0$), o bien son independientes.

Un esquema de la PDF gaussiana bivariable (dos dimensiones) se muestra en la figura B-12.

## Transformación funcional multivariable

En la sección B-8 se generalizará para el caso de multivariables. En referencia a la figura B-13, obtendremos la PDF para **y**, representada mediante $f_y(\mathbf{y})$ en términos de la PDF para **x**, denotada por $f_x(\mathbf{x})$.

**Teorema.** *Sea* $\mathbf{y} = \mathbf{h}(\mathbf{x})$ *represente la característica de transferencia de un dispositivo (sin memoria) que tiene* N *entradas, representadas mediante* $\mathbf{x} = (x_1, x_2, \ldots, x_N)$*;* N *salidas, representadas mediante* $\mathbf{y} = (y_1, y_2, \ldots, y_N)$*; y* $y_i = h_i(\mathbf{x})$*. Esto es,*

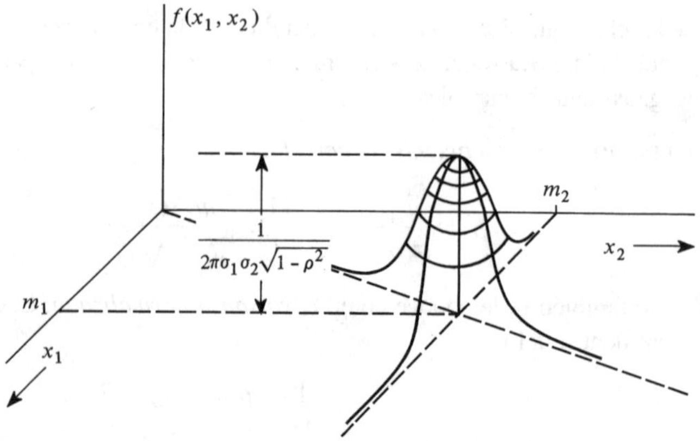


**Figura B-12** PDF gaussiana bivariable.

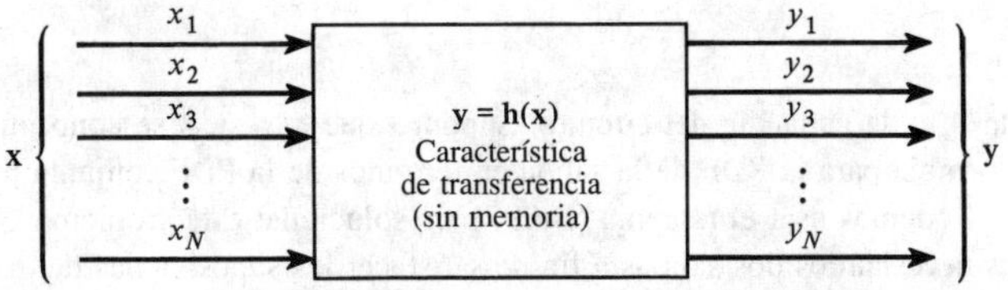


**Figura B-13** Transformación funcional multivariable aleatoria.

$$\begin{aligned} y_1 &= h_1(x_1, x_2, \ldots, x_N) \\ y_2 &= h_2(x_1, x_2, \ldots, x_N) \\ &\vdots \\ y_N &= h_N(x_1, x_2, \ldots, x_N) \end{aligned} \tag{B-98}$$

*Más aún, sea* $\mathbf{x}_i$, $i = 1, 2, \ldots, M$, *quien representa las raíces reales (vectores) de la ecuación* $\mathbf{y} = \mathbf{h}(\mathbf{x})$. *La PDF de la salida es entonces*

$$f_{\mathbf{y}}(\mathbf{y}) = \sum_{i=1}^{M} \frac{f_{\mathbf{x}}(\mathbf{x})}{|J(\mathbf{y}/\mathbf{x})|}\Bigg|_{\mathbf{x}=\mathbf{x}_i=\mathbf{h}_i^{-1}(\mathbf{y})} \tag{B-99}$$

*donde* $|\cdot|$ *denota la operación del valor absoluto y* $J(\mathbf{y}/\mathbf{x})$ *es la Jacobina de la transformación de coordenadas* para $\mathbf{y}$ *desde* $\mathbf{x}$. *La Jacobina es*

$$J\left(\frac{\mathbf{y}}{\mathbf{x}}\right) = \operatorname{Det}\begin{bmatrix} \frac{\partial h_1(\mathbf{x})}{\partial x_1} & \frac{\partial h_1(\mathbf{x})}{\partial x_2} & \cdots & \frac{\partial h_1(\mathbf{x})}{\partial x_N} \\ \frac{\partial h_2(\mathbf{x})}{\partial x_1} & \frac{\partial h_2(\mathbf{x})}{\partial x_2} & \cdots & \frac{\partial h_2(\mathbf{x})}{\partial x_N} \\ \vdots & \vdots & & \vdots \\ \frac{\partial h_N(\mathbf{x})}{\partial x_1} & \frac{\partial h_N(\mathbf{x})}{\partial x_2} & \cdots & \frac{\partial h_N(\mathbf{x})}{\partial x_N} \end{bmatrix} \tag{B-100}$$

*donde* Det[$\cdot$] *representa la determinante de la matriz* [$\cdot$].

Este teorema no lo comprobaremos porque debe quedar claro que es una generalización del teorema para el caso de una dimensión que se estudió en la sección B-8. La transformación de coordenadas relaciona los diferenciales en un sistema de coordenadas con los del otro [Thomas, 1969]:

$$dy_1\, dy_2 \cdots dy_N = J\left(\frac{\mathbf{y}}{\mathbf{x}}\right) dx_1\, dx_2 \cdots dx_N \tag{B-101}$$

**Ejemplo B-7** PDF PARA LA SUMA DE DOS VARIABLES ALEATORIAS

Suponga que tenemos la configuración de un circuito (tal como un amplificador operacional) que suma dos entradas, $x_1$ y $x_2$, para producir la salida

$$y = A(x_1 + x_2) \tag{B-102}$$

donde $A$ es la ganancia del circuito. Suponga que $f(x_1, x_2)$ se conocen y que deseamos obtener una fórmula para la PDF de la salida en términos de la PDF conjunta para las entradas.

Podemos usar el teorema (B-99) para solucionar este problema. Sin embargo, para dos entradas necesitamos dos salidas a fin de satisfacer las suposiciones del teorema. Esto se logra mediante la definición de una variable auxiliar para la salida (digamos, $y_2$). Por tanto,

$$y_1 = h_1(\mathbf{x}) = A(x_1 + x_2) \tag{B-103}$$

$$y_2 = h_2(\mathbf{x}) = Ax_1 \tag{B-104}$$

La opción de la ecuación para usar la variable auxiliar, (B-104), no tiene importancia, dado que es una ecuación independiente, por lo que la determinante, $J(\mathbf{y}/\mathbf{x})$, no es cero. Sin embargo, la ecuación se selecciona por lo regular para que las matemáticas sean simples. Usando las ecuaciones (B-103) y (B-104), tenemos

$$J = \text{Det}\begin{bmatrix} A & A \\ A & 0 \end{bmatrix} = -A^2 \tag{B-105}$$

Sustituyendo ésta dentro de la ecuación (B-99) obtenemos

$$f_{\mathbf{y}}(y_1, y_2) = \left.\frac{f_{\mathbf{x}}(x_1, x_2)}{|-A^2|}\right|_{\mathbf{x}=h^{-1}(\mathbf{y})}$$

o

$$f_{\mathbf{y}}(y_1, y_2) = \frac{1}{A^2} f_{\mathbf{x}}\left(\frac{y_2}{A}, \frac{1}{A}(y_1 - y_2)\right) \tag{B-106}$$

Queremos encontrar una fórmula para $f_{y_1}(y_1)$ ya que $y_1 = A(x_1 + x_2)$. Esto se logra mediante la evaluación de la PDF marginal desde la ecuación (B-106).

$$f_{y_1}(y_1) = \int_{-\infty}^{\infty} f_{\mathbf{y}}(y_1, y_2)\, dy_2$$

o

$$f_{y_1}(y_1) = \frac{1}{A^2}\int_{-\infty}^{\infty} f_{\mathbf{x}}\left(\frac{y_2}{A}, \frac{1}{A}(y_1 - y_2)\right) dy_2 \tag{B-107}$$

Este resultado general relaciona la PDF de $y = y_1$ a la PDF conjunta de $\mathbf{x}$ donde $y = A(x_1 + x_2)$. *Si* $x_1$ y $x_2$ son *independientes* y $A = 1$, (B-107) se transforma en

$$f(y) = \int_{-\infty}^{\infty} f_{x_1}(\lambda) f_{x_2}(y - \lambda)\, d\lambda$$

o

$$f(y) = f_{x_1}(y) * f_{x_2}(y) \tag{B-108}$$

donde $*$ denota la operación de convolución. De manera similar, si sumamos la $N$ variables aleatorias independientes, la PDF para la suma es la convolución plegada $(N - 1)$ de las PDF de una dimensión para las $N$ variables aleatorias.

## Teorema del límite central

Si tenemos que sumar un número de variables aleatorias independientes con PDF arbitrarias de una dimensión, el *teorema del límite central* establece que la PDF para la suma de estas variables aleatorias independientes se aproxima a la distribución gaussiana (normal) bajo condiciones muy generales. Hablando estrictamente, el teorema del límite central no se mantiene para la PDF si las variables aleatorias independientes están distribuidas discretamente. En este caso la PDF para la suma consistirá en las funciones delta (no en la gaussiana, la cual es continua); sin embargo, si las funciones delta "sin mancha" (por ejemplo, reemplazan las funciones delta con rectángulos que tienen áreas correspondientes), la PDF resultante se aproximará a ser gaussiana. No obstante ello, la CDF para la suma se aproximará a una CDF gaussiana.

**Ejemplo B-8** PDF PARA LA SUMA DE TRES VARIABLES ALEATORIAS DISTRIBUIDAS UNIFORMES E INDEPENDIENTES

El teorema del límite central se ilustrará al evaluar la PDF exacta para la suma de tres variables aleatorias uniformemente distribuidas e independientes. Este resultado exacto se comparará con la PDF gaussiana, como se predijo mediante el teorema del límite central.

Dejemos que cada una de las variables aleatorias independientes $x_i$ tenga una distribución uniforme, como se muestra en la figura B-14a. La PDF para $y_1 = x_1 + x_2$, representada mediante $f(y_1)$, se obtiene mediante la operación de convolución descrita por la ecuación (B-108) y la figura 2-7. Este resultado se muestra en la figura B-14b. Se ha visto que después de una operación de convolución, la PDF para la suma (la cual es un triángulo) se encamina hacia la forma gaussiana. La PDF para $y_2 = x_1 + x_2 + x_3, f(y_2)$, se obtiene al convolucionar la PDF triangular con otra PDF uniforme. El resultado es

$$f(y_2) = \begin{cases} 0, & y_2 \le -\frac{3}{2}A \\ \dfrac{1}{2A^3}\left(\dfrac{3}{2}A + y_2\right)^2, & -\frac{3}{2}A \le y_2 \le -\frac{1}{2}A \\ \dfrac{1}{2A^3}\left(\dfrac{3}{2}A^2 - 2y_2^2\right), & |y_2| \le \frac{1}{2}A \\ \dfrac{1}{2A^3}\left(\dfrac{3}{2}A - y_2\right)^2, & \frac{1}{2}A \le y_2 \le \frac{3}{2}A \\ 0, & y_2 \ge \frac{3}{2}A \end{cases} \tag{B-109}$$

Esta curva se grafica mediante la línea sólida en la figura B-14c. Compárela con una curva gaussiana acoplada, con $1/(\sqrt{2\pi}\,\sigma) = 3/(4A)$, que se trazó mediante una línea punteada. Se ve que $f(y_2)$ es muy cercana a la curva gaussiana para $|y_2| < \frac{3}{2}A$, como se advirtió a través del teorema del límite central. Por supuesto, $f(y_2)$ no es gaussiana para $|y_2| > \frac{3}{2}$ $A$, debido a que $f(y_2) \equiv 0$ en esta región, donde la curva gaussiana no es cero con excepción de $y = \pm\infty$. Por tanto, observamos que la aproximación gaussiana (como se predijo por el teorema del límite central) no es muy buena en las *colas* de la distribución. En el capítulo 7 se muestra que la probabilidad de error de bit para sistemas digitales se obtiene al evaluar el área bajo la curva de las colas de una distribución. Si no se sabe que la distribución es gaussiana y que el teorema del límite central no se utiliza para aproximar

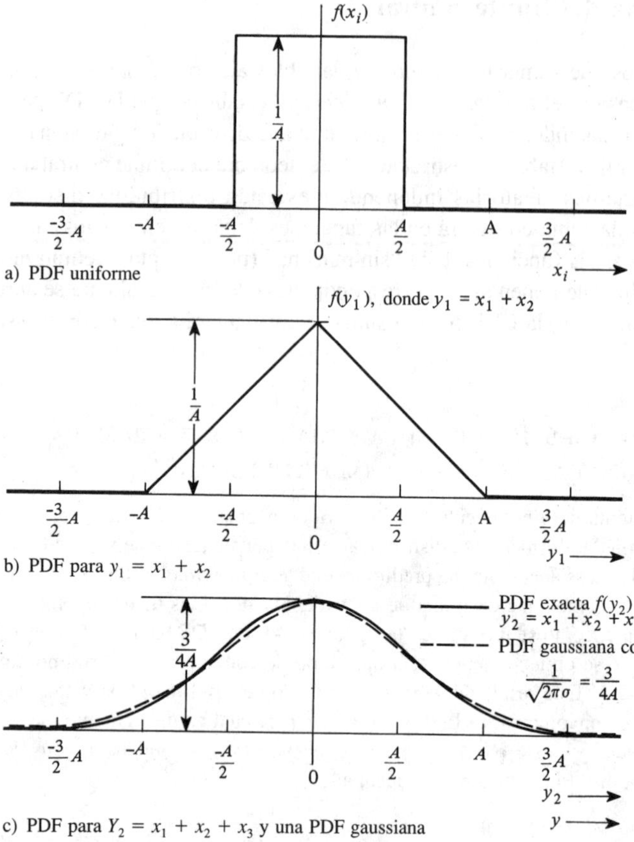


**Figura B-14** Demostración del teorema del límite central (ejemplo B-8).

la distribución mediante una PDF gaussiana, los resultados con frecuencia no son muy precisos, como sucede en este ejemplo. Sin embargo, si el área bajo la distribución es cercana al valor medio, la aproximación gaussiana podría no ser muy buena.

## PROBLEMAS

**B-1** Un mensaje binario contiene 1428 unos binarios y 2668 ceros binarios. ¿Cuál es la probabilidad de obtener un uno binario de cualquier bit recibido?

**B-2** **(a)** Encuentre la probabilidad de obtener un 8 en una tirada de dos dados.
**(b)** Encuentre la probabilidad de obtener un 5, un 7 o un 8 en una tirada de dos dados.

**B-3** Muestre que

$$P(A + B + C) = P(A) + P(B) + P(C) - P(AB) - P(AC) - P(BC) + P(ABC)$$

**B-4** Se tira un dado. La probabilidad de obtener cualquier cara es $P(x) = \frac{1}{6}$, donde $x = k = 1, 2, 3, 4, 5$ o $6$.

**(a)** Encuentre la probabilidad de obtener una cara con un número non.
**(b)** Encuentre la probabilidad de obtener un 4, cuando una cara con un número par se obtiene en una tirada.

**B-5** ¿Cuál de las siguientes funciones satisface las propiedades para una PDF? ¿Por qué?

**(a)** $f(x) = \frac{1}{\pi}\left(\frac{1}{1+x^2}\right)$

**(b)** $f(x) = \begin{cases} |x|, & |x| < 1 \\ 0, & x \text{ distinto} \end{cases}$

**(c)** $f(x) = \begin{cases} \frac{1}{6}(8-x), & 4 \leq x \leq 10 \\ 0, & x \text{ distinto} \end{cases}$

**(d)** $f(x) = \sum_{k=0}^{\infty} \frac{3}{4}\left(\frac{1}{4}\right)^k \delta(x-k)$

**B-6** Demuestre que las funciones de distribución acumulativa deben satisfacer las propiedades dadas en la sección B-5.

**B-7** Sea $f(x) = Ke^{-b|x|}$, donde $K$ y $b$ son constantes positivas. Encuentre la expresión matemática para el CDF y grafique los resultados.

**B-8** Encuentre la probabilidad de que $-\frac{1}{4}A \leq y_1 \leq \frac{1}{4}A$ se presente para la distribución triangular mostrada en la figura B-14b.

**B-9** Una PDF triangular se muestra en la figura B-14b.
**(a)** Encuentre una expresión matemática que describa la CDF.
**(b)** Grafique la CDF.

**B-10** Evalúe las PDF para las dos formas de onda mostradas en la figura PB-10.

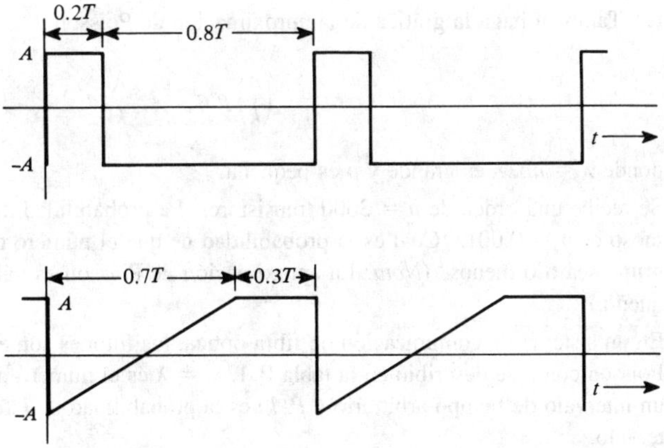


**Figura PB-10**

**B-11** Sea una PDF dada mediante $f(x) = Ke^{-bx}$ para $x \geq 0$ y cero para $x$ negativa donde $K$ y $b$ son constantes positivas.
**(a)** Encuentre el valor requerido para $K$ en términos de $b$.
**(b)** Encuentre $m$ en términos de $b$.
**(c)** Encuentre $\sigma^2$ en términos de $b$.

**B-12** Una variable aleatoria $x$ tiene un PDF

$$f(x) = \begin{cases} \frac{3}{32}(-x^2 + 8x - 12), & 2 < x < 6 \\ 0, & x \text{ en otra parte} \end{cases}$$

**(a)** Demostrar que $f(x)$ es una PDF válida.
**(b)** Encontrar la media.
**(c)** Encontrar el segundo momento.
**(d)** Encontrar la varianza.

**B-13** Determine la desviación estándar para la distribución triangular mostrada en la figura B-14b.

**B-14** **(a)** Encuentre los términos en una distribución binomial para $n = 7$, donde $p = 0.5$.
**(b)** Trace la grafica de la PDF para esta distribución binomial.
**(c)** Encuentre y dibuje la CDF para esta distribución.
**(d)** Encuentre $\overline{x^3}$ para esta distribución.

**B-15** Para una distribución binomial, muestre que $\sigma^2 = np(1 - p)$.

**B-16** Una variable aleatoria binomial $x_k$ tiene valores de $k$ donde

$$k = 0, 1, \ldots, n; \qquad P(k) = \binom{n}{k} p^k q^{n-k}; \qquad q = 1 - p$$

Suponga que $n = 160$ y $p = 0.1$.
**(a)** Trace la gráfica de $P(k)$.
**(b)** Compare la grafica del inciso (a) con la de $P(k)$ usando la aproximación gaussiana

$$\binom{n}{k} p^k q^{n-k} \approx \frac{1}{\sqrt{2\pi}\,\sigma} e^{-(k-m)^2/2\sigma^2}$$

la cual es válida cuando $npq \gg 1$ y $|k - np|$ está en el área de $\sqrt{npq}$ donde $\sigma = \sqrt{npq}$ y $m = np$.
**(c)** También haga la gráfica de la aproximación de Poisson

$$\binom{n}{k} p^k q^{n-k} \approx \frac{\lambda^k}{k!} e^{-\lambda}$$

donde $\lambda = np$, $n$ es grande y $p$ es pequeña.

**B-17** Se recibe una orden de $n = 3000$ transistores. La probabilidad de que cada transistor esté defectuoso es $p = 0.001$. ¿Cuál es la probabilidad de que el número de transistores defectuosos en el grupo sea 6 o menos? (*Nota:* La aproximación de Poisson es válida cuando $n$ es grande y $p$ pequeño.)

**B-18** En un sistema de comunicación de fibra óptica, los fotones son emitidos con una distribución de Poisson como se describió en la tabla B-1. $m = \lambda$ es el número promedio de fotones emitidos en un intervalo de tiempo arbitrario y $P(k)$ es la probabilidad de $k$ fotones emitidos en el mismo intervalo.
**(a)** Trace la gráfica de la PDF para $\lambda = 0.5$.
**(b)** Trace la gráfica de la CDF para $\lambda = 0.5$.
**(c)** Demuestre que $m = \lambda$.
**(d)** Demuestre que $\sigma = \sqrt{\lambda}$.

**B-19** Sea $x$ una variable aleatoria que tiene una distribución laplaciana. La PDF laplaciana es $f(x) = (1/2b)e^{-|x-m|/b}$, donde $b$ y $m$ son constantes reales y $b > 0$.
**(a)** Encuentre la media de $x$ en términos de $b$ y $m$.
**(b)** Encuentre la varianza de $x$ en términos de $b$ y $m$.

**B-20** Dada la PDF gaussiana

$$f(x) = \frac{1}{\sqrt{2\pi}\beta} e^{-(x-m)^2/(2\beta^2)}$$

Demuestre que la varianza de esta distribución es $\beta^2$.

**B-21** En un proceso de fabricación para resistores, los valores que se obtienen poseen una distribución gaussiana con el valor deseado. Si se desea que 95% de los resistores manufacturados de 1 k$\Omega$ tenga una tolerancia de $\pm 10\%$, ¿cuál es el valor requerido para $\sigma$?

**B-22** Suponga que $x$ tiene una distribución gaussiana. Encuentre la probabilidad de que
**(a)** $|x - m| < \sigma$
**(b)** $|x - m| < 2\sigma$.
**(c)** $|x - m| < 3\sigma$.
Obtenga los resultados numéricos mediante el uso de MATLAB, MathCAD o tablas, si es necesario.

**B-23** Demuestre que

**(a)** $Q(z) = \frac{1}{2}\operatorname{erfc}\left(\frac{z}{\sqrt{2}}\right)$.

**(b)** $Q(-z) = 1 - Q(z)$.

**(c)** $Q(z) = \frac{1}{2}\left[1 - \operatorname{erf}\left(\frac{z}{\sqrt{2}}\right)\right]$.

**B-24** Para una distribución gaussiana, demuestre que

**(a)** $F(a) = \frac{1}{2}\operatorname{erfc}\left(\frac{m-a}{\sqrt{2}\sigma}\right)$.

**(b)** $F(a) = \frac{1}{2}\left[1 + \operatorname{erfc}\left(\frac{a-m}{\sqrt{2}\sigma}\right)\right]$.

**B-25** Un voltaje de ruido tiene una distribución gaussiana. El valor rms es de 5 V y el valor de cd es de 1.0 V. Encuentre la probabilidad de que el voltaje tenga valores entre $-5$ y $+5$ V.

**B-26** Suponga que $x$ es una variable aleatoria gaussiana con $m = 5$ y $\sigma = 0.6$.
**(a)** Encuentre la probabilidad de que $x \leq 1$.
**(b)** Encuentre la probabilidad de que $x \leq 6$.

**B-27** La variable aleatoria gaussiana $x$ tiene una media cero y una varianza de 2. Sea $A$ sea el evento tal que $|x| < 3$.
**(a)** Encuentre una expresión para la PDF condicional $f(x|A)$.
**(b)** Grafique $f(x|A)$ sobre un rango de $|x| < 5$.
**(c)** Grafique $f(x)$ sobre un rango de $|x| < 5$ y compare estas dos gráficas.

**B-28** Sea $x$ con una distribución senoidal con una PDF como la dada por la ecuación (B-67). Muestre que la CDF es

$$F(a) = \begin{cases} 0, & a \leq -A \\ \frac{1}{\pi}\left[\frac{\pi}{2} + \operatorname{sen}^{-1}\left(\frac{a}{A}\right)\right], & |a| \leq A \\ 1, & a \geq A \end{cases}$$

**B-29** **(a)** Si $x$ tiene una distribución senoidal con el valor pico de $x$ igual a $A$, demuestre que el valor rms es $\sigma = A/\sqrt{2}$. [*Sugerencia*: Utilice (B-67).]

**(b)** Si $x = A \cos \psi$, donde $\psi$ y está distribuida de manera uniforme entre $-\pi$ y $+\pi$, demuestre que el valor rms de $x$ es $\sigma = A/\sqrt{2}$.

**B-30** Dado que $y = x^2$ y $x$ es una variable aleatoria gaussiana con un valor medio $m$ y varianza $\sigma^2$, encuentre una fórmula para la PDF de $y$ en términos de $m$ y $\sigma^2$.

**B-31** $x$ es una variable aleatoria uniformemente distribuida sobre un rango de $-1 \leq x \leq 1$ más un punto discreto en $x = \frac{1}{2}$ con $P(x = \frac{1}{2}) = \frac{1}{4}$.

**(a)** Encuentre una expresión matemática para la PDF para $x$ y dibuje su resultado.

**(b)** Encuentre la PDF para $y$ donde

$$y = \begin{cases} x^2, & x \geq 0 \\ 0, & x < 0 \end{cases}$$

Dibuje su resultado

**B-32** Un amplificador de saturación se modela mediante

$$y = \begin{cases} Ax_0, & x > x_0 \\ Ax, & |x| \leq x_0 \\ -Ax_0, & x < -x_0 \end{cases}$$

Suponga que $x$ es una variable aleatoria gaussiana con un valor medio $m$ y una varianza $\sigma^2$. Encuentre una fórmula para la PDF de $y$ en términos de $A$, $x_0$, $m$ y $\sigma^2$.

**B-33** Una senoidal con un valor pico de 8 V se aplica a la entrada de un cuantizador. La característica del cuantizador se muestra en la figura 3-8a. Calcule y dibuje la PDF para la salida.

**B-34** Un voltaje de una forma de onda que tiene una distribución gaussiana se aplica a la entrada de un circuito rectificador de onda completa, el cual se describe por $y(t) = |x(t)|$ donde $x(t)$ es la entrada y $y(t)$ es la salida. La entrada de la forma de onda tiene un valor de cd de 1 V y un valor rms de 2 V.

**(a)** Dibuje la PDF para la entrada de la forma de onda.

**(b)** Dibuje la PDF para la salida de la forma de onda.

**B-35** Utilizando el ejemplo B-6 y la ecuación (B-75), que describen la PDF para la salida de una característica de diodo ideal (rectificador de media onda), encuentre el valor medio (cd) de la salida

**B-36** Dada una función de densidad conjunta,

$$f(x_1, x_2) = \begin{cases} e^{-(1/2)(4x_1 + x_2)}, & x_1 \geq 0, x_2 \geq 0 \\ 0, & \text{distinto} \end{cases}$$

**(a)** Verifique que $f(x_1, x_2)$ sea una función de densidad

**(b)** Demuestre que $x_1$ y $x_2$ son ya sea independientes o dependientes.

**(c)** Evalúe $P(1 \leq x_1 \leq 2, x_2 \leq 4)$.

**(d)** Encuentre $\rho$.

**B-37** Una función de densidad conjunta es

$$f(x_1, x_2) = \begin{cases} K(x_1 + x_1 x_2), & 0 \leq x_1 \leq 1, \quad 0 \leq x_2 \leq 4 \\ 0, & \text{en otra parte} \end{cases}$$

**(a)** Encuentre $K$.

**(b)** Determine si $x_1$ y $x_2$ son independientes.

**(c)** Encuentre $F_{x_1 x_2}(0.5,2)$.

**(d)** Encuentre $F_{x_2|x_1}(x_2|x_1)$.

**B-38** Permita que $y = x_1 + x_2$ donde $x_1$ y $x_2$ son variables aleatorias no correlacionadas. Demuestre que

**(a)** $\bar{y} = m_1 + m_2$, donde $m_1 = \overline{x_1}$ y $m_2 = \overline{x_2}$.

**(b)** $\sigma_y^2 = \sigma_1^2 + \sigma_2^2$, donde $\sigma_1^2 = \overline{(x_1 - m_1)^2}$ y $\sigma_2^2 = \overline{(x_2 - m_2)^2}$.

[*Sugerencia*: Use la notación de operador de conjunto similar a la utilizada en la comprobación para la ecuación (B-29).]

**B-39** Sea $x_1 = \cos\theta$ y $x_2 = \text{sen}\ \theta$, donde $\theta$, se distribuye de manera uniforme sobre $(0,2\pi)$. Demuestre que

**(a)** $x_1$ y $x_2$ no están correlacionadas.

**(b)** $x_1$ y $x_2$ no son independientes.

**B-40** Dos variables aleatorias $x_1$ y $x_2$ son gaussianas conjuntas. La PDF conjunta se describe mediante la ecuación (B-97) donde $m_1 = m_2 = 0$, $\sigma_{x_1} = \sigma_{x_2} = 1$ y $\rho = 0.5$. Grafique $f(x_1, x_2)$ para $x_1$ sobre un rango de $|x_1| < 5$ y $x_2 = 0$. También grafique para $f(x_1, x_2)$ para $|x_1| < 5$ y $x_2 = 0.4$, 0.8, 1.2, y 1.6.

**B-41** Demuestre que la PDF marginal de una PDF gaussiana bivariable es una PDF gaussiana de una dimensión. Esto es, evaluar

$$f(x_1) = \int_{-\infty}^{\infty} f(x_1, x_2)\, dx_2$$

donde $f(x_1, x_2)$ se obtiene mediante la ecuación (B-97). [*Sugerencia*: Factorice algunos términos fuera de la integral que contengan $x_1$ (pero no $x_2$). Complete el cuadrado sobre el exponente de la integral restante de tal manera que pueda obtenerse la PDF gaussiana. Utilice la propiedad para la cual la integral de una PDF gaussiana normalizada es la unidad.]

**B-42** **(a)** $y = A_1x_1 + A_2x_2$, donde $A_1$ y $A_2$ son constantes y la PDF conjunta de $x_1$ y $x_2$ es $f_x(x_1, x_2)$. Encuentre una fórmula para la PDF de $y$ en términos de la PDF (conjunta) de **x**.

**(b)** Si $x_1$ y $x_2$ son independientes, ¿cómo puede simplificarse esta fórmula?

**B-43** Dos variables aleatorias independientes $x$ y $y$ tienen las PDF $f(x) = 5e^{-5x}u(x)$ y $f(y) = 2e^{-2y}u(y)$. Dibuje la PDF para $w$ donde $w = x + y$.

**B-44** Dos variables aleatorias gaussianas $x_1$ y $x_2$ tienen un vector medio $\mathbf{m}_x$ y una matriz de covarianza $\mathbf{C}_x$ como se muestra. Se forman dos nuevas variables $y_1$ y $y_2$ mediante la transformación lineal $\mathbf{y} = \mathbf{Tx}$.

$$\mathbf{m}_x = \begin{bmatrix} 2 \\ -1 \end{bmatrix} \qquad \mathbf{C}_x = \begin{bmatrix} 5 & -2/\sqrt{5} \\ -2/\sqrt{5} & 4 \end{bmatrix} \qquad \mathbf{T} = \begin{bmatrix} 1 & 1/2 \\ 1/2 & 1 \end{bmatrix}$$

**(a)** Encuentre el vector medio para **y**, el cual se representa mediante $\mathbf{m}_y$.

**(b)** Encuentre la matriz de covarianza para **y**, representada por $\mathbf{C}_y$.

**(c)** Encuentre el coeficiente de correlación para $y_1$ y $y_2$. [*Sugerencia*: Véase la sección 6-6.)

**B-45** Tres variables aleatorias gaussianas $x_1$, $x_2$ y $x_3$ tienen valores medios cero. Se forman tres nuevas variables aleatorias, $y_1$, $y_2$ y $y_3$, por la transformación lineal $\mathbf{y} = \mathbf{Tx}$, donde

$$\mathbf{C}_x = \begin{bmatrix} 6.0 & 2.3 & 1.5 \\ 2.3 & 6.0 & 2.3 \\ 1.5 & 2.3 & 6.0 \end{bmatrix} \qquad \mathbf{T} = \begin{bmatrix} 5 & 2 & -1 \\ -1 & 3 & 1 \\ 2 & -1 & 2 \end{bmatrix}$$

**(a)** Encuentre la matriz de covarianza para **y**, la cual se representa mediante $\mathbf{C}_y$.

**(b)** Escriba una expresión para la PDF $f(y_1, y_2, y_3)$. [*Sugerencia*: Véase la sección 6-6.]

**B-46** **(a)** Encuentre una fórmula para la PDF de $y = Ax_1x_2$ donde $x_1$ y $x_2$ son variables aleatorias que tiene la PDF conjunta $f_{\mathbf{x}}(x_1, x_2)$.

**(b)** Si $x_1$ y $x_2$ son independientes, reduzca la fórmula obtenida en el inciso (a) para un resultado más simple.

**B-47** $y_2 = x_1 + x_2 + x_3$, donde $x_1, x_2$ y $x_3$ son variables aleatorias independientes. Cada una de las $x_i$ tiene una PDF de una dimensión que está distribuida de manera uniforme sobre $-(A/2) \leq x_i \leq (A/2)$. Demuestre que la PDF de $y_2$ se obtiene mediante la ecuación (B-109).

**B-48** Utilice la estructura de un generador de número aleatorio de MATLAB o MathCAD para demostrar el teorema del límite central. Esto es:

**(a)** Calcule muestras de la variable aleatoria y donde $y = \sum x_i$ y los valores $x_i$ se obtienen del generador de números aleatorios.

**(b)** Grafique la PDF para $y$ usando la función de histograma de MATLAB o MathCAD.

# APÉNDICE C

# ESTÁNDARES Y TERMINOLOGÍA PARA COMUNICACIONES POR COMPUTADORA

## C-1 CÓDIGOS

### Baudot

En 1875, Emile Baudot desarrolló un sistema "telegráfico multicanalizable". El código Baudot ha evolucionado a lo que ahora se conoce como el *Alfabeto Telegráfico Internacional* (ITA, por sus siglas en inglés: *International Telegraph Alphabet*) *Número* 2. Este código Baudot aparece en la tabla C-1, y se utiliza para el servicio de impresión a distancia (teleimpresión), para la prensa alámbrica y por el servicio de prensa por radio teletipo, aunque se está reemplazando por el código ASCII.

El código Baudot tiene dos serias desventajas: (1) no tiene abastecimiento para los bits de paridad y (2) es un código *secuencial*. Esto es, el control de caracteres de letras (cambio hacia abajo) se envía al lugar de la impresora en modo de impresión de letra y el control de caracteres de figura (cambio hacia arriba) se usa para cambiar la impresora al modo de impresión de figuras. Si un error origina que se reciba un carácter de control que cambie la impresora a un modo falso, la impresora empezará a imprimir una cadena equivocada de caracteres hasta que se reciba un control de cambio de carácter adecuado.

**TABLA C-1** CÓDIGO BAUDOT[a]

| Tipo de carácter | | Patrón bit | | | | | Tipo de carácter | | Patrón bit | | | | |
|---|---|---|---|---|---|---|---|---|---|---|---|---|---|
| Inferior | Superior | 5 | 4 | 3 | 2 | 1 | Inferior | Superior | 5 | 4 | 3 | 2 | 1 |
| A | – | 0 | 0 | 0 | 1 | 1 | Q | 1 | 1 | 0 | 1 | 1 | 1 |
| B | ? | 1 | 1 | 0 | 0 | 1 | R | 4 | 0 | 1 | 0 | 1 | 0 |
| C | : | 0 | 1 | 1 | 1 | 0 | S | ' | 0 | 0 | 1 | 0 | 1 |
| D | $ | 0 | 1 | 0 | 0 | 1 | T | 5 | 1 | 0 | 0 | 0 | 0 |
| E | 3 | 0 | 0 | 0 | 0 | 1 | U | 7 | 0 | 0 | 1 | 1 | 1 |
| F | ! | 0 | 1 | 1 | 0 | 1 | V | ; | 1 | 1 | 1 | 1 | 0 |
| G | & | 1 | 1 | 0 | 1 | 0 | W | 2 | 1 | 0 | 0 | 1 | 1 |
| H | # | 1 | 0 | 1 | 0 | 0 | X | / | 1 | 1 | 1 | 0 | 1 |
| I | 8 | 0 | 0 | 1 | 1 | 0 | Y | 6 | 1 | 0 | 1 | 0 | 1 |
| J | Campana | 0 | 1 | 0 | 1 | 1 | Z | " | 1 | 0 | 0 | 0 | 1 |
| K | ( | 0 | 1 | 1 | 1 | 1 | Letras (cambio) | ↓ | 1 | 1 | 1 | 1 | 1 |
| L | ) | 1 | 0 | 0 | 1 | 0 | Figuras (cambio) | ↑ | 1 | 1 | 0 | 1 | 1 |
| M | . | 1 | 1 | 1 | 0 | 0 | Espacio (SP) | | 0 | 0 | 1 | 0 | 0 |
| N | , | 0 | 1 | 1 | 0 | 0 | Retorno de carro | | 0 | 1 | 0 | 0 | 0 |
| O | 9 | 1 | 1 | 0 | 0 | 0 | Alimentación línea | | 0 | 0 | 0 | 1 | 0 |
| P | 0 | 1 | 0 | 1 | 1 | 0 | Blanco | | 0 | 0 | 0 | 0 | 0 |

[a] 1 = marca = hoyo perforado, y 0 = espacio = sin hoyo para la cinta de papel.

### ASCII

El Código Estándar Nacional de Estados Unidos para el Intercambio de Información (ASCII) fue adoptado en 1963 y actualizado en 1967. Fue el primer código desarrollado específicamente para sistemas de comunicación por computadora. En la actualidad es el código más usado por las terminales de computadora. Se muestra en la tabla C-2. Tiene un total de 8 bits por carácter, siete de los cuales están especificados por completo como se muestra. El octavo bit es un bit de paridad que podría ser de paridad par o non, dependiendo de la opción seleccionada para el uso en una instalación en particular.

## C-2 DTE/DCE Y LOS ESTÁNDARES DE INTERFASE DE ETHERNET

En la figura C-1 se muestra un diagrama a bloques general para un sistema de comunicación por computadora. Para facilitar el uso de equipo suministrado por diferentes vendedores (diferentes marcas), los estándares de interfase han sido adoptados para la conexión de equipo terminal de información (DTE) (Data Terminal Equipment) y equipo de comunicaciones de información (DCE) (Data Communications Equipment). El DTE podría ser una computadora digital, una impresora, un teclado, y así sucesivamente, y el DCE podría ser un módem. Además, un tipo de DTE, digamos una impresora, podría estar conectado a otro tipo de DTE, por ejemplo un teclado, por el mismo tipo de interfase.

Numerosas organizaciones tienen participación en el avance de estándares prácticos. Las más conocidas en el ámbito internacional son el Comité Consultivo Internacional de Telegrafía y Telefonía (CCITT) y la Organización Internacional para la Estandarización (ISO).

**TABLA C-2** CÓDIGO ASCII[a]

| **Posición de bit** | | | | **7 0** | **0** | **0** | **0** | **1** | **1** | **1** | **1** |
|---|---|---|---|---|---|---|---|---|---|---|---|
| | | | | **6 0** | **0** | **1** | **1** | **0** | **0** | **1** | **1** |
| **4** | **3** | **2** | **1** | **5 0** | **1** | **0** | **1** | **0** | **1** | **0** | **1** |
| 0 | 0 | 0 | 0 | NUL | DLE | SP | 0 | @ | P | \ | p |
| 0 | 0 | 0 | 1 | SOH | DC1 | ! | 1 | A | Q | a | q |
| 0 | 0 | 1 | 0 | STX | DC2 | " | 2 | B | R | b | r |
| 0 | 0 | 1 | 1 | ETX | DC3 | # | 3 | C | S | c | s |
| 0 | 1 | 0 | 0 | EOT | DC4 | $ | 4 | D | T | d | t |
| 0 | 1 | 0 | 1 | ENQ | NAK | % | 5 | E | U | e | u |
| 0 | 1 | 1 | 0 | ACK | SYN | & | 6 | F | V | f | v |
| 0 | 1 | 1 | 1 | BEL | ETB | ' | 7 | G | W | g | w |
| 1 | 0 | 0 | 0 | BS | CAN | ( | 8 | H | X | h | x |
| 1 | 0 | 0 | 1 | HT | EM | ) | 9 | I | Y | i | y |
| 1 | 0 | 1 | 0 | LF | SUB | * | : | J | Z | j | z |
| 1 | 0 | 1 | 1 | VT | ESC | + | ; | K | [ | k | { |
| 1 | 1 | 0 | 0 | FF | FS | ' | < | L | \ | l | : |
| 1 | 1 | 0 | 1 | CR | GS | – | = | M | ] | m | } |
| 1 | 1 | 1 | 0 | SO | RS | . | > | N | ∧ | n | ~ |
| 1 | 1 | 1 | 1 | SI | US | / | ? | O | — | o | DEL |

[a] ACK Confirmación (reconocimiento)
BEL Campana o alarma
BS Tecla de retroceso
CAN Cancelación
CR Tecla de retroceso
DC1 Control del dispositivo 1
DC2 Control del dispositivo 2
DC3 Control del dispositivo 3
DC4 Control del dispositivo 4
DEL Borrar
DLE Escape del enlace de datos
EM Fin del medio
ENQ Investigar
EOT Fin de transmisión
ESC Escape
ETB Fin del bloque de transmisión
ETX Fin del texto
FF Alimentación de la forma
FS Separador de archivo
GS Separador de grupo
HT Tabulación horizontal
LF Alimentación de línea
NAK Confirmación negativa
NUL Nulo o todos cero
RS Separador de registro
SI Cambio entrada
SO Cambio salida
SOH Comienzo del encabezado
SP Espacio
STX Comienzo del texto
SUB Sustituto
SYN Inactividad de sincronía
US Separador de unidad
VT Tabulación vertical

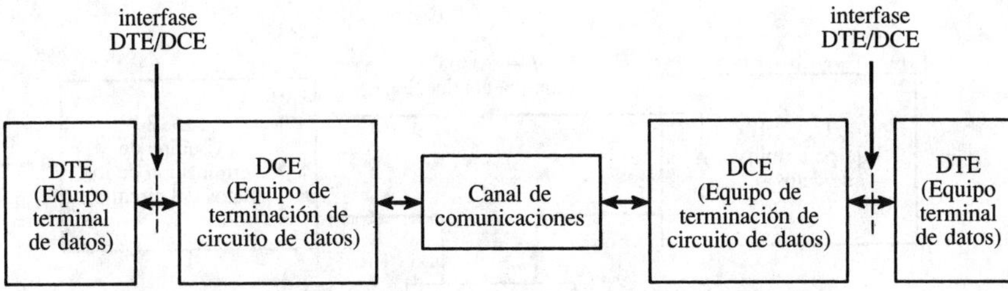


**Figura C-1** Sistema de comunicación por computadora.

En Estados Unidos y en el mundo existen cuatro grupos de estándares: el Instituto de Estándares Nacional de Estados Unidos (ANSI), la Asociación de Industrias Electrónicas (EIA), el Instituto de Ingenieros Eléctricos y Electrónicos (IEEE) y el Sistema de Comunicaciones Nacional (NCS) del gobierno federal.

Los estándares DTE/DCE se elaboran en los siguientes términos:

- La interfase física y eléctrica.
- La interfase de control de enlace (software) que proporciona funciones de trama/cuadro/sincronización y detección de error/corrección de error.

A continuación se describen diversos estándares físicos/electrónicos.

## Circuito de corriente

Desde principios del siglo XX, cuando los sistemas mecánicos de teleimpresión fueron desarrollados, el circuito de corriente ha sido una interfase popular para la transmisión de datos seriales asíncronos (figura C-2). Durante la condición de inactividad, se especifica la corriente de cd en el circuito local (interfase) para que tenga un valor de diseño. En la mayoría de los teleimpresores diseñados para utilizarse en la terminal de una computadora, este valor es 20 mA. Para enviar un carácter ASCII, la corriente se interrumpe en el dispositivo transmisor de acuerdo con la palabra binaria para un carácter particular ASCII. La presencia de la corriente de circuito denota una marca y la ausencia de corriente del circuito denota un espacio. La interrupción de la corriente se detecta en el punto receptor en el circuito. Si es necesario, podrían instalarse dispositivos de transmisión y recepción en serie en este circuito local (donde solamente uno transmite a la vez).

## Interfases RS-232C, RS-422A, RS-449 y RS-530

La interfase serial RS-232C (también conocida como *interfase estándar EIA*) fue desarrollada en 1969 por EIA en cooperación con el sistema Bell y fabricantes independientes de computadora y módems. El CCITT ha adaptado un estándar de interfase, llamado V.24, que es muy similar al estándar RS-232C. El MIL-188C militar también es similar. Las conexiones de pines del RS232C están dadas en la tabla C-3, donde se listan los equivalentes de circuitos EIA y CCITT. El estándar proporciona la transmisión de información serial mediante el uso de un ni-

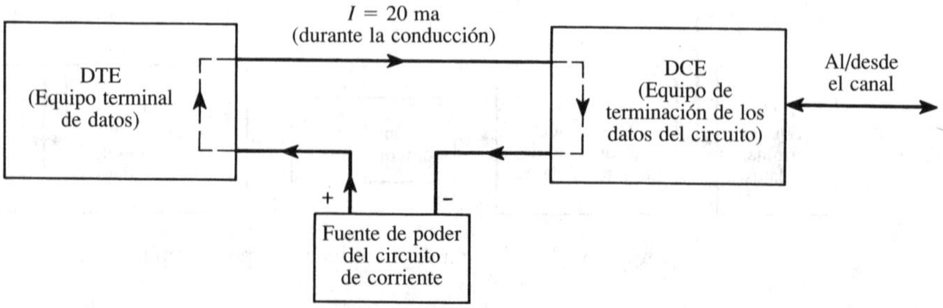


**Figura C-2** Interfase de circuito de corriente (local) 20-mA.

vel de voltaje de $-V_0$ para un 1 binario (marca) y un nivel de $+V_0$ para un 0 binario (espacio), donde $3 \leq V_0 \leq 25$ V. Un valor típico para $V_0$ es 6 V. El voltaje aparece en la terminal apropiada medida con respecto a la terminal de tierra común (señal). Esto se llama *señalización desbalanceada*, o bien, señalización de terminación sencilla.

El estándar RS-232C define las características eléctricas, la descripción funcional de los circuitos de intercambio y una lista de aplicaciones estandarizadas. El tipo de conector físico no está especificado, pero por lo general se utiliza en la práctica un conector DB25 (25 pines).

La interfase RS-232C está hecha para tasas de datos hasta 20 kbits/s y longitudes de cable hasta 50 pies. Longitudes más grandes son posibles si el cable de par trenzado se utiliza y la capacitancia de carga se mantiene por debajo de 2500 pF. Esta es una de las interfases seriales más populares hoy en día utilizadas en los equipos de comunicación por computadora.

Para tasas de datos más altas y longitudes de cable mayores se desarrolló la interfase RS-422A. Ésta utiliza una *señalización balanceada* (también conocida como señalización diferencial) y, en consecuencia, se requieren dos cables para cada circuito. Este método da mayor ruido e inmunidad, y se llama cruzada (interferencia) ya que una señal común regresa por la trayectoria que no se utiliza. La técnica de la señal balanceada permite la región de transición entre los niveles de voltaje de marca y espacio para que sean reducidos, así que los niveles de la señal son $\pm V_0$, donde $0.2 \leq V_0 \leq 25$ V se usa para balancear la señal. La interfase RS-422A utiliza conectores DB37 y DB9 (37 y 9 pines) como está especificado en el estándar ISO 4902. Las conexiones de los pines están en la tabla C-3, en donde las conexiones de dos cables para cada circuito balanceado se especifican en las columnas A y B. El estándar RS-422A permite tasas de datos hasta 100 kbits/s a 4000 pies o 40 Mbits/s a 40 pies

La interfase de señal RS-449 fue hecha para ser el sucesor de la interfase RS-232C. Las conexiones de la interfase RS-449 también están dadas en la tabla C-3. Un conector D de 37 pines se usa para el canal primario y un conector D auxiliar de 9 pines (cuando se necesita) para un canal secundario. El conector de 37 pines permite señales desbalanceadas o balanceadas (opcional) en las que los niveles de señalización son los mismos para RS-232C o RS-222A, respectivamente. La señalización balanceada permite a la interfase RS-449 soportar tasas de datos hasta 2 Mbits/s y longitudes de cable hasta 667 pies.

La interfase RS-530 toma el lugar del RS-449. Es una señal balanceada complementaria del RS-232C (la cual usa una señal no balanceada). La interfase RS-530 utiliza un conector DB-25 (25 pines) como se describió por la figura C-3c y la tabla C-3. Éste acomoda tasas de datos hasta 2 Mbits/s.

## Interfase paralela Centronics

Las impresoras a menudo están conectadas a equipos de cómputo ya sea por una interfase serial RS-232 o una interfase paralela Centronics. La figura C-4 muestra el conector de 36 pines para la interfase paralela Centronics. Esta interfase tiene ocho líneas de datos que proporciona ocho bits de datos en paralelo. Los datos se controlan por el pulso de STROB. Esta interfase utiliza señalización desbalanceada con niveles de TTL (lógica transistor transistor).

## Interfase IEEE-488

La interfase IEEE-488 está diseñada para conectar equipo de cómputo con instrumentos programables como voltímetros, fuentes de señal y fuentes de poder. Permite que los instrumentos programables sean conectados entre ellos con facilidad para crear un sistema de *equipo de prueba*

**TABLA C-3** ESTÁNDARES DE INTERFASE EIA RS-232C, RS-422A, RS-449 Y RS-530[a]

| RS-449/422 | | | | | RS-530 | | | |
|---|---|---|---|---|---|---|---|---|
| 9 pines Aux. | 37 pines A | 37 pines B | RS-449 Circuito | RS-449 Descripción | 25 pines A | 25 pines B | RS-530 Circuito | RS-530 Descripción |
| 1 | 1 | | | Armadura | 1 | | | Armadura |
| 5 | 19 | | SG | Señal de tierra | 7 | | AB | Señal de tierra |
| 9 | 37 | | SC | Envío común | | | | |
| 6 | 20 | | RC | Recepción común | | | | |
| | 4 | 22 | SD | Envío de datos | 2 | 14 | BA | Datos transmitidos |
| | 6 | 24 | RD | Datos recibidos | 3 | 16 | BB | Datos recibidos |
| | 7 | 25 | RS | Petición para enviar | 4 | 19 | CA | Petición para enviar |
| | 9 | 27 | CS | Borrar (limpiar) para enviar | 5 | | CB | Borrar (limpiar) para enviar |
| | 11 | 29 | DM | Modo de datos | 6 | 22 | CC | DCE listo |
| | 12 | 30 | TR | Terminal lista | 20 | 23 | CD | DTE listo |
| | 15 | | IC | Llamada entrante | | | | |
| | 13 | 31 | RR | Receptor listo | 8 | 10 | CF | Detector de línea de recepción |
| | 33 | | SQ | Calidad de la señal | | | | |
| | 16 | | SR | Selector de tasa de señalización | | | | |
| | 2 | | SI | Indicador de tasa de señalización | | | | |
| | 17 | 35 | TT | Sincronización de la terminal | 24 | 11 | DA | Sincronización del transmisor (DTE) |
| | 5 | 23 | ST | Sincronización de envío | 15 | 12 | DB | Sincronización del transmisor (DCE) |
| | 8 | 26 | RT | Sincronización de recepción | 17 | 9 | DD | Sincronización del receptor (DCE) |
| 3 | | | SSD | Datos envío secundario | | | BA | Datos transmitidos |
| 4 | | | SRD | Datos de recepción secundaria | | | BB | Datos recibidos |
| 7 | | | SRS | Petición para enviar secundaria | | | | |
| 8 | | | SCS | Borrar (limpiar) para enviar secundaria | | 13 | CB | Borrar (limpiar) para enviar |
| 2 | | | SRR | Receptor listo secundario | | | DB | Sincronización de transmisión (DCE) |
| | 10 | | LL | Loopback (circuito de retorno) local | 18 | | LL | Loopback (circuito de retorno) local |
| | 14 | | RL | Loopback (circuito de retorno) remota | 21 | | RL | Loopback (circuito de retorno) remota |
| | 18 | | TM | Modo de prueba | 25 | | TM | Modo de prueba |
| | 32 | | SS | Selección de respaldo | | | | |
| | 36 | | SB | Indicador de respaldo | | | | |
| | 16 | | SF | Selección de frecuencia | | | | |
| | 28 | | IS | Terminal en servicio | | | | |
| | 34 | | NS | Nueva señal | | | | |

Fuente: Reproducido con permiso de Black Box Corporation, Pittsburgh, PA, © Copyright, 1995. Todos los derechos reservados. Reimpreso con permiso.

[a]DB25 referencia el conector (25 pines) que se utiliza por lo común por el RS-232 y V.24. Los de 9 y 10 pines están reservados para prueba de grupo de datos. Los pines 11, 18 y 25 no están identificados. Los pines 3 y 21 del conector de interfase RS-449 se encuentran indefinidos. Terminal 23 del conector RS232 podría ser definido como CH o CI.

**TABLA C-3** (continuación)

| RS-232 Interfase | | | | | Tipo de señal y dirección | | | | | | |
|---|---|---|---|---|---|---|---|---|---|---|---|
| | | | | | | Dato | | Control | | Sincronización | |
| **25 pines** | **EIA-RS-232C Circuito** | **CCITT V.24 Circuito** | **Designación mnemotécnica** | **RS-232 Descripción** | **GND** | **De DCE** | **hacia DCE** | **De DCE** | **hacia DCE** | **De DCE** | **hacia DCE** |
| 1 | AA | 101 | FG | Tierra de cuadro de protección | × | | | | | | |
| 7 | AB | 102 | SG | Señal de tierra/retorno | × | | | | | | |
| | | 102a | | DTE común | × | | | | | | |
| | | 102b | | DCE común | × | | | | | | |
| 2 | BA | 103 | TD | Dato transmitido | | | × | | | | |
| 3 | BB | 104 | RD | Dato recibido | | × | | | | | |
| 4 | CA | 105 | RTS | Petición para enviar | | | | | × | | |
| 5 | CB | 106 | CTS | Borrar (limpiar) para enviar | | | | × | | | |
| 6 | CC | 107 | DSR | Grupo de datos listo | | | | × | | | |
| 20 | CD | 108.2 | DTR | Terminal de datos listo | | | | | × | | |
| 22 | CE | 125 | RI | Indicador de llamada | | | | × | | | |
| 8 | CF | 109 | DCD | Detector de señal de portadora de línea recibida | | | | × | | | |
| 21 | CG | 110 | SQ | Detector de calidad de la señal | | | | × | | | |
| 23 | CH | 111 | | Selector de tasa de señal de datos (DTE) | | | | | × | | |
| 23 | CI | 112 | | Selector de tasa de señal de datos (DCE) | | | | × | | | |
| 24 | DA | 113 | TC | Sincronización del elemento de señal del reloj del transmisor (DTE) | | | | | | | × |
| 15 | DB | 114 | TC | Sincronización del elemento de señal del transmisor (DCE) | | | | | | × | |
| 17 | DD | 115 | RC | Sincronización del elemento de señal del reloj del receptor del transmisor (DCE) | | | | | | × | |
| 14 | SBA | 118 | STD | Datos del transmisor secundario | | | × | | | | |
| 16 | SBB | 119 | SRD | Datos recibidos secundarios | | × | | | | | |
| 19 | SCA | 120 | SRTS | Petición para enviar secundaria | | | | | × | | |
| 13 | SCB | 121 | SCTS | Borrar (limpiar) para enviar secundario | | | | × | | | |
| 12 | SCF | 122 | SDCD | Detector de señal de línea recibida secundaria | | | | × | | | |
| | | 141 | | Loopback (circuito de retorno) local | | | | | × | | |
| | | 140 | | Loopback (circuito de retorno) remoto | | | | | × | | |
| | | 142 | | Indicador de prueba | | | | × | | | |
| | | 116 | | Selección de respaldo | | | | | × | | |
| | | 117 | | Indicador de respaldo | | | | × | | | |
| | | 126 | | Selección de la frecuencia de transmisión | | | | × | | | |

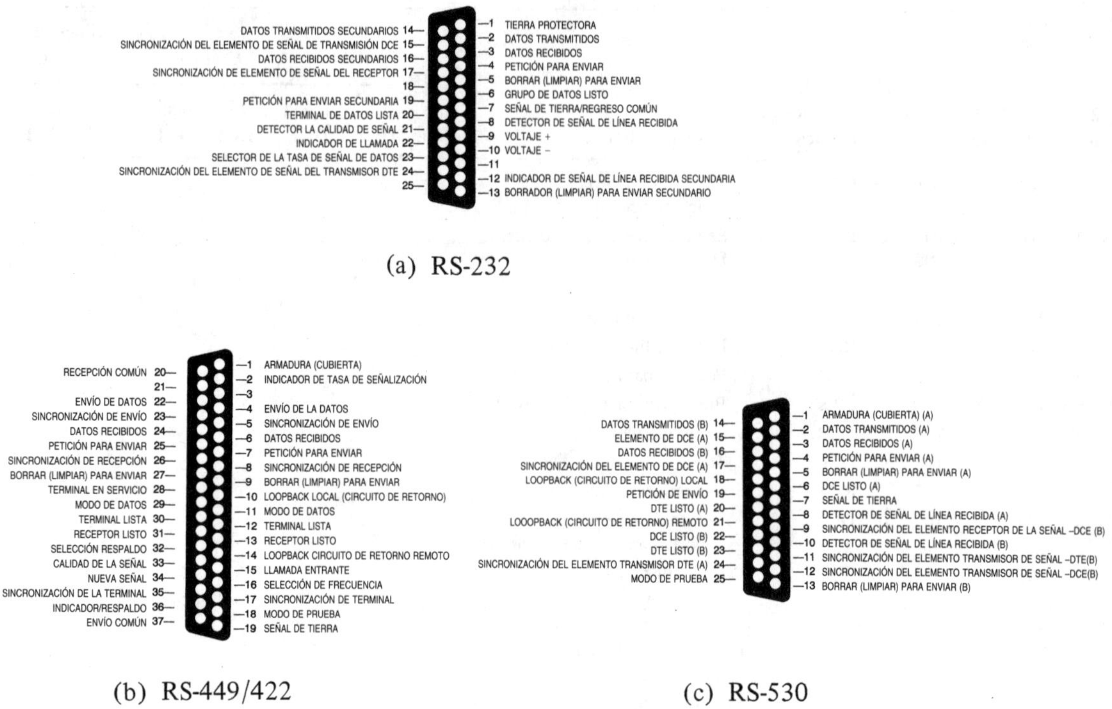


**Figura C-3** Conectores macho RS-232C, RS-449/422 y RS-530.

*automático* (ATE). Esta interfase se desarrolló primero en 1965 por Hewlett Packard y fue conocida como la interfase HP Bus (HP-IB) o bus de interfase de propósito general (GPIB). En 1975 el IEEE adoptó un estándar evolucionado, el cual fue nombrado interfase IEEE-488. La tabla C-5 presenta algunos detalles sobre esta interfase paralela. Las líneas se mantienen a +5 V para un 0 binario (falso) y arrastradas a tierra para un 1 binario (verdadero). Este estándar permite al bus extenderse sobre una distancia de 67 pies. Cada dispositivo IEEE-488 es un escucha, un parlante o un controlador. Un *escucha* es capaz de recibir datos del bus, tal como una impresora o una fuente de poder programable. Un *parlante* puede transmitir datos sobre el bus, como un contador de frecuencia o un voltímetro. Únicamente puede hacer un solo parlante activo en el bus a la vez. Un controlador es un dispositivo de tipo de computadora que controla la red (incluyéndose él mismo) y especifica los dispositivos que son parlantes o escuchas activos. La figura C-5 muestra un conector IEEE-488 de 24 pines.

## Interfase Ethernet (IEEE 802.3)

Ethernet es un método de conectar múltiples computadoras, servidores y periféricos para formar una *red de área local* (LAN). Fue desarrollada por la empresa Xerox en la década de los setenta y apoyada por la compañía Digital Equipment Corporation (DEC) e Intel en 1980. En 1988, el IEEE redefinió el concepto Ethernet y se publicó el estándar IEEE 802.3. Como se mostró en la tabla C-6, este estándar proporciona un bus de datos seriales de 10 Mbit/s para un LAN usando ya sea cable coaxial o par trenzado.

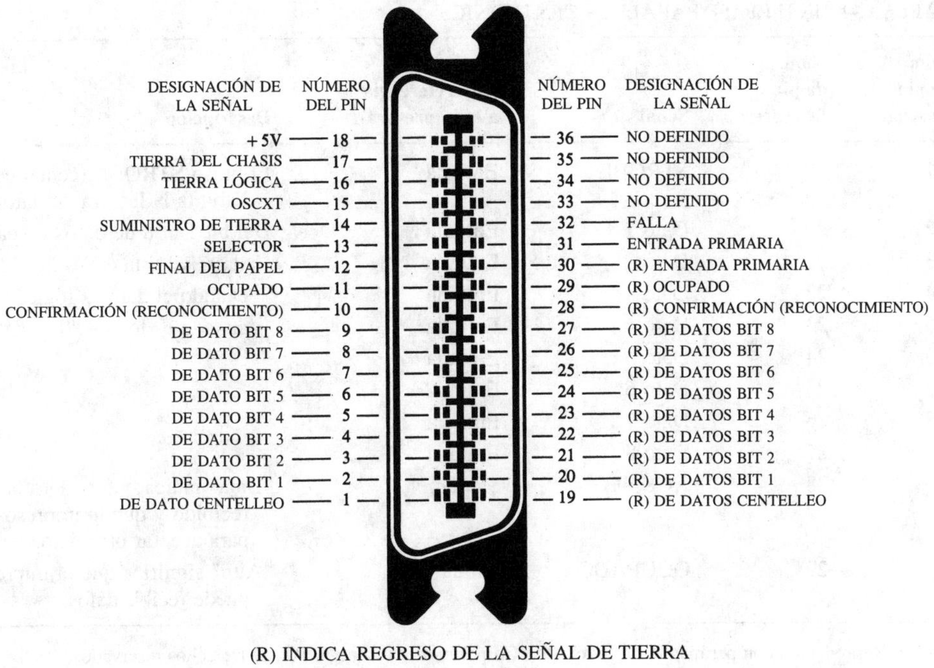


**Figura C-4** Conector Centronics.

En el sistema 10base5 (Ethernet grueso), se utiliza un cable coaxial dorsal de 50 Ω, hasta 500 m en longitud. El "10" en 10base5 indica que soporta una velocidad de 10 Mbits/s, "base" indica la señalización bandabase (código de línea Manchester) que se utiliza y un "5" indica que la longitud máxima es de 500 m a menos que se utilicen repetidores. Un dispositivo DTE con una tarjeta Ethernet se conecta al cable mediante el uso de un transceiver —también llamado *unidad de enlace al medio* (MAU)— en serie con el cable dorsal en el punto de unión. Un cable ramal entonces conecta el *transceiver** a la tarjeta Ethernet DTE.

En el sistema 10base2 (red delgada o red barata) se utiliza desde un cable coaxial de 50 Ω delgado (0.25 pulg de diámetro), hasta 200 m en longitud. El dispositivo DTE se conecta a este bus coaxial mediante la inserción de un conector BNC-T en serie con el punto de unión. En este sistema de red delgada el conector T debe estar conectado en forma directa a una tarjeta DTE (no se permite cable ramal).

El sistema 10base-T utiliza un cable de par trenzado, hasta 100 m en longitud, para conectar cada dispositivo DTE con una tarjeta Ethernet 10base-T directamente al *hub* (concentrador) central o principal. (No hay conexiones en el cable de par trenzado.)

Los sistemas múltiples 10base5, 10base2, o 10base-T (segmentos) pueden conectarse usando un repetidor de puertos múltiples. Una gateway (compuerta servidora) también podría conectar el LAN Ethernet a una red de área amplia (WAN), la cual puede utilizar ya sea un cable coaxial o un cable de fibra óptica a otras redes.

* Transceiver: Palabra formada por la unión de transmiter y receiver, utilizada para designar un dispositivo que permite la transmisión y recepción de datos. Normalmente se identifica por "transceiver". (Nota del revisor técnico.)

**TABLA C-4** INTERFASE PARALELA CENTRONICS[a]

| Núm. de pin de señal | Núm. de pin de regreso | Señal | Dirección (con referencia a la impresora) | Descripción |
|---|---|---|---|---|
| 1 | 19 | STROBE | Entrada | El pulso STROBE (centelleo negativo) habilita la lectura de datos. |
| 2 | 20 | Dato 1 | Entrada | Del bit 1 al 8 de datos en paralelo. |
| 3 | 21 | Dato 2 | Entrada | Cada señal está en su nivel "alto" |
| 4 | 22 | Dato 3 | Entrada | cuando el dato es lógica "1" y "baja" |
| 5 | 23 | Dato 4 | Entrada | cuando es lógica "0." |
| 6 | 24 | Dato 5 | Entrada | |
| 7 | 25 | Dato 6 | Entrada | |
| 8 | 26 | Dato 7 | Entrada | |
| 9 | 27 | Dato 8 | Entrada | |
| 10 | 28 | ACKNLG | Salida | "Baja" indica que el dato ha sido recibido y que la impresora está lista para aceptar otro dato. |
| 11 | 29 | OCUPADO | Salida | "Alto" significa que la impresora no puede recibir datos. |

Fuente: Reproducido con permiso de la Black Box Corporation, Pittsburgh, PA, © Derechos reservados, 1988.
[a] Los pines 12, 13, 14, 15, 18, 31, 32, 34, 35, varían en función dependiendo de la aplicación; son usadas por lo común para controles auxiliares de la impresora y manejo de error e indicación. Los pines 16 y 17 se usan por lo regular para tierra lógica y tierra del chasis, respectivamente.

## C-3 EL MODELO DE RED DE OSI ISO

Cuando los usuarios están conectados, deben considerarse muchas cosas para una transmisión ordenada y eficiente. Este problema tan complicado puede entenderse mejor y la red puede mantenerse más fácilmente si las diferentes tareas se dividen en módulos por capas. Estos módulos son implementados tanto en el hardware como en el software. La mayoría de los diseñadores de redes de computadoras y fabricantes permiten el modelo de capas recomendado por el ISO en su modelo de referencia de Interconexión de Sistema Abierto (OSI). Este modelo se muestra en la figura C-6, donde se presenta un ejemplo de dos usuarios finales *host* (húesped o anfitrión) A y host B que están conectados a una red de comunicación de información vía el canal físico. El canal físico podrá hacer conexiones vía las líneas de la compañía telefónica (TELCO), enlaces de fibra óptica, radio de microondas o enlaces por satélite.

El método por capas tiene muchas características atractivas [Stallings, 1994]. Mediante la adherencia al hardware apropiado y/o especificaciones de software que definan las fronteras de la capa, muchos vendedores diferentes pueden proporcionar hardware/software que funcionarán con eficiencia en toda la red. Además, pueden actualizarse varias partes del sistema y mantenerse al reemplazar o modificar el hardware/software a cada nivel de la capa en lugar de cambiar todo el sistema.

Las funciones de varias capas podrían describirse como sigue:

**TABLA C-5** INTERFASE IEEE-488[a]

| 24pines | | | | | | |
|---|---|---|---|---|---|---|
| **A** | **B** | **Circuito** | **Descripción** | **Línea de datos** | **Línea de control** | **Línea de saludo** |
| | 24 | GND | Tierra lógica | × | | |
| 1 | 24 | D101 | Bit de dato 1 | × | | |
| 2 | 24 | D102 | Bit de dato 2 | × | | |
| 3 | 24 | D103 | Bit de dato 3 | × | | |
| 4 | 24 | D104 | Bit de dato 4 | × | | |
| 13 | 24 | D105 | Bit de dato 5 | × | | |
| 14 | 24 | D106 | Bit de dato 6 | × | | |
| 15 | 24 | D107 | Bit de dato 7 | × | | |
| 16 | 24 | D108 | Bit de dato 8 | × | | |
| 9 | 21 | IFC | Interfase limpia —utilizada por el controlador para colocar dispositivos dentro del estado de reposo | | × | |
| 10 | 22 | SRQ | Petición de servicio —utilizado por el dispositivo para pedir el servicio | | × | |
| 17 | 24 | REN | Habilitación remota —utilizada por el controlador para desconectar los controles del panel frontal del dispositivo | | × | |
| 5 | 24 | EOI | Fin de identidad —(a) usado por el que habla para finalizar un mensaje o (b) usado por el controlador con ATN para polo paralelo | | × | |
| 11 | 23 | ATN | Atención —usado por el controlador para finalizar sus datos y escuchar un comando | | × | |
| 6 | 18 | DAV | Validación de los datos —usado por el controlador para indicar un byte de control en el bus de datos | | × | |
| 7 | 19 | NRFD | No listo para datos —usado por el escucha para indicar que no está listo | | | × |
| 8 | 20 | NDAC | Datos no aceptados —usado por el escucha para indicar que no ha sido ceptado el último byte | | | × |
| | 12 | | Armadura | | | |

[a] Los pines de la columna B son terminales aterrizadas en el punto de tierra del sistema.

*Capa 1—Física.* Se relaciona con la transmisión de bit. Los estándares especifican niveles de señal, conectores de cable y el cable. Para sistemas de transmisión en paquete de acceso múltiple, los métodos del sentido de la portadora y detección de la colisión son también especificados.

*Capa 2—Enlace de datos.* Tiene que ver con el comienzo de la transmisión del mensaje, la detección y corrección del error y la transmisión del final del mensaje.

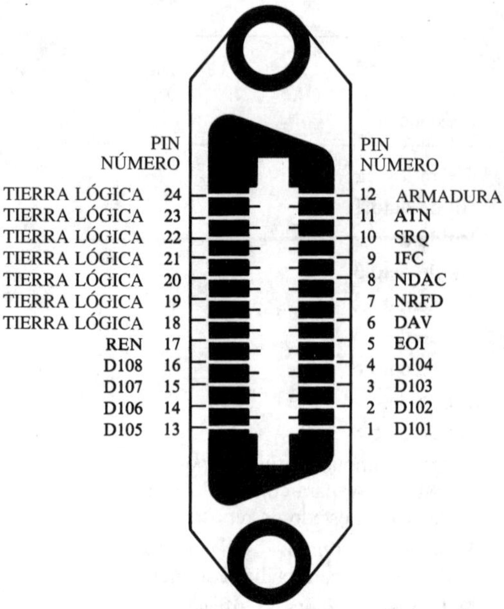


**Figura C-5** Conector IEEE-48.

**TABLA C-6** ESTÁNDARES ETHERNET (IEEE 802.3)

| **Concepto** | **Ethernet grueso (estándar)** | **Ethernet delgado** | **Ethernet de par trenzado**[a] |
|---|---|---|---|
| Designación IEEE | 10base5 | 10base2 | 10base-T |
| Medio de transmisión | 50 Ω coaxial | 50 Ω coaxial | Cable de par trenzado |
| Diámetro o tamaño del cable | 0.4 pulg diámetro | 0.25 pulg diámetro | 22 a 26 AWG |
| Tasa de datos | 10 Mbits/s | 10 Mbits/s | 10 Mbits/s |
| Longitud máxima de segmento | 500 m[b] | 200 m[b] | 100 m |
| Longitud máxima con repetidoras | 4000 m | 4000 m | NA |
| Distancia mínima entre puntas (uniones) | 2.5 m | 0.5 m | NA |
| Configuración de la punta (unión) | Transceiver | Conector T[c] | NA |
| Número máximo de puntas (uniones) | 100 | 30 | NA |
| Tipos de conectores usados | N | BNC | NA |

[a] NA, no aplicable. Cada dispositivo está conectado a un concentrador central vía un cable de par trenzado sin armadura (escudo).

[b] Cada fin del segmento se termina con una carga resistiva de 50 Ω.

[c] El conector T debe estar conectado a la tarjeta Ethernet sobre el dispositivo DTE.

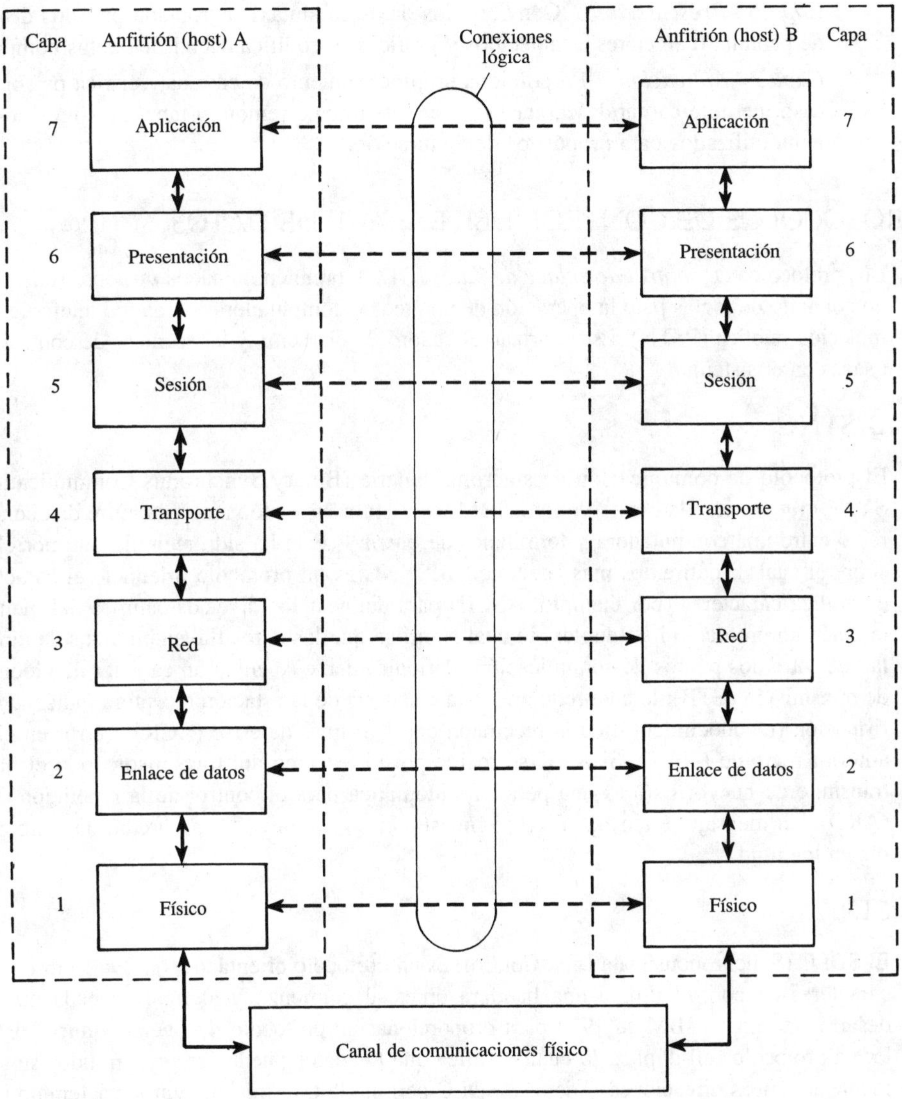


**Figura C-6** Modelo de referencia OSI ISO de las conexiones físicas y lógicas.

*Capa 3—Red.* Concerniente a la elección de la ruta tomada por el mensaje, el control del flujo y prioridades del mensaje.

*Capa 4—Transporte.* Concerniente a la confiabilidad extremo a extremo (detección de error y recuperación de la información) y localización de direcciones lógicas para los dispositivos del usuario final.

*Capa 5—Sesión.* Empieza y termina la sesión de la comunicación, transfiere al usuario de una tarea a otra y proporciona recuperación de los problemas de comunicación (recomienzo) sin perder datos.

*Capa 6—Presentación.* Convierte los datos en sintaxis apropiada para los dispositivos de pantalla (caracteres establecidos y gráficas) y codifica/decodifica datos comprimidos.

*Capa 7—Aplicación.* Proporciona un procedimiento de entrada, verifica palabras de acceso, permite cargar/descargar la entrada de trabajo remoto y tabula los recursos del sistema utilizados para propósitos de facturación.

## C-4 PROTOCOLOS DE CONTROL DEL ENLACE DE DATOS

Los protocolos de *control de enlace de datos* (DLC), también llamados *protocolos de línea*, son un conjunto de reglas para la operación de una red de computadoras o una red telefónica de conmutación pública (PSTN). Estandarizan el cuadro, la dirección y las técnicas de control de error usadas en el sistema.

### BISYNC

El protocolo de comunicación de sincronía binaria (Binary Synchronus Conmunications, BISYNC) fue desarrollado en 1968 por IBM para una transmisión síncrona entre dos computadoras o entre una computadora y terminales de *batch.** (Éste ha sido reemplazado por el SDLC, sobre el cual discutiremos más adelante.) BISYNC es un protocolo orientado al carácter. Esto es, utiliza caracteres (por ejemplo, ASCII) para delinear los diversos campos del mensaje. Es también un protocolo half-duplex, lo cual significa que los datos fluyen en una sola dirección a la vez entre dos puntos de comunicación. Periódicamente se envía un carácter de bloque de fin de transmisión (ETB), lo cual requiere de la respuesta de la estación receptora indicando la confirmación (reconocimiento) de la recepción del dato libre de error (ACK) o error en el bloque anterior recibido (NAK). Si NAK se recibe por el extremo del transmisor, todo el bloque se transmite de nuevo. Esto es una petición automática para el control de la repetición del error (ARQ). Un mensaje típico BISYNC se muestra en la figura C-7. La porción de texto es variable en longitud.

### SDLC

El SDLC (Synchronous Data Link Control) es un protocolo orientado a bit. Es decir, en lugar de caracteres de control utiliza una bandera única al comienzo y al final de cada marco. Fue desarrollado por la IBM en 1974 para proporcionar un protocolo más versatil que el BISYNC. Es un protocolo full-duplex, lo cual significa que los datos pueden ser transmitidos simultaneamente en ambas direcciones. Además, SDLC permite la transmisión a un lugar remoto mientras se recibe de otro sitio lejano diferente en una línea multidrop. SDLC utiliza también un control de error ARQ, cuando una estación tiene que acusar el recibo correcto de cuando menos ocho marcos anteriores si se desea que continúe la comunicación. El marco SDLC se muestra en la figura C-8.

### HDLC

Control de enlace de información de alto nivel (HDLC) fue aprobado por ISO en 1975 (ISO 3309) y ha sido actualizado desde entonces por otros estándares ISO. Es un protocolo de paquete que ha sido adoptado en todo el mundo por muchos vendedores. El SDLC de IBM es un sub-

* Batch: proceso que se realiza en un solo lugar a la vez (Nota del revisor técnico.)

| SYN | SYN | SOH | HEADER | STX | TEXT | ETX o ETB | BCC |
|---|---|---|---|---|---|---|---|

Comienzo

SYN – Mantiene el receptor en sincronía
SOH – Comienzo del encabezado
STX – Comienzo del texto
ETB – Fin del bloque de transmisión
ETX – Fin del texto
BCC – Carácter de chequeo del bloque (paridad)

**Figura C-7** Formato BISYNC.

| COMIENZO DE LA BANDERA 01111110 | DIRECCIÓN 8 bits | CONTROL 8 bits | DATOS Cualquier numero de bits | CHEQUEO DEL CUADRO (TRAMA) 16 bits | FIN DE LA BANDERA 01111110 |
|---|---|---|---|---|---|

**Figura C-8** Formatos SDLC y HDLC.

grupo de HDLC y el procedimiento de control de comunicaciones de datos avanzado (ADCCP) equivale al HDLC. Como se discutirá en la siguiente sección, X.25 utiliza el protocolo HDLC.

La estructura general del cuadro o trama HDLC (paquete) se aprecia en la figura C-8. El campo de dirección podría extenderse para permitir más direcciones. Se permiten dos tipos básicos de tramas o cuadros: control e información. En tramas de control no hay campo de información y el cuadro de control se utiliza para establecer, bajar o verificar un enlace virtual entre usuarios. En el cuadro de información, el campo de información puede ser de cualquier tamaño. Los cuadros de información son numerados en secuencia (mediante bits en el campo de control), así que la estación que envía no tiene que esperar una confirmación del cuadro que ha sido transmitido justo antes de enviar otro cuadro. La confirmación puede recibirse más tarde (para la detección del error y la recuperación), ya que los cuadros están numerados. Además, los paquetes podrían llegar fuera de la secuencia al receptor y la numeración permitiría al receptor colocar la información en el orden correcto.

El HDLC fue desarrollado en principio para la operación no balanceada (ISO 4335), en la cual una estación primaria controla esas estaciones secundarias al enviar cuadros de comandos. Las estaciones secundarias responderían sólo cuando estén situados en el modo de respuesta normal. En el modo asíncrono (no se confunda con la transmisión de bit asíncrona) se permite a las estaciones secundarias enviar cuadros o tramas de respuesta no solicitados. En el modo (ISO 6256) permite la operación balanceada, en la cual cualquier estación podría iniciar el establecimiento de una llamada virtual.

## Protocolo CCITT X.25

El estándar CITT X.25 se titula "interfase entre un DTE y un DCE para terminales en operación en el modo paquete sobre redes de datos públicos". Involucra el uso de paquetes de datos como la base para la creación de un circuito virtual. Con un circuito virtual, dos usuarios parecen tener una conexión privada de datos entre ellos, aunque en realidad estén compartiendo el mismo canal físico con otros. Esto se logra al romper el flujo de datos seriales para cada usuario en "paquetes" de datos de cierta longitud. Cada paquete tiene un encabezado unido con la dirección destinataria para el paquete y otro de información de control. Los paquetes para cada usuario se distribuyen y se mezclan con los de otros usuarios sobre la línea de X.25.

Los circuitos virtuales pueden establecerse temporal o permanentemente. Un circuito virtual consiste de tres operaciones: (1) establecer la llamada, (2) transferir los datos y (3) "colgar" (desconectar) la conexión virtual. Al establecer la llamada se usa un número de canal lógico. Con una conexión virtual permanente, el número lógico se asigna de manera permanente al cliente cuando la línea X.25 es arrendada y la conexión virtual está siempre disponible, de tal manera que los datos pueden transferirse en cualquier momento. Por tanto, la conexión virtual permanente parece ser una línea privada arrendada a los usuarios finales.

El estándar X.25 no especifica de qué manera se implementan los circuitos virtuales. Sin embargo, X.25 tiene que ver con las tres capas de protocolos (véanse las capas de protocolo OSI de ISO como se describió en la sección C-3): (1) la capa física de la interfase DCE/CTE, la cual usa el estándar X.21 para transmisión de datos síncronos; (2) la capa de enlace de los datos, la cual da el método de vincular (unir) la información de dirección a los paquetes de acuerdo al protocolo HDLC; y (3) la capa de red, la cual establece los circuitos virtuales mediante el uso de dos tipos diferentes de paquetes. Los paquetes de control contienen información del control como PETICIÓN DE LLAMADO (enviado por el que llama), ACEPTACIÓN DE LLAMADA (enviado por la parte que es llamada), CONEXIÓN DE LA LLAMADA, BORRAR (LIMPIAR), y otras. Los paquetes de datos contienen los datos de información que son intercambiados entre los usuarios en un circuito virtual.

## Modo de transferencia asíncrona (ATM)

El *modo de transferencia asíncrona* (ATM) es un nuevo protocolo de paquete que se está implementado en la red telefónica pública conmutada (PSTN). El ATM permite a cada usuario tener una conexión virtual con una tasa de datos efectiva acorde a la tasa de datos instantánea del usuario ya sea grande o pequeña, o que el requerimiento de la tasa de datos cambie mientras el tiempo avanza.

En el formato ATM, como se muestra en la figura C-9, la información se transfiere en paquetes o celdas donde un encabezado (para el ruteo de datos) se adjunta con antelación al paquete de datos del usuario [Händel y Huber, 1991; Stallings, 1992]. Esto es similar al protocolo HDLC, excepto por el hecho de que el HDLC fue diseñado para la comunicación de computadoras y ATM, para transportar una amplia variación de tasas y tipos de datos, como video digital, audio digital y datos por computadora, que ocurren en el PSTN. Observe que en ATM el encabezado de la celda tiene un bit de prioridad de pérdida que distingue las celdas que podrían ser desechadas por el PSTN (sin distorsionar de manera significativa a algún usuario en particular) cuando existe alguna condición de sobrecarga de datos en la red. Por ejemplo, un usuario que podría tolerar la pérdida de datos puede ser alguien que está enviando datos sobre un canal virtual correspondiente al de lectura de la altura del agua de algún río. Algunas de las lecturas sobre la altura podrían desecharse en forma ocasional sin comprometer la efectividad de la tabla o lecturas. Esta pérdida de datos para algunos usuarios ATM permite que el sistema ATM sea más sólido para otros usuarios que no pueden tolerar pérdida de datos (y que pagan tasas por premios para obtener servicio de mayor calidad).

ATM es una alternativa a la tecnología del *modo de transferencia síncrona* (STM), tal como los sistemas Tl, donde se encierra al usuario en una tasa de datos suscrita ya sea que lo necesite o no. Esto es, con ATM el usuario puede enviar paquetes tan frecuente como sea necesario, así que la tasa de datos efectiva del usuario puede acoplarse a las necesidades del usuario y no a una tasa de datos prescrita fija como en la tecnología STM.

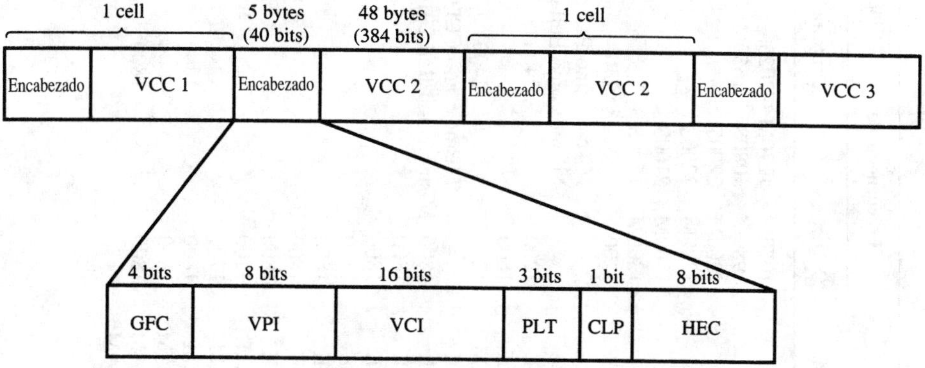


**Figura C-9** Formato ATM.

# C-5 MÓDEMS ESTÁNDARES

A través de los años, el sistema Bell dominó el mercado del módem. Llama a sus módems *conjunto de datos*. Desde la liquidación del sistema Bell, los módems construidos para los estándares CCITT se han vuelto muy populares. La tabla C-7 lista los módems que son interfases de líneas de datos de computadoras para líneas analógicas. Observe que las líneas de clase de voz soportarán tasas de bit hasta cerca de 28.8 kbits/s con módems o hasta 144 kbits/s con servicio ISDN. Las líneas DS-1 proporcionarán el servicio de 1.544 Mb/s.

Las tablas C-8 hasta C-10 dan más detalles sobre algunos de los módems más populares. Para la comunicación de datos por computadora personal a 300, 1200 y 2400 bit/s, los módems Bell 103, Bell 212A y el CCITT V.22bis, respectivamente, son los utilizados. Los operadores de radio amateur usan el estándar Bell 103 para tonos de audio dentro y fuera de transceivers SSB para transmisión de paquete de radio paquete sobre las bandas HF de radio amateur, mientras que el estándar Bell 202 se utiliza para audio dentro y fuera de los transceivers, para transmisión de paquete sobre las bandas VHF y UHF.

Las tablas C-7 y C-10 describen los módems de 14,400 (CCITT V.32bis) y de 28,800 (CCITT V.34). El módem V.32bis es popular ya que (1) es de bajo costo, (2) proporciona una tasa de transmisión de datos relativamente grande de 14,400 bits/s y (3) usa una línea telefónica barata de un par de hilos en lugar de una línea terminada a cuatro hilos. El V.32bis incorpora *entrenamiento* cuando los módems se conectan primero. Con este procedimiento, los módems primero se "comunican" para negociar la tasa más alta de datos que sea posible para una condición de ruido dado sobre la línea y para los módems particulares usados. Además, un procedimiento llamado *fast-train** se utiliza para observar los cambios en la línea y las características

* Fast-train: Proceso de rápida respuesta en un flujo de paquetes de datos con la función que se especifica. (Nota del revisor técnico.)

TABLA C-7 MÓDEMS ESTÁNDARES

| Tipo | Tasa de datos (bits/s): Normal | Tasa de datos (bits/s): Retroceso | Modo | Tipo de línea | Síncrona/asíncrona | Modulación[a] | Frecuencias de transmisión (Hz)[b]: Origen | | Contestador | |
|---|---|---|---|---|---|---|---|---|---|---|
| Bell 103/113 | 0–300 | | FDX | 2W Marcación | Asíncrona | FSK | 1070S | 1270M | 2025S | 2225M |
| CCITT V.21 | 0–300 | | FDX | 2W Marcación | Asíncrona | FSK | 980M | 1080S | 1650M | 1850S |
| Bell 202S | 1,200 | | HDX | 2W Marcación | Asíncrona | FSK | 1200M | 2200S | | |
| Bell 202T | 1,200 | | FDX | 4W Terminada | Asíncrona | FSK | 1200M | 2200S | | |
| CCITT V.23 | 1,200 | | HDX | 2W Marcación | Asíncrona | FSK | 1300M | 2100S | | |
| | | 600 | HDX | 2W Marcación | Asíncrona | FSK | 1300M | 1700S | | |
| Bell 212A | 1,200 | | FDX | 2W Marcación | Indistinto | 4DPSK | 1200 | | 2400 | |
| | | 300 | FDX | 2W Marcación | Indistinto | FSK | | Mismo como Bell 103 | | |
| CCITT V.22 | 1,200 | | FDX | 2W Marcación | Indistinto | FSK | | Mismo como Bell 212 | | |
| | | 600 | FDX | 2W Marcación | Indistinto | 2DPSK | 1200 | | 2400 | |
| Bell 201C | 2,400 | | FDX | 4W Terminada | Síncrona | 4DPSK | 1800 | | | |
| CCITT V.22bis | 2,400 | | FDX | 2W Marcación | Indistinto | 16QAM | 1200 | | 2400 | |
| | | 1200 | FDX | 2W Marcación | Indistinto | 4DPSK | | Mismo como CCITT V.22 | | |
| CCITT V.26 | 2,400 | | FDX | 4W Terminada | Síncrona | 4DPSK | 1800 (Mismo como Bell 201C) | | | |
| CCITT V.26bis | 2,400 | | FDX | 4W Terminada | Síncrona | 4DPSK | 1800 | | | |
| | | 1200 | FDX | 4W Terminada | Síncrona | 2DPSK | 1800 | | | |
| Bell 208A | 4,800 | | FDX | 4W Terminada | Síncrona | 8DPSK | 1800 | | | |
| Bell 208B | 4,800 | | HDX | 2W Marcación | Síncrona | 8DPSK | 1800 | | | |
| CCITT V.27bis | 4,800 | | FDX | 4W Terminada | Síncrona | 8DPSK | 1800 | | | |
| | | 2400 | FDX | 4W Terminada | Síncrona | 4DPSK | 1800 | | | |
| Bell 209 | 9,600 | | FDX | 4W Terminada D | Síncrona | 16QAM | 1700 | | | |
| CCITT V.29 | 9,600 | 7200/4800 | FDX | 4W Terminada D | Síncrona | 16QAM | 1700 | | | |
| CCITT V.32 | 9,600 | 4800/2400 | FDX | 2W Marcación | Indistinto | 32QAM[c] | 1800 | | 1800 | |
| CCITT V.32bis | 14,400 | 12,000/9600 | FDX | 2W Marcación | Indistinto | 128QAM[c] | 1800 | | 1800 | |
| CCITT V.33 | 14,400 | 9600/2400 | FDX | 4W Terminada C2 | Síncrona | 128QAM[c] | 1800 | | 1800 | |
| CCITT V.34 | 28,800 | 26,400/24,000 | FDX | 2W Marcación | Indistinto | 512QAM[c] | | | | |
| Bell 301B | 40,800 | | FDX | Canal de grupo | Síncrona | BPSK | | | | |
| Bell 303B | 19,200 | | FDX | Media grupo | Síncrona | VSB | | | | |
| Bell 303C | 50,000 | | FDX | Canal de grupo | Síncrona | VSB | | | | |
| Bell 303D | 230,400 | | FDX | Supergrupo | Síncrona | VSB | | | | |

[a] FSK, Transmisión por desplazamiento de frecuencia; BPSK, Transmisión por desplazamiento de fase binario; MDPSK, *M*-ario transmisión por desplazamiento diferencial; VSB, banda lateral vestigial; MQAM, *M*-ario modulación de amplitud cuadrática. [b] M, marca; S, espacio. [c] Se utiliza modulación codificada de Trellis.

**TABLA C-8** MÓDEMS PERSONALES POPULARES 300, 1200 Y 2400 BITS/S[a]

| | Tipo de sistema Bell | | | CCITT |
|---|---|---|---|---|
| | **103/113** | **202** | **212A** | **V.22bis** |
| Datos | Binaria serial<br>Asíncrona<br>Full duplex<br>(línea de par de hilos) | Línea terminada o de marcación<br>Binaria serial<br>Asíncrona<br>Half-duplex (línea de par de hilos) | Binaria serial<br>Asíncrona o síncrona<br>Full-duplex, líneas de marcación<br>(también contiene un módem de tipo 103) | Binaria serial<br>Asíncrona o síncrona<br>Full-duplex, completo, marcación<br>(por lo común también contiene un módem de tipo 212A) |
| Tasa de datos | 0 a 300 bits/s | 0 a 1200 bits/s<br>(Marcación)<br>0 a 1800 bits/s<br>(Terminado C2) | 1200 bits/s<br>600 baud (símbolos/s) | 2400 bits/s<br>600 baud (símbolos/s) |
| Modulación | FSK | FSK | QPSK ($M = 4$ fases) | QAM (constelación de señal de tipo rectangular de 16 puntos) |
| Asignación de frecuencia/ de fase | *Extremo originador* / *Extremo contestador*<br>Tx:<br>Espacio 1070 Hz / 2025 Hz<br>Marca 1270 Hz / 2225 Hz<br>Rx:<br>Espacio 2025 Hz / 1070 Hz<br>Marca 2225 Hz / 1270 Hz | Marca: 1200 Hz<br>Espacio: 2200 Hz | Frecuencias de la portadora<br>Extremo originador / Extremo contestador<br>Tx:<br>$f_c$ = 1200 Hz / $f_c$ = 2400 Hz<br>Rx:<br>$f_c$ = 2400 / $f_c$ = 1200 Hz<br>*Mensaje* (2 bits) / *Ángulo de fase*<br>00 / 90°<br>01 / 0°<br>10 / 180°<br>11 / 270° | Extremo originador / Extremo contestador<br>Tx:<br>$f_c$ = 1200 Hz / $f_c$ = 2400 Hz<br>Rx:<br>$f_c$ = 2400 Hz / $f_c$ = 1200 Hz<br>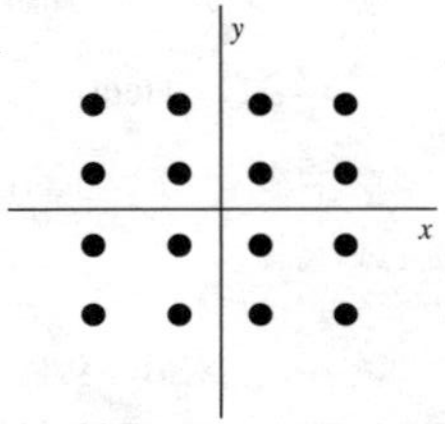 |
| Nivel de transmisión | 0 a −12 dBm | 0 a −12 dBm | | |
| Nivel de recepción | 0 a −50 dBm | 0 a −50 dBm (Línea de marcación)<br>0 a −40 dBm (Línea terminada) | | |

[a] Tx, transmisión; Rx, recepción.

**TABLA C-9** ESTÁNDAR DEL MÓDEM CCITT V.32

| | **Concepto** |
|---|---|
| Datos | Binario serial, asíncrona o síncrona<br>Full-duplex sobre una línea de par de hilos[a] |
| Frecuencia de la portadora | Transmisión[a]: 1800 Hz<br>Recepción[a]: 1800 Hz |
| *Opción 1* | |
| Tasa de datos | 9600 bits/s para una SNR alta<br>4800 bits/s para una SNR baja |
| Modulación | 32 QAM, 2400 baud, para una SNR alta usando modulación codificada de Trellis (véase la figura 1-9, donde $n = 3$ y $m - k = 2$) con 4 bits de datos más 1 bit codificado por símbolo<br>QPSK, 2400 baud (estados A, B, C, D) para una SNR baja |
| *Opción 2* | |
| Tasa de datos | 9600 bits/s para una SNR alta<br>4800 bits/s para una SNR baja |
| Modulación | 16 QAM, 2400 baud, para una alta SNR<br>QPSK, 2400 baud (estados A, B, C, D) para una SNR baja |

**Constelación de la señal**

*Opción 2*: 32 QAM o QPSK

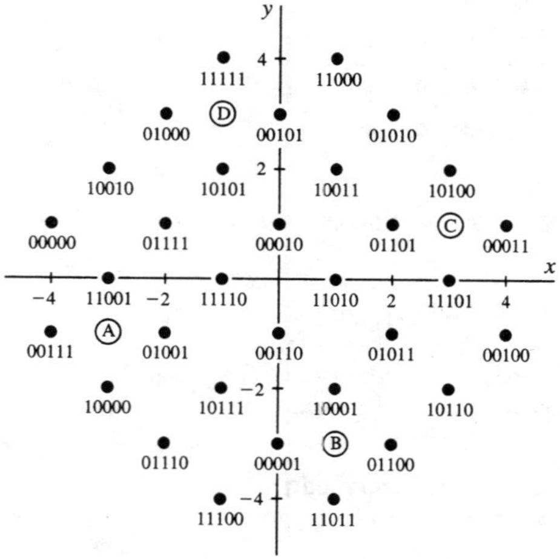


*Opción 2:* 16 QAM o QPSK

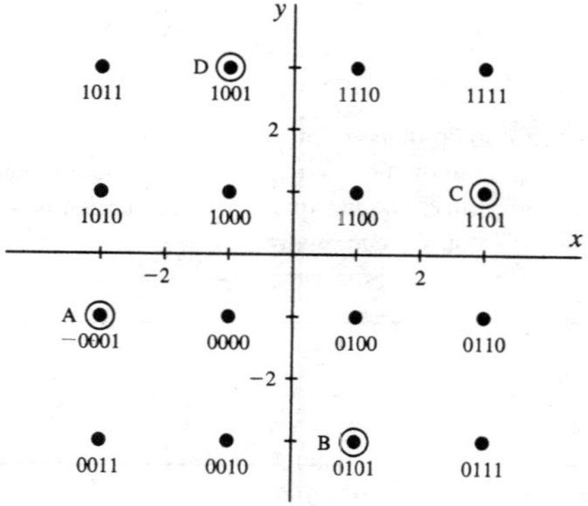


[a] En este módem se utiliza un híbrido de dos a cuatro hilos para obtener las líneas de transmisión y recepción.

**TABLA C-10** ESTÁNDARES PARA EL MÓDEM CCITT V.32BIS Y V.33

| | Concepto |
|---|---|
| Datos | Binario serial |
| V.32bis | Síncrona/asíncrona, full-duplex sobre una línea de marcación a dos hilos[a] |
| V.33 | Síncrona, full-duplex sobre una línea terminada de cuatro hilos[b] |
| Frecuencia portadora | Transmisión: 1800Hz<br>Recepción: 1800 Hz |
| Tasa de datos | 14,400 bits/s |
| Modulación | 128 QAM, 2400 baud, usando modulación codificada de Trellis (véase la figura 1-9, donde $n = 3$ y $m - k = 4$) con 6 bits de datos más 1 bit codificado por símbolo |
| Modo de retroceso | 12,000 bits/s usando 64 QAM, 2400 baud, (constelación de la señal no mostrada) y modulación codificada de Trellis con 5 bits de datos más 1 bit de codificación por símbolo |

**Constelación de señal 128 QAM**

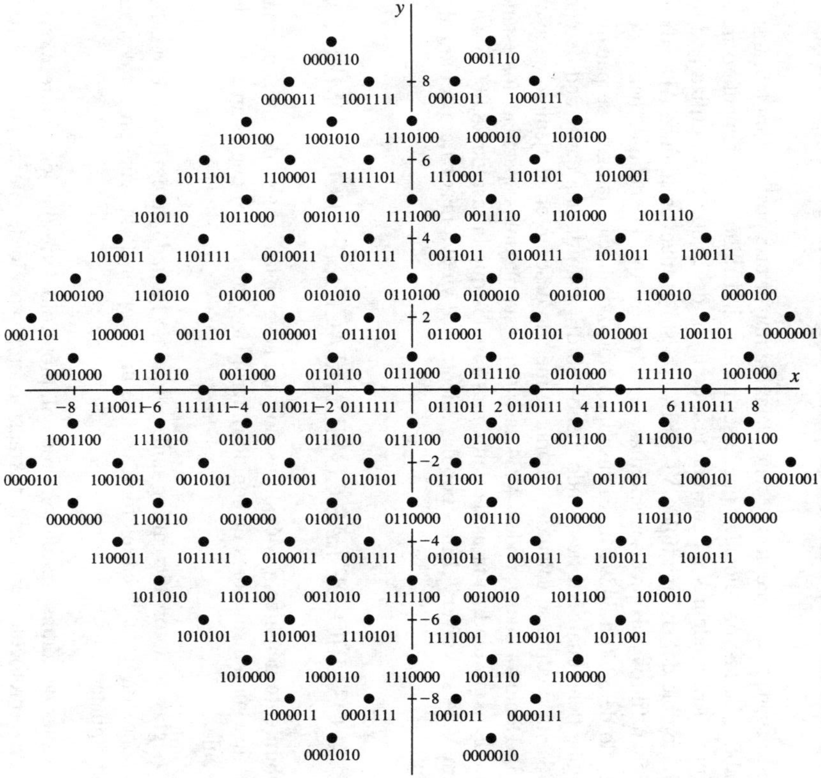


[a] El módem CCITT V.32bis utiliza una línea de dos hilos y un híbrido de dos a cuatro hilos para obtener las líneas de transmisión.

[b] El módem CCITT V.33 utiliza dos hilos para transmisión y dos hilos para recepción.

de ruido cuando sea necesario, y renegocia a la mayor tasa posible para la transmisión de datos confiable. (La mayor velocidad puede ser menor si el ruido se incrementa o mayor si el ruido disminuye.) El módem V.34 con una tasa de datos de 28,800 bits/s utiliza casi toda la capacidad disponible del sistema típico VF TELCO. Esto es, nuevos equipos ADC de terminal TELCO tienen filtros más precisos antialias que permiten que el ancho de banda del canal VF sea extendido de 3200 a 3429 Hz. El suscriptor típico de línea analógica de par trenzado de línea analógica tiene una SNR de cuando menos 30 dB. Esto da una capacidad de canal teórica de 34 178 bits/s (como se calculó mediante el método descrito en el ejemplo de ayuda de estudio SA1-3). Debido a que el módem V.34 casi logra esta máxima capacidad, los estándares de nuevos módems no tendrán tasas de datos más rápidos que la tasa de 28,800 bits/s del V.34. El módem V.34 se volverá el más popular mientras se vuelva más barato debido al alto volumen de ventas.

## C-6 BREVE GLOSARIO DE LAS COMUNICACIONES POR COMPUTADORA

**Acoplamiento acústico.** Método usado para acoplar las señales del módem a la línea telefónica vía transductores de sonido (micrófono y audífono) que están colocados en el auricular.

**ACU** (siglas de automatic calling unit, unidad de llamado automático). Unidad que marca la conexión de la línea telefónica sobre un receptor de la señal propia de datos desde una computadora.

**ARP** (siglas de address resolution protocol, protocolo de resolución de dirección). Proceso TCP/IP (protocolo de control de transmisión/protocolo de internet) que localiza la dirección IP a la dirección Ethernet como se requiere por el TCP/IP para el uso con Ethernet.

**ARQ** (siglas de automatic retransmission request, respuesta de retransmisión automática). Técnica de corrección de error donde el mensaje se retransmite cuando el receptor detecta un error.

**ASCII** (Código Estándar de Estados Unidos para el Intercambio de Información). Código de 7 bits más 1 bit de paridad; véase la tabla C-2.

**ASR.** Envío – recepción automática.

**ATM** (modo de transferencia asíncrona). Nuevo protocolo de paquete (o celda) que se está implementando sobre el PSTN. Véase la sección C-4.

**Baud.** Tasa de transmisión de datos, en unidades de símbolos por segundo, donde un símbolo es contado para cada nivel posible de modulación. El baud a veces se usa de forma incorrecta por los fabricantes de módem para expresar bits por segundo. Un baud es lo mismo que un bit por segundo, si cada símbolo representa un bit (por ejemplo, $M = 2$ niveles posibles).

**BISYNC** (Protocolo de comunicación síncrona binaria.) Véase la sección C-4 y figura C-7.

**Canal de banda amplia.** Canal que tiene un ancho de banda mucho mayor que el requerido para enviar una señal de VF.

**Canal de VF (frecuencia de voz).** Canal con una repuesta a la frecuencia sobre el rango de 300 a 3200 Hz.

**Canal inverso.** Canal que permite al receptor en un módem enviar datos de baja velocidad al módem transmisor para utilizarse en el control de error, rompimiento de circuito y diagnósticos de red.

**Carácter de control.** Carácter funcional de no impresión que proporciona alguna función de control (véase, por ejemplo, la tabla C-2 para el control de caracteres ASCII).

**CCITT.** Comité Consultivo Internacional de Telefonía y Telegrafía, un grupo internacional de estándares.

**Código Baudot.** Grupo de códigos de 5 bits; véase la tabla C-1. También conocido como el *Alfabeto Telegráfico Internacional (ITA) Número 2*.

**Concentrador.** Dispositivo que conecta varios dispositivos de baja velocidad, por lo regular asíncronas a dispositivo de alta velocidad, normalmente síncronas.

**Conjunto de datos.** (1) Un módem o (2) una colección de registro de datos.

**Conmutación de circuito.** Conexión física o electrónicamente conmutada que conecta la línea de la parte que llama con la parte que es llamada.

**Conmutación de mensaje.** *Véase* guardar y enviar.

**Conmutación de paquetes.** Transferencia de datos por medio de los paquetes ajustados. El canal es ocupado solamente durante la transmisión del paquete. En este sentido, existe un circuito virtual (circuito no permanente) entre los sitios de comunicación. Véase la sección C-4, ATM.

**Control de flujo.** Habilidad de detener el flujo de datos de un transmisor para que los buffers no se sobrecarguen.

**CRC** (Verificación de redundancia cíclica). Datos que se verifican contra errores al usar un algoritmo polinomial. El algoritmo se utiliza para calcular un campo verificado (por lo común de 16 bits) que se agrega al cuadro de datos del transmisor y es utilizado por el receptor para verificar que la información esté correcta.

**CSMA/CD** (Portadora de sentido dc múltiple acceso/detección de colisión). Múltiples usuarios transmiten datos sobre un canal común. Si dos usuarios transmiten datos al mismo tiempo, la colisión resultante se detecta, al igual que cada intento de transmitir otra vez después de un intervalo de tiempo predeterminado.

**CTS.** Línea limpia (lista) para enviar sobre la interfase RS-232 (véase la tabla C-3).

**CXR.** Portadora

**DCE** (Equipo de comunicaciones de datos). Un módem, véase la figura C-1

**EBCDIC** (Código de intercambio extendido de decimal codificado a binario). Código de 8 bits usado principalmente en equipo IBM.

**Ecualizador adaptable.** Circuito electrónico que compensa automáticamente el retraso de la envolvente cambiante y la respuesta a la frecuencia para una línea telefónica.

**ETD** (equipo de terminal de datos). Equipo que proporciona la fuente o el descenso de datos; véase la figura C-1.

**Ethernet.** Cable coaxial para la red del área local que transmite información a 10 Mbits/s con una técnica CSMA/CD. Fue desarrollada en principio por la corporación Xerox y ahora es estandarizada por la IEEE (IEEE 802.3). Véase la tabla C-6.

**FDDI** (interfase de datos distribuidos por fibra). Estándar ANSI para los enlaces de datos por computadora de fibra óptica con tasas de datos hasta 100 Mbits/s.

***Full-duplex.*** (1) Protocolo que proporciona transmisión simultánea de datos en ambas direcciones; o de manera alternativa, (2) en el contexto de las líneas telefónicas de datos, un circuito a cuatro hilos (dos pares).

***Gateway.*** Caja electrónica o un dispositivo de red lógico que interconecta redes incompatibles o dispositivos al realizar la conversión del protocolo.

**Guardar y enviar.** Proceso mediante el cual los mensajes son aceptados dentro de la memoria y enviados a un tiempo conveniente de acuerdo con la dirección en el encabezado del mensaje.

***Half-dúplex.*** (1) Protocolo que permite que los datos sean transmitidos en una sola dirección a la vez; o de manera alternativa, (2) en el contexto de las líneas telefónicas de datos, un circuito a dos hilos (un par).

**HDLC** (Protocolo de control de enlace de datos de alto nivel). Véase la sección C-4 y figura C-8.

**ISDN** (red digital de servicios integrados). Servicio PSTN que proporciona un enlace de datos digital en forma directa al suscriptor sobre una línea de par trenzado. Véase la sección 8-3.

**ISO.** Organización Internacional para la Estandarización.

**LAN** (red de área local). Conexión de instalaciones de computadora de oficina o campo de una a la otra por un cable de par trenzado, cable coaxial o cable de fibra óptica.

**Línea de cambio.** Proceso por el cual las líneas de diferentes lugares son conectadas (conmutadas) cuando se desea una sesión de comunicación (por ejemplo, la red telefónica de marcación).

**Línea de marcación.** Conexión de línea telefónica de circuito cambiado (lo opuesto a línea terminada o arrendada).

**Línea multipunto.** Línea que conecta dos o más sitios de comunicación y requiere el uso de algún tipo de poleo (registrador) y mecanismo de direccionamiento para cada sitio.

**Línea terminada (arrendada).** Línea permanente entre dos o más sitios de comunicación (sin conmutador) para clientes arrendatarios.

**Modelo ISO OSI.** Véase la figura C-6.

**Módem.** Acrónimo de modulador-demodulador. Un módem convierte la señal de información bandabase a señal de pasabanda para la transmisión sobre una línea telefónica analógica y viceversa. El sistema Bell llama a un módem un conjunto de datos.

**Modo simplex.** Envío de datos en una dirección.

**Multicanalizador estadístico.** Multicanalizador por división de tiempo que toma ventaja del hecho que a menudo existe una "fecha límite" sobre los canales de datos de entrada. Por tanto, al adaptar en forma dinámica el algoritmo de división del tiempo, se pueden servir un mayor número de canales de entrada con un multicanalizador por división de tiempo (no adaptable).

**Nivel recortador.** Nivel de umbral de un comparador que determina si el nivel de entrada se convierte dentro de un nivel de salida correspondiente a un 1 binario o a un 0 binario.

**Paquete.** Grupo de bits con bits de dirección agregados, los bits de identificación del que envía y/o otros bits de control.

**Poleo.** En una red de multipunto, el proceso de preguntar cuáles sitios tienen datos para transmitir.

**Procesador frontal.** Computadora de comunicaciones conectada entre la computadora principal y las terminales remotas; proporciona control de línea, conversión de código, concentración de datos y control de error.

**Protocolo.** Reglas para el control de la transmisión de datos sobre la red de comunicación.

**PSTN** (red telefónica pública conmutada). Instalaciones de la portadora común para el arrendamiento de la transmisión de audio, video y datos. Véase la tabla 8-2.

**Puente.** Caja electrónica que conecta diferentes redes de área local a la capa de enlace de datos del modelo OSI; véase la figura C-6 en la sección C-3.

**Red híbrida.** Circuito que acopla una línea telefónica a dos hilos a un circuito a cuatro hilos. (Véase la figura 8-5).

**Repetidor.** Dispositivo electrónico que recibe una señal atenuada de datos eléctricos o datos ópticos con ruido y regenera una señal de alto nivel "libre de ruido" (posiblemente con algún bit de error) para retransmisión.

**Retardo envolvente.** En el contexto de las líneas telefónicas, medición del retardo a través del circuito para una señal senoidal a cierta frecuencia mientras se compara con el retardo mínimo, el cual por lo común ocurre a una frecuencia de cerca de 1800 Hz.

**RS-232C.** Interfase DCE/DTE. Véase la tabla C-3.

**Supresor de eco.** Dispositivo que suprime los ecos en las líneas telefónicas públicas, causados por las reflexiones en la línea de transmisión (por lo regular en la interfase híbrida).

**TCP/IP** (protocolo de control de transmisión/protocolo de internet). Conjunto de capas de protocolos para permitir una alta velocidad (por ejemplo, Ethernet) en la conexión de la red entre las PC y otras computadoras. Se pueden comunicar diferentes equipos de vendedor con otro sobre la red TCP/IP. La TCP/IP corresponde a las capas 3 y 4 del modelo OSI como se muestra en la figura C-6.

**Terminal X.** Terminal de computadora con un monitor de video y un teclado que corre software de terminal X. La terminal X se conecta a un RISC (siglas de Reduced instruction set computing, conjunto de instrucciones reducidas de computación). Estación de trabajo UNIX que proporciona la potencia de computación y funciones de servidor de archivos.

**Tiempo de vuelta (regreso).** Tiempo requerido de un módem para invertirla dirección de transmisión cuando está conectado a una línea half-duplex.

***Token bus.*** LAN que usa una palabra única (un token) para pasar a un dispositivo antes de que pueda colocar la datos sobre la LAN para transmisión.

**Transmisión asíncrona.** Intervalos de tiempo entre caracteres transmitidos podrán ser desiguales en longitud. Los bits de inicio y paro son transmitidos antes y después de cada carácter para sincronizar el reloj del receptor.

**Transmisión síncrona.** Proceso mediante el cual los caracteres de datos se transmiten a una tasa fija, con el transmisor y receptor en sincronía. No hay bits de comienzo y terminación, así que la técnica de transmisión es mucho más eficiente que la transmisión asíncrona.

**Verificación de eco.** Método para verificar errores en un sistema de datos al poner en un circuito los datos en el sitio de recepción de regreso al sitio de transmisión para comparación.

**X.25.** Protocolo de paquete. Véase la sección C-2.

# BIBLIOGRAFÍA

ABRAMOWITZ, M., y I. A. STEGUN (editores), *Handbook of Mathematical Functions*, National Bureau of Standards, Superintendent of Documents, U.S. Government Printing Office, Washington, DC, 1964. También está disponible en presentación de bolsillo. Dover Publications, Nueva York, 1965.

AMOROSO, F., "The Bandwidth of Digital Data Signals," *IEEE Communications Magazine,* vol. 18, núm. 6, noviembre 1980, pp. 13–24.

ANDERSON, R. R. y J. SALZ, "Spectra of Digital FM," *Bell System Technical Journal,* vol. 44, julio-agosto 1965, pp. 1165–1189.

AOYAMA, T., W. R. DAUMER, y G. MODENA (editores), Special Issue on Voice Coding for Communications, *IEEE Journal on Selected Areas of Communications*, vol. 6, febrero 1988.

ARRL, *The 1995 ARRL Handbook for Radio Amateurs,* 72a. ed., 1994; *The 1994 ARRL Handbook for Radio Amateurs*, 1993; *The 1992 ARRL Handbook for Radio Amateurs*, 1991, American Radio Relay League, Newington, CT.

AT&T, *FT-2000 OC-48 Lightwave System*, Publication No. AT&T 365-575-100, AT&T Centro Regional de Asistencia Técnica (800-432-6600), Holmdel, NJ, diciembre 1994.

BALDUINO, P. R. H., "Latin America Goes Wireless via Satellite," *IEEE Communications Magazine*, vol. 33, núm. 9, septiembre 1995, pp. 114–122.

BASCH, E. E., y T. G. BROWN, "Introduction to Coherent Optical Fiber Transmission," *IEEE Communications Magazine*, vol. 23, mayo 1985, pp. 23–30.

BEDROSIAN, E. B., y S. O. RICE, "Distortion and Crosstalk of Linearly Filtered Angle-Modulated Signals," *Proceedings of the IEEE*, vol. 56, enero 1968, pp. 2–13.

BELL TELEPHONE LABORATORIES, *Transmission Systems for Communications*, 1a. ed., Western Electric Company, Winston-Salem, NC, 1970.

BENDAT, J. S., y A. G. PIERSOL, *Random Data: Analysis and Measurement Procedures*, Wiley-Interescience, Nueva York, 1971.

BENEDETTO, S., E. BIGLIERI, y V. CASTELLANI, *Digital Transmission Theory,* Prentice Hall, Upper Saddle River, NJ, 1987.

BENEDETTO, S., M. MONDIN, y G. MONTORSI, "Performance Evaluation of Trellis-Coded Modulation Schemes," *Proceedings of the IEEE*, vol. 82, núm. 6, junio 1994, pp. 833-855.

BENNETT, W. R., y J. R. DAVEY, *Data Transmission,* McGraw–Hill Book Company, Nueva York, 1965.

BENNETT, W. R., y S. O. RICE, "Spectral Density and Autocorrelation Functions Associated with Binary Frequency Shift Keying," *Bell System Technical Journal,* vol. 42, septiembre 1963, pp. 2355–2385.

BENSON, K. B., y J. C. WHITAKER, *Television Engineering Handbook*, edición revisada, McGraw–Hill Book Company, Nueva York, 1992.

BERGLAND, G. D., "A Guided Tour of the Fast Fourier Transform," *IEEE Spectrum*, vol. 6, julio 1969, pp. 41–52.

BEST, R. E., *Phase-Locked Loops*, 2a. ed., McGraw–Hill, Inc., Nueva York, 1993.

BHARGAVA, V. K., "Forward Error Correction Schemes for Digital Communications," *IEEE Communications Magazine*, vol. 21, enero 1983, pp. 11–19.

BHARGAVA, V. K., D. HACCOUN, R. MATYAS, y P. P. NUSPL, *Digital Communications by Satellite*, Wiley-Interscience, Nueva York, 1981.

BIC, J. C., D. DUPONTEIL, y J. C. IMBEAUX, *Elements of Digital Communication*, John Wiley & Sons, Nueva York, 1991.

BIGLIERI, E., D. DIVSALAR, P. J. MCLANE, y M. K. SIMON, *Introduction to Trellis-Coded Modulation with Applications*, Macmillan Publishing Company, Nueva York, 1991.

BLACKMAN, R. B. y J. W. TUKEY, *The Measurement of Power Spectra*, Dover, Nueva York, 1958.

BLAHUT, R. E., *Theory and Practice of Error Control Codes*, Addison-Wesley Publishing Company, Reading, MA, 1983.

BLANCHARD, A., *Phase-Locked Loops,* Wiley-Interscience, Nueva York, 1976.

BOASHASH, B., "Estimating and Interpreting the Instantaneous Frequency of a Signal—Part 1: Fundamentals," y "Part 2: Algorithms and Applications, *Proceedings of the IEEE*, vol. 80, núm. 4, abril 1992, pp. 520–538, 540–568.

BÖRJESSON P. O., y C. E. W. SUNDBERG, Simple Approximations for the Error Function Q(x) for Communication Applications," *IEEE Transactions on Communications*, vol. COM-27, marzo 1979, pp. 639–643.

BOWRON, P. y F. W. STEPHENSON, *Active Filters for Communications and Instrumentation*, McGraw–Hill Book Company, Nueva York, 1979.

BREMERMANN, H., *Distributions, Complex Variables and Fourier Transforms*, Addison-Wesley Publishing Company, Reading, MA, 1965.

BRILEY, B. E., *Introduction to Telephone Switching*, Addison-Wesley Publishing Company, Reading, MA, 1983.

BROADCASTING, *Broadcasting and Cable Yearbook 1995*, R. R. Bowker, New Providence, NJ, 1995.

BYLANSKI, P., y D. G. W. INGRAM, *Digital Transmission Systems*, Peter Peregrinus Ltd., Herts, Inglaterra, 1976.

CAMPANELLA, M., U. LOFASO, y G. MAMOLA, Optimum Pulse Shape for Minimum Spectral Occupancy in FSK Signals," *IEEE Transactions on Vehicular Technology*, vol. VT-33, mayo 1984, pp. 67–75.

CARLSON, A. B., *Communication Systems*, 3a. ed., McGraw–Hill Book Company, Nueva York, 1986.

CATTERMOLE, K. W., *Principles of Pulse-Code Modulation*, American Elsevier, Nueva York, 1969.

CCITT STUDY GROUP XVII, "Recommendation V.32 for a Family of 2-Wire, Duplex Modems Operating on the General Switched Telephone Network and on Leased Telephone-Type Circuits," *Document AP VIII-43E*, mayo 1984.

CHAKRABORTY, D., "VSAT Communication Networks—An Overview," *IEEE Communications Magazine*, vol. 26, núm. 5, mayo 1988, pp. 10–24.

CHALLAPALI, K., X. LEBEQUE, J. S. LIM, W. H. PAIK, R. SAINT GIRONS, E. PETAJAN, V. SATHE, P. A. SNOPKO, y J. ZDEPSKI, "The Grand Alliance System for US HDTV," *Proceedings of the IEEE*, vol. 83, núm. 2, febrero 1995, pp. 158-173.

CHAPMAN, R. C. (editor), "The SLC96 Subscriber Loop Carrier System," *AT&T Bell Laboratories Technical Journal*, vol. 63, núm. 10, parte 2, diciembre 1984, pp. 2273–2437.

CHILDERS, D., y A. DURLING, *Digital Filtering and Signal Processing*, West Publishing Company, Nueva York, 1975.

CHORAFAS, D. N., *Telephony, Today and Tomorrow*, Prentice Hall, Upper Saddle River, NJ, 1984.

CLARK, G. C., y J. B. CAIN, *Error-Correction Coding for Digital Communications*, Plenum Publishing Corporation, Nueva York, 1981.

COOPER, G. R., y C. D. MCGILLEM, *Modern Communications and Spread Spectrum*, McGraw–Hill Book Company, Nueva York, 1986.

COUCH, L. W., "A Study of a Driven Oscillator with FM Feedback by Use of a Phase-Lock-Loop Model," *IEEE Transactions on Microwave Theory and Techniques*, vol. MTT-19, núm. 4, abril 1971, pp. 357–366.

COUCH, L. W., *Digital and Analog Communication Systems*, 4a. ed., Macmillan Publishing Company, Nueva York, 1993.

COUCH, L. W., *Modern Communications Systems*, Prentice Hall, Upper Saddle River, NJ, 1995.

COURANT, R., y D. HILBERT, *Methods of Mathematical Physics*, vol. 1, Wiley-Interscience, Nueva York, 1953.

DAMMANN, C. L., L. D. MCDANIEL, y C. L. MADDOX, "D2 Channel Bank—Multiplexing and Coding," *Bell System Technical Journal*, vol. 51, octubre 1972, pp. 1675–1700.

DAVENPORT, W. B., JR., y W. L. ROOT, *An Introduction to the Theory of Random Signals and Noise*, McGraw–Hill Book Company, Nueva York, 1958.

DAVIDOFF, M. R., *The Satellite Experimenter's Handbook*, American Radio Relay League, Newington, CT, 1984.

DAVIS, D. W. y D. L. A. BARBER, *Communication Networks for Computers*, John Wiley & Sons, Nueva York, 1973.

DEANGELO, J., "New Transmitter Design for the 80's," *BM/E (Broadcast Management/Engineering)*, vol. 18, marzo 1982, pp. 215–226.

DECINA, M. y G. MODENA, "CCITT Standards on Digital Speech Processing," *IEEE Journal on Selected Areas of Communications*, vol. 6, febrero 1988, pp. 227–234.

DEFFEBACH, H. L., y W. O. FROST, "A Survey of Digital Baseband Signaling Techniques," *NASA Technical Memorandum NASATM X-64615*, junio 30, 1971.

DEJAGER, F., "Delta Modulation, A Method of PCM Transmission Using a 1-Unit Code," *Phillips Research Report*, núm. 7, diciembre 1952, pp. 442–466.

DEJAGER, F., y C. B. DEKKER, "Tamed Frequency Modulation: A Novel Method to Achieve Spectrum Economy in Digital Transmission," *IEEE Transactions on Communications*, vol. COM-26, mayo 1978, pp. 534–542.

DESHPANDE, G. S. y P. H. WITTKE, "Correlative Encoding of Digital FM," *IEEE Transactions on Communications*, vol. COM-29, febrero 1981, pp. 156–162.

DHAKE, A. M., *Television Engineering*, McGraw–Hill Book Company, Nueva Delhi, India, 1980.

DIXON, R. C., *Spread Spectrum Systems*, 3a. ed., John Wiley & Sons, Nueva York, 1994.

DORF, R. C. (jefe de editores), *The Electrical Engineering Handbook*, CRC Press, Boca Raton, FL, 1993.

DORF, R. C. (editor), *The Engineering Handbook*, CRC Press, Boca Raton, FL, 1996.

EDELSON, B. I., y A. M. WERTH, "SPADE System Progress and Application," *COM-SAT Technical Review*, primavera 1972, pp. 221–242.

EILERS, C. G., "TV Multichannel Sound—The BTSC System," *IEEE Transactions on Consumer Electronics*, vol. CE-31, febrero 1985, pp. 1–7.

FASHANO, M., y A. L. STRODTBECK, "Communication System Simulation and Analysis with SYSTID," *IEEE Journal on Selected Areas of Communications*, vol. SAC-2, enero 1984, pp. 8–29.

FEHER, K., *Digital Communications—Satellite/Earth Station Engineering*, Prentice Hall, Upper Saddle River, NJ, 1981.

FELLER, W., *An Introduction to Probability Theory and Its Applications*, John Wiley & Sons, Nueva York, 1957, p. 168.

FIKE, J. L., y G. E. FRIEND, *Understanding Telephone Electronics*, 2a. ed., Texas Instruments, Dallas, 1984.

FINK, D. G., y H. W. BEATY (Editors), *Standard Handbook for Electrical Engineers*, McGraw–Hill Book Company, Nueva York, 1978.

FLANAGAN, J. L., M. R. SCHROEDER, B. S. ATAL, R. E. CROCHIERE, N. S. JAYANT, y J. M. TRIBOLET, "Speech Coding," *IEEE Transactions on Communications*, vol. COM-27, abril 1979, pp. 710–737.

FOLEY, J., "Iridium: Key to World Wide Cellular Communications," *Telecommunications*, vol. 25, octubre 1991, pp. 23–28.

FORNEY, G. D., "The Viterbi Algorithm, *Proceedings of the IEEE*, vol. 61, marzo 1973, pp. 268–273.

GALLAGHER, R. G., *Information Theory and Reliable Communications*, John Wiley & Sons, Nueva York, 1968.

GARDNER, F. M., *Phaselock Techniques*, 2a. ed., John Wiley & Sons, Nueva York, 1979.

GARDNER, F. M., y W. C. LINDSEY (editores invitados), Special Issue on Synchronization, *IEEE Transactions on Communications*, vol. COM-28, núm. 8, agosto 1980.

GERSHO, A., "Charge-Coupled Devices: The Analog Shift Register Comes of Age," *IEEE Communications Society Magazine*, vol. 13, noviembre 1975, pp. 27–32.

GERSON, I. A., y M. A. JASIUK, "Vector Sum Excited Linear Prediction (VSELP) Speech Coding at 8kb/s," *International Conf. on Acoustics, Speech, and Signal Processing*, Albuquerque, NM, abril 1990, pp. 461–464.

GLISSON, T. L., *Introduction to System Analysis*, McGraw–Hill Book Company, Nueva York, 1986.

GOLDBERG, R. R., *Fourier Transforms*, Cambridge University Press, Nueva York, 1961.

GOLOMB, S. W. (editor), *Digital Communications with Space Applications*, Prentice Hall, Upper Saddle River, NJ, 1964.

GOODMAN, D. J., "Trends in Cellular and Cordless Communication," *IEEE Communications Magazine*, vol. 29, junio 1991, pp. 31–40.

GORDON, G. D., y W. L. MORGAN, *Principles of Communication Satellites*, Wiley-Interscience, Nueva York, 1993.

GRIFFITHS, J., *Radio Wave Propagation and Antennas*, Prentice Hall, Upper Saddle River, NJ, 1987.

GROB, B., *Basic Television*, 4a. ed., McGraw–Hill Book Company, Nueva York, 1975.

GRUBB, J. L., "The Traveller's Dream Come True," *IEEE Communications Magazine*, vol. 29, noviembre 1991, pp. 48–51.

GULSTAD, K., "Vibrating Cable Relay," *Electrical Review* (London), vol. 42, 1898; vol. 51, 1902.

GUPTA, S. C., "Phase Locked Loops," *Proceedings of the IEEE*, vol. 63, febrero 1975, pp. 291–306.

HA, T. T., *Digital Satellite Communications*, Macmillan Publishing Company, Nueva York, 1986.

HA, T. T., *Digital Satellite Communications*, 2a. ed., John Wiley & Sons, Nueva York, 1989.

HAMMING, R. W., "Error Detecting and Error Correcting Codes," *Bell System Technical Journal*, vol. 29, abril 1950, pp. 147–160.

HÄNDEL, R. y M. N. HUBER, *Integrated Broadband Networks*, Addison-Wesley Publishing Company, Reading, MA, 1991.

HARRIS, A., "The New World of HDTV," *Electronics Now*, vol. 64, mayo 1993, pp. 33–40 y p. 72.

HARRIS, F. J., "On the Use of Windows for Harmonic Analysis with the Discrete Fourier Transform," *Proceedings of the IEEE*, vol. 66, enero 1978, pp. 51–83.

HARRIS, F. J., "The Discrete Fourier Transform Applied to Time Domain Signal Processing," *IEEE Communications Magazine*, vol. 20, mayo 1982, pp. 13–22.

HARTLEY, R. V., "Transmission of Information," *Bell System Technical Journal*, vol. 27, julio 1948, pp. 535–563.

HAUS, H. A., Chairman IRE Subcommittee 7.9 on Noise, "Description of Noise Performance of Amplifiers and Receiving Systems," *Proceedings of the IEEE*, vol. 51, núm. 3, marzo 1963, pp. 436–442.

HAYKIN, S., *Communication Systems*, 2a. ed., John Wiley & Sons, Nueva York, 1983.

HOLMES, J. K., *Coherent Spread Spectrum Systems*, Wiley-Interscience, Nueva York, 1982.

HOPKINS, R., "Digital Terrestrial HDTV for North America: The Grand Alliance HDTV System," *IEEE Transactions on Consumer Electronics*, vol. 40, núm. 3, agosto 1994, pp. 185–198.

HSING, T. R., C. CHEN, y J. A. BELLISIO, "Video Communications and Services in the Copper Loop," *IEEE Communications Magazine*, vol. 31, enero 1993, pp. 62–68.

HUANG, D. T., y C. F. VALENTI, "Digital Subscriber Lines: Network Considerations for ISDN Basic Access Standard," *Proceedings of the IEEE*, vol. 79, febrero 1991, pp. 125–144.

IRMER, T., "An Overview of Digital Hierarchies in the World Today," *IEEE International Conference on Communications*, San Francisco, junio 1975, pp. 16–1 a 16–4.

IRWIN, J. D., *Basic Engineering Circuit Analysis*, Macmillan Publishing Company, Nueva York, 1a. ed., 1984, 2a. ed., 1987, 3a. ed., 1993.

JACOBS, I., "Design Considerations for Long-Haul Lightwave Systems," *IEEE Journal on Selected Areas of Communications*, vol. 4, diciembre 1986, pp. 1389–1395.

JAMES, R. T. y P. E. MUENCH, "A.T.& T. Facilities and Services," *Proceedings of the IEEE*, vol. 60, noviembre 1972, pp. 1342–1349.

JAYANT, N. S., "Digital Encoding of Speech Waveforms," *Proceedings of the IEEE*, mayo 1974, pp. 611–632.

JAYANT, N. S., "Coding Speech at Low Bit Rates," *IEEE Spectrum*, vol. 23, agosto 1986, pp. 58–63.

JAYANT, N. S. y P. NOLL, *Digital Coding of Waveforms*, Prentice Hall, Upper Saddle River, NJ, 1984.

JENKINS, M. G. y D. G. WATTS, *Spectral Analysis and Its Applications*, Holden-Day, San Francisco, CA, 1968.

JERRI, A. J., "The Shannon Sampling Theorem—Its Various Extensions and Applications: A Tutorial Review," *Proceedings of the IEEE*, vol. 65, núm. 11, noviembre 1977, pp. 1565–1596.

JORDAN, E. C. (editor), *Reference Data for Engineers: Radio, Electronics, Computer, and Communications*, 7a. ed., Howard W. Sams & Company, Indianapolis, IN, 1985.

JORDAN, E. C., y K. G. BALMAIN, *Electromagnetic Waves and Radiating Systems*, 2a. ed., Prentice Hall, Upper Saddle River, NJ, 1968.

JURGEN, R. K., "High-Definition Television Update," *IEEE Spectrum*, vol. 25, abril 1988, pp. 56–62.

JURGEN, R. K., "The Challenges of Digital HDTV," *IEEE Spectrum*, vol. 28, abril 1991, pp. 28–30 y 71–73.

KAUFMAN, M. y A. H. SEIDMAN, *Handbook of Electronics Calculations*, McGraw–Hill Book Company, Nueva York, 1979.

KAY, S. M., *Modern Spectral Estimation—Theory and Applications*, Prentice Hall, Upper Saddle River, NJ, 1986.

KAY, S. M. y S. L. MARPLE, "Spectrum-Analysis—A Modern Perspective," *Proceedings of the IEEE*, vol. 69, noviembre 1981, pp. 1380–1419.

KAZAKOS, D. y P. PAPANTONI-KAZAKOS, *Detection and Estimation*, Computer Science Press, Nueva York, 1990.

KLAPPER, J. y J. T. FRANKLE, *Phase-Locked and Frequency–Feedback Systems*, Academic Press, Nueva York, 1972.

KRAUS, J. D., *Radio Astronomy*, 2a. ed., Cygnus-Quasar Books, Powell, OH, 1986.

KRAUSS, H. L., C. W. BOSTIAN y F. H. RAAB, *Solid State Radio Engineering*, John Wiley & Sons, Nueva York, 1980.

KRETZMER, E. R., "Generalization of a Technique for Binary Data Communications," *IEEE Transactions on Communication Technology*, vol. COM-14, febrero 1966, pp. 67–68.

LAM, S. S., "Satellite Packet Communications, Multiple Access Protocols and Performance," *IEEE Transactions on Communications*, vol. COM-27, octubre 1979, pp. 1456–1466.

LANCASTER, D., "Hardware Hacker—Caller Number Delivery," *Radio-Electronics*, vol. 62, agosto 1991, pp. 69–72.

LATHI, B. P., *Modern Digital and Analog Communication Systems*, Holt, Rinehart and Winston, Nueva York, 1983 (2a. ed., 1989).

LEE, W. C. Y., "Elements of Cellular Mobile Radio Systems," *IEEE Transactions on Vehicular Technology*, vol. VT-35, mayo 1986, pp. 48–56.

LEE, W. C. Y., *Mobile Cellular Telecommunications Systems*, McGraw–Hill Book Company, Nueva York, 1989.

LEIB, H. y S. PASUPATHY, "Error-Control Properties of Minimum Shift Keying," *IEEE Communications Magazine*, vol. 31, enero 1993, pp. 52–61.

LENDER, A., "The Duobinary Technique for High Speed Data Transmission," *IEEE Transactions on Communication Electronics*, vol. 82, mayo 1963, pp. 214–218.

LENDER, A., "Correlative Level Coding for Binary-Data Transmission," *IEEE Spectrum*, vol. 3, febrero 1966, pp. 104–115.

LI, V. O. K. y X. QUI, "Personal Communication Systems (PCS)," *Proceedings of the IEEE*, vol. 83, núm. 9, septiembre 1995, pp. 1210–1243.

LIN, D. W., C. CHEN, y T. R. HSING, "Video on Phone Lines: Technology and Applications," *Proceedings of the IEEE*, vol. 83, núm. 2, febrero 1995, pp. 175–192.

LIN, S. y D. J. COSTELLO, JR., *Error Control Coding*, Prentice Hall, Upper Saddle River, NJ, 1983.

LINDSEY, W. C. y C. M. CHIE, "A Survey of Digital Phase-Locked Loops," *Proceedings of the IEEE*, vol. 69, abril 1981, pp. 410–431.

LINDSEY, W. C. y M. K. SIMON, *Telecommunication System Engineering*, Prentice Hall, Upper Saddle River, NJ, 1973.

LUCKY, R. W. y H. R. RUDIN, "Generalized Automatic Equalization for Communication Channels," *IEEE International Communication Conference*, vol. 22, 1966.

LUCKY, R. W., J. SALZ y E. J. WELDON, *Principles of Data Communication,* McGraw–Hill Book Company, Nueva York, 1968.

MANASSEWITSCH, V., *Frequency Synthesizers*, 3a. ed., Wiley-Interscience, Nueva York, 1987.

MARAL, G., *VSAT Networks*, John Wiley & Sons, Nueva York, 1995.

MARKLE, R. E., "Single Sideband Triples Microwave Radio Route Capacity," *Bell Systems Laboratories Record*, vol. 56, núm. 4, abril 1978, pp. 105–110.

MARKLE, R. E., "Prologue, The AR6A Single-Sideband Microwave Radio System," *Bell System Technical Journal*, vol. 62, diciembre 1983, pp. 3249–3253. (Todo el número de diciembre de 1983 trata sobre el sistema AR6A.)

MARPLE, S. L., *Digital Spectral Analysis*, Prentice Hall, Upper Saddle River, NJ, 1986.

MCELIECE, R. J., The Theory of Information and Coding *(Encyclopedia of Mathematics and Its Applications*, vol. 3), Addison-Wesley Publishing Company, Reading, MA, 1977.

MCGILL, D. T., F. D. NATALI y G. P. EDWARDS, "Spread-spectrum Technology for Commercial Applications," *Proceeding of the IEEE*, vol. 82, núm. 4, abril 1994, 572–584.

MELSA, J. L. y D. L. COHN, *Decision and Estimation Theory*, McGraw–Hill Book Company, Nueva York, 1978.

MENNIE, D., "AM Stereo: Five Competing Options," *IEEE Spectrum*, vol. 15, junio 1978, pp. 24–31.

MIYAOKA, S., "Digital Audio Is Compact and Rugged," *IEEE Spectrum*, vol. 21, marzo 1984, pp. 35–39.

MOTOROLA, *Telecommunications Device Data*, Motorola Semiconductor Products, Austin, TX, 1985.

MUMFORD, W. W. y E. H. SCHEIBE, *Noise Performance Factors in Communication Systems*, Horizon House-Microwave, Dedham, MA, 1968.

MURPHY, E., "Whatever Happened to AM Stereo?" *IEEE Spectrum*, vol. 25, marzo 1988, p. 17.

NILSSON, J. W., *Electric Circuits*, 3a. ed., Addison-Wesley Publishing Company, Reading, MA, 1990.

NORTH, D. O., "An Analysis of the Factors Which Determine Signal/Noise Discrimination in Pulsed-Carrier Systems," *RCA Technical Report*, PTR-6-C, junio 1943; reimpreso en *Proceedings of the IEEE*, vol. 51, julio 1963, pp. 1016–1027.

NYQUIST, H., "Certain Topics in Telegraph Transmission Theory," *Transactions of the AIEE*, vol. 47, febrero 1928, pp. 617–644.

OKUMURA, Y. y M. SHINJI (editores invitados), número especial sobre radiocomunicaciones móviles, *IEEE Communications Magazine*, vol. 24, febrero 1986.

OLMSTED, J. M. H., *Advanced Calculus*, Appleton-Century-Crofts, Nueva York, 1961.

O'NEAL, J. B., "Delta Modulation and Quantizing Noise, Analytical and Computer Simulation Results for Gaussian and Television Input Signals," *Bell System Technical Journal*, vol. 45, enero 1966 (a), pp. 117–141.

O'NEAL, J. B., "Predictive Quantization (DPCM) for the Transmission of Television Signals," *Bell System Technical Journal*, vol. 45, mayo-junio 1966(b), pp. 689–721.

OPPENHEIM, A. V. y R. W. SCHAFER, *Digital Signal Processing*, Prentice Hall, Upper Saddle River, NJ, 1975.

OPPENHEIM, A. V. y R. W. SCHAFER, *Discrete-Time Signal Processing,* Prentice Hall, Upper Saddle River, NJ, 1989.

PADGETT, J. E., C. G. GUNTHER Y T. HATTORI, "Overview of Wireless Personal Communications," *IEEE Communications Magazine*, vol. 33, núm. 1, enero 1995, pp. 28–41.

PANCHA, P., y d M. EL ZARKI, "MPEG Coding of Variable Bit Rate Video Transmission," *IEEE Communications Magazine*, vol. 32, núm. 5, mayo 1994, pp. 54–66.

PANDHI, S. N., "The Universal Data Connection," *IEEE Spectrum*, vol. 24, julio 1987, pp. 31–37.

PANTER, P. F., *Modulation, Noise and Spectral Analysis*, McGraw–Hill Book Company, Nueva York, 1965.

PAPOULIS, A., *Probability, Random Variables and Stochastic Processes*, McGraw–Hill Book Company, Nueva York, 2a. ed., 1984, 3a. ed., 1991.

PARK, J. H., JR., "On Binary DPSK Detection," *IEEE Transactions on Communications*, vol. COM-26, abril 1978, pp. 484–486.

PASUPATHY, S., "Correlative Coding," *IEEE Communications Society Magazine*, vol. 15, julio 1977, pp. 4–11.

PEEBLES, P. Z., *Communication System Principles*, Addison-Wesley Publishing Company, Reading, MA, 1976.

PEEBLES, P. Z., *Digital Communication Systems*, Prentice Hall, Upper Saddle River, NJ, 1987.

PEEBLES, P. Z., *Probability, Random Variables, and Random Signal Principles*, 2a. ed., McGraw–Hill Book Company, Nueva York, 1993.

PEEK, J. B. H., "Communications Aspects of the Compact Disk Digital Audio System," *IEEE Communications Magazine*, vol. 23, febrero 1985, pp. 7–15.

PERSONICK, S. D., "Digital Transmission Building Blocks," *IEEE Communications Magazine*, vol. 18, enero 1980, pp. 27–36.

PETAJAN, E., "The HDTV Grand Alliance System," *Proceedings of the IEEE*, vol. 83, núm. 7, julio 1995, pp. 1094–1105.

PETERSON, R. L., R. E. ZIEMER y D. E. BORTH, *Introduction to Spread-Spectrum Communications*, Prentice Hall, Upper Saddle River, NJ, 1995.

PETERSON, W. W., y E. J. WELDON, *Error-Correcting Codes*, MIT Press, Cambridge, MA, 1972.

PETTIT, R. H., *ECM and ECCM Techniques for Digital Communication Systems*, Lifetime Learning Publications (a division of Wadsworth, Inc.), Belmont, CA, 1982.

PRATT, T. y C. W. BOSTIAN, *Satellite Communications*, John Wiley & Sons, Nueva York, 1986.

PRITCHARD, W. L. y C. A. KASE, "Getting Set for Direct-Broadcast Satellites," *IEEE Spectrum*, vol. 18, agosto 1981, pp. 22–28.

PROAKIS, J. G., *Digital Communications*, 3a. ed., McGraw–Hill Book Company, Nueva York, 1995.

QURESHI, S., "Adaptive Equalization," *IEEE Communications Magazine*, vol. 20, marzo 1982, pp. 9–16.

RAMO, S., J. R. WHINNERY y T. VANDUZER, *Fields and Waves In Communication Electronics*, 2a. ed., John Wiley & Sons, Inc., Nueva York, 1984.

RANA, A. H., J. MCCOSKEY y W. CHECK, "VSAT Technology, Trends and Applications," *Proceedings of the IEEE*, vol. 78, julio 1990, pp. 1087–1095.

RAPPAPORT, T. S., "Characteristics of UHF Multipath Radio Channels in Factory Buildings," *IEEE Transactions on Antennas and Propagation*, vol. 37, agosto 1989, pp. 1058–1069.

RAPPAPORT, T. S., *Wireless Communications, Principles and Practice*, Prentice-Hall PTR, Upper Saddle River, NJ, 1996.

REEVE, W. H., *Subscriber Loop Signaling and Transmission Handbook*, IEEE Press, Nueva York, 1995.

RHEE, S. B. y W. C. Y. LEE (Editors), Special Issue on Digital Cellular Technologies, *IEEE Transactions on Vehicular Technology*, vol. 40, mayo 1991.

RICE, S. O., "Mathematical Analysis of Random Noise," *Bell System Technical Journal*, vol. 23, julio 1944, pp. 282–333, y vol. 24, enero 1945, pp. 46–156; reimpreso en *Selected Papers on Noise and Stochastic Processes*, N. Wax (editor), Dover Publications, Nueva York, 1954.

RICE, S. O., "Statistical Properties of a Sine-Wave Plus Random Noise," *Bell System Technical Journal*, vol. 27, enero 1948, pp. 109–157.

ROCKWELL DEFENSE ELECTRONICS, *Collins Prop Man High Frequency Propagation Software*, Rockwell, Collins Avionics and Communications Division, Cedar Rapids, IA, 1995.

ROOT, W. L., "Remarks, Most Historical, on Signal Detection and Signal Parameter Estimation," *Proceedings of the IEEE*, vol. 75, noviembre 1987, pp. 1446–1457.

ROSE, R. B., "MIMIMUF: A Simplified MUF-Prediction Program for Microcomputers," *QST*, vol. 66, diciembre 1982, pp. 36–38.

ROSE, R. B., "Technical Correspondence—MIMIMUF Revisited," *QST*, vol. 68, marzo 1984, p. 46.

ROWE, H. E., *Signals and Noise in Communication Systems*, D. Van Nostrand Company, Princeton, NJ, 1965.

RYAN, J. S. (editor), Special Issue on Telecommunications Standards, *IEEE Communications Magazine*, vol. 23, enero 1985.

SABIN, W. E. y E. O. SCHOENIKE, *Single-Sideband Systems and Circuits*, McGraw–Hill Book Company, Nueva York, 1987.

SALTZBERG, B. R., T. R. HSING, J. M. CIOFFI, y D. W. LIN (editores), Special Issue on High-Speed Digital Subscriber Lines, *IEEE Journal on Selected Areas in Communications*, vol. 9, agosto 1991.

SCHARF, L. L., *Statistical Signal Processing: Detection, Estimation, and Time Series Analysis*, Addison–Wesley Publishing Company, Reading, MA, 1991.

SCHAUMANN, R., M. S. GHAUSI y K. R. LAKER, *Design of Analog Filters*, Prentice Hall, Upper Saddle River, NJ, 1990.

SCHILLING, D. L., R. L. PICKHOLTZ y L. B. MILSTEIN, "Spread Spectrum Goes Commercial," *IEEE Spectrum*, vol. 27, agosto 1990, pp. 40–45.

SCHILLING, D. L., L. B. MILSTEIN, R. L. PICKHOLTZ, M. KULLBACK, y F. MILLER, "Spread Spectrum for Commercial Communications," *IEEE Communications Magazine*, vol. 29, abril 1991, pp. 66–67.

SCHWARTZ, B. K., "The Analog Display Services Interface," *IEEE Communications Magazine*, vol. 31, abril 1993, pp. 70–75.

SCHWARTZ, M., W. R. BENNETT y S. STEIN, *Communication Systems and Techniques*, McGraw–Hill Book Company, Nueva York, 1966.

SHANMUGAN, K. S., *Digital and Analog Communication Systems*, John Wiley & Sons, Nueva York, 1979.

SHANMUGAN, K. S. y A. M. BREIPOHL, *Random Signals: Detection, Estimation and Data Analysis*, John Wiley & Sons, Nueva York, 1988.

SHANNON, C. E., "A Mathematical Theory and Communication," *Bell System Technical Journal*, vol. 27, julio 1948, pp. 379–423 y octubre 1948, pp. 623–656.

SHANNON, C. E., "Communication in the Presence of Noise," *Proceedings of the IRE*, vol. 37, enero 1949, pp. 10–21.

SIMON, M. K., "Comments on `On Binary DPSK Detection'," *IEEE Transactions on Communications*, vol. COM-26, octubre 1978, pp. 1477–1478.

SINNEMA, W. y R. MCPHERSON, *Electronic Communications*, Prentice Hall Canada, Inc., Scarborough, Ontario, Canadá, 1991.

SIPERKO, C. M., "LaserNet—A Fiber Optic Intrastate Network (Planning and Engineering Considerations)," *IEEE Communications Magazine*, vol. 23, mayo 1985, pp. 31–45.

SKLAR, B., *Digital Communications*, Prentice Hall, Upper Saddle River, NJ, 1988.

SLEPIAN, D., "On Bandwidth," *Proceedings of the IEEE*, vol. 64, núm. 3, marzo 1976, pp. 292–300.

SMITH, B., "Instantaneous Companding of Quantized Signals," *Bell System Technical Journal*, vol. 36, mayo 1957, pp. 653–709.

SMITH, J. R., *Modern Communication Circuits*, McGraw–Hill Book Company, Nueva York, 1986.

SOLOMON, L., "The Upcoming New World of TV Reception," *Popular Electronics*, vol. 15, núm. 5, mayo 1979, pp. 49–62.

SPANIAS, A. S., "Speech Coding: A Tutorial Review," *Proceedings of the IEEE*, vol. 82, no. 10, octubre 1994, pp. 1541–1582.

SPILKER, J. J., *Digital Communications by Satellite*, Prentice Hall, Upper Saddle River, NJ, 1977.

STALLINGS, W., *Data and Computer Communications*, 4a. ed., Macmillan Publishing Company, Nueva York, 1994.

STALLINGS, W., *ISDN and Broadband ISDN*, Macmillan Publishing Company, Nueva York, 1992.

STARK, H., F. B. TUTEUR y J. B. ANDERSON, *Modern Electrical Communications*, Prentice Hall, Upper Saddle River, NJ, 1988.

STIFFLER, J. J., *Theory of Synchronous Communication*, Prentice Hall, Upper Saddle River, NJ, 1971.

STUMPERS, F. L., "Theory of Frequency—Modulation Noise," *Proceedings of the IRE*, vol. 36, septiembre 1948, pp. 1081–1092.

SUNDE, E. D., *Communications Engineering Technology*, John Wiley & Sons, Nueva York, 1969.

SWEENEY, P., *Error Control Coding*, Prentice Hall, Upper Saddle River, NJ, 1991.

TAUB, H. y D. L. SCHILLING, *Principles of Communication Systems*, 2a. ed., McGraw–Hill Book Company, Nueva York, 1986.

THOMAS, J. B., *An Introduction to Statistical Communication Theory*, John Wiley & Sons, Nueva York, 1969.

THOMSON CONSUMER ELECTRONICS, Inc., *RCA Self-Installer Manual (for DSS Receiver System)*, Thomson Consumer Electronics, Inc., Indianapolis, IN, 1994.

TURIN, G., "An Introduction to Digital Matched Filters," *Proceedings of the IEEE*, vol. 64, núm. 7, julio 1976, pp. 1092–1112.

UNGERBOECK, G., "Channel Coding with Multilevel/Phase Signals," *IEEE Transactions on Information Theory*, vol. IT-28, enero 1982, pp. 55–67.

UNGERBOECK, G., "Trellis-Coded Modulation with Redundant Signal Sets," partes 1 y 2, *IEEE Communications Magazine*, vol. 25, núm. 2, febrero 1987, pp. 5–21.

VAN DER ZIEL, A., *Noise in Solid State Devices and Circuits*, Wiley-Interscience, Nueva York, 1986.

VITERBI, A. J., "When Not to Spread Spectrum—A Sequel," *IEEE Communications Magazine*, vol. 23, abril 1985, pp. 12–17.

VITERBI, A. J. y J. K. OMURA, *Principles of Digital Communication and Coding*, McGraw–Hill Book Company, Nueva York, 1979.

WEI, L., "Rotationally Invariant Convolutional Channel Coding with Expanded Signal Space—Part II: Nonlinear Codes," *IEEE Journal on Selected Areas in Communications*, vol. SAC-2, núm. 2, septiembre 1984, pp. 672–686.

WHALEN, A. D., *Detection of Signals in Noise*, Academic Press, Nueva York, 1971.

WHITTAKER, E. T., "On Functions Which Are Represented by the Expansions of the Interpolation Theory," *Proceedings of the Royal Society* (Edinburgo), vol. 35, 1915, pp. 181–194.

WIENER, N., *Extrapolation, Interpolation, and Smoothing of Stationary Time Series with Engineering Applications*, MIT Press, Cambridge, MA, 1949.

WOZENCRAFT, J. M. y I. M. JACOBS, *Principles of Communication Engineering*, John Wiley & Sons, Nueva York, 1965.

WU, W. W., E. F. MILLER, W. L. PRITCHARD, y R. L. PICKHOLTZ, "Mobile Satellite Communication," *Proceedings of the IEEE*, vol. 82, núm. 9, septiembre 1994, pp. 1431–1448.

WYLIE, C. R., JR., *Advanced Engineering Analysis*, John Wiley & Sons, Nueva York, 1960.

YOUNG, P. H., *Electronic Communication Techniques*, Merrill Publishing Co., Columbus, OH, 1990.

XIONG, F., "Modern Techniques in Satellite Communications," *IEEE Communications Magazine*, vol. 32, núm. 8, agosto 1994, pp. 84–98.

ZIEMER, R. E. y R. L. PETERSON, *Digital Communications and Spread Spectrum Systems*, Macmillan Publishing Company, Nueva York, 1985.

ZIEMER, R. E. y W. H. TRANTER, *Principles of Communications*, 3a. ed., Houghton Mifflin Company, Boston, 1990.

ZIEMER, R. E., W. H. TRANTER y D. R. FANNIN, *Signals and Systems*, Macmillan Publishing Company, Nueva York, 1a. ed., 1983, 2a. ed., 1989.

ZOU, W. Y., "Comparison of Proposed HDTV Terrestrial Broadcasting Systems," *IEEE Transactions on Broadcasting*, vol. 37, diciembre 1991, pp. 145–147.

# RESPUESTAS A LOS PROBLEMAS SELECTOS

## Capítulo 1

**1-5** 1.97 bits

**1-9** $H = 3.084$ bits

**1-11** $H = 3.32$ bits, $T = 1.66$ s

## Capítulo 2

**2-9** 36 dB

**2-10** **(a)** $4.08 \times 10^{-14}$ W **(b)** $-103.9$ dBm **(c)** $1.75\ \mu$V

**2-16** $S(f) = -\dfrac{A}{\omega^2} + Ae^{-j\omega T_0}\left(\dfrac{1}{\omega^2} + j\dfrac{T_0}{\omega}\right),$ donde $\omega = 2\pi f$.

Obsérvese que $S(0) = AT_0^2/2$.

**2-40** **(a)** $(\text{sen}\,4t)/(4t)$ **(b)** 7

**2-45** **(a)** $-0.4545A$ **(b)** $0.9129A$

**2-47** **(a)** $(A_1 + A_2)/\sqrt{2}$ **(b)** $(\sqrt{A_1^2 + A_2^2})/\sqrt{2}$ **(c)** $|A_2 - A_1|/\sqrt{2}$
**(d)** $(\sqrt{A_1^2 + A_2^2})/\sqrt{2}$ **(e)** $(\sqrt{A_1^2 + A_2^2})/\sqrt{2}$

**2-56** $$c_n = \begin{cases} \dfrac{AT^2}{2T_0}, & n = 0 \\ \dfrac{A\{e^{-j2\pi nT/T_0}[1 + j2\pi n(T/T_0)] - 1\}}{(2\pi n)^2/T_0}, & n \neq 0 \end{cases}$$

**2-62** $$c_n = \begin{cases} 0, & n = \text{par} \\ \dfrac{4}{n^2\pi^2}, & n = \text{impar} \end{cases}$$ **(b)** $\frac{1}{3}$ W

**2-82** **(a)** 6.28 ms **(b)** 160

## Capítulo 3

**3-3** **(a)** $$W_s(f) = d \sum_{n=-\infty}^{\infty} \frac{\operatorname{sen} \pi nd}{\pi nd} \begin{cases} 1, & |f - nf_s| \leq 2500 \\ \dfrac{-1}{1500}(|f - nf_s| - 4000), & 2500 \leq |f - nf_s| \leq 4000 \\ 0, & f \text{ en otra parte} \end{cases}$$

donde $d = 0.5$ y $f_s = 10{,}000$

**(b)** $$W_s(f) = 0.5\left(\frac{\operatorname{sen} \pi\tau f}{\pi\tau f}\right) \sum_{k=-\infty}^{\infty} \begin{cases} 1, & |f - kf_s| \leq 2500 \\ \dfrac{-1}{1500}(|f - kf_s| - 4000), & 2500 \leq |f - kf_s| \leq 4000 \\ 0, & f \text{ en otra parte} \end{cases}$$

donde $\tau = 50 \times 10^{-6}$ y $f_s = 10{,}000$

**3-7** $$W_s(f) = -j\left(\frac{1 - \cos(\pi f/f_s)}{\pi f/f_s}\right) \times \sum_{k=-\infty}^{\infty} \begin{cases} 1, & |f - kf_s| \leq 2500 \\ \dfrac{-1}{1500}(|f - kf_s| - 4000), & 2500 \leq |f - kf_s| \leq 4000 \\ 0, & f \text{ en otra parte} \end{cases}$$

**3-9** **(a)** 200 ejemplos/s **(b)** 9 bits/palabra **(c)** 1.8 kbits/s **(d)** 900 Hz

**3-15** **(a)** 5 bits **(b)** 27 kHz

**3-25** **(a)** $$\mathcal{P}(f) = \frac{A^2T_b}{4}\left[\frac{\operatorname{sen}(\frac{1}{2}\pi fT_b)}{\frac{1}{2}\pi fT_b}\right]^2$$

**(b)** $$\mathcal{P}(f) = \frac{A^2T_b}{4}\left[\frac{\operatorname{sen}(\frac{1}{4}\pi fT_b)}{\frac{1}{4}\pi fT_b}\right]^2 [\operatorname{sen}(\tfrac{1}{4}\pi fT_b)]^2$$

**3-35** **(a)** 32.4 kbits/s **(b)** 10.8 ksímbolos/s **(c)** 5.4 kHz

**3-36** **(a)** 3.2 ksímbolos/s **(b)** 0.5

**3-46** **(a)** 5.33 kbits/s **(b)** 667 Hz

**3-47** **(a)** 10.7 kbits/s **(b)** 1.33 kHz

**3-54** **(a)** 0.00534 **(b)** 0.427

**3-62** **(a)** 13,896 **(b)** 5095 **(c)** 1273 **(d)** 159 **(e)** 23

**3-66** **(a)** 40 Hz **(b)** 1280 Hz

## Capítulo 4

**4-9** **(a)** $g(t) = 500 + 200 \text{ sen } \omega_a t$, AM, $m(t) = 0.4 \text{ sen } \omega_a t$
**(b)** $x(t) = 500 + 200 \text{ sen } \omega_a t, \quad y(t) = 0$
**(c)** $R(t) = 500 + 200 \text{ sen } \omega_a t, \quad \theta(t) = 0$
**(d)** 2.7 kW

**4-20** 48.3%

**4-23** $K\sqrt{m^2(t) + [\hat{m}(t)]^2}$, sí

**4-28** **(a)** $(j2\pi f)/[j2\pi f + K_d K_v F_1(f)]$ **(b)** $(j2\pi f)(f_1 + jf)/[j2\pi f(f_1 + jf) + \boldsymbol{K}_d \boldsymbol{K}_v f_1]$

**4-35** **(a)** 107.6 MHz **(b)** RF: cuando menos 96.81-96.99 MHz; IF: 10.61-10.79 MHz
**(c)** 118.3 MHz

## Capítulo 5

**5-1** **(a)** 6.99 dBk **(b)** 707 V **(d)** 7025 W **(e)** 18,050 W

**5-6** $$S(f) = \frac{1}{2}\left[\sum_{n=-\infty}^{\infty} c_n \delta(f - f_c - nf_m) + \sum_{n=-\infty}^{\infty} c_n^* \delta(f + f_c + nf_m)\right]$$

donde $$c_n = \frac{A_c}{2\pi}\left[2\theta_1\left(\frac{\text{sen}\, n\theta_1}{n\theta_1}\right) + 2A_m \frac{\cos n\theta_1 \text{ sen } \theta_1 - n \text{ sen}\, n\theta_1 \cos\theta_1}{1 - n^2}\right],$$

$A_m = 1.2$, y $\theta_1 = 146.4°$

**5-7** **(a)** $s(t) = (\cos\omega_1 t + 2\cos 2\omega_1 t)\cos\omega_c t$, donde $\omega_1 = 1000\pi$
**(b)** $$S(f) = \tfrac{1}{4}[\delta(f - f_c + f_1) + \delta(f + f_c - f_1) + \delta(f - f_c - f_1) + \delta(f + f_c + f_1)] + \tfrac{1}{2}[\delta(f - f_c + 2f_1) + \delta(f + f_c - 2f_1) + \delta(f - f_c - 2f_1) + \delta(f + f_c + 2f_1)]$$
**(c)** 1.25 W **(d)** 4.5 W

**5-14** **(b)** $$s(t) = \Pi(t)\cos\omega_c t - \frac{1}{\pi}\ln\left(\frac{|t + \frac{1}{2}|}{|t - \frac{1}{2}|}\right)\text{sen }\omega_c t$$
**(c)** $\text{máx}[s(t)] = \infty$

**5-24** **(a)** $f_{BPF} = 12.96$ MHz, $B_{BPF} = 48.75$ kHz **(b)** 7.96 o 17.96 MHz
**(c)** 9.38 kHz

**5-26** **(a)** $m(t) = 0.2\cos(2000\pi t)$, $M_p = 0.2$ V, $f_m = 1$ kHz
**(b)** $m(t) = -0.13 \text{ sen}(2000\pi t)$, $M_p = 0.13$ V, $f_m = 1$ kHz
**(c)** $P_{AV} = 2500$ W, $P_{PEP} = 2500$ W

**5-31** $S(f) = \frac{1}{2}[G(f - f_c) + G^*(-f - f_c)]$, donde
$G(f) = \sum_{n=-\infty}^{\infty} J_n(0.7854)\,\delta(f - nf_m)$, $f_c = 146.52$ MHz,
y $f_m = 1$ kHz. $B = 3.57$ kHz

**5-35** $S(f) = \frac{1}{2}[\sum_{n=-\infty}^{\infty} c_n \delta(f - f_c - nf_m) + \sum_{n=-\infty}^{\infty} c_n^* \delta(f + f_c + nf_m)]$, donde

$$c_n = 5(e^{j\beta} - 1)\left(\frac{\operatorname{sen}(n\pi/2)}{n\pi/2}\right), f_m = 1 \text{ kHz}, \beta = 0.7854, \text{ y } f_c = 60 \text{ MHz}$$

**5-39** **(a)** 5.5 Hz

**(b)** $$S(f) = \frac{A_c}{2}\left\{\delta(f - f_c) + \delta(f + f_c) + \frac{D_f}{2\pi}\sum_{\substack{n=-\infty \\ n\neq 0}}^{\infty}\left(\frac{c_n}{nf_m}\right) \times [\delta(f - f_c - nf_m) - \delta(f + f_c - nf_m)]\right\},$$

donde $c_n = 5e^{-jn\pi/2}\left(\frac{\operatorname{sen}(n\pi/2)}{n\pi/2}\right)(n \neq 0)$,

$D_f = 6.98$ rads/V-s, $f_m = 100$ Hz, y $f_c = 30$ MHz

**5-42** $$\mathcal{P}(f) \approx 0.893[2\delta(f - f_c + 5f_0) + \delta(f - f_c + 3f_0) + \delta(f - f_c - f_0) + 2\delta(f - f_c + 3f_0) + \delta(f - f_c - 5f_0) + 2\delta(f + f_c - 5f_0) + \delta(f + f_c - 3f_0) + \delta(f + f_c + f_0) + 2\delta(f + f_c + 3f_0) + \delta(f + f_c + 5f_0)]$$

donde $f_0 \triangleq \frac{D_f}{2\pi} = 15.9$ kHz y $f_c = 2$ GHz

**5-45** **(a)** 20 kHz

**(b)** $S(f) = \frac{1}{2}[M_1(f - f_c) + M_1(f - f_c)] + \frac{j}{2}[M_2(f + f_c) - M_2(f - f_c)]$

**5-46** **(a)** $S(f) = \frac{1}{2}[X(f - f_c) + X^*(-f - f_c)]$,

donde $X(f) = \frac{A_c}{2}\sum_{n=-\infty}^{\infty}\left(\frac{\operatorname{sen}(n\pi/2)}{n\pi/2}\right)\delta(f - \frac{1}{2}nR)$, $R = 2400$

**(b)** 4.8 kHz

**5-53** **(a)** 3.6 kHz **(b)** 8.6 kHz

## Capítulo 6

**6-2** **(a)** $\bar{x} = (2\sqrt{2}A/\pi)\cos(\omega_0 t + \pi/4)$ **(b)** $x(t)$ no es estacionario

**6-4** $2/\sqrt{\pi} = 1.128$

**6-8** **(a)** 15 W **(b)** 11 W **(c)** 19 W

**6-10** **(a)** No **(b)** Sí **(c)** Sí **(d)** No

**6-17** **(a)** $\sqrt{B}$ **(b)** $R_x(\tau) = B[(\operatorname{sen}\pi B\tau)/(\pi B\tau)]^2$

**6-22** **(a)** $N_0K^2/(8\pi^2 f^2)$ **(b)** $\infty$

**6-25** $1/(2\pi f_0)$

**6-30** **(a)** $H(f) = 10\Big/\left[\left(1 + j\frac{f}{f_0}\right)^2\right]$

**(b)** $0.690 f_0$, donde $f_0 = 1/(2\pi RC)$

**6-35** **(a)** No WSS **(b)** $\mathcal{P}_x(f) = \frac{A_0^2}{4}[\delta(f - f_0) + \delta(f + f_0)]$ **(c)** Sí

**6-42** $x(t) = m_1(t) + m_2(t)$, $y(t) = \hat{m}_1(t) - \hat{m}_2(t)$

$$\mathcal{P}_{m_1}(f) = A\Pi\left(\frac{f}{2(f_3 - f_c)}\right), \mathcal{P}_{m_2}(f) = A\Lambda\left(\frac{f}{f_c - f_1}\right)$$

**6-44** $\mathcal{P}_v(f) = \frac{1}{4}[\mathcal{P}_x(f - f_c) + \mathcal{P}_x(-f - f_c)]$,

donde $\mathcal{P}_x(f) = T_b\left(\frac{1 - \cos \pi f T_b}{\pi f T_b}\right)^2$

**6-50** **(a)** $y(t) = \begin{cases} \frac{1}{2}, & t = 0 \\ 1, & 0 < t < T \\ \frac{1}{2}, & t = T \\ 0, & t \text{ en otra parte} \end{cases}$ **(b)** Respuesta de la misma forma de pulso del inciso (a)

## Capítulo 7

**7-1** $P_e = \frac{1}{2}e^{-\sqrt{2}A/\sigma_0}$

**7-11** $P_e = Q\left(\sqrt{0.7992\,(E_b/N_0)}\right)$

**7-14** **(a)** $H(f) = Te^{-j\pi f T}\left(\frac{\text{sen}\,\pi f T}{\pi f T}\right)$ **(b)** $B_{eq} = 1/(2T)$

**7-16** $P_e = P(1)Q\left(\sqrt{\frac{2(-V_T + A)^2 T}{N_0}}\right) + P(0)Q\left(\sqrt{\frac{2(V_T + A)^2 T}{N_0}}\right)$

**7-21** **(a)** $5 \times 10^{-7}$ **(b)** $4.42 \times 10^{-2}$

**7-22** **(a)** 2400 bits/s **(b)** $(P_e)_{\text{total}} = 1.11 \times 10^{-14}$

**7-27** $3.2 \times 10^{-7}$

**7-31** **(a)** 4800 bits/s **(b)** 19,943 bits/s

**7-32** **(a)** $9.09 \times 10^{-4}$ **(b)** 29.1 dB

**7-35** 11.3 dB inferior

**7-42** $-100.9$ dBm

**7-47** **(a)** 651% **(b)** Predominan componentes de frecuencia baja

**7-49** $(S/N)_{\text{salida}} = (5 \times 10^{-5})(P_s/N_0)$ para los cinco canales

## Capítulo 8

**8-9** **(a)** 25.6 dB **(b)** 36.3 W **(c)** $-54.9$ dBm

**8-13** $G_a = \frac{h_{fe}^2 R_s}{h_{oe}(R_s + h_{ie})^2}$

**8-17** **(a)** 129 K **(b)** $-76.6$ dBm

**8-19** $3.2 \times 10^{-7}$

**8-22** **(a)** 19.8 dB **(b)** 7.52 dB **(c)** 4.67 dB

**8-34** 12.84m diámetro

**8-40** 20.6 kW

## Apéndice B

**B-1** 0.3486

**B-2** **(a)** 5/36 **(b)** 15/36

**B-4** **(a)** 1/2 **(b)** 1/3

**B-8** 0.4375

**B-11** **(a)** $b$ **(b)** $1/b$ **(c)** $1/b^2$

**B-21** 51.0

**B-26** **(a)** $1.337 \times 10^{-11}$ **(b)** 0.9520

**B-30**
$$f(y) = \begin{cases} \dfrac{1}{2\sigma\sqrt{2\pi y}}\,[e^{-(\sqrt{y}+m)^2/(2\sigma^2)} + e^{-(\sqrt{y}-m)^2/(2\sigma^2)}], & y \geqslant 0, \\ 0, & y < 0 \end{cases}$$

**B-35** $B\sigma/\sqrt{2\pi}$

**B-37** **(a)** 1/6 **(b)** Sí **(c)** 1/12

**(d)**
$$f(x_2|x_1) = \begin{cases} \frac{1}{12}(1 + x_2), & 0 \leq x_1 \leq 1, \quad 0 \leq x_2 \leq 4 \\ 0, & \text{distinto} \end{cases}$$

**B-46** **(a)** $f_y(y) = \int_{-\infty}^{\infty} \frac{1}{|Ax|} f_x\left(\frac{y}{Ax}, x\right) dx$ **(b)** $f_y(y) = \int_{-\infty}^{\infty} \frac{1}{|Ax|} f_{x_1}\left(\frac{y}{Ax}\right) f_{x_2}(x)\, dx$

# ÍNDICE

## B

## D

## E

## G



## H



## I

## J



## L

## N

## O



## P

## S

## T

**TABLA 2-1** ALGUNOS TEOREMAS DE LA TRANSFORMADA DE FOURIER[a]

| Operación | Función | Transformada de Fourier |
|---|---|---|
| Linealidad | $a_1 w_1(t) + a_2 w_2(t)$ | $a_1 W_1(f) + a_2 W_2(f)$ |
| Retardo | $w(t - T_d)$ | $W(f)\, e^{-j\omega T_d}$ |
| Cambio de escala | $w(at)$ | $\frac{1}{\lvert a \rvert} W\left(\frac{f}{a}\right)$ |
| Conjugación | $w^*(t)$ | $W^*(-f)$ |
| Dualidad | $W(t)$ | $w(-f)$ |
| Traslación de frecuencia de la señal real [$w(t)$ es real] | $w(t)\cos(\omega_c t + \theta)$ | $\frac{1}{2}[e^{j\theta} W(f - f_c) + e^{-j\theta} W(f + f_c)]$ |
| Traslación de frecuencia de la señal compleja | $w(t)e^{j\omega_c t}$ | $W(f - f_c)$ |
| Señal pasabanda | $\text{Re}\{g(t)e^{j\omega_c t}\}$ | $\frac{1}{2}[G(f - f_c) + G^*(-f - f_c)]$ |
| Diferenciación | $\frac{d^n w(t)}{dt^n}$ | $(j2\pi f)^n W(f)$ |
| Integración | $\int_{-\infty}^{t} w(\lambda)\, d\lambda$ | $(j2\pi f)^{-1} W(f) + \frac{1}{2} W(0)\, \delta(f)$ |
| Convolución | $w_1(t) * w_2(t) = \int_{-\infty}^{\infty} w_1(\lambda) \cdot w_2(t - \lambda)\, d\lambda$ | $W_1(f) W_2(f)$ |
| Multiplicación[b] | $w_1(t) w_2(t)$ | $W_1(f) * W_2(f) = \int_{-\infty}^{\infty} W_1(\lambda)\, W_2(f - \lambda)\, d\lambda$ |
| Multiplicación por $t^n$ | $t^n w(t)$ | $(-j2\pi)^{-n} \frac{d^n W(f)}{df^n}$ |

[a] $\omega_c = 2\pi f_c$.

[b] $*$ denota convolución tal como lo describe la ecuación (2-62).

AGO

LITOGRÁFICA INGRAMEX, S.A.
CENTENO No. 162-1
COL. GRANJAS ESMERALDA
09810 MÉXICO, D.F.

2004

CALIDAD ISO 9000 CERTIFICADA
Certificado No. 02-2082

A continuación se demostrará que el ancho de banda de la señal de SS es relativamente grande comparado con la tasa de datos, $R_b$, y queda determinado principalmente por la forma de onda amplia (difusa), $c(t)$, y no por la modulación de datos, $m(t)$. En la figura 5-37, se ve que las densidades espectrales de potencia tanto de $m(t)$ como de $c(t)$ son del tipo $[(\text{sen } x)/x]^2$, donde el ancho de banda de $c(t)$ es mucho mayor que el de $m(t)$ porque se supone que la tasa del chip, $R_c = 1/T_c$, es mucho más grande que la de datos, $R_b = 1/T_b$. Es decir, $R_c \gg R_b$. Para simplificar las matemáticas, estas densidades espectrales de potencia se simulan de una manera aproximada con espectros rectangulares, como se muestra en las figuras 5-39a y 5-39b, donde las alturas de la densidad espectral de potencia se seleccionan de manera que las áreas bajo las curvas sean unitarias porque las potencias de $m(t)$ y $c(t)$ lo son. (Las dos tienen sólo valores de $\pm 1$.) De acuerdo con la figura 5-117, $g(t)$ se obtiene multiplicando $m(t)$ y $c(t)$ en el dominio del tiempo, y $m(t)$ y $c(t)$ son independientes. Por tanto la densidad espectral de potencia de la envolvente compleja de la señal BPSK-DS-SS se obtiene por medio de una operación de convolución en el dominio de la frecuencia.

$$\mathcal{P}_g(f) = A_c^2\, \mathcal{P}_m(f) * \mathcal{P}_c(f) \tag{5-125}$$

Este resultado se muestra en la figura 5-39c para las densidades espectrales de potencia aproximadas de $m(t)$ y $c(t)$. El ancho de banda de la señal BPSK-DS-SS está determinado en esencia por la tasa del chip, $R_c$ porque $R_c \gg R_b$. Por ejemplo, sean $R_b = 9.6$ kbits/s y $R_c = 9.6$ Mchips/s. En tal caso el ancho de banda de la señal SS es $B_T \approx 2R_c = 19.2$ MHz.

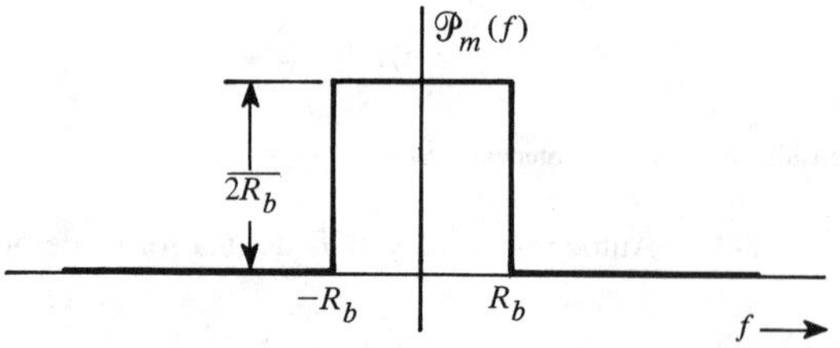


a) PSD aproximada de $m(t)$

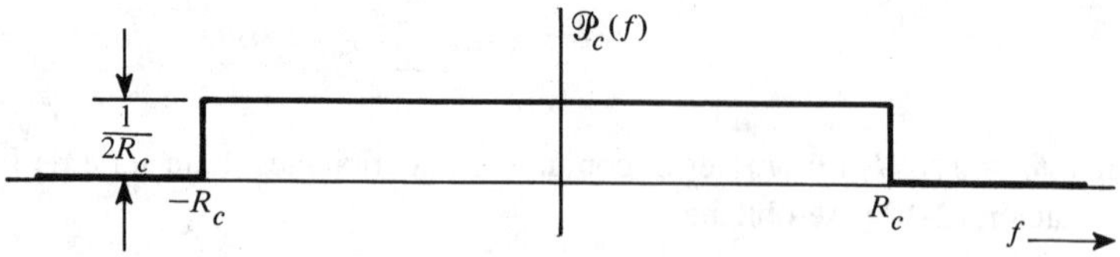


b) PSD aproximada de $c(t)$

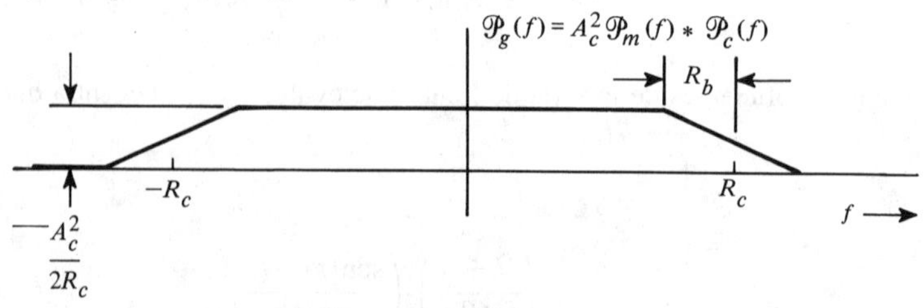


c) PSD aproximada de la envolvente compleja de la señal SS

**Figura 5-39** PSD aproximada de la señal BPSK-DS-SS.

